ANÁLISIS DE CIRCUITOS LINEALES

ANÁLISIS DE CIRCUITOS LINEALES

FRANCISCO LÓPEZ FERRERAS
Catedrático de Universidad (Universidad de Alcalá)

Coautores:

SATURNINO MALDONADO BASIÓN y MANUEL RUSA ZURERA
Catedráticos de Escuela Universitaria (Universidad de Alcalá)

Ra-Ma®

Análisis de Circuitos Lineales

Editado por:
RA-MA Editorial
Calle Jarama, 3A, Polígono Industrial Igarsa
28860 PARACUELLOS DE JARAMA, Madrid
Teléfono: 91 658 42 80
Fax: 91 662 81 39
Correo electrónico: editorial@ra-ma.com
Internet: **www.ra-ma.es y www.ra-ma.com**
ISBN: 978-84-7897-943-1
Depósito Legal: M. 50.315-2009
Maquetación: Antonio García Tomé
Diseño Portada: Antonio García Tomé
Filmación e Impresión: Closas-Orcoyen, S.L.
Impreso en España

ÍNDICE

PRÓLOGO A LA TERCERA EDICIÓN

Esta obra, en su primera edición, nació para dar satisfacción a la necesidad que como Profesor sentía y aún sigo sintiendo, de plasmar en un libro la experiencia, ahora ya de casi cuarenta años de docencia de la Teoría de Circuitos, en la Escuela Universitaria de Ingeniería Técnica de Telecomunicación de la Universidad Politécnica de Madrid y actualmente en la Escuela Politécnica Superior de la Universidad de Alcalá.

Transcurridos algunos años más, he podido comprobar la vigencia de los temas tratados y reafirmarme en el enfoque entonces planteado de la enseñanza de la Teoría de Circuitos en las Escuelas de Ingeniería tanto de primer como de segundo ciclo, relacionadas con las tecnologías de la información, en particular con la Electrónica y las Comunicaciones.

Por ello, en esta tercera edición se ha mantenido la estructura del libro y el contenido de los temas, añadiendo únicamente algunos problemas que puedan contribuir a la mejor comprensión de los conceptos que en cada capítulo se pretenden transmitir.

Esta obra trata de adaptarse a los alumnos de los primeros cursos de Ingeniería de las áreas de la Electrónica y de las Comunicaciones, los cuales se supone que acceden por primera vez al estudio riguroso de los circuitos eléctricos, lo que ya de por sí justificaría esta publicación, a pesar de la existencia de tan amplia y buena bibliografía sobre la materia.

En esta edición han participado los profesores Maldonado y Rosa aportando nuevos ejercicios y colaborando en la revisión de contenidos. Muchas son las formas de plantear el estudio introductorio del Análisis de Circuitos. La mayoría de los autores comienzan con el llamado "Análisis Transitorio" en el que se obtienen simultáneamente las respuestas en los regímenes permanente y libre, procediendo posteriormente al estudio del régimen permanente con excitaciones sinusoidales. Aunque formalmente, el método parece el más lógico, exige que el alumno tenga amplios conocimientos matemáticos en la resolución de ecuaciones integro-diferenciales y sobre la transformada de Laplace. Estos conocimientos no se corresponden, en general, con los de los estudiantes de los primeros cursos universitarios hacia los que, como ya se ha comentado, va dirigida esta obra. Por otro lado, existe la posibilidad de plantear inicialmente el estudio del régimen permanente sinusoidal y, a partir de éste, obtener la respuesta con excitaciones constantes, como un caso particular, al considerar las señales continuas como sinusoidales de frecuencia cero, es decir, se trata de a partir de lo general llegar a lo particular. El ahorro de tiempo en la impartición de la materia, que en un principio se supone, exige al alumno un grado de abstracción que a la larga, entiendo retrasaría el aprendizaje de la Teoría de Circuitos. Por todo ello, se ha preferido partir del concepto de corriente eléctrica y de las leyes fundamentales, para a partir de ellas, ir desarrollando la teoría y los teoremas que permiten aplicar las técnicas complementarias con las que resolver circuitos de mayor complejidad.

En los dos primeros capítulos se aborda, respectivamente, el análisis de los circuitos excitados por generadores de tensión constante y de tensión sinusoidal. En el primero se introducen los conceptos generales (intensidad, diferencia de potencial, potencia, etc.) y las leyes fundamentales que rigen el comportamiento de los circuitos. Se estudia también en este primer capítulo la respuesta corriente-tensión de los elementos pasivos (resistencia, bobina y condensador) cuando están aislados y cuando forman parte de un circuito con excitaciones constantes. Es objetivo prioritario en este primer capítulo el analizar circuitos de corriente continua basándonos exclusivamente en la aplicación directa de las Leyes de Kirchhoff y en el concepto de corriente de rama, para de esta forma no distraer la atención, en esta primera fase del aprendizaje, con conceptos (corrientes de malla, tensiones de nudo, etc.) y elementos (generadores de corriente, generadores dependientes, etc.) que no se correspondan estrictamente con conceptos físicos y elementos realizables.

El segundo capítulo, dedicado al análisis de circuitos de corriente alterna, pretende mostrar la dificultad que entraña el trabajar en el dominio del tiempo poniendo de manifiesto la necesidad de actuar en un dominio transformado (dominio complejo) cuando se desea analizar con facilidad la respuesta de estos circuitos en el régimen permanente.

En el capítulo 3 se amplía el concepto de generador, introduciendo los de corriente y de tensión reales e ideales y los generadores dependientes resaltando la importancia de estos últimos como elementos imprescindibles para modelar el comportamiento para pequeña señal de los transistores bipolares, FET, MOST, etc.

En el capítulo 4 se hace una breve introducción al estudio topológico de circuitos con el único objetivo de establecer el mínimo número de variables necesarias para analizar un circuito y decidir el método de análisis (corrientes o tensiones) que plantea menor número de incógnitas; esto nos conduce al estudio de los métodos sistemáticos de análisis (método de las mallas y método de los nudos), que permiten plantear las ecuaciones matriciales de la red por simple inspección, posibilitando su resolución mediante el cálculo automático. Se completa el capítulo con el concepto de dualidad y con las técnicas de movilidad de generadores, como herramientas complementarias para el análisis y simplificación de los circuitos.

En el capítulo 5 se aborda el estudio de los teoremas fundamentales de los circuitos (Teoremas de linealidad, Teorema de reciprocidad, Teorema sustitución y Teoremas de Thevenin y Norton) y aquellos otros cuya aplicación se hace especialmente importante en las ingenierías relacionadas con la electrónica y las comunicaciones (Teorema de Miller, Teorema de la máxima transferencia de potencia y Teorema de Everitt). Se introduce el concepto de adaptación de impedancias y se procede al diseño de una sencilla red adaptadora en "L".

El capítulo 6 se dedica a los circuitos que introducen ramas acopladas magnéticamente y más concretamente al estudio del transformador con el objetivo fundamental de su utilización en aplicaciones electrónicas.

El capítulo 7 está dedicado al estudio de los circuitos resonantes y, especialmente, a los circuitos de sintonía y a los conceptos asociados a los mismos (factor de calidad, ancho de banda, selectividad, etc.).

El capítulo 8 se dedica al análisis de los circuitos cuando son excitados por diferentes funciones del tiempo. En una primera fase se procederá a la resolución por el método clásico de la ecuación diferencial que todo circuito comporta. Este método permite distinguir la respuesta natural del circuito (régimen libre) y la respuesta forzada (régimen permanente) y su relación con las soluciones homogénea y particular de la correspondiente ecuación diferencial. Sólo cuando el alumno interprete correctamente ambas soluciones, entiendo se deben presentar técnicas más potentes para el análisis de circuitos, como es el uso de la transformada de Laplace y los conceptos asociados de impedancia de Laplace, circuito transformado, etc. Así la segunda parte de este capítulo se dedica a la resolución de circuitos en el dominio de la variable s sin que por ello se pueda temer que el alumno se pierda en la forma sistemática de resolución, que en otro caso podría enmascarar la interpretación de la solución obtenida.

En el capítulo 9 se estudia la caracterización de bornas hacia fuera, de las redes pasivas de dos puertas (cuadripolos), mediante las diferentes familias de parámetros, prestando especial atención a los conceptos de impedancia característica Z_0 y constante de propagación γ, que definen el comportamiento en la transmisión, de los cuadripolos bilaterales, simétricos. Se completa el capítulo con el estudio y diseño de algunos circuitos atenuadores y mezcladores, como aplicación de la teoría desarrollada.

El capítulo 10 trata de introducir al alumno en las técnicas empleadas para la discriminación de las distintas bandas de frecuencias. No se pretende en ningún caso estudiar métodos de diseño de filtros, lo cual desbordaría lo que debe ser un libro de análisis de circuitos. El objetivo que se persigue es presentar los diferentes tipos de filtros, para las distintas estructuras de bandas (paso-bajo, paso-alto, paso-banda y banda eliminada), resaltando la imposibilidad de obtener mediante circuitos físicamente realizables, las respuestas ideales de cada uno de ellos, haciéndose por ello necesario aproximar la respuesta del circuito a la del filtro ideal. Con este propósito se analizan exclusivamente filtros L-C de primer y segundo orden que responden con diferentes funciones de aproximación. En la primera parte del capítulo se introducen los conceptos de función de transferencia H(s), diagrama de polos y ceros, respuesta de amplitud H(ω), respuesta en fase φ(ω) y se analiza la influencia de la posición de los polos y los ceros en el comportamiento en frecuencia del circuito.

El capítulo 11 está dedicado al estudio de las líneas de transmisión, como circuito con constantes uniformemente distribuidas. El estudio se aborda desde dos vertientes. La primera de ellas como aplicación de la teoría general de cuadripolos, al considerar la línea como un cuadripolo formado por la asociación en cascada de infinitas células elementales. La segunda perspectiva, más novedosa para el estudiante, y muy importante en el campo de las Telecomunicaciones, en la que se estudian los fenómenos de propagación de ondas, reflexión, adaptación de impedancias, ondas estacionarias, etc., partiendo de líneas ideales (sin pérdidas) y completando los resultados cuando las pérdidas son tolerables.

Se incluyen cinco apéndices que complementan la obra. En el apéndice A se obtienen las relaciones entre las impedancias en estrella y en triángulo, mientras que en el B se definen las pérdidas y ganancias de transmisión e inserción y las unidades en las que se expresan (decibelios y neperios). El apéndice C resume el concepto del operador derivada y sus propiedades. El apéndice D trata la resolución de ecuaciones diferenciales lineales de coeficientes constantes y el apéndice E está dedicado a la transformada de Laplace.

El aprendizaje de la Teoría de Circuitos no se concibe sin la resolución de un importante número de ejercicios que posibilite la aplicación de los fundamentos teóricos sobre circuitos concretos. Este libro incluye al final de cada capítulo un conjunto de problemas cuidadosamente elegidos cuya resolución facilita al lector la perfecta asimilación de los conceptos que se pretenden comunicar. Se incluyen también únicamente los resultados de los mencionados problemas habiéndose evitado su total resolución para que sea el lector, con su propio esfuerzo, el que trate de obtener los resultados correctos y de esta manera, experimente la satisfacción que supone encontrar la solución final.

Capítulo 1

CONCEPTOS BÁSICOS Y LEYES FUNDAMENTALES DE LOS CIRCUITOS

INTRODUCCIÓN

La primera parte de este capítulo es quizá más propia de un texto de física general que de un libro de análisis de circuitos; no obstante, se ha preferido comenzar desde el concepto de corriente eléctrica para que, de forma sencilla y progresiva, se puedan llegar a comprender y aplicar las leyes fundamentales que rigen el comportamiento los circuitos eléctricos.

Se comienza estudiando el comportamiento de los conductores metálicos al ser sometidos a la acción de un campo eléctrico aplicado exteriormente. A continuación se establecen las leyes fundamentales que soportan la Teoría de Circuitos (ley de Ohm, leyes de Kirchhoff) cuya aplicación, de forma directa, nos permite obtener un primer método de resolución de los mismos. En este capítulo nos centraremos en el análisis de circuitos por cuyas ramas circulan corrientes de intensidad constante.

Se finaliza estudiando el comportamiento de los elementos pasivos (resistores, bobinas y condensadores), fundamentalmente lo que se refiere a la respuesta corriente-tensión en sus terminales.

El concepto de circuito equivalente entre dos bornas nos permite obtener la resultante de la asociación de un conjunto de resistencias, bobinas o condensadores, que se encuentran conectados formando diferentes configuraciones.

1.1 CORRIENTE ELÉCTRICA

En un sólido, los átomos (o a veces conjuntos de ellos) se colocan en los nudos de la red cristalina, siendo los electrones más externos a los núcleos (como los electrones de valencia) los que tienen mayor facilidad para moverse por el sólido, contribuyendo a la cohesión de la estructura espacial, así como al transporte neto de carga eléctrica.

Una posible clasificación de los sólidos se hace atendiendo a su comportamiento frente a la corriente eléctrica. Así, los sólidos pueden ser conductores, semiconductores y aislantes, en función del tipo de estructura electrónica que posean y de su respuesta a la conducción.

Los sólidos metálicos se caracterizan por tener electrones (fundamentalmente los de valencia) que pueden moverse fácilmente por todo el sólido, contribuyendo al transporte neto de carga en una dirección, cuando se aplica un campo eléctrico $\vec{E}$.

Si en el interior del conductor el campo eléctrico aplicado es nulo, los electrones se encuentran en reposo (en rigor tienen un movimiento errático en el seno del metal) al ser cero la fuerza que sobre ellos ejerce.

$$\vec{F} = q\vec{E} = -e\vec{E} \qquad (1.1)$$

Siendo la carga negativa del electrón:

$$e = 1{,}6\ 10^{-19}\ \textit{Culombios}$$

Como se sabe de la teoría electrostática, cuando a los extremos de un hilo conductor como el representado en la Figura 1.1 se aplica un d.d.p. $V_A - V_B = V_{AB}$, este gradiente de potencial, origina en el interior del conductor un campo eléctrico de valor:

$$\vec{E} = -\,grad\ V \qquad (1.2)$$

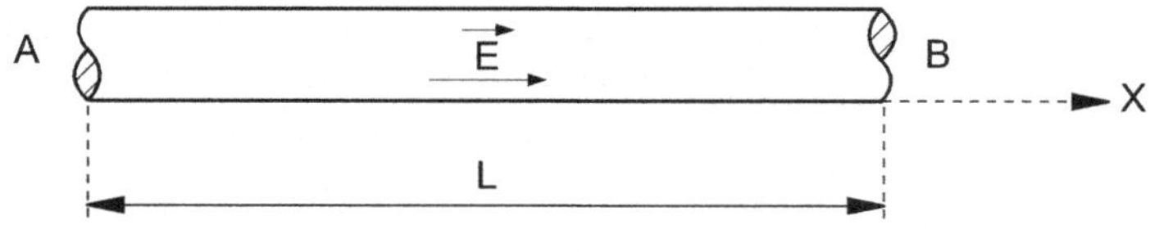

Figura 1.1

En este caso el potencial varía únicamente con la distancia **x** y si $V_A > V_B$ (el potencial disminuye al aumentar **x**) el campo en el interior del conductor será uniforme y dirigido desde A hacia B, como se representa en la Figura 1.1.

La intensidad de este campo eléctrico es:

$$E = -\frac{dV}{dx}\ (Voltios/metro) \qquad (1.3)$$

de donde se deduce que:

$$dV = -Edx \tag{1.4}$$

Hallando la integral definida entre los puntos A y B, obtenemos:

$$\int_{V_A}^{V_B} dV = -E\int_{O}^{L} dx \tag{1.5}$$

$$V_A - V_B = V_{AB} = EL \tag{1.6}$$

y la intensidad de campo en el interior del conductor es:

$$E = \frac{V_{AB}}{L} \quad (Voltios/metro) \tag{1.7}$$

La acción de este campo eléctrico sobre los electrones se manifiesta mediante una fuerza de valor:

$$\vec{F} = -e\vec{E} \tag{1.8}$$

Como consecuencia, los electrones (Figura 1.2) adquieren un movimiento:

✓ En sentido contrario al campo $\vec{E}$.

✓ Desde puntos de menor hacia puntos de mayor potencial.

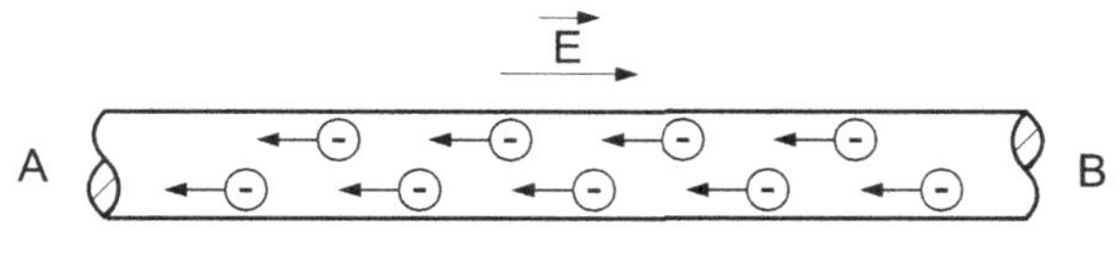

Figura 1.2

Si los electrones se desplazaran en el espacio libre, lo harían con un movimiento rectilíneo uniformemente acelerado.

$$F = eE = ma \tag{1.9}$$

con una aceleración:

$$a = \frac{e}{m}E \tag{1.10}$$

Siendo la masa del electrón m = 9,1 10^{-31} Kg.

En el conductor, los electrones al moverse, chocan repetidamente contra otros electrones y contra los átomos del mismo, describiendo un movimiento de zig-zag en el que existe un desplazamiento neto a lo largo del conductor y en sentido contrario al campo, con una velocidad media constante V_d (Figura 1.3).

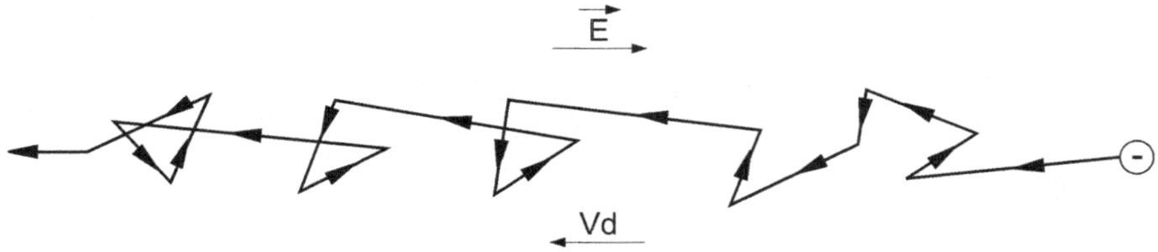

Figura 1.3

Para un mismo conductor la velocidad media de desplazamiento V_d será tanto mayor cuanto más intenso sea el campo aplicado.

En conductores diferentes y para una misma intensidad del campo aplicado, la velocidad media de desplazamiento V_d dependerá de la naturaleza del conductor, moviéndose con más facilidad en aquellos en los que el número de átomos por unidad de volumen sea menor, en los que el tamaño de éstos sea más pequeño, etc. Este desplazamiento neto de carga constituye una corriente eléctrica (Figura 1.4).

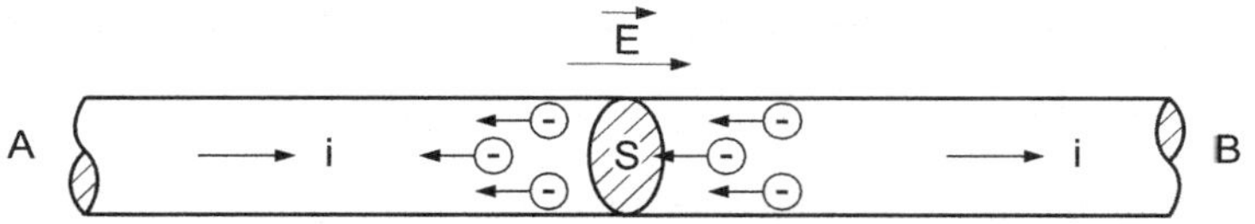

Figura 1.4

Para caracterizarla, se define la intensidad de esta corriente i como la cantidad neta de carga que atraviesa la superficie transversal del conductor en cada unidad de tiempo.

$$i = \frac{dq}{dt} \quad (Culombio/segundo) \tag{1.11}$$

$$Amperio = Culombio/segundo \tag{1.12}$$

La unidad de intensidad de corriente es el Amperio:

Para aplicaciones en electrónica y comunicaciones, el amperio es una magnitud demasiado grande, por lo que se utilizan submúltiplos de él.

$$\begin{aligned} miliamperio\ (mA) &= 10^{-3}\ A \\ microamperio\ (\mu A) &= 10^{-6}\ A \\ nanoamperio\ (0A) &= 10^{-9}\ A \end{aligned} \tag{1.13}$$

Por convenio se asigna como sentido positivo de la corriente, aquel en el que se moverían las cargas positivas, es decir, el contrario del movimiento de los electrones.

Por tanto, la corriente eléctrica positiva (Figura 1.4) se dirige:

✓ En el mismo sentido que el campo eléctrico existente en el interior del conductor.

✓ Desde puntos de mayor hacia puntos de menor potencial ($V_A > V_B$).

Si el potencial del punto A respecto al de B se hace alternativamente positivo y negativo, el campo $\vec{E}$ en el interior del conductor cambiará de sentido al mismo ritmo que lo hace V_{AB}, obteniéndose una corriente que también alternará su sentido de circulación.

Si en la Figura 1.4 definimos como sentido positivo de la corriente el dirigido de A a B podemos representar la corriente i en función del tiempo, obteniéndose las diferentes gráficas representadas en la Figura 1.5.

La Figura 1.5a corresponde a una corriente no alternada o continua, la cual estará creada por un campo eléctrico que no cambia de sentido, pero sí de intensidad. Un caso particular es la corriente no alternada constante representada en la Figura 1.5b. En lo que sigue cuando hablemos de corriente continua nos estaremos refiriendo a una corriente constante. La Figura 1.5c representa una corriente alternada la cual estará creada por un campo que varía en intensidad y sentido. Un caso particular de ésta es la corriente alterna sinusoidal que se representa en la Figura 1.5d.

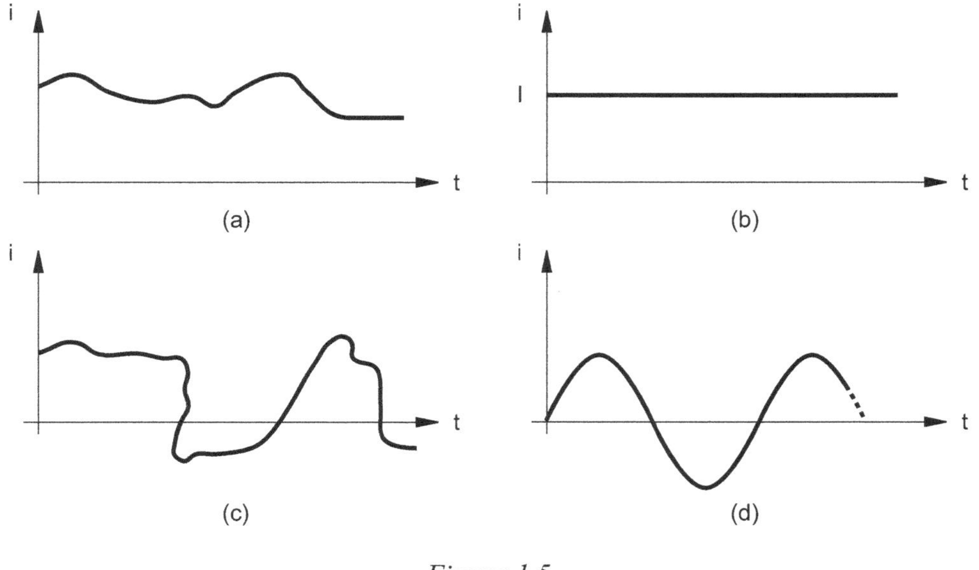

Figura 1.5

En el presente capítulo estudiaremos el comportamiento de los circuitos cuando las corrientes que circulan son continuas, dejando para un capítulo posterior el estudio de los mismos cuando las corrientes son alternas sinusoidales.

Emplearemos la letra mayúscula I para caracterizar a una corriente continua y minúscula i para representar valores instantáneos cuando se trate de corrientes variables en el tiempo.

Consideremos el conductor metálico de la Figura 1.6.

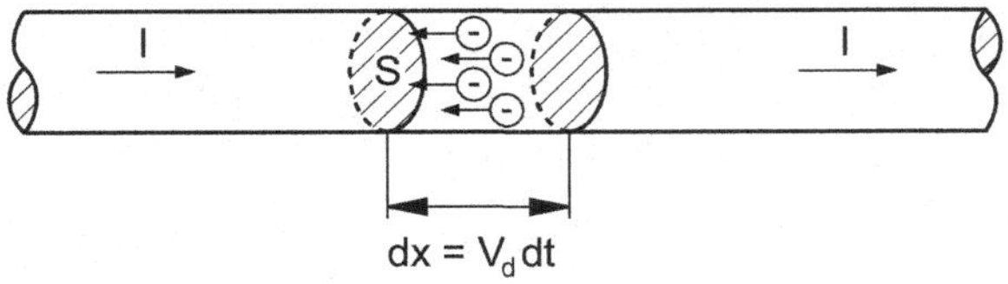

Figura 1.6

Sea n el número de electrones libres que posee por cada unidad de volumen, los cuales se mueven con una velocidad media de desplazamiento V_d. En un tiempo dt atravesarán la superficie S todos los electrones contenidos en el volumen limitado por el cilindro de base S y altura:

$$dx = V_d \, dt \tag{1.14}$$

por lo que la carga que en el tiempo dt atraviesa dicha superficie es:

$$dq = e \; n \; S \; V_d \; dt \tag{1.15}$$

y la intensidad de la corriente que circula:

$$I = \frac{dq}{dt} = e \; n \; S \; V_d \tag{1.16}$$

Es de observar como la intensidad en el conductor depende:

- ✔ De sus características fisicoquímicas (número de electrones libres por unidad de volumen, tamaño de los átomos, etc).
- ✔ De su geometría (longitud, sección).
- ✔ Del campo eléctrico en su interior, el cual depende a su vez de la diferencia de potencial V_{AB} aplicada (1.7).

1.1.1 Densidad de corriente

Se define como la intensidad de corriente por unidad de sección transversal del conductor.

Si la intensidad de corriente I es uniforme, la densidad de corriente J es constante en todos los puntos expresándose como:

$$J = \frac{I}{S} = e\ n\ V_d \qquad (1.17)$$

La densidad de corriente es una magnitud vectorial y su vector unitario coincide en cada punto con el vector unitario del campo eléctrico $\vec{E}$.

1.2 LEY DE OHM

En el apartado anterior se vio como la intensidad I y, por tanto, la densidad de corriente J son mayores cuanto más elevada es la velocidad de desplazamiento V_d y ésta a su vez aumenta al hacerlo la intensidad del campo eléctrico $\vec{E}$.

La ley de Ohm establece que para muchos materiales (entre ellos casi todos los metales) **la densidad de corriente $\vec{J}$ es en cada punto proporcional a la intensidad del campo eléctrico** $\vec{E}$, esto es:

$$\vec{J} = \sigma \vec{E} \qquad (1.18)$$

La constante de proporcionalidad σ recibe el nombre de **conductividad** y es una característica propia de cada material, que varía únicamente con la temperatura de éste. Cuanto mejor conductor sea el material, mayor será su conductividad, correspondiendo los valores pequeños de ésta a los materiales aislantes.

La inversa de la conductividad se llama resistividad:

$$\rho = \frac{1}{\sigma} \qquad (1.19)$$

Introduciendo este valor en la expresión (1.18) la ley de Ohm se expresa como:

$$\vec{J} = \frac{1}{\rho} \vec{E} \qquad (1.20)$$

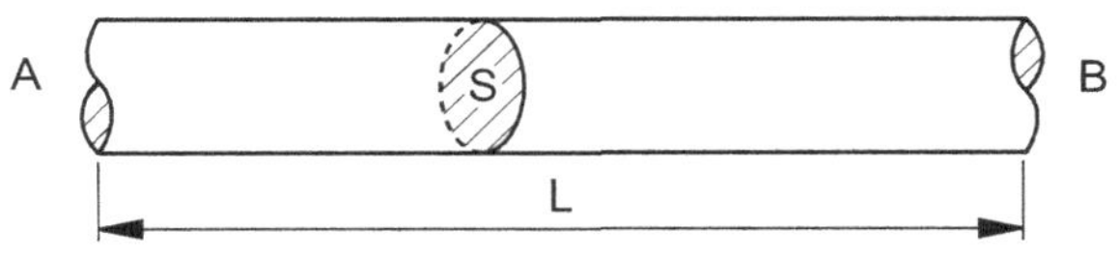

Figura 1.7

Para el conductor de la Figura 1.7, teniendo en cuenta las expresiones (1.7) y (1.17) la ley de Ohm establece:

$$\frac{I}{S} = \frac{1}{\rho}\,\frac{V_{AB}}{L} \tag{1.21}$$

y también:

$$V_{AB} = \rho\,\frac{L}{S}\,I \tag{1.22}$$

La magnitud $\rho\,\frac{L}{S}$ es la resistencia R del conductor:

$$R = \rho\,\frac{L}{S} \tag{1.23}$$

Así, puede escribirse la ley de Ohm como:

$$V_{AB} = R\,I \tag{1.24}$$

En lo que sigue los conductores como el de la Figura 1.7, los representaremos (Figura 1.8) mediante su resistencia que es el parámetro eléctrico que los caracteriza.

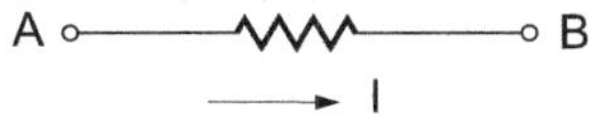

Figura 1.8

R es la resistencia eléctrica del conductor cuya unidad es el Ohmio (Ω).

$$Ohmio\,(\Omega) = Voltio/Amperio \tag{1.25}$$

Múltiplos del Ohmio son:

$$\begin{aligned} Kiloohmio\,(K\Omega) &= 10^3\,\Omega \\ Megohm\,(M\Omega) &= 10^6\,\Omega \end{aligned} \tag{1.26}$$

En la figura 1.8 la corriente I en la resistencia R se dirige desde el punto de mayor hacia el punto de menor potencial, $V_A > V_B$.

1.3 ENERGÍA Y POTENCIA DE UNA CORRIENTE ELÉCTRICA

Como se sabe de la teoría electrostática, la energía potencial que una carga q tiene en un punto de potencial V es:

$$W = qV \tag{1.27}$$

Así cuando una carga dq positiva se desplaza desde un punto A de mayor a otro B de menor potencial **cede** una energía de valor:

$$dW = V_A dq - V_B dq = V_{AB} dq \tag{1.28}$$

Este mismo efecto se produce cuando igual cantidad de carga negativa se desplaza desde el punto B de menor hasta el punto A de mayor potencial.

Consideremos la Figura 1.9 en la que el circuito eléctrico genérico es recorrido por una corriente I en el sentido indicado.

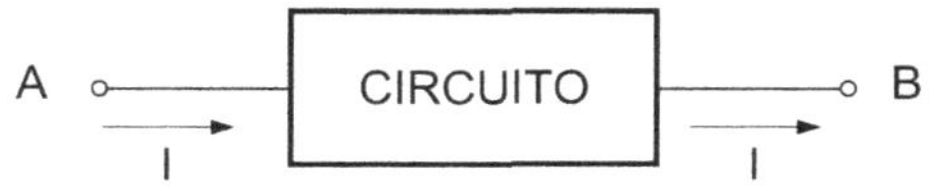

Figura 1.9

Si $V_A > V_B$, en el interior del circuito la carga negativa se desplaza de B a A lo que equivale a una carga positiva desplazándose de A a B, es decir, la carga cede energía. Esta energía cedida es **absorbida por el circuito** y su valor para una carga diferencial viene dado por la expresión (1.28).

La potencia que este circuito **absorbe** es:

$$P = \frac{dW}{dt} = \frac{dq}{dt} V_{AB} = I\, V_{AB} \ (Watios) \tag{1.29}$$

De lo anterior se obtienen las siguientes conclusiones:

- ✓ Cuando una corriente I positiva recorre un circuito desde A hacia B, tal que $V_A > V_B$ el circuito **absorbe** una potencia de valor $P = IV_{AB}$.
- ✓ Si la corriente I positiva recorre el circuito, de A a B con $V_A < V_B$ la potencia absorbida dada por la expresión (1.29) será negativa, indicando que el circuito en cuestión **entrega potencia**.
- ✓ Para encontrar la potencia **absorbida** por un circuito, se multiplica la intensidad que lo recorre, por la d.d.p. entre sus terminales, tomada desde el terminal por el que entra la corriente hacia el terminal por el que sale. Si el producto es positivo el circuito absorbe potencia, en caso contrario la entrega.

1.3.1 Ley de Joule

Cuando el circuito comprendido entre los puntos A y B de la Figura 1.9 es una resistencia de valor R como la representada en la Figura 1.10, la energía absorbida por ésta se transforma en calor. En un tiempo t la energía transformada es:

$$W = V_{AB}\ I\ t\ (Julios) \qquad (1.30)$$

Figura 1.10

Teniendo en cuenta la Ley de Ohm (1.24) resulta:

$$W = R\ I^2\ t = \frac{V_{AB}^2}{R}\ t \quad (Julios) \qquad (1.31)$$

y en calorías:

$$Q = R\ I^2 t\ 0{,}24 \quad (Calorías) \qquad (1.32)$$

1.4 GENERADORES DE ENERGÍA ELÉCTRICA. FUERZA ELECTROMOTRIZ

Consideremos el circuito de la Figura 1.11.

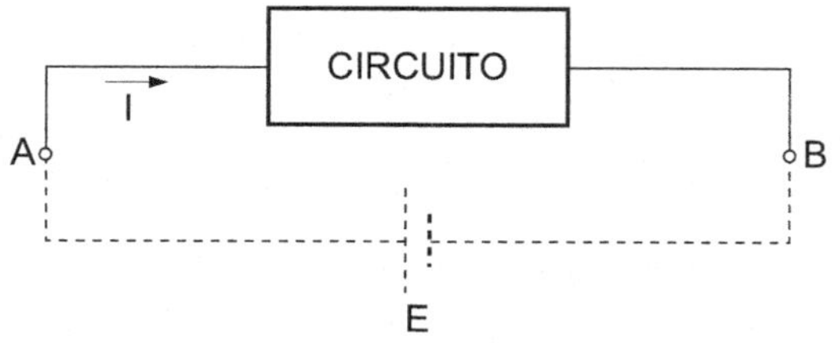

Figura 1.11

Si deseamos mantener constante la d.d.p. entre los puntos A y B necesitaremos un dispositivo (generador) capaz de aportar la energía eléctrica que el circuito comprendido entre A y B está disipando. Visto de otra manera, el generador de energía eléctrica debe aportar a las cargas negativas que circulan por él, la energía necesaria para pasar desde el punto A de mayor potencial al punto B en el que el potencial es menor.

La energía eléctrica que el generador aporta la obtiene mediante la conversión de energía exterior, bien sea química (pilas), mecánica (dinamo), calorífica (centrales térmicas), etc.

La fuerza electromotriz E de un generador es la energía eléctrica que aporta a cada unidad de carga que pasa por él.

$$E = \frac{dW}{dq} \left[(Julios/Culombios) = Voltios\right] \tag{1.33}$$

de donde se deduce:

$$dW = E\ dq \tag{1.34}$$

y la potencia eléctrica que este generador aporta es:

$$P = \frac{dW}{dt} = E\ \frac{dq}{dt} = E\ I \quad (Watios) \tag{1.35}$$

Esta potencia ha de ser igual a la absorbida por el circuito y por tanto:

$$V_{AB}\ I = E\ I \tag{1.36}$$

resultando:

$$V_{AB} = E \tag{1.37}$$

Es decir, *la d.d.p. en bornas de un generador ideal, coincide con el valor de su f.e.m.*

En las Figuras 1.12a y 1.12b se muestran dos posibles formas de representar los generadores de f.e.m. constante.

Figura 1.12

En la Figura 1.12a la borna más larga representa el terminal de mayor potencial.

En realidad, los generadores no entregan al circuito exterior toda la potencia que transforman en eléctrica (1.35), ya que parte la disipan ellos mismos. Este efecto se simula mediante una resistencia R_g que llamaremos resistencia interna del generador, de manera que el circuito equivalente de un generador real está formado, como se representa en la Figura 1.13, por un generador ideal en serie con una resistencia R_g, que disipa parte de la potencia generada.

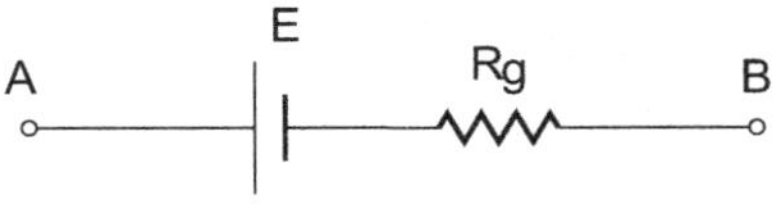

Figura 1.13

1.4.1 Rendimiento de un generador

En el apartado anterior se ha visto que un generador real no entrega toda la potencia que convierte en eléctrica.

En el generador real de la Figura 1.14 al circular la corriente I se está transformando en eléctrica una potencia total:

$$P_t = E\ I \tag{1.38}$$

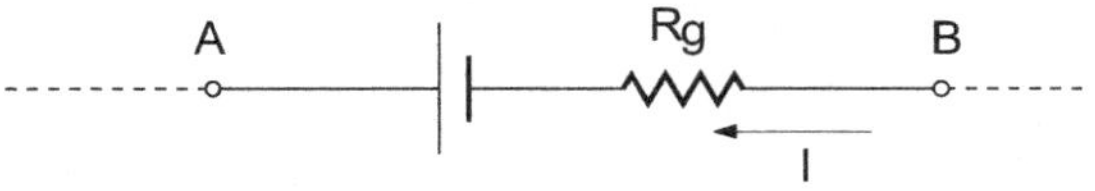

Figura 1.14

Parte de esta potencia es disipada por el propio generador en su resistencia interna, de manera que la potencia útil que se obtiene y que será entregada al circuito exterior que hay conectado entre los terminales A y B es:

$$P_u = E\ I - R_g\ I^2 \tag{1.39}$$

resultando un rendimiento:

$$\eta\% = \frac{P_u}{P_t}\ 100 = \frac{E - R_g\ I}{E}\ 100 \tag{1.40}$$

Como puede observarse el rendimiento es mayor cuanto más pequeña es la resistencia interna del generador, resultando el 100% cuando el generador es ideal (R_g=0).

Si el circuito tiene varios generadores, en alguno de estos la corriente puede circular, como en el de la Figura 1.15, en sentido contrario a como él tiende a crearla.

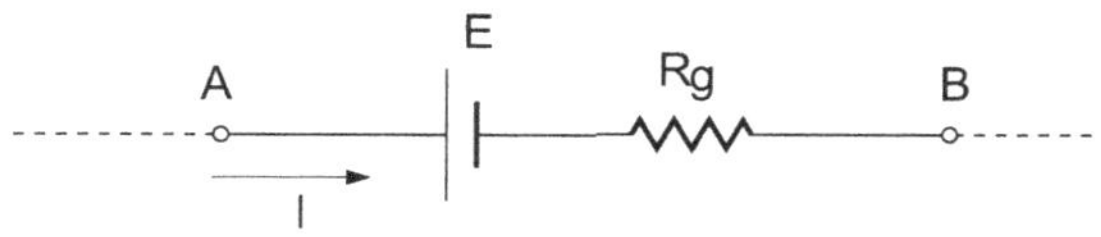

Figura 1.15

En esta situación las cargas al pasar por el generador no reciben energía sino que es el propio generador quien la absorbe. El generador no está funcionando como tal, por lo que no tiene sentido hablar de su rendimiento.

El problema, en los circuitos electrónicos y de comunicaciones, no va a ser generalmente el conseguir el máximo rendimiento de los generadores, sino que vendrá planteado en elegir el valor de la carga R óptima que deberá ser conectada a un generador dado, para que reciba de éste la máxima potencia posible.

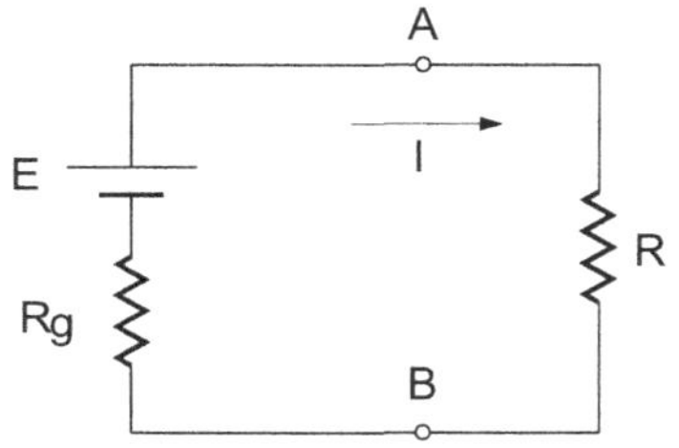

Figura 1.16

En la Figura 1.16 la potencia que entrega el generador real es:

$$P_g = E I - R_g I^2 \qquad (1.41)$$

y la que recibe la carga:

$$P_R = R I^2 \qquad (1.42)$$

Según el principio de conservación de la energía las dos potencias deberán ser iguales, por lo que:

$$E I - R_g I^2 = R I^2 \qquad (1.43)$$

resultando una corriente:

$$I = \frac{E}{R_g + R} \qquad (1.44)$$

Para esta corriente la potencia recibida por la carga será:

$$P_R = \frac{E^2}{(R_g + R)^2} R \tag{1.45}$$

Para obtener el valor de R que la hace máxima realizamos:

$$\frac{dP_R}{dR} = E^2 \frac{R_g - R}{(R_g + R)^3} = 0 \tag{1.46}$$

resultando que la potencia máxima se consigue cuando:

$$R = R_g \tag{1.47}$$

En un capítulo posterior dedicaremos más atención al estudio de estas cuestiones.

1.5 ANÁLISIS DE UN CIRCUITO SIMPLE

Al decir un circuito simple hacemos referencia a un circuito que aun conteniendo varios generadores y resistencias, estos elementos están conectados de manera que forman un solo contorno cerrado, como el de la Figura 1.17.

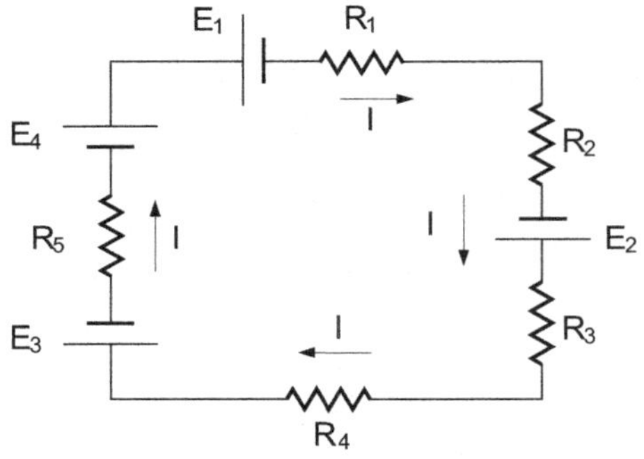

Figura 1.17

Con el sentido de intensidad supuesto, los generadores E_2 y E_4 están entregando potencia y los de f.e.m.s. E_1 y E_3 absorbiéndola.

Teniendo en cuenta el teorema de conservación de la energía:

$$\Sigma\ P\ entregadas = \Sigma\ P\ absorbidas \tag{1.48}$$

deberá cumplirse:

$$E_2 I + E_4 I = E_1 I + E_3 I + R_1 I^2 + R_2 I^2 + R_3 I^2 + R_4 I^2 + R_5 I^2 \tag{1.49}$$

de donde:

$$I = \frac{E_2 + E_4 - E_1 - E_3}{R_1 + R_2 + R_3 + R_4 + R_5} = \frac{\Sigma E}{\Sigma R} \tag{1.50}$$

El numerador de la expresión anterior es la suma algebráica de las f.e.m.s. siendo positivas aquellas en las que la corriente circula en el sentido que ellas tienden a crearla y negativas en caso contrario.

Si la corriente I resulta negativa, indica que el sentido real de circulación es el contrario al que se ha supuesto, en cuyo caso los generadores E_2 y E_4 estarán absorbiendo potencia y los generadores E_1 y E_3 entregándola.

1.6 DIFERENCIA DE POTENCIAL

La determinación de la d.d.p. entre puntos de un circuito es frecuentemente la situación de partida, para efectuar el análisis de los mismos.

Figura 1.18

En los apartados anteriores se ha calculado la d.d.p. en bornas de una resistencia, la cual está dada por la ley de Ohm, con la corriente circulando desde el punto de mayor hacia el de menor potencial.

Así, en la Figura 1.18a se tiene:

$$V_{AB} = R I \tag{1.51}$$

y en la Figura 1.18b:

$$V_{AB} = -R I \tag{1.52}$$

En los generadores, la d.d.p. en sus bornas coincide con el valor de la f.e.m. (1.37). La d.d.p. es positiva si se calcula desde la borna (+) hacia la borna (−) y negativa en caso contrario, no dependiendo ni del valor ni del sentido de circulación de la corriente.

Figura 1.19

En las Figuras 1.19a y 1.19b, se tiene:

$$V_{AB} = E \tag{1.53}$$

$$V_{BA} = -E \tag{1.54}$$

independientemente del sentido de circulación de la corriente I.

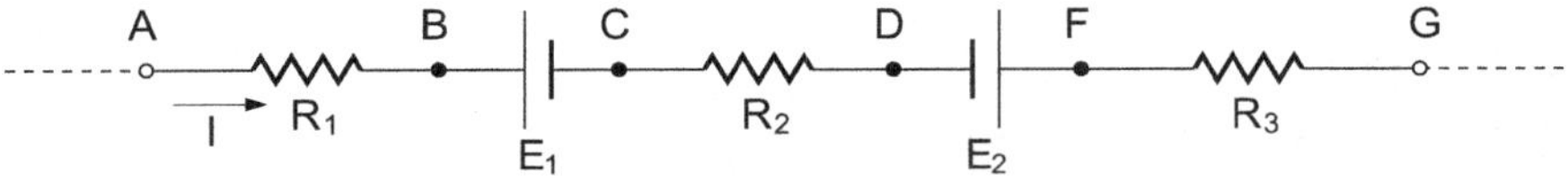

Figura 1.20

En una rama como la representada en la Figura 1.20, la d.d.p. entre los puntos A y G se obtendrá sumando las d.d.p. entre puntos intermedios. Así se tiene:

$$V_A - V_G = (V_A - V_B) + (V_B - V_C) + (V_C - V_D) + (V_D - V_F) + (V_F - V_G) \tag{1.55}$$

con:

$$\begin{aligned} V_{AB} &= R_1 I \\ V_{BC} &= E_1 \\ V_{CD} &= R_2 I \\ V_{DF} &= -E_2 \\ V_{FG} &= R_3 I \end{aligned} \tag{1.56}$$

Resultando:

$$V_{AG} = R_1 I + E_1 + R_2 I - E_2 + R_3 I \tag{1.57}$$

Como ejemplo más general consideremos el circuito de la Figura 1.21 en el que se han supuesto las corrientes en las ramas, siendo éstas las representadas.

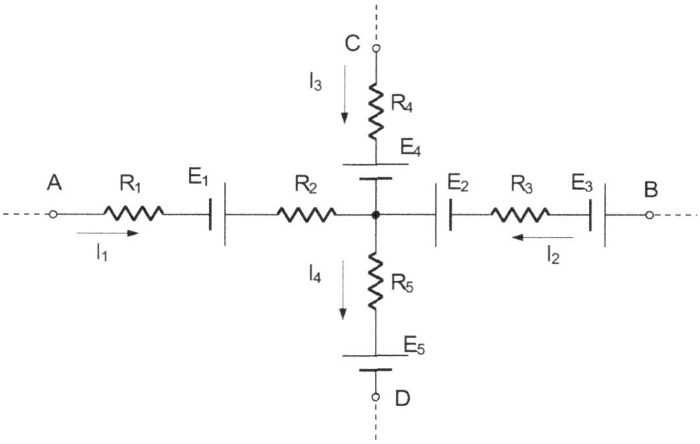

Figura 1.21

En él se obtiene:

$$
\begin{aligned}
V_{AB} &= RI_1 - E_1 + R_2I_1 + E_2 - R_3I_2 - E_3 \\
V_{CD} &= R_4I_3 + E_4 + R_5I_4 + E_5 \qquad (1.58) \\
V_{CB} &= R_4I_3 + E_4 + E_2 - R_3I_2 - E_3
\end{aligned}
$$

1.6.1 Potencial absoluto

La tensión o d.d.p. es una variable que se define entre dos puntos. Ahora bien, si en un circuito tomamos un punto como referencia y le "asignamos" potencial cero, al calcular la d.d.p. entre puntos de este circuito y el de referencia, se obtienen sus potenciales absolutos. A este punto se le denomina "masa" o "tierra" y se indica como se muestra en la Figura 1.22a, en la que el punto B es el de referencia.

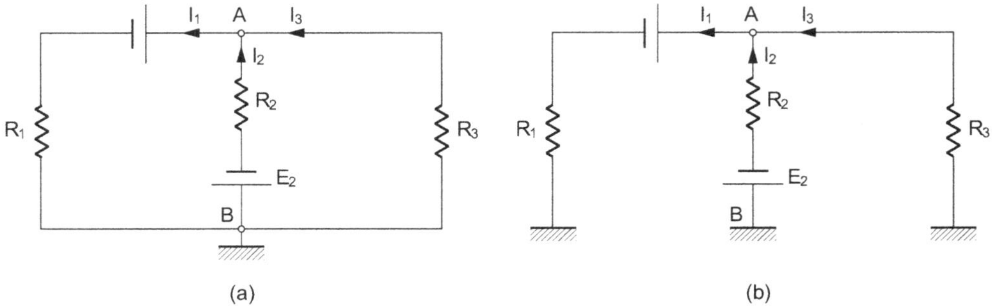

Figura 1.22

En ocasiones, el punto de referencia permite modificar el esquema del circuito consiguiendo diferentes configuraciones (Figura 1.22b). Para ello, deberá tenerse en cuenta que todos los puntos conectados con el símbolo de tierra están unidos entre sí.

En los circuitos de la Figura 1.22, se tiene:

$$V_A = E_1 + R_1 I_1 = -R_2 I_2 - E_2 = -R_3 I_3 \tag{1.59}$$

1.7 LEYES DE KIRCHHOFF

La resolución de circuitos más complicados que el representado en la Figura 1.17, en el cual existe un solo contorno cerrado, implica algo más que la aplicación del teorema de conservación de la energía. Las leyes de Kirchhoff son el soporte sobre el que se formulan las ecuaciones de los circuitos.

La primera ley de Kirchhoff establece que en un nudo, para cualquier instante, la suma de las corrientes que entran es igual a la suma de las que salen. (Nudo es cualquier punto del circuito en el cual coinciden más de dos corrientes.)

Esta ley es una consecuencia del teorema de conservación de la carga, pues la misma cantidad de carga que entra en un nudo en cada instante debe salir en el mismo tiempo, dado que en el nudo no se puede almacenar.

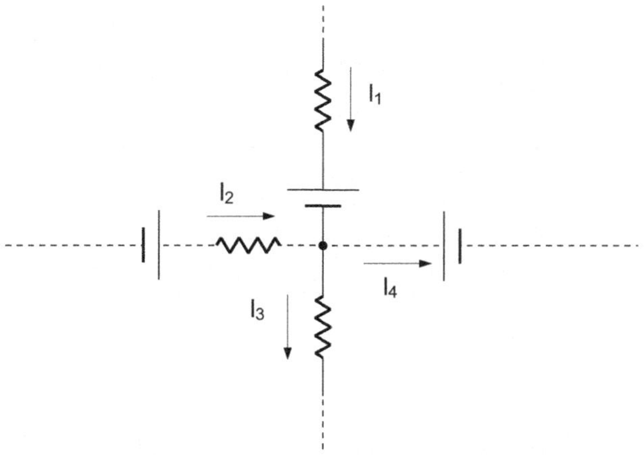

Figura 1.23

Para la Figura 1.23 se tiene:

$$I_1 + I_2 = I_3 + I_4 \tag{1.60}$$

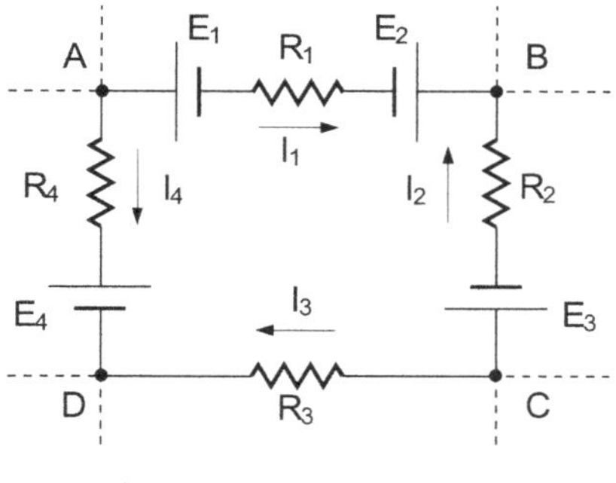

Figura 1.24

La segunda ley de Kirchhoff hace referencia a los voltajes en un contorno cerrado o malla y establece que en cada instante, la suma algebraica de las d.d.p. a través de cada elemento alrededor de un contorno cerrado ha de ser cero. Esta ley se deduce de la conservación de la energía, pues una carga que partiendo de un punto vuelve a él gana la misma cantidad de energía que pierde, y en definitiva expresa que la d.d.p. entre un punto y el mismo punto es cero.

En el circuito de la Figura 1.24, si partiendo del punto A recorremos la malla en el sentido de las agujas del reloj hasta regresar a él, obtenemos:

$$V_{AA} = 0 = E_1 + R_1 I_1 - E_2 - R_2 I_2 - E_3 + R_3 I_3 - E_4 - R_4 I_4 \qquad (1.61)$$

1.8 RESOLUCIÓN DE UNA RED

Se define una red como un circuito más complejo formado por la unión de circuitos simples en los que la energía se transmite de unos a otros.

Analizar una red consiste en determinar las corrientes que circulan por todas las ramas, lo que a su vez nos permitirá conocer las tensiones existentes en la totalidad de los elementos que la componen.

La aplicación de las leyes de Kirchhoff conduce a plantear un sistema de ecuaciones, en el que las incógnitas serán precisamente las corrientes de las ramas.

La elección de estas ecuaciones deberá hacerse de tal manera que el conjunto de ellas (tantas como corrientes de rama) sea linealmente independiente.

Para comprender mejor el procedimiento a seguir consideremos el circuito de la Figura 1.25.

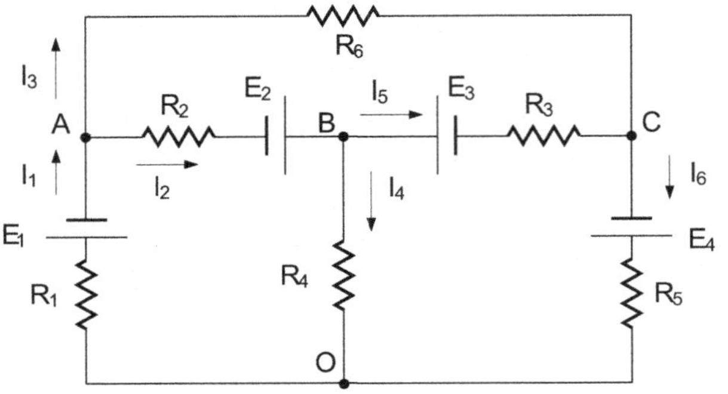

Figura 1.25

La forma de operar es como sigue:

1) Se asigna a cada una de las ramas r una corriente arbitraria (I_1, I_2,...I_6). En nuestro caso r = 6.

2) Si el número de nudos de la red es n se plantea la primera ley de Kirchhoff en n-1 nudos, pues la ecuación del nudo restante (como se demostrará en un capítulo posterior) es combinación lineal de las anteriores. En nuestro ejemplo n = 4 y n-1 = 3.

Eligiendo los nudos A, B y C obtenemos:

$$\begin{aligned} &\textit{Nudo A} \quad && I_1 = I_2 + I_3 \\ &\textit{Nudo B} \quad && I_2 = I_4 + I_5 \\ &\textit{Nudo C} \quad && I_6 = I_3 + I_5 \end{aligned} \tag{1.62}$$

La ecuación del nudo 0 se obtiene combinando las anteriores.

3) Como el número de incógnitas es igual al de ramas r y tenemos planteadas n-1 ecuaciones de nudo, necesitamos plantear r-(n-1) = r-n+1 ecuaciones de malla linealmente independientes entre sí. Para asegurar que son independientes es condición suficiente que cada malla elegida contenga al menos una rama que no haya sido incluida en las demás. En el ejemplo r - n+1 = 3.

Si elegimos las mallas coincidiendo con el contorno de los "huecos" que presenta el circuito obtenemos:

$$
\begin{array}{ll}
\textit{Malla ABOA} & 0 = R_2I_2 - E_2 + R_4I_4 + R_1I_1 + E_1 \\
\textit{Malla BCOB} & 0 = E_3 + R_3I_5 - E_4 + R_5I_6 - R_4I_4 \\
\textit{Malla ACBA} & 0 = R_6I_3 - R_3I_5 - E_3 + E_2 - R_2I_2
\end{array}
\qquad (1.63)
$$

Estas tres ecuaciones junto con las tres obtenidas en (1.62) forman un sistema de r = 6 ecuaciones linealmente independientes que permiten obtener las corrientes de las ramas (I_1, I_2, ...I_6). Este método puede simplificarse si las ecuaciones de nudo son planteadas directamente sobre el circuito procediendo como sigue:

En la Figura 1.26 si nos situamos en el nudo A, conocida la corriente en dos de las tres ramas que coinciden en él, puede obtenerse la tercera. Supuestas I_a e I_b, la corriente en la rama AC puede calcularse en función de estas dos, de manera que satisfagan en el nudo la primera ley de Kirchhoff, obteniéndose para esta rama una corriente (I_a - I_b). A continuación nos situamos en el nudo B; en él será necesario introducir una nueva incógnita I_c para poder encontrar en la rama BC la corriente (I_b+I_c). En el nudo C la corriente en la rama CO puede ahora obtenerse en función de la de las ramas AC y BC que ya han sido determinadas, resultando una corriente de valor (I_a+I_c).

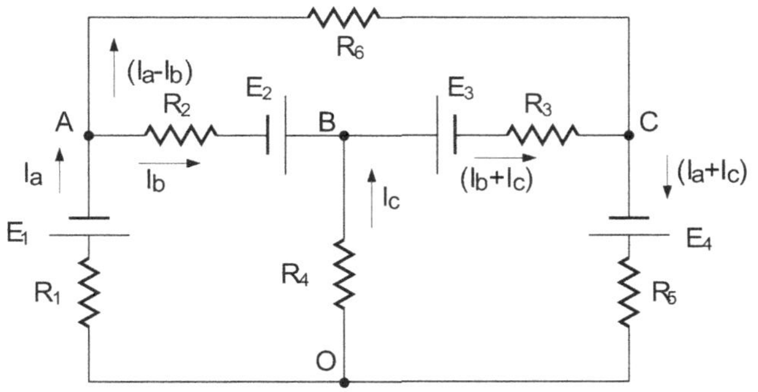

Figura 1.26

Puede comprobarse como en el nudo restante O se cumple la ley de Kirchhoff.

De esta manera, conocidas las corrientes I_a, I_b e I_c pueden determinarse las existentes en todas las ramas. Planteando las ecuaciones de las tres mallas, que coinciden con el contorno de los huecos, tenemos:

$$
\begin{array}{ll}
\textit{Malla ABOA} & 0 = R_2I_b - E_2 - R_4I_c + R_1I_a + E_1 \\
\textit{Malla BCOB} & 0 = E_3 + R_3(I_b+I_c) - E_4 + R_5(I_a+I_c) + R_4I_c \\
\textit{Malla ACBA} & 0 = R_6(I_a-I_b) - R_3(I_b+I_c) - E_3 + E_2 - R_2I_b
\end{array}
\qquad (1.64)
$$

que forman un sistema de tres ecuaciones que nos permitirá calcular las tres corrientes I_a, I_b e I_c, y conocidas éstas, obtener todas las demás.

1.9 COMPORTAMIENTO ELÉCTRICO DE LOS COMPONENTES PASIVOS

Un elemento pasivo es aquel que no es capaz de entregar potencia al circuito en el cual está conectado. Puede suceder que en un instante determinado algún elemento pasivo (condensador o bobina) suministre energía que previamente ha almacenado procedente del propio circuito, resultando una potencia media "liberada" de valor cero. Los elementos pasivos son el resistor, el condensador y la bobina.

1.9.1 Resistor

Los resistores se pueden construir de diversas maneras, desde un simple hilo conductor, como se ha visto en el apartado 1.1. o los típicos resistores de composición, formados por una pasta conductora moldeada en caliente, hasta los obtenidos depositando una película conductora (delgada o gruesa) sobre un substrato de material aislante. El parámetro eléctrico que los caracteriza es su resistencia óhmica R (Figura 1.27).

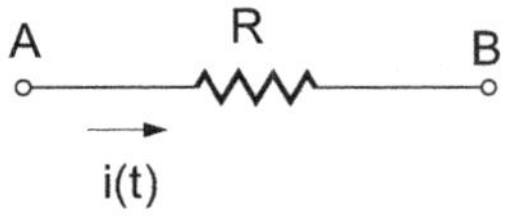

Figura 1.27

En todo instante la tensión en bornas de la resistencia y la intensidad que circula por ella están relacionadas por la ley de Ohm.

$$v_{AB}(t) = R\ i(t) \tag{1.65}$$

$$i(t) = \frac{1}{R}\ v_{AB}(t) \tag{1.66}$$

Si la tensión aplicada es constante, la intensidad también lo es, verificándose:

$$V_{AB} = R\ I \tag{1.67}$$

1.9.1.1 ENERGÍA DISIPADA EN UNA RESISTENCIA

En un instante determinado, la potencia disipada por la resistencia es:

$$p(t) = v_{AB}(t)\ i(t) = R\ i^2(t) \tag{1.68}$$

con:

$$p(t) = \frac{dw(t)}{dt} = R\ i^2(t) \tag{1.69}$$

$$dw(t) = R\ i^2(t)\ dt \tag{1.70}$$

por lo que la energía disipada resulta:

$$W = \int R\ i^2(t)\ dt \tag{1.71}$$

la integral hay que extenderla durante todo el tiempo que está aplicada la intensidad.

Cuando la corriente I que circula por la resistencia es constante, resulta como se obtuvo anteriormente:

$$W = R\ I^2\ t \tag{1.31 bis}$$

1.9.1.2 ASOCIACIÓN DE RESISTENCIAS. RESISTENCIA EQUIVALENTE

El conjunto de resistencias de una asociación (Figura 1.28) puede sustituirse entre dos puntos A y B de la misma por otra equivalente, tal que, al aplicar la misma tensión, circule idéntica corriente (Figura 1.28).

Figura 1.28

Para determinar R_{eq} se aplica a los terminales de la red resistiva una diferencia de potencial $v_{AB}(t)$, obteniendo la corriente que circula entre dichos terminales. La R_{eq} se obtiene haciendo:

$$R_{eq} = \frac{v_{AB}(t)}{i(t)} \tag{1.72}$$

EJEMPLO 1

En la Figura 1.29 se representa un conjunto de resistencias asociadas en serie (por todas circula la misma intensidad).

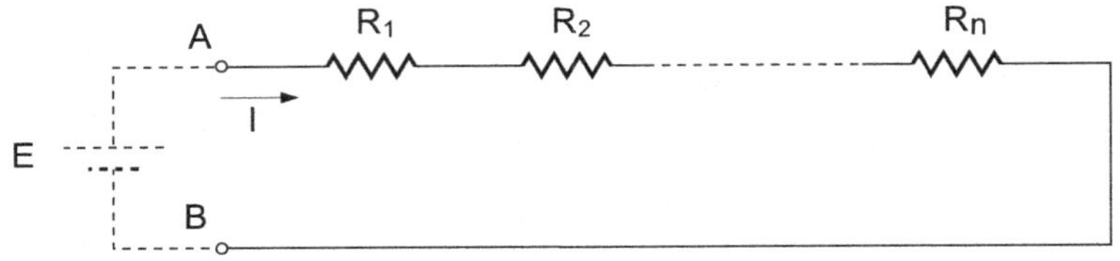

Figura 1.29

Para encontrar la R_{eq} entre A y B, aplicamos un generador de f.e.m. E.

Planteando la segunda ley de Kirchhoff tenemos:

$$E = R_1 I + R_2 I + \dots + R_n I = (R_1 + R_2 + \dots + R_n) I \qquad (1.73)$$

y la resistencia equivalente será la suma de todas ellas:

$$R_{eq} = \frac{E}{I} = R_1 + R_2 + \dots + R_n = \sum_{i=1}^{n} R_i \qquad (1.74)$$

Observándose que la R_{eq} de un conjunto de resistencias conectadas en serie es mayor que cualquiera de ellas.

EJEMPLO 2

La Figura 1.30 representa un conjunto de resistencias asociadas en paralelo (la d.d.p. en sus bornas es la misma).

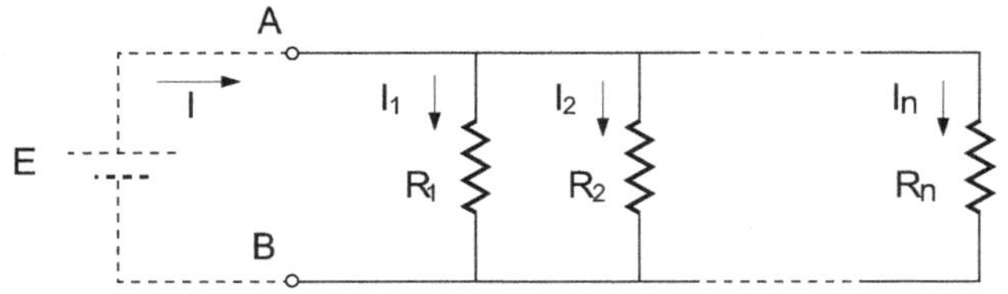

Figura 1.30

Aplicando entre los puntos A y B un generador de f.e.m. E y planteando en el nudo A la primera ley de Kirchhoff resulta:

$$I = I_1 + I_2 + \dots + I_n \qquad (1.75)$$

siendo:

$$I_1 = \frac{E}{R_1}$$

$$I_2 = \frac{E}{R_2} \qquad (1.76)$$

$$------$$

$$------$$

$$I_n = \frac{E}{R_n}$$

Sustituyendo en la expresión (1.75) se tiene:

$$I = \frac{E}{R_1} + \frac{E}{R_2} + \dots + \frac{E}{R_n} = E\left(\frac{1}{R_1} + \frac{1}{R_2} + \dots + \frac{1}{R_n}\right) \qquad (1.77)$$

por lo que:

$$\frac{I}{E} = \frac{1}{R_{eq}} = \frac{1}{R_1} + \frac{1}{R_2} + \dots + \frac{1}{R_n} \qquad (1.78)$$

La inversa de la resistencia se denomina conductancia

$$\frac{1}{R} = G(\Omega^{-1}) \qquad (1.79)$$

y para la asociación en paralelo tendremos:

$$G_{eq} = G_1 + G_2 + \dots + G_n = \sum_{i=1}^{n} G_i \qquad (1.80)$$

Nótese que la R_{eq} de varias conectadas en paralelo es menor que cualquiera de ellas.

Frecuentemente se presenta el caso de dos resistencias asociadas en paralelo. Para esta conexión se tiene:

$$\frac{1}{R_{eq}} = \frac{1}{R_1} + \frac{1}{R_2} \qquad (1.81)$$

$$R_{eq} = \frac{R_1\, R_2}{R_1 + R_2} \qquad (1.82)$$

EJEMPLO 3

En un conjunto de resistencias como la red en escalera que se representa en la Figura 1.31, la resistencia equivalente puede obtenerse aplicando los resultados obtenidos en los dos ejemplos anteriores, mediante asociaciones sucesivas en serie y en paralelo y comenzando por el final de la red. Así se obtienen las redes simplificadas de las Figuras 1.32a y 1.32b hasta encontrar la resistencia equivalente de la Figura 1.32c.

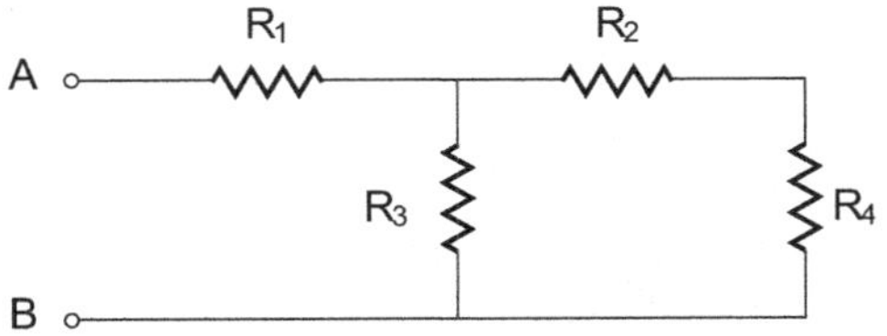

Figura 1.31

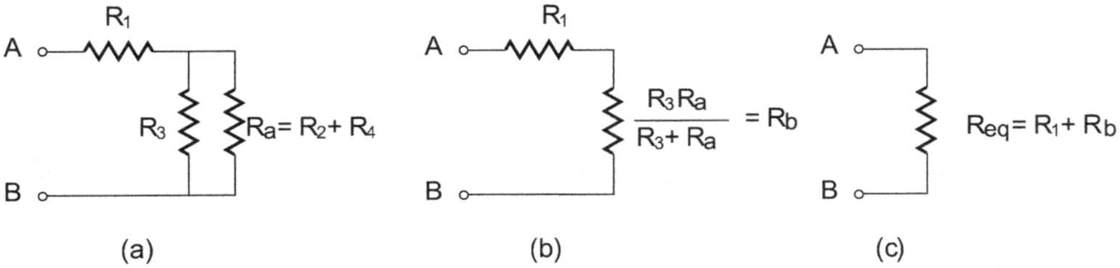

Figura 1.32

EJEMPLO 4

En el circuito de la Figura 1.33 las resistencias entre sí no tienen conexiones en serie o en paralelo, no pudiéndose hacer las simplificaciones del ejemplo anterior.

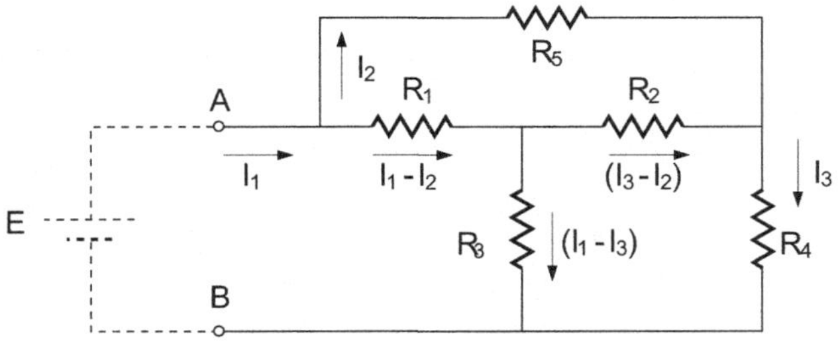

Figura 1.33

Para obtener la R_{eq} será necesario conectar el generador E y encontrar la corriente I_1 que circula por él.

Las ecuaciones de las tres mallas son:

$$\begin{aligned} E &= (R_1 + R_3)I_1 - R_1 I_2 - R_3 I_3 \\ 0 &= -R_1 I_1 + (R_1 + R_2 + R_5)I_2 - R_2 I_3 \\ 0 &= -R_3 I_1 - R_2 I_2 + (R_2 + R_3 + R_4)I_3 \end{aligned} \tag{1.83}$$

y la corriente I_1 resultará:

$$I_1 = \frac{\begin{vmatrix} E & -R_1 & -R_3 \\ 0 & R_1+R_2+R_5 & -R_2 \\ 0 & -R_2 & R_2+R_3+R_4 \end{vmatrix}}{\begin{vmatrix} R_1+R_3 & -R_1 & -R_3 \\ -R_1 & R_1+R_2+R_5 & -R_2 \\ -R_3 & -R_2 & R_2+R_3+R_4 \end{vmatrix}} = E\frac{\begin{vmatrix} R_1+R_2+R_5 & -R_2 \\ -R_2 & R_2+R_3+R_4 \end{vmatrix}}{\begin{vmatrix} R_1+R_3 & -R_1 & -R_3 \\ -R_1 & R_1+R_2+R_5 & -R_2 \\ -R_3 & -R_2 & R_2+R_3+R_4 \end{vmatrix}} \tag{1.84}$$

Obteniéndose:

$$R_{eq} = \frac{E}{I_1} = \frac{\begin{vmatrix} R_1+R_3 & -R_1 & -R_3 \\ -R_1 & R_1+R_2+R_5 & -R_2 \\ -R_3 & -R_2 & R_2+R_3+R_4 \end{vmatrix}}{\begin{vmatrix} R_1+R_2+R_5 & -R_2 \\ -R_2 & R_2+R_3+R_4 \end{vmatrix}} = \frac{\Delta}{\delta_{11}} \tag{1.85}$$

siendo Δ el determinante de las resistencias y δ_{11} el adjunto del elemento 11 de dicho determinante (por haber llamado malla uno a la del generador).

1.9.1.3 DIVISORES DE TENSIÓN Y DE CORRIENTE

Como circuitos de aplicación de las conexiones serie y paralelo de resistencias, vamos a estudiar los divisores de tensión y de corriente, cuyos resultados tienen una amplia aplicación en el análisis de circuitos.

DIVISOR DE TENSIÓN

Es un dispositivo mediante el que se consigue una tensión de salida inferior a la de entrada en una proporción deseada.

En la Figura 1.34 se representa un sencillo divisor de tensión formado por dos resistencias en serie.

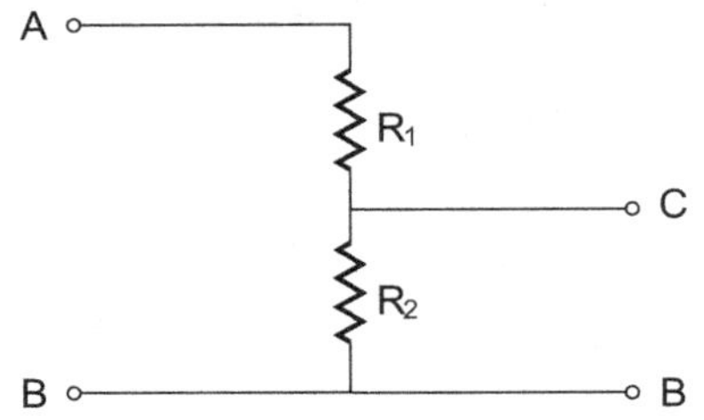

Figura 1.34

Al aplicar a los terminales de entrada una tensión V_{AB}, por las resistencias R_1 y R_2 conectadas en serie circulará una corriente de valor:

$$I = \frac{V_{AB}}{R_1 + R_2} \tag{1.86}$$

y en la resistencia R_2 se producirá una caída de tensión:

$$V_{CB} = R_2 I = \frac{R_2}{R_1 + R_2} V_{AB} \tag{1.87}$$

La tensión de entrada es $V_e = V_{AB}$ y la de salida $V_s = V_{CB}$ y se representan por una flecha señalando al terminal positivo como puede verse en la Figura 1.35, con:

$$V_s = \frac{R_2}{R_1 + R_2} V_e \tag{1.88}$$

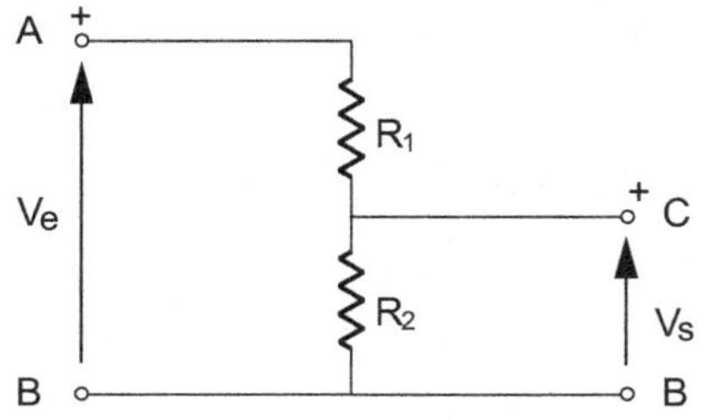

Figura 1.35

DIVISOR DE INTENSIDAD

El circuito de la Figura 1.36 es un sencillo divisor de intensidad, formado por dos resistencias conectadas en paralelo.

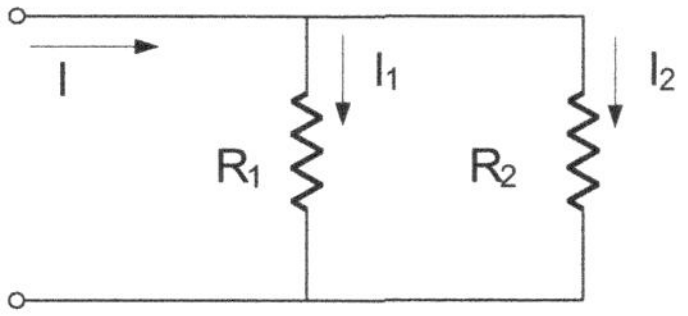

Figura 1.36

La corriente I se divide en otras dos I_1 e I_2. El valor de cada una de estas corrientes se obtiene aplicando las leyes de Kirchhoff, lo que conduce a las ecuaciones:

$$\begin{aligned} I &= I_1 + I_2 \\ R_1 I_1 &= R_2 I_2 \end{aligned} \qquad (1.89)$$

De este sistema de ecuaciones se obtienen:

$$\begin{aligned} I_1 &= I \frac{R_2}{R_1 + R_2} \\ I_2 &= I \frac{R_1}{R_1 + R_2} \end{aligned} \qquad (1.90)$$

observándose que la corriente de una rama es mayor cuanto más pequeña sea la resistencia de la misma, repartiéndose de forma inversamente proporcional al valor de dicha resistencia.

1.9.2 Condensador

El condensador más sencillo es un componente formado por dos placas conductoras metálicas paralelas, separadas por un dieléctrico (Figura 1.37).

Al aplicar entre las dos placas una d.d.p. se desprenden electrones de una de ellas y se depositan en la otra, de manera que la carga q(t) que en cada instante tiene cada placa es igual y de signo contrario.

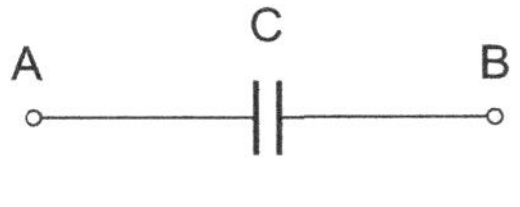

Figura 1.37

En electrostática se demuestra que la relación que existe entre la carga almacenada y la d.d.p. aplicada a las armaduras es constante e igual a la capacidad C, siendo éste el parámetro eléctrico que caracteriza al condensador.

$$C = \frac{q(t)}{v_{AB}(t)} \quad (Culombio/Voltio) \tag{1.91}$$

La unidad de capacidad es el Faradio.

$$Culombio/Voltio = Faradio \tag{1.92}$$

Esta magnitud es demasiado grande, utilizándose submúltiplos de él.

$$\begin{aligned} milifaradio\ (mF) &= 10^{-3}\ F \\ microfaradio\ (\mu F) &= 10^{-6}\ F \\ nanofaradio\ (nF) &= 10^{-9}\ F \\ picofaradio\ (pF) &= 10^{-12}\ F \end{aligned} \tag{1.93}$$

Durante el período de carga del condensador se produce un desplazamiento de carga de una a otra armadura originándose una corriente de valor:

$$i(t) = \frac{dq(t)}{dt} \tag{1.94}$$

por lo que la carga adquirida por el condensador será:

$$q(t) = \int i(t)\, dt \tag{1.95}$$

y de la expresión (1.91) se obtiene:

$$v_{AB}(t) = \frac{1}{C} \int i(t)\, dt \tag{1.96}$$

Siendo ésta la ecuación que relaciona la intensidad y la tensión en bornas del condensador, en cualquier instante.

1.9.2.1 ENERGÍA ALMACENADA EN EL CONDENSADOR

Al desprenderse electrones de una de las armaduras y depositarse en la otra, la primera quedará cargada positivamente, al tiempo que la otra adquirirá carga negativa, estableciéndose entre ellas una d.d.p. Para conseguir que continúe el desplazamiento de electrones de la armadura (+) a la (−) será necesario aportar una energía exterior, que será almacenada por el condensador y que éste devolverá al descargarse.

La energía necesaria para desplazar una carga dq de una a otra armadura es:

$$dw(t) = dq\ v_{AB}(t) \tag{1.97}$$

con:

$$v_{AB}(t) = \frac{q(t)}{C} \tag{1.98}$$

por lo que al sustituir en (1.97) tendremos:

$$dw(t) = \frac{q(t)}{C}\ dq \tag{1.99}$$

La energía almacenada cuando la carga adquirida alcance el valor q será:

$$W = \frac{1}{C}\int_0^q q(t)dq = \frac{1}{2}\frac{q^2}{C} \quad (Julios) \tag{1.100}$$

y teniendo en cuenta que:

$$q(t) = C\ v(t) \tag{1.101}$$

la energía puede escribirse en función de la tensión alcanzada como:

$$W = \frac{1}{2}\ C\ V_{AB}^2 \quad (Julios) \tag{1.102}$$

1.9.2.2 CARGA Y DESCARGA DEL CONDENSADOR. COMPORTAMIENTO EN C.C.

Consideremos el circuito representado en la Figura 1.38.

A partir del instante t = 0, en el que se cierra el interruptor, el condensador comienza a cargarse, estableciéndose una corriente i(t).

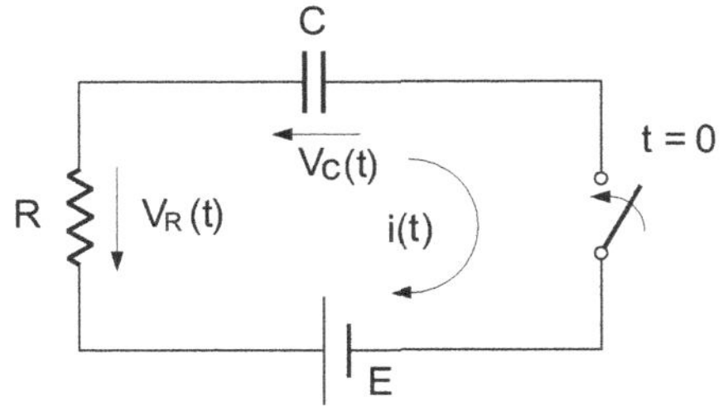

Figura 1.38

En la malla se cumple en todo instante:

$$E = v_R(t) + v_C(t) \tag{1.103}$$

con

$$v_R(t) = Ri(t) \tag{1.104}$$

y

$$v_C(t) = \frac{1}{C} \int i(t)\,dt \tag{1.105}$$

por lo que al sustituir en (1.103) se tiene:

$$E = Ri(t) + \frac{1}{C} \int i(t)\,dt \tag{1.106}$$

La solución de esta ecuación nos dará como resultado la evolución de la corriente i(t) desde el instante en el que se cierra el interruptor.

Derivando la expresión (1.106) se obtiene la ecuación diferencial:

$$0 = R\frac{di(t)}{dt} + \frac{1}{C}i(t) \tag{1.107}$$

de donde:

$$\frac{di(t)}{i(t)} = -\frac{1}{RC}dt \tag{1.108}$$

Integrando los dos miembros de la expresión anterior resulta:

$$L_n i(t) = -\frac{1}{RC}t + K \tag{1.109}$$

Al hallar el antilogaritmo obtenemos:

$$i(t) = K_1\,e^{-t/RC} \tag{1.110}$$

con:

$$K = L_n\,K_1 \tag{1.111}$$

La tensión en bornas del condensador se obtiene de la expresión (1.103):

$$v_C(t) = E - v_R(t) = E - Ri(t) \tag{1.112}$$

y sustituyendo el valor de i(t) obtenido anteriormente, tendremos:

$$v_C(t) = E - RK_1\, e^{-t/RC} \tag{1.113}$$

La constante de integración K_1 se calcula particularizando la expresión anterior para el instante t = 0, teniendo en cuenta que la carga q(t) adquirida por el condensador es una función continua; de no ser así, esto es, si existiera una discontinuidad, se produciría una variación finita de carga en un tiempo infinitesimal (Figura 1.39), lo que daría origen a una intensidad infinita, situación físicamente imposible.

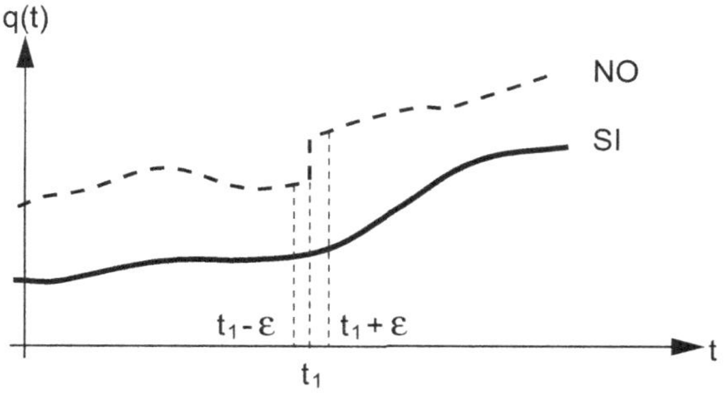

Figura 1.39

A esta misma conclusión se llega si se observa la expresión de la energía almacenada por el condensador (1.114) de la que se deduce que una variación finita de carga en un tiempo infinitesimal implicará una variación finita de la energía W, en dicho tiempo infinitesimal, originándose una potencia infinita, (1.115) posibilidad que no es contemplada al estudiar sistemas físicamente realizables.

$$W = \frac{1}{2}\frac{q^2}{C} \tag{1.114}$$

$$P = \frac{dW}{dt} \tag{1.115}$$

De lo anteriormente expuesto se deduce que si el condensador tiene inicialmente una carga $Q_0 = CV_0$ un infinitésimo después de cerrar el interruptor (instante $t = 0^+$), la carga del condensador y por ello también la tensión serán las mismas que en el infinitésimo inmediatamente anterior (instante $t = 0^-$).

Al particularizar la expresión (1.113) para t = 0, resulta:

$$V_C(0^+) = E - RK_1 \tag{1.116}$$

y si el condensador se encuentra inicialmente descargado [$V_C(0^-) = 0$], al hacer:

$$V_C(0^+) = V_C(0^-) = E - RK_1 = 0 \tag{1.117}$$

se obtiene:

$$K_1 = \frac{E}{R} \tag{1.118}$$

Sustituyendo este valor de la constante en las expresiones (1.110) y (1.113), tenemos:

$$i(t) = \frac{E}{R}\, e^{-t/RC} \tag{1.119}$$

y

$$v_C(t) = E\left[1 - e^{-t/RC}\right] \tag{1.120}$$

La carga que en cada instante tiene el condensador es:

$$q(t) = C\, v_C(t) = CE\left[1 - e^{-t/RC}\right] \tag{1.121}$$

El producto RC se denomina constante de tiempo τ y da idea de la mayor o menor rapidez con la que se alcanza el valor final de la corriente, tensión o carga en el condensador.

$$\tau = RC \tag{1.122}$$

Introduciendo la constante de tiempo, en las expresiones (1.119), (1.120) y (1.121) éstas pueden escribirse como:

$$i(t) = \frac{E}{R}\, e^{-t/\tau} \tag{1.123}$$

$$v_C(t) = E(1 - e^{-t/\tau}) \tag{1.124}$$

$$q(t) = CE(1 - e^{-t/\tau}) \tag{1.125}$$

En las Figuras 1.40a y 1.40b, se representa la evolución de la corriente i(t) y de la tensión $v_C(t)$ para diferentes valores de la constante de tiempo τ.

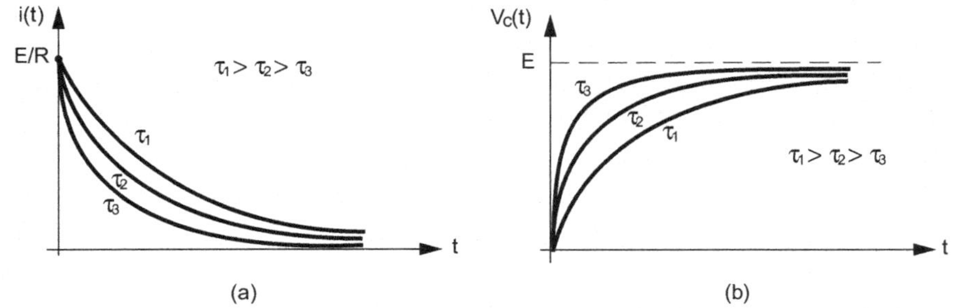

Figura 1.40

Debe observarse como la corriente es máxima en el momento de iniciarse el proceso de carga y disminuye a medida que el condensador va cargándose, de manera que transcurridos unos pocos segundos la corriente es prácticamente cero y la tensión en bornas del condensador aproximadamente igual a la del generador E.

Por ello en una rama en la que está conectado un condensador, solamente existe corriente durante el breve tiempo que dura el proceso de carga. Finalizado éste, la corriente se hace prácticamente cero y la rama se comporta como un circuito abierto.

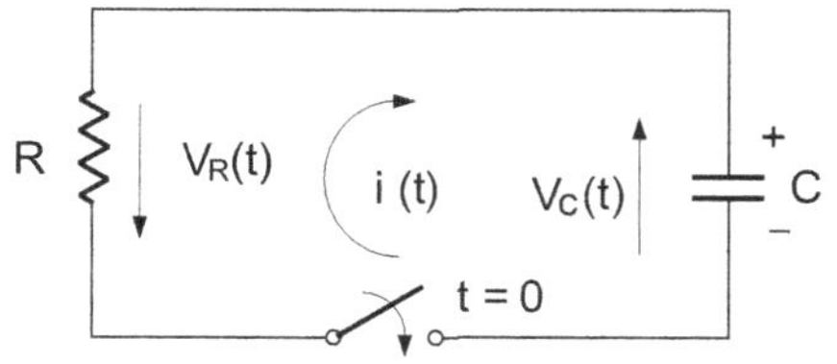

Figura 1.41

El comportamiento del condensador durante la descarga puede ser estudiado partiendo del circuito de la Figura 1.41, en el que el condensador está inicialmente cargado con una carga $Q_0 = CV_0$ y la polaridad indicada en la figura.

A partir del instante t = 0 en el que se cierra el interruptor se verifica:

$$v_R(t) + v_C(t) = 0 \qquad (1.126)$$

y en función de la intensidad:

$$Ri(t) + \frac{1}{C}\int i(t)dt = 0 \qquad (1.127)$$

Derivando la ecuación anterior se obtiene:

$$R\frac{di(t)}{dt} = -\frac{1}{C}i(t) \qquad (1.128)$$

de donde:

$$\frac{di(t)}{i(t)} = -\frac{1}{RC}dt \qquad (1.129)$$

Integrando los dos miembros resulta:

$$L_n i(t) = -\frac{1}{RC}t + K \qquad (1.130)$$

y por tanto:

$$i(t) = K_1 \; e^{-t/RC} \tag{1.131}$$

con:

$$K = L_n \; K_1 \tag{1.132}$$

De la expresión (1.126) se obtiene la tensión en el condensador, resultando:

$$v_C(t) = -v_R(t) = -Ri(t) \tag{1.133}$$

Al sustituir el valor de i(t) obtenido anteriormente resulta:

$$v_C(t) = -RK_1 \; e^{-t/RC} \tag{1.134}$$

La constante K_1 se calcula como en el caso anterior, teniendo en cuenta el valor de la tensión inicial en el condensador, haciendo:

$$V_C(0^+) = -R \; K_1 = V_C(0^-) = V_o \tag{1.135}$$

con lo que se obtiene:

$$K_1 = -\frac{V_o}{R} \tag{1.136}$$

que al sustituir en las expresiones (1.131) y (1.134) resulta:

$$i(t) = -\frac{V_o}{R} \; e^{-t/RC} \tag{1.137}$$

$$v_C(t) = V_o \; e^{-t/RC} \tag{1.138}$$

De la misma manera que en el proceso de carga, definimos la constante de tiempo:

$$\tau = R \; C \tag{1.139}$$

y las ecuaciones (1.137) y (1.138) pueden escribirse:

$$i(t) = -\frac{V_o}{R} \; e^{-t/\tau} \tag{1.140}$$

$$v_C(t) = V_o \; e^{-t/\tau} \tag{1.141}$$

El signo menos en la intensidad expresa que para la polaridad de la carga inicial, supuesta en la Figura 1.41, la corriente de descarga se produce, como cabía esperar, en sentido contrario al representado.

En las Figuras 1.42a y 1.42b, se representan la intensidad i(t) y la tensión $v_c(t)$ dadas en las expresiones (1.140) y (1.141) respectivamente.

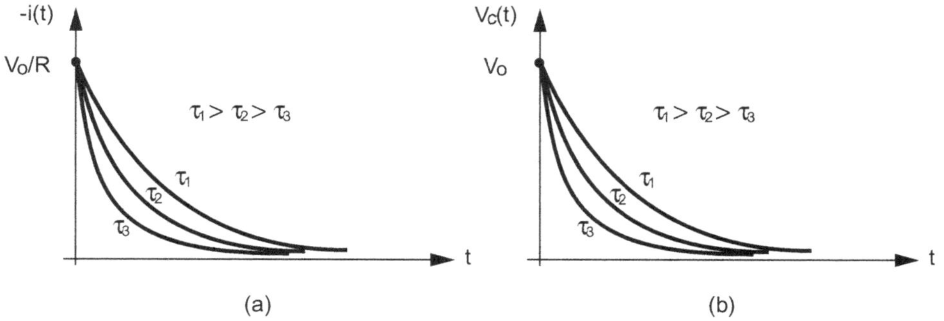

Figura 1.42

1.9.2.3 ASOCIACIÓN DE CONDENSADORES. CAPACIDAD EQUIVALENTE

De forma análoga a lo estudiado al asociar resistencias, una conexión de condensadores inicialmente descargados puede sustituirse entre dos terminales A y B de la misma, por un condensador equivalente de capacidad C_{eq}.

Al aplicar entre los terminales A y B de la red de condensadores de la Figura 1.43a una d.d.p. $v_{AB}(t)$ se originará una corriente i(t).

Figura 1.43

La capacidad equivalente de la asociación C_{eq} será tal que la tensión $v_{AB}(t)$ y la corriente i(t) satisfagan la expresión (1.96). Es decir:

$$v_{AB}(t) = \frac{1}{C_{eq}} \int i(t)\,dt \tag{1.142}$$

en la que la integral de la intensidad es la carga que se ha desplazado entre los terminales A y B.

$$\int i(t)\,dt = Q \qquad (1.143)$$

Para obtener la capacidad equivalente se conecta entre los terminales un generador de f.e.m. $E = V_{AB}$ (Figura 1.44). Calculada la carga Q que se ha desplazado a través del generador, hasta que todos los condensadores de la red alcanzan su carga final, la capacidad equivalente se obtendrá como:

$$C_{eq} = \frac{Q}{V_{AB}} = \frac{Q}{E} \qquad (1.144)$$

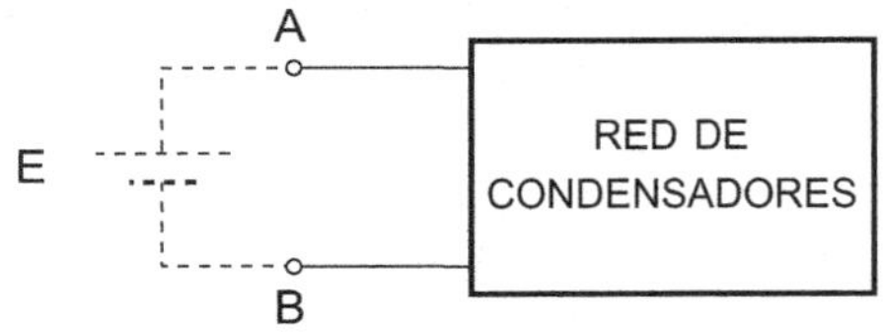

Figura 1.44

Para una asociación genérica de condensadores como la que se representa en la Figura 1.45, los pasos a seguir para determinar la capacidad equivalente son los siguientes:

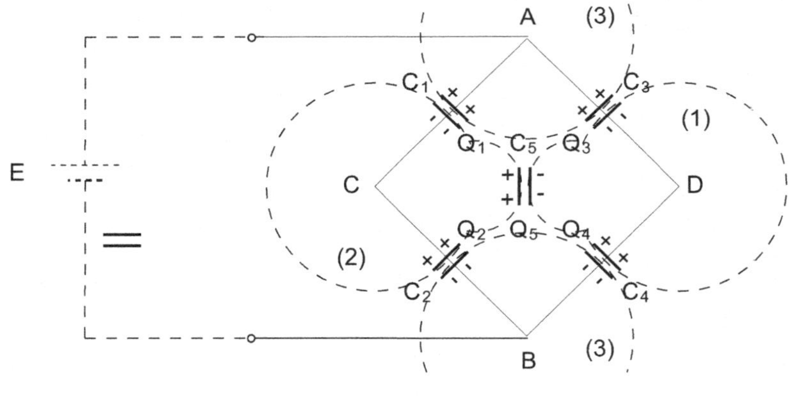

Figura 1.45

1) Conectado el generador de f.e.m. E, se supone una distribución arbitraria de las cargas finales que adquieren los condensadores (Q_1, Q_2....Q_5).

2) A continuación se calcula el valor de dichas cargas. Para ello tendremos que plantear un sistema de tantas ecuaciones independientes como condensadores tenga la asociación, en las que las incógnitas sean las cargas adquiridas (Q_1, Q_2....Q_5).

Las ecuaciones a plantear son de dos tipos:

a) De conservación de la carga.

Éstas se plantean determinando las zonas del circuito que denominaremos "de carga aislada", cada una de las cuales está formada por el conjunto de placas de condensadores que están unidas entre sí y entre las que la carga se redistribuye, de manera que la suma de las cargas finales que han alcanzado es igual a la suma de las que poseían antes de iniciarse el proceso de carga (en nuestro caso cero, pues los condensadores inicialmente se introducen descargados).

En la Figura 1.45, se han representado con línea de puntos las tres "zonas de carga aislada" que tiene el circuito. (Las placas superiores de C_1 y C_3 están unidas con las inferiores de C_2 y C_4 a través del generador E).

Las ecuaciones que resultan son:

$$\begin{aligned} &ZONA\ (1) \quad Q_4 - Q_3 - Q_5 = 0 \\ &ZONA\ (2) \quad Q_2 - Q_1 + Q_5 = 0 \\ &ZONA\ (3) \quad Q_1 + Q_3 - Q_2 - Q_4 = 0 \end{aligned} \qquad (1.145)$$

Puede observarse como cada una de las ecuaciones anteriores se obtiene combinando las otras dos y en general si es n el número de "zonas de carga aislada" se plantea la condición de conservación de la carga en (n-1) "zonas" que conducen a (n-1) ecuaciones independientes. En nuestro caso n = 3 y n-1 = 2.

b) Ecuaciones de malla.

Cada una de estas ecuaciones se forma recorriendo un contorno cerrado de la red de condensadores, haciendo la suma de las d.d.p. a través de los elementos que forman la malla. En nuestro caso son tres el número de ecuaciones independientes de malla a plantear que, unidas a las dos ecuaciones de "zona de carga aislada", forman un sistema de cinco ecuaciones en el que las incógnitas son las cargas (Q_1, Q_2,...Q_5) adquiridas por cada condensador.

Eligiendo estas mallas, coincidentes con los contornos de los "huecos" de la red de la Figura 1.45, resulta:

$$\text{Malla } ACBA \qquad E = \frac{Q_1}{C_1} + \frac{Q_2}{C_2}$$

$$\text{Malla } ADCA \qquad O = \frac{Q_3}{C_3} - \frac{Q_5}{C_5} - \frac{Q_1}{C_1}$$

$$\text{Malla } BCDB \qquad O = -\frac{Q_2}{C_2} + \frac{Q_5}{C_5} + \frac{Q_4}{C_4} \qquad (1.146)$$

Calculadas las cargas finales de los condensadores se obtiene la carga Q desplazada a través del generador E:

$$Q = Q_1 + Q_3 = Q_2 + Q_4 \qquad (1.147)$$

La capacidad equivalente resultará:

$$C_{eq} = \frac{Q}{E} = \frac{Q_1 + Q_3}{E} = \frac{Q_2 + Q_4}{E} \qquad (1.148)$$

Vamos a estudiar a continuación algunos ejemplos en los que los condensadores están conectados formando asociaciones más sencillas que en el circuito de la Figura 1.45, utilizado para exponer el método general.

EJEMPLO 1

Los condensadores de la Figura 1.46 están asociados en serie.

Existirán n "zonas de carga aislada" [(1), (2),...(n)] las cuales se representan en la Figura 1.46 con líneas de puntos.

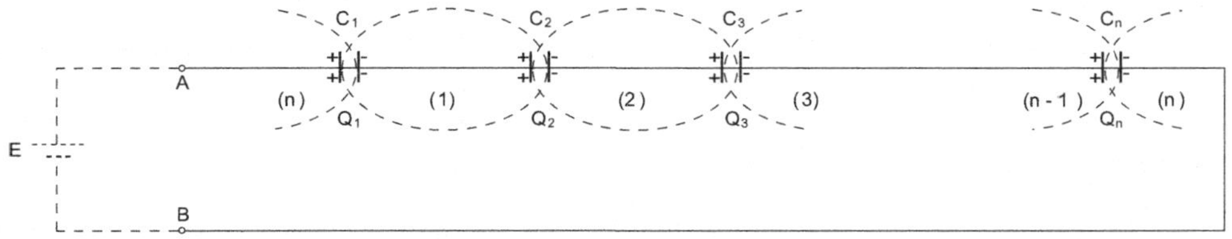

Figura 1.46

Para la distribución de cargas que se ha supuesto, las (n-1) ecuaciones independientes que podemos formar son:

$$
\begin{array}{ll}
Zona\ (1) & -Q_1 + Q_2 = 0 \\
Zona\ (2) & -Q_2 + Q_3 = 0 \\
------ & -------- \\
------ & -------- \\
Zona\ (n-1) & -Q_{n-1} + Q_n = 0
\end{array}
\qquad (1.149)
$$

De este sistema se deduce que todos los condensadores adquieren la misma carga final:

$$Q_1 = Q_2 = Q_3 = \ldots = Q_n = Q \qquad (1.150)$$

La carga desplazada a través del generador E es:

$$Q_1 = Q \qquad (1.151)$$

El valor de Q se obtiene planteando la ecuación de la malla:

$$E = \frac{Q_1}{C_1} + \frac{Q_2}{C_2} + \ldots + \frac{Q_n}{C_n} = Q\left(\frac{1}{C_1} + \frac{1}{C_2} + \ldots + \frac{1}{C_n}\right) \qquad (1.152)$$

de donde resulta:

$$\frac{1}{C_{eq}} = \frac{E}{Q} = \frac{1}{C_1} + \frac{1}{C_2} + \ldots + \frac{1}{C_n} = \sum_{i=1}^{n} \frac{1}{C_i} \qquad (1.153)$$

EJEMPLO 2

En la Figura 1.47 se representa una asociación de condensadores conectados en paralelo.

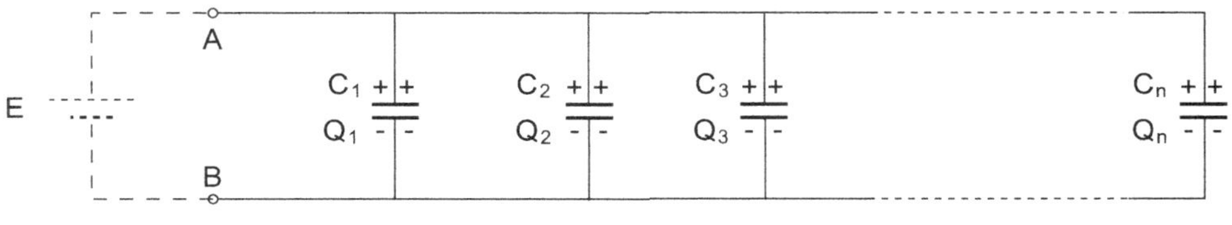

Figura 1.47

Solamente existe una "zona de carga aislada" puesto que como puede apreciarse las placas superiores y las inferiores de todos los condensadores están unidas.

Para esta conexión la tensión en bornas de todos los condensadores es la misma:

$$V_{AB} = E \tag{1.154}$$

y la carga adquirida por cada condensador es:

$$\begin{array}{l} Q_1 = C_1\, E \\ Q_2 = C_2\, E \\ \text{---------} \\ \text{---------} \\ Q_n = C_n\, E \end{array} \tag{1.155}$$

La carga desplazada a través del generador es:

$$Q = Q_1 + Q_2 + \ldots + Q_n = (C_1 + C_2 + \ldots + C_n)\,E \tag{1.156}$$

y la capacidad equivalente de la asociación en paralelo resultará:

$$C_{eq} = \frac{Q}{E} = C_1 + C_2 + \ldots + C_n = \sum_{i=1}^{n} C_i \tag{1.157}$$

1.9.3 Bobina

La bobina es un componente formado por N espiras conductoras, arrolladas sobre un núcleo de material magnético (en algunas ocasiones aire), tal que al circular por ella una corriente i se origina un flujo φ, que es directamente proporcional al número de espiras N y a la corriente i que las recorre, e inversamente proporcional a la reluctancia $\mathfrak{R}$ del circuito magnético a través del cual se cierra el flujo φ.

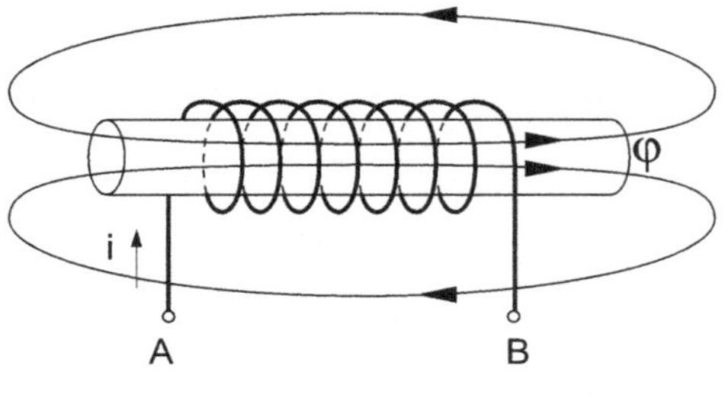

Figura 1.48

En la Figura 1.48 se tiene:

$$\varphi = \frac{Ni}{\mathfrak{R}} \tag{1.158}$$

La ley de Faraday establece que al ser "atravesada" la bobina por un flujo variable φ (t) se induce en ella una f.e.m. de valor:

$$e(t) = -N \frac{d\varphi(t)}{dt} \tag{1.159}$$

que recibe el nombre de f.e.m. de "autoinducción".

Al sustituir en la expresión anterior el valor del flujo dado en la ecuación (1.158) y para el caso más general en el que la reluctancia $\Re$ no depende de la intensidad, sino que es una constante, función únicamente de la geometría del circuito magnético y de las características magnéticas del material, resulta:

$$e(t) = -\frac{N^2}{\Re} \frac{di(t)}{dt} \tag{1.160}$$

La constante:

$$L = \frac{N^2}{\Re} \tag{1.161}$$

se denomina coeficiente de autoinducción. Este coeficiente es el parámetro eléctrico que caracteriza a la bobina y su unidad es el Henrio.

Submúltiplos del Henrio son:

$$\begin{aligned} &milihenrio\ (mH) = 10^{-3}\ H \\ &microhenrio\ (\mu H) = 10^{-6}\ H \end{aligned} \tag{1.162}$$

Al sustituir el coeficiente de autoinducción en la expresión (1.160), se tiene:

$$e(t) = -L \frac{di(t)}{dt} \tag{1.163}$$

El signo menos indica que la f.e.m. de autoinducción se opone a las variaciones de la corriente que la origina. Así para una corriente creciente en el tiempo (derivada positiva), con el sentido representado en la Figura 1.49a, la f.e.m. de autoinducción será tal que "tenderá" a producir una corriente de sentido contrario a la que la originó. La bobina equivale a un generador de tensión como el representado en la Figura 1.49b, el cual tiende a producir una corriente dirigida de B a A a través de dicho generador.

Si la corriente i de la Figura 1.49a disminuyera con el tiempo, la f.e.m. de autoinducción deberá tener un sentido tal que la corriente a la que diera lugar fuera del mismo sentido que i, circunstancia que también satisface al circuito de la Figura 1.49b, puesto que en este caso la derivada de la corriente será negativa y el generador cambia de polaridad, tendiendo a crear una corriente en el mismo sentido que la intensidad i que dió origen a dicha f.e.m.

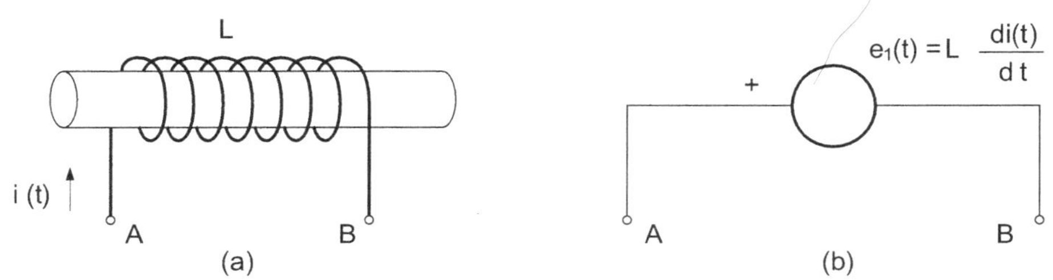

Figura 1.49

Podemos por ello considerar el circuito de la Figura 1.49b como el equivalente de la bobina representada en la Figura 1.49a, del que se deduce la relación que en cada instante existe entre la corriente que recorre la bobina y la d.d.p. en sus bornas (Figura 1.50):

$$v_{AB}(t) = L \frac{di(t)}{dt} \tag{1.164}$$

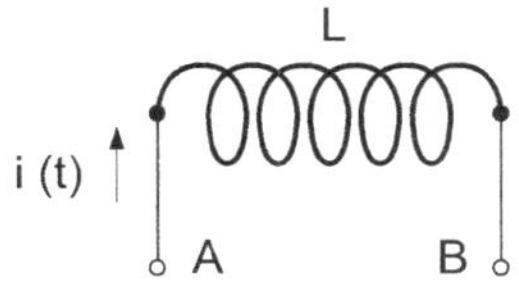

Figura 1.50

1.9.3.1 ENERGÍA ALMACENADA EN LA BOBINA

Del razonamiento hecho en el apartado anterior y observando la Figura 1.50, se deduce que en los instantes para los que la corriente i(t) es creciente, la d.d.p. $v_{AB}(t)$ dada en la expresión (1.164) es positiva y la bobina está absorbiendo energía, cediéndola durante los instantes en los que i(t) es decreciente, puesto que entonces la d.d.p. $v_{AB}(t)$ se hace negativa.

La potencia absorbida en cada instante es:

$$p(t) = v_{AB}(t)\, i(t) = i(t)\, L \frac{di(t)}{dt} \tag{1.165}$$

y

$$dw(t) = p(t)\; dt = Li(t)\; di(t) \tag{1.166}$$

por lo que la energía almacenada al alcanzar la corriente el valor i es:

$$W = L \int_0^i i(t)\, di(t) = \frac{1}{2} L\, i^2 \quad (Julios) \tag{1.167}$$

1.9.3.2 COMPORTAMIENTO DE LA BOBINA EN UN CIRCUITO DE CORRIENTE CONTINUA

Consideremos el circuito representado en la Figura 1.51, en el que el interruptor se cierra en el instante t = 0.

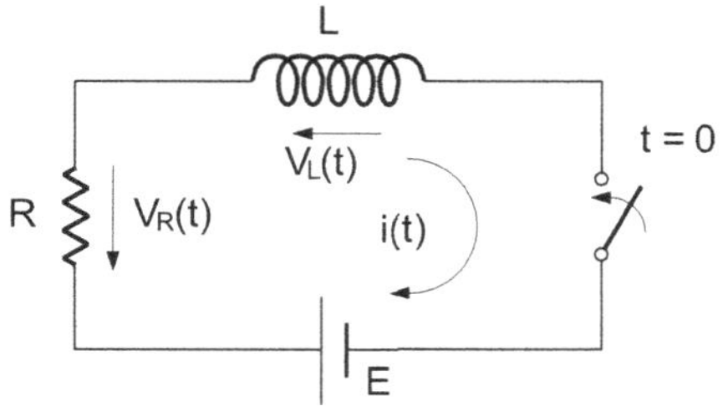

Figura 1.51

A partir del instante en el que se cierra el interruptor se verifica la ecuación de malla:

$$E = v_R(t) + v_L(t) \tag{1.168}$$

con:

$$v_R(t) = Ri(t) \tag{1.169}$$

y

$$v_L(t) = L \frac{di(t)}{dt} \tag{1.170}$$

Al sustituir en (1.168) se obtiene:

$$E = Ri(t) + L \frac{di(t)}{dt} \tag{1.171}$$

La solución de esta ecuación diferencial estará formada por la solución particular de la completa más la solución de la ecuación homogénea:

$$i(t) = i(t)_{part.} + i(t)_{hom.} \tag{1.172}$$

La ecuación homogénea:

$$0 = Ri(t) + L \frac{di(t)}{dt} \tag{1.173}$$

es del mismo tipo que la ecuación (1.107) y su solución es:

$$i(t)_{hom.} = K_1 \, e^{-t/\tau} \tag{1.174}$$

con:

$$\tau = \frac{L}{R} \tag{1.175}$$

La solución particular de la ecuación completa es:

$$i(t)_{part.} = \frac{E}{R} \tag{1.176}$$

por lo que al sustituir en (1.172) resulta:

$$i(t) = \frac{E}{R} + K_1 \, e^{-t/\tau} \tag{1.177}$$

La constante de integración k_1 se obtiene como en el caso del condensador, particularizando la expresión anterior para t = 0, teniendo en cuenta que la corriente en la bobina no puede variar de forma instantánea. Si así fuera, en la expresión (1.165) se obtendría una potencia infinita, que correspondería a una situación físicamente imposible. Por ello:

$$I_L\,(0^-) = I_L\,(0^+) \tag{1.178}$$

Si en el circuito de la Figura 1.51 en el infinitésimo anterior a cerrar el interruptor la corriente es cero:

$$I_L\,(0^-) = 0 \tag{1.179}$$

Al particularizar la expresión (1.177) para t = 0, se tiene:

$$I_L\,(0^+) = \frac{E}{R} + K_1 = I_L\,(0^-) = 0 \tag{1.180}$$

y

$$K_1 = -\frac{E}{R} \tag{1.181}$$

Al sustituir en (1.177) resulta:

$$i(t) = \frac{E}{R}\,(1 - e^{-t/\tau}) \tag{1.182}$$

La constante de tiempo τ, como el caso del condensador, indica la mayor o menor rapidez con la que la corriente alcanza el valor final.

La representación de la expresión (1.182) se muestra en la Figura 1.52, para diferentes valores de la constante de tiempo τ.

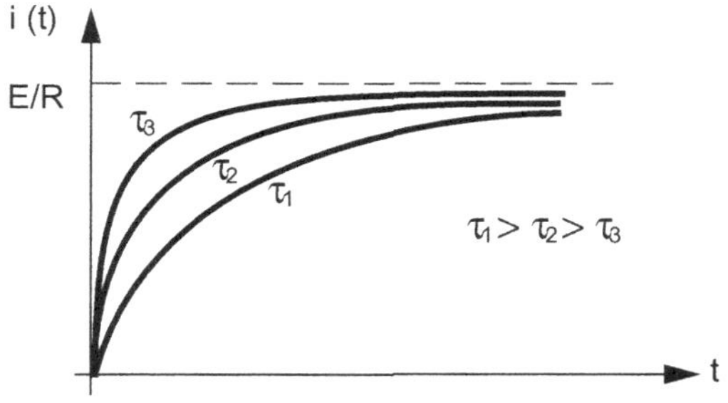

Figura 1.52

La corriente, desde el momento en el que se produce el cierre del interruptor, tiende asintóticamente a alcanzar el valor final E/R, con una rapidez tanto mayor cuanto menor sea la constante de tiempo, pero en todo caso, *transcurridos unos pocos segundos la corriente es prácticamente E/R y la bobina una vez llegado a esta situación, se comporta como un cortocircuito.* Por ello, transcurrido un breve período de tiempo el circuito de la Figura 1.51 se reduce al representado en la Figura 1.53.

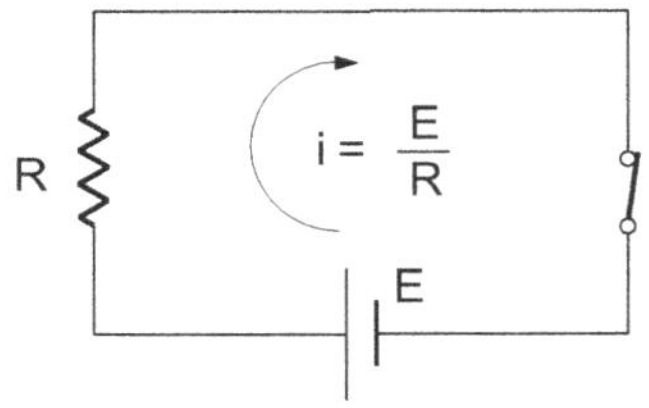

Figura 1.53

1.9.3.3 ASOCIACIÓN DE BOBINAS

Una red formada únicamente por bobinas (Figura 1.54a) puede sustituirse entre dos puntos A y B de la misma por una bobina equivalente (Figura 1.54b), cuyo coeficiente de autoinducción L_{eq} satisface la ecuación:

$$v_{AB}(t) = L_{eq} \frac{di(t)}{dt} \tag{1.183}$$

Figura 1.54

La determinación de L_{eq} se realiza de forma análoga a lo visto en apartados anteriores para el cálculo de la resistencia y de la capacidad equivalentes.

A continuación vamos a realizar algunos ejemplos.

EJEMPLO 1

En la Figura 1.55, se representa un conjunto de bobinas conectadas en serie.

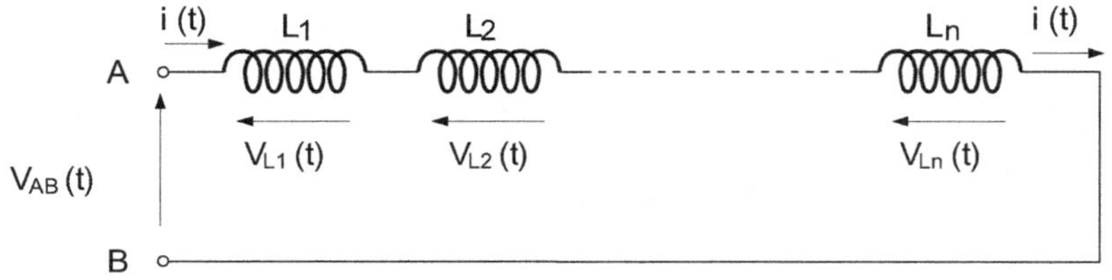

Figura 1.55

Al aplicar entre los terminales A y B una d.d.p. de valor $v_{AB}(t)$ se establece una corriente i(t) que origina en cada bobina una d.d.p. de valor:

$$v_{L_1}(t) = L_1 \frac{di(t)}{dt}$$

$$v_{L_2}(t) = L_2 \frac{di(t)}{dt} \qquad (1.184)$$

$$------------$$

$$------------$$

$$v_{L_n}(t) = L_n \frac{di(t)}{dt}$$

Aplicando la ecuación de malla se obtiene:

$$v_{AB}(t) = v_{L_1}(t) + v_{L_2}(t) + \ldots + v_{L_n}(t) \tag{1.185}$$

y sustituyendo por las ecuaciones obtenidas en (1.184) resulta:

$$v_{AB}(t) = L_1 \frac{di(t)}{dt} + L_2 \frac{di(t)}{dt} + \ldots + L_n \frac{di(t)}{dt} \tag{1.186}$$

de donde:

$$v_{AB}(t) = (L_1 + L_2 + \ldots + L_n) \frac{di(t)}{dt} \tag{1.187}$$

Identificando con la ecuación (1.183) resulta:

$$L_{eq} = L_1 + L_2 + \ldots + L_n = \sum_{i=1}^{n} L_i \tag{1.188}$$

EJEMPLO 2

Las bobinas del circuito representado en la Figura 1.56 están asociadas en paralelo.

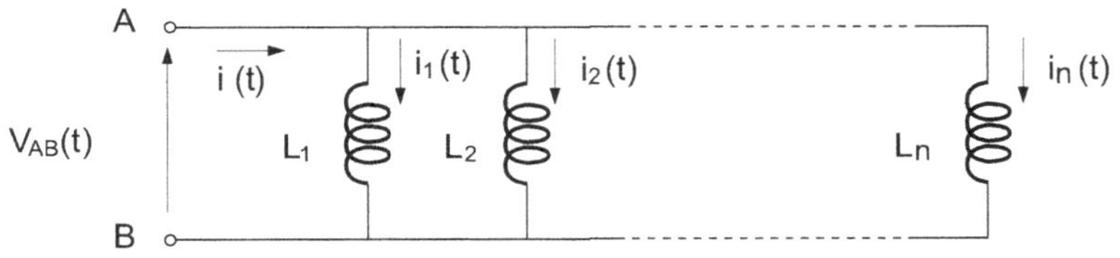

Figura 1.56

La d.d.p. en bornas de todas las bobinas es la misma $v_{AB}(t)$ y las corrientes en cada rama satisfacen las ecuaciones:

$$\begin{aligned} i_1(t) &= \frac{1}{L_1} \int v_{AB}(t)\, dt \\ i_2(t) &= \frac{1}{L_2} \int v_{AB}(t)\, dt \\ &\text{-------------} \\ &\text{-------------} \\ i_n(t) &= \frac{1}{L_n} \int v_{AB}(t)\, dt \end{aligned} \tag{1.189}$$

las cuales se obtienen al integrar el sistema de ecuaciones (1.184).

La suma de las corrientes de cada rama es:

$$i(t) = i_1(t) + i_2(t) + \dots + i_n(t) \tag{1.190}$$

Al sustituir en ésta, las ecuaciones obtenidas en (1.189) resulta:

$$i(t) = \frac{1}{L_1} \int v_{AB}(t)\ dt + \frac{1}{L_2} \int v_{AB}(t)\ dt + \dots + \frac{1}{L_n} \int v_{AB}(t)\ dt \tag{1.191}$$

por lo que:

$$i(t) = \left(\frac{1}{L_1} + \frac{1}{L_2} + \dots + \frac{1}{L_n} \right) \int v_{AB}(t)\ dt \tag{1.192}$$

de donde:

$$v_{AB}(t) = \left(\frac{1}{L_1} + \frac{1}{L_2} + \dots + \frac{1}{L_n} \right)^{-1} \frac{di(t)}{dt} \tag{1.193}$$

e identificando con la expresión (1.183) resulta:

$$\frac{1}{L_{eq}} = \frac{1}{L_1} + \frac{1}{L_2} + \dots + \frac{1}{L_n} = \sum_{i=1}^{n} \frac{1}{L_i} \tag{1.194}$$

PROBLEMAS

PROBLEMA 1.1

En el circuito de la figura se pide:

a) Corrientes por todas las ramas.

b) Diferencias de potencial V_{BD} y V_{AC}.

c) Potenciales V_B y V_A.

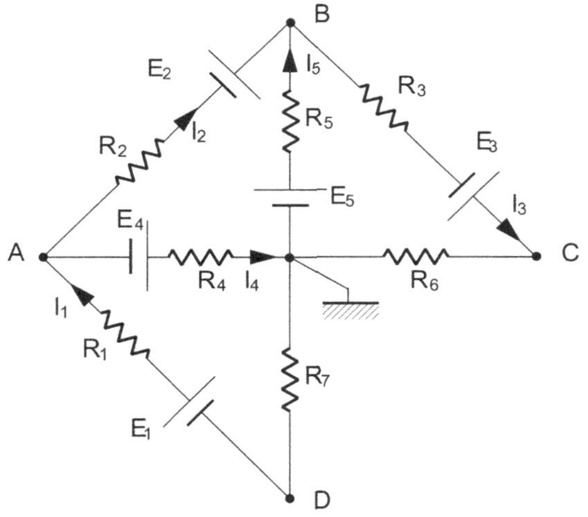

DATOS

$E_1 = E_2 = E_3 = 3\,V\,;\quad E_4 = E_5 = 5\,V$

$R_1 = R_2 = 2\,\Omega\,;\quad R_3 = R_4 = R_5 = 5\,\Omega\,;\quad R_6 = R_7 = 7\,\Omega$

PROBLEMA 1.2

En el circuito de la figura se pide determinar:

a) Corriente en cada una de las ramas.

b) Potencia disipada en la resistencia R_4.

c) Potencia entregada por el generador (E_2, R_2).

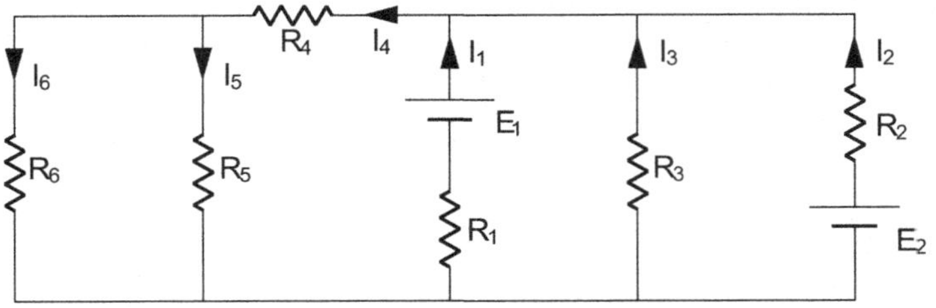

DATOS

$E_1 = 4\,V\ ;\quad E_2 = 8\,V$

$R_1 = R_2 = R_3 = 6\,\Omega\ ;\quad R_4 = 24/5\ \Omega\ ;\quad R_5 = 2\,\Omega\ ;\quad R_6 = 3\,\Omega$

PROBLEMA 1.3

En el circuito que se representa se pide calcular:

a) Corrientes I_1, I_2 e I_3.

b) Potenciales V_A y V_B.

c) Potencias disipadas en R_2 y R_5.

d) Potencias puestas en juego por E_3 y E_4, indicando si son entregadas o absorbidas.

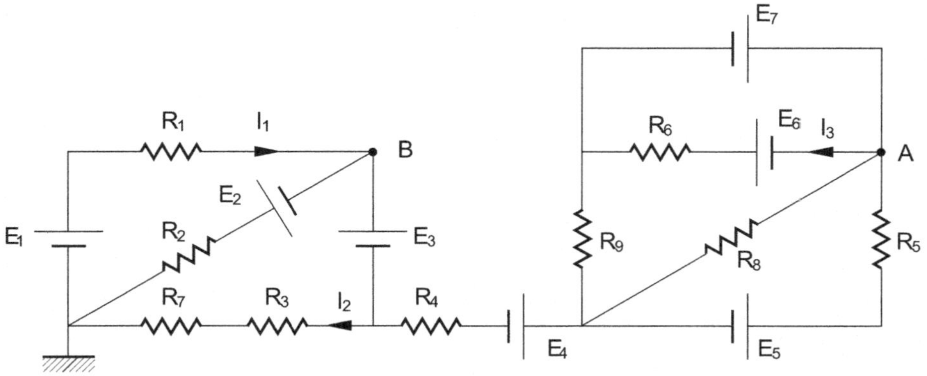

DATOS

$E_1 = 1V$; $E_2 = 2V$; $E_3 = 3V$; $E_4 = 4V$
$E_5 = 2V$; $E_6 = 3V$; $E_7 = 4V$
$R_1 = 1\Omega$; $R_2 = 2\Omega$; $R_3 = 3\Omega$; $R_4 = 4\Omega$; $R_5 = 1\Omega$
$R_6 = 4\Omega$; $R_7 = 7\Omega$; $R_8 = 2\Omega$; $R_9 = 3\Omega$

PROBLEMA 1.4

El circuito de la figura es un puente de Wheatstone muy empleado en instrumentación. Variando una de las resistencias (R_1, R_2 o R_3) y para una R_x desconocida, se puede conseguir que la corriente detectada por el amperímetro sea cero.

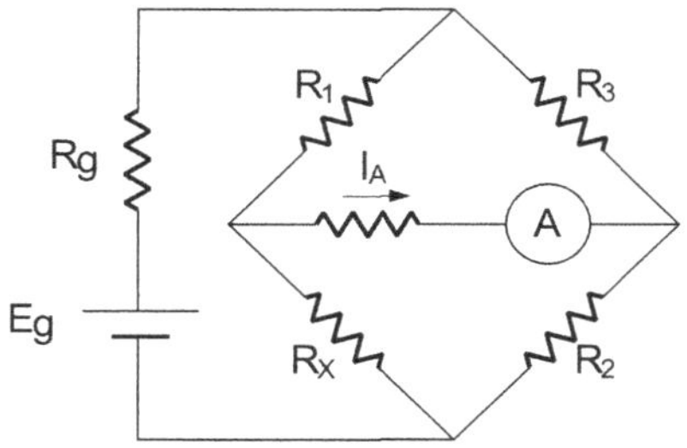

Encontrar en función de R_1, R_2 y R_3, el valor de R_x desconocida cuando se ha conseguido $I_A = 0$.

PROBLEMA 1.5

En el divisor de tensión de la figura se pide determinar:

a) La posición del cursor en tanto por ciento sobre la resistencia total, para que la tensión de salida sea la mitad que la tensión aplicada a la entrada.

b) ¿Cual sería la posición si la resistencia de carga fuera $R_L = \infty$?

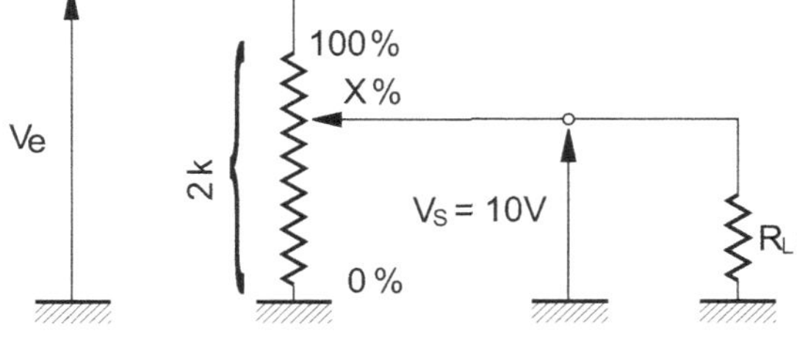

PROBLEMA 1.6

En el circuito de la figura los condensadores se introducen inicialmente descargados. Se pide:

a) Rendimiento del generador (E_1, R_1).

b) Energía almacenada por los condensadores.

c) Potencial del punto P.

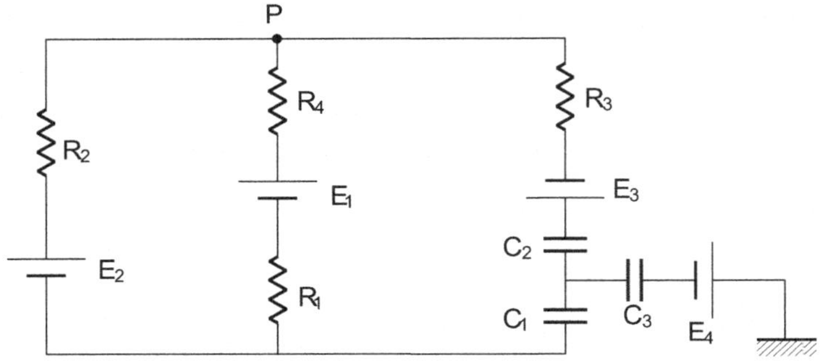

DATOS

$$E_1 = 21V\ ;\quad E_2 = 7V\ ;\quad E_3 = 3V\ ;\quad E_4 = 4V$$
$$R_1 = 1\Omega\ ;\quad R_2 = 4\Omega\ ;\quad R_3 = 3\Omega\ ;\quad R_4 = 2\Omega$$
$$C_1 = 1\mu F\ ;\quad C_2 = 2\mu F\ ;\quad C_3 = 3\mu F$$

PROBLEMA 1.7

En el circuito de la figura determine:

a) Potencias disipadas por R_2 y R_5.

b) Potencias puestas en juego por los generadores E_1, E_2 y E_3.

c) Potenciales de los puntos A, B y C.

d) Energía almacenada por los condensadores C_1 y C_2 y por las bobinas L_1 y L_2.

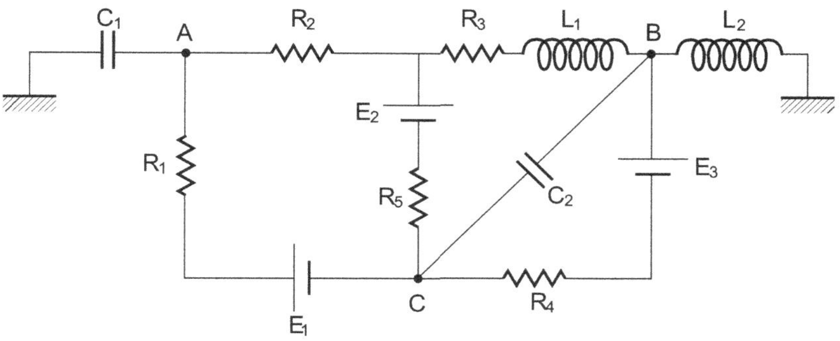

DATOS

$E_1 = 4V; \quad E_2 = 3V; \quad E_3 = 2V$

$R_1 = R_2 = R_3 = R_4 = R_5 = 1\Omega$

$L_1 = L_2 = 2mH \; ; \; C_1 = C_2 = 2\mu F$

PROBLEMA 1.8

En el circuito de la figura en el que los condensadores se conectan inicialmente descargados, se pide:

a) Energía almacenada por cada condensador.

b) Potenciales V_A, V_B y V_C.

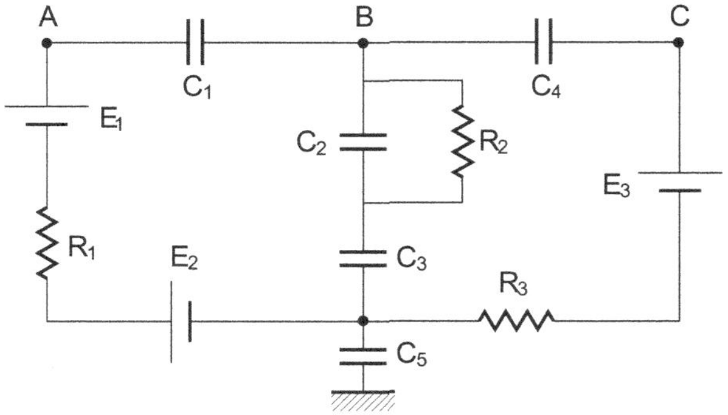

DATOS

$E_1 = 5V$; $E_2 = 1V$; $E_3 = 2V$
$R_1 = 1\Omega$; $R_2 = 2\Omega$; $R_3 = 3\Omega$
$C_1 = 1\mu F$; $C_2 = 2\mu F$; $C_3 = 3\mu F$; $C_4 = 4\mu F$; $C_5 = 5\mu F$

PROBLEMA 1.9

En el circuito de la figura en el que los condensadores se conectan inicialmente descargados, se pide determinar la carga que adquiere cada uno de ellos.

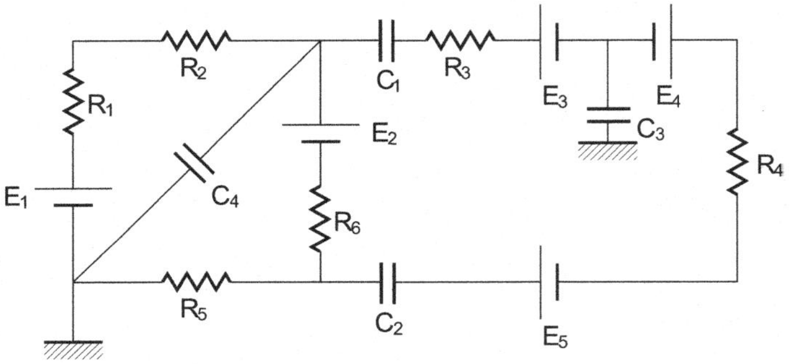

DATOS

$E_1 = 2V$; $E_2 = 10V$; $E_3 = 3V$; $E_4 = 1V$; $E_5 = 5V$
$R_1 = 2\Omega$; $R_2 = 2\Omega$; $R_3 = 3\Omega$; $R_4 = 7\Omega$; $R_5 = 2\Omega$; $R_6 = 2\Omega$
$C_1 = 1\mu F$; $C_2 = 2\mu F$; $C_3 = 3\mu F$; $C_4 = 4\mu F$

PROBLEMA 1.10

En el circuito de la figura los condensadores C_1, C_2 y C_3 se conectan inicialmente descargados y el condensador C_4 se introduce con una carga inicial $q_{04} = 4\ \mu C$, con la polaridad que se indica en la figura. Se pide:

a) Carga final alcanzada por cada uno de los condensadores.

b) Potencial del punto A.

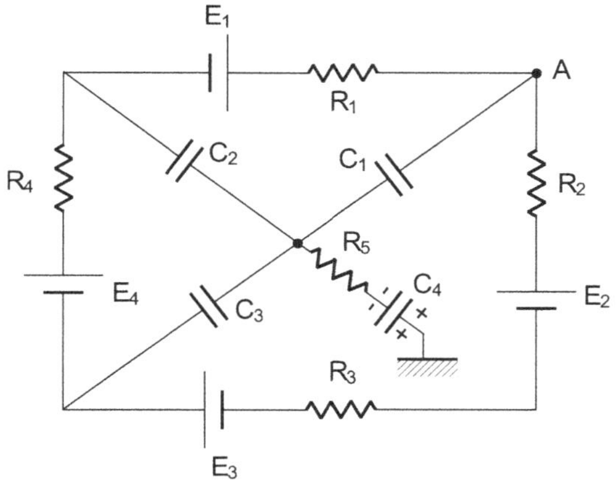

DATOS

$E_1 = 1V$; $E_2 = 2V$; $E_3 = 3V$; $E_4 = 6V$

$R_1 = R_2 = R_3 = R_4 = R_5 = 1\Omega$

$C_1 = 1\mu F$; $C_2 = 2\mu F$; $C_3 = 3\mu F$; $C_4 = 4\mu F$

PROBLEMA 1.11

En el circuito de la figura se pide determinar:

a) Carga final que adquiere cada condensador.

b) Rendimiento del generador (E_2, R_2).

Los condensadores C_2 y C_3 se conectan inicialmente descargados y C_1 y C_4 tienen cargas iniciales $q_{01} = 5$ μC y $q_{04} = 6$ μC respectivamente, con las polaridades indicadas en la figura.

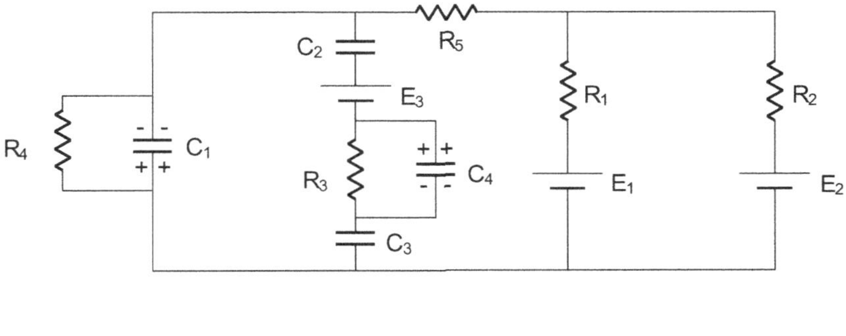

DATOS

$E_1 = 6\,V$; $E_2 = 28\,V$; $E_3 = 3\,V$
$R_1 = 3\,\Omega$; $R_2 = 4\,\Omega$; $R_3 = 2\,\Omega$; $R_4 = 1\,\Omega$; $R_5 = 5\,\Omega$
$C_1 = 1\mu F$; $C_2 = 2\mu F$; $C_3 = 3\mu F$; $C_4 = 4\mu F$

PROBLEMA 1.12

En el circuito de la figura en el que los condensadores se encuentran descargados, se pide determinar la carga final adquirida por cada uno de ellos cuando a los puntos A y B se aplican potenciales constantes e iguales $V_A=V_B=16$ V.

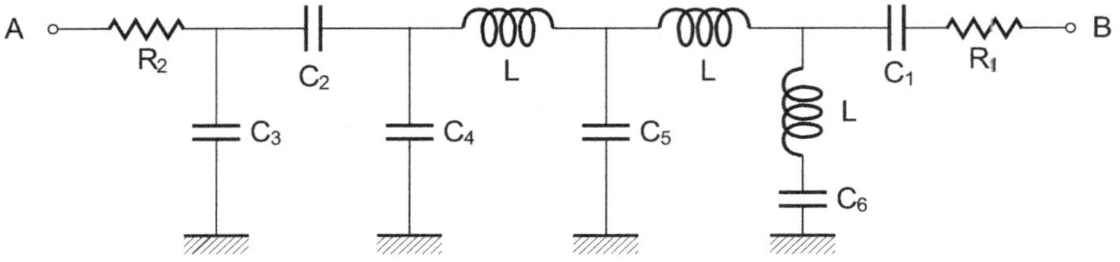

DATOS

$R_1 = 1\,\Omega$; $R_2 = 2\,\Omega$; $L_1 = L_2 = L_3 = 1\,\mu H$
$C_1 = 1\mu F$; $C_2 = 1/2\ \mu F$; $C_3 = 1/4\ \mu F$
$C_4 = 1/2\ \mu F$; $C_5 = 1\mu F$; $C_6 = 1/2\ \mu F$

PROBLEMA 1.13

En el circuito de la figura se pide:

a) Energía almacenada en cada uno de los condensadores.

b) Energía almacenada en cada una de las bobinas.

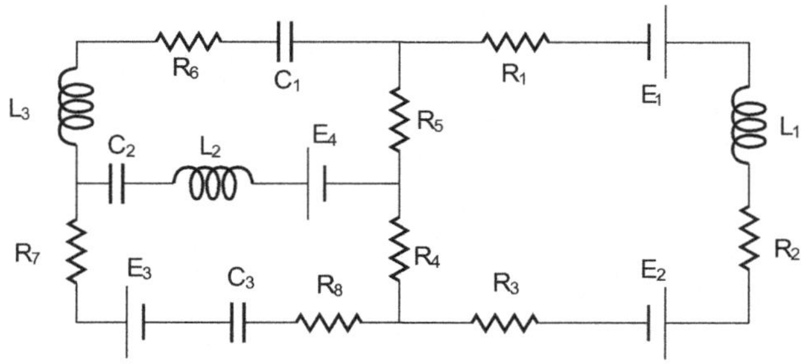

DATOS

$E_1 = 6V$; $E_2 = 36V$; $E_3 = 8V$; $E_4 = 10V$
$R_1 = 1\Omega$; $R_2 = 2\Omega$; $R_3 = 3\Omega$; $R_4 = 4\Omega$
$R_5 = 5\Omega$; $R_6 = 6\Omega$; $R_7 = 7\Omega$; $R_8 = 8\Omega$
$C_1 = 1\mu F$; $C_2 = 2\mu F$; $C_3 = 3\mu F$
$L_1 = 1mH$; $L_2 = 2mH$; $L_3 = 3mH$

PROBLEMA 1.14

Al condensador de capacidad C = 1 F, se le aplica una tensión cuya variación con el tiempo se representa en las figuras. Para cada una de las tensiones, obtenga gráficamente la evolución de la corriente $i_C(t)$, de la energía almacenada $w_C(t)$ y de la potencia disipada $p_C(t)$.

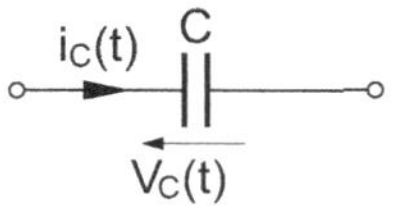

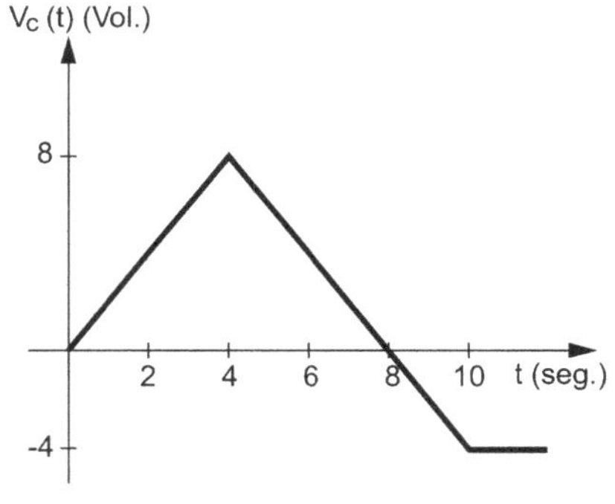

(a)

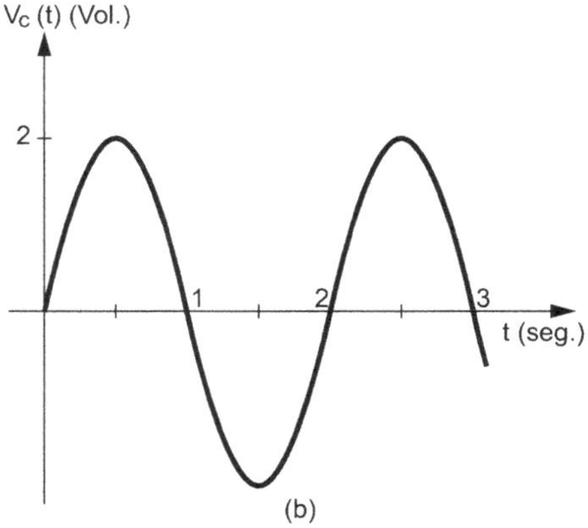

(b)

PROBLEMA 1.15

La corriente $i_L(t)$ que circula por la bobina de L = 1 H, evoluciona como se representa en la figura. Represente gráficamente la variación de la tensión $v_L(t)$ de la energía almacenada $w_L(t)$ y de la potencia disipada $p_L(t)$.

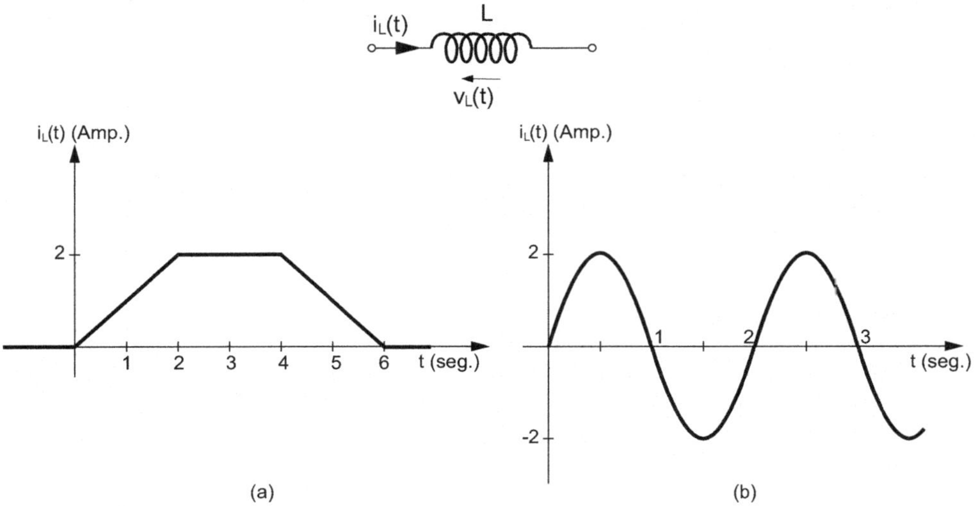
iL(t)
L
vL(t)
iL(t) (Amp.)
2
1
2
3
4
5
6
t (seg.)
(a)
iL(t) (Amp.)
2
1
2
3
-2
t (seg.)
(b)

Capítulo 2

ANÁLISIS DE CIRCUITOS EN RÉGIMEN PERMANENTE SINUSOIDAL

INTRODUCCIÓN

Dos de las propiedades fundamentales de las funciones sinusoidales, como son: *la suma de funciones sinusoidales de igual frecuencia es otra función sinusoidal de la misma frecuencia y la derivada e integral de una función sinusoidal son también sinusoidales,* hacen que estas señales sean muy útiles para caracterizar y analizar el comportamiento de los circuitos. Así, el estudio de la respuesta obtenida cuando se aplican generadores cuya f.e.m. es una función periódica, puede obtenerse sumando las respuestas debidas a cada componente sinusoidal resultante de la descomposición en serie de Fourier de la función periódica (teorema de superposición). Por otro lado, la generación y medida de estas funciones mediante instrumentos comunes de laboratorio resulta particularmente sencilla. No hay que olvidar, por otra parte, que la red de suministro de energía eléctrica origina corrientes que varían con el tiempo de forma sinusoidal.

Antes de proceder al análisis de circuitos alimentados por generadores de f.e.m. alterna, conviene estudiar algunas propiedades importantes de las funciones sinusoidales.

2.1 FUNCIONES SINUSOIDALES

Dada una función del tiempo $y = f(t)$, se dice que es periódica, de período T, cuando cualquiera que sea el valor de t, se cumple:

$$f(t) = f(t + nT) \tag{2.1}$$

para todo valor entero de n.

Caso particular de las funciones periódicas son las funciones sinusoidales (seno y coseno), cuyas expresiones son:

$$y(t) = A_0 sen(\omega t + \varphi) \quad o \quad y(t) = A_0 cos(\omega t + \beta) \tag{2.2}$$

En estas funciones se definen los siguientes parámetros:

- ✓ A_0 es la amplitud o valor de pico de la función.
- ✓ ω es la pulsación en rad/sg.
- ✓ $(\omega t + \varphi)$, $(\omega t + \beta)$, son la fase en cualquier instante, en radianes.
- ✓ t es la variable independiente en segundos.
- ✓ φ, β son las fases iniciales en radianes.

Otros parámetros de las funciones anteriores son:

a) El período T es el tiempo transcurrido durante un ciclo completo de la función sinusoidal. Es decir:

$$A_0 cos(\omega t + \beta) = A_0 cos\,[\omega(t + T) + \beta] \tag{2.3}$$

por lo que:

$$\omega(t + T) + \beta = \omega t + \beta + 2\pi$$

y de aquí, se obtiene:

$$T = \frac{2\pi}{\omega}\ seg. \tag{2.4}$$

b) La frecuencia f es el número de veces que, en un segundo, se repite la función. Así:

$$f = \frac{1}{T}\ (ciclos/seg.)\ o\ Hertzios\ (Hz) \tag{2.5}$$

De las expresiones (2.4) y (2.5), tenemos:

$$\omega = \frac{2\pi}{T} = 2\pi f \tag{2.6}$$

relación que liga la pulsación (rad/seg.) con la frecuencia (c/seg. o Hz).

2.1.1 Representación de las funciones sinusoidales en coordenadas cartesianas

Si representamos la función:

$$y(t) = A_0 cos\,(\omega t + \beta) \tag{2.7}$$

tomando en el eje de abscisas la variable tiempo, obtenemos la representación indicada en la Figura 2.1. siendo el valor en el origen:

$$y_i = y(t = 0) = A_0 cos\ \beta \tag{2.8}$$

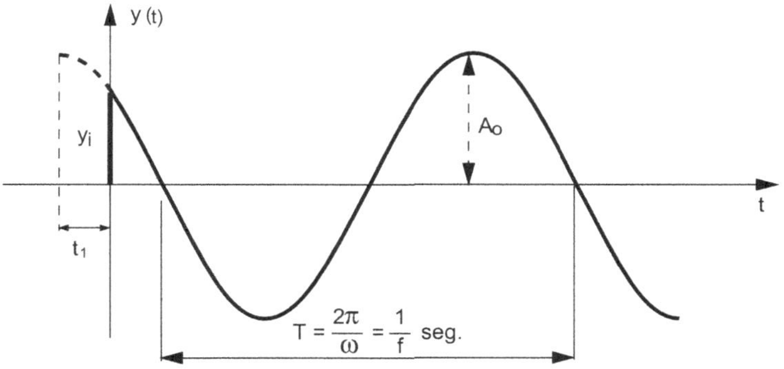

Figura 2.1

El valor de t_1 se obtiene haciendo:

$$y(t) = A_0 cos\,(\omega t + \beta) = A_0 cos\ \omega(t + t_1) \tag{2.9}$$

donde:

$$t_1 = \frac{\beta}{\omega}\ seg. \tag{2.10}$$

En el caso de la función seno:

$$y(t) = A_0\ sen\,(\omega t + \varphi) \tag{2.11}$$

su representación está indicada en la Figura 2.2.

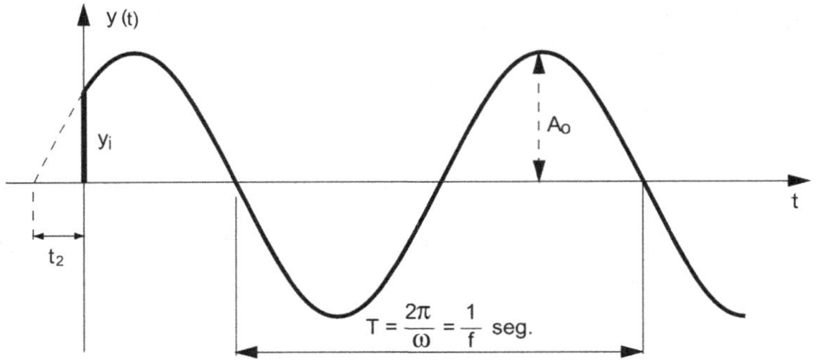

Figura 2.2

siendo:

$$y_i = y(t=0) = A_0\, sen\, \varphi \tag{2.12}$$

y

$$t_2 = \frac{\varphi}{\omega} \quad seg \tag{2.13}$$

Observamos de las representaciones anteriores que la función seno es igual a la función coseno, desplazando ésta un tiempo T/4 en sentido positivo.

2.1.2 Representación vectorial de las funciones sinusoidales

Las expresiones:

$$y(t) = A_0\, sen(\omega t + \varphi) \qquad o \qquad y(t) = A_0 \cos(\omega t + \beta) \tag{2.2 bis}$$

son la forma instantánea o trigonométrica de las funciones sinusoidales.

Como veremos en la sección correspondiente, la obtención de la respuesta de un determinado circuito eléctrico haciendo uso de la forma instantánea de las funciones sinusoidales se hace excesivamente complicada; por esto, se recurre a la representación de las funciones sinusoidales en forma de vectores giratorios o fasores, lo cual simplificará en gran medida los cálculos matemáticos. En rigor, el análisis, acudiendo a la forma fasorial consiste en efectuar un cambio de dominio, donde las magnitudes eléctricas variables en el tiempo son representadas mediante vectores en el plano. El análisis no se hace ya, por tanto, en el dominio del tiempo, lo cual comporta la resolución de determinadas ecuaciones diferenciales, sino que se realiza en el campo o dominio de los números complejos, evitándose la resolución de ecuaciones diferenciales, sustituyéndolas por ecuaciones algebraicas. Al final del proceso se deshace el cambio realizado, restituyendo a las magnitudes eléctricas su carácter de valores instantáneos.

Para expresar una función sinusoidal en forma fasorial, debemos recordar que un vector situado en el plano, Figura 2.3, puede venir expresado de diversas formas.

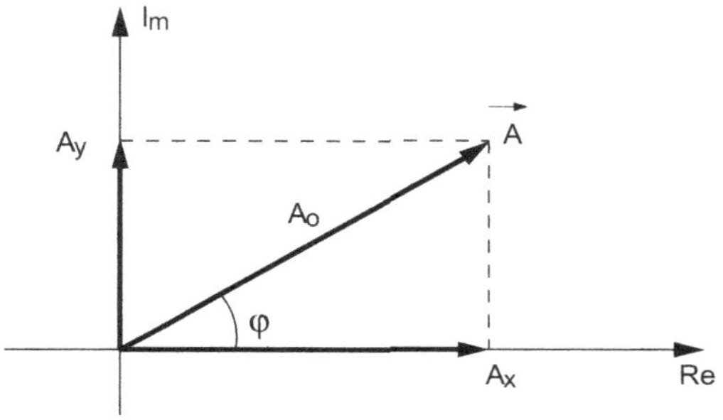

Figura 2.3

Así haremos:

$$\vec{A} \equiv A_0 \underline{|\varphi} \equiv A_0\ e^{j\varphi} = A_0\ (cos\ \varphi + j\ sen\ \varphi) = A_x + j\ A_y \tag{2.14}$$

Por tanto, un vector está representado por un complejo, que puede venir expresado en forma módulo-argumento, exponencial o binómica.

Además, según las fórmulas de Euler:

$$e^{\pm j\varphi} = cos\ \varphi \pm j\ sen\ \varphi \tag{2.15}$$

y por tanto:

$$cos\ \varphi = \frac{e^{j\varphi} + e^{-j\varphi}}{2} \tag{2.16}$$

$$sen\varphi = \frac{e^{j\varphi} - e^{-j\varphi}}{2j} \tag{2.17}$$

Por ello, si tenemos la función:

$$y(t) = A_0 cos\ (\omega t + \varphi) \tag{2.18}$$

se podrá expresar en la forma:

$$y(t) = A_0 cos(\omega t + \varphi) = \frac{1}{2}\left[A_0\ e^{j(\omega t + \varphi)} + A_0\ e^{-j(\omega t + \varphi)}\right] =$$
$$= \frac{1}{2}\left(A_0\ e^{j\varphi} e^{j\omega t} + A_0 e^{-j\varphi} e^{-j\omega t}\right) = \frac{1}{2}\left(\vec{A}\, e^{j\omega t} + \vec{A}^*\ e^{-j\omega t}\right) \tag{2.19}$$

siendo:

$$\vec{A} \equiv A_0 \lfloor\varphi \equiv A_0\ e^{j\varphi} = A_0\ cos\ \varphi + j\ A_0\ sen\ \varphi = A_x + j\ A_y$$
$$\vec{A}^* \equiv A_0 \lfloor-\varphi \equiv A_0\ e^{-j\varphi} = A_0\ cos\ \varphi - j\ A_0\ sen\ \varphi = A_x - j\ A_y \tag{2.20}$$

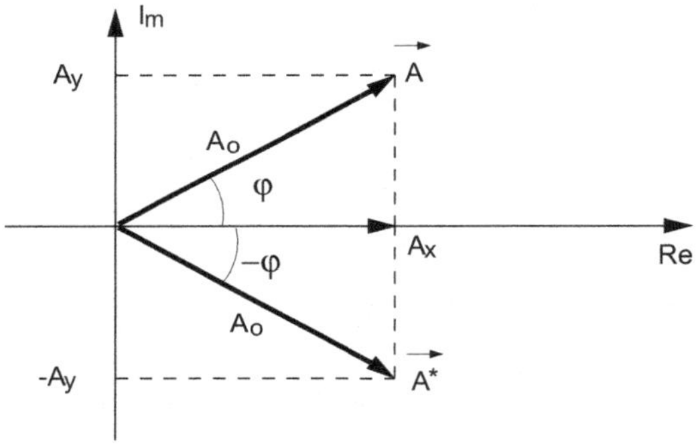

Figura 2.4

La representación en el plano de ambos vectores está indicada en la Figura 2.4.

Volviendo a la ecuación (2.19), para estudiar el significado de $\vec{A}e^{jwt}$ y $\vec{A}^*e^{-jwt}$, tenemos que:

$$\vec{A}\, e^{j\omega t} = A_0\, e^{j\varphi}\ e^{j\omega t} = A_0\, e^{j(\omega t + \varphi)} \equiv A_0 \lfloor\omega t + \varphi \equiv$$
$$\equiv A_0 cos(\omega t + \varphi) + j\ A_0 sen(\omega t + \varphi) \tag{2.21}$$

representa un vector, cuya fase varía con el tiempo, según un movimiento uniforme de velocidad ω, de forma que la fase que en todo momento tiene este vector es:

$$\theta(t) = \omega t + \varphi \tag{2.22}$$

Como este valor se encuentra en cada instante en diferentes posiciones, es costumbre dibujarlo en su situación inicial, es decir, en t = 0.

$$\theta(t = 0) = \varphi \tag{2.23}$$

y su representación es la mostrada en la Figura 2.5, indicando sobre este vector el sentido de giro del mismo y la velocidad ω de este movimiento. (En la práctica esta indicación del giro se omite, aunque se debe tener presente su existencia.) En este caso, la fase aumenta con el tiempo, con lo que el sentido de giro es positivo (levógiro o en sentido contrario a las agujas del reloj).

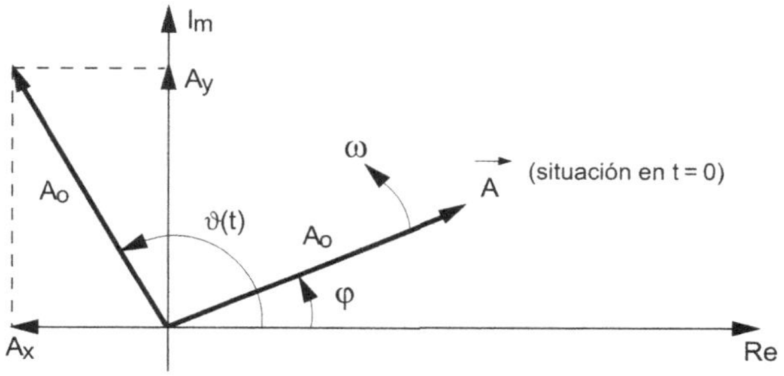

Figura 2.5

Al vector así representado se le denomina **fasor** y su módulo y fase (A_0 y φ) coinciden respectivamente con el valor de pico y la fase inicial de la función sinusoidal de partida.

La posición o fase de este vector en cualquier instante t es:

$$\theta(t) = \omega t + \varphi \tag{2.22 bis}$$

las proyecciones sobre ambos ejes coordenados son:

$$\begin{aligned} A_x &\equiv R_e\left[A_0\ e^{j\theta(t)}\right] \equiv R_e\left[A_0\ e^{j(\omega t + \varphi)}\right] \equiv A_0 cos(\omega t + \varphi) \\ A_y &\equiv I_m\left[A_0\ e^{j\theta(t)}\right] = I_m\left[A_0\ e^{j(\omega t + \varphi)}\right] \equiv A_0 sen(\omega t + \varphi) \end{aligned} \tag{2.24}$$

En el caso de $\vec{A}^* e^{-jwt}$, tenemos:

$$\vec{A}^* e^{-j\omega t} = A_0\ e^{-j\varphi}\ e^{-j\omega t} = A_0\ e^{-j(\omega t + \varphi)} \tag{2.25}$$

y representa un vector giratorio cuya fase, en todo momento, vale:

$$\theta'(t) = -(\omega t + \varphi) \tag{2.26}$$

En el plano se representa mediante un vector situado en la posición que ocupa en t = 0 seg. sobre el que se indica el sentido de giro (dextrógiro o el de las agujas del reloj), obteniéndose un nuevo fasor, como se indica en la Figura 2.6.

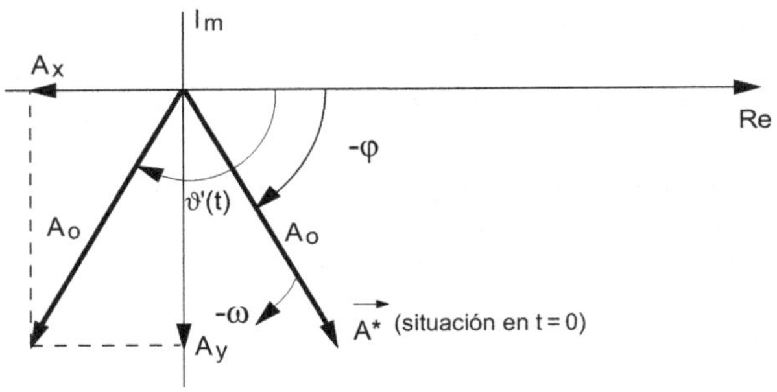

Figura 2.6

Las proyecciones del vector sobre los ejes coordenados para la posición ocupada en cualquier instante son:

$$
\begin{aligned}
A_x &\equiv R_e\left[A_0\ e^{j\theta'(t)}\right] \equiv R_e\left[A_0\ e^{-j(\omega t+\varphi)}\right] \equiv A_0 cos(\omega t+\varphi) \\
A_y &\equiv I_m\left[A_0\ e^{j\theta'(t)}\right] \equiv I_m\left[A_0\ e^{-j(\omega t+\varphi)}\right] \equiv -A_0 sen\,(\omega t+\varphi)
\end{aligned}
\tag{2.27}
$$

Volviendo a la expresión (2.19), tenemos:

$$
y(t) = \frac{1}{2}\left[\vec{A}e^{j\omega t} + \vec{A}^{*}e^{-j\omega t}\right] \tag{2.19 bis}
$$

que representa, en cualquier instante, la semisuma de los dos vectores giratorios, como se indica en la Figura 2.7.

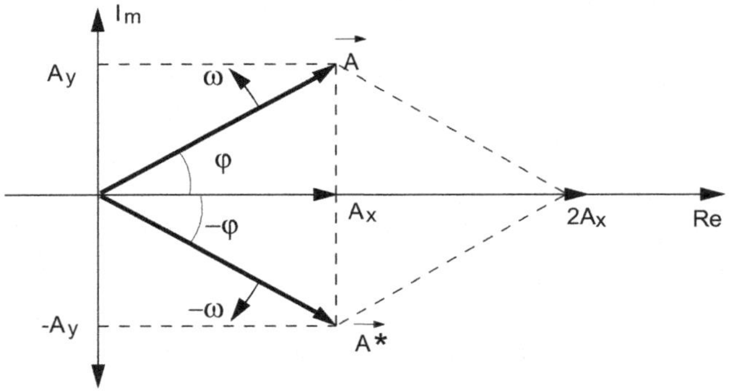

Figura 2.7

Según se desprende de la Figura 2.7, la situación de ambos vectores, en cualquier instante, es simétrica respecto al eje real, por lo que su suma estará situada siempre sobre este eje y su valor será el doble de la parte real de cualquiera de los dos vectores giratorios.

Por tanto:

$$y(t) = A_0 \cos(\omega t + \varphi) = \frac{1}{2}\left(\vec{A}\, e^{j\omega t} + \vec{A}^*\, e^{-j\omega t}\right) \equiv R_e\left[\vec{A}^*\, e^{-j\omega t}\right] \equiv A_x \qquad (2.28)$$

La función coseno es, por tanto, la proyección sobre el eje real, del fasor representativo de dicha función en cada instante.

Si tenemos la función:

$$y(t) = A_0\, sen(\omega t + \varphi) \qquad (2.29)$$

se podrá expresar en la forma:

$$\begin{aligned} y(t) &= A_0\, sen(\omega t + \varphi) = \frac{1}{2j}\left[A_0\, e^{j(\omega t + \varphi)} - A_0\, e^{-j(\omega t + \varphi)}\right] = \\ &= \frac{1}{2j}\left[A_0\, e^{j\varphi}\, e^{j\omega t} - A_0\, e^{-j\varphi}\, e^{-j\omega t}\right] = \frac{1}{2j}\left[\vec{A}\, e^{j\omega t} - \vec{A}^*\, e^{-j\omega t}\right] \end{aligned} \qquad (2.30)$$

donde $\vec{A}$ y $\vec{A}^*$ son los vectores ya definidos en las expresiones (2.19) y (2.20) y representados en la Figura 2.4.

Así mismo, los términos $\vec{A} e^{jwt}$ y $\vec{A}^* e^{-jwt}$ representan los mismos vectores giratorios ya estudiados y que podemos representar en la Figura 2.8.

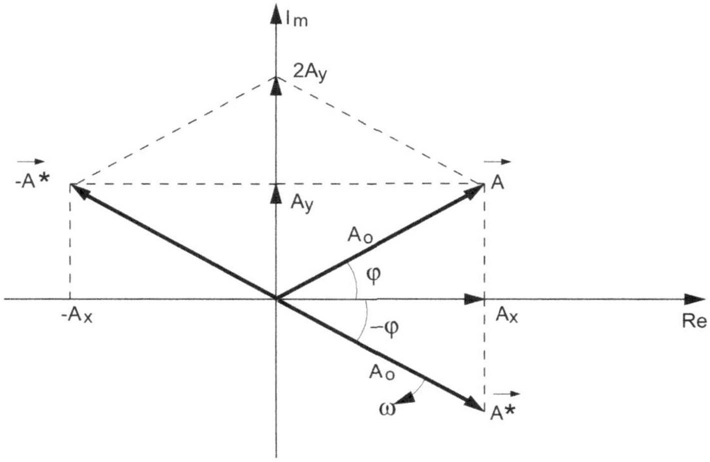

Figura 2.8

La ecuación (2.30) indica que la función y(t) representa ahora la semidiferencia entre estos dos vectores giratorios según se indica en la Figura 2.8.

El resultado de esta operación está situado sobre el eje imaginario, siendo su valor en cualquier instante:

$$\vec{A}\,e^{j\omega t} - \vec{A}^{*}e^{-j\omega t} = j2A_y \equiv j2I_m\left[\vec{A}e^{j\omega t}\right] \equiv -j2I_m\left[\vec{A}^{*}e^{-j\omega t}\right] \qquad (2.31)$$

Por lo tanto:

$$y(t) = A_0\,sen(\omega t + \varphi) = \frac{1}{2j}\left[\vec{A}e^{j\omega t} - \vec{A}^{*}e^{-j\omega t}\right] \equiv I_m\left[\vec{A}e^{j\omega t}\right] \equiv -I_m\left[\vec{A}^{*}e^{-j\omega t}\right] \qquad (2.32)$$

La función seno es la proyección sobre el eje imaginario del fasor $\vec{A}$, al ir éste ocupando las diversas posiciones en el tiempo.

En las expresiones anteriormente obtenidas:

$$y(t) = A_0\,cos(\omega t + \varphi) \equiv R_e\left[A_0\,e^{j\varphi}\,e^{j\omega t}\right] \equiv R_e\left[\vec{A}\,e^{j\omega t}\right] \qquad (2.28\ bis)$$

$$y(t) = A_0\,sen(\omega t + \varphi) \equiv I_m\left[A_0\,e^{j\varphi}\,e^{j\omega t}\right] \equiv I_m\left[\vec{A}\,e^{j\omega t}\right] \qquad (2.32\ bis)$$

y como se verá al analizar circuitos excitados por generadores sinusoidales, la existencia del término común, $e^{j\omega t}$, no introduce ninguna información, salvo que las funciones son sinusoidales, de pulsación ω, dato ya conocido al abordar el estudio del circuito y, por tanto, redundante. Podemos, por ello, hacer abstracción de este factor, operando sólo con el vector fijo en el espacio o fasor $\vec{A}$, cuyo módulo y fase representan los parámetros no redundantes de la función sinusoidal.

La respuesta del circuito será otro vector giratorio de la misma pulsación, del cual se obtendrá el fasor correspondiente, desprovisto del término $e^{j\omega t}$. Si esta respuesta se quiere expresar en forma instantánea, al fasor obtenido (supuesto B) se le restituirá el término $e^{j\omega t}$ y esta respuesta será:

$$f(t) \equiv R_e\left[\vec{B}\,e^{j\omega t}\right] \equiv B_0 cos(\omega t + \gamma)$$

o

$$f(t) \equiv I_m\left[\vec{B}\,e^{j\omega t}\right] \equiv B_0 sen(\omega t + \gamma) \qquad (2.33)$$

donde:

$$\vec{B} \equiv B_0\,\underline{|\gamma} \qquad (2.34)$$

eligiéndose para esta respuesta la parte real o imaginaria, en correspondencia con el tipo de excitación aplicada.

Por tanto, la función:

$$y_1(t) = A_{01}\, cos(\omega t + \varphi) \tag{2.35}$$

se sustituye por el fasor $\vec{A}_1$, de valor:

$$\vec{A}_1 = A_{01}\, e^{j\varphi} \equiv A_{01} \lfloor \varphi \equiv A_{01} cos\varphi + j\, A_{01}\, sen\varphi = A_{1x} + j\, A_{1y} \tag{2.36}$$

Para obtener la función coseno $y_1(t)$ tomaremos la parte real de la expresión:

$$\vec{A}_1\, e^{j\omega t} \tag{2.37}$$

Si la función es:

$$y_2(t) = A_{02} sen(\omega t + \beta) \tag{2.38}$$

vendrá sustituida por el fasor $\vec{A}_2$, de valor:

$$\vec{A}_2 = A_{02}\, e^{j\omega t} \equiv A_{02} \lfloor \beta \equiv A_{02}\, cos\beta + jA_{02}\, sen\beta = A_{2x} + j\, A_{2y} \tag{2.39}$$

Para obtener la función seno $y_2(t)$ tomaremos la parte imaginaria de la expresión:

$$\vec{A}_2\, e^{j\omega t} \tag{2.40}$$

Además debemos tener presente que:

$$y_1(t) = A_{01} cos(\omega t + \varphi) = A_{01} sen\left(\omega t + \varphi + \frac{\pi}{2}\right) \tag{2.41}$$

pudiendo venir representada la función $y_1(t)$ por dos posibles fasores:

$$\vec{A}_1^{\,/} \equiv A_{01} \lfloor \varphi \tag{2.42}$$

$$\vec{A}_1^{\,//} \equiv A_{01} \lfloor \varphi + \pi/2 \tag{2.43}$$

Para obtener la función $y_1(t)$ expresada en su forma trigonométrica o instantánea tomaremos en el primer caso la parte real del vector $\vec{A}_I^{\,I} e^{jwt}$, y en el segundo caso, la parte imaginaria del vector $\vec{A}_I^{\,II} e^{jwt}$.

2.1.3 Concepto de desfase entre dos funciones sinusoidales

Dadas:

$$y_1(t) = A_{01} cos(\omega t + \varphi_1) = A_{01} cos\, \omega(t + t_1)$$
$$y_2(t) = A_{02} cos(\omega t + \varphi_2) = A_{02} cos\, \omega(t + t_2) \tag{2.44}$$

$$y_2(t) = A_{02} cos(\omega t + \varphi_2) = A_{02} cos\, \omega(t + t_2) \tag{2.45}$$

La representación temporal de estas funciones está indicada en la Figura 2.9.

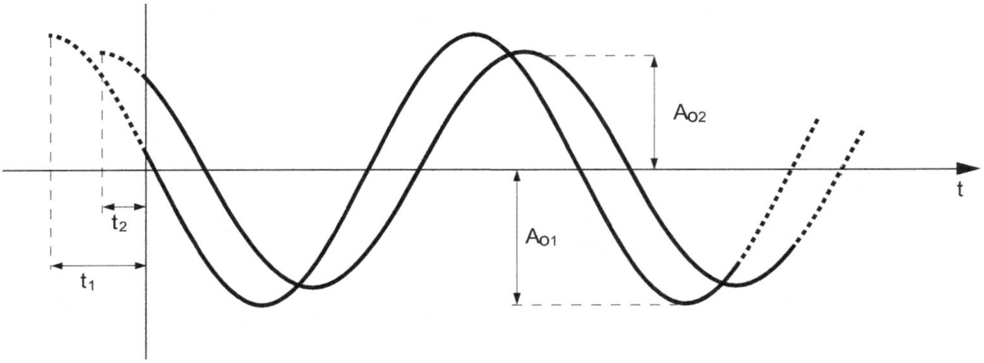

Figura 2.9

Siendo:

$$t_1 = \frac{\varphi_1}{\omega} \qquad y \qquad t_2 = \frac{\varphi_2}{\omega} \tag{2.46}$$

y, en la Figura 2.9 $t_1 > t_2$ con lo que $\varphi_1 > \varphi_2$.

Si además:

$$\varphi_1 - \varphi_2 < \pi \tag{2.47}$$

se dice que la función $y_1(t)$ está adelantada con respecto a $y_2(t)$. A la diferencia:

$$\varphi_1 - \varphi_2 = \varphi \tag{2.48}$$

se le denomina desfase entre ambas funciones.

La representación vectorial está indicada en la Figura 2.10.

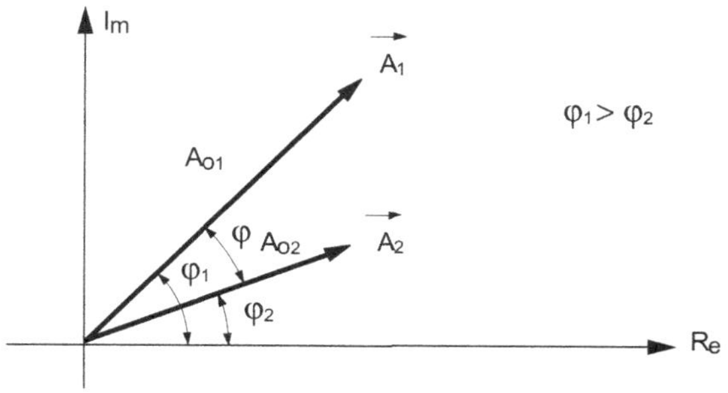

Figura 2.10

2.1.4 Operaciones con funciones sinusoidales

a) Suma de funciones con la misma pulsación.

Sean:

$$\begin{aligned} y_1(t) &= A_{01}cos(\omega t + \varphi_1) \\ y_2(t) &= A_{02}cos(\omega t + \varphi_2) \\ &\dots\dots\dots\dots \\ &\dots\dots\dots\dots \\ y_n(t) &= A_{0n}cos(\omega t + \varphi_n) \end{aligned} \tag{2.49}$$

La suma:

$$y(t) = y_1(t) + y_2(t) + \dots + y_n(t) \tag{2.50}$$

será de la forma:

$$y(t) = A_0cos(\omega t + \varphi) \tag{2.51}$$

Por tanto:

$$A_0cos(\omega t + \varphi) = A_{01}cos(\omega t + \varphi_1) + A_{02}cos(\omega t + \varphi_2) + \dots + A_{0n}cos(\omega t + \varphi_n) \tag{2.52}$$

Desarrollando los diversos términos tenemos:

$$
\begin{aligned}
A_0 cos(\omega t + \varphi) &= A_0 \, (cos\ \omega t\ cos\ \varphi - sen\ \omega t\ sen\ \varphi) = \\
&= A_{01}(cos\ \omega t\ cos\ \varphi_1 - sen\ \omega t\ sen\ \varphi_1) + \\
&+ A_{02}(cos\ \omega t\ cos\ \varphi_2 - sen\ \omega t\ sen\ \varphi_2) + \\
&+ \ldots\ldots\ldots\ldots\ldots\ldots\ldots\ldots\ldots\ldots\ldots\ldots + \\
&+ \ldots\ldots\ldots\ldots\ldots\ldots\ldots\ldots\ldots\ldots\ldots\ldots + \\
&+ A_{0n}(cos\ \omega t\ cos\ \varphi_n - sen\ \omega t\ sen\ \varphi_n)
\end{aligned}
\qquad (2.53)
$$

Identificando los dos miembros resulta:

$$A_0 cos\varphi = A_{01} cos\varphi_1 + A_{02} cos\varphi_2 + \ldots + A_{0n} cos\varphi_n = \sum_{i=1}^{n} A_{0i} cos\varphi_i \qquad (2.54)$$

y

$$A_0 sen\varphi = A_{01} sen\varphi_1 + A_{02} sen\varphi_2 + \ldots + A_{0n} sen\varphi_n = \sum_{i=1}^{n} A_{0i} sen\varphi_i \qquad (2.55)$$

Elevando al cuadrado las expresiones (2.54) y (2.55) y sumándolas, resulta:

$$A_0^2 = \left(\sum_{i=1}^{n} A_{0i} cos\ \varphi_i \right)^2 + \left(\sum_{i=1}^{n} A_{0i} sen\ \varphi_i \right)^2 \qquad (2.56)$$

y, dividiendo una por otra, tenemos:

$$tg\ \varphi = \frac{\sum_{i=1}^{n} A_{0i} sen\ \varphi_i}{\sum_{i=1}^{n} A_{0i} cos\ \varphi_i} \qquad (2.57)$$

En la figura 2.11 se representan en forma vectorial los diferentes fasores a sumar.

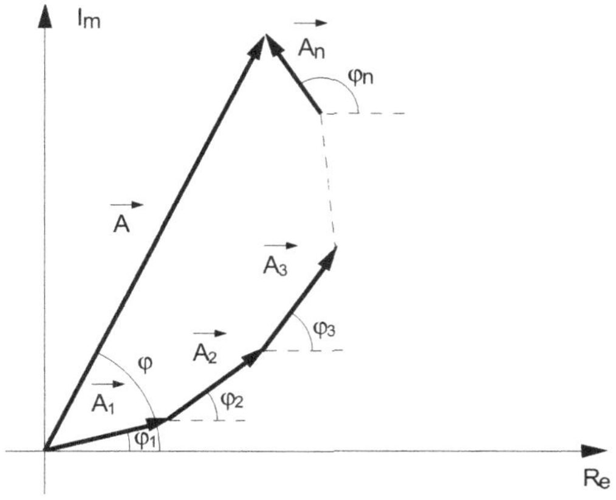

Figura 2.11

Se puede observar en la figura anterior que la función suma resultante está definida por otro fasor, que es la suma de los fasores representativos de cada sumando. Esto es así porque:

$$\sum_{i=1}^{n} A_{0i} \cos \varphi_i = \textit{suma de las proyecciones sobre el eje real de cada fasor sumando.} \qquad (2.54\ \text{bis})$$

$$\sum_{i=1}^{n} A_{0i} \operatorname{sen} \varphi_i = \textit{suma de las proyecciones sobre el eje imaginario de cada fasor sumando.} \qquad (2.55\ \text{bis})$$

y, por lo tanto, es un vector cuya parte real es la suma de las partes reales de cada sumando y cuya parte imaginaria es la suma de las partes imaginarias.

Resultando:

$$\vec{A} = \vec{A}_1 + \vec{A}_2 + \ldots + \vec{A}_n \qquad (2.58)$$

y en definitiva *la suma y la diferencia de funciones sinusoidales de la misma pulsación ω es otra función sinusoidal cuya pulsación es también ω.*

b) Producto de funciones sinusoidales de la misma pulsación.

Sean:

$$\begin{aligned} y_1(t) &= A_{01}\ cos\ \omega t \\ y_2(t) &= A_{02}\ cos(\omega t + \varphi) \end{aligned} \tag{2.59}$$

$$p(t) = y_1(t)\ y_2(t) = A_{01}A_{02} cos\ \omega t\ cos(\omega t + \varphi) \tag{2.60}$$

Desarrollando la expresión anterior se obtiene:

$$\begin{aligned} p(t) &= A_{01}\ A_{02}\ cos\ \omega t(cos\ \omega t\ cos\,\varphi - sen\ \omega t\ sen\,\varphi) = \\ &= A_{01}\ A_{02}\,(cos^2\ \omega t\ cos\,\varphi - cos\ \omega t\ sen\ \omega t\ sen\,\varphi) = \\ &= \frac{A_{01}\ A_{02}}{2}\left[(1 + cos\ 2\omega t)\ cos\,\varphi - sen\ 2\omega t\ sen\,\varphi\right] = \\ &= \frac{A_{01}\ A_{02}}{2}\,(cos\,\varphi + cos\ 2\omega t\ cos\,\varphi - sen\ 2\omega t\ sen\,\varphi) = \\ &= \frac{A_{01}\ A_{02}}{2}\left[cos\,\varphi + cos(2\omega t + \varphi)\right] = \\ &= \frac{A_{01}\ A_{02}}{2}\ cos\,\varphi + \frac{A_{01}\ A_{02}}{2}\ cos(2\omega t + \varphi) \end{aligned} \tag{2.61}$$

Obsérvese como el producto de dos funciones sinusoidales de la misma frecuencia es la suma de un término constante (independiente del tiempo) y de una función sinusoidal cuya pulsación y frecuencia es el doble que la de las funciones que se multiplicaron.

c) Derivada e integral de una función sinusoidal.

Sea la función:

$$y(t) = A_0 cos(\omega t + \varphi) \tag{2.62}$$

Su vector representativo o fasor es:

$$\vec{A} \equiv A_0 \,\lfloor\varphi \equiv A_0 cos\,\varphi + j\ A_0 sen\,\varphi \tag{2.63}$$

La derivada de la función y(t) respecto a la variable t es:

$$\begin{aligned} \frac{dy(t)}{dt} &= -\omega A_0 sen(\omega t + \varphi) = \omega A_0 sen(\omega t + \varphi + \pi) = \\ &= \omega A_0 cos\left(\omega t + \varphi + \pi - \frac{\pi}{2}\right) = \omega A_0 cos\left(\omega t + \frac{\pi}{2} + \varphi\right) \end{aligned} \tag{2.64}$$

cuyo vector representativo es:

$$\vec{A}' \equiv \lfloor \varphi + \pi/2 \equiv \omega A_0 cos\left(\varphi + \frac{\pi}{2} \right) + j\omega A_0 sen\left(\varphi + \frac{\pi}{2} \right) \tag{2.65}$$

Si efectuamos la integral de y(t), tenemos:

$$\int y(t)\,dt = \frac{A_0}{\omega}\, sen(\omega t + \varphi) = \frac{A_0}{\omega}\, cos\left(\omega t + \varphi - \frac{\pi}{2} \right) \tag{2.66}$$

El vector representativo de esta función integral obtenida es:

$$\vec{A}_1 \equiv \frac{A_0}{\omega} \lfloor \varphi - \pi/2 \equiv \frac{A_0}{\omega}\, cos\left(\varphi - \frac{\pi}{2} \right) + j\,\frac{A_0}{\omega}\, sen\left(\varphi - \frac{\pi}{2} \right) \tag{2.67}$$

Si representamos en un sistema de ejes coordenados los vectores correspondientes a y(t) y a su derivada e integral, obtenemos la Figura 2.12.

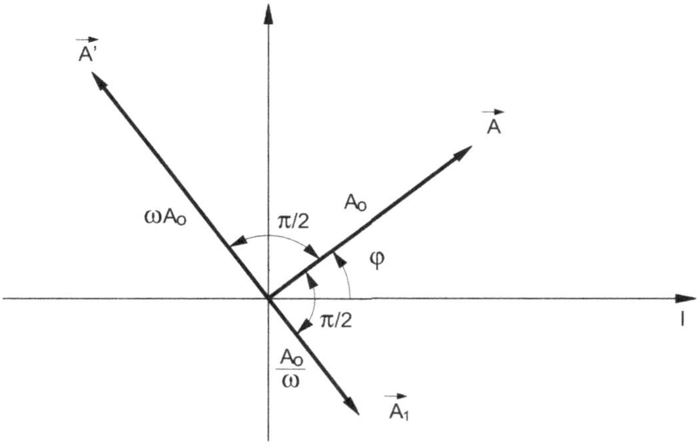

Figura 2.12

Se observa en ella que el vector correspondiente a la función derivada se encuentra adelantado π/2 (rad) respecto al correspondiente a la función y(t) original, mientras que el correspondiente a la función integral está retrasado π/2 (rad) respecto al de y(t).

La derivada y la integral de una función sinusoidal puede obtenerse también partiendo de su representación exponencial.

Teniendo en cuenta la expresión (2.15), resulta

$$\cos\theta(t) \equiv R_e\left[e^{j\theta(t)}\right] \tag{2.68}$$

$$\operatorname{sen}\theta(t) \equiv I_m\left[e^{j\theta(t)}\right] \tag{2.69}$$

derivando (2.68), obtenemos:

$$\begin{aligned} \frac{d\cos\theta(t)}{dt} &\equiv \frac{d}{dt}\left\{R_e\left[e^{j\theta(t)}\right]\right\} \equiv R_e\left[\frac{de^{j\theta(t)}}{dt}\right] \equiv \\ &\equiv R_e\left[j\theta'(t)\ e^{j\theta(t)}\right] \equiv R_e\left\{j\theta'(t)\ [\cos\theta(t) + j\operatorname{sen}\theta(t)]\right\} \equiv \\ &\equiv -\theta'(t)\operatorname{sen}\theta(t) \end{aligned} \tag{2.70}$$

Con lo que se demuestra que la derivada de la parte real del $e^{j\theta(t)}$ es igual a la parte real de su derivada.

Integrando la expresión (2.68) se tiene:

$$\begin{aligned} \int \cos\theta(t)\ dt &\equiv \int R_e\left[e^{j\theta(t)}\ dt\right] \equiv R_e\left[\int e^{j\theta(t)}\ dt\right] \equiv R_e\left[\frac{1}{j\theta'(t)}\ e^{j\theta(t)}\right] \equiv \\ &\equiv R_e\left[\frac{1}{j\theta'(t)}\ (\cos\theta(t) + j\operatorname{sen}\theta(t))\right] \equiv \frac{1}{\theta'(t)}\ \operatorname{sen}\theta(t) \end{aligned} \tag{2.71}$$

Pudiéndose decir que la integral de la parte real de $e^{j\theta(t)}$ es la parte real de la integral.

De la misma forma si derivamos e integramos la expresión (2.69) obtendremos:

$$\frac{d\operatorname{sen}\theta(t)}{dt} \equiv \frac{d}{dt}\left\{I_m\left[e^{j\theta(t)}\right]\right\} \equiv I_m\left[\frac{de^{j\theta(t)}}{dt}\right] \tag{2.72}$$

$$\int \operatorname{sen}\theta(t)\ dt \equiv \int I_m\left[e^{j\theta(t)}\right]dt \equiv I_m\left[\int e^{j\theta(t)}\ dt\right] \tag{2.73}$$

2.1.5 Valores medio y eficaz de una función

Valor medio

Dada una función y(t) se define su valor medio en el intervalo $t_1 < t < t_2$ como la media de los valores instantáneos que toma la función en dicho intervalo (Figura 2.13).

El valor medio coincide con la altura de un rectángulo de base $t_2 - t_1$ que tiene el mismo área que la encerrada por la función en dicho intervalo.

Así tenemos:

$$A_m = \frac{1}{t_2 - t_1} \int_{t_1}^{t_2} y(t)\ dt \tag{2.74}$$

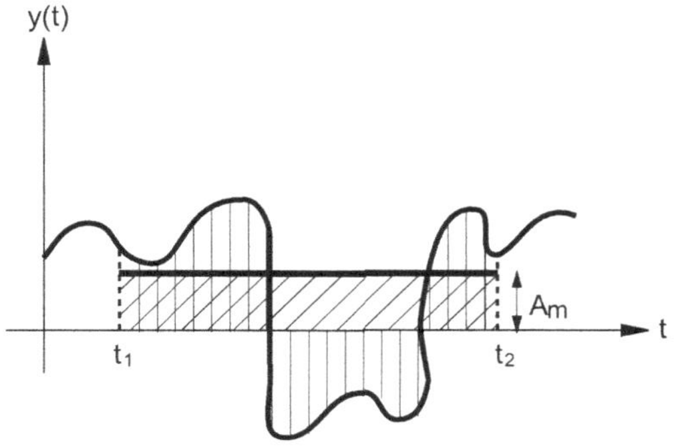

Figura 2.13

Para el caso de funciones periódicas, el valor medio se define generalmente en un período T, resultando:

$$A_m = \frac{1}{T} \int_0^T y(t)\ dt \tag{2.75}$$

Así, para la función sinusoidal:

$$y(t) = A_0 cos\,\omega t \tag{2.76}$$

representada en la Figura 2.14, la media de los valores instantáneos que toma la función durante un período es cero.

$$A_m = \frac{1}{T} \int_0^T A_0 cos\,\omega t\ dt = 0 \tag{2.77}$$

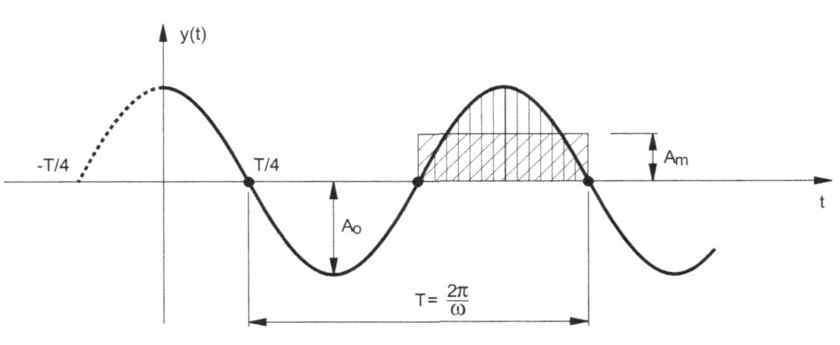

Figura 2.14

El valor medio definido en medio período (-T/4 < t < T/4), como puede observarse en la figura 2.14, es:

$$A_m = \frac{2}{T}\int_{-T/4}^{T/4} A_0 cos\,\omega t\;dt = \frac{2}{T}\frac{A_0}{\omega}sen\,\omega t\Bigg|_{-T/4}^{T/4} =$$
$$= \frac{2}{T}\frac{T}{2\pi}A_0\left[sen\frac{2\pi}{T}\frac{T}{4} + sen\frac{2\pi}{T}\frac{T}{4}\right] = \frac{2}{\pi}A_0 \qquad (2.78)$$

Valor eficaz

Para una función periódica:

$$y(t) = y(t + T) \qquad (2.79)$$

se define el valor eficaz al cuadrado como la media de los cuadrados de los valores instantáneos que toma la función en un período T.

$$A_{ef} = \sqrt{\frac{1}{T}\int_0^T y^2(t)\;dt} \qquad (2.80)$$

Para la función sinusoidal

$$y(t) = A_0 cos\,\omega t \qquad (2.76\ bis)$$

tenemos:

$$y^2(t) = A_0^2 cos^2\omega t = A_0^2\,\frac{1 + cos2\omega t}{2} = \frac{A_0^2}{2} + \frac{A_0^2}{2}cos2\omega t \qquad (2.81)$$

que aparece representada en la Figura 2.15. Su valor eficaz resulta:

$$A_{ef} = \sqrt{\frac{1}{T}\int_0^T \frac{A_o^2}{2}(1 + cos2\omega t)dt} = \sqrt{\frac{1}{T}\int_0^T \frac{A_0^2}{2}dt + \frac{1}{T}\int_0^T \frac{A_0^2}{2}cos2\omega t\;dt} = \frac{A_0}{\sqrt{2}} \qquad (2.82)$$

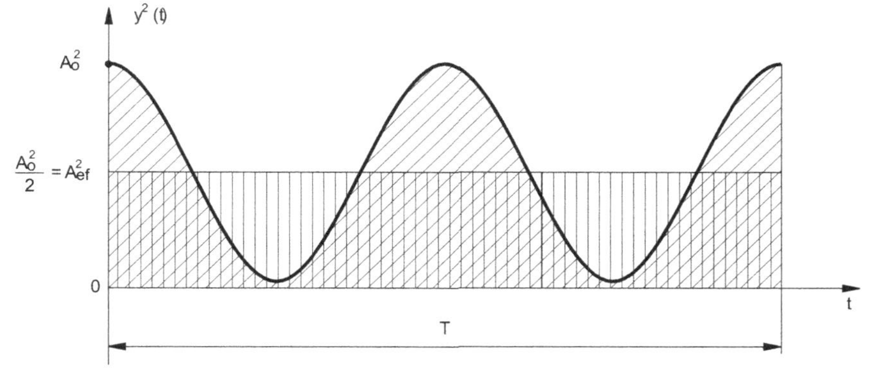

Figura 2.15

2.2 CIRCUITOS EXCITADOS POR GENERADORES SINUSOIDALES

En estos circuitos, las excitaciones (generadores) son funciones sinusoidales del tipo:

$$e(t) = E_0 \, sen(\omega t + \varphi) \qquad o \qquad e(t) = E_0 \, cos(\omega t + \beta) \qquad (2.83)$$

Analizar estos circuitos supone calcular la respuesta de los mismos (corriente en alguna rama o tensión en algún nudo) al aplicarles las excitaciones citadas.

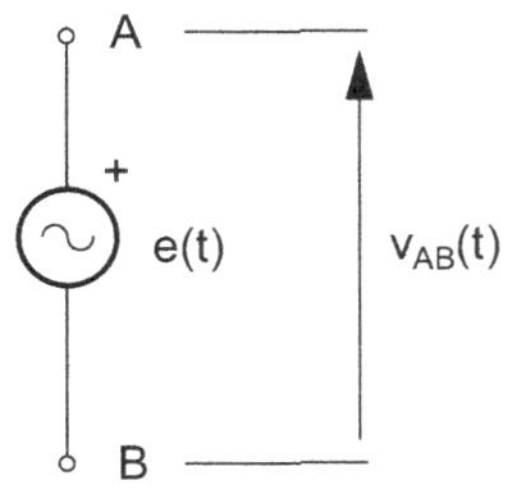

Figura 2.16

El símbolo adoptado para representar un generador de f.e.m. sinusoidal está indicado en la Figura 2.16.

El signo (+) situado en el terminal A no supone que la tensión de A sea constantemente positiva respecto a la de B. Lo que indica la simbología adoptada en la Figura 2.16 es que la tensión $v_{AB}(t)$ toma en cada instante el mismo valor que e(t). Esto es:

$$v_{AB}(t) = v_A(t) - v_B(t) = e(t) \tag{2.84}$$

y si:

$$e(t) = E_0 \; sen(\omega t + \varphi) \tag{2.85}$$

tenemos:

$$v_{AB}(t) = e(t) = E_0 \; sen(\omega t + \varphi) \tag{2.86}$$

lo cual indica que v_A - v_B tomará valores positivos o negativos en los mismos instantes que lo haga e(t).

2.2.1 Estudio del circuito R, L, C

Vamos a estudiar un circuito sencillo formado por los tres componentes pasivos, bobina L, resistencia R y condensador C, conectados en serie y excitado por un generador de f.e.m. sinusoidal $e(t) = E_0 \cos \omega t$, como se indica en la Figura 2.17. Las conclusiones que obtengamos podrán generalizarse para aplicar en el análisis de circuitos de mayor complejidad.

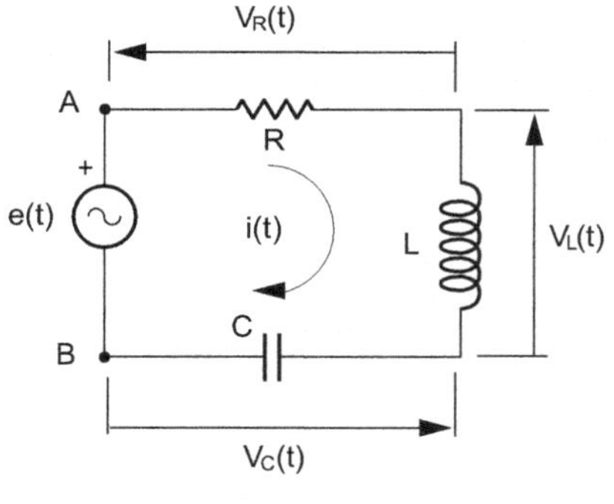

Figura 2.17

La incógnita a obtener será la corriente i(t) y aplicando el segundo lema de Kirchhoff, obtenemos:

$$v_{AB}(t) = e(t) = v_R(t) + v_L(t) + v_C(t) \tag{2.87}$$

siendo:

$$v_R(t) = R\ i(t) \tag{2.88}$$

$$v_L(t) = L\ \frac{di(t)}{dt} = L\ Di(t) \tag{2.89}$$

$$v_C(t) = \frac{1}{C} \int_{-\infty}^{t} i(t)\ dt = \frac{1}{CD}\ i(t) \tag{2.90}$$

las tensiones parciales en cada uno de los componentes pasivos del circuito.

De la ecuación (2.87) y de las relaciones anteriores tenemos:

$$e(t) = Ri(t) + LDi(t) + \frac{1}{CD}\ i(t) = \left(R + LD + \frac{1}{CD}\right)\ i(t) \tag{2.91}$$

Se puede observar que la obtención de la respuesta del circuito comporta la resolución de una ecuación diferencial lineal, de coeficientes constantes.

La solución de esta ecuación diferencial está formada por dos términos:

a) La solución de la ecuación diferencial homogénea o régimen libre.

b) La solución particular de la ecuación diferencial total (que tiene la misma forma que la excitación aplicada al circuito) o régimen permanente.

En el estudio que vamos a abordar nos interesa de momento, únicamente la respuesta en el régimen permanente. Por lo tanto, volviendo a la ecuación (2.91), tenemos:

$$\left(R + LD + \frac{1}{CD}\right)\ i(t) = E_0 cos\,\omega t \tag{2.92}$$

Observamos que la ecuación diferencial (2.92) comporta una derivación y una integración de i(t). Como la única función cuya derivada e integral son sinusoidales es otra sinusoide, la función i(t) (solución particular de la ecuación anterior) será de la forma:

$$i(t) = I_0\ cos(\omega t - \beta) \tag{2.93}$$

donde I_0 y β son respectivamente el valor de pico de la corriente y el desfase inicial, a determinar.

Para calcular estos valores, aplicamos la ecuación diferencial a la función anterior. Así, tenemos:

$$\left(R + LD + \frac{1}{CD}\right)\left[I_0 \cos(\omega t - \beta)\right] = E_0 \cos\omega t \tag{2.94}$$

y desarrollando:

$$RI_0 \cos(\omega t - \beta) + LD\left[I_0 \cos(\omega t - \beta)\right] + \frac{1}{CD}\left[I_0 \cos(\omega t - \beta)\right] =$$

$$= RI_0 \cos(\omega t - \beta) - \left(\omega L - \frac{1}{\omega C}\right) I_0\, sen(\omega t - \beta) = E_0 \cos\omega t \tag{2.95}$$

Desarrollando la primera parte de esta última igualdad e identificando con el segundo término tenemos:

$$RI_0 \cos\,\beta + \left(\omega L - \frac{1}{\omega C}\right) I_0 sen\beta = E_0 \tag{2.96}$$

$$RI_0 sen\,\beta - \left(\omega L - \frac{1}{\omega C}\right) I_0 \cos\beta = 0 \tag{2.97}$$

De (2.97), obtenemos:

$$tg\beta = \frac{\omega L - \dfrac{1}{\omega C}}{R} \tag{2.98}$$

$$\beta = tg^{-1}\, \frac{\omega L - \dfrac{1}{\omega C}}{R} \tag{2.99}$$

Elevando al cuadrado las ecuaciones (2.96) y (2.97) y sumándolas, resulta:

$$\left[R^2 + \left(\omega L - \frac{1}{\omega C}\right)^2\right] I_0^2 = E_0^2 \tag{2.100}$$

de donde:

$$I_0 = \frac{E_0}{\sqrt{R^2 + \left(\omega L - \dfrac{1}{\omega C}\right)^2}} \tag{2.101}$$

De las expresiones (2.99) y (2.101) se deduce que la **respuesta permanente de todo circuito a una excitación sinusoidal es otra función sinusoidal de la misma pulsación, desfasada respecto a la excitación aplicada**.

Hay que hacer notar que el valor del desfase hallado puede ser:

Positivo

$$\beta > 0 \quad ; \qquad \left(\omega L - \frac{1}{\omega C} \right) > 0 \tag{2.102}$$

estando la corriente retrasada con respecto a la tensión aplicada. El circuito que así se comporta se dice que tiene carácter inductivo.

Negativo

$$\beta < 0 \quad ; \qquad \left(\omega L - \frac{1}{\omega C} \right) < 0 \tag{2.103}$$

en cuyo caso la corriente va adelantada respecto a la tensión aplicada. El circuito se dice que tiene carácter capacitivo.

El desfase β hallado es relativo, entre la tensión e(t) y la corriente i(t).

Así, si:

$$e(t) = E_0 cos(\omega t + \varphi) \tag{2.104}$$

obtendremos:

$$i(t) = I_0 cos(\omega t + \gamma) \tag{2.105}$$

con:

$$\gamma = \varphi - \beta \tag{2.106}$$

siendo β el valor hallado en la expresión (2.99).

El problema anterior puede también resolverse utilizando la notación fasorial.

Volvamos al circuito de la Figura 2.17. La función e(t) puede ser:

$$e(t) = E_0 \ cos(\omega t + \varphi) \equiv R_e\left[E_0 \ e^{j(\omega t + \varphi)}\right] \equiv R_e \left[\vec{E} \ e^{j\omega t}\right] \tag{2.107}$$

o

$$e(t) = E_0 \; sen(\omega t + \varphi) \equiv I_m\left[E_0 \; e^{j(\omega t + \varphi)}\right] \equiv I_m\left[\vec{E} \; e^{j\omega t}\right] \qquad (2.108)$$

y la respuesta será por lo tanto:

$$i(t) = I_0 \; cos(\omega t + \gamma) \equiv R_e\left[I_0 \; e^{j(\omega t + \gamma)}\right] \equiv R_e\left[\vec{I} \; e^{j\omega t}\right] \qquad (2.109)$$

o

$$i(t) = I_0 \; sen(\omega t + \gamma) \equiv I_m\left[I_0 \; e^{j(\omega t + \gamma)}\right] \equiv I_m\left[\vec{I} \; e^{j\omega t}\right] \qquad (2.110)$$

respectivamente.

Podemos, por lo tanto, operar indistintamente con excitaciones y respuestas de la forma:

$$E_0 \; e^{j(\omega t + \varphi)} \qquad o \qquad I_0 \; e^{j(\omega t + \gamma)}$$

extrayendo finalmente la parte real o imaginaria de estas expresiones según la función excitación sea seno o coseno.

Al sustituir la respuesta y la excitación en la expresión (2.91), resulta:

$$\left(R + LD + \frac{1}{CD}\right)\left[I_0 \; e^{j(\omega t + \gamma)}\right] = E_0 \; e^{j(\omega t + \varphi)} \qquad (2.111)$$

desarrollando la expresión anterior, tenemos:

$$RI_0 e^{j(\omega t + \gamma)} + j\omega L \, I_0 \; e^{j(\omega t + \gamma)} + \frac{1}{j\omega C} \, I_0 \; e^{j(\omega t + \gamma)} = E_0 \; e^{j(\omega t + \varphi)} \qquad (2.112)$$

de donde:

$$\left|R + j\left(\omega L - \frac{1}{\omega C}\right)\right| I_0 e^{j\gamma} e^{j\omega t} = E_0 e^{j\varphi} e^{j\omega t} \qquad (2.113)$$

y teniendo en cuenta que:

$$I_0 \; e^{j\gamma} = I_0 \; cos\gamma + jI_0 \; sen \; \gamma = \vec{I} \qquad (2.114)$$

$$E_0 \; e^{j\varphi} = E_0 \; cos \; \varphi + jE_0 \; sen \; \varphi = \vec{E} \qquad (2.115)$$

la expresión (2.113) resulta:

$$\left[R + j\left(\omega L - \frac{1}{\omega C}\right)\right]\vec{I} = \vec{E} \tag{2.116}$$

Hemos convertido la ecuación diferencial en el dominio del tiempo en una ecuación vectorial donde relacionamos entre sí los fasores tensión y corriente.

Volviendo al circuito de la Figura 2.17, podemos llegar al circuito en forma vectorial de la Figura 2.18, en el que las magnitudes instantáneas o sinusoidales, en el dominio del tiempo, han sido sustituidas por las representaciones fasoriales de cada una de estas magnitudes.

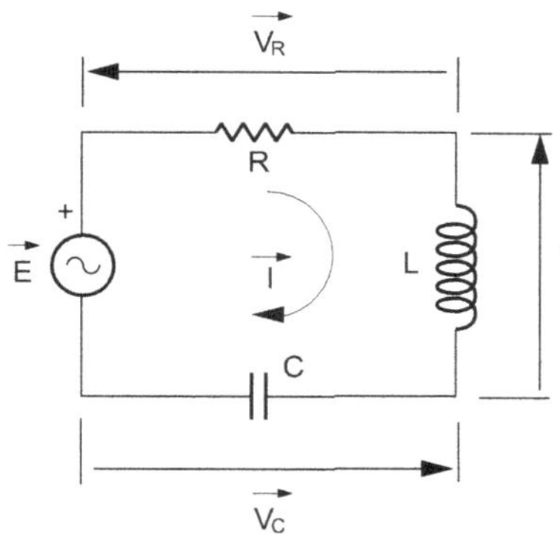

Figura 2.18

Desarrollando la ecuación (2.116), obtenemos:

$$\vec{E} = R\vec{I} + j\omega L\vec{I} + \frac{1}{j\omega C}\vec{I} \tag{2.117}$$

ecuación que tiene carácter vectorial, donde:

$$\vec{V}_R = R\vec{I} \tag{2.118}$$

$$\vec{V}_L = j\omega L\vec{I} \tag{2.119}$$

$$\vec{V}_C = \frac{1}{j\omega C}\vec{I} \tag{2.120}$$

son las tensiones parciales sobre cada componente pasivo, expresadas en forma fasorial.

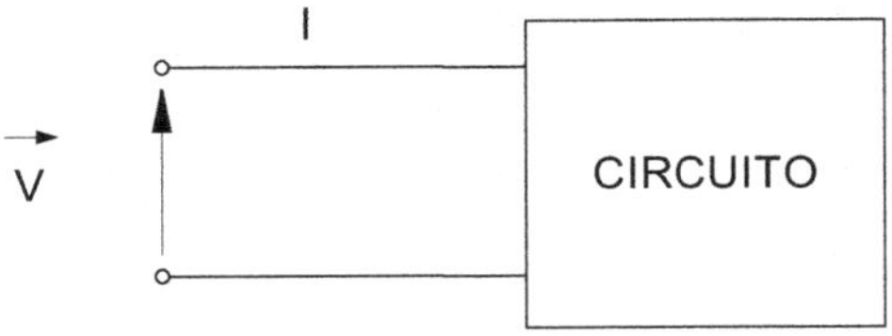

Figura 2.19

Se define la impedancia $\vec{Z}$ de un circuito como la relación entre los fasores tensión en bornas del circuito y corriente que circula por dichas bornas, como se indica en la Figura 2.19, en la que:

$$\vec{Z} = \frac{\vec{V}}{\vec{I}} \quad (2.121)$$

y, en forma similar, se define la admitancia como la inversa de la impedancia. Así:

$$\vec{Y} = \frac{\vec{I}}{\vec{V}} = \frac{1}{\vec{Z}} \quad (2.122)$$

Podemos calcular las impedancias y las admitancias de cada componente pasivo del circuito. Así, tenemos:

$$\vec{Z}_R = \frac{\vec{V}_R}{\vec{I}} = R \quad (2.123)$$

$$\vec{Y}_R = \frac{1}{R} \quad (2.124)$$

$$\vec{Z}_L = \frac{\vec{V}_L}{\vec{I}} = j\omega L = jX_L \quad (2.125)$$

$$\vec{Y}_L = \frac{1}{j\omega L} = \frac{-j}{\omega L} = \frac{-j}{X_L} \quad (2.126)$$

$$\vec{Z}_C = \frac{\vec{V}_C}{\vec{I}} = \frac{1}{j\omega C} = \frac{-j}{\omega C} = -jX_C \quad (2.127)$$

$$\vec{Y}_C = j\omega C = \frac{j}{X_C} \quad (2.128)$$

donde $\boldsymbol{X_L = \omega L}$ y $\boldsymbol{X_C = 1/\omega C}$ se definen como las "reactancias" inductiva y capacitiva, respectivamente.

De la expresión (2.117) se tiene:

$$\vec{E} = \vec{Z}_R \vec{I} + \vec{Z}_L \vec{I} + \vec{Z}_C \vec{I} = (\vec{Z}_R + \vec{Z}_L + \vec{Z}_C)\vec{I} \tag{2.129}$$

con lo que la impedancia equivalente del circuito serie es:

$$\vec{Z} = \vec{Z}_R + \vec{Z}_L + \vec{Z}_C \tag{2.130}$$

En forma similar, cuando estos elementos se encuentran conectados en paralelo, se obtiene que la admitancia equivalente de la asociación es la suma de cada una de las admitancias individuales.

$$\vec{Y} = \vec{Y}_R + \vec{Y}_L + \vec{Y}_C \tag{2.131}$$

En la Figura 2.20 se representan las impedancias $\vec{Z}_R$, $\vec{Z}_L$, $\vec{Z}_C$ y la impedancia $\vec{Z}$ resultante de estas tres conectadas en serie.

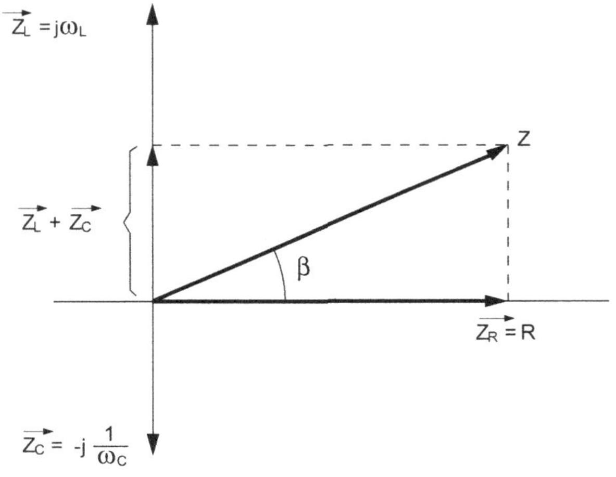

Figura 2.20

De las expresiones (2.123), (2.125) y (2.127) de las impedancias de cada componente se deduce:

- ✔ *La tensión en una resistencia está en fase con la corriente que circula por ella.*
- ✔ *La tensión en una bobina está adelantada π/2 (rad.) respecto a su corriente.*
- ✔ *La tensión en un condensador está retrasada π/2 (rad.) respecto a la corriente que por él circula.*

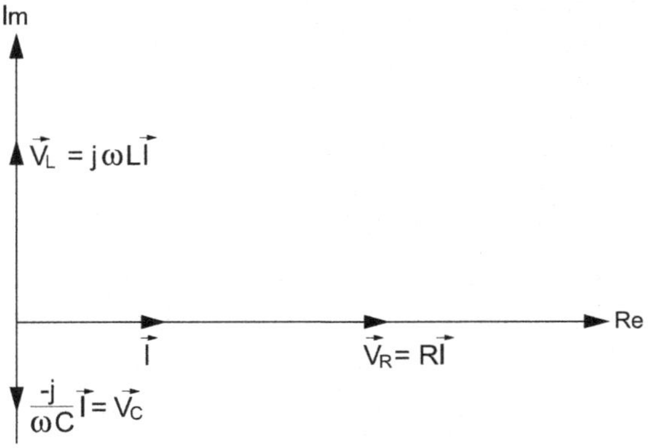

Figura 2.21

En la Figura 2.21 se representa un diagrama fasorial explicativo de estas situaciones.

Se ha supuesto que la fase inicial de $\vec{I}$ es cero (hay que recordar, además, que estos vectores giran con velocidad angular ω).

Volviendo a la expresión (2.116), obtenemos:

$$\vec{I} = \frac{\vec{E}}{R + j\left(\omega L - \frac{1}{\omega C}\right)} \equiv \frac{E_0 \lfloor \varphi}{|Z| \lfloor \beta} \equiv I_0 \lfloor \gamma \qquad (2.132)$$

donde:

$$|Z| = \sqrt{R^2 + \left(\omega L - \frac{1}{\omega C}\right)^2} \qquad (2.133)$$

y

$$\beta = tg^{-1} \frac{\omega L - \frac{1}{\omega C}}{R} \qquad (2.134)$$

Por lo tanto:

$$I_0 = \frac{E_0}{|Z|} = \frac{E_0}{\sqrt{R^2 + \left(\omega L - \frac{1}{\omega C}\right)^2}} \qquad (2.135)$$

$$\gamma = \varphi - \beta = \varphi - tg^{-1} \frac{\omega L - \dfrac{1}{\omega C}}{R} \tag{2.136}$$

Las expresiones anteriores permiten obtener el fasor corriente en el circuito serie de la Figura 2.18.

En la Figura 2.22, se representa un diagrama fasorial de los valores obtenidos.

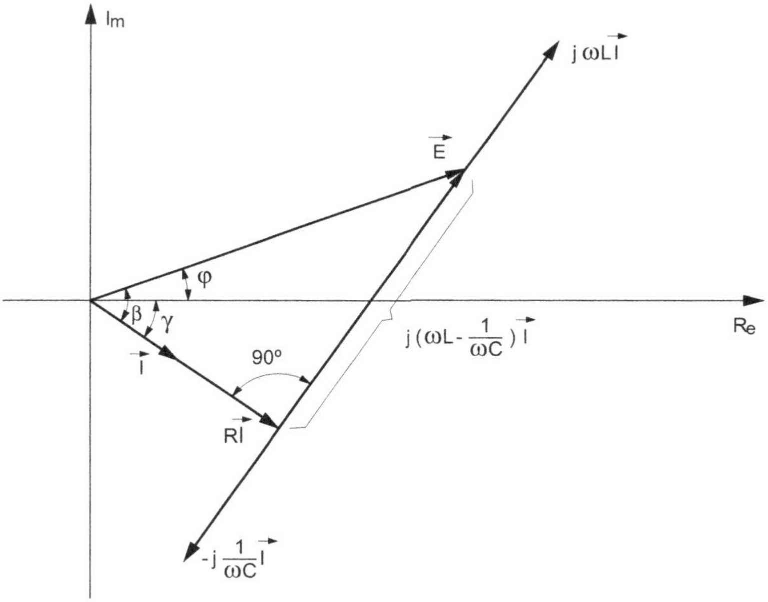

Figura 2.22

Para expresar la respuesta del circuito en forma sinusoidal hay que tener en cuenta la forma de la función excitación:

$$e(t) = E_0 \, cos(\omega t + \varphi) \equiv R_e \left[E_0 \, e^{j(\omega t + \varphi)}\right] \equiv R_e \left[\vec{E} \, e^{j\omega t}\right] \tag{2.137}$$

$$e(t) = E_0 \, sen(\omega t + \varphi) \equiv I_m \left[E_0 \, e^{j(\omega t + \varphi)}\right] \equiv I_m \left[\vec{E} \, e^{j\omega t}\right] \tag{2.138}$$

En ambos casos se operará con el fasor $\vec{E}$, obteniéndose el fasor $\vec{I}$ de la ecuación (2.116). Si queremos, finalmente, obtener i(t), tendremos:

Para la excitación dada en (2.137):

$$i(t) \equiv R_e\left[\vec{I}\ e^{j\omega t}\right] \equiv R_e\left[I_0\ e^{j(\omega t+\gamma)}\right] \equiv I_0\ cos(\omega t+\gamma) \tag{2.139}$$

y para la excitación expresada en (2.138):

$$i(t) \equiv I_m\left[\vec{I}\ e^{j\omega t}\right] \equiv I_m\left[I_0\ e^{j(\omega t+\gamma)}\right] \equiv I_0\ sen(\omega t+\gamma) \tag{2.140}$$

Los resultados obtenidos pueden hacerse extensivos al análisis de un circuito genérico. La forma de proceder será la siguiente:

a) Si la red tiene varios generadores, se expresarán en la misma forma trigonométrica, seno o coseno, para poder representar todos ellos como parte imaginaria o real del correspondiente fasor.

b) Se sustituyen las f.e.m.s. de los generadores por sus correspondientes fasores y las resistencias bobinas y condensadores por sus respectivas impedancias complejas:

$$\vec{Z}_R = R \quad , \qquad \vec{Z}_L = j\ X_L \qquad y \qquad \vec{Z}_C = -j\ X_C$$

c) En el circuito resultante, las incógnitas serán los fasores intensidades de rama o tensiones de nudo, cuya resolución podrá hacerse asociando impedancias en serie y paralelo, aplicando los lemas de Kirchhoff y en general, mediante los mismos métodos de resolución que los empleados en el análisis de circuitos de corriente continua.

d) Finalmente, la forma instantánea de las incógnitas encontradas en forma fasorial ($\vec{I}_i$ ó $\vec{V}_i$) se obtendrá haciendo:

$$i_i(t) \equiv I_m\left[\vec{I}_i\ e^{j\omega t}\right] \equiv I_{0i} sen(\omega t+\varphi_i) \tag{2.141}$$

o

$$i_i(t) \equiv R_e\left[\vec{I}_i\ e^{j\omega t}\right] \equiv I_{0i} cos(\omega t+\varphi_i) \tag{2.142}$$

dependiendo de la forma en la que se han expresado los generadores del circuito.

En lo que sigue omitiremos dibujar la flecha de vector encima de la letra mayúscula, expresando ésta por sí sola el correspondiente vector.

Así:

- ✓ E representará el fasor tensión.
- ✓ E_0 o $E_{máx}$ representará el valor máximo.
- ✓ E_{ef} indica el valor eficaz.

dejando las letras minúsculas para expresar valores instantáneos de las corrientes y tensiones.

EJEMPLO

Consideremos el circuito de la figura en el que las incógnitas van a ser las corrientes que circulan por cada una de sus ramas.

$$e_1(t) = 2\ cos 10^3 t\ \ V \ ; \qquad e_2(t) = 2\ sen 10^3 t\ \ V$$

$$R_1 = 2\Omega \ ; \quad L_1 = 6\ mH \ ; \quad L_2 = 1\ mH \ ; \quad L_3 = 2\ mH$$

$$C_1 = 1/4\ mF \ ; \qquad C_2 = 5/4\ mF$$

Los generadores podemos expresarlos en forma coseno o seno para obtener sus correspondientes fasores.

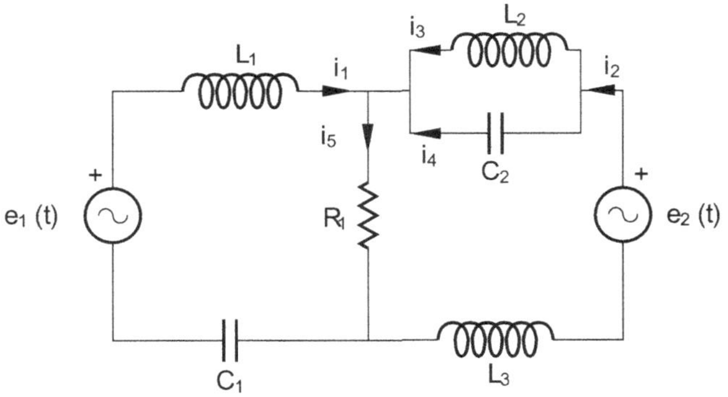

Figura 2.23

Si elegimos la forma coseno resulta:

$$e_1(t) = 2 cos 10^3 t \ \Rightarrow \ E_1 = 2e^{j0^\circ} = 2$$

$$e_2(t) = 2 cos\left(10^3 t - \frac{\pi}{2}\right) \ \Rightarrow \ E_2 = 2e^{-j\frac{\pi}{2}} = -2j$$

Las reactancias de las bobinas y condensadores son:

$$X_{L_1} = \omega L_1 = 10^3\,6\,10^{-3} = 6\ \Omega$$
$$X_{L_2} = \omega L_2 = 10^3\,10^{-3} = 1\ \Omega$$
$$X_{L_3} = \omega L_3 = 10^3\,2\,10^{-3} = 2\ \Omega$$
$$X_{C_1} = \frac{1}{\omega C_1} = \frac{4}{10^3\,10^{-3}} = 4\ \Omega$$
$$X_{C_2} = \frac{1}{\omega C_2} = \frac{4}{10^3\,5\,10^{-3}} = \frac{4}{5}\ \Omega$$

En el dominio complejo tendremos el circuito representado en la Figura 2.24.

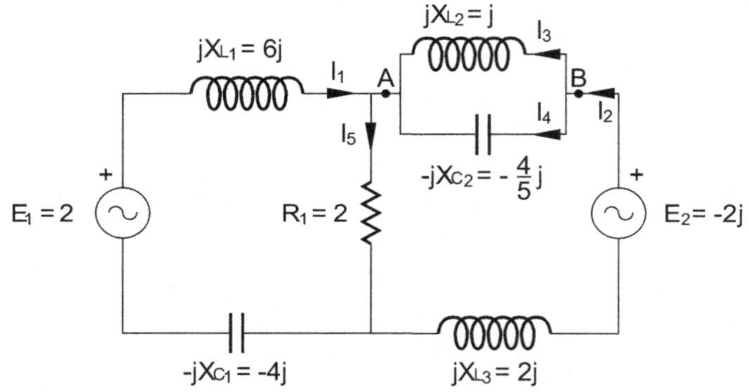

Figura 2.24

Asociando las impedancias jX_{L_1} y $-jX_{C_1}$ en serie, tendremos:

$$Z_1 = jX_{L_1} + (-jX_{C_1}) = 2j$$

La impedancia resultante de jX_{L_2} y $-jX_{C_2}$ en paralelo resulta:

$$Z_2 = \frac{jX_{L_2}\,(-jX_{C_2})}{j(X_{L_2} - jX_{C_2})} = \frac{\frac{4}{5}}{j\left(1 - \frac{4}{5}\right)} = -4j$$

Esta impedancia en serie con jX_{L_3} (Figura 2.25) da como resultado:

$$Z_3 = Z_2 + jX_{L_3} = -2j$$

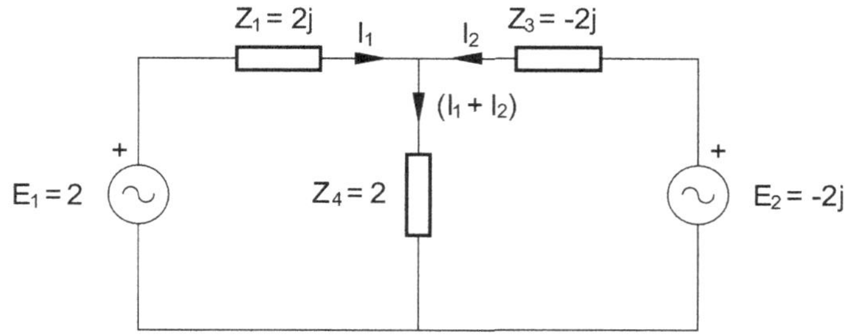

Figura 2.25

y aplicando a este circuito la 2ª Ley de Kirchhoff tenemos:

$$\left.\begin{aligned} E_1 &= (Z_1 + Z_4)\, I_1 + Z_4\, I_2 \\ E_2 &= Z_4\, I_1 + (Z_3 + Z_4)\, I_2 \end{aligned}\right\}$$

$$\left.\begin{aligned} 2 &= (2 + 2j)\, I_1 + 2I_2 \\ -2j &= 2I_1 + (2 - 2j)\, I_2 \end{aligned}\right\}$$

resultando:

$$I_1 = \frac{\begin{vmatrix} 2 & 2 \\ -2j & 2 - 2j \end{vmatrix}}{\begin{vmatrix} 2 + 2j & 2 \\ 2 & 2 - 2j \end{vmatrix}} = \frac{4}{4} = 1 = 1e^{j0°}$$

$$I_2 = \frac{\begin{vmatrix} 2 + 2j & 2 \\ 2 & -2j \end{vmatrix}}{4} = \frac{-4j}{4} = -j = 1e^{-j\frac{\pi}{2}}$$

La corriente:

$$I_5 = I_1 + I_2 = 1 - j = \sqrt{2}\, e^{-j\frac{\pi}{4}}$$

Las corrientes I_3 e I_4 en el divisor de corriente son:

$$I_3 = I_2 \frac{-j\, X_{C_2}}{j\,(X_{L_2} - X_{C_2})} = -j \frac{\frac{-4j}{5}}{\frac{j}{5}} = 4j = 4\, e^{j\frac{\pi}{2}}$$

$$I_4 = I_2 \frac{j\, X_{L_2}}{j\,(X_{L_2} - X_{C_2})} = -j \frac{j}{\frac{j}{5}} = -5j = 5\, e^{-j\frac{\pi}{2}}$$

Las corrientes buscadas son:

$$i_1(t) = R_e \left[I_1\, e^{j\omega t} \right] = cos 10^3 t\ A$$

$$i_2(t) = R_e \left[I_2\, e^{j\omega t} \right] = cos \left(10^3 - \pi/2 \right) A$$

$$i_3(t) = \ldots\ldots\ldots\ldots\ldots\ldots = 4\ cos \left(10^3 t + \pi/2 \right) A$$

$$i_4(t) = \ldots\ldots\ldots\ldots\ldots\ldots = 5\ cos \left(10^3 t - \pi/2 \right) A$$

$$i_5(t) = \ldots\ldots\ldots\ldots\ldots\ldots = \sqrt{2}\ cos \left(10^3 t - \pi/4 \right) A$$

Si quisiéramos encontrar la tensión $v_{AB}(t)$ en bornas del circuito paralelo, tendríamos:

$$V_{AB} = -I_2\, Z_2 = j\,(-4j) = 4 = 4 e^{j0^\circ}$$

y

$$v_{AB}(t) = 4\, cos 10^3 t\ V$$

2.3 POTENCIA DE UNA CORRIENTE ALTERNA

Consideremos el circuito representado en la Figura 2.26. Entre los puntos A y B existe aplicada una tensión de la forma $v_{AB}(t) = V_0 \cos \omega t$.

El valor de la intensidad $i(t) = I_0 \cos(\omega t + \varphi)$ dependerá de la red encerrada entre los dos terminales.

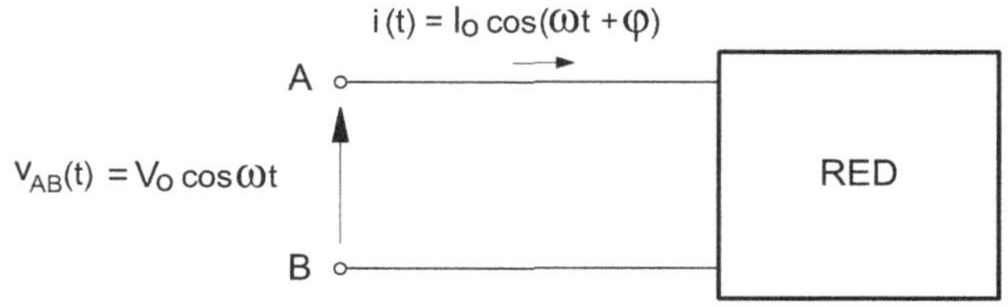

Figura 2.26

Como se estudió en el apartado (1.3), la potencia **absorbida** por el circuito es el producto de la intensidad que lo recorre y la d.d.p. en sus bornas, tomada desde el terminal por el que entra la corriente hacia el terminal por el que sale.

En el caso de corrientes y tensiones sinusoidales, la potencia será una función del tiempo, cuyo valor en cada instante vendrá dado por:

$$p(t) = v_{AB}(t)\ i(t) = V_0\ I_0\ cos\ \omega t\ cos(\omega t + \varphi) \tag{2.143}$$

Como se vió en el apartado b) de la sección 2.1.4, la expresión anterior puede escribirse como:

$$p(t) = \frac{1}{2}V_0 I_0\ cos\ \varphi + \frac{1}{2}V_0 I_0\ cos(2\omega t + \varphi) \tag{2.144}$$

La representación de esta función se muestra en la Figura 2.27.

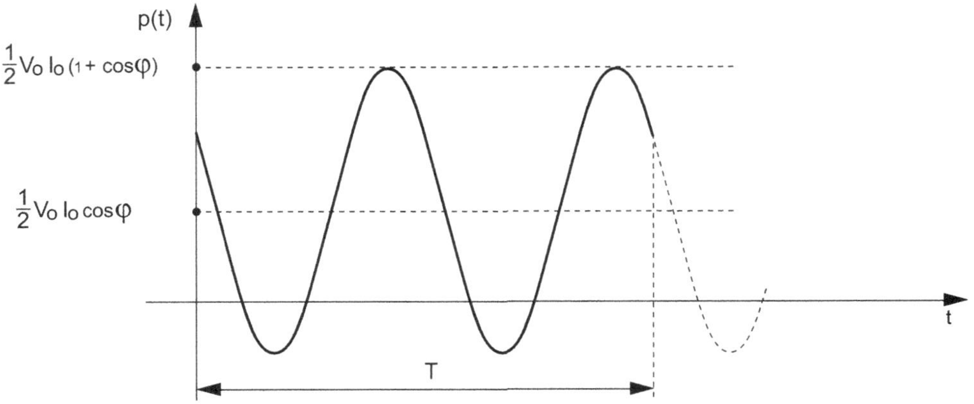

Figura 2.27

Al hablar de la potencia en un circuito de c.a., nos referimos al valor medio de las potencias instantáneas, el cual por ser una función periódica se determinará durante un período.

Así tendremos:

$$P_m = \frac{1}{T}\int_0^T p(t)\,dt = \frac{V_0 I_0}{2T}\int_0^T [\cos\varphi + \cos(2\omega t + \varphi)]\,dt \qquad (2.145)$$

La integral del segundo término es nula:

$$\int_0^T \cos(2\omega t + \varphi) = 0 \qquad (2.146)$$

y la potencia media tomará el valor:

$$P_m = \frac{1}{2} V_0 I_0 \cos\varphi = V_{ef} I_{ef} \cos\varphi \qquad (2.147)$$

El valor de esta potencia y su signo depende del cosφ. Este término recibe el nombre del factor de potencia.

$$\cos\varphi = FACTOR\ DE\ POTENCIA \qquad (2.148)$$

Si la potencia absorbida es negativa, esto es:

$$\cos\varphi < 0 \qquad (2.149)$$

se deberá interpretar que la red entrega potencia al circuito exterior conectado entre los puntos A y B.

El ángulo φ debe entenderse como el defasaje relativo entre la tensión y la intensidad.

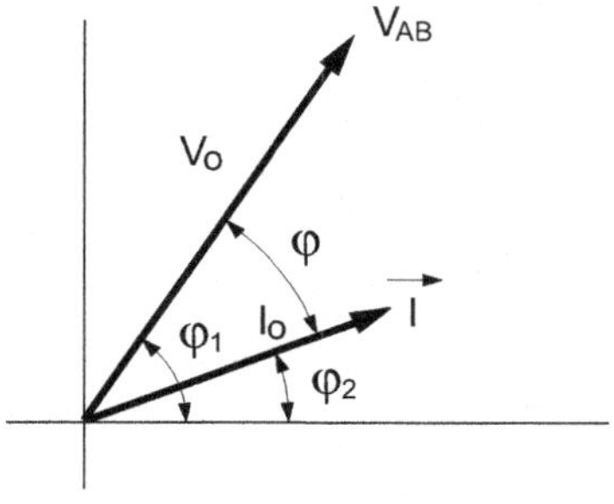

Figura 2.28

Así, si los fasores tensión y corriente aplicados a la red de la Figura 2.26 son los representados en la Figura 2.28 la potencia absorbida por el circuito es:

$$P_m = \frac{1}{2} V_0 I_0 \cos \varphi \qquad (2.150)$$

también:

$$P_m = \frac{1}{2} V_{AB} \cdot I \text{ (Producto escalar)} \qquad (2.151)$$

Esta última expresión se muestra especialmente útil para el caso más frecuente en el que los fasores tensión y corriente se presentan en forma binómica, de manera que si:

$$V_{AB} = a + bj \qquad (2.152)$$

$$I = c + dj \qquad (2.153)$$

la potencia absorbida tomará el valor:

$$P = \frac{1}{2} V_{AB} \cdot I \text{ (escalar)} = \frac{1}{2}(ac + bd) \qquad (2.154)$$

2.3.1 Determinación de la potencia absorbida por los elementos pasivos

Como se definieron en el apartado 1.9, los elementos pasivos (resistencias, bobinas y condensadores) son aquellos que no son capaces de **generar** potencia.

En lo que sigue, vamos a calcular la potencia **absorbida** en su caso, por cada uno de ellos.

A) RESISTOR.

Si la red de la Figura 2.26 está formada por una sola resistencia R como se representa en la Figura 2.29, al aplicar una d.d.p. $v_{AB}(t) = V_0 \cos\omega t$, la intensidad resultante tomará el valor:

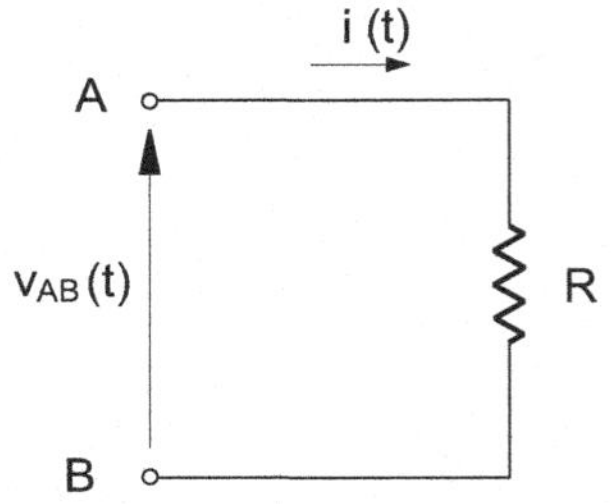

Figura 2.29

$$I = \frac{V_{AB}}{Z_R} = \frac{V_0}{R} \equiv \frac{V_0}{R} \lfloor 0° \equiv I_0 \lfloor 0° \tag{2.155}$$

y en forma instantánea:

$$i(t) = \frac{V_0}{R} \cos \omega t = I_0 \cos \omega t \tag{2.156}$$

La potencia absorbida por la resistencia es:

$$P_R = \frac{1}{2} V_{AB} \cdot I\,(escalar) = \frac{1}{2} V_0 I_0 \cos \varphi \tag{2.157}$$

con un desfase entre la tensión y la corriente:

$$\varphi = 0 \tag{2.158}$$

de donde se obtiene:

$$P_R = \frac{1}{2} V_0 I_0 = \frac{1}{2} \frac{V_0^2}{R} = \frac{1}{2} R I_0^2 = \frac{V_{ef}^2}{R} = R\, I_{ef}^2 \tag{2.159}$$

La potencia instantánea se obtiene haciendo φ = 0 en la expresión (2.144), resultando:

$$p_R(t) = \frac{1}{2} V_0 I_0 + \frac{1}{2} V_0 I_0 \cos 2\omega t \tag{2.160}$$

cuya representación se muestra en la Figura 2.30 sobre la que se indica su valor medio.

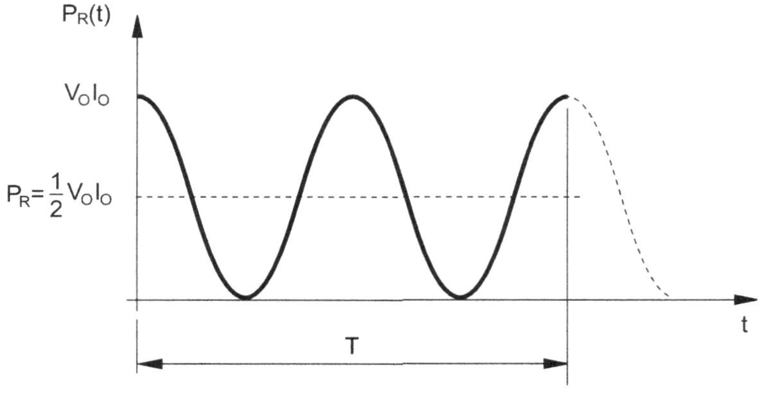

Figura 2.30

B) CONDENSADOR.

Para el condensador de la Figura 2.31 al aplicar la tensión $v_{AB}(t) = V_0 \cos\omega t$, se origina una intensidad:

$$I = \frac{V_{AB}}{Z_C} = j\omega CV_0 \equiv \omega CV_0 \angle \pi/2 \equiv I_0 \angle \pi/2 \qquad (2.161)$$

y en forma instantánea:

$$i(t) = \omega CV_0 \cos\left(\omega t + \frac{\pi}{2}\right) = I_0 \cos\left(\omega t + \frac{\pi}{2}\right) \qquad (2.162)$$

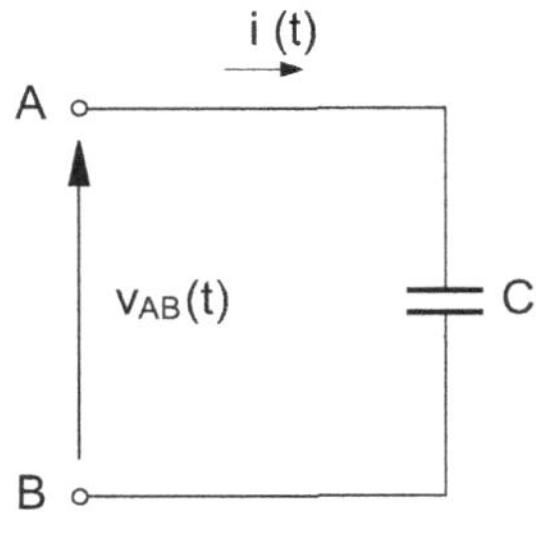

Figura 2.31

El desfase entre la tensión y la intensidad es:

$$\varphi = \frac{\pi}{2} \tag{2.163}$$

y la potencia disipada es nula.

$$P_C = \frac{1}{2} V_0 I_0 cos\ \varphi = \frac{1}{2} V_0 I_0 cos\ \frac{\pi}{2} = 0 \tag{2.164}$$

La potencia instantánea disipada por el condensador se obtiene haciendo $\varphi = \pi/2$ en la expresión (2.144).

$$p_C(t) = \frac{1}{2} V_0 I_0 cos \left(2\omega t + \frac{\pi}{2} \right) \tag{2.165}$$

En la Figura 2.32 se representa la expresión anterior en la que puede observarse cómo el condensador almacena energía (potencia positiva) durante algunos instantes y la cede (potencia negativa) durante otros, dando como resultado para la potencia disipada un valor medio igual a cero.

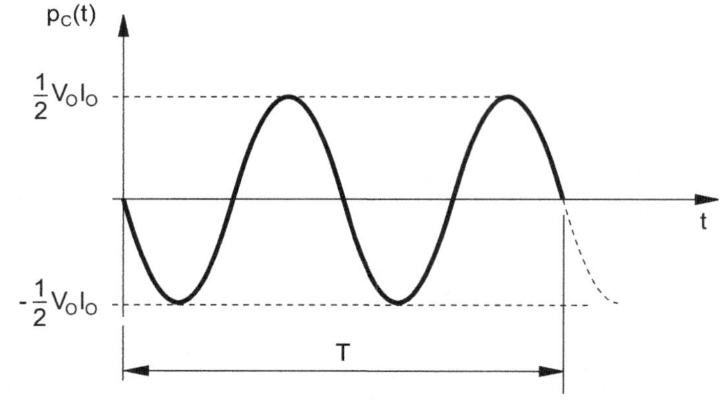

Figura 2.32

C) BOBINA.

En la bobina de la Figura 2.33 para $v_{AB}(t) = V_0 cos\ \omega t$, la intensidad será:

$$I = \frac{V_{AB}}{Z_L} = \frac{V_0}{j\omega L} \equiv \frac{V_0}{\omega L} \lfloor -\pi/2 \equiv I_0 \lfloor -\pi/2 \tag{2.166}$$

La intensidad y la tensión están desfasadas un ángulo:

$$\varphi = \frac{\pi}{2} \tag{2.167}$$

En este caso, la intensidad retrasada respecto a la tensión.

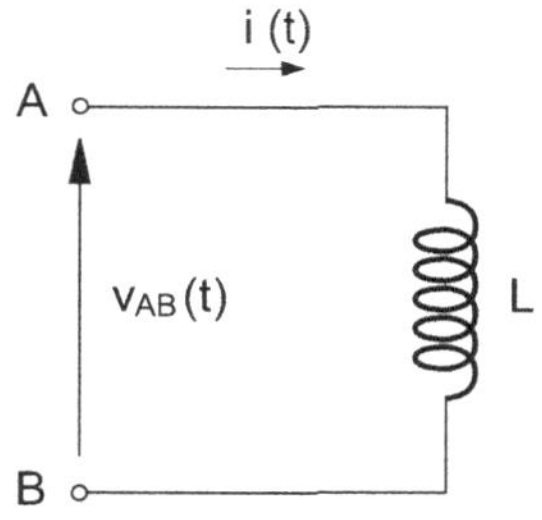

Figura 2.33

La potencia disipada igual a lo sucedido en el condensador es cero

$$P_L = \frac{1}{2} V_0 I_0 cos\ \varphi = \frac{1}{2} V_0 I_0 cos\ \frac{\pi}{2} = 0 \qquad (2.168)$$

y la potencia instantánea se obtiene haciendo $\varphi = \pi/2$ en (2.144).

$$p_L(t) = \frac{1}{2}\ V_0\ I_0\ cos\left(2\omega t - \frac{\pi}{2}\right) \qquad (2.169)$$

En la Figura 2.34 se representa la potencia instantánea dada en la expresión (2.169), en la que puede observarse como durante los intervalos positivos y negativos la potencia es la misma, dando como resultado un valor medio igual a cero.

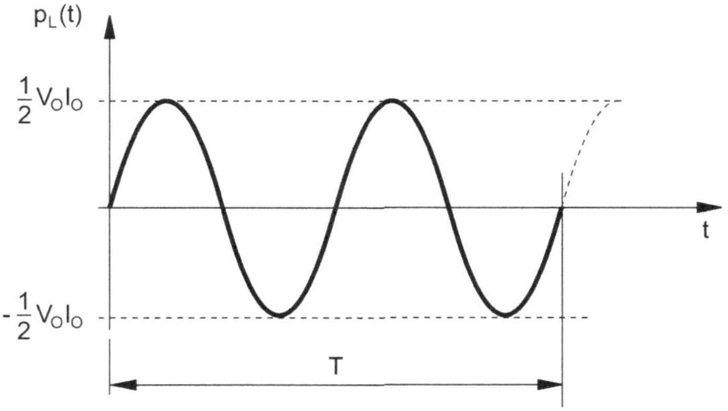

Figura 2.34

D) IMPEDANCIA.

Para la impedancia genérica Z = a + bj, representada en la Figura 2.35, la potencia absorbida será la suma de la disipada en la resistencia equivalente que corresponde a su parte real, más la absorbida por la bobina o condensador que da origen a su parte imaginaria. Esta última potencia como se ha estudiado en los apartados B) y C) es cero y, por lo tanto, la potencia absorbida por la impedancia coincide con la disipada en una resistencia de valor igual a la parte real de dicha impedancia Z.

$$R = R_e[Z] = a \qquad (2.170)$$

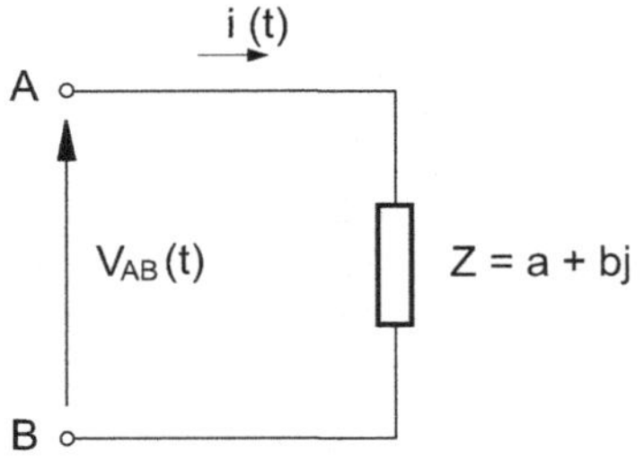

Figura 2.35

Para una corriente:

$$i(t) = I_0 \; cos(\omega t + \varphi) \qquad (2.171)$$

la potencia disipada en la impedancia tiene el valor:

$$P_Z = \frac{1}{2} R_e[Z] \; I_0^2 = R_e[Z] \; I_{ef}^2 = a \; I_{ef}^2 \qquad (2.172)$$

2.3.2 Potencia puesta en juego por los generadores

Los elementos activos (generadores) son dispositivos capaces de entregar potencia, si bien en determinadas ocasiones pueden estar absorbiéndola.

Supongamos que la red de la Figura 2.26 está formada por un generador de tensión como el que se representa en la Figura 2.36. La tensión $v_{AB}(t)$ coincide con el valor de la f.e.m. e(t) del generador.

$$v_{AB}(t) = e_g(t) = E_0 \; cos \; \omega t \qquad (2.173)$$

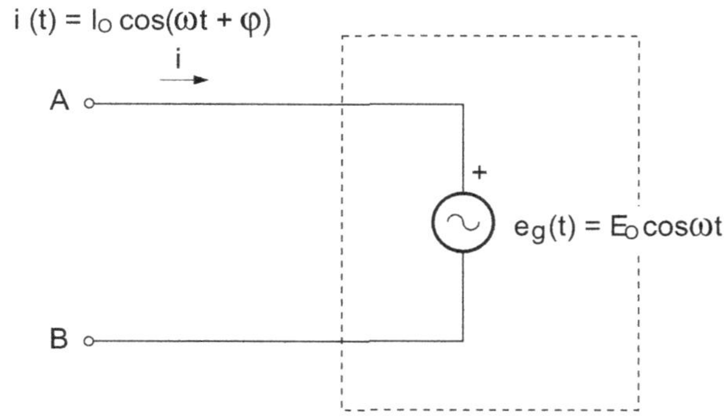

Figura 2.36

Para la corriente i(t) representada, la potencia *absorbida* por el generador viene dada por la expresión (2.150) en la que sustituyendo por el valor $v_{AB}(t)$ dado en la ecuación anterior resulta:

$$P_{abs.} = \frac{1}{2} E_0 I_0 \cos \varphi \qquad (2.174)$$

y en función de los fasores:

$$P_{abs.} = \frac{1}{2} E_g \cdot I \text{ (producto escalar)} \qquad (2.175)$$

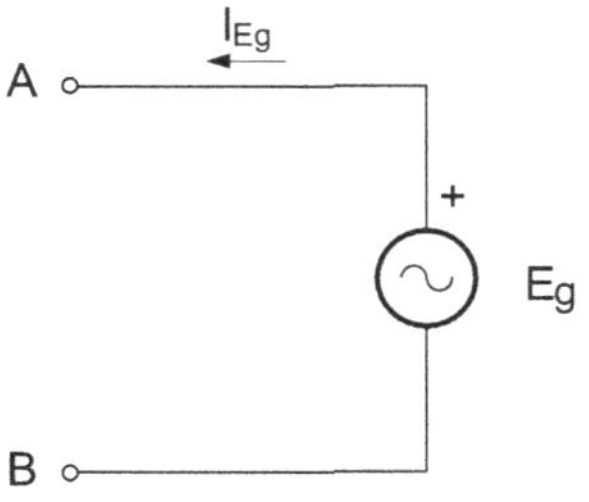

Figura 2.37

El resultado de esta operación puede resultar negativo, lo que indicará que el generador ***entrega*** potencia al circuito exterior al que está conectado.

Como la situación normal será aquella en la que el generador entregue potencia, parece lógico definir la potencia ***entregada*** por el generador. Ésta se calcula haciendo el producto escalar de su f.e.m. por la intensidad que lo recorre, tomada esta intensidad en sentido contrario a como se representa en la Figura 2.36, es decir, de menos a más a través del generador (Figura 2.37). Su valor vendrá dado por:

$$P_{entr.} = \frac{1}{2} E_g \, . \, I_{E_g} \; (escalar) \qquad (2.176)$$

Si el generador ***entrega*** potencia, el resultado de la expresión anterior es positivo. Un resultado negativo pondrá de manifiesto que el generador ***absorbe*** potencia del circuito en el que se encuentra conectado.

EJEMPLO

Consideremos los cuatro casos representados en la Figura 2.39 en los que las f.e.m.s. de los generadores y las intensidades que circulan por ellos se indican sobre las figuras, con los módulos en valor máximo.

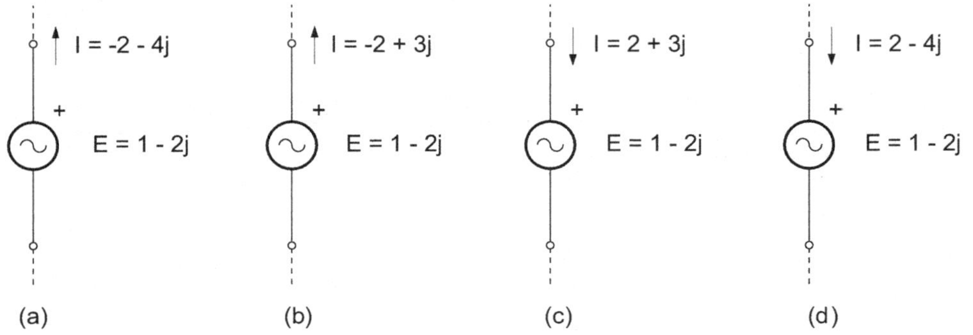

Figura 2.38

Para los casos a) y b) la corriente circula por el generador en el sentido que él "tiende a crearla", esto es, de (−) a (+) como en la Figura 2.38. La potencia ***entregada*** será:

$$a) \quad P_{entr.} = \frac{1}{2} E \, . \, I = \frac{1}{2} (1,-2) \, . \, (-2,-4) = \frac{1}{2} (-2 + 8) = 3 \; W$$

Estos 3 vatios de potencia entregada ponen de manifiesto que el generador está actuando como tal.

$$b) \quad P_{entr.} = \frac{1}{2} E \, . \, I = \frac{1}{2} (1,-2) \, . \, (-2,3) = \frac{1}{2} (-2 -6) = -4 \; W$$

Una potencia de entregada negativa, como sucede en este caso, indica que el generador absorbe potencia. Para nuestro ejemplo el generador está absorbiendo 4 vatios.

En los ejemplos c) y d) la corriente está representada en sentido contrario a como el generador "tiende a crearla". Al introducir la corriente I en la expresión (2.176) tendremos que cambiarla de signo, obteniendo:

$$c)\quad P_{entr.} = -\frac{1}{2}\,E\,.\,I = -\frac{1}{2}\,(1,-2)\,.\,(2,3) = -\frac{1}{2}\,(2-6) = 2\ W$$

Como el resultado es positivo el generador está entregando 2 vatios de potencia.

$$d)\quad P_{entr.} = -\frac{1}{2}\,E\,.\,I = -\frac{1}{2}\,(1,-2)\,.\,(2,-4) = -\frac{1}{2}\,(2+8) = -5\ W$$

La potencia entregada ha resultado negativa, por lo que el generador absorbe una potencia igual al resultado de la operación anterior, es decir, 5 vatios.

PROBLEMAS

PROBLEMA 2.1

Determine los valores medio y eficaz de las funciones periódicas representadas.

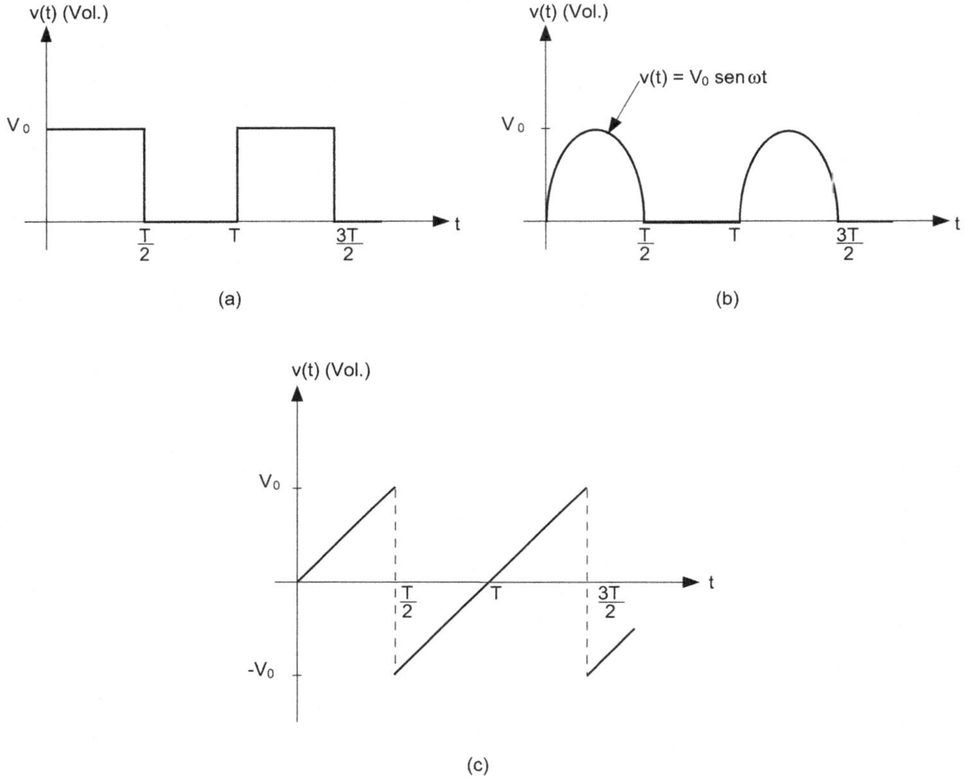

PROBLEMA 2.2

En el circuito de la figura se pide determinar:

a) Expresión instantánea de la corriente por todas las ramas.

b) Potencia puesta en juego por los generadores y disipada en las resistencias.

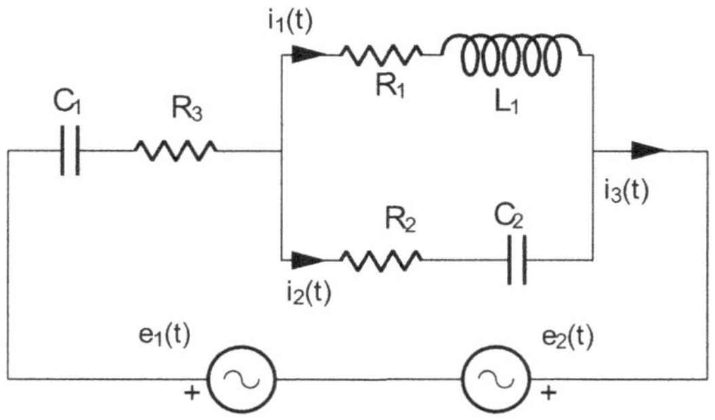

DATOS

$e_1(t) = 15\,sen\left(10^6t + \pi/4\right)\ V$; $e_2(t) = 10\,cos\left(10^6t + \pi/4\right)\ V$

$R_1 = R_2 = 1\ \Omega$; $R_3 = 2\ \Omega$; $C_1 = 1/3\ \mu F$; $C_2 = 1\ \mu F$; $L_1 = 1\ \mu H$

PROBLEMA 2.3

En el circuito de la figura se pide:

a) Expresión instantánea de la tensión $e_2(t)$.

b) Expresión instantánea de la corriente $i_2(t)$.

c) Potencias disipadas en R_2 y Z_2.

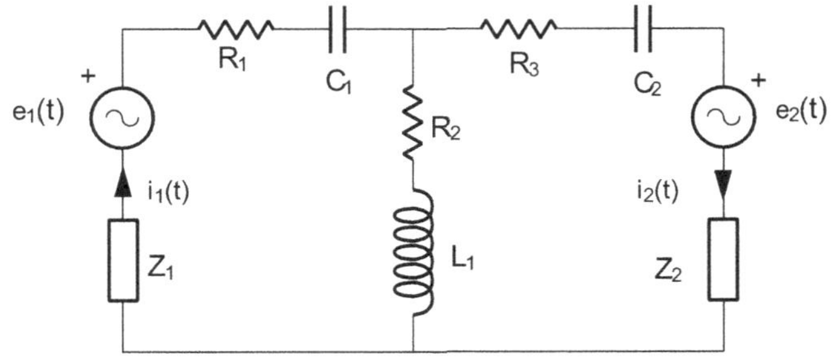

DATOS

$e_1(t) = 14/3\ cos\left(10^6t + \pi/2\right)\ V$; $i_1(t) = sen\left(10^6t + \pi/2\right)A$

$C_1 = 1/6\ \mu F$; $C_2 = 1/9\ \mu F$; $L_1 = 1\ \mu H$

$R_1 = R_2 = R_3 = 1\ \Omega$; $Z_1 = (2 + 6j)\ \Omega$; $Z_2 = (4 + 8j)\ \Omega$

PROBLEMA 2.4

En el circuito que se representa se pide:

a) Encontrar las corrientes de las ramas indicadas en la figura.

b) Comprobar que la suma de las potencias generadas coincide con la de las disipadas.

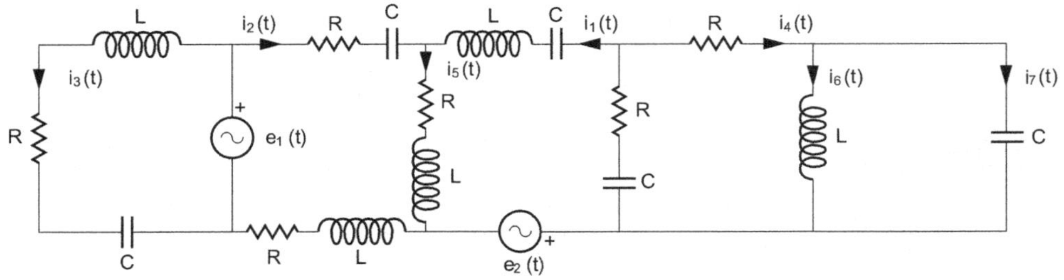

DATOS

$$e_1(t) = \sqrt{2}\ cos\left(10^6 t + \pi/4\right)\ V \quad ; \quad e_2(t) = sen\left(10^6 t + \pi/2\right)\ V$$

$$R = 1\ \Omega \quad ; \quad L = 1\ \mu H \quad ; \quad C = 1 \mu F$$

PROBLEMA 2.5

Al aplicar entre los puntos A y B del circuito de la figura una tensión senoidal de pulsación ω, se miden las intensidades $| I_L | = 1\ A_{ef}$; $| I_C | = 0{,}5\ A_{ef}$. Se pide calcular:

a) Valor de la resistencia R.

b) Corriente I_R que se medirá.

c) Diferencia de potencial V_{AB}.

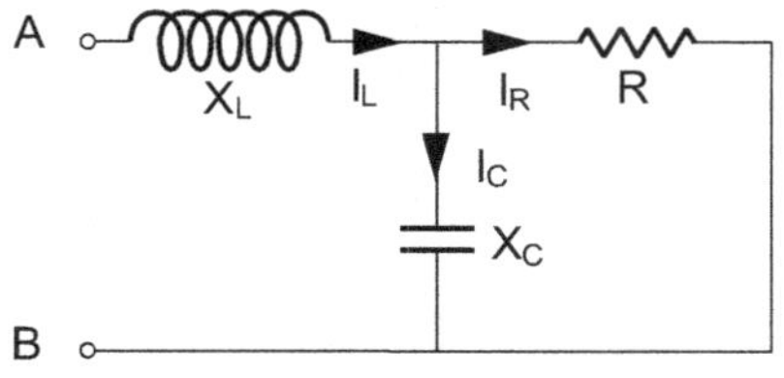

DATOS

$$X_L = 0{,}5\ \Omega \quad ; \quad X_C = 2\ \Omega$$

PROBLEMA 2.6

En el circuito de la figura en el que se mide una corriente $|I_1|=5\ A_{ef}$, determine:

a) Valor eficaz de la corriente I_4.

b) Potencia total consumida por el circuito.

c) Factor de potencia del circuito comprendido entre los puntos A y B.

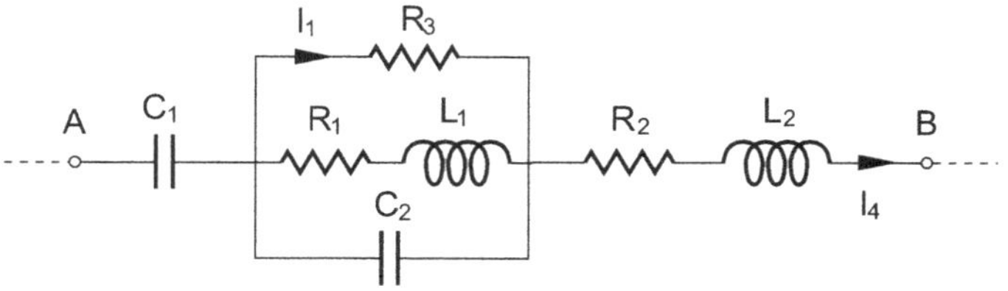

DATOS

$R_1 = 3\ \Omega$; $R_2 = 1\ \Omega$; $R_3 = 5\ \Omega$

$X_{L_1} = 4\ \Omega$; $X_{L_2} = 1\ \Omega$; $X_{C_1} = 4\ \Omega$; $X_{C_2} = 5\ \Omega$

PROBLEMA 2.7

En el circuito de la figura en el que se han medido $|V_{AC}|= 100\ V_{ef}$; $|V_{CD}|=100\ V_{ef}$, se pide:

a) Valor de la reactancia X_{L_1}.

b) Tensión que se mediría entre los puntos A y D.

c) Factor de potencia del circuito.

d) Potencia disipada por cada resistencia.

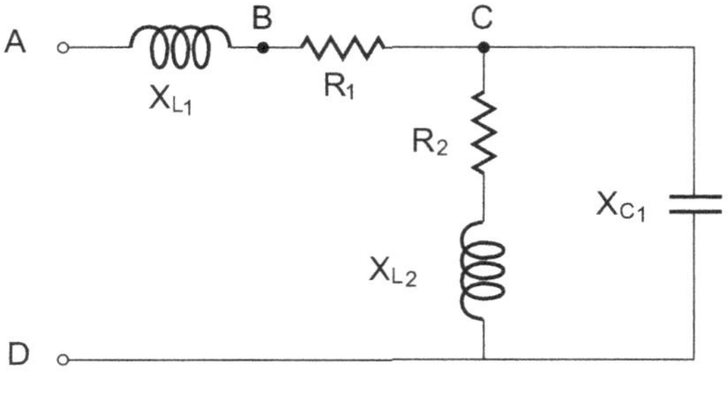

DATOS

$R_1 = 3\ \Omega$; $R_2 = 4\ \Omega$; $X_{L_2} = 3\ \Omega$; $X_{C_1} = 5\ \Omega$

PROBLEMA 2.8

En el circuito de la figura, en bornas del condensador se coloca un voltímetro y se mide V_{ef}= 100 V. Se sabe, además, que el generador cuya pulsación es ω = 50 rad/seg. está entregando una potencia P = 3.400 W. Se pide:

a) Valor de la capacidad C.

b) Expresión en módulo y fase de la f.e.m. del generador. (Tómese como origen de fases la tensión en bornas del condensador.)

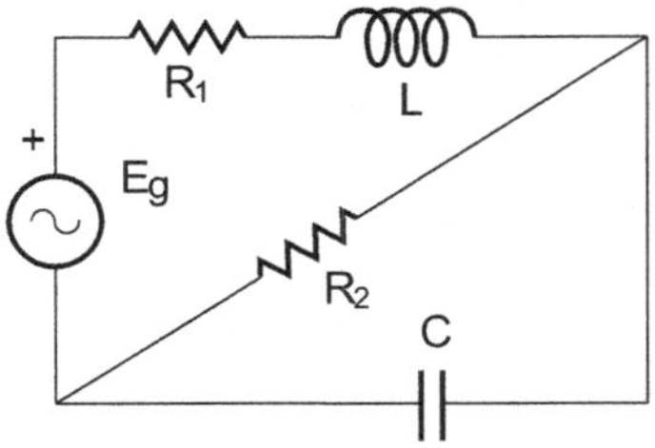

DATOS

$R_1 = 6\ \Omega$; $R_2 = 10\ \Omega$; $L = 0{,}16\ H$

PROBLEMA 2.9

En el circuito de la figura los amperímetros de resistencia cero están indicando la misma intensidad, siendo ésta de 2 A eficaces. Tomando I_2 como origen de fases se pide determinar:

a) Intensidades por cada rama.

b) Reactancia X_{C_2}.

c) Potencia disipada en cada resistencia.

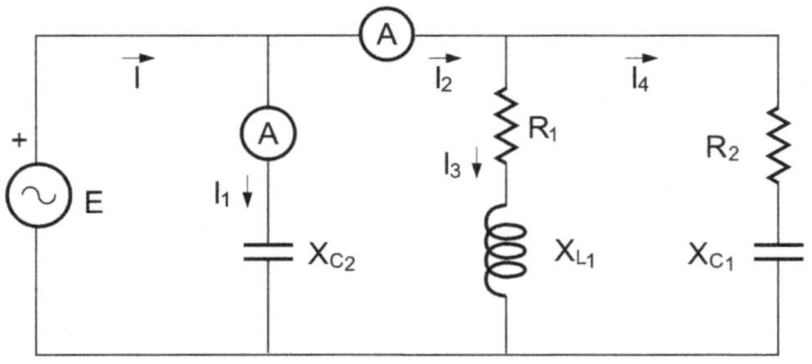

DATOS

$R_1 = R_2 = 1\ \Omega$; $X_{L_1} = X_{C_1} = 1\ \Omega$

PROBLEMA 2.10

En el circuito de la figura, cuando el amperímetro de resistencia cero indica 2 A_{ef}, la rama de la impedancia Z_1 absorbe 8 W con un factor de potencia de 0,8 (tensión adelantada respecto a la intensidad).

Se pide determinar:

a) Expresión compleja de Z_1.

b) Valor eficaz de la f.e.m. del generador.

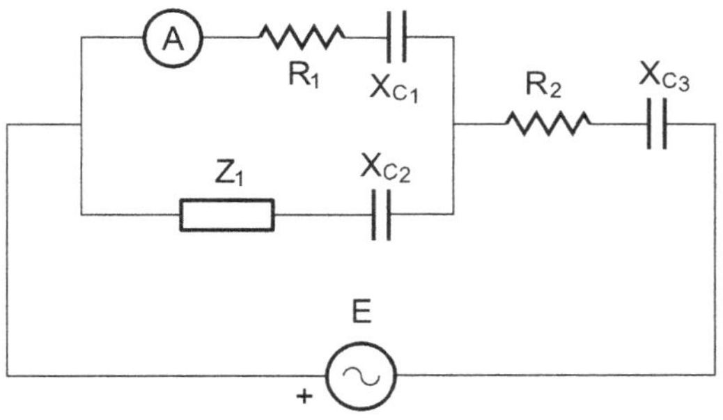

DATOS

$R_1 = 3\ \Omega$; $R_2 = 4\ \Omega$; $X_{C_1} = X_{C_2} = 4\ \Omega$; $X_{C_3} = 2\ \Omega$

PROBLEMA 2.11

En el circuito de la figura se pide determinar:

a) Pulsación del generador.

b) Valores R_2 y C_2.

c) Impedancia Z_{AD}.

d) Factor de potencia del circuito.

e) Corrientes en todas las ramas.

NOTA: Tómese V_{AB} como origen de fases.

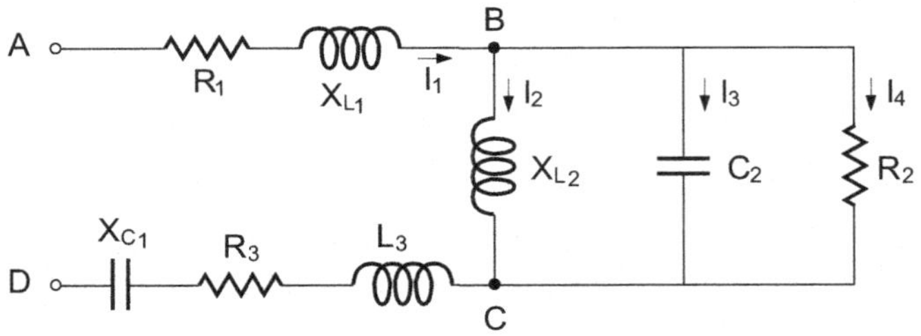

DATOS

$|V_{AB}| = |V_{BC}| = |V_{CD}| = 50V_{ef}$; $|I_3| = 5\ A_{ef}$; $X_{C_1} = 10\Omega$

$R_1 = 6\ \Omega$; $R_3 = 10\ \Omega$; $X_{L_1} = 8\ \Omega$; $X_{L_2} = 50\ \Omega$

$L_3 = 50\ mH$; $X_{C_1} = 10\ \Omega$

PROBLEMA 2.12

En el circuito de la figura se pide:

a) Valores de L y de C para que se cumplan las especificaciones del problema.

b) Expresión instantánea de la d.d.p. en bornas del generador de corriente $V_{AB}(t)$.

NOTA: Tómese v(t) con fase inicial nula.

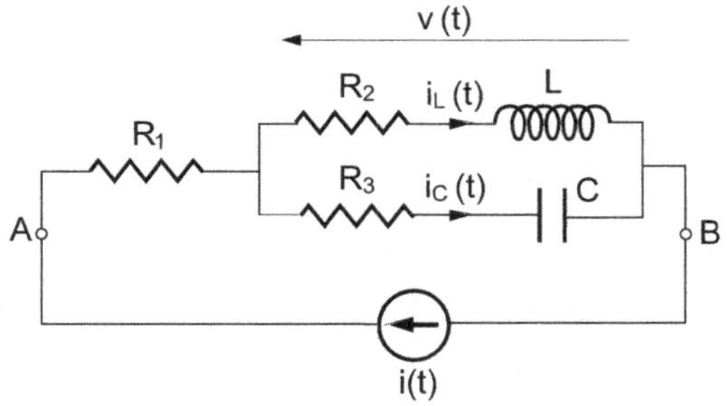

DATOS

$R_1 = 1\Omega$; $R_2 = 2\Omega$; $R_3 = 3\Omega$; $|V| = 6\sqrt{13}\ V_{ef}$

$|I_L| = 1{,}5\ |I_C|$; $\varphi_{IL} - \varphi_{IC} = \pi/2\ rad$; $i(t) = I_o\ sen\ (10^3\ t + \varphi)$

PROBLEMA 2.13

En el circuito de la figura se han medido las d.d.p. $|V_{AB}| = \sqrt{2}\ V_{ef.}$ y $|V_{BC}| = 1\ V_{ef}$. Se sabe además que la potencia puesta en juego por el generador es de 3 vatios y que la corriente que circula por el generador va adelantada $\pi/4$ rad. con respecto a la diferencia de potencial V_{BC}. Se pide:

a) Valores de R_1, R_2 y X_C.

b) Valor eficaz de la f.e.m. del generador.

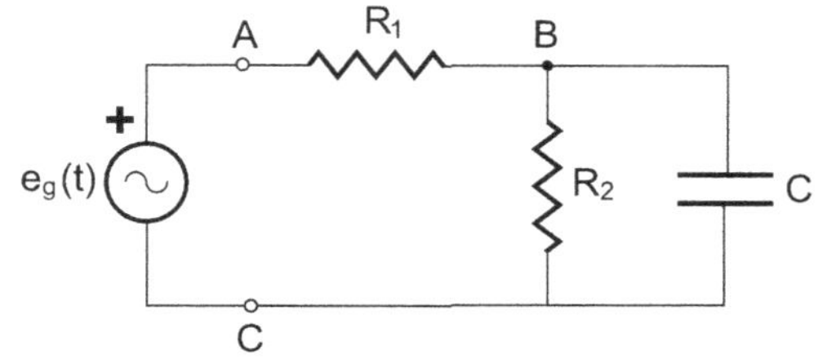

PROBLEMA 2.14

En el circuito de la figura el amperímetro marca 2 A, siendo la potencia consumida en el circuito de 6 W. Sabiendo que el circuito tiene carácter inductivo, se pide obtener:

a) Valore de R_1, C_1 y L.

b) Desfasaje entre la tensión del generador y la diferencia de potencial V_{BC}.

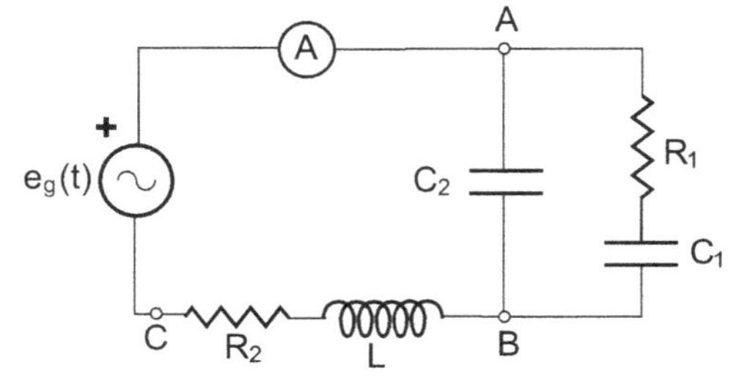

DATOS

$|V_{BC}| = 2\sqrt{10}\ V_{ef}$; $e_g(t) = 6\ sen\ (10^6\, t + \varphi)\ V$;

$R_2 = 1\ \Omega$; $C_2 = 1/5\ \mu F$

PROBLEMA 2.15

En el circuito de la figura se sabe que la corriente I está adelantada π/4 rad. con respecto a I_{R2}. La potencia puesta en juego por E_g es de 300 W. Se pide:

a) Calcular X_C y R_1.

b) Calcular X_L sabiendo que E_g está adelantada π/2 rad. con respecto a V_{AB}.

c) Impedancia equivalente de la red conectada al generador E_g.

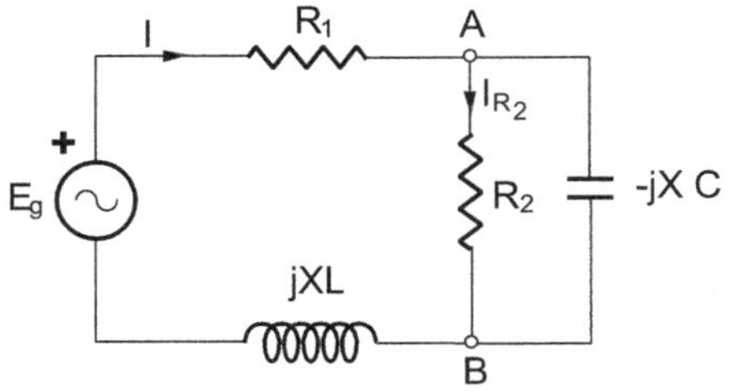

DATOS

$|V_{AB}| = 10\ V_{ef};\quad R_2 = 1\ \Omega$

PROBLEMA 2.16

En el circuito de la figura se ha medido la corriente que circula por la resistencia R_1 siendo de 1 A eficaz.

Sabiendo que $R_1 = R_2 = 1\ \Omega$, que I_2 está adelantada 3π/4 rad. con respecto a I_1 y que la potencia puesta en juego por el generador es de 2 W, calcular:

a) Valores de X_L y de X_C.

b) Valor eficaz de la f.e.m. del generador.

c) Desfasaje entre la f.e.m. del generador y la corriente que circula por él.

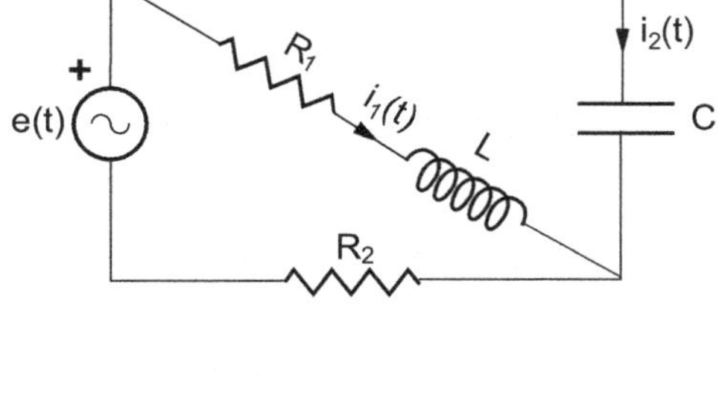

PROBLEMA 2.17

En el circuito de la figura se han medido las d.d.p. y las corrientes indicadas en el apartado de datos. Sabiendo que la potencia consumida por el circuito es P = 400W, se pide:

a) Valores de R_1, R_2 y X_{C_2}.

b) Factor de potencia del circuito conectado al generador.

NOTA: Tómese V_{AC} como origen de fases.

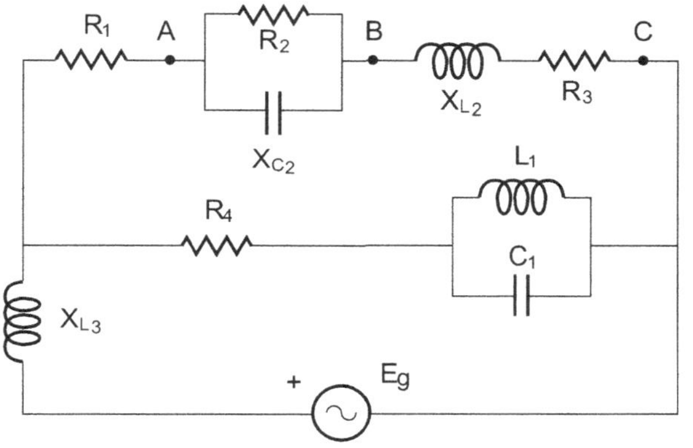

DATOS

$$|V_{AB}| = |V_{BC}| = |V_{AC}| = 20\ V_{ef} \quad ; \quad |I_{L_1}| = |I_{C_1}| = 2\ A_{ef}$$

$$R_3 = 1\ \Omega \quad ; \quad R_4 = 2\ \Omega \quad ; \quad X_{L_2} = \sqrt{3}\ \Omega \quad ; \quad X_{L_3} = 4\ \Omega$$

PROBLEMA 2.18

En el circuito de la figura se pide determinar:

a) Valores de L, C_1 y C_2.

b) Desfasaje entre la tensión del generador y la corriente que circula por él.

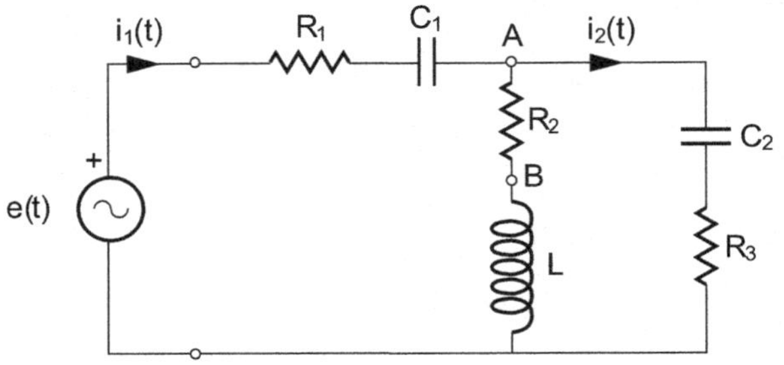

DATOS

$e(t) = 4{,}5\,cos\,10^6 t\ V$; $R_1 = 3\Omega$; $R_2 = 2\Omega$; $R_3 = 1\Omega$

$|V_{AB}| = 1\ V_{máx}$; $|I_2| = 0{,}2\sqrt{10}\ A_{máx}$; $X_L = X_{C_2}$

Capítulo 3

EXCITACIÓN DE UNA RED

INTRODUCCIÓN

En los capítulos precedentes los generadores caracterizados por su f.e.m. se presentaban como los elementos de los circuitos gracias a los cuales se puede mantener una corriente circulando permanentemente a través de sus ramas. El presente capítulo se dedica a definir y analizar el comportamiento de otro tipo de generadores, de gran interés en el desarrollo de la teoría de circuitos, entre los que se incluyen los generadores dependientes, dada la importancia de éstos, al aparecer formando parte de los modelos lineales equivalentes de los dispositivos activos.

3.1 EXCITACIÓN DE UNA RED - GENERADORES

Una red se dice que está excitada cuando hay respuesta, es decir, cuando existen corrientes en las ramas y tensiones en sus nudos.

Los dispositivos que excitan los circuitos son los generadores. Éstos de clasifican en:

a) Generadores de tensión
b) Generadores de intensidad

cada uno de los cuales puede ser a su vez ***ideal*** o ***real.***

Aunque en lo que sigue haremos únicamente referencia a los generadores sinusoidales, de tensión y de intensidad, todo lo que de ellos se diga es aplicable a los generadores de c.c. sin más que sustituir los fasores tensión e intensidad por constantes y las impedancias por resistencias.

3.1.1 Generadores ideales de tensión

Un generador ideal de tensión es un elemento que establece entre sus bornas una d.d.p. determinada, independiente de la corriente que circula por él. Su representación se muestra en la Figura 3.1.

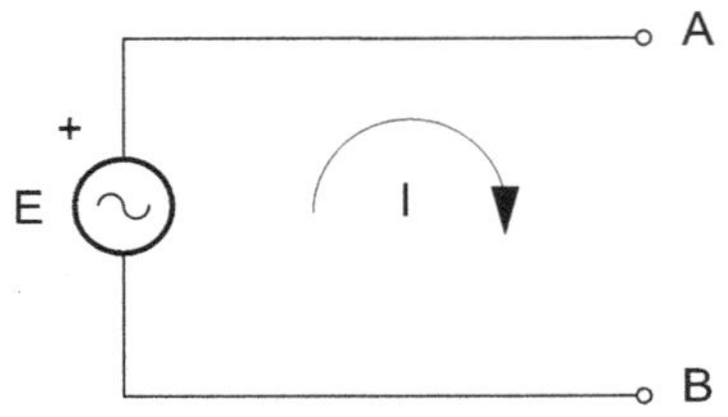

Figura 3.1

Cuando los terminales A y B se encuentran en circuito abierto, se cumple:

$$V_{AB} = E \tag{3.1}$$

$$I = 0 \tag{3.2}$$

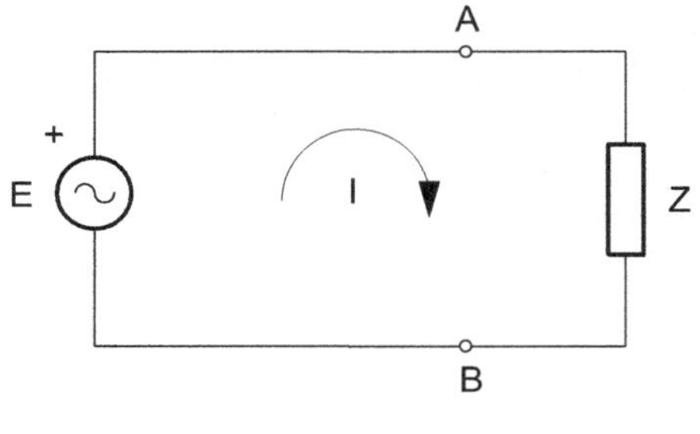

Figura 3.2

Si en bornas del generador conectamos, como se muestra en la Figura 3.2, una impedancia Z, la d.d.p. V_{AB} se mantiene constante:

$$V_{AB} = E \tag{3.3}$$

y la intensidad toma el valor:

$$I = \frac{E}{Z} \tag{3.4}$$

Esta corriente es función de la impedancia Z conectada. Al disminuir Z, la corriente I aumenta de tal forma que para Z = 0, como se muestra en la Figura 3.3, la corriente se hace infinita, mientras que V_{AB} se mantiene constante:

$$I = \frac{V_{AB}}{0} = \infty \tag{3.5}$$

$$V_{AB} = E \tag{3.6}$$

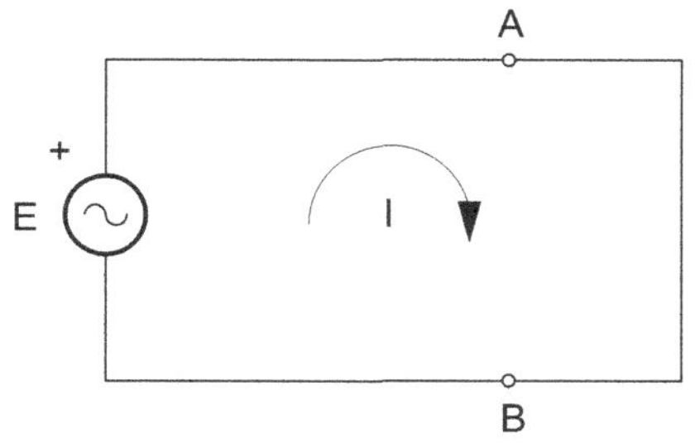

Figura 3.3

En la Figura 3.4, se muestran las curvas de variación del módulo de la intensidad $|I|$ y de la tensión $|V_{AB}|$ en función del módulo de la impedancia $|Z|$.

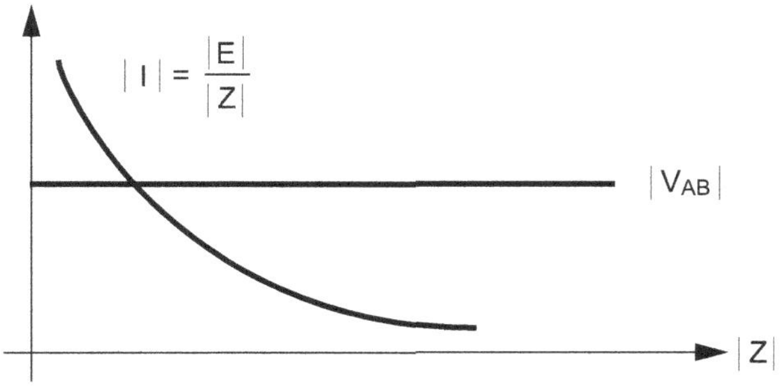

Figura 3.4

3.1.2 Generadores reales de tensión

En un generador real de tensión la d.d.p. en sus bornas depende de la corriente que circula por él.

Se representa mediante un generador ideal E_g, en serie con una impedancia Z_g (Figura 3.5).

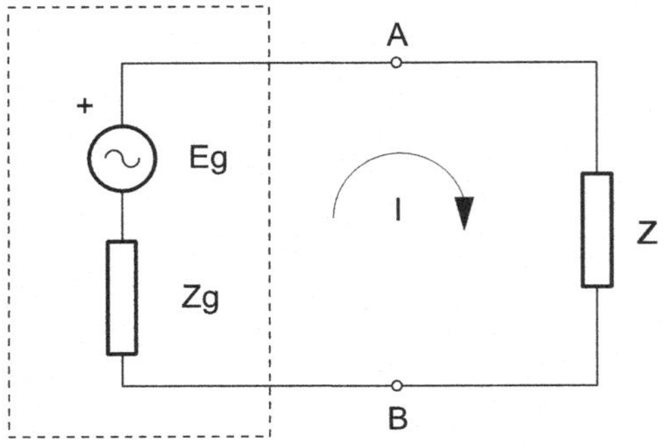

Figura 3.5

Al cerrar el generador real por una impedancia Z, la intensidad resultante es:

$$I = \frac{E_g}{Z + Z_g} \tag{3.7}$$

y la d.d.p. en bornas del generador será función del valor de la carga conectada.

$$V_{AB} = IZ = \frac{E_g\, Z}{Z + Z_g} = f\ (Z) \tag{3.8}$$

3.1.3 Generadores ideales de intensidad

Un generador ideal de intensidad es un dispositivo que mantiene circulando a través de él, una corriente determinada, independiente de la tensión que existe en sus bornas. Se representa como se muestra en las Figuras 3.6a y 3.6b.

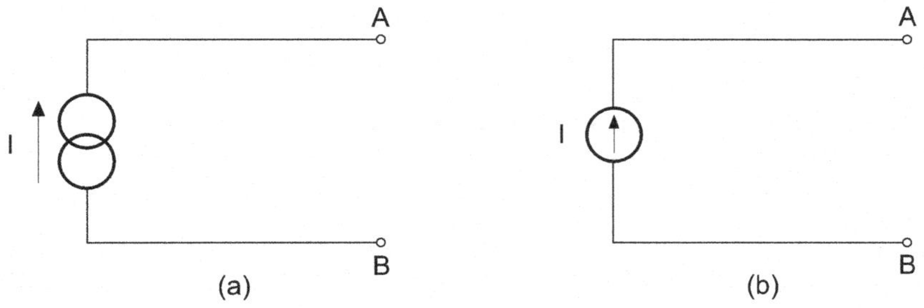

Figura 3.6

Si cerramos el generador por una impedancia de valor cero (Figura 3.7), de acuerdo con la definición de generador ideal de intensidad, se tiene:

$$I' = I \tag{3.9}$$

y

$$V_{AB} = 0 \tag{3.10}$$

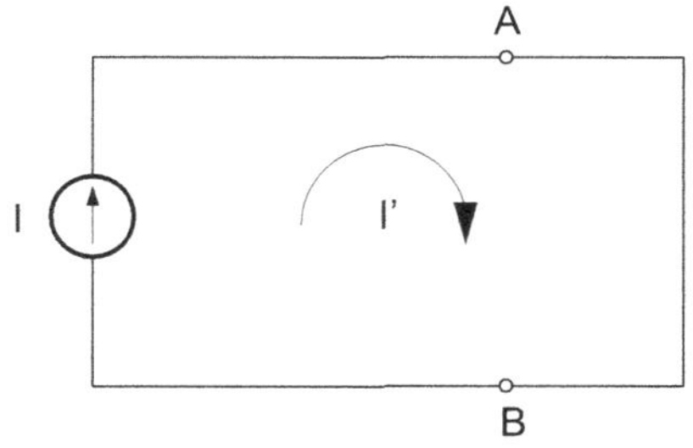

Figura 3.7

Al conectar una impedancia genérica Z (Figura 3.8), la intensidad permanece constante e igual a la del generador y la tensión en sus bornas será función de la carga conectada.

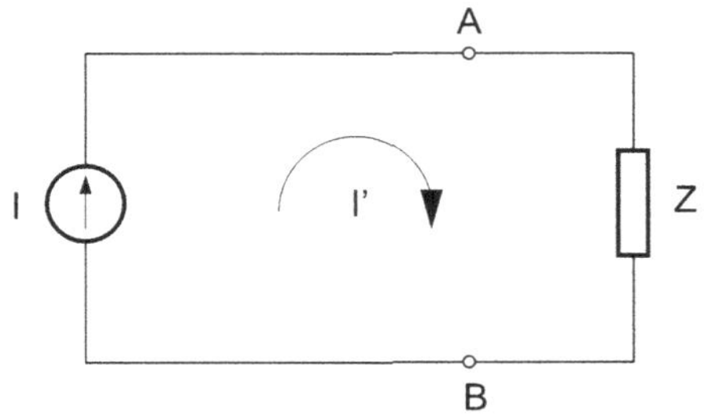

Figura 3.8

$$I' = I \tag{3.11}$$

$$V_{AB} = ZI \tag{3.12}$$

Al aumentar Z también lo hace V_{AB} mientras que la corriente se mantiene constante. En el límite cuando $Z = \infty$ como se muestra en la Figura 3.9, la tensión se hace infinita y la intensidad no varía.

$$V_{AB} = I'\infty = \infty \tag{3.13}$$

$$I' = I \tag{3.14}$$

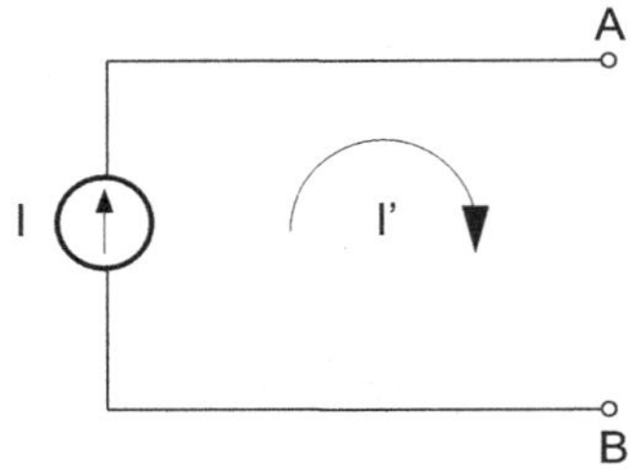

Figura 3.9

En la Figura 3.10 se muestran las curvas de variación de $|I'|$ y $|V_{AB}|$ en función del $|Z|$.

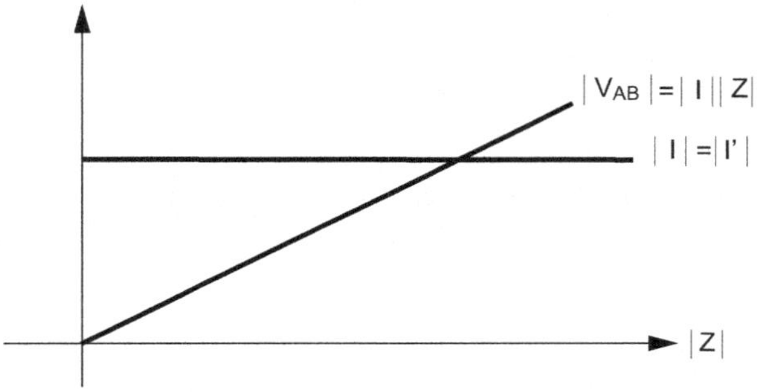

Figura 3.10

3.1.4 Generadores reales de intensidad

Un generador real de intensidad establece una corriente a través de sus bornas que depende de la d.d.p. que existe entre ellas.

Su representación se muestra en la Figura 3.11 y está formada por un generador ideal en paralelo con una impedancia.

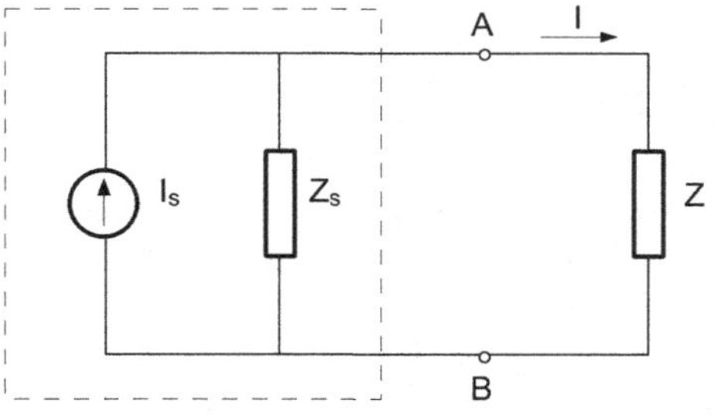

Figura 3.11

Al cerrar el generador real por una impedancia Z, la corriente que se origina es:

$$I = I_s \frac{Z_s}{Z + Z_s} = f(Z) \tag{3.15}$$

que, como puede observarse, depende del valor de la carga Z que se conecta.

3.1.5 Equivalencia entre generadores reales de corriente y de tensión

Dos generadores son equivalentes cuando al conectarlos a un mismo circuito, los dos producen el mismo efecto independientemente del circuito al que son conectados.

Los dos generadores de las Figuras 3.12a y 3.12b son equivalentes si la corriente I o la tensión V que originan sobre el circuito es la misma.

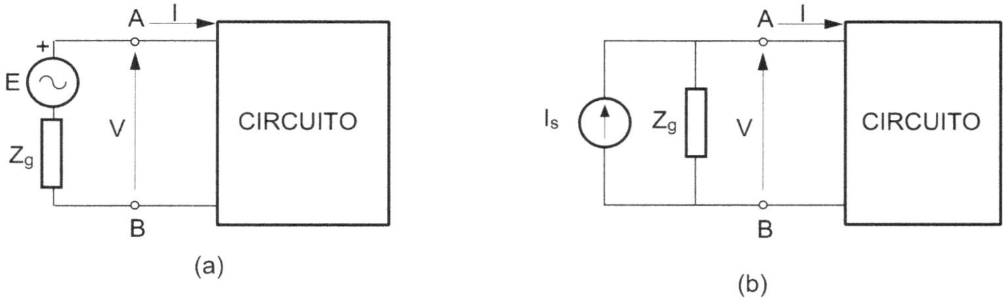

Figura 3.12

La corriente I y la tensión V que se establece en bornas del circuito están relacionadas.

$$I = f(V) \tag{3.16}$$

La función f(V) dependerá de los elementos conectados en el interior del circuito. Así, por ejemplo, para el caso más simple en el que el circuito encerrado esté formado por una impedancia Z conectada entre los terminales A y B, la ecuación que relaciona V e I está dada por:

$$I = \frac{V}{Z} = f(V) \tag{3.17}$$

Para establecer la condición de equivalencia, en la Figura 3.12a tenemos:

$$V = E_g - Z_g I = E_g - Z_g f(V) \tag{3.18}$$

y de la Figura 3.12b, se deduce:

$$V = (I_s - I)Z_s = I_s Z_s - Z_s f(V) \tag{3.19}$$

Para que los generadores sean equivalentes, las tensiones V producidas por ambos han de ser iguales.

$$E_g - Z_g f(V) = I_s Z_s - Z_s f(V) \tag{3.20}$$

Esta igualdad deberá cumplirse para cualquier función f(V), es decir, la condición de equivalencia ha de satisfacerse independientemente del circuito al que se conecten los generadores.

De (3.20) se obtiene:

$$E_g - I_s Z_s = f(V)\,(Z_g - Z_s) \tag{3.21}$$

y para que se cumpla independientemente de f(V) se tiene que verificar:

$$Z_g - Z_s = 0 \tag{3.22}$$

y

$$E_g - I_s Z_s = 0 \tag{3.23}$$

de las que se deduce:

$$Z_g = Z_s \tag{3.24}$$

$$E_g = I_s Z_s \tag{3.25}$$

y por lo tanto:

$$I_s = \frac{E_g}{Z_g} \tag{3.26}$$

Las expresiones (3.24), (3.25) y (3.26) permiten transformar un generador real de corriente en otro real de tensión equivalente y viceversa.

Conviene insistir en que los generadores son equivalentes al producir el mismo efecto sobre el *circuito exterior*, es decir, la equivalencia es válida de bornas del generador hacia afuera.

3.2 ASOCIACIÓN DE GENERADORES

Los generadores en los circuitos se encontrarán conectados formando diferentes configuraciones. Toda asociación de generadores, entre dos puntos de una red puede sustituirse por un generador equivalente. Frecuentemente el generador equivalente puede encontrarse a partir de reducciones parciales de generadores de corriente y de tensión asociados en serie y paralelo.

3.2.1 Asociación de generadores ideales de tensión

a) Asociación en serie. Los dos generadores de tensión representados en la Figura 3.13a, originan entre los terminales A y B una tensión:

$$V_{BA} = E_1 - E_2 \qquad (3.27)$$

El mismo efecto puede producirse mediante un solo generador como el representado en la Figura 3.13b, cuya f.e.m. sea igual a la d.d.p. V_{BA} dada por la expresión (3.27).

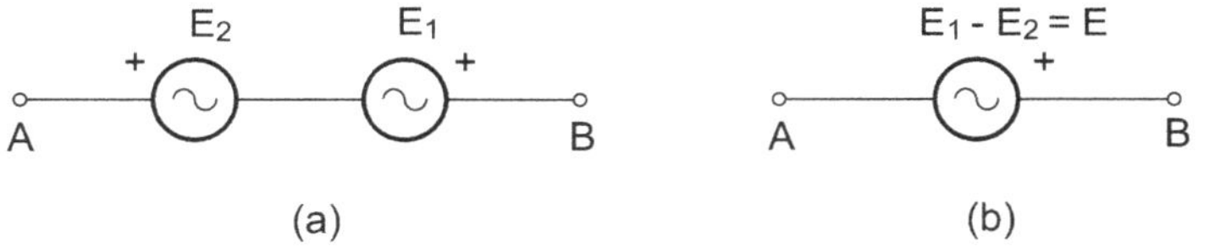

Figura 3.13

$$E = E_1 - E_2 \qquad (3.28)$$

b) Asociación en paralelo. La asociación en paralelo de generadores ideales de tensión tiene solución únicamente si todos los generadores son de igual f.e.m.

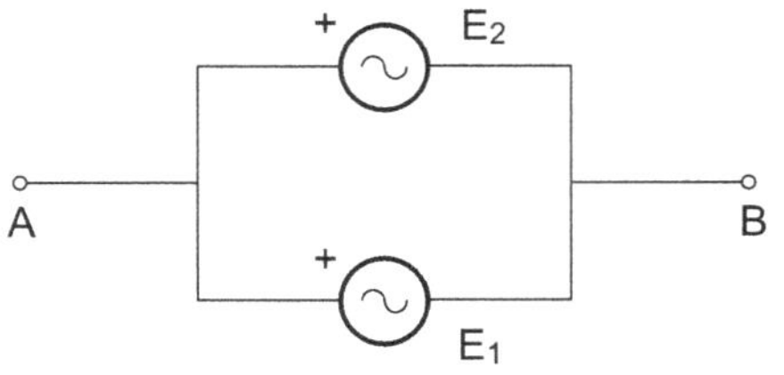

Figura 3.14

En la Figura 3.14, si las f.e.m.s. de los generadores no son iguales:

$$E_1 \neq E_2 \qquad (3.29)$$

la d.d.p. V_{AB} es indeterminada.

Si como se muestra en la Figura 3.15a, los dos generadores son de igual f.e.m.

$$E_1 = E_2 = E \tag{3.30}$$

la d.d.p. que establecen es la misma y el conjunto de los dos generadores puede sustituirse por uno solo cuya f.e.m. sea la de uno de ellos (Figura 3.15b).

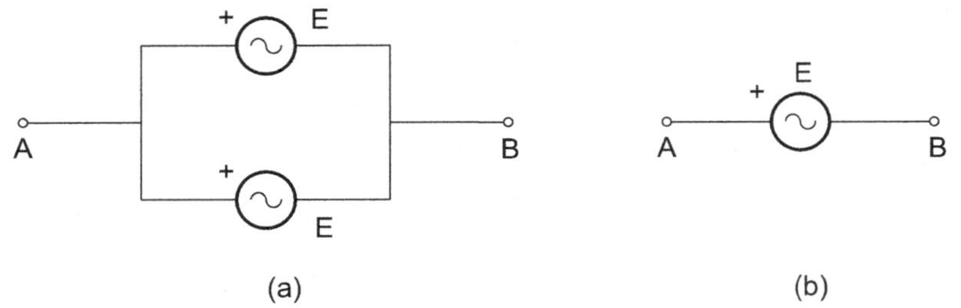

Figura 3.15

3.2.2 Asociación de generadores ideales de intensidad

a) Asociación en paralelo. El conjunto de generadores conectados en paralelo, representado en la Figura 3.16a, origina entre los terminales A y B una intensidad saliente por A de valor:

$$I = I_1 - I_2 \tag{3.31}$$

Este mismo efecto puede obtenerse conectando entre A y B un solo generador como el representado en la Figura 3.16b.

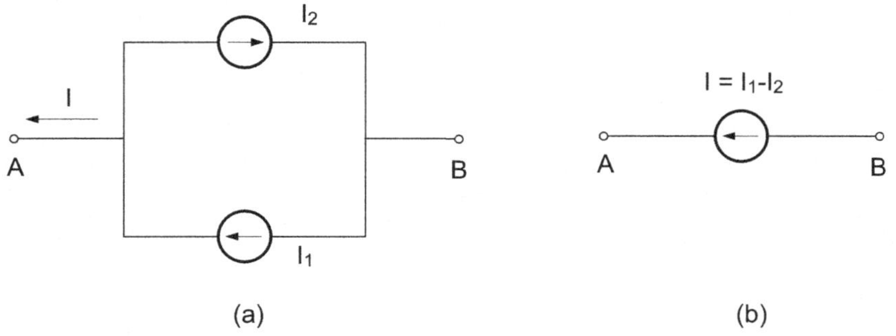

Figura 3.16

b) Asociación en serie. De manera análoga a lo que sucede cuando se asocian en paralelo generadores ideales de tensión, la asociación en serie de generadores de corriente de diferentes intensidades como los que se representan en la Figura 3.17, con:

$$I_1 \neq I_2 \tag{3.32}$$

no tiene solución, al no poderse determinar el valor de la corriente I. Únicamente está determinada la intensidad, si ambos generadores son iguales:

$$I_1 = I_2 = I \tag{3.33}$$

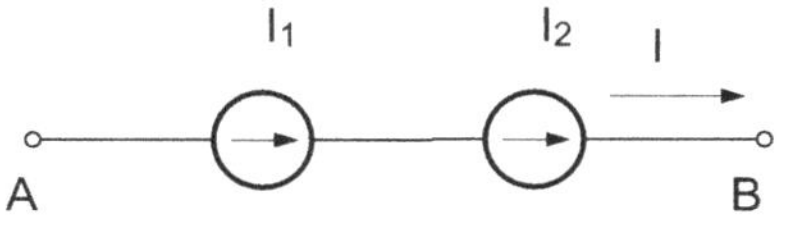

Figura 3.17

y los dos generadores representados en la Figura 3.18a pueden sustituirse por uno solo cuya intensidad sea la de uno de ellos (Figura 3.18b).

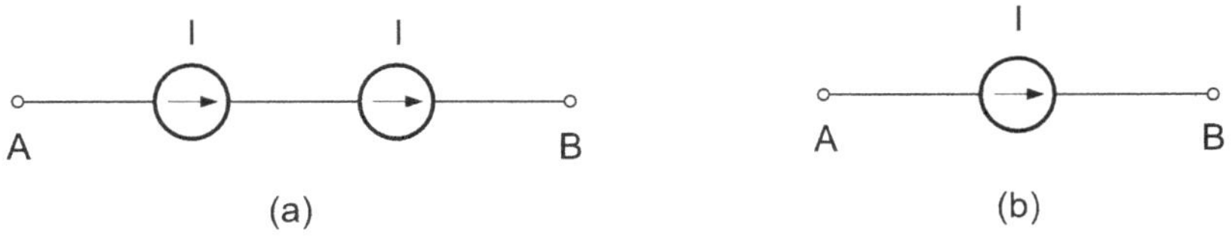

Figura 3.18

3.2.3 Asociación de generadores reales de tensión

a) **Asociación en serie.** La asociación en serie de generadores reales de tensión, que se representa en la Figura 3.19a, puede descomponerse en una asociación serie de dos generadores ideales de tensión cuyo resultado ya conocemos y dos impedancias también conectadas en serie. El resultado de estas dos asociaciones será el generador real que se representa en la Figura 3.19b.

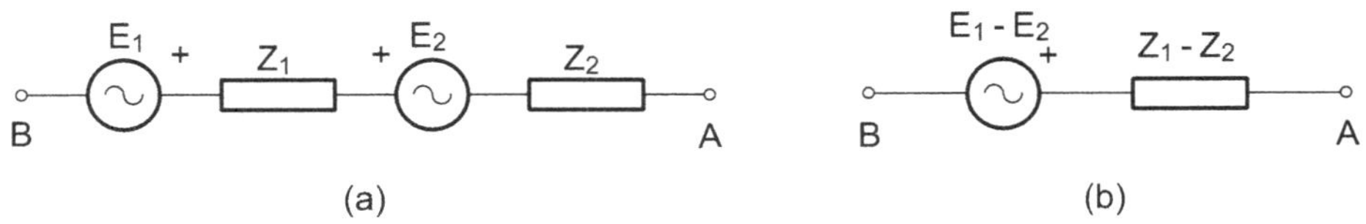

Figura 3.19

b) **Asociación en paralelo.** La asociación en paralelo de generadores reales de tensión siempre tiene solución.

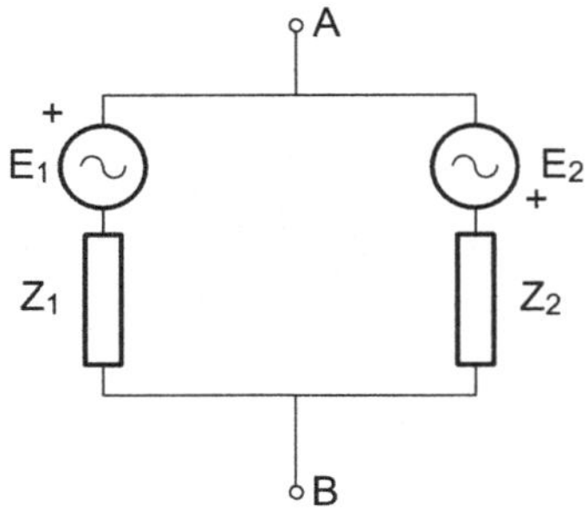

Figura 3.20

Para encontrar el generador equivalente de la asociación de generadores de la Figura 3.20, se transforma cada generador real en su equivalente de intensidad, obteniéndose el conjunto de generadores de la Figura 3.21a. Los dos generadores ideales de intensidad, en paralelo, se reducen a uno solo, así como las impedancias en paralelo Z_1 y Z_2. El resultado es el generador que se representa en la Figura 3.21b con

$$I = \frac{E_1}{Z_1} - \frac{E_2}{Z_2} \tag{3.34}$$

$$Z = \frac{Z_1 Z_2}{Z_1 + Z_2} \tag{3.35}$$

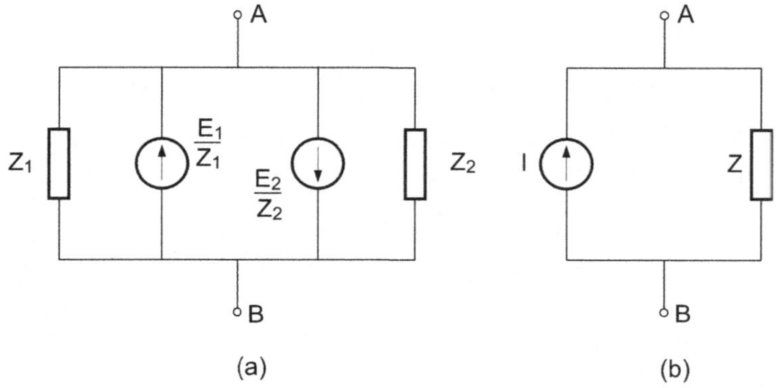

Figura 3.21

Este generador puede a su vez sustituirse por un generador real de tensión, como el representado en la Figura 3.22, con:

$$E = IZ \tag{3.36}$$

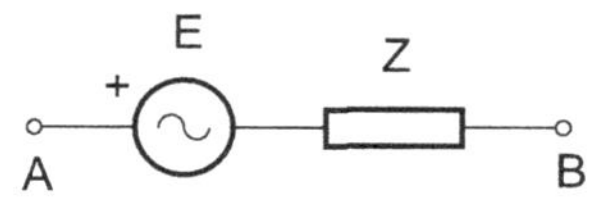

Figura 3.22

3.2.4 Asociación de generadores reales de intensidad

a) Asociación en paralelo. La asociación en paralelo de generadores reales de intensidad ha sido indirectamente tratada en el apartado anterior. Los generadores de la Figura 3.23a pueden reducirse a un solo generador, obtenido de la asociación de I_1 e I_2, en paralelo con la impedancia equivalente de Z_1 en paralelo con Z_2. El resultado es el generador real de intensidad que se representa en la Figura 3.23b.

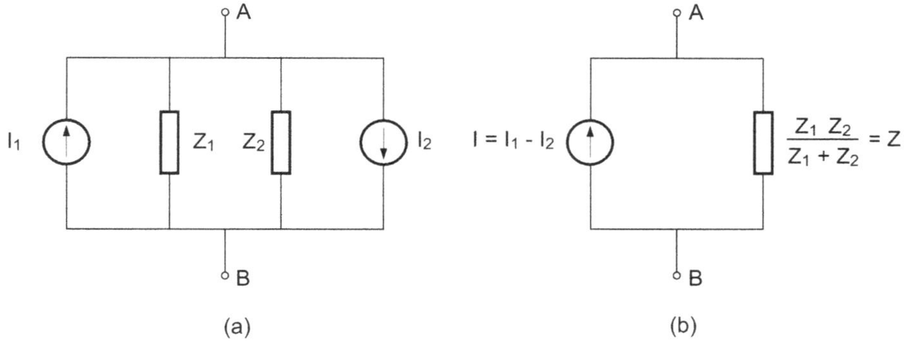

Figura 3.23

b) Asociación en serie. Si los generadores de corriente son reales, la asociación en serie no presenta ninguna indeterminación.

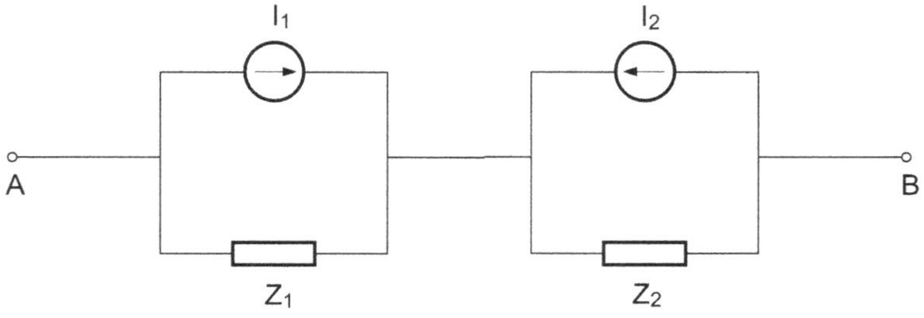

Figura 3.24

Para asociar los generadores que se representan en la Figura 3.24, se transforma cada generador real de intensidad en su equivalente de tensión. El resultado se representa en la Figura 3.25.

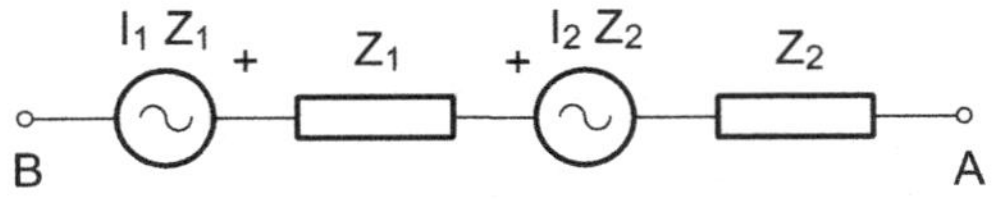

Figura 3.25

El circuito obtenido puede reducirse a un solo generador de tensión como el que se representa en la Figura 3.26, con:

$$E = I_1 Z_1 - I_2 Z_2 \tag{3.37}$$

$$Z = Z_1 + Z_2 \tag{3.38}$$

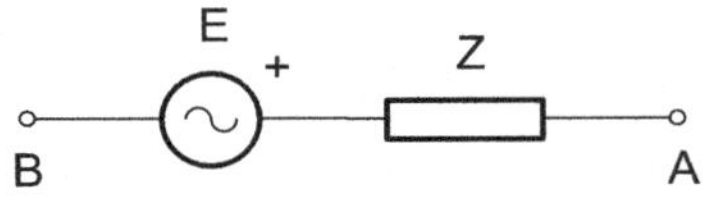

Figura 3.26

Este generador puede sustituirse, a su vez, por el generador de intensidad de la Figura 3.27, con:

$$I = \frac{E}{Z} \tag{3.39}$$

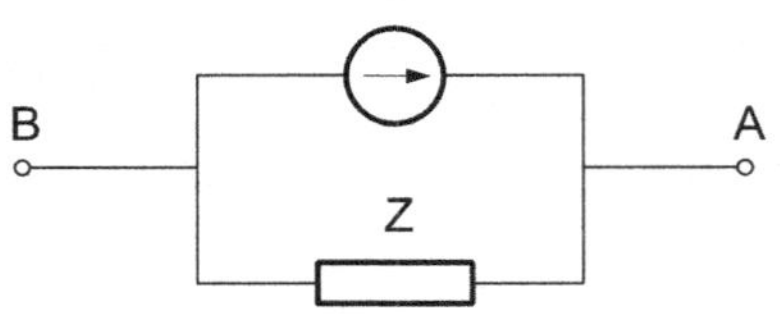

Figura 3.27

EJEMPLO

Reducir el circuito de la Figura 3.28 a un solo generador de tensión equivalente entre los puntos A y B.

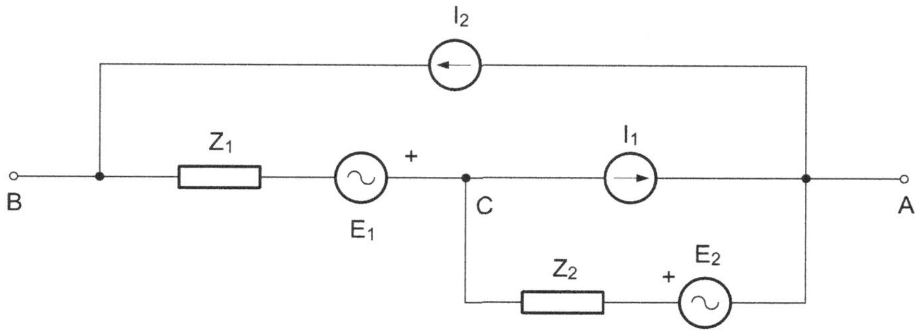

Figura 3.28

Entre A y C la asociación de los generadores en paralelo se reduce a un solo generador de intensidad.

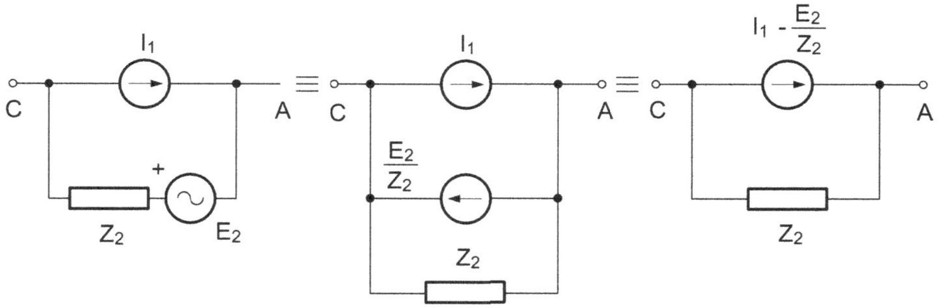

Figura 3.29

El generador de intensidad obtenido es equivalente al generador de tensión de la Figura 3.30.

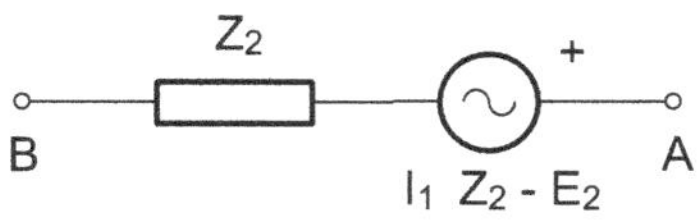

Figura 3.30

Al introducir este generador en el circuito de la Figura 3.28, se obtiene la Figura 3.31a, que al simplificar, se reduce al circuito representado en la Figura 3.31b.

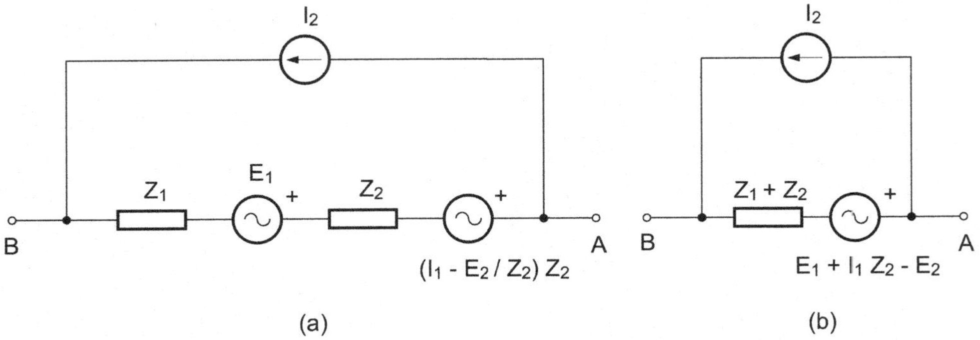

Figura 3.31

Pasando el generador de tensión a uno de intensidad, se obtiene el circuito de la Figura 3.32a, con:

$$I_3 = \frac{E_1 + I_1 Z_2 - E_2}{Z_1 + Z_2} \tag{3.40}$$

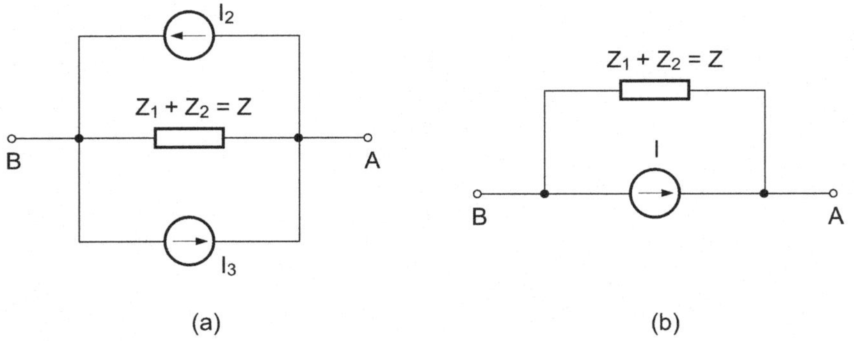

Figura 3.32

Los dos generadores de intensidad se reducen al de la Figura 3.32b, en el que:

$$I = I_3 - I_2 = \frac{E_1 + I_1 Z_2 - E_2}{Z_1 + Z_2} - I_2 \tag{3.41}$$

Al transformar el generador de intensidad en tensión, se obtiene el de la Figura 3.33, con:

$$E = IZ = E_1 + I_1 Z_2 - E_2 - (Z_1 + Z_2) I_2 \tag{3.42}$$

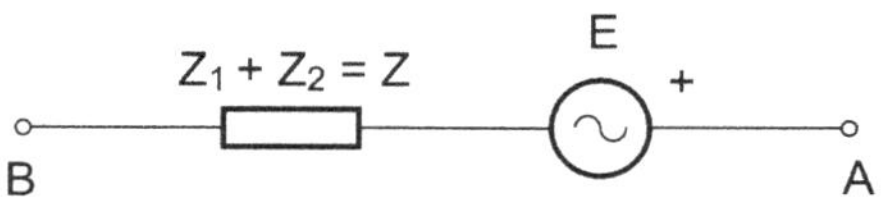

Figura 3.33

3.2.5 Simplificaciones en circuitos con generadores ideales de corriente y tensión

a) Elementos en paralelo con generadores ideales de tensión.

En la Figura 3.34a, las ramas conectadas en paralelo con el generador de tensión ideal E no afectan a la tensión en bornas del circuito encerrado con línea de puntos $V_{AB} = E$, por lo que las corrientes y tensiones en el interior del circuito no dependen de que estas ramas estén o no conectadas.

Por ello, *para obtener la respuesta en un circuito que está conectado en paralelo con un generador ideal de tensión, podemos eliminar cualquier otra rama que también se encuentre conectada en paralelo con dicho generador* (Figura 3.34b).

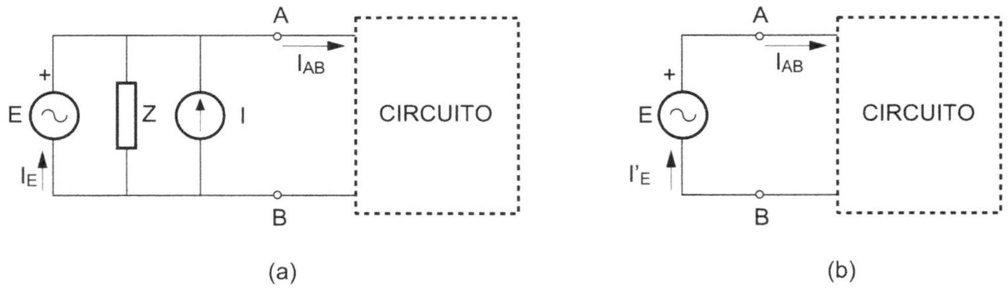

Figura 3.34

Las ramas en paralelo con el generador ideal afectan únicamente a la corriente que circula por el propio generador E. En la Figura 3.34a se tiene:

$$I_E = \frac{V_{AB}}{Z} - I + I_{AB} \tag{3.43}$$

y en la Figura 3.34b:

$$I_E^{/} = I_{AB} \tag{3.44}$$

b) Elementos en serie con generadores ideales de intensidad.

En el circuito de la Figura 3.35a, el generador de tensión E, la impedancia Z y cualquier otro elemento conectado en serie con el generador de corriente I no afectan a la respuesta sobre el circuito encerrado con línea de puntos. Como se muestra en la Figura 3.35b, el generador de corriente, igual que en la Figura 3.35a, inyecta en el terminal A una corriente I y la extrae del terminal B.

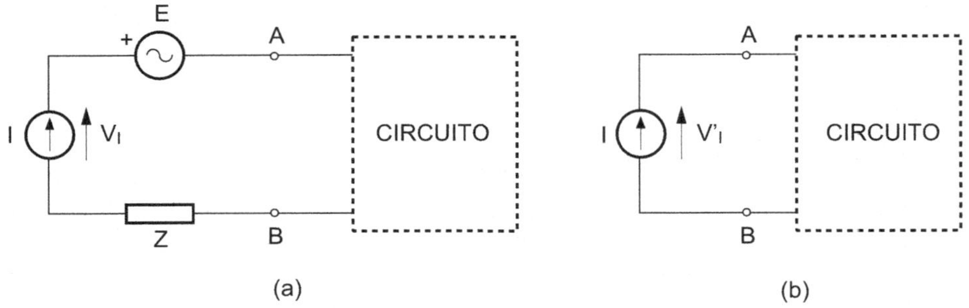

Figura 3.35

Podemos, por ello, *eliminar los elementos conectados en serie con un generador ideal de corriente a efectos de obtener la respuesta sobre una red que también está en serie con él.*

Los elementos en serie con el generador de corriente afectan únicamente a la tensión en bornas de dicho generador. Así en el circuito de la Figura 3.35a, tenemos:

$$V_I = E + ZI + V_{AB} \tag{3.45}$$

y en el de la Figura 3.35b:

$$V_I' = V_{AB} \tag{3.46}$$

3.3 GENERADORES DEPENDIENTES

Como se ha comentado en la introducción, estos generadores se hacen necesarios para modelar el comportamiento de los transistores, formando parte de su circuito equivalente para pequeñas señales.

En los generadores dependientes la f.e.m. si son de tensión o la intensidad si son de corriente, no es (como sucedía en los generadores hasta ahora estudiados) una característica del propio generador, sino que depende de la corriente o de la tensión que existe en algún punto del circuito en el que se encuentran conectados. En la Figura 3.36, se representan los cuatro tipos posibles de generadores dependientes, los cuales aparecerán siempre formando parte de un circuito en el que se encuentra la variable (corriente o tensión) de la que dependen.

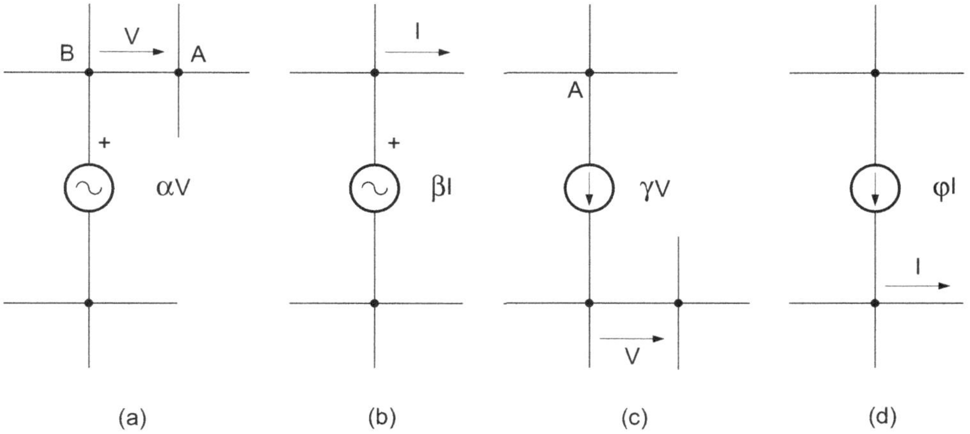

Figura 3.36

Los generadores a) y b) son dos generadores de tensión; el primero de ellos dependiente de una tensión V que se corresponde con la d.d.p. de la rama AB, en la que los elementos que la forman no han sido representados. La constante de proporcionalidad α no tiene dimensiones. El generador b) depende de una intensidad y la constante β tendrá dimensiones de impedancia (Ω).

En c) y d) se representan dos generadores de intensidad, el primero dependiente de una tensión, por lo que γ tendrá dimensiones de admitancia (Ω^{-1}) y el segundo, función de una intensidad siendo φ una magnitud adimensional.

El análisis de circuitos que contiene generadores dependientes no presenta ninguna novedad a resaltar, sobre lo hasta ahora estudiado, si bien habrá de tener la precaución de no realizar ninguna transformación en el circuito que haga desaparecer la variable de la que dependa algún generador. Si la transformación fuera necesaria, deberá hacerse previamente un cambio de variable, haciendo depender al generador de una nueva la cual no se vea afectada al hacer la transformación.

Con objeto de comprender mejor el comportamiento de estos generadores, vamos a realizar algunos ejemplos.

EJEMPLO 1

En la Figura 3.37, se representa uno de los modelos equivalentes del transistor bipolar, cerrado por una carga R_L y excitado por el generador (E_g, R_g). En él existen dos generadores h_rE_2 y h_fI_1 dependientes de la tensión de salida E_2 y de la corriente de entrada I_1, respectivamente.

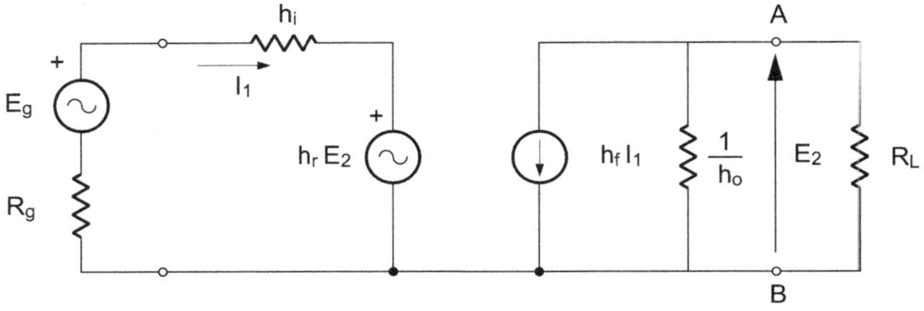

Figura 3.37

Planteando en la entrada la ecuación de malla, tendremos:

$$E_g = (R_g + h_i) I_1 + h_r E_2 \tag{3.47}$$

La ecuación del nudo A en la salida es:

$$h_f I_1 + h_o E_2 + \frac{E_2}{R_L} = 0 \tag{3.48}$$

Las ecuaciones (3.47) y (3.48) forman un sistema en el que las incógnitas son la corriente de entrada I_1 y la tensión de salida E_2.

De (3.48) se tiene:

$$I_1 = \frac{-E_2}{h_f} (h_o + \frac{1}{R_L}) \tag{3.49}$$

y sustituyendo en (3.47), resulta:

$$E_g = E_2 \left[h_r - \frac{R_g + h_i}{h_f} \left(h_o + \frac{1}{R_L} \right) \right] \tag{3.50}$$

La ecuación (3.50) permite obtener la tensión de salida E_2.

Obsérvese que si en el circuito sólo existieran generadores dependientes (E_g=0), la tensión E_2 y la corriente I_1, serían cero y el circuito no estaría excitado.

La ganancia de tensión es:

$$G_v = \frac{E_2}{E_g} = \left[h_r - \frac{R_g + h_i}{h_f} \left(h_o + \frac{1}{R_L} \right) \right]^{-1} \tag{3.51}$$

EJEMPLO 2

En el circuito de la Figura 3.38, se representa el circuito equivalente de un transistor unipolar excitado por el generador (E_g, R_g) y cargado por R_L.

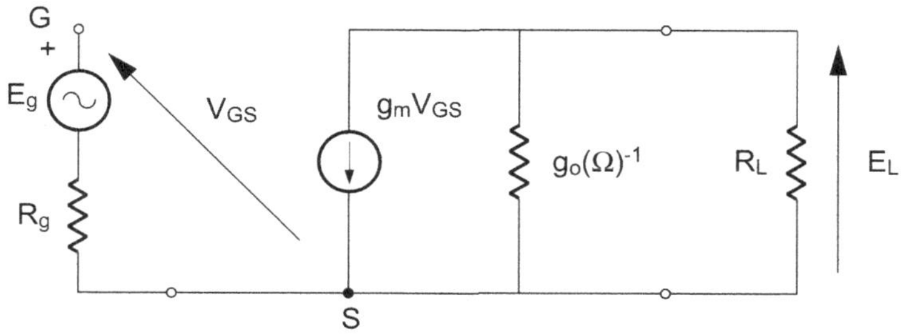

Figura 3.38

La tensión a la salida, con $G_L = R_L^{-1}$ es:

$$E_L = -g_m V_{GS} \left(\frac{1}{g_o + G_L} \right) \tag{3.52}$$

La tensión V_{GS} de la que depende el generador toma el valor:

$$V_{GS} = E_g \tag{3.53}$$

por lo que el sustituir en (3.52) se tiene una tensión de salida:

$$E_L = \frac{-g_m E_g}{g_o + G_L} \tag{3.54}$$

Sin la presencia del generador independiente ($E_g = 0$) el circuito no estaría excitado y la tensión de salida sería cero.

La ganancia de tensión es:

$$G_v = \frac{E_L}{E_g} = \frac{-g_m}{g_o + G_L} \tag{3.55}$$

EJEMPLO 3

Reducir el circuito de la Figura 3.39 a un generador de tensión equivalente entre los puntos A y B.

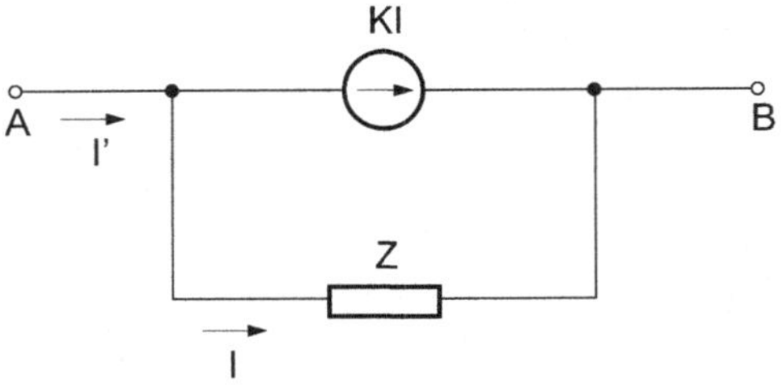

Figura 3.39

Al transformar directamente el generador de corriente en generador de tensión desaparecerá la variable I. Se hace por lo tanto preciso hacer un cambio de variable antes de hacer la transformación. Hay dos posibilidades, hacer que el generador dependa de la tensión V_{AB} o de la corriente I'.

Si lo hacemos depender de V_{AB} tenemos:

$$I = \frac{V_{AB}}{Z} \tag{3.56}$$

Al sustituir I en el circuito de la Figura 3.39, se obtiene el de la Figura 3.40a, el cual puede transformarse en el de la Figura 3.40b, puesto que la variable V_{AB} se mantiene al hacer la transformación.

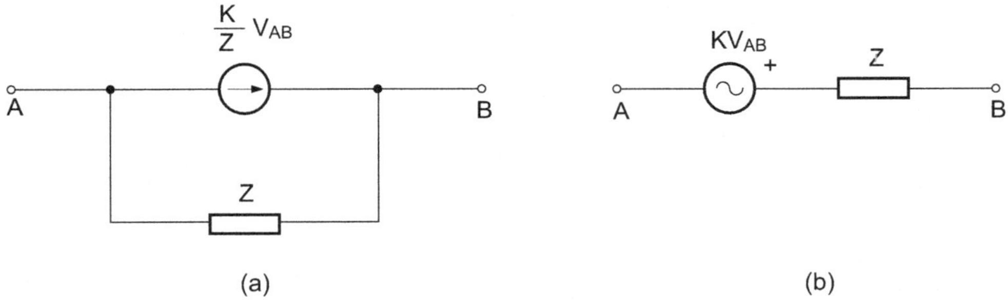

Figura 3.40

La otra posibilidad es hacer que el generador dependa de I'.

De la Figura 3.39 se obtiene:

$$I' = I + KI \tag{3.57}$$

y por lo tanto:

$$I = \frac{I'}{1 + K} \tag{3.58}$$

Al sustituir este valor, se obtiene el circuito de la Figura 3.41a, que nos conduce al generador de tensión equivalente de la Figura 3.41b.

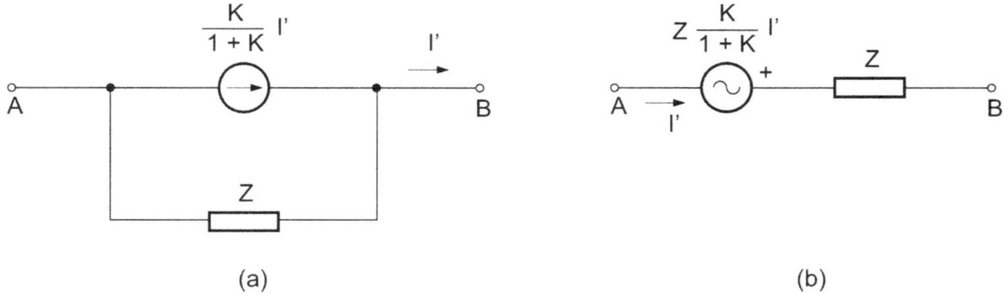

Figura 3.41

Un generador de tensión que depende de la corriente que pasa por él, es equivalente a una impedancia, como se indica en las Figuras (3.42a y b), pues para los dos circuitos se verifica:

$$V_{AB} = \alpha \, I \tag{3.59}$$

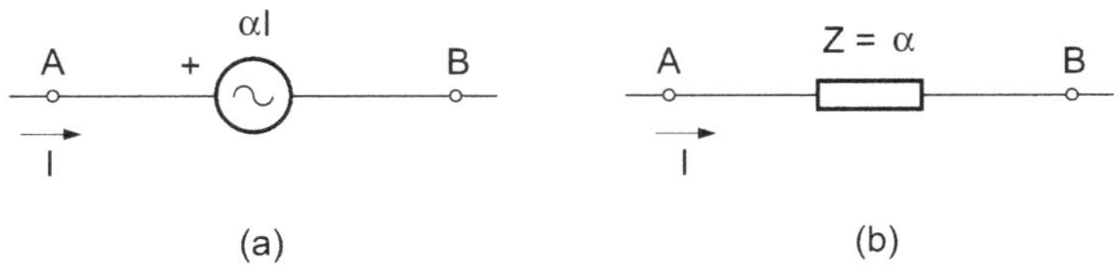

Figura 3.42

y el circuito de la Figura 3.41b será la impedancia representada en la Figura 3.43 con:

$$Z_1 = Z - \frac{Z K}{1 + K} = \frac{Z}{1 + K} \tag{3.60}$$

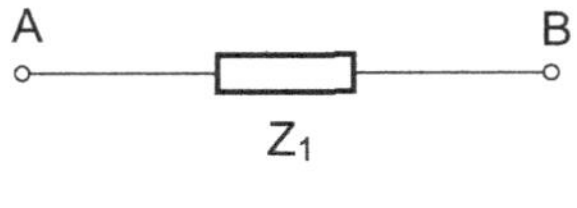

Figura 3.43

Idéntico razonamiento tendremos que hacer para transformar en generador de corriente el generador de tensión representado en la Figura 3.44, cuya resolución se deja como ejercicio para el lector.

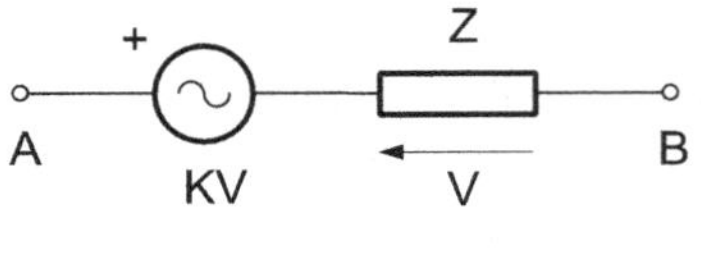

Figura 3.44

3.4 POTENCIA PUESTA EN JUEGO POR LOS GENERADORES

En el capítulo anterior en su apartado 2.3.2, se definió la potencia *entregada* por el generador de tensión que de nuevo se representa en la Figura 3.45 como:

$$P_{ent.} = \frac{1}{2} E_g \cdot I_{Eg} = \frac{1}{2} V_{AB} \cdot I_{Eg} \ (escalar) \qquad (3.61)$$

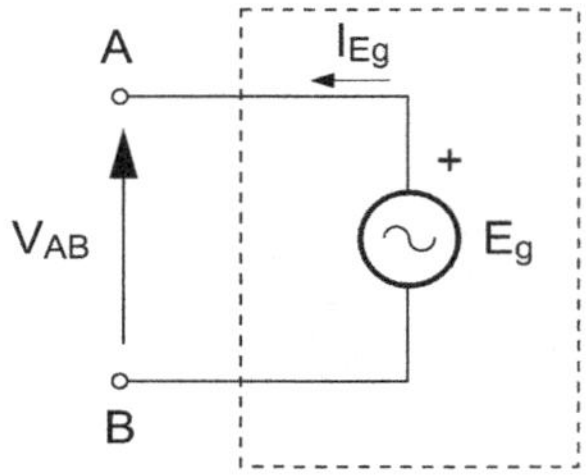

Figura 3.45

La potencia *entregada* por un circuito se obtiene hallando el producto escalar de la d.d.p. en sus bornas V_{AB} por la intensidad que circula por ellas en el sentido de B a A.

Para el circuito de la Figura 3.46, la potencia *entregada* es:

$$P_{ent.} = \frac{1}{2} V_{AB} \cdot I \ (escalar) \qquad (3.62)$$

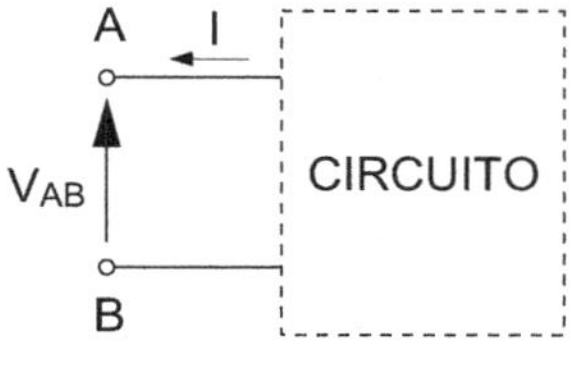

Figura 3.46

Si el circuito es un generador ideal de corriente como el que se representa en la Figura 3.47, la potencia *entregada* por el generador es:

$$P_{ent.} = \frac{1}{2} V_{AB} \cdot I_g \ (escalar) \tag{3.63}$$

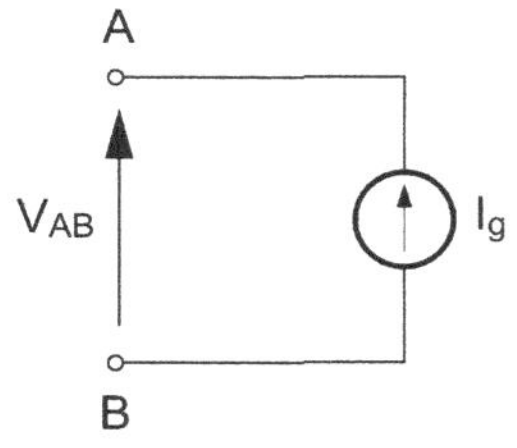

Figura 3.47

Esto es, para encontrar la potencia entregada por un generador ideal de intensidad, se realiza el producto escalar de la intensidad del generador por la d.d.p. que existe en sus bornas, tomada desde el terminal por el que sale la corriente hacia el terminal por el que entra. Si el resultado es positivo, el generador efectivamente entrega potencia, en caso contrario la absorbe.

EJEMPLO

En los generadores de intensidad de la Figura 3.48, las corrientes y las d.d.p. tienen sus módulos expresados en valor máximo (la tensión V dependerá del circuito al que se encuentre conectado el generador).

Para los casos a) y b) la tensión V está tomada desde el terminal por el que sale la corriente hacia el terminal por el que entra, es decir, en el sentido que el generador "tiende a crearla" (efectivamente si el generador fuera de c.c. al cerrarlo por una resistencia el (+) se crearía en el terminal por el que sale la intensidad) como en la Figura 3.47 y la potencia *entregada* será:

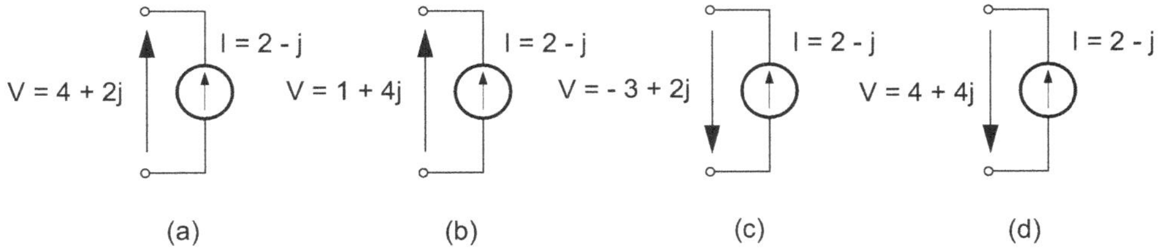

Figura 3.48

$$a) \quad P_{ent.} = \frac{1}{2} V \cdot I = \frac{1}{2}(4,2) \cdot (2,-1) = \frac{1}{2}(8-2) = 3 \ W.$$

Al ser el resultado positivo, el generador está *entregando* potencia.

$$b) \quad P_{ent.} = \frac{1}{2} V \cdot I = \frac{1}{2}(1,4) \cdot (2,-1) = \frac{1}{2}(2-4) = -1 \ W.$$

Para este caso, la potencia *entregada* es negativa y el generador está *absorbiendo* una potencia de 1 W.

En los casos c) y d) la tensión está tomada en sentido contrario a como el generador "tiende a crearla", esto es, en sentido contrario que en la Figura 3.47. Al aplicar la expresión (3.63) para encontrar la potencia entregada, tendremos que cambiar de signo la tensión V dada. Así tenemos:

$$c) \quad P_{ent.} = -\frac{1}{2} V \cdot I = -\frac{1}{2}(-3,2) \cdot (2,-1) = -\frac{1}{2}(-6-2) = 4 \ W.$$

El resultado es positivo y, por lo tanto, el generador *entrega* potencia.

$$d) \quad P_{ent.} = -\frac{1}{2} V \cdot I = -\frac{1}{2}(4,4) \cdot (2,-1) = -\frac{1}{2}(8-4) = -2 \ W.$$

La potencia es negativa y el generador *absorbe* una potencia de 2 W.

Los generadores dependientes también pueden entregar o absorber potencia. Su determinación se realiza de la misma forma que para los generadores independientes si bien, previamente, tendremos que encontrar el valor de la variable de la que dependen para así conocer su f.e.m. o su intensidad según sean de corriente o de tensión.

Si un circuito no contiene ningún generador independiente, aunque sí existan generadores dependientes, las corrientes en todas las ramas y las tensiones de todos los nudos son cero (ver ejemplos 1 y 2 en el apartado 3.3) y los generadores dependientes no ponen en juego potencia. Las redes formadas únicamente por resistencias, bobinas, condensadores y generadores dependientes, las consideramos *redes pasivas* definiendo como *redes activas* aquellas que, además, contienen generadores independientes.

PROBLEMAS

PROBLEMA 3.1

Reducir el circuito de la figura a un solo generador de corriente entre los puntos A y B.

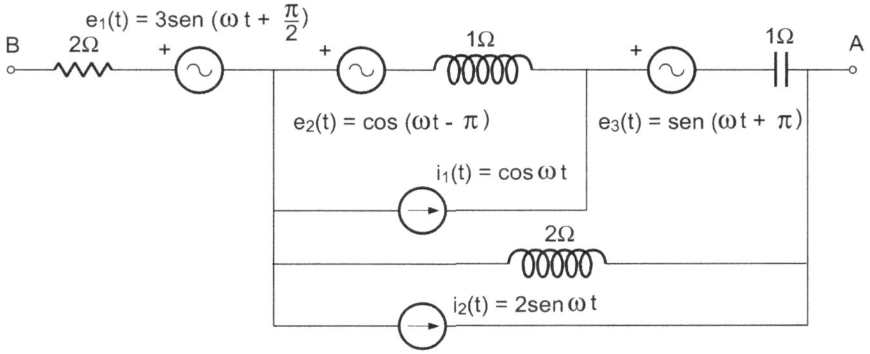

PROBLEMA 3.2

En el circuito de la figura se pide calcular:

a) Potencia puesta en juego por cada generador.

b) Potencia disipada en cada impedancia.

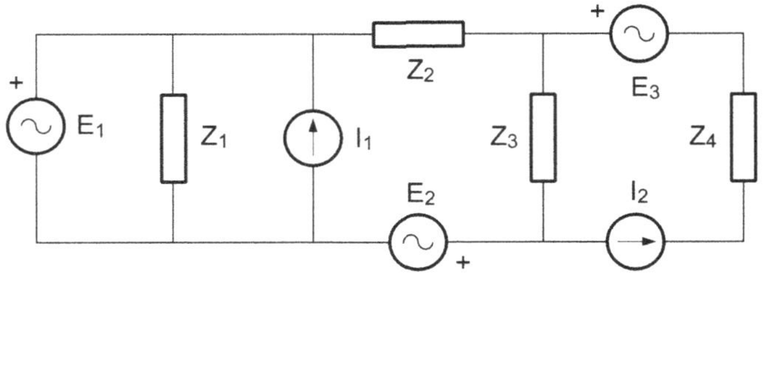

DATOS

$e_1(t) = 3\,sen\,(\omega t + \pi)\,V$; $e_2(t) = 3\cos(\omega t - \pi/2)\,V$; $e_3(t) = 10\cos(\omega t - \pi)\,V$

$i_1(t) = sen\,\omega t\;A$; $i_2(t) = \cos\omega t\;A$

$Z_1 = -2j\,\Omega$; $Z_2 = (1 + j)\,\Omega$; $Z_3 = (1 - j)\,\Omega$; $Z_4 = (2 - 3j)\,\Omega$

PROBLEMA 3.3

En el circuito de la figura se pide:

a) Potencia puesta en juego por el generador E_1.

b) Valor que debería tener I_1 para que la potencia disipada por R_3 sea cero.

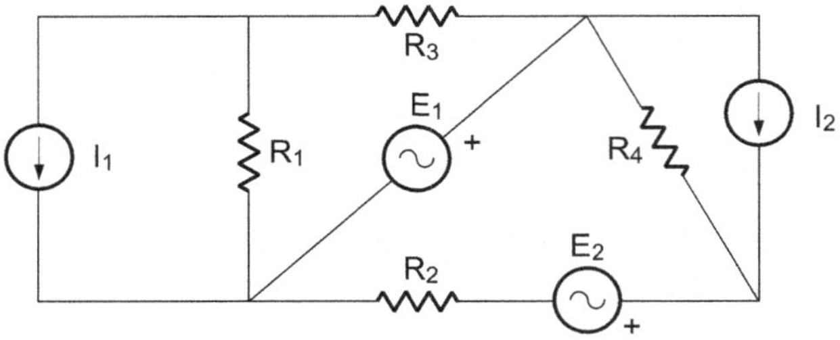

DATOS

$R_1 = 1\,\Omega$; $R_2 = 2\,\Omega$ $R_3 = 3\,\Omega$; $R_4 = 4\,\Omega$

$e_1(t) = 2\,sen\,\omega t\,V$; $e_2(t) = sen\,\omega t\,V$; $i_1(t) = 2\cos\omega t\,A$; $i_2(t) = \cos\omega t\,A$

PROBLEMA 3.4

En el circuito de la figura se pide:

a) Potencia puesta en juego por el generador E_1.

b) ¿Cual será la potencia en E_1, al duplicar el valor de R?

c) Si en paralelo con E_2 se introduce una impedancia $Z_p = 3 + 3j$, como se indica en la figura, ¿cuánto valdrán las potencias puestas en juego por E_1 y E_2?

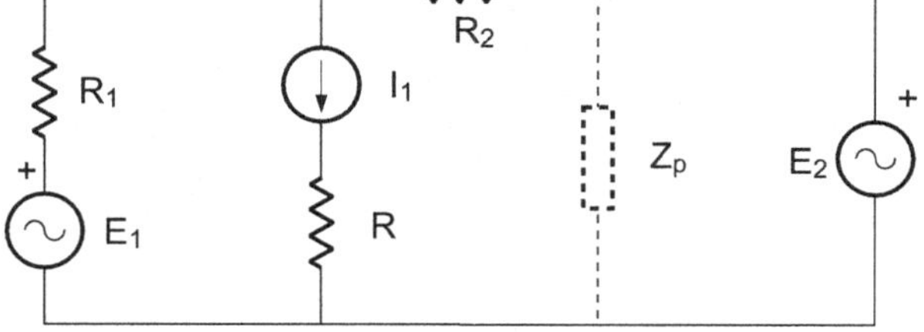

DATOS

$R_1 = 2\,\Omega$; $R_2 = 2\,\Omega$; $R = 1\,\Omega$

$E_1 = 10\,V_{máx}$; $E_2 = 6\,V_{máx}$; $I_1 = 2\,A_{máx}$

PROBLEMA 3.5

En el circuito de la figura se pide encontrar:

a) Potencias puestas en juego por los generadores E_1, E_4, I_1 e I_2.

b) Potencias disipadas en Z_1, Z_2, Z_3 y Z_5.

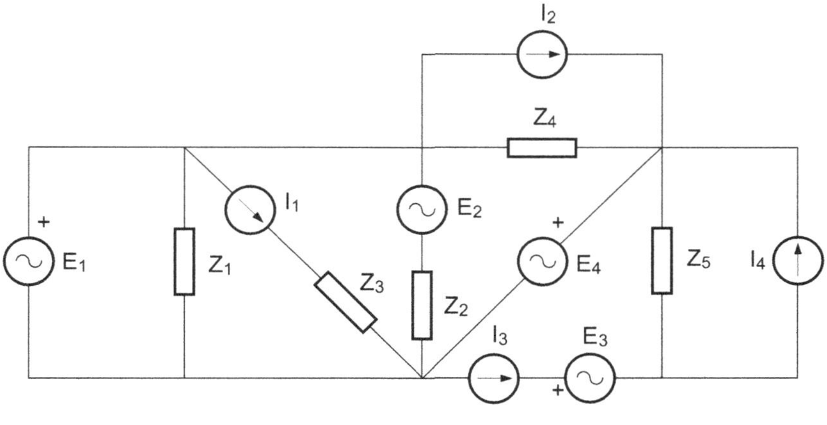

DATOS

$e_1(t) = 3\,sen(\omega t + \pi/2)\ V$; $e_2(t) = 3\,cos(\omega t - \pi/2)\,V$;

$e_3(t) = 10\,cos(\omega t - \pi)\ V$; $e_4(t) = 2\,cos\,\omega t\,V$; $i_1(t) = sen\,\omega t\,A$;

$i_2(t) = cos\,\omega t\,A$; $i_3(t) = 2\,sen(\omega t + \pi/2)\ A$; $i_4(t) = 3\,cos\,\omega t\ A$;

$Z_1 = 2j\,\Omega$; $Z_2 = (1 + j)\,\Omega$; $Z_3 = (1 - j)\,\Omega$; $Z_4 = 1\,\Omega$; $Z_5 = 2\,\Omega$

PROBLEMA 3.6

En el circuito de la figura se pide determinar:

a) Potencias puestas en juego por I_1, I_3, E_1 y E_2.

b) Potencias disipadas por Z_2 y Z_5.

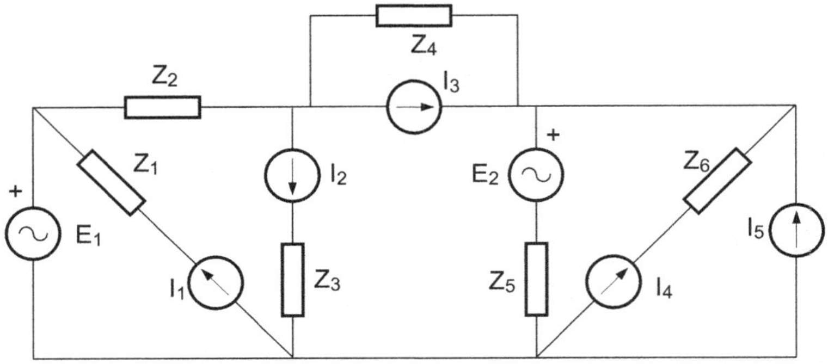

DATOS

$e_1(t) = 2\,sen\,\omega t\ V$; $e_2(t) = 2\cos(\omega t - \pi/2)\ V$;

$i_1(t) = sen(\omega t + \pi/2)\ A$; $i_2(t) = \sqrt{2}\,sen(\omega t - \pi/4)\ A$; $i_3(t) = 2\cos\omega t\ A$;

$i_4(t) = 2\,sen(\omega t - \pi)\ A$; $i_5(t) = 2\,sen(\omega t + \pi/2)\ A$;

$Z_1 = 2\,\Omega$; $Z_2 = (2 + 2j)\,\Omega$; $Z_3 = -2j\,\Omega$; $Z_4 = (3 + 3j)\,\Omega$;

$Z_5 = (1 + j)\,\Omega$; $Z_6 = 1\,\Omega$

PROBLEMA 3.7

En el circuito de la figura calcular:

a) Potencia puesta en juego por cada generador.

b) Potencia disipada por cada resistencia.

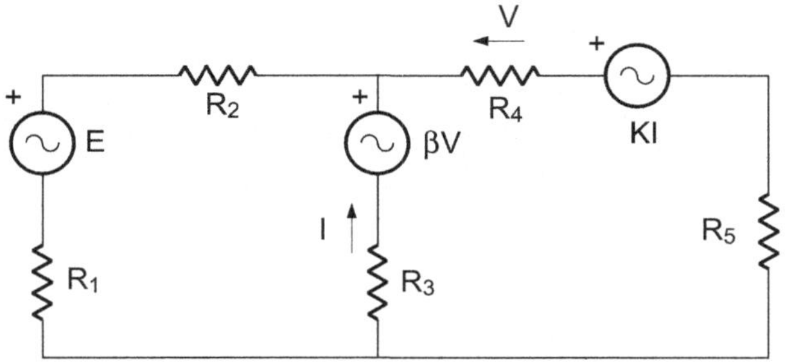

DATOS

$R_1 = R_2 = R_3 = R_4 = R_5 = 1\,\Omega$

$\beta = 1$; $K = 1\,\Omega$; $E = 10\ V_{máx}$

PROBLEMA 3.8

Dado el circuito de la figura calcular:

a) Corriente en la carga Z_R y en Z_4.

b) Potencia puesta en juego por el generador αE_α.

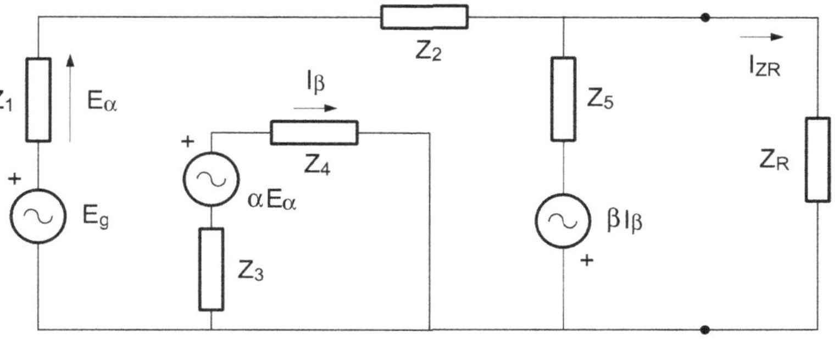

DATOS

$\alpha = 5$; $\beta = 2\,\Omega$

$Z_1 = j\,\Omega$; $Z_2 = Z_3 = (1 - 2j)\,\Omega$; $Z_4 = 2j\,\Omega$; $Z_5 = j\,\Omega$; $Z_R = 1\,\Omega$

$E_g = (2 - 2j)\,V_{máx}$

PROBLEMA 3.9

En el circuito de la figura se pide encontrar el equivalente entre los puntos A y B.

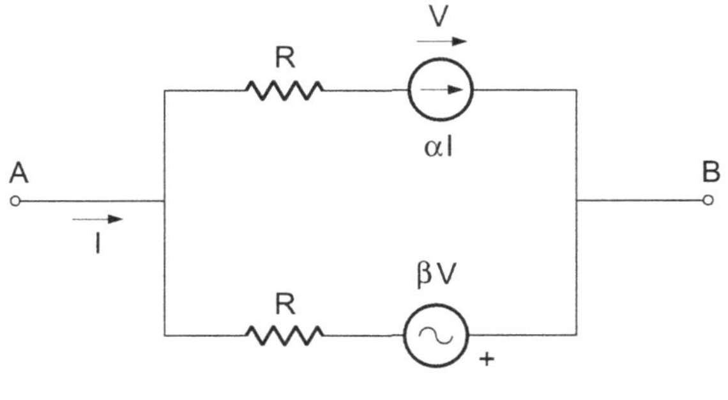

PROBLEMA 3.10

En el circuito de la figura, en el que las n células son idénticas, se pide:

a) Circuito equivalente entre A y B de las n células.

b) Potencia entregada por el generador (E_g,Z_g) a las n células.

c) Suponiendo n = 100, calcular la potencia en los generadores e impedancias de cada célula.

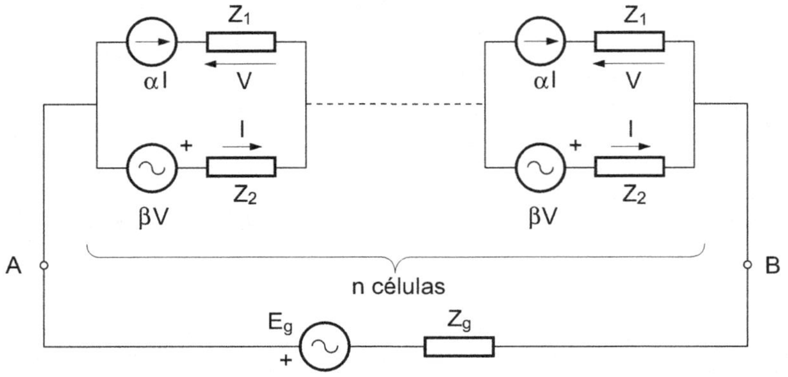

DATOS

$\alpha = 2$; $\beta = 1$

$Z_1 = 2\,\Omega$; $Z_2 = 4\,\Omega$; $Z_g = 10\,\Omega$; $E_g = 10\,V_{ef}$

Capítulo 4

ESTUDIO TOPOLÓGICO DE CIRCUITOS. MÉTODOS FUNDAMENTALES DE ANÁLISIS

INTRODUCCIÓN

Como es conocido, las leyes de Kirchhoff, expresadas formalmente, son independientes del tipo de elementos que componen las redes eléctricas. Así, para obtener en forma generalizada las ecuaciones de la red, sólo será necesario el diagrama de conexiones de los elementos o topología de la misma, lo cual permitirá sistematizar y simplificar el análisis de los circuitos eléctricos, pues el estudio topológico como herramienta de trabajo permite la adopción del cálculo automático para el análisis y diseño de las redes eléctricas. En el presente capítulo haremos una breve exposición de esta teoría con el único objetivo de poder establecer el número de ecuaciones independientes que es necesario plantear para analizar una red, el cual será coincidente con el mínimo número de variables (corrientes o tensiones) que se precisa conocer para determinar todas las demás (corrientes de rama o tensiones de nudo).

4.1 GRAFO DE UNA RED

El grafo o gráfica de una determinada red eléctrica constituye una representación esquemática de la misma y se obtiene sustituyendo los elementos de la red, tanto activos como pasivos, por líneas (ramas), cuyos extremos van conectados a nudos.

En base a esta definición, en las Figuras 4.1, 4.2 y 4.3 se representan diversas redes eléctricas y sus correspondientes grafos.

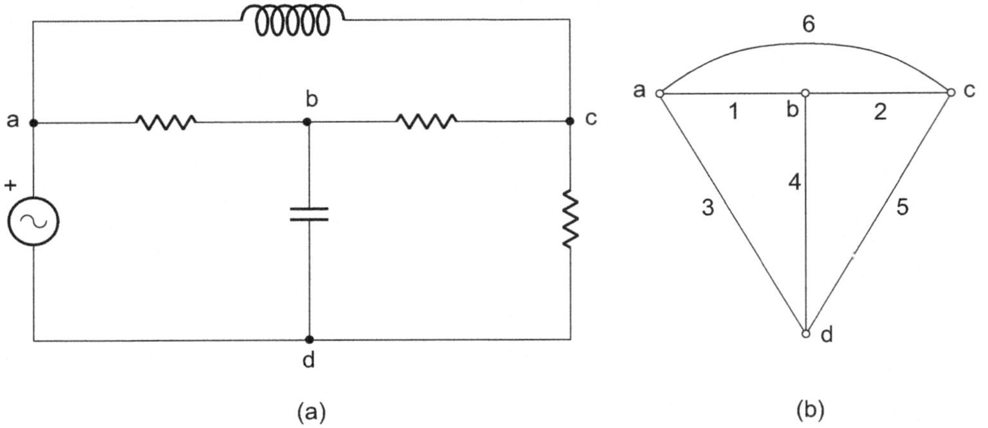

Figura 4.1

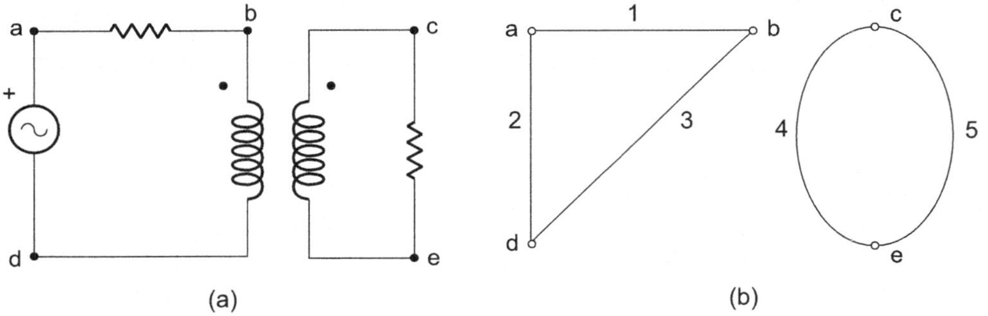

Figura 4.2

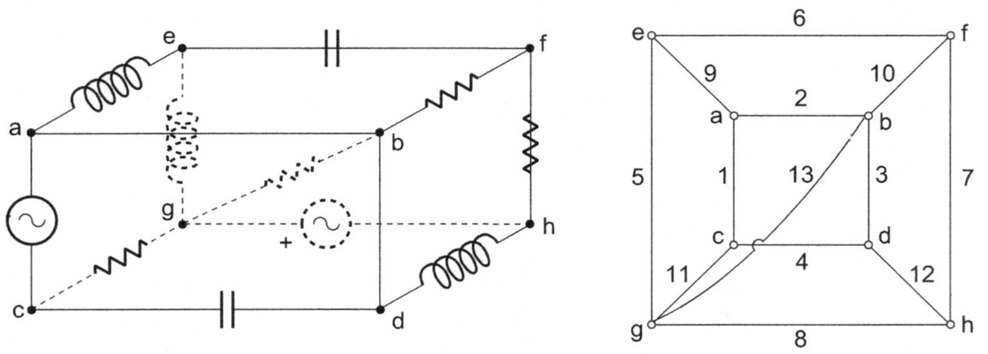

Figura 4.3

Como se observa de los ejemplos anteriores, el grafo de una red puede tener una o varias partes separadas.

Así, en los ejemplos de las Figuras 4.1. y 4.3., tenemos una sola parte, mientras que en el representado en la Figura 4.2, existen dos partes separadas. En general, la existencia de varias partes separadas será debida a la presencia en el circuito de transformadores o de generadores dependientes.

Los grafos indicados en las Figuras 4.1b y 4.2b son planos, puesto que se pueden representar en el plano sin que sus líneas o ramas se crucen. Otros grafos son no planos, como el que se muestra en la Figura 4.3b, en el que no es posible representar sus diversas ramas sin que entre ellas exista algún punto de cruce.

Debemos tener presente, además, que una red, aunque esté representada en un espacio de tres dimensiones, puede ser plana, pues abatiendo todas sus caras se puede representar en forma plana, como ocurriría en la red de la Figura 4.3a si no existiera la rama que une los nudos b y g.

Nuestra atención se centrará en el comportamiento de las redes planas, a cuyo estudio nos vamos a limitar.

4.1.1 Árbol de un grafo

A partir de un grafo determinado, es posible obtener uno o varios subgrafos de aquél, eliminando alguna de las ramas del grafo primitivo.

Un subgrafo de gran importancia es el denominado *árbol*, que cumple las siguientes condiciones, en el supuesto de que el grafo original tenga **n** nudos:

- ✓ Contiene todos los nudos del grafo original, no estando ninguno de éstos aislado.
- ✓ Contiene **n-s** ramas, denominadas **ramas del árbol** (**s** es el número de partes separadas del grafo original).
- ✓ No existen trayectos cerrados o bucles.

A este propósito, debemos señalar que **bucle** es un trayecto cerrado que comienza y termina en un nudo, siendo recorrida esta trayectoria a través de las ramas del grafo.

Existen diversos árboles posibles para un determinado grafo, siendo su número dependiente del número de ramas y de nudos de éste. Por definición, las ramas del grafo que se eliminan para crear su árbol correspondiente se denominan **ramas de enlace**.

La formación de un árbol a partir de su grafo es simple. Se empezará a construir una sola rama que tiene un nudo en cada extremo, añadiéndose sucesivas ramas de forma que nunca se cree un bucle. Por cada rama que se introduce se va añadiendo un nuevo nudo, finalizándose el proceso cuando se hayan introducido todos los nudos del grafo original.

En las Figuras siguientes están representados los árboles correspondientes (uno entre los posibles) a los grafos de las Figuras 4.1b, 4,2b y 4.3b, indicándose las ramas del grafo original que pertenecen al árbol, denominándose a éstas **ramas de árbol**.

Así, para el grafo de la Figura 4.1b, un posible árbol es el representado en la Figura 4.4.

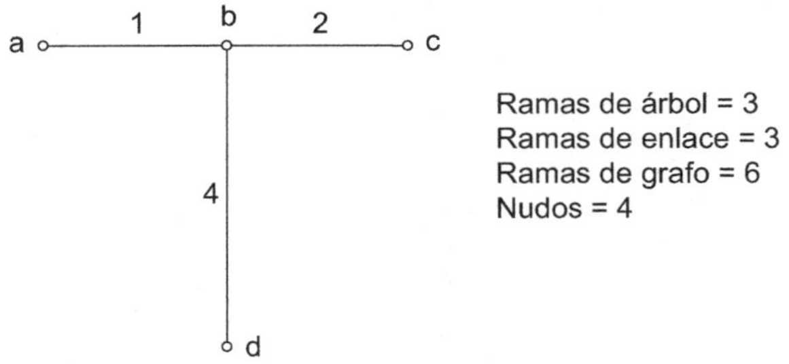

Figura 4.4

En las Figuras 4.5 y 4.6, se representan uno de los posibles árboles de los grafos de las Figuras 4.2b y 4.3b, respectivamente:

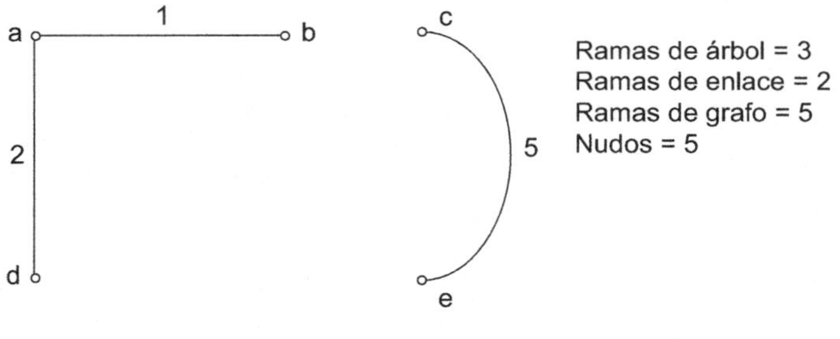

Figura 4.5

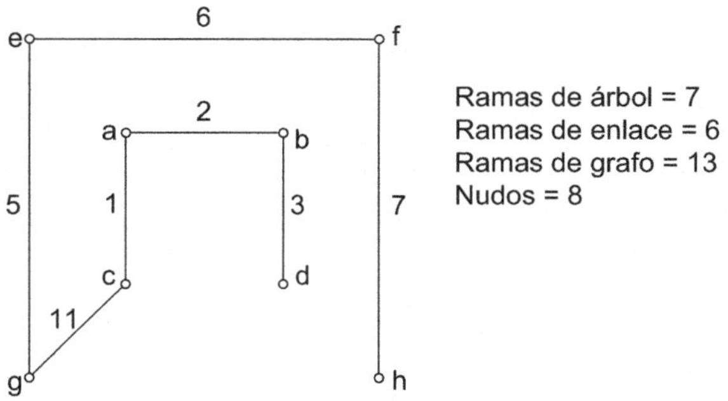

Figura 4.6

El lector puede comprobar la existencia de otros posibles árboles, diferentes de los considerados en cuanto a geometría, pero idénticos en cuanto al número de sus ramas de enlace y de árbol.

En lo que sigue, observaremos que lo importante es este número de ramas de enlace y árbol respectivamente, siendo accesorio su disposición geométrica.

El número de ramas de árbol está relacionado con el de nudos. Así se tiene:

$$a = n - s \tag{4.1}$$

con:

n = número de nudos del árbol o del grafo.
a = número de ramas del árbol.
s = número de partes separadas del grafo original.

Además, si el grafo original tiene un total de **r** ramas, el número de ramas de enlace **e** es:

$$e = r - a = r - (n - s) = r - n + s \tag{4.2}$$

Para el caso en el que el circuito forma una única parte separada (**s** = 1), resulta:

$$e = r - n + 1 \tag{4.3}$$

4.2 NÚMERO DE ECUACIONES NECESARIAS PARA ANALIZAR UNA RED

Un problema importante al analizar una red eléctrica es el de determinar el mínimo número de variables y de ecuaciones linealmente independientes, necesarias para obtener las corrientes y tensiones en las diversas ramas de la red.

En el estudio que sigue, operaremos sobre redes planas sin partes separadas y en las que cada rama contiene un solo elemento. Esta última limitación será posteriormente subsanada, pues en ciertas condiciones, dos ramas pueden ser sustituidas por una rama equivalente en algunos casos. También se supondrá que los generadores de tensión presentes en la red estarán conectados en serie con otros elementos, mientras que los generadores de corriente lo están en paralelo.

Si la red está constituida por **n** nudos y **r** ramas, las variables que definen el comportamiento de la red son, en principio, las tensiones y las corrientes en cada rama, siendo su número **2r**. Sin embargo, la tensión y la corriente en cada rama están relacionadas en forma sencilla a través del elemento situado sobre tal rama. Por ello, podemos determinar o bien las corrientes o bien las tensiones en cada rama, reduciéndose de **2r** a **r** el número de variables a calcular en forma directa.

Para escribir las **r** ecuaciones que relacionan estas **r** variables, partimos de las dos leyes de Kirchhoff, pudiéndose operar en dos formas:

- ✓ Análisis por corrientes.
- ✓ Análisis por tensiones.

La aplicación sistemática del análisis por corrientes da lugar al método de las mallas, mientras que el análisis sistemático por tensiones conduce al método de los nudos.

4.3 ANÁLISIS POR CORRIENTES - MÉTODO DE LAS MALLAS

Mediante este método se pretende plantear un conjunto de ecuaciones que nos permitan calcular las corrientes de las **r** ramas de la red.

El problema, en principio, consiste en obtener el mínimo número de variables (corrientes) que es preciso conocer para, en función de éstas, encontrar las corrientes en las **r** ramas del circuito.

Sea el grafo y su correspondiente árbol, indicados en las Figuras 4.7a y 4.7b, respectivamente.

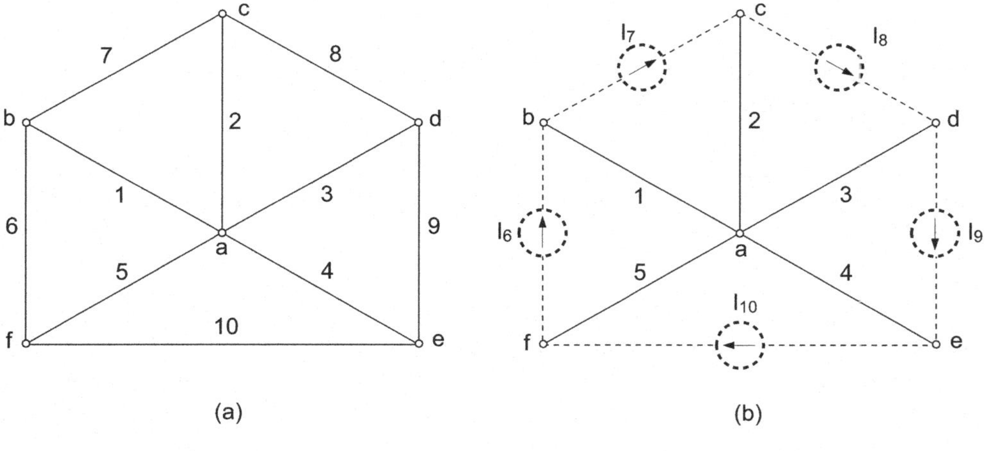

Figura 4.7

Si en el árbol de la Figura 4.7b se supone conectado un generador de corriente (I_6, I_7, I_8, I_9, I_{10}) en el lugar que ocupa cada una de las ramas de enlace, la corriente en cada rama del árbol puede obtenerse mediante combinación lineal de las corrientes en cada una de las ramas de enlace.

Así, por ejemplo, la corriente por la rama 2 será combinación de I_7 e I_8, la de la rama 3 se obtendrá en función de I_8 e I_9 y así sucesivamente. De acuerdo con esto, si se conocen las corrientes en las diversas ramas de enlace se puede encontrar una solución algebraica para todas las corrientes de rama.

En consecuencia, el número de variables necesarias para determinar las corrientes en todas las ramas del grafo coincide con el número de ramas de enlace, siendo su valor, para el caso de que exista una sola parte separada:

$$e = r - (n - 1) = r - n + 1 \tag{4.4}$$

Por cada rama de enlace que se introduce en el árbol, se forma un bucle o malla.

Se define la **corriente de malla** como la corriente de la rama de enlace que originó el bucle. Los trayectos cerrados o bucles obtenidos tienen la propiedad de que las ramas de árbol que a él pertenezcan son comunes a varios de estos bucles y que la rama de enlace que ha servido para crear cada uno de estos contornos sólo pertenece a este bucle, lo que garantiza la independencia de las ecuaciones que se obtienen al aplicar la ley de Kirchhoff para tensiones a cada una de las mallas.

Así, volviendo al grafo indicado en la Figura 4.7a, tenemos que el número de mallas es cinco, puesto que cinco son las ramas de enlace, viniendo indicadas en la Figura 4.8.

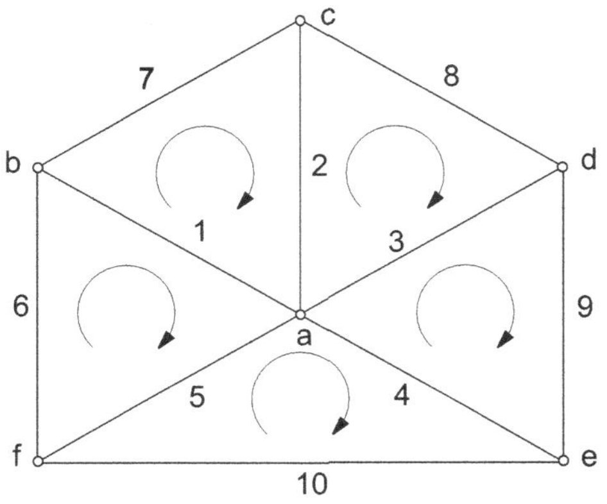

Figura 4.8

Se observa que las corrientes de las diversas mallas coinciden con las de las ramas de enlace, mientras que las corrientes de las ramas del árbol son, en este ejemplo, la diferencia de las corrientes de las mallas de las que forman parte. El sentido de la corriente de cada malla se adopta en principio en forma arbitraria, siendo norma común y práctica que todas ellas sean o dextrógiras o levógiras.

Como última recomendación se ha de tener en cuenta que para analizar un circuito por el método de las mallas, los diversos generadores que excitan la red deben ser de tensión.

Como ejemplo de aplicación, que nos permitirá una posterior generalización de los resultados obtenidos, vamos a analizar el circuito de la Figura 4.9.

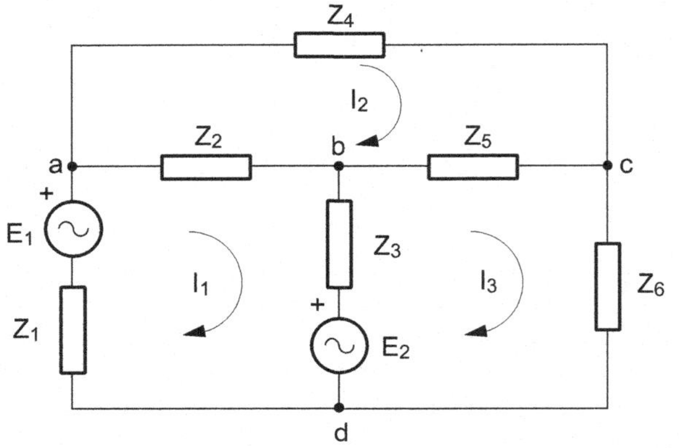

Figura 4.9

El grafo y uno de los posibles árboles de este circuito se representan en la Figura 4.10.

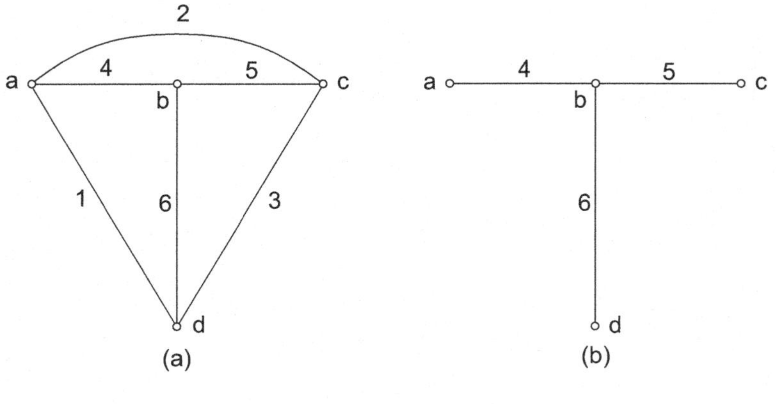

Figura 4.10

Se observa que el número de ramas de enlace es:

$$e = r - (n - 1) = r - n + 1 = 6 - 4 + 1 = 3 \tag{4.5}$$

por lo que el circuito puede ser analizado mediante tres ecuaciones linealmente independientes, siendo las variables las corrientes en las tres mallas que se pueden formar con las tres ramas de enlace, que están representadas en la Figura 4.9 y que se han denominado I_1, I_2 e I_3 respectivamente, a las que se les ha asignado un sentido totalmente arbitrario.

Las ecuaciones se obtienen aplicando la ley de tensiones de Kirchhoff a cada una de las tres mallas o contornos cerrados. Así, tenemos:

Malla 1:

$$0 = V_{Z_2} + V_{Z_3} + E_2 + V_{Z_1} - E_1 \tag{4.6}$$

donde:

$$V_{Z_1} = I_1 Z_1 \tag{4.7}$$

$$V_{Z_2} = (I_1 - I_2) Z_2 \tag{4.8}$$

$$V_{Z_3} = (I_1 - I_3) Z_3 \tag{4.9}$$

Al sustituir en la ecuación (4.6) resulta:

$$E_1 - E_2 = I_1 Z_1 + (I_1 - I_2) Z_2 + (I_1 - I_3) Z_3 = (Z_1 + Z_2 + Z_3) I_1 - Z_2 I_2 - Z_3 I_3 \tag{4.10}$$

Operando de igual manera con las otras dos mallas, obtenemos:

Malla 2:

$$0 = -Z_2 I_1 + (Z_2 + Z_4 + Z_5) I_2 - Z_5 I_3 \tag{4.11}$$

Malla 3:

$$E_2 = -Z_3 I_1 - Z_5 I_2 + (Z_3 + Z_5 + Z_6) I_3 \tag{4.12}$$

expresiones que, conjuntamente con la ecuación (4.10), forman el sistema siguiente:

$$\begin{aligned} E_1 - E_2 &= (Z_1 + Z_2 + Z_3) I_1 - Z_2 I_2 - Z_3 I_3 \\ 0 &= -Z_2 I_1 + (Z_2 + Z_4 + Z_5) I_2 - Z_5 I_3 \\ E_2 &= -Z_3 I_1 - Z_5 I_2 + (Z_3 + Z_5 + Z_6) I_3 \end{aligned} \tag{4.13}$$

El sistema anterior es perfectamente compatible, pudiéndose expresar en forma matricial.

$$\begin{pmatrix} E_1-E_2 \\ 0 \\ E_2 \end{pmatrix} = \begin{pmatrix} Z_1+Z_2+Z_3 & -Z_2 & -Z_3 \\ -Z_2 & Z_2+Z_4+Z_5 & -Z_5 \\ -Z_3 & -Z_5 & Z_3+Z_5+Z_6 \end{pmatrix} \begin{pmatrix} I_1 \\ I_2 \\ I_3 \end{pmatrix} \tag{4.14}$$

Para un circuito genérico con **m** ramas de enlace o mallas, llegaremos a una ecuación matricial de la forma:

$$\begin{pmatrix} E_{11} \\ E_{21} \\ \vdots \\ \vdots \\ E_{i1} \\ \vdots \\ \vdots \\ E_{m1} \end{pmatrix} = \begin{pmatrix} Z_{11} \; Z_{12} \ldots\ldots Z_{1j} \ldots\ldots Z_{1m} \\ Z_{21} \; Z_{22} \ldots\ldots Z_{2j} \ldots\ldots Z_{2m} \\ ------------ \\ ------------ \\ Z_{i1} \; Z_{i2} \ldots\ldots Z_{ij} \ldots\ldots Z_{im} \\ ------------ \\ ------------ \\ Z_{m1} \; Z_{m2} \ldots\ldots Z_{mj} \ldots\ldots Z_{mm} \end{pmatrix} \begin{pmatrix} I_1 \\ I_2 \\ \vdots \\ \vdots \\ I_j \\ \vdots \\ \vdots \\ I_m \end{pmatrix} \tag{4.15}$$

y en forma simplificada:

$$(E) = (Z)(I) \tag{4.16}$$

Siendo:

✓ (Z) Una matriz cuadrada, con un número de filas y columnas igual al número de mallas, denominada matriz de impedancias, la cual se puede construir de acuerdo con las siguientes reglas:

a) Los términos Z_{ii} de la diagonal principal son la suma algebraica de las impedancias totales de la malla i.

b) Los términos Z_{ij} son la suma algebraica de las impedancias mutuas a las mallas i y j. A estas impedancias se les asigna signo negativo, si las corrientes I_i e I_j de las mallas que comparten circulan en sentido opuesto sobre tales impedancias y positivo cuando ambas corrientes circulan en el mismo sentido sobre las impedancias mutuas de ambas.

✓ (E) Una matriz columna, con un número de filas igual al de mallas, denominada matriz tensión, en la que su término general E_{i1} es la suma algebraica de las f.e.m.s. de los generadores de tensión situados sobre la malla i, siendo positivas aquellas en las que la corriente de malla "sale" de la borna positiva (circula en el sentido que el generador "tiende a crearla") y negativas en caso contrario.

✓ (I) Una matriz columna, con un número de filas igual al de mallas, denominada matriz corriente o matriz incógnita.

La matriz impedancia (Z) (cuando la red está desprovista de generadores dependientes) es simétrica respecto a la diagonal principal, es decir, se cumple:

$$Z_{ij} = Z_{ji} \qquad (4.17)$$

para i ≠ j.

Con las reglas precedentes, podemos plantear directamente la ecuación matricial (4.15), sin aplicar inicialmente la ley de Kirchhoff.

Obtenidos los valores de las corrientes de las mallas, las corrientes en las diversas ramas del circuito pueden ser obtenidas por combinación de aquéllas.

El método de las mallas descrito permite el planteamiento sistemático de las matrices tensión (E), impedancia (Z) y corriente (I), que conducen al análisis por corrientes, si bien su aplicación queda reducida a circuitos en los que los generadores pueden representarse como generadores de tensión.

La existencia de generadores de intensidad ideales no permite el planteamiento matricial, pero sí es posible el análisis del circuito por corrientes de mallas. Para ello, una vez elegidas las corrientes, bastará plantear tantas ecuaciones independientes como corrientes de malla (ramas de enlace) haya sido necesario elegir.

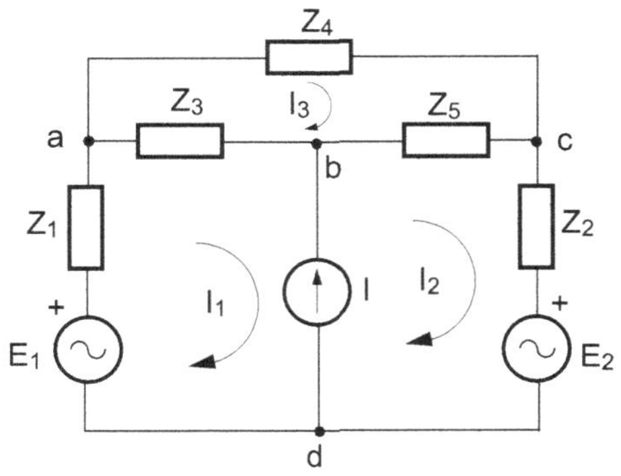

Figura 4.11

Como ejemplo, consideremos el circuito representado en la Figura 4.11. Elegidas las corrientes de malla $\boldsymbol{I_1}$, $\boldsymbol{I_2}$ e $\boldsymbol{I_3}$, se deduce:

$$I = I_2 - I_1 \qquad (4.18)$$

Por lo tanto, se necesitará plantear la segunda Ley de Kirchhoff a dos contornos cerrados (mallas) que conduzcan a dos ecuaciones linealmente independientes.

La elección de los contornos cerrados debe hacerse de manera que no incluyan la rama en la que se encuentra el generador de corriente, para no introducir en el sistema una nueva incógnita (la tensión en bornas de dicho generador).

Eligiendo los contornos ACBA y ABCDA, resulta:

Malla ACBA: $0 = - Z_3 I_1 - Z_5 I_2 + (Z_3 + Z_4 + Z_5) I_3$ (4.19)

Malla ABCDA: $E_1 - E_2 = (Z_1 + Z_3) I_1 + (Z_2 + Z_5) I_2 - (Z_3 + Z_5) I_3$ (4.20)

Estas dos ecuaciones, junto con la ecuación (4.18), permiten obtener las tres corrientes $\boldsymbol{I_1}$, $\boldsymbol{I_2}$ e $\boldsymbol{I_3}$.

4.4 ANÁLISIS POR TENSIONES - MÉTODO DE LOS NUDOS

Si se consideran las tensiones de las ramas como las variables a determinar, su número nuevamente es **r**, puesto que éste es el número de las ramas del circuito. Sin embargo, no todas son independientes.

Por un razonamiento análogo al utilizado en el análisis por mallas, se deduce en esta ocasión que sólo las ***a*** tensiones de las ramas del árbol son independientes y las tensiones de las restantes ramas (las de enlace) pueden obtenerse a partir de aquéllas, dado que siempre podremos ir de un nudo al otro de una rama de enlace a través de ramas del árbol, puesto que el árbol une todos los nudos.

En consecuencia, el número de variables necesarias para determinar las tensiones en las ramas del grafo coincide con el número de ramas del árbol.

Para un grafo de ***n*** nudos, el número de ramas de árbol es:

$$a = n - 1 \qquad (4.21)$$

que es un número inferior al de ramas del grafo **r**.

Para obtener las **n-1** ecuaciones necesarias, se tomará uno cualquiera de los nudos del circuito como nudo de referencia. A los **n-1** nudos restantes se les asigna un potencial con respecto al nudo de referencia. La aplicación de la ley de Kirchhoff para corrientes a cada uno de estos nudos originará un sistema de **n-1** ecuaciones en el que las incógnitas son sus potenciales respecto al nudo de referencia.

La aplicación del método de los nudos obliga a que los generadores de la red sean de intensidad.

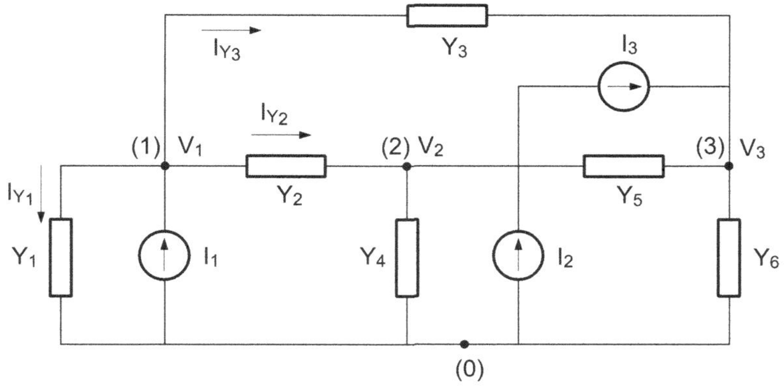

Figura 4.12

El método se comprenderá mejor analizando el circuito de la Figura 4.12. Los resultados que se obtengan los generalizaremos a cualquier circuito.

Este circuito está constituido por cuatro nudos (0, 1, 2 y 3), por lo que el número de ecuaciones independientes utilizando como incógnitas tensiones es:

$$a = n - 1 = 4 - 1 = 3 \tag{4.22}$$

Empezaremos por tomar uno cualquiera de los nudos como referencia (en nuestro caso el nudo 0). A continuación asignamos a cada uno de los nudos restantes potenciales V_1, V_2 y V_3 con respecto al nudo de referencia. Al aplicar a los nudos 1, 2 y 3 la ley de Kirchhoff para corrientes resulta:

Nudo 1:

$$I_1 = I_{Y_1} + I_{Y_2} + I_{Y_3} \tag{4.23}$$

siendo:

$$I_{Y_1} = Y_1 V_1 \tag{4.24}$$

$$I_{Y_2} = Y_2 (V_1 - V_2) \tag{4.25}$$

$$I_{Y_3} = Y_3 (V_1 - V_3) \tag{4.26}$$

Por lo tanto, la ecuación (4.23) resulta:

$$I_1 = Y_1 V_1 + Y_2 (V_1 - V_2) + Y_3 (V_1 - V_3) = (Y_1 + Y_2 + Y_3) V_1 - Y_2 V_2 - Y_3 V_3 \tag{4.27}$$

En forma similar, las ecuaciones para los restantes nudos son:

Nudo 2: $$I_2 - I_3 = -Y_2 V_1 + (Y_2 + Y_4 + Y_5) V_2 - Y_5 V_3 \qquad (4.28)$$

Nudo 3: $$I_3 = -Y_3 V_1 - Y_5 V_2 + (Y_3 + Y_5 + Y_6) V_3 \qquad (4.29)$$

expresiones que, conjuntamente con la ecuación (4.27), forman el siguiente sistema:

$$\begin{aligned} I_1 &= (Y_1 + Y_2 + Y_3) V_1 - Y_2 V_2 - Y_3 V_3 \\ I_2 - I_3 &= -Y_2 V_1 + (Y_2 + Y_4 + Y_5) V_2 - Y_5 V_3 \\ I_3 &= -Y_3 V_1 - Y_5 V_2 + (Y_3 + Y_5 + Y_6) V_3 \end{aligned} \qquad (4.30)$$

El sistema anterior es compatible, pudiéndose expresar en forma matricial.

$$\begin{pmatrix} I_1 \\ I_2 - I_3 \\ I_3 \end{pmatrix} = \begin{pmatrix} Y_1 + Y_2 + Y_3 & -Y_2 & -Y_3 \\ -Y_2 & Y_2 + Y_4 + Y_5 & -Y_5 \\ -Y_3 & -Y_5 & Y_3 + Y_5 + Y_6 \end{pmatrix} \begin{pmatrix} V_1 \\ V_2 \\ V_3 \end{pmatrix} \qquad (4.31)$$

Al generalizar los resultados obtenidos para un circuito con **n** nudos, se obtendrá una ecuación matricial de la forma:

$$\begin{pmatrix} I_{11} \\ I_{21} \\ \vdots \\ \vdots \\ I_{i1} \\ \vdots \\ \vdots \\ I_{(n-1)1} \end{pmatrix} = \begin{pmatrix} Y_{11} & Y_{12} \cdots\cdots Y_{1j} \cdots\cdots Y_{1(n-1)} \\ Y_{21} & Y_{22} \cdots\cdots Y_{2j} \cdots\cdots Y_{2(n-1)} \\ ------ & ------------ \\ ------ & ------------ \\ Y_{i1} & Y_{i2} \cdots\cdots Y_{ij} \cdots\cdots Y_{i(n-1)} \\ ------ & ------------ \\ ------ & ------------ \\ Y_{(n-1)1} & Y_{(n-1)2} \cdots Y_{(n-1)j} \cdots Y_{(n-1)(n-1)} \end{pmatrix} \begin{pmatrix} V_1 \\ V_2 \\ \vdots \\ \vdots \\ V_j \\ \vdots \\ \vdots \\ V_{(n-1)} \end{pmatrix} \qquad (4.32)$$

y, en forma abreviada, se puede escribir:

$$(I) = (Y)(V) \qquad (4.33)$$

Siendo:

✓ (Y) Una matriz cuadrada, con un número de filas y columnas igual al número de nudos independientes, denominada matriz admitancias y construida de acuerdo a las siguientes reglas:

a) Los términos Y_{ii} de la diagonal principal son la suma algebraica de las admitancias de las ramas que confluyen en el nudo i.

b) Los términos Y_{ij} son la suma algebraica de las admitancias mutuas o comunes a los nudos i y j. A estas admitancias se les asigna signo negativo si las tensiones de los nudos i y j son tomadas en el mismo sentido con respecto al nudo de referencia, siendo positivo en caso contrario.

✓ (I) Una matriz columna, con un número de filas igual al de nudos incógnita, denominada matriz corriente, siendo su término general I_{i1} la suma algebraica de las corrientes de los generadores de intensidad que confluyen al nudo i, siendo positivas las corrientes que entran en el nudo y negativas las que salen de él.

✓ (V) Una matriz columna, con un número de filas igual al de nudos incógnita, denominada matriz tensión o matriz incógnita.

La matriz admitancias, (Y), cuando la red está desprovista de generadores dependientes es simétrica respecto a la diagonal principal, es decir, se cumple:

$$Y_{ij} = Y_{ji} \qquad (4.34)$$

para $i \neq j$.

Con las reglas anteriores, podemos plantear la ecuación matricial o el sistema de ecuaciones en forma directa, sin aplicar previamente la ley de Kirchhoff.

Obtenidos los valores de las tensiones de los nudos, las tensiones de las diversas ramas del circuito pueden ser obtenidas por combinación de aquéllas.

En el caso de que en la red existan generadores dependientes, éstos dependerán de la corriente o de la tensión en algún punto del circuito, por lo que en los sistemas de ecuaciones (4.13) o (4.30), según se analice por corrientes o por tensiones, sus f.e.m.s. o sus intensidades se podrán pasar al segundo miembro, modificando los coeficientes de aquellas intensidades de malla o tensiones de nudo de las que dependan, con lo que la matriz de impedancias o de admitancias podrá perder la simetría respecto a la diagonal principal. En consecuencia, ya no será de aplicación la forma de construir las matrices impedancias o admitancias en forma directa y sistemática, por lo que, en este caso, deberemos recurrir a plantear las ecuaciones aplicando Kirchhoff, añadiendo las ecuaciones que se obtienen al relacionar las variables de las que dependen los generadores con las corrientes de malla o tensiones de nudo, según el método de análisis elegido.

La obtención sistemática de las matrices que conducen al método de los nudos exige que los generadores de la red sean todos de intensidad. Si el circuito contiene generadores de tensión, también es posible efectuar el análisis, utilizando como incógnitas las **(n -1)** tensiones de nudo independientes.

En efecto, para el circuito de la figura 4.13, pueden establecerse como incógnitas las tensiones de los nudos (1), (2) y (3) respecto al nudo (0).

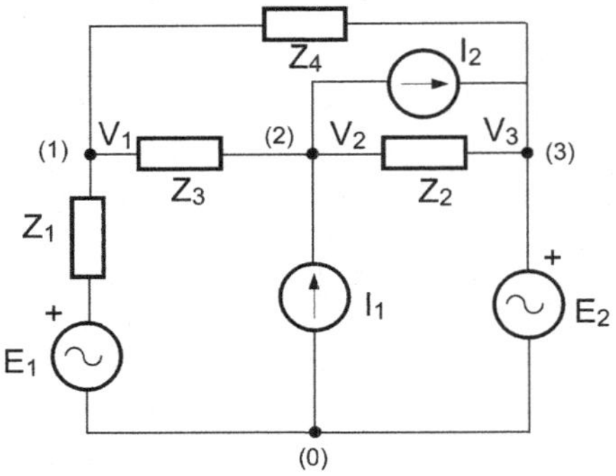

Figura 4.13

Aplicando la primera ley de Kirchhoff sobre los nudos (1) y (2), se obtiene:

Nudo 1: $$0 = \frac{V_1 - V_3}{Z_4} + \frac{V_1 - V_2}{Z_3} + \frac{V_1 - E_1}{Z_4} \tag{4.35}$$

Nudo 1: $$I_1 - I_2 = \frac{V_2 - V_1}{Z_3} + \frac{V_2 - V_1}{Z_2} \tag{4.36}$$

En nuestro ejemplo, la ecuación del nudo (3) no es necesario plantearla, pues al tener conectado un generador de tensión ideal entre el nudo (3) y el nudo de referencia (0), la tensión es conocida.

$$V_3 = E_2 \tag{4.37}$$

Esta ecuación, junto con las obtenidas en los nudos (1), (2) (Ecuaciones 4.35 y 4.36), permite obtener las tensiones incógnitas V_1 y V_2.

4.5 DUALIDAD

De todo lo tratado tanto en este capítulo como en los anteriores, se pueden observar algunas analogías y semejanzas que forman parte de lo que se ha dado en llamar "principio de dualidad".

En efecto:

- ✓ Los lemas de Kirchhoff en cuanto a su enunciado son prácticamente idénticos si se sustituyen las palabras malla por nudo y corriente por tensión.
- ✓ La asociación de resistencias en serie se realiza igual que la asociación de conductancias en paralelo y viceversa. Lo mismo ocurre con la asociación de condensadores en serie o paralelo y bobinas en paralelo o serie, respectivamente.
- ✓ Las expresiones instantáneas de la variación de la tensión en bornas de un condensador C y la corriente a través de una bobina L estudiadas en el primer capítulo son idénticas si cambiamos capacidad C por autoinducción L y corriente por tensión.

$$v_C(t) = \frac{1}{C} \int i_C(t)\, dt \tag{4.38}$$

$$i_L(t) = \frac{1}{L} \int v_L(t)\, dt \tag{4.39}$$

- ✓ Los métodos de las mallas y de los nudos recientemente estudiados son totalmente análogos en su aplicación si se sustituye malla por nudo, generador de corriente por generador de tensión, corriente de malla por tensión de nudo, etc.

En el circuito de la Figura 4.14a, al plantear las ecuaciones de malla, se obtiene:

$$\begin{pmatrix} E_{g_1} - E_{g_3} \\ E_{g_3} - E_{g_2} \end{pmatrix} = \begin{pmatrix} \dfrac{1}{j\omega C_1} + j\omega L_2 + R_1 & -j\omega L_2 \\ -j\omega L_2 & j\omega L_1 + R_2 + j\omega L_2 \end{pmatrix} \begin{pmatrix} I_1 \\ I_2 \end{pmatrix} \tag{4.40}$$

y al plantear las ecuaciones de nudo en el circuito de la Figura 4.14b, resulta:

$$\begin{pmatrix} I_{g_1} - I_{g_3} \\ I_{g_3} - I_{g_2} \end{pmatrix} = \begin{pmatrix} \dfrac{1}{j\omega L'_1} + G'_1 + j\omega C'_2 & -j\omega C'_2 \\ -j\omega C'_2 & j\omega C'_1 + G'_2 + j\omega C'_2 \end{pmatrix} \begin{pmatrix} V_1 \\ V_2 \end{pmatrix} \tag{4.41}$$

Las ecuaciones (4.40) y (4.41) son formalmente idénticas; cuando esto sucede, se dice que los circuitos de los que proceden son “duales”. Si las ecuaciones además de iguales en la forma, también lo son numéricamente, entonces los circuitos son “duales exactos”.

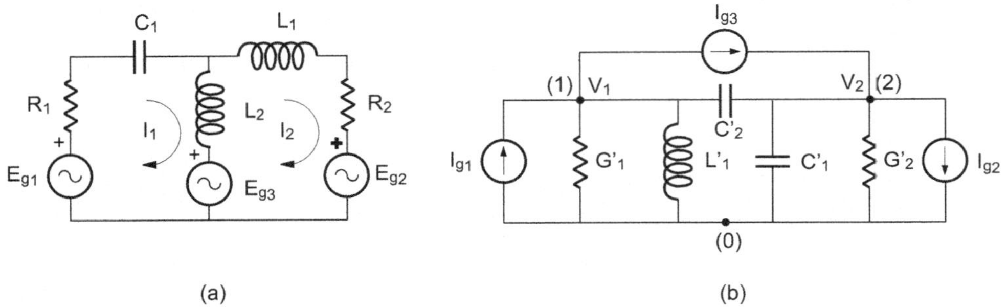

Figura 4.14

Todas estas consideraciones permiten establecer una determinada correspondencia entre configuraciones, magnitudes y elementos duales.

Malla	<---------->	Nudo
Circuito serie	<---------->	Circuito paralelo
Tensión	<---------->	Corriente
Resistencia R	<---------->	Conductancia G
Capacidad C	<---------->	Autoinducción L

Conviene advertir claramente la diferencia entre redes duales y redes equivalentes. La equivalencia implica que una red puede ser sustituida por la otra produciéndose el mismo efecto y ésta no es la condición de dualidad.

La existencia de redes duales permite reducir a la mitad el número de redes distintas a analizar, a la vez que podemos elegir entre dos redes geométricamente diferentes, realizar la interpretación y análisis de los resultados en aquella que por su sencillez así lo aconseje.

4.6 MOVILIDAD DE GENERADORES

Como se ha visto en apartados precedentes, para analizar un circuito por los métodos de las mallas o de los nudos, es necesario que los generadores que contiene la red sean de tensión o de corriente respectivamente. Si esto no sucede y los generadores son reales, es posible transformar un generador de corriente en otro de tensión y viceversa. En el caso de que algún generador sea ideal, esta equivalencia no existe, debiéndose recurrir a métodos que posibiliten transformar generadores ideales en generadores reales.

La movilidad de generadores nos va a permitir transformar un generador ideal (de corriente o tensión) en un conjunto de generadores reales, lo que llevará implícito una modificación de la geometría del circuito. Esta circunstancia será aprovechada cuando de ella se derive una simplificación que facilite el estudio de los mismos.

4.6.1 Movilidad de generadores de intensidad

Consideremos el circuito cuyo grafo se muestra en la Figura 4.15a. La rama AB se representa para significar que contiene un generador de corriente ideal, el cual "extrae" del nudo A una corriente I y la "inyecta" en el nudo B, de manera que al plantear las ecuaciones de cada uno de los nudos, este generador afecta únicamente a las ecuaciones de los nudos A y B sobre los que está conectado, introduciendo en la suma de las corrientes de cada uno de estos nudos un término -I e I, respectivamente.

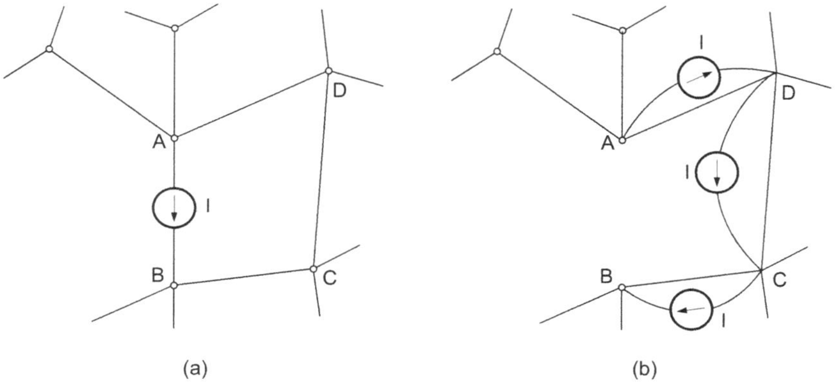

Figura 4.15

Si como se muestra en la Figura 4.15b, "movemos" el generador de intensidad llevándolo del nudo A al nudo B, a través de los nudos intermedios C y D, de tal manera que en estos nudos extraemos la misma corriente I que inyectamos, las ecuaciones de nudo de los dos circuitos representados en las Figuras 4.15a y 4.15b serían las mismas, se producirían los mismos potenciales en los nudos y, por tanto, los dos circuitos son equivalentes.

El caso más general de rama que nos podemos encontrar al mover el generador será el representado en la Figura 4.16.

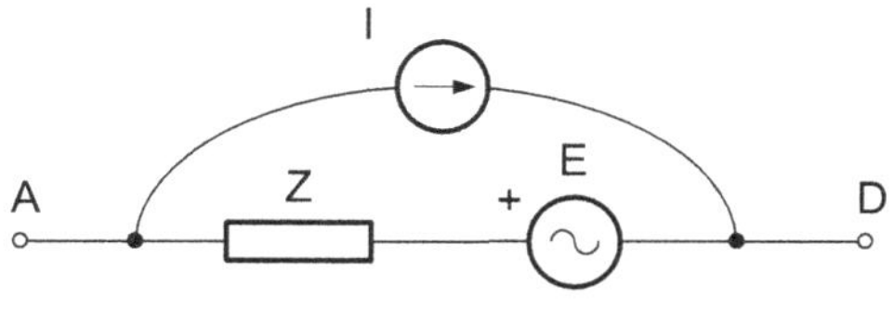

Figura 4.16

Si ahora movemos de nuevo el generador de intensidad como se muestra en la Figura 4.17a, llegaríamos a convertir la rama en un solo generador de tensión, como se representa en la Figura 4.17c.

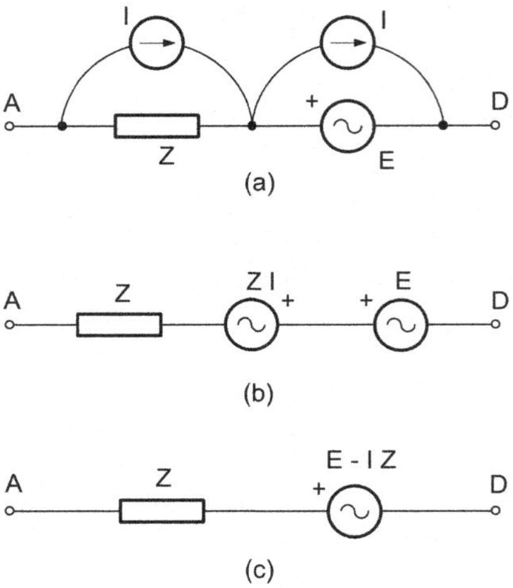

Figura 4.17

4.6.2 Movilidad de generadores de tensión

En el circuito cuyo grafo se muestra en la Figura 4.18, la rama AB contiene un generador de tensión ideal E. Al plantear el análisis por corrientes, este generador afecta a las ecuaciones de las mallas 1 y 2 que son las que contienen a la rama AB, introduciendo los términos -E y E, respectivamente, en la suma de las f.e.m.s. de cada una de las mallas.

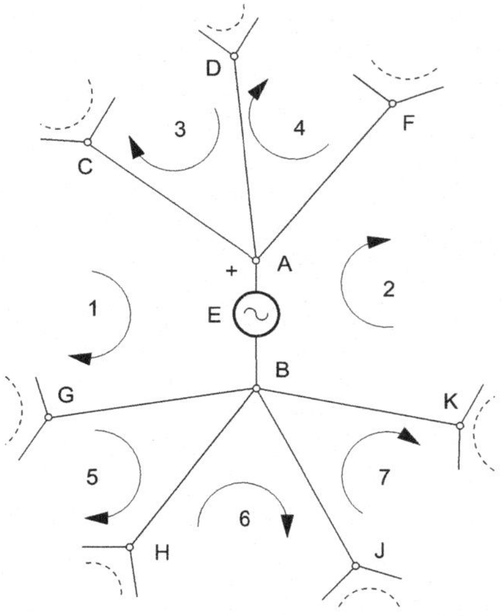

Figura 4.18

Si unimos los nudos A y B e introducimos el generador E en todas las ramas conectadas al nudo A como se muestra en la Figura 4.19a, o en todas las conectadas al nudo B como se indica en la Figura 4.19b, las ecuaciones en las mallas (1, 2, 3, etc.) de estos dos nuevos circuitos son las mismas que las del circuito representado en la Figura 4.18, siendo, por lo tanto, equivalentes los tres.

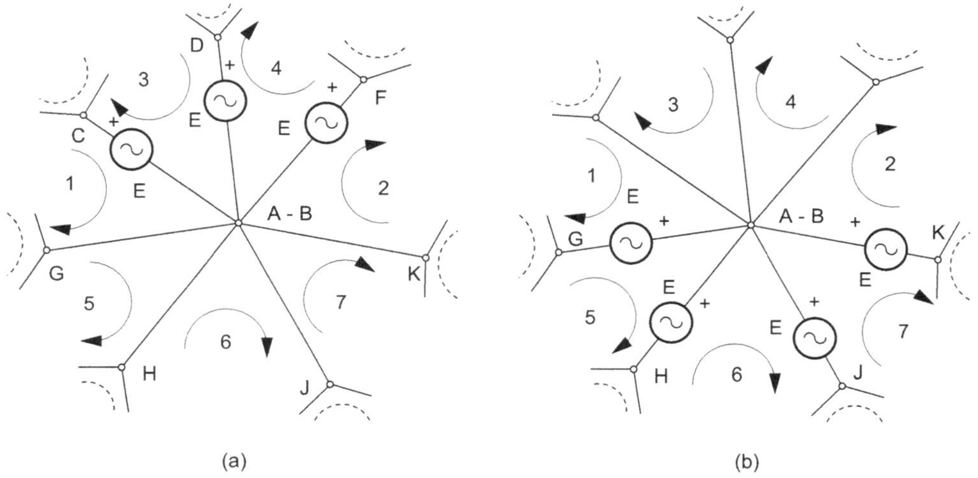

Figura 4.19

Los generadores introducidos en las ramas quedarán en serie con los elementos que éstas contengan, pudiéndose de esta forma transformar en generadores reales.

PROBLEMAS

PROBLEMA 4.1

En el circuito de la figura se pide:

a) Aplicando el método de las mallas, determinar las corrientes $i_1(t)$ e $i_2(t)$.

b) Analizando el circuito utilizando como incógnitas tensiones, calcular $v_{AB}(t)$ y a partir de ella encontrar las corrientes $i_1(t)$ e $i_2(t)$.

c) Comprobar que la suma de las potencias generadas es igual a la suma de las disipadas.

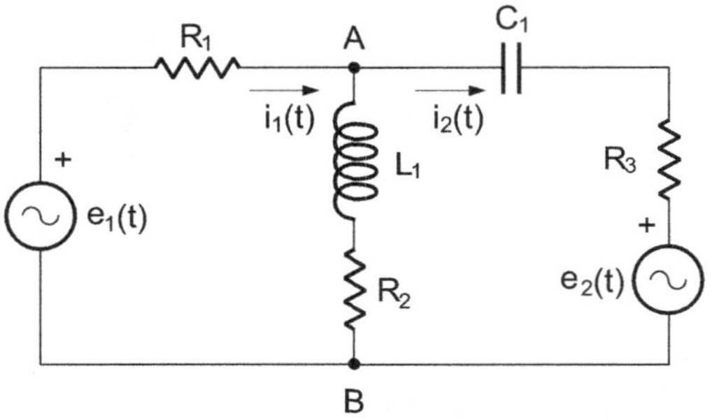

DATOS

$e_1(t) = 4\cos\omega t\ V; \qquad e_2(t) = \sqrt{2}\ sen(\omega t + \pi/4)\ V\ ;$

$R_1 = 1\,\Omega; \quad R_2 = 2\,\Omega; \quad R_3 = 2\,\Omega; \quad X_{L1} = 2\,\Omega; \quad X_{C1} = 2\,\Omega$

PROBLEMA 4.2

Analizando el circuito por el método que presente menor número de incógnitas se pide determinar:

a) Expresión instantánea de la corriente i(t).

b) Potencias puestas en juego por los generadores.

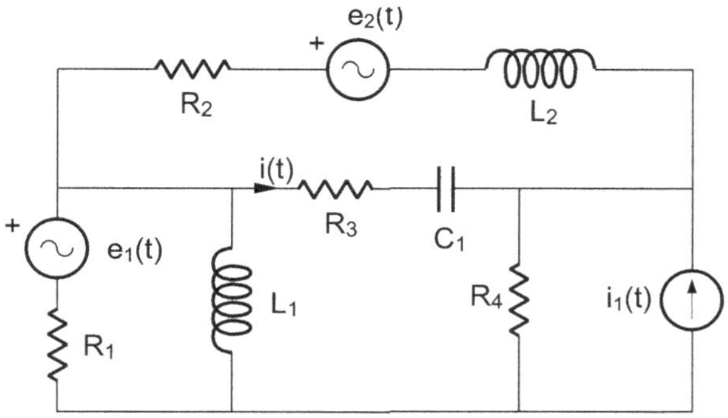

DATOS

$e_1(t) = 10\, sen\, \omega t\ V$; $e_2(t) = 10\sqrt{2}\, sen(\omega t + \pi/4)\ V$;

$i_1(t) = 10\sqrt{2}\, sen\,(\omega t - \pi/4)\ A$ $R_1 = R_2 = R_3 = R_4 = X_{L1} = X_{L2} = X_{C1} = 1\ \Omega$

PROBLEMA 4.3

Analizando el circuito utilizando como incógnitas corrientes. Se pide determinar:

a) Expresión instantánea de la corriente i'(t).

b) Potencias disipadas en las resistencias.

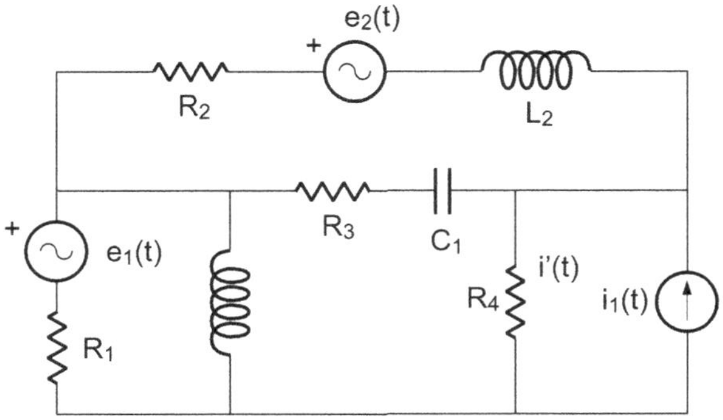

DATOS

$e_1(t) = 10\, sen\, \omega t\ V$; $e_2(t) = 10\sqrt{2}\, sen(\omega t + \pi/4)\ V$;

$i_1(t) = 10\sqrt{2}\, sen\,(\omega t - \pi/4)\ A$ $R_1 = R_2 = R_3 = R_4 = X_{L1} = X_{L2} = X_{C1} = 1\ \Omega$

PROBLEMA 4.4

Analizando el circuito por tensiones se pide determinar:

a) Potenciales de los nudos A, B y C.

b) Potencia puesta en juego por los generadores E_2 e I_2.

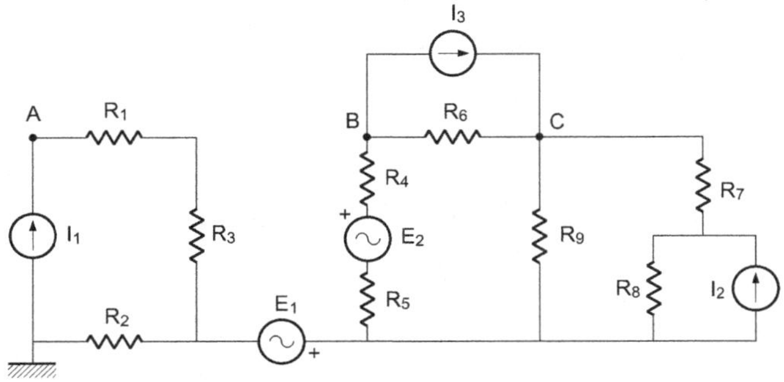

DATOS

$e_1(t) = sen\ \omega t \quad V$; $\qquad e_2(t) = 2\ sen\ \omega t \quad V$

$i_1(t) = cos(\omega t - \pi/2) \quad A$; $\qquad i_2(t) = 2\ sen\ \omega t \quad A$; $\qquad i_3(t) = 3\ sen\ \omega t \quad A$

$R_1 = R_2 = R_3 = R_4 = R_5 = R_6 = R_7 = R_8 = 1\ \Omega$

$R_9 = 2\ \Omega$

PROBLEMA 4.5

En el circuito de la figura se pide:

a) Plantear las ecuaciones que permiten obtener las tensiones de los nudos A, B y C.

b) Valor de los potenciales V_A, V_B y V_C.

c) Calcular la potencia disipada en Z_4 y la puesta en juego por E_2.

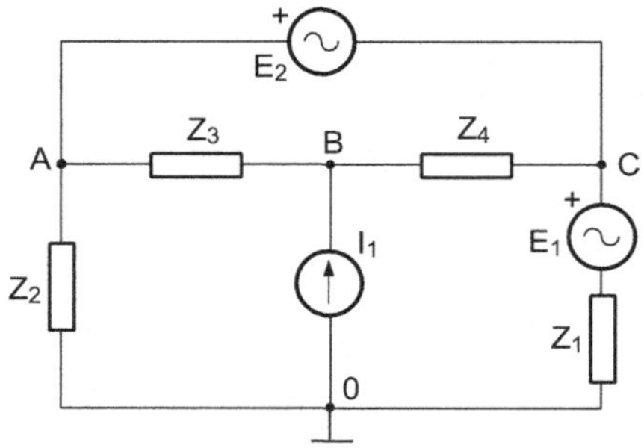

DATOS

$Z_1 = (1 + j)\Omega$; $Z_2 = 2\Omega$; $Z_3 = Z_4 = (2 - 2j)\Omega$

$E_1 = (2 + 2j)\, V_{Max}$; $E_2 = (2 - 3j)\, V_{Max}$; $I_1 = 2\, A_{Max}$

PROBLEMA 4.6

En el circuito de la figura se pide:

a) Plantear las ecuaciones que permiten obtener las intensidades de las mallas.

b) Calcular la potencia disipada en Z_3.

c) Calcular la potencia puesta en juego por I_1.

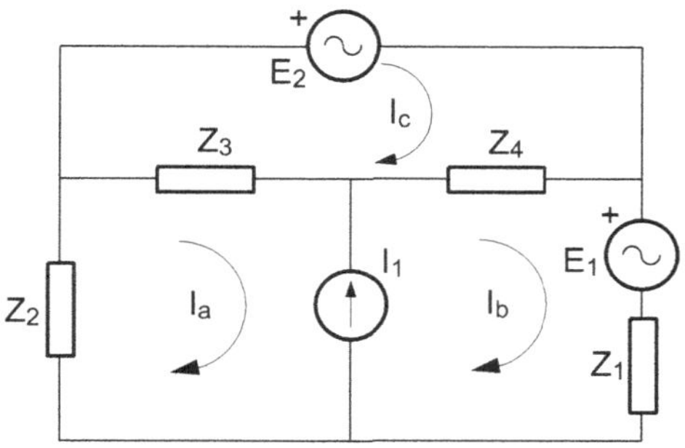

DATOS

$Z_1 = (2 + 2j)\Omega$; $Z_2 = (1 + j)\Omega$; $Z_3 = 4\Omega$; $Z_4 = (2 + j)\Omega$

$E_1 = 2\, V_{Max}$; $E_2 = -jV_{Max}$; $I_1 = (1 + j)\, A_{Max}$

PROBLEMA 4.7

Analizando el circuito por corrientes calcular:

a) Expresión instantánea de las corrientes $i_1(t)$ y de $i_2(t)$.

b) Potencias puestas en juego por $e_g(t)$, por βI y disipada en Z_1.

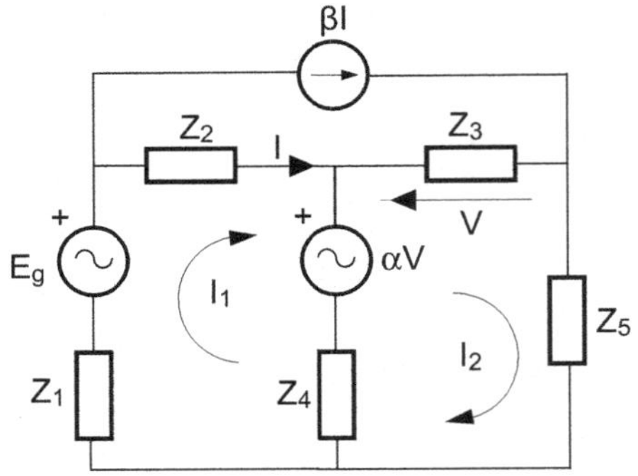

DATOS

$\alpha = 1; \quad \beta = 1;$

$Z_1 = (1 + j)\ \Omega; \quad Z_2 = Z_3 = 1\ ; \quad Z_4 = (1 - j)\ \Omega; \quad Z_5 = (1 - j)\ \Omega;$

$e_g(t) = \sqrt{17}\ sen\ \omega t\ V$

PROBLEMA 4.8

En el circuito de la figura, analizándolo por tensiones, se pide calcular:

a) Valor instantáneo de los potenciales en los nudos A, B y C.

b) Potencia puesta en juego por los generadores i(t) y $e_g(t)$, así como la disipada en R_2.

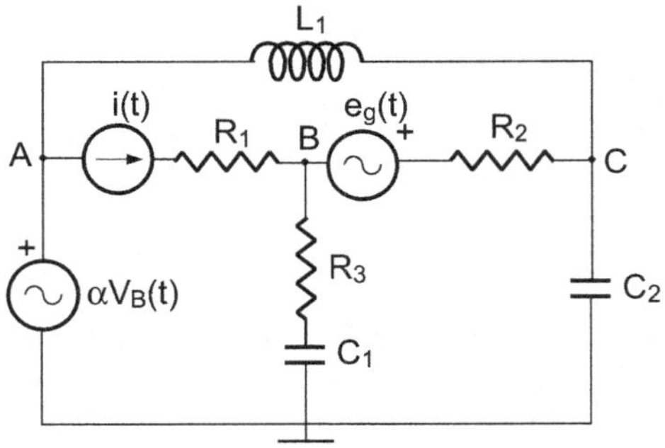

DATOS

$R_1 = R_2 = R_3 = 1\ \Omega; \quad C_1 = C_2 = 1\ \mu F; \quad L_1 = 1\ \mu H; \quad \alpha = -½;$

$e_g(t) = sen\ (10^6\ t + \pi/2)\ V; \quad i(t) = sen\ (10^6\ t)\ A$

PROBLEMA 4.9

Analizando el circuito de la figura por el método que presente el menor número de incógnitas, se pide:

Potencia disipada en la impedancia Z_2 y puesta en juego por los generadores $e_{g1}(t)$ y $\alpha v(t)$.

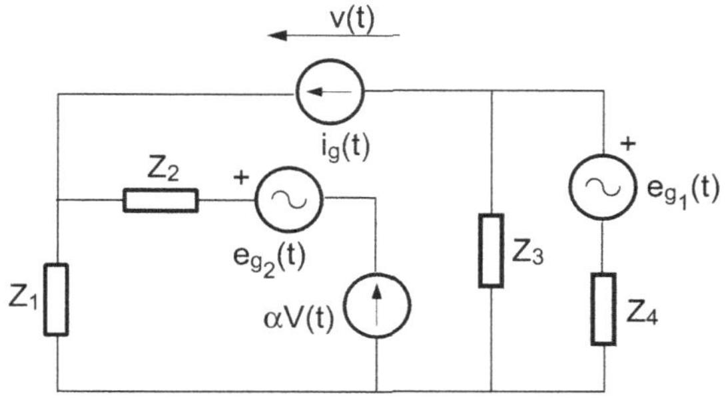

DATOS

$Z_1 = -j\,\Omega$; $Z_2 = (3+4j)\,\Omega$; $Z_3 = (1-3j)/5\,\Omega$; $Z_4 = (1+j)\,\Omega$; $\alpha = ½\,\Omega^{-1}$;
$i_g(t) = 10$ sen $(\omega t + \pi/2)$ A ; $e_{g1}(t) = 10\sqrt{2}$ sen $(\omega t + \pi/4)$ V ;
$e_{g2}(t) = 3\cos(\omega t)$ V

PROBLEMA 4.10

Analizando el siguiente circuito por corrientes, obtener:

a) Potencia disipada por la impedancia Z_4 y puesta en juego por el generador de corriente I_1.

b) Tensión en bornas del generador de corriente I_2.

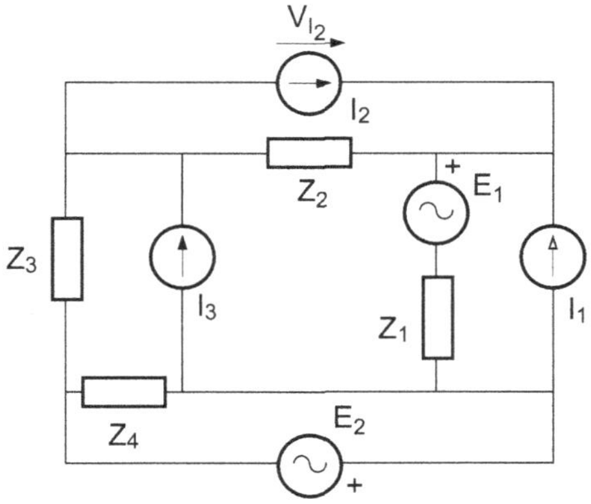

DATOS

$e_1(t) = 2 \cos(\omega t)\ V$; $e_2(t) = 4 \operatorname{sen}(\omega t)\ V$

$i_1(t) = 4 \cos(\omega t - \pi/2)\ A$; $i_2(t) = \operatorname{sen}(\omega t)\ A$; $i_3(t) = \sqrt{2} \operatorname{sen}(\omega t + 3\pi/4)\ A$;

$Z_1 = 1\ \Omega$; $Z_2 = 2j\ \Omega$; $Z_3 = 1\ \Omega$; $Z_4 = (8/17)(4-j)\ \Omega$;

PROBLEMA 4.11

Aplicando movilidad de generadores se pide:

a) Convertir la asociación de generadores de la Figura 1 en una conexión en estrella.

b) Transformar la asociación de generadores de la Figura 2 en una conexión en triángulo.

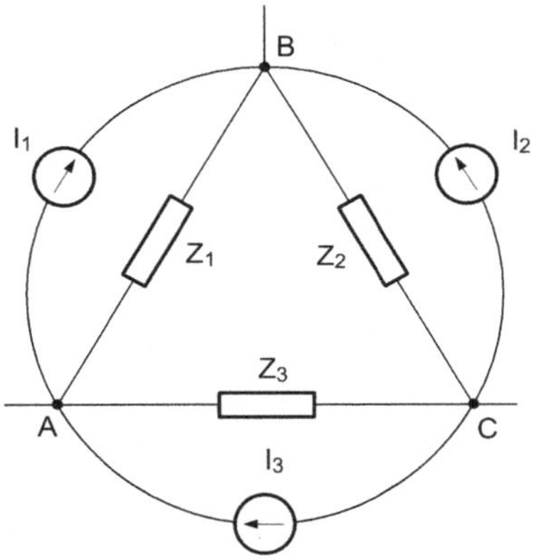

Figura 1

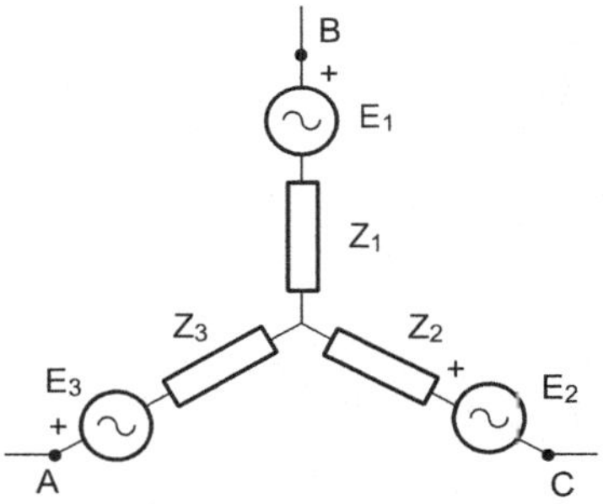

Figura 2

PROBLEMA 4.12

Aplicando movilidad y equivalencia de generadores, encontrar el generador equivalente entre los puntos A y B.

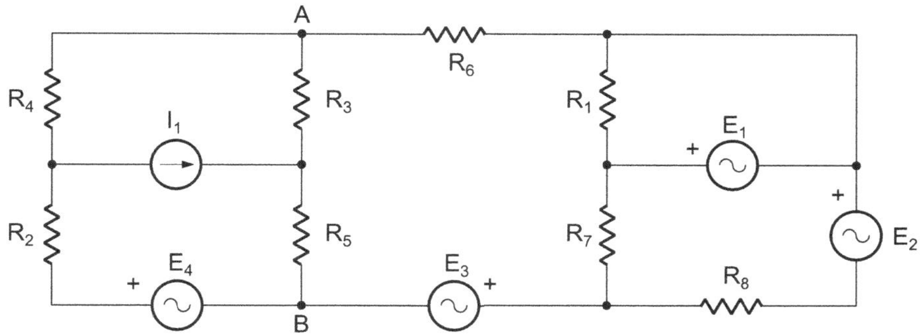

DATOS

$E_1 = E_2 = E_3 = E_4 = 1\ V;\ \ I_1 = 1\ A;$

$R_1 = R_2 = R_3 = 1\ \Omega;\ \ R_4 = R_5 = R_6 = R_7 = R_8 = 2\ \Omega$

PROBLEMA 4.13

En el circuito de la figura se pide:

a) Generador equivalente entre los puntos A y B.

b) Al cerrar los terminales A y B por una resistencia R = 6 Ω calcular la potencia puesta en juego por E_1.

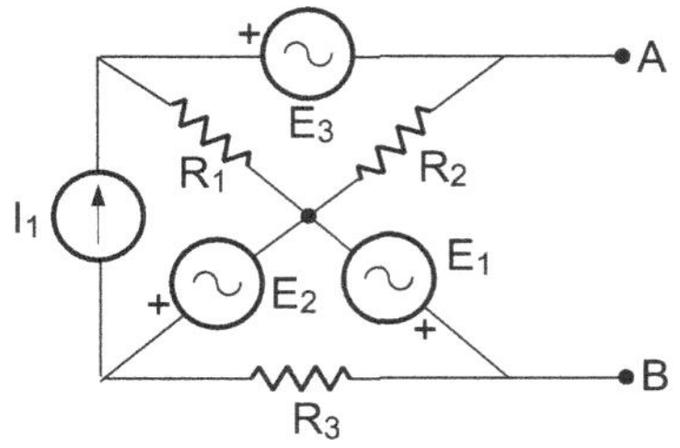

DATOS

$I_1 = 2A_{máx}$; $E_1 = 1\,V_{máx}$; $E_2 = 2\,V_{máx}$; $E_3 = 3\,V_{máx}$; *con todos los generadores en fase*
$R_1 = 1\Omega$; $R_2 = 2\Omega$; $R_3 = 3\Omega$

PROBLEMA 4.14

En el circuito de la figura las corrientes y tensiones de los generadores están expresados en voltios y amperios respectivamente. Aplicando movilidad y equivalencia de generadores, determinar:

a) Generador equivalente entre los puntos A y B.

b) Potencia puesta en juego por el generador I_1.

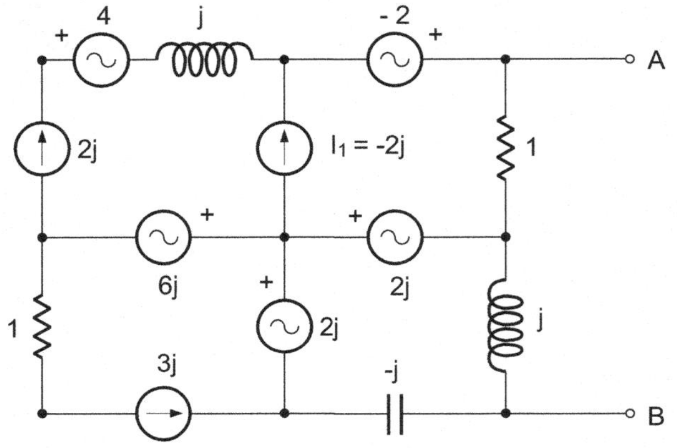

Capítulo 5

TEOREMAS FUNDAMENTALES DE CIRCUITOS

INTRODUCCIÓN

La aplicación de los métodos directos o semidirectos de análisis de circuitos (leyes de Kirchhoff, análisis por corrientes, análisis por tensiones) resulta útil cuando la red a analizar es lo suficientemente sencilla para que el número de ecuaciones independientes a plantear en su resolución sea pequeño.

Para poder analizar circuitos más complejos, se han desarrollado un conjunto de teoremas que correctamente aplicados van a suponer una simplificación considerable en la tarea de cálculo. Con este propósito se van a estudiar en este capítulo los teoremas de: linealidad (superposición y multiplicación por una constante), reciprocidad, sustitución, Miller, Thevenin, Norton y Everitt. Además, dada la importancia que tiene en los sistemas de comunicaciones y en electrónica en general, el conseguir sobre una determinada carga la mayor potencia posible, estudiaremos el teorema de la máxima transferencia de potencia, el cual nos va a permitir elegir el valor más adecuado de la carga para que esto suceda. El estudio de este teorema nos introducirá en el análisis y síntesis de redes adaptadoras de impedancias que, intercaladas entre un generador y una carga, corrigen dentro de un determinado ancho de banda la posible desadaptación.

5.1 LINEALIDAD

Una función $y = f(x)$ se dice que es lineal cuando verifica:

$$f(x_1 + x_2 + \ldots + x_n) = f(x_1) + f(x_2) + \ldots + f(x_n) \qquad (5.1)$$

$$f(\alpha x) = \alpha f(x) \qquad (5.2)$$

Si en un circuito eléctrico, siendo x la excitación (generador independiente) e y = f(x) la respuesta (corriente en una rama o tensión en un nudo), se verifican las dos propiedades anteriores. A saber:

a) La respuesta total debida a varias excitaciones simultáneas es la suma de las respuestas producidas por cada excitación individual.

b) Al multiplicar la excitación por una constante, la respuesta queda multiplicada por dicha constante.

Se dice que dicho circuito constituye una red lineal.

Las propiedades a) y b) definen, respectivamente, los teoremas de superposición y multiplicación por una constante, los cuales van a ser desarrollados en los apartados siguientes.

5.1.1 Teorema de superposición

Este teorema establece que en una red formada por generadores (independientes y dependientes) e impedancias, el efecto que se produce (corriente en una rama o tensión entre dos nudos) cuando los generadores actúan simultáneamente, es igual a la suma de los efectos que se producirían con los generadores *independientes* actuando de uno en uno.

Ha de tenerse en cuenta al aplicar el teorema que para que un generador ideal no actúe, se sustituirá:

✓ Por un cortocircuito, si es de tensión.

✓ Por un circuito abierto, si es de intensidad.

Para demostrar el teorema, supongamos una red de **m** mallas excitada por generadores sinusoidales de la misma frecuencia, en la que todos se han transformado en generadores de tensión.

Si planteamos las **m** ecuaciones independientes de malla, tendremos:

$$
\begin{aligned}
E_1 &= E_a + E_b + \ldots\ldots = Z_{11}I_1 + Z_{12}I_2 + \ldots + Z_{1k}I_k + \ldots + Z_{1m}I_m \\
E_2 &= E_b + E_c + \ldots\ldots = Z_{21}I_1 + Z_{22}I_2 + \ldots + Z_{2k}I_k + \ldots + Z_{2m}I_m \\
&\ldots\ldots\ldots\ldots\ldots\ldots\ldots\ldots\ldots\ldots\ldots\ldots\ldots\ldots \\
E_j &= \ldots\ldots\ldots\ldots\ldots\ldots = Z_{j1}I_1 + Z_{j2}I_2 + \ldots + Z_{jk}I_k + \ldots + Z_{jm}I_m \\
&\ldots\ldots\ldots\ldots\ldots\ldots\ldots\ldots\ldots\ldots\ldots\ldots\ldots\ldots \\
E_m &= \ldots\ldots\ldots\ldots\ldots\ldots = Z_{m1}I_1 + Z_{m2}I_2 + \ldots + Z_{mk}I_k + \ldots + Z_{mm}I_m
\end{aligned}
\tag{5.3}
$$

en las que se hace constar que algún generador, en nuestro caso E_b, puede pertenecer a más de una malla.

El sistema de ecuaciones (5.3) da lugar a la ecuación matricial:

$$
\begin{pmatrix} E_1 \\ E_2 \\ \vdots \\ E_j \\ \vdots \\ E_m \end{pmatrix}
=
\begin{pmatrix}
Z_{11} \; Z_{12} \; \ldots\ldots\ldots \; Z_{1k} \; \ldots\ldots \; Z_{1m} \\
Z_{21} \; Z_{22} \; \ldots\ldots\ldots \; Z_{2k} \; \ldots\ldots \; Z_{2m} \\
\ldots\ldots\ldots\ldots\ldots\ldots\ldots\ldots\ldots\ldots \\
Z_{j1} \; Z_{j2} \; \ldots\ldots\ldots \; Z_{jk} \; \ldots\ldots \; Z_{jm} \\
\ldots\ldots\ldots\ldots\ldots\ldots\ldots\ldots\ldots\ldots \\
Z_{m1} \; Z_{m2} \; \ldots\ldots\ldots \; Z_{mk} \; \ldots\ldots \; Z_{mm}
\end{pmatrix}
\begin{pmatrix} I_1 \\ I_2 \\ \vdots \\ I_k \\ \vdots \\ I_m \end{pmatrix}
\tag{5.4}
$$

Las tensiones E_1, E_2, ... y E_m son la suma de las f.e.m.s. de los generadores *independientes* que contiene cada una de las mallas. Los generadores dependientes lo serán de las corrientes de las mallas (siempre será posible relacionar la variable de la que dependen con las corrientes de malla), por lo que en el sistema de ecuaciones (5.3) se podrán pasar al segundo miembro modificando los coeficientes de las intensidades, con lo que, en general, la matriz de las impedancias dejará de ser simétrica respecto a la diagonal principal, propiedad que se cumple cuando la red no tiene generadores dependientes.

Esto es, en redes con sólo generadores independientes, para $i \neq j$ se verifica:

$$Z_{ij} = Z_{ji} \tag{5.5}$$

Si se eligen las mallas convenientemente, una corriente de rama se puede hacer coincidir con una corriente de malla, basta para ello que la rama en cuestión se haga pertenecer únicamente a una malla, convirtiéndola en rama de enlace.

Sea I_k la corriente que queremos determinar. Despejando de (5.4), tenemos:

$$I_k = \frac{\begin{vmatrix} Z_{11} & Z_{12} & \ldots\ldots & E_1 & \ldots\ldots & Z_{1m} \\ Z_{21} & Z_{22} & \ldots\ldots & E_2 & \ldots\ldots & Z_{2m} \\ \ldots & \ldots & \ldots & \ldots & \ldots & \ldots \\ \ldots & \ldots & \ldots & \ldots & \ldots & \ldots \\ Z_{j1} & Z_{j2} & \ldots\ldots & E_j & \ldots\ldots & Z_{jm} \\ \ldots & \ldots & \ldots & \ldots & \ldots & \ldots \\ \ldots & \ldots & \ldots & \ldots & \ldots & \ldots \\ Z_{m1} & Z_{m2} & \ldots\ldots & E_m & \ldots\ldots & Z_{mm} \end{vmatrix}}{\begin{vmatrix} Z_{11} & Z_{12} & \ldots\ldots & Z_{1k} & \ldots\ldots & Z_{1m} \\ Z_{21} & Z_{22} & \ldots\ldots & Z_{2k} & \ldots\ldots & Z_{2m} \\ \ldots & \ldots & \ldots & \ldots & \ldots & \ldots \\ \ldots & \ldots & \ldots & \ldots & \ldots & \ldots \\ Z_{j1} & Z_{j2} & \ldots\ldots & Z_{jk} & \ldots\ldots & Z_{jm} \\ \ldots & \ldots & \ldots & \ldots & \ldots & \ldots \\ Z_{m1} & Z_{m2} & \ldots\ldots & Z_{mk} & \ldots\ldots & Z_{mm} \end{vmatrix}} \tag{5.6}$$

Desarrollando el determinante del numerador por la columna k y llamando Δ al determinante del denominador y δ_{in} al adjunto del elemento situado en la fila i columna n, tendremos:

$$\begin{aligned} I_k &= E_1 \frac{\delta_{1k}}{\Delta} + E_2 \frac{\delta_{2k}}{\Delta} + \ldots + E_j \frac{\delta_{jk}}{\Delta} + \ldots + E_m \frac{\delta_{mk}}{\Delta} = \\ &= (E_a + E_b + \ldots) \frac{\delta_{1k}}{\Delta} + (E_b + E_c + \ldots) \frac{\delta_{2k}}{\Delta} + \ldots \end{aligned} \tag{5.7}$$

Si hacemos cero (sustituyéndolos por cortocircuitos) todos los generadores excepto E_a, la matriz de impedancias no se modificará y en (5.7) tendremos:

$$I_k^{/} = E_a \frac{\delta_{1k}}{\Delta} \tag{5.8}$$

Si ahora hacemos cero todos los generadores excepto E_b la corriente tomará el valor:

$$I_k^{//} = E_b \frac{\delta_{1k}}{\Delta} + E_b \frac{\delta_{2k}}{\Delta} \tag{5.9}$$

Procediendo de idéntica manera con todos los generadores y sumando las respuestas obtenidas con cada uno de ellos, resulta para la corriente total:

$$I_k = I_k^{/} + I_k^{//} + \ldots \tag{5.10}$$

Se observa por lo tanto, que la corriente de la malla k es igual a la suma de las corrientes en dicha malla debidas a cada uno de los generadores actuando independientemente.

Si el análisis lo hubiéramos realizado pasando los generadores a intensidad, planteando las ecuaciones de nudo y realizando los mismos razonamientos que en el caso anterior, obtendríamos:

$$V_k = V_k^{/} + V_k^{//} + \ldots \tag{5.11}$$

Es decir, el potencial en un nudo k (respecto al tomado como referencia) es igual a la suma de los potenciales producidos en ese nudo por cada uno de los generadores actuando independientemente.

El teorema se puede demostrar de una forma mas general. Así, teniendo en cuenta el comportamiento de los elementos pasivos visto en el capítulo 1:

$$v_R(t) = R\ i(t) \tag{5.12}$$

$$v_L(t) = \frac{L\ di(t)}{dt} = L\ D\ i(t) \tag{5.13}$$

$$v_c(t) = \frac{1}{C} \int i(t)\ dt = \frac{1}{CD}\ i(t) \tag{5.14}$$

el cálculo de la corriente en una rama o de la tensión en un nudo, se reducirá a solucionar una ecuación diferencial lineal de coeficientes constantes de la forma:

$$(a_n D^{n} + a_{n-1} D^{n-1} + a_{n-2} D^{n-2} + \ldots + a_1 D + a_0)\ y(t) = f(t) \tag{5.15}$$

Siendo y(t) la función respuesta (corriente o tensión) y f(t) una función suma de funciones derivadas de cada uno de los generadores.

$$f(t) = f_1\ [e_1(t)] + f_2\ [e_2(t)] + \ldots \tag{5.16}$$

En esta ecuación $e_1(t)$, $e_2(t)$, ... son las f.e.m.s. de los generadores *independientes* que contiene la red.

Las funciones f_1, f_2, etc. serán cero cuando lo sean $e_1(t)$, $e_2(t)$, etc., respectivamente, con lo que teniendo en cuenta las propiedades de las ecuaciones diferenciales lineales de coeficientes constantes, la respuesta y(t) en régimen permanente será la suma de las respuestas debidas a cada función $f_i[e_i(t)]$ y, en definitiva, producida por cada generador $e_i(t)$.

La aplicación de este teorema se hace especialmente útil cuando la red tiene generadores cuya variación con el tiempo obedece a distintas funciones (problema que será abordado en en el capítulo 8) y en particular cuando las frecuencias de los generadores sinusoidales sean diferentes. Se ha de tener en cuenta que la suma de las respuestas se deberá hacer en el dominio del tiempo (forma instantánea), dado que la suma de funciones sinusoidales de distintas frecuencias no es una función sinusoidal. Los fasores respuesta podrán sumarse sólo cuando todos los generadores de la red sean sinusoidales de la misma frecuencia, en cuyo caso, la respuesta total es también sinusoidal de igual frecuencia.

5.1.1.1 POTENCIA EN CIRCUITOS CON GENERADORES SINUSOIDALES DE FRECUENCIAS ARMÓNICAMENTE RELACIONADAS

a) Potencia disipada en una resistencia.

Consideremos la resistencia de la Figura 5.1 por la que circula una corriente:

$$i_R(t) = I_{01}\ sen(\omega_1 t + \varphi_1) + I_{02}\ sen(\omega_2 t + \varphi_2) \tag{5.17}$$

con ω_1 y ω_2 armónicamente relacionadas.

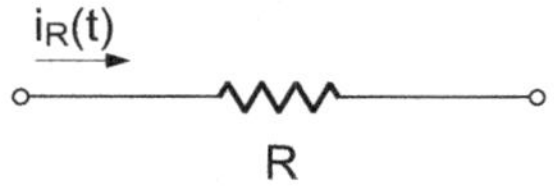

Figura 5.1

La corriente $i_R(t)$ y, por lo tanto, la tensión $v_R(t)=Ri_R(t)$ son funciones periódicas, no sinusoidales cuyo período es el mínimo común múltiplo de los períodos de las funciones sinusoidales que las forman:

$$T = m.c.m.\ (T_1, T_2) \tag{5.18}$$

es decir:

$$T = K_1\ T_1 = K_2\ T_2 \tag{5.19}$$

con K_1 y K_2 enteros y:

$$T_1 = \frac{2\pi}{\omega_1} \tag{5.20}$$

$$T_2 = \frac{2\pi}{\omega_2} \tag{5.21}$$

La potencia instantánea disipada en la resistencia será:

$$p_R(t) = v_R(t)\ i_R(t) \tag{5.22}$$

que también es una función periódica del mismo período T.

El valor medio de la potencia disipada será:

$$P_R = \frac{1}{T}\int_0^T v_R(t)\ i_R(t)\ dt = \frac{1}{T}\int_0^T R\ i_R^2(t)\ dt \tag{5.23}$$

Sustituyendo la corriente $i_R(t)$ por la expresión dada en la ecuación (5.17) resulta:

$$P_R = \frac{R}{T}\int_0^T \left[I_{01}\ sen(\omega_1 t + \varphi_1) + I_{02}\ sen(\omega_2 t + \varphi_2)\right]^2 dt =$$

$$= \frac{R}{T}\int_0^T I_{01}^2\ sen^2(\omega_1 t + \varphi_1)dt + \frac{R}{T}\int_0^T I_{02}^2\ sen^2(\omega_2 t + \varphi_2)\ dt +$$

$$+ \frac{R}{T}\int_0^T 2I_{01}\ I_{02}\ sen(\omega_1 t + \varphi_1)\ sen(\omega_2 t + \varphi_2)\ dt \tag{5.24}$$

Calculando estas tres integrales por separado, tenemos:

$$A_1 = \frac{R}{T}\int_0^T I_{01}^2\ sen^2(\omega_1 t + \varphi_1)\ dt = \frac{R}{T}\int_0^T I_{01}^2\ \frac{1 - cos 2(\omega_1 t + \varphi_1)}{2}\ dt =$$

$$= \frac{1}{2}\ R\ I_{01}^2 \tag{5.25}$$

pues para T múltiplo de T_1:

$$\int_0^T cos\ 2(\omega_1\ t + \varphi_1)\ dt = 0 \tag{5.26}$$

De la misma forma:

$$A_2 = \frac{R}{T}\int_0^T I_{02}^2\ sen^2(\omega_2 t + \varphi_2)\ dt = \frac{1}{2}\ R\ I_{02}^2 \tag{5.27}$$

para la tercera integral se tiene:

$$A_3 = \frac{R}{T}\int_0^T 2\ I_{01}\ I_{02}\ sen(\omega_1 t + \varphi_1)\ sen(\omega_2 t + \varphi_2)\ dt =$$

$$= \frac{R}{T}\ I_{01}\ I_{02}\int_0^T cos\left[(\omega_1 - \omega_2)t + \varphi_1 - \varphi_2\right]dt - \qquad (5.28)$$

$$- \frac{R}{T}\ I_{01}\ I_{02}\int_0^T cos\left[(\omega_1 + \omega_2)t + \varphi_1 + \varphi_2\right]dt$$

y como:

$$\omega_1 + \omega_2 = \frac{2\pi}{T_1} + \frac{2\pi}{T_2} = 2\pi\left(\frac{K_1}{T} + \frac{K_2}{T}\right) = \frac{2\pi K}{T} \qquad (5.29)$$

con:

$$K = K_1 + K_2 \qquad (5.30)$$

y

$$\omega_1 - \omega_2 = \frac{2\pi}{T_1} - \frac{2\pi}{T_2} = 2\pi\left(\frac{K_1}{T} - \frac{K_2}{T}\right) = \frac{2\pi K'}{T} \qquad (5.31)$$

con:

$$K' = K_1 - K_2 \qquad (5.32)$$

resultará:

$$\int_0^T cos\left[(\omega_1 + \omega_2)t + \varphi_1 + \varphi_2\right]dt = \int_0^T cos\left(\frac{2\pi K}{T}t + \varphi_1 + \varphi_2\right)dt = 0 \qquad (5.33)$$

$$\int_0^T cos\left[(\omega_1 - \omega_2)t + \varphi_1 - \varphi_2\right]dt = \int_0^T cos\left(\frac{2\pi K'}{T}t + \varphi_1 - \varphi_2\right)dt = 0 \qquad (5.34)$$

por lo que la integral A_3 será nula:

$$A_3 = 0 \qquad (5.35)$$

La potencia disipada en la resistencia (suma de (5.25) y (5.27) resulta ser *la suma de las potencias debidas a cada una de las componentes individuales*:

$$P_R = \frac{1}{2}\ R\ I_{01}^2 + \frac{1}{2}\ R\ I_{02}^2 \qquad (5.36)$$

El resultado obtenido puede generalizarse para el caso en el que la corriente tenga más de dos componentes de frecuencias armónicamente relacionadas:

$$i_R(t) = I_{01} sen(\omega_1 t + \varphi_1) + I_{02} sen(\omega_2 t + \varphi_2) + I_{03} sen(\omega_3 t + \varphi_3) + \dots \qquad (5.37)$$

y la potencia resultará:

$$P_R = \frac{1}{2} R\, I_{01}^2 + \frac{1}{2} R\, I_{02}^2 + \frac{1}{2} R\, I_{03}^2 + \dots \qquad (5.38)$$

Un caso particular, es aquel en el que una de las componentes es una corriente continua:

$$i_R(t) = I_{cc} + I_{01}\, sen(\omega_1 t + \varphi_1) \qquad (5.39)$$

se tiene:

$$P_R = \frac{R}{T_1} \int_0^{T_1} \left[I_{cc} + I_{01}\, sen(\omega_1 t + \varphi_1) \right]^2 dt = R\, I_{cc}^2 + \frac{1}{2} R\, I_{01}^2 \qquad (5.40)$$

que es la suma de las potencias debidas a la componente continua y a la componente alterna.

b) Potencia puesta en juego por un generador ideal de tensión de frecuencia f_1, por el que circula una corriente con diferentes componentes de frecuencia.

Sea el generador de la Figura 5.2, con:

$$e(t) = E_{01}\, sen\, \omega_1 t \qquad (5.41)$$

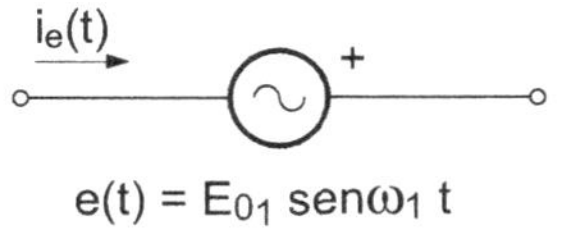

Figura 5.2

y la corriente que por él circula:

$$i_e(t) = I_{01}\, sen(\omega_1 t + \varphi_1) + I_{02}\, sen(\omega_2 t + \varphi_2) \qquad (5.42)$$

con ω_1 y ω_2 armónicamente relacionadas.

La potencia instantánea *entregada* por el generador es:

$$p_e(t) = e(t)\, i_e(t) \qquad (5.43)$$

Al ser $i_e(t)$ una función periódica de período:

$$T = m.c.m.\ (T_1,\ T_2) \tag{5.44}$$

y e(t) también periódica de período T_1, la potencia instantánea es también una función periódica de período el mínimo común múltiplo de los períodos de $i_e(t)$ y e(t):

$$m.c.m.\ (T,\ T_1) = T \tag{5.45}$$

El valor medio de la potencia puesta en juego por el generador es:

$$P_e = \frac{1}{T}\int_0^T e(t)\ i_e(t)\ dt = \frac{1}{T}\int_0^T I_{01}E_{01}\ sen\omega_1 t\ sen(\omega_1 t + \varphi_1)\ dt + \\ + \frac{1}{T}\int_0^T I_{02}E_{01}\ sen\omega_1 t\ sen(\omega_2 t + \varphi_2)\ dt \tag{5.46}$$

Realizando por separado las dos integrales tendremos:

$$B_1 = \frac{1}{T}\int_0^T I_{01}\ E_{01}\ sen\omega_1 t\ sen(\omega_1 t + \varphi_1)\ dt =$$

$$= \frac{1}{T}\int_0^T I_{01}\ E_{01}(sen^2\omega_1 t\ cos\varphi_1 + sen\omega_1 t\ cos\omega_1 t\ sen\varphi_1)\ dt =$$

$$= \frac{1}{T}\int_0^T I_{01}E_{01}\frac{(1 - cos2\omega_1 t)\ cos\varphi_1}{2}\ dt + \frac{1}{T}\int_0^T I_{01}E_{01}\ sen\omega_1 t\ cos\omega_1 t\ sen\varphi_1\ dt =$$

$$= \frac{I_{01}\ E_{01}}{2T}\left[t - \frac{sen2\omega_1 t}{2\omega_1}\right]_0^T cos\varphi_1 - \frac{I_{01}\ E_{01}}{T}\left[\frac{cos^2\omega_1 t}{2\omega_1}\right]_0^T sen\varphi_1 =$$

$$= \frac{1}{2}\ E_{01}\ I_{01}\ cos\varphi_1 \tag{5.47}$$

pues para T múltiplo de T_1:

$$sen2\omega_1 t\ \Big]_0^T = cos^2\omega_1 t\Big]_0^T = 0 \tag{5.48}$$

La integral:

$$B_2 = \frac{I_{02}E_{01}}{T}\int_0^T sen\omega_1 t\ sen(\omega_2 t + \varphi_2)dt = 0 \tag{5.49}$$

es también cero, pues es del mismo tipo que la integral A_3 calculada anteriormente.

Por lo tanto:

$$P_e = \frac{1}{2} E_{01} \; I_{01} \; cos \, \varphi_1 \qquad (5.50)$$

El resultado de la potencia es el mismo que se obtendría *si sólo circulara por el generador la componente de la corriente de su misma frecuencia.*

En el caso de que el generador fuera de corriente continua, como el representado en la Figura 5.3, al circular por él la corriente:

$$i(t) = I_{cc} + I_{01} \; sen(\omega_1 t + \varphi_1) \qquad (5.51)$$

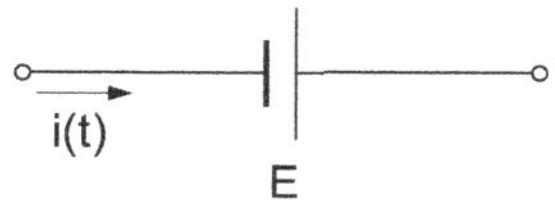

Figura 5.3

la potencia entregada será:

$$P_E = \frac{1}{T_1} \int_0^{T_1} E \left[I_{cc} + I_{01} \; sen(\omega_1 t + \varphi_1) \right] dt = E \; I_{cc} \qquad (5.52)$$

c) Potencia puesta en juego por un generador ideal de corriente de frecuencia f_1 siendo la d.d.p. en sus bornas la suma de funciones sinusoidales de frecuencias armónicamente relacionadas.

En la Figura 5.4 si la tensión en bornas del generador de corriente es:

$$v_i(t) = V_{01} \; sen(\omega_1 t + \varphi_1) + V_{02} \; sen(\omega_2 t + \varphi_2) \qquad (5.53)$$

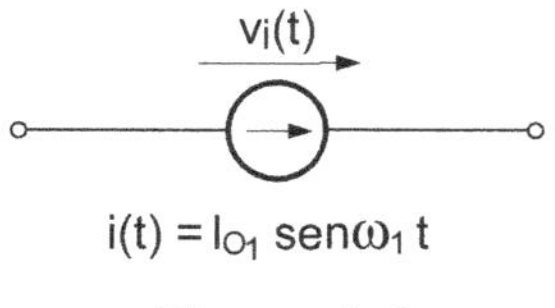

Figura 5.4

la potencia puesta en juego por el generador es:

$$P_i = \frac{1}{T} \int_0^T i(t) \; v_i(t) \; dt = \frac{1}{T} \int_0^T I_{01} \; V_{01} \; sen \, \omega_1 t \; sen(\omega_1 t + \varphi_1) \; dt +$$

$$+ \frac{1}{T} \int_0^T I_{01} \; V_{02} \; sen \omega_1 t \; sen(\omega_2 t + \varphi_2) \; dt \qquad (5.54)$$

Las integrales que aparecen son idénticas a las resueltas en el apartado anterior, resultando:

$$P_i = \frac{1}{2} V_{01} I_{01} \cos\varphi_1 \tag{5.55}$$

Se llega a la conclusión de que la potencia es la misma que entregaría *si la tensión en sus bornas fuera únicamente la componente de la misma frecuencia que la del generador*. Esto es:

$$v_i^{/}(t) = V_{01} \, sen(\omega_1 t + \varphi_1) \tag{5.56}$$

5.1.2 Teorema de multiplicación por una constante

En una red formada por generadores (independientes y dependientes) e impedancias, si se multiplican todas las excitaciones (generadores independientes) por una misma constante α, la respuesta (corriente de rama o tensión entre nudos) queda multiplicada por dicha constante.

Supongamos, como se hizo en el teorema anterior, que todos los generadores de la red se han transformado en generadores de tensión. La corriente en una rama genérica k, como se vio en la ecuación (5.7), es:

$$I_k = (E_a + E_b + \ldots) \frac{\delta_{1k}}{\Delta} + (E_b + E_c + \ldots) \frac{\delta_{2k}}{\Delta} + \ldots \tag{5.57}$$

Al ser δ_{1k}/Δ, δ_{2k}/Δ … constantes, podemos escribir:

$$I_k = G_1 E_a + G_2 E_b + G_3 E_c + \ldots \tag{5.58}$$

Si ahora multiplicamos todas las excitaciones (E_a, E_b, E_c, ...) por la constante α, la corriente en la rama k será:

$$I_k^{/} = G_1 \alpha E_a + G_2 \alpha E_b + G_3 \alpha E_c + \ldots \tag{5.59}$$

resultando:

$$I_k^{/} = \alpha I_k \tag{5.60}$$

Si el análisis lo realizamos con los generadores de la red transformados en generadores de intensidad, la tensión de un nudo genérico k será:

$$V_k = H_1 I_a + H_2 I_b + H_3 I_c + \ldots \tag{5.61}$$

siendo I_a, I_b, I_c, ... las intensidades de los generadores independientes que contiene la red, y H_1, H_2, H_3... constantes.

Si, como se hizo anteriormente, multiplicamos todos los generadores por una misma constante α, tenemos:

$$V_k^{/} = H_1 \ \alpha \ I_a + H_2 \ \alpha \ I_b + H_3 \ \alpha \ I_c + \ldots \tag{5.62}$$

con lo que:

$$V_k^{/} = \alpha \ V_k \tag{5.63}$$

Las expresiones (5.60) y (5.63) demuestran el teorema.

La aplicación de este teorema resulta especialmente útil al analizar redes en escalera.

Supongamos como ejemplo la red en escalera que se muestra en la Figura 5.5.

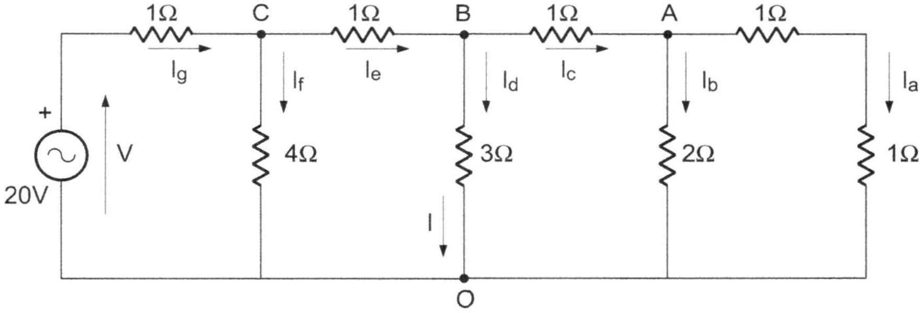

Figura 5.5

Sea I la corriente a determinar. El cálculo se puede realizar fácilmente suponiendo por el final de la escalera una corriente arbitraria:

$$I_a = 1 \ A$$

Avanzando desde el final hacia el generador obtenemos:

$$V_{AO} = (1 + 1) \ I_a = 2 \ V$$

$$I_b = \frac{V_{AO}}{2} = 1 \ A$$

$$I_c = I_a + I_b = 2 \ A$$

$$V_{BO} = 1 \, I_c + 2 \, I_b = 4 \ V$$

$$I_d = \frac{V_{B0}}{3} = \frac{4}{3}\ A$$

$$I_e = I_c + I_d = 2 + \frac{4}{3} = \frac{10}{3}\ A$$

$$V_{C0} = 1\,I_e + 3\,I_d = \frac{10}{3} + 4 = \frac{22}{3}\ V$$

$$I_f = \frac{V_{C0}}{4} = \frac{22}{12} = \frac{11}{6}\ A$$

$$I_g = I_e + I_f = \frac{10}{3} + \frac{11}{6} = \frac{31}{6}\ A$$

$$V = 1\,I_g + 4\,I_f = \frac{31}{6} + 4\,\frac{11}{6} = \frac{25}{2}\ V$$

Es decir, si el generador que excita la red tuviera una f.e.m. V = 25/2 V., las corrientes en el circuito serían las I_a, I_b, ... halladas.

En particular, la corriente por la rama B0 sería:

$$I_d = \frac{4}{3}\ A$$

Si el generador aplicado es de 20 V como sucede en nuestro caso, para encontrar la respuesta hay que multiplicar las soluciones obtenidas por una constante α tal que:

$$20 = \alpha\,\frac{25}{2}$$

de donde se obtiene:

$$\alpha = \frac{40}{25} = \frac{8}{5}$$

Por lo tanto, la corriente de la rama B0 será:

$$I = \alpha I_d = \frac{8}{5}\,\frac{4}{3} = \frac{32}{15}\ A$$

5.2 TEOREMA DE RECIPROCIDAD

En general, este teorema es aplicable únicamente a redes desprovistas de generadores dependientes y establece que la corriente producida en una rama r_a por un generador de f.m.e. E, conectado en una rama r_b, es la misma que este generador originaría en la rama r_b al ser conectado en la rama r_a (Figura 5.6).

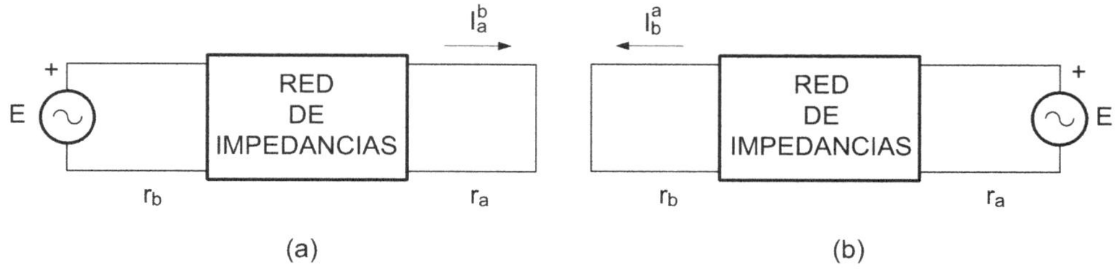

Figura 5.6

Supongamos un circuito genérico con sólo impedancias y un generador de f.e.m. E situado en la rama r_a. Se trata de calcular la corriente que este generador produce en la rama r_b.

Si elegimos convenientemente las mallas, de manera que las ramas r_a y r_b pertenezcan cada una de ellas a una sola malla j y k, respectivamente, tendremos:

$$\begin{pmatrix} 0 \\ 0 \\ \vdots \\ E_j \\ \vdots \\ 0 \end{pmatrix} = \begin{pmatrix} Z_{11} \; Z_{12} \; \cdots\cdots \; Z_{1k} \; \cdots\cdots \; Z_{1m} \\ Z_{21} \; Z_{22} \; \cdots\cdots \; Z_{2k} \; \cdots\cdots \; Z_{2m} \\ \cdots\cdots\cdots\cdots\cdots\cdots\cdots\cdots \\ Z_{j1} \; Z_{j2} \; \cdots\cdots \; Z_{jk} \; \cdots\cdots \; Z_{jm} \\ \cdots\cdots\cdots\cdots\cdots\cdots\cdots\cdots \\ Z_{m1} \; Z_{m2} \; \cdots\cdots \; Z_{mk} \; \cdots\cdots \; Z_{mm} \end{pmatrix} \begin{pmatrix} I_1 \\ I_2 \\ \vdots \\ I_k \\ \vdots \\ I_m \end{pmatrix} \tag{5.64}$$

Al estar la red desprovista de generadores dependientes, la matriz de impedancias es simétrica respecto de la diagonal principal:

$$Z_{ij} = Z_{ji} \tag{5.65}$$

para todo $i \neq j$.

Despejando la corriente I_k, tendremos:

$$I_k = \frac{\begin{vmatrix} Z_{11} & Z_{12} & \ldots\ldots\ldots & 0 & \ldots\ldots\ldots & Z_{1m} \\ Z_{21} & Z_{22} & \ldots\ldots\ldots & 0 & \ldots\ldots\ldots & Z_{2m} \\ \ldots & \ldots & \ldots & \ldots & \ldots & \ldots \\ Z_{j1} & Z_{j2} & \ldots\ldots\ldots & E_j & \ldots\ldots\ldots & Z_{jm} \\ \ldots & \ldots & \ldots & \ldots & \ldots & \ldots \\ Z_{m1} & Z_{m2} & \ldots\ldots\ldots & 0 & \ldots\ldots\ldots & Z_{mm} \end{vmatrix}}{\begin{vmatrix} Z_{11} & Z_{12} & \ldots\ldots\ldots & Z_{1k} & \ldots\ldots\ldots & Z_{1m} \\ Z_{21} & Z_{22} & \ldots\ldots\ldots & Z_{2k} & \ldots\ldots\ldots & Z_{2m} \\ \ldots & \ldots & \ldots & \ldots & \ldots & \ldots \\ Z_{j1} & Z_{j2} & \ldots\ldots\ldots & Z_{jk} & \ldots\ldots\ldots & Z_{jm} \\ \ldots & \ldots & \ldots & \ldots & \ldots & \ldots \\ Z_{m1} & Z_{m2} & \ldots\ldots\ldots & Z_{mk} & \ldots\ldots\ldots & Z_{mm} \end{vmatrix}} \qquad (5.66)$$

Desarrollando el determinante del numerador por la columna k, resulta:

$$I_k = E_j \frac{\delta_{jk}}{\Delta} = E \frac{\delta_{jk}}{\Delta} \qquad (5.67)$$

Siendo I_k la corriente en la rama r_b debida al generador E que se encuentra conectado en la rama r_a.

$$I_b^a = E \frac{\delta_{jk}}{\Delta} \qquad (5.68)$$

Si ahora conectamos el generador en la rama r_b (malla k) y queremos determinar la corriente en la rama r_a (malla j) tendremos:

$$I_j = E \frac{\delta_{kj}}{\Delta} \qquad (5.69)$$

es decir:

$$I_a^b = E \frac{\delta_{kj}}{\Delta} \qquad (5.70)$$

Dado que el determinante de las impedancias es simétrico respecto de la diagonal principal, se cumple:

$$\delta_{kj} = \delta_{jk} \qquad (5.71)$$

y de (5.68) y (5.70) resulta como se quería demostrar:

$$I_b^a = I_a^b \qquad (5.72)$$

Se ha de tener en cuenta que el generador E en las figuras 5.6 a y b, debe conservar la misma polaridad respecto a la corriente de la rama en la que está conectado para que se cumpla exactamente la igualdad de las ecuaciones 5.68 y 5.70.

Siguiendo idéntico razonamiento se puede demostrar que la tensión que en un nudo A produce un generador de corriente I conectado en el nudo B (V_A^B), es la misma que en el nudo B produciría este mismo generador al conectarlo en el nudo A (V_B^A).

En la Figura 5.7 en la que $V_A^B = V_B^A$, se representa gráficamente esta situación cuya demostración es análoga a la realizada con el generador de tensión.

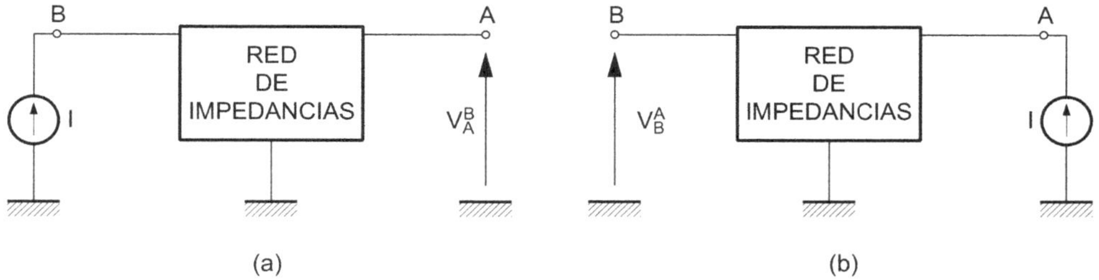

Figura 5.7

5.3 TEOREMA DE SUSTITUCIÓN

Este teorema expresa que en una red lineal, una rama j, se puede sustituir:

a) Por un generador ideal de tensión cuya f.e.m. E_j sea igual a la d.d.p. V_j existente entre los extremos de la rama.

b) Por un generador ideal de corriente I_j de valor igual a la intensidad que circula por la misma.

En la Figura 5.8 se representa esquemáticamente el enunciado del teorema.

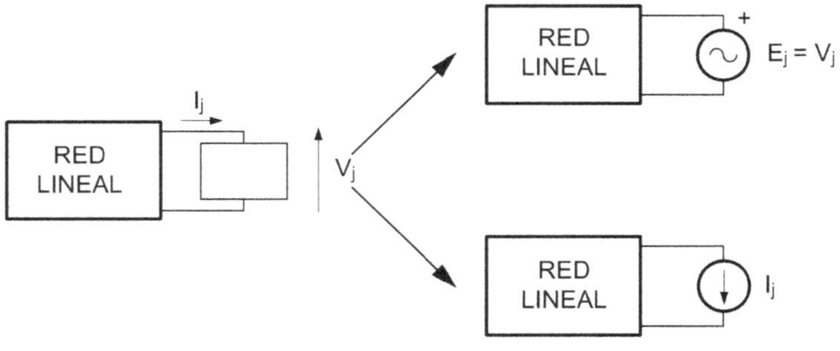

Figura 5.8

Supongamos un circuito que contiene **r** ramas y **n** nudos. Si analizamos el circuito planteando ecuaciones de malla, tendremos que elegir:

$$m = r - n + 1 \tag{5.73}$$

ecuaciones independientes.

Elegidas convenientemente las **m** mallas y si en cada una de ellas hacemos la suma de las d.d.p. en cada rama, al recorrer la malla partiendo de un punto y regresando al mismo, obtendremos:

$$\begin{array}{ll} malla\ 1; & V_1 + V_2 \ldots + V_j + \ldots. + V_k = 0 \\ malla\ 2; & V_p + \ldots\ldots. + V_j + \ldots. + V_r = 0 \\ \ldots & \ldots \\ malla\ m; & \ldots \end{array} \tag{5.74}$$

Siendo V_1, V_2 ... V_p ... V_j ... V_r las d.d.p. en las ramas que forman cada una de las mallas, pudiendo ocurrir que alguna de las ramas pertenezca simultáneamente a más de una malla.

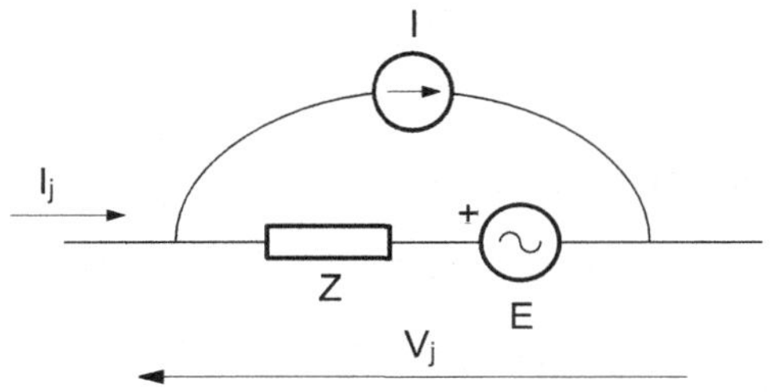

Figura 5.9

En la Figura 5.9 se representa una rama genérica, que en el sistema de ecuaciones (5.74) da lugar al término:

$$V_j = E + Z(I_j - I) \tag{5.75}$$

En dicho sistema de ecuaciones las tensiones V_1, V_2,... que lo satisfacen serían las mismas si se sustituye el término V_j por un generador de valor $E_j = V_j$ dado por la ecuación (5.75).

Si el análisis lo hacemos planteando las ecuaciones de nudo, de las que como se sabe son independientes **(n - 1)**, tendremos:

$$\begin{aligned} &nudo\ 1; \quad I_1 + I_2 + \ldots\ldots + I_j + \ldots\ldots + I_k = 0 \\ &nudo\ 2; \quad I_p + \ldots\ldots\ldots\ldots + I_j + \ldots\ldots + I_k = 0 \\ &\ldots\ldots\ldots\ldots\ldots\ldots\ldots\ldots\ldots\ldots \\ &nudo(n-1); \ \ldots\ldots\ldots\ldots\ldots\ldots\ldots\ldots \end{aligned} \tag{5.76}$$

en las que I_1, I_2, ... I_p, ... I_j, ... I_r son las corrientes de las ramas conectadas a cada uno de los nudos.

En la rama genérica de la Figura 5.9, la corriente será:

$$I_j = I + \frac{V_j - E}{Z} \tag{5.77}$$

Evidentemente, si supuesto conocido el valor de esta corriente, sustituimos la rama por un generador ideal de intensidad I_j, los valores de las corrientes que satisfacen el sistema de ecuaciones (5.76) serán los mismos que antes de realizar la sustitución.

5.4 TEOREMA DE MILLER

En circuitos con amplificadores transistorizados, aparece frecuentemente (bien de forma indeseada debido a las capacidades parásitas en las uniones, bien por el propio diseño del amplificador en el caso de amplificadores realimentados) una impedancia Z conectada entre la entrada y la salida como se muestra en la Figura 5.10.

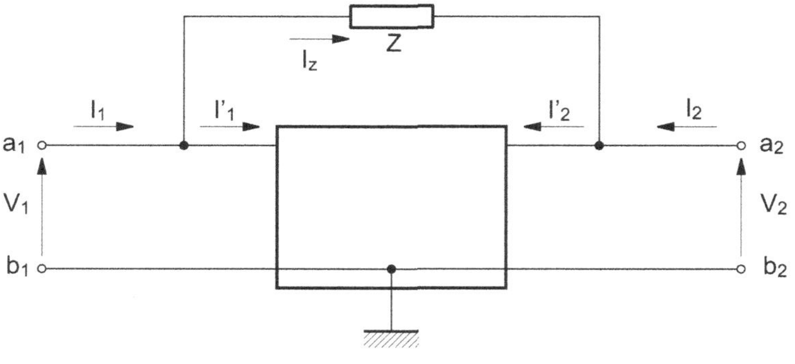

Figura 5.10

El teorema de Miller permite sustituir esta impedancia por otras dos, Z_1 y Z_2, conectadas respectivamente a la entrada y a la salida, eliminando de esta forma la impedancia de realimentación, como se indica en la Figura 5.11.

Para determinar las impedancias Z_1 y Z_2, debemos tener en cuenta que los circuitos de las Figuras 5.10 y 5.11 deben ser equivalentes. Para ello, las corrientes y tensiones a la entrada y salida deberán ser iguales.

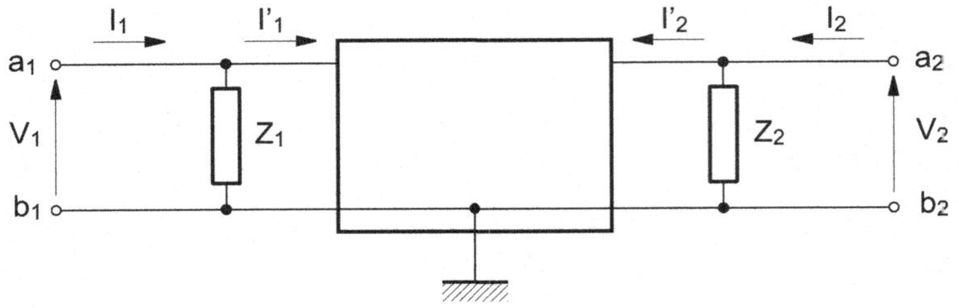

Figura 5.11

En la Figura 5.10, tenemos:

$$I_1 = I_1^{/} + I_z = I_1^{/} + \frac{V_1 - V_2}{Z} \tag{5.78}$$

y en la figura 5.11:

$$I_1 = I_1^{/} + \frac{V_1}{Z_1} \tag{5.79}$$

Para que las corrientes dadas en (5.78) y (5.79) sean iguales, deberá cumplirse:

$$\frac{V_1}{Z_1} = \frac{V_1 - V_2}{Z} \tag{5.80}$$

de donde se deduce:

$$Z_1 = \frac{Z}{1 - \dfrac{V_2}{V_1}} \tag{5.81}$$

El cociente V_2/V_1 es la ganancia de tensión del dispositivo,

$$G_v = \frac{V_2}{V_1} \tag{5.82}$$

resultando:

$$Z_1 = \frac{Z}{1 - G_v} \tag{5.83}$$

Aplicando idéntico razonamiento en la salida, en la Figura 5.10, tenemos:

$$I_2 = I_2' - I_z = I_2' + \frac{V_2 - V_1}{Z} \qquad (5.84)$$

y en la Figura 5.11:

$$I_2 = I_2' + \frac{V_2}{Z_2} \qquad (5.85)$$

Identificando las dos expresiones anteriores, obtenemos:

$$\frac{V_2}{Z_2} = \frac{V_2 - V_1}{Z} \qquad (5.86)$$

y

$$Z_2 = \frac{Z}{1 - \dfrac{V_1}{V_2}} \qquad (5.87)$$

y como

$$G_v = \frac{V_2}{V_1} \qquad (5.82 \text{ bis})$$

resulta:

$$Z_2 = \frac{Z\ G_v}{G_v - 1} \qquad (5.88)$$

Existe el teorema dual del anterior que se deduce de las Figuras 5.12 y 5.13.

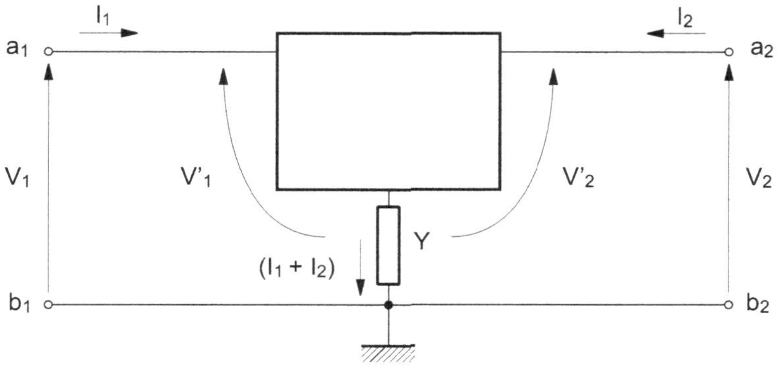

Figura 5.12

La admitancia Y de la Figura 5.12 puede sustituirse por dos admitancias Y_1 e Y_2 conectadas en serie con los terminales de entrada y salida respectivamente, cuyos valores vamos a obtener a continuación.

En la Figura 5.12, tenemos:

$$\begin{cases} V_1 = V_1' + \dfrac{I_1 + I_2}{Y} \\ V_2 = V_2' + \dfrac{I_1 + I_2}{Y} \end{cases} \tag{5.89}$$

y en la Figura 5.13:

$$\begin{cases} V_1 = V_1' + \dfrac{I_1}{Y_1} \\ V_2 = V_2' + \dfrac{I_2}{Y_2} \end{cases} \tag{5.90}$$

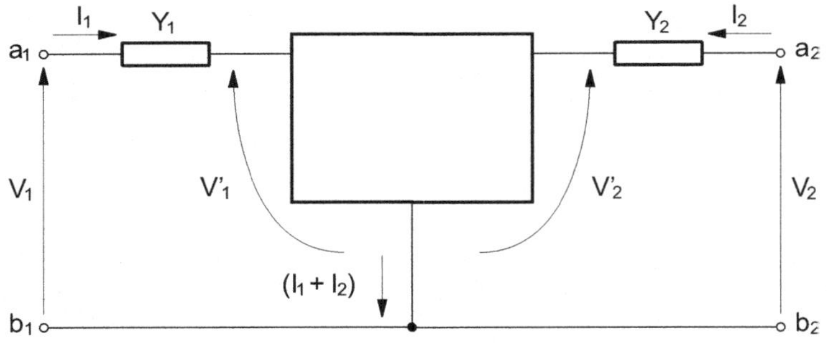

Figura 5.13

Identificando los sistemas de ecuaciones anteriores, resulta:

$$\begin{cases} \dfrac{I_1 + I_2}{Y} = \dfrac{I_1}{Y_1} \\ \dfrac{I_1 + I_2}{Y} = \dfrac{I_2}{Y_2} \end{cases} \tag{5.91}$$

despejando Y_1 e Y_2, obtenemos:

$$Y_1 = \frac{Y}{1 + \dfrac{I_2}{I_1}} \tag{5.92}$$

e

$$Y_2 = \frac{Y}{1 + \dfrac{I_1}{I_2}} \tag{5.93}$$

Se define la ganancia de corriente como:

$$G_I = \frac{I_2}{I_1} \tag{5.94}$$

Al sustituir en las ecuaciones (5.92) y (5.93), resulta:

$$Y_1 = \frac{Y}{1 + G_I} \tag{5.95}$$

$$Y_2 = \frac{Y\,G_I}{1 + G_I} \tag{5.96}$$

5.5 INMITANCIA (IMPEDANCIA O ADMITANCIA) EQUIVALENTE

Generalizando el concepto de resistencia equivalente visto en el Capítulo 1, se define la impedancia equivalente entre dos puntos de una red como el cociente entre la fuerza electromotriz de un generador ideal conectado entre estos dos puntos y la corriente que circula a través de este generador a *él debida*. La admitancia equivalente será, como es lógico, la inversa de la relación anterior.

En lo que sigue, hablaremos de impedancias equivalentes. La deducción de las admitancias equivalentes será inmediata.

5.5.1 Determinación de la impedancia equivalente

a) Red pasiva.

Entenderemos que una red es pasiva cuando no está excitada, es decir, cuando no existe respuesta (corrientes y tensiones) en la misma. Esta situación se produce cuando la red no contiene generadores independientes. Por lo tanto, una red formada únicamente por impedancias y generadores dependientes la consideramos pasiva (cuando la red está excitada, algún generador dependiente pueda estar entregando potencia).

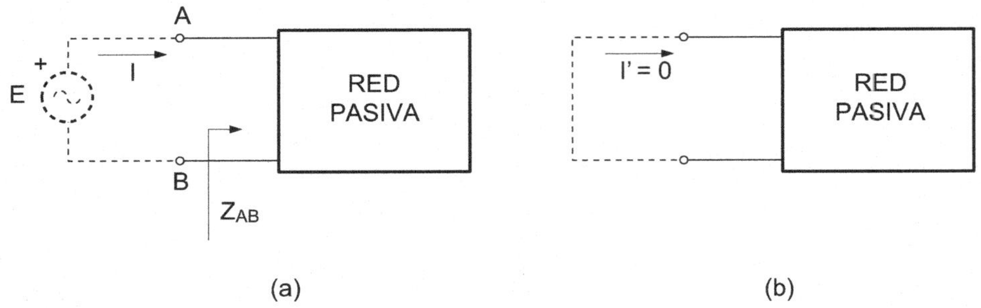

Figura 5.14

En las redes pasivas, la impedancia equivalente se determina conectando entre los terminales un generador ideal de f.e.m. E, como se muestra en la Figura 5.14a. La corriente que "atraviesa" este generador es únicamente debida a él, pues como se muestra en la Figura 5.14b, al aplicar superposición, la contribución de la red al valor de la corriente I es nula (I'=0) y, de acuerdo con la definición de impedancia equivalente, se tiene:

$$Z_{AB} = \frac{E}{I} \tag{5.97}$$

El valor de Z_{AB} será independiente de E, pues al tratarse de una red lineal, la respuesta (corriente I) es proporcional a la excitación E y su relación es constante.

Cuando la red está formada únicamente por impedancias, existe un método sistemático para calcular la impedancia equivalente. Para ello, supongamos que al cerrar los terminales A y B por el generador ideal E el número de mallas cuyas ecuaciones son linealmente independientes es m. Planteando estas m ecuaciones y llamando malla uno a la malla a la que pertenece el generador E y por la que circula la corriente I = I_1, tenemos:

$$\begin{pmatrix} E \\ 0 \\ \vdots \\ \vdots \\ 0 \end{pmatrix} = \begin{pmatrix} Z_{11} \ Z_{12} \ \cdots\cdots\cdots \ Z_{1m} \\ Z_{21} \ Z_{22} \ \cdots\cdots\cdots \ Z_{2m} \\ \cdots\cdots\cdots\cdots\cdots\cdots\cdots\cdots \\ \cdots\cdots\cdots\cdots\cdots\cdots\cdots\cdots \\ Z_{m1} \ Z_{m2} \ \cdots\cdots \ Z_{mm} \end{pmatrix} \begin{pmatrix} I_1 \\ I_2 \\ \vdots \\ \vdots \\ I_m \end{pmatrix} \tag{5.98}$$

Despejando I_1, se obtiene:

$$I_1 = \frac{\begin{bmatrix} E \; Z_{12} \; \ldots\ldots\ldots\ldots \; Z_{1m} \\ 0 \; Z_{22} \; \ldots\ldots\ldots\ldots \; Z_{2m} \\ \ldots\ldots\ldots\ldots\ldots\ldots\ldots\ldots \\ \ldots\ldots\ldots\ldots\ldots\ldots\ldots\ldots \\ 0 \; Z_{m2} \; \ldots\ldots\ldots \; Z_{mm} \end{bmatrix}}{\begin{bmatrix} Z_{11} \; Z_{12} \; \ldots\ldots\ldots \; Z_{1m} \\ Z_{21} \; Z_{22} \; \ldots\ldots\ldots \; Z_{2m} \\ \ldots\ldots\ldots\ldots\ldots\ldots\ldots\ldots \\ \ldots\ldots\ldots\ldots\ldots\ldots\ldots\ldots \\ Z_{m1} \; Z_{m2} \; \ldots\ldots \; Z_{mm} \end{bmatrix}} \tag{5.99}$$

Desarrollando el numerador por la columna uno se tiene:

$$I_1 = E \frac{\delta_{11}}{\Delta} \tag{5.100}$$

y la impedancia equivalente será:

$$Z_{AB} = \frac{E}{I_1} = \frac{\Delta}{\delta_{11}} \tag{5.101}$$

Dado que la matriz de impedancias se puede plantear simplemente inspeccionando la red, sin necesidad de plantear las ecuaciones de malla, la expresión anterior nos ofrece la posibilidad de obtener de una forma sistemática la impedancia equivalente entre dos terminales de una red (R-L-C). En este tipo de redes, la impedancia equivalente puede también calcularse por simple asociación de impedancias en serie y paralelo o realizando transformaciones estrella-triángulo o triángulo-estrella (ver apéndice A), si se presentara alguna de estas configuraciones.

EJEMPLO 1

En la Figura 5.15 se representa el circuito equivalente con parámetros “h” de un transistor bipolar, cerrado por una carga R_L.

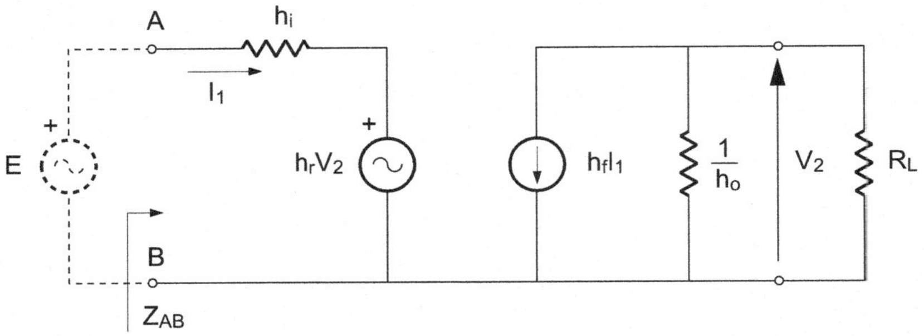

Figura 5.15

Para obtener la impedancia Z_{AB} "vista" en los terminales de entrada, conectamos entre ellos un generador de f.e.m. E. Planteando la ecuación de la malla de entrada y la del nudo de salida, resulta:

$$E = h_i I_1 + h_r V_2 \tag{5.102}$$

$$0 = h_f I_1 + h_o V_2 + \frac{V_2}{R_L} \tag{5.103}$$

Despejando V_2 de la ecuación (5.103), tenemos:

$$V_2 = \frac{-h_f I_1}{h_o + \frac{1}{R_L}} \tag{5.104}$$

Al sustituir en (5.102) resulta:

$$E = I_1 \left(h_i - \frac{h_r h_f}{h_o + \frac{1}{R_L}} \right) \tag{5.105}$$

La impedancia equivalente de entrada, Z_{AB}, será:

$$Z_{AB} = \frac{E}{I_1} = h_i - \frac{h_f h_r R_L}{1 + R_L h_o} \tag{5.106}$$

EJEMPLO 2

En la red pasiva de la Figura 5.16, formada únicamente por impedancias, vamos a calcular la impedancia equivalente entre los puntos A y B.

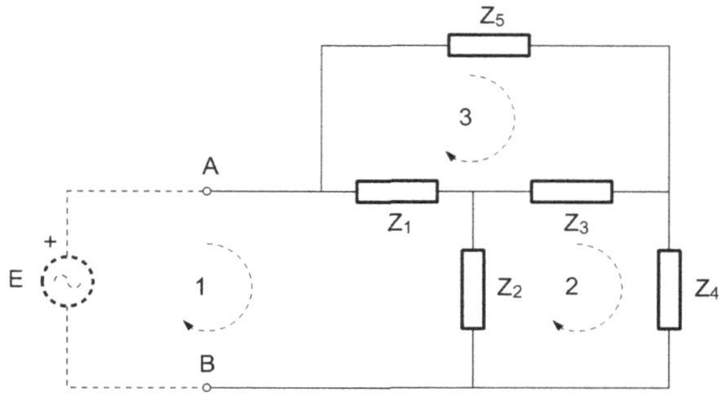

Figura 5.16

Para ello conectamos entre estos terminales el generador E.

Teniendo en cuenta la expresión (5.101) resultará:

$$Z_{AB} = \frac{\Delta}{\delta_{11}} = \frac{\begin{bmatrix} Z_1 + Z_2 & -Z_2 & -Z_1 \\ -Z_2 & Z_2 + Z_3 + Z_4 & -Z_3 \\ -Z_1 & -Z_3 & Z_1 + Z_3 + Z_5 \end{bmatrix}}{\begin{bmatrix} Z_2 + Z_3 + Z_4 & -Z_3 \\ -Z_3 & Z_1 + Z_3 + Z_5 \end{bmatrix}} \tag{5.107}$$

b) Red activa.

Una red es activa cuando está excitada y, por lo tanto, debe contener generadores independientes. En estas condiciones, al conectar entre los terminales A y B un generador de fuerza electromotriz E como se muestra en la Figura 5.17a, la corriente que circula por éste no es únicamente debida a él, pues el efecto debido a la red no es nulo (I' ≠ 0). (Figura 5.17b).

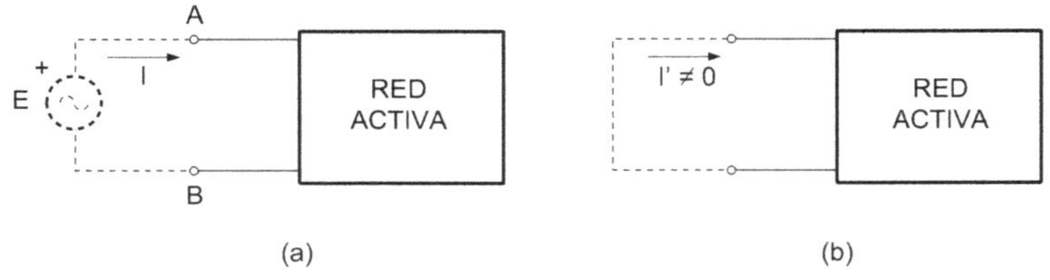

Figura 5.17

Por lo tanto:

$$Z_{AB} \neq \frac{E}{I} \tag{5.108}$$

Para que la corriente I sea únicamente debida a E, será necesario conectar en serie con cada generador independiente de tensión, otro del mismo valor, de tal manera que su aportación a la corriente I, como se muestra en la Figura 5.18a, sea de sentido contrario a la que creaba el generador inicial. Esto, desde el punto de vista teórico, equivale a sustituir el generador de tensión por un cortocircuito, Figura 5.18b.

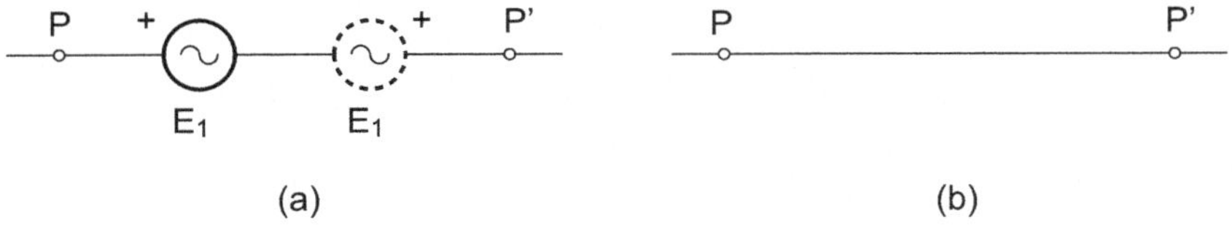

Figura 5.18

Con cada generador independiente de corriente será necesario conectar en paralelo otro del mismo valor, Figura 5.19a, que produzca sobre la corriente I un efecto de sentido contrario al creado por el generador inicial. Esto equivale a sustituir el generador de corriente por un circuito abierto (Figura 5.19b).

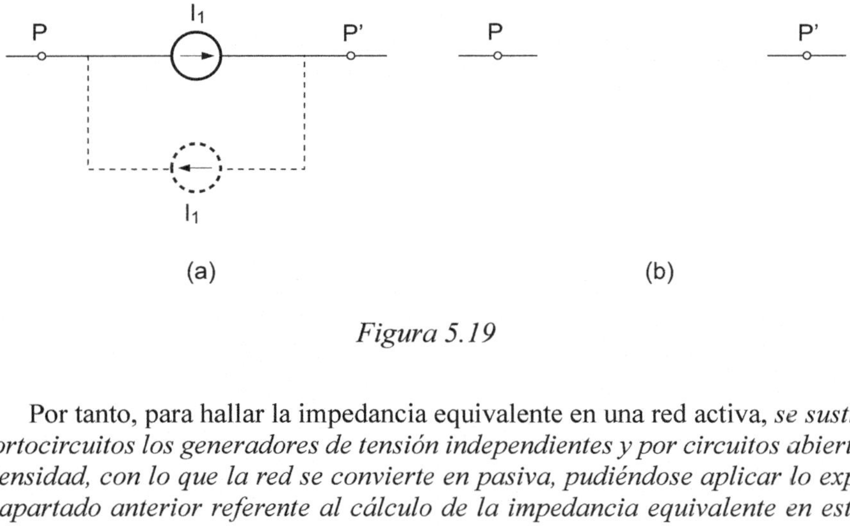

Figura 5.19

Por tanto, para hallar la impedancia equivalente en una red activa, *se sustituyen por cortocircuitos los generadores de tensión independientes y por circuitos abiertos los de intensidad, con lo que la red se convierte en pasiva, pudiéndose aplicar lo expuesto en el apartado anterior referente al cálculo de la impedancia equivalente en este tipo de redes.*

EJEMPLO 3

En la Figura 5.20 se muestra el circuito equivalente de un transistor que se encuentra excitado a su entrada por un generador (E_g, R_g) y en el que se quiere calcular la impedancia equivalente en los terminales de salida Z_{AB}.

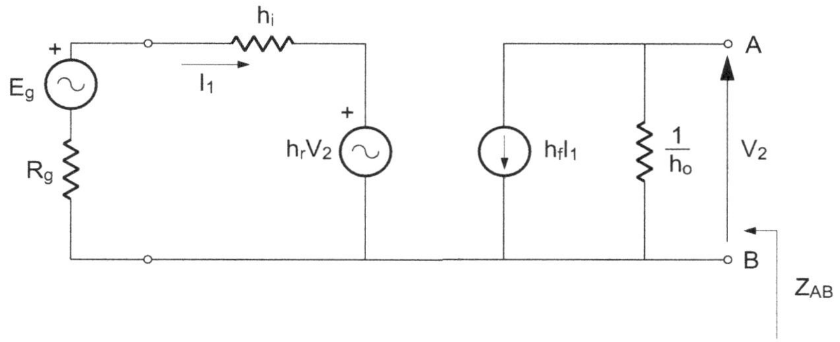

Figura 5.20

Como se trata de una red activa, hay que convertirla en pasiva. Para ello, el generador de tensión independiente se sustituye por un cortocircuito.

Conectando a la salida un generador de f.e.m. E, se tiene la Figura 5.21.

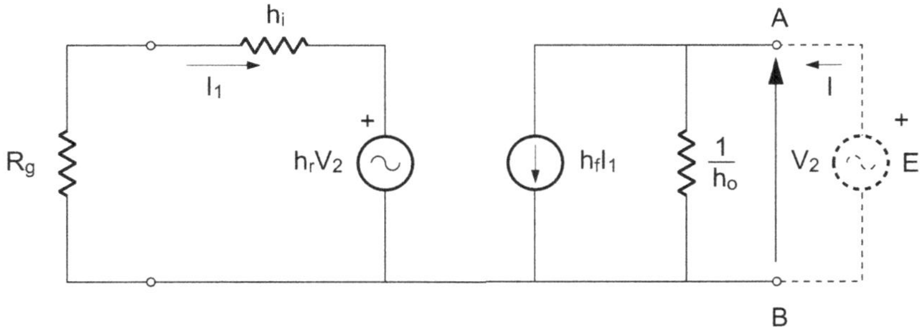

Figura 5.21

Al plantear las ecuaciones de la malla de entrada y del nudo de salida, tenemos:

$$\left.\begin{aligned} (R_g + h_i)\, I_1 + h_r\, V_2 &= 0 \\ h_f\, I_1 + h_o\, V_2 &= I \end{aligned}\right\} \qquad (5.109)$$

con:

$$V_2 = E \tag{5.110}$$

De la primera ecuación del sistema (5.109), resulta:

$$I_1 = \frac{-E\,h_r}{h_i + R_g} \tag{5.111}$$

y sustituyendo en la segunda, tenemos:

$$E\left(h_o - \frac{h_r\,h_f}{h_i + R_g}\right) = I \tag{5.112}$$

La impedancia equivalente será:

$$Z_{AB} = \frac{E}{I} = \left(h_o - \frac{h_r\,h_f}{h_i + R_g}\right)^{-1} \tag{5.113}$$

5.6 TEOREMAS DE THEVENIN Y NORTON

Teorema de Thevenin

Una red formada por generadores (dependientes e independientes) e impedancias se puede sustituir entre dos puntos A y B de la misma por un generador de tensión E_{TH} con una impedancia en serie Z_{TH}. El valor de E_{TH} se obtiene calculando la tensión existente entre los terminales A y B en circuito abierto ($E_{TH} = V_{AB,c.a}$) y Z_{TH} es igual a la impedancia equivalente entre dichos terminales ($Z_{TH} = Z_{AB}$).

Teorema de Norton

El teorema de Norton es el dual del teorema de Thevenin y establece que una red formada por generadores (dependientes e independientes) e impedancias, se puede sustituir entre dos puntos A y B de la misma por un generador de corriente I_N en paralelo, con una admitancia Y_N o con una impedancia $Z_N = 1/Y_N$.

El valor de I_N se obtiene calculando la corriente que circula por los terminales A y B, al cortocircuitarlos (I_N=I_{AB}c.c.) y Z_N es igual a la impedancia equivalente entre los terminales A y B (Z_N = = Z_{AB}).

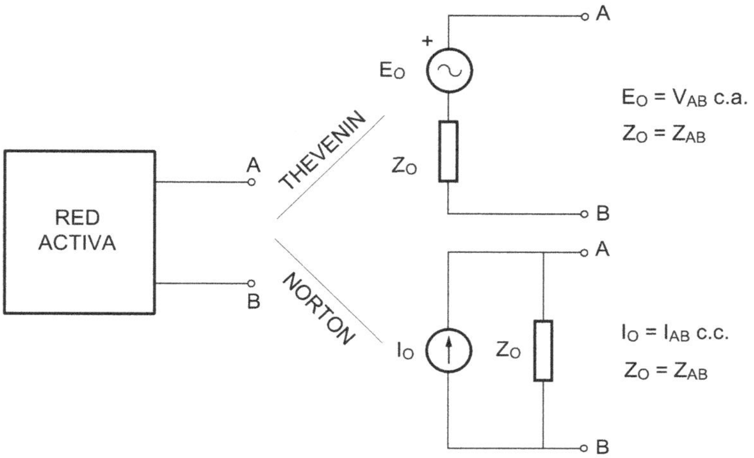

Figura 5.22

Para demostrarlos, consideremos la red activa representada en la Figura 5.23 y supongamos que internamente contiene "p" generadores independientes de tensión y "q" de intensidad.

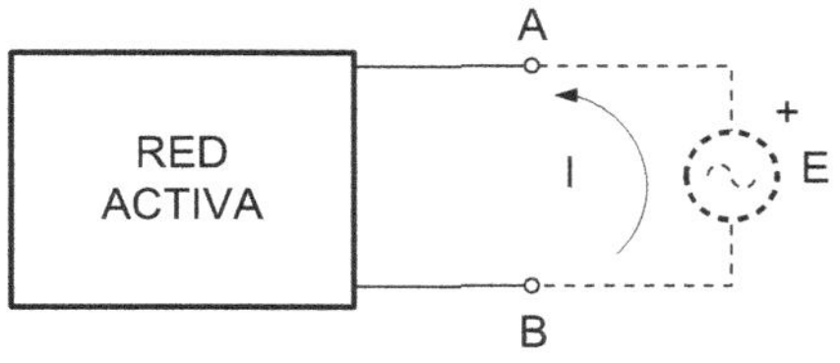

Figura 5.23

Si cerramos los puntos A y B por un generador de f.e.m. E, la corriente I que se origina, según el teorema de superposición, será la suma de las corrientes debidas a cada uno de los generadores independientes que contiene la red.

$$I = G_1 E_1 + G_2 E_2 + \ldots + G_p E_p + G_{p+1} E + H_1 I_1 + H_2 I_2 + \ldots + H_q I_q \qquad (5.114)$$

siendo G_1, G_2... G_{p+1} constantes con dimensiones de admitancia, que dependen únicamente de los elementos que contiene la red, al igual que las constantes H_1, H_2... H_q, que son adimensionales.

Si en la expresión (5.114) agrupamos los términos que dependen únicamente de la red, tendremos:

$$I = (G_1\, E_1 + G_2\, E_2 + \ldots + G_p\, E_p + H_1\, I_1 + H_2\, I_2 + \ldots + H_q\, I_q) + G_{p+1}E \qquad (5.115)$$

De donde se obtiene:

$$E = \frac{-1}{G_{p+1}} (G_1\, E_1 + G_2\, E_2 + \ldots + G_p\, E_p + H_1\, I_1 + H_2\, I_2 + \ldots + H_q\, I_q) + \frac{I}{G_{p+1}} \qquad (5.116)$$

Las expresiones (5.115) y (5.116) se pueden escribir:

$$I = I_0 + Y_0\, E = I_0 + \frac{E}{Z_0} \qquad (5.117)$$

$$E = E_0 + Z_0\, I \qquad (5.118)$$

Con I_0, E_0 y $Z_0 = 1/Y_0$ parámetros de la red, dependientes exclusivamente de ella.

$$I_0 = G_1\, E_1 + G_2\, E_2 + \ldots + G_p\, E_p + H_1\, I_1 + H_2\, I_2 + \ldots + H_q\, I_q \qquad (5.119)$$

$$E_0 = \frac{-1}{G_{p+1}} (G_1\, E_1 + G_2\, E_2 + \ldots + G_p\, E_p + H_1\, I_1 + H_2\, I_2 + \ldots + H_q\, I_q) \qquad (5.120)$$

$$Y_0 = \frac{1}{Z_0} = G_{p+1} \qquad (5.121)$$

La expresión (5.118) constituye el teorema de Thevenin. Efectivamente, al sustituir la red por un generador (E_o, Z_0) y cerrar por una f.e.m. E, como se muestra en la Figura 5.24, se verifica entre los terminales A y B la misma ecuación (5.118) que satisface la red.

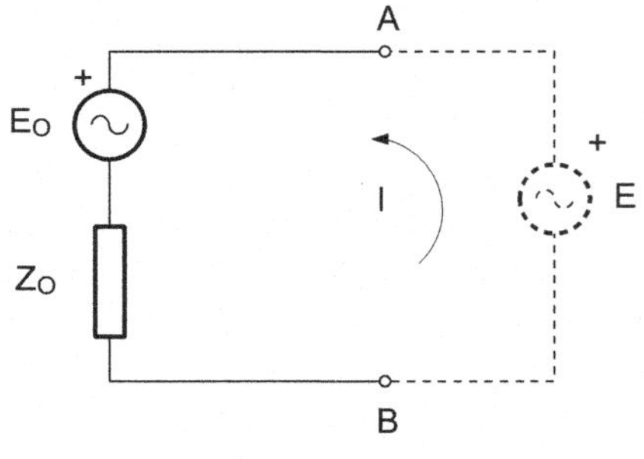

Figura 5.24

El generador (E_0, Z_0) es el generador equivalente Thevenin de la red, entre los terminales A y B.

El valor de la f.e.m. del generador E_0 se obtiene haciendo I = 0 en la expresión (5.118), resultando:

$$E\big]_{I=0} = E_0 = E_{TH} \tag{5.122}$$

Es decir, E_{TH} es la tensión entre los terminales A y B cuando éstos se dejan en circuito abierto (Figura 5.25).

$$E_{TH} = V_{AB}\, c.a. \tag{5.123}$$

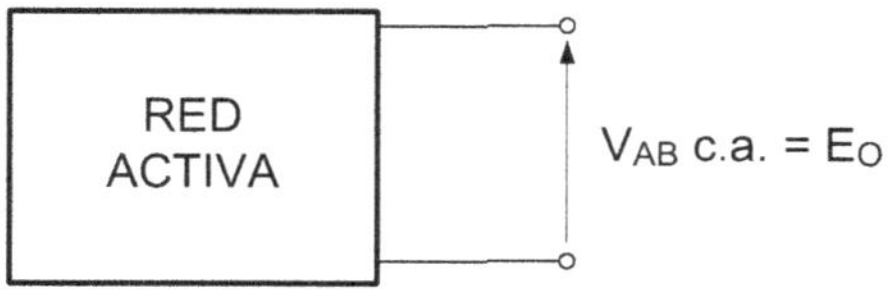

Figura 5.25

Haciendo en la expresión (5.118), $E_0 = 0$, resulta:

$$E = Z_0\, I \tag{5.124}$$

de donde se obtiene:

$$Z_0 = \left.\frac{E}{I}\right|_{E_0=0} = Z_{AB} = Z_{TH} \tag{5.125}$$

Hacer $E_0 = 0$ implica en la ecuación (5.120) anular los generadores E_1, E_2.... E_p, I_1, I_2.... I_q, es decir, sustituir por cortocircuitos los generadores de tensión independientes y por circuitos abiertos los de intensidad, por lo que el cociente entre E e I es la impedancia equivalente entre los terminales A y B.

La expresión (5.117) demuestra el teorema de Norton, pues el generador de corriente (I_0, Z_0) representado en la Figura 5.26, al cerrarlo por el generador E satisface la misma ecuación (5.117) que cumple la red, siendo por lo tanto equivalentes, generador y red. El generador de corriente es el equivalente Norton de la red entre el par de terminales A y B.

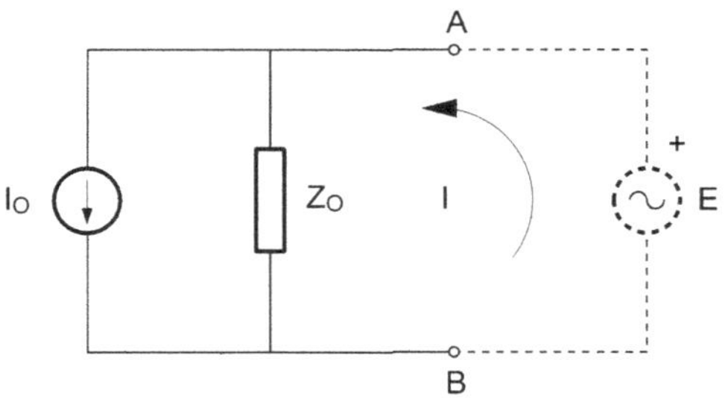

Figura 5.26

El valor de este generador se obtiene haciendo E = 0 en (5.117).

$$I\big]_{E=0} = I_0 = I_N \tag{5.126}$$

Hacer E = 0 significa cortocircuitar los terminales A y B siendo I_0 la corriente que en esta situación circula por el cortocircuito (Figura 5.27).

$$I_{BA}\, c.c. = I_0 = I_N \tag{5.127}$$

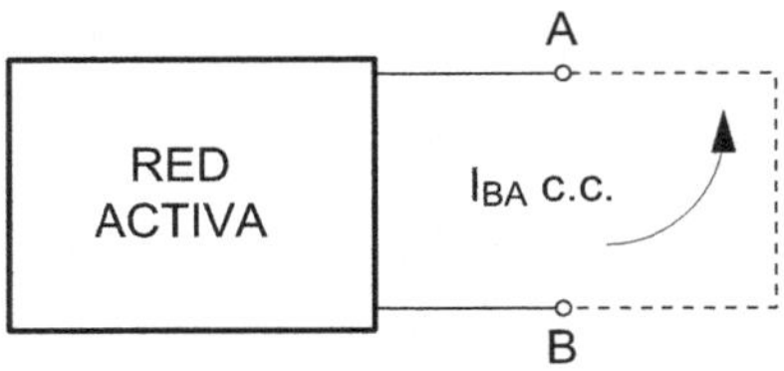

Figura 5.27

Si calculamos la corriente por el cortocircuito desde A hacia B (I_{AB} c.c.), el sentido del generador I_0 será el representado en la Figura 5.22.

El valor de Z_0 se obtiene haciendo $I_0 = 0$ en (5.117):

$$Z_0 = \left.\frac{E}{I}\right|_{I_0=0} = Z_{AB} = Z_N \tag{5.128}$$

que como en el generador equivalente Thevenin es la impedancia equivalente entre los terminales A y B.

Los generadores Thevenin y Norton representados en la Figura 5.22 son equivalentes, por lo que:

$$E_{TH} = Z_{TH}\ I_N \tag{5.129}$$

y

$$V_{AB}\, c.a. = Z_{AB}\ I_{AB}\, c.c. \tag{5.130}$$

de donde resulta:

$$Z_{AB} = \frac{V_{AB} c.a.}{I_{AB} c.c.} \tag{5.131}$$

Esta expresión nos ofrece la posibilidad de obtener la impedancia equivalente entre dos terminales de una red activa, como el cociente entre la tensión medida en circuito abierto y la corriente en cortocircuito entre estos terminales.

En aquellos casos en los que el equivalente Thevenin encontrado sea un generador ideal, la red carecerá de generador equivalente Norton; de la misma manera, si el generador equivalente Norton es un generador ideal, la red, entre el par de terminales considerado, no tiene generador equivalente Thevenin. En las redes pasivas el equivalente es una impedancia.

5.7 TEOREMA DE LA MÁXIMA TRANSFERENCIA DE POTENCIA

En sistemas de comunicaciones (equipos transmisores, receptores, etc.), en general se hace necesario que la potencia de la señal sea máxima. Así mismo, en los dispositivos electrónicos analógicos, cuando se desea reproducir una señal después de haber sido tratada (amplificada, filtrada, detectada...), es preciso que la potencia entregada a la impedancia que presenta el dispositivo reproductor (altavoz, registrador, etc.) sea la mayor posible.

El teorema de la máxima transferencia de potencia nos permite determinar el valor de la impedancia Z_r que, conectada entre los terminales A y B de una red activa (Figura 5.28), recibe de ésta la máxima potencia disponible.

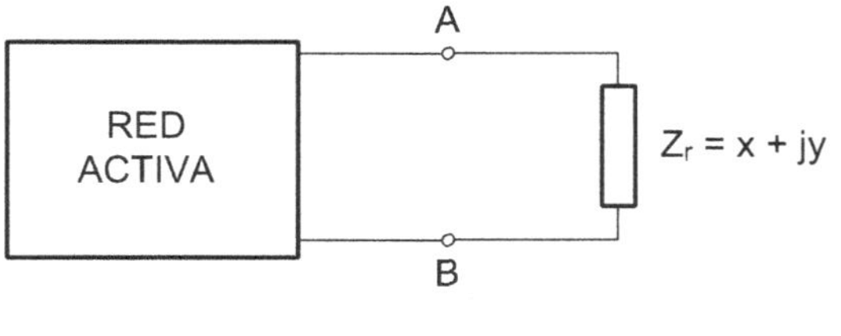

Figura 5.28

Sea la red activa representada en la Figura 5.28 en la que tratamos de encontrar el valor de la impedancia Z_r sobre la que se consigue la mayor potencia posible.

Teniendo en cuenta el teorema de Thevenin, la red activa puede sustituirse entre los terminales A y B por su generador equivalente (E_g, Z_g), como se muestra en la Figura 5.29.

El problema que hay que resolver queda reducido a encontrar el valor de la impedancia $Z_r = x + jy$ que, conectada a un generador de impedancia $Z_g = a + bj$ conocida, recibe de éste la máxima potencia.

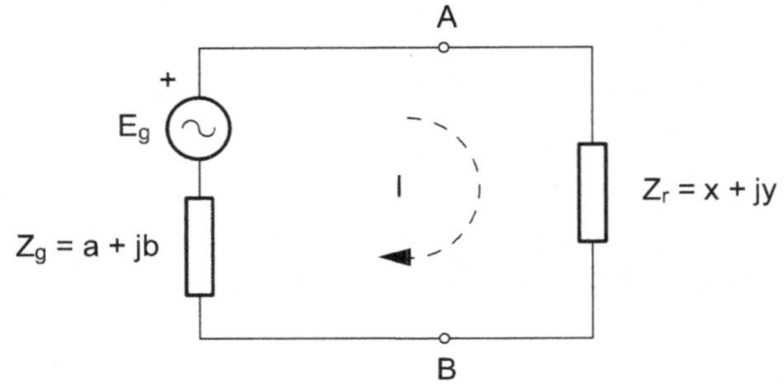

Figura 5.29

En la Figura 5.29 la potencia recibida por la impedancia Z_r es:

$$P_{Z_r} = \frac{1}{2}\,|I|^2\,R_e[Z_r] = \frac{|E_g|^2}{2}\,\frac{x}{(x+a)^2+(y+b)^2} \tag{5.132}$$

la cual será máxima cuando lo sea la función:

$$G(x,y) = \frac{x}{(x+a)^2+(y+b)^2} \tag{5.133}$$

Los valores de x e y que hacen la expresión anterior máxima serán los que hacen mínima la función.

$$F(x,y) = \frac{(x+a)^2+(y+b)^2}{x} \tag{5.134}$$

Para encontrar el mínimo haremos:

$$\left\{\begin{array}{l} \dfrac{\partial F(x,y)}{\partial y} = \dfrac{2(y+b)}{x} = 0 \\[2ex] \dfrac{\partial F(x,y)}{\partial x} = \dfrac{x^2-a^2-(y+b)^2}{x^2} = 0 \end{array}\right. \tag{5.135}$$

que conducen a:

$$\left\{\begin{array}{l} 2(y+b) = 0 \\ x^2-a^2-(y+b)^2 = 0 \end{array}\right. \tag{5.136}$$

La solución del sistema es:

$$\begin{cases} y = -b \\ x = a \end{cases} \tag{5.137}$$

Se toma el valor positivo de **x** por tratarse de la parte real de una impedancia y se comprueba para esta solución que la matriz Hessiana es definida positiva.

Por tanto la máxima potencia se consigue cuando las impedancias de generador y carga son conjugadas.

$$Z_r = Z_g^* \tag{5.138}$$

Cuando esto sucede, se dice que el generador y la carga están *adaptados*.

En la Figura 5.29, si $Z_r = a - bj$ se tiene:

$$I = \frac{E_g}{2a} \tag{5.139}$$

y la potencia máxima es:

$$P_{Z_r} máx = \frac{1}{2} |I|^2 \; R_e [Z_r] = \frac{|E_g|^2}{8a} \tag{5.140}$$

En estas condiciones, la potencia que disipa Z_g es la misma que recibe Z_r pues ambas son recorridas por la misma intensidad y tienen la misma parte resistiva.

El rendimiento del generador será en estas condiciones:

$$\eta_{E_0} = 50\,\% \tag{5.141}$$

El valor del rendimiento obtenido es muy bajo, no siendo aceptable en sistemas de potencia, en los que no se persigue obtener una máxima transferencia de potencia a la carga sino un rendimiento elevado.

Merece especial atención, por la frecuencia con la que se presenta, el caso en el que la impedancia del generador es resistiva pura:

$$Z_g = R_g \tag{5.142}$$

En esta situación, el valor de la impedancia que recibe de este generador la máxima potencia es también resistiva pura y de valor:

$$R_r = R_g \tag{5.143}$$

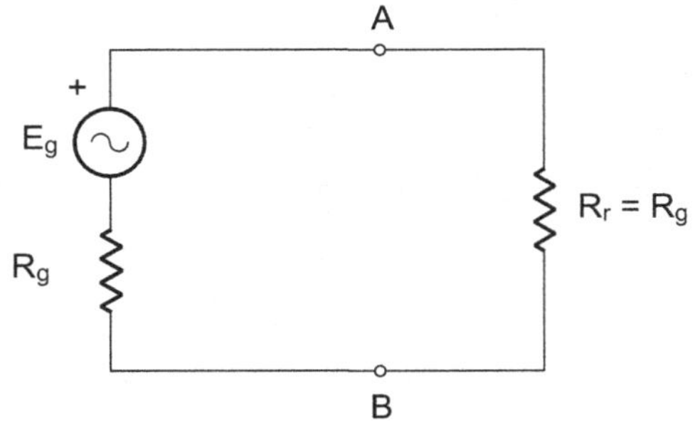

Figura 5.30

En la Figura 5.30 para una carga R_r genérica, la potencia recibida es:

$$P_{R_r} = \frac{|E_g|^2}{2} \frac{R_r}{(R_g + R_r)^2} \tag{5.144}$$

En la Figura 5.31 se representa la variación de la potencia en función de la resistencia R_r.

El máximo se produce para $R_r = R_g$ y la potencia es:

$$P_{R_r} máx = \frac{|E_g|^2}{8 R_g} \tag{5.145}$$

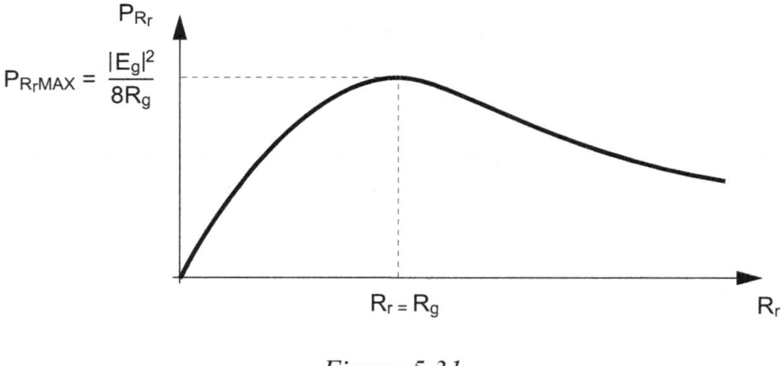

Figura 5.31

Un problema diferente al que resuelve el teorema de la máxima trasferencia de potencia es aquel en el que la impedancia de carga Z_r es conocida y se puede elegir la impedancia Z_g del generador para conseguir que la potencia en la carga sea máxima (Figura 5.32).

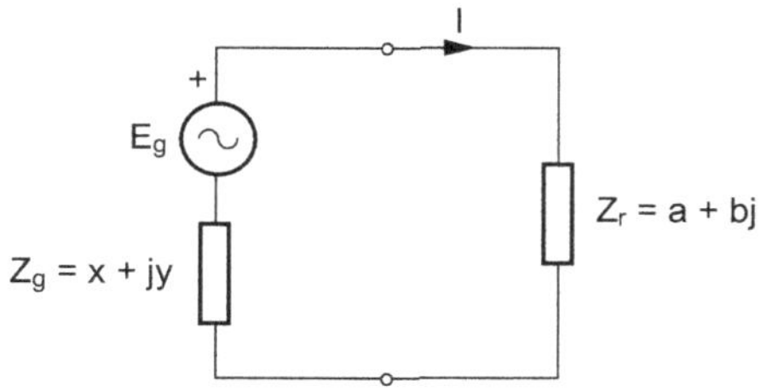

Figura 5.32

En esta situación, la potencia en la carga es:

$$P_{Z_r} = \frac{1}{2}\,|I|^2\, R_e\left[Z_r\right] = \frac{1}{2}\,|I|^2\, a \qquad (5.146)$$

El valor máximo de la potencia se obtendrá cuando el módulo de la intensidad | I | sea máximo:

$$|I| = \frac{|E_g|}{\sqrt{(x+a)^2 + (y+b)^2}} \qquad (5.147)$$

Como la parte real de Z_g ha de ser positiva:

$$x \geq 0 \qquad (5.148)$$

Los valores de x e y que hacen | I | máximo son:

$$\left.\begin{array}{l} x = 0 \\ y = -b \end{array}\right\} \qquad (5.149)$$

Si la carga Z_r es resistiva pura, la máxima potencia se obtiene con:

$$\left.\begin{array}{l} x = 0 \\ y = 0 \end{array}\right\} \qquad (5.150)$$

esto es $Z_g = 0$ (Figura 5.33).

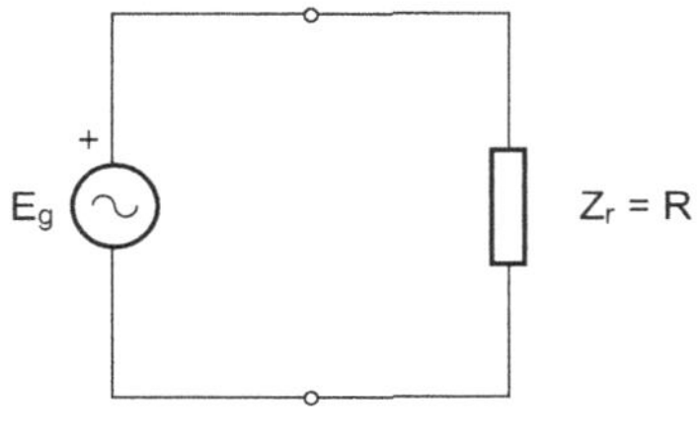

Figura 5.33

El caso más general es aquel que contempla el teorema de la máxima trasferencia de potencia, con Z_g conocida encontrar Z_r, que recibe del generador la máxima potencia disponible.

5.8 TEOREMA DE EVERITT

Consideremos el circuito representado en la Figura 5.34 en el que la señal se transmite desde el generador hacia la carga a través de una red (R-L-C).

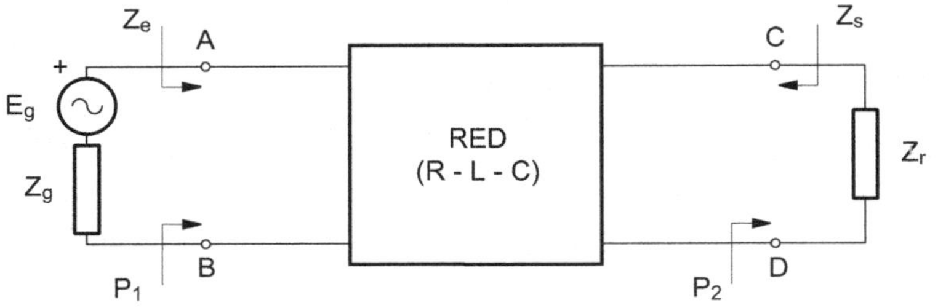

Figura 5.34

El generador (E_g, Z_g) se encuentra cerrado por la impedancia de entrada de la red Z_e (Figura 5.35a) y Z_r es la impedancia con la que queda cerrado el generador equivalente Thevenin a la salida de la red (Figura 5.35b), en el que E_s es la tensión en circuito abierto entre los terminales C y D, y Z_s es la impedancia de salida de la red.

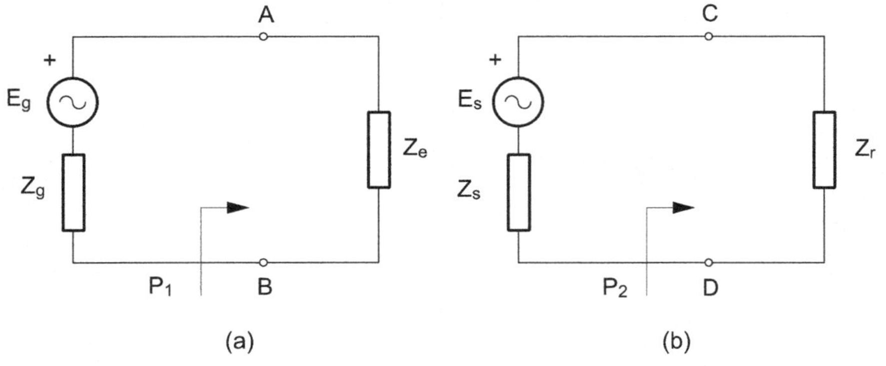

Figura 5.35

La potencia P_1 entregada a la entrada será la suma de la que disipa la red P_{red} más la que recibe la carga P_2.

$$P_1 = P_{red} + P_2 \tag{5.151}$$

de donde se obtiene para la potencia en la carga:

$$P_2 = P_1 - P_{red} \tag{5.152}$$

Teniendo en cuenta el teorema de la máxima transferencia de potencia y observando la Figura 5.35a, se deduce que la potencia entregada a la entrada P_1 será máxima cuando la impedancia de entrada sea la conjugada de Z_g. Es decir:

$$P_1 máx. = (P_{red} + P_2) máx. \tag{5.153}$$

implica que:

$$Z_e = Z_g^* \tag{5.154}$$

Para este valor de la impedancia de entrada, es máxima la suma de la potencia disipada en la red más la absorbida por Z_r. Esta condición no implica que sea máxima la potencia P_2 recibida por la carga. Para que esto suceda, debe ser máxima la diferencia entre la potencia entregada a la entrada y la absorbida por la red.

$$P_2 máx. = (P_1 - P_{red}) máx. \tag{5.155}$$

y atendiendo a la Figura 5.35b, se debe cumplir:

$$Z_s = Z_r^* \tag{5.156}$$

De lo expuesto, se deduce que para redes (R-L-C) se ha de distinguir la situación en la que *el generador está entregando la máxima potencia* y aquella otra en la que *la carga recibe la máxima potencia*, ocurriendo estas circunstancias cuando se satisfacen condiciones distintas entre las impedancias de entrada y salida y las del generador y carga, respectivamente.

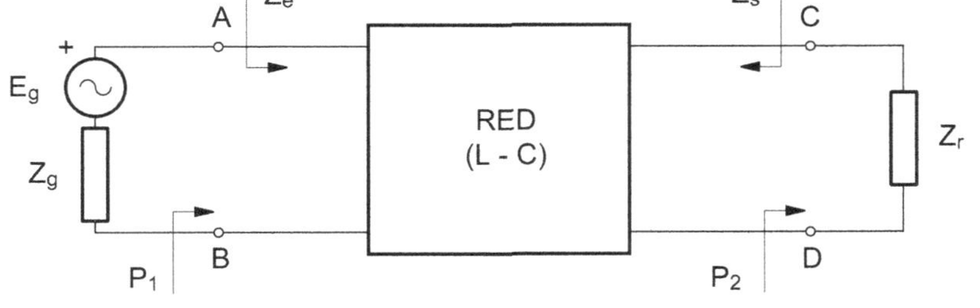

Figura 5.36

Si la red intercalada entre generador y carga está formada únicamente por bobinas y condensadores (Figura 5.36), la potencia disipada por la red será nula:

$$P_{red} = 0 \qquad (5.157)$$

Por lo tanto, la potencia entregada a la entrada de la red y la recibida por la carga son iguales:

$$P_1 = P_2 \qquad (5.158)$$

y la potencia P_2 será máxima cuando lo sea la potencia P_1.

$$P_2 máx. = P_1 máx. \qquad (5.159)$$

La potencia entregada a la entrada es máxima cuando se cumple:

$$Z_e = Z_g^* \qquad (5.160)$$

siendo máxima la potencia en la carga cuando:

$$Z_s = Z_r^* \qquad (5.161)$$

Por lo tanto, para redes (L-C), si la potencia entregada a la entrada es máxima, también lo es la recibida por la carga, cumpliéndose simultáneamente que:

$$Z_e = Z_g^* \qquad (5.162)$$

y

$$Z_s = Z_r^* \qquad (5.163)$$

pudiendose enunciar el siguiente teorema propuesto por W. L. Everitt:

"Si a la entrada de una red no disipativa existe adaptación de impedancias, también están adaptadas las impedancias a su salida."

El resultado de este teorema tiene una interpretación más general, de manera que cuando entre un generador y una carga hay conectadas en cascada un conjunto de redes no disipativas, si hay adaptación de impedancias en un punto de la cadena, también existe adaptación en los demás puntos de la misma y, en consecuencia para cualquier punto, las impedancias "vistas" a izquierda y derecha son conjugadas como se representa en la Figura 5.37.

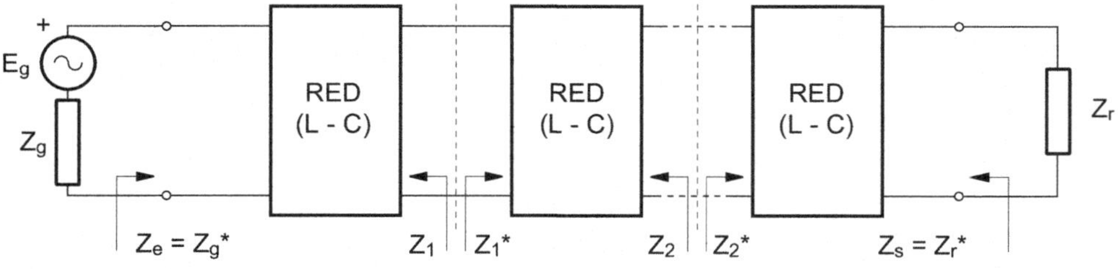

Figura 5.37

5.9 ADAPTACIÓN DE IMPEDANCIAS

En general, las impedancias de carga y los generadores que las deben alimentar no cumplen las condiciones impuestas por el teorema de la máxima transferencia de potencia. Se hace por ello necesario disponer de algún método para modificar los valores de las impedancias, de manera que se consiga el valor óptimo de las mismas. En la Figura 5.38, se representa gráficamente el principio básico para transformar las impedancias.

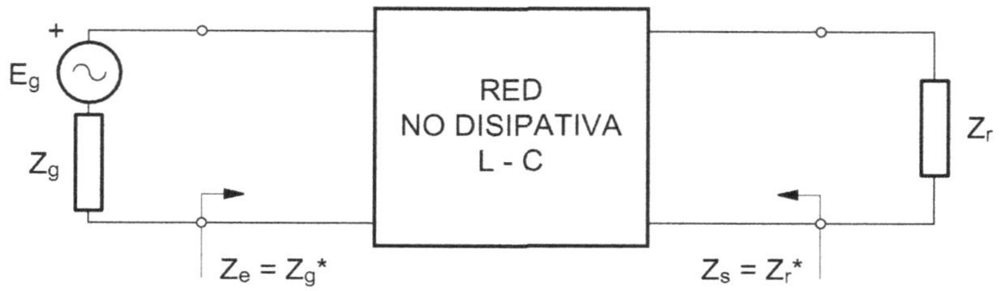

Figura 5.38

Al intercalar entre el generador y la carga una red no disipativa, la potencia entregada a la entrada de la red será igual a la recibida por la carga. Si la red (L-C) se elige convenientemente, podemos conseguir que la impedancia "vista" a su entrada sea la conjugada de la impedancia del generador, es decir:

$$Z_e = Z_g^* \tag{5.164}$$

y según el teorema de Everitt, también se cumplirá:

$$Z_s = Z_r^* \tag{5.165}$$

En esta situación el generador (E_g, Z_g) estará entregando la máxima potencia y la carga Z_r la estará recibiendo.

Evidentemente, existirán infinitas redes no disipativas que satisfagan las condiciones (5.164) y (5.165). En el apartado siguiente trataremos el diseño de aquellas que por su sencillez, su síntesis no introduce gran complejidad de cálculo.

5.9.1 Red adaptadora en "L"

La red más sencilla con la que se puede conseguir la adaptación entre el generador y la carga deberá tener al menos dos impedancias. Con una de ellas modificaremos la parte real de la impedancia a transformar hasta conseguir el valor deseado y con la segunda, se ajusta la parte imaginaria.

En la Figura 5.39 se representa una de estas redes.

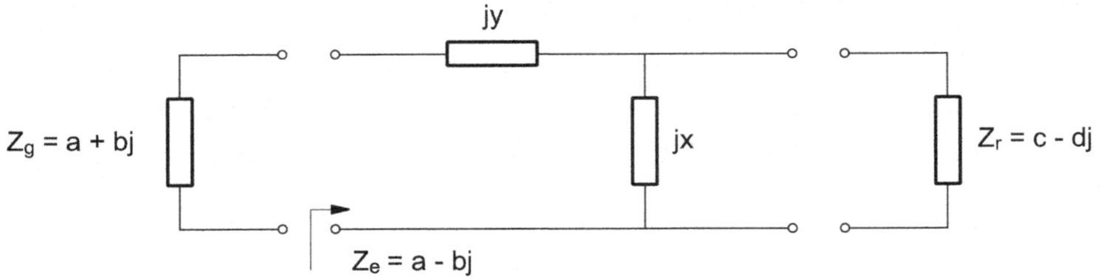

Figura 5.39

Los valores de **x** e **y** se calcularán para conseguir:

$$Z_e = Z_g^* = a - bj = jy + (jx // Z_r) \quad (5.166)$$

El valor de **x** se obtiene haciendo que la parte real de la asociación en paralelo de las impedancias **jx** y Z_r sea igual a la parte real de la impedancia del generador:

$$R_e \left[(jx // Z_r)\right] = a \quad (5.167)$$

En general se encontrarán dos valores de **x** que cumplen la ecuación anterior:

$$x = x_1 \quad (5.168)$$

$$x = x_2 \quad (5.169)$$

Para cada uno de estos valores de **x** se obtiene la parte imaginaria de la combinación en paralelo de **jx** y Z_r.

El valor de **y** deberá ser tal que:

$$I_m\left[(jx // Z_r\right]_{\substack{x=x_1 \\ x=x_2}} + y = -b \quad (5.170)$$

De la ecuación anterior se obtienen dos valores de **y**:

$$x = x_1 \Rightarrow y = y_1 \quad (5.171)$$

y

$$x = x_2 \Rightarrow y = y_2 \quad (5.172)$$

Para que la red no disipativa representada en la Figura 5.39 sea realizable, es necesario que al despejar **x** de la ecuación (5.167) se obtenga un valor real para que **jx** sea una reactancia pura.

Así tenemos:

$$\frac{jx(c + dj)}{c + j(x + d)} = \frac{x^2 c}{c^2 + (x + d)^2} + j\,\frac{xc^2 + xd(x + d)}{c^2 + (x + d)^2} \tag{5.173}$$

La parte real deberá ser igual a la del generador:

$$R_e\left[jx \,//\, Z_r\right] = a = \frac{x^2 c}{c^2 + (x + d)^2} \tag{5.174}$$

de donde:

$$x^2\, c = a\, c^2 + a\,(x^2 + d^2 + 2\, dx) \tag{5.175}$$

$$x^2\,(a - c) + 2\, adx + a\,(c^2 + d^2) = 0 \tag{5.176}$$

En la expresión anterior, para que **x** sea real, deberá cumplirse:

$$(2\, ad)^2 - 4\, a(c^2 + d^2)\,(a - c) \geq 0 \tag{5.177}$$

por lo que:

$$ad^2 - (c^2 + d^2)\,(a - c) \geq 0 \tag{5.178}$$

$$c(c^2 + d^2) - ac^2 \geq 0 \tag{5.179}$$

y finalmente:

$$(c^2 + d^2) \geq a\, c \tag{5.180}$$

Para que se cumpla la expresión (5.180) es condición suficiente, aunque no necesaria, que:

$$c > a \tag{5.181}$$

Si no se cumple la condición (5.180), se intercambia la posición de las reactancias **jx** y **jy** como se representa en la Figura 5.40, diseñando la red para conseguir adaptación a la salida de la misma, lo que a su vez implica la adaptación a la entrada (teorema de Everitt).

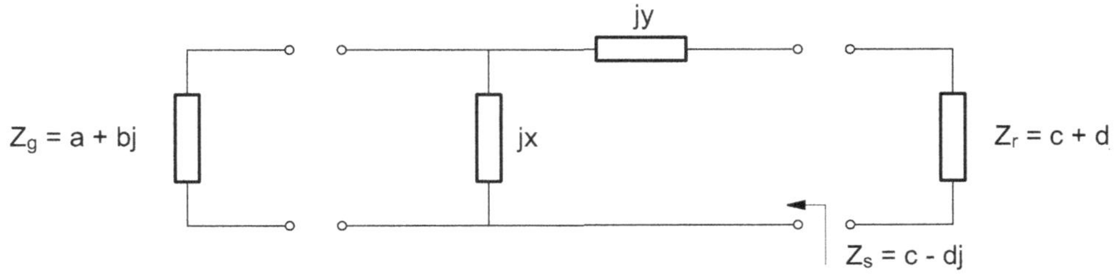

Figura 5.40

La forma de proceder será análoga a la anterior.

Así, haremos:

$$R_e\left[(j\,x\,//\,Z_g)\right] = c \qquad (5.182)$$

de donde resultarán:

$$x = x_1^{/} \qquad (5.183)$$

$$x = x_2^{/} \qquad (5.184)$$

y haciendo:

$$I_m\left[jx\,//\,Z_g\right]_{\substack{x=x_1^{/}\\ x=x_2^{/}}} + y = -d \qquad (5.185)$$

Se obtendrán:

$$y = y_1^{/} \quad para \quad x = x_1^{/} \qquad (5.186)$$

$$y = y_2^{/} \quad para \quad x = x_2^{/} \qquad (5.187)$$

La condición para que exista solución será:

$$(a^2 + b^2) \geq a\ c \qquad (5.188)$$

Para que se cumpla la ecuación anterior es suficiente que:

$$a > c \qquad (5.189)$$

En definitiva, podemos asegurar que el problema de síntesis tiene solución si la reactancia **jx** se conecta en paralelo con aquella de las impedancias (Z_r o Z_g) cuya parte real sea mayor.

EJEMPLO

Se trata de encontrar una célula en "L" que adapte un generador de Z_g=50-250j y una carga de Z_r=100+200j.

Para tener la certeza de que el problema tiene solución, conectamos **jx** en paralelo con Z_r por ser la de mayor parte real. La red se representa en la Figura 5.41.

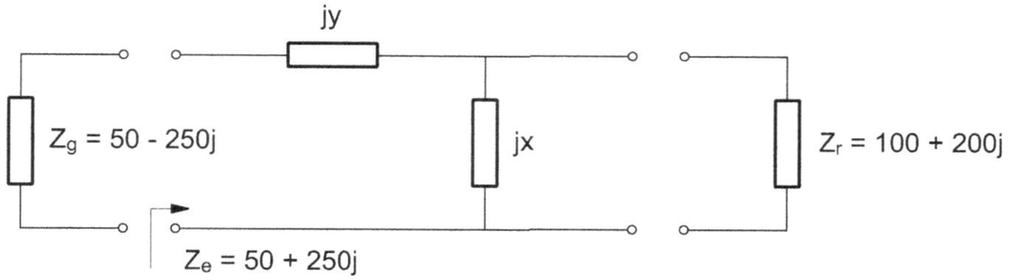

Figura 5.41

$$(jx \,//\, Z_r) = \frac{jx(100 + 200j)}{100 + j(200 + x)} = \frac{100\,x^2}{x^2 + 400x + 5\;10^4} + j\,\frac{200\,x^2 + 5\;10^4 x}{x^2 + 400x + 5\;10^4}$$

El valor de **x** que hace que la parte real coincida con la de Z_g será tal que:

$$R_e\left[jx \,//\, Z_r\right] = \frac{100\,x^2}{x^2 + 400x + 5\;10^4} = R_e\left[Z_g\right] = 50$$

por lo tanto:

$$2x^2 = x^2 + 400x + 5\;10^4$$

$$x^2 - 400x - 5\;10^4 = 0$$

y

$$x = \frac{4\;10^2 \pm \sqrt{16\;10^4 + 20\;10^4}}{2} = \begin{cases} x_1 = 500\,\Omega \\ x_2 = -100\,\Omega \end{cases}$$

Para estos dos valores de **x**, la parte imaginaria será:

$$I_m\left[jx \,//\, Z_r\right] = \frac{200\,x^2 + 5\;10^4 x}{x^2 + 400\,x + 5\;10^4}$$

$$\textit{para} \quad x_1 = 500 \quad \textit{resulta} \quad I_{m1} = 150$$

$$\textit{para} \quad x_2 = -100 \quad \textit{resulta} \quad I_{m2} = -150$$

y al hacer:

$$I_m\left[(jx \,//\, Z_r)\right] + y = 250\,\Omega$$

se obtiene:

$$para \quad x_1 = 500 \quad ; \qquad y_1 = 250 - I_{m1} = 100\,\Omega$$

y para:

$$x_2 = -100 \quad ; \qquad y_2 = 250 - I_{m2} = 400\,\Omega$$

Las redes adaptadoras serán las representadas en las Figuras 5.42a y 5.42b.

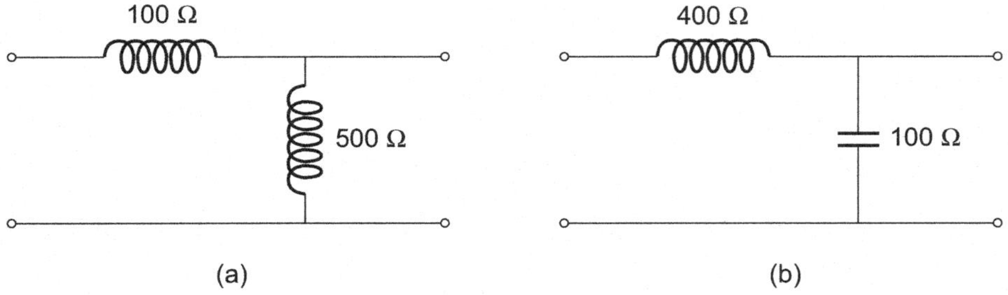

Figura 5.42

Frecuentemente se presenta el caso en el que las impedancias del generador y de la carga son resistivas puras (Figura 5.43).

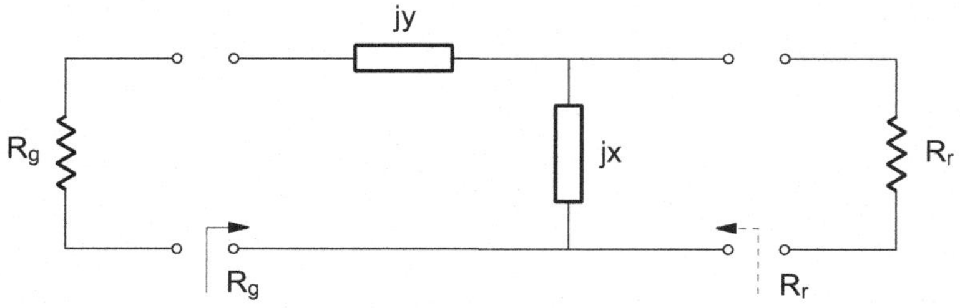

Figura 5.43

La red adaptadora se calcula teniendo en cuenta que:

$$(j x \,//\, R_r) = \frac{j x \, R_r}{R_r + j x} = \frac{x^2 \, R_r}{R_r^2 + x^2} + j \, \frac{x \, R_r^2}{R_r^2 + x^2} \tag{5.190}$$

Haciendo:

$$R_e\left[(j x \,//\, R_r)\right] = \frac{x^2 \, R_r}{R_r^2 + x^2} = R_g \tag{5.191}$$

resulta:

$$x_{1,2} = \pm R_r \sqrt{\frac{R_g}{R_r - R_g}} \tag{5.192}$$

y como se debe cumplir que:

$$I_m\left[j x // R_r\right] + y = 0 \tag{5.193}$$

se tiene:

$$y_{1,2} = \mp \sqrt{R_g(R_r - R_g)} \tag{5.194}$$

Cuando **x** es positiva, **y** es negativa (y viceversa), da como resultado dos redes formada cada una de ellas por una bobina y un condensador. Para que la red representada en la Figura 5.48 sea realizable de la expresión (5.192), se deduce la condición:

$$R_r > R_g \tag{5.195}$$

Si esto no sucede, es decir, si:

$$R_g > R_r \tag{5.196}$$

la impedancia **jx** se conectará en paralelo con la resistencia R_g del generador, como se muestra en la Figura 5.44.

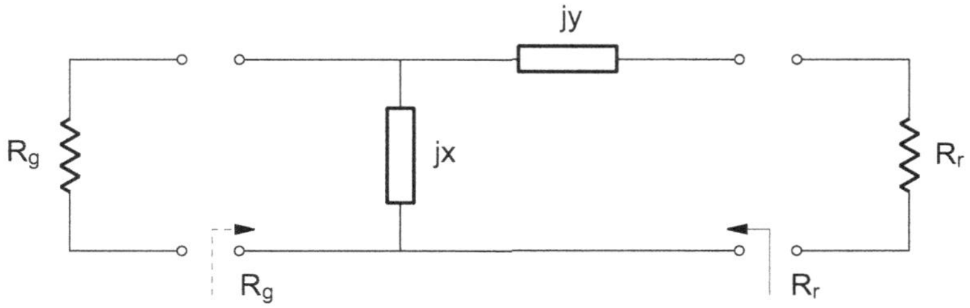

Figura 5.44

Para la Figura 5.44 se obtiene:

$$x_{1,2} = \pm R_g \sqrt{\frac{R_r}{R_g - R_r}} \tag{5.197}$$

$$y_{1,2} = \mp \sqrt{R_r(R_g - R_r)} \tag{5.198}$$

Al ser las reactancias **x** e **y** funciones de la frecuencia, la adaptación de las impedancias sólo puede conseguirse a una única frecuencia f_d que llamaremos frecuencia de diseño. Cuando se requiera trabajar con señales formadas por varias frecuencias, la célula en "L" estudiada no permite conseguir la adaptación en toda la banda. En el apartado siguiente abordamos el estudio de la respuesta en frecuencia de esta red.

5.9.1.1 RESPUESTA EN FRECUENCIA DE LA RED EN "L"

Consideremos el circuito representado en la Figura 5.45. Los valores de **x** e **y** a la frecuencia de diseño vienen dados por las ecuaciones (5.197) y (5.198).

$$x_d = \pm R_g \sqrt{\frac{R_r}{R_g - R_r}} \qquad (5.197\text{ bis})$$

$$y_d = \mp \sqrt{R_r (R_g - R_r)} \qquad (5.198\text{ bis})$$

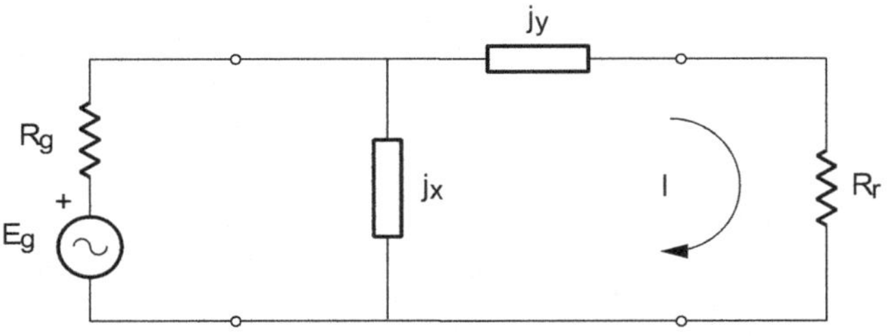

Figura 5.45

Vamos a resolver el caso en el que x_d es capacitiva e y_d inductiva:

$$x_d = -R_g \sqrt{\frac{R_r}{R_g - R_r}} = \frac{-1}{\omega_d C} \qquad (5.199)$$

$$y_d = \sqrt{R_r (R_g - R_r)} = \omega_d L \qquad (5.200)$$

Al variar la frecuencia y para los valores de C y L obtenidos de las expresiones (5.199) y (5.200), las nuevas reactancias serán:

$$x = \frac{-1}{\omega C} = -\frac{\omega_d}{\omega} R_g \sqrt{\frac{R_r}{R_g - R_r}} \qquad (5.201)$$

$$y = \omega L = \frac{\omega}{\omega_d} \sqrt{R_r (R_g - R_r)} \qquad (5.202)$$

De estas expresiones, multiplicándolas y dividiéndolas entre sí, se obtienen:

$$x\,y = -R_g\,R_r \tag{5.203}$$

$$\frac{y}{x} = -\left(\frac{f}{f_d}\right)^2 \frac{R_g - R_r}{R_g} \tag{5.204}$$

En la Figura 5.45 la corriente I es:

$$I = \frac{j\,x\,E_g}{R_g\,R_r - x\,y + j\left[x(R_g + R_r) + y R_g\right]} \tag{5.205}$$

Sustituyendo la ecuación (5.203) y dividiendo numerador y denominador de la expresión anterior por jx resulta:

$$I = \frac{E_g}{R_r + R_g + R_g(y/x) - j\,2R_g\,R_r/x} \tag{5.206}$$

al sustituir las expresiones (5.201) y (5.204) se obtiene:

$$I = \frac{E_g}{R_r + R_g - (f/f_d)^2\,(R_g - R_r) + j(f/f_d)\,2\,\sqrt{R_r(R_g - R_r)}} \tag{5.207}$$

Haciendo:

$$n = \frac{R_g}{R_r} = \textit{relación de transformación} \qquad (5.)208$$

resulta:

$$I = \frac{n\,E_g}{R_g}\,\frac{1}{1 + n - (f/f_d)^2\,(n - 1) + j\,2(f/f_d)\,\sqrt{n - 1}} \tag{5.209}$$

el módulo de esta expresión es:

$$|\,I\,| = \frac{n\,|E_g|}{R_g}\,\frac{1}{\sqrt{(n + 1)^2 + (n - 1)^2\left[(f/f_d)^4 - 2(f/f_d)^2\right]}} \tag{5.210}$$

A la frecuencia de diseño, se cumple que:

$$\frac{f}{f_d} = 1 \tag{5.211}$$

y sustituyendo en 5.210 resulta:

$$|I_d| = \frac{n|E_g|}{R_g}\frac{1}{2\sqrt{n}} \tag{5.212}$$

La relación entre la corriente a cualquier frecuencia y la de diseño es:

$$\frac{|I|}{|I_d|} = \frac{2\sqrt{n}}{\sqrt{(n+1)^2 + (n-1)^2\,[\,(f/f_d)^4 - 2(f/f_d)^2\,]}} \tag{5.213}$$

En la Figura 5.46 se representa la expresión (5.213) para diferentes valores de la relación de transformación.

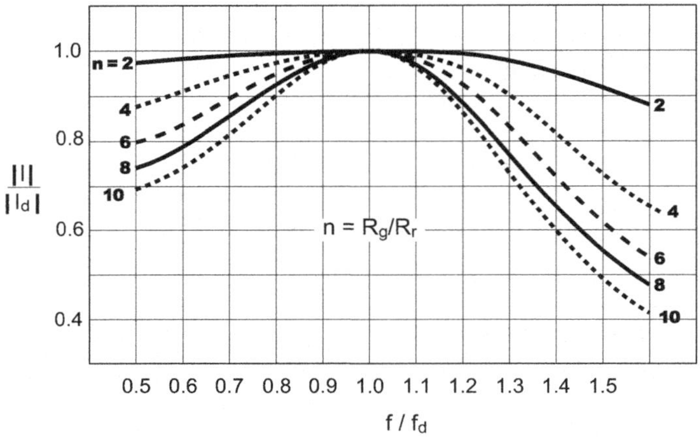

Figura 5.46

Puede observarse como a medida que n es mayor, las curvas se hacen más selectivas. Por ello, si se quiere un ancho de banda grande, sería conveniente realizar la adaptación de forma escalonada, mediante varias secciones en "L" conectadas en cascada de manera que la desadaptación de las impedancias que cierran cada sección sea lo suficientemente pequeña para poder conseguir el ancho de banda deseado (Figura 5.47).

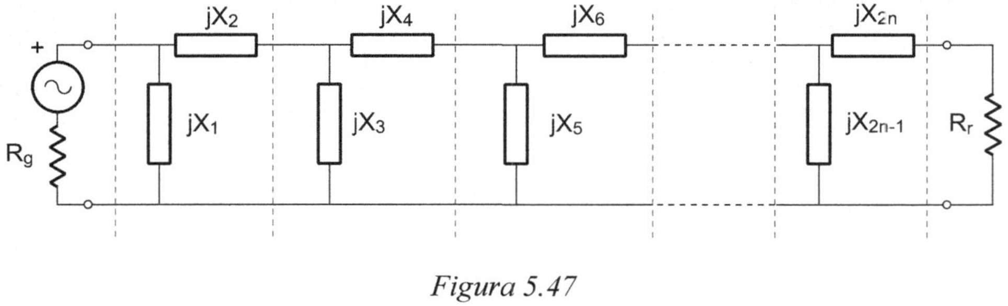

Figura 5.47

PROBLEMAS

PROBLEMA 5.1

En el circuito de la figura, se pide determinar $v_{AB}(t)$ y la potencia disipada en R_2.

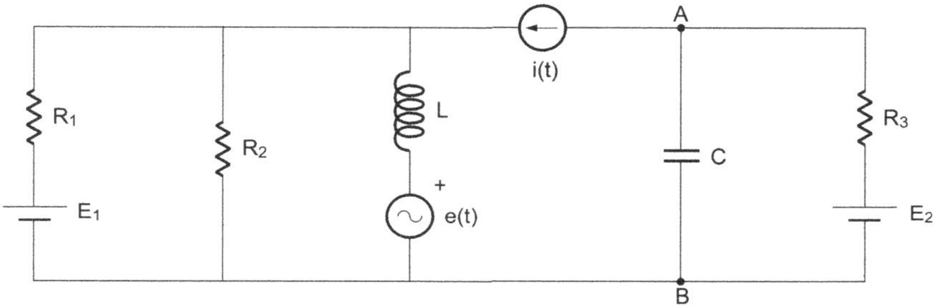

DATOS

$i(t) = 2\ sen\,10^6 t\ A$; $e(t) = 4\ cos\,10^6 t\ V$; $E_1 = E_2 = 6\,V$

$R_1 = R_2 = R_3 = 2\ \Omega$; $C = 1\mu F$; $L = 1\mu H$

PROBLEMA 5.2

En el circuito de la figura se pide:

a) Calcular la expresión instantánea de la corriente i(t).

b) Calcular la potencia puesta en juego por $e_g(t)$ y la disipada en la resistencia R_1.

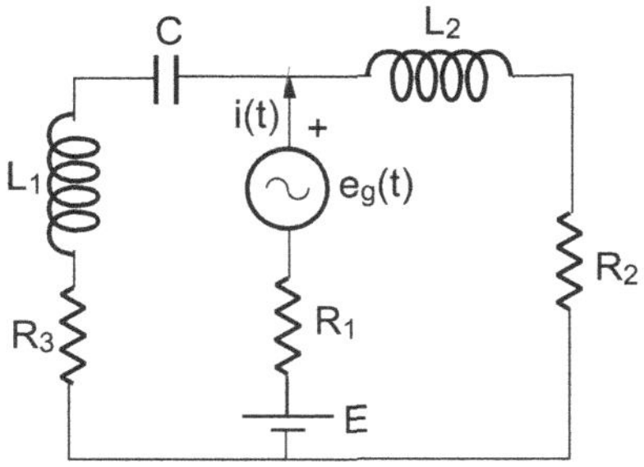

DATOS

$e_g(t) = 10\ sen\ (10^6 t)\ V$; $E = 10\ V$

$L_1 = L_2 = 1\ \mu H$; $C = 0{,}5\ \mu F$;

$R_1 = R_2 = R_3 = 1\ \Omega$

PROBLEMA 5.3

En el circuito de la figura se pide:

a) Expresión instantánea de la corriente por R_4.

b) Potencia puesta en juego por i(t) y disipada por R_4.

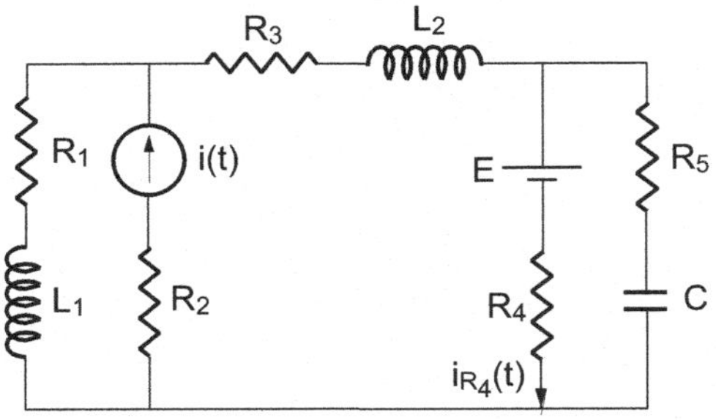

DATOS

$R_1 = R_2 = R_3 = R_4 = R_5 = 1\ \Omega;\quad L_1 = L_2 = 1\ \mu H;\ C = 1\ \mu F$

$i(t) = 25\ sen\ (10^6\ t)\ A\ ;\quad E = 3\ V$

PROBLEMA 5.4

En el circuito de la figura se pide obtener:

a) El valor instantáneo de la tensión en extremos del condensador $v_c(t)$ y de la d.d.p. $v_{AB}(t)$.

b) Potencia disipada por R_1 y puesta en juego por el generador $i_1(t)$.

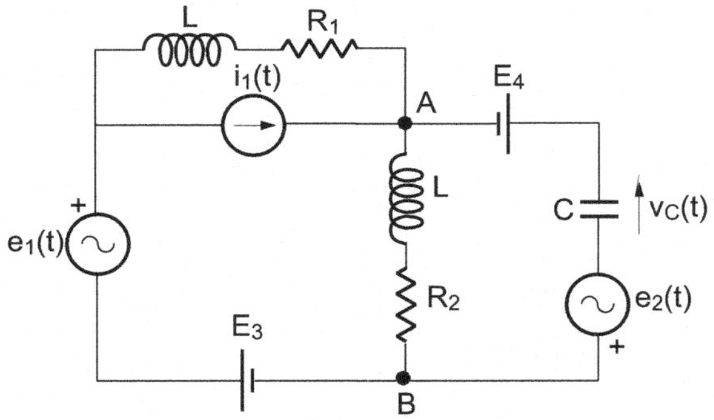

DATOS

$e_1(t) = 2\sqrt{2}\ sen\ (10^6\ t + \pi/4)\ V\ ;\quad e_2(t) = 3\ sen\ (10^6\ t)\ V$

$i_1(t) = 2\ sen\ (10^6\ t)\ A\ ;\quad E_3 = 10\ V\ ;\quad E_4 = 2\ V\ ;$

$R_1 = R_2 = 2\ \Omega;\ C = 1\ \mu F\ ;\quad L = 2\ \mu H$

PROBLEMA 5.5

En el circuito de la figura se pide determinar:

a) Expresión instantánea de las corrientes $i_{e1}(t)$ e $i_{e2}(t)$ y de la tensión $v_{i1}(t)$ en bornas del generador de corriente.

b) Potencias puestas en juego por cada uno de los generadores y disipadas en cada resistencia.

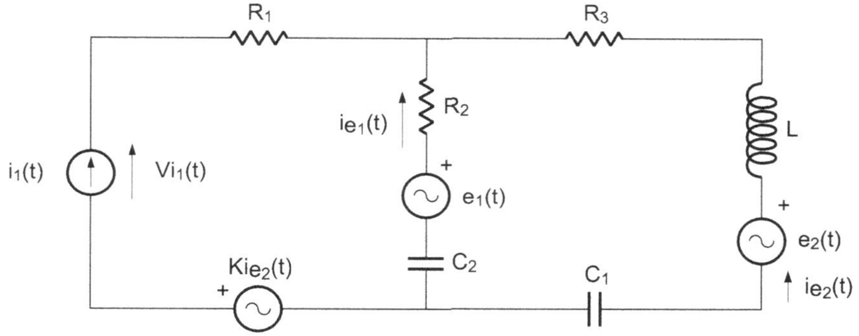

DATOS

$i_1(t) = cos\,10^6 t\ A$; $e_1(t) = sen\,2\ 10^6 t\ V$; $e_2(t) = 2\,sen\,2\ 10^6 t\ V$

$R_1 = R_2 = R_3 = 1\ \Omega$; $L = 1 \mu H$; $C_1 = 1/2\ \mu F$; $C_2 = 1 \mu F$; $K = 2\ \Omega$

PROBLEMA 5.6

En el circuito de la figura, se pide determinar la expresión instantánea de las corrientes $i_c(t)$ e $i_e(t)$.

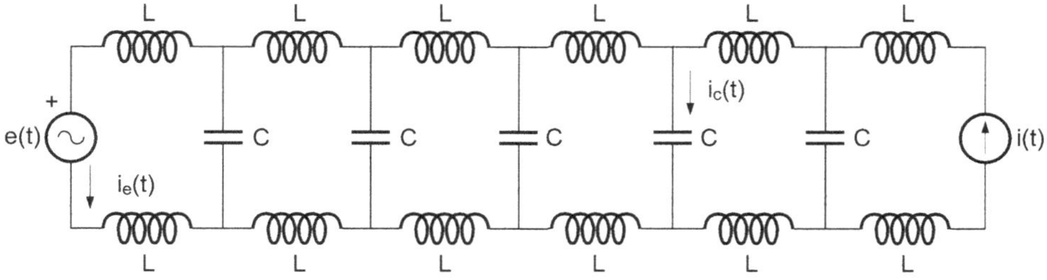

DATOS

$e(t) = 2\,sen\,\omega_1 t\ V$; $i(t) = sen\,\omega_2\ t\ A$

$\omega_1 L = 1\ \Omega$; $\omega_2 = 2\,\omega_1$; $1/\omega_1 C = 2\ \Omega$

PROBLEMA 5.7

En el circuito de la figura y aplicando los teoremas de linealidad, determinar las corrientes $i_1(t)$, $i_2(t)$ e $i_3(t)$, la potencia entregada por $e_1(t)$ y la disipada por R_1.

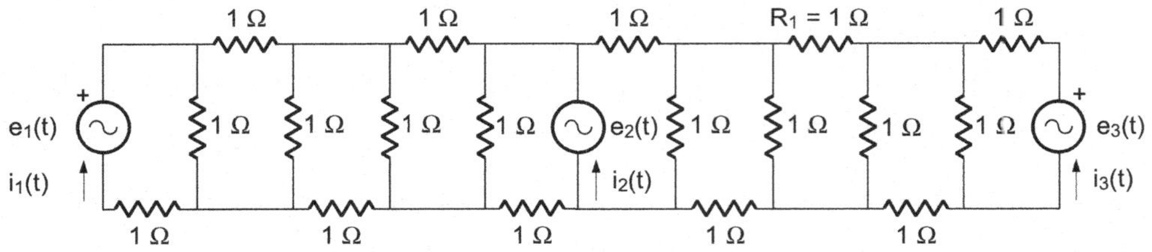

DATOS

$e_1(t) = sen\ \omega_1 t\ V$; $e_2(t) = 2\,sen\ \omega_2 t\ V$; $e_3(t) = 3\,sen\ \omega_3 t\ V$

$\omega_1 = 2\,\omega_2 = 3\,\omega_3$

PROBLEMA 5.8

En el circuito de la figura, actuando sólo el generador $E_1 = 2\ V_{ef}$, se obtienen $I = (2 + 2j)\ A_{ef}$ e $I' = (3 - j)\ A_{ef}$. Se pide la potencia puesta en juego por E_1, cuando conectamos $E_2 = 2j\ V_{ef}$ como se indica en la figura (los dos generadores son de igual frecuencia).

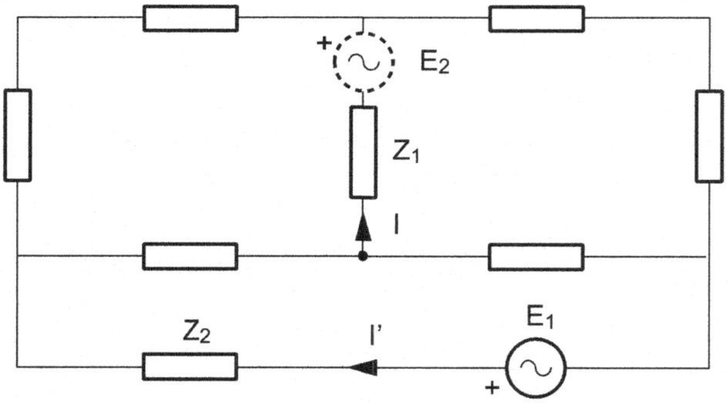

PROBLEMA 5.9

En el circuito de la figura, se pide determinar el generador equivalente Thevenin entre los puntos A y B.

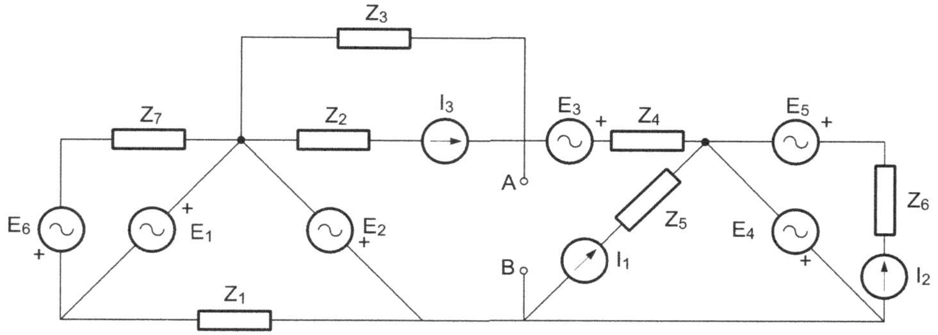

DATOS

$e_1(t) = e_2(t) = e_4(t) = 2\,sen\,\omega t\ V$ $\quad e_3(t) = e_5(t) = e_6(t) = \sqrt{2}\,sen(\omega t + 3\pi/4)\ V$

$i_1(t) = \sqrt{2}\,sen(\omega t + 3\pi/4)\ A\ ;\quad i_2(t) = \sqrt{2}\,sen(\omega t + 5\pi/4)\ A\ ;\quad i_3(t) = \sqrt{2}\,cos(\omega t + 3\pi/4)\ A$

$Z_1 = Z_2 = 1\,\Omega\ ;\quad Z_3 = Z_4 = j\,\Omega\ ;\quad Z_5 = Z_6 = Z_7 = -2j\,\Omega$

PROBLEMA 5.10

En el circuito de la figura se pide encontrar el generador equivalente Thevenin entre los puntos A y B.

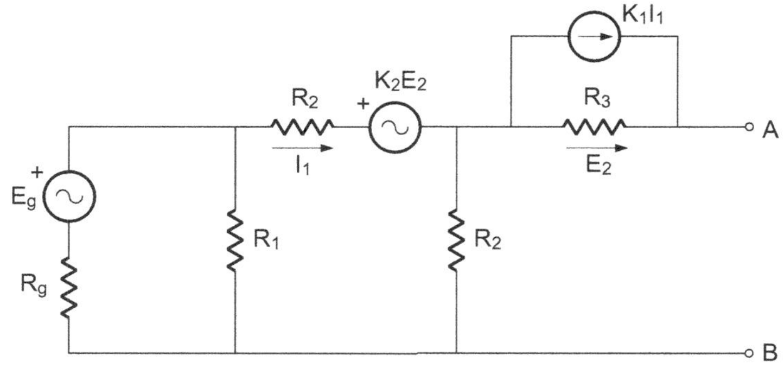

PROBLEMA 5.11

En el circuito de la figura se pide:

a) Generador equivalente Norton entre los puntos A y B.

b) Potencia disipada en cada una de las resistencias y puesta en juego por cada generador.

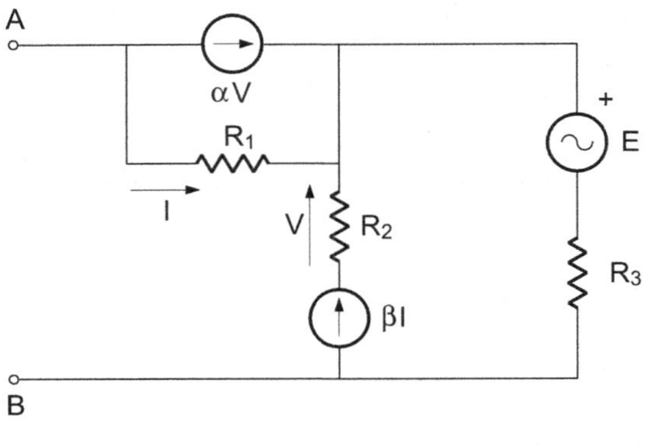

DATOS

$e(t) = 2 sen\, \omega t\ V$; $\alpha = 1\, \Omega^{-1}$; $\beta = 2$

$R_1 = 1\, \Omega$; $R_2 = 2\, \Omega$ $R_3 = 3\, \Omega$

PROBLEMA 5.12

En el circuito de la figura determinar:

a) Valor de R_L para que la potencia que disipa debida a la componente alterna sea máxima.

b) Potencia total disipada por la resistencia R_L del apartado anterior.

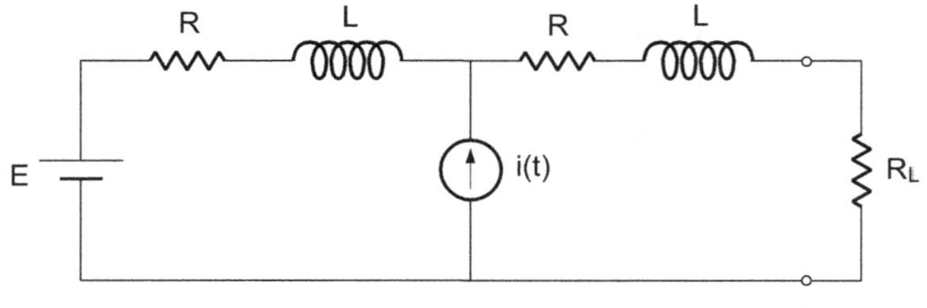

DATOS

$i(t) = 4\, cos\, 10^6 t\ A$; $E = 8\ V$; $R = 6\, \Omega$; $L = 8\, \mu H$

PROBLEMA 5.13

En el circuito de la figura se pide:

a) Calcular el equivalente Thevenin entre las bornas A y B.

b) Calcular el valor de la carga Z_L a conectar entre las bornas A y B para que sobre ella se disipe la máxima potencia posible y valor de dicha potencia.

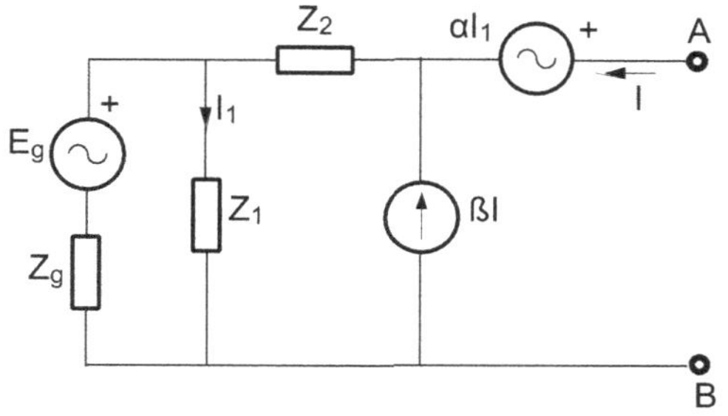

DATOS

$Z_1 = Z_g = (1+j)\ \Omega$; $Z_2 = (1-j)/2\ \Omega$; $\alpha = 1\ \Omega$; $\beta = 1$;

$e_g(t) = 10\ sen\ \omega\ t\ V$

PROBLEMA 5.14

En el circuito de la figura calcular:

a) Valor de la impedancia de carga Z_L para que disipe la máxima potencia.

b) Potencia disipada sobre la impedancia calculada en el apartado anterior.

c) Si se fuerza a que Z_L sea resistiva pura, encontrar su valor para que en ella se disipe la mayor potencia posible y el valor de la misma.

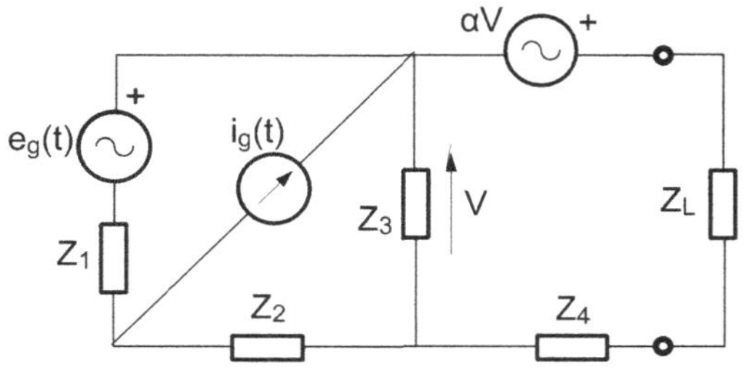

DATOS

$Z_1 = (1+j)\ \Omega$; $Z_2 = (1-j)\ \Omega$; $Z_3 = 1\ \Omega$; $Z_4 = 2j\ \Omega$; $\alpha = 2$

$e_g(t) = cos\ (\omega\ t - \pi/2)\ V$; $i_g(t) = \sqrt{2}\ cos\ (\omega\ t + \pi/4)\ A$

PROBLEMA 5.15

En el circuito de la figura se pide:

a) Obtener el equivalente de Thevenin entre los puntos A y B hacia la izquierda.

b) Obtener el valor de las potencias puestas en juego por el generador γI y el generador βV_2.

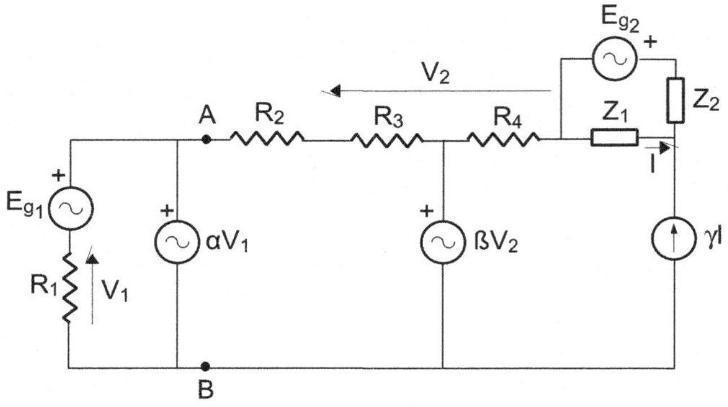

DATOS

$e_{g1}(t) = (4/3)\ sen\ \omega t\ V$; $e_{g2}(t) = 4\ sen\ (\omega t + \pi/2)\ V$;

$Z_1 = (1\text{-}3j)\ \Omega$; $Z_2 = (2+2j)\ \Omega$; $R_1 = 2\ \Omega$; $R_2 = 5\ \Omega$; $R_3 = 1\ \Omega$; $R_4 = 4\ \Omega$;

$\alpha = 3/2$; $\beta = 2$; $\gamma = 1/2$

PROBLEMA 5.16

En el circuito de la figura se pide:

a) Generador equivalente Thevenin entre los puntos A y B.

b) Valor de Z_r para que reciba la máxima potencia y el valor de la misma.

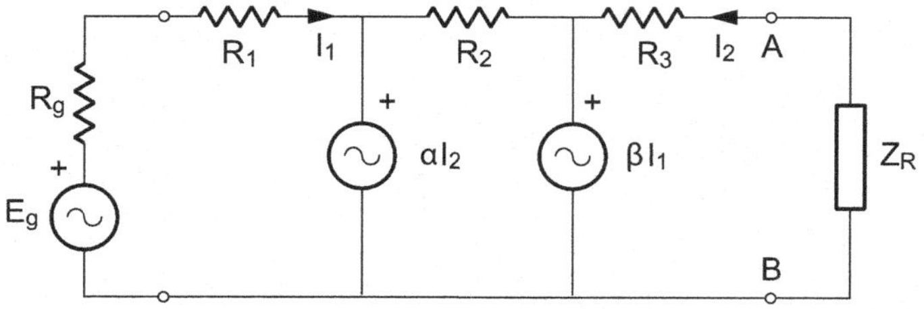

DATOS

$R_1 = 2\ \Omega$; $R_2 = 4\ \Omega$; $R_3 = 6\ \Omega$; $R_g = 3\ \Omega$

$e_g(t) = 8\ sen\ \omega t\ V$; $\beta = 5\ \Omega$; $\alpha = 2\ \Omega$

PROBLEMA 5.17

En el circuito de la figura se diseña la red L-C para lograr adaptación de impedancias entre generador y carga. A continuación se coloca en paralelo con la salida una resistencia R, comprobándose que en esta situación, la potencia que entrega el generador real varía en 3 dB. Calcular:

a) Valor de la resistencia R.
b) Rendimiento del generador, antes y después de conectar la resistencia R.

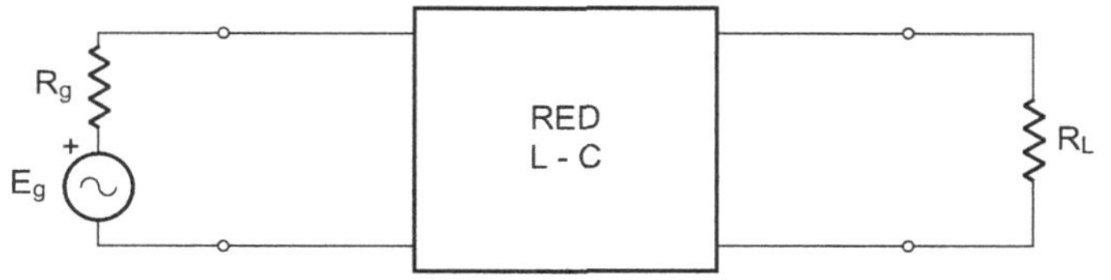

DATOS

$e_g(t) = 10\cos 10^6 t \ \ V$; $R_g = 50\ \Omega$; $R_L = 100\ \Omega$

PROBLEMA 5.18

En el circuito de la figura, con $i_1(t) = 2$ senωt A; $Z_1 = (2 + 4j)\ \Omega$ y $Z_2 = (1+3j)\Omega$; se han obtenido $V_1 = (5\text{-}5j)$ y $V_2 = (\text{-}1\text{-}7j)$ (voltios máximos).

a) Teniendo en cuenta el teorema de reciprocidad, se pide calcular la potencia puesta en juego por $i_1(t)$ cuando, en paralelo con Z_2, se conecta un generador ideal de intensidad de valor $i_2(t)=\sqrt{2}\ cos(wt\text{-}/\pi 4)$ Amp. que inyecta la corriente en D.

b) Diseñar la red L-C necesaria para conseguir que la carga Z_2 de la figura reciba la máxima potencia.

c) Si se pudiera modificar Z_1 y en las condiciones del apartado anterior, ¿cuál debería ser su valor para conseguir la máxima potencia posible en Z_2?

d) Calcular las pérdidas de transmisión e inserción producidas al intercalar la red L-C obtenida en el apartado b) y con los valores de Z_1, Z_2 e I_1 dados en el enunciado.

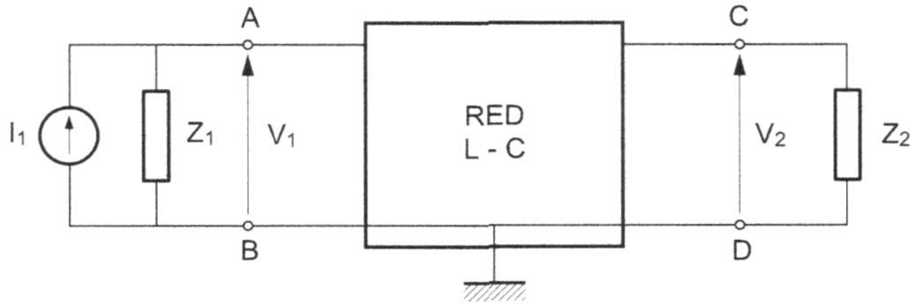

PROBLEMA 5.19

En la figura, la red L-C está conectada entre el generador (E_g,Z_g) y la carga Z_r, que recibe máxima potencia. Se pide:

a) Potencia en Z_r.

b) Si sustituimos Z_r por Z'_r = 60 Ω, sin modificar el resto del circuito, ¿qué potencia recibe Z'_r?

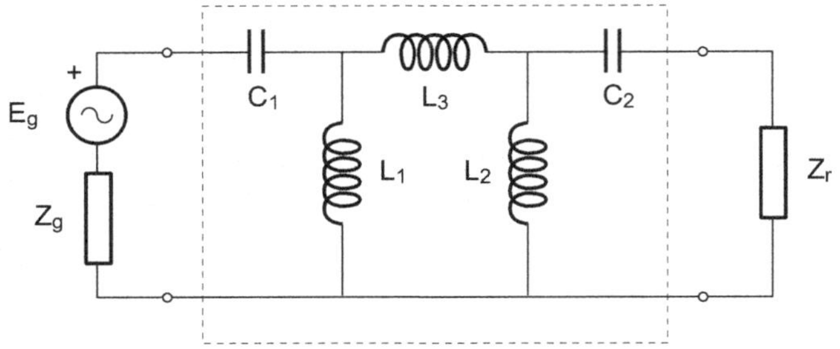

DATOS

$E_g = 20\ mV_{ef}$; $Z_g = (20 + 30j)\,\Omega$; $Z_r = (10 + 10j)$

PROBLEMA 5.20

En el circuito de la figura se sabe que la resistencia R_L está disipando la máxima potencia. Se pide calcular:

a) Impedancia de entrada de la red L-C.

b) Potencia disipada en la carga R_L.

c) Pérdidas de transmisión y de inserción introducidas por la red intercalada entre el generador (E_g, R_g) y la red L-C.

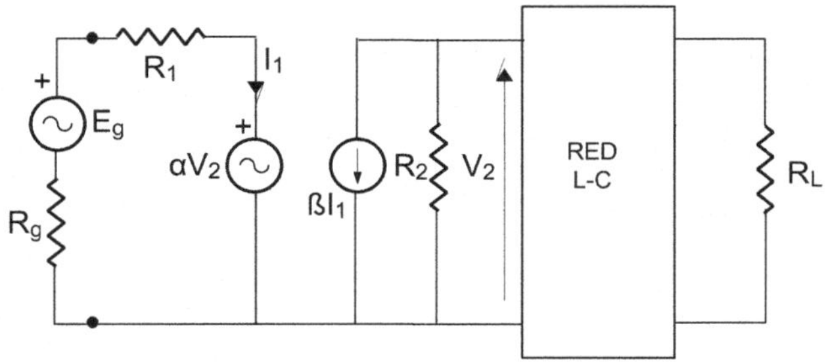

DATOS

$R_1 = R_2 = R_g = 1\ \Omega$; $\alpha = \beta = 1$; $e_g(t) = 10\ sen\ \omega t\ V$

PROBLEMA 5.21

En el circuito de la figura se pide:

a) Impedancia de entrada a la red resistiva.

b) Equivalente Thevenin a la salida de la red resistiva.

c) Equivalente Thevenin a la salida de la red adaptadora L-C.

d) Valores de P_2 y P_3 si se duplica el valor de la resistencia de carga R_L.

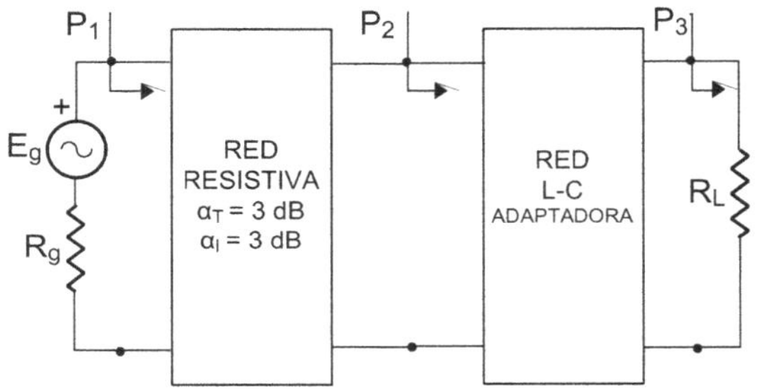

DATOS

$E_g = 20\ V_{ef}$; $R_L = 10\ \Omega$; $P_3 = 10\ W$; $R_g = 5\ \Omega$

PROBLEMA 5.22

En el circuito de la figura, formado por tres redes pasivas, se conoce la potencia P_1 que entrega el geneador real ($P_1 = 4$ W). La potencia que llega a la carga es $P_{R_L}=2W$; así mismo se sabe que la carga R_L está adaptada, siendo la corriente medida por el amperímetro 0'1 A y la tensión del voltímetro $10\sqrt{2}$V. Se pide:

a) Calcular las pérdidas de transmisión de la red (2). ¿Qué clase de red es?

b) Impedancia de entrada a la red (2) y circuito equivalente Thevenin a la salida de la red (1).

c) Sabiendo que la impedancia de entrada de la red (3) es resistiva pura, calcular el valor de R_L.

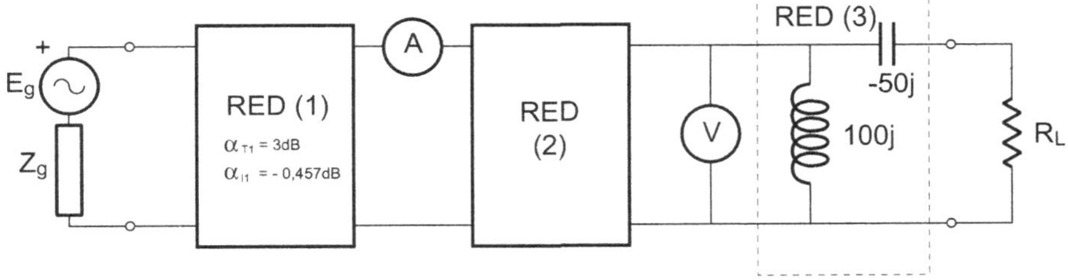

DATOS

$e_g(t) = 50\sqrt{2}\ sen\ \omega t\ V$; $Z_g = (100 + 200j)\ \Omega$

PROBLEMA 5.23

En el circuito de la figura se sabe que el generador entrega la máxima potencia a la RED 1. Sabiendo que la potencia disipada en Z_{L1} es de 2 W y que las pérdidas de inserción introducidas por la RED 3 son de 3 dB. Se pide:

a) Impedancia de entrada a la RED 2, sabiendo que tiene carácter inductivo.

b) Pérdidas de inserción introducidas por la RED 2.

c) ¿Recibe Z_{L2} la máxima potencia?

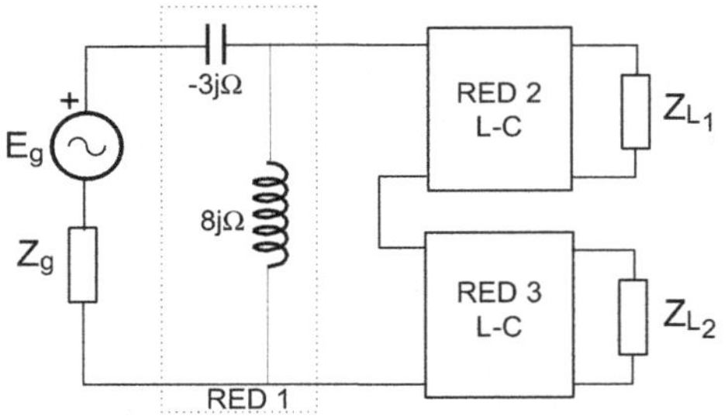

DATOS

$e_g(t) = 16\ sen\ \omega t\ V$; $Z_g = (4\text{-}j)\ \Omega$; $Z_{L1} = (2\text{-}3j)\ \Omega$; $Z_{L2} = (6+3j)\ \Omega$

PROBLEMA 5.24

En el circuito de la figura, en el que el amperímetro y el voltímetro tienen impedancias cero e infinito, respectivamente, se sabe que la carga R_L está recibiendo la máxima potencia y que en el voltímetro se miden 100 V adelantados π/4 respecto a la intensidad que indica el amperímetro. Se pide:

a) Potencia recibida por la carga R_L.

b) Impedancia Z a la entrada de la red (2).

c) Generador equivalente Thevenin a la salida de la primera red.

d) Pérdidas de inserción introducidas por la red (2).

e) Diseñar una de las posibles redes L-C(2) para conseguir la adaptación.

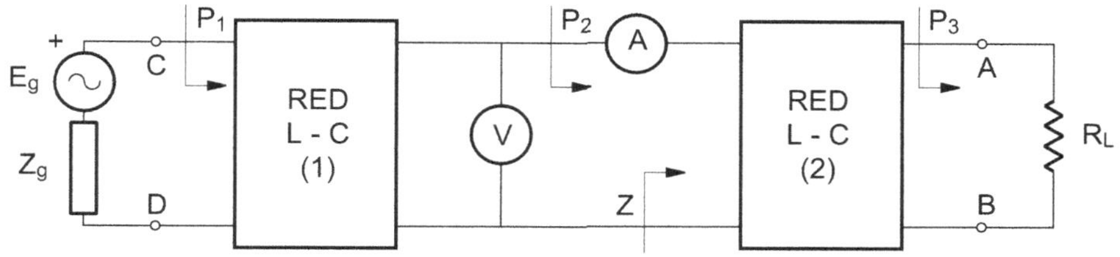

DATOS

$E_g = 80\ V_{máx}$; $Z_g = (8 + 10j)\ \Omega$; $R_L = 100\ \Omega$

PROBLEMA 5.25

En el circuito de la figura, R_L está recibiendo la máxima potencia, siendo ésta $P_{máx}$= 8 W. Se pide determinar:

a) Impedancia de entrada Z_e.

b) Equivalente Thevenin a la salida de la red ($|E_{TH}|$ y Z_{TH}).

c) Valor del generador I y potencia puesta en juego por él, supuesto en fase con E_g.

d) ¿Qué pérdida de potencia en dB habrá en la carga cuando ésta pase a ser $R_L/2$?

e) ¿Qué efecto tiene la resistencia R_1 sobre las potencias puestas en juego por E_g e I y sobre la entregada a la red LC? ¿Por qué?

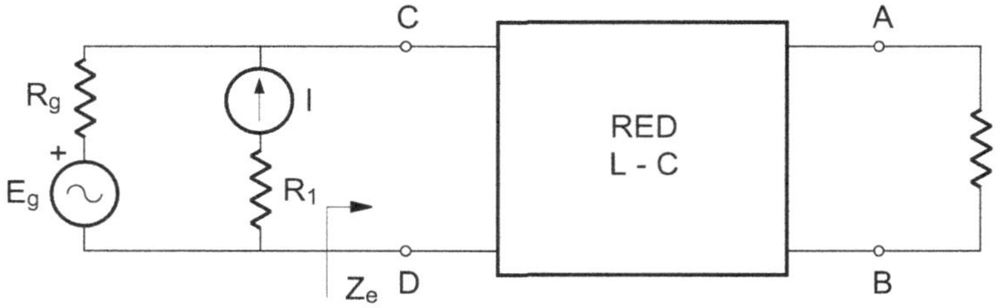

DATOS

$E_g = 12\ V_{ef}$; $R_g = 8\ \Omega$; $R_1 = 2\ \Omega$; $R_L = 2\ \Omega$

Capítulo 6

CIRCUITOS ACOPLADOS MAGNÉTICAMENTE TRANSFORMADORES

INTRODUCCIÓN

Los transformadores son dispositivos pasivos que permiten la transferencia de energía eléctrica de una a otra parte de la red en la que están insertados, aunque no exista conexión metálica entre ellas. Básicamente, están constituidos por dos o más bobinados, devanados sobre un soporte de material magnético. El soporte magnético se denomina núcleo y tiene como misión establecer uno o varios circuitos magnéticos que permitan canalizar el flujo creado por cada bobinado a fin de que sea abarcado en el mayor grado posible por los demás.

El proceso de transferencia de energía se realiza en virtud de dos leyes:

- ✓ *Ley de Ampère*, según la cual toda corriente eléctrica crea un campo magnético proporcional a dicha corriente, de manera que si la corriente es variable con el tiempo, también lo es el campo.
- ✓ *Ley de Faraday*, que establece que en toda espira atravesada por un flujo variable se induce una f.e.m. proporcional a la variación del flujo por unidad de tiempo.

Esta transferencia de energía se hace a expensas de una pérdida en el propio núcleo, debida a dos factores: histéresis y corrientes de Foucault.

Las pérdidas debidas a la histéresis se producen al someter al núcleo (sustancia ferromagnética) a un campo magnético que cambia continuamente de sentido, obligando al material ferromagnético a recorrer su ciclo de histéresis, originándose un calor en ese núcleo como consecuencia del rozamiento entre los dominios magnéticos que existen dentro de la sustancia y que están cambiando continuamente su sentido.

La energía perdida como consecuencia del calor producido es proporcional al volúmen del núcleo y al área abarcada por el ciclo de histéresis. Para reducir este efecto, se recurre a construir núcleos de acero o aleaciones de acero que a una elevada permeabilidad unen un ciclo de histéresis relativamente estrecho.

Las corrientes de Foucault son inducidas en el propio núcleo del material magnético (que es conductor) por el flujo alterno provocado por las diversas corrientes que circulan en los arrollamientos dispuestos sobre él. Estas corrientes inducidas se sitúan en planos perpendiculares al flujo y son muy perjudiciales a causa de la gran cantidad de calor que producen y también del flujo que ellas mismas crean. Las corrientes de Foucault pueden ser eliminadas, aunque no completamente, con el empleo de núcleos formados por láminas o capas delgadas. También pueden eliminarse, sobre todo a altas frecuencias, recurriendo a núcleos de ferritas, constituidos por una masa prensada y calcinada de material magnético en polvo y aglutinante dieléctrico.

Otra causa de que en el proceso de transferencia exista una pérdida de energía independiente del tipo de soporte utilizado, es la potencia eléctrica disipada en la resistencia óhmica que todos los arrollamientos poseen y que es función del tipo y calibre del hilo con que han sido devanados.

En los transformadores objeto de nuestro estudio, las pérdidas debidas a la histéresis y a las corrientes de Foucault son despreciables, debido a la propia naturaleza de los núcleos y a las pequeñas dimensiones de éstos.

6.1 TERMINOLOGÍA Y SIMBOLOGÍA USADA EN EL ESTUDIO DE LOS TRANSFORMADORES

Normalmente, en un transformador, uno de los arrollamientos denominado primario recibe energía por parte del circuito exterior y la cede a los otros arrollamientos, denominados secundarios. Sin embargo, en ocasiones, esta situación no se produce, pues puede suceder que el sentido de transferencia de energía se invierta, siendo ahora uno de los arrollamientos secundarios quien reciba energía del circuito exterior y se la ceda a los otros bobinados (primario incluido). Se observa, por lo tanto, que ninguno de los arrollamientos del transformador está especializado en recibir o ceder energía, por lo que en lugar de denominarse como primario y secundario, se definirán identificando las bornas de acceso a cada uno de ellos: (a_1, b_1); (a_2, b_2), etc.

Todo transformador de N arrollamientos o devanados es un conjunto de C_N^2 (combinaciones de N tomadas de dos en dos) acoplamientos magnéticos de dos arrollamientos, los cuales definen un circuito o camino magnético a través del cual se establece el flujo mutuo entre estos dos bobinados.

Dependiendo de la geometría del núcleo y de la disposición de los arrollamientos sobre el mismo, los C_N^2 circuitos magnéticos que se obtienen pueden ser coincidentes o distintos.

En la Figura 6.1 se representa un transformador con tres devanados (denominados 1, 2 y 3). En él se observa que los tres circuitos magnéticos son iguales y coincidentes con el propio núcleo.

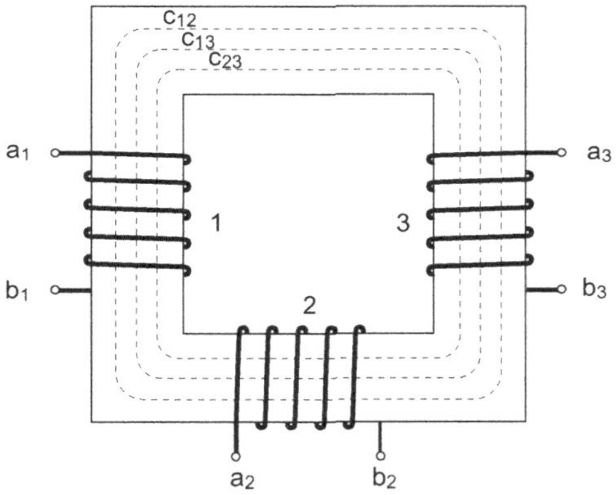

Figura 6.1

C_{ij} representa el circuito magnético entre los arrollamientos i y j.

En la Figura 6.2 se representa otro transformador de tres arrollamientos donde los tres circuitos magnéticos que se establecen son distintos entre sí.

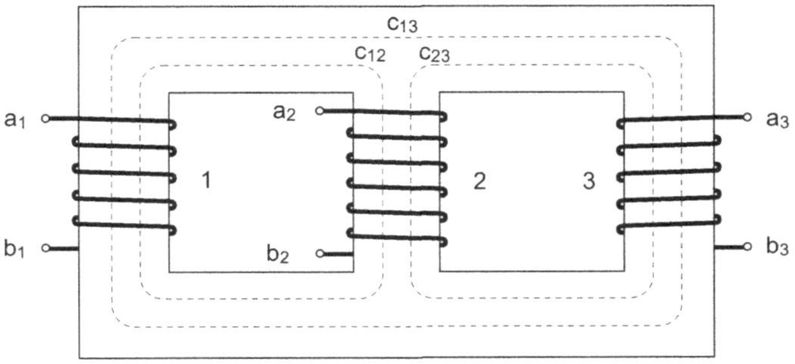

Figura 6.2

6.1.1 Terminales correspondientes

Para conocer el sentido relativo de los flujos producidos por las corrientes que circulan por cada pareja de bobinas sin necesidad de representar los sentidos de los arrollamientos, se marca en uno de los terminales de cada bobinado un punto de forma que suponiendo corrientes en cada bobinado con el mismo sentido relativo con respecto a tales puntos (entrantes o salientes por ellos), los flujos creados por estas corrientes tienen el mismo sentido a lo largo del circuito magnético correspondiente a los dos arrollamientos.

Para determinar la situación de los puntos en cada arrollamiento, podemos distinguir dos casos:

- ✓ Transformadores con un único circuito magnético.
- ✓ Transformadores con varios circuitos magnéticos.

En el primer caso, es suficiente obtener la posición de los puntos para todas las posibles parejas formadas entre uno cualquiera de los arrollamientos y cada uno de los restantes devanados, pues la situación de los puntos en las parejas formadas por estos últimos devanados entre sí, quedará unívocamente determinada.

En la Figura 6.3 está representado un transformador de tres devanados con el circuito magnético común.

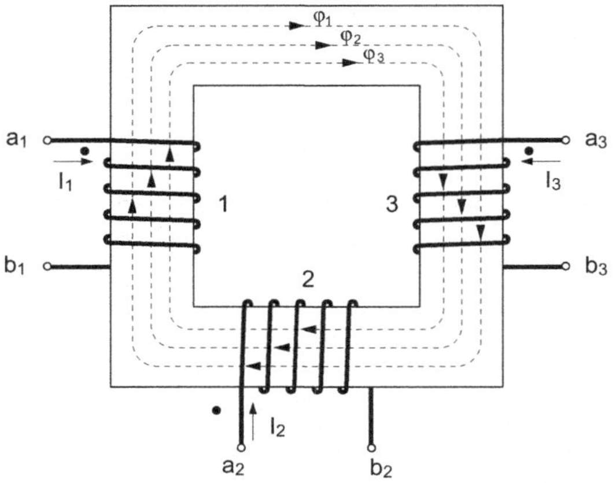

Figura 6.3

En cualquiera de los arrollamientos se asigna un punto sobre una de sus bornas de acceso en forma arbitraria. Supongamos que hemos elegido el terminal a_1 del devanado 1. Si consideramos una corriente I_1 que entra en este devanado por el terminal

a_1 marcado con el punto, se crea un flujo φ_1 sobre el núcleo o circuito magnético (con sentido dextrógiro, en este ejemplo). Para que las corrientes en los otros arrollamientos creen flujos φ_2 y φ_3 cuyos sentidos coincidan con el anterior, deben entrar en los arrollamientos 2 y 3 por los terminales a_2 y a_3 respectivamente, como se indica en la Figura 6.3. Los terminales a_1, a_2 y a_3 son correspondientes y para identificarlos se marcan con un punto. Los terminales no marcados b_1, b_2 y b_3 son, a su vez, correspondientes entre sí.

Una vez determinados los puntos podremos hacer abstracción del núcleo y representaremos el transformador en forma simbólica dibujando sólo los devanados con una disposición totalmente arbitraria, como se indica en la Figura 6.4.

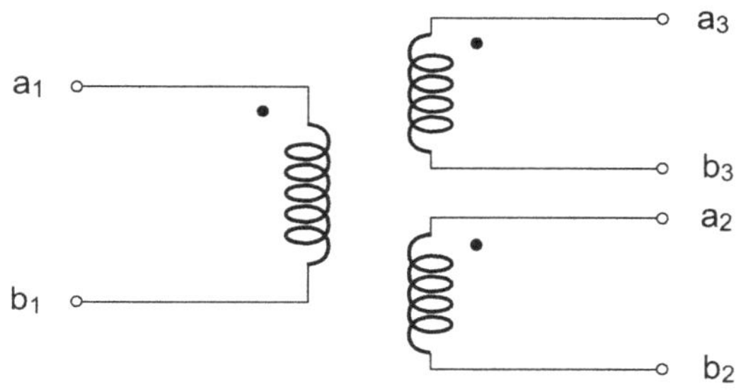

Figura 6.4

En esta Figura, conocidos los sentidos de las corrientes en las bobinas, puede saberse si los flujos por ellas creados se suman o se restan.

Así, para cada par de bobinas se tiene:

- ✓ Si las dos corrientes entran o las dos salen por los terminales correspondientes, los flujos por ellas creados se suman.
- ✓ Si en una de las bobinas la corriente entra por el terminal correspondiente y en la otra sale, los flujos se restan.

En el caso de transformadores con varios circuitos magnéticos, deberemos determinar la situación de los terminales correspondientes en todas y cada una de las posibles parejas de bobinas acopladas de forma independiente. Así, en el ejemplo de la Figura 6.3, podemos observar que si el terminal correspondiente a la borna a_1 del arrollamiento 1 es la borna a_2 del devanado 2 y el de aquel con el devanado 3 es el a_3, los terminales correspondientes entre los devanados 2 y 3 son las bornas a_2 y a_3. Esta reciprocidad no se produce en el caso de existir varios caminos magnéticos, como veremos a continuación.

En la Figura 6.5 está representado, como ejemplo, el caso de un transformador con varios circuitos magnéticos. En la pareja de devanados (a_1, b_1) y (a_2, b_2), son terminales correspondientes las bornas a_1 y b_2 (indicadas con puntos) pues las corrientes entrantes en ambos arrollamientos por estos puntos crean sendos flujos φ_{12} y φ_{21}, que a través del circuito magnético abarcado por estos devanados, indicado como C_{12} en la Figura 6.2, tienen el mismo sentido. Lo mismo puede decirse con respecto a la situación de los terminales correspondiente entre los arrollamientos 1 y 3 indicados con triángulos (bornas a_1 y a_3), siendo sus flujos φ_{13} y φ_{31}, los cuales se cierran a través del circuito magnético C_{13}.

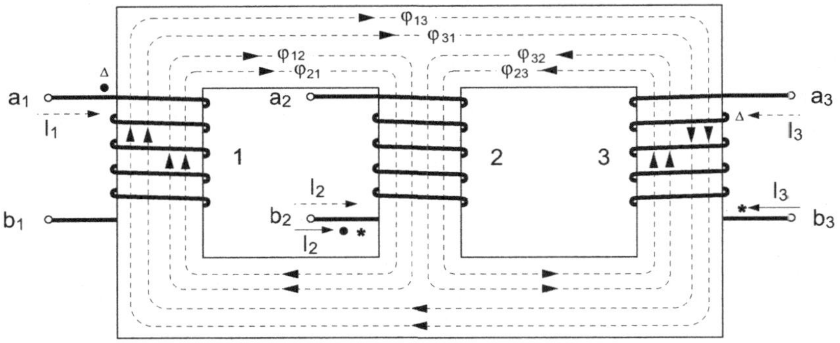

Figura 6.5

En el acoplamiento formado por los arrollamientos 2 y 3, los flujos creados por ambos devanados, φ_{23} y φ_{32}, se cierran a través del circuito magnético C_{23}. Tomando la borna b_2 del arrollamiento 2 (indicado con asterisco), el terminal correspondiente a él en el arrollamiento 3 es la borna b_3 y no a_3, para que de esta manera los flujos φ_{23} y φ_{32} creados por las corrientes I_2 e I_3 entrantes a los devanados por los terminales correspondientes indicados con asteriscos, tengan el mismo sentido a lo largo del camino magnético abarcado por los dos arrollamientos.

En la Figura 6.6 se representa el transformador en forma simbólica, haciendo abstracción del núcleo y dibujando los devanados con una disposición arbitraria.

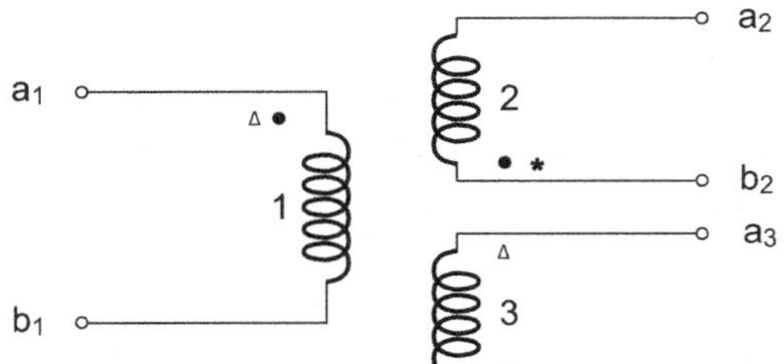

Figura 6.6

6.2 ESTUDIO DE LOS FLUJOS EN UN TRANSFORMADOR DE DOS ARROLLAMIENTOS

En la Figura 6.7 está representado un transformador de dos arrollamientos, con número de espiras N_1 y N_2 respectivamente. En general, las bobinas estarán recorridas por corrientes que podemos suponer, en principio, con los sentidos indicados. Cada una de estas corrientes origina una f.m.m. (fuerza magnetomotriz), que a su vez, crea un flujo: una parte se cierra sobre el otro arrollamiento, a través del circuito magnético proporcionado por el núcleo y otra porción se cierra sobre el propio bobinado sin atravesar al otro, constituyendo el flujo de dispersión del arrollamiento correspondiente.

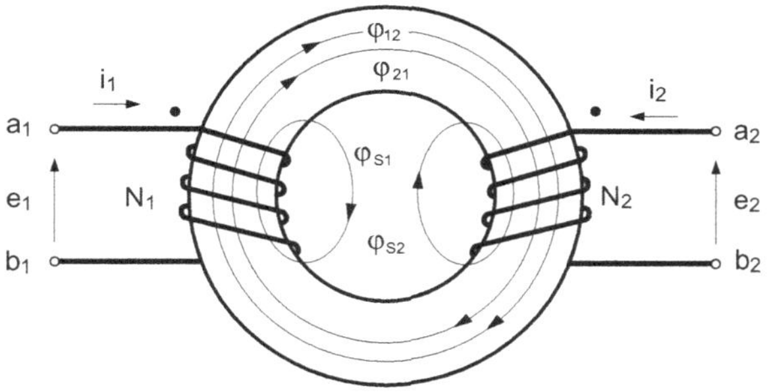

Figura 6.7

Así, los flujos que se crean en un transformador, los cuales se indican en la Figura 6.7, son:

- ✓ φ_{21} Flujo que atraviesa el arrollamiento 2 creado por la corriente i_1.
- ✓ φ_{12} Flujo que atraviesa el arrollamiento 1 creado por la corriente i_2.
- ✓ φ_{S1} Flujo de dispersión del arrollamiento 1.
- ✓ φ_{S2} Flujo de dispersión del arrollamiento 2.

Conocidas las dimensiones y el material del núcleo, es fácil calcular cada uno de estos flujos ya que el circuito magnético es similar a un circuito eléctrico, donde la f.e.m. es equivalente a la f.m.m., la resistencia eléctrica análoga a la reluctancia y la corriente eléctrica equivalente al flujo, siendo de aplicación una ley similar a la de Ohm para circuitos eléctricos.

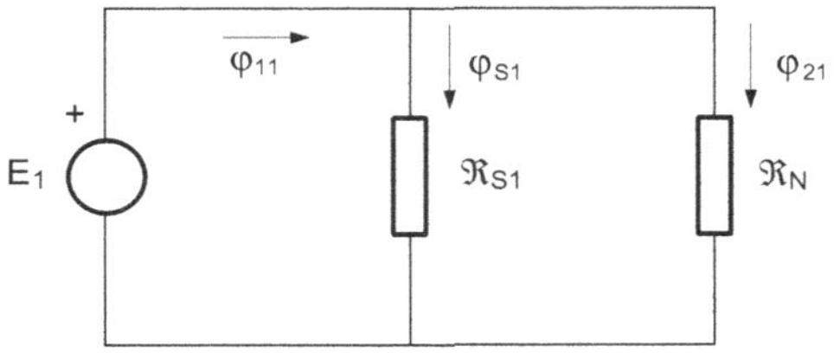

Figura 6.8

Así, para la bobina 1, podemos establecer el circuito eléctrico equivalente de la Figura 6.8, donde cada uno de los parámetros representados son:

- ✔ E_1 Fuerza magnetomotriz (f.m.m.) debida a la corriente i_1.
- ✔ $\Re_N$ Reluctancia del núcleo.
- ✔ $\Re_{S1}$ Reluctancia del espacio (aire) sobre el que se cierra el flujo de dispersión del arrollamiento uno.

El valor de la f.m.m. viene dado por:

$$E_1 = N_1 \; i_1 \; (amperios \times vuelta) \tag{6.1}$$

Las reluctancias del núcleo y de dispersión, tienen como valor:

$$\Re_N = \frac{l_N}{\mu_N \; A_N} \tag{6.2}$$

y

$$\Re_{S1} = \frac{l_{S1}}{\mu_S \; A_{S1}} \tag{6.3}$$

siendo:

- ✔ μ_N y μ_S las permeabilidades del núcleo y del aire, respectivamente.
- ✔ l_N y l_{S1} las longitudes medias del circuito magnético a través del núcleo y del espacio, respectivamente.
- ✔ A_N y A_{S1} las secciones medias del núcleo y del espacio por las que se cierran, respectivamente, el flujo que circula por el núcleo y el flujo de dispersión.

En el circuito de la Figura 6.8 se obtiene:

$$\varphi_{S1} = \frac{E_1}{\Re_{S1}} = \frac{N_1 \; i_1}{\Re_{S1}} \tag{6.4}$$

$$\varphi_{21} = \frac{E_1}{\Re_N} = \frac{N_1 \; i_1}{\Re_N} \tag{6.5}$$

El flujo total creado por la corriente i_1 es:

$$\varphi_{11} = \varphi_{S1} + \varphi_{21} = N_1 \; i_1 \left(\frac{1}{\Re_N} + \frac{1}{\Re_{S1}} \right) = \frac{N_1 \; i_1}{\Re_1} \tag{6.6}$$

siendo $\Re_1$ la combinación en paralelo de las reluctancias $\Re_N$ y $\Re_{S1}$.

$$\Re_1 = \Re_N // \Re_{S1} \tag{6.7}$$

De forma análoga puede deducirse otro tanto para el devanado 2, obteniéndose:

$$\varphi_{S2} = \frac{E_2}{\Re_{S2}} = \frac{N_2\, i_2}{\Re_{S2}} \tag{6.8}$$

$$\varphi_{12} = \frac{E_1}{\Re_N} = \frac{N_2\, i_2}{\Re_N} \tag{6.9}$$

y

$$\varphi_{22} = \varphi_{S2} + \varphi_{12} = N_2\, i_2 \left(\frac{1}{\Re_{S2}} + \frac{1}{\Re_N} \right) = \frac{N_2\, i_2}{\Re_2} \tag{6.10}$$

con:

$$\Re_2 = \Re_N // \Re_{S2} \tag{6.11}$$

$$E_2 = N_2\, i_2 \tag{6.12}$$

$$\Re_{S2} = \frac{l_{S2}}{\mu_S\, A_{S2}} \tag{6.13}$$

A partir de estos flujos básicos, podemos definir los siguientes flujos:

- ✓ φ_1 Flujo total que atraviesa la bobina 1.
- ✓ φ_2 Flujo total que atraviesa la bobina 2.
- ✓ φ_{11} Flujo que atraviesa la bobina 1 creado por la corriente i_1.
- ✓ φ_{22} Flujo que atraviesa la bobina 2 creado por la corriente i_2.
- ✓ φ_M Flujo mutuo, común a ambos arrollamientos.

Siendo:

$$\varphi_1 = \varphi_{11} + \varphi_{12} = \varphi_{S1} + \varphi_{12} + \varphi_{21} = \varphi_{S1} + \varphi_M \tag{6.14}$$

$$\varphi_2 = \varphi_{22} + \varphi_{21} = \varphi_{S2} + \varphi_{12} + \varphi_{21} = \varphi_{S2} + \varphi_M \tag{6.15}$$

$$\varphi_M = \varphi_{12} + \varphi_{21} \tag{6.16}$$

6.2.1 Coeficientes de acoplamiento

Para determinar el grado de eficacia en la transferencia de flujo entre los devanados, en el transformador de dos devanados que estamos estudiando, se define el coeficiente de acoplamiento de la bobina 2 con respecto a la 1 como:

$$K_1 = \frac{\varphi_{21}}{\varphi_{11}} = \frac{1}{1 + \dfrac{\Re_N}{\Re_{S1}}} \qquad (6.17)$$

en la que los flujos se han sustituido por sus valores dados en las expresiones (6.5) y (6.6).

Este coeficiente indica qué proporción del flujo total creado por la bobina 1 atraviesa la bobina 2.

El coeficiente de acoplamiento de la bobina 1 con respecto a la 2 es:

$$K_2 = \frac{\varphi_{12}}{\varphi_{22}} = \frac{1}{1 + \dfrac{\Re_N}{\Re_{S2}}} \qquad (6.18)$$

Puede observarse de las ecuaciones anteriores que si las reluctancias de dispersión son grandes comparadas con las del núcleo:

$$\Re_N << \Re_{S1} \qquad y \qquad \Re_N << \Re_{S2} \qquad (6.19)$$

Los coeficientes de acoplamiento se aproximan a la unidad:

$$K_1 \simeq 1 \qquad y \qquad K_2 \simeq 1 \qquad (6.20)$$

y el flujo de dispersión es prácticamente cero.

Si el acoplamiento es perfecto, los flujos de dispersión de los devanados (φ_{S1} y φ_{S2}) son nulos y los coeficientes de acoplamiento son la unidad:

$$K_1 = K_2 = 1 \qquad (6.21)$$

6.2.2 Coeficientes de autoinducción y de inducción mutua

Consideraremos las bobinas representadas en la Figura 6.7. En la bobina de número de espiras N_1 al ser recorrida por la corriente i_1 se origina un flujo φ_{11} cuyo valor viene dado por la ecuación (6.6).

El coeficiente de autoinducción de esta bobina se define como:

$$L_1 = N_1 \frac{\varphi_{11}}{i_1} = \frac{N_1^2}{\mathfrak{R}_1} \quad (Henrios) \tag{6.22}$$

Este parámetro es una característica propia de la bobina, función únicamente del número de espiras y de la reluctancia del circuito magnético sobre el que se cierra el flujo. El coeficiente de autoinducción por espira se obtiene de (6.22) haciendo $N_1 = 1$:

$$A_{l_1} = \frac{1}{\mathfrak{R}_1} \tag{6.23}$$

y al sustituir en (6.22) resulta:

$$L_1 = N_1^2 A_{l_1} \tag{6.24}$$

De igual manera, para la bobina de número de espiras N_2 se define su coeficiente de autoinducción como:

$$L_2 = N_2 \frac{\varphi_{22}}{i_2} = \frac{N_2^2}{\mathfrak{R}_2} \quad (Henrios) \tag{6.25}$$

en la que φ_{22} se ha sustituido por su valor dado en la expresión (6.10).

El coeficiente de autoinducción por espira arrollada es:

$$A_{l_2} = \frac{1}{\mathfrak{R}_2} \tag{6.26}$$

por lo que

$$L_2 = N_2^2 A_{l_2} \tag{6.27}$$

Cuando el acoplamiento es perfecto, los flujos de dispersión de las dos bobinas son cero y las reluctancias $\mathfrak{R}_{S1}$ y $\mathfrak{R}_{S2}$ infinitas. De las ecuaciones (6.7) y (6.11) se obtiene:

$$\mathfrak{R}_1 = \mathfrak{R}_2 = \mathfrak{R}_N \tag{6.28}$$

En esta situación, los coeficientes de autoinducción por espira de ambas bobinas son iguales:

$$A_l = A_{l_1} = A_{l_2} = \frac{1}{\mathfrak{R}_N} \tag{6.29}$$

El factor A_l está suministrado por el fabricante del núcleo expresado en μH/espira^2.

De las expresiones (6.24) y (6.27) se deduce que para bobinas con acoplamiento perfecto se cumple:

$$\frac{L_1}{L_2} = \left(\frac{N_1}{N_2}\right)^2 \tag{6.30}$$

En las bobinas acopladas magnéticamente se definen los coeficientes de inducción mutua M_{21} y M_{12}.

Para las bobinas de la Figura 6.7 se tiene:

$$M_{21} = N_2 \frac{\varphi_{21}}{i_1} \quad (Henrios) \tag{6.31}$$

Sustituyendo el valor de φ_{21} dado en (6.5) resulta:

$$M_{21} = \frac{N_1 N_2}{\mathfrak{R}_N} \tag{6.32}$$

El coeficiente M_{12} se define como:

$$M_{12} = N_1 \frac{\varphi_{12}}{i_2} \quad (Henrios) \tag{6.33}$$

y teniendo en cuenta el valor de φ_{12} dado en la ecuación (6.9) resulta:

$$M_{12} = \frac{N_1 N_2}{\mathfrak{R}_N} \tag{6.34}$$

De las expresiones (6.32) y (6.34) se deduce que los coeficientes de inducción mutua son iguales:

$$M_{12} = M_{21} = M \tag{6.35}$$

El coeficiente de inducción mutua M está relacionado con los coeficientes de autoinducción de las dos bobinas L_1 y L_2, mediante los coeficientes de acoplamiento K_1 y K_2.

De (6.31) y (6.33) se obtiene:

$$M^2 = M_{21} M_{12} = N_2 \frac{\varphi_{21}}{i_1} N_1 \frac{\varphi_{12}}{i_2} \frac{\varphi_{11} \varphi_{22}}{\varphi_{11} \varphi_{22}} =$$

$$= \frac{\varphi_{21}}{\varphi_{11}} \frac{\varphi_{12}}{\varphi_{22}} N_1 \frac{\varphi_{11}}{i_1} N_2 \frac{\varphi_{22}}{i_2} \tag{6.36}$$

de donde se deduce:

$$M^2 = K_1\ K_2\ L_1\ L_2 \tag{6.37}$$

y

$$M = \sqrt{K_1\ K_2\ L_1\ L_2} \tag{6.38}$$

Definiendo el coeficiente de acoplamiento:

$$K = \sqrt{K_1\ K_2} \tag{6.39}$$

resulta:

$$M = K\ \sqrt{L_1\ L_2} \tag{6.40}$$

Para bobinas con acoplamiento perfecto:

$$K = 1 \tag{6.41}$$

y

$$M = \sqrt{L_1\ L_2} \tag{6.42}$$

6.3 ECUACIONES GENERALES DE UN TRANSFORMADOR REAL

En el transformador representado en la Figura 6.7, supuestos los devanados de número de espiras N_1 y N_2, con resistencias óhmicas R_1 y R_2, respectivamente, teniendo en cuenta la ley de Faraday, la ecuación de cada una de las mallas resulta:

$$e_1(t) = R_1 i_1(t) + N_1\ \frac{d\varphi_1(t)}{dt}$$

$$e_2(t) = R_2 i_2(t) + N_2\ \frac{d\varphi_2(t)}{dt} \tag{6.43}$$

Haciendo uso de las relaciones (6.14) y (6.15) tenemos:

$$e_1(t) = R_1 i_1 + N_1\ \frac{d(\varphi_{11} + \varphi_{12})}{dt} = R_1 i_1 + N_1\ \frac{d\varphi_{11}}{dt} + N_1\ \frac{d\varphi_{12}}{dt}$$

$$e_2(t) = R_2 i_2 + N_2\ \frac{d(\varphi_{22} + \varphi_{21})}{dt} = R_2 i_2 + N_2\ \frac{d\varphi_{22}}{dt} + N_2\ \frac{d\varphi_{21}}{dt} \tag{6.44}$$

En las expresiones anteriores, aun cuando los flujos y las intensidades son funciones del tiempo, no se ha indicado explícitamente para mayor simplificación.

Los flujos de estas ecuaciones están relacionados con las intensidades a través de los coeficientes de autoinducción y de inducción mutua definidos en las ecuaciones (6.22), (6.25), (6.31) y (6.33). Introduciendo estos coeficientes en el sistema de ecuaciones (6.44) se obtiene:

$$e_1(t) = R_1\, i_1 + L_1 \frac{di_1}{dt} + M \frac{di_2}{dt}$$

$$e_2(t) = R_2\, i_2 + L_2 \frac{di_2}{dt} + M \frac{di_1}{dt} \qquad (6.45)$$

6.3.1 Otra forma de escribir las ecuaciones generales de un transformador

Descomponiendo los flujos totales que atraviesan cada devanado, como suma del flujo mutuo y de su flujo de dispersión, según se indica en las ecuaciones (6.14) y (6.15) al sustituir en las ecuaciones (6.43) resulta:

$$e_1(t) = R_1 i_1 + N_1 \frac{d(\varphi_{S1} + \varphi_M)}{dt} = R_1 i_1 + N_1 \frac{d\varphi_{S1}}{dt} + N_1 \frac{d\varphi_M}{dt}$$

$$e_2(t) = R_2 i_2 + N_2 \frac{d(\varphi_{S2} + \varphi_M)}{dt} = R_2 i_2 + N_2 \frac{d\varphi_{S2}}{dt} + N_2 \frac{d\varphi_M}{dt} \qquad (6.46)$$

Podemos encontrar unos nuevos coeficientes que relacionan los flujos de dispersión con las corrientes que los crean. Así definiremos los coeficientes de dispersión de cada una de las bobinas como:

$$S_1 = N_1 \frac{\varphi_{S1}}{i_1} \quad (Henrios) \qquad (6.47)$$

$$S_2 = N_2 \frac{\varphi_{S2}}{i_2} \quad (Henrios) \qquad (6.48)$$

Sustituyendo los valores de los flujos de dispersión obtenidos en las ecuaciones (6.4) y (6.8), resulta:

$$S_1 = \frac{N_1^2}{\Re_{S1}} \qquad (6.49)$$

$$S_2 = \frac{N_2^2}{\Re_{S2}} \tag{6.50}$$

Como puede observarse los coeficientes de dispersión son constantes que pueden relacionarse con los coeficientes de autoinducción y de acoplamiento ya estudiados. En (6.47) y (6.48) se tiene:

$$S_1 = N_1 \frac{\varphi_{S1}}{i_1} = N_1 \frac{\varphi_{11} - \varphi_{21}}{i_1} = N_1 \frac{\varphi_{11}}{i_1} - N_1 \frac{\varphi_{11}}{i_1} \frac{\varphi_{21}}{\varphi_{11}} = L_1(1-K_1) \tag{6.51}$$

$$S_2 = N_2 \frac{\varphi_{S2}}{i_2} = N_2 \frac{\varphi_{22} - \varphi_{12}}{i_2} = N_2 \frac{\varphi_{22}}{i_2} - N_2 \frac{\varphi_{22}}{i_2} \frac{\varphi_{12}}{\varphi_{22}} = L_2(1-K_2) \tag{6.52}$$

El flujo mutuo φ_M está creado por las dos intensidades no siendo posible encontrar un coeficiente que lo relacione con ellas.

Se definen los potenciales inducidos:

$$e_{M1}(t) = N_1 \frac{d\varphi_M}{dt} \tag{6.53}$$

y

$$e_{M2}(t) = N_2 \frac{d\varphi_M}{dt} \tag{6.54}$$

que verifican:

$$\frac{e_{M1}(t)}{e_{M2}(t)} = \frac{N_1}{N_2} \tag{6.55}$$

Sustituyendo en las ecuaciones (6.46) los flujos de dispersión obtenidos de las expresiones (6.47) y (6.48) e introduciendo los potenciales inducidos definidos en las ecuaciones anteriores, resulta:

$$\begin{aligned} e_1(t) &= R_1 i_1 + S_1 \frac{di_1}{dt} + e_{M1}(t) \\ e_2(t) &= R_2 i_2 + S_2 \frac{di_2}{dt} + e_{M2}(t) \end{aligned} \tag{6.56}$$

Las ecuaciones (6.45) y (6.56) definen el comportamiento del transformador de dos arrollamientos, representado en la Figura 6.9.

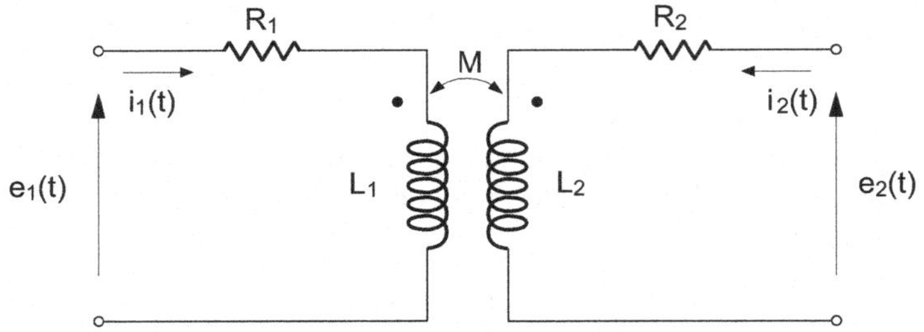

Figura 6.9

6.3.2 Solución de las ecuaciones de un transformador real para el régimen permanente sinusoidal

Las ecuaciones (6.45) y (6.56) permiten obtener la respuesta del transformador, en cualquier instante y para todo tipo de excitación aplicada. En lo que sigue dedicaremos nuestra atención a la obtención de la respuesta en el régimen permanente sinusoidal.

Cuando la excitación es sinusoidal, se pueden representar las diversas magnitudes en régimen permanente mediante la notación fasorial, lo cual permite reducir las ecuaciones diferenciales a ecuaciones algebraicas que relacionan entre sí los complejos representativos de los diversos fasores.

Sean las tensiones aplicadas del tipo:

$$e_1(t) = E_{01}\ cos(\omega t + \alpha_1) \quad o \quad e_1(t) = E_{01}\ sen(\omega t + \alpha_1) \tag{6.57}$$

y

$$e_2(t) = E_{02}\ cos(\omega t + \beta_1) \quad o \quad e_2(t) = E_{02}\ sen(\omega t + \beta_1) \tag{6.58}$$

que en forma simbólica se pueden representar como:

$$e_1(t) \equiv R_e\left[E_1\ e^{j\omega t}\right] \quad o \quad e_1(t) \equiv I_m\left[E_1\ e^{j\omega t}\right] \tag{6.59}$$

y

$$e_2(t) \equiv R_e\left[E_2\ e^{j\omega t}\right] \quad o \quad e_2(t) \equiv I_m\left[E_2\ e^{j\omega t}\right] \tag{6.60}$$

Con los fasores:

$$E_1 = E_{01}\ e^{j\alpha_1} \tag{6.61}$$

$$E_2 = E_{02}\ e^{j\beta_1} \tag{6.62}$$

En esta situación, en las ecuaciones (6.45) y (6.56), las corrientes y por lo tanto los flujos por ellas creados, serán también de forma sinusoidal.

A saber:

$$
\begin{aligned}
i_1 &\equiv R_e\left[I_1\ e^{j\omega t}\right] \quad &o& \quad i_1 \equiv I_m\left[I_1\ e^{j\omega t}\right] \\
i_2 &\equiv R_e\left[I_2\ e^{j\omega t}\right] \quad &o& \quad i_2 \equiv I_m\left[I_2\ e^{j\omega t}\right] \qquad (6.63) \\
\varphi_M &\equiv R_e\left[\phi_M\ e^{j\omega t}\right] \quad &o& \quad \varphi_M \equiv I_m\left[\Phi_M\ e^{j\omega t}\right]
\end{aligned}
$$

Por lo que sustituyendo en las ecuaciones (6.45) y (6.56) y teniendo en cuenta las expresiones (6.53) y (6.54), resultará:

$$
\left.
\begin{aligned}
E_1 &= (R_1 + j\omega L_1)I_1 + j\omega M\ I_2 \\
E_2 &= j\omega M\ I_1 + (R_2 + j\omega L_2)\ I_2
\end{aligned}
\right\} \qquad (6.64)
$$

$$
\left.
\begin{aligned}
E_1 &= (R_1 + j\omega S_1)\ I_1 + E_{M1} \\
E_2 &= E_{M2} + (R_2 + j\omega S_2)\ I_2
\end{aligned}
\right\} \qquad (6.65)
$$

con:

$$E_{M1} = j\omega N_1\ \phi_M \qquad (6.66)$$

$$E_{M2} = j\omega N_2\ \phi_M \qquad (6.67)$$

En la Figura 6.10 se representa el transformador y las magnitudes fasoriales que en él se definen.

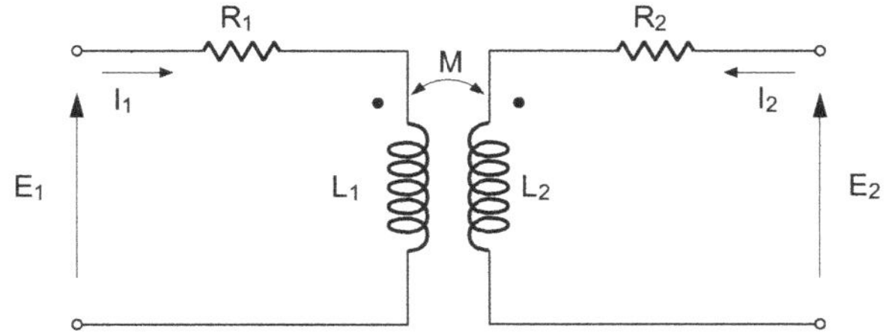

Figura 6.10

6.4 ANÁLISIS DE REDES QUE INTRODUCEN RAMAS ACOPLADAS MAGNÉTICAMENTE

Los resultados y conclusiones obtenidos en el apartado anterior pueden generalizarse para el caso en el que existan más de dos bobinas acopladas magnéticamente.

Consideremos el circuito de la Figura 6.11 en el que existen tres bobinas acopladas con coeficientes de inducción mutua.

$$M_{12} = M_{21} = K_{12}\sqrt{L_1L_2} \tag{6.68}$$

$$M_{13} = M_{31} = K_{13}\sqrt{L_1L_3} \tag{6.69}$$

$$M_{23} = M_{32} = K_{23}\sqrt{L_2L_3} \tag{6.70}$$

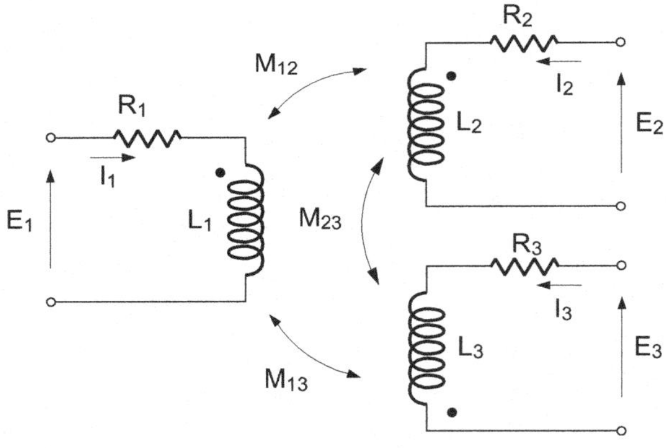

Figura 6.11

Al plantear la ecuación de tensiones en cada una de las mallas, habrá de tenerse en cuenta que en cada bobina acoplada magnéticamente, la tensión en sus bornas será la suma de la producida por su propio flujo más las inducidas por los flujos que proceden de cada una de las bobinas con las que se encuentra acoplada. En el ejemplo que nos ocupa, la tensión en cada bobina estará formada por tres términos. El signo de los términos debidos a las tensiones inducidas, en relación con el signo del término originado por el flujo propio, será el mismo si los dos flujos tienen el mismo sentido y contrario si los dos flujos tienen sentidos distintos.

Por otro lado se recordará que los dos flujos tienen el mismo sentido si en los dos devanados las intensidades entran o en los dos salen por los terminales correspondientes.

Para el circuito de la Figura 6.11 se tiene:

$$E_1 = R_1 I_1 + j\omega L_1 I_1 + j\omega M_{12} I_2 - j\omega M_{13} I_3 \qquad (6.71)$$

El término debido al propio flujo es:

$$j\omega L_1 I_1 \qquad (6.72)$$

El término debido al flujo que procedente de la bobina L_2 atraviesa la bobina L_1 es:

$$j\omega M_{12} I_2 \qquad (6.73)$$

El signo de este término es positivo como el del término debido al flujo propio, puesto que en las dos bobinas las corrientes entran por el terminal correspondiente.

El flujo procedente de la bobina L_3 da lugar al término:

$$-j\omega M_{13} I_3 \qquad (6.74)$$

El signo es negativo (contrario al debido al flujo propio) pues las corrientes I_1 e I_3 tienen sentidos distintos (una entrante y otra saliente) respecto al términal correspondiente.

Para las dos mallas restantes se tiene:

$$E_2 = R_2 I_2 + j\omega M_{12} I_1 + j\omega L_2 I_2 - j\omega M_{23} I_3 \qquad (6.75)$$

y

$$E_3 = R_3 I_3 - j\omega M_{13} I_1 - j\omega M_{23} I_2 + j\omega L_3 I_3 \qquad (6.76)$$

Las ecuaciones (6.71), (6.75) y (6.76) conducen a la ecuación matricial:

$$\begin{pmatrix} E_1 \\ E_2 \\ E_3 \end{pmatrix} = \begin{pmatrix} Z_{11} & Z_{12} & Z_{13} \\ Z_{21} & Z_{22} & Z_{23} \\ Z_{31} & Z_{32} & Z_{33} \end{pmatrix} \begin{pmatrix} I_1 \\ I_2 \\ I_3 \end{pmatrix} \qquad (6.77)$$

con:

$$
\begin{aligned}
Z_{11} &= R_1 + j\omega L_1 \\
Z_{12} &= Z_{21} = j\omega M_{12} \\
Z_{13} &= Z_{31} = -j\omega M_{13} \\
Z_{22} &= R_2 + j\omega L_2 \\
Z_{23} &= Z_{32} = -j\omega M_{23} \\
Z_{33} &= R_3 + j\omega L_3
\end{aligned}
\qquad (6.78)
$$

Las bobinas acopladas magnéticamente aparecen a veces formando configuraciones más complejas que las anteriormente estudiadas, sin bien, la obtención de las ecuaciones de malla resultantes del análisis de tales circuitos se realiza aplicando los mismos criterios que en el ejemplo anterior.

En el circuito de la Figura 6.12 existen tres bobinas acopladas magnéticamente. El circuito magnético es común para todas ellas y la disposición de los puntos es la indicada sobre las inductancias.

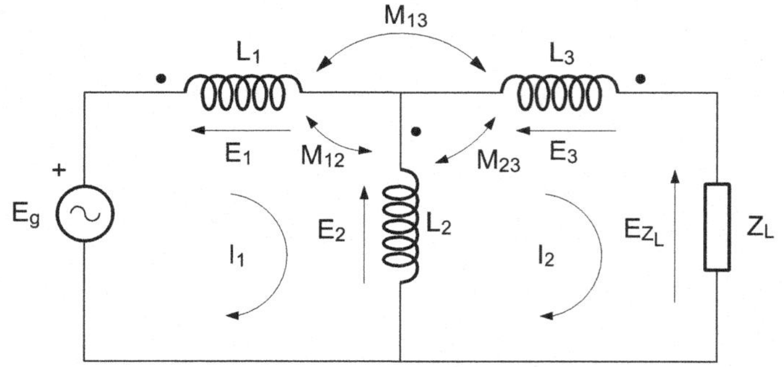

Figura 6.12

Las tensiones E_1, E_2 y E_3 en cada bobina son:

$$
\begin{aligned}
E_1 &= j\omega L_1 I_1 + j\omega M_{12} (I_1 - I_2) - j\omega M_{13} I_2 \\
E_2 &= j\omega L_2 (I_1 - I_2) + j\omega M_{12} I_1 - j\omega M_{23} I_2 \\
E_3 &= j\omega L_3 I_2 - j\omega M_{13} I_1 - j\omega M_{23} (I_1 - I_2)
\end{aligned}
\qquad (6.79)
$$

Las ecuaciones de las mallas serán:

$$\begin{aligned} E_g &= E_1 + E_2 = j\omega(L_1 + L_2 + 2M_{12})\, I_1 - j\omega(L_2 + M_{12} + M_{13} + M_{23})\, I_2 \\ 0 &= -E_2 + E_3 + E_{Z_L} = -j\omega(L_2 + M_{12} + M_{13} + M_{23})\, I_1 + \left[Z_L + j\omega(L_2 + L_3 + 2M_{23})\right] I_2 \end{aligned} \quad (6.80)$$

estas ecuaciones determinan la matriz de impedancias:

$$\begin{pmatrix} Z_{11} & Z_{12} \\ Z_{21} & Z_{22} \end{pmatrix} \quad (6.81)$$

con:

$$\begin{aligned} Z_{11} &= j\omega(L_1 + L_2 + 2\,M_{12}) \\ Z_{12} &= Z_{21} = -j\omega(L_2 + M_{12} + M_{13} + M_{23}) \\ Z_{22} &= Z_L + j\omega(L_2 + L_3 + 2\,M_{23}) \end{aligned} \quad (6.82)$$

Si en el circuito de la Figura 6.12 se cambia la posición del punto en una de las bobinas, en la L_3 por ejemplo, los elementos de la matriz se convierten en:

$$\begin{aligned} Z_{11} &= j\omega(L_1 + L_2 + 2\,M_{12}) \\ Z_{12} &= Z_{21} = -j\omega(L_2 + M_{12} - M_{13} - M_{23}) \\ Z_{22} &= Z_L + j\omega(L_2 + L_3 - 2\,M_{23}) \end{aligned} \quad (6.83)$$

Las ecuaciones (6.82) y (6.83) indican que cuando en una malla y perteneciente a ella existen dos bobinas acopladas magnéticamente, la suma de las inductancias individuales pertenecientes a la malla queda aumentada o disminuida (según la posición de los puntos) en el doble de la inductancia mutua, de forma que si la corriente de la malla común a ambas bobinas entra por los terminales marcados por los puntos o sale de ellos en los dos arrollamientos, el signo de 2M es positivo, siendo negativo en la situación contraria.

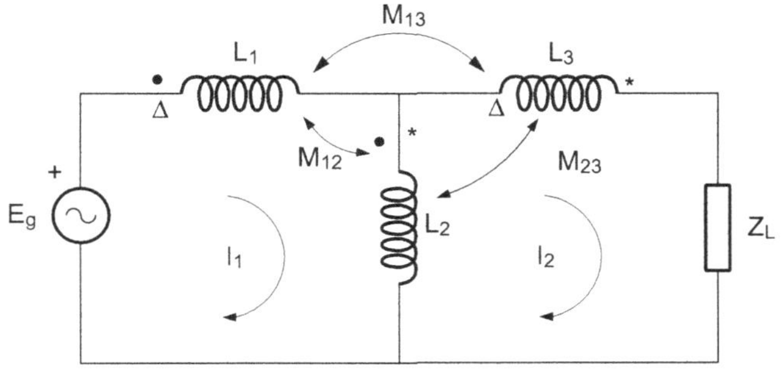

Figura 6.13

En la Figura 6.13, está representado un circuito con tres bobinas acopladas magnéticamente, donde el circuito magnético no es común a todas ellas. En este caso, como ya se ha estudiado, para cada posible pareja de acoplamientos, la situación de los puntos no se deduce de la posición de éstos en otras parejas. La situación de los terminales correspondientes es la indicada sobre las bobinas, donde para el acoplamiento M_{12} la notación es un punto (•), para el acoplamiento M_{23} un asterisco (*) y para el M_{13}, un triángulo (Δ).

La aplicación de las ecuaciones de malla da origen a la matriz de impedancias cuyos términos son:

$$
\begin{aligned}
Z_{11} &= j\omega(L_1 + L_2 + 2M_{12}) \\
Z_{12} &= Z_{21} = -j\omega(L_2 + M_{12} - M_{13} + M_{23}) \\
Z_{22} &= Z_L + j\omega(L_2 + L_3 + 2M_{23})
\end{aligned}
\tag{6.84}
$$

6.5 TRANSFORMADOR PERFECTO DE DOS DEVANADOS

Se define el transformador perfecto como aquel que tiene las siguientes propiedades:

- ✓ Resistencia de los arrollamientos nula; $R_1 = R_2 = 0$.
- ✓ Coeficientes de acoplamiento unidad; $K_1 = K_2 = K = 1$.
- ✓ Número finito de espiras en los devanados; N_1 y N_2 finitas.

La representación del transformador perfecto está indicada en la Figura 6.14.

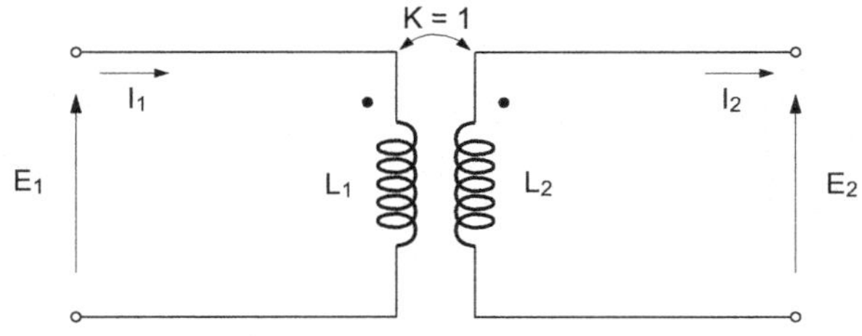

Figura 6.14

Aplicando a las ecuaciones del transformador dadas en (6.65) las condiciones que cumplen los transformadores perfectos, para estos transformadores se tiene:

$$
\begin{aligned}
E_1 &= E_{M1} = j\omega\, N_1\, \phi_M \\
E_2 &= E_{M2} = j\omega\, N_2\, \phi_M
\end{aligned}
\tag{6.85}
$$

ya que al ser el acoplamiento perfecto, los flujos de dispersión φ_{S1}, φ_{S2} son nulos y los coeficientes de dispersión S_1 y S_2 dados en (6.47) y (6.48) son cero.

La relación de las tensiones E_1 y E_2 es, en consecuencia:

$$\frac{E_1}{E_2} = \frac{E_{M1}}{E_{M2}} = \frac{N_1}{N_2} \tag{6.86}$$

siendo el sentido de estas tensiones en cada arrollamiento el mismo con respecto a los terminales correspondientes.

6.5.1 Impedancias terminales del transformador perfecto

Sea el circuito de la Figura 6.15, donde el transformador perfecto está excitado por el generador real (E_g, Z_g) y su secundario cargado por la impedancia Z_R.

Podemos calcular las impedancias "vistas" desde los terminales de entrada y salida del transformador.

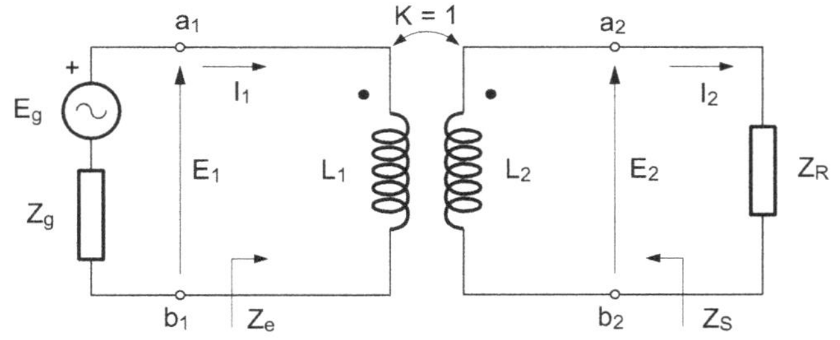

Figura 6.15

Las ecuaciones en función de las inductancias L_1 L_2 y M, son:

$$\begin{aligned} E_1 &= j\omega L_1\ I_1 - j\omega M\ I_2 \\ E_2 &= j\omega M\ I_1 - j\omega L_2\ I_2 \end{aligned} \tag{6.87}$$

La impedancia de entrada es:

$$Z_e = \frac{E_1}{I_1} \tag{6.88}$$

con:

$$E_2 = I_2\ Z_R \tag{6.89}$$

Sustituyendo este valor de E_2 en las ecuaciones (6.87) tenemos:

$$\begin{aligned} E_1 &= j\omega L_1\, I_1 - j\omega M\, I_2 \\ 0 &= j\omega M\, I_1 - (Z_R + j\omega L_2)\, I_2 \end{aligned} \qquad (6.90)$$

por lo que:

$$Z_e = \frac{E_1}{I_1} = \frac{\Delta}{\delta_{11}} = \frac{\begin{vmatrix} j\omega L_1 & -j\omega M \\ j\omega M & -(Z_R + j\omega L_2) \end{vmatrix}}{-(Z_R + j\omega L_2)} = \frac{(j\omega L_1\, Z_R - \omega^2 L_1\, L_2 + \omega^2\, M^2)}{Z_R + j\omega L_2}$$

(6.91)

Por ser el transformador perfecto:

$$M = \sqrt{L_1\, L_2} \qquad (6.92)$$

y la impedancia de entrada resulta:

$$Z_e = \frac{j\omega L_1\, Z_R}{Z_R + j\omega L_2} = \frac{Z_p\, Z_R}{Z_s + Z_R} \qquad (6.93)$$

siendo la impedancia del primario:

$$Z_p = j\omega\, L_1 \qquad (6.94)$$

y la del secundario:

$$Z_s = j\omega\, L_2 \qquad (6.95)$$

La impedancia de salida Z_{sal} será:

$$Z_{sal} = \frac{j\omega L_2\, Z_g}{j\omega L_1 + Z_g} = \frac{Z_s\, Z_g}{Z_p + Z_g} \qquad (6.96)$$

obtenida a partir de la expresión (6.93) que da la impedancia de entrada intercambiando entre sí Z_g por Z_R, así como Z_p por Z_s.

6.6 TRANSFORMADOR IDEAL DE DOS DEVANADOS

El transformador ideal se define como aquel que cumple las siguientes propiedades:

✔ Resistencia de los arrollamientos nula; $R_1 = R_2 = 0$.

✔ Coeficientes de acoplamiento unidad; $K_1 = K_2 = 1$.

✔ Número de espiras de cada arrollamiento tendiendo a infinito:

$$\begin{aligned} N_1 &\rightarrow \infty \\ N_2 &\rightarrow \infty \end{aligned} \tag{6.97}$$

siendo su relación un número finito denominado relación de transformación:

$$\frac{N_1}{N_2} = a \tag{6.98}$$

Igual que en el caso del transformador perfecto, al aplicar las dos primeras condiciones a las ecuaciones del transformador dadas en (6.65), resulta:

$$\begin{aligned} E_1 &= E_{M1} = j\omega\, N_1\, \phi_M \\ E_2 &= E_{M2} = j\omega\, N_2\, \phi_M \end{aligned} \tag{6.99}$$

Relacionando entre sí las tensiones en los dos arrollamientos, tenemos:

$$\frac{E_1}{E_2} = \frac{N_1}{N_2} = a \tag{6.100}$$

siendo el sentido de estas tensiones el mismo con respecto a los terminales correspondientes en cada arrollamiento.

Al tener en cuenta la tercera condición:

$$\begin{aligned} N_1 &\rightarrow \infty \\ N_2 &\rightarrow \infty \end{aligned} \tag{6.101}$$

de las ecuaciones (6.99), se deduce que el flujo mutuo φ_M deberá tender a cero, para que las tensiones E_{M1} y E_{M2} sean finitas.

Suponiendo las corrientes entrantes por los terminales correspondientes de ambos devanados y haciendo $\varphi_M = 0$, se obtiene:

$$\phi_M = \phi_{12} + \phi_{21} = \frac{N_2\, I_2}{\Re_N} + \frac{N_1\, I_1}{\Re_N} = 0 \tag{6.102}$$

Por lo tanto:

$$N_1\, I_1 + N_2\, I_2 = 0 \tag{6.103}$$

Esta relación se puede indicar como:

$$\sum_{i=1}^{2} N_i\, I_i = 0 \tag{6.104}$$

Asumiendo en este sumatorio como positivas las corrientes entrantes por el punto y negativas las salientes de él (podría también haberse elegido el criterio contrario).

Así, si una corriente es entrante y la otra saliente en los terminales correspondientes, la relación (6.103) resulta:

$$N_1\, I_1 - N_2\, I_2 = 0 \tag{6.105}$$

por lo que:

$$\frac{I_1}{I_2} = \frac{N_2}{N_1} = \frac{1}{a} \tag{6.106}$$

Observamos que la relación de corrientes es inversa a la de tensiones dada en (6.100).

En la Figura 6.16 está representado un transformador ideal de relación $N_1/N_2 = a$, en el que se cumplen las ecuaciones (6.100) y (6.106).

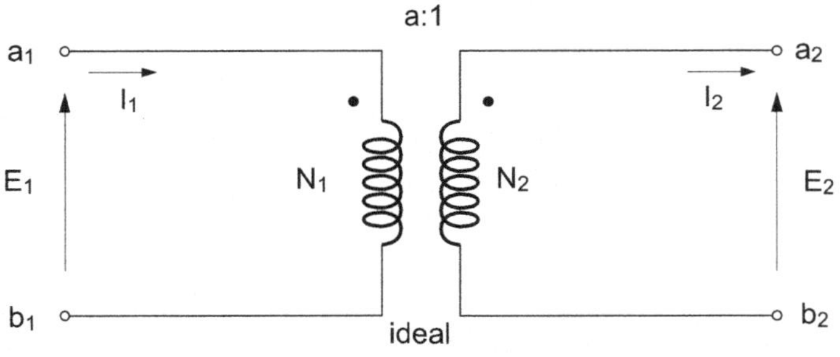

Figura 6.16

La notación **a:1** indica que por cada espira del secundario (arrollamiento 2, en este ejemplo), existen **a** espiras en el primario (arrollamiento 1). También se puede indicar como **1:b** donde **b = 1/a**, siendo **a** = N_1/N_2.

El transformador ideal es en definitiva un factor de escala que permite cambiar los niveles de impedancia, de tensiones y de corrientes.

6.6.1 Impedancias terminales del transformador ideal

Supongamos el transformador ideal de la Figura 6.17, cuyo secundario está cargado por la impedancia Z_R.

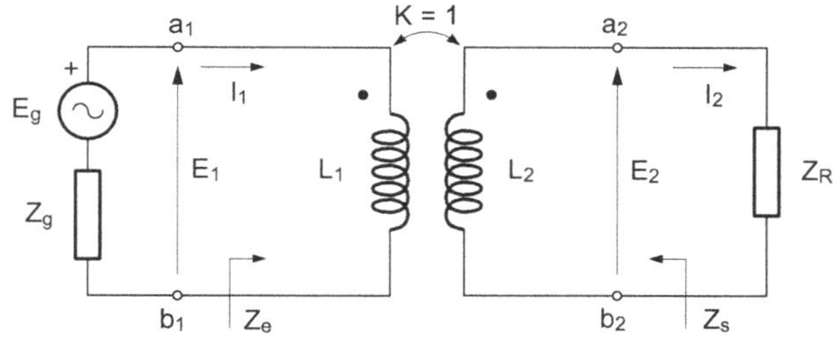

Figura 6.17

La impedancia de entrada del circuito (vista desde el primario) es:

$$Z_e = \frac{E_1}{I_1} = \frac{E_1}{E_2}\frac{I_2}{I_1}\frac{E_2}{I_2} = a^2 Z_R \tag{6.107}$$

ya que

$$\frac{E_2}{I_2} = Z_R \tag{6.108}$$

y

$$\frac{E_1}{E_2} = \frac{I_2}{I_1} = a \tag{6.109}$$

Aprovechando lo anterior, podemos "trasladar"o "reflejar" la impedancia Z_R al primario, multiplicada por $\mathbf{a^2}$, llegando al circuito de la Figura 6.18, equivalente al de la Figura 6.17.

La potencia disipada por Z_R y por la impedancia trasladada a^2Z_R es la misma:

$$P_{Z_R} = \frac{1}{2}\left|I_2\right|^2 R_e[Z_R] \tag{6.110}$$

$$P_{a^2Z_R} = \frac{1}{2}\left|\frac{I_2}{a}\right|^2 R_e\left[a^2 Z_R\right] = \frac{1}{2}\left|I_2\right|^2 R_e[Z_R] \tag{6.111}$$

Observamos además que la corriente sobre la impedancia trasladada viene dividida por **a** y la tensión sobre la misma, multiplicada por **a**.

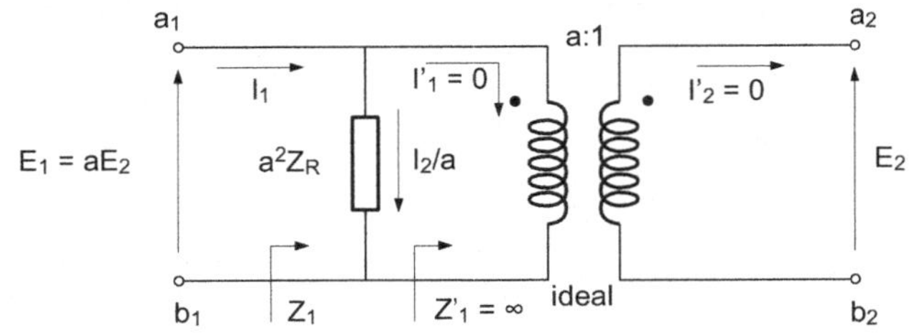

Figura 6.18

Podremos trasladar también la impedancia del primario al secundario, en cuyo caso los factores multiplicativos son los inversos de los anteriores.

Generalizando lo anteriormente expuesto, podemos trasladar o reflejar desde el secundario al primario, o viceversa, cualquier componente, tanto activo como pasivo, según se indica en el ejemplo de la Figura 6.19.

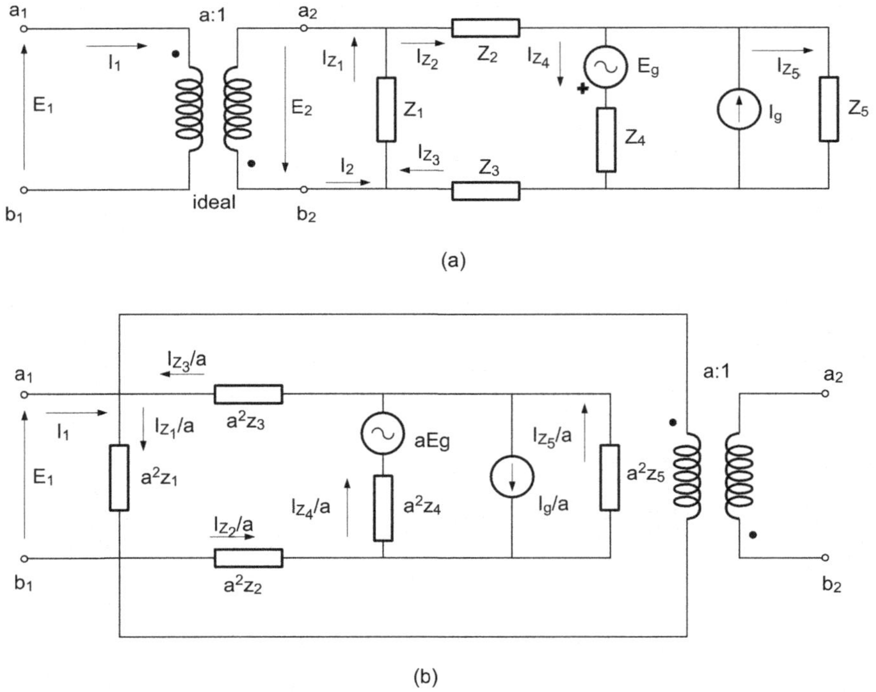

Figura 6.19

La impedancia de salida en la Figura 6.17 se deduce de la expresión de la impedancia de entrada, cambiando Z_R por Z_g y primario por secundario, resultando:

$$Z_{sal} = \frac{Z_g}{a^2} \tag{6.112}$$

6.7 CIRCUITO EQUIVALENTE DE UN TRANSFORMADOR REAL

Todo transformador real es equivalente a un transformador ideal asociado a un circuito exterior a él, constituido por resistencias e inductancias que ya no están acopladas magnéticamente. Ello permitirá hacer uso de las propiedades del transformador ideal como factor de escala y como componente que permite transferir o reflejar de su primario a su secundario y viceversa, cualquier elemento a él conectado.

Consideremos el transformador real de la Figura 6.20.

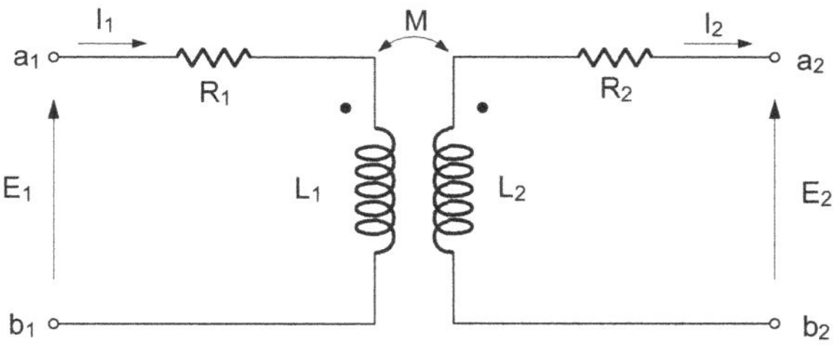

Figura 6.20

Las ecuaciones de este transformador son:

$$\begin{aligned} E_1 &= (R_1 + j\omega L_1)\ I_1 - j\omega M\ I_2 \\ E_2 &= j\omega M\ I_1 - (R_2 + j\omega L_2)\ I_2 \end{aligned} \tag{6.113}$$

En las ecuaciones precedentes podemos introducir un cambio de variable. Así, haremos:

$$\begin{aligned} E_2' &= b\ E_2 \\ I_2' &= \frac{I_2}{b} \end{aligned} \tag{6.114}$$

Con estas nuevas variables, las ecuaciones (6.113) resultan:

$$E_1 = (R_1 + j\omega L_1)\, I_1 - j\omega b\, M\, I_2' \qquad (6.115)$$

$$\frac{E_2'}{b} = j\omega M\, I_1 - (R_2 + j\omega L_2)\, b\, I_2'$$

y finalmente:

$$E_1 = (R_1 + j\omega L_1)\, I_1 - j\omega b\, M\, I_2' \qquad (6.116)$$

$$E_2' = j\omega b\, M\, I_1 - (R_2 + j\omega L_2)\, b^2\, I_2'$$

Las ecuaciones (6.116) corresponden a un circuito de dos mallas, siendo I_1 e I'_2 las corrientes de cada una de ellas. Un circuito cuyas ecuaciones son las descritas se representa en la Figura 6.21, con los valores indicados sobre el mismo.

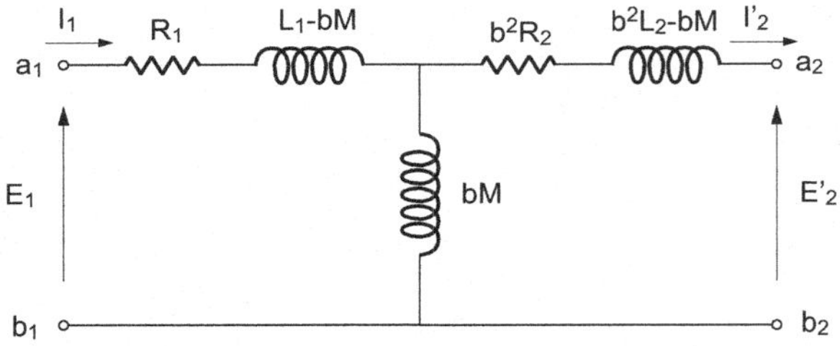

Figura 6.21

Para obtener las variables de salida E_2 e I_2 del circuito primitivo (Figura 6.20), debemos deshacer el cambio de variable introducido.

Así, haremos:

$$E_2 = \frac{E_2'}{b} \qquad (6.117)$$

$$I_2 = b\, I_2'$$

El componente que permite obtener estas relaciones es un transformador ideal de relación **b:1**, como se indica en la Figura 6.22.

El circuito de la Figura 6.22 es el equivalente de cualquier transformador real, observándose que en él ya no existe acoplamiento entre las diversas bobinas (L_1 - bM), bM y (b^2L_2 - bM).

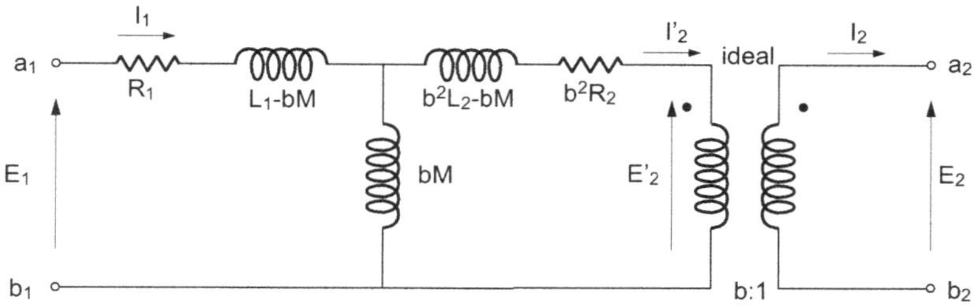

Figura 6.22

El circuito obtenido en la Figura 6.22, se denomina "circuito equivalente referido al primario", pues en él todos los componentes asociados al transformador ideal están situados en el primario del mismo.

Podemos aprovechar la presencia del transformador ideal, trasladando o reflejando todos los componentes unidos a su primario en el circuito de la Figura 6.22 al secundario, obteniendo el "circuito equivalente referido al secundario". Para ello, las impedancias que se trasladan del primario al secundario deberemos dividirlas por $\mathbf{b^2}$.

Resultando:

$$\frac{L_1 - b\,M}{b^2} \tag{6.118}$$

$$\frac{b\,M}{b^2} = \frac{M}{b} \tag{6.119}$$

$$\frac{b^2\,(L_2 - b\,M)}{b^2} = L_2 - \frac{M}{b} \tag{6.120}$$

Obteniéndose el circuito de la Figura 6.23. Al mismo circuito se puede llegar si en las ecuaciones (6.113), efectuamos el cambio de variable:

$$E_1^{/} = \frac{E_1}{b} \qquad I_1^{/} = b\,I_1 \tag{6.121}$$

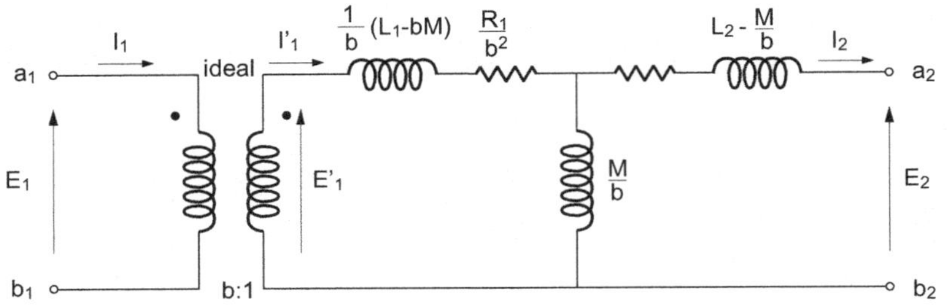

Figura 6.23

Siguiendo un proceso similar al ya estudiado podemos llegar al circuito de la Figura 6.23.

Los dos circuitos equivalentes estudiados (referido al primario o al secundario) admiten diversas opciones, según los valores que se elijan para el parámetro **b**.

Entre los posibles valores del parámetro **b** podemos estudiar:

1°) b = 1

En este caso no es necesario introducir el transformador ideal en el circuito equivalente, pues la relación de transformación de aquél es la unidad.

Para esta opción, los valores de las inductancias del circuito equivalente referido al primario (Figura 6.22) son:

$$L_1 - b\,M = L_1 - M = L_1 - K\sqrt{L_1\,L_2} = L_1\left(1 - K\sqrt{\frac{L_2}{L_1}}\right) \qquad (6.122)$$

$$b\,M = M = K\sqrt{L_1\,L_2} \qquad (6.123)$$

$$b^2\,L_2 - b\,M = L_2 - M = L_2 - K\sqrt{L_1\,L_2} = L_2\left(1 - K\sqrt{\frac{L_1}{L_2}}\right) \qquad (6.124)$$

Dependiendo del valor del coeficiente de acoplamiento K, puede suceder que alguna de estas inductancias sea negativa, lo cual produce dificultades en cálculos teóricos posteriores. Lo mismo puede decirse si utilizamos el circuito equivalente referido al secundario.

Por este motivo, este valor del parámetro **b** no es normalmente adoptado.

2º) $$b = \sqrt{\frac{K_1\ L_1}{K_2\ L_2}}$$

Este valor de **b** puede ser expresado en función de los números de espiras del primario y del secundario. Así, tenemos:

$$b = \sqrt{\frac{K_1\ L_1}{K_2\ L_2}} = \sqrt{\frac{\varphi_{21}}{\varphi_{11}}\ N_1\ \frac{\varphi_{11}}{i_1}\ \frac{\varphi_{22}}{\varphi_{12}}\ \frac{1}{N_2}\ \frac{i_2}{\varphi_{22}}} =$$

$$= \sqrt{\frac{N_1^2}{N_2^2}} = \frac{N_1}{N_2} \tag{6.125}$$

El valor de los diferentes componentes del circuito equivalente referido al primario de la Figura 6.22 para el valor de **b** adoptado son:

$$b\ M = \sqrt{\frac{K_1\ L_1}{K_2\ L_2}}\ \sqrt{K_1\ K_2\ L_1\ L_2} = K_1\ L_1 \tag{6.126}$$

$$L_1 - b\ M = L_1 - K_1\ L_1 = L_1(1 - K_1) = S_1 \tag{6.127}$$

$$b^2 L_2 - b\,M = b^2\left(L_2 - \frac{M}{b}\right) = b^2\left(L_2 - \sqrt{\frac{K_2\ L_2}{K_1\ L_1}}\ \sqrt{K_1\ K_2\ L_1\ L_2}\right) =$$

$$= b^2\ L_2(1 - K_2) = b^2\ S_2 \tag{6.128}$$

Por lo tanto, el circuito equivalente referido al primario queda como se indica en la Figura 6.24.

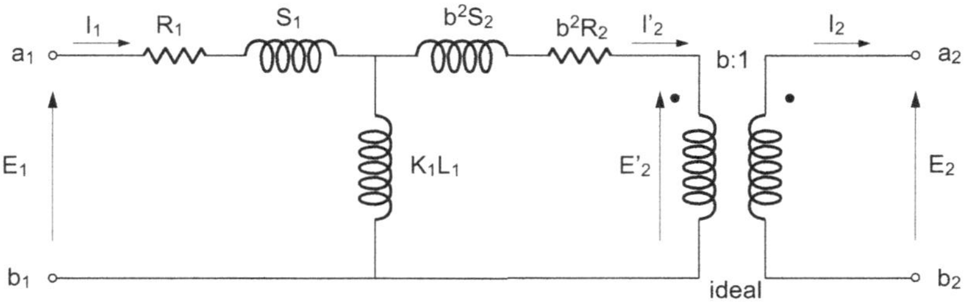

Figura 6.24

En la Figura 6.24 trasladando todos los componentes del primario al secundario del transformador ideal, obtenemos el circuito equivalente referido al secundario, indicado en la Figura 6.25.

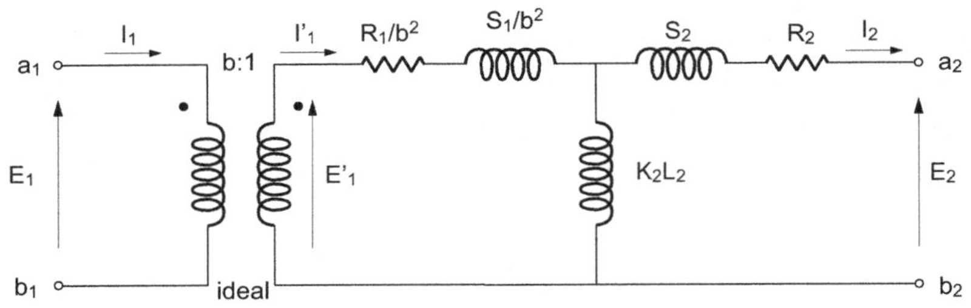

Figura 6.25

Para el caso en el que los coeficientes de acoplamiento sean iguales:

$$K_1 = K_2 = K \tag{6.129}$$

el valor de b será:

$$b = \sqrt{\frac{L_1}{L_2}} = \frac{N_1}{N_2} \tag{6.130}$$

En este caso, el circuito equivalente referido al primario está indicado en la Figura 6.26 y el referido al secundario, en la Figura 6.27.

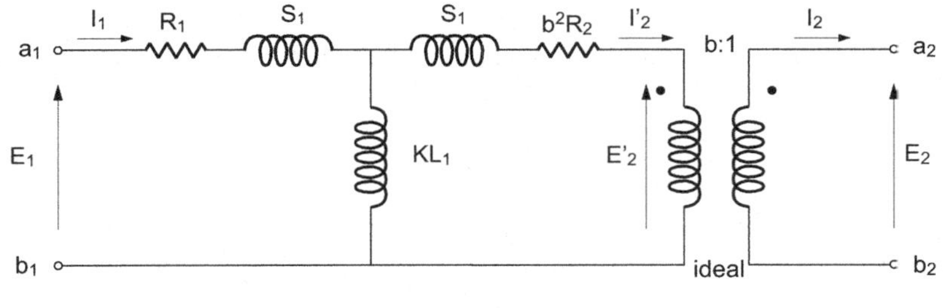

Figura 6.26

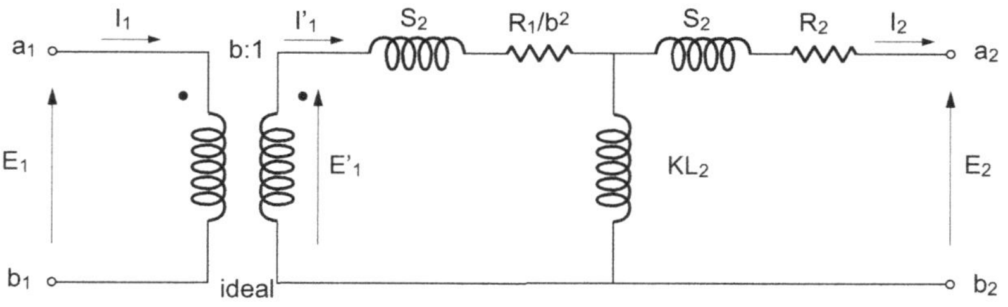

Figura 6.27

Si el transformador es perfecto, su circuito equivalente se obtiene de los obtenidos para el transformador real, al tener en cuenta las condiciones enunciadas en el apartado 6.5.

Así del circuito referido al primario de la Figura 6.26, se obtiene el de la Figura 6.28.

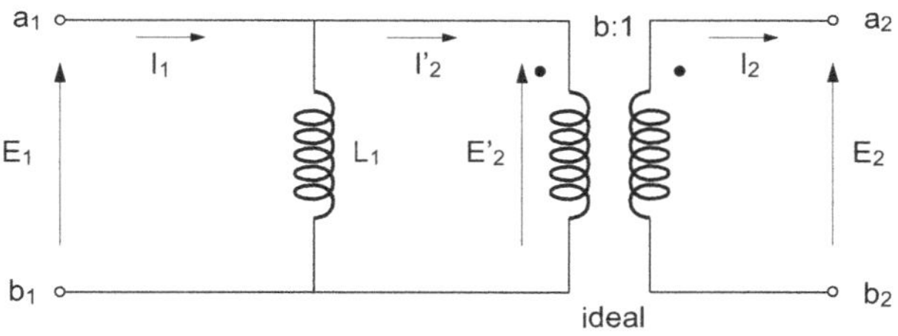

$$b = \sqrt{\frac{L_1}{L_2}} = \frac{N_1}{N_2}$$

Figura 6.28

En la Figura 6.29, se indica el circuito equivalente referido al secundario, deducido a partir del obtenido en la Figura 6.27.

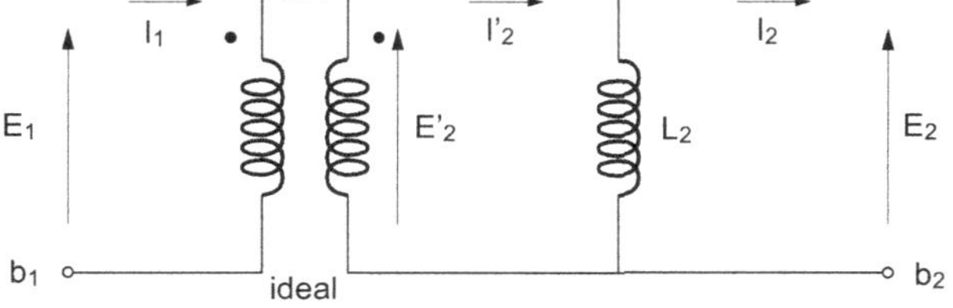

$$b = \sqrt{\frac{L_1}{L_2}} = \frac{N_1}{N_2}$$

Figura 6.29

Puede observarse en los dos circuitos equivalentes del transformador perfecto, la existencia de una inductancia, denominada magnetizante, en paralelo con el transformador ideal, pudiendo ser esta inductancia la del primario o la del secundario, según la versión elegida.

6.8 RESPUESTA EN FRECUENCIA DE LOS TRANSFORMADORES REALES

Una de las aplicaciones más importantes del transformador es como elemento adaptador de impedancias, de manera que al intercalarlo entre un generador y una carga la potencia recibida sea la máxima posible sobre un margen de frecuencias suficientemente amplio.

Si el transformador es ideal, como el representado en la Figura 6.30, la solución es simple, pues bastará elegir la relación de transformación del transformador ideal de modo que se cumpla:

$$R_e = R_g = b^2 \, R_L \tag{6.131}$$

por lo que:

$$b = \sqrt{\frac{R_g}{R_L}} \tag{6.132}$$

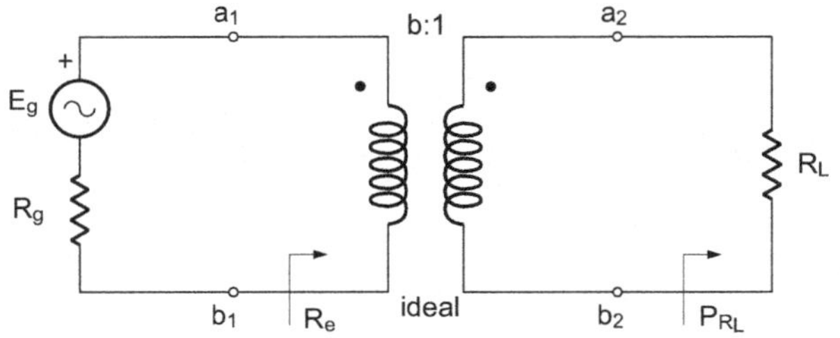

Figura 6.30

La potencia entregada por el generador y, por lo tanto, recibida por la carga cuando la adaptación se produzca, es máxima:

$$P_{R_L}, máx = \frac{|E_g|^2}{8 \, R_g} \tag{6.133}$$

produciéndose esta situación cualquiera que sea la frecuencia del generador.

Cuando el transformador sea real, haremos uso de su circuito equivalente, siendo indiferente que sea el referido al primario como el referido al secundario, pues el resultado obtenido es el mismo.

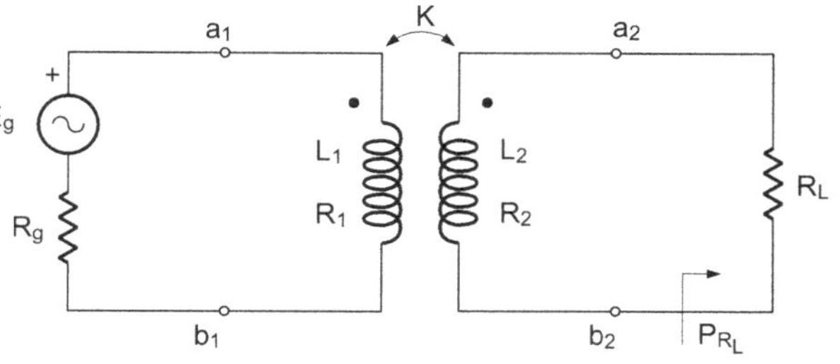

Figura 6.31

Así para el transformador real representado en la Figura 6.31, haremos uso del circuito equivalente referido al primario, suponiendo $K_1 = K_2 = K$ el cual se representa en la Figura 6.32.

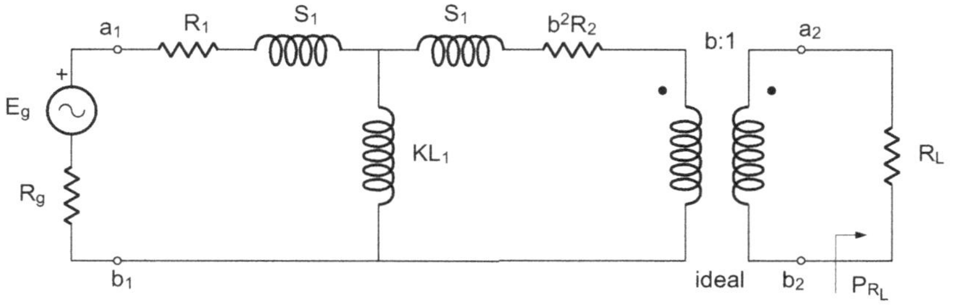

Figura 6.32

La adaptación de impedancias podrá ser realizada en un margen de frecuencias más o menos ancho, viniendo limitada esta zona tanto en altas como en bajas frecuencias.

Cuando la frecuencia del generador disminuye, lo hace la reactancia que presenta la inductancia magnetizante KL_1, con lo que habrá una caída mayor de la tensión en la resistencia R_g, y será menor el voltaje aplicado a la entrada del circuito equivalente del transformador.

Podemos considerar el límite inferior de la zona de frecuencias del transformador como aquella frecuencia f_i para la cual la potencia recibida por la carga es 3 dB inferior a la que recibe cuando está adaptada.

Cuando aumenta la frecuencia del generador, lo hacen las reactancias de dispersión ωS_1, lo que tiende a reducir el voltaje sobre la carga.

El límite de frecuencias altas del transformador es aquella f_s a la cual la potencia recibida por la carga es 3 dB inferior a la disipada cuando está adaptada.

Definiremos el ancho de banda del transformador como el conjunto de frecuencias comprendidas entre las dos frecuencias extremas.

$$B = f_s - f_i \qquad (6.134)$$

Para las frecuencias comprendidas en el ancho de banda, la potencia recibida por la carga cae menos de 3 dB respecto a la potencia que recibe cuando está adaptada.

6.8.1 Análisis cuantitativo de la respuesta en frecuencia

Para facilitar el análisis, haremos las siguientes aproximaciones:

a) Supondremos nulas las resistencias óhmicas de ambos arrollamientos.

b) Dividiremos el margen de frecuencias de trabajo en tres zonas:

- ✓ Frecuencias intermedias, donde se supone que el circuito equivalente del transformador está desprovisto de las diversas inductancias (magnetizante y de dispersión) quedando reducido, por lo tanto, al correspondiente transformador ideal, como se indica en la Figura 6.33.

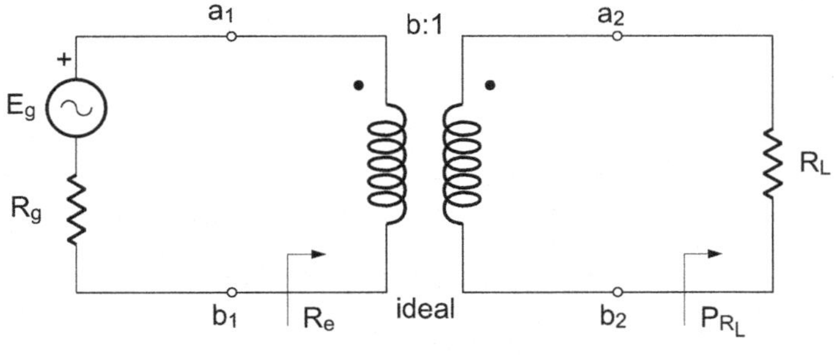

Figura 6.33

- ✓ Frecuencias bajas, en el que como circuito equivalente, se adopta el correspondiente a frecuencias intermedias, añadiendo la inductancia magnetizante, que es el componente que limita la respuesta en bajas frecuencias, resultando el circuito de la Figura 6.34.

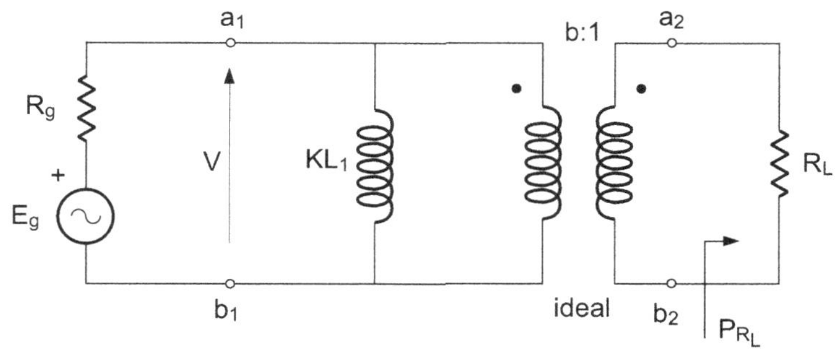

Figura 6.34

✓ Frecuencias altas, en el que como circuito equivalente se adopta el correspondiente a frecuencias intermedias, añadiéndole el componente que limita la respuesta en altas frecuencias, que como se ha dicho, es la inductancia de dispersión de ambos devanados, según se indica en la Figura 6.35.

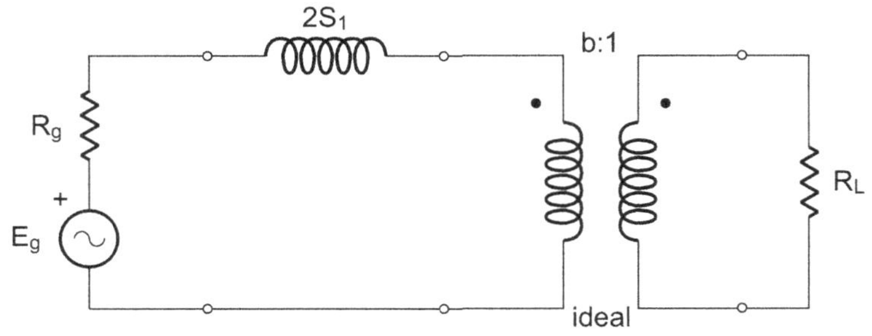

Figura 6.35

La forma de operar es la siguiente:

a) A partir del circuito equivalente a frecuencias intermedias, se determina el valor de la relación de transformación del transformador ideal, para que exista adaptación, que es la misma que la del transformador real.

Por lo tanto, de la Figura 6.33, tenemos:

$$R_g = b^2 R_L \tag{6.135}$$

y

$$b = \sqrt{\frac{R_g}{R_L}} = \frac{N_1}{N_2} = \sqrt{\frac{L_1}{L_2}} \tag{6.136}$$

La potencia que recibe la carga en esta situación es la máxima:

$$P_{R_L},máx. = \frac{|E_g|^2}{8R_g} \tag{6.137}$$

b) Determinación de la frecuencia límite inferior f_i.

El circuito equivalente para bajas frecuencias de la Figura 6.34, se puede sustituir por el de la Figura 6.36.

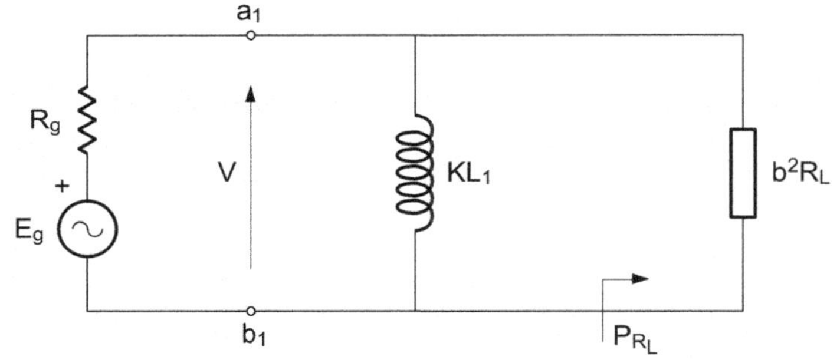

Figura 6.36

La potencia en la carga es:

$$P_{R_L} = \frac{1}{2}\frac{|V|^2}{b^2 R_L} = \frac{1}{2}\frac{|V|^2}{R_g} \tag{6.138}$$

con

$$V = = \frac{j\omega K L_1 R_g E_g}{R_g^2 + j2\omega K L_1 R_g} \tag{6.139}$$

en la que se ha tenido en cuenta que:

$$b^2 R_L = R_g \tag{6.140}$$

La potencia es, por lo tanto:

$$P_{R_L} = \frac{|E_g|^2}{8R_g} \frac{1}{1 + \left(\frac{R_g}{2\,\omega K L_1} \right)^2} \quad (6.141)$$

A la frecuencia límite inferior f_i, la potencia recibida por la carga es 3 dB inferior (la mitad) que la potencia máxima recibida por ella en frecuencias intermedias.

Por lo tanto:

$$P_{R_L}\Big|_{\omega = \omega_i} = \frac{1}{2} P_{R_L,máx.} \quad (6.142)$$

es decir:

$$\frac{|E_g|^2}{8\,R_g} \frac{1}{1 + \left(\frac{R_g}{2\omega_i K\,L_1} \right)^2} = \frac{1}{2}\frac{|E_g|^2}{8\,R_g} \quad (6.143)$$

de donde:

$$\omega_i\,K\,L_1 = \frac{R_g}{2} \quad (6.144)$$

y finalmente:

$$f_i = \frac{R_g}{4\pi\,K\,L_1} \quad (6.145)$$

c) Determinación de la frecuencia límite superior f_s.

A partir del circuito equivalente para altas frecuencias indicado en la Figura 6.35, se obtiene el representado en la Figura 6.37.

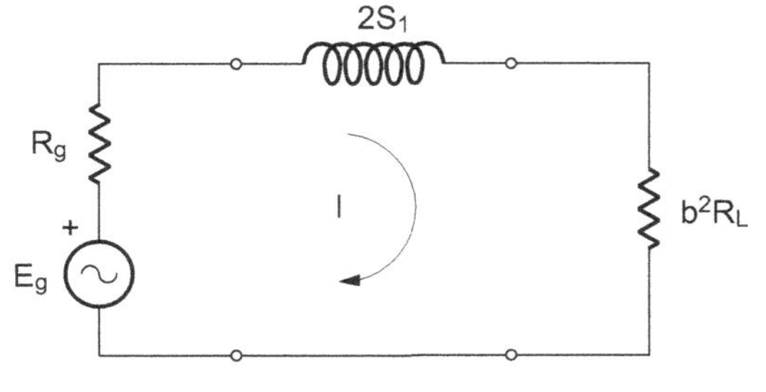

Figura 6.37

La potencia en la carga es

$$P_{R_L} = \frac{1}{2}\,|I|^2 b^2 R_L = \frac{1}{2}\,|I|^2 R_g \tag{6.146}$$

siendo:

$$I = \frac{E_g}{R_g + b^2 R_L + j2\omega S_1} = \frac{E_g}{2R_g + j2\omega L_1 (1-K)} \tag{6.147}$$

ya que:

$$b^2 R_L = R_g \tag{6.148}$$

y:

$$S_1 = L_1 (1 - K) \tag{6.149}$$

La potencia resulta:

$$P_{R_L} = \frac{|E_g|^2}{8\,R_g}\,\frac{1}{1 + \left[\dfrac{\omega L_1 (1-K)}{R_g}\right]^2} \tag{6.150}$$

A la frecuencia límite superior, se cumple:

$$P_{R_L}\Big]_{\omega=\omega_s} = \frac{1}{2}\,P_{R_L,máx} \tag{6.151}$$

$$\frac{|E_g|^2}{8\,R_g}\,\frac{1}{1 + \left(\dfrac{\omega_s L_1 (1-K)}{R_g}\right)^2} = \frac{1}{2}\,\frac{|E_g|^2}{8\,R_g} \tag{6.152}$$

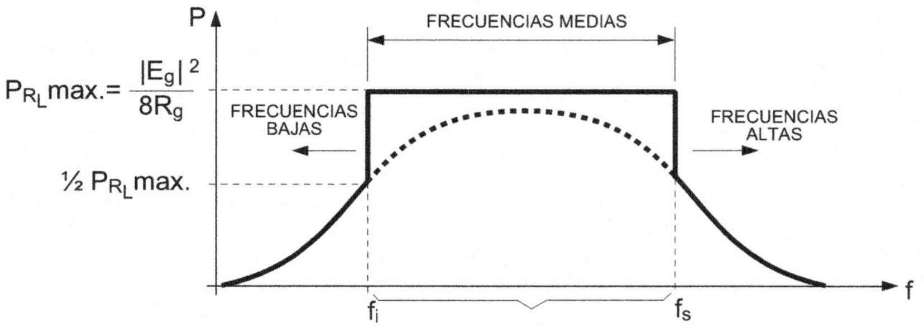

Figura 6.38

de donde se deduce:

$$\omega_s \, L_1 \, (1 - K) = R_g \tag{6.153}$$

y finalmente:

$$f_s = \frac{R_g}{2 \, \pi \, L_1 \, (1 - K)} \tag{6.154}$$

El ancho de banda del transformador es:

$$B = f_s - f_i = \frac{R_g}{4 \, \pi \, L_1} \, \frac{3K - 1}{K(1 - K)} \tag{6.155}$$

En la Figura 6.38 se representa la respuesta del transformador en las tres zonas de frecuencia que hemos considerado, indicándose con línea de puntos la forma real de la respuesta en la zona de frecuencias medias.

6.9 AUTOTRANSFORMADORES

Los transformadores, como se ha dicho, permiten transferir potencia eléctrica entre los diversos devanados, sin que exista una unión metálica entre ambos. En ocasiones es posible realizar esta transferencia de potencia entre dos arrollamientos no separados eléctricamente, haciendo uso de un autotransformador.

Físicamente, un autotransformador está constituido por un devanado, del cual además de sus extremos inicial y final, se extrae una toma intermedia. Como se indica en la Figura 6.39, el devanado o arrollamiento de N_1 espiras se ha dividido en dos de número de espiras N_2 y N_3, cumpliéndose:

$$N_1 = N_2 + N_3 \tag{6.156}$$

Además, en la Figura 6.39, L_1, L_2 y L_3 son las inductancias respectivas del arrollamiento total y de las dos partes en que se ha dividido. Lo mismo puede decirse con respecto a las resistencias óhmicas de los diversos devanados R_1, R_2 y R_3.

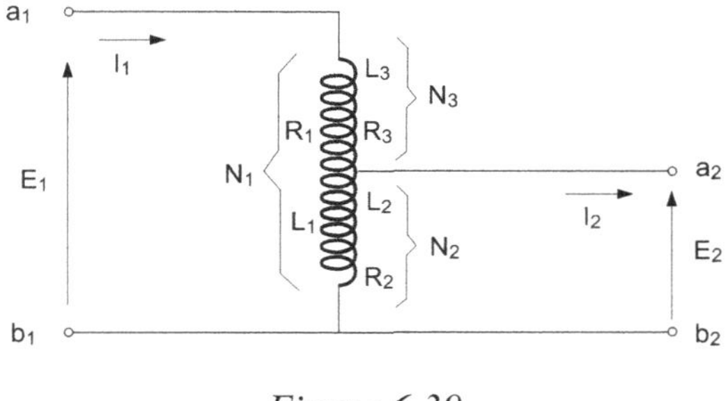

Figura 6.39

Podemos, en principio, analizar el autotransformador como el acoplamiento entre las dos inductancias L_2 y L_3 en que se ha dividido su arrollamiento. El coeficiente de acoplamiento entre estas inductancias K dependerá de la disposición del devanado sobre el núcleo y definirá un coeficiente de inducción mutua dado por:

$$M = K \sqrt{L_2 L_3} \tag{6.157}$$

El circuito indicado en la Figura 6.40 permite el análisis del autotransformador, pues es equivalente al de la Figura 6.39.

En este circuito, los puntos en cada una de las inductancias en que se ha dividido el arrollamiento total estarán como se indica en la Figura 6.40 o en los extremos opuestos de ambas inductancias, pues la N_1 espiras del arrollamiento total son devanadas todas en el mismo sentido sobre el núcleo.

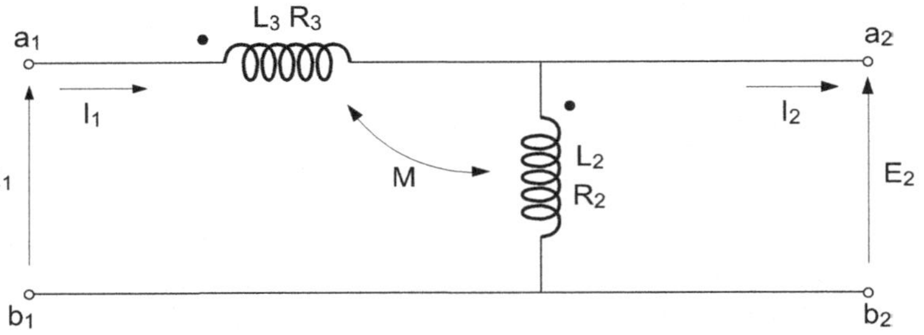

Figura 6.40

Podemos plantear las ecuaciones en el circuito de la Figura 6.40, siendo éstas:

$$\begin{aligned} E_1 &= \left[R_2 + R_3 + j\omega(L_2 + L_3 + 2M)\right] I_1 - \left[R_2 + j\omega(L_2 + M)\right] I_2 \\ E_2 &= \left[R_2 + j\omega(L_2 + M)\right] I_1 - (R_2 + j\omega L_2)\, I_2 \end{aligned} \tag{6.158}$$

6.9.1 Transformador equivalente del autotransformador

Si suponemos que en el autotransformador de partida se cumple:

$$R_1 = R_2 = R_3 = 0 \tag{6.159}$$

podemos encontrar el transformador de dos devanados equivalente al autotransformador de la Figura 6.39.

En la Figura 6.41, está indicado el transformador equivalente al autotransformador.

Las ecuaciones de este transformador son:

$$E_1 = j\omega(L_2 + L_3 + 2M)\, I_1 - j\omega(L_2 + M)\, I_2$$
$$E_2 = j\omega(L_2 + M)\, I_1 - j\omega L_2\, I_2 \qquad (6.160)$$

idénticas a las indicadas en la expresión (6.158), haciendo $R_2 = R_3 = 0$.

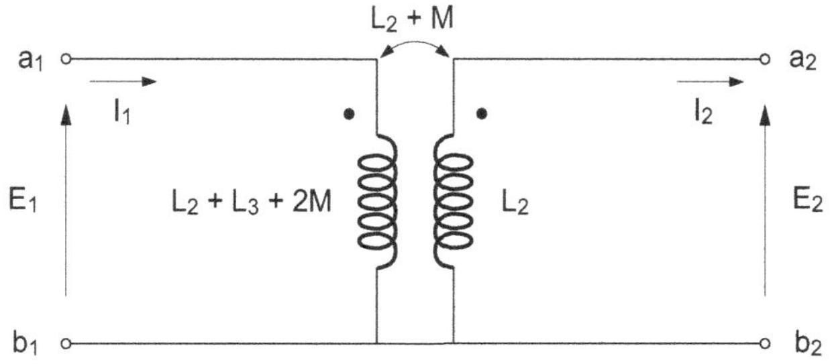

Figura 6.41

Además, si el autotransformador es perfecto, es decir, si:

$$R_1 = R_2 = R_3 = 0 \qquad (6.161)$$

y

$$K = 1 \qquad (6.162)$$

se deduce que el transformador equivalente también lo es.

Efectivamente, en el transformador de la Figura 6.41, se tiene:

$$L_2 + M = K' \sqrt{(L_2 + L_3 + 2M)\, L_2} \qquad (6.163)$$

donde K' es el coeficiente de acoplamiento del transformador equivalente, que como se comprobará seguidamente es la unidad.

Teniendo en cuenta que en el autotransformador perfecto:

$$M = K\sqrt{L_2\, L_3} = \sqrt{L_2\, L_3} \qquad (6.164)$$

vamos a comprobar que en (6.163):

$$L_2 + M = \sqrt{(L_2 + L_3 + 2M)\, L_2} \qquad (6.165)$$

Sustituyendo (6.164) en (6.165) resulta:

$$\sqrt{(L_2 + L_3 + 2\sqrt{L_2\, L_3})\, L_2} = \sqrt{(\sqrt{L_2} + \sqrt{L_3})^2\, L_2} = L_2 + \sqrt{L_2\, L_3} \qquad (6.166)$$

Por lo tanto, el acoplamiento entre los dos devanados del transformador es también perfecto. Además, la inductancia del devanado primario es, en este caso:

$$L_p = L_2 + L_3 + 2M = L_2 + L_3 + 2\sqrt{L_2 L_3} =$$
$$= A_l N_2^2 + A_l N_3^2 + 2\sqrt{A_l N_2^2 A_l N_3^2} = A_l (N_2 + N_3)^2 = A_l N_1^2 = L_1 \quad (6.167)$$

siendo L_1 la inductancia total del arrollamiento del autotransformador de partida.

En la Figura 6.42 se representa el transformador equivalente del autotransformador perfecto. Sobre él ya podemos realizar los análisis estudiados en apartados anteriores (circuito equivalente, respuesta en frecuencia, etc.).

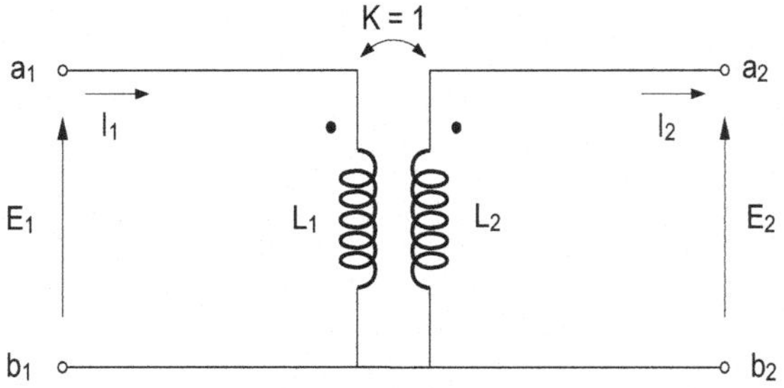

Figura 6.42

El resultado anterior se puede generalizar para el caso en el que el autotransformador sea ideal, pues éste es en definitiva un perfecto con número de espiras del devanado total y de la toma intermedia tendiendo a infinito, por lo que el autotransformador ideal representado en la Figura 6.43 es equivalente al transformador ideal de la Figura 6.44.

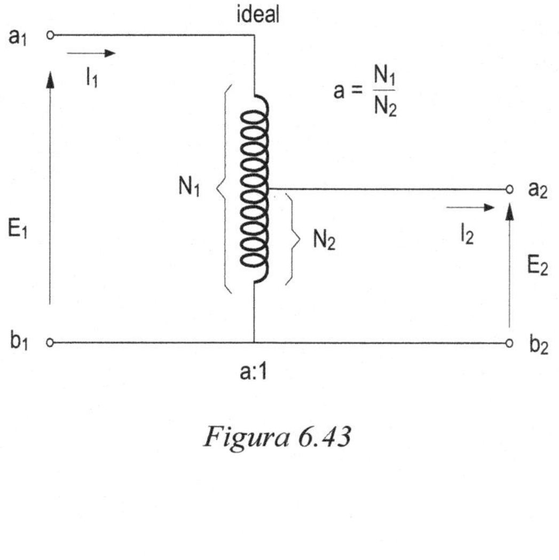

Figura 6.43

Al autotransformador ideal le serán, por tanto, de aplicación todas las propiedades deducidas en el apartado 6.6 para el transformador ideal. A saber:

$$\frac{E_1}{E_2} = a \tag{6.168}$$

$$\frac{I_1}{I_2} = \frac{1}{a} \tag{6.169}$$

con:

$$a = \frac{N_1}{N_2} \tag{6.170}$$

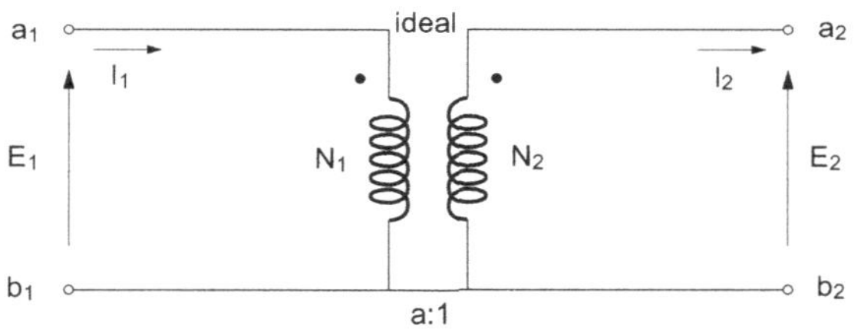

Figura 6.44

6.10 TRANSFORMADOR REAL DE MÁS DE DOS DEVANADOS

En la Figura 6.45, está representado un transformador real de n devanados, donde se supone que todos ellos tienen común su circuito magnético.

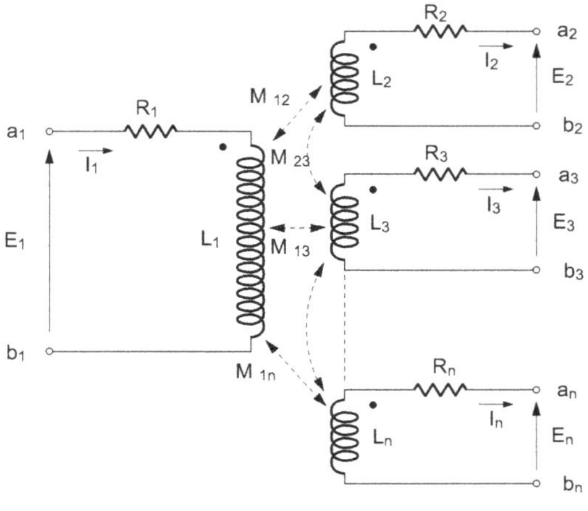

Figura 6.45

En esta ocasión existirán un número de posibles acoplamientos dados por las combinaciones de n elementos tomados de dos en dos.

Las ecuaciones para este transformador se pueden deducir de las ecuaciones (6.64), generalizándolas para n arrollamientos.

Así, tenemos:

$$\begin{aligned} E_1 &= (R_1 + j\omega L_1)I_1 - j\omega M_{12}I_2 \;\ldots\ldots\; -j\omega M_{1n}I_n \\ E_2 &= j\omega M_{21}I_1 - (R_2 + j\omega L_2)I_2 \;\ldots\ldots\; -j\omega M_{2n}I_n \\ &\ldots\ldots\ldots\ldots\ldots\ldots\ldots\ldots \\ &\ldots\ldots\ldots\ldots\ldots\ldots\ldots\ldots \\ E_n &= j\omega M_{n1}I_1 - j\omega M_{n2}I_2 \;\ldots\ldots\; -(R_n + j\omega L_n)I_n \end{aligned} \qquad (6.171)$$

Donde:

$$M_{ij} = M_{ji} = k_{ij}\sqrt{L_i\, L_j} \qquad (6.172)$$

siendo L_i y L_j los coeficientes de autoinducción de cada devanado, definidos como:

$$L_i = N_i\,\frac{\phi_{ii}}{I_i} \quad , \quad L_j = N_j\,\frac{\phi_{jj}}{I_j} \qquad (6.173)$$

y K_{ij} el coeficiente de acoplamiento de cada pareja de bobinas acopladas.

Las ecuaciones del transformador de la Figura 6.45, también pueden expresarse en función del flujo mutuo y de la tensión inducida por él, así como de las inductancias de dispersión de cada devanado. Por ello:

$$\begin{aligned} E_1 &= (R_1 + j\omega S_1)I_1 + E_{M1} \\ E_2 &= E_{M2} - (R_2 + j\omega S_2)I_2 \\ &\ldots\ldots\ldots\ldots\ldots \\ &\ldots\ldots\ldots\ldots\ldots \\ E_n &= E_{Mn} - (R_n + j\omega S_n)I_n \end{aligned} \qquad (6.174)$$

Donde:

$$E_{Mi} = j\omega N_i\phi_M \qquad (6.175)$$

siendo φ_M el flujo mutuo cuyo valor para las corrientes representadas en la Figura 6.45 es:

$$\phi_M = \frac{N_1\, I_1}{\Re_N} - \frac{N_2\, I_2}{\Re_N} - \ldots\ldots\ldots - \frac{N_n\, I_n}{\Re_N} \qquad (6.176)$$

siendo $\Re_N$ la reluctancia del núcleo o circuito magnético común a todos los devanados.

Las ecuaciones (6.171) y (6.174) definen el comportamiento del transformador real de n devanados: las primeras permiten el análisis del circuito en el que se encuentra conectado el transformador; mientras que las segundas se presentan especialmente útiles para realizar algunas demostraciones, como se comprobará en los apartados siguientes.

6.11 TRANSFORMADOR PERFECTO DE MÁS DE DOS DEVANADOS

Supongamos el transformador con n arrollamientos, representado en la Figura 6.45. Las condiciones para que este transformador sea perfecto son:

- ✓ Resistencias de los arrollamientos cero; $R_1 = R_2 = ... = R_n = 0$.
- ✓ Coeficientes de acoplamiento entre los diversos arrollamientos iguales a la unidad: $K_{ij} = 1$.
- ✓ Número de espiras de todos los devanados finitas, con:

$$\frac{N_1}{N_2} = a_1 \quad ; \quad \frac{N_1}{N_3} = a_2 \quad ; \quad \dots\dots\dots \quad ; \quad \frac{N_1}{N_n} = a_{n-1} \qquad (6.177)$$

Aplicando a las ecuaciones (6.174) las condiciones anteriores, tenemos:

$$\begin{aligned} E_1 &= E_{M1} = j\omega N_1 \phi_M \\ E_2 &= E_{M2} = j\omega N_2 \phi_M \\ &\dots\dots\dots\dots\dots\dots \\ &\dots\dots\dots\dots\dots\dots \\ E_n &= E_{Mn} = j\omega N_n \phi_M \end{aligned} \qquad (6.178)$$

ya que, si los coeficientes de acoplamiento son la unidad, las inductancias de dispersión son nulas.

Relacionando entre sí las expresiones anteriores, tenemos:

$$\begin{aligned} \frac{E_1}{E_2} &= \frac{N_1}{N_2} = a_1 \\ \frac{E_1}{E_3} &= \frac{N_1}{N_3} = a_2 \\ &\dots\dots\dots\dots\dots \\ &\dots\dots\dots\dots\dots \\ \frac{E_1}{E_n} &= \frac{N_1}{N_n} = a_{n-1} \end{aligned} \qquad (6.179)$$

siendo el sentido de estas tensiones el mismo con respecto a los terminales correspondientes de los diversos devanados.

6.12 TRANSFORMADOR IDEAL DE MÁS DE DOS DEVANADOS

Supongamos el transformador con n arrollamientos de la Figura 6.45.

Las condiciones para que este transformador sea ideal son:

- ✔ Resistencias de los arrollamientos nulas; $R_1 = R_2 = ... = R_n = 0$.
- ✔ Coeficientes de acoplamiento entre los diversos arrollamientos iguales a la unidad; $K_{ij} = 1$.
- ✔ Número de espiras de cada devanado tendiendo a infinito.

$$\begin{array}{l} N_1 \rightarrow \infty \\ N_2 \rightarrow \infty \\ \cdots\cdots\cdots \\ \cdots\cdots\cdots \\ N_n \rightarrow \infty \end{array} \qquad (6.180)$$

siendo sus relaciones finitas:

$$\frac{N_1}{N_2} = a_1 \quad ; \quad \frac{N_1}{N_3} = a_2 \quad ; \quad \cdots\cdots\cdots \quad ; \quad \frac{N_1}{N_n} = a_{n-1} \qquad (6.181)$$

Aplicando las condiciones anteriores a las ecuaciones (6.174), tenemos:

$$\begin{array}{l} E_1 = j\omega N_1 \phi_M \\ E_2 = j\omega N_2 \phi_M \\ \cdots\cdots\cdots \\ \cdots\cdots\cdots \\ E_n = j\omega N_n \phi_M \end{array} \qquad (6.182)$$

ya que, si los coeficientes de acoplamiento son la unidad, las inductancias de dispersión son nulas.

Relacionando entre sí estas expresiones, obtenemos:

$$\begin{aligned} \frac{E_1}{E_2} &= \frac{N_1}{N_2} = a_1 \\ \frac{E_1}{E_3} &= \frac{N_1}{N_3} = a_2 \\ &\dots\dots\dots\dots\dots\dots \\ &\dots\dots\dots\dots\dots\dots \\ \frac{E_1}{E_n} &= \frac{N_1}{N_n} = a_{n-1} \end{aligned} \quad (6.183)$$

siendo el sentido de estas tensiones el mismo con respecto a los terminales correspondientes de los diversos devanados.

Si los números de espiras de los diversos devanados tienden a infinito, el flujo mutuo φ_M debe tender a cero, para que las tensiones E_1, E_2, ... E_n sean finitas, según se deduce de las expresiones (6.182) y para los sentidos de las corrientes representados en la Figura 6.45, tenemos:

$$\phi_M = 0 = \frac{N_1\, I_1}{\Re_N} - \frac{N_2\, I_2}{\Re_N} - \dots\dots\dots - \frac{N_n\, I_n}{\Re_N} \quad (6.184)$$

Por lo tanto,

$$N_1\, I_1 - N_2\, I_2 - \dots\dots - N_n\, I_n = 0 \quad (6.185)$$

y

$$\sum_{i=1}^{n} N_i\, I_i = 0 \quad (6.186)$$

tomando como positivas las corrientes entrantes por los respectivos puntos y negativas las salientes (también puede ser elegida la opción contraria).

6.12.1 Impedancia de entrada del transformador ideal de más de dos devanados

Podemos calcular la impedancia de entrada de un transformador ideal de n devanados cuando cada uno de los secundarios se cierra por una impedancia de carga, según la disposición indicada en la Figura 6.46.

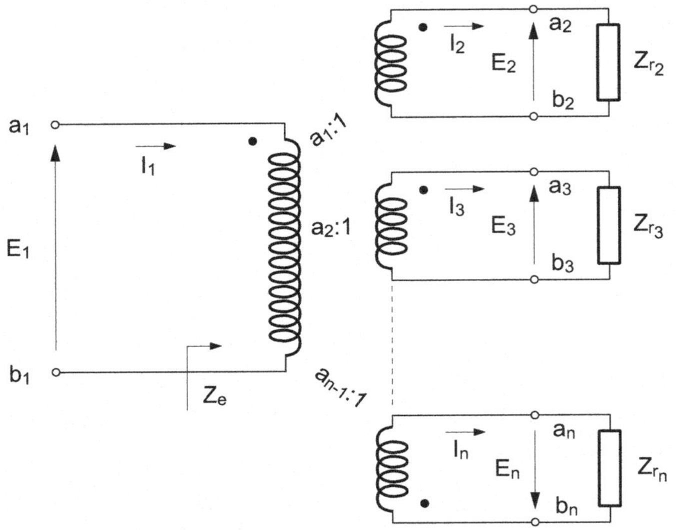

Figura 6.46

La admitancia vista en los terminales de entrada es:

$$Y_e = \frac{1}{Z_e} = \frac{I_1}{E_1} \tag{6.187}$$

De (6.185) se obtiene:

$$I_1 = \frac{N_2 I_2 + N_3 I_3 + \ldots\ldots + N_n I_n}{N_1} \tag{6.188}$$

por lo que:

$$\begin{aligned} Y_e &= \frac{1}{N_1 E_1} (N_2 I_2 + N_3 I_3 + \ldots\ldots + N_n I_n) = \\ &= \frac{1}{N_1 E_1} \left(N_2 \frac{E_2}{Z_{r_2}} + N_3 \frac{E_3}{Z_{r_3}} + \ldots\ldots + N_n \frac{E_n}{Z_{r_n}} \right) = \\ &= \frac{1}{a_1^2 Z_{r_2}} + \frac{1}{a_2^2 Z_{r_3}} + \ldots\ldots + \frac{1}{a_{n-1}^2 Z_{r_n}} \end{aligned} \tag{6.189}$$

por lo que:

$$Z_e = a_1^2 Z_{r_2} \ // \ a_2^2 Z_{r_3} \ // \ \ldots\ldots\ldots \ // \ a_{n-1}^2 Z_{r_n} \tag{6.190}$$

siendo la impedancia de entrada la combinación en paralelo de cada una de las impedancias del secundario, trasladadas al primario (supuesto que éste es el arrollamiento uno) como se muestra en la Figura 6.47.

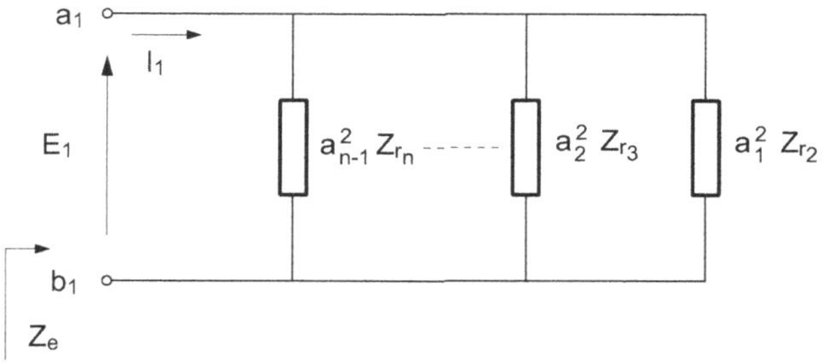

Figura 6.47

6.13 REPRESENTACIÓN DEL TRANSFORMADOR PERFECTO DE VARIOS DEVANADOS MEDIANTE SU EQUIVALENTE CON TRANSFORMADOR IDEAL

El circuito equivalente para el transformador perfecto de dos devanados ya estudiado puede ser generalizado a aquellos transformadores perfectos de mayor número de arrollamientos.

En efecto, sea el transformador perfecto de **n** devanados indicado en la Figura 6.48.

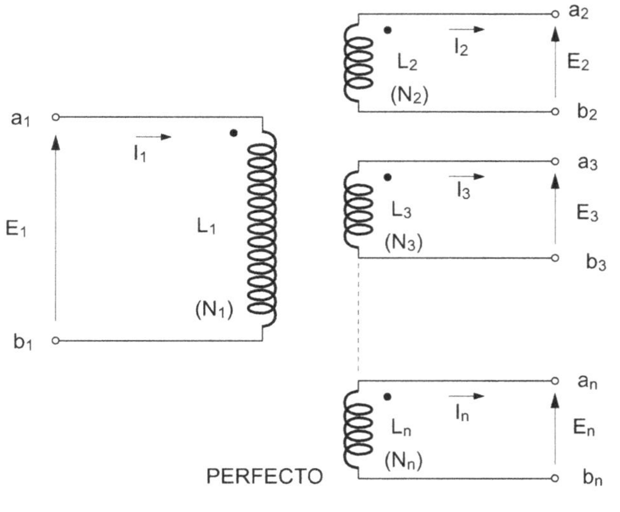

Figura 6.48

Para los sentidos indicados de las corrientes, el flujo mutuo será:

$$\phi_M = \frac{N_1\ I_1}{\Re_N} - \frac{N_2\ I_2}{\Re_N} - \frac{N_3\ I_3}{\Re_N} - \ldots\ldots - \frac{N_n\ I_n}{\Re_N} \neq 0 \tag{6.191}$$

Podemos descomponer la corriente I_1 en dos corrientes, I'_1 e I_M, dadas por:

$$I_1 = I_1^{/} + I_M \tag{6.192}$$

por lo que:

$$\phi_M = \frac{N_1\ I_M}{\Re_N} + \frac{N_1\ I_1^{/}}{\Re_N} - \frac{N_2\ I_2}{\Re_N} - \frac{N_3\ I_3}{\Re_N} - \ldots\ldots\ldots - \frac{N_n\ I_n}{\Re_N} \tag{6.193}$$

Eligiendo conveniente I_M podemos hacer:

$$\frac{N_1\ I_1^{/}}{\Re_N} - \frac{N_2\ I_2}{\Re_N} - \frac{N_3\ I_3}{\Re_N} - \ldots\ldots\ldots - \frac{N_n\ I_n}{\Re_N} = 0 \tag{6.194}$$

y, según se ha estudiado en el apartado 6.12, el componente que cumple esta relación de corrientes es un transformador ideal con las mismas relaciones de transformación que las del transformador perfecto original.

Teniendo presente la relación (6.194), la expresión (6.193) queda:

$$\phi_M = \frac{N_1\ I_M}{\Re_N} \tag{6.195}$$

por lo que la primera de las ecuaciones dadas en (6.178) resulta:

$$E_1 = E_{M1} = j\omega N_1 \phi_M = \frac{j\omega N_1\ N_1\ I_M}{\Re_N} = j\omega L_1\ I_M \tag{6.196}$$

ya que:

$$\frac{N_1^2}{\Re_N} = A_l N_1^2 = L_1 \tag{6.197}$$

siendo L_1 la autoinducción del devanado primario del transformador.

La corriente I_M es, por lo tanto:

$$I_M = \frac{E_1}{j\omega L_1} \tag{6.198}$$

Las relaciones (6.192), (6.194) y (6.198) permiten deducir que el circuito equivalente de este tipo de transformadores es el representado en la Figura 6.49.

El circuito de la Figura 6.49 es el equivalente "referido al primario". Podemos aprovechar la presencia del transformador ideal para trasladar o reflejar cualquier impedancia desde los devanados secundarios a primario, o viceversa.

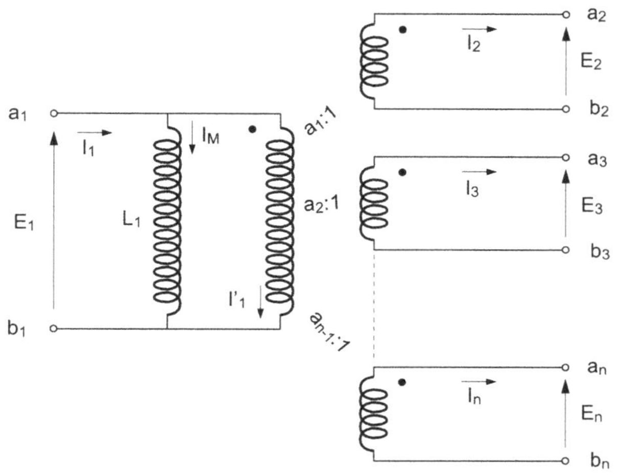

Figura 6.49

Es evidente, por lo tanto, que podemos establecer también el circuito equivalente referido a cualquier secundario, trasladando la inductancia L_1 al secundario en cuestión, dividiéndola por el cuadrado de la relación de transformación correspondiente.

Así, el circuito equivalente indicado en la Figura 6.50 es el referido al secundario a_i b_i, siendo éste cualquiera de los devanados secundarios, cumpliéndose:

$$\frac{L_1}{a_{i-1}^2} = L_i \tag{6.199}$$

donde L_i es la autoinducción del correspondiente devanado.

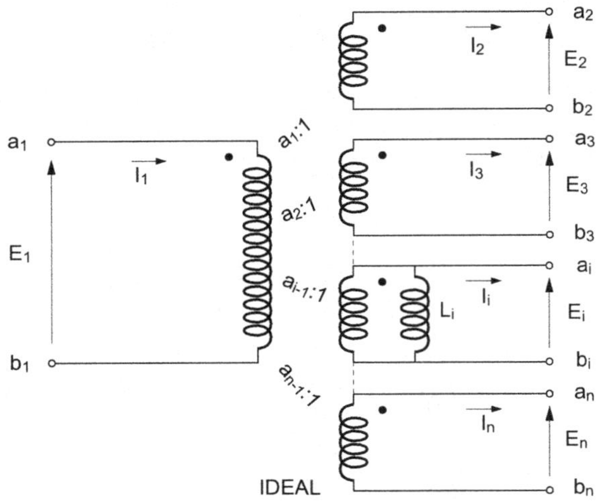
a2
I2
E2
b2
a1:1
a3
a1
I1
I3
E3
a2:1
E1
b3
ai
ai-1:1
Ii
Li
Ei
b1
bi
an-1:1
an
In
En
IDEAL
bn

Figura 6.50

PROBLEMAS

PROBLEMA 6.1

En el circuito de la figura se pide determinar:

a) Potencia entregada por el generador I.

b) Impedancia equivalente entre los puntos A y B.

c) Diferencia de potencial V_{CD}.

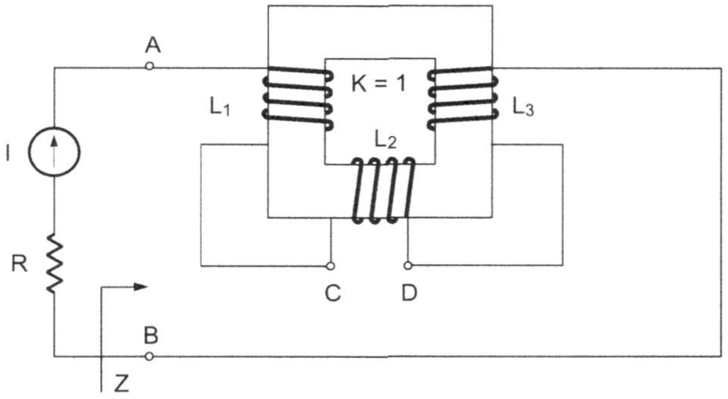

DATOS

$\omega L_1 = \omega L_2 = \omega L_3 = 1\ \Omega$; $R = 1\ \Omega$; $i(t) = sen\ 10^3\, t\ A$

PROBLEMA 6.2

En el circuito de la figura, donde el acoplamiento entre todas las bobinas es perfecto, se pide determinar:

a) Generador equivalente Norton entre los puntos A y B.

b) Potencia entregada por el generador de corriente al cortocircuitar los puntos A y B.

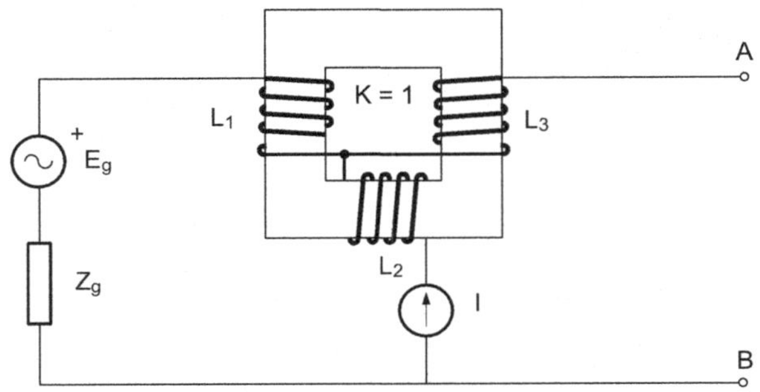

DATOS

$\omega L_1 = \omega L_2 = 2\ \Omega$; $\omega L_3 = 8\ \Omega$

$Z_g = (4 + 2j)\ \Omega$; $i(t) = sen\ \omega t\ A$; $e_g(t) = 6\ cos\ \omega t\ V$

PROBLEMA 6.3

En el circuito de la figura se pide determinar:

a) Expresión literal de las tensiones V_{EF}, V_{CD}, al inyectar en las bobinas las corrientes I_1, I_2 e I_3 como se muestran en la figura.

b) Expresión instantánea de la tensión $v_{AB}(t)$.

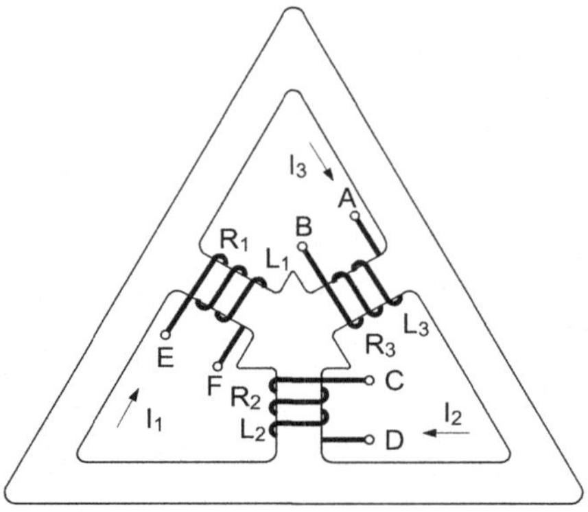

DATOS

$i_1(t) = sen\ \omega t\ A$; $i_2(t) = cos\ \omega t\ A$; $i_3(t) = \sqrt{2}\ sen(\omega t - \pi/4)\ A$

$Z_1 = R_1 + j\omega L_1 = (4 + 5j)\Omega$; $Z_2 = R_2 + j\omega L_2 = (2 + 3j)\Omega$

$Z_3 = R_3 + j\omega L_3 = (1 + 4j)\Omega$; $Z_{12} = j\omega M_{12} = 2j\Omega$

$Z_{13} = j\omega M_{13} = 3j\Omega$; $Z_{23} = j\omega M_{23} = j\Omega$

PROBLEMA 6.4

En el circuito de la figura determinar el generador equivalente Thevenin entre los puntos A y B.

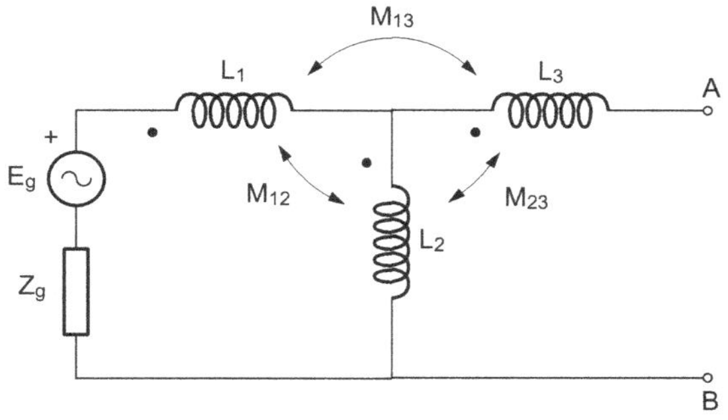

DATOS

$Z_g = (2 + 2j)\Omega$; $E_g = 10\ V_{ef}$

$\omega L_1 = \omega L_2 = \omega L_3 = 4\ \Omega$; $\omega M_{12} = \omega M_{13} = \omega M_{23} = 2\ \Omega$

PROBLEMA 6.5

En el circuito de la figura se pide:

a) Expresión instantánea de la corriente i(t).

b) Potencia puesta en juego por el generador βI.

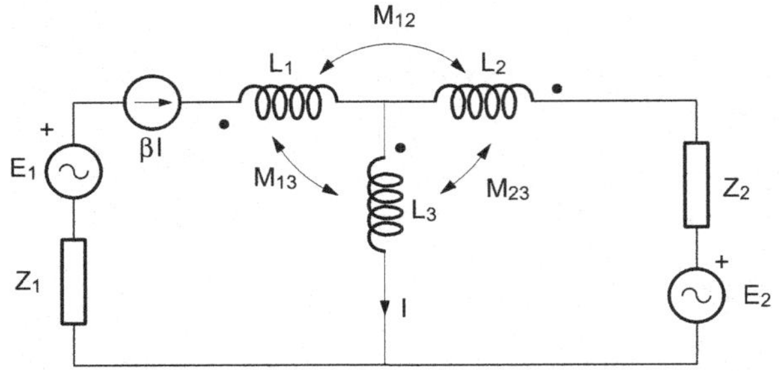

DATOS

$L_1 = 1\,mH$; $L_2 = 4\,mH$; $L_3 = 9\,mH$; $\beta = 3$

$K_{12} = 1/2$; $K_{13} = 1/3$; $K_{23} = 1/2$

$Z_1 = (2 + j)\Omega$; $Z_2 = (4 + 4j)\Omega$

$e_1(t) = 10\ sen\ 10^3 t\ V$; $e_2(t) = 16\ sen\left(10^3 t - \pi/2\right)\ V$

PROBLEMA 6.6

En el circuito de la figura se pide calcular la potencia puesta en juego por los generadores βV y E.

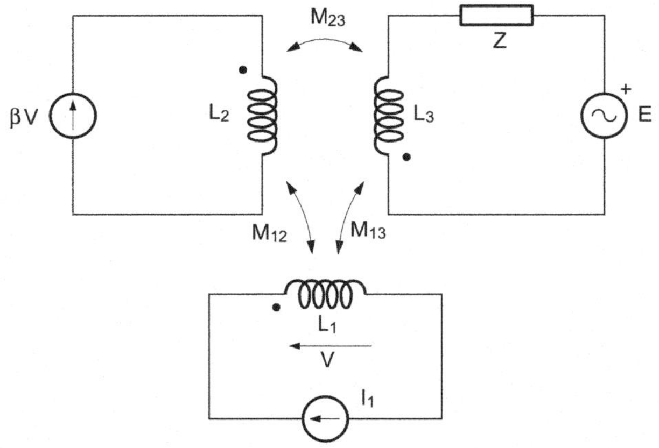

DATOS

$\omega L_1 = \omega L_2 = \omega L_3 = 2\Omega$; $\beta = 1\ \Omega^{-1}$

$K_{12} = K_{13} = K_{23} = 1/2$; $Z = (2 - 2j)\,\Omega$

$e(t) = 5\,sen\ \omega t\ V$; $i_1(t) = sen(\omega t - \pi/2)\,A$

PROBLEMA 6.7

En el circuito de la figura se pide determinar:

a) Z_R para que reciba la máxima potencia.

b) Aplicando el teorema de Thevenin calcular el valor de la misma.

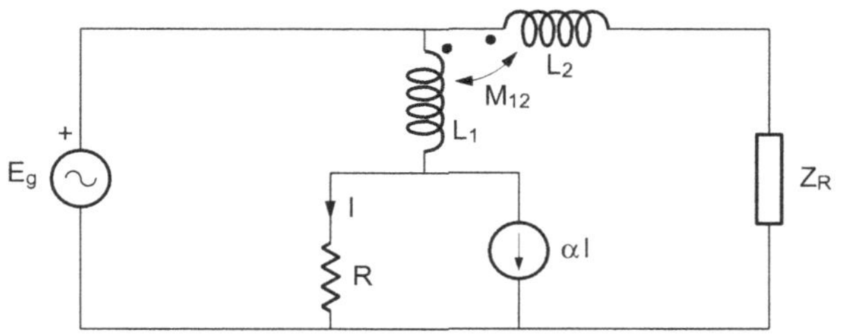

DATOS

$L_1 = L_2 = M_{12} = 1\,mH$; $\alpha = 1$; $R = 1\,\Omega$; $e_g(t) = 5\sqrt{2}\ sen(10^3 t + \pi/4)\ V$

PROBLEMA 6.8

En el circuito de la figura en el que el acoplamiento entre las bobinas es perfecto, se pide hallar:

a) Potencia disipada en las resistencias R_1 y R_2.

b) Potencia puesta en juego por los generadores E_g e I_g.

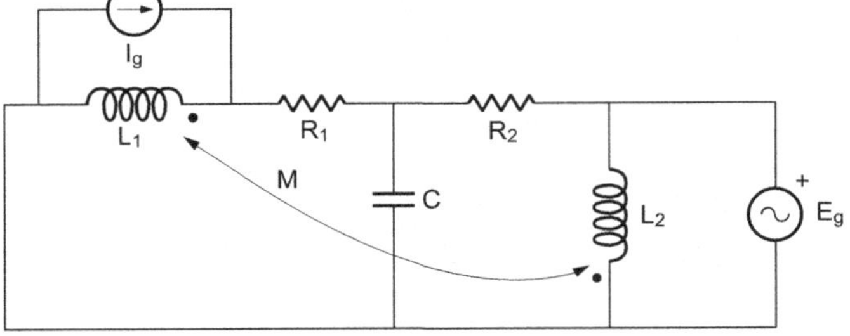

DATOS

$\omega L_1 = 1\,\Omega$; $\omega L_2 = 1\,\Omega$; $X_c = 1\,\Omega$

$R_1 = 2\,\Omega$; $R_2 = 2\,\Omega$; $e_g(t) = 2\,sen\,\omega t\ V$; $i_g(t) = \sqrt{2}\,sen\,(\omega t - \pi/4)\ A$

PROBLEMA 6.9

En el circuito de la figura existe acoplamiento entre todas las bobinas, siendo el coeficiente de acoplamiento K = 1. En estas condiciones, se pide:

a) Valor de Z_r para que reciba la máxima potencia.

b) Potencia recibida por Z_r en las condiciones anteriores.

c) Suponiendo desconectada Z_r, calcular la corriente en la bobina L_1.

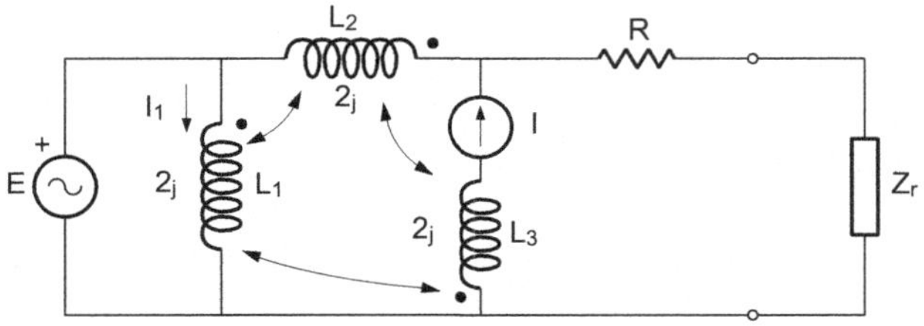

DATOS

$e(t) = sen\omega t\ V$; $i(t) = cos\omega t\ A$; $R = 1\,\Omega$

PROBLEMA 6.10

En el circuito de la figura, sabiendo que la impedancia Z_r está recibiendo la máxima potencia, se pide:

a) Potencia disipada en Z_r y entregada por el generador I_1.

b) Equivalente Thevenin en bornas de L_3.

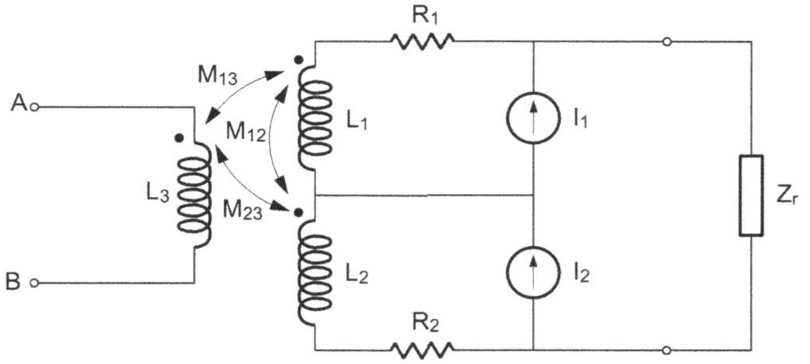

DATOS

$i_1(t) = sen\, t\ A$; $i_2(t) = cos\, t\ A$; $M_{12} = M_{13} = M_{23} = 1\ H$

$L_1 = L_2 = L_3 = 1\ H$; $R_1 = R_2 = 2\ \Omega$

PROBLEMA 6.11

En el circuito de la figura, todos los acoplamientos entre las bobinas son perfectos. Se pide determinar la potencia puesta en juego por cada uno de los generadores (el real de tensión y el ideal de intensidad).

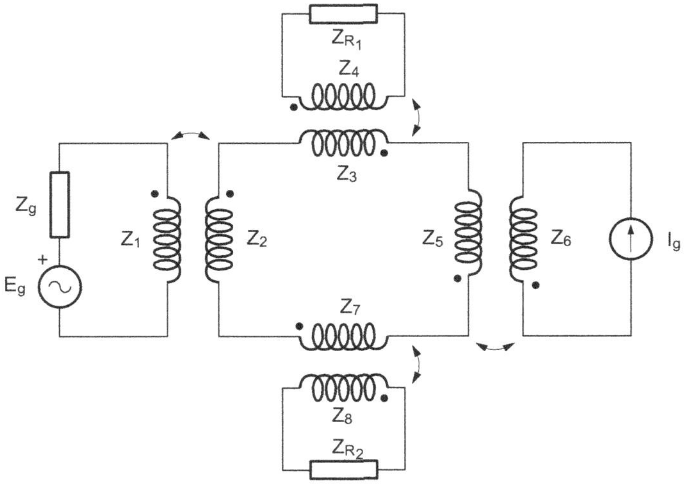

DATOS

$Z_2 = Z_3 = Z_5 = Z_7 = j\,\Omega$; $Z_1 = Z_6 = 4j\,\Omega$; $Z_4 = Z_8 = 9j\,\Omega$

$Z_{R_1} = Z_{R_2} = 9\,\Omega$; $Z_g = 4\,\Omega$; $e_g(t) = 68\, sen\, \omega t\ V$

$i_g(t) = 8{,}5\, sen\, \omega t\ A$

PROBLEMA 6.12

Determinar la impedancia equivalente entre los terminales A y B del circuito de la figura.

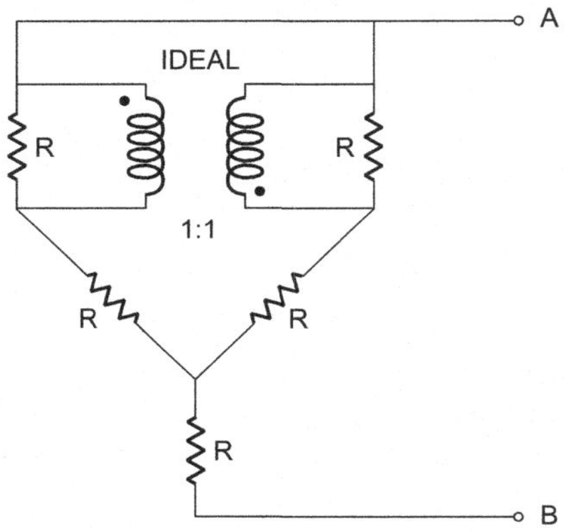

PROBLEMA 6.13

En el circuito de la figura se sabe que la corriente a través del generador es tres veces superior a la que circula por R. Se pide el valor de R_1 y la potencia disipada por R_2.

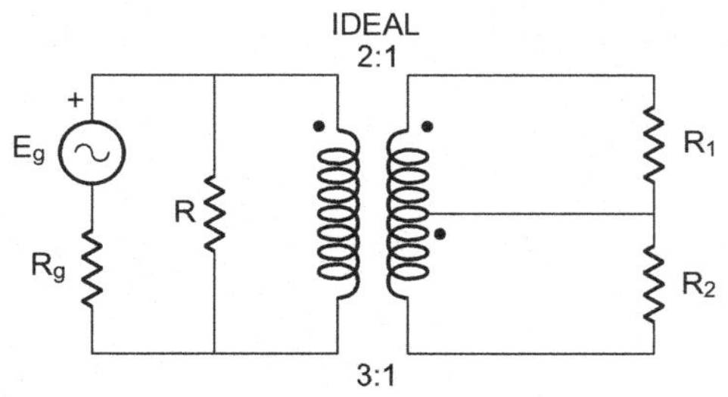

DATOS

$E_g = 2\,V_{ef}$; $R_g = 2\,\Omega$; $R = 3\,\Omega$; $R_2 = 2R\,\Omega$

PROBLEMA 6.14

En el circuito de la figura, conocidos E_g, R_g, a_1 y a_2, determinar:

a) La relación entre R_1 y R_2 para que al cerrar los terminales A y B por una resistencia cualquiera, no circule corriente por ella.

b) Potencia entregada por E_g en la situación del apartado anterior.

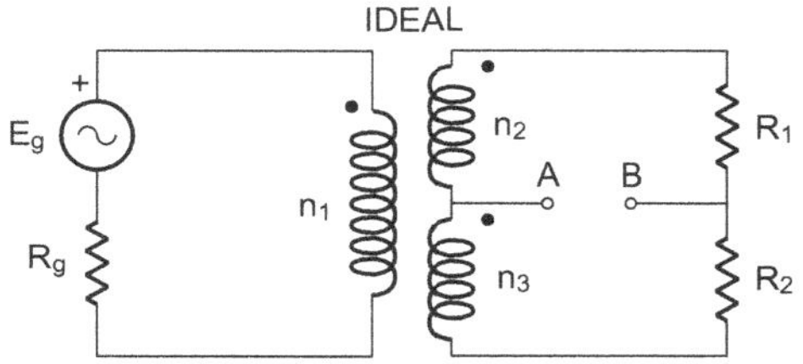

DATOS

$a_1 = n_1/n_2$; $a_2 = n_1/n_3$

PROBLEMA 6.15

En el circuito de la figura, en el que el autotransformador es ideal, se pide calcular la potencia puesta en juego por cada generador.

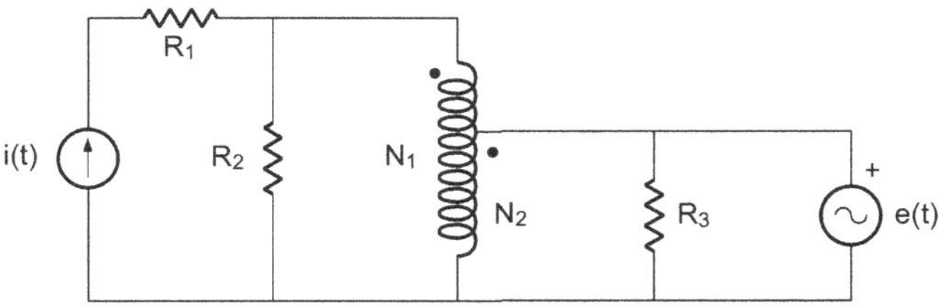

DATOS

$i(t) = cos\ \omega t\ A$; $e(t) = sen\ \omega t\ V$

$R_1 = 1\,\Omega$; $R_2 = 2\,\Omega$; $R_3 = 3\,\Omega$; $N_1/N_2 = 3$

PROBLEMA 6.16

En el circuito de la figura se pide:

a) Calcular el generador equivalente Norton "visto" hacia la derecha de los puntos A y B.

b) Calcular las potencias puestas en juego por E_g e I, así como la disipada por Z_1.

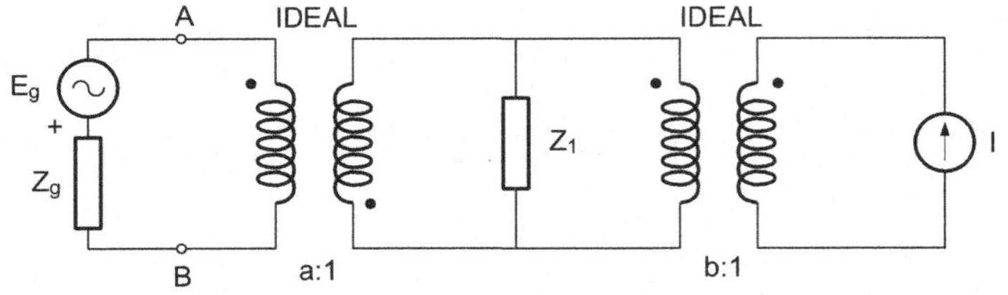

DATOS

$E_g = (7 + 13j)\, V_{ef}$; $I = (1 + j/3) A_{ef}$; $Z_g = (2 + j)\Omega$; $Z_1 = (1 + 2j)\Omega$

$a = 2$; $b = 1/6$

PROBLEMA 6.17

En el circuito de la figura, donde el acoplamiento entre las bobinas es perfecto, se pide determinar la potencia puesta en juego por el generador βV.

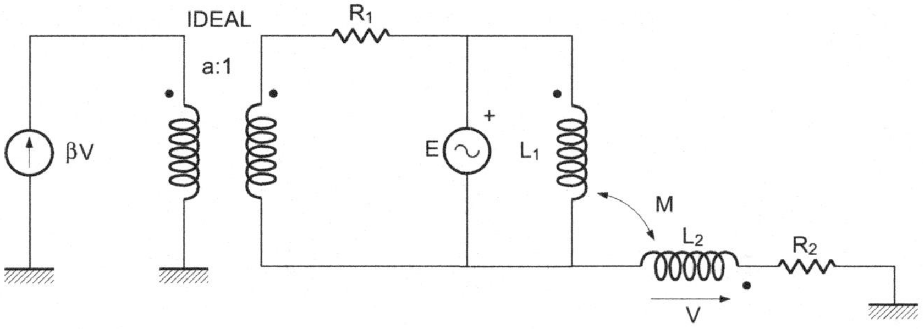

DATOS

$e(t) = 8 \cos \omega t\ V$; $R_1 = R_2 = 3\Omega$; $L_1 = 4\mu H$; $L_2 = 9\mu H$

$\omega = 10^6 r/s$; $a = 1/6$; $\beta = 1/6\, \Omega^{-1}$

PROBLEMA 6.18

En el circuito de la figura, la tensión en bornas del generador de intensidad es nueve veces mayor que la existente en bornas de R_1. Se pide calcular la relación P_{R_2}/P_{R_3}.

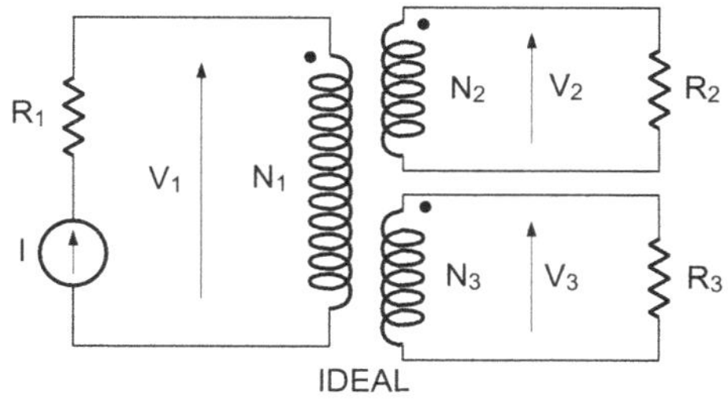

DATOS

$N_1/N_3 = 2$; $R_2 = 10\,R_1$; $R_3 = 5\,R_1$

PROBLEMA 6.19

En el transformador ideal de la figura, supuestas conocidas las resistencias R_g, R_a y R_b, se pide determinar las relaciones de transformación: $a_1 = n_1/n_2$ y $a_2=n_1/n_3$ para que la potencia entregada por el generador sea máxima y la relación de las potencias absorbidas por las resistencias R_a y R_b sea un número conocido A.

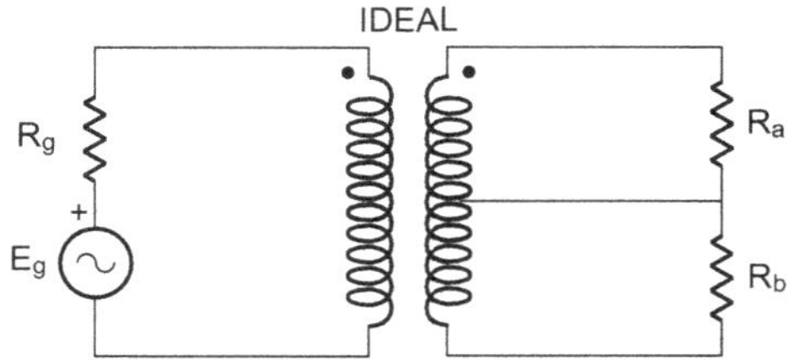

PROBLEMA 6.20

Determinar los números de espiras del primario y secundario, así como el coeficiente de acoplamiento K del transformador de la figura, para que adapte el generador a la carga y para que la potencia en la carga sea igual o mayor que 0,25 W, para un margen de frecuencias comprendido entre 40 y 1.600 rad/seg. (supónganse nulas las resistencias de los devanados).

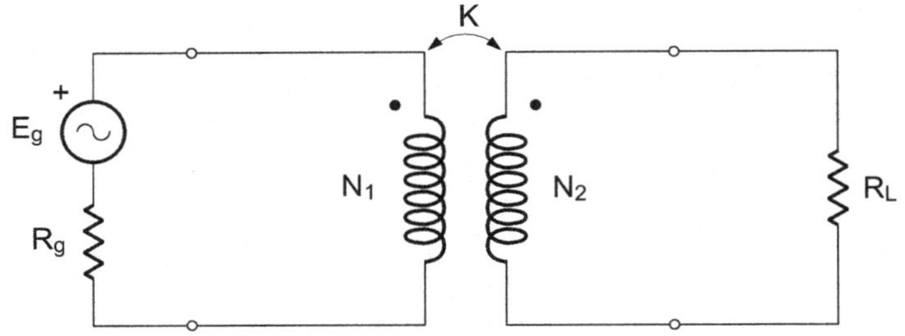

DATOS

$R_L = 8\,\Omega$; $R_g = 800\,\Omega$; $E_g = 40\ V_{ef}$; $A_l = 10\ \mu H/esp^2$

Capítulo 7

RESONANCIA. CIRCUITOS DE SINTONÍA

INTRODUCCIÓN

El fenómeno de resonancia en una red eléctrica está originado por la presencia en la misma de bobinas y de condensadores. En las primeras la reactancia ωL aumenta al hacerlo la frecuencia, mientras que en los condensadores 1/ωC disminuye con ella. Este comportamiento de los elementos inductivos y capacitivos permite neutralizar a una determinada frecuencia, reactancias inductivas y capacitivas conectadas en serie, así como susceptancias de condensadores y bobinas conectadas en paralelo.

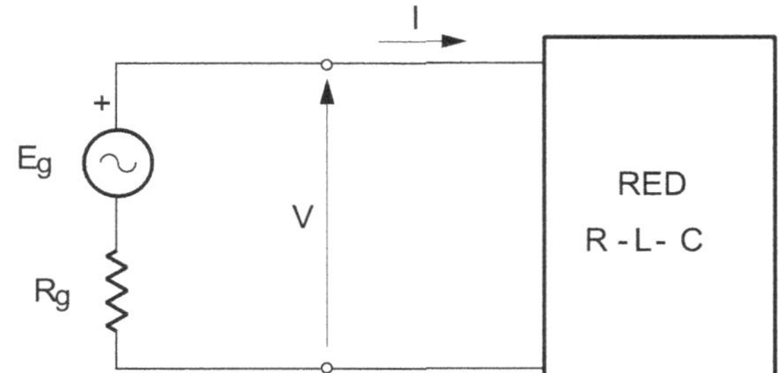

Figura 7.1

Al excitar un circuito que contiene este tipo de elementos (Figura 7.1), la respuesta que se obtiene en el mismo (corriente en una rama o tensión entre un par de nudos) dependerá de la frecuencia de la señal de excitación, pudiéndose obtener una solución como la representada en la Figura 7.2.

Las frecuencias f_{01}, f_{02}, f_{03} a las cuales se producen máximos de la respuesta se denominan *frecuencias de resonancia* y el fenómeno se conoce con el nombre de *resonancia múltiple.*

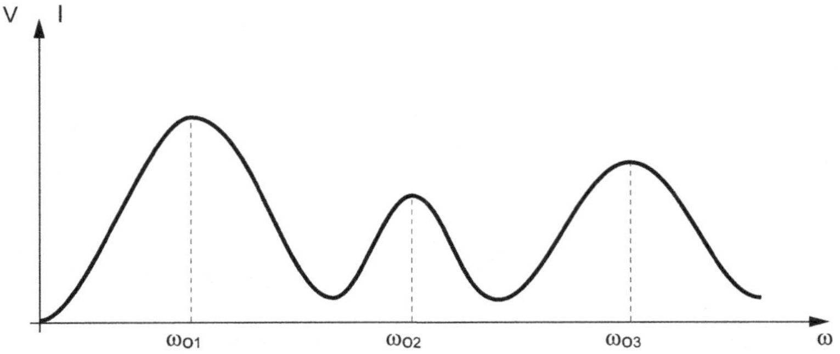

Figura 7.2

Si se produce un único máximo en la respuesta, dicho máximo tendrá lugar a una frecuencia determinada f_0 (Figura 7.3.), y en estas condiciones el fenómeno constituye una *resonancia simple.*

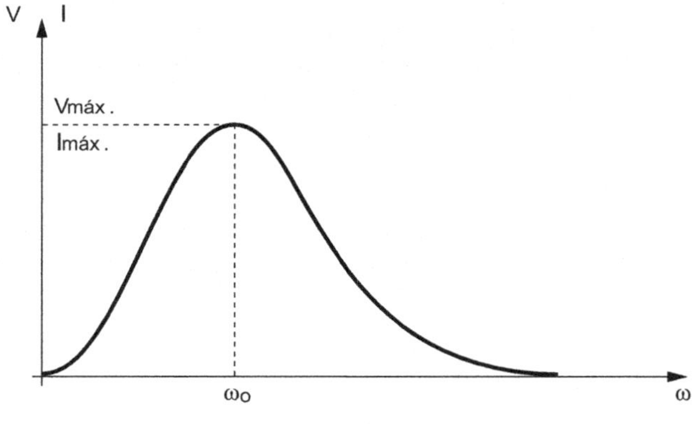

Figura 7.3

El objeto de este tema es justamente el estudio de circuitos en los que se presenta el fenómeno de la resonancia simple, por su aplicación como circuito selectivo de frecuencias y más concretamente como circuito de sintonía.

El comportamiento de estos circuitos viene caracterizado por dos parámetros fundamentales:

✓ Frecuencia de resonancia f_0.

✓ Factor de calidad del circuito Q.

A cuyo estudio vamos a dedicar los siguientes apartados.

7.1 FRECUENCIA DE RESONANCIA

Consideremos el circuito (R-L-C), con resonancia simple, que se representa en la Figura 7.4.

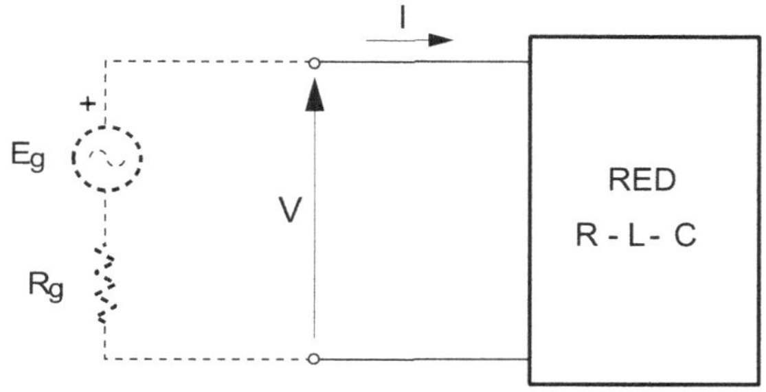

Figura 7.4

Al ser excitado por un generador de frecuencia variable, se encontrará un determinado valor de la frecuencia a la cual la respuesta (corriente I o tensión V) se hace máxima (Figura 7.3). La frecuencia f_0 a la que tiene lugar este máximo se denomina *frecuencia de resonancia* del circuito. Como se verá oportunamente, la frecuencia de resonancia, también se puede definir como aquella a la cual:

✓ Los valores máximos de las energías almacenadas en las bobinas y en los condensadores son iguales.

✓ La impedancia o admitancia de entrada a la red es real (la corriente I y la tensión V están en fase).

7.2 FACTOR DE CALIDAD

El factor de calidad es un indicativo de la eficacia con que se almacena energía en un circuito o en un componente individual del mismo, cuando está excitado por una señal alterna sinusoidal. Se define como:

$$Q = 2\pi \frac{\textit{Energía máxima almacenada}}{\textit{Energía disipada en un período}} = 2\pi \frac{W_{MAX}}{PT} = \omega \frac{W_{MAX}}{P} \qquad (7.1)$$

siendo:

- ✓ W_{MAX} el valor máximo de la energía almacenada en el circuito (suma de las energías almacenadas por las bobinas y los condensadores).
- ✓ P la potencia disipada por las resistencias que forman el circuito.

Como se verá oportunamente, el factor de calidad de un circuito resonante, está íntimamente relacionado con su ancho de banda (conjunto de frecuencias para las cuales la respuesta se atenúa por debajo de un determinado valor), de manera que cuanto mayor es el factor de calidad Q menor es su ancho de banda y se dice que el circuito es más selectivo.

A título de ejemplo, y para su posterior utilización, vamos a determinar el factor de calidad de algunos circuitos simples.

EJEMPLO 1

En la Figura 7.5 se representa una autoinducción L en serie con una resistencia R, que pudieran corresponder al circuito equivalente de una bobina real a bajas frecuencias.

Figura 7.5

Al circular una corriente:

$$i(t) = I_0 \cos\omega t \qquad (7.2)$$

la energía instantánea almacenada por la bobina es:

$$w_L(t) = \frac{1}{2} L i_L^2(t) = \frac{1}{2} L I_0^2 \cos^2\omega t \qquad (7.3)$$

El valor máximo se producirá en los instantes en los que cosωt = ±1, resultando:

$$W_{MAX} = \frac{1}{2} L I_0^2 \qquad (7.4)$$

La potencia disipada en el circuito es:

$$P = \frac{1}{2} R I_0^2 \tag{7.5}$$

y el factor de calidad resulta:

$$Q = \omega \frac{W_{MAX}}{P} = \frac{\omega L}{R} \tag{7.6}$$

Obsérvese que para bobinas ideales (R = 0) su factor de calidad se hace infinito (Q = ∞).

EJEMPLO 2

Para el circuito representado en la Figura 7.6 formado por una autoinducción y una resistencia en paralelo, al aplicar entre sus terminales una tensión:

$$v(t) = V_0 \cos\omega t \tag{7.7}$$

se obtiene circulando a través de la bobina una corriente:

$$i_L(t) = \frac{V_0}{\omega L} \cos\left(\omega t - \frac{\pi}{2}\right) = \frac{V_0}{\omega L}\, sen\omega t \tag{7.8}$$

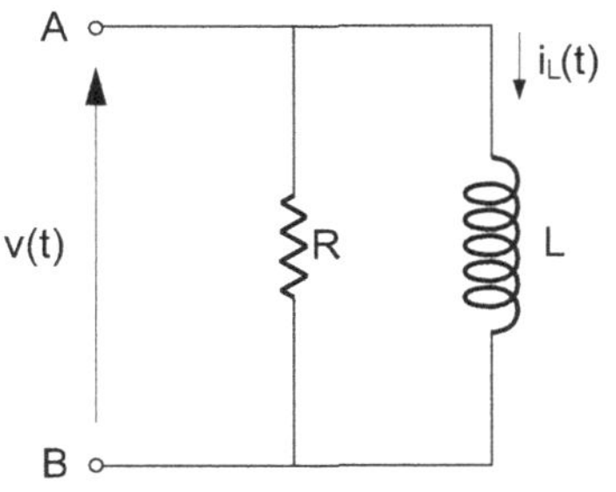

Figura 7.6

La energía almacenada en cada instante será:

$$w_L(t) = \frac{1}{2} L\, i_L^2(t) = \frac{1}{2} L \left(\frac{V_0}{\omega L}\right)^2 sen^2\omega t \tag{7.9}$$

y su valor máximo:

$$W_{MAX} = \frac{1}{2}\frac{V_0^2}{\omega^2 L} \tag{7.10}$$

En el circuito se disipa una potencia:

$$P = \frac{1}{2}\frac{V_0^2}{R} \tag{7.11}$$

y el factor de calidad resulta:

$$Q = \omega \frac{W_{MAX}}{P} = \frac{R}{\omega L} \tag{7.12}$$

EJEMPLO 3

En el circuito representado en la Figura 7.7 formado por un condensador de capacidad C en paralelo con una resistencia R. Al aplicar una tensión:

$$v(t) = V_0 \cos\omega t \tag{7.13}$$

el condensador está almacenando una energía:

$$w_C(t) = \frac{1}{2} C\, v_C^2(t) = \frac{1}{2} C\, V_0^2 \cos^2\omega t \tag{7.14}$$

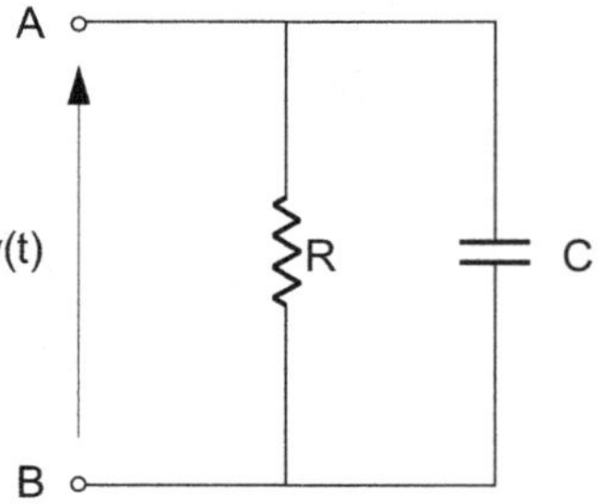

Figura 7.7

En los instantes para los que cosωt = ±1, la energía almacenada es máxima.

$$W_{MAX} = \frac{1}{2} C\, V_0^2 \tag{7.15}$$

La potencia disipada en el circuito es:

$$P = \frac{1}{2}\frac{V_0^2}{R} \tag{7.16}$$

resultando un factor de calidad:

$$Q = \omega \frac{W_{MAX}}{P} = \omega CR \tag{7.17}$$

Los condensadores reales pueden representarse mediante un circuito equivalente al estudiado, observándose que el factor de calidad será tanto mayor cuanto más grande sea R, es decir, cuanto más se aproxime su comportamiento al del condensador ideal, en el cual R = ∞ y Q = ∞.

EJEMPLO 4

En el circuito representado en la Figura 7.8 al circular una corriente sinusoidal:

$$i(t) = I_0 \cos\omega t \tag{7.18}$$

en bornas del condensador, se obtiene una tensión:

$$v_C(t) = \frac{I_0}{\omega C} \cos\left(\omega t - \frac{\pi}{2}\right) = \frac{I_0}{\omega C}\, sen\, \omega t \tag{7.19}$$

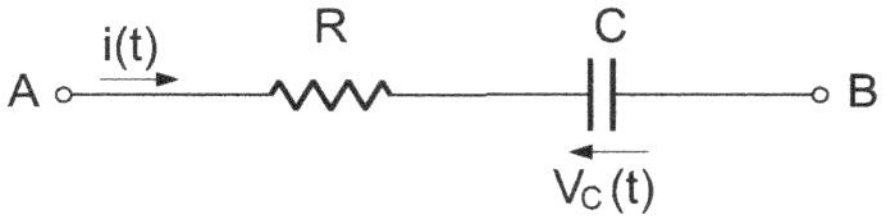

Figura 7.8

La energía almacenada en cada instante es:

$$w_C(t) = \frac{1}{2} C v_C^2(t) = \frac{1}{2} C \left(\frac{I_0}{\omega C}\right)^2 sen^2\omega t \tag{7.20}$$

resultando:

$$W_{MAX} = \frac{1}{2} \frac{I_0^2}{\omega^2 C} \tag{7.21}$$

La potencia disipada es:

$$P = \frac{1}{2} R I_0^2 \tag{7.22}$$

por lo que:

$$Q = \omega \frac{W_{MAX}}{P} = \frac{1}{\omega CR} \tag{7.23}$$

Observese cómo el factor de calidad de un circuito es una magnitud adimensional que depende únicamente de los valores de los elementos que forman el circuito y de la frecuencia a la que se determina.

En los cuatro ejemplos anteriores existe un solo elemento (bobina o condensador) que almacena energía, con lo que la determinación de su valor máximo resulta sencilla. En los ejemplos que se exponen a continuación no se da esta situación, lo que hace que no sea tan fácil la determinación de esta energía máxima, salvo en determinadas condiciones.

EJEMPLO 5

En la Figura 7.9 se representa el circuito resonante serie. En los circuitos resonantes, *el factor de calidad tiene interés cuando se define a la frecuencia de resonancia.*

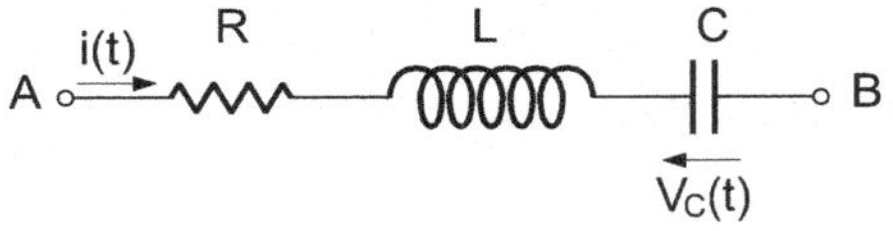

Figura 7.9

En nuestro circuito resonante serie, esta frecuencia es aquella que hace máxima la respuesta (corriente) cuando se excita el circuito entre los terminales A y B con una señal sinusoidal. Esto sucederá, cuando la impedancia que presenta el circuito sea mínima, para lo cual:

$$\omega_0 L = \frac{1}{\omega_0 C} \tag{7.24}$$

resultando:

$$\omega_0 = \frac{1}{\sqrt{L\ C}} \tag{7.25}$$

Al aplicar una corriente:

$$i(t) = I_0 \cos\omega_0 t \tag{7.26}$$

se obtiene:

$$v_C(t) = \frac{I_0}{\omega_0 C} \cos\left(\omega_0 t - \frac{\pi}{2}\right) = \frac{I_0}{\omega_0 C}\, sen\omega_0 t \tag{7.27}$$

y las energías almacenadas respectivamente por la bobina y por el condensador son:

$$w_L(t) = \frac{1}{2} L\, i_L^2(t) = \frac{1}{2} L\, I_0^2 \cos^2 \omega_0 t \tag{7.28}$$

$$w_C(t) = \frac{1}{2} C v_C^2(t) = \frac{1}{2} C \left(\frac{I_0}{\omega_0 C} \right)^2 sen^2 \omega_0 t \tag{7.29}$$

Teniendo en cuenta la expresión (7.24), el valor máximo de la energía almacenada por el condensador toma el valor:

$$\frac{1}{2} C \left(\frac{I_0}{\omega_0 C} \right)^2 = \frac{1}{2} L I_0^2 \tag{7.30}$$

resultando:

$$w_C(t) = \frac{1}{2} L\, I_0^2\, sen^2 \omega_0 t \tag{7.31}$$

Obsérvese en las expresiones (7.28) y (7.31) como a la pulsación ω_0 los valores máximos de las energías almacenadas por la bobina y el condensador son iguales.

La energía total almacenada en cada instante por el circuito es:

$$w_T(t) = w_L(t) + w_C(t) = \frac{1}{2} L I_0^2 \cos^2 \omega_0 t + \frac{1}{2} L I_0^2 sen^2 \omega_0 t = \frac{1}{2} L I_0^2 \tag{7.32}$$

que como puede observarse es constante.

En la Figura 7.10, se representa la variación de estas energías en función del tiempo.

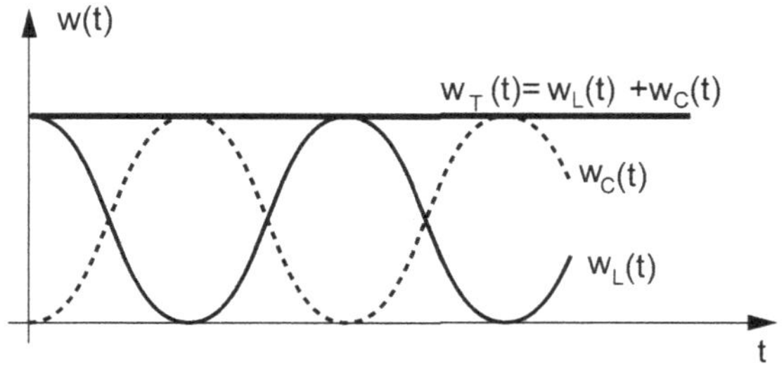

Figura 7.10

El valor máximo de la energía almacenada en el circuito es:

$$W_{MAX} = \frac{1}{2} L I_0^2 \qquad (7.33)$$

y la potencia disipada:

$$P = \frac{1}{2} R I_0^2 \qquad (7.34)$$

resultando para el factor de calidad del circuito resonante serie:

$$Q = \omega_0 \frac{W_{MAX}}{P} = \frac{\omega_0 L}{R} = \frac{1}{\omega_0 C R} \qquad (7.35)$$

EJEMPLO 6

El circuito representado en la Figura 7.11 es un circuito resonante paralelo en el que se supone que la bobina es ideal (resistencia nula).

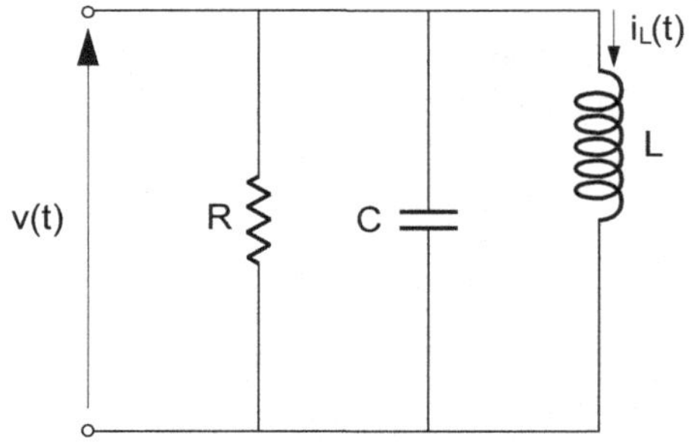

Figura 7.11

La frecuencia de resonancia del circuito será aquella a la cual la tensión en sus bornas se hace máxima, cuando el circuito se encuentra excitado entre los terminales A y B por una señal sinusoidal.

El máximo de tensión se producirá cuando la impedancia que presenta el circuito sea máxima, para lo cual:

$$\omega_0 L = \frac{1}{\omega_0 C} \qquad (7.36)$$

y

$$\omega_0 = \frac{1}{\sqrt{LC}} \qquad (7.37)$$

Para determinar el factor de calidad, aplicamos una tensión sinusoidal:

$$v(t) = V_0 \cos\omega_0 t \tag{7.38}$$

Por la bobina circulará una corriente:

$$i_L(t) = \frac{V_0}{\omega_0 L} \cos\left(\omega_0 t - \frac{\pi}{2}\right) = \frac{V_0}{\omega_0 L}\, sen\omega_0 t \tag{7.39}$$

La energía almacenada por el condensador es:

$$w_C(t) = \frac{1}{2} C\, v_C^2(t) = \frac{1}{2} C V_0^2 \cos^2\omega_0 t \tag{7.40}$$

siendo la almacenada por la bobina:

$$w_L(t) = \frac{1}{2} L\, i_L^2(t) = \frac{1}{2} L \left(\frac{V_0}{\omega_0 L}\right)^2 sen^2\omega_0 t \tag{7.41}$$

Teniendo en cuenta la expresión (7.36), el valor máximo de la energía almacenada por la bobina resulta:

$$\frac{1}{2} L \left(\frac{V_0}{\omega_0 L}\right)^2 = \frac{1}{2} C V_0^2 \tag{7.42}$$

que es igual al valor máximo de la energía almacenada por el condensador, por lo que:

$$w_L(t) = \frac{1}{2} C V_0^2 sen^2\omega_0 t \tag{7.43}$$

La energía total almacenada en cada instante es:

$$w_T(t) = w_L(t) + w_C(t) = \frac{1}{2} C V_0^2 sen^2\omega_0 t + \frac{1}{2} C V_0^2 \cos^2\omega_0 t = \frac{1}{2} C V_0^2 \tag{7.44}$$

que como puede observarse no depende del tiempo, por lo que su valor máximo será:

$$W_{MAX} = \frac{1}{2} C V_0^2 \tag{7.45}$$

La potencia disipada en el circuito es:

$$P = \frac{1}{2} \frac{V_0^2}{R} \tag{7.46}$$

resultando:

$$Q = \omega_0 \frac{W_{MAX}}{P} = \omega_0 CR = \frac{R}{\omega_0 L} \tag{7.47}$$

EJEMPLO 7

En el circuito resonante paralelo representado en la Figura 7.12, la bobina real tiene una resistencia r.

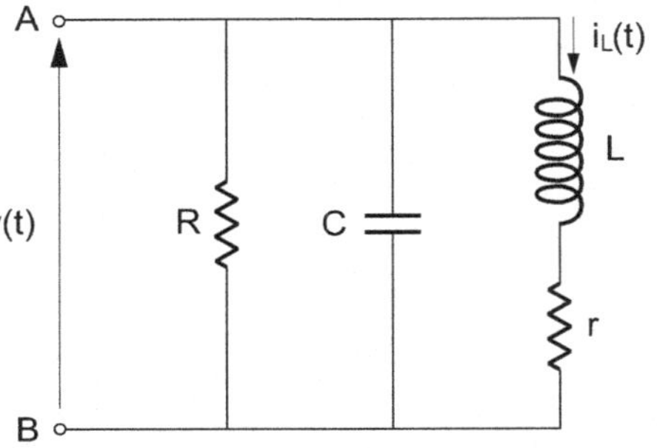

Figura 7.12

Vamos a determinar el factor de calidad de este circuito para el caso más frecuente en aplicaciones prácticas, en el que el factor de calidad de la bobina sea grande.

$$Q_b = \frac{\omega_0 L}{r} >> 10 \tag{7.48}$$

con

$$\omega_0 = \frac{1}{\sqrt{LC}} \tag{7.49}$$

que como se verá más adelante, es la pulsación de resonancia del circuito cuando la bobina cumple la condición (7.48).

Al aplicar una tensión:

$$v(t) = V_0 \cos\omega_0 t \tag{7.50}$$

por la bobina circulará una corriente de amplitud:

$$I_0 = \frac{V_0}{\sqrt{r^2 + (\omega_0 L)^2}} = \frac{V_0}{r\sqrt{1 + Q_b^2}} \tag{7.51}$$

Si Q_b es lo suficientemente grande (Q_b >> 1 0):

$$I_0 \simeq \frac{V_0}{rQ_b} = \frac{V_0}{\omega_0 L} \tag{7.52}$$

La fase de esta corriente será:

$$\varphi = -\ arctg\ \frac{\omega_0 L}{r} = -\ arctgQ_b \tag{7.53}$$

Si se cumple la condición (7.48), resulta:

$$\varphi \simeq -\frac{\pi}{2} \tag{7.54}$$

En estas condiciones, la corriente a través de la bobina es:

$$i_L(t) = I_0 \cos(\omega_0 t + \varphi) \simeq \frac{V_0}{\omega_0 L} \cos\left(\omega_0 t - \frac{\pi}{2}\right) = \frac{V_0}{\omega_0 L} sen\omega_0 t \tag{7.55}$$

La energía almacenada en el condensador es:

$$w_C(t) = \frac{1}{2} C v_C^2(t) = \frac{1}{2} C V_0^2 \cos^2\omega_0 t \tag{7.56}$$

y la almacenada por la bobina:

$$w_L(t) = \frac{1}{2} L i_L^2(t) = \frac{1}{2} L \left(\frac{V_0}{\omega_0 L}\right)^2 sen^2\omega_0 t \tag{7.57}$$

Teniendo en cuenta la ecuación (7.49), se obtiene para el valor máximo de la energía almacenada por la bobina:

$$\frac{1}{2} L \left(\frac{V_0}{\omega_0 L}\right)^2 = \frac{1}{2} C V_0^2 \tag{7.58}$$

y es coincidente con el valor máximo de la energía almacenada por el condensador, lo que demuestra que con la condición impuesta en (7.48) la ω_0 definida en (7.49) es la misma que en el circuito resonante paralelo ideal.

Al sustituir en la ecuación (7.57) el resultado obtenido en (7.58) se tiene para la energía almacenada en la bobina:

$$w_L(t) = \frac{1}{2} C V_0^2 sen^2\omega_0 t \tag{7.59}$$

La energía total almacenada en el circuito es:

$$w_T(t) = w_L(t) + w_C(t) = \frac{1}{2}CV_0^2 sen^2\omega_0 t + \frac{1}{2}CV_0^2\cos^2\omega_0 t = \frac{1}{2}CV_0^2 \tag{7.60}$$

que como en los dos ejemplos anteriores es constante, por lo que:

$$W_{MAX} = \frac{1}{2}CV_0^2 \tag{7.61}$$

La potencia disipada en las resistencias del circuito es:

$$P = P_R + P_r = \frac{1}{2}\frac{V_0^2}{R} + \frac{1}{2}I_0^2 r \tag{7.62}$$

Al sustituir el valor de I_0 dado en (7.52) se obtiene:

$$P = \frac{1}{2}\frac{V_0^2}{R} + \frac{1}{2}r\left(\frac{V_0}{\omega_0 L}\right)^2 \tag{7.63}$$

El factor de calidad del circuito resulta:

$$\frac{1}{Q} = \frac{1}{\omega_0}\frac{P}{W_{MAX}} = \frac{\frac{1}{2}\frac{V_0^2}{R} + \frac{1}{2}r\left(\frac{V_0}{\omega_0 L}\right)^2}{\omega_0 \frac{1}{2}CV_0^2} = \frac{1}{\omega_0 CR} + \frac{r}{\omega_0 L} \tag{7.64}$$

o también:

$$\frac{1}{Q} = \frac{1}{\omega_0 CR} + \frac{1}{Q_b} = \frac{\omega_0 L}{R} + \frac{1}{Q_b} \tag{7.65}$$

Obsérvese que para r = 0 se obtiene el circuito resonante paralelo ideal del Ejemplo 6.

Efectivamente si r = 0:

$$Q_b = \frac{\omega_0 L}{r} = \infty \tag{7.66}$$

y al sustituir en (7.65) resulta:

$$Q = \frac{R}{\omega_0 L} \tag{7.67}$$

que es el mismo valor obtenido en (7.47) para el circuito resonante paralelo ideal.

7.3 CIRCUITO RESONANTE SERIE

En la Figura 7.13 se representa un circuito resonante, formado por una bobina real, en serie con un condensador y excitado por un generador real de tensión (E_g, R_g).

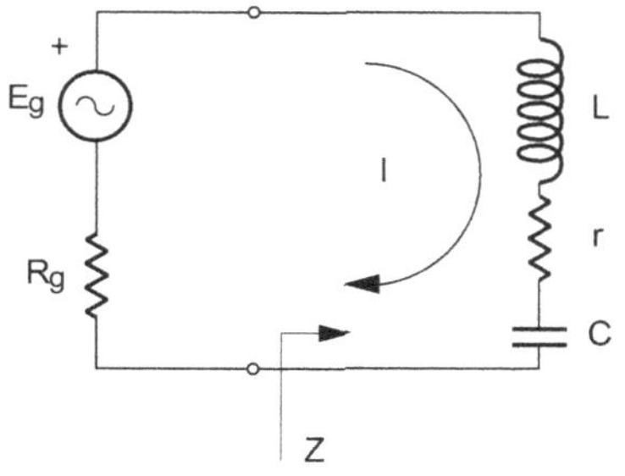

Figura 7.13

La impedancia que presentan la bobina y el condensador en serie es:

$$Z = r + j\left(\omega L - \frac{1}{\omega C}\right) \qquad (7.68)$$

y la impedancia total del circuito:

$$Z_T = R_g + r + j\left(\omega L - \frac{1}{\omega C}\right) = R + j\left(\omega L - \frac{1}{\omega C}\right) \qquad (7.69)$$

con $R = R_g + r$.

La intensidad toma el valor:

$$I = \frac{E_g}{Z_T} = \frac{E_g}{R + j\left(\omega L - \frac{1}{\omega C}\right)} \qquad (7.70)$$

con:

$$|I| = \frac{|E_g|}{\sqrt{R^2 + \left(\omega L - \frac{1}{\omega C}\right)^2}} \qquad (7.71)$$

La variación de la intensidad con la frecuencia dada en la expresión anterior se representa en la Figura 7.14.

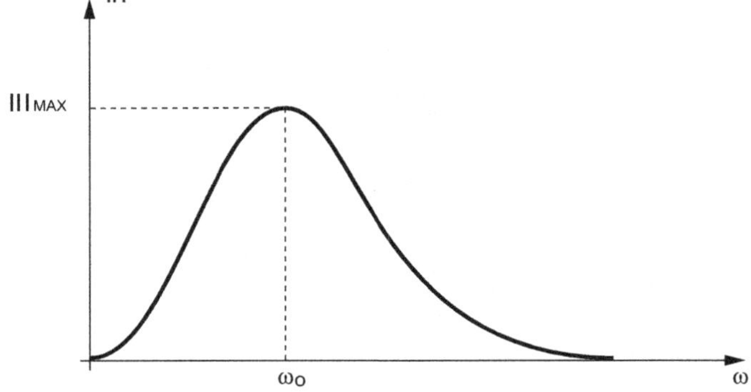

Figura 7.14

La pulsación de resonancia ω_0 se define como aquella para la cual la respuesta del circuito (intensidad $|I|$) se hace máxima. De (7.71) se tiene:

$$|I|_{MAX} \Rightarrow \omega_0 L = \frac{1}{\omega_0 C} \tag{7.72}$$

y

$$\omega_0 = \frac{1}{\sqrt{LC}} \tag{7.73}$$

La pulsación de resonancia puede también definirse como aquella a la cual la impedancia Z del circuito resonante es resistiva pura. De (7.68) y para $\omega = \omega_0$, se tiene:

$$Z = r \tag{7.74}$$

Como se vio en el Ejemplo 5 del apartado anterior, también a la pulsación ω_0, los valores máximos de las energías almacenadas en la bobina y en el condensador son iguales.

Entre las aplicaciones más importantes del circuito resonante serie está su utilización como circuito de sintonía, al permitir el "paso" de determinadas frecuencias (producen intensidades próximas a la máxima) mientras que otras originan corrientes pequeñas (tanto menores cuanto más nos separemos de ω_0). Las frecuencias que "pasan bien" serán aquellas que están situadas próximas a ω_0. Variando la pulsación de resonancia, puede modificarse el conjunto de frecuencias que producen intensidades próximas a la máxima y, en definitiva, puede elegirse la banda de frecuencias que el circuito permite seleccionar.

La expresión de la impedancia Z_T dada en la ecuación (7.69) puede expresarse en función del factor de calidad del circuito resonante serie:

$$Q = \frac{\omega_0 L}{R} = \frac{1}{R\omega_0 C} \qquad (7.35\ \text{bis})$$

y de la variable δ, función de la frecuencia:

$$\delta = \frac{f - f_0}{f_0} = \frac{\omega - \omega_0}{\omega_0} = \frac{\omega}{\omega_0} - 1 \qquad (7.75)$$

que representa la desviación relativa de la frecuencia respecto de la frecuencia de resonancia.

De (7.69) se tiene:

$$Z_T = R + j\left(\omega L - \frac{1}{\omega C}\right) = R\left[1 + j\left(\frac{\omega}{\omega_0}\frac{\omega_0 L}{R} - \frac{\omega_0}{\omega}\frac{1}{R\omega_0 C}\right)\right] \qquad (7.76)$$

y teniendo en cuenta las expresiones (7.35 bis) y (7.75) resulta:

$$Z_T = R\left[1 + jQ\left(\delta + 1 - \frac{1}{\delta + 1}\right)\right] = R\left(1 + jQ\delta\frac{\delta + 2}{\delta + 1}\right) \qquad (7.77)$$

La expresión (7.70) puede escribirse como:

$$I = \frac{E_g}{R\left(1 + jQ\delta\frac{\delta + 2}{\delta + 1}\right)} \qquad (7.78)$$

de donde:

$$|I| = \frac{|E_g|}{R\sqrt{1 + \left(Q\delta\frac{\delta + 2}{\delta + 1}\right)^2}} \qquad (7.79)$$

y supuesto E_g como origen de fases:

$$\theta_I = -\, arctg\ Q\delta\frac{\delta + 2}{\delta + 1} \qquad (7.80)$$

A la pulsación de resonancia ($\omega = \omega_0$ o $\delta = 0$) se tiene:

$$|I|_{MAX} = \frac{|E_g|}{R} \tag{7.81}$$

En aplicaciones prácticas, el circuito resonante tiene interés cuando se trabaja con frecuencias próximas a la de resonancia:

$$|\delta| << 1 \tag{7.82}$$

Con esta condición, las expresiones (7.79) y (7.80) pueden escribirse como:

$$|I| \simeq \frac{|E_g|}{R\sqrt{1 + (2Q\delta)^2}} \tag{7.83}$$

$$\theta_I \simeq - arctg\ 2Q\delta \tag{7.84}$$

Normalizando la expresión (7.79) respecto de $|I|_{MAX}$, resulta:

$$\frac{|I|}{|I|_{MAX}} = \frac{1}{\sqrt{1 + \left(Q\delta\frac{\delta + 2}{\delta + 1}\right)^2}} \tag{7.85}$$

y para $|\delta| << 1$ se tiene:

$$\frac{|I|}{|I|_{MAX}} \simeq \frac{1}{\sqrt{1 + (2Q\delta)^2}} \tag{7.86}$$

En la Figura 7.15 se representa esta expresión en función de δ, tomando Q como parámetro.

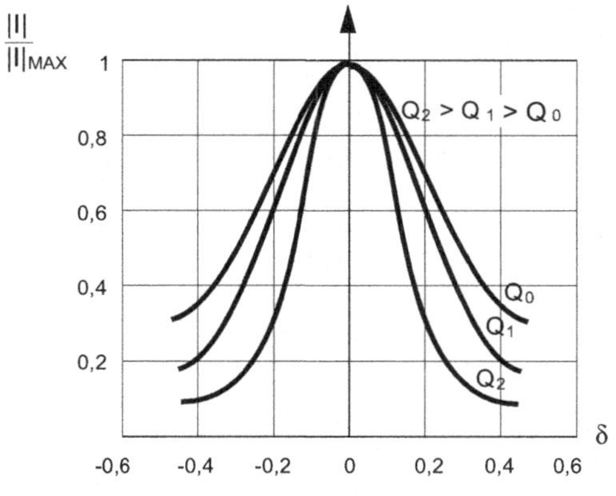

Figura 7.15

La variación de la fase dada en la expresión (7.84) se representa en la Figura 7.16 para diferentes valores del factor de calidad.

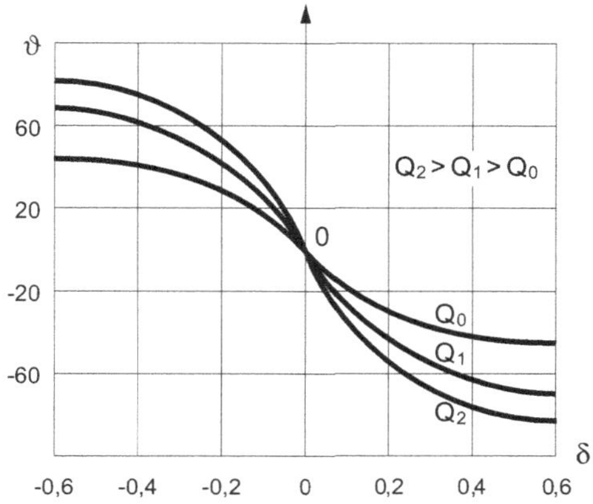

Figura 7.16

7.3.1 Ancho de banda

El ancho de banda del circuito se define como *el conjunto de frecuencias para las cuales la atenuación de la corriente con relación a la máxima es inferior a 3 dB.*

Las frecuencias extremas de la banda (frecuencias de corte) serán aquellas para las que:

$$20 \log \frac{|I|}{|I|_{MAX}} = -3 \ db \tag{7.87}$$

es decir,

$$\frac{|I|}{|I|_{MAX}} = \frac{1}{\sqrt{2}} \tag{7.88}$$

Si el factor de calidad del circuito es lo suficientemente grande, las frecuencias que satisfacen la ecuación anterior estarán muy próximas a la de resonancia y, por lo tanto, los correspondientes valores de $|\delta|$ serán muy pequeños. En estas condiciones es aplicable la expresión (7.86) que con la condición (7.88) resulta:

$$\frac{|I|}{|I|_{MAX}} \simeq \frac{1}{\sqrt{1 + (2Q\delta)^2}} = \frac{1}{\sqrt{2}} \tag{7.89}$$

por lo que:

$$(2Q\delta)^2 = 1 \tag{7.90}$$

de donde se obtienen dos valores de δ simétricos:

$$\begin{cases} \delta_2 = \dfrac{1}{2Q} \\ \delta_1 = \dfrac{-1}{2Q} \end{cases} \tag{7.91}$$

En la Figura 7.17 se representa la solución obtenida.

Como puede deducirse de las ecuaciones (7.91), si el factor de calidad del circuito es lo suficientemente grande (Q>10), los valores de δ que se obtienen son pequeños ($|\delta| \ll 1$) estando justificada la utilización de la expresión (7.86). Si el factor de calidad es Q<10 (cosa poco probable en circuitos prácticos), los valores de δ resultantes de (7.91) no cumplen que $|\delta| \ll 1$. En esta situación los valores de δ deben obtenerse a partir de la expresión (7.85).

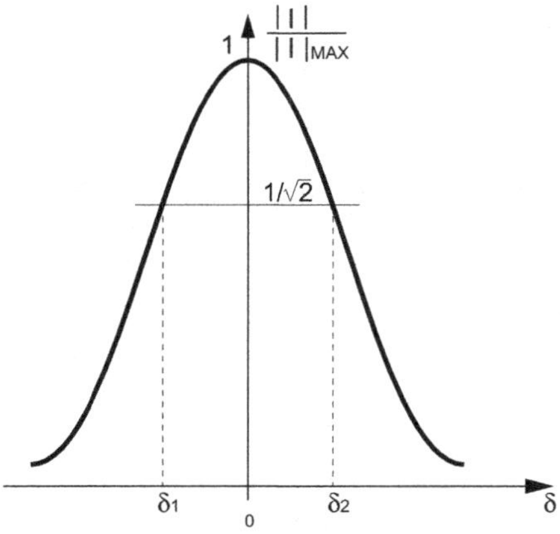

Figura 7.17

Las frecuencias a las que corresponden los valores de δ dados en (7.91) se obtienen de (7.75), resultando:

$$\begin{cases} f_2 = f_0 + \dfrac{f_0}{2Q} \\ f_1 = f_0 - \dfrac{f_0}{2Q} \end{cases} \tag{7.92}$$

El ancho de banda está formado por el conjunto de frecuencias comprendidas entre las dos frecuencias de corte:

$$B = f_2 - f_1 = \frac{f_0}{Q} \tag{7.93}$$

De esta expresión se deduce que cuanto mayor es el factor de calidad del circuito, menor es su ancho de banda (circuito mas selectivo).

En la Figura 7.18 se representa el ancho de banda del circuito y la situación de las frecuencias de corte.

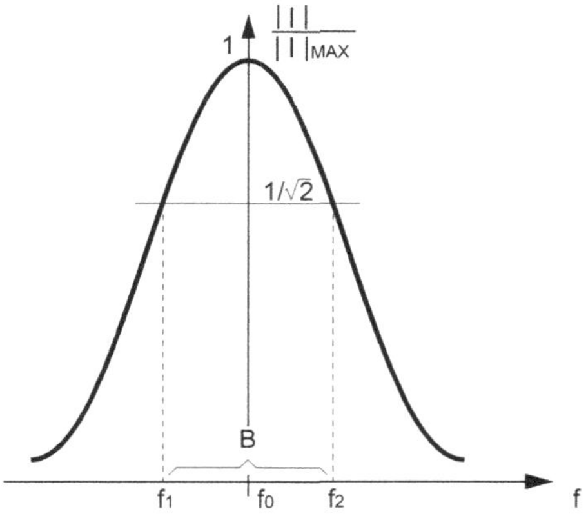

Figura 7.18

7.3.2 Factor de sobretensión

En el circuito de la Figura 7.13, las tensiones en bornas del condensador y de la bobina a la pulsación de resonancia son iguales y de valor:

$$|V_C|_{\omega_0} = |V_L|_{\omega_0} = \frac{1}{\omega_0 C}|I|_{MAX} = \omega_0 L\,|I|_{MAX} \tag{7.94}$$

Sustituyendo el valor de $|I|_{MAX}$ obtenido en (7.81) resulta:

$$|V_C|_{\omega_0} = |V_L|_{\omega_0} = |E_g|\frac{\omega_0 L}{R} = Q\,|E_g| \tag{7.95}$$

obteniéndose:

$$Q = \frac{|V_C|_{\omega_0}}{|E_g|} = \frac{|V_L|_{\omega_0}}{|E_g|} \quad (7.96)$$

Observamos que la tensión en la bobina y en el condensador a la pulsación de resonancia es Q veces la tensión del generador que excita el circuito, por lo que el factor de calidad del circuito resonante serie se le denomina también *factor de sobretensión.*

7.4 CIRCUITO RESONANTE PARALELO

Al circuito resonante paralelo también se le define como circuito antiresonante. Para su estudio vamos a distinguir el caso en el que la bobina es ideal y el que nos encontramos en la práctica, con bobina real.

7.4.1 Circuito resonante paralelo ideal

En la Figura 7.19 se representa el circuito resonante ideal formado por un condensador y una bobina de resistencia cero, excitado por un generador real de intensidad (I_g, R_g).

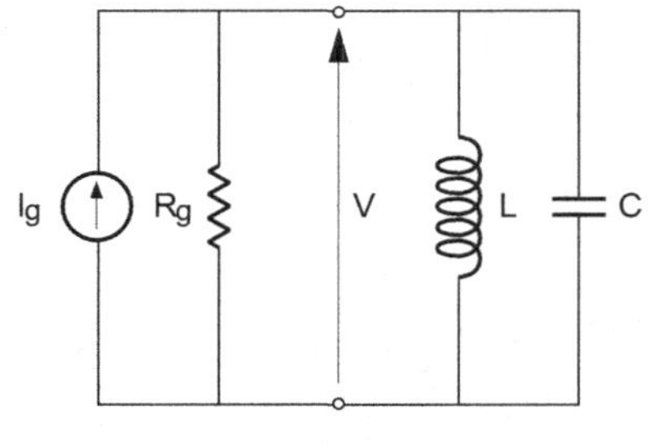

Figura 7.19

La admitancia resultante de la asociación en paralelo de la bobina y el condensador es:

$$Y = j\left(\omega C - \frac{1}{\omega L}\right) \quad (7.97)$$

y la admitancia total:

$$Y_T = G_g + j\left(\omega C - \frac{1}{\omega L}\right) \quad (7.98)$$

con:

$$G_g = \frac{1}{R_g} \tag{7.99}$$

La tensión en bornas del circuito resonante es:

$$V = \frac{I_g}{Y_T} = \frac{I_g}{G_g + j\left(\omega C - \dfrac{1}{\omega L}\right)} \tag{7.100}$$

y su módulo:

$$|V| = \frac{|I_g|}{\sqrt{G_g^2 + \left(\omega C - \dfrac{1}{\omega L}\right)^2}} \tag{7.101}$$

Como ocurría con la intensidad en el circuito resonante serie, la tensión en bornas del circuito resonante paralelo es una función de la frecuencia, del mismo tipo que aquélla y cuya representación se muestra en la Figura 7.20.

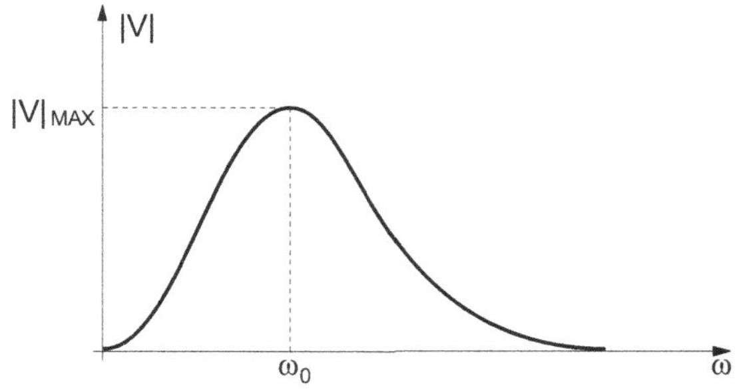

Figura 7.20

La pulsación de resonancia ω_0 la definimos como aquella para la cual la respuesta del circuito (tensión $|V|$) se hace máxima. De (7.101) resulta:

$$|V|_{MAX} \Rightarrow \omega_0 C = \frac{1}{\omega_0 L} \tag{7.102}$$

y

$$\omega_0 = \frac{1}{\sqrt{LC}} \tag{7.103}$$

A esta pulsación la admitancia resultante de la asociación de la bobina y el condensador es cero y la admitancia total es resistiva pura. Así mismo, como se vio en el Ejemplo 6 del apartado 7.2, a esta frecuencia los valores máximos de las energías almacenadas en la bobina y en el condensador son iguales.

La admitancia Y_T dada en (7.98) puede expresarse en función del factor de calidad del circuito resonante paralelo ideal, que se obtuvo en el Ejemplo 6 del apartado 7.2 [expresión (7.47)] y que para nuestro circuito (Fig. 7.19) resulta:

$$Q = \omega_0 C R_g = \frac{\omega_0 C}{G_g} = \frac{1}{G_g \omega_0 L} \tag{7.104}$$

y en función de la separación relativa de frecuencia:

$$\delta = \frac{\omega - \omega_0}{\omega_0} = \frac{f - f_0}{f_0} \tag{7.75 bis}$$

En (7.98) se tiene:

$$Y_T = G_g + j\left(\omega C - \frac{1}{\omega L}\right) = G_g\left[1 + j\left(\frac{\omega}{\omega_0}\frac{\omega_0 C}{G_g} - \frac{\omega_0}{\omega}\frac{1}{G_g \omega_0 L}\right)\right] \tag{7.105}$$

introduciendo las ecuaciones (7.104) y (7.75 bis) resulta:

$$Y_T = G_g\left[1 + jQ\left(\delta + 1 - \frac{1}{\delta + 1}\right)\right] = G_g\left(1 + jQ\delta\frac{\delta + 2}{\delta + 1}\right) \tag{7.106}$$

La expresión (7.100) puede entonces escribirse como:

$$V = \frac{I_g}{G_g\left(1 + jQ\delta\dfrac{\delta + 2}{\delta + 1}\right)} \tag{7.107}$$

con:

$$|V| = \frac{|I_g|}{G_g\sqrt{1 + \left(Q\delta\dfrac{\delta + 2}{\delta + 1}\right)^2}} \tag{7.108}$$

y tomando I_g como origen de fases:

$$\theta_V = -\,arctg\; Q\delta\frac{\delta + 2}{\delta + 1} \tag{7.109}$$

A la pulsación de resonancia $\delta = 0$ y

$$|V|_{MAX} = \frac{|I_g|}{G_g} = |I_g| \; R_g \tag{7.110}$$

Como sucedía en el circuito resonante serie, el circuito resonante paralelo tiene interés cuando se trabaja con frecuencias próximas a la de resonancia, en cuyo caso:

$$|\delta| << 1 \tag{7.82 bis}$$

Entonces, las ecuaciones (7.108) y (7.109) pueden escribirse como:

$$|V| \simeq \frac{|I_g|}{G_g \sqrt{1 + (2Q\delta)^2}} \tag{7.111}$$

$$\theta_V \simeq - \, arctg \; 2Q\delta \tag{7.112}$$

Al normalizar la expresión (7.111) respecto de la tensión máxima dada en (7.110) resulta:

$$\frac{|V|}{|V|_{MAX}} \simeq \frac{1}{\sqrt{1 + (2Q\delta)^2}} \tag{7.113}$$

Como puede observarse, las expresiones (7.112) y (7.113) son formalmente idénticas a las expresiones (7.84) y (7.86) obtenidas al estudiar el circuito resonante serie.

En la Figura 7.21 se representa la función dada en la ecuación (7.113) para diferentes valores del factor de calidad del circuito.

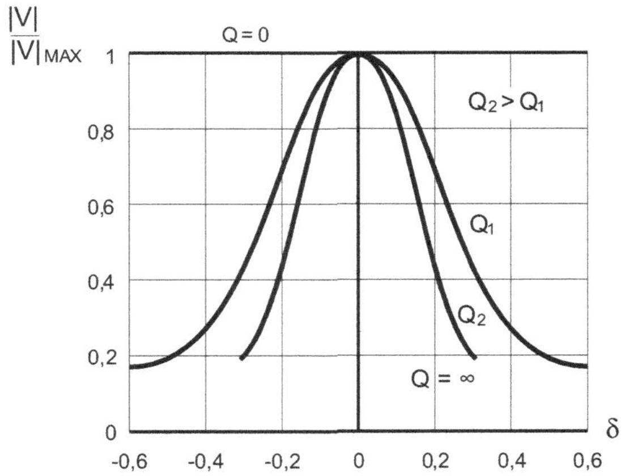

Figura 7.21

La variación de la fase dada en la ecuación (7.112) se muestra en la Figura 7.22.

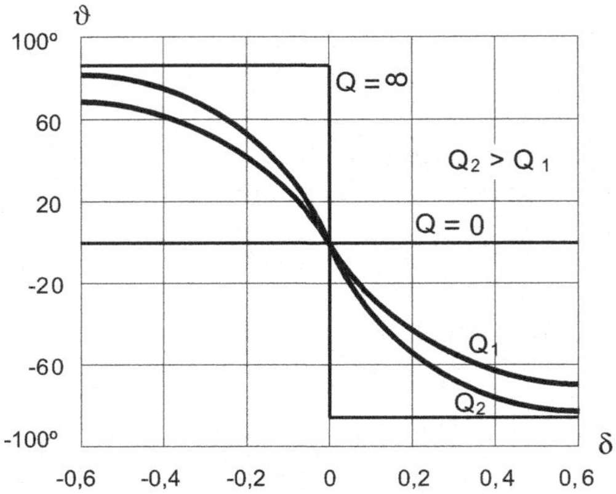

Figura 7.22

7.4.2 Ancho de banda

El ancho de banda lo forman el conjunto de frecuencias para las que la atenuación de la tensión es inferior a 3 dB (con relación a la tensión máxima).

A las frecuencias extremas del ancho de banda se tiene:

$$20 \log \frac{|V|}{|V|_{MAX}} = -3\,dB \tag{7.114}$$

y

$$\frac{|V|}{|V|_{MAX}} = \frac{1}{\sqrt{2}} \tag{7.115}$$

Si el factor de calidad del circuito dado en la expresión (7.104) es lo suficientemente grande, los valores de $|\delta|$ que cumplen la ecuación anterior serán mucho menores que uno y al sustituir (7.115) en (7.113) se tiene:

$$\frac{|V|}{|V|_{MAX}} \simeq \frac{1}{\sqrt{1 + (2Q\delta)^2}} = \frac{1}{\sqrt{2}} \tag{7.116}$$

de donde resultan:

$$\begin{cases} \delta_2 = \dfrac{1}{2Q} \\ \delta_1 = \dfrac{-1}{2Q} \end{cases} \tag{7.117}$$

y los correspondientes valores de las frecuencias de corte:

$$\begin{cases} f_2 = f_0 + \dfrac{f_0}{2Q} \\ f_1 = f_0 - \dfrac{f_0}{2Q} \end{cases} \tag{7.118}$$

cuya situación se representa en la Figura 7.23.

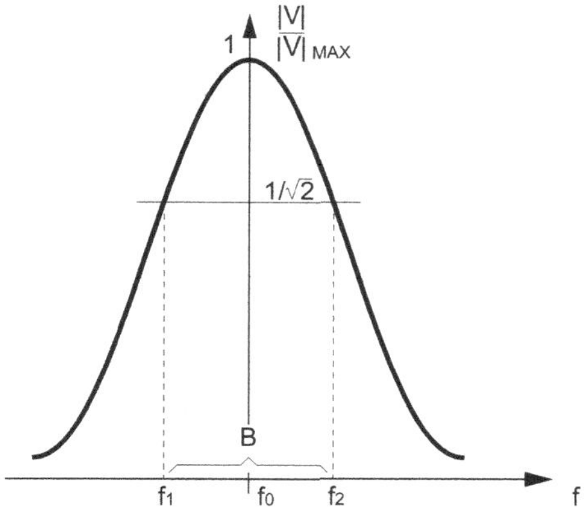

Figura 7.23

El ancho de banda del circuito será:

$$B = f_2 - f_1 = \frac{f_0}{Q} \tag{7.119}$$

que vuelve a demostrar la relación inversamente proporcional que existe entre la selectividad de un circuito resonante y su factor de calidad.

7.4.3 Circuito resonante paralelo real

En muchas aplicaciones prácticas del circuito resonante paralelo es necesario considerar la resistencia del devanado de la bobina y los efectos que esta resistencia produce principalmente sobre la selectividad (ancho de banda) del circuito.

En la Figura 7.24 se representa un circuito resonante paralelo, formado por un condensador y una bobina real, de resistencia r, excitados por un generador real de corriente (I_g, R_g).

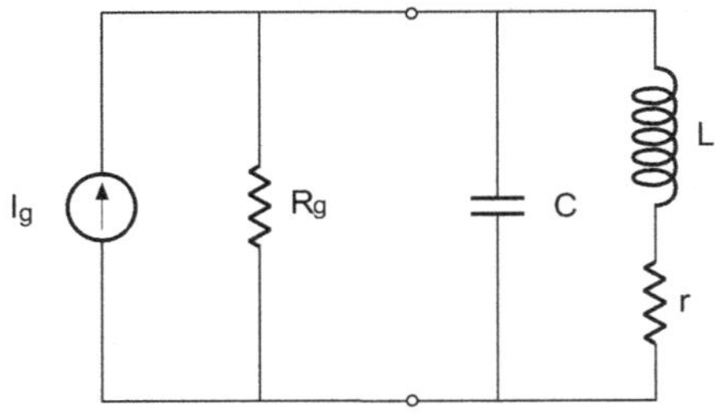

Figura 7.24

Nuestro estudio de los circuitos reales lo vamos a limitar al caso práctico en el que el factor de calidad de la bobina es grande (resistencia de la bobina pequeña)

$$Q_b = \frac{\omega_0 L}{r} >> 10 \tag{7.120}$$

Además vamos a considerar que deseamos conocer el comportamiento del circuito en las frecuencias próximas a la de resonancia, para las cuales:

$$|\delta| << 1 \tag{7.121}$$

con:

$$\delta = \frac{\omega - \omega_0}{\omega_0} = \frac{f - f_0}{f_0} \tag{7.75 bis}$$

y ω_0, tal que:

$$\omega_0 L = \frac{1}{\omega_0 C} \tag{7.122}$$

Si se cumplen las condiciones dadas en (7.120) y (7.121), la ω_o definida en la ecuación anterior coincide con la frecuencia de resonancia del circuito. La bobina real (L, r) presenta una admitancia:

$$Y_b = \frac{1}{r + j\omega L} = \frac{r}{r^2 + (\omega L)^2} - j\frac{\omega L}{r^2 + (\omega L)^2} \tag{7.123}$$

que conduce a:

$$Y_b = \frac{1}{r\left[1 + \left(\frac{\omega_0 L}{r}\frac{\omega}{\omega_0}\right)^2\right]} + \frac{1}{j\omega L\left[1 + \left(\frac{r}{\omega_0 L}\frac{\omega_0}{\omega}\right)^2\right]} \tag{7.124}$$

resultando:

$$Y_b = \frac{1}{r\left[1 + Q_b^2(\delta + 1)^2\right]} + \frac{1}{j\omega L\left[1 + Q_b^{-2}(\delta + 1)^{-2}\right]} \qquad (7.125)$$

Si se cumplen las condiciones (7.120) y (7.121), la expresión (7.125) se reduce a:

$$Y_b \simeq \frac{1}{r\,Q_b^2} + \frac{1}{j\omega L} \qquad (7.126)$$

comprobándose que la bobina real es equivalente a una bobina ideal de autoinducción L en paralelo con una resistencia de valor rQ_b^2 y el circuito de la Figura 7.24 es equivalente al representado en la Figura 7.25.

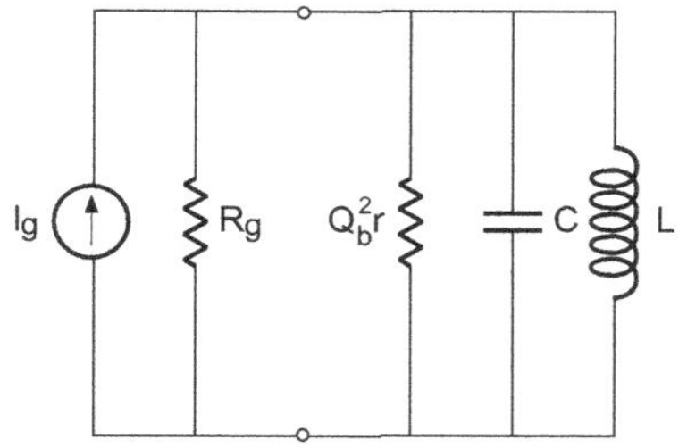

Figura 7.25

Este circuito es equivalente al circuito resonante ideal representado en la Figura 7.26 con:

$$\frac{1}{R} = \frac{1}{R_g} + \frac{1}{Q_b^2 r} \qquad (7.127)$$

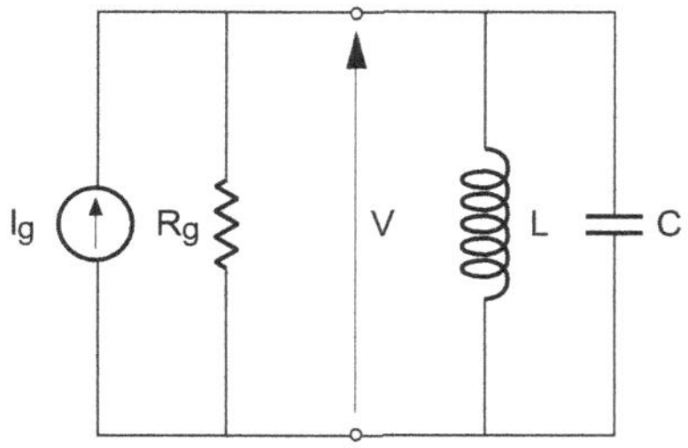

Figura 7.26

Para este circuito la pulsación de resonancia viene dada por la condición (7.122) y serán de aplicación las expresiones (7.102) a (7.119) obtenidas para el circuito resonante paralelo ideal de la Figura 7.19, sustituyendo en éstas el valor de la resistencia del generador R_g por la resistencia R dada en (7.127), por lo que al sustituir en (7.104) el factor de calidad del circuito de la Figura 7.26 resulta:

$$Q = \omega_0 CR = \frac{R}{\omega_0 L} \qquad (7.128)$$

es decir:

$$\frac{1}{Q} = \frac{\omega_0 L}{R} = \omega_0 L\left(\frac{1}{R_g} + \frac{1}{Q_b^2 r}\right) = \frac{\omega_0 L}{R_g} + \frac{1}{Q_b} \qquad (7.129)$$

que coincide lógicamente con el factor de calidad del circuito resonante paralelo real obtenido en el Ejemplo 7 del apartado 7.2.

7.4.4 Factor de sobreintensidad

En el circuito resonante paralelo ideal representado en la Figura 7.19, las corrientes por la bobina y condensador a la pulsación de resonancia son iguales:

$$|I_L|_{\omega_0} = |I_C|_{\omega_0} = \frac{|V|_{MAX}}{\omega_0 L} = \omega_0 C\ |V|_{MAX} \qquad (7.130)$$

con:

$$|V|_{MAX} = |I_g|\ R_g \qquad (7.110\ \text{bis})$$

De las dos expresiones anteriores se tiene:

$$\frac{|I_C|_{\omega_0}}{|I_g|} = \frac{|I_L|_{\omega_0}}{|I_g|} = \frac{R_g}{\omega_0 L} = R_g\,\omega_0 C \qquad (7.131)$$

es decir,

$$\frac{|I_C|_{\omega_0}}{|I_g|} = \frac{|I_L|_{\omega_0}}{|I_g|} = Q \qquad (7.132)$$

siendo Q el factor de calidad del circuito resonante paralelo ideal dado en (7.104).

El circuito resonante paralelo real de la Figura 7.24, con $Q_b >> 10$, equivale al representado en la Figura 7.25, el cual a la pulsación de resonancia ($\omega_0 L = 1/\omega_0 C$) se reduce al circuito de la Figura 7.27.

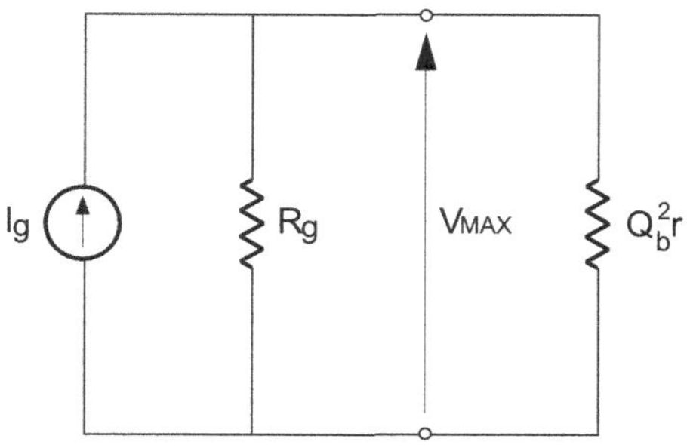

Figura 7.27

La corriente que circula por el condensador a la pulsación ω_0 es:

$$|I_C|_{\omega_0} = \omega_0 C\ |V|_{MAX} = \frac{|V|_{MAX}}{\omega_0 L} \tag{7.133}$$

con:

$$|V|_{MAX} = |I_g| \left(\frac{1}{R_g} + \frac{1}{Q_b^2 r} \right)^{-1} \tag{7.134}$$

sustituyendo esta expresión en la anterior se tiene:

$$\frac{|I_C|_{\omega_0}}{|I_g|} = \frac{1}{\omega_0 L} \left(\frac{1}{R_g} + \frac{1}{Q_b^2 r} \right)^{-1} = \left(\frac{\omega_0 L}{R_g} + \frac{1}{Q_b} \right)^{-1} \tag{7.135}$$

es decir:

$$\frac{|I_C|_{\omega_0}}{|I_g|} = Q \tag{7.136}$$

siendo Q el factor de calidad del circuito resonante paralelo real dado en la ecuación (7.129):

$$\frac{1}{Q} = \frac{\omega_0 L}{R_g} + \frac{1}{Q_b} \tag{7.129 bis}$$

Por otro lado, a la pulsación ω_0 la corriente que circula por la bobina real de la Figura 7.24 es la suma de las corrientes que en la Figura 7.25 circulan por la bobina ideal y la resistencia $Q_b^2 r$, esto es:

$$I_L\big|_{\omega_0} = \frac{V_{MAX}}{Q_b^2 r} + \frac{V_{MAX}}{j\,\omega_0 L} = \frac{V_{MAX}}{Q_b \omega_0 L} + \frac{V_{MAX}}{j\,\omega_0 L} \qquad (7.137)$$

Si como sucede en nuestro caso $Q_b >> 10$, el primer término de la expresión anterior será despreciable frente al segundo y se tiene:

$$|I_L|_{\omega_0} \simeq \frac{|V|_{MAX}}{\omega_0 L} \qquad (7.138)$$

Las expresiones (7.133) y (7.138) indican que en el circuito resonante paralelo real que nos ocupa, las corrientes en la bobina y condensador a la pulsación ω_0 son iguales, como sucedía en el circuito resonante paralelo ideal.

De (7.136) se tiene:

$$\frac{|I_C|_{\omega_0}}{|I_g|} \simeq \frac{|I_L|_{\omega_0}}{|I_g|} = Q \qquad (7.139)$$

con Q dado en (7.129).

Las ecuaciones (7.132) y (7.139) obtenidas para los circuitos resonantes paralelo ideal y real respectivamente, justifican el nombre de factor de sobreintensidad con el que también se conoce al factor de calidad de estos circuitos.

PROBLEMAS

PROBLEMA 7.1

Obtenga el factor de calidad para el circuito representado en la figura.

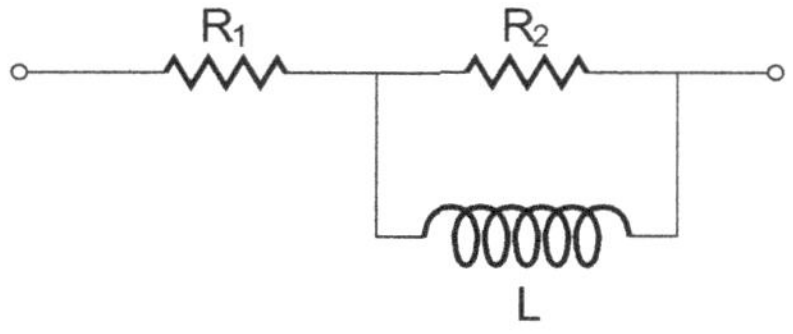

PROBLEMA 7.2

En el circuito de la figura, variando la frecuencia del generador se observa que para un determinado valor de ésta, la d.d.p. indicada por el voltímetro es nula. Además, elevando el valor de la frecuencia del generador un 1% respecto al valor anterior, la tensión medida por el voltímetro es $E_g/4$. Obtener los valores de R_1 y C.

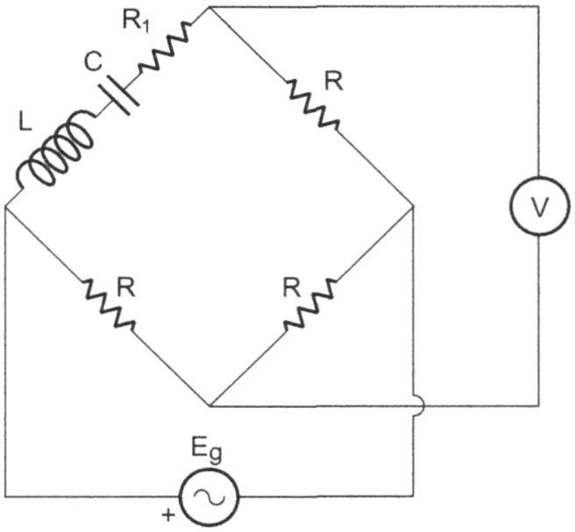

DATOS

$R = 1\,\Omega$; $L = 1\ mH$; $E_g \neq 0\ V$

PROBLEMA 7.3

En el circuito de la figura, el generador de intensidad de valor $I_g = 1\ \mu A$ es ideal y de pulsación variable. Se varía la pulsación hasta que el voltímetro marque un máximo de tensión, siendo éste igual a 20 mV; en esta situación la intensidad que pasa por el miliamperímetro es 0'1 mA. Si a partir de aquí variamos la frecuencia en 200 Hz, la tensión en bornas del condensador pasa a ser 10 mV. Determinar:

a) Valores de r, L, C y f_0.

b) Resistencia que es necesario conectar en paralelo para duplicar el ancho de banda.

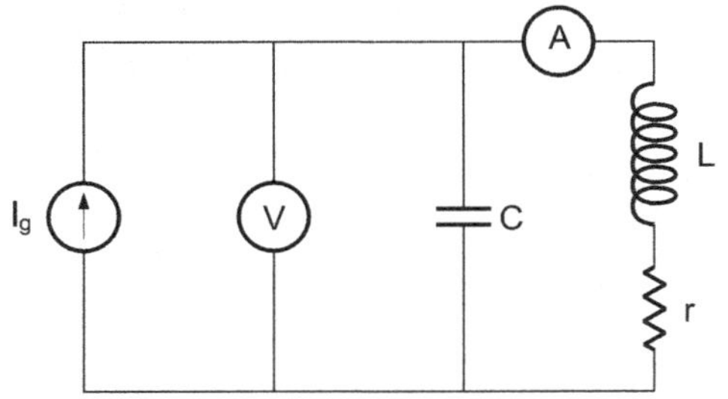

PROBLEMA 7.4

En el circuito de la figura, variando la frecuencia del generador, se observa que el voltímetro indica un máximo cuando la intensidad medida por el amperímetro es I = 1 mAef. Se pide:

a) Factor de calidad del circuito, pulsación de resonancia y ancho de banda.

b) Expresión instantánea de la tensión en bornas del voltímetro y de la corriente en la rama del amperímetro, al separarnos un 2% por encima de la frecuencia de resonancia.

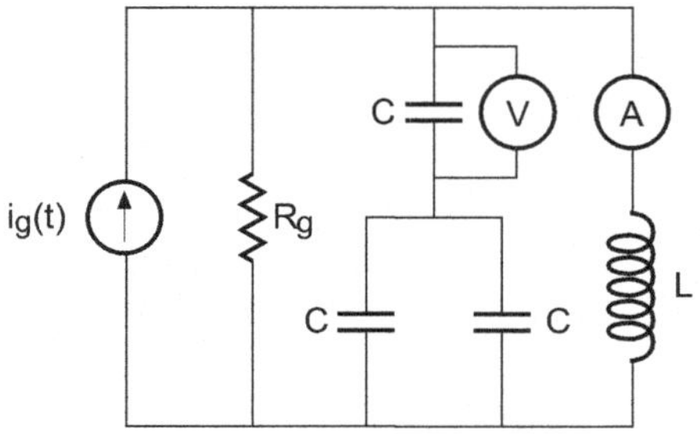

DATOS

$$i_g(t) = 20\sqrt{2}\,sen\omega t \quad \mu A$$
$$C = 300\,nF \quad ; \quad R_g = 10\,K\Omega$$

PROBLEMA 7.5

En el circuito de la figura se pide:

a) Capacidad C y autoinducción L en paralelo, equivalentes al circuito, entre los puntos A y B.

b) Frecuencia para la que V_{AB} es máxima y valor de esta tensión.

c) Factor de calidad del circuito y frecuencias para las que: $|V_{AB}| = \frac{|V_{AB}|_{MAX}}{\sqrt{5}}$.

d) Expresar V_{AC} en función de V_{AB} y valor de V_{AC} máxima.

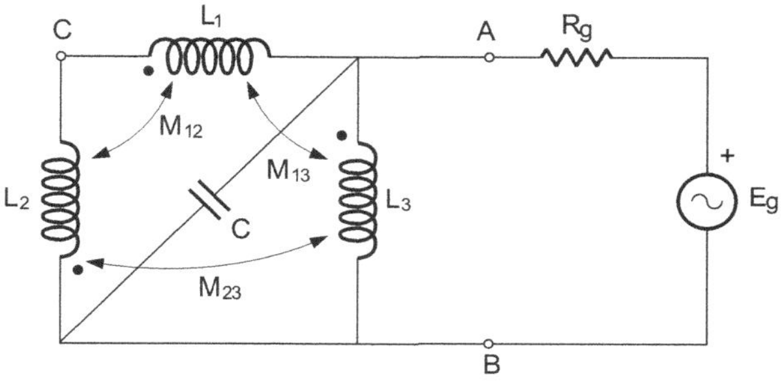

DATOS

$L_1 = 4\,mH\ ;\quad L_2 = L_3 = M_{12} = M_{13} = M_{23} = 1\,mH$

$C = 4\,nF\ ;\quad E_g = 10\,mV\ ;\quad R_g = 25\,K\Omega$

PROBLEMA 7.6

En el circuito de la figura se pide:

a) Ancho de banda definido para una relación de tensiones: $|V|/|V|_{MAX} = 1/4$.

b) Resistencia que será necesario conectar en paralelo con C para duplicar el ancho de banda.

c) Valor que, una vez conectada la resistencia en paralelo, deberá tener E_g para que la V_{MAX} sea la misma que antes de conectarla.

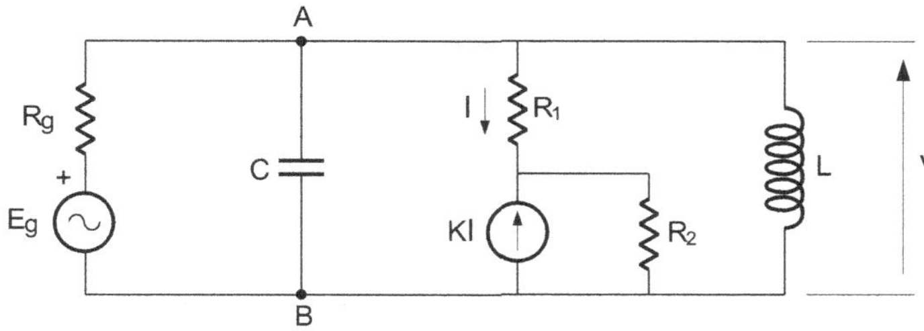

DATOS

$E_g = 100\,mV$; $C = 1\,nF$; $L = 1\,mH$; $K = 1$; $R_1 = R_2 = R_g = 100\,K\Omega$

PROBLEMA 7.7

Ordene los circuitos de la figura de mayor a menor ancho de banda.

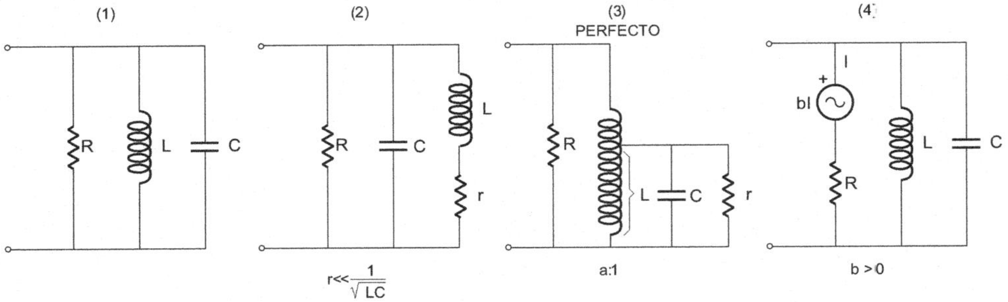

PROBLEMA 7.8

En el circuito de la figura se varía la pulsación del generador hasta que para ω = 1Mrad/s la tensión indicada por el voltímetro es máxima, V_{MAX} = 20 V. El autotransformador es perfecto, siendo la inductancia total de su devanado L = 1mH. Se pide:

a) Relación de transformación del autotransformador y valor de la capacidad C_1.

b) Corriente en el condensador C_2 al separarnos un 1% por debajo de la pulsación ω = 1 Mrad/s.

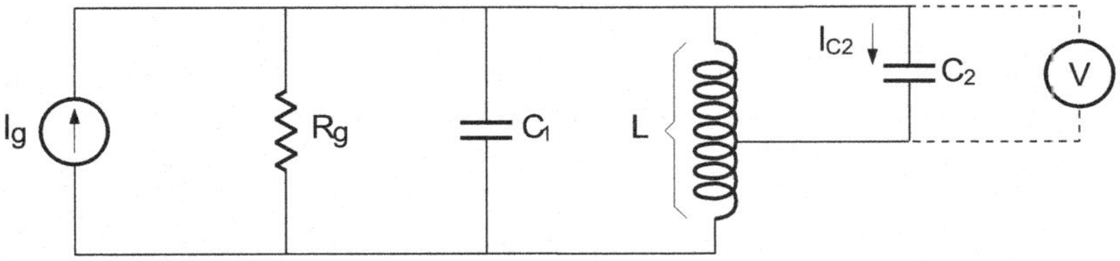

DATOS

$R_g = 40\,K\Omega$; $I_g = 1\,mA_{ef}$; $C_2 = 2\,nF$

PROBLEMA 7.9

En el circuito de la figura, en el que el transformador es perfecto, la tensión V_{AB} se hace máxima para $\omega_0 = 10^6$ rad/seg, siendo esta tensión de 10 V eficaces. Se pide:

a) Valores de la capacidad C y de la relación de transformación.

b) Margen de frecuencias para las que la potencia recibida por R_L sea mayor o igual que 20 mW. ¿Cuál sería la tensión V_{AB} para las frecuencias extremas de este margen?

c) Valor de la resistencia a conectar en paralelo con R_L para duplicar el ancho de banda.

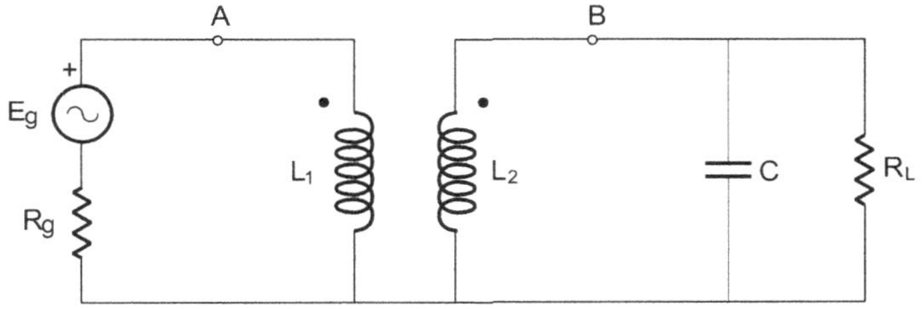

DATOS

$$e_g(t) = 40\sqrt{2}\, sen\omega t\ V\ ;\quad R_g = 10\,K\Omega\ ;\quad R_L = 2{,}5\,K\Omega\ ;\quad L_1 = 100\,\mu H$$

PROBLEMA 7.10

Mediante el circuito resonante representado en la figura, se quiere sintonizar una señal cuyo espectro está comprendido entre ω_2 = 204 Krad/seg y ω_1 = 200 Krad/seg. Se pide encontrar:

a) Valor de la capacidad C.

b) Valor de la resistencia R que ha sido necesario conectar a la salida del amplificador. (Impedancia de salida del amplificador Z_{sal} = 80 KΩ.)

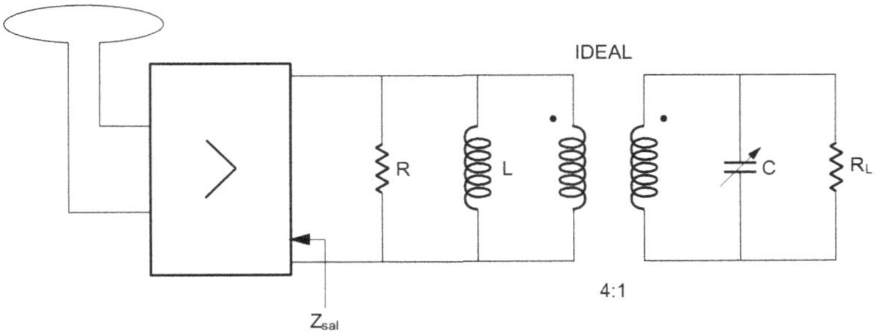

DATOS

$R_L = 5\ K\Omega \quad ; \quad L = 2\ mH$

PROBLEMA 7.11

Los generadores e(t) e i(t) son de la misma frecuencia. Variando esta frecuencia se observa que la corriente por R_2 se hace máxima para $\omega = 10^6$ rad/seg. Se pide:

a) Tensión máxima en bornas del condensador.

b) Frecuencias a las que la corriente en R_2 se hace la mitad de la máxima.

c) Expresión instantánea de la corriente por el condensador al separarnos un 2% por encima de $\omega = 10^6$ rad/seg.

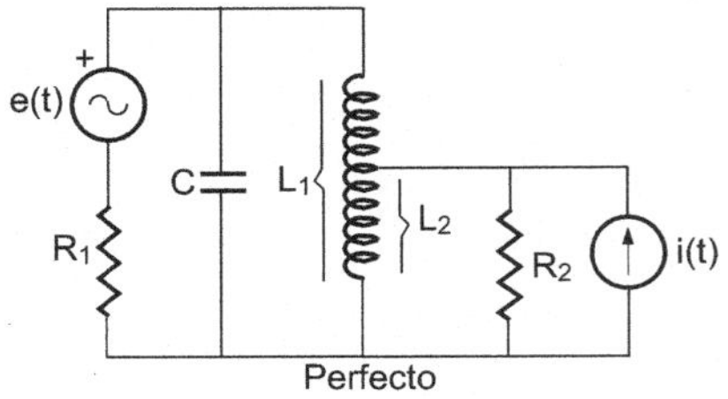

DATOS

$e(t) = 2\ sen\ \omega\ t\ V; \quad i(t) = sen\ \omega\ t\ mA$

$R_1 = R_2 = 100\ K\Omega; \quad C = ½\ nF; \quad L_2 = 1\ mH$

PROBLEMA 7.12

En el circuito de la figura, la bobina tiene resistencia nula y el acoplamiento entre todas sus espiras es perfecto. Se pide:

a) Frecuencia a la cual la resistencia R_L recibe la máxima potencia posible.

b) Expresión instantánea de la tensión en bornas del condensador al aumentar un 2% la frecuencia calculada en el apartado anterior.

c) Frecuencias a las cuales la potencia recibida por R_L pasa a ser la mitad de la máxima.

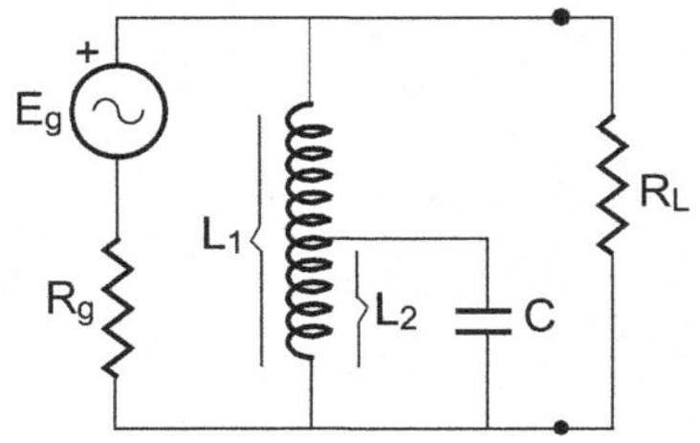

DATOS

$e_g(t) = \sqrt{10}\ sen\ \omega\ t\ V$;

$R_L = 5\ K\Omega$; $R_g = 10\ K\Omega$; $L_1 = 10\ mH$; $L_2 = 1\ mH$; $C = 10\ \mu F$

PROBLEMA 7.13

En el circuito de la figura, en el que el autotransformador es perfecto, a la frecuencia de resonancia el generador (e_g, R_g) está entregando la máxima potencia. Se pide determinar:

a) Factor de calidad y ancho de banda del circuito.

b) Expresión instantánea de la intensidad en la carga R_L al separarse un 3% por debajo de ω_o.

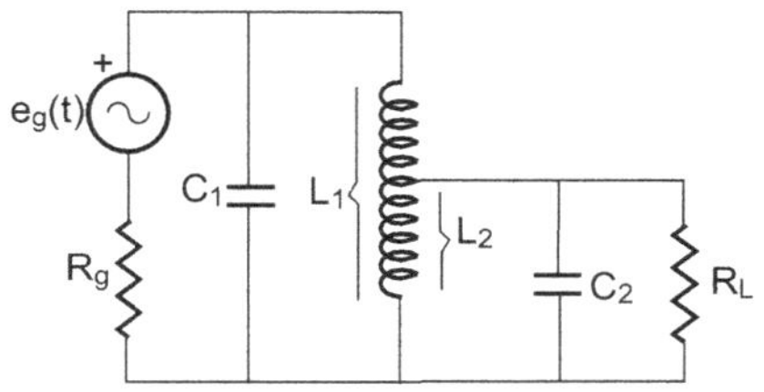

DATOS

$R_g = 100\ K\Omega$; $L_1 = 16\ mH$; $L_2 = 1\ mH$; $C_1 = 60\ nF$; $C_2 = 64\ nF$

$e_g(t) = 2\ sen\ \omega\ t\ V$

PROBLEMA 7.14

En el circuito de la figura en el que los generadores tienen la misma frecuencia se pide:

a) Frecuencia para la cual la tensión $|V|$ se hace máxima y valor de $|V|_{max}$.

b) Corriente por los generadores al separarnos un 1% por encima de la frecuencia que hace $|V_2|$ máxima.

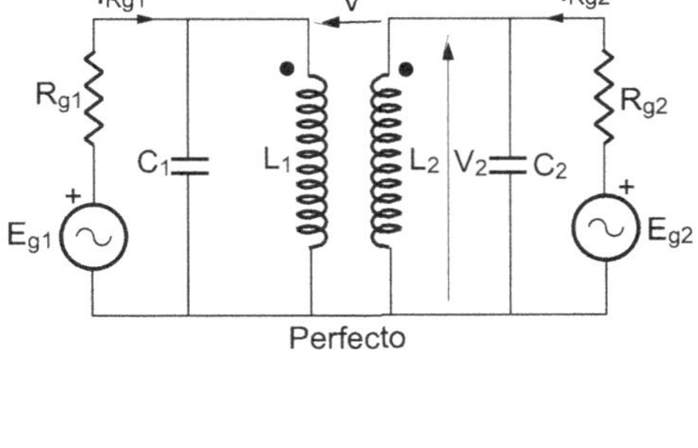

DATOS

$e_{g1}(t) = 8 \text{ sen } \omega\, t\ V$; $e_{g2}(t) = 4 \text{ sen } \omega\, t\ V$; $L_2 = 2{,}5\ mH$; $L_1/L_2 = 4$

$R_{g1} = 1\ M\Omega$; $R_{g2} = 250\ K\Omega$; $C_1 = 75\ pF$; $C_2 = 100\ pF$

PROBLEMA 7.15

El circuito de sintonía del conjunto amplificador representado en la Figura 1 responde según la curva que se representa en la Figura 2. Se sabe además que a la pulsación ω_o hay adaptación de impedancias. Se pide:

a) Valores de a, L y C.

b) ¿Que se debería hacer para duplicar el ancho de banda?

c) ¿Que atenuación (en dB) se produce al separarnos $\omega_o/8$ de la frec. central?

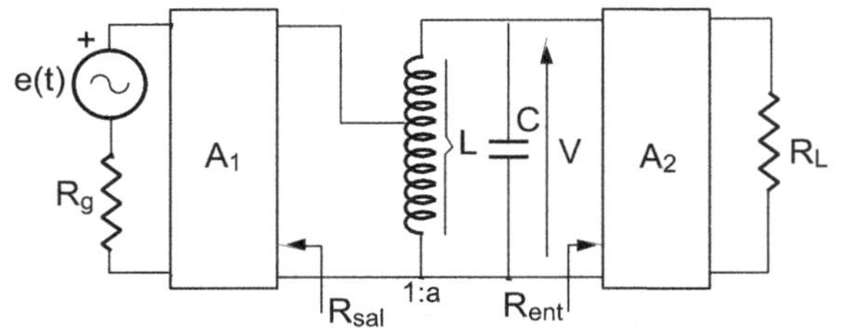

Figura 1

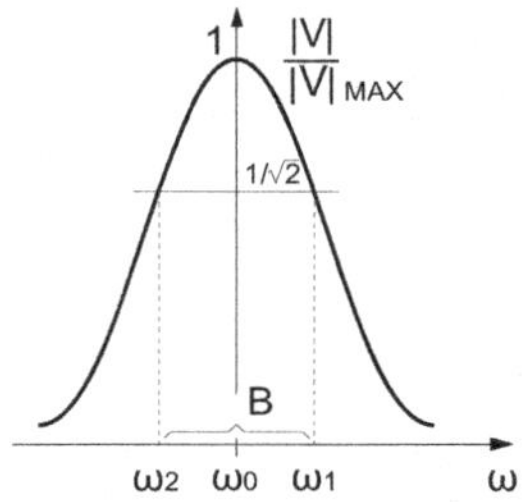

Figura 2

DATOS

$\omega_o = 2.10^5\ rad/seg$; $B = 4.10^3\ rad/seg$; $R_{sal} = 200\ K\,\Omega$; $R_{ent} = 800\ K\,\Omega$

PROBLEMA 7.16

En el circuito de la figura se sabe que a la frecuencia f = 250/π Krad/s, el voltímetro detecta un máximo de tensión de valor 1 mV y el generador (E_g, R_g) entrega su máxima potencia. Se pide encontrar:

a) Valores de las relaciones de transformación a_1 y a_2.

b) Ancho de banda correspondiente a una atenuación de 9 dB.

c) Pulsaciones a las que la potencia en R disminuye a la tercera parte de su valor máximo.

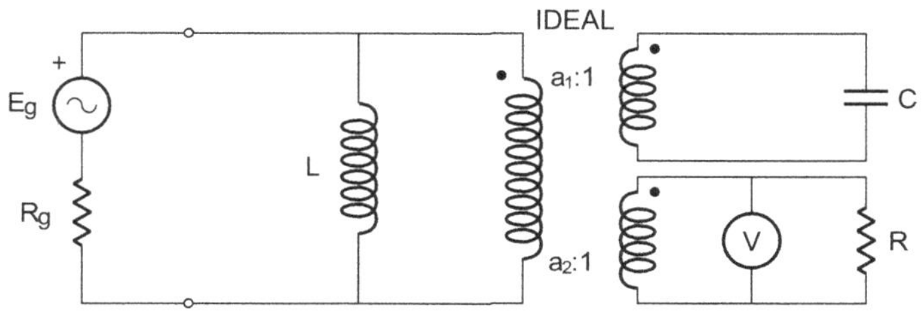

DATOS

$E_g = 10\,mVef$; $L = 4\,mH$; $C = 10\,pF$; $R = 80\,K\Omega$

PROBLEMA 7.17

En el circuito de la figura, el transformador es ideal, siendo las relaciones de transformación $a_1 = N_1/N_2 = \sqrt{2}$ y $a_2 = N_1/N_3$. Se han medido las corrientes I e I_c y la tensión V_1 a distintas pulsaciones. A la pulsación $\omega_0 = 10^6$ rad/s el voltímetro registró un máximo de valor 18 V, indicando a la vez los amperímetros las corrientes $I = 0'1\ mA$ e $I_c = 10\sqrt{2}\ mA$. En estas condiciones se pide:

a) Valor del condensador C.

b) Factores de calidad de la bobina y del circuito.

c) Frecuencias a las que el voltímetro mediría 1/4 de la tensión máxima.

d) Valor instantáneo de la corriente i(t) al separarnos un 1% por debajo de la pulsación de resonancia.

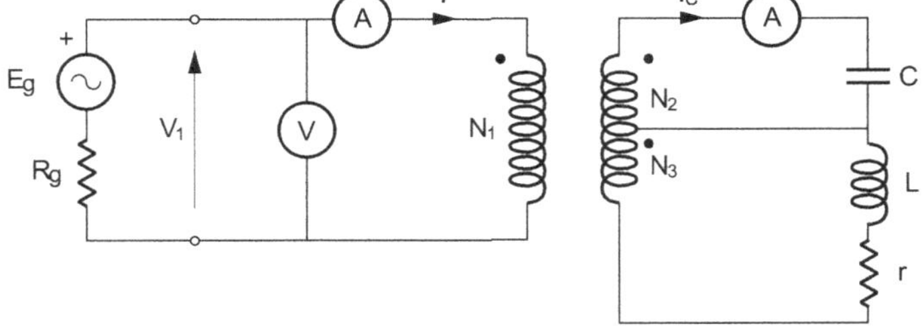

DATOS

$a_1 = \sqrt{2}$; $R_g = 180\,K\Omega$

Capítulo 8

ANÁLISIS DE LOS FENÓMENOS TRANSITORIOS EN LOS CIRCUITOS

INTRODUCCIÓN

En toda red eléctrica, el valor final de la respuesta obtenida al aplicar o variar la excitación o al modificar la topología del circuito, no se establece en general de forma inmediata, existiendo una oposición inicial de la red a las exigencias impuestas por las variaciones realizadas. Esta oposición se debe a la presencia en la red de elementos (bobinas y condensadores) que están almacenando energía (electromagnética y electrostática respectivamente). Esta energía almacenada no puede cambiar generalmente de forma instantánea, aun cuando la topología de la red o su excitación varíe. La intensidad y duración de la oposición inicial depende fundamentalmente del grado de diferencia existente entre el modelo de comportamiento impuesto por la excitación y el característico de la red en sí. El comportamiento natural (característico) de la red es una expresión de lo que ésta tiene tendencia a hacer cuando se abandona a sí misma y conduce a una respuesta exponencial decreciente. Este decrecimiento indica que la oposición de la red a cualquier variación (de excitación o topología) producida va cediendo, llegando a una situación en la cual la red se somete a la excitación, obteniéndose una respuesta de forma similar a ésta y anulándose totalmente la oposición de la red a la misma. Esto ocurre teóricamente para un tiempo infinito.

Es posible explicar todo esto desde el punto de vista matemático. Así, la respuesta de cualquier red eléctrica al aplicarle una excitación genérica está constituida por la suma de dos términos, asociados ambos a la solución de la ecuación diferencial a la que el análisis de todo circuito conduce. El primero de estos términos se denomina respuesta o régimen permanente y coincide con la solución o integral particular de la ecuación diferencial obtenida en el circuito. Esta integral particular refleja la forma de la función excitación aplicada. El segundo término, respuesta o régimen libre, está asociado a la solución homogénea de la ecuación diferencial del circuito y contiene las constantes de integración necesarias para que la solución total (particular + homogénea) adquiera la flexibilidad necesaria para satisfacer las condiciones que puedan especificarse en un momento determinado (normalmente, el correspondiente a **t = 0**). La respuesta libre tiene una forma que depende exclusivamente de los componentes pasivos de la red, siendo independiente de la función excitación, representando por tanto la respuesta natural de la propia red sin excitación aplicada.

8.1 RESPUESTA INSTANTÁNEA DE LOS ELEMENTOS PASIVOS

Al analizar un circuito, se hace necesario conocer el comportamiento instantáneo de cada uno de los elementos que forman las ramas del mismo. Si estos elementos son generadores, su fuerza electromotriz o su intensidad serán una función del tiempo conocida (escalón, rampa, sinusoidal, etc.). En el presente apartado se analiza la respuesta corriente-tensión de los elementos pasivos.

a) Resistor.

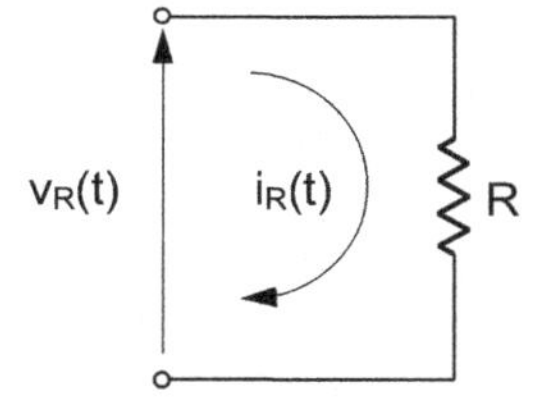

Figura 8.1

En el circuito representado en la Figura 8.1, la corriente y la tensión en cada instante están relacionadas por la ley de Ohm:

$$v_R(t) = R\, i_R(t) \tag{8.1}$$

Entendiendo la "impedancia" como un operador que al aplicarlo a la intensidad permite obtener la tensión, se define el operador "impedancia" como el cociente entre la tensión y la corriente instantáneas. Así se tiene:

$$Z_R = \frac{v_R(t)}{i_R(t)} = R \tag{8.2}$$

De la misma forma el operador "admitancia" resulta:

$$Y_R = \frac{i_R(t)}{v_R(t)} = \frac{1}{R} = G \tag{8.3}$$

b) Condensador.

La tensión en un condensador y la carga almacenada en el mismo en cada instante, según se sabe de electrostática, satisfacen la ecuación:

$$q(t) = C v_c(t) \tag{8.4}$$

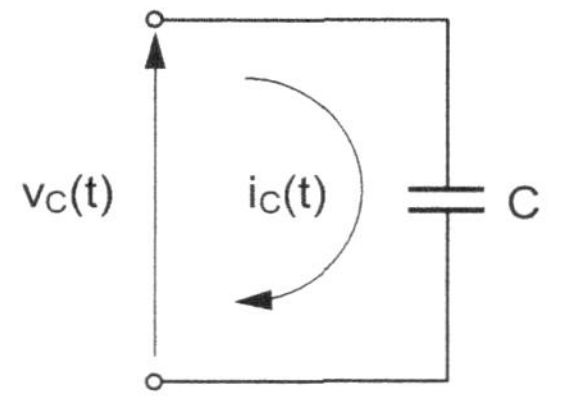

Figura 8.2

En la Figura 8.2 la tensión en cada instante será:

$$v_c(t) = \frac{1}{C} q(t) \tag{8.5}$$

y en función de la corriente:

$$v_c(t) = \frac{1}{C} \int_{-\infty}^{t} i_c(t)\, dt \tag{8.6}$$

Para encontrar la carga total almacenada, la integral ha de extenderse durante todo el tiempo de aplicación de la corriente, hasta el instante considerado. La ecuación (8.6) puede también expresarse mediante una integral indefinida, como se indica en la ecuación (8.7), en la que se hace uso del operador D (ver Apéndice C).

Así se tiene:

$$v_c(t) = \frac{1}{C} \int i_c(t)\, dt = \frac{1}{CD}\, i_c(t) \tag{8.7}$$

La corriente $i_c(t)$ será:

$$i_c(t) = C \frac{d v_c(t)}{dt} = C D\, v_c(t) \tag{8.8}$$

La "impedancia" del condensador, entendida como un operador que aplicado a la intensidad nos permite obtener la tensión, es:

$$Z_c = \frac{v_c(t)}{i_c(t)} = \frac{1}{CD} = \frac{1}{C}D^{-1} \tag{8.9}$$

y el operador "admitancia" resulta:

$$Y_c = \frac{i_c(t)}{v_c(t)} = CD \tag{8.10}$$

c) Bobina.

Según establece la ley de Faraday, la tensión inducida en una bobina es igual a la derivada con respecto al tiempo del "flujo total" que la atraviesa, entendiendo como "flujo total" el que atraviesa una espira multiplicado por el número de ellas (ver apartado 1.9.3).

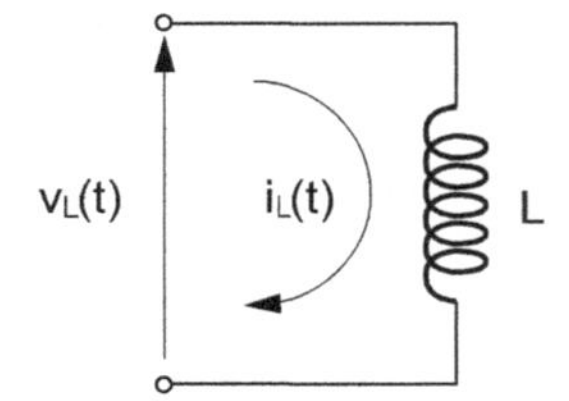

Figura 8.3

En la Figura 8.3 tenemos:

$$v_L(t) = N\frac{d\varphi(t)}{dt} = \frac{d\phi(t)}{dt} = L\frac{d\,i_L(t)}{dt} = L\,D\,i_L(t) \tag{8.11}$$

y la corriente será:

$$i_L(t) = \frac{1}{L}\int_{-\infty}^{t} v_L(t)\,dt = \frac{1}{L}\int v_L(t)\,dt = \frac{1}{L}D^{-1}\,v_L(t) \tag{8.12}$$

Igual que en el caso de la resistencia y el condensador, se define el operador "impedancia" de la bobina como:

$$Z_L = \frac{v_L(t)}{i_L(t)} = L\,D \tag{8.13}$$

y el operador "admitancia" es:

$$Y_L = \frac{i_L(t)}{v_L(t)} = \frac{1}{L\,D} = \frac{1}{L}D^{-1} \tag{8.14}$$

Los operadores definidos nos sitúan en condiciones de poder plantear las ecuaciones diferenciales que permiten analizar cualquier circuito mediante la generalización de la ley de Ohm. Así, la tensión instantánea en bornas del resistor, bobina y condensador se obtiene como el "producto" del operador impedancia por la corriente instantánea que las recorre. De la misma forma la corriente puede obtenerse como la aplicación ("producto") del operador admitancia sobre la tensión en bornas del elemento.

Ahora bien, como es sabido, al resolver una ecuación diferencial o un sistema de ecuaciones diferenciales, aparecerán constantes de integración. Para su determinación y como se verá oportunamente, será preciso conocer los valores iniciales de las corrientes en las bobinas y de las tensiones en los condensadores en un instante determinado (generalmente en t = 0). En los apartados siguientes trataremos estas cuestiones.

8.2 VARIACIÓN INSTANTÁNEA DE LA TENSIÓN EN UN CONDENSADOR

Consideremos el circuito de la Figura 8.4, en el que el instante t = 0 se corresponde con el momento en el que conmuta el interruptor.

La tensión en bornas del condensador en un instante cualquiera viene dada por la expresión (8.6):

$$v_c(t) = \frac{1}{C}\int_{-\infty}^{t} i(t)\,dt \qquad (8.6\ \text{bis})$$

Si llamamos t = 0^- al instante ocurrido un infinitésimo antes del momento en el que conmuta el interruptor, y t = 0^+ al instante un infinitésimo después, la expresión anterior se puede escribir como:

$$v_c(t) = \frac{1}{C}\int_{-\infty}^{0^-} i(t)\,dt + \frac{1}{C}\int_{0^-}^{0^+} i(t)\,dt + \frac{1}{C}\int_{0^+}^{t} i(t)\,dt \qquad (8.15)$$

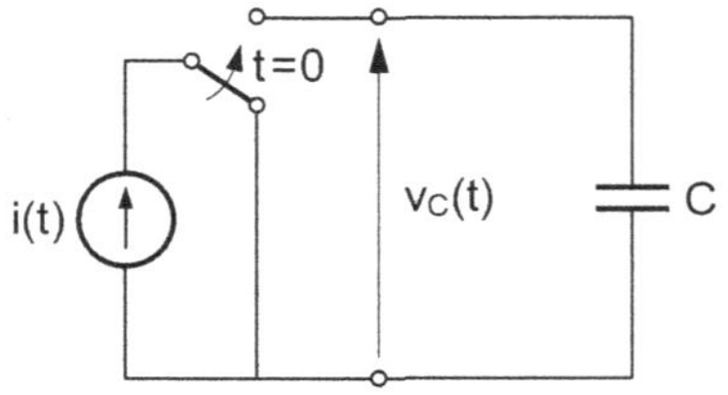

Figura 8.4

La primera integral del segundo miembro puede obtenerse de la expresión (8.6) haciendo t = 0^- y representa por lo tanto el valor de la tensión en el condensador en el infinitésimo anterior a la conmutación, es decir:

$$V_c(0^-) = \frac{1}{C}\int_{-\infty}^{0^-} i(t)\,dt \tag{8.16}$$

Sustituyendo en la expresión (8.15) resulta:

$$v_c(t) = V_c(0^-) + \frac{1}{C}\int_{0^-}^{0^+} i(t)\,dt + \frac{1}{C}\int_{0^+}^{t} i(t)\,dt \tag{8.17}$$

La tensión en el condensador en el instante t = 0^+ se obtiene de la ecuación anterior haciendo t = 0^+, resultando:

$$V_c(0^+) = V_c(0^-) + \frac{1}{C}\int_{0^-}^{0^+} i(t)\,dt + \frac{1}{C}\int_{0^+}^{0^+} i(t)\,dt \tag{8.18}$$

En esta expresión, la segunda integral definida es nula por tener los mismos límites de integración:

$$\frac{1}{C}\int_{0^+}^{0^+} i(t)\,dt = 0 \tag{8.19}$$

Así mismo, si en el intervalo (0^-, 0^+) la corriente i(t) es finita, resultará:

$$\frac{1}{C}\int_{0^-}^{0^+} i(t)\,dt = 0 \tag{8.20}$$

Por lo que de la ecuación (8.18) se obtiene:

$$V_c(0^+) = V_c(0^-) \tag{8.21}$$

y por lo tanto:

$$Q_c(0^+) = Q_c(0^-) \tag{8.22}$$

Estas expresiones establecen que de forma general (con corrientes de carga finitas) **la tensión en bornas de un condensador y por lo tanto la carga del mismo no pueden variar bruscamente**. Esto implica que la tensión $v_c(t)$ y la carga $q_c(t)$ han de ser funciones continuas.

En el ejemplo que se presenta a continuación, excepcionalmente no se cumplen las ecuaciones (8.21) y (8.22) de conservación del potencial y por lo tanto de la carga, pues como vamos a ver, en el instante de la conmutación se produce una corriente de carga del condensador de valor infinito.

En el circuito de la Figura 8.5 el condensador está inicialmente cargado con una tensión $V_c(0^-)$. En el instante t = 0 se aplica un generador ideal de f.e.m. E.

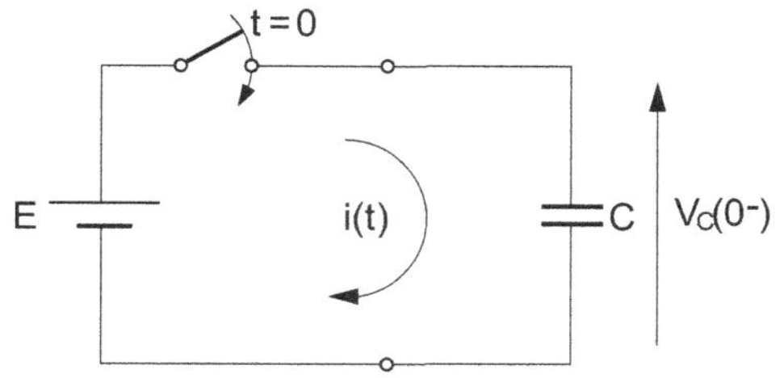

Figura 8.5

En el momento de aplicar el generador, la tensión en el condensador pasará instantáneamente del valor que tenía en $t = 0^-$ al valor:

$$V_c(0^+) = E \tag{8.23}$$

Por lo tanto, sustituyendo en la ecuación (8.18) y teniendo en cuenta (8.19) tendremos:

$$V_c(0^+) = E = V_c(0^-) + \frac{1}{C}\int_{0^-}^{0^+} i(t)\,dt \tag{8.24}$$

$$E - V_c(0^-) = \frac{1}{C}\int_{0^-}^{0^+} i(t)\,dt \tag{8.25}$$

Si la tensión E del generador es distinta de la que tenía el condensador en el instante $t = 0^-$. Es decir:

$$E \neq V_c(0^-) \tag{8.26}$$

la integral que aparece en el segundo miembro de la expresión (8.25) será distinta de cero:

$$\frac{1}{C}\int_{0^-}^{0^+} i(t)\,dt \neq 0 \tag{8.27}$$

Para que esto suceda, es necesario que la corriente i(t) en el instante t = 0 se haga infinita.

En la Figura 8.6 se representa la variación con el tiempo de la tensión en bornas del condensador.

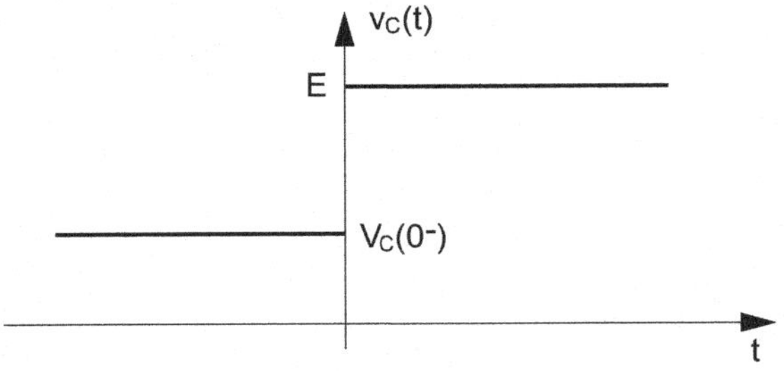

Figura 8.6

La intensidad sería un impulso de altura infinita situado en t = 0.

Como caso particular del que hemos expuesto, consideremos un condensador inicialmente cargado, que en el instante t = 0 se cortocircuita, como se muestra en la Figura 8.7.

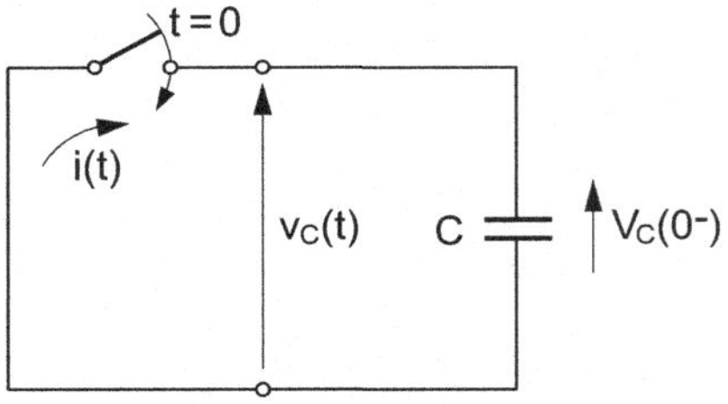

Figura 8.7

En el instante t = 0^+ la tensión en bornas del condensador pasará instantáneamente a valer cero:

$$V_c(0^+) = 0 \tag{8.28}$$

Sustituyendo en la ecuación (8.18) y al cumplirse (8.19) resulta:

$$V_c(0^+) = 0 = V_c(0^-) + \frac{1}{C}\int_{0^-}^{0^+} i(t)\, dt \tag{8.29}$$

por lo que:

$$\frac{1}{C}\int_{0^-}^{0^+} i(t)\, dt = -V_c(0^-) \tag{8.30}$$

Para que la integral anterior sea distinta de cero, la corriente ha de hacerse infinita en el instante t = 0, produciéndose la descarga instantánea del condensador.

8.3 VARIACIÓN INSTANTÁNEA DE LA CORRIENTE EN UNA BOBINA

Sea el circuito representado en la Figura 8.8 en el que el interruptor se cierra en el instante t = 0.

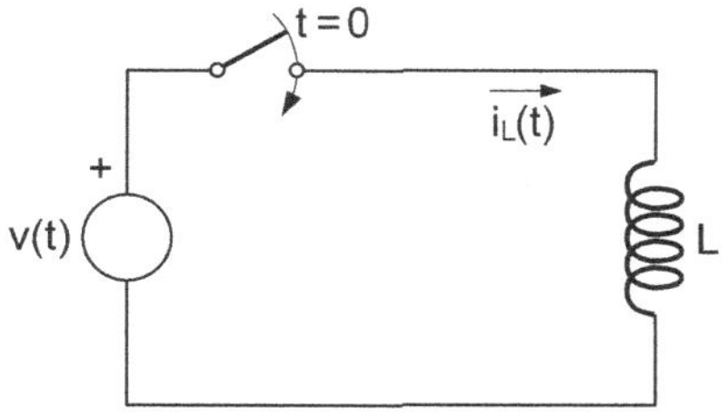

Figura 8.8

La corriente en la bobina vendrá dada por la expresión (8.12):

$$i_L(t) = \frac{1}{L}\int_{-\infty}^{t} v(t)\,dt \qquad (8.12\text{ bis})$$

Descomponiendo el intervalo de integración resulta:

$$i_L(t) = \frac{1}{L}\int_{-\infty}^{0^-} v(t)\,dt + \frac{1}{L}\int_{0^-}^{0^+} v(t)\,dt + \frac{1}{L}\int_{0^+}^{t} v(t)\,dt \qquad (8.31)$$

La primera integral de la ecuación anterior es la corriente que circula por la bobina en el instante $t = 0^-$ dada en (8.12), es decir:

$$I_L(0^-) = \frac{1}{L}\int_{-\infty}^{0^-} v(t)\,dt \qquad (8.32)$$

y sustituyendo en (8.31) se tiene:

$$i_L(t) = I_L(0^-) + \frac{1}{L}\int_{0^-}^{0^+} v(t)\,dt + \frac{1}{L}\int_{0^+}^{t} v(t)\,dt \qquad (8.33)$$

La corriente en el instante $t = 0^+$ será:

$$I_L(0^+) = I_L(0^-) + \frac{1}{L}\int_{0^-}^{0^+} v(t)\,dt + \frac{1}{L}\int_{0^-}^{0^+} v(t)\,dt \qquad (8.34)$$

Para el caso más general en el que la tensión v(t) sea finita en el intervalo (0^-, 0^+) tendremos:

$$\frac{1}{L}\int_{0^-}^{0^+} v(t)\,dt = 0 \qquad (8.35)$$

y como:

$$\frac{1}{L}\int_{0^+}^{0^+} v(t)\,dt = 0 \qquad (8.36)$$

al sustituir en la ecuación (8.34) se obtiene:

$$I_L(0^+) = I_L(0^-) \qquad (8.37)$$

La ecuación anterior expresa que para el caso más general (con tensiones en bornas de la bobina finitas) **la corriente a través de una bobina debe ser una función continua**.

El "flujo total" que atraviesa la bobina, como se deduce de la expresión (8.11), es:

$$\phi(t) = L\,i_L(t) \qquad (8.38)$$

Si la corriente a través de la bobina permanece constante en los instantes 0^+ y 0^-, también se mantendrá constante el flujo, de forma análoga a lo que ocurría con la carga en el condensador:

$$\phi_L(0^+) = \phi_L(0^-) \qquad (8.39)$$

Si se fuerza a que la corriente en una bobina varíe en un instante de forma "brusca", la tensión en sus bornes en ese instante se hace infinita. En efecto, si como se muestra en la Figura 8.9, a la bobina por la que circula una corriente $I_L(0^-)$ aplicamos en el instante t = 0 un generador ideal de corriente de valor I, al producirse el cierre del interruptor la corriente a través de la bobina pasará a valer I. Es decir:

$$I_L(0^+) = I \qquad (8.40)$$

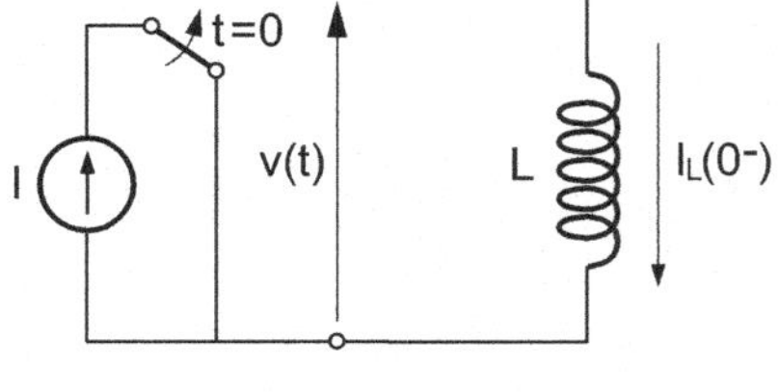

Figura 8.9

Sustituyendo en la ecuación (8.34) y teniendo en cuenta (8.36) resultará:

$$I_L(0^+) = I = I_L(0^-) + \frac{1}{L}\int_{0^-}^{0^+} v(t)\,dt \qquad (8.41)$$

$$I - I_L(0^-) = \frac{1}{L}\int_{0^-}^{0^+} v(t)\, dt \tag{8.42}$$

Si la corriente I del generador es distinta de la que circulaba por la bobina en el instante inmediatamente anterior a cerrar el interruptor:

$$I \neq I_L(0^-) \tag{8.43}$$

Tendremos:

$$\frac{1}{L}\int_{0^-}^{0^+} v(t)\, dt \neq 0 \tag{8.44}$$

Para que la integral anterior sea distinta de cero, es necesario que la tensión v(t) se haga infinita en el instante t = 0.

Un caso particular del anterior es el representado en la Figura 8.10. La bobina por la que está circulando una corriente $I_L(0^-)$ en el instante t = 0 se deja en circuito abierto.

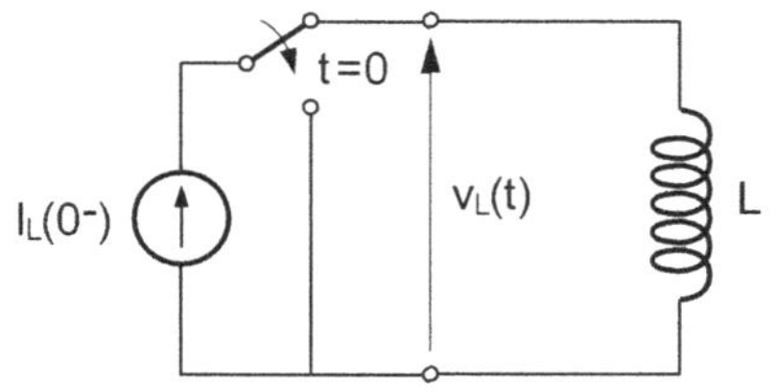

Figura 8.10

En el instante t = 0^+, la corriente pasa bruscamente a valer cero:

$$I_L(0^+) = 0 \tag{8.45}$$

Al sustituir en la ecuación (8.34) y teniendo en cuenta (8.36) se obtiene:

$$0 = I_L(0^-) + \frac{1}{L}\int_{0^-}^{0^+} v(t)\, dt \tag{8.46}$$

con lo que,

$$-I_L(0^-) = \frac{1}{L}\int_{0^-}^{0^+} v(t)\, dt \tag{8.47}$$

Para que la ecuación anterior se cumpla, la tensión v(t) en bornas de la bobina ha de hacerse infinita en el instante t = 0.

8.3.1 Variación instantánea de la corriente en la bobina acoplada magnéticamente

Consideremos el circuito parcial representado en la Figura 8.11, en el que existen dos bobinas acopladas magnéticamente por las que circulan las corrientes $i_1(t)$ e $i_2(t)$, respectivamente.

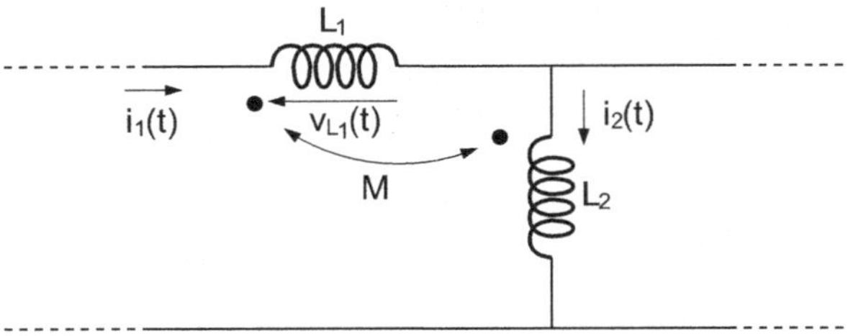

Figura 8.11

La tensión instantánea en bornes de la bobina L_1 será:

$$v_{L_1}(t) = L_1 \frac{di_1(t)}{dt} + M \frac{di_2(t)}{dt} \qquad (8.48)$$

de donde se deduce:

$$L_1\, di_1(t) + M\, di_2(t) = v_{L_1}(t)\, dt \qquad (8.49)$$

Integrando los dos miembros de la ecuación anterior resulta:

$$L_1\, i_1(t) + M\, i_2(t) = \int_{-\infty}^{t} v_{L_1}(t)\, dt \qquad (8.50)$$

y

$$L_1\, i_1(t) + M\, i_2(t) = \int_{-\infty}^{0^-} v_{L_1}(t)\, dt + \int_{0^-}^{0^+} v_{L_1}(t)\, dt + \int_{0^+}^{t} v_{L_1}(t)\, dt \qquad (8.51)$$

La primera integral del segundo miembro es el valor de la expresión (8.50) particularizada para $t = 0^-$, es decir:

$$\int_{-\infty}^{0^-} v_{L_1}(t)\, dt = L_1\, I_1(0^-) + M\, I_2(0^-) \qquad (8.52)$$

y sustituyendo en (8.51) tendremos:

$$L_1\, i_1(t) + M\, i_2(t) = L_1\, I_1(0^-) + M\, I_2(0^-) + \int_{0^-}^{0^+} v_{L_1}(t)\, dt + \int_{0^+}^{t} v_{L_1}(t)\, dt \qquad (8.53)$$

La ecuación anterior particularizada para t = 0^+ resulta:

$$L_1\, I_1(0^+) + M\, I_2(0^+) = L_1\, I_1(0^-) + M\, I_2(0^-) + \int_{0^-}^{0^+} v_{L_1}(t)\, dt + \int_{0^+}^{0^+} v_{L_1}(t)\, dt \qquad (8.54)$$

Si la tensión $v_{L1}(t)$ es finita en el intervalo (0^-, 0^+), tendremos:

$$\phi_{L_1}(0^+) = L_1\, I_1(0^+) + M\, I_2(0^+) = L_1\, I_1(0^-) + M\, I_2(0^-) = \phi_{L_1}(0^-) \qquad (8.55)$$

La ecuación anterior establece que el **"flujo total" que atraviesa la bobina L_1 en el instante t = 0^- es igual al "flujo total" que la atraviesa en el instante t = 0^+**. Se verifica, por tanto, que con tensiones finitas, el "flujo total" que atraviesa la bobina no puede variar de forma instantánea, del mismo modo a como sucedía en las bobinas sin acoplamiento magnético.

Operando de idéntica manera para la bobina L_2 se obtiene:

$$\phi_{L_2}(0^+) = L_2\, I_2(0^+) + M\, I_1(0^+) = L_2\, I_2(0^-) + M\, I_1(0^-) = \phi_{L_2}(0^-) \qquad (8.56)$$

8.4 REPRESENTACIÓN DEL CONDENSADOR Y DE LA BOBINA MEDIANTE SUS EQUIVALENTES CON CONDICIONES INICIALES NULAS

Sea el circuito representado en la Figura 8.12a, en el que el condensador se encuentra inicialmente cargado con una tensión $V_c(0^-)$.

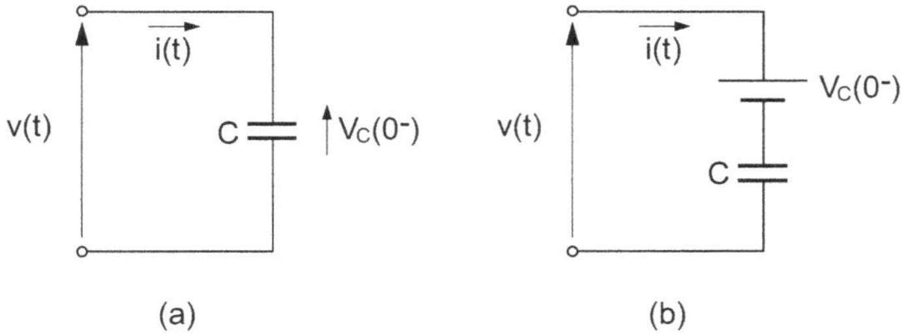

Figura 8.12

Como se deduce de la expresión (8.17) y para corrientes finitas, la tensión en bornas del condensador será:

$$v(t) = V_c(0^-) + \frac{1}{C}\int_{0^-}^{t} i(t)\, dt \qquad (8.57)$$

La ecuación anterior es la suma de un término constante $V_c(0^-)$ más la tensión que tendría el condensador si inicialmente estuviera descargado. Por lo tanto, el condensador de la Figura 8.12.a puede sustituirse por un generador de tensión constante $V_c(0^-)$ en serie con el condensador con condición inicial cero, como se muestra en la Figura 8.12b.

Así mismo, en la bobina representada en la Figura 8.13a, teniendo en cuenta la expresión (8.33) y para v(t) finita, se cumple:

$$i(t) = I_L(0^-) + \frac{1}{L}\int_{0^+}^{t} v(t)\,dt \qquad (8.58)$$

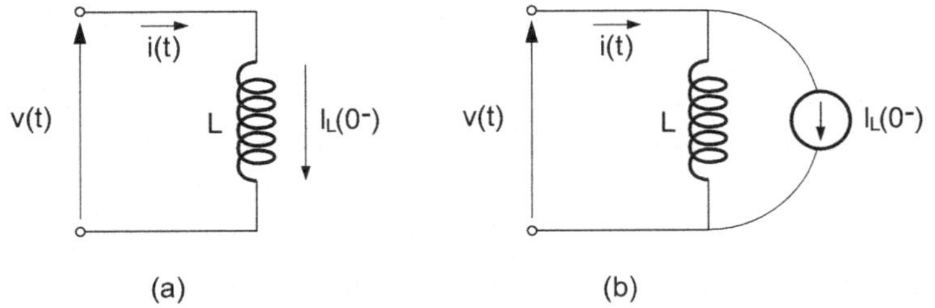

Figura 8.13

Esta misma ecuación la satisface el circuito de la Figura 8.13b, en el que se representa la bobina con condición inicial cero, en paralelo con un generador de intensidad de valor $I_L(0^-)$ siendo por lo tanto equivalentes ambos circuitos.

Estas equivalencias resultarán especialmente útiles, como se verá oportunamente, en la resolución de los circuitos haciendo uso de la transformada de Laplace.

8.5 RESOLUCIÓN DE UN CIRCUITO POR EL MÉTODO CLÁSICO. REGÍMENES DE FUNCIONAMIENTO DE UNA RED

El proceso de análisis vamos a realizarlo sobre el circuito representado en la Figura 8.14, en el que los condensadores y la bobina pueden tener condiciones iniciales no nulas.

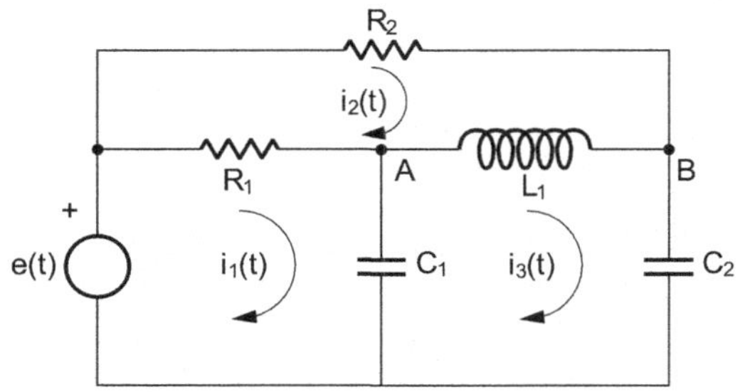

Figura 8.14

Si el análisis lo efectuamos con las intensidades como incógnitas, planteando las ecuaciones de malla, tendremos:

$$e(t) = \left(R_1 + \frac{1}{C_1 D}\right) i_1(t) - R_1\, i_2(t) - \frac{1}{C_1 D}\, i_3(t)$$

$$0 = -R_1\, i_1(t) + (R_1 + R_2 + L_1 D)\, i_2(t) - L_1 D\, i_3(t)$$

$$0 = -\frac{1}{C_1 D}\, i_1(t) - L_1 D\, i_2(t) + \left(L_1 D + \frac{1}{C_1 D} + \frac{1}{C_2 D}\right) i_3(t) \qquad (8.59)$$

Si hacemos el análisis utilizando como incógnitas las tensiones de nudo, las ecuaciones de los nudos A y B serán:

$$\frac{v_A(t) - e(t)}{R_1} + C_1\, D\, v_A(t) + \frac{1}{L_1 D}\,(v_A(t) - v_B(t)) = 0$$

$$\frac{v_B(t) - e(t)}{R_2} + C_2\, D\, v_B(t) + \frac{1}{L_1 D}\,(v_B(t) - v_A(t)) = 0 \qquad (8.60)$$

Con objeto de no hacer un cálculo literal, el cual resultaría demasiado engorroso, podemos dar valores numéricos a las resistencias, bobinas y condensadores. Así, si hacemos:

$$R_1 = R_2 = 1\Omega\ ; \quad L_1 = 1\,H\ ; \quad C_1 = C_2 = 1\,F$$

y elegido el análisis por tensiones por ser el que presenta menor número de incógnitas, sustituyendo en el sistema de ecuaciones (8.60) tendremos:

$$e(t) = (D + 1 + D^{-1})\, v_A(t) - D^{-1}\, v_B(t)$$

$$e(t) = -D^{-1}\, v_A(t) + (D + 1 + D^{-1})\, v_B(t) \qquad (8.61)$$

Despejando la tensión del nudo A se tiene:

$$v_A(t) = \frac{\begin{vmatrix} e(t) & -D^{-1} \\ e(t) & D + 1 + D^{-1} \end{vmatrix}}{\begin{vmatrix} D + 1 + D^{-1} & -D^{-1} \\ -D^{-1} & D + 1 + D^{-1} \end{vmatrix}} =$$

$$= \frac{(D + 1 + D^{-1})\, e(t) + D^{-1}\, e(t)}{(D + 1 + D^{-1})^2 - D^{-2}} =$$

$$= \frac{(D + 1 + 2D^{-1})\, e(t)}{D^2 + 2D + 3 + 2D^{-1}} \qquad (8.62)$$

"Multiplicando" numerador y denominador por D resulta:

$$v_A(t) = \frac{(D^2 + D + 2)\, e(t)}{D^3 + 2D^2 + 3D + 2} \tag{8.63}$$

por lo que tendremos:

$$(D^3 + 2D^2 + 3D + 2)\, v_A(t) = (D^2 + D + 2)\, e(t) \tag{8.64}$$

El segundo término de esta ecuación diferencial será conocido y dependerá del tipo de excitación e(t), por lo que en definitiva, para un circuito genérico, el paso final será la resolución de una ecuación diferencial de la forma:

$$(a_n D^n + a_{n-1} D^{n-1} + a_{n-2} D^{n-2} + \ldots + a_1 D + a_0)\, y(t) = f(t) \tag{8.65}$$

con los coeficientes reales y positivos.

La solución de esta ecuación está formada por la suma de la solución de la ecuación homogénea más la solución particular de la completa:

$$y(t) = y(t)\ \textit{homogénea} + y(t)\ \textit{particular de la completa} \tag{8.66}$$

La solución de la homogénea (ver Apéndice D) es de la forma:

$$y(t) = (A_1 + A_2 t + \ldots + A_a t^{a-1})\, e^{m_1 t} + A_{a+1} e^{m_2 t} + A_{a+2} e^{m_3 t} + \ldots \tag{8.67}$$

Los exponentes m_i son las raíces del polinomio en D en la ecuación (8.65):

$$a_n m^n + a_{n-1} m^{n-1} + a_{n-2} m^{n-2} + \ldots + a_1 m + a_0 = 0 \tag{8.68}$$

y tendrán la forma:

$$m_i = -\sigma_i \pm j\, \omega_i \tag{8.69}$$

con σ_i y ω_i reales y $\sigma_i \geq 0$.

La solución de la ecuación diferencial homogénea, dependiendo de la forma de las raíces, estará compuesta por términos de las formas siguientes:

a) Raíces reales.

$$\omega_i = 0 \quad ; \quad \sigma_i \neq 0 \tag{8.70}$$

Si la raíz real es múltiple con grado de multiplicidad **b**, da lugar a la respuesta homogénea formada por términos del tipo:

$$A_n\, t^{n-1}\, e^{-\sigma_i t} \tag{8.71}$$

con:

$$1 < n < b \tag{8.72}$$

En las Figuras (8.15a) y (8.15b) se representa la ecuación (8.71) para n =2 y n = 1, observándose que ambas gráficas tienden a cero cuando el tiempo transcurrido tiende a infinito. Esta tendencia también se produce para cualquier valor de **n**.

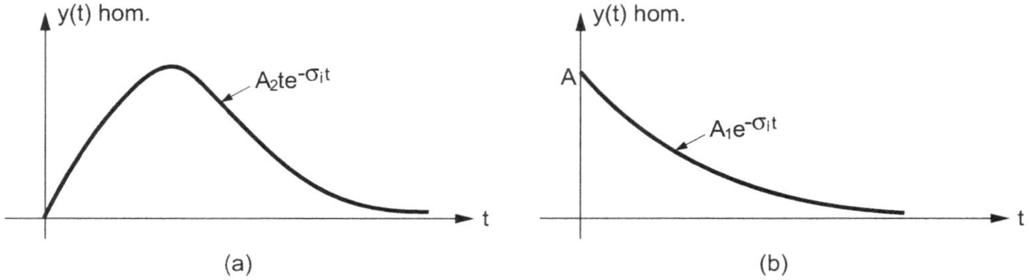

Figura 8.15

Si la raíz es simple, aparecerá un término de la forma:

$$A_1 \; e^{-\sigma_i \, t} \tag{8.73}$$

cuya representación se indica en la Figura 8.15b.

b) Raíces complejas.

$$\omega_i \neq 0 \quad ; \quad \sigma_i \neq 0 \tag{8.74}$$

Las raíces aparecen por parejas conjugadas y si son múltiples con grado de multiplicidad **b**, la respuesta homogénea está formada por términos de la forma:

$$A_n \; t^{n-1} \; e^{-\sigma_i \, t} \; sen(\omega_i t + \varphi) \tag{8.75}$$

con:

$$1 < n < b \tag{8.76}$$

En las Figuras (8.16a) y (8.16b) se representa la ecuación (8.75) para n = 2 y n = 1, respectivamente, en las que puede observarse la tendencia a cero cuando el tiempo tiende a infinito.

Si la raíz es simple, ésta y su conjugada dan lugar a un término de la forma:

$$A_1 \, e^{-\sigma_i \, t} sen(\omega_i t + \varphi) \tag{8.77}$$

cuya representación coincide con la de la Figura (8.16b).

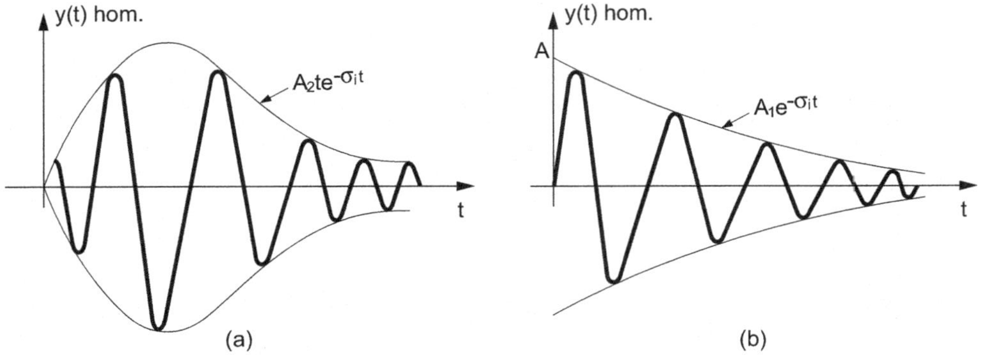

Figura 8.16

c) Raíces imaginarias puras.

$$\sigma_i = 0 \quad ; \quad \omega_i \neq 0 \tag{8.78}$$

Este caso únicamente se presenta en circuitos no disipativos (L-C) y las raíces (que serán simples) aparecen en parejas conjugadas. Cada una de estas raíces y su conjugada dan lugar a un término de la forma:

$$A_1 \; sen(\omega_i t + \varphi) \tag{8.79}$$

el cual se representa en la Figura 8.17.

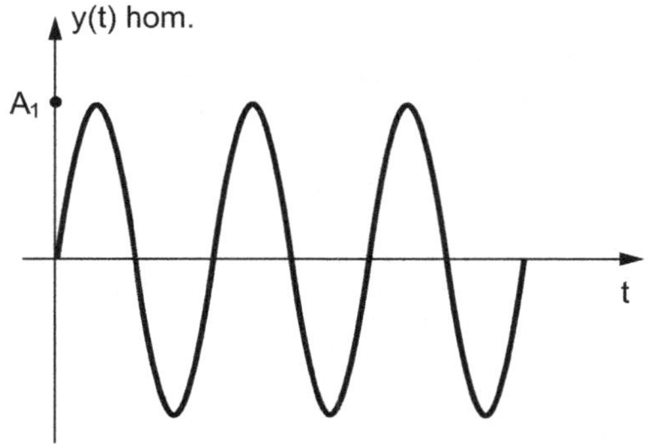

Figura 8.17

Una raíz múltiple imaginaria pura y su conjugada darían lugar a una solución con términos crecientes en el tiempo de la forma:

$$A_n t^{n-1} sen(\omega_i t + \varphi) \tag{8.80}$$

la cual es una solución físicamente imposible en redes pasivas (R-L-C).

La solución particular de la ecuación diferencial completa dependerá de la función f(t). En el apéndice D se muestran algunos métodos de obtención de la solución particular para alguna de las funciones f(t) más comunes.

Para los casos a) y b) (raíces reales y complejas) se tiene:

$$\lim_{t\to\infty} [y(t)\ homogénea] = 0 \tag{8.81}$$

y por lo tanto, transcurrido un tiempo infinito, la respuesta total será:

$$\lim_{t\to\infty} y(t) = \lim_{t\to\infty} [y(t)\ homogénea + y(t)\ particular] = \lim_{t\to\infty} [y(t)\ particular] \tag{8.82}$$

Ambas soluciones están relacionadas con la respuesta física de la red, de manera que el *régimen permanente* que se define como la respuesta de la red después de haber transcurrido un tiempo lo suficientemente grande desde que se aplicó la excitación y estando ésta presente, coincide con la solución particular, que es la única no nula. El *régimen libre*, que es la respuesta obtenida después de eliminar la excitación, coincide con la solución de la ecuación homogénea. El *régimen transitorio* se define como la respuesta de la red en los instantes inmediatamente después de ser excitada, estando los generadores conectados, y está formado por la suma en esos instantes de la respuesta homogénea y la solución particular.

Las constantes de integración que aparecen en la solución y(t) se obtendrán particularizando las corrientes en las bobinas y las tensiones en los condensadores para un instante de tiempo (generalmente t = 0) y aplicando las condiciones de conservación de flujo y de carga respectivamente.

8.6 ALGUNAS FUNCIONES TÍPICAS CON LAS QUE SE EXCITAN LOS CIRCUITOS

a) Función escalón.

Se define la función escalón como una función f(t) tal que:

$$f(t) = A\ u(t) = \begin{cases} 0\ ; & para\ t < 0 \\ A\ ; & para\ t > 0 \end{cases} \tag{8.83}$$

cuya representación es la indicada en la Figura 8.18.

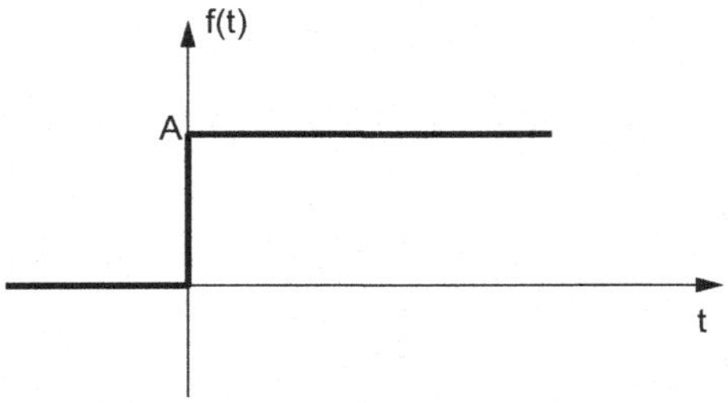

Figura 8.18

Si el escalón se origina en el instante t_0, la función se define como:

$$f(t) = A\ u(t - t_0) = \begin{cases} 0\ ; & para\ t < t_0 \\ A\ ; & para\ t > t_0 \end{cases} \tag{8.84}$$

la cual se representa en la Figura 8.19.

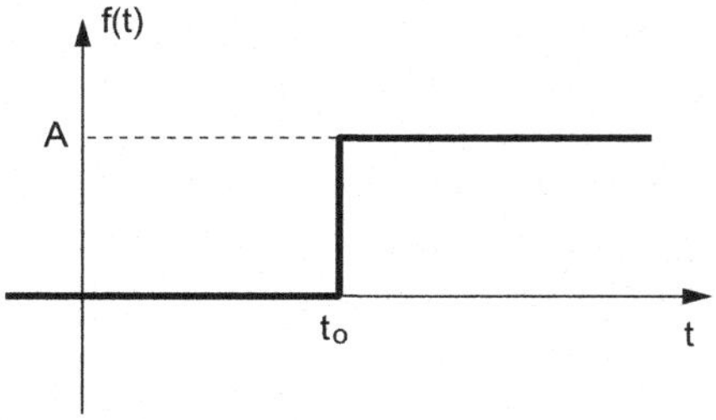

Figura 8.19

b) Función rampa.

Se define como:

$$f(t) = A\ t\ u(t) \tag{8.85}$$

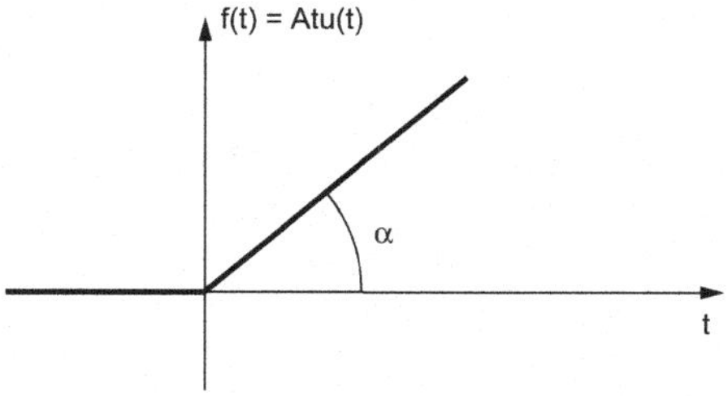

Figura 8.20

y en la Figura 8.20 se encuentra representada con:

$$tg\,\alpha = A \tag{8.86}$$

c) Función impulso.

Es una función f(t) tal que:

$$f(t) = A\ u(t) - A\ u(t - t_0) = A\,[u(t) - u(t - t_0)] \tag{8.87}$$

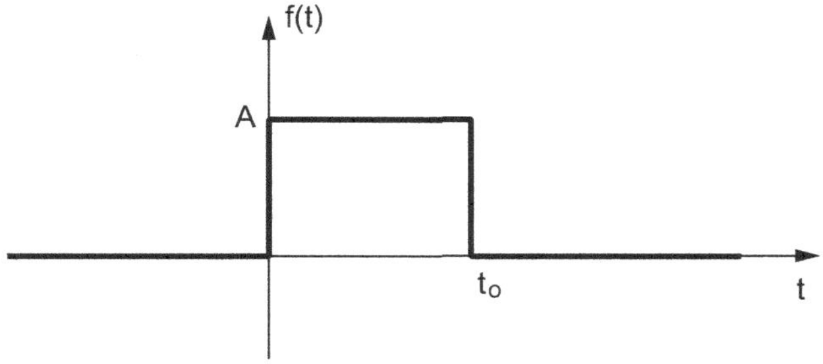

Figura 8.21

En la Figura 8.21 se encuentra representada.

d) Función sinusoidal aplicada en t = 0.

Es la función seno, multiplicada por u(t) para anular la parte de la función definida para t < 0.

$$f(t) = u(t)\ A_0\ sen\ \omega t \tag{8.88}$$

En la Figura 8.22 se encuentra representada la expresión anterior.

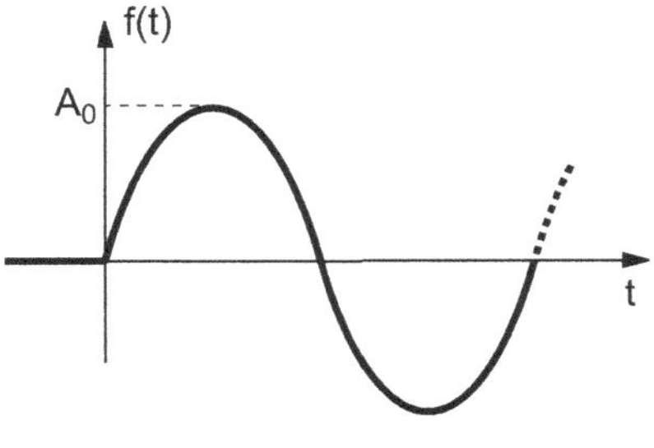

Figura 8.22

e) Función impulso de Dirac.

Consideremos la función impulso de área unidad:

$$f(t) = \begin{cases} \dfrac{1}{a} \; ; & para\ 0 < t < a \\ 0 \; ; & para\ t < 0 \quad y \quad t > a \end{cases} \tag{8.89}$$

la cual se representa en la Figura 8.23a.

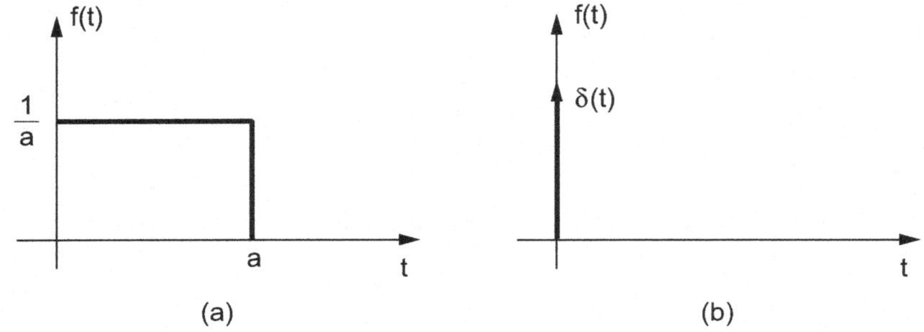

Figura 8.23

Se define la función *Delta de Dirac* **δ(t)** como el límite de la función f(t) definida en (8.89) cuando la anchura del impulso tiende a cero:

$$\delta(t) = \lim_{a \to 0} f(t) \tag{8.90}$$

y se representa como se muestra en la Figura 8.23b.

En definitiva, la función δ(t) puede entenderse como una función impulso, de área unidad, cuya base es cero y su altura es infinita.

8.7 ESTUDIO DE ALGUNOS CIRCUITOS QUE RESPONDEN CON ECUACIONES DIFERENCIALES DE PRIMER ORDEN

Cuando en un circuito existe un solo elemento capaz de almacenar energía (condensador o bobina), la ecuación diferencial a la que conduce su análisis es lineal, de coeficientes constantes y de primer órden.

A continuación, vamos a estudiar algunos circuitos que responden con ecuaciones de este tipo.

EJEMPLO 1

Sea el circuito representado en la Figura 8.24, en el que el interruptor en el instante t = 0 pasa de la posición 1 a la 2, permaneciendo en ésta indefinidamente. Se supone que el interruptor estaba en la posición (1) desde t = -∞ (condensador descargado en el instante de la conmutación).

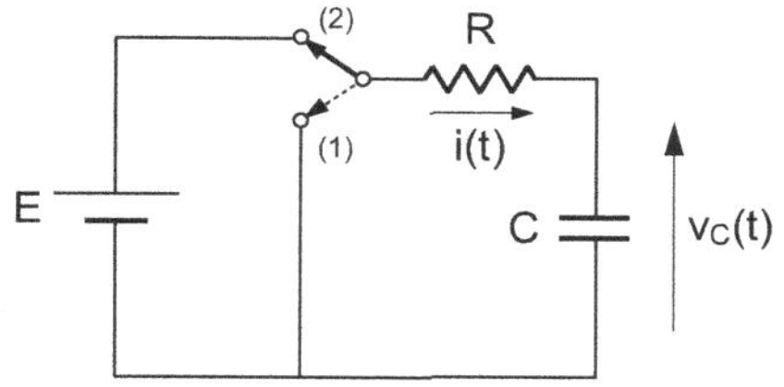

Figura 8.24

Para t > 0 el circuito satisface la ecuación:

$$E = \left(R + \frac{1}{CD} \right) i(t) \tag{8.91}$$

"Multiplicando" los dos términos de la expresión anterior por C D resulta:

$$CDE = (RCD + 1)\ i(t) \tag{8.92}$$

y teniendo en cuenta que la derivada de una constante es cero, tendremos:

$$0 = (RCD + 1)\ i(t) \tag{8.93}$$

La expresión anterior es una ecuación diferencial homogénea, por lo que no existirá régimen permanente para la corriente i(t).

La raíz del polinomio en D de la expresión (8.93) resulta:

$$Rcm + 1 = 0 \tag{8.94}$$

y

$$m = -\frac{1}{RC} \tag{8.95}$$

La corriente i(t) será:

$$i(t) = A\ e^{-t/RC} \tag{8.96}$$

y la tensión en bornes del condensador resulta

$$v_c(t) = E - R\ i(t) = E - R\ A\ e^{-t/RC} \tag{8.97}$$

La constante A se calcula teniendo en cuenta las condiciones iniciales.

Así, dado que el condensador en el momento de producirse la conmutación está descargado, tendremos:

$$v_c(t=0^-) = V_c(0^-) = 0 = V_c(0^+) = E - RA \tag{8.98}$$

y por lo tanto:

$$A = \frac{E}{R} \tag{8.99}$$

Sustituyendo en (8.96) y (8.97) se tiene:

$$v_c(t) = E(1 - e^{-t/RC}) \tag{8.100}$$

e

$$i(t) = \frac{E}{R}\, e^{-t/RC} \tag{8.101}$$

En las Figuras 8.25a) y 8.25b), se representan i(t) y $v_c(t)$ respectivamente, para distintos valores de la constante de tiempo $\tau = RC$.

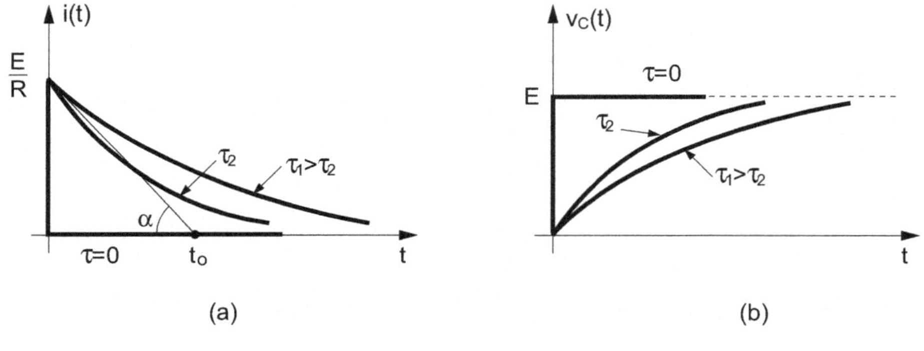

Figura 8.25

Se define la constante de tiempo $\tau = RC$ como *el tiempo que tardaría la corriente o la tensión en alcanzar su valor final si continuara variando al mismo ritmo que en el instante inicial.*

Efectivamente, la pendiente de i(t) en el origen es:

$$tg\,\alpha = -\left.\frac{di(t)}{dt}\right|_{t=0} = \frac{E}{R^2 C} \tag{8.102}$$

De la Figura 8.25a) se obtiene:

$$t_0 = \frac{E}{R} \, ctg\,\alpha = \frac{E}{R} \, \frac{R^2 C}{E} = RC = \tau \qquad (8.103)$$

Al sustituir la constante τ en (8.100) y (8.101) tendremos:

$$i(t) = \frac{E}{R} \, e^{-t/\tau} \qquad (8.104)$$

$$v_c(t) = E(1 - e^{-t/\tau}) \qquad (8.105)$$

Cuanto menor es la constante de tiempo τ, la corriente i(t) y la tensión $v_c(t)$ tardan menos tiempo en alcanzar su valor final.

Si la resistencia del circuito de carga es cero (R = 0), la constante de tiempo será nula (τ = 0) y el condensador se carga instantáneamente en el momento de la conmutación.

EJEMPLO 2

En el circuito de la Figura 8.26 en el que el interruptor se encuentra en la posición 1 desde t = -∞ (el condensador estará cargado con E voltios), en el instante t = 0 el interruptor se pasa a la posición 2, permaneciendo en esta posición indefinidamente.

Para t ≥ 0, igualando la corriente i(t) en la resistencia y en el condensador se tiene:

$$-\frac{v_c(t)}{R} = C D \, v_c(t) \qquad (8.106)$$

de donde resulta:

$$(1 + RCD) \, v_c(t) = 0 \qquad (8.107)$$

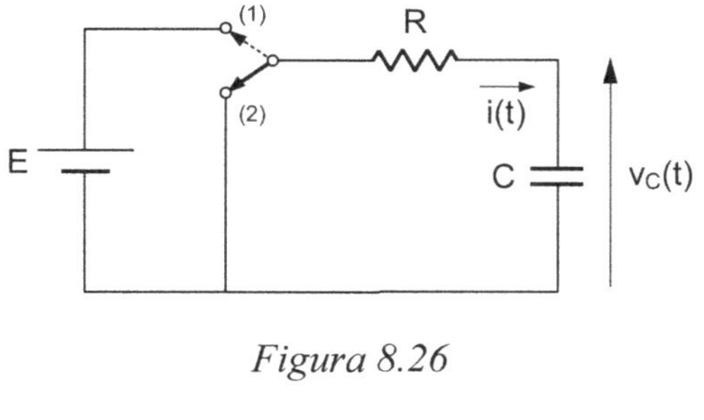

Figura 8.26

La ecuación diferencial anterior es homogénea, por lo que la solución particular de la completa será cero.

Para encontrar la solución de la homogénea, hallaremos las raíces del polinomio en D de la expresión (8.107). Así, tendremos:

$$1 + RCm = 0 \tag{8.108}$$

$$m = \frac{-1}{RC} \tag{8.109}$$

y por lo tanto, la tensión en bornas del condensador será:

$$v_c(t) = A\ e^{-t/RC} \tag{8.110}$$

y la corriente i(t) para t > 0 resultará:

$$i(t) = -\frac{v_c(t)}{R} = -\frac{A}{R}\ e^{-t/RC} \tag{8.111}$$

La constante A se determina teniendo en cuenta las condiciones iniciales en el condensador.

Particularizando la ecuación (8.110), para $t = 0^+$ tendremos:

$$V_c(0^+) = A = V_c(0^-) = E \tag{8.112}$$

Por lo tanto, sustituyendo la constante A en las expresiones (8.110) y (8.111) se obtiene:

$$v_c(t) = E\ e^{-t/RC} \tag{8.113}$$

$$i(t) = -\frac{E}{R}\ e^{-t/RC} \tag{8.114}$$

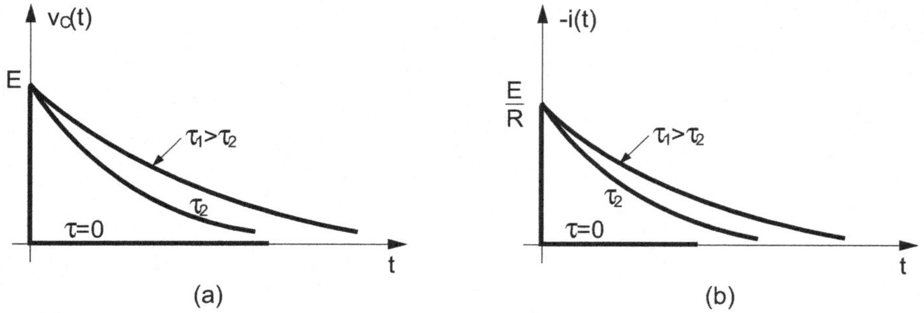

Figura 8.27

Definiendo la constante de tiempo τ = RC, al sustituir en (8.113) y (8.114) resulta:

$$v_c(t) = E\ e^{-t/\tau} \tag{8.115}$$

$$i(t) = \frac{-E}{R}\ e^{-t/\tau} \tag{8.116}$$

cuyas representaciones se muestran en las Figuras 8.27a) y 8.27b), respectivamente.

Si el circuito tiene resistencia cero (R = 0) la constante de tiempo será nula ($\tau = 0$) y la descarga del condensador se produce instantáneamente.

EJEMPLO 3

En el circuito de la Figura 8.28, el interruptor se encuentra inicialmente en circuito abierto. En el instante t = 0, se cierra. Vamos a determinar la evolución de i(t) a partir de este instante.

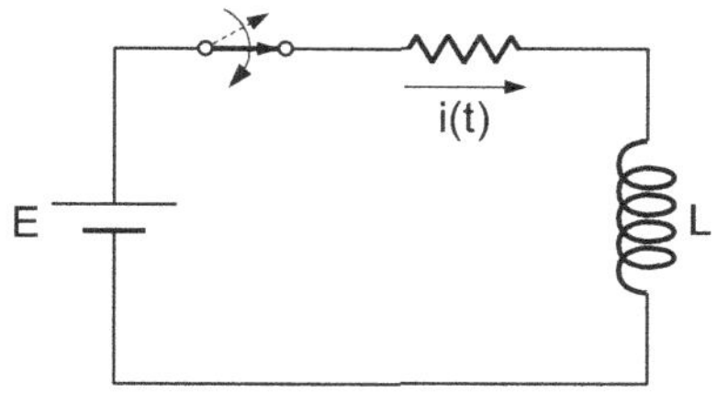

Figura 8.28

Para t ≥ 0 la ecuación de malla será:

$$E = R\, i(t) + L D\, i(t) = (R + L D)\, i(t) \qquad (8.117)$$

Para hallar la solución de la homogénea, buscamos las raíces del polinomio en D, resultando:

$$R + Lm = 0 \qquad (8.118)$$

y

$$m = \frac{-R}{L} \qquad (8.119)$$

por lo que la solución será:

$$i(t)\ homogénea = A\, e^{-\frac{R}{L}t} \qquad (8.120)$$

La solución particular de la ecuación (8.117) se obtiene, como puede verse en el apartado D.2 del apéndice D, haciendo:

$$i(t)\ particular = \frac{1}{R + LD}\, E = \left(\frac{1}{R} - \frac{L}{R^2} D + \ldots \right) E = \frac{E}{R} \qquad (8.121)$$

y por lo tanto, la corriente i(t) suma de la solución particular y de la homogénea resulta:

$$i(t) = \frac{E}{R} + A\, e^{-\frac{R}{L}t} \tag{8.122}$$

La constante de integración A se calcula teniendo en cuenta las condiciones iniciales en la bobina.

Si como ocurre en nuestro ejemplo, la corriente inicial en la bobina es cero, $I_L(0^-) = 0$, al particularizar la ecuación (8.122), para $t = 0^+$ tendremos:

$$I_L(0^+) = A + \frac{E}{R} = I_L(0^-) = 0 \tag{8.123}$$

y

$$A = \frac{-E}{R} \tag{8.124}$$

Al sustituir en la expresión (8.122) resultará:

$$i(t) = \frac{E}{R}(1 - e^{\frac{-R}{L}t}) \tag{8.125}$$

y definiendo la constante de tiempo:

$$\tau = \frac{L}{R} \tag{8.126}$$

se tiene:

$$i(t) = \frac{E}{R}(1 - e^{-t/\tau}) \tag{8.127}$$

La representación de la expresión anterior se muestra en la Figura 8.29, para diferentes valores de la constante de tiempo.

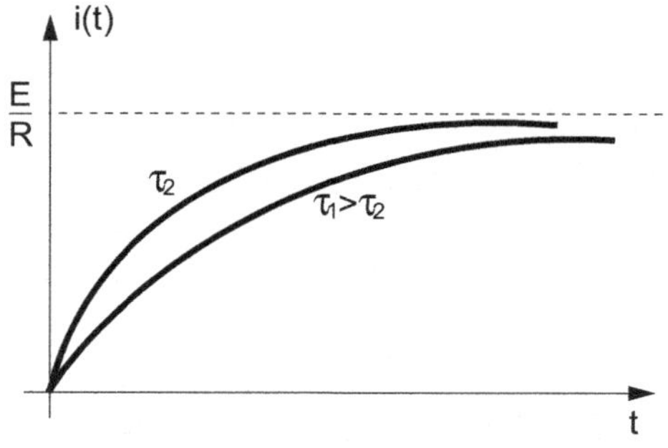

Figura 8.29

8.8 CIRCUITOS QUE RESPONDEN CON ECUACIONES DIFERENCIALES DE SEGUNDO ORDEN

Vamos a estudiar a continuación los sistemas de segundo orden, haciendo una clasificación de los mismos en función de su respuesta en el régimen libre. La ecuación diferencial que los define es de la forma:

$$(b_2 D^2 + b_1 D + b_0)\, y(t) = f(t) \tag{8.128}$$

El polinomio característico de segundo orden es:

$$b_2 m^2 + b_1 m + b_0 = 0 \tag{8.129}$$

y sus raíces:

$$m_{1,2} = \frac{-b_1 \pm \sqrt{b_1^2 - 4\, b_0\, b_2}}{2\, b_2} \tag{8.130}$$

Estos sistemas se clasifican en función de la forma que tienen las raíces. Así tenemos:

a) Raíces complejas conjugadas.

Para ello, como se deduce de (8.130) debe cumplirse:

$$b_1^2 < 4\, b_0\, b_2 \tag{8.131}$$

Las raíces serán:

$$m_{1,2} = \frac{-b_1}{2\, b_2} \pm j\, \frac{\sqrt{4\, b_0\, b_2 - b_1^2}}{2\, b_2} \tag{8.132}$$

La respuesta, solución de la homogénea es:

$$y(t) = A\, e^{\frac{-b_1}{2 b_2} t}\, sen\left(\frac{\sqrt{4\, b_0\, b_2 - b_1^2}}{2\, b_2}\, t + \varphi \right) \tag{8.133}$$

cuya representación se indica en la Figura 8.30.

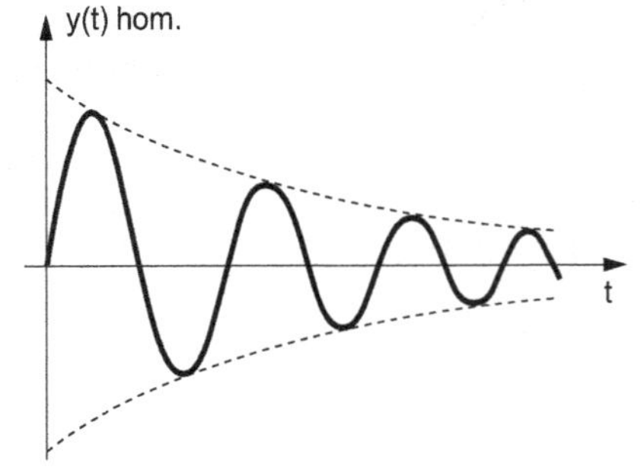

Figura 8.30

Cuando el sistema responde de esta forma se dice que está *INFRA-AMORTIGUADO O CON AMORTIGUAMIENTO SUBCRÍTICO.*

b) Raíces reales e iguales (raíz doble).

Para que la raíz sea real doble, de (8.130) se obtiene:

$$b_1^2 = 4\, b_0\, b_2 \tag{8.134}$$

$$b_1 = 2\sqrt{b_0\, b_2} \tag{8.135}$$

y la raíz toma el valor:

$$m_{1,2} = \frac{-b_1}{2\, b_2} \tag{8.136}$$

La respuesta homogénea es:

$$y(t)\ hom = A\ t\ e^{-\frac{b_1}{2b_2}t} + B\ e^{-\frac{b_1}{2b_2}t} \tag{8.137}$$

En la Figura 8.31 se representa la ecuación anterior.

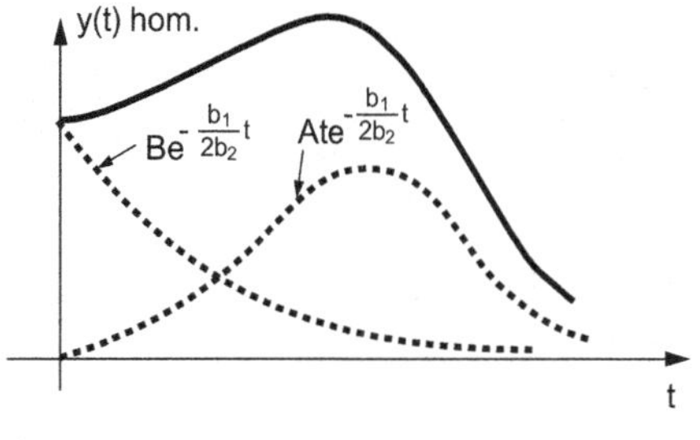

Figura 8.31

Los sistemas que responden de esta forma se dice que tienen *AMORTIGUAMIENTO CRÍTICO.*

c) Raíces reales distintas.

La condición que debe cumplirse es:

$$b_1^2 > 4\, b_0\, b_2 \tag{8.138}$$

Las raíces serán:

$$m_{1,2} = \frac{-b_1 \pm \sqrt{b_1^2 - 4\, b_0\, b_2}}{2\, b_2} \tag{8.139}$$

y la solución homogénea es:

$$y(t)\ hom = A\ e^{\frac{-b_1 + \sqrt{b_1^2 - 4\, b_0\, b_2}}{2\, b_2}\, t} + B\ e^{\frac{-b_1 - \sqrt{b_1^2 - 4\, b_0\, b_2}}{2\, b_2}\, t} \tag{8.140}$$

La respuesta está representada en la Figura 8.32.

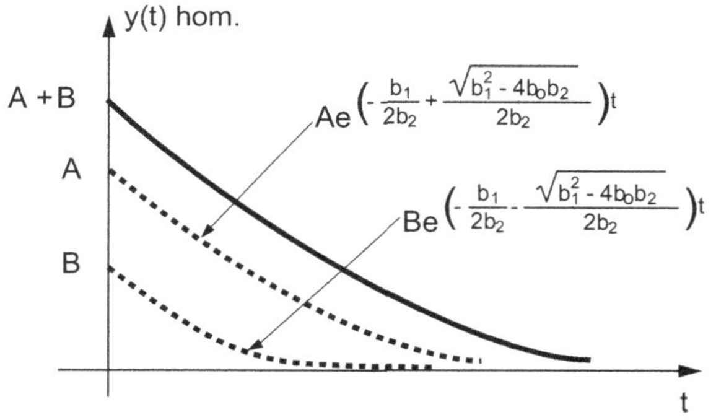

Figura 8.32

El sistema se dice que está *SOBREAMORTIGUADO O CON AMORTIGUAMIENTO SUPERCRÍTICO.*

d) Raíces imaginarias puras.

Para ello debe cumplirse:

$$b_1 = 0 \tag{8.141}$$

Las raíces tomarán el valor:

$$m_{1,2} = \pm \frac{\sqrt{-4\, b_0\, b_2}}{2\, b_2} = \pm\, j \sqrt{\frac{b_0}{b_2}} \tag{8.142}$$

La respuesta homogénea será:

$$y(t)\ hom = A\ sen\left(\sqrt{\frac{b_0}{b_2}}\ t + \varphi \right) \tag{8.143}$$

cuya representación se indica en la Figura 8.33.

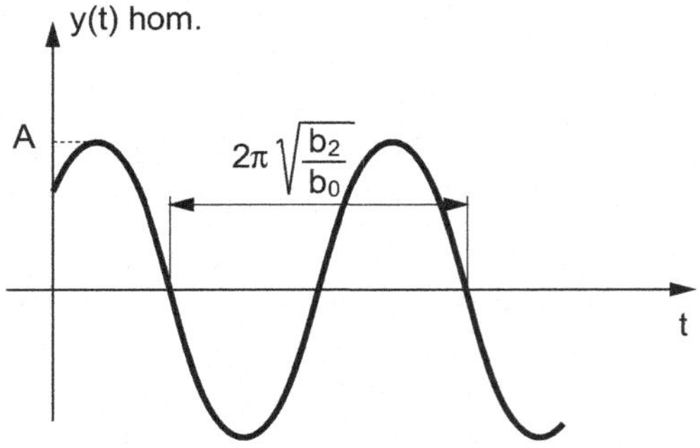

Figura 8.33

El sistema que responde de esta forma es un sistema *NO AMORTIGUADO* y es la respuesta característica de los circuitos no disipativos (LC).

8.8.1 Parámetros que definen un sistema de segundo orden

Estos parámetros son:

a) Coeficiente de amortiguamiento (ξ).

Se define como:

$$\xi = \frac{b_1}{2\sqrt{b_0\, b_2}} \tag{8.144}$$

Su valor para los diversos tipos de amortiguamiento estudiados es:

SISTEMA INFRA-AMORTIGUADO $\xi < 1$
SISTEMA CON AMORTIGUAMIENTO CRÍTICO $\xi = 1$
SISTEMA SOBRE-AMORTIGUADO $\xi > 1$
SISTEMA NO AMORTIGUADO $\xi = 0$

b) Pulsación natural no amortiguada (ω_n).

Es la pulsación de la respuesta sinusoidal obtenida cuando el sistema es no amortiguado.

Así, en la expresión (8.143) se tiene:

$$y(t)\ hom = A\ sen\left(\sqrt{\frac{b_0}{b_2}}\ t + \varphi\right) = A\ sen\,(\omega_n t + \varphi) \tag{8.145}$$

con:

$$\omega_n = \sqrt{\frac{b_0}{b_2}} \tag{8.146}$$

8.8.2 Respuesta de un sistema de segundo orden en función de la pulsación natural y del coeficiente de amortiguamiento

Estudiaremos a continuación los diferentes tipos de respuesta para un sistema de segundo órden en función de los parámetros definidos en el apartado anterior.

De la ecuación (8.129), dividiendo por b_2 obtenemos:

$$m^2 + \frac{b_1}{b_2}\ m + \frac{b_0}{b_2} = 0 \tag{8.147}$$

y también:

$$m^2 + \frac{b_1}{2\sqrt{b_0\ b_2}}\ 2\sqrt{\frac{b_0}{b_2}}\ m + \frac{b_0}{b_2} = 0 \tag{8.148}$$

La expresión anterior puede escribirse en función del coeficiente de amortiguamiento y de la pulsación natural no amortiguada, resultando:

$$m^2 + 2\,\xi\,\omega_n\,m + \omega_n^2 = 0 \tag{8.149}$$

cuyas raíces son:

$$m_{1,2} = \frac{-2\,\xi\,\omega_n \pm \sqrt{4\,\omega_n^2\,\xi^2 - 4\,\omega_n^2}}{2} = -\,\xi\,\omega_n \pm \omega_n\sqrt{\xi^2 - 1} \tag{8.150}$$

Particularizando para los diferentes tipos de amortiguamiento se obtiene:

a) Sistema infra-amortiguado.

El coeficiente de amortiguamiento es:

$$\xi < 1 \tag{8.151}$$

y las raíces son complejas conjugadas:

$$m_{1,2} = -\xi \omega_n \pm j \omega_n \sqrt{1 - \xi^2} \tag{8.152}$$

La respuesta homogénea es:

$$y(t)\ hom = A\ e^{-\xi \omega_n t}\ sen\,(\omega_n \sqrt{1 - \xi^2}\ t + \varphi) = A\ e^{-\xi \omega_n t}\ sen(\omega_d t + \varphi) \tag{8.153}$$

siendo la pulsación natural amortiguada:

$$\omega_d = \omega_n \sqrt{1 - \xi^2} \tag{8.154}$$

b) Sistema con amortiguamiento crítico.

El coeficiente de amortiguamiento es la unidad

$$\xi = 1 \tag{8.155}$$

La raíz que resulta es doble de valor:

$$m_{1,2} = -\omega_n \tag{8.156}$$

con lo que la respuesta será:

$$y(t) = (A\,t + B)\,e^{-\omega_n t} \tag{8.157}$$

c) Sistema sobre-amortiguado.

En este sistema se tiene:

$$\xi > 1 \tag{8.158}$$

siendo las raíces reales y distintas:

$$m_{1,2} = -\xi \omega_n \pm \omega_n \sqrt{\xi^2 - 1} \tag{8.159}$$

La respuesta tendrá la forma:

$$\begin{aligned} y(t)\ hom &= A\ e^{(-\xi \omega_n + \omega_n \sqrt{\xi^2 - 1})t} + B\ e^{(-\xi \omega_n - \omega_n \sqrt{\xi^2 - 1})t} = \\ &= A\ e^{-\xi \omega_n (1 - \sqrt{1 - \xi^{-2}})t} + B\ e^{-\xi \omega_n (1 + \sqrt{1 - \xi^{-2}})t} \end{aligned} \tag{8.160}$$

d) Sistema no amortiguado.

En estos sistemas el coeficiente de amortiguamiento es cero:

$$\xi = 0 \tag{8.161}$$

Las raíces son imaginarias puras:

$$m_{1,2} = \pm j\,\omega_n \tag{8.162}$$

siendo la respuesta sinusoidal:

$$y(t) = A\ sen(\omega_n t + \varphi) \tag{8.163}$$

Como ejemplo de circuito que responde según una ecuación diferencial de segundo órden, consideremos el representado en la Figura 8.34, en el que el interruptor se encuentra en la posición (1) desde t = -∞. En el instante t = 0 el interruptor se pasa a la posición (2) permaneciendo en ella indefinidamente. Se trata de determinar la evolución de i(t) para t > 0.

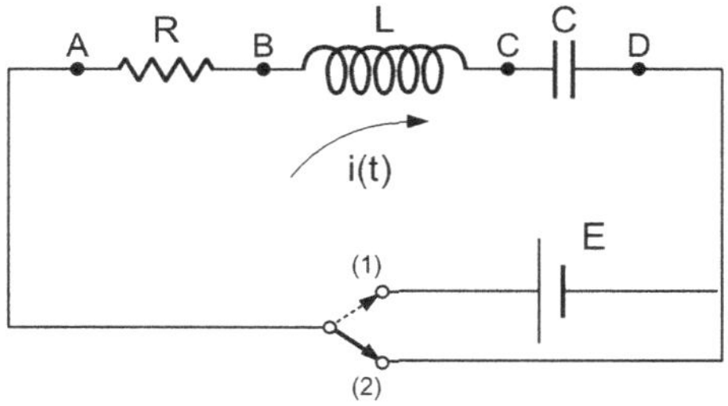

Figura 8.34

Al estar el interruptor en la posición (1) desde hace mucho tiempo y ser la excitación E una tensión continua, en el instante t = 0^- el circuito se encontrará en la situación representada en la Figura 8.35.

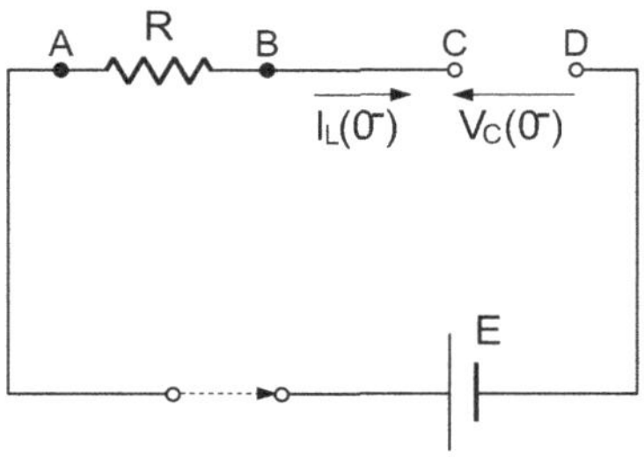

Figura 8.35

Las condiciones iniciales en el condensador y bobina serán:

$$I_L(0^-) = 0 \qquad (8.164)$$

$$V_c(0^-) = E \qquad (8.165)$$

Para t > 0 el circuito a analizar será el representado en la Figura 8.36.

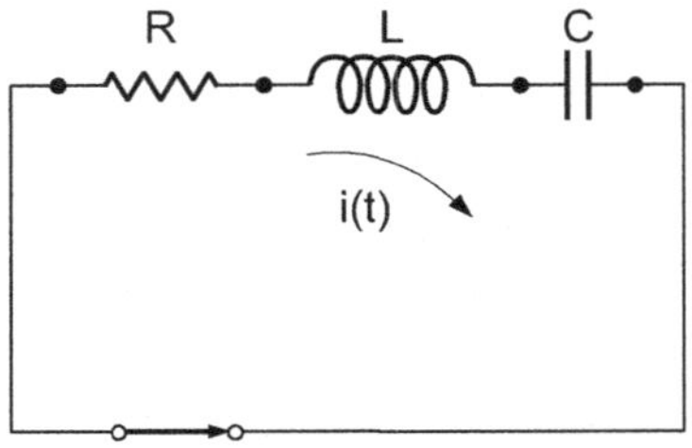

Figura 8.36

En los instantes para los que t > 0 se tiene:

$$v_R(t) + v_L(t) + v_C(t) = \left(R + LD + \frac{1}{CD} \right) i(t) = 0 \qquad (8.166)$$

de donde se deduce:

$$(LCD^2 + RCD + 1)\, i(t) = 0 \qquad (8.167)$$

El coeficiente de amortiguamiento y la pulsación natural no amortiguada se obtiene de (8.144) y (8.146) respectivamente, resultando:

$$\xi = \frac{RC}{2\sqrt{LC}} = \frac{R}{2}\sqrt{\frac{C}{L}} \qquad (8.168)$$

y

$$\omega_n = \frac{1}{\sqrt{LC}} \qquad (8.169)$$

La forma de la respuesta i(t) dependerá del valor que tome el coeficiente de amortiguamiento, pudiéndose presentar los siguientes casos:

a) Si el circuito es no disipativo:

$$R = 0 \qquad (8.170)$$

Sustituyendo en (8.168) resulta:

$$\xi = 0 \tag{8.171}$$

El sistema será *no amortiguado* (circuito L C) y la respuesta toma el valor:

$$i(t) = I_0 \; sen(\omega_n t + \varphi) = I_0 \; sen\left(\frac{1}{\sqrt{L\,C}} t + \varphi \right) \tag{8.172}$$

b) Si se verifica:

$$R < 2\sqrt{\frac{L}{C}} \tag{8.173}$$

De (8.168) se deduce:

$$\xi < 1 \tag{8.174}$$

el sistema será *infra-amortiguado*, y sustituyendo en (8.153) se obtiene:

$$i(t) = I_0' \; e^{-\frac{R}{2L} t} \; sen\left(\frac{\sqrt{1 - \dfrac{R^2 C}{4L}}}{\sqrt{L\,C}} t + \varphi' \right) \tag{8.175}$$

c) Si se cumple:

$$R = 2\sqrt{\frac{L}{C}} \tag{8.176}$$

tendremos:

$$\xi = 1 \tag{8.177}$$

el sistema tendrá *amortiguamiento crítico*, y teniendo en cuenta la expresión (8.157) la respuesta será:

$$i(t) = (A\,t + B) \; e^{-\frac{t}{\sqrt{L\,C}}} \tag{8.178}$$

d) Si se cumple:

$$R > 2\sqrt{\frac{L}{C}} \tag{8.179}$$

el circuito estará *sobre-amortiguado*, con:

$$\xi > 1 \tag{8.180}$$

y la respuesta, como se deduce de la expresión (8.160), será:

$$i(t) = I_{01}\, e^{-\frac{R}{2L}\left(1 - \sqrt{1 - \frac{4L}{R^2 C}}\right) t} + I_{02}\, e^{-\frac{R}{2L}\left(1 + \sqrt{1 - \frac{4L}{R^2 C}}\right) t} \tag{8.181}$$

En los cuatro casos, aparecen dos constantes:

$$(I_0, \varphi) \;,\quad (I_0', \varphi') \;,\quad (A, B) \;,\quad (I_{01}\,, I_{02})$$

Estas constantes se determinan teniendo en cuenta las condiciones iniciales en la bobina y condensador [$I_L(0^-)$, $V_C(0^-)$] y la forma de operar es como sigue:

La corriente en la bobina, para t > 0, será la i(t) hallada en cada caso y la tensión en el condensador se puede obtener de la ecuación (8.166), resultando:

$$v_c(t) = -[v_R(t) + v_L(t)] = -[R\; i(t) + L\; D\; i(t)] \tag{8.182}$$

Particularizando la corriente en la bobina y la tensión en el condensador para $t = 0^+$ tendremos:

$$I_L(0^-) = I_L(0^+) = i(t)\,|_{t=0^+} \tag{8.183}$$

$$V_c(0^-) = V_c(0^+) = -[R\; i(t) + L\; D\; i(t)]_{t=0^+} \tag{8.184}$$

La función i(t) vendrá dada por una de las expresiones (8.172), (8.175), (8.178) o (8.181) dependiendo del valor de los parámetros del circuito.

Conocidas las condiciones iniciales:

$$I_L(0^-) = 0 \tag{8.185}$$

$$V_C(0^-) = E \tag{8.186}$$

las ecuaciones (8.183) y (8.184) forman un sistema de dos ecuaciones en el que las incógnitas serán las dos constantes a determinar.

Así, para el caso de circuito no amortiguado se tiene:

$$i(t) = I_0\; sen\left(\frac{1}{\sqrt{L\,C}}\; t + \varphi\right) \tag{8.172 bis}$$

y su derivada:

$$D\,i(t) = \frac{I_0}{\sqrt{L\,C}} \cos\left(\frac{1}{\sqrt{L\,C}}\, t + \varphi \right) \tag{8.187}$$

para t = 0^+ tendremos:

$$i(t = 0^+) = I_0 \; sen\; \varphi \tag{8.188}$$

$$D\,i(t)\big|_{t=0^+} = \frac{I_0}{\sqrt{L\,C}} \cos \varphi \tag{8.189}$$

Sustituyendo en (8.183) y (8.184) con R = 0 se tiene:

$$0 = I_0 \; sen\; \varphi \tag{8.190}$$

$$E = -I_0 \sqrt{\frac{L}{C}} \cos \varphi \tag{8.191}$$

de la ecuación (8.190) se obtiene:

$$sen\, \varphi = 0 \tag{8.192}$$

por lo que:

$$\varphi = \begin{cases} 0 \\ \pi \end{cases} \tag{8.193}$$

Sustituyendo en la ecuación (8.191) el valor encontrado de φ resulta:

Para φ = 0

$$E = -I_0 \sqrt{\frac{L}{C}} \tag{8.194}$$

$$I_0 = -E \sqrt{\frac{C}{L}} \tag{8.195}$$

y para φ = π

$$E = I_0 \sqrt{\frac{L}{C}} \tag{8.196}$$

$$I_0 = E \sqrt{\frac{C}{L}} \tag{8.197}$$

Como puede observarse, las dos soluciones son idénticas y la repuesta será:

$$i(t) = E \sqrt{\frac{C}{L}} sen\left(\frac{1}{\sqrt{L\,C}}\, t + \pi \right) \qquad (8.198)$$

Siguiendo idénticos razonamientos, se calculan las constantes de integración en los casos de amortiguamiento subcrítico, crítico y circuito sobre amortiguado.

8.9 APLICACIÓN DE LA TRANSFORMADA DE LAPLACE A LA RESOLUCIÓN DE CIRCUITOS

El método clásico de resolución de ecuaciones diferenciales lineales de coeficientes constantes y su aplicación al análisis de circuitos, a medida que aumenta el orden de la ecuación presenta una mayor dificultad en la obtención de las constantes de integración. Este y otros inconvenientes se pueden evitar aplicando la transformada de Laplace, pues ésta convierte las ecuaciones diferenciales en ecuaciones algebraicas, las cuales podrán ser planteadas de una forma sistemática, de idéntica forma a como se opera en la resolución de circuitos en régimen permanente sinusoidal. Esta transformación del dominio del tiempo al dominio de la variable compleja de Laplace no es solamente un método de resolución de ecuaciones diferenciales, sino que además ofrece una perspectiva nueva en el análisis del circuito, apareciendo como se verá posteriormente, el concepto de circuito transformado y los conceptos asociados de impedancia, corriente y tensión en el dominio de Laplace.

Inicialmente, la forma de operar será la representada en la Figura 8.37.

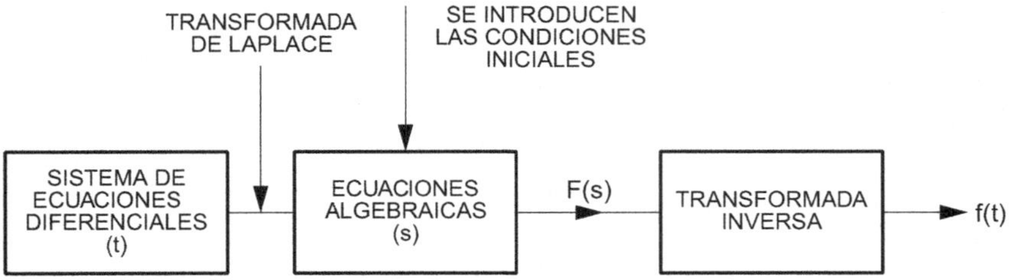

Figura 8.37

El primer paso consiste en aplicar a la ecuación diferencial o al sistema de ecuaciones diferenciales la transformación de Laplace, obteniéndose una ecuación o un sistema de ecuaciones algebraicas función de la variable de Laplace (s), en las que se introducen las condiciones iniciales. De estas ecuaciones se despejan las funciones F(s) (corrientes o tensiones). Como último paso, habrá que deshacer las transformaciones realizadas (hallando las transformadas inversas de Laplace), obteniéndose las funciones $f_i(t)$ (corrientes o tensiones) buscadas.

Con objeto de aclarar el método, consideremos como ejemplo el circuito representado en la Figura 8.38 en el que en el instante de aplicar el generador (t = 0) en el condensador y en la bobina existen las condiciones iniciales $V_C(0^-)$ e $I_L(0^-)$ respectivamente. (El lector puede comprobar lo laborioso que resulta el cálculo de las constantes de integración si el circuito se resuelve por el método clásico visto en apartados anteriores.)

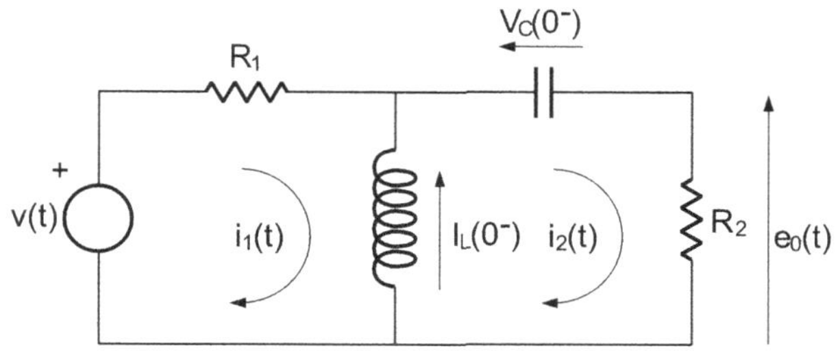

Figura 8.38

Planteando las ecuaciones de las mallas resulta:

$$\begin{aligned} v(t) &= (R_1 + L\,D)\; i_1(t) - L\,D\; i_2(t) \\ 0 &= -L\,D\; i_1(t) + \left(R_2 + L\,D + \frac{1}{C\,D}\right) i_2(t) \end{aligned} \qquad (8.199)$$

Aplicando la transformada de Laplace a las dos ecuaciones tendremos:

$$\begin{aligned} \mathcal{L}\,[v(t)] &= R_1\; \mathcal{L}\,[i_1(t)] + L\; \mathcal{L}\,[D\, i_1(t)] - L\; \mathcal{L}\,[D\, i_2(t)] \\ 0 &= -L\; \mathcal{L}\,[D\, i_1(t)] + R_2\; \mathcal{L}\,[i_2(t)] + L\,\mathcal{L}\,[D\, i_2(t)] + \frac{1}{C}\; \mathcal{L}\,[D^{-1}\, i_2(t)] \end{aligned} \qquad (8.200)$$

Resultando:

$$\begin{aligned} V(s) &= R_1\; I_1(s) + L\,[s\,I_1(s) - i_1(0^+)] - L\,[s\,I_2(s) - i_2(0^+)] \\ 0 &= -L\,[s\,I_1(s) - i_1(0^+)] + R_2\,I_2(s) + L\,[s\,I_2(s) - i_2(0^+)] + \frac{1}{C}\left[\frac{I_2(s)}{s} + \frac{D^{-1}\, i_2(t)\big|_{t=0^+}}{s}\right] \end{aligned} \qquad (8.201)$$

Agrupando términos resulta:

$$\begin{aligned} V(s) &= (R_1 + L\,s)\,I_1(s) - L\,s\; I_2(s) + L\,[i_2(0^+) - i_1(0^+)] \\ 0 &= -L\,s\,I_1(s) + \left(R_2 + L\,s + \frac{1}{C\,s}\right) I_2(s) + L\,[i_1(0^+) - i_2(0^+)] + \frac{D^{-1}\, i_2(t)\big|_{t=0^+}}{C\,s} \end{aligned} \qquad (8.202)$$

En estas ecuaciones se introducen las condiciones iniciales, pues en el circuito de la Figura 8.38 y en el instante t = 0⁺ se tiene:

$$i_2(0^+) - i_1(0^+) = I_L(0^+) = I_L(0^-) \tag{8.203}$$

$$\frac{D^{-1} i_2(t)|_{t=0^+}}{C} = V_c(0^+) = V_c(0^-) \tag{8.204}$$

Sustituyendo las dos ecuaciones anteriores en el sistema (8.202) resulta:

$$\begin{aligned} V(s) &= (R_1 + L\,s)\, I_1(s) - L\,s\, I_2(s) + L\, I_L(0^-) \\ 0 &= -L\,s\, I_1(s) + \left(R_2 + L\,s + \frac{1}{C\,s}\right) I_2(s) - L\, I_L(0^-) + \frac{V_c(0^-)}{s} \end{aligned} \tag{8.205}$$

de donde:

$$\begin{aligned} V(s) - L\, I_L(0^-) &= (R_1 + L\,s)\, I_1(s) - L\,s\, I_2(s) \\ L\, I_L(0^-) - \frac{V_c(0^-)}{s} &= -L\,s\, I_1(s) + \left(R_2 + L\,s + \frac{1}{C\,s}\right) I_2(s) \end{aligned} \tag{8.206}$$

Del sistema de ecuaciones anterior se despejan $I_1(s)$ e $I_2(s)$.

Las funciones del tiempo se obtendrán aplicando la transformación inversa:

$$i_1(t) = \mathcal{L}^{-1}\,[I_1(s)] \tag{8.207}$$

$$i_2(t) = \mathcal{L}^{-1}\,[I_2(s)] \tag{8.208}$$

Se puede llegar al sistema de ecuaciones (8.206) de una forma más práctica, obteniendo el circuito transformado en el dominio de Laplace. Para ello, se sustituyen los elementos con condiciones iniciales (bobinas y condensadores) por sus equivalentes con condiciones iniciales nulas, como se vio en el apartado (8.4).

En las Figuras 8.39a) y 8.40a) se representan la bobina y el condensador con sus equivalentes respectivos representados en las Figuras 8.39b) y 8.40b).

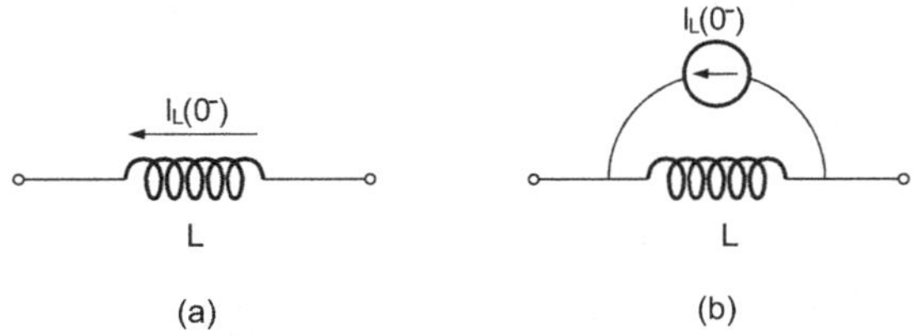

Figura 8.39

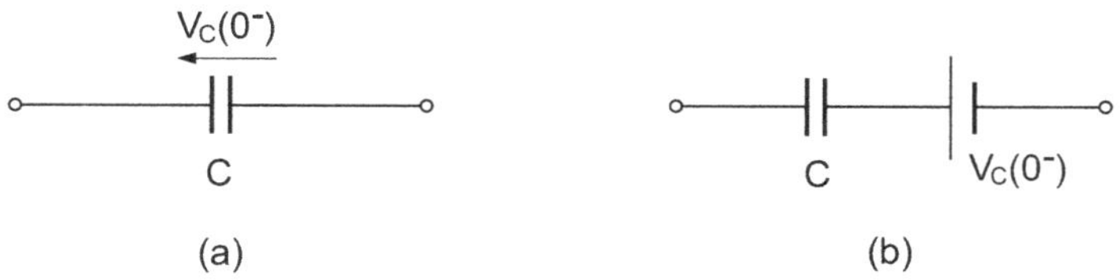

Figura 8.40

Si en la bobina las condiciones iniciales fueran nulas (Figura 8.41a), la tensión en sus bornas será:

$$v(t) = L\,D\;i(t) \tag{8.209}$$

Al aplicar la transformada de Laplace tendremos:

$$\mathcal{L}[v(t)] = \mathcal{L}[L\,D\;i(t)] \tag{8.210}$$

y al ser las condiciones iniciales cero, $I_L(0^-) = 0$, resulta:

$$V(s) = L\,s\;I(s) \tag{8.211}$$

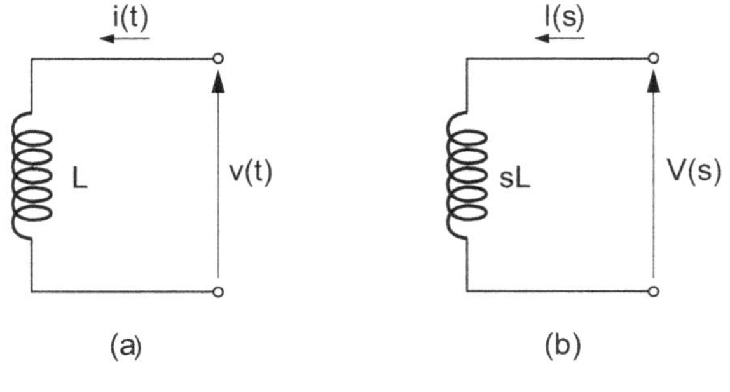

Figura 8.41

Por lo tanto, en el dominio de la variable de Laplace (s), la bobina con condiciones iniciales cero se puede sustituir por una "impedancia" de valor:

$$\frac{V(s)}{I(s)} = s\,L = Z(s) \tag{8.212}$$

llamada "impedancia de Laplace" (Figura 8.41b).

De la misma forma, si el condensador tiene condiciones iniciales nulas (Figura 8.42a), la tensión en sus bornas será:

$$v(t) = \frac{1}{C D} \, i(t) \tag{8.213}$$

Aplicando la transformada de Laplace tendremos:

$$\mathcal{L} \, [v(t)] = \mathcal{L} \left[\frac{1}{C D} \, i(t) \right] \tag{8.214}$$

y como $V_c(0^-) = 0$, resulta:

$$V(s) = \frac{1}{s \, C} \, I(s) \tag{8.215}$$

Por lo tanto, igual que en el caso anterior, en el dominio de la variable **s** el condensador descargado se puede sustituir por una "impedancia" (*impedancia de Laplace*) de valor:

$$\frac{V(s)}{I(s)} = \frac{1}{s \, C} = Z(s) \tag{8.216}$$

Cuya representación es la indicada en la Figura 8.42b).

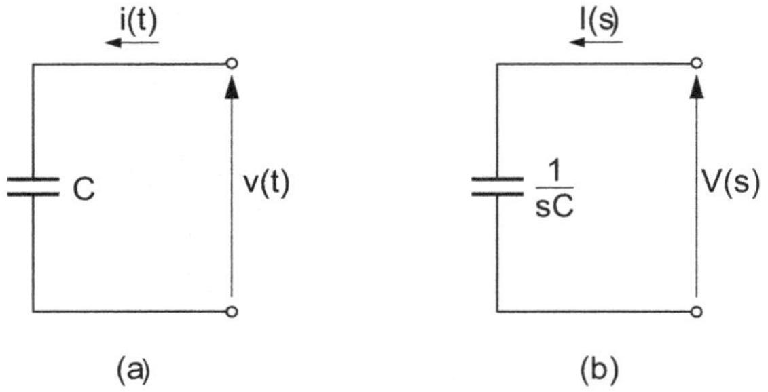

Figura 8.42

Si en la bobina las condiciones iniciales no son nulas (Figura 8.43a), tendremos:

$$v(t) = L D \, i(t) \tag{8.217}$$

y aplicando la transformada de Laplace:

$$\mathcal{L} \, [v(t)] = L \, \mathcal{L} \, [D \, i(t)] \tag{8.218}$$

Resulta:

$$V(s) = L \, [s \, I(s) - I_L(0^-)] = L \, s \, I(s) - L \, I_L(0^-) \tag{8.219}$$

Por lo tanto, en el dominio de la variable de Laplace, la bobina se sustituye por un circuito como el representado en la Figura 8.43b), el cual satisface la ecuación (8.219).

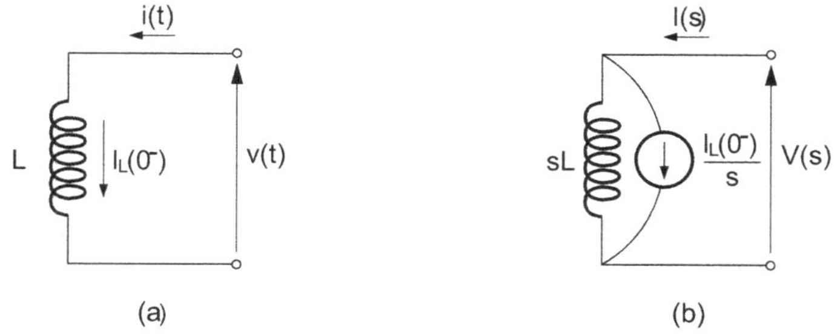

Figura 8.43

De igual manera, si el condensador tiene una tensión inicial (Figura 8.44a), al aplicar la transformada de Laplace a la ecuación:

$$v(t) = \frac{1}{CD}\, i(t) \tag{8.220}$$

se obtiene:

$$\mathcal{L}\,[v(t)] = \mathcal{L}\left[\frac{1}{CD}\, i(t)\right] \tag{8.221}$$

$$V(s) = \frac{I(s)}{s\,C} + \frac{D^{-1}(t)|_{t=0^+}}{s\,C} = \frac{I(s)}{s\,C} + \frac{V_c(0^-)}{s} \tag{8.222}$$

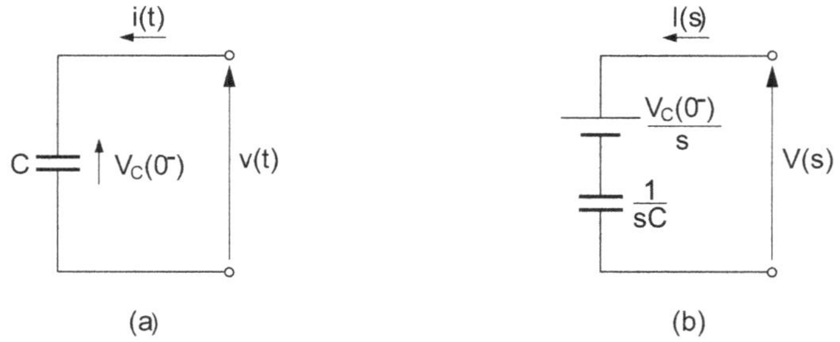

Figura 8.44

La ecuación (8.222) también la cumple el circuito representado en la Figura 8.44b), que será por lo tanto el equivalente en el dominio de Laplace del condensador con condiciones iniciales no nulas, que se representa en la Figura 8.44a).

Teniendo en cuenta estas consideraciones, el circuito de la Figura 8.38 se puede representar en función de la variable de Laplace, como se muestra en la Figura 8.45a), y pasando el generador de corriente a tensión, el circuito será el representado en la Figura 8.45b).

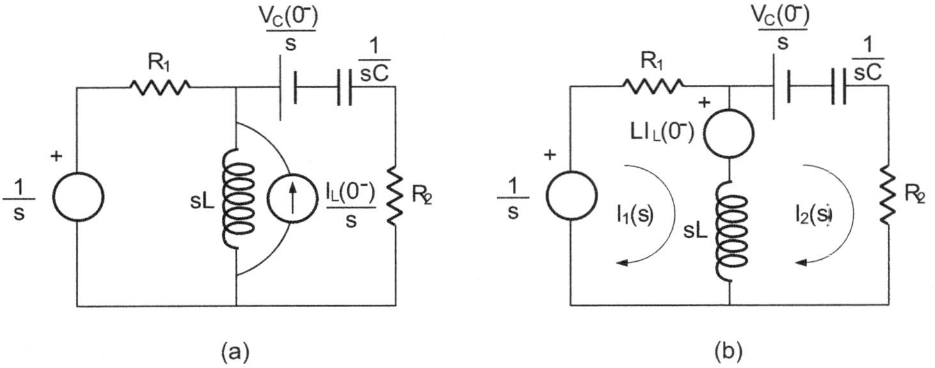

Figura 8.45

Planteando las ecuaciones de malla sobre este circuito tendremos:

$$V(s) - L\, I_L(0^-) = (R_1 + sL)\, I_1(s) - sL\, I_2(s)$$

$$L\, I_L(0^-) - \frac{V_c(0^-)}{s} = -sL\, I_1(s) + \left(R_2 + sL + \frac{1}{sC}\right) I_2(s) \qquad (8.223)$$

que como puede observarse, son idénticas a las ecuaciones del sistema (8.206) obtenidas anteriormente.

Por lo tanto, para obtener el circuito equivalente en el dominio de Laplace, se procederá como se resume a continuación:

✓ Se sustituyen las bobinas y los condensadores por sus circuitos equivalentes con condiciones iniciales nulas.

✓ A continuación se representa el circuito con la variable de Laplace. Para ello se tendrá en cuenta:

a) Las "impedancias" de Laplace de las resistencias, bobinas y condensadores son respectivamente:

$$Z_R(s) = R \qquad (8.224)$$

$$Z_L(s) = s\,L \tag{8.225}$$

$$Z_C(s) = \frac{1}{s\,C} \tag{8.226}$$

b) Los generadores g(t) se sustituyen por su transformada de Laplace:

$$G(s) = \mathcal{L}\,[g(t)] \tag{8.227}$$

y en el caso de los generadores $I_L(0^-)$ y $V_c(0^-)$ al ser constantes, sus transformadas de Laplace serán respectivamente:

$$\frac{I_L(0^-)}{s} \quad y \quad \frac{V_c(0^-)}{s} \tag{8.228}$$

✓ Al circuito resultante le serán de aplicación los mismos métodos y teoremas empleados en el análisis de circuitos en régimen permanente sinusoidal.

✓ Finalmente, y como ya se ha tratado anteriormente, una vez obtenida la respuesta en función de la variable de Laplace, será necesario obtener la transformada inversa de ésta para hallar la función del tiempo buscada, siendo esta función la respuesta total, es decir, la suma del régimen libre y del régimen permanente.

Volviendo al circuito de la Figura 8.38, vamos a realizar una aplicación numérica para el cálculo de $e_o(t)$.

Sean:

$$R_1 = R_2 = 1\ \Omega\ ; \qquad L = 2\ H\ ; \qquad C = 2\ F\ ; \qquad v(t) = u(t)\,V$$

y las condiciones iniciales

$$I_L(0^-) = 0{,}5\ A\ ; \qquad V_c(0^-) = 0{,}175\ V$$

Sustituyendo en el sistema de ecuaciones (8.223) tendremos:

$$\begin{aligned} \frac{1}{s} - 1 &= (1 + 2s)\ I_1(s) - 2s\ I_2(s) \\ 1 - \frac{0{,}175}{s} &= -2s\ I_1(s) + \left(1 + 2s + \frac{1}{2s}\right) I_2(s) \end{aligned} \tag{8.229}$$

Despejando $I_2(s)$ resulta:

$$I_2(s) = \frac{\begin{vmatrix} 1 + 2s & \dfrac{1}{s} - 1 \\ -2s & 1 - \dfrac{0,175}{s} \end{vmatrix}}{\begin{vmatrix} 1 + 2s & -2s \\ -2s & 1 + 2s + \dfrac{1}{2s} \end{vmatrix}} =$$

$$= \frac{1 - \dfrac{0,175}{s} + 2s - 0,35 + 2 - 2s}{1 + 2s + \dfrac{1}{2s} + 2s + 4s^2 + 1 - 4s^2} = \frac{2,65 - \dfrac{0,175}{s}}{4s + 2 + \dfrac{1}{2s}} \tag{8.230}$$

multiplicando numerador y denominador por 2s se tiene:

$$I_2(s) = \frac{5,3s - 0,35}{8s^2 + 4s + 1} \tag{8.231}$$

y la tensión es:

$$E_0(s) = R_2\, I_2(s) = \frac{5,3s - 0,35}{8s^2 + 4s + 1} \tag{8.232}$$

Ahora hay que calcular:

$$e_0(t) = \mathcal{L}^{-1}\,[E_0(s)] \tag{8.233}$$

Las raíces del denominador son complejas, por lo que observando la tabla de transformadas habrá que ponerla de la forma:

$$\frac{s + \alpha}{(s + a)^2 + b^2} \tag{8.234}$$

Resultando:

$$E_0(s) = \frac{5,3}{8}\, \frac{s - \dfrac{0,35}{5,3}}{\left(s + \dfrac{1}{4}\right)^2 + \left(\dfrac{1}{4}\right)^2} \tag{8.235}$$

identificando con (8.234) tendremos:

$$\begin{cases} \alpha = -0{,}35/5{,}3 = -0{,}066 \\ a = 1/4 \\ b = 1/4 \end{cases}$$

Por lo tanto, como se deduce de la tabla de transformadas, se tiene:

$$e_0(t) = \frac{5{,}3}{8} \frac{\sqrt{(\alpha - a)^2 + b^2}}{b} e^{-at} \, sen\,(bt + \phi) \tag{8.236}$$

con:

$$\phi = \tan^{-1} \frac{b}{\alpha - a} = \tan^{-1} \frac{0{,}25}{-0{,}316} = 2{,}47 \; rad. \tag{8.237}$$

Resultando:

$$e_0(t) = 1{,}067 \; e^{-\frac{1}{4}t} \, sen\left(\frac{1}{4} t + 2{,}47 \right) \; V \tag{8.238}$$

En circuitos con acoplamiento magnético, la forma de actuar es análoga.

Consideremos el circuito representado en la Figura 8.46, en el que el interruptor se encuentra abierto desde t = -∞. En el instante t = 0 se cierra, permaneciendo en esta situación indefinidamente. Se trata de calcular la evolución de $i_2(t)$ para t > 0. Con objeto de no complicar los cálculos vamos a hacer una aplicación numérica para:

$$E_1 = 3 \; V \; ; \quad R_1 = 1 \; \Omega \; ; \; R_2 = 2 \; \Omega \; ; \; L_1 = L_2 = M = 1 \; H \; ; \; C = 1 \; F$$

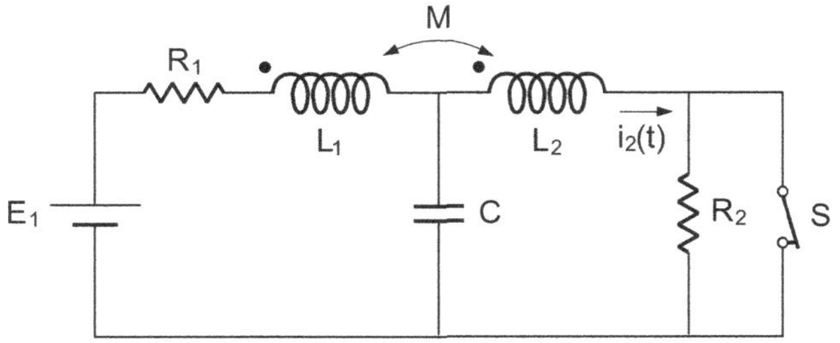

Figura 8.46

En el instante t = 0^-, el circuito se comporta como el representado en la Figura 8.47 en el que se tiene:

$$I_{L_1}(0^-) = I_{L_2}(0^-) = \frac{E_1}{R_1 + R_2} = 1 \; A \tag{8.239}$$

$$V_c(0^-) = \frac{E_1 \, R_2}{R_1 + R_2} = 2 \ V \tag{8.240}$$

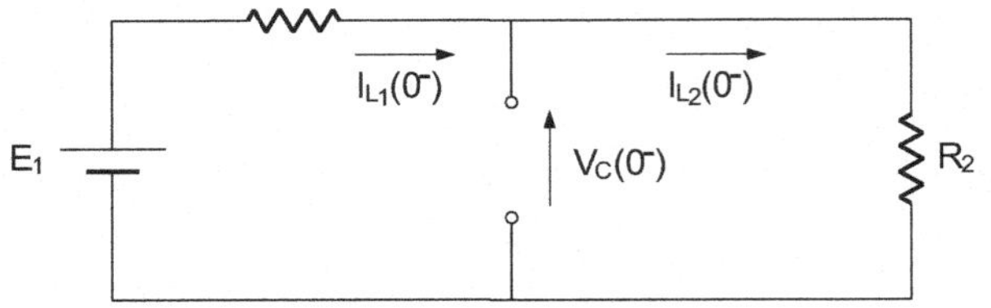

Figura 8.47

Para t > 0 el circuito se representa en la Figura 8.48 con:

$$\begin{aligned} E_1 &= \left(R_1 + L_1 \, D + \frac{1}{C D} \right) i_1(t) - \left(\frac{1}{C D} - M D \right) i_2(t) \\ 0 &= - \left(\frac{1}{C D} - M D \right) i_1(t) + \left(L_2 D + \frac{1}{C D} \right) i_2(t) \end{aligned} \tag{8.241}$$

Aplicando la transformada de Laplace a las dos ecuaciones del sistema anterior se tiene:

$$\begin{aligned} \frac{E_1}{s} &= R_1 \, I_1(s) + s L_1 \, I_1(s) - L_1 \, i_1(0^+) + \frac{1}{s C} I_1(s) + \frac{1}{s C} D^{-1} i_1(t)|_{t=0^+} - \\ & - \frac{1}{s C} I_2(s) - \frac{1}{s C} D^{-1} i_2(t)|_{t=0^+} + M s \; I_2(s) - M \; i_2(0^+) \\ 0 &= - \frac{1}{s C} \; I_1(s) - \frac{1}{s C} D^{-1} i_1(t)|_{t=0^+} + s M \; I_1(s) - M \; i_1(0^+) + s L_2 \; I_2(s) - \\ & - L_2 \; i_2(0^+) + \frac{1}{s C} \; I_2(s) + \frac{1}{s C} D^{-1} i_2(t)|_{t=0^+} \end{aligned} \tag{8.242}$$

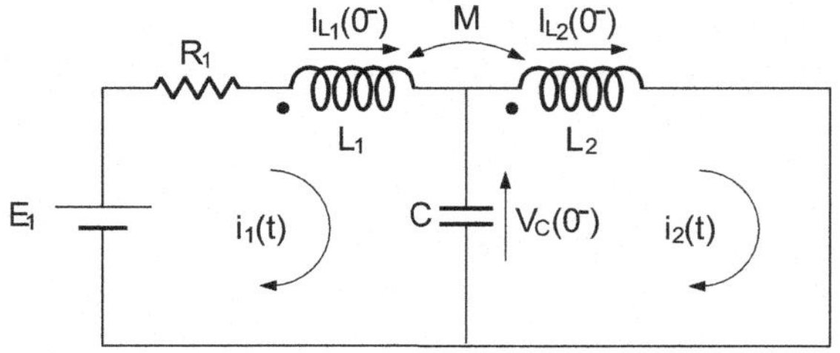

Figura 8.48

Teniendo en cuenta que en los instantes t = 0⁻ y t = 0⁺, el "flujo total" que atraviesa las bobinas permanece constante:

$$L_1 I_{L_1}(0^-) + M I_{L_2}(0^-) = L_1 I_{L_1}(0^+) + M I_{L_2}(0^+) = L_1 i_1(0^+) + M i_2(0^+) \quad (8.243)$$

$$L_2 I_{L_2}(0^-) + M I_{L_1}(0^-) = L_2 I_{L_2}(0^+) + M I_{L_1}(0^+) = L_2 i_2(0^+) + M i_1(0^+) \quad (8.244)$$

El sistema de ecuaciones (8.242) puede escribirse:

$$\begin{aligned} \frac{E_1}{s} + L_1 I_{L_1}(0^-) + M I_{L_2}(0^-) - \frac{V_c(0^-)}{s} &= \left(R_1 + s L_1 + \frac{1}{s C}\right) I_1(s) - \left(\frac{1}{s C} - M s\right) I_2(s) \\ L_2 I_{L_2}(0^-) + \frac{V_c(0^-)}{s} + M I_{L_1}(0^-) &= -\left[\frac{1}{s C} - M s\right] I_1(s) + \left(s L_2 + \frac{1}{s C}\right) I_2(s) \end{aligned} \quad (8.245)$$

A estas mismas ecuaciones puede llegarse directamente si se representa el circuito equivalente en Laplace, realizando los mismos pasos que se siguieron en el caso de no existir bobinas acopladas (Figura 8.49):

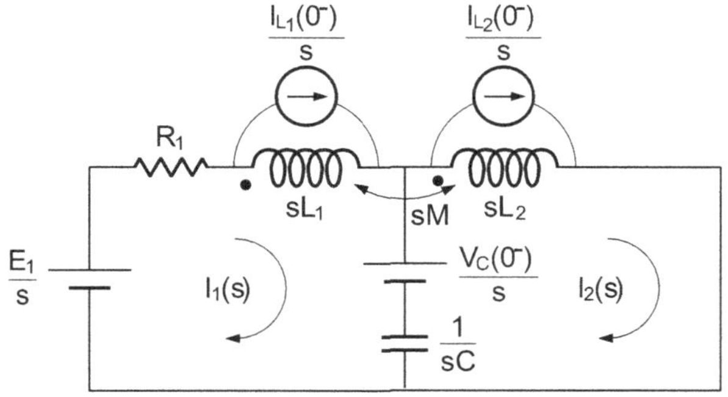

Figura 8.49

En efecto, en la Figura 8.49, planteando las ecuaciones de malla se tiene:

$$\begin{aligned} \frac{E_1}{s} - \frac{V_c(0^-)}{s} &= R_1 I_1(s) + s L_1\left[I_1(s) - \frac{I_{L_1}(0^-)}{s}\right] + M s\left[I_2(s) - \frac{I_{L_2}(0^-)}{s}\right] + \frac{1}{s C}[I_1(s) - I_2(s)] \\ \frac{V_c(0^-)}{s} &= s L_2\left[I_2(s) - \frac{I_{L_2}(0^-)}{s}\right] + M s\left[I_1(s) - \frac{I_{L_1}(0^-)}{s}\right] + \frac{1}{s C}[I_2(s) - I_1(s)] \end{aligned} \quad (8.246)$$

y agrupando términos:

$$\begin{aligned} \frac{E_1}{s} - \frac{V_c(0^-)}{s} &= R_1\, I_1(s) + s\, L_1 \left[I_1(s) - \frac{I_{L_1}(0^-)}{s} \right] + M\, s \left[I_2(s) - \frac{I_{L_2}(0^-)}{s} \right] + \frac{1}{s\, C}\, [I_1(s) - I_2(s)] \\ \frac{V_c(0^-)}{s} &= s\, L_2 \left[I_2(s) - \frac{I_{L_2}(0^-)}{s} \right] + M\, s \left[I_1(s) - \frac{I_{L_1}(0^-)}{s} \right] + \frac{1}{s\, C}\, [I_2(s) - I_1(s)] \end{aligned} \qquad (8.247)$$

Este sistema de ecuaciones es el mismo que ya obtuvimos en (8.245).

Sustituyendo los valores numéricos resulta:

$$\begin{aligned} \frac{3}{s} - \frac{2}{s} + 2 &= \left(1 + s + \frac{1}{s} \right) I_1(s) - \left(\frac{1}{s} - s \right) I_2(s) \\ \frac{2}{s} + 2 &= - \left(\frac{1}{s} - s \right) I_1(s) + \left(s + \frac{1}{s} \right) I_2(s) \end{aligned} \qquad (8.248)$$

Despejando $I_2(s)$, obtenemos:

$$I_2(s) = \frac{\begin{vmatrix} 1 + s + \dfrac{1}{s} & \dfrac{1}{s} + 2 \\ s - \dfrac{1}{s} & 2 + \dfrac{2}{s} \end{vmatrix}}{\begin{vmatrix} 1 + s + \dfrac{1}{s} & s - \dfrac{1}{s} \\ s - \dfrac{1}{s} & s + \dfrac{1}{s} \end{vmatrix}} = \frac{3(s^2 + 2s + 1)}{s(s^2 + 4s + 1)} = \qquad (8.249)$$

$$= \frac{3}{s} - \frac{6}{s^2 + 4s + 1} = \frac{3}{s} - \frac{6}{(s + 3{,}732)(s + 0{,}268)}$$

Identificando en la tabla de transformadas tendremos:

$$i_2(t) = \mathcal{L}^{-1}\, [I_2(s)] = 3 + 1{,}732 \left(e^{-3{,}732\, t} - e^{-0{,}268\, t} \right) \qquad (8.250)$$

PROBLEMAS

PROBLEMA 8.1

Se tiene acceso a los terminales A-B de una red formada únicamente por generadores de continua y resistencias. Al cerrar dichos terminales por un condensador descargado de capacidad C = 1 F, la corriente que circula es $i(t) = 10e^{-t/2}$ A. Se pide:

a) Expresión instantánea de la intensidad que se obtendría al conectar el condensador inicialmente cargado con una tensión de 2 V y el positivo en el punto A.

b) Evolución de la tensión en bornas del condensador en las condiciones del apartado anterior.

PROBLEMA 8.2

En el circuito de la figura en el que los condensadores están inicialmente descargados, el interruptor se cierra en el instante t = 0. Utilizando el método clásico de resolución de ecuaciones diferenciales se pide:

a) Corriente en los condensadores para t > 0.

b) Energía total suministrada por el generador.

c) Energía disipada en las resistencias.

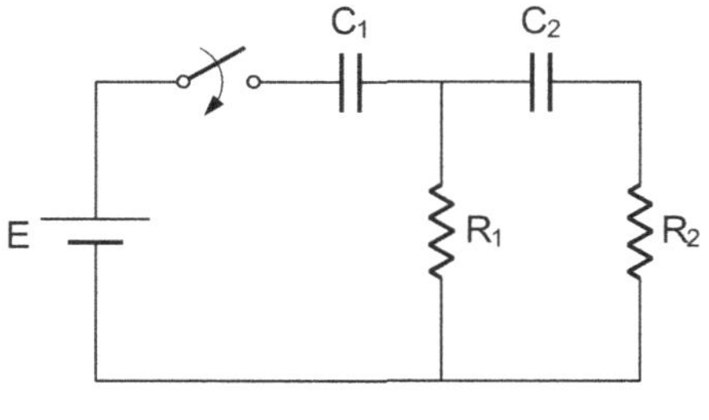

DATOS

$$E = 4V \quad ; R_1 = 1\Omega \quad ; R_2 = 2\Omega \quad ; C_1 = 1F \quad ; C_2 = \frac{1}{2}F$$

PROBLEMA 8.3

En el circuito de la figura, los interruptores se encuentran en la posición indicada y no existe energía almacenada en el instante $t = 0^-$. La evolución de los interruptores a partir de t = 0 seg es la siguiente:

En t = 0 seg, S_1 se cierra. En t = 3π/4 seg, S_2 se abre.

Determinar $v_c(t)$ e $i_L(t)$ a partir de t = 0 seg.

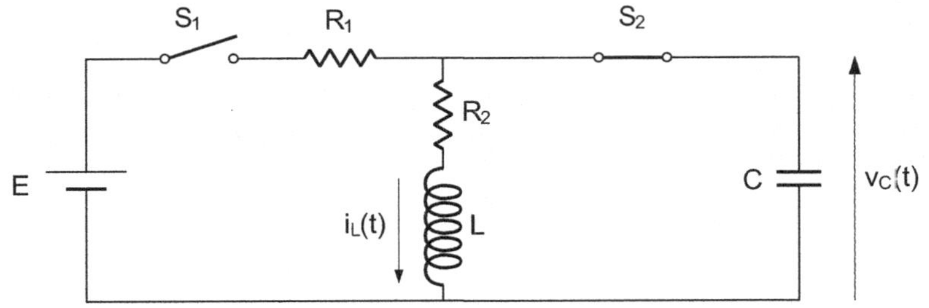

DATOS

$$R_1 = R_2 = 1\Omega \quad ; L = 1H \quad ; C = 1F \quad ; E = 10V$$

PROBLEMA 8.4

En el circuito de la figura, el interruptor se encuentra en la posición (1) desde t = -∞. En el instante t = π/4 el interruptor pasa a la posición (2), permaneciendo en esta situación indefinidamente.

Se pide determinar la evolución de v(t) a partir del instante en el que el interruptor pasa a la posición (2).

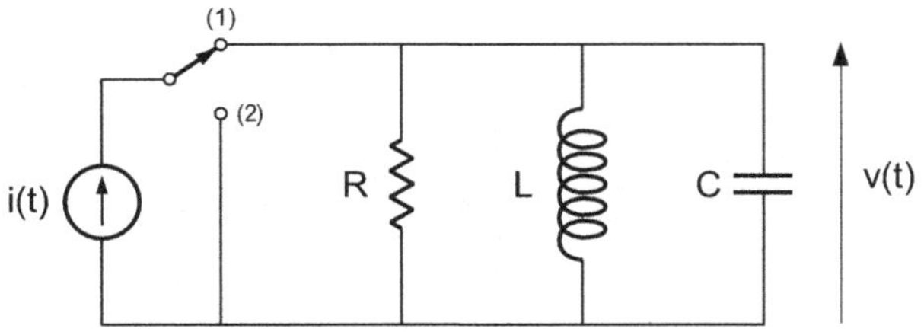

DATOS

$$i(t) = 2sen2t\ A \quad ; R = 1\Omega \quad ; L = \frac{1}{2}H \quad ; C = 1F$$

PROBLEMA 8.5

En el circuito de la figura se pide:

a) Valor de la resistencia R para que el circuito responda con amortiguamiento crítico.

b) Expresión de $e_0(t)$ en esta situación.

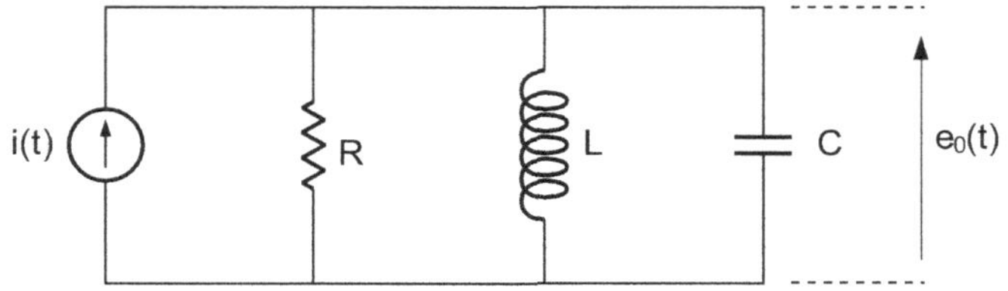

DATOS

$i(t) = e^{-2t}u(t)\ A$; $L = 1H$; $C = 1F$

PROBLEMA 8.6

En el circuito de la figura el interruptor se encuentra cerrado desde t = - ∞. En el instante t = 0 se abre. Se pide:

a) Tensión en el condensador y corriente en la bobina en el instante de la conmutación.

b) Expresiones de la tensión en bornas del condensador y de la corriente en la bobina en el dominio de Laplace.

c) Expresiones de $v_c(t)$ e $i_L(t)$ a partir del instante en el que se realiza la conmutación.

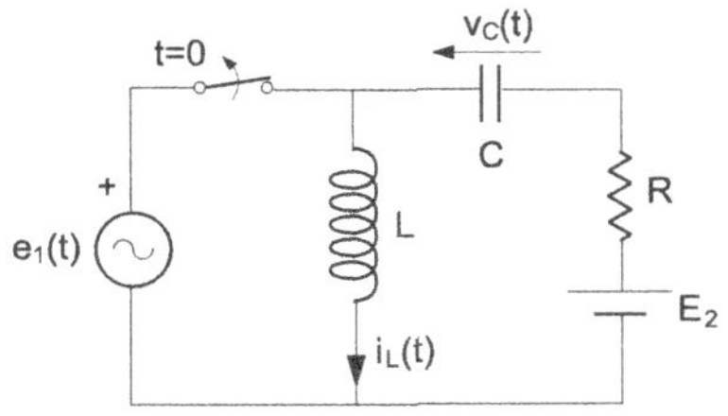

DATOS

$e_1(t) = 2\ sen\ t\ V$; $E_2 = 4\ V$; $R = 1\Omega$; $L = 1\ H$; $C = 1\ F$

PROBLEMA 8.7

En el circuito de la figura, en el instante t = 0 se cierra el interruptor, el cual se encontraba en circuito abierto desde t = - ∞. Se pide determinar:

a) Corriente en la bobina y tensión en el condensador en el instante de la conmutación.

b) Expresiones en el dominio de Laplace de la tensión en R_L y de las corrientes en la bobina y condensador.

c) Expresión instantánea de las corrientes en la bobina y en el condensador y de la tensión en R_L desde el instante en el que se realiza la conmutación.

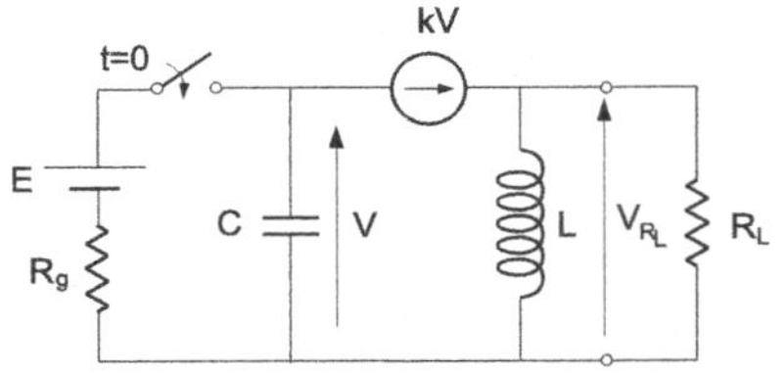

DATOS

$R_g = R_L = 1\Omega$; $C = 1\,F$; $L = 1\,H$; $E = 1V$; $K = 1\Omega^{-1}$

PROBLEMA 8.8

En el circuito de la figura, el interruptor se encuentra en la posición 1 desde t = -∞. En t = 0 se pasa a la posición 2. Se pide:

a) Corriente en la bobina y tensión en el condensador en el momento de la conmutación.

b) Expresión de la tensión en el condensador desde el instante en el que se realiza la conmutación.

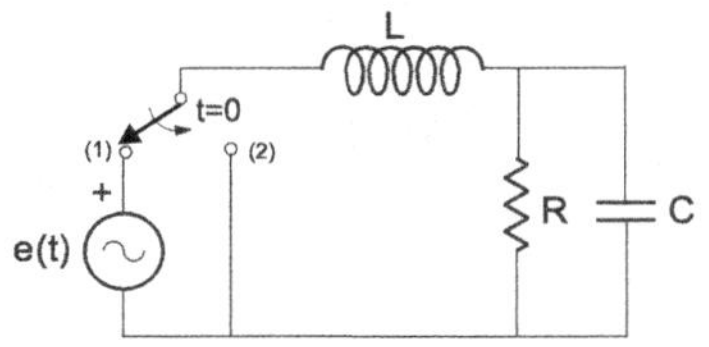

DATOS

$R_g = 1\Omega$; $L = 1\,H$; $C = 1\,F$; $e(t) = 10\,sen\,t\,V$

PROBLEMA 8.9

En el circuito representado en la figura 1, el interruptor se encuentra colocado en la posición 1 desde t = -∞. En el instante t = 0 el interruptor pasa a la posición 2, evolucionando la tensión en el condensador como se muestra en la figura 2. Se pide determinar:

a) Tipo de amortiguamiento y valor de su coeficiente.

b) Valores de R, L y C.

c) Evolución en el tiempo de la corriente por la bobina.

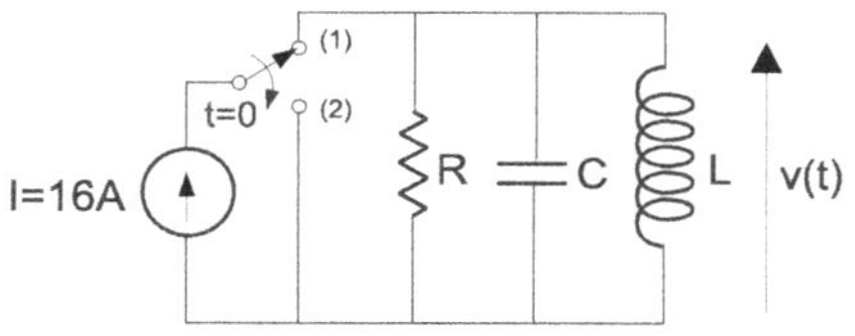

Figura 1

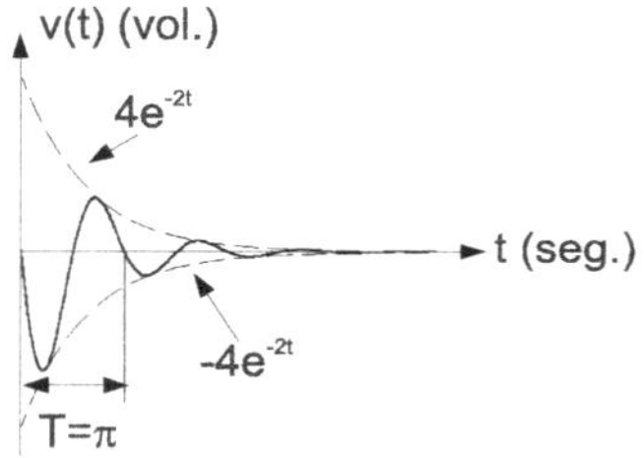

Figura 2

PROBLEMA 8.10

En el circuito de la figura, los interruptores se encuentran un tiempo infinito en la posición (1). Cuando la tensión del generador pasa por un máximo, se conmutan los interruptores a la posición (2), permaneciendo en ésta un tiempo de 3 seg. Se pide:

a) Corriente por la bobina al cabo de 3 segundos.

b) Tensión en bornas de R_2 cuando han transcurrido 3 segundos.

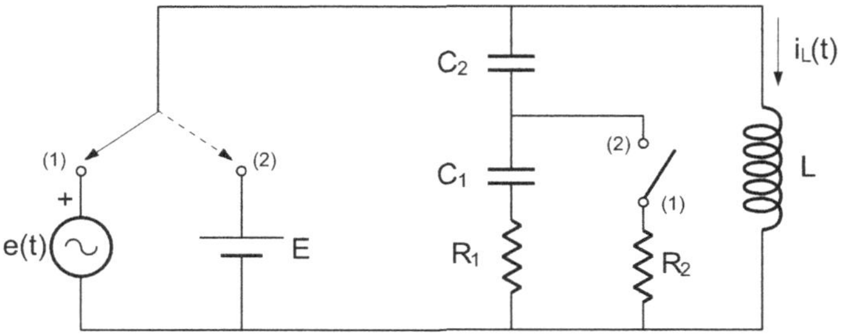

DATOS

$$e(t) = 6 sen t \; V \; ; \; R_1 = R_2 = \frac{3}{4}\Omega \; ; \; C_1 = 2F \; ; \; C_2 = 4F \; ; \; E = \frac{1}{4}V \; ; \; L = \frac{1}{2}H$$

PROBLEMA 8.11

El circuito de la figura se encuentra en régimen permanente con el interruptor en la posición (1). En el instante t = 0 el interruptor se pasa a la posición (2) permaneciendo en ella indefinidamente. Obtener la evolución de la tensión v(t) para t > 0.

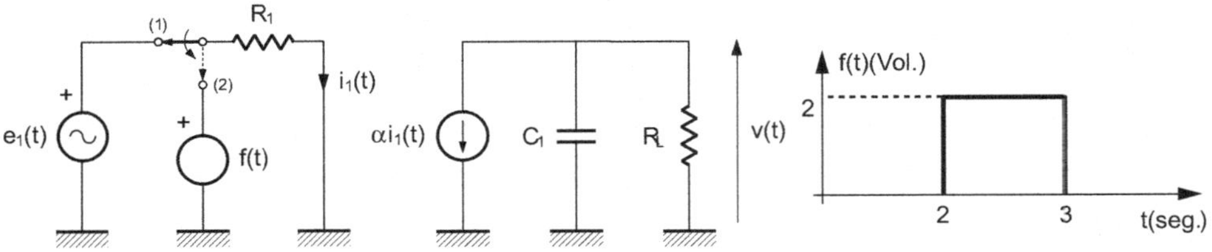

DATOS

$R_L = 1\Omega \;;\; R_1 = 2\Omega \;;\; C_1 = 1F \;;\; \alpha = 2 \;;\; e_1(t) = 2\cos t\ V$

PROBLEMA 8.12

En el circuito de la figura el interruptor se encuentra en la posición (1) desde t = -∞. En el instante t = 0 se pasa a la posición (2). Se pide:

a) Tensión en el condensador y corriente en la bobina en el instante de hacer la conmutación.

b) Evolución de la tensión en la resistencia desde el momento en el que se realiza la conmutación.

c) Valor que deberá tener la resistencia R para que el circuito responda con amortiguamiento crítico.

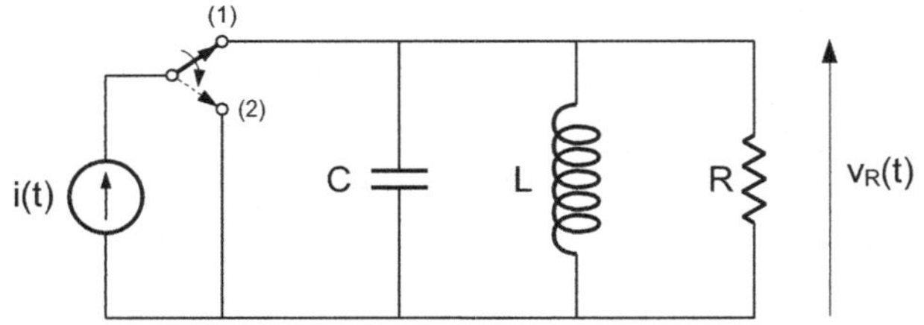

DATOS

$i(t) = 4\ sen t\ A \;;\quad R = 1\Omega \;;\; L = 1H \;;\; C = 2F$

PROBLEMA 8.13

Determine la respuesta del filtro paso alto de la figura 1 al aplicar a su entrada una onda cuadrada periódica, como la representada en la figura 2.

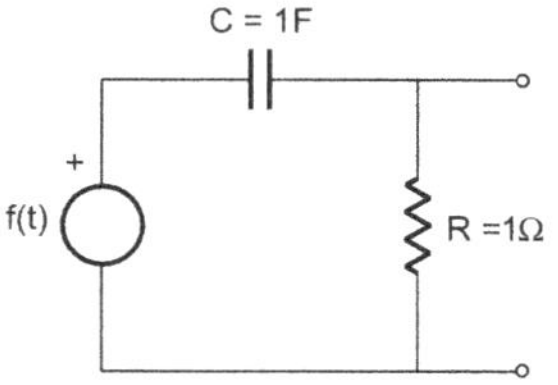

Figura 1

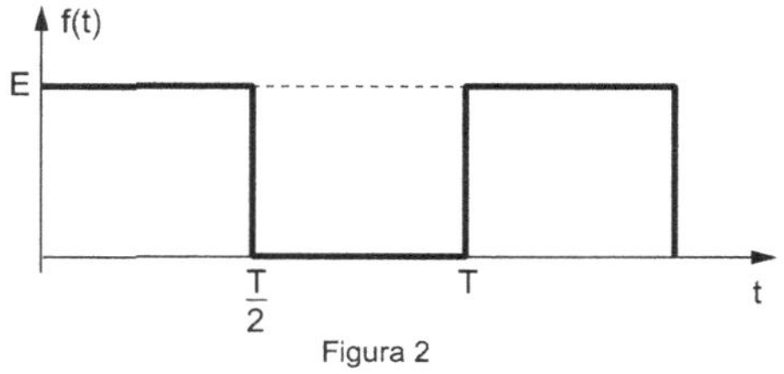

Figura 2

PROBLEMA 8.14

En el filtro representado en la figura 1 obtenga:

a) La evolución de $v_s(t)$ cuando a la entrada se aplica una tensión periódica como la representada en la figura 2.

b) El valor de la tensión de salida para t = 3,5 seg.

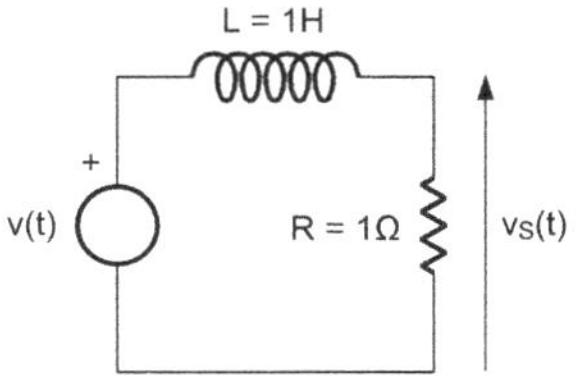

Figura 1

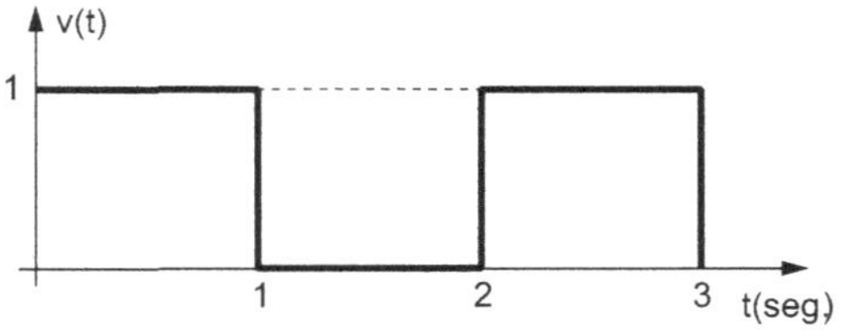

Figura 2

PROBLEMA 8.15

En el circuito de la figura, el interruptor se encuentra abierto desde $t = -\infty$. En el instante t = 0 se cierra. Se pide calcular la tensión $e_0(t)$ para t > 0.

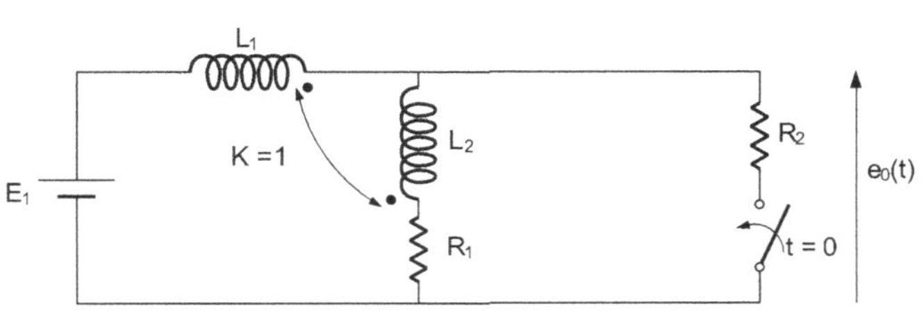

DATOS

$L_1 = 2H \;;\; L_2 = 8H \;;\; R_1 = 3\,\Omega \;;\; R_2 = 1\,\Omega \;;\; E_1 = 15V \;;\; K = 1$

PROBLEMA 8.16

En el circuito de la figura, en el que el interruptor se encuentra abierto desde $t = -\infty$ se pide la evolución de la tensión en la carga R_L desde el instante en que se cierra el interruptor en los casos siguientes:

a) Autotransformador perfecto con $n_1/n_2 = 2$ y $L_1 = 2$ H.
b) Autotransformador ideal con $n_1/n_2 = 2$ y $L_1 \to \infty$.

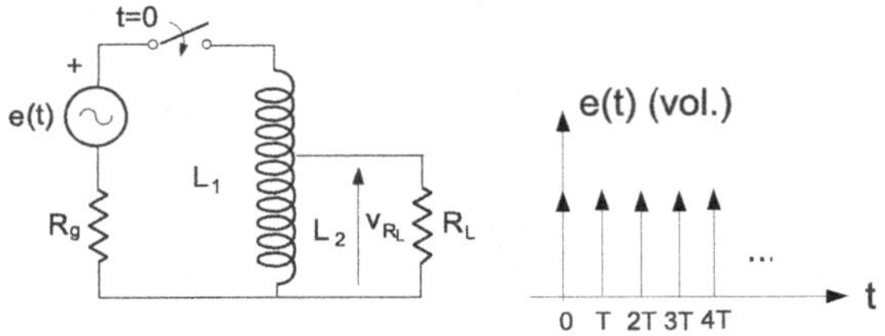

NOTA: El generador e(t) es un tren periódico de deltas de área unidad.

DATOS

$R_l = 1\Omega$; $R_g = 4\Omega$

PROBLEMA 8.17

En el circuito de la figura en el que el acoplamiento entre las bobinas es perfecto, en el instante $t = 0$ el interruptor se pasa de la posición (1) a la (2) de forma instantánea. Siendo f(t) un tren de impulsos uniformemente espaciados de la forma $\delta(t)$, como se muestra en la figura 2. Se pide determinar:

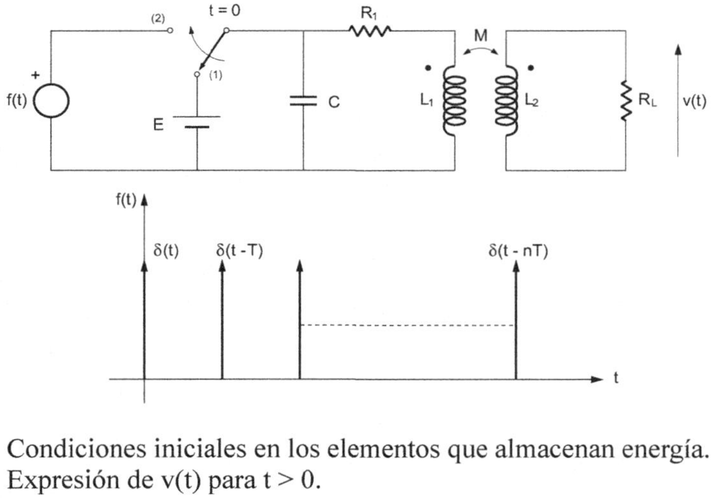

a) Condiciones iniciales en los elementos que almacenan energía.
b) Expresión de v(t) para $t > 0$.

DATOS

$E = 1\ V$; $R_1 = R_2 = 1\ \Omega$; $L_1 = L_2 = 1\ H$; $C = 1\ F$

Capítulo 9

REDES DE DOS PUERTAS (CUADRIPOLOS)

INTRODUCCIÓN

En las Ingenierías, Eléctrica, de Telecomunicaciones y de Electrónica en general, es común encontrar redes lineales y pasivas (asumiendo como tales aun aquellas dotadas de generadores dependientes) con dos puertas de acceso al exterior. Cada una de estas puertas de acceso están constituidas a su vez por dos terminales, pudiendo ser alguno de éstos común a ambas. Por una de las puertas de acceso, denominada entrada, la red recibe una señal del circuito exterior a ella. Esta señal, convenientemente tratada (atenuada, filtrada, amplificada, etc.), es entregada a una carga situada en la otra puerta de acceso, denominada puerta de salida. Para estas redes, en muchos casos, es de interés analizar exclusivamente su comportamiento de terminales hacia afuera, es decir, interesa encontrar los valores de las señales de entrada y de salida de la red, siendo secundario conocer el comportamiento interno de la misma. En esta situación, se puede hacer abstracción de la red, representándola como se muestra en la Figura 9.1, donde además se indica que está excitada y cargada en las puertas de entrada y salida, respectivamente.

A la red pasiva y lineal dotada de dos puertas de acceso, como la representada en la Figura 9.1, se la denomina "Cuadripolo" y el estudio de estas redes lineales será el objeto de este capítulo.

En la Figura 9.1, las señales de entrada y salida vienen definidas por las variables E_1, I_1, E_2 e I_2, respectivamente. Las corrientes y tensiones se expresarán en general según sus correspondientes transformadas de Laplace, y en el caso particular de excitación sinusoidal en régimen permanente, según los correspondientes fasores. Estas cuatro variables pueden relacionarse entre sí de diferentes formas según sean elegidas las variables independientes y dependientes (dos en cada caso), obteniéndose para cada elección el correspondiente sistema de ecuaciones. Para cada uno de estos sistemas se definirá una "familia de parámetros", característica del cuadripolo y dependiente de su composición y estructura interna.

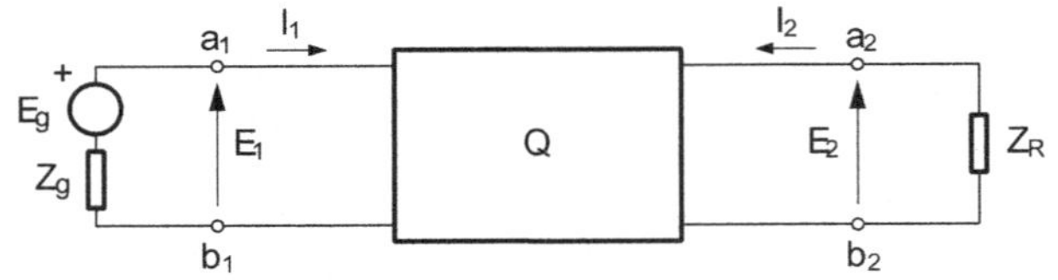

Figura 9.1

La primera parte de este capítulo se dedica a definir y obtener (dada la estructura y composición del cuadripolo) sus parámetros. Determinados éstos, podemos hacer abstracción de la estructura y composición del cuadripolo ya que conocidos sus parámetros, el problema se reduce a un análisis eminentemente matemático que puede ser generalizado.

Los parámetros serán función de la variable **s** o de la pulsación ω siendo usados aquéllos para cualquier tipo de excitación aplicada al circuito y cualquier tipo de respuesta (permanente o transitoria) que se pretenda obtener. La única limitación a este análisis consistirá en suponer que las condiciones iniciales de la red son nulas. Los parámetros en función de la pulsación ω serán utilizados en el caso de que se desee obtener la respuesta en régimen permanente para una excitación sinusoidal.

Finalmente, serán estudiados algunos circuitos típicos de dos puertas, tales como atenuadores y mezcladores, sintetizándolos a partir de unas determinadas estructuras.

9.1 ECUACIONES GENERALES DEL CUADRIPOLO. FAMILIAS DE PARÁMETROS

En este apartado vamos a demostrar que en general, para todo cuadripolo pasivo, existen cuatro parámetros que mediante dos ecuaciones permiten relacionar entre sí las corrientes y las tensiones en sus terminales de entrada y salida.

Consideremos el cuadripolo representado en la Figura 9.2.

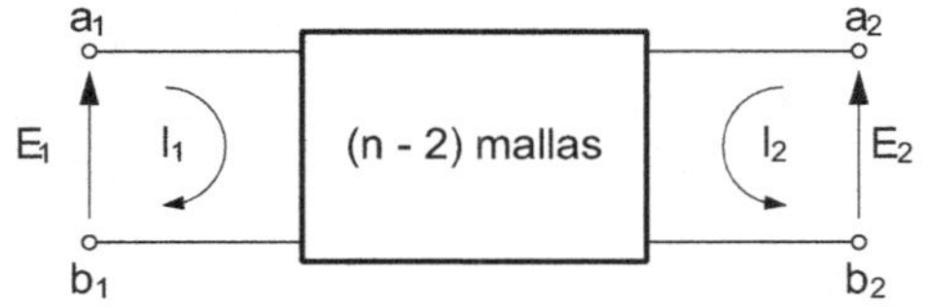

Figura 9.2

Si analizamos el circuito suponiendo las corrientes como incógnitas y supuesto que el circuito tiene (n-2) mallas internas independientes, se tiene:

$$\begin{aligned} E_1 &= Z_{11} I_1 + Z_{12} I_2 + \ldots\ldots + Z_{1n} I_n \\ E_2 &= Z_{21} I_1 + Z_{22} I_2 + \ldots\ldots + Z_{2n} I_n \\ 0 &= Z_{31} I_1 + Z_{32} I_2 + \ldots\ldots + Z_{3n} I_n \\ 0 &= Z_{41} I_1 + Z_{42} I_2 + \ldots\ldots + Z_{4n} I_n \\ &\ldots\ldots\ldots\ldots\ldots\ldots\ldots\ldots\ldots\ldots \\ &\ldots\ldots\ldots\ldots\ldots\ldots\ldots\ldots\ldots\ldots \\ 0 &= Z_{n1} I_1 + Z_{n2} I_2 + \ldots\ldots + Z_{nn} I_n \end{aligned} \tag{9.1}$$

Esto es:

$$\begin{pmatrix} E_1 \\ E_2 \\ 0 \\ \vdots \\ \vdots \\ 0 \end{pmatrix} = (Z) \begin{pmatrix} I_1 \\ I_2 \\ \vdots \\ \vdots \\ \vdots \\ I_n \end{pmatrix} \tag{9.2}$$

Si el cuadripolo es bilateral (R-L-C), la matriz de impedancias (Z) en la ecuación (9.2) será simétrica respecto a la diagonal principal, situación que no se produce en general si el cuadripolo tiene generadores dependientes, pues éstos lo serán de las corrientes de malla, por lo que al transferirlos del primer al segundo miembro de las ecuaciones (9.1) modificarán los coeficientes de las corrientes de las que dependen y la matriz de impedancia perderá en general su simetría.

De la ecuación (9.2) se obtiene:

$$\begin{aligned} I_1 &= \frac{\delta_{11}}{\Delta_z} E_1 + \frac{\delta_{12}}{\Delta_z} E_2 \\ I_2 &= \frac{\delta_{21}}{\Delta_z} E_1 + \frac{\delta_{22}}{\Delta_z} E_2 \end{aligned} \tag{9.3}$$

en las que δ_{ij} es el adjunto del elemento situado en la fila **i** columna **j** del determinante Δz de la matriz de impedancias.

Los coeficientes que multiplican en el sistema de ecuaciones (9.3) a las tensiones tienen dimensiones de admitancia y dependen exclusivamente de los elementos y de la configuración interna del cuadripolo:

$$y_{11} = \frac{\delta_{11}}{\Delta_z} \tag{9.4}$$

$$y_{12} = \frac{\delta_{12}}{\Delta_z} \tag{9.5}$$

$$y_{21} = \frac{\delta_{21}}{\Delta_z} \tag{9.6}$$

$$y_{22} = \frac{\delta_{22}}{\Delta_z} \tag{9.7}$$

El sistema de ecuaciones (9.3) demuestra que en todo cuadripolo pasivo, las corrientes y tensiones de entrada y salida se pueden relacionar mediante dos ecuaciones con cuatro parámetros, propios de cada cuadripolo:

$$\begin{aligned} f_1(E_1,\ E_2,\ I_1,\ I_2) &= 0 \\ f_2(E_1,\ E_2,\ I_1,\ I_2) &= 0 \end{aligned} \tag{9.8}$$

Estas dos ecuaciones, junto con las dos que se obtienen al cerrar los terminales de entrada y salida por el generador y la carga (Figura 9.1), permiten encontrar las cuatro variables que representan las corrientes y las tensiones en los terminales de acceso al cuadripolo.

Dependiendo de qué variables se consideren independientes, las ecuaciones del cuadripolo pueden escribirse de diferentes formas, a cada una de las cuales se asocia una familia de parámetros.

Sustituyendo en el sistema (9.3) el conjunto de ecuaciones (9.4) a (9.7) se tiene:

$$\begin{aligned} I_1 &= y_{11}\ E_1 + y_{12}\ E_2 \\ I_2 &= y_{21}\ E_1 + y_{22}\ E_2 \end{aligned} \tag{9.9}$$

con los sentidos para las corrientes y las tensiones representados en la Figura 9.3.

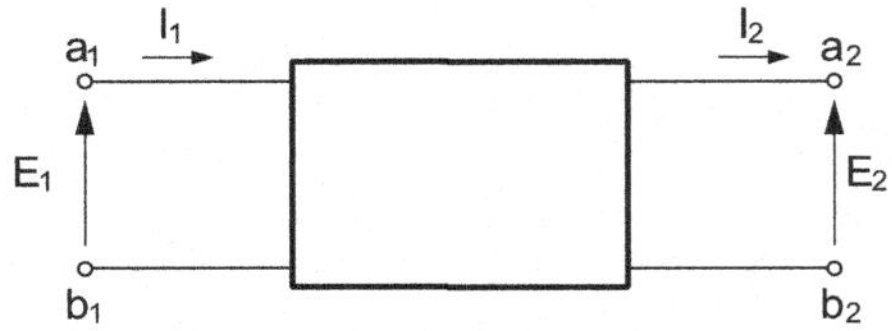

Figura 9.3

Las expresiones (9.9) representan las ecuaciones del cuadripolo en parámetros admitancia (parámetros "y").

Si se despejan las tensiones, los parámetros tienen dimensiones de impedancia (parámetros "z") y las ecuaciones se expresan:

$$E_1 = z_{11} I_1 + z_{12} I_2$$
$$E_2 = z_{21} I_1 + z_{22} I_2 \qquad (9.10)$$

Así, para las distintas elecciones de las variables independientes, se obtienen las diferentes familias de parámetros:

Parámetros híbridos "h":

$$E_1 = h_{11} I_1 + h_{12} E_2$$
$$I_2 = h_{21} I_1 + h_{22} E_2 \qquad (9.11)$$

Parámetros híbridos "g":

$$I_1 = g_{11} E_1 + g_{12} I_2$$
$$E_2 = g_{21} E_1 + g_{22} I_2 \qquad (9.12)$$

Parámetros de transmisión o parámetros A, B, C, D:

$$E_1 = A E_2 - B I_2$$
$$I_1 = C E_2 - D I_2 \qquad (9.13)$$

9.1.1 Parámetros admitancia "y"

Las ecuaciones del cuadripolo en parámetros "y" están dadas en la expresión (9.9), con los sentidos de las corrientes y las tensiones dados en la Figura 9.3.

$$I_1 = y_{11} E_1 + y_{12} E_2$$
$$I_2 = y_{21} E_1 + y_{22} E_2 \qquad (9.9\ \text{bis})$$

Los parámetros pueden obtenerse realizando medidas sobre las puertas de acceso del cuadripolo.

De las ecuaciones (9.9), al hacer cero la tensión de salida E_2, se tiene:

$$y_{11} = \left.\frac{I_1}{E_1}\right|_{E_2=0} = Y_{1c} \tag{9.14}$$

que es la *admitancia de entrada al cuadripolo con la salida en cortocircuito* (Figura 9.4).

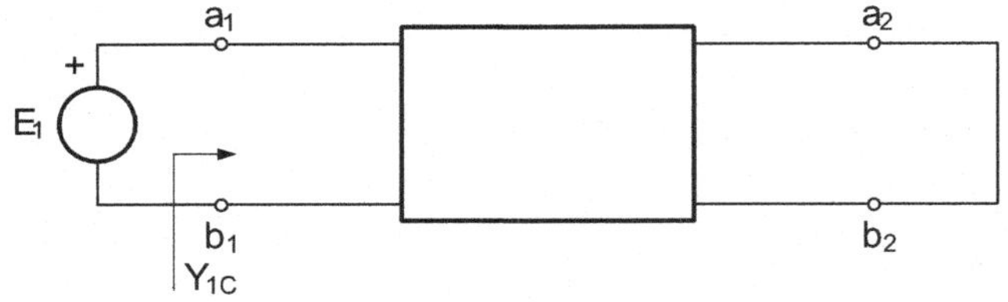

Figura 9.4

De la misma forma resulta:

$$y_{21} = \left.\frac{I_2}{E_1}\right|_{E_2=0} \tag{9.15}$$

que representa la *admitancia de transferencia desde la entrada hacia la salida, con ésta en cortocircuito.*

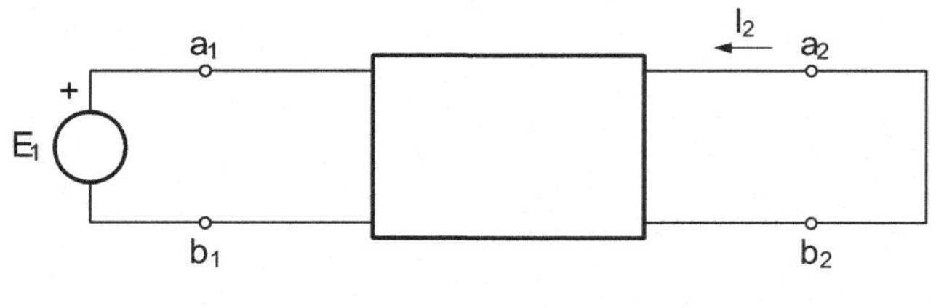

Figura 9.5

Este parámetro nos da información sobre la capacidad que tiene el cuadripolo para transferir señal desde la entrada hacia la salida y será tanto mayor cuanto mejor realice el cuadripolo la función de "amplificar" la señal que se aplica a sus terminales de entrada (Figura 9.5). Aquellos cuadripolos con una atenuación entrada-salida elevada estarán caracterizados por un parámetro y_{21} pequeño.

En las ecuaciones (9.9) al hacer cero la tensión de entrada E_1 se obtiene:

$$y_{12} = \left.\frac{I_1}{E_2}\right|_{E_1=0} \tag{9.16}$$

que es la *admitancia de transferencia desde la salida hacia la entrada, estando ésta en cortocircuito* (Figura 9.6).

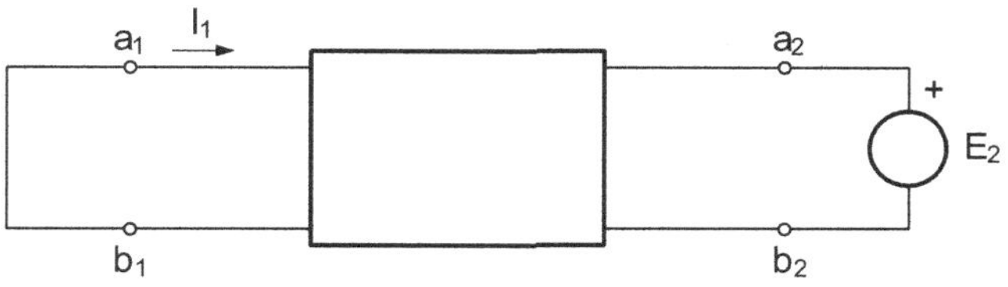

Figura 9.6

La magnitud de este parámetro nos da información sobre la mayor o menor capacidad del cuadripolo para amplificar en sentido inverso.

Por otro lado:

$$y_{22} = \left.\frac{I_2}{E_2}\right|_{E_1=0} = Y_{2c} \tag{9.17}$$

que representa *la admitancia de salida con la entrada en cortocircuito* (Figura 9.7).

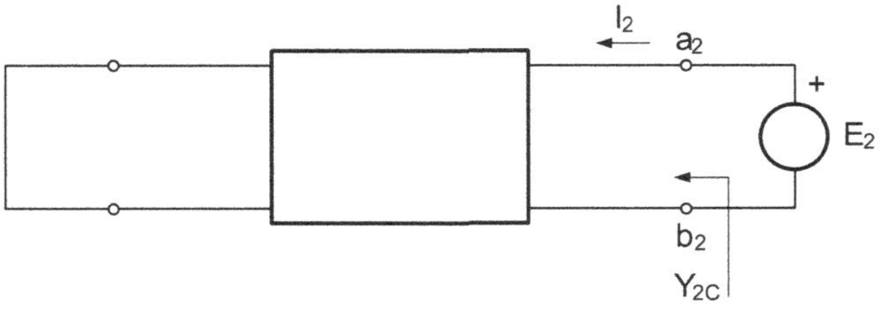

Figura 9.7

En cuadripolos bilaterales (formados únicamente por resistencias, bobinas y condensadores), la matriz de impedencias en la ecuación (9.2) es simétrica y en las expresiones (9.5) y 9.6) se tiene:

$$\delta_{12} = \delta_{21} \tag{9.18}$$

y por lo tanto:

$$y_{12} = y_{21} \tag{9.19}$$

Así pues, en los cuadripolos desprovistos de generadores dependientes, el número de parámetros que los caracterizan se reduce a tres.

Además, si el cuadripolo es simétrico, las admitancias en cortocircuito "vistas" desde los terminales de entrada y salida son iguales:

$$Y_{1c} = Y_{2c} \tag{9.20}$$

y por lo tanto:

$$y_{11} = y_{22} \tag{9.21}$$

En consecuencia, los cuadripolos bilaterales y simétricos se pueden caracterizar mediante dos parámetros únicamente.

De las ecuaciones (9.9) se puede obtener un circuito equivalente del cuadripolo desde el punto de vista de su comportamiento exterior. En la Figura 9.8 se representa el circuito equivalente en parámetros "y" que se deduce de las ecuaciones (9.9) en el que se puede comprobar el cumplimiento de éstas.

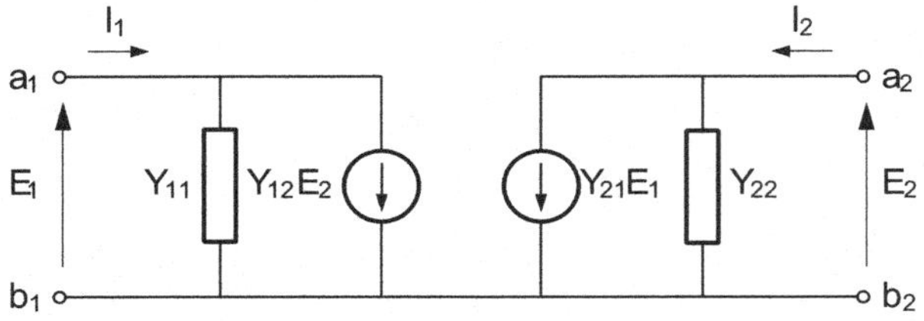

Figura 9.8

En los dispositivos electrónicos existe en general un punto ("masa") que es común a los terminales de entrada y salida, por lo que en el circuito equivalente del cuadripolo se tiene en cuenta esta circunstancia.

9.1.2 Parámetros impedancia "z"

Las expresiones (9.10) representan las ecuaciones del cuadripolo en parámetros "z".

$$\begin{aligned} E_1 &= z_{11}\, I_1 + z_{12}\, I_2 \\ E_2 &= z_{21}\, I_1 + z_{22}\, I_2 \end{aligned} \tag{9.10 bis}$$

Como en el caso de los parámetros admitancia, los parámetros "z" pueden obtenerse mediante medidas realizadas en los terminales de entrada y salida del cuadripolo.

Del sistema de ecuaciones (9.10) se deduce:

$$z_{11} = \left.\frac{E_1}{I_1}\right|_{I_2=0} = Z_{1A} \tag{9.22}$$

que representa la *impedancia de entrada del cuadripolo con la salida en circuito abierto* (Figura 9.9).

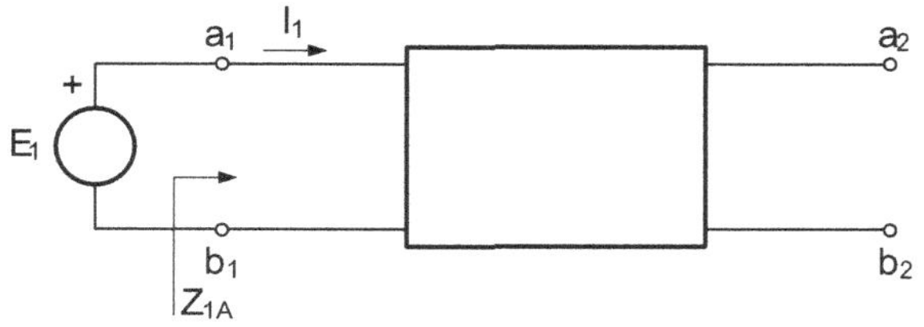

Figura 9.9

Así mismo:

$$z_{21} = \left.\frac{E_2}{I_1}\right|_{I_2=0} \tag{9.23}$$

que es la *impedancia de transferencia desde la entrada hacia la salida, con ésta en circuito abierto* (Figura 9.10) y al igual que el parámetro y_{21}, nos da información sobre las propiedades del cuadripolo relativas a la transferencia de señal desde la entrada hacia la salida.

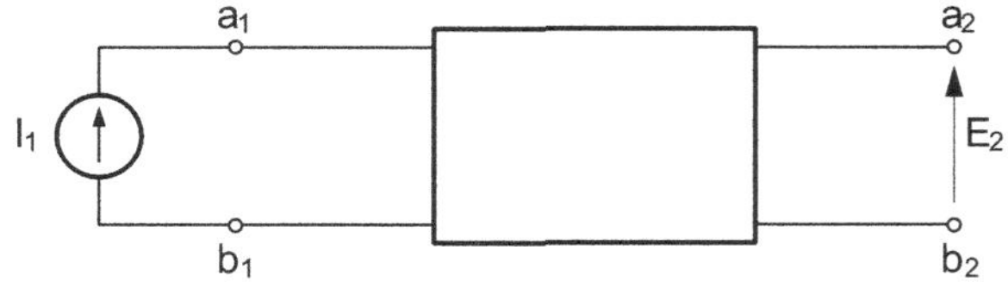

Figura 9.10

Por otro lado, al abrir los terminales de entrada resulta:

$$z_{12} = \left.\frac{E_1}{I_2}\right|_{I_1=0} \tag{9.24}$$

y representa a la *impedancia de transferencia desde la salida hacia la entrada con ésta en circuito abierto* (Figura 9.11).

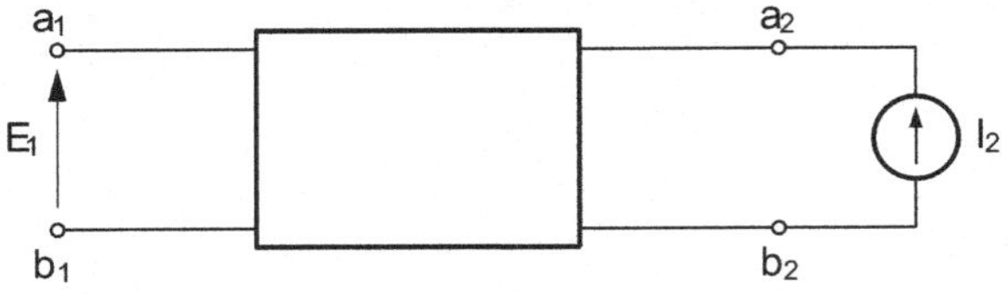

Figura 9.11

Este parámetro de nuevo está relacionado con la transferencia de señal desde la salida hacia la entrada, es decir, con la "realimentación" del cuadripolo.

Por último:

$$z_{22} = \left. \frac{E_2}{I_2} \right|_{I_1=0} = Z_{2A} \tag{9.25}$$

es la *impedancia de salida del cuadripolo con la entrada en circuito abierto* (Figura 9.12).

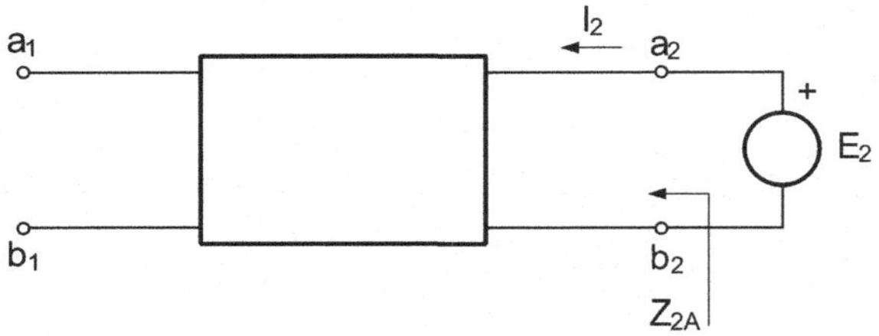

Figura 9.12

Los parámetros "z" pueden obtenerse a partir de los parámetros "y". Para ello de las ecuaciones (9.9), despejando las tensiones, tenemos:

$$E_1 = \frac{\begin{vmatrix} I_1 & y_{12} \\ I_2 & y_{22} \end{vmatrix}}{|y|} = \frac{y_{22}}{|y|} I_1 + \frac{-y_{12}}{|y|} I_2$$

$$E_2 = \frac{\begin{vmatrix} y_{11} & I_1 \\ y_{21} & I_2 \end{vmatrix}}{|y|} = \frac{-y_{21}}{|y|} I_1 + \frac{y_{11}}{|y|} I_2 \tag{9.26}$$

Identificando estas ecuaciones con las (9.10) se deduce:

$$z_{11} = \frac{y_{22}}{|y|} \quad ; \quad z_{12} = \frac{-y_{12}}{|y|}$$
$$z_{21} = \frac{-y_{21}}{|y|} \quad ; \quad z_{22} = \frac{y_{11}}{|y|} \qquad (9.27)$$

Si el cuadripolo es bilateral ($y_{12} = y_{21}$), también se tiene:

$$z_{12} = z_{21} \qquad (9.28)$$

y si es simétrico ($y_{11} = y_{22}$), resulta:

$$z_{11} = z_{22} \qquad (9.29)$$

Las ecuaciones (9.10) permiten obtener el circuito equivalente en parámetros "z" del cuadripolo (Figura 9.13).

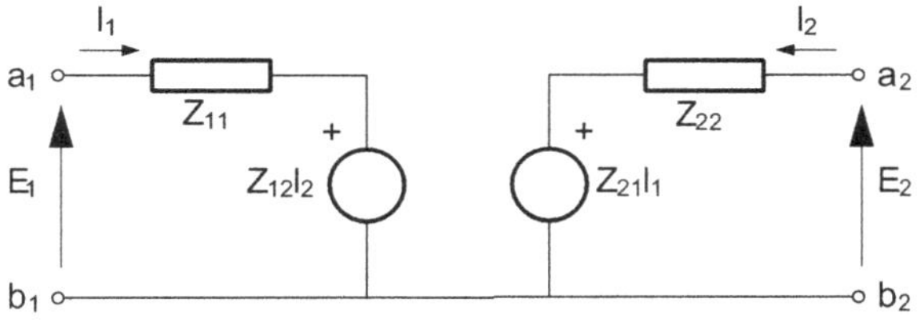

Figura 9.13

9.1.3 Parámetros híbridos "h"

Estos parámetros no tienen todos las mismas dimensiones, lo que justifica su nombre.

Para los sentidos de las corrientes y tensiones indicadas en la Figura 9.3, las ecuaciones en parámetros "h" son las dadas en (9.11).

$$E_1 = h_{11} I_1 + h_{12} E_2$$
$$I_2 = h_{21} I_1 + h_{22} E_2 \qquad (9.11\ \text{bis})$$

De las ecuaciones anteriores se deduce:

$$h_{11} = \left.\frac{E_1}{I_1}\right|_{E_2=0} = Z_{1C} \qquad (9.30)$$

que es la *impedancia de entrada del cuadripolo con la salida en cortocircuito* (Figura 9.14).

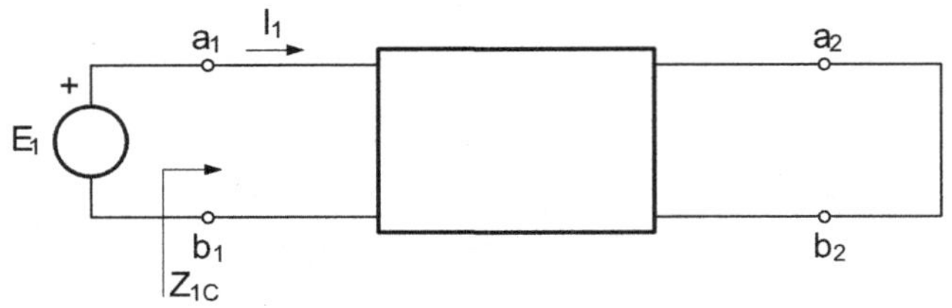

Figura 9.14

$$h_{21} = \left.\frac{I_2}{I_1}\right|_{E_2=0} \tag{9.31}$$

expresa la *ganancia de corriente en sentido directo con la salida en cortocircuito* (Figura 9.15).

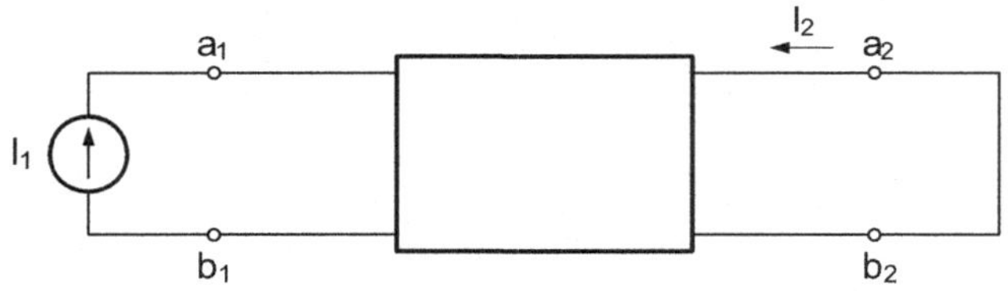

Figura 9.15

Abriendo los terminales de entrada se obtiene:

$$h_{12} = \left.\frac{E_1}{E_2}\right|_{I_1=0} \tag{9.32}$$

que representa la *ganancia de tensión en sentido inverso, con la entrada en circuito abierto* (Figura 9.16).

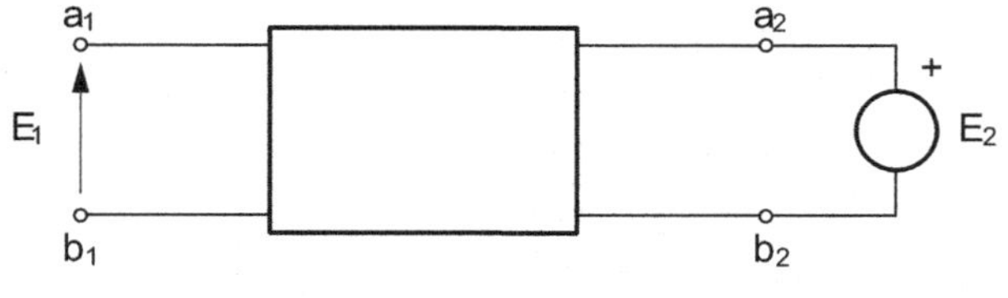

Figura 9.16

y por último:

$$h_{22} = \left.\frac{I_2}{E_2}\right|_{I_1=0} = Y_{2A} \tag{9.33}$$

es la *admitancia de salida, con la entrada en circuito abierto* (Figura 9.17).

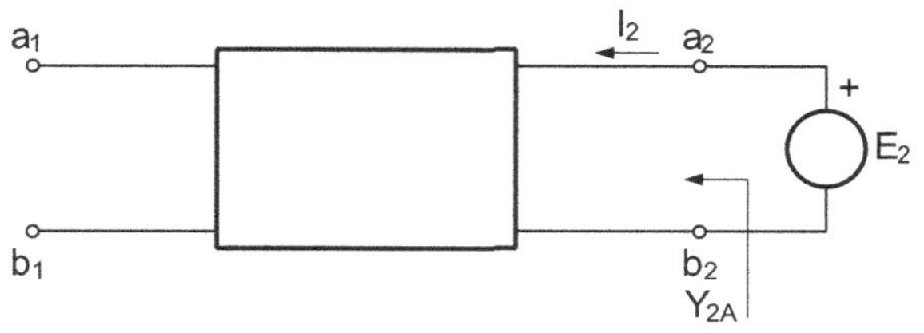

Figura 9.17

Si queremos obtener los parámetros "h" a partir de los "z" de las ecuaciones (9.10), debemos despejar la tensión de entrada y la corriente de salida en función de las otras dos variables, obteniéndose:

$$\begin{aligned} E_1 &= \frac{|z|}{z_{22}} I_1 + \frac{z_{12}}{z_{22}} E_2 \\ I_2 &= \frac{-z_{21}}{z_{22}} I_1 + \frac{1}{z_{22}} E_2 \end{aligned} \tag{9.34}$$

Identificando estas ecuaciones con las (9.11) resulta:

$$\begin{aligned} h_{11} &= \frac{|z|}{z_{22}} \quad ; \quad h_{12} = \frac{z_{12}}{z_{22}} \\ h_{21} &= \frac{-z_{21}}{z_{22}} \quad ; \quad h_{22} = \frac{1}{z_{22}} \end{aligned} \tag{9.35}$$

En estas ecuaciones se puede observar que si la red no tiene generadores dependientes ($z_{12} = z_{21}$), se cumple:

$$h_{12} = -h_{21} \tag{9.36}$$

Además, si el cuadripolo es simétrico ($z_{11} = z_{22}$) el determinante de la matriz de parámetros "h" es la unidad.

$$|h| = \begin{vmatrix} h_{11} & h_{12} \\ h_{21} & h_{22} \end{vmatrix} = h_{11}\, h_{22} - h_{12}\, h_{21} = \frac{z_{11}}{z_{22}} = 1 \qquad (9.37)$$

Conocidos los parámetros "h", también es posible encontrar un circuito equivalente del cuadripolo, el cual se representa en la Figura 9.18 y que naturalmente satisface las ecuaciones (9.11).

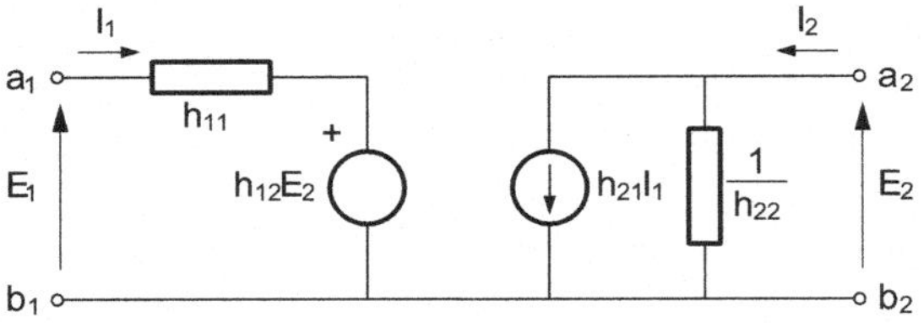

Figura 9.18

Este modelo equivalente es de gran utilidad para el estudio de determinados dispositivos electrónicos, singularmente para los transistores bipolares a baja frecuencia y pequeños niveles de señal.

9.1.4 Parámetros híbridos "g"

Para el cuadripolo de la Figura 9.3 las ecuaciones en función de estos parámetros son las indicadas en (9.12):

$$\begin{aligned} I_1 &= g_{11}\, E_1 + g_{12}\, I_2 \\ E_2 &= g_{21}\, E_1 + g_{22}\, I_2 \end{aligned} \qquad (9.12\ \text{bis})$$

de las que se deduce:

$$g_{11} = \left. \frac{I_1}{E_1} \right|_{I_2=0} = Y_{1A} \qquad (9.38)$$

es la *admitancia de entrada del cuadripolo, con la salida en circuito abierto* (Figura 9.19).

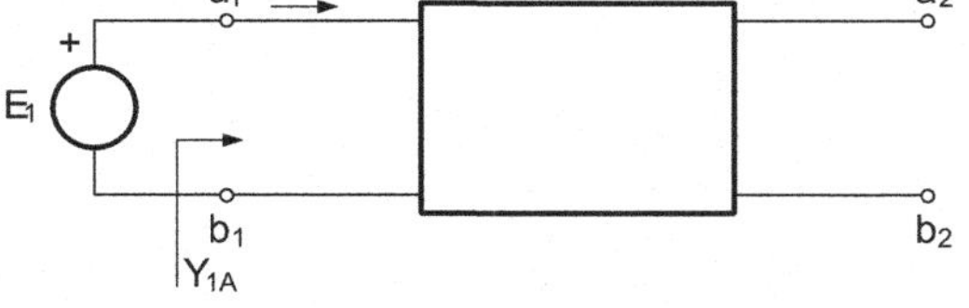

Figura 9.19

$$g_{12} = \left.\frac{I_1}{I_2}\right|_{E_1=0} \tag{9.39}$$

es la *ganancia de corriente en sentido inverso, con la entrada en cortocircuito* (Figura 9.20).

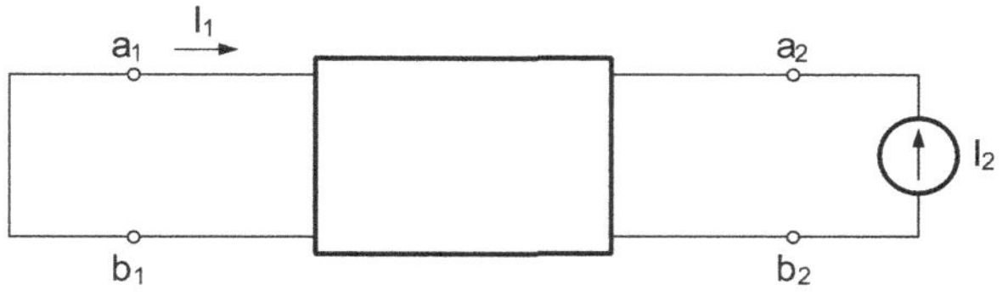

Figura 9.20

$$g_{21} = \left.\frac{E_2}{E_1}\right|_{I_2=0} \tag{9.40}$$

es la *ganancia de tensión en sentido directo con la salida en circuito abierto* (Figura 9.21).

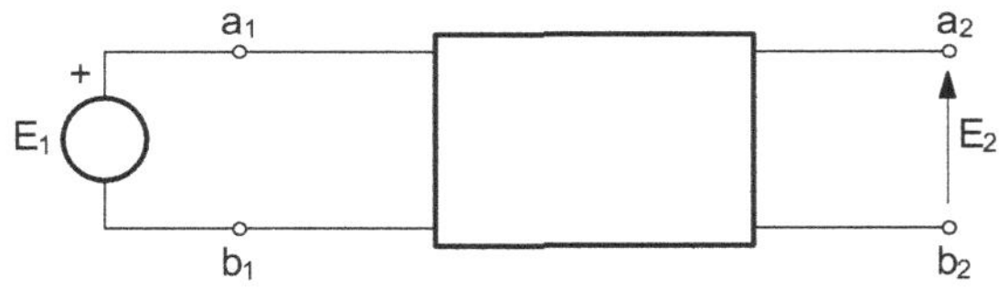

Figura 9.21

$$g_{22} = \left.\frac{E_2}{I_2}\right|_{E_1=0} = Z_{2C} \tag{9.41}$$

representa *la impedancia de salida del cuadripolo, con la entrada en cortocircuito* (Figura 9.22).

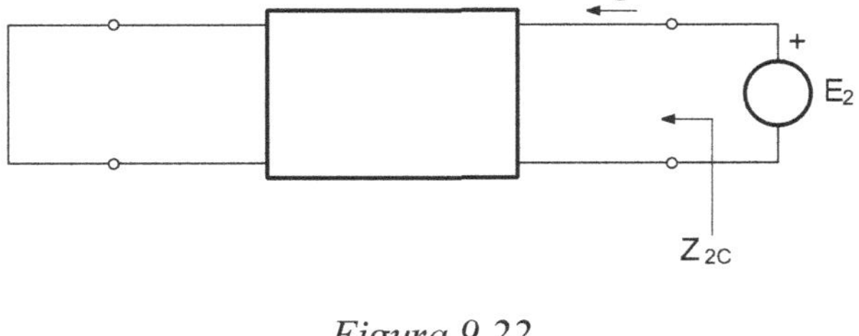

Figura 9.22

En función de los parámetros "z" pueden deducirse los parámetros "g" a partir de las ecuaciones (9.10) despejando de éstas la corriente de entrada y la tensión de salida, resultando:

$$I_1 = \frac{1}{z_{11}} E_1 + \frac{-z_{12}}{z_{11}} I_2$$
$$E_2 = \frac{z_{21}}{z_{11}} E_1 + \frac{|z|}{z_{11}} I_2 \qquad (9.42)$$

Identificando con las ecuaciones (9.12) se tiene:

$$g_{11} = \frac{1}{z_{11}} \quad ; \quad g_{12} = \frac{-z_{12}}{z_{11}}$$
$$g_{21} = \frac{z_{21}}{z_{11}} \quad ; \quad g_{22} = \frac{|z|}{z_{11}} \qquad (9.43)$$

Si el cuadripolo es bilateral ($z_{12} = z_{21}$) se cumple:

$$g_{12} = -g_{21} \qquad (9.44)$$

y si es simétrico ($z_{11} = z_{22}$), el determinante de la matriz de parámetros "g" es la unidad:

$$|g| = g_{11} g_{22} - g_{12} g_{21} = \frac{z_{22}}{z_{11}} = 1 \qquad (9.45)$$

Puede comprobarse que el circuito representado en la Figura 9.23 satisface las ecuaciones (9.12), siendo por lo tanto el modelo equivalente en parámetros "g" del cuadripolo.

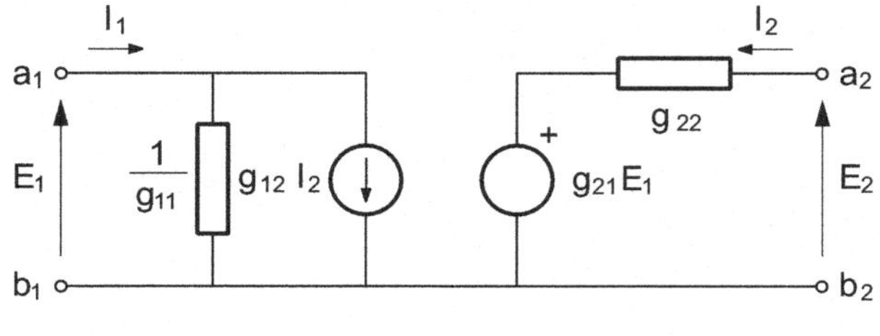

Figura 9.23

9.1.5 Parámetros de transmisión o A, B, C, D

Para estos parámetros, las ecuaciones del cuadripolo representado en la Figura 9.3, con los sentidos de corrientes y tensiones indicados sobre la misma, son:

$$E_1 = A E_2 - B I_2$$
$$I_1 = C E_2 - D I_2 \qquad (9.13 \text{ bis})$$

De estas ecuaciones se obtienen:

$$A = \left.\frac{E_1}{E_2}\right|_{I_2=0} \qquad (9.46)$$

parámetro que representa la *atenuación en sentido directo de tensión con la salida en circuito abierto* (Figura 9.24).

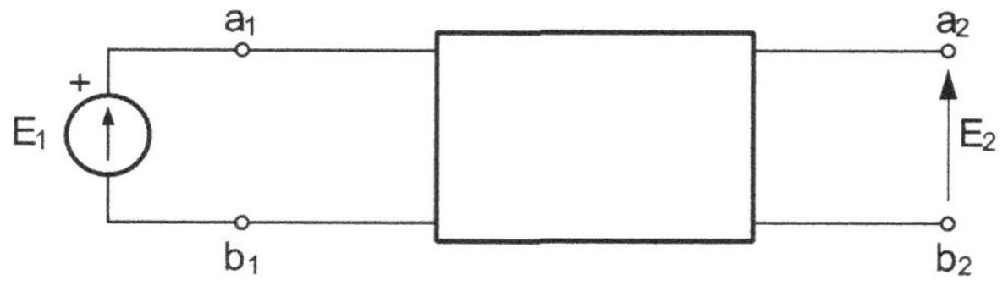

Figura 9.24

$$B = \left.\frac{E_1}{-I_2}\right|_{E_2=0} \qquad (9.47)$$

es la *impedancia de transferencia de entrada a salida con la salida en cortocircuito* (Figura 9.25).

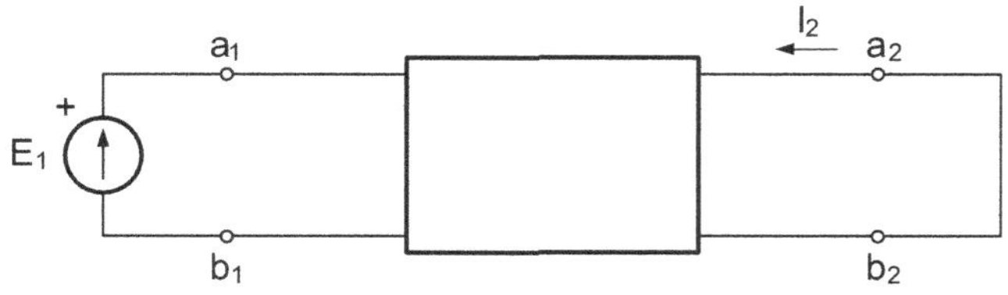

Figura 9.25

Así mismo:

$$C = \left.\frac{I_1}{E_2}\right|_{I_2=0} \qquad (9.48)$$

representa la *admitancia de transferencia de la entrada a la salida, con ésta en circuito abierto* (Figura 9.26).

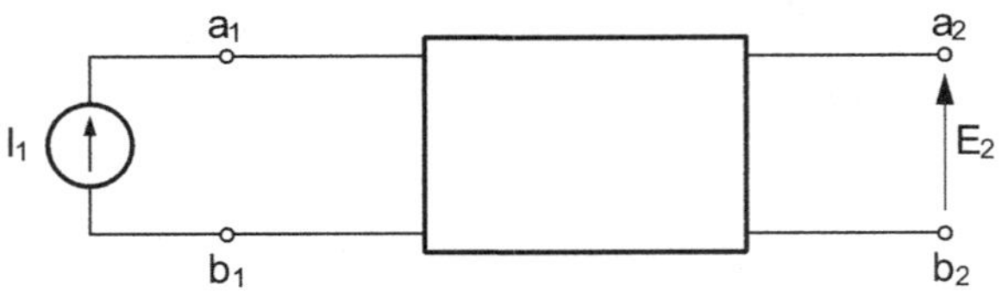

Figura 9.26

$$D = \left. \frac{I_1}{-I_2} \right|_{E_2=0} \tag{9.49}$$

es un parámetro sin dimensiones que representa la *atenuación en sentido directo de corriente, con la salida en cortocircuito* (Figura 9.27).

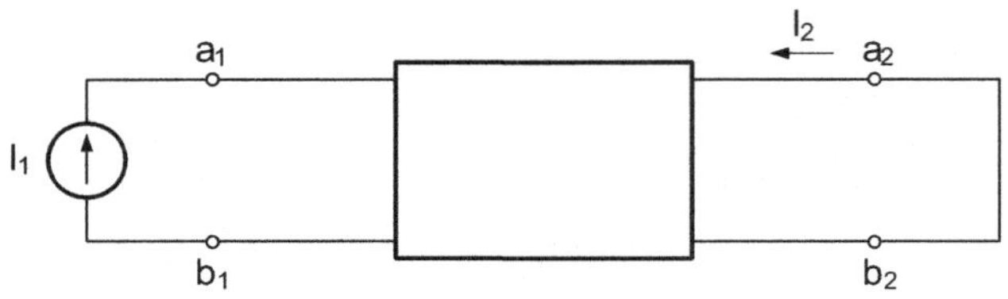

Figura 9.27

Estos parámetros pueden ser obtenidos a partir de cualquiera de los parámetros ya definidos. Así, por ejemplo, si despejamos de las ecuaciones (9.10) la tensión E_1 y la corriente I_1, obtenemos:

$$\begin{aligned} E_1 &= \frac{z_{11}}{z_{21}} E_1 - \frac{|z|}{z_{21}} I_2 \\ I_1 &= \frac{1}{z_{21}} E_2 - \frac{z_{22}}{z_{21}} I_2 \end{aligned} \tag{9.50}$$

que identificando con las ecuaciones (9.13) permiten obtener:

$$A = \frac{z_{11}}{z_{21}} \quad ; \quad B = \frac{|z|}{z_{21}}$$
$$C = \frac{1}{z_{21}} \quad ; \quad D = \frac{z_{22}}{z_{21}} \qquad (9.51)$$

Para cuadripolos simétricos ($z_{11} = z_{22}$) se tiene:

$$A = D \qquad (9.52)$$

Como se verá oportunamente, estos parámetros se hacen especialmente útiles en la asociación de cuadripolos en cascada, en la que es conveniente dibujar la corriente I_2 saliente para que de esta forma coincida con la de entrada del cuadripolo siguiente. Con I_2 saliente, las ecuaciones se obtienen cambiando I_2 por $-I_2$ y para el cuadripolo de la Figura 9.28 resulta:

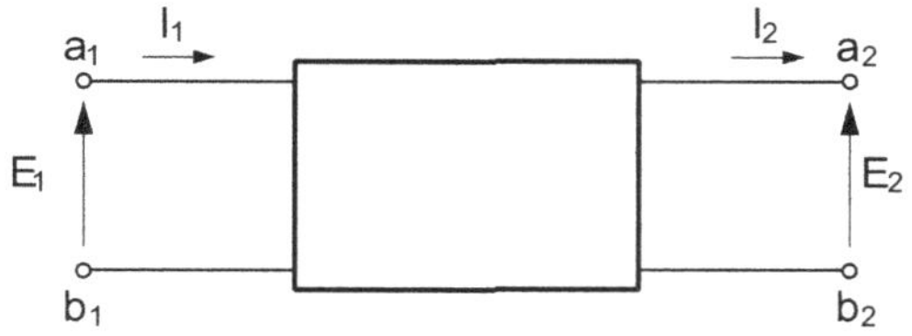

Figura 9.28

$$E_1 = A\,E_2 + B\,I_2$$
$$I_1 = C\,E_2 + D\,I_2 \qquad (9.52\ \text{bis})$$

El determinante de la matriz ABCD vale:

$$|T| = \begin{vmatrix} A & B \\ C & D \end{vmatrix} = \frac{z_{12}}{z_{21}} \qquad (9.53)$$

Cuando la red está desprovista de generadores dependientes, $z_{12} = z_{21}$, por lo que se tiene:

$$|T| = A\,D - B\,C = 1 \qquad (9.54)$$

A continuación en las tablas 1 y 2 se muestran respectivamente las condiciones que verifican los parámetros de una misma familia para cuadripolos (R-L-C) y para cuadripolos simétricos, así como las relaciones entre los parámetros de las distintas familias estudiadas hasta ahora.

TABLA 1		
Parámetro	**Condición para redes R-L-C**	**Condición para simetría eléctrica**
"z"	$z_{12} = z_{21}$	$z_{11} = z_{22}$
"y"	$y_{12} = y_{21}$	$y_{11} = y_{22}$
"h"	$h_{12} = - h_{21}$	$\lvert h\rvert = 1$
"g"	$g_{12} = - g_{21}$	$\lvert g\rvert = 1$
"T" O "ABCD"	AD-BC = 1	A = D

TABLA 2					
	"z"	**"y"**	**"T"**	**"h"**	**"g"**
"z"	$\begin{matrix} z_{11} & z_{12} \\ z_{21} & z_{22} \end{matrix}$	$\begin{matrix} \frac{y_{22}}{\lvert y\rvert} & \frac{-y_{12}}{\lvert y\rvert} \\ \frac{-y_{21}}{\lvert y\rvert} & \frac{y_{11}}{\lvert y\rvert} \end{matrix}$	$\begin{matrix} \frac{A}{C} & \frac{\lvert T\rvert}{C} \\ \frac{1}{C} & \frac{D}{C} \end{matrix}$	$\begin{matrix} \frac{\lvert h\rvert}{h_{22}} & \frac{h_{12}}{h_{22}} \\ \frac{-h_{21}}{h_{22}} & \frac{1}{h_{22}} \end{matrix}$	$\begin{matrix} \frac{1}{g_{11}} & \frac{g_{12}}{g_{11}} \\ \frac{g_{21}}{g_{11}} & \frac{\lvert g\rvert}{g_{11}} \end{matrix}$
"y"	$\begin{matrix} \frac{z_{22}}{\lvert z\rvert} & \frac{-z_{12}}{\lvert z\rvert} \\ \frac{-z_{21}}{\lvert z\rvert} & \frac{z_{11}}{\lvert z\rvert} \end{matrix}$	$\begin{matrix} y_{11} & y_{12} \\ y_{21} & y_{22} \end{matrix}$	$\begin{matrix} \frac{D}{B} & \frac{-\lvert T\rvert}{B} \\ \frac{-1}{B} & \frac{A}{B} \end{matrix}$	$\begin{matrix} \frac{1}{h_{11}} & \frac{-h_{12}}{h_{11}} \\ \frac{h_{21}}{h_{11}} & \frac{\lvert h\rvert}{h_{11}} \end{matrix}$	$\begin{matrix} \frac{\lvert g\rvert}{g_{22}} & \frac{g_{12}}{g_{22}} \\ \frac{-g_{21}}{g_{22}} & \frac{1}{g_{22}} \end{matrix}$
"T"	$\begin{matrix} \frac{z_{11}}{z_{21}} & \frac{\lvert z\rvert}{z_{21}} \\ \frac{1}{z_{21}} & \frac{z_{22}}{z_{21}} \end{matrix}$	$\begin{matrix} \frac{-y_{22}}{y_{21}} & \frac{-1}{y_{21}} \\ \frac{-y}{y_{21}} & \frac{-y_{11}}{y_{21}} \end{matrix}$	$\begin{matrix} A & B \\ C & D \end{matrix}$	$\begin{matrix} \frac{-\lvert h\rvert}{h_{21}} & \frac{-h_{11}}{h_{21}} \\ \frac{h_{22}}{h_{21}} & \frac{-1}{h_{21}} \end{matrix}$	$\begin{matrix} \frac{1}{g_{21}} & \frac{g_{22}}{g_{21}} \\ \frac{g_{11}}{g_{21}} & \frac{\lvert g\rvert}{g_{21}} \end{matrix}$
"h"	$\begin{matrix} \frac{\lvert z\rvert}{z_{22}} & \frac{z_{12}}{z_{22}} \\ \frac{-z_{21}}{z_{22}} & \frac{1}{z_{22}} \end{matrix}$	$\begin{matrix} \frac{1}{y_{11}} & \frac{-y_{12}}{y_{11}} \\ \frac{y_{21}}{y_{11}} & \frac{y}{y_{11}} \end{matrix}$	$\begin{matrix} \frac{B}{D} & \frac{\lvert T\rvert}{D} \\ \frac{-1}{D} & \frac{C}{D} \end{matrix}$	$\begin{matrix} h_{11} & h_{12} \\ h_{21} & h_{22} \end{matrix}$	$\begin{matrix} \frac{g_{22}}{\lvert g\rvert} & \frac{-g_{12}}{\lvert g\rvert} \\ \frac{-g_{21}}{\lvert g\rvert} & \frac{g_{11}}{\lvert g\rvert} \end{matrix}$
"g"	$\begin{matrix} \frac{1}{z_{11}} & \frac{-z_{12}}{z_{11}} \\ \frac{z_{21}}{z_{11}} & \frac{\lvert z\rvert}{z_{11}} \end{matrix}$	$\begin{matrix} \frac{y}{y_{22}} & \frac{y_{12}}{y_{22}} \\ \frac{-y_{21}}{y_{22}} & \frac{1}{y_{22}} \end{matrix}$	$\begin{matrix} \frac{C}{A} & \frac{-\lvert T\rvert}{A} \\ \frac{1}{A} & \frac{B}{A} \end{matrix}$	$\begin{matrix} \frac{h_{22}}{\lvert h\rvert} & \frac{-h_{12}}{\lvert h\rvert} \\ \frac{-h_{21}}{\lvert h\rvert} & \frac{h_{11}}{\lvert h\rvert} \end{matrix}$	$\begin{matrix} g_{11} & g_{12} \\ g_{21} & g_{22} \end{matrix}$

9.2 PARÁMETROS IMAGEN O CONSTANTES ITERATIVAS DE UN CUADRIPOLO R, L, C

Como se ha venido constatando en los apartados anteriores, los cuadripolos desprovistos de generadores dependientes (cuadripolos bilaterales), se distinguen por la propiedad de que con tres parámetros es suficiente para poderlos caracterizar. La familia de tres parámetros que vamos a estudiar permite escribir las ecuaciones de los cuadripolos R, L, C, cuando se desee analizar la respuesta de los mismos en el *régimen permanente sinusoidal.*

Estos parámetros son:

a) Impedancias imagen Z_{01} y Z_{02}.

Son dos impedancias tales que, cuando se cierra la salida del cuadripolo por la impedancia imagen de salida Z_{02} a la entrada del cuadripolo, "se ve" la impedancia imagen de entrada Z_{01} y cerrada la entrada del cuadripolo por la impedancia imagen de entrada Z_{01}, a la salida "se ve" la impedancia imagen de salida Z_{02}. (Figura 9.29).

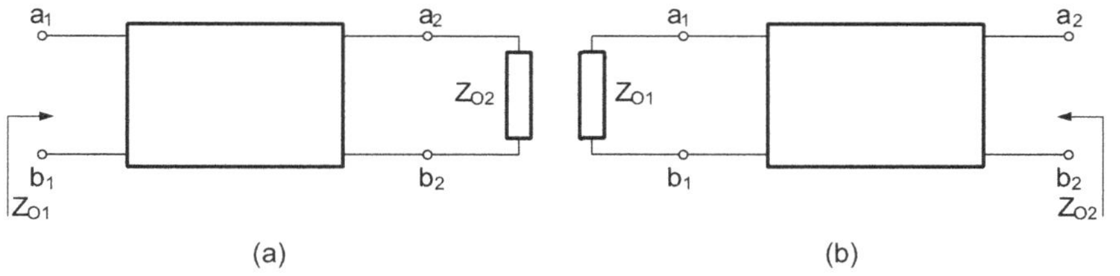

Figura 9.29

b) Constante de propagación γ.

Se define como una constante tal que:

$$e^{2\gamma} = \left. \frac{E_1}{E_2} \frac{I_1}{I_2} \right|_{Z_R = Z_{02}} \tag{9.55}$$

y

$$\gamma = \alpha + j\beta = \frac{1}{2} L_n \left(\frac{E_1}{E_2} \frac{I_1}{I_2} \right) \Bigg|_{Z_R = Z_{02}} \tag{9.56}$$

Es decir, γ se expresa como el *semilogaritmo neperiano del producto de la relación de tensiones y la relación de corrientes de entrada y salida del cuadripolo, cuando éste se encuentra cerrado por la impedancia imagen de salida*, con los sentidos de las corrientes y las tensiones como se representa en la Figura 9.30.

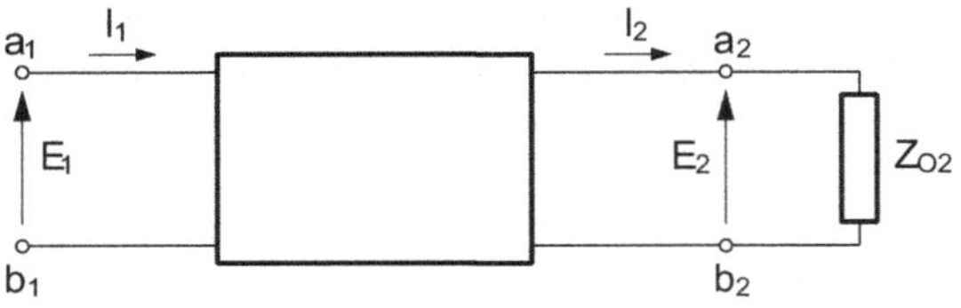

Figura 9.30

La parte real α de la constante de propagación se denomina *constante de atenuación* y se expresa en neperios.

La parte imaginaria β se expresa en radianes y se denomina *constante de fase*.

En un apartado posterior se estudiará el sentido físico de estas constantes.

9.2.1 Obtención de las constantes iterativas en función de los parámetros de transmisión del cuadripolo

Para el cuadripolo de la Figura 9.31, las ecuaciones con los parámetros de transmisión son:

$$E_1 = A E_2 + B I_2$$
$$I_1 = C E_2 + D I_2 \qquad (9.57)$$

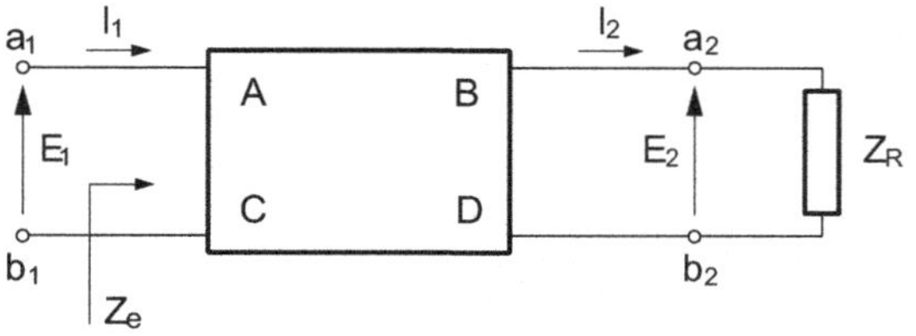

Figura 9.31

Al cerrar la salida del cuadripolo por una impedancia Z_R se tiene:

$$E_2 = Z_R I_2 \qquad (9.58)$$

Sustituyendo en las ecuaciones (9.57), se obtiene la impedancia de entrada:

$$Z_e = \frac{E_1}{I_1} = \frac{A Z_R + B}{C Z_R + D} \tag{9.59}$$

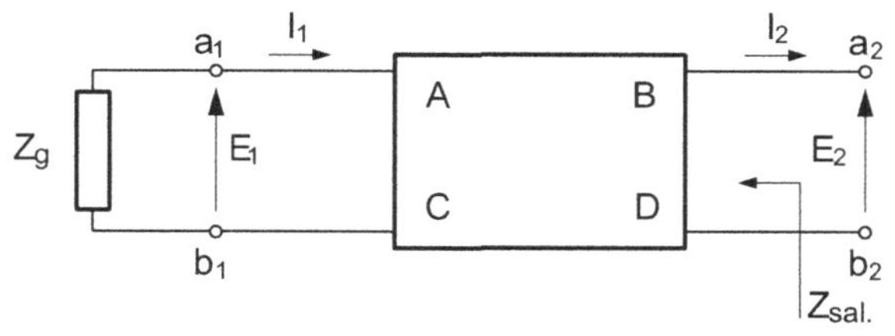

Figura 9.32

De la misma forma, si se cierra la entrada del cuadripolo (Figura 9.32) por una impedancia Z_g se tiene:

$$E_1 = -Z_g I_1 \tag{9.60}$$

y al sustituir en las ecuaciones (9.57) resulta:

$$\begin{aligned} -Z_g I_1 &= A E_2 + B I_2 \\ I_1 &= C E_2 + D I_2 \end{aligned} \tag{9.61}$$

y por lo tanto:

$$-Z_g (C E_2 + D I_2) = A E_2 + B I_2 \tag{9.62}$$

de donde se obtiene la impedancia de salida:

$$Z_{sal} = \frac{E_2}{-I_2} = \frac{D Z_g + B}{C Z_g + A} \tag{9.63}$$

De la definición de impedancias imagen, en las expresiones (9.59) y (9.63) se tiene:

$$Z_{01} = \frac{A Z_{02} + B}{C Z_{02} + D} \tag{9.64}$$

y

$$Z_{02} = \frac{D Z_{01} + B}{C Z_{01} + A} \tag{9.65}$$

De estas ecuaciones se deducen:

$$\begin{aligned} C Z_{01} Z_{02} + D Z_{01} &= A Z_{02} + B \\ C Z_{01} Z_{02} + A Z_{02} &= D Z_{01} + B \end{aligned} \tag{9.66}$$

Sumando primero y luego restando las dos ecuaciones del sistema anterior resulta:

$$\begin{aligned} C Z_{01} Z_{02} &= B \\ D Z_{01} &= A Z_{02} \end{aligned} \tag{9.67}$$

de donde:

$$\begin{aligned} Z_{01} Z_{02} &= \frac{B}{C} \\ \frac{Z_{01}}{Z_{02}} &= \frac{A}{D} \end{aligned} \tag{9.68}$$

resolviendo el sistema anterior obtenemos:

$$Z_{01} = \sqrt{\frac{A B}{C D}} \tag{9.69}$$

$$Z_{02} = \sqrt{\frac{D B}{C A}} \tag{9.70}$$

Si el cuadripolo es simétrico (A = D) las impedancias imágenes son iguales:

$$Z_{01} = Z_{02} = Z_0 = \sqrt{\frac{B}{C}} \tag{9.71}$$

Z_0 se denomina **impedancia característica** y representa, en un cuadripolo simétrico, a una impedancia tal que cerrada la entrada o la salida del cuadripolo por la impedancia característica Z_0 a la salida o entrada "se ve" ella misma. (Figura 9.33).

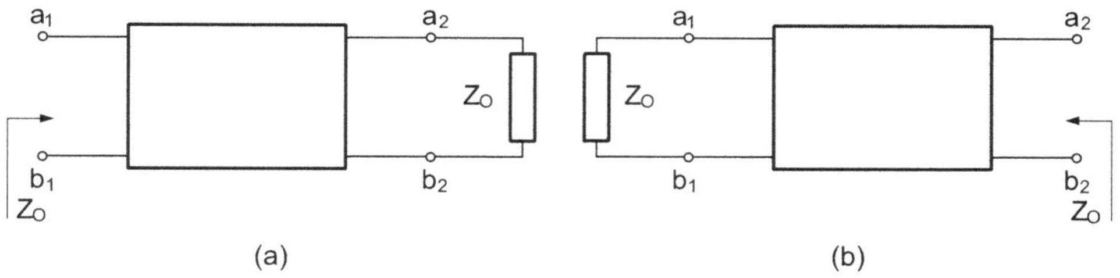

Figura 9.33

La constante de propagación γ puede también obtenerse en función de los parámetros ABCD del cuadripolo.

De las ecuaciones del sistema (9.57) se obtiene:

$$\left.\frac{E_1}{E_2}\right|_{Z_R=Z_{02}} = A + B \left.\frac{I_2}{E_2}\right|_{Z_R=Z_{02}} = A + \frac{B}{Z_{02}} \tag{9.72}$$

$$\left.\frac{I_1}{I_2}\right|_{Z_R=Z_{02}} = D + C \left.\frac{E_2}{I_2}\right|_{Z_R=Z_{02}} = D + C Z_{02} \tag{9.73}$$

Sustituyendo en las ecuaciones anteriores el valor de Z_{02} dado por la expresión (9.70) resulta:

$$\left.\frac{E_1}{E_2}\right|_{Z_R=Z_{02}} = A + B\sqrt{\frac{CA}{DB}} \tag{9.74}$$

$$\left.\frac{I_1}{I_2}\right|_{Z_R=Z_{02}} = D + C\sqrt{\frac{DB}{CA}} \tag{9.75}$$

Sustituyendo en la expresión (9.55) que define la constante de propagación obtenemos:

$$e^{2\gamma} = \left(A + B\sqrt{\frac{CA}{DB}}\right)\left(D + C\sqrt{\frac{DB}{CA}}\right) = \left(\sqrt{AD} + \sqrt{BC}\right)^2 \tag{9.76}$$

y por lo tanto:

$$e^{\gamma} = \sqrt{AD} + \sqrt{BC} \tag{9.77}$$

De la ecuación anterior y teniendo en cuenta la expresión (9.54) que cumplen los cuadripolos R, L, C, se obtiene:

$$e^{-\gamma} = \frac{1}{(\sqrt{AD} + \sqrt{BC})} = \frac{AD - BC}{(\sqrt{AD} + \sqrt{BC})} = \frac{(\sqrt{AD} + \sqrt{BC})(\sqrt{AD} - \sqrt{BC})}{(\sqrt{AD} + \sqrt{BC})} = \sqrt{AD} - \sqrt{BC} \tag{9.78}$$

De las ecuaciones (9.77) y (9.78) resulta:

$$Ch\gamma = \frac{e^{\gamma} + e^{-\gamma}}{2} = \sqrt{AD} \tag{9.79}$$

$$Sh\gamma = \frac{e^{\gamma} - e^{-\gamma}}{2} = \sqrt{BC} \tag{9.80}$$

y finalmente:

$$Th\gamma = \frac{Sh\gamma}{Ch\gamma} = \sqrt{\frac{BC}{AD}} \tag{9.81}$$

9.2.2 Determinación de las constantes iterativas en función de las impedancias en cortocircuito y en circuito abierto "vistas" desde los terminales de entrada y salida del cuadripolo

La impedancia de entrada del cuadripolo cuando los terminales de salida se encuentran en cortocircuito o en circuito abierto (Figura 9.34) se obtiene haciendo respectivamente $Z_R = 0$ ó $Z_R = \infty$ en la expresión (9.59), resultando:

$$Z_{1C} = \frac{B}{D} \tag{9.82}$$

$$Z_{1A} = \frac{A}{C} \tag{9.83}$$

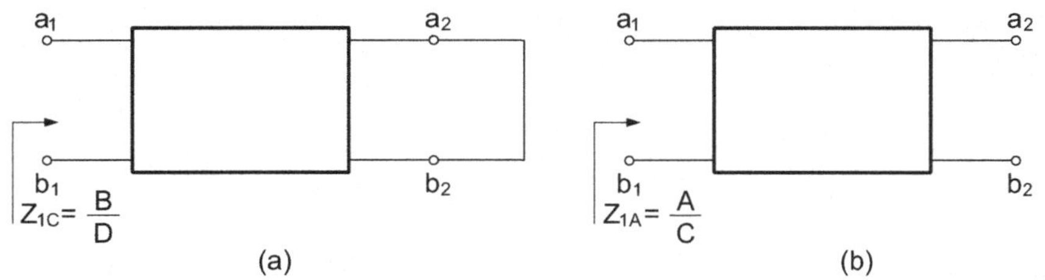

Figura 9.34

De la misma forma la expresión (9.63) permite obtener la impedancia de salida del cuadripolo cuando la entrada está en cortocircuito o en circuito abierto (Figura 9.35), resultando:

$$Z_{2C} = \frac{B}{A} \tag{9.84}$$

$$Z_{2A} = \frac{D}{C} \tag{9.85}$$

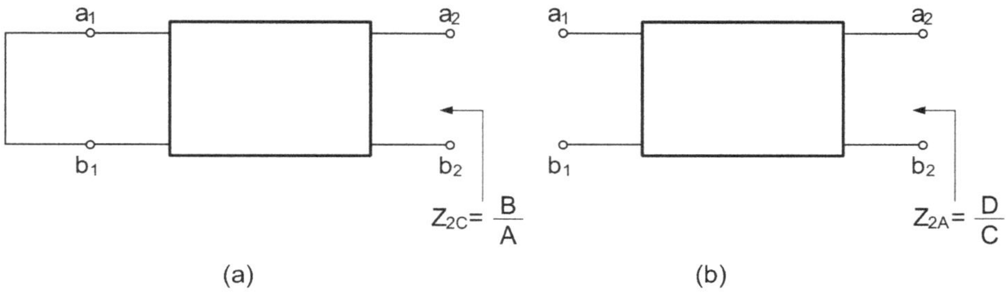

Figura 9.35

Sustituyendo las ecuaciones anteriores en las expresiones (9.69), (9.70) y (9.81) se obtienen:

$$Z_{01} = \sqrt{Z_{1C}\, Z_{1A}} \tag{9.86}$$

$$Z_{02} = \sqrt{Z_{2C}\, Z_{2A}} \tag{9.87}$$

$$Th\gamma = \sqrt{\frac{Z_{1C}}{Z_{1A}}} = \sqrt{\frac{Z_{2C}}{Z_{2A}}} \tag{9.88}$$

Estas ecuaciones se presentan especialmente útiles para encontrar las impedancias imágenes y la constante de propagación de un cuadripolo dado.

En la expresión (9.88) se deduce:

$$\frac{Z_{1C}}{Z_{1A}} = \frac{Z_{2C}}{Z_{2A}} \tag{9.89}$$

lo que indica que sólo es necesario realizar tres medidas de impedancia para poder obtener los parámetros imagen de un cuadripolo R, L, C.

9.2.3 Sentido físico de la constante de propagación

En la expresión (9.55) se definió la constante de propagación como:

$$e^{2\gamma} = \left.\frac{E_1}{E_2}\,\frac{I_1}{I_2}\right|_{Z_R=Z_{02}} \qquad (9.55\text{ bis})$$

siendo el sentido de las corrientes y tensiones el que se representa en la Figura 9.30.

Al estar el cuadripolo cerrado por su impedancia imagen de salida, a la entrada "se verá" la impedancia imagen de entrada, por lo que:

$$E_2 = Z_{02}\, I_2 \qquad (9.90)$$

$$E_1 = Z_{01}\, I_1 \qquad (9.91)$$

Al sustituir en la expresión (9.55 bis) resulta:

$$e^{2\gamma} = \left.\frac{Z_{01}}{Z_{02}}\,\frac{I_1^2}{I_2^2}\right|_{Z_R=Z_{02}} = \left.\frac{Z_{02}}{Z_{01}}\,\frac{E_1^2}{E_2^2}\right|_{Z_R=Z_{02}} \qquad (9.92)$$

y

$$e^{\gamma} = \left.\sqrt{\frac{Z_{01}}{Z_{02}}}\,\frac{I_1}{I_2}\right|_{Z_R=Z_{02}} = \left.\sqrt{\frac{Z_{02}}{Z_{01}}}\,\frac{E_1}{E_2}\right|_{Z_R=Z_{02}} \qquad (9.93)$$

Aun cuando en todo cuadripolo (R, L, C) se define la constante de propagación, es en los cuadripolos simétricos en los que toma un significado físico sencillo y preciso. Así, sobre el cuadripolo simétrico ($Z_{01} = Z_{02} = Z_0$) de la Figura 9.36, la expresión (9.93) resulta:

$$e^{\gamma} = \left.\frac{I_1}{I_2}\right|_{Z_R=Z_0} = \left.\frac{E_1}{E_2}\right|_{Z_R=Z_0} \qquad (9.94)$$

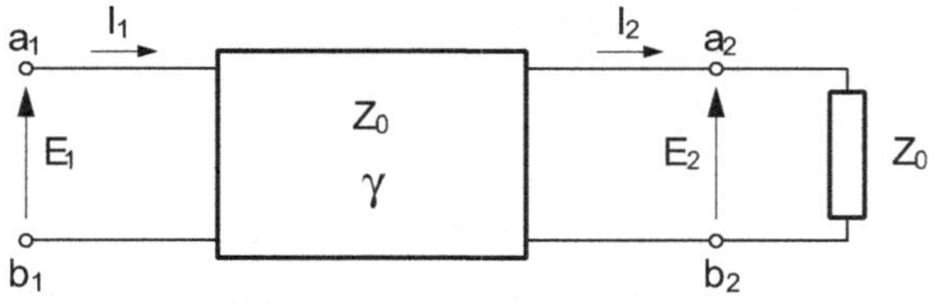

Figura 9.36

Los fasores corrientes y tensiones de entrada y salida, serán de la forma:

$$I_1 = I_{01}\, e^{j\varphi_1} \tag{9.95}$$

$$I_2 = I_{02}\, e^{j\varphi_2} \tag{9.96}$$

$$E_1 = E_{01}\, e^{j\varphi_3} \tag{9.97}$$

$$E_2 = E_{02}\, e^{j\varphi_4} \tag{9.98}$$

y al sustituir en (9.94) resulta:

$$e^{\gamma} = \frac{I_{01}}{I_{02}}\, e^{j(\varphi_1 - \varphi_2)} = \frac{E_{01}}{E_{02}}\, e^{j(\varphi_3 - \varphi_4)} \tag{9.99}$$

de donde se obtiene:

$$\gamma = L_n \frac{I_{01}}{I_{02}} + j(\varphi_1 - \varphi_2) = L_n \frac{E_{01}}{E_{02}} + j(\varphi_3 - \varphi_4) \tag{9.100}$$

La parte real de la constante de propagación es:

$$\alpha = L_n \frac{I_{01}}{I_{02}} = L_n \frac{E_{01}}{E_{02}} \tag{9.101}$$

que representa las *pérdidas de transmisión (en neperios) de corriente y de tensión cuando el cuadripolo se encuentra cerrado por su impedancia característica.*

La parte imaginaria de la constante de propagación es:

$$\beta = \varphi_1 - \varphi_2 = \varphi_3 - \varphi_4 \tag{9.102}$$

y representa el *desfasaje (en radianes) existente entre las corrientes o entre las tensiones de entrada y salida del cuadripolo cuando está cerrado por su impedancia característica.*

En la Figura 9.36, la potencia P_1 entregada a la entrada del cuadripolo es:

$$P_1 = \frac{1}{2}\, I_{01}^2\, R_e\,[Z_0] \tag{9.103}$$

y la recibida por la carga:

$$P_2 = \frac{1}{2}\, I_{02}^2\, R_e\,[Z_0] \tag{9.104}$$

Las pérdidas de transmisión serán:

$$\frac{1}{2} L_n \frac{P_1}{P_2} = L_n \frac{I_{01}}{I_{02}} = \alpha\,(Np) \tag{9.105}$$

Por lo tanto, la constante de atenuación representa también en un cuadripolo simétrico *las pérdidas de transmisión de potencia cuando éste se encuentra cerrado por su impedancia característica.*

Si el cuadripolo es asimétrico, las constantes de atenuación y de fase de los mismos, aunque dimensionalmente se expresan en neperios y radianes respectivamente, carecen del significado físico que tienen en los cuadripolos simétricos.

Un caso particular es aquel en el que el cuadripolo, aun siendo asimétrico, está formado únicamente por resistencias. Cuando esto sucede, las impedancias en c.c. y en c.a. obtenidas desde los terminales de entrada y salida serán resistivas puras y las impedancias imagen según se desprende de las ecuaciones (9.86) y (9.87) serán reales, R_{01} y R_{02}.

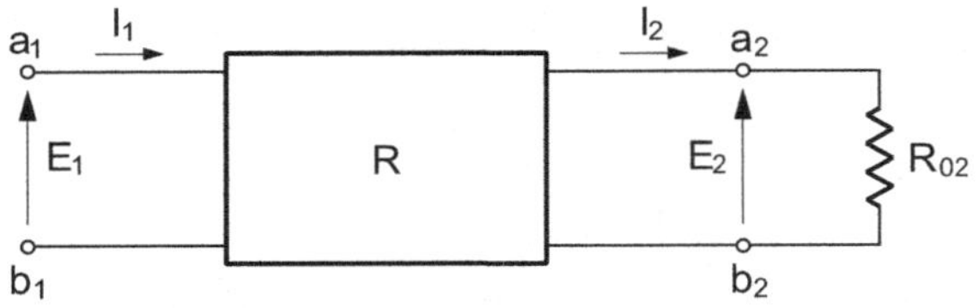

Figura 9.37

En el circuito de la Figura 9.37, al estar cerrado por su resistencia imagen de salida R_{02}, tendremos:

$$e^{\gamma} = e^{\alpha + j\beta} = \sqrt{\frac{R_{01}}{R_{02}}}\,\frac{I_1}{I_2} = \sqrt{\frac{R_{02}}{R_{01}}}\,\frac{E_1}{E_2} \tag{9.106}$$

de donde resulta:

$$e^{\alpha} = \sqrt{\frac{R_{01}}{R_{02}}}\,\frac{I_{01}}{I_{02}} = \sqrt{\frac{R_{02}}{R_{01}}}\,\frac{E_{01}}{E_{02}} \tag{9.107}$$

La potencia entregada a la entrada del cuadripolo será:

$$P_1 = \frac{1}{2} R_{01}\, I_{01}^2 \tag{9.108}$$

y la recibida por la carga:

$$P_2 = \frac{1}{2} R_{02}\, I_{02}^2 \qquad (9.109)$$

Las pérdidas de transmisión del cuadripolo resistivo, al cerrar por su impedancia imagen de salida, serán:

$$\frac{1}{2} L_n \frac{P_1}{P_2} = \frac{1}{2} L_n \frac{R_{01}\, I_{01}^2}{R_{02}\, I_{02}^2} \qquad (9.110)$$

de (9.107) se obtiene:

$$\frac{I_{01}}{I_{02}} = \sqrt{\frac{R_{02}}{R_{01}}}\, e^{\alpha} \qquad (9.111)$$

y al sustituir en (9.110) resulta:

$$\frac{1}{2} L_n \frac{P_1}{P_2} = \alpha \qquad (9.112)$$

Así pues, para *los cuadripolos resistivos, las pérdidas de transmisión de potencia, cuando se encuentran cerrados por su impedancia imagen de salida, coinciden con el valor de su constante de atenuación α (Np).*

9.2.4 Ecuaciones del cuadripolo en función de las constantes iterativas

Para el cuadripolo de la Figura 9.28, las ecuaciones del mismo en función de los parámetros A, B, C, D, son:

$$\begin{aligned} E_1 &= A\, E_2 + B\, I_2 \\ I_1 &= C\, E_2 + D\, I_2 \end{aligned} \qquad (9.113)$$

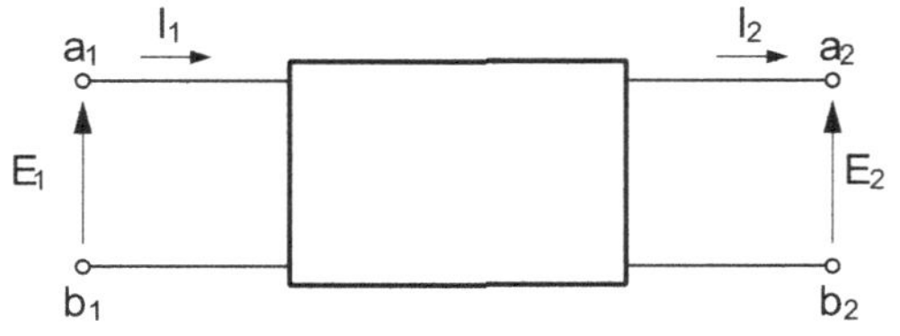

Figura 9.38

Por otro lado, del sistema de ecuaciones (9.68) y de las ecuaciones (9.79) y (9.80) se obtiene:

$$A = \sqrt{\frac{A}{D}}\sqrt{AD} = \sqrt{\frac{Z_{01}}{Z_{02}}}\, Ch\gamma \tag{9.114}$$

$$B = \sqrt{\frac{B}{C}}\sqrt{BC} = \sqrt{Z_{01}\, Z_{02}}\, Sh\gamma \tag{9.115}$$

$$C = \sqrt{\frac{C}{B}}\sqrt{BC} = \frac{Sh\gamma}{\sqrt{Z_{01}\, Z_{02}}} \tag{9.116}$$

$$D = \sqrt{\frac{D}{A}}\sqrt{AD} = \sqrt{\frac{Z_{02}}{Z_{01}}}\, Ch\gamma \tag{9.117}$$

Sustituyendo en las ecuaciones (9.113) resultan:

$$\begin{aligned} E_1 &= \sqrt{\frac{Z_{01}}{Z_{02}}}\, Ch\gamma\, E_2 + \sqrt{Z_{01}\, Z_{02}}\, Sh\gamma\, I_2 \\ I_1 &= \frac{Sh\gamma}{\sqrt{Z_{01}\, Z_{02}}}\, E_2 + \sqrt{\frac{Z_{02}}{Z_{01}}}\, Ch\gamma\, I_2 \end{aligned} \tag{9.118}$$

Si el cuadripolo es simétrico ($Z_{01} = Z_{02} = Z_0$) se tendrá:

$$\begin{aligned} E_1 &= Ch\gamma\, E_2 + Z_0\, Sh\gamma\, I_2 \\ I_1 &= \frac{Sh\gamma}{Z_0}\, E_2 + Ch\gamma\, I_2 \end{aligned} \tag{9.119}$$

9.2.5 Determinación de los parámetros imagen de las células más comunes

A modo de ejemplo, determinaremos a continuación los parámetros imagen de algunas células típicas, como son las células en "T", "π", "celosía" y "T shuntada".

a) Célula en "T".

Esta célula está indicada en la Figura 9.39.

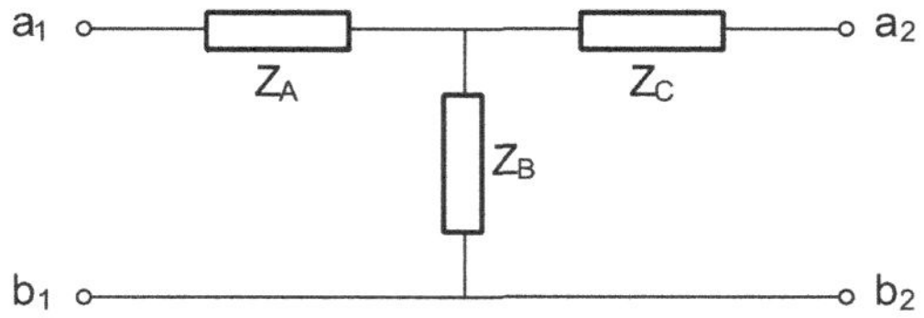

Figura 9.39

El cálculo de los parámetros imagen se realiza a partir de las impedancias en circuito abierto y en cortocircuito, como se vio en el apartado 9.2.1. Así para el cuadripolo de la Figura 9.39 se tiene:

$$Z_{1A} = Z_A + Z_B \tag{9.120}$$

$$Z_{1C} = Z_A + (Z_B /\!/ Z_C) \tag{9.121}$$

$$Z_{2A} = Z_C + Z_B \tag{9.122}$$

$$Z_{2C} = Z_C + (Z_A /\!/ Z_B) \tag{9.123}$$

y los valores de las impedancias imagen serán:

$$Z_{01} = \sqrt{Z_{1A} Z_{1C}} = \sqrt{(Z_A + Z_B)\left(Z_A + \frac{Z_B Z_C}{Z_C + Z_B}\right)} = \sqrt{Z_A Z_B + Z_A Z_C + Z_C Z_B}\,\sqrt{\frac{Z_A + Z_B}{Z_C + Z_B}} = Z_T \sqrt{\frac{Z_A + Z_B}{Z_C + Z_B}} \tag{9.124}$$

$$Z_{02} = \sqrt{Z_{2A} Z_{2C}} = \sqrt{(Z_C + Z_B)\left(Z_C + \frac{Z_A Z_B}{Z_A + Z_B}\right)} = \sqrt{Z_A Z_B + Z_A Z_C + Z_C Z_B}\,\sqrt{\frac{Z_C + Z_B}{Z_A + Z_B}} = Z_T \sqrt{\frac{Z_C + Z_B}{Z_A + Z_B}} \tag{9.125}$$

con

$$Z_T = \sqrt{Z_A Z_B + Z_A Z_C + Z_C Z_B} \tag{9.126}$$

La constante de propagación se obtiene a partir de la relación (9.88) o, en forma más cómoda, a partir de la relación siguiente, deducida de aquélla:

$$Ch\gamma = \frac{1}{\sqrt{1 - Th^2\gamma}} = \frac{1}{\sqrt{1 - \dfrac{Z_{1C}}{Z_{1A}}}} = \frac{1}{\sqrt{1 - \dfrac{Z_{2C}}{Z_{2A}}}} \qquad (9.127)$$

y para nuestro cuadripolo resulta:

$$Ch\gamma = \frac{\sqrt{(Z_A + Z_B)(Z_C + Z_B)}}{Z_B} \qquad (9.128)$$

Si el cuadripolo es simétrico, como se representa en la Figura 9.40, los valores de sus parámetros, deducidos de las relaciones (9.124), (9.125) y (9.128), son:

$$Z_{01} = Z_{02} = Z_0 = Z_T = \sqrt{Z_A^2 + 2\,Z_A\,Z_B} = Z_A\sqrt{1 + 2\,\frac{Z_B}{Z_A}} \qquad (9.129)$$

$$\gamma = Ch^{-1}\,\frac{Z_A + Z_B}{Z_B} = Ch^{-1}\left(1 + \frac{Z_A}{Z_B}\right) \qquad (9.130)$$

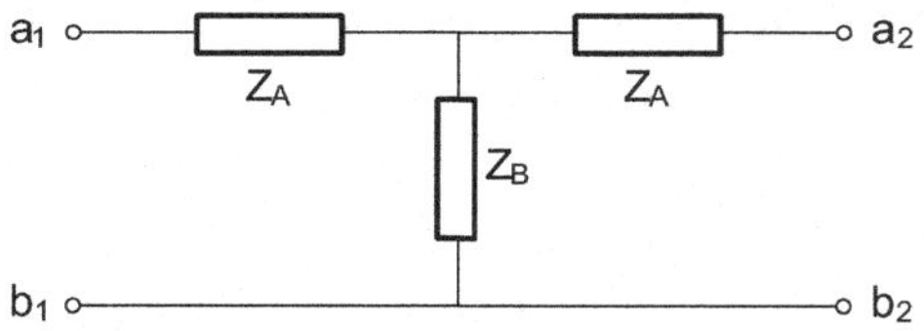

Figura 9.40

b) Célula en "π".

Esta célula es recíproca de la célula en T estudiada anteriormente. Para facilitar su estudio operaremos con las admitancias de las ramas. Su estructura está representada en la Figura 9.41.

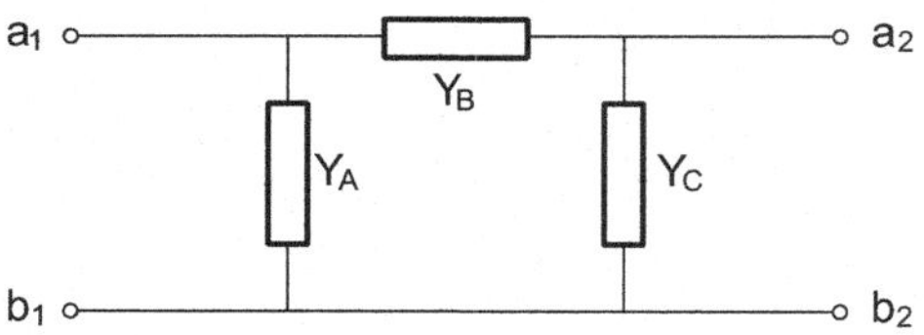

Figura 9.41

Las admitancias vistas desde ambas puertas de acceso con la otra puerta en cortocircuito o en circuito abierto son:

$$Y_{1A} = Y_A + \frac{Y_B\, Y_C}{Y_B + Y_C} \tag{9.131}$$

$$Y_{1C} = Y_A + Y_B \tag{9.132}$$

$$Y_{2A} = Y_C + \frac{Y_A\, Y_B}{Y_A + Y_B} \tag{9.133}$$

$$Y_{2C} = Y_C + Y_B \tag{9.134}$$

Las impedancias imagen serán:

$$Z_{01} = \sqrt{Y_{1A}^{-1}\; Y_{1C}^{-1}} = \frac{1}{\sqrt{Y_A\, Y_B + Y_A\, Y_C + Y_B\, Y_C}} \sqrt{\frac{Y_C + Y_B}{Y_A + Y_B}} = \frac{1}{Y_\pi} \sqrt{\frac{Y_C + Y_B}{Y_A + Y_B}} \tag{9.135}$$

$$Z_{02} = \sqrt{Y_{2A}^{-1}\; Y_{2C}^{-1}} = \frac{1}{\sqrt{Y_A\, Y_B + Y_A\, Y_C + Y_B\, Y_C}} \sqrt{\frac{Y_A + Y_B}{Y_C + Y_B}} = \frac{1}{Y_\pi} \sqrt{\frac{Y_A + Y_B}{Y_C + Y_B}} \tag{9.136}$$

con:

$$Y_\pi = \sqrt{Y_A\, Y_B + Y_A\, Y_C + Y_B\, Y_C} \tag{9.137}$$

La función de propagación se obtiene de (9.127) resultando:

$$\gamma = Ch^{-1} \frac{\sqrt{(Y_A + Y_B)\,(Y_C + Y_B)}}{Y_B} \tag{9.138}$$

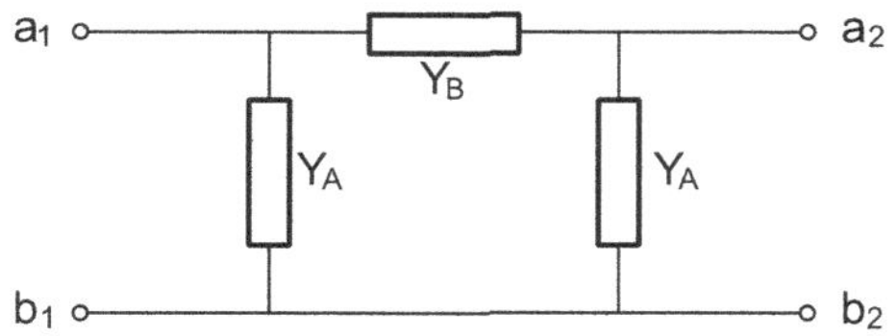

Figura 9.42

Si el cuadripolo es simétrico, como se indica en la Figura 9.42, los valores de sus parámetros resultan:

$$Z_{01} = Z_{02} = Z_0 = \frac{1}{Y_\pi} = \frac{1}{\sqrt{Y_A^2 + 2\,Y_A\,Y_B}} = \frac{1}{Y_A\sqrt{1 + \frac{2\,Y_B}{Y_A}}} = \frac{Z_A}{\sqrt{1 + \frac{2\,Z_A}{Z_B}}} \quad (9.139)$$

$$\gamma = Ch^{-1}\,\frac{Y_A + Y_B}{Y_B} = Ch^{-1}\left(1 + \frac{Y_A}{Y_B}\right) \quad (9.140)$$

c) Célula en "celosía".

Esta célula está representada en la Figura 9.43.

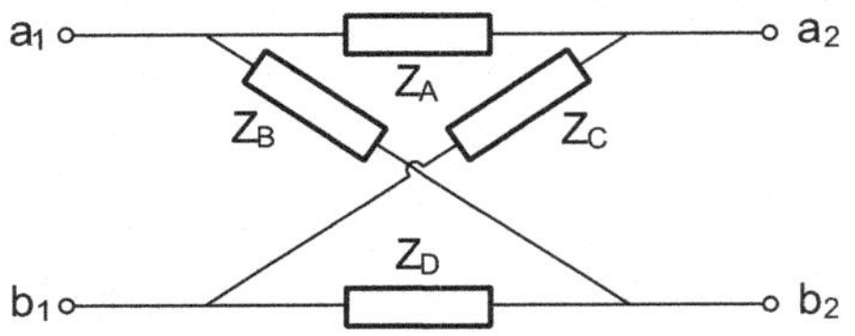

Figura 9.43

Las impedancias terminales en cortocircuito y circuito abierto son:

$$Z_{1A} = (Z_A + Z_C) \,/\!/\, (Z_B + Z_D) \quad (9.141)$$

$$Z_{1C} = (Z_A \,/\!/\, Z_B) + (Z_C \,/\!/\, Z_D) \quad (9.142)$$

$$Z_{2A} = (Z_A + Z_B) \,/\!/\, (Z_C + Z_D) \quad (9.143)$$

$$Z_{2C} = (Z_A \,/\!/\, Z_C) + (Z_B \,/\!/\, Z_D) \quad (9.144)$$

El cálculo de los parámetros imagen a partir de estos valores es relativamente laborioso y lo omitimos, pues la mayor utilidad de esta célula se obtiene cuando es simétrica, como se indica en la Figura 9.44.

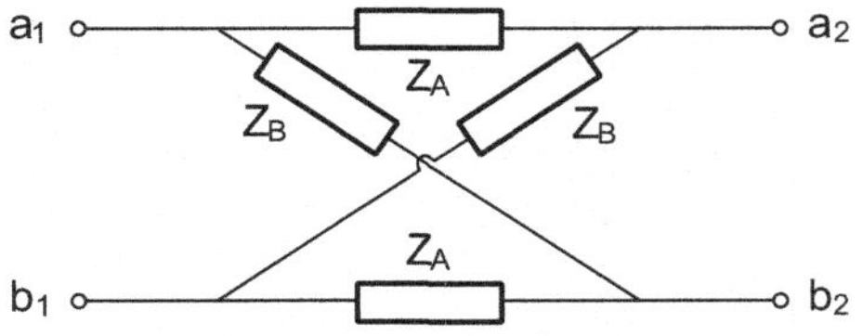

Figura 9.44

Para esta célula simétrica, los correspondientes valores de las impedancias en cortocircuito y circuito abierto son:

$$Z_{1A} = Z_{2A} = \frac{Z_A + Z_B}{2} \tag{9.145}$$

$$Z_{1C} = Z_{2C} = 2(Z_A /\!/ Z_B) = \frac{2 Z_A Z_B}{Z_A + Z_B} \tag{9.146}$$

Por lo que los parámetros imagen resultan:

$$Z_0 = \sqrt{Z_{1C}\, Z_{1A}} = \sqrt{Z_{2C}\, Z_{2A}} = \sqrt{Z_A\, Z_B} \tag{9.147}$$

$$\gamma = Th^{-1}\sqrt{\frac{Z_{1C}}{Z_{1A}}} = Th^{-1}\,\frac{2\sqrt{Z_A\, Z_B}}{Z_A + Z_B} \tag{9.148}$$

d) Célula en "T shuntada".

Esta red está representada en la Figura 9.45.

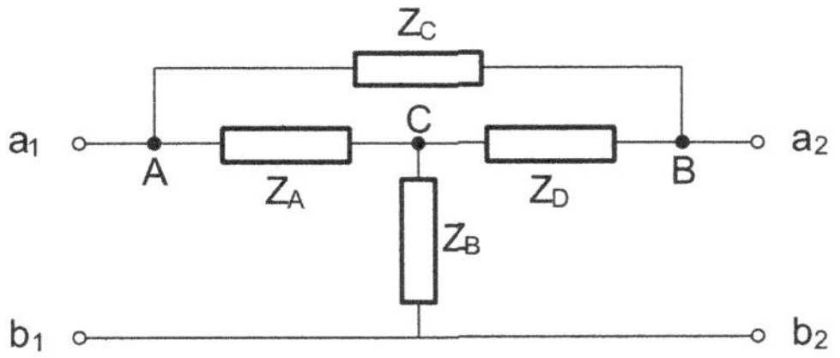

Figura 9.45

El cálculo de los parámetros de esta célula puede ser realizado convirtiéndola en una célula en T simple, mediante la transformación de la conexión en triángulo representada en la Figura 9.46a, en la conexión en estrella dada en la Figura 9.46b.

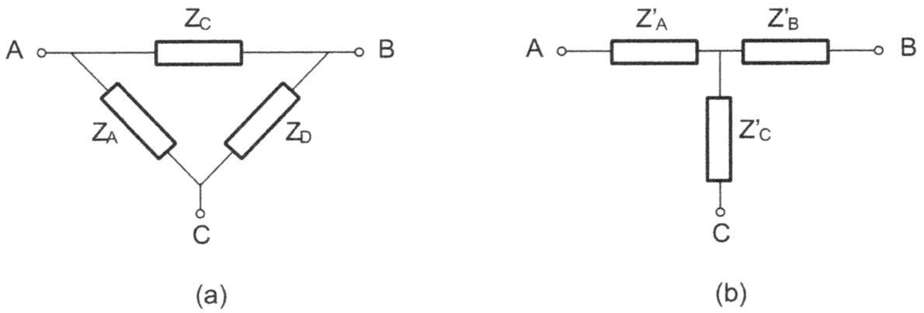

Figura 9.46

El cuadripolo resultante se representa en la Figura 9.47.

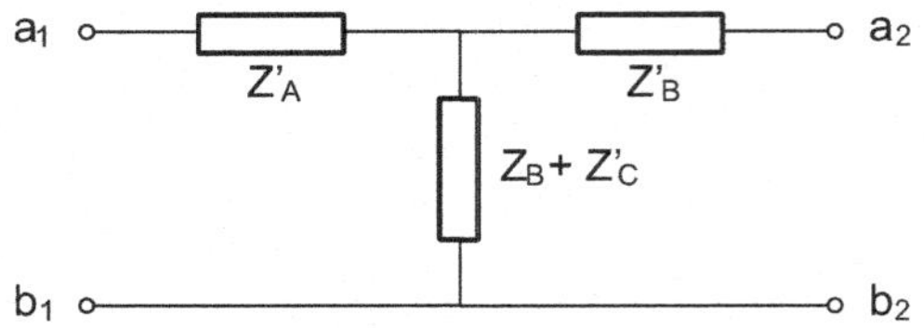

Figura 9.47

con:

$$Z_A^{\prime} = \frac{Z_A\, Z_C}{Z_A + Z_B + Z_C} \tag{9.149}$$

$$Z_C^{\prime} = \frac{Z_A\, Z_D}{Z_A + Z_B + Z_C} \tag{9.150}$$

$$Z_B^{\prime} = \frac{Z_C\, Z_D}{Z_A + Z_B + Z_C} \tag{9.151}$$

Aplicando al cuadripolo de la Figura 9.47, las ecuaciones (9.124), (9.125) y (9.126) obtenidas para una T simple, podemos calcular los parámetros imagen de la célula en T shuntada, no simétrica, cuyo desarrollo se propone al lector.

En la práctica, es común encontrar la célula en T shuntada simétrica, según se representa en la Figura 9.48, cuya red en T simétrica equivalente se muestra en la Figura 9.49.

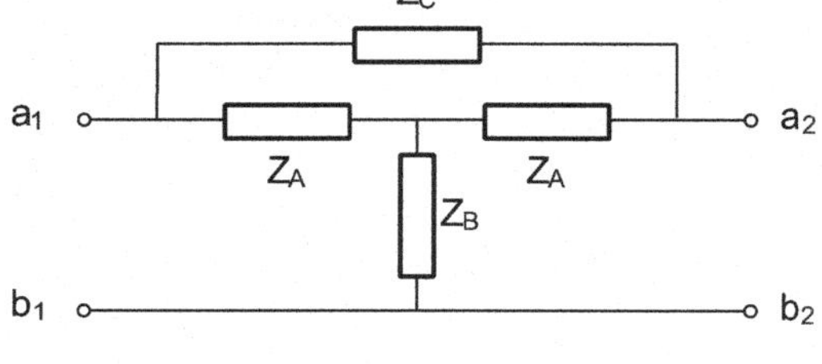

Figura 9.48

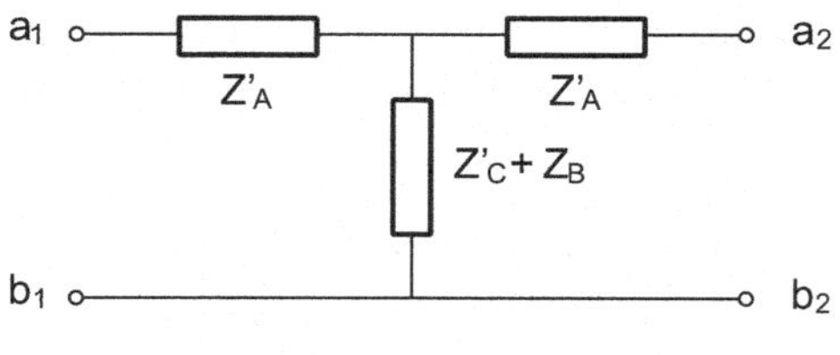

Figura 9.49

Los valores de las impedancias de la célula en T simétrica son:

$$Z_A^{\prime} = \frac{Z_A\, Z_C}{Z_C + 2Z_A} \tag{9.152}$$

$$Z_C' = \frac{Z_A^2}{Z_C + 2Z_A} \tag{9.153}$$

A partir de las ecuaciones (9.129) y (9.130) se obtienen:

$$Z_0 = Z_T = Z_A' \sqrt{1 + \frac{2(Z_B' + Z_C')}{Z_A'}} = \sqrt{\frac{Z_A\, Z_C(Z_A + 2\, Z_B)}{Z_C + Z_A}} \tag{9.154}$$

$$\gamma = Ch^{-1}\left[1 + \frac{Z_A'}{Z_B' + Z_C'}\right] = Ch^{-1}\left(1 + \frac{Z_A\, Z_C}{Z_A^2 + Z_B(2\, Z_A + Z_C)}\right) \tag{9.155}$$

9.3 ASOCIACIÓN DE CUADRIPOLOS

Los cuadripolos pueden conectarse entre sí de diversas formas, dando lugar a un cuadripolo equivalente cuyos parámetros pueden ser calculados a partir de los parámetros conocidos de cada uno de los cuadripolos que se asocian. Para cada una de estas asociaciones, y como se verá oportunamente, es conveniente el uso de una determinada familia de parámetros.

9.3.1 Asociación serie-serie

En esta asociación, las entradas y las salidas de los cuadripolos se conectan en serie. En la Figura 9.50 se representa esta conexión en la que en principio se cumplen las siguientes relaciones:

$$E_1 = E_1' = E_1'' \tag{9.156}$$

$$E_2 = E_2' = E_2'' \tag{9.157}$$

Además, puede observarse que al interconectar ambos cuadripolos, se forma una posible nueva malla entre ambos (dependerá de su estructura interna), pudiendo circular una corriente por dicha malla, denominada "corriente de circulación" I_c. Si se cumple la condición de Brune, que se definirá y demostrará posteriormente, esta corriente de circulación será nula, en cuyo caso, en la Figura 9.50, podemos establecer las siguientes relaciones:

$$I_1 = I_1' + I_1'' \tag{9.158}$$

$$I_2 = I_2' + I_2'' \tag{9.159}$$

Si la corriente de circulación fuera distinta de cero, la corriente que entra por el terminal a'$_1$ será distinta de la que sale por b'$_1$, y la que entra por a'$_2$ será distinta de la que sale por b'$_2$, condiciones que sí satisface el cuadripolo aislado. Lo mismo puede decirse de las corrientes a la entrada y a la salida del cuadripolo Q". En esta situación no podríamos aplicarles a cada uno de los cuadripolos las ecuaciones generales que se dedujeron en los apartados anteriores.

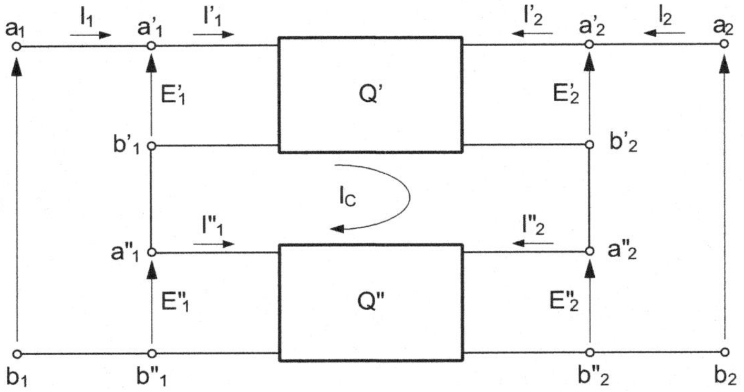

Figura 9.50

En la Figura 9.50, supuesta $I_c = 0$, las ecuaciones de cada cuadripolo son las mismas que cuando están aislados, es decir:

$$\begin{pmatrix} E_1^{/} \\ \\ E_2^{/} \end{pmatrix} = \begin{pmatrix} z_{11}^{/} & z_{12}^{/} \\ \\ z_{21}^{/} & z_{22}^{/} \end{pmatrix} \begin{pmatrix} I_1^{/} \\ \\ I_2^{/} \end{pmatrix} \tag{9.160}$$

$$\begin{pmatrix} E_1^{//} \\ \\ E_2^{//} \end{pmatrix} = \begin{pmatrix} z_{11}^{//} & z_{12}^{//} \\ \\ z_{21}^{//} & z_{22}^{//} \end{pmatrix} \begin{pmatrix} I_1^{//} \\ \\ I_2^{//} \end{pmatrix} \tag{9.161}$$

Sumando ambas ecuaciones matriciales y teniendo en cuenta las relaciones (9.156) a (9.159), tenemos:

$$\begin{pmatrix} E_1 \\ \\ E_2 \end{pmatrix} = \begin{pmatrix} E_1^{/} + E_1^{//} \\ \\ E_2^{/} + E_2^{//} \end{pmatrix} = \begin{pmatrix} z_{11}^{/} + z_{11}^{//} & z_{12}^{/} + z_{12}^{//} \\ \\ z_{21}^{/} + z_{21}^{//} & z_{22}^{/} + z_{22}^{//} \end{pmatrix} \begin{pmatrix} I_1 \\ \\ I_2 \end{pmatrix} \tag{9.162}$$

De la ecuación anterior se deduce que la matriz de parámetros "z" del cuadripolo equivalente es la que se obtiene sumando las matrices de parámetros "z" de cada cuadripolo.

Es decir:

$$\begin{pmatrix} z_{11} & z_{12} \\ z_{21} & z_{22} \end{pmatrix} = \begin{pmatrix} z_{11}^{/} + z_{11}^{//} & z_{12}^{/} + z_{12}^{//} \\ z_{21}^{/} + z_{21}^{//} & z_{22}^{/} + z_{22}^{//} \end{pmatrix} \qquad (9.163)$$

y en forma abreviada:

$$(Z) = (Z^{/}) + (Z^{//}) \qquad (9.164)$$

La relación (9.163) se ha obtenido suponiendo que la corriente de circulación es nula. Veamos ahora la condición que esta asociación debe cumplir para que esto suceda, condición o test de Brune.

Para ello, acudimos al circuito mostrado en la Figura 9.51.

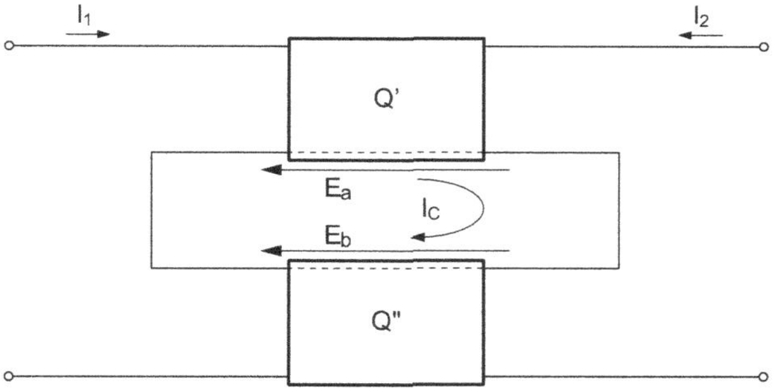

Figura 9.51

En la Figura 9.51, es evidente que para que I_c sea nula, la condición necesaria y suficiente, cualquiera que sean los valores de I_1 e I_2, es que con $I_c = 0$, la suma de las caídas de tensión en la malla por la que circula I_c sea cero; es decir, deberá cumplirse la segunda ley de Kirchhoff:

$$E_a = E_b = 0 \qquad (9.165)$$

siendo E_a y E_b las tensiones que provocadas exclusivamente por I_1 e I_2 aparecen sobre los cuadripolos Q' y Q", respectivamente.

Al ser los cuadripolos lineales, aplicando al teorema de superposición, se tiene:

$$E_a = E_{a,1} + E_{a,2} = \alpha_1 I_1 + \alpha_2 I_2 \qquad (9.166)$$

$$E_b = E_{b,1} + E_{b,2} = \alpha_3 I_1 + \alpha_4 I_2 \qquad (9.167)$$

donde $E_{a,1}$ y $E_{a,2}$ son los valores de las tensiones creadas por las corrientes I_1 e I_2, respectivamente, al actuar por separado. Lo mismo puede decirse con respecto a $E_{b,1}$ y $E_{b,2}$.

Las constantes α_1, α_2, α_3 y α_4 dependen de la composición interna de los cuadripolos que se asocian.

Para que la relación (9.165) se cumpla cualquiera que sea el valor de las corrientes I_1 e I_2, es decir, para que:

$$\alpha_1 I_1 + \alpha_2 I_2 = \alpha_3 I_1 + \alpha_4 I_2 \qquad (9.168)$$

es condición necesaria y suficiente que:

$$\alpha_1 = \alpha_3 \qquad (9.169)$$

$$\alpha_2 = \alpha_4 \qquad (9.170)$$

de donde se deduce que:

$$E_{a,1} = \alpha_1 I_1 = \alpha_3 I_1 = E_{b,1} \qquad (9.171)$$

$$E_{a,2} = \alpha_2 I_2 = \alpha_4 I_2 = E_{b,2} \qquad (9.172)$$

lo que indica que deben ser iguales las contribuciones a las tensiones totales E_a y E_b creadas independientemente por cada corriente I_1 e I_2.

Así, la contribución de I_1 se obtiene haciendo $I_2 = 0$ (circuito abierto en la salida) y alimentando la asociación con una corriente I_1, como se indica en la Figura 9.52.

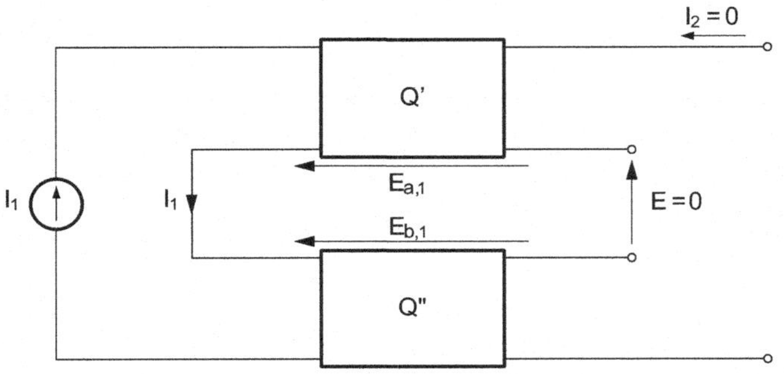

Figura 9.52

En la Figura 9.52 se tiene:

$$E = E_{b,1} - E_{a,1} \qquad (9.173)$$

y para que se cumpla la relación (9.171), la tensión E medida en el circuito debe ser nula, cualquiera que sea I_1.

Simultáneamente, la contribución de I_2 se realiza haciendo $I_1 = 0$ (circuito abierto en la entrada) y alimentando la asociación con una corriente I_2 como se indica en la Figura 9.53.

Si debe cumplirse la relación (9.172), la tensión E medida en el circuito debe ser nula, cualquiera que sea I_2.

Se deduce pues de todo lo dicho que la condición necesaria y suficiente para que la corriente de circulación sea nula es que en los circuitos indicados en las Figuras 9.52 y 9.53, las tensiones E medidas sean ambas nulas. Sólo así será de aplicación la relación (9.163), entre los parámetros "z" del cuadripolo total y los de los cuadripolos asociados.

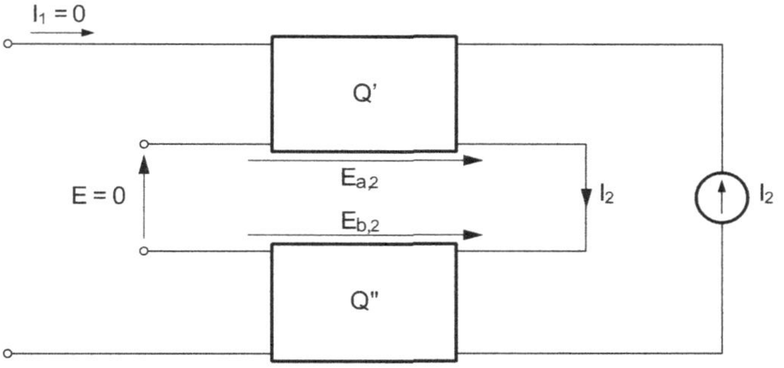

Figura 9.53

En algunas aplicaciones en las que se desea obtener la matriz de parámetros "z" como suma de varias matrices elementales para así descomponer el cuadripolo en varios cuadripolos conectados en asociación serie-serie y en el supuesto de que la condición de Brune no se cumpla, aún es de aplicación la relación encontrada en (9.163), añadiendo uno o más transformadores ideales, tal como se muestra en la Figura 9.54, que impiden la corriente de circulación al abrir el circuito a través del cual se establece esta corriente, sin afectar a las corrientes de entrada y salida de cada cuadripolo. Puede observarse que lo pretendido se consigue colocando un transformador ideal en una de las puertas de acceso de cualquier cuadripolo.

En el caso de que la asociación sea de **n** cuadripolos, suponiendo que son nulas las corrientes en las **n-1** mallas formadas entre los **n** cuadripolos que se asocian, generalizando la relación (9.164) se obtiene:

$$(Z) = \sum_{i=1}^{n} (Z)^i \qquad (9.174)$$

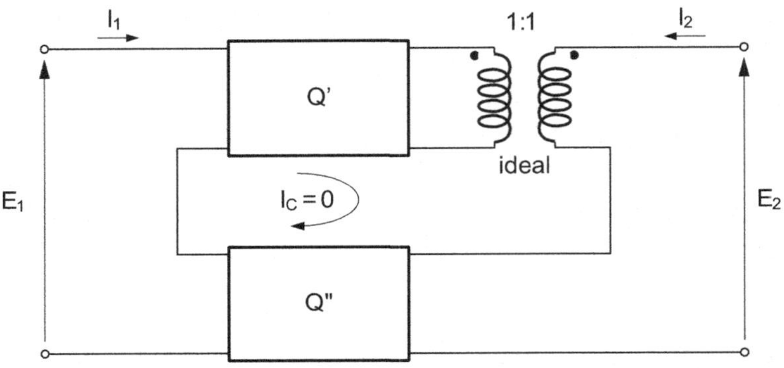

Figura 9.54

9.3.2 Asociación paralelo-paralelo

En esta conexión, la cual se representa en la Figura 9.55, se cumplen en principio las siguientes relaciones:

$$E_1 = E_1' = E_1'' \tag{9.175}$$

$$E_2 = E_2' = E_2'' \tag{9.176}$$

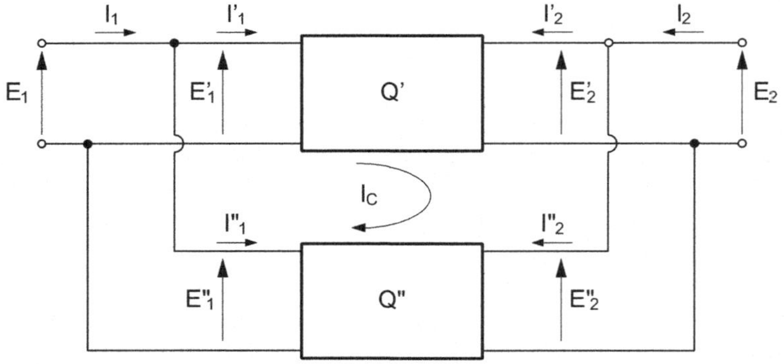

Figura 9.55

Al conectar ambos cuadripolos, se forman diferentes mallas entre los terminales de entrada y salida de los mismos (dependerá de las estructuras internas de los cuadripolos), pudiendo circular por ellas unas corrientes, denominadas corrientes de circulación. Si se cumple la condición de Brune (que se definirá y demostrará posteriormente), todas estas corrientes de circulación serán nulas y cada uno de los cuadripolos cumplirá las mismas ecuaciones que cuando está aislado, esto es:

$$\begin{pmatrix} I_1' \\ I_2' \end{pmatrix} = \begin{pmatrix} y_{11}' & y_{12}' \\ y_{21}' & y_{22}' \end{pmatrix} \begin{pmatrix} E_1' \\ E_2' \end{pmatrix} \qquad (9.177)$$

$$\begin{pmatrix} I_1'' \\ I_2'' \end{pmatrix} = \begin{pmatrix} y_{11}'' & y_{12}'' \\ y_{21}'' & y_{22}'' \end{pmatrix} \begin{pmatrix} E_1'' \\ E_2'' \end{pmatrix} \qquad (9.178)$$

Por otro lado, en la conexión de la Figura 9.55 se cumple:

$$I_1 = I_1' + I_1'' \qquad (9.179)$$

$$I_2 = I_2' + I_2'' \qquad (9.180)$$

Sumando las ecuaciones matriciales (9.177) y (9.178) y teniendo en cuenta las relaciones (9.175), (9.176), (9.179) y (9.180) tenemos:

$$\begin{pmatrix} I_1 \\ I_2 \end{pmatrix} = \begin{pmatrix} I_1' + I_1'' \\ I_2' + I_2'' \end{pmatrix} = \begin{pmatrix} y_{11}' + y_{11}'' & y_{12}' + y_{12}'' \\ y_{21}' + y_{21}'' & y_{22}' + y_{22}'' \end{pmatrix} \begin{pmatrix} E_1 \\ E_2 \end{pmatrix} \qquad (9.181)$$

Lo cual permite deducir que la matriz (Y) del cuadripolo equivalente es:

$$\begin{pmatrix} y_{11} & y_{12} \\ y_{21} & y_{22} \end{pmatrix} = \begin{pmatrix} y_{11}' + y_{11}'' & y_{12}' + y_{12}'' \\ y_{21}' + y_{21}'' & y_{22}' + y_{22}'' \end{pmatrix} \qquad (9.182)$$

es decir:

$$(Y) = (Y') + (Y'') \qquad (9.183)$$

Veamos ahora la condición que esta asociación debe cumplir para que las corrientes de circulación sean nulas, condición o test de Brune. Para ello, acudiremos al circuito mostrado en la Figura 9.56, en la que se indican las cuatro posibles mallas que se pueden crear entre las entradas y salidas de ambos cuadripolos.

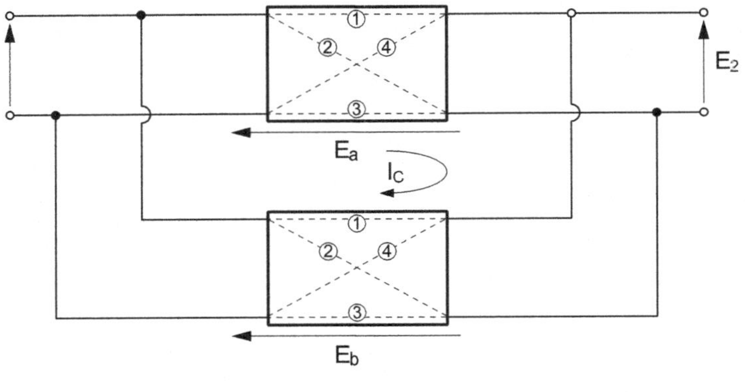

Figura 9.56

En la Figura 9.56, es evidente que para que cualquiera de las corrientes de circulación (indicadas genéricamente por I_c) sea nula, la condición necesaria y suficiente, cualquiera que sean los valores de E_1 y E_2, impuesta $I_c = 0$, es:

$$E_a - E_b = 0 \quad (9.184)$$

siendo E_a y E_b las tensiones que provocadas exclusivamente por E_1 y E_2 aparecen sobre los cuadripolos Q' y Q", respectivamente. En rigor, ésta sería la condición para que fuese cero la corriente en la malla signada con el 3 en la Figura 9.56. Sin embargo, conseguido lo anterior, también serán nulas las corrientes en las otras posibles mallas, ya que las diferencias entre éstas y la anterior (signada con 3) es la de introducir los términos E_1 - E_1 o E_2 - E_2. Así por ejemplo, para la malla 2 la ecuación es:

$$E_1 + E_a - E_b - E_1 = 0 \quad (9.185)$$

y para la malla 4 se tiene:

$$E_1 + E_a - E_2 + E_2 - E_b - E_1 = 0 \quad (9.186)$$

ecuaciones estas últimas idénticas a la (9.184).

Por ser los cuadripolos lineales, las tensiones producidas por E_1y E_2 son:

$$E_a = \alpha_1 E_1 + \alpha_2 E_2 = E_{a,1} + E_{a,2} \quad (9.187)$$

$$E_b = \alpha_3 E_1 + \alpha_4 E_2 = E_{b,1} + E_{b,2} \quad (9.188)$$

donde $E_{a,1}$ y $E_{a,2}$ son las tensiones creadas por E_1 y E_2, respectivamente. Lo mismo puede decirse respecto a $E_{b,1}$ y $E_{b,2}$.

Como en la asociación serie-serie las constantes α_1, α_2, α_3 y α_4 dependerán de la composición interna de los cuadripolos que se asocian.

Para que la relación (9.184) se cumpla, cualquiera que sean los valores de E_1 y E_2, es decir, para que:

$$\alpha_1 E_1 + \alpha_2 E_2 = \alpha_3 E_1 + \alpha_4 E_2 \quad (9.189)$$

es condición necesaria y suficiente que:

$$\alpha_1 = \alpha_3$$
$$\alpha_2 = \alpha_4 \quad (9.190)$$

de donde se deduce que:

$$E_{a,1} = \alpha_1 E_1 = \alpha_3 E_1 = E_{b,1} \quad (9.191)$$

$$E_{a,2} = \alpha_2 E_2 = \alpha_4 E_2 = E_{b,2} \quad (9.192)$$

Las expresiones anteriores indican que deben ser iguales las contribuciones a las tensiones totales E_a y E_b creadas independientemente por cada tensión E_1 y E_2. Así, la contribución de E_1 se obtiene haciendo $E_2 = 0$ (cortocircuitando la salida de ambos cuadripolos) y alimentando el conjunto con una tensión E_1, como se indica en la Figura 9.57.

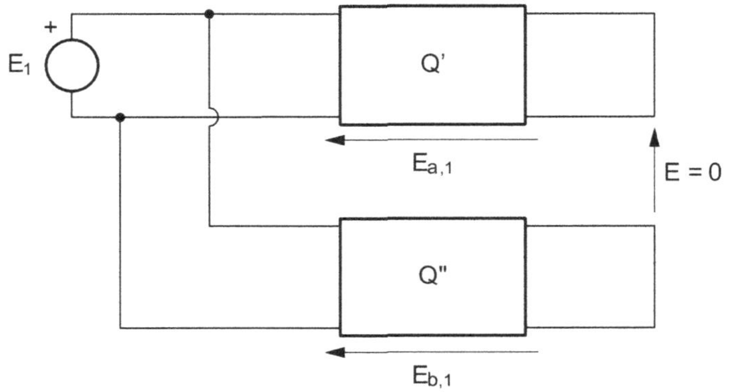

Figura 9.57

En ella se tiene:

$$E = E_{b,1} - E_{a,1} \quad (9.193)$$

y si se debe cumplir la relación (9.191), la tensión E medida en el circuito debe ser nula, cualquiera que sea E_1.

Así mismo, la contribución de E_2 se obtiene haciendo $E_1 = 0$ (cortocircuitando la entrada de ambos cuadripolos) y alimentando la asociación con una tensión E_2, como se indica en la Figura 9.58.

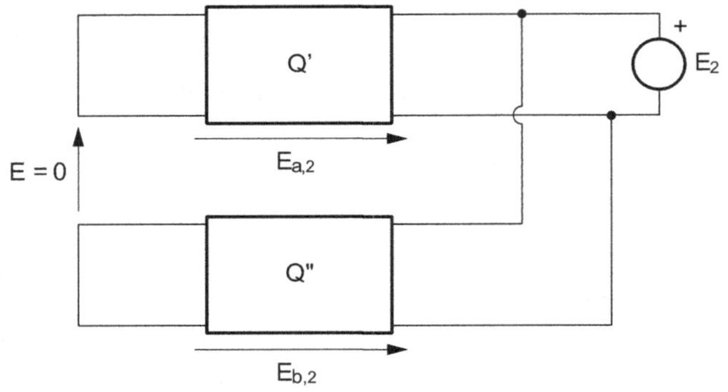

Figura 9.58

Para que se cumpla la relación (9.192), la tensión E medida en el circuito debe ser nula, cualquiera que sea E_2.

Se deduce de todo lo dicho que la condición necesaria y suficiente para que la corriente de circulación (cualquiera de ellas) sea nula es que en los circuitos mostrados en las Figuras 9.57 y 9.58, las tensiones E medidas sean ambas nulas. Sólo así será de aplicación la relación (9.182) entre los parámetros "y" del cuadripolo total y los de los cuadripolos asociados.

En la asociación representada en la figura (9.59) el transformador ideal garantiza que no exista corriente de circulación y los parámetros "y" del cuadripolo resultante se pueden obtener sumando los parámetros "y" de los cuadripolos que forman la asociación.

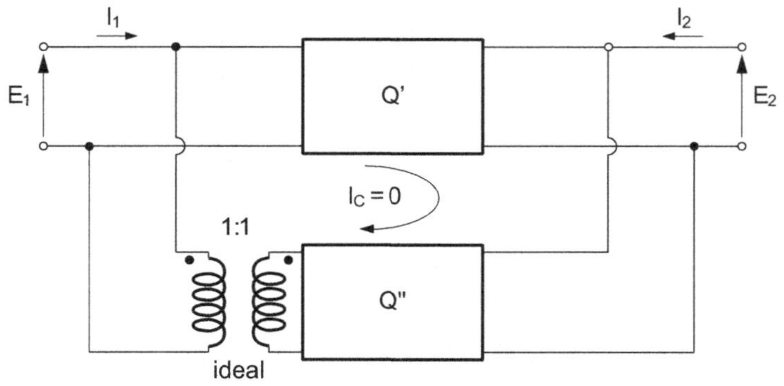

Figura 9.59

En el caso de que la asociación sea de **n** cuadripolos, suponiendo que son nulas las posibles corrientes de circulación que se puedan crear, generalizando la relación (9.183) se obtiene:

$$(Y) = \sum_{i=1}^{n} (Y)^{i} \tag{9.194}$$

La asociación paralelo-paralelo de cuadripolos puestos a tierra (tienen un terminal común a la entrada y a la salida) satisface siempre el test de Brune, como fácilmente puede comprobar el lector.

9.3.3 Asociación serie-paralelo

En esta conexión, las entradas de los cuadripolos se conectan en serie y las salidas en paralelo. En la Figura 9.60, se representa esta asociación en la que se cumplen las siguientes relaciones:

$$E_1 = E_1^{/} + E_1^{//} \tag{9.195}$$

$$E_2 = E_2^{/} = E_2^{//} \tag{9.196}$$

Al interconectar ambos cuadripolos, se forman dos posibles mallas entre los mismos (dependerá de la estructura interna de los cuadripolos) pudiendo circular por ellas unas corrientes de circulación (indicadas por I_c en la Figura 9.60), que circulan sobre uno solo de los terminales de cualquiera de las puertas de acceso. Si se cumple la condición de Brune, que se definirá y demostrará posteriormente, las corrientes de circulación serán nulas, en cuyo caso, en la Figura 9.60, podemos establecer las siguientes relaciones:

$$\begin{pmatrix} E_1^{/} \\ I_2^{/} \end{pmatrix} = \begin{pmatrix} h_{11}^{/} & h_{12}^{/} \\ h_{21}^{/} & h_{22}^{/} \end{pmatrix} \begin{pmatrix} I_1^{/} \\ E_2^{/} \end{pmatrix} \tag{9.197}$$

$$\begin{pmatrix} E_1^{//} \\ I_2^{//} \end{pmatrix} = \begin{pmatrix} h_{11}^{//} & h_{12}^{//} \\ h_{21}^{//} & h_{22}^{//} \end{pmatrix} \begin{pmatrix} I_1^{//} \\ E_2^{//} \end{pmatrix} \tag{9.198}$$

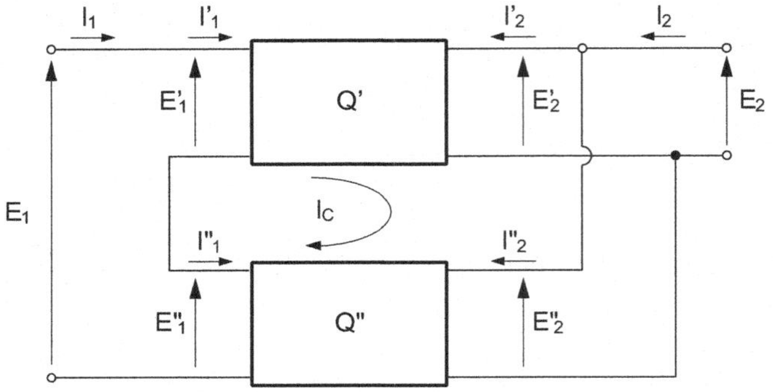

Figura 9.60

Además, también se verifica:

$$I_1 = I_1^{/} = I_1^{//} \tag{9.199}$$

$$I_2 = I_2^{/} + I_2^{//} \tag{9.200}$$

Sumando las ecuaciones matriciales y teniendo en cuenta las relaciones (9.195), (9.196), (9.199) y (9.200) tenemos:

$$\begin{pmatrix} E_1 \\ I_2 \end{pmatrix} = \begin{pmatrix} E_1^{/} + E_1^{//} \\ I_2^{/} + I_2 \end{pmatrix} = \begin{pmatrix} h_{11}^{/} + h_{11}^{//} & h_{12}^{/} + h_{12}^{//} \\ h_{21}^{/} + h_{21}^{//} & h_{22}^{/} + h_{22}^{//} \end{pmatrix} \begin{pmatrix} I_1 \\ E_2 \end{pmatrix} \tag{9.201}$$

lo cual permite deducir que la matriz de parámetros “h” del cuadripolo equivalente es:

$$\begin{pmatrix} h_{11} & h_{12} \\ h_{21} & h_{22} \end{pmatrix} = \begin{pmatrix} h_{11}^{/} + h_{11}^{//} & h_{12}^{/} + h_{12}^{//} \\ h_{21}^{/} + h_{21}^{//} & h_{22}^{/} + h_{22}^{//} \end{pmatrix} \tag{9.202}$$

y, en forma simplificada, podemos decir:

$$(H) = (H^{/}) + (H^{//}) \tag{9.203}$$

Veamos ahora la condición que esta asociación debe cumplir para que las corrientes de circulación sean nulas, condición o test de Brune. Para ello, acudiremos al circuito mostrado en la Figura 9.61, en la que se indican las dos posibles mallas que se pueden crear entre ambos cuadripolos.

En la Figura 9.61 es evidente que para que cualquiera de las corrientes de circulación (indicadas genéricamente por I_c) sea nula, la condición necesaria y suficiente, cualquiera que sean los valores de I_1 y E_2, supuesta $I_c = 0$, es:

$$E_a - E_b - E_2 = 0 \qquad (9.204)$$

siendo E_a y E_b las tensiones que provocadas exclusivamente por I_1 y E_2 aparecen sobre los cuadripolos Q' y Q", respectivamente.

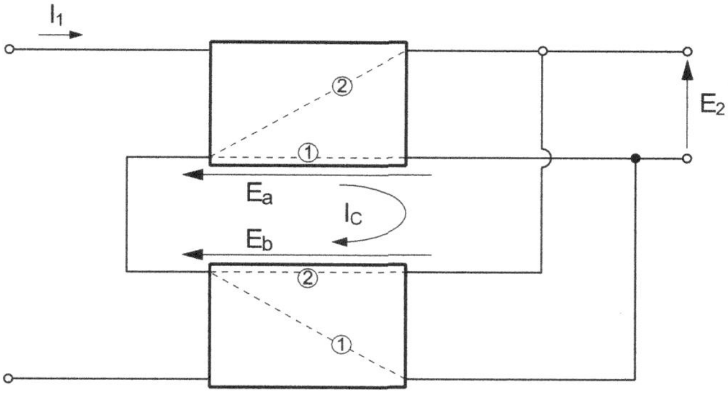

Figura 9.61

Al ser los cuadripolos lineales se cumple:

$$E_a = \alpha_1 I_1 + \alpha_2 E_2 = E_{a,1} + E_{a,2} \qquad (9.205)$$

$$E_b = \alpha_3 I_1 + \alpha_4 E_2 = E_{b,1} + E_{b,2} \qquad (9.206)$$

donde $E_{a,1}$ y $E_{a,2}$ son los valores de E_a creados por I_1 y E_2, respectivamente. Lo mismo puede decirse respecto a $E_{b,1}$ y $E_{b,2}$.

Para que la relación (9.204) se cumpla, cualquiera que sean los valores de I_1 y E_2, es decir, para que:

$$(\alpha_1 I_1 + \alpha_2 E_2) - (\alpha_3 I_1 + \alpha_4 E_2) = E_2 \qquad (9.207)$$

es condición necesaria y suficiente que:

$$\alpha_1 = \alpha_3 \qquad (9.208)$$

$$\alpha_2 - \alpha_4 = 1 \qquad (9.209)$$

por lo que se deduce que:

$$E_{a,1} = \alpha_1 I_1 = \alpha_3 I_1 = E_{b,1} \qquad (9.210)$$

$$E_{a,2} - E_{b,2} = \alpha_2 E_2 - \alpha_4 E_2 = E_2 \qquad (9.211)$$

lo que indica que deben ser iguales las tensiones E_a y E_b debidas a la corriente I_1, siendo la diferencia de las debidas a E_2 igual precisamente a esta tensión cualquiera que sea su valor.

La contribución de I_1 se obtiene haciendo $E_2 = 0$ (cortocircuitando la salida de ambos cuadripolos) y alimentando el conjunto con una corriente I_1, como se indica en la Figura 9.62.

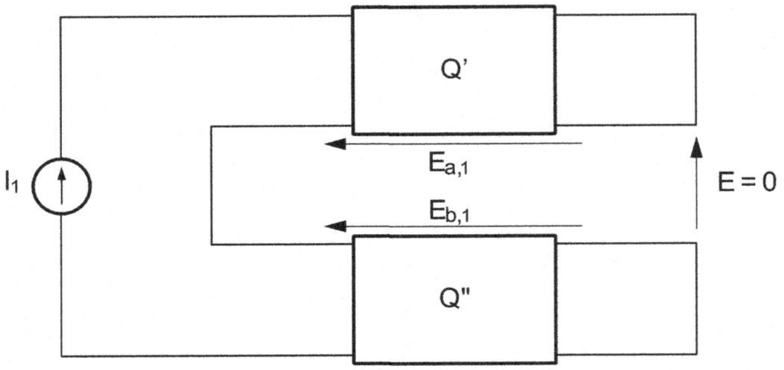

Figura 9.62

En esta figura se tiene:

$$E = E_{b,1} - E_{a,1} \tag{9.212}$$

y si se debe cumplir la relación (9.210), la tensión E medida en este circuito debe ser nula, cualquiera que sea I_1.

Así mismo, la contribución de E_2 se realiza haciendo $I_1 = 0$ (dejando en circuito abierto la entrada de ambos cuadripolos) y alimentando la asociación con una tensión E_2, como se indica en la Figura 9.63.

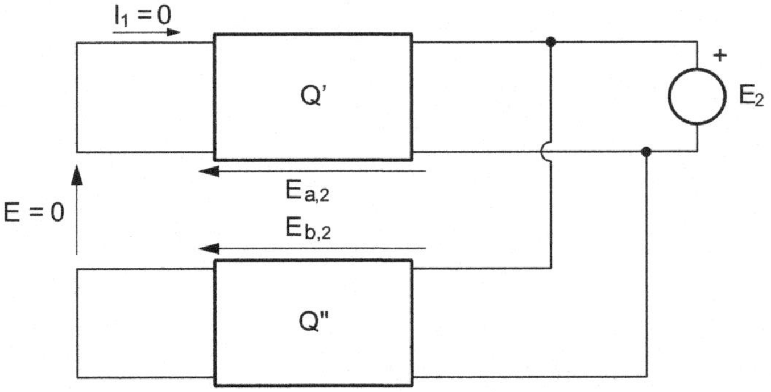

Figura 9.63

Si debe cumplirse la relación (9.211), la tensión E medida en el circuito de la Figura 9.63 será:

$$E = E_{a,2} - E_2 - E_{b,2} = 0 \qquad (9.213)$$

cualquiera que sea el valor de E_2.

Se deduce de todo lo dicho que la condición necesaria y suficiente para que la corriente de circulación (cualquiera de ellas) sea nula es que en los circuitos mostrados en las Figuras 9.62 y 9.63, las tensiones E medidas sean ambas nulas, sólo así será de aplicación la relación (9.202) entre los parámetros "h" del cuadripolo total y los de los cuadripolos asociados.

En el caso de que la condición de Brune no se cumpla, aún es de aplicación la relación encontrada en (9.202), añadiendo uno o más transformadores ideales en cualquiera de las puertas de acceso, tal como se indica en la Figura 9.64, que impiden la corriente de circulación al abrir los circuitos por los que se establece sin afectar a las corrientes de entrada y salida de cada cuadripolo. En el caso de existir corriente de circulación, la inclusión del transformador modifica el comportamiento y, por lo tanto, los parámetros del cuadripolo resultante.

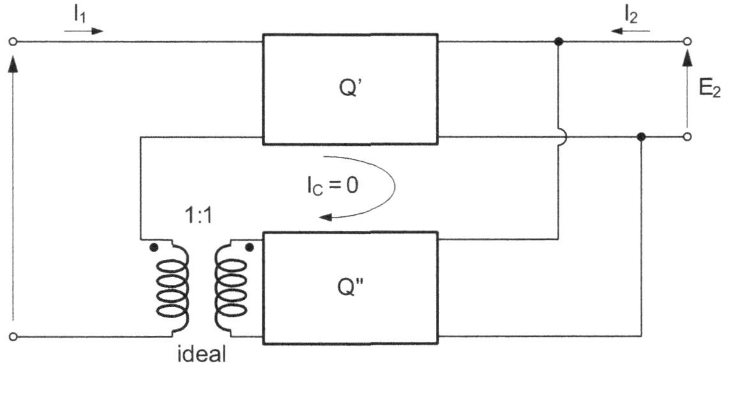

Figura 9.64

Si se asocian **n** cuadripolos, suponiendo que son nulas las corrientes de circulación, la generalización de la relación (9.203) es evidente, resultando:

$$(H) = \sum_{i=1}^{n} (H)^i \qquad (9.214)$$

9.3.4 Asociación paralelo-serie

En esta asociación indicada en la Figura 9.65, las entradas se conectan en paralelo y las salidas en serie cumpliéndose en principio las siguientes relaciones:

$$E_1 = E_1^{/} = E_1^{//} \qquad (9.215)$$

$$E_2 = E_2^{/} + E_2^{//} \qquad (9.216)$$

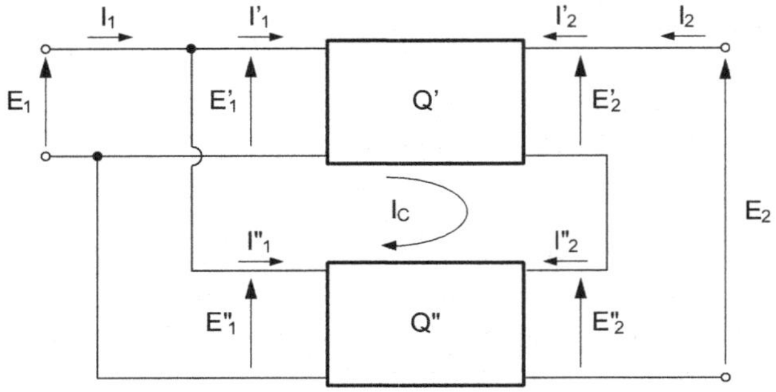

Figura 9.65

Además, al interconectar ambos cuadripolos, se forman dos posibles mallas entre los mismos (dependerá de su estructura interna), pudiendo circular por cada una de ellas las denominadas corrientes de circulación. Si se cumple la condición de Brune para esta asociación, las corrientes de circulación serán nulas, en cuyo caso las ecuaciones matriciales de cada cuadripolo son las mismas que poseen cuando se encuentran aislados, esto es:

$$\begin{pmatrix} I_1^{/} \\ E_2^{/} \end{pmatrix} = \begin{pmatrix} g_{11}^{/} & g_{12}^{/} \\ g_{21}^{/} & g_{22}^{/} \end{pmatrix} \begin{pmatrix} E_1^{/} \\ I_2^{/} \end{pmatrix} \qquad (9.217)$$

$$\begin{pmatrix} I_1^{//} \\ E_2^{//} \end{pmatrix} = \begin{pmatrix} g_{11}^{//} & g_{12}^{//} \\ g_{21}^{//} & g_{22}^{//} \end{pmatrix} \begin{pmatrix} E_1^{//} \\ I_2^{//} \end{pmatrix} \qquad (9.218)$$

Además:

$$I_1 = I_1^{/} + I_1^{//} \qquad (9.219)$$

$$I_2 = I_2^{/} = I_2^{//} \qquad (9.220)$$

Sumando las ecuaciones matriciales y teniendo las relaciones (9.215), (9.216), (9.219) y (9.220), tenemos:

$$\begin{pmatrix} I_1 \\ E_2 \end{pmatrix} = \begin{pmatrix} I_1' + I_1'' \\ E_2' + E_2'' \end{pmatrix} = \begin{pmatrix} g_{11}' + g_{11}'' & g_{12}' + g_{12}'' \\ g_{21}' + g_{21}'' & g_{22}' + g_{22}'' \end{pmatrix} \begin{pmatrix} E_1 \\ I_2 \end{pmatrix} \quad (9.221)$$

por lo que se deduce que la matriz de parámetros "g" del cuadripolo equivalente es:

$$\begin{pmatrix} g_{11} & g_{12} \\ g_{21} & g_{22} \end{pmatrix} = \begin{pmatrix} g_{11}' + g_{11}'' & g_{12}' + g_{12}'' \\ g_{21}' + g_{21}'' & g_{22}' + g_{22}'' \end{pmatrix} \quad (9.222)$$

Es decir:

$$(G) = (G') + (G'') \quad (9.223)$$

Veamos la condición que esta asociación debe cumplir para que las corrientes de circulación sean nulas, condición o test de Brune.

Para ello, acudiremos al circuito de la Figura 9.66, en la que se indican las dos posibles mallas que se pueden crear entre ambos cuadripolos.

En la Figura 9.66 es evidente que para que cualquiera de las corrientes de circulación (indicadas genéricamente por I_c) sea nula, la condición necesaria y suficiente, cualquiera que sean los valores de E_1 e I_2, supuesta $I_c = 0$, es:

$$E_a - E_b + E_1 = 0 \quad (9.224)$$

siendo E_a y E_b las tensiones que provocadas exclusivamente por E_1 e I_2 aparecen sobre los cuadripolos Q' y Q", respectivamente.

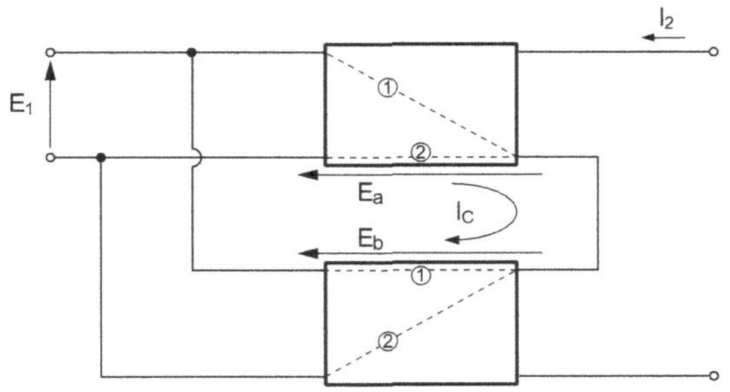

Figura 9.66

Al ser ambos cuadripolos lineales, resulta:

$$E_a = \alpha_1 E_1 + \alpha_2 I_2 = E_{a,1} + E_{a,2} \quad (9.225)$$

$$E_b = \alpha_3 E_1 + \alpha_4 I_2 = E_{b,1} + E_{b,2} \quad (9.226)$$

donde $E_{a,1}$ y $E_{a,2}$ son los valores de E_a creados por E_1 e I_2, respectivamente. Lo mismo puede decirse respecto a $E_{b,1}$ y $E_{b,2}$.

Para que se cumpla la relación (9.224), cualquiera que sean los valores de E_1 e I_2, es decir, para que:

$$(\alpha_1 E_1 + \alpha_2 I_2) - (\alpha_3 E_1 + \alpha_4 I_2) + E_1 = 0 \quad (9.227)$$

es condición necesaria y suficiente que:

$$\alpha_3 - \alpha_1 = 1 \quad (9.228)$$

$$\alpha_2 = \alpha_4 \quad (9.229)$$

por lo que se deduce que:

$$E_{b,1} - E_{a,1} = \alpha_3 E_1 - \alpha_1 E_1 = E_1 (\alpha_3 - \alpha_1) = E_1 \quad (9.230)$$

$$E_{a,2} = \alpha_2 I_2 = \alpha_4 I_2 = E_{b,2} \quad (9.231)$$

Las expresiones (9.231) y (9.230) indican, respectivamente, que deben ser iguales las tensiones E_a y E_b debidas a la corriente I_2, siendo la diferencia de las debidas a E_1 igual precisamente a esta tensión, cualquiera que sea su valor.

La contribución de E_1 se realiza haciendo $I_2 = 0$ y alimentando el conjunto con una tensión E_1, como se indica en la Figura 9.67.

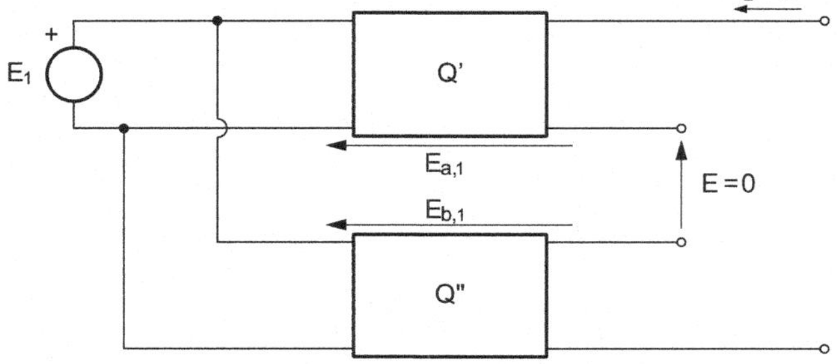

Figura 9.67

Si se debe cumplir la relación (9.230), la tensión E medida en el circuito de la Figura 9.67 será:

$$E = -E_{a,1} - E_1 + E_{b,1} = 0 \tag{9.232}$$

cualquiera que sea el valor de E_1.

Así mismo, la contribución de I_2 se realiza haciendo $E_1 = 0$ y alimentando la asociación con una corriente I_2, como se indica en la Figura 9.68.

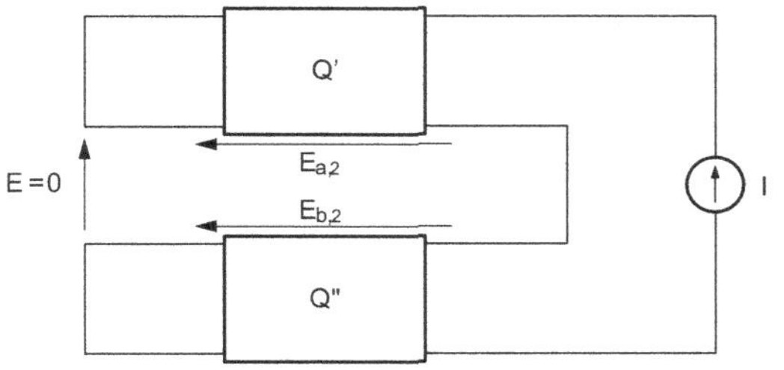

Figura 9.68

En esta figura se tiene:

$$E = E_{a,2} - E_{b,2} \tag{9.233}$$

y si se debe cumplir la relación (9.231), la tensión E medida en este circuito debe ser nula, cualquiera que sea I_1.

Se deduce de todo lo dicho que la condición necesaria y suficiente para que la corriente de circulación sea nula es que la tensión E medida en los circuitos de las Figuras 9.67 y 9.68 debe ser cero. Sólo así será de aplicación la relación (9.222) entre los parámetros "g" del cuadripolo total y los de los cuadripolos que se asocian.

Conectando uno o más transformadores en cualquiera de las puertas de acceso, tal como se indica en la Figura 9.69, se consigue que la corriente de circulación sea cero. Como en las asociaciones anteriores, la conexión del transformador modificaría los parámetros del cuadripolo resultante, si antes de la conexión del transformador ya existiera corriente de circulación.

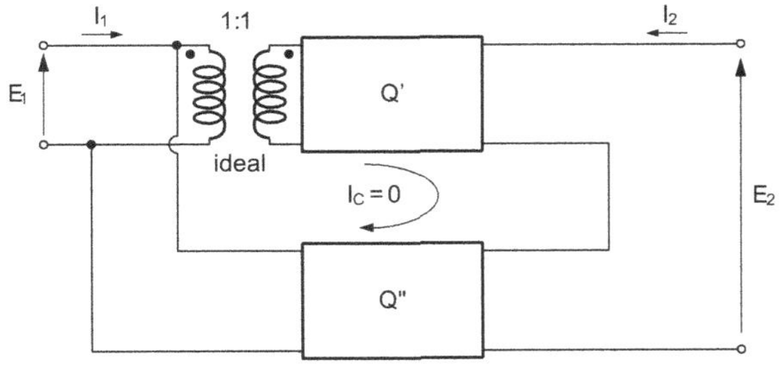

Figura 9.69

En el caso de que se asocien **n** cuadripolos, suponiendo que son nulas las corrientes de circulación, la generalización de la relación (9.223) resulta:

$$(G) = \sum_{i=1}^{n} (G)^i \tag{9.234}$$

9.3.5 Asociación en cascada

En la Figura 9.70 se representa esta asociación en la que la salida de un cuadripolo está conectada a la entrada del siguiente.

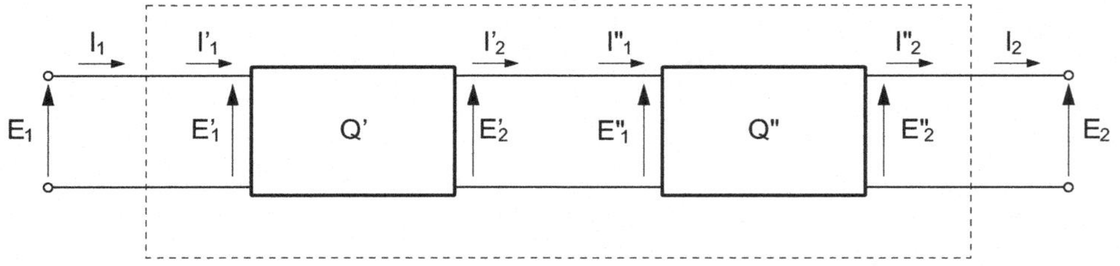

Figura 9.70

En esta figura podemos establecer las siguientes relaciones:

$$\begin{aligned} I_1 &= I_1' \quad ; \quad I_2' = I_1'' \quad ; \quad I_2'' = I_2 \\ E_1 &= E_1' \quad ; \quad E_2' = E_1'' \quad ; \quad E_2'' = E_2 \end{aligned} \tag{9.235}$$

Las ecuaciones de cada cuadripolo, en función de los parámetros A B C D y con los sentidos de las corrientes como se indican en la Figura 9.70, son:

$$\begin{pmatrix} E_1' \\ I_1' \end{pmatrix} = \begin{pmatrix} A' & B' \\ C' & D' \end{pmatrix} \begin{pmatrix} E_2' \\ I_2' \end{pmatrix} \tag{9.236}$$

$$\begin{pmatrix} E_1'' \\ I_1'' \end{pmatrix} = \begin{pmatrix} A'' & B'' \\ C'' & D'' \end{pmatrix} \begin{pmatrix} E_2'' \\ I_2'' \end{pmatrix} \tag{9.237}$$

y aplicando las relaciones (9.235) tenemos:

$$\begin{pmatrix} E_1 \\ I_1 \end{pmatrix} = \begin{pmatrix} E_1' \\ I_1' \end{pmatrix} = \begin{pmatrix} A' & B' \\ C' & D' \end{pmatrix} \begin{pmatrix} E_2' \\ I_2' \end{pmatrix} = \begin{pmatrix} A' & B' \\ C' & D' \end{pmatrix} \begin{pmatrix} A'' & B'' \\ C'' & D'' \end{pmatrix} \begin{pmatrix} E_2 \\ I_2 \end{pmatrix} \quad (9.238)$$

deduciéndose, por lo tanto, que la matriz de parámetros ABCD del cuadripolo total equivalente es igual al producto de las matrices ABCD de los cuadripolos que se asocian.

En el caso de asociarse **n** cuadripolos y generalizando el resultado anterior, resulta:

$$\begin{pmatrix} A & B \\ C & D \end{pmatrix} = \prod_{i=1}^{n} \begin{pmatrix} A_i & B_i \\ C_i & D_i \end{pmatrix} \quad (9.239)$$

Los resultados obtenidos para este tipo de asociación permiten obtener fácilmente los parámetros de transmisión de cuadripolos, como el representado en la Figura 9.71.

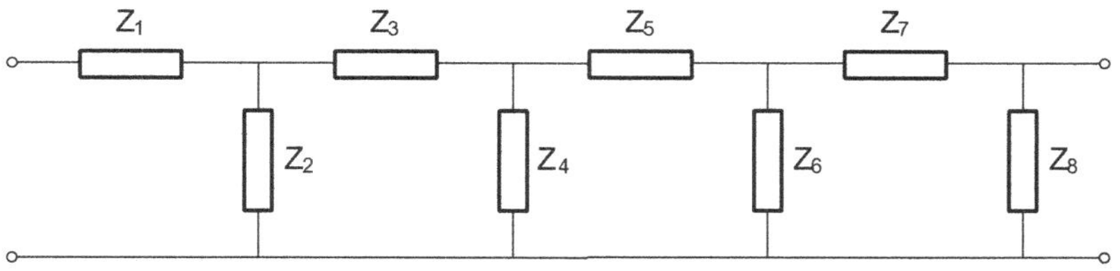

Figura 9.71

Este cuadripolo puede considerarse como la asociación en cascada de cuadripolos de dos tipos (Figura 9.72).

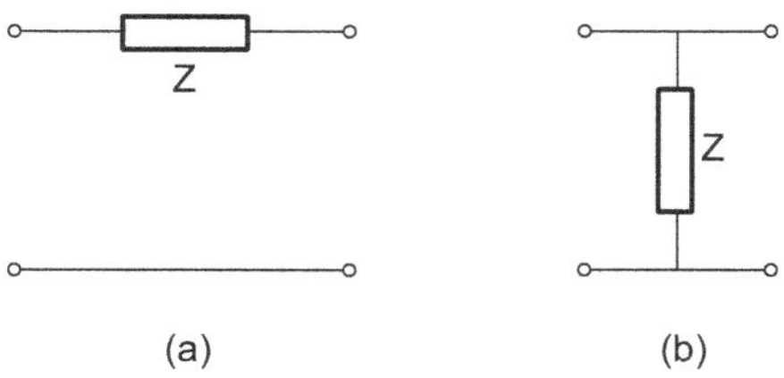

Figura 9.72

El cuadripolo de la Figura 9.72a se denomina cuadripolo elemento serie y su matriz de parámetros A, B, C, D, como fácilmente puede deducirse, es:

$$\begin{pmatrix} 1 & Z \\ 0 & 1 \end{pmatrix} \tag{9.240}$$

y el cuadripolo de la Figura 9.72b se define como cuadripolo elemento paralelo, cuya matriz de parámetros de transmisión resulta:

$$\begin{pmatrix} 1 & 0 \\ \frac{1}{Z} & 1 \end{pmatrix} \tag{9.241}$$

Realizando consecutivamente el producto de matrices de cuadripolos elemento serie y elemento paralelo, puede obtenerse la matriz de parámetros A, B, C, D de un cuadripolo con estructura en cadena.

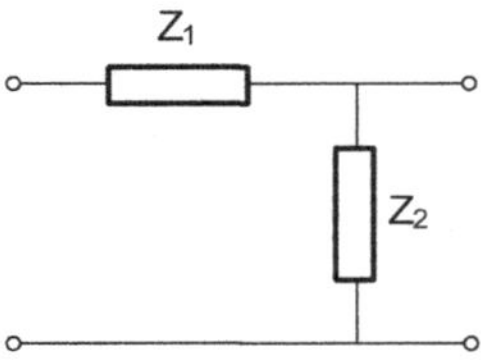

Figura 9.73

Así para el cuadripolo de la Figura 9.73 se tendrá:

$$\begin{pmatrix} A & B \\ C & D \end{pmatrix} = \begin{pmatrix} 1 & Z_1 \\ 0 & 1 \end{pmatrix} \begin{pmatrix} 1 & 0 \\ \frac{1}{Z_2} & 1 \end{pmatrix} = \begin{pmatrix} 1 + \frac{Z_1}{Z_2} & Z_1 \\ \frac{1}{Z_2} & 1 \end{pmatrix} \tag{9.242}$$

Un caso particularmente interesante, siempre que se cumplan unas determinadas condiciones, es aquel en el que los cuadripolos que se asocian en cascada vienen expresados según sus parámetros imagen.

Sea la asociación de **n** cuadripolos no simétricos indicada en la Figura 9.74.

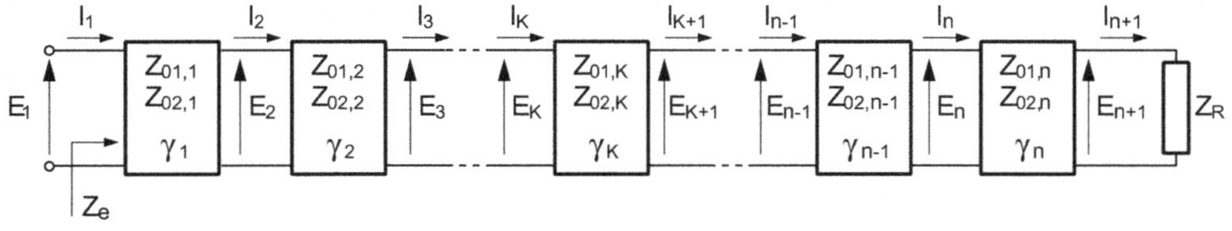

Figura 9.74

Si se cumple que la impedancia imagen de salida de un cuadripolo es igual a la impedancia imagen de entrada del siguiente, es decir:

$$Z_{01,i} = Z_{02,i-1} \tag{9.243}$$

para $1 \leq i \leq n$, podemos sustituir la asociación en cascada de los **n** cuadripolos por un único cuadripolo equivalente, como se indica en la Figura 9.75, indicándose sobre la misma los valores de los parámetros equivalentes.

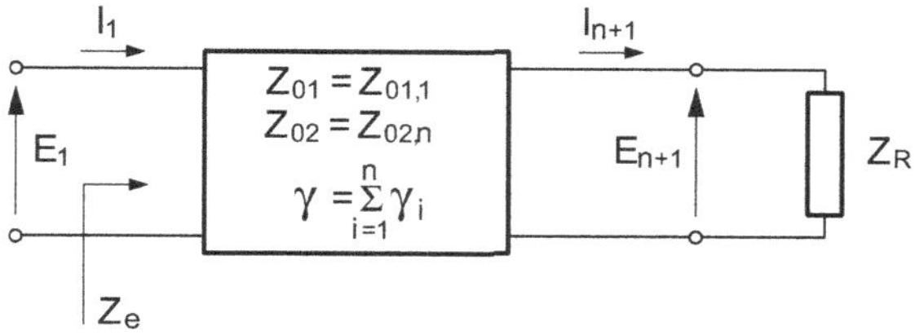

Figura 9.75

En efecto, si en el circuito de la Figura 9.74, hacemos $Z_R = Z_{02,n}$ la impedancia de entrada de la cadena es:

$$Z_e = Z_{01,1} \tag{9.244}$$

ya que, si se cumple la relación (9.243), cada cuadripolo está cargado por sus correspondientes impedancias imagen. Por simple inspección, la impedancia de entrada del cuadripolo equivalente de la Figura 9.75, en las condiciones de carga ya enunciadas, coincide con el valor indicado en la relación (9.244).

Además, con la carga $Z_R = Z_{02,n}$ y si se cumple la relación (9.243), en el circuito de la Figura 9.74 se tiene:

$$\frac{E_1}{E_{n+1}} = \frac{E_1}{E_2} \cdots \frac{E_k}{E_{k+1}} \cdots \frac{E_n}{E_{n+1}} = \sqrt{\frac{Z_{01,1}}{Z_{02,1}}}\, e^{\gamma_1} \cdots \sqrt{\frac{Z_{01,k}}{Z_{02,k}}}\, e^{\gamma_k} \cdots \sqrt{\frac{Z_{01,n}}{Z_{02,n}}}\, e^{\gamma_n} =$$

$$= \sqrt{\frac{Z_{01,1}}{Z_{02,n}}}\, e^{(\gamma_1 + \cdots + \gamma_k + \cdots + \gamma_n)} \tag{9.245}$$

ya que, al estar cargado cada cuadripolo por su impedancia imagen de salida, se cumple:

$$\frac{E_i}{E_{i+1}} = \sqrt{\frac{Z_{01,i}}{Z_{02,i}}}\, e^{\gamma_i} \tag{9.246}$$

para $1 \leq i \leq n$.

Así mismo, en el cuadripolo equivalente de la Figura 9.75, haciendo $Z_R = Z_{02,n}$ tenemos:

$$\frac{E_1}{E_{n+1}} = \sqrt{\frac{Z_{01}}{Z_{02}}}\, e^{\gamma} = \sqrt{\frac{Z_{01,1}}{Z_{02,n}}}\, e^{\gamma} \qquad (9.247)$$

que, comparando con la relación (9.245), permite deducir:

$$\gamma = \gamma_1 + \gamma_2 + \ldots\ldots + \gamma_n = \sum_{i=1}^{n} \gamma_i \qquad (9.248)$$

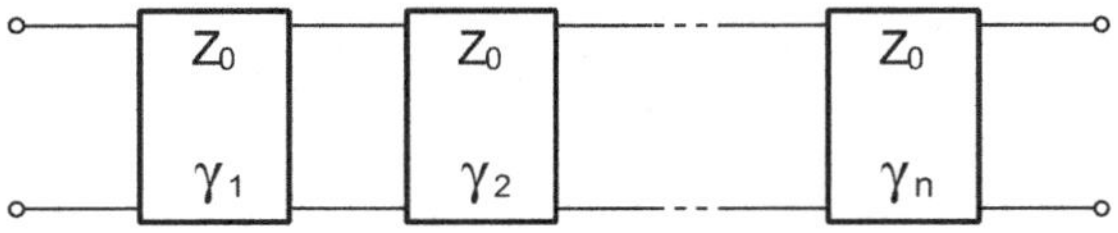

Figura 9.76

En el caso de que los cuadripolos sean simétricos con la misma impedancia característica (Figura 9.76), el cuadripolo equivalente será también simétrico siendo su impedancia característica la de uno de ellos y la función de propagación la suma de las de cada uno de los cuadripolos asociados (Figura 9.77).

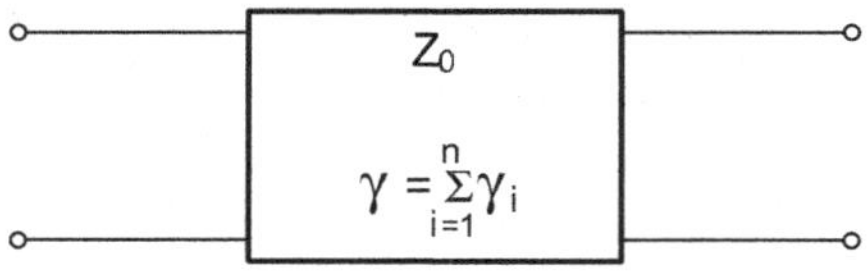

Figura 9.77

9.4 CÉLULA EN "T" EQUIVALENTE DE UN CUADRIPOLO

Según se ha visto en el estudio de las diversas familias de parámetros, el comportamiento de toda red RLC queda determinado con el conocimiento de tres parámetros, siendo necesarios sólo dos de ellos cuando el cuadripolo además es simétrico. El cálculo de los parámetros imagen de las células simples realizado en los apartados anteriores permiten sustituir a una única frecuencia, cualquier cuadripolo cuyos parámetros sean conocidos, por una célula más simple. Esto será de suma utilidad al abordar la síntesis de determinados circuitos tales como filtros, atenuadores, igualadores, etc.

Como ejemplo, en este apartado se determinará la célula en T simple equivalente a un cuadripolo del cual se conocen los parámetros imagen Z_{01}, Z_{02} y γ.

Para la célula en T de la Figura 9.78 se ha encontrado:

$$Z_{01} = Z_T \sqrt{\frac{Z_A + Z_B}{Z_C + Z_B}} \qquad (9.124 \text{ bis})$$

$$Z_{02} = Z_T \sqrt{\frac{Z_C + Z_B}{Z_A + Z_B}} \qquad (9.125 \text{ bis})$$

$$Ch\ \gamma = \frac{\sqrt{(Z_A + Z_B)(Z_C + Z_B)}}{Z_B} \qquad (9.128 \text{ bis})$$

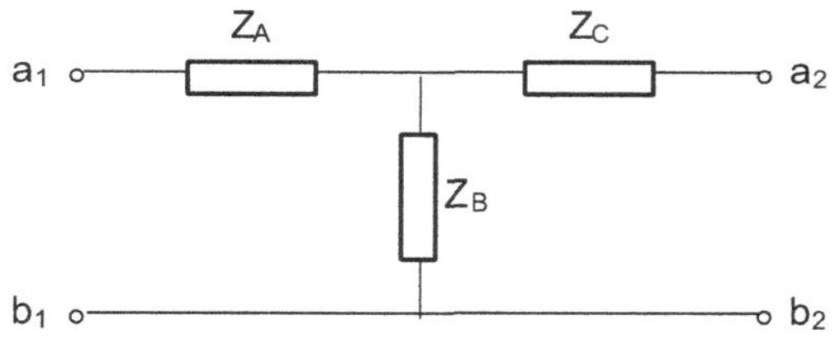

Figura 9.78

De las ecuaciones anteriores se obtiene:

$$Sh\ \gamma = \sqrt{Ch^2\ \gamma - 1} = \frac{\sqrt{(Z_A Z_B + Z_A Z_C + Z_B Z_C)}}{Z_B} = \frac{Z_T}{Z_B} = \frac{\sqrt{Z_{01} Z_{02}}}{Z_B} \qquad (9.249)$$

ya que multiplicando (9.124 bis) y (9.125 bis) se deduce que:

$$Z_{01} Z_{02} = Z_T^2 \qquad (9.250)$$

De (9.249) se obtiene:

$$Z_B = \frac{\sqrt{Z_{01} Z_{02}}}{Sh\ \gamma} \qquad (9.251)$$

que es el valor de la impedancia paralelo de la célula en T. Por otra parte de (9.125 bis) y (9.128 bis) se deduce:

$$Z_{02}\ Ch\ \gamma = \frac{Z_T (Z_C + Z_B)}{Z_B} \qquad (9.252)$$

de donde resulta:

$$Z_C = \frac{Z_B}{Z_T} Z_{02}\ Ch\ \gamma - Z_B = Z_{02}\ Cth\ \gamma - \frac{\sqrt{Z_{01}\ Z_{02}}}{Sh\ \gamma} \tag{9.253}$$

y de forma similar se obtiene:

$$Z_A = Z_{01}\ Cth\ \gamma - \frac{\sqrt{Z_{01}\ Z_{02}}}{Sh\ \gamma} \tag{9.254}$$

Evidentemente, si el cuadripolo de partida es simétrico, es decir, $Z_{01} = Z_{02} = Z_0$ la célula en T también lo es, siendo sus valores:

$$Z_B = \frac{Z_0}{Sh\ \gamma} \tag{9.255}$$

y

$$Z_A = Z_C = Z_0\ Cth\ \gamma - \frac{Z_0}{Sh\ \gamma} \tag{9.256}$$

Para que el cuadripolo en T resultante sea físicamente realizable, es necesario que las expresiones (9.251), (9.253), (9.254), (9.255) y (9.256) den como resultado un complejo cuya parte real sea positiva.

9.5 ATENUADORES

Los atenuadores son cuadripolos resistivos puros mediante los cuales se consigue atenuar la señal aplicada a sus terminales de entrada en una proporción previamente establecida.

9.5.1 Atenuadores fijos

La célula más ampliamente usada como atenuador, por su sencillez y economía, es la célula en T, formada por resistencias (Figura 9.79). En esta figura también se ha representado el generador que excita al atenuador y la carga.

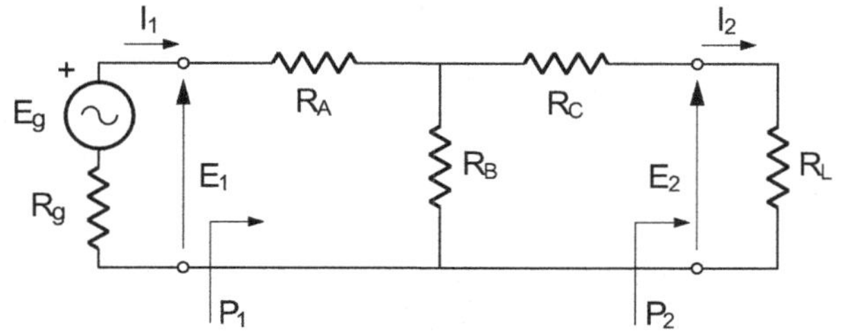

Figura 9.79

Para su diseño fijamos las condiciones:

$$R_{01} = R_g \qquad R_{02} = R_L \tag{9.257}$$

Si como dato de partida se desea conseguir una atenuación de A(dB) conocida, es decir:

$$A = 10 \log \frac{P_1}{P_2} \tag{9.258}$$

$$\frac{P_1}{P_2} = antilog \frac{A}{10} \tag{9.259}$$

Además, al imponer la condición $R_{02} = R_L$ las pérdidas de transmisión, como se demostró en el apartado 9.2.2, coinciden con la constante de atenuación, es decir:

$$\frac{1}{2} L_n \frac{P_1}{P_2} = \alpha \tag{9.112 bis}$$

De la ecuación (9.259) al sustituir en (9.112 bis) puede obtenerse el valor de la constante de propagación del atenuador, resultando:

$$\gamma = \alpha = \frac{1}{2} L_n \left[antilog \frac{A}{10} \right] \tag{9.260}$$

Obtenidos los valores de los parámetros imagen deseados, el cálculo de las resistencias a conectar en las diversas ramas de la célula en T es inmediato, haciendo uso de las relaciones (9.251), (9.253) y (9.254).

Así, tenemos:

$$R_B = \frac{\sqrt{R_g R_L}}{Sh\ \alpha} \tag{9.261}$$

$$R_A = R_g\ Cth\ \alpha - R_B \tag{9.262}$$

$$R_C = R_L\ Cth\ \alpha - R_B \tag{9.263}$$

Si el único objetivo de la célula es como adaptadora, deseando una atenuación mínima, la célula se convertirá en otra más simple, eliminando una de las resistencias serie R_A o R_C, según R_L sea mayor o menor que R_g.

En efecto, si $R_L < R_g$, podemos obtener el valor de $\alpha_{mínimo}$ (y por lo tanto la atenuación mínima), haciendo en la relación (9.263):

$$R_C = R_L \; Cth \; \alpha_{min} - R_B = 0 \tag{9.264}$$

o también:

$$R_L \; Cth \; \alpha_{min} = \frac{\sqrt{R_g \; R_L}}{Sh \; \alpha_{min}} = 0 \tag{9.265}$$

con lo que se obtiene:

$$Ch \; \alpha_{mín} = \sqrt{\frac{R_g}{R_L}} \tag{9.266}$$

Las otras resistencias de la célula se obtienen de (9.261) y (9.262) resultando:

$$R_B = \frac{\sqrt{R_g \; R_L}}{Sh \; \alpha_{mín}} = R_L \; Cth \; \alpha_{mín} \tag{9.267}$$

$$R_A = R_g \; Cth \; \alpha_{mín} - R_B = (R_g - R_L) \; Cth \; \alpha_{mín} \tag{9.268}$$

Obsérvese que el valor de R_A es positivo, por lo que la red es físicamente realizable.

Si $R_L > R_g$, podemos conseguir la adaptación con un mínimo de atenuación, haciendo:

$$R_A = R_g \; Cth \; \alpha_{mín} - R_B = 0 \tag{9.269}$$

o también:

$$R_g \; Cth \; \alpha_{mín} - \frac{\sqrt{R_L \; R_g}}{Sh \; \alpha_{mín}} = 0 \tag{9.270}$$

con lo que se obtiene:

$$Ch \; \alpha_{mín} = \sqrt{\frac{R_L}{R_g}} \tag{9.271}$$

siendo los valores de las restantes resistencias:

$$R_B = \frac{\sqrt{R_g \; R_L}}{Sh \; \alpha_{mín}} = R_g \; Cth \; \alpha_{mín} \tag{9.272}$$

$$R_C = R_L \; Cth \; \alpha_{mín} - R_B = (R_L - R_g) \; Cth \; \alpha_{mín} \tag{9.273}$$

R_C es físicamente realizable, pues es positiva.

En ambos casos se obtienen dos células en L, habiéndose eliminado una u otra de las ramas serie del atenuador en T.

9.5.2 Atenuadores ajustables

Las células en T, π o celosía intercalas entre un generador y una carga permiten obtener una atenuación preestablecida. Si deseamos variar la atenuación introducida por el atenuador, la solución que proporcionan aquellas células ya no es satisfactoria, por el gran número de componentes y de conmutadores que se necesitan. En estos casos es conveniente el uso de atenuadores en "T puenteada" simétrica y resistiva, como el mostrado en la Figura 9.80.

El atenuador deberá ser diseñado de forma que cumpla las condiciones de diseño siguientes:

a) Adapte las dos impedancias resistivas R_g y R_L, para lo cual se impondrá el valor de la impedancia característica de la célula.

$$R_g = R_L = R_0 \tag{9.274}$$

El hecho de que R_g y R_L deban ser iguales, constituye una limitación de este atenuador.

b) Introduzca la atenuación deseada. Sea ésta de A dB, es decir:

$$A = 10 \log \frac{P_1}{P_2} \tag{9.275}$$

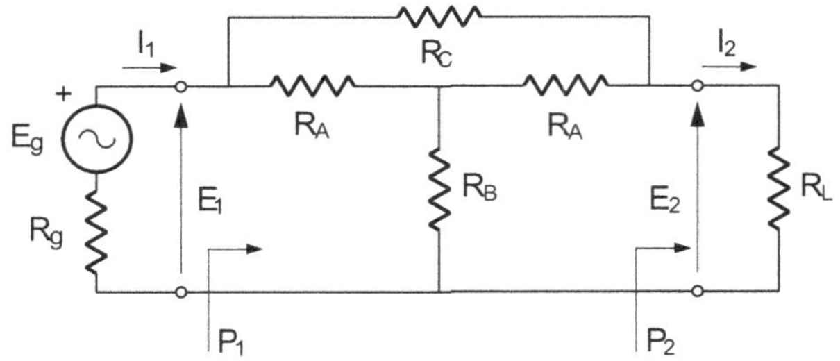

Figura 9.80

Además, en un cuadripolo simétrico, cargado por su impedancia característica, se cumple:

$$\gamma = L_n \frac{E_1}{E_2} = \frac{1}{2} L_n \frac{P_1}{P_2} = L_n \left[antilog \frac{A}{20} \right] \qquad (9.276)$$

ya que las diversas magnitudes están en fase, pues la red es resistiva.

Obtenidos los parámetros imagen de la célula, el cálculo de los diversos componentes de la misma es inmediato. Haciendo uso de las relaciones (9.154) y (9.155) e imponiendo la condición:

$$R_C R_B = R_A^2 \qquad (9.277)$$

tenemos:

$$R_0 = \sqrt{\frac{R_A\ R_C (R_A + 2 R_B)}{R_C + 2 R_A}} = R_A \qquad (9.278)$$

y

$$Ch\ \gamma = Ch\ \alpha = 1 + \frac{R_A\ R_C}{R_A^2 + R_B (2 R_A + R_C)} = 1 + \frac{R_C}{2 (R_A + R_B)} \qquad (9.279)$$

y a partir de este valor se obtiene:

$$Sh\ \gamma = Sh\ \alpha = \sqrt{Ch^2\ \alpha - 1} = \frac{R_C + 2 R_A}{2 (R_A + R_g)} \qquad (9.280)$$

Por lo tanto:

$$e^{\alpha} = Ch\ \alpha + Sh\ \alpha = 1 + \frac{R_C}{R_A} \frac{1 + \frac{R_A}{R_C}}{1 + \frac{R_B}{R_A}} \qquad (9.281)$$

De la relación (9.277) se obtiene:

$$\frac{R_A}{R_C} = \frac{R_B}{R_A} \qquad (9.282)$$

por lo que finalmente resulta:

$$e^{\alpha} = 1 + \frac{R_C}{R_A} \qquad (9.283)$$

De las ecuaciones (9.278) y (9.283) se desprende que variando simultáneamente R_C y R_B de forma que se cumpla la condición (9.277), podremos controlar la atenuación de esta célula manteniendo constante la impedancia característica que es igual a R_A.

Por lo tanto, los valores de los componentes para este atenuador son:

$$R_A = R_g = R_L \tag{9.284}$$

$$R_C = R_A\,(e^{\alpha} - 1) = R_A\left(antilog\,\frac{A}{20} - 1\right) \tag{9.285}$$

$$R_B = \frac{R_A^2}{R_C} = \frac{R_A}{antilog\,\frac{A}{20} - 1} \tag{9.286}$$

9.6 MEZCLADORES

Los mezcladores son circuitos destinados a canalizar sobre un atenuador común (que proporciona al conjunto un nivel de atenuación adecuado) las señales procedentes de diversos generadores, rebajadas cada una de ellas a un nivel relativo adecuado por medio de los atenuadores situados en cada una de las vías o canales sobre los que actúa el correspondiente generador.

Las exigencias de diseño que deben satisfacer estos circuitos son:

a) Cada generador debe actuar sobre una impedancia constante debiendo liberar, al mismo tiempo, la máxima potencia.

b) La atenuación introducida por cada atenuador situado en cada canal debe ser independiente de la introducida por los demás.

Existen dos tipos de mezcladores, según se haga la canalización de las diversas señales: en forma serie (mezclador serie) o en forma paralelo (mezclador paralelo).

9.6.1 Mezclador serie

El circuito de un mezclador serie con **n** canales está indicado en la Figura 9.81.

Los diversos cuadripolos o células tendrán real su función de propagación, ya que serán resistivos.

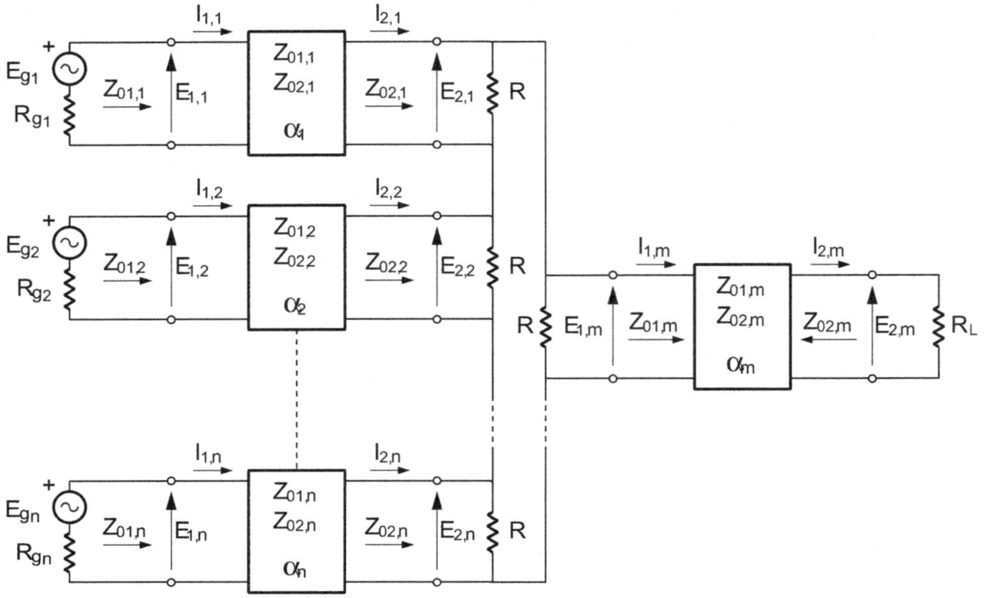

Figura 9.81

A este circuito le serán impuestas las siguientes condiciones de diseño:

a) Cada generador está liberando la máxima potencia. Por lo tanto:

$$Z_{01,1} = R_{g,1}$$
$$Z_{01,2} = R_{g,2}$$
$$--------$$
$$--------$$
$$Z_{01,n} = R_{g,n} \tag{9.287}$$

b) La impedancia de carga R_L debe estar adaptada a la salida del atenuador común **m**, es decir:

$$Z_{02,m} = R_L \tag{9.288}$$

c) La carga del atenuador de cada canal será la impedancia imagen de salida de cada uno de ellos. Podemos hacer que ésta sea la misma para todos ellos, y a su vez igual a la impedancia imagen de entrada del atenuador común.

Es decir, deberemos imponer que:

$$Z_{02,1} = Z_{02,2} = Z_{02,3} = \ldots\ldots Z_{02,n} = Z_{01,m} = Z \tag{9.289}$$

pudiendo elegir cualquier valor resistivo para Z, pues existe este grado de libertad.

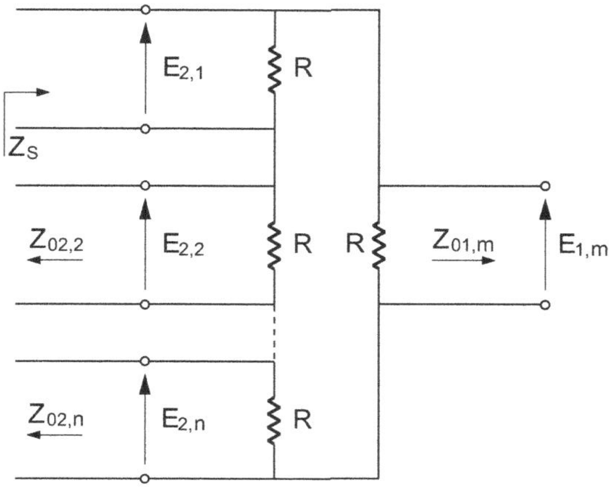

Figura 9.82

Para calcular la impedancia de carga de cada atenuador de los **n** canales acudimos al circuito de la Figura 9.82, donde se muestra la salida de estos canales y la entrada del atenuador común.

En este circuito la impedancia Z_s vista desde la salida de cualquiera de los **n** canales (en la Figura 9.82 se ha representado el canal 1) es:

$$Z_S = R \parallel [n(R \parallel Z)] = Z \qquad (9.290)$$

(igualada a Z para cumplir la condición c).

De la expresión anterior se deduce:

$$R = Z \frac{n+1}{n-1} \qquad (9.291)$$

siendo Z la impedancia que veremos a la salida de cada célula y que será la impedancia imagen de salida de cada una de ellas.

En cuanto a la tensión de entrada al atenuador común, ésta será la debida a cada una de las tensiones de salida de cada uno de los atenuadores de canal a través de un circuito divisor de tensión, como se indica en la Figura 9.82.

Aplicando superposición a cada una de las entradas y llamando $E'_{2,i}$ a la tensión de salida del atenuador de cada canal cuando actúa sólamente el generador del propio canal, tenemos:

$$E_{1,m} = \frac{E'_{2,1}}{n} + \frac{E'_{2,2}}{n} + \ldots + \frac{E'_{2,n}}{n} = \frac{1}{n}\sum_{i=1}^{n} E'_{2,i} \qquad (9.292)$$

Si los generadores que "atacan" a cada uno de los canales fueran de frecuencias distintas, la suma anterior debe realizarse con los valores instantáneos de cada tensión.

Además, la tensión de salida de cada célula o atenuador de canal, teniendo en cuenta que está cerrada por su impedancia imagen de salida, satisface la ecuación:

$$\frac{E'_{1,i}}{E'_{2,i}} = \sqrt{\frac{Z_{01,i}}{Z_{02,i}}}\; e^{\alpha_i} \tag{9.293}$$

y sustituyendo en la expresión (9.292) resulta:

$$E_{1,m} = \frac{1}{n}\sum_{i=1}^{n} E'_{2,i} = \frac{1}{n}\sum_{i=1}^{n}\left(E'_{1,i}\sqrt{\frac{Z_{02,i}}{Z_{01,i}}}\; e^{-\alpha_i}\right) \tag{9.294}$$

La tensión de salida en la carga R_L, teniendo en cuenta que el último atenuador también está cargado por su impedancia imagen de salida, cumple:

$$\frac{E_{1,m}}{E_{2,m}} = \sqrt{\frac{Z_{01,m}}{Z_{02,m}}}\; e^{\alpha_m} \tag{9.295}$$

y teniendo en cuenta la expresión (9.294) resulta:

$$\begin{aligned} E_{2,m} &= \frac{1}{n}\sqrt{\frac{Z_{02,m}}{Z_{01,m}}}\sum_{i=1}^{n} E'_{1,i}\sqrt{\frac{Z_{02,i}}{Z_{01,i}}}\; e^{-(\alpha_i+\alpha_m)} = \\ &= \frac{1}{n}\sum_{i=1}^{n} E'_{i,1}\sqrt{\frac{R_L}{R_{g,i}}}\; e^{-(\alpha_i+\alpha_m)} \end{aligned} \tag{9.296}$$

Si $P'_{1,i}$ es la potencia de entrada a un canal genérico **i** y $P'_{2,i}$ la potencia en la carga debida a la señal aplicada a este canal, es decir:

$$P'_{1,i} = \frac{1}{2}\frac{|E'_{1,i}|^2}{Z_{01,i}} = \frac{1}{2}\frac{|E'_{1,i}|^2}{R_{g,i}} \tag{9.297}$$

$$P'_{2,i} = \frac{1}{2}\frac{|E'_{2,m}|^2}{R_L} = \frac{1}{2R_L}\left(\frac{1}{n}\sqrt{\frac{R_L}{R_{g,i}}}\; e^{-(\alpha_i+\alpha_m)}\,|E'_{1,i}|\right)^2 \tag{9.298}$$

La atenuación en cada canal es:

$$A_i = 10 \log \frac{P'_{1,i}}{P'_{2,i}} = 20 \log n\, e^{(\alpha_i + \alpha_m)}\ dB \qquad (9.299)$$

El valor de la atenuación introducida por cada canal, así como las relaciones que deben cumplir las impedancias imagen de cada célula, permitirá el cálculo de las mismas, pudiendo elegir diversas configuraciones con componentes resistivos.

En cuanto al valor de la impedancia resistiva Z obtenida en la expresión (9.289) y que en principio podemos elegir arbitrariamente, será elegida con un valor igual al de cualquiera de las impedancias imagen de entrada de las **n** células de canal o a la impedancia imagen de salida del atenuador **m**, con lo que alguna de estas células será simétrica.

El lector podrá observar que si los generadores tienen la misma resistencia interna, coincidente con la carga, todas las células pueden ser simétricas, si bien la expresión de la atenuación de cada canal es idéntica a la obtenida en la ecuación (9.299).

Conviene recordar que la potencia en la carga es la suma de las contribuciones de cada uno de los generadores de cada canal sólo en el caso de que las frecuencias de estos generadores sean distintas.

9.6.2 Mezclador paralelo

El circuito de este mezclador de **n** canales está indicado en la Figura 9.83.

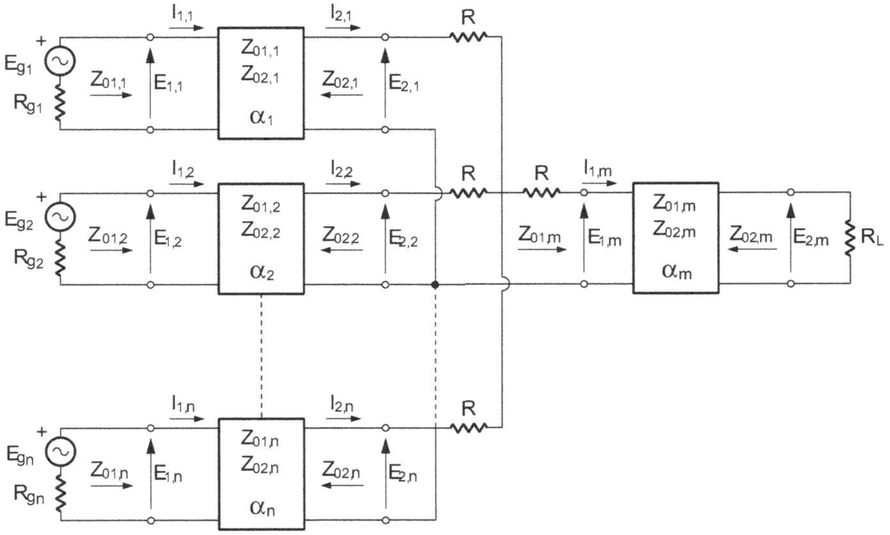

Figura 9.83

Los diversos cuadripolos o células tendrán real su función de propagación, ya que serán resistivos.

Las condiciones impuestas a las impedancias imagen de cada célula son idénticas a las impuestas en el mezclador serie y que fueron tratadas en los puntos a y b del apartado 9.6.1.

Para conseguir que la impedancia de carga de cada una de las células sea la misma e igual a la impedancia imagen de salida de cada una de éstas, podemos estudiar el circuito de la Figura 9.84.

La impedancia de carga de cada una de las **n** células es la misma y de valor:

$$Z_s = R + \frac{R + Z}{n} = Z \qquad (9.300)$$

donde:

$$Z = Z_{02,1} = Z_{02,2} = \ldots\ldots = Z_{02,n} = Z_{01,m} \qquad (9.301)$$

por lo tanto:

$$R = \frac{n - 1}{n + 1} Z \qquad (9.302)$$

pudiéndose, en principio, elegir cualquier valor resistivo para la impedancia Z.

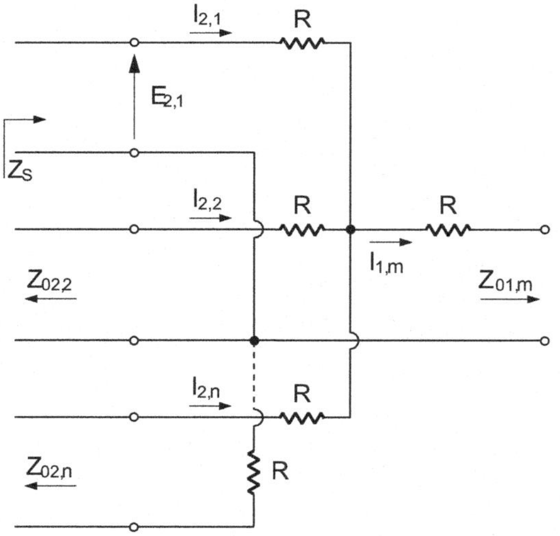

Figura 9.84

La corriente de entrada al atenuador común es la suma de las debidas a cada canal, es decir:

$$I_{1,m} = \frac{I'_{2,1}}{n} + \frac{I'_{2,2}}{n} + \dots + \frac{I'_{2,n}}{n} = \frac{1}{n}\sum_{i=1}^{n} I'_{2,i} \qquad (9.303)$$

ya que cada corriente $I'_{2,i}$ se divide por **n** ramas idénticas.

Además, en cada célula de canal, teniendo en cuenta que está cargada por su impedancia imagen de salida, se cumple:

$$\frac{I'_{1,i}}{I'_{2,i}} = \sqrt{\frac{Z_{02,i}}{Z_{01,i}}}\, e^{\alpha_i} \qquad (9.304)$$

por lo que la expresión (9.303) resulta:

$$I_{1,m} = \frac{1}{n}\sum_{i=1}^{n} I'_{1,i}\sqrt{\frac{Z_{01,i}}{Z_{02,i}}}\, e^{-\alpha_i} \qquad (9.305)$$

La corriente de salida en la carga R_L se obtiene a partir de la expresión:

$$\frac{I_{1,m}}{I_{2,m}} = \sqrt{\frac{Z_{02,m}}{Z_{01,m}}}\, e^{\alpha_m} \qquad (9.306)$$

ya que el atenuador común está cargado por su impedancia imagen de salida.

Por lo tanto:

$$I_{2,m} = \sqrt{\frac{Z_{01,m}}{Z_{02,m}}}\, e^{-\alpha_m} I_{1,m} = \frac{1}{n}\sqrt{\frac{Z_{01,m}}{Z_{02,m}}}\sum_{i=1}^{n} I'_{1,i}\sqrt{\frac{Z_{01,i}}{Z_{02,i}}}\, e^{-(\alpha_i + \alpha_m)} =$$

$$= \frac{1}{n}\sum_{i=1}^{n} I'_{1,i}\sqrt{\frac{R_{g,i}}{R_L}}\, e^{-(\alpha_i + \alpha_m)}\ dB \qquad (9.307)$$

Si $P'_{1,i}$ y $P'_{2,i}$ son las potencias de entrada y de salida de cada canal cuando actúa su correspondiente generador, es decir:

$$P'_{1,i} = \frac{1}{2}\,|I'_{1,i}|^2 Z_{01,i} = \frac{1}{2}\,|I'_{1,i}|^2 R_{g,i} \qquad (9.308)$$

$$P'_{2,i} = \frac{1}{2}\,|I'_{2,m}|^2 R_L = \frac{1}{2} R_L \left(\frac{1}{n}\sqrt{\frac{R_{g,i}}{R_L}}\, e^{-(\alpha_i + \alpha_m)}\,|I'_{1,i}|\right)^2 \qquad (9.309)$$

La atenuación total de cada canal es:

$$A_i = 10 \log \frac{P'_{1,i}}{P'_{2,i}} = 20 \log n \, e^{(\alpha_i + \alpha_m)} \, dB \qquad (9.310)$$

Habrá de tenerse en cuenta que para poder sumar en la carga las potencias debidas a cada generador o canal, las frecuencias de cada uno de éstos deberán ser distintas.

9.7 REDES EQUILIBRADAS Y NO EQUILIBRADAS

Las células T y π analizadas en una sección anterior son redes de tres terminales, es decir, redes con dos pares de terminales en las que un terminal de cada par se hace común por medio de una unión directa. A estas células se las denomina no equilibradas y pueden ser utilizadas en sistemas puestos a tierra, como las redes en cadena o escalera, y en ellas las tensiones de entrada y salida están referidas al mismo valor (normalmente tierra o masa) al cual está unido el terminal común.

Sin embargo, existen redes de dos pares de terminales que carecen de la conexión común propia de las redes no equilibradas; la red en celosía ya estudiada, es el ejemplo más sencillo de tales redes. No es posible, desde el punto de vista de las equivalencias, distinguir las redes de tres terminales de las de cuatro terminales, pues en ambas las mediciones de las impedancias Z_{1A}, Z_{1C}, Z_{2A} y Z_{2C} se hacen sólo en los extremos de la red.

Para determinar si existe una conexión directa dentro de la red entre ambas puertas, es necesario una medida adicional entre las mismas. Se deduce de ello que es posible diseñar una red en T o en π equivalente a una red en celosía y viceversa.

Las redes de cuatro terminales son redes equilibradas respecto a tierra y son usadas en multitud de casos. Por ejemplo, las líneas telefónicas se hacen equilibradas respecto a tierra (o masa), lo cual significa que ambos lados de la red tienen iguales admitancias en paralelo e iguales impedancias en serie respecto a tierra. En este ejemplo en concreto, cualquier ruido presente en la línea aparece en modo común sobre ambos hilos de la misma, y si ésta está equilibrada respecto a tierra, la tensión en modo diferencial entre ambos hilos, que llevan la información, no es afectada por aquél.

En los apartados siguientes se muestran dos métodos que permiten encontrar las equivalencias entre redes equilibradas y no equilibradas. El primer método permite encontrar la célula no equilibrada (π ó T) equivalente a una equilibrada (celosía) mediante la extracción de una admitancia paralelo o una impedancia en serie. El segundo método, más general, permite encontrar la equivalencia entre redes equilibradas y no equilibradas, y viceversa, aplicando el denominado teorema de Bartlett.

9.7.1 Transformación de redes equilibradas en no equilibradas o puestas a tierra

Sea la red simétrica en celosía indicada en la Figura 9.85.

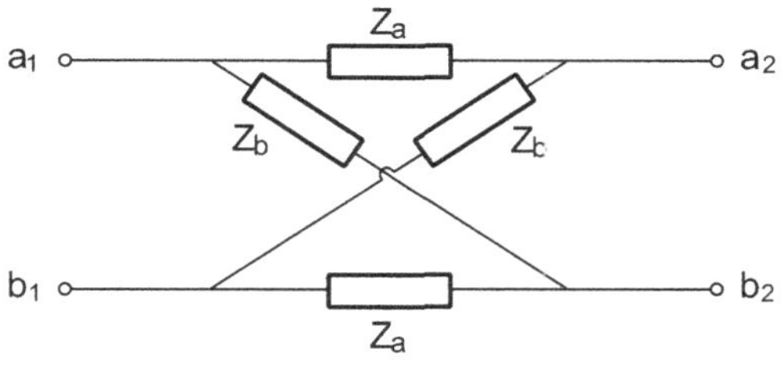

Figura 9.85

Supongamos que las impedancias del cuadripolo cumplen:

$$Z_a = Z + Z_a^{/} \tag{9.311}$$

$$Z_b = Z + Z_b^{/} \tag{9.312}$$

podremos, en este caso, extraer la impedancia Z común a ambas ramas, resultando la red de la Figura 9.86.

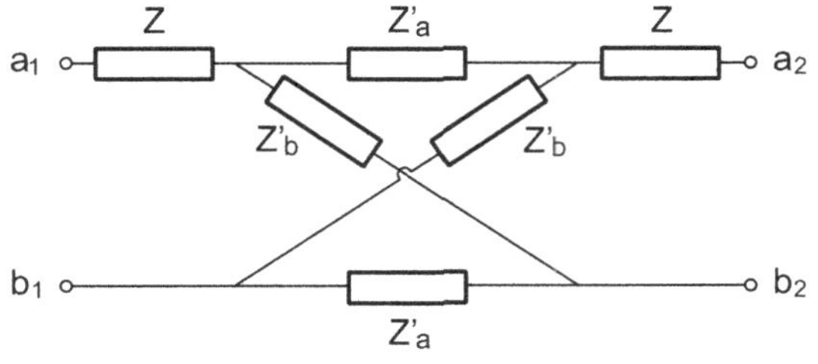

Figura 9.86

Los circuitos mostrados en las Figuras 9.85 y 9.86 son equivalentes.

Efectivamente, los parámetros "z" de la red de la Figura 9.85 son:

$$z_{11} = z_{22} = \frac{Z_a + Z_b}{2} \tag{9.313}$$

$$z_{12} = z_{21} = \frac{Z_a - Z_b}{2} \tag{9.314}$$

Los parámetros "z" de la red de la Figura 9.86 son, por otra parte:

$$z_{11} = z_{22} = Z + \frac{Z_a' + Z_b'}{2} \tag{9.315}$$

$$z_{12} = z_{21} = \frac{Z_b' - Z_a'}{2} \tag{9.316}$$

Haciendo uso de las relaciones (9.311) y (9.312) se observa que los parámetros "z" de las dos redes son los mismos, por lo que tales redes son equivalentes.

Si se cumple que las partes reales verifican:

$$R_e\,[Z_b] \geq R_e\,[Z_a] \tag{9.317}$$

podemos hacer:

$$Z = Z_a \tag{9.318}$$

con lo que las impedancias del circuito equivalente de la Figura 9.86 toman el valor:

$$Z_a' = Z_a - Z = 0 \tag{9.319}$$

$$Z_b' = Z_b - Z = Z_b - Z_a \tag{9.320}$$

Si se cumple la condición (9.317), las impedancias anteriores son físicamente realizables, resultando el circuito equivalente mostrado en la Figura 9.87.

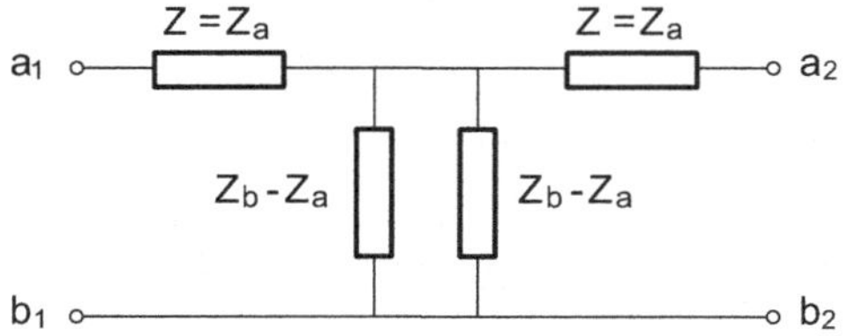

Figura 9.87

Esta red es equivalente a la célula en T simple, mostrada en la Figura 9.88.

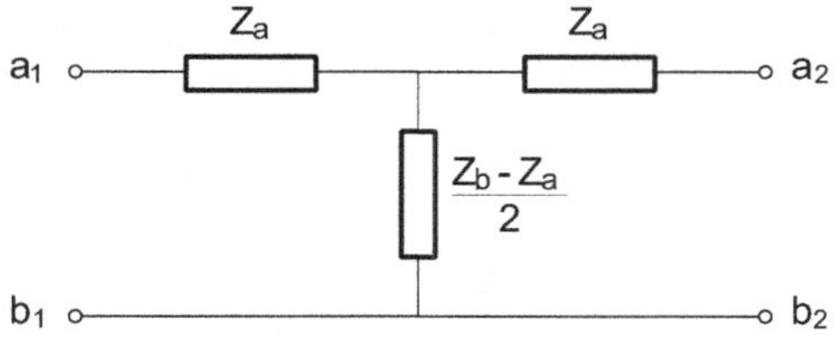

Figura 9.88

Podemos operar también en forma dual de la anterior. Así, sea la red en celosía simétrica de la Figura 9.89.

Supongamos que se cumple:

$$\begin{aligned} Y_a &= Y + Y_a^{/} \\ Y_b &= Y + Y_b^{/} \end{aligned} \tag{9.321}$$

$$Y_b = Y + Y_b^{/} \tag{9.322}$$

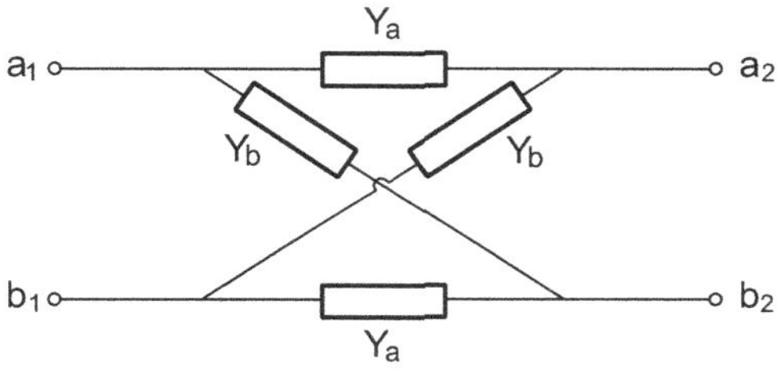

Figura 9.89

Podremos extraer la admitancia Y común a ambas ramas, resultando la red de la Figura 9.90.

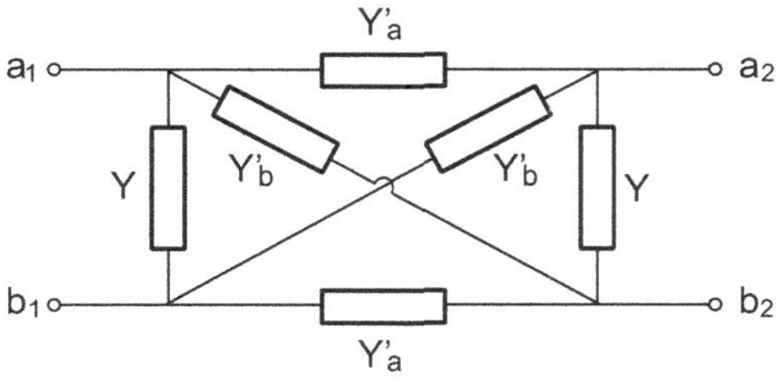

Figura 9.90

Los circuitos mostrados en las Figuras 9.89 y 9.90 son equivalentes. En efecto, los parámetros "y" de la red de la Figura 9.89 son:

$$y_{11} = y_{22} = \frac{Y_a + Y_b}{2} \tag{9.323}$$

$$y_{12} = y_{21} = \frac{Y_b - Y_a}{2} \tag{9.324}$$

Por otra parte, los parámetros "y" del circuito de la Figura 9.90 son:

$$y_{11} = y_{22} = Y + \frac{Y_a^{/} + Y_b^{/}}{2} \tag{9.325}$$

$$y_{21} = y_{12} = \frac{Y_b^{/} - Y_a^{/}}{2} \tag{9.326}$$

Haciendo uso de las relaciones (9.321) y (9.322), se observa que los parámetros "y" de las redes representadas en las Figuras 9.89 y 9.90 son los mismos, por lo que tales redes son equivalentes.

Si se cumple:

$$R_e[Y_a] \geq R_e[Y_b] \tag{9.327}$$

podemos hacer:

$$Y = Y_b \tag{9.328}$$

con lo que, aplicando las relaciones (9.321) y (9.322), las admitancias del circuito equivalente de la Figura 9.90 resultan:

$$Y_b^{/} = Y_b - Y = 0 \tag{9.329}$$

$$Y_a^{/} = Y_a - Y = Y_a - Y_b \tag{9.330}$$

Si se cumple la condición (9.327), las admitancias anteriores son físicamente realizables, resultando el circuito equivalente mostrado en la Figura 9.91.

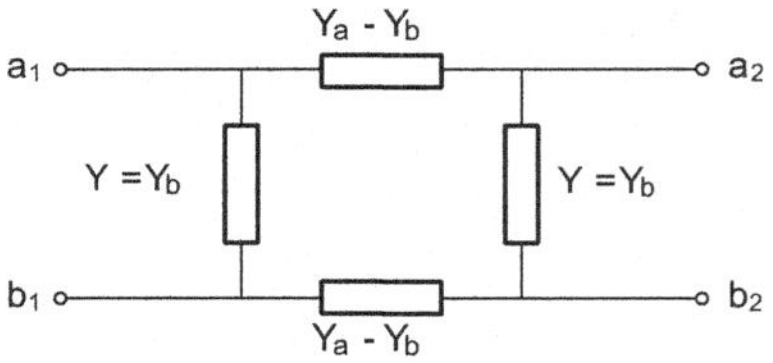

Figura 9.91

La red de la Figura 9.91 es finalmente equivalente a la célula en π mostrada en la Figura 9.92.

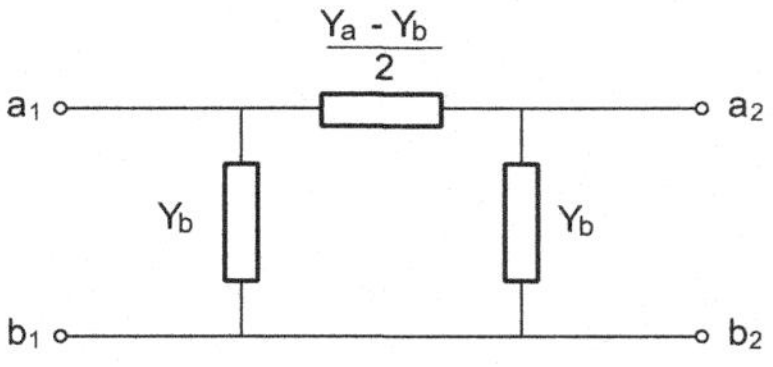

Figura 9.92

9.7.2 Teorema de Bartlett

Este teorema nos va a permitir la transformación de redes equilibradas en no equilibradas y viceversa.

Supongamos un cuadripolo R, L, C simétrico, tanto eléctrica como físicamente, el cual se encuentra representado en la Figura 9.93.

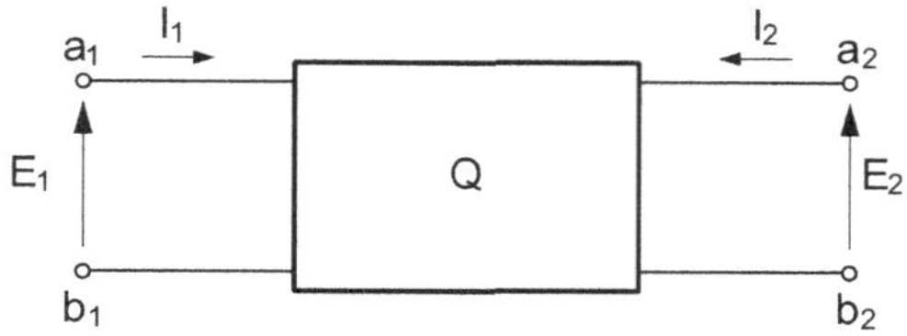

Figura 9.93

Las ecuaciones en parámetros "z" de esta red son:

$$\begin{aligned} E_1 &= z_{11}\, I_1 + z_{12}\, I_2 \\ E_2 &= z_{21}\, I_1 + z_{22}\, I_2 \end{aligned} \qquad (9.331)$$

con:

$$z_{12} = z_{21} \qquad (9.332)$$

$$z_{11} = z_{22} \qquad (9.333)$$

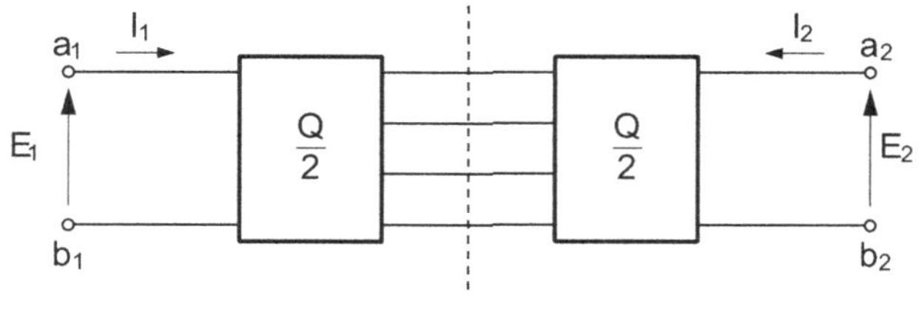

Figura 9.94

Podemos separar la red en sus dos partes simétricas, manteniendo las conexiones internas que las unen, como se indica en la Figura 9.94.

Vamos a excitar esta red de las dos formas siguientes:

a) En forma simétrica:

Para ello aplicamos dos generadores de tensión del mismo valor e igual sentido, como se muestra en la Figura 9.95.

$$E_1 = E_2 = E \tag{9.334}$$

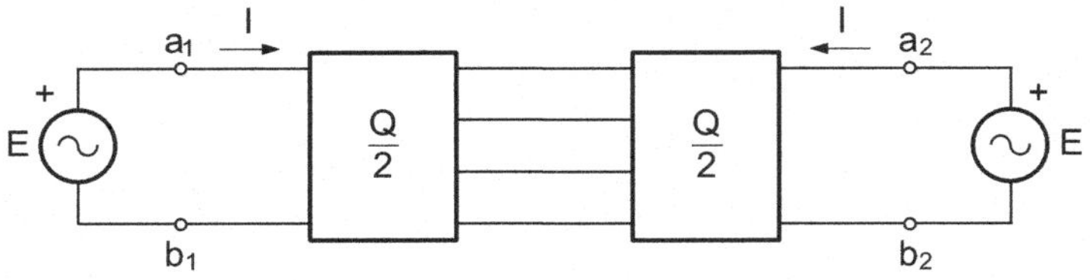

Figura 9.95

Dado que la red es simétrica, la corriente I en las dos puertas de acceso será la misma:

$$I_1 = I_2 = I \tag{9.335}$$

En estas condiciones las ecuaciones (9.331) resultarán:

$$\begin{aligned} E &= (z_{11} + z_{12})\, I \\ E &= (z_{21} + z_{22})\, I \end{aligned} \tag{9.336}$$

y el cociente entre la tensión y la corriente en ambas puertas será:

$$Z_{e,s} = \frac{E}{I} = z_{11} + z_{12} = z_{21} + z_{22} \tag{9.337}$$

que tiene dimensiones de impedancia y que llamaremos "impedancia de entrada con excitación simétrica".

Con este tipo de excitación, y si tenemos en cuenta el teorema de superposición, observamos que las corrientes en las ramas que unen las dos semiporciones son nulas, (los generadores producen corrientes iguales y de sentido contrario) por lo que podrán separarse sin que se modifiquen las condiciones en los terminales de la red, como se muestra en la Figura 9.96, en la que puede observarse que $Z_{e,s}$ es la "impedancia equivalente a la entrada de una semiporción con las uniones que la ligan a la otra mitad, en circuito abierto".

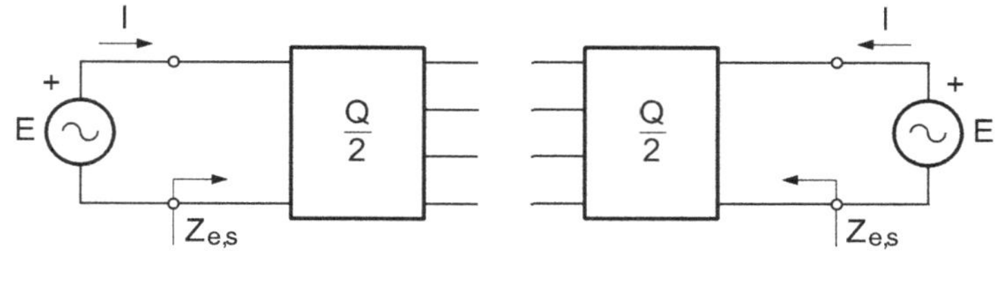

Figura 9.96

b) En forma asimétrica:

Ahora, y como se muestra en la Figura 9.97, excitamos la red mediante dos generadores de tensión del mismo valor y sentidos opuestos.

$$E_1 = - E_2 = E \quad (9.338)$$

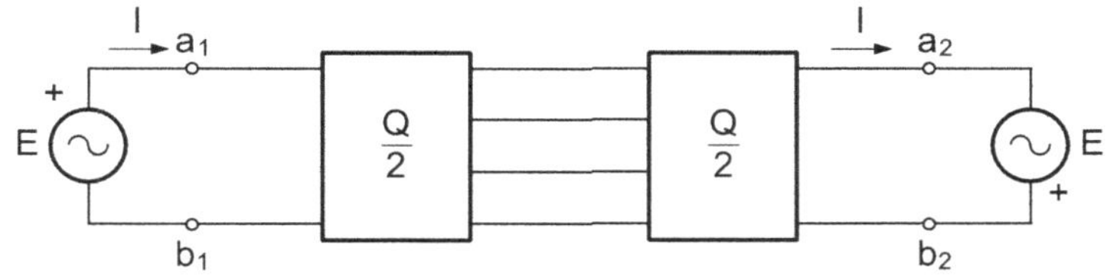

Figura 9.97

Las corrientes en ambas puertas serán iguales y de signo contrario:

$$I_1 = - I_2 = I \quad (9.339)$$

y las ecuaciones (9.331) quedarán:

$$\begin{aligned} E &= (z_{11} - z_{12}) I \\ -E &= (z_{21} - z_{22}) I \end{aligned} \quad (9.340)$$

de donde se deduce:

$$Z_{e,a} = \frac{E}{I} = z_{11} - z_{12} = z_{22} - z_{21} \quad (9.341)$$

que denominaremos "impedancia de entrada con excitación asimétrica".

Con esta excitación, las conexiones entre las semiporciones de la red están a un mismo potencial y pueden unirse en un solo nudo, es decir, pueden ser cortocircuitadas sin que ello afecte a las condiciones en los terminales de la red, como se indica en la Figura 9.98, obtenida separando totalmente las partes simétricas.

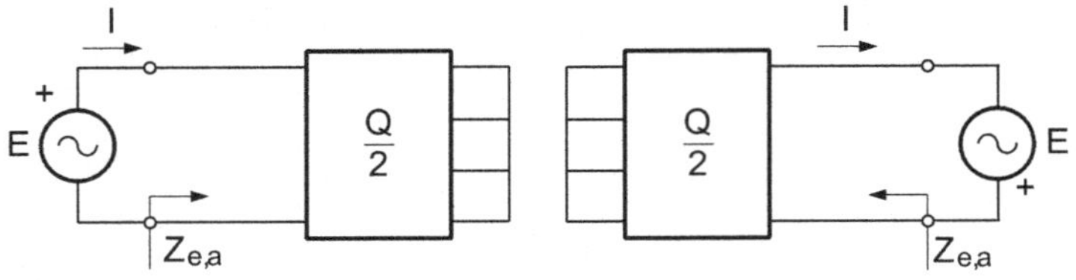

Figura 9.98

Siendo $Z_{e,a}$ la "impedancia equivalente a la entrada de una semiporción con las uniones que la ligan a la otra mitad en cortocircuito".

De las expresiones (9.337) y (9.341) podemos obtener los parámetros "z" del cuadripolo total en función de las impedancias $Z_{e,s}$ y $Z_{e,a}$ las cuales pueden calcularse como se indica en las Figuras 9.96 y 9.98, respectivamente.

En consecuencia, tenemos:

$$Z_{e,s} = z_{11} + z_{12} \qquad (9.337\text{ bis})$$

y

$$Z_{e,a} = z_{11} - z_{12} \qquad (9.341\text{ bis})$$

Por lo que:

$$z_{11} = z_{22} = \frac{Z_{e,s} + Z_{e,a}}{2} \qquad (9.342)$$

y

$$z_{12} = z_{21} = \frac{Z_{e,s} - Z_{e,a}}{2} \qquad (9.343)$$

Podemos hacer un estudio análogo operando con los parámetros "y". Así, las ecuaciones de la red de la Figura 9.93 son:

$$\begin{aligned} I_1 &= y_{11}\, E_1 + y_{12}\, E_2 \\ I_2 &= y_{21}\, E_1 + y_{22}\, E_2 \end{aligned} \qquad (9.344)$$

con:

$$y_{11} = y_{22} \qquad (9.345)$$

$$y_{12} = y_{21} \qquad (9.346)$$

por ser la red R, L, C y simétrica.

Supongamos que se excita la red de las dos formas siguientes:

a) En forma simétrica:

Para ello aplicamos dos generadores de corriente del mismo valor y sentido, como se muestra en la Figura 9.99.

$$I_1 = I_2 = I \tag{9.347}$$

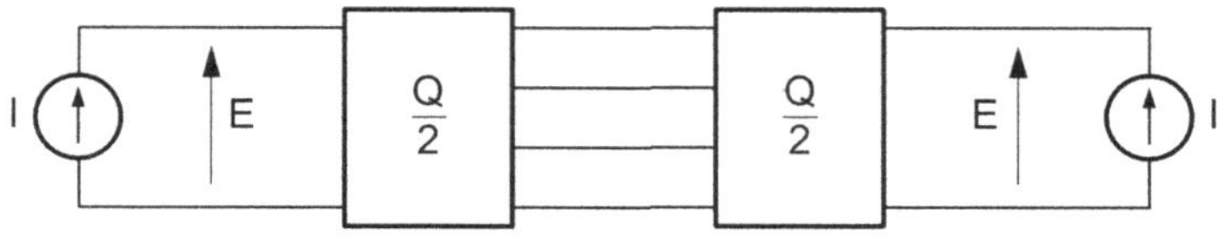

Figura 9.99

Con la excitación aplicada y puesto que el cuadripolo es simétrico, las tensiones obtenidas en ambas puertas de acceso serán:

$$E_1 = E_2 = E \tag{9.348}$$

Las ecuaciones (9.344) quedan, en consecuencia:

$$\begin{aligned} I &= (y_{11} + y_{12})\,E \\ I &= (y_{21} + y_{22})\,E \end{aligned} \tag{9.349}$$

El cociente entre la corriente y la tensión en ambas puertas será:

$$Y_{e,s} = \frac{I}{E} = y_{11} + y_{12} = y_{21} + y_{22} \tag{9.350}$$

que se define como "admitancia de entrada con excitación simétrica".

Además, con la excitación aplicada, las corrientes entre ambas semiporciones a través de las conexiones que las unen son nulas, por lo que el circuito de la Figura 9.99 queda como se indica en la Figura 9.100, sin que al separar las partes simétricas queden afectadas las condiciones en los terminales de la red.

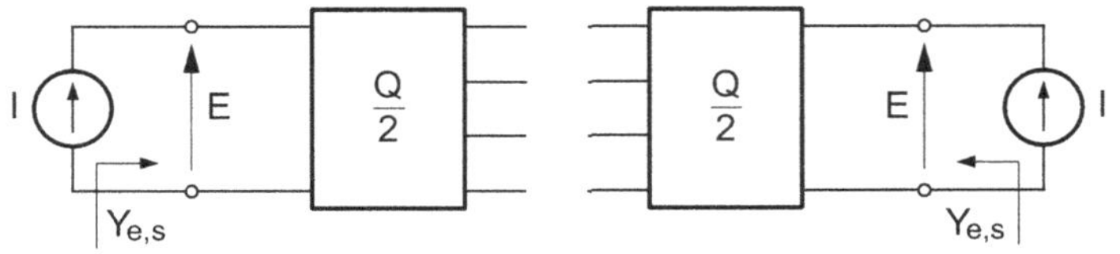

Figura 9.100

b) En forma asimétrica:

Aplicamos para ello dos generadores de corriente del mismo valor y sentido opuesto, es decir:

$$I_1 = -I_2 = I \quad (9.351)$$

como se indica en la Figura 9.101.

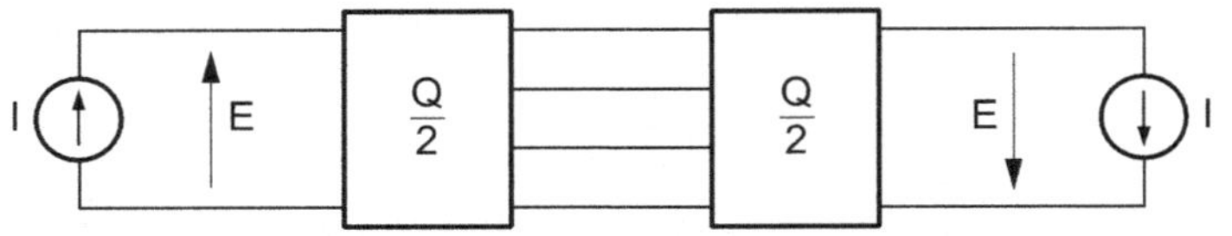

Figura 9.101

Con la excitación aplicada, las tensiones obtenidas son:

$$E_1 = E_2 = E \quad (9.352)$$

Así, de las ecuaciones (9.344) tenemos:

$$\begin{aligned} I &= (y_{11} - y_{12})\,E \\ -I &= (y_{21} - y_{22})\,E \end{aligned} \quad (9.353)$$

por lo que:

$$Y_{e,a} = \frac{I}{E} = y_{11} - y_{12} = y_{22} - y_{21} \quad (9.354)$$

que denominaremos "admitancia de entrada con excitación asimétrica".

Además, con la excitación aplicada, las conexiones entre las semiporciones de la red están a un mismo potencial y pueden unirse en un solo nudo, sin que ello afecte a las condiciones de los terminales de la red, como se indica en la Figura 9.102, obtenida separando totalmente las partes simétricas.

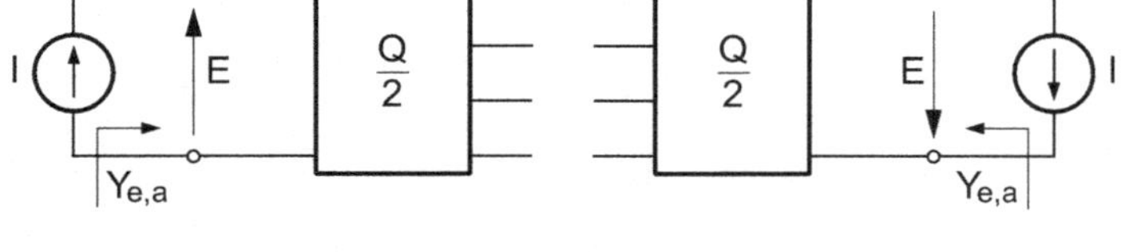

Figura 9.102

Por todo ello, podemos relacionar los parámetros "y" del cuadripolo total con las admitancias vistas desde cualquiera de las puertas de acceso a la red, calculadas sobre la mitad simétrica de la misma y en las condiciones indicadas en las Figuras 9.100 y 9.102, respectivamente.

En consecuencia, tenemos:

$$Y_{e,s} = y_{11} + y_{12} \quad (9.350\ \text{bis})$$

$$Y_{e,a} = y_{11} - y_{12} \quad (9.354\ \text{bis})$$

por lo que:

$$y_{11} = y_{22} = \frac{Y_{e,s} + Y_{e,a}}{2} \quad (9.355)$$

$$y_{12} = y_{21} = \frac{Y_{e,s} - Y_{e,a}}{2} \quad (9.356)$$

Apliquemos el estudio realizado a las células T y π (no equilibradas) y a la red en celosía (equilibrada) determinando las relaciones entre las impedancias o las admitancias de las diversas ramas con las impedancias Z_e o admitancias Y_e de sus correspondientes semisecciones.

En la Figura 9.103a, está representada la red π simétrica, cuya semisección está indicada en la Figura 9.103b.

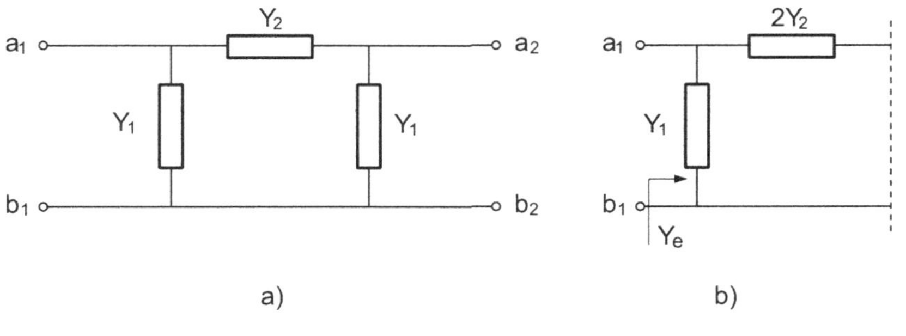

Figura 9.103

Por simple inspección, se deduce:

$$Y_{e,s} = Y_1 \quad (\textit{Semisección en circuito abierto}) \quad (9.357)$$

$$Y_{e,a} = Y_1 + 2\,Y_2 \quad (\textit{Semisección en cortocircuito}) \quad (9.358)$$

Por lo tanto, las admitancias de las ramas de la célula son:

$$Y_1 = Y_{e,s} \tag{9.359}$$

$$Y_2 = \frac{Y_{e,a} - Y_{e,s}}{2} \tag{9.360}$$

En la Figura 9.104a, está representada la red en T simétrica, cuya semisección está indicada en la Figura 9.104b.

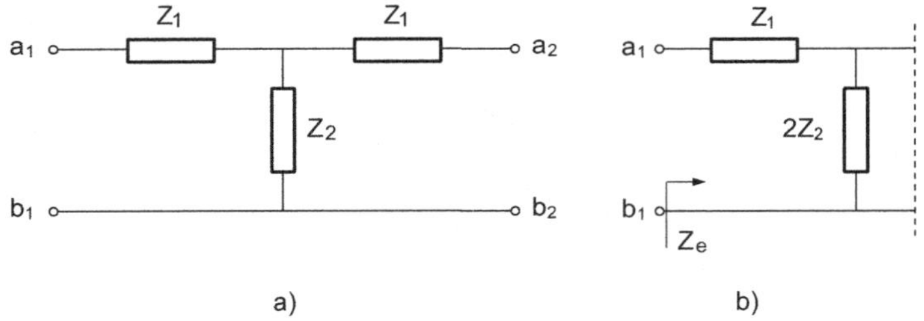

Figura 9.104

Por inspección, se obtiene:

$$Z_{e,s} = Z_1 + 2Z_2 \quad \textit{(Semisección en circuito abierto)} \tag{9.361}$$

$$Z_{e,a} = Z_1 \quad \textit{(Semisección en cortocircuito)} \tag{9.362}$$

Por lo tanto:

$$Z_1 = Z_{e,a} \tag{9.363}$$

$$Z_2 = \frac{Z_{e,s} - Z_{e,a}}{2} \tag{9.364}$$

En la Figura 9.105a, está representara la célula T shuntada, cuya semisección está indicada en la Figura 9.105b.

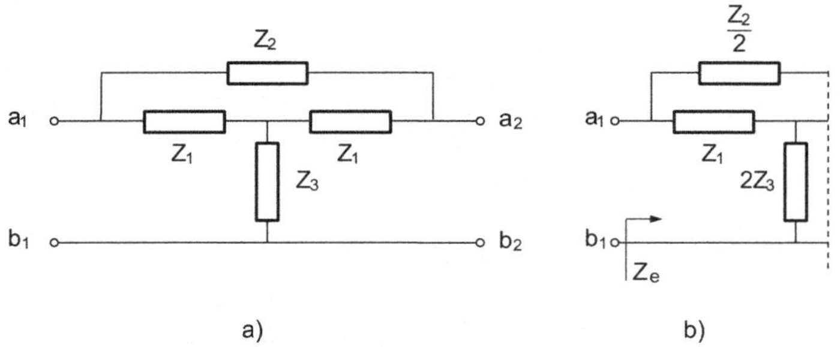

Figura 9.105

En esta figura se tiene:

$$Z_{e,s} = Z_1 + 2\,Z_3 \quad (\textit{Semisección en circuito abierto}) \tag{9.365}$$

$$Z_{e,a} = Z_1 \,/\!/\, \frac{Z_2}{2} \quad (\textit{Semisección en cortocircuito}) \tag{9.366}$$

que conjuntamente con una tercera condición, impuesta normalmente sobre la célula en T shuntada:

$$Z_2\,Z_3 = Z_1^2 \tag{9.367}$$

permiten obtener:

$$Z_1 = \sqrt{Z_{e,a}\,Z_{e,s}} \tag{9.368}$$

$$Z_3 = Z_{e,s}\,\frac{1 - \sqrt{\dfrac{Z_{e,a}}{Z_{e,s}}}}{2} \tag{9.369}$$

$$Z_2 = \frac{2\,Z_{e,a}}{1 - \sqrt{\dfrac{Z_{e,a}}{Z_{e,s}}}} \tag{9.370}$$

En el caso de que no tenga por qué cumplirse la relación 9.367, quedaría un margen de libertad para obtener los componentes de la célula en T shuntada.

El teorema de Bartlett sólo es aplicable a redes en las que los hilos que unen las semisecciones de la red no se cruzan, por lo que, en principio, no sería aplicable a las redes en celosía. Sin embargo, es posible obviar este inconveniente, sustituyendo la red en celosía de la Figura 9.106a por su equivalente, indicada en la Figura 9.106b.

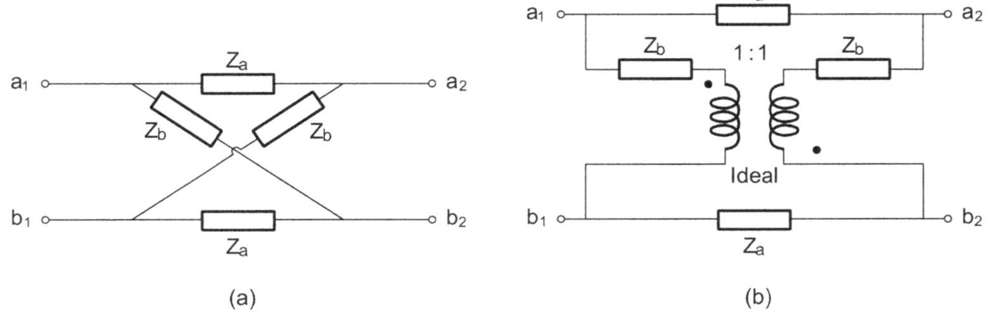

Figura 9.106

Con la excitación simétrica, el transformador de la Figura 9.106b es equivalente a un cortocircuito. En efecto, en el circuito de la Figura 9.107, se tiene:

$$E = I_a Z_b + E_a = I_b Z_b - E_b \tag{9.371}$$

pero en el transformador ideal se cumple:

$$I_a = I_b \tag{9.372}$$

$$E_a = E_b \tag{9.373}$$

por lo que de la ecuación (9.371) se obtiene:

$$I_a Z_b + E_a = I_a Z_b - E_a \tag{9.374}$$

de donde resulta:

$$E_a = E_b = 0 \tag{9.375}$$

es decir, el transformador es un cortocircuito para la excitación simétrica.

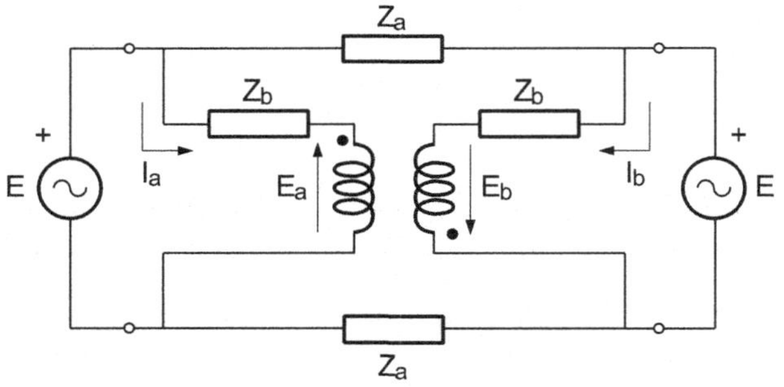

Figura 9.107

Así mismo, cuando la excitación es no simétrica, el transformador es equivalente a un circuito abierto.

Efectivamente, si en las bornas de salida de la red intercambiamos E por -E (con lo que tenemos excitación no simétrica), podemos plantear las siguientes ecuaciones:

$$E = I_a Z_b + E_a \tag{9.376}$$

$$-E = Z_b I_b - E_b \tag{9.377}$$

pero:

$$I_a = I_b \tag{9.378}$$

$$E_a = E_b \tag{9.379}$$

por lo que, sumando las ecuaciones (9.376) y (9.377) obtenemos:

$$2\,I_a\,Z_b = 2\,I_b\,Z_b = 0 \tag{9.380}$$

y por lo tanto:

$$I_a = I_b \tag{9.381}$$

lo que indica que tanto el primario como el secundario del transformador ideal son circuitos abiertos.

Las semisecciones de la célula en celosía, válidas para excitación simétrica y no simétrica, están indicadas en las Figuras 9.108a y 9.108b, respectivamente.

En la Figura 9.108a se tiene:

$$Z_{e,s} = Z_b \tag{9.382}$$

$$Y_{e,s} = Y_b \tag{9.383}$$

y en la Figura 9.108b se obtiene:

$$Z_{e,a} = Z_a \tag{9.384}$$

$$Y_{e,a} = Y_a \tag{9.385}$$

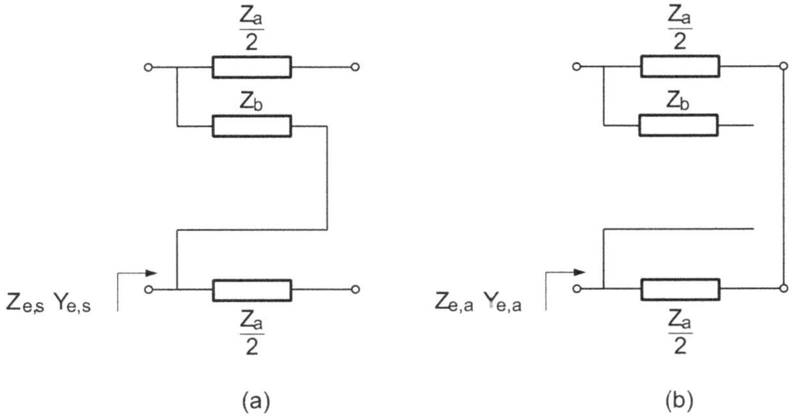

Figura 9.108

Las relaciones (9.383) y (9.385) constituyen el teorema de Bartlett y permiten encontrar el cuadripolo equivalente (T, π, T shuntada) del cuadripolo en celosía.

EJEMPLO

Como aplicación del estudio realizado, se desea encontrar la célula en π equivalente a la célula de la Figura 9.109.

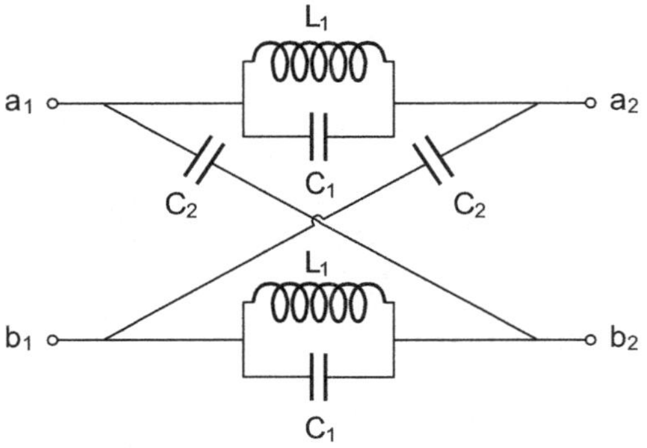

Figura 9.109

Las relaciones (9.383) y (9.385) permiten deducir:

$$Y_{e,s} = j\,\omega\,C_2 \tag{9.386}$$

$$Y_{e,a} = j\left(\omega C_1 - \frac{1}{\omega L_1}\right) \tag{9.387}$$

y las relaciones (9.359) y (9.360) permiten obtener las admitancias de las ramas de la célula en π equivalente.

Así, tenemos:

$$Y_1 = Y_{e,s} = j\,\omega\,C_2 \tag{9.388}$$

$$Y_2 = \frac{Y_{e,a} - Y_{e,s}}{2} = \frac{1}{2}\left[j\,\omega(C_1 - C_2) - \frac{1}{j\,\omega L_1}\right] \tag{9.389}$$

con lo que la red en π equivalente es la mostrada en la Figura 9.110.

Se observa que la red de la Figura 9.110 es físicamente realizable sólo cuando $C_1 > C_2$, lo cual implica que las transformaciones de redes equilibradas a no equilibradas no siempre son posibles, pues pueden dar lugar a redes físicamente no realizables. Sin embargo, la transformación inversa siempre tiene solución.

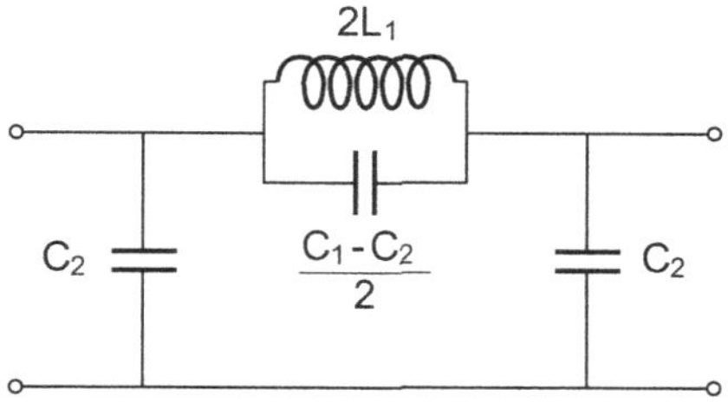

Figura 9.110

Aplicando la pareja de ecuaciones (9.363) y (9.364) puede obtenerse la célula en T equivalente de la celosía, o la célula en T shuntada si se aplican las ecuaciones (9.369) y (9.370).

PROBLEMAS

PROBLEMA 9.1

Determinar la matriz de parámetros “h” del cuadripolo de la figura.

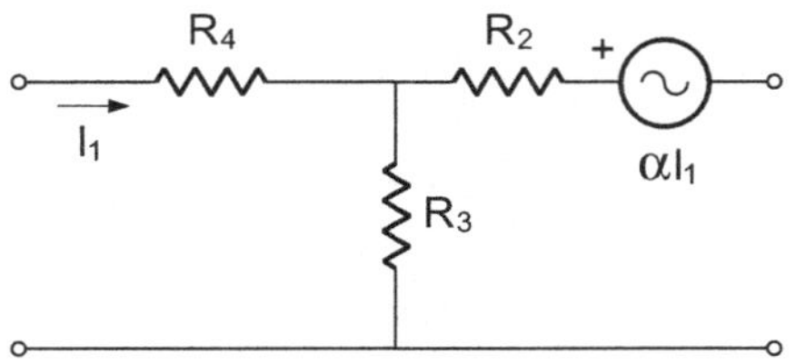

PROBLEMA 9.2

Sobre un cuadripolo (R-L-C), se realizan las medidas de impedancia que se representan en la figura. Se pide:

a) Parámetros “z” del cuadripolo.

b) Determinar las pérdidas de transmisión e inserción al intercalarlo entre un generador de $Z_g = 20\ \Omega$ y una carga $Z_R = 10\ \Omega$.

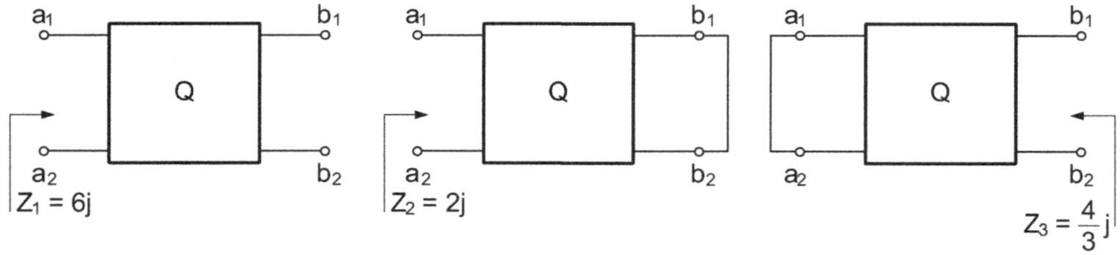

PROBLEMA 9.3

Se tiene el cuadripolo Q en T simétrico con el que se realiza la conexión de la figura. Se pide encontrar los parámetros “h” del cuadripolo resultante.

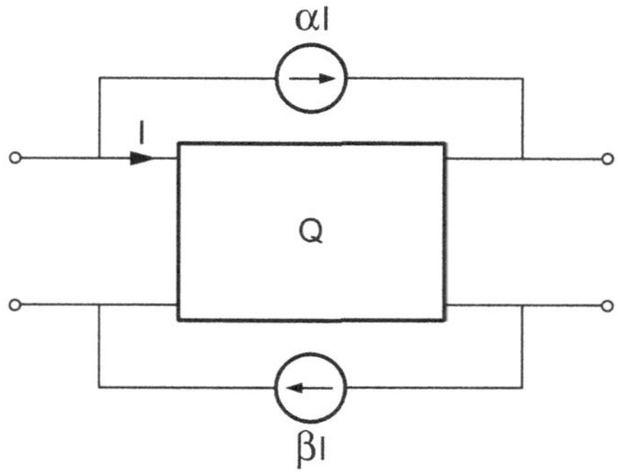

DATOS

$$Q\begin{cases} z_{11} = 2\Omega \\ z_{12} = 1\Omega \end{cases} \qquad \alpha = 1 \quad ; \quad \beta = 3$$

PROBLEMA 9.4

Determine los parámetros "y" del cuadripolo resultante de la asociación representada en la Figura 2 en la que el cuadripolo Q se representa en la Figura 1.

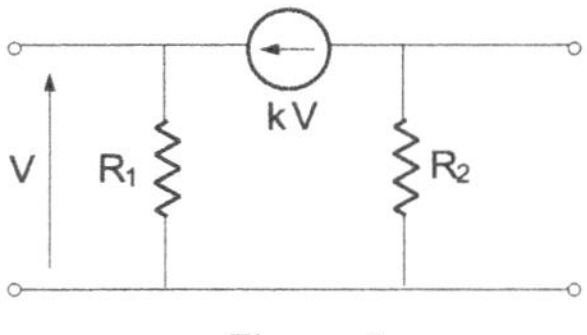

Figura 1

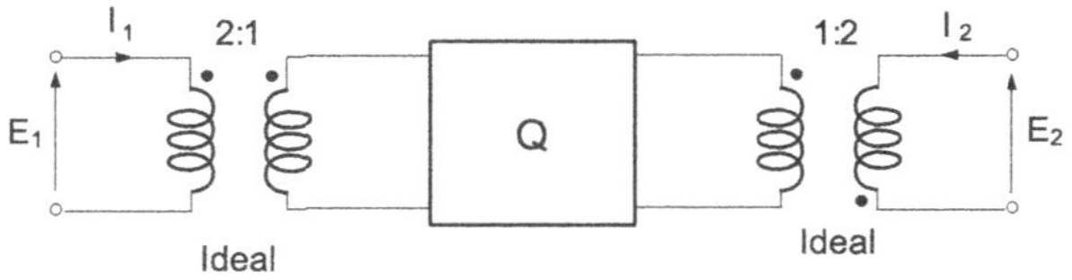

Figura 2

PROBLEMA 9.5

Se asocian en cascada dos cuadripolos C_1 y C_2, como los representados. Se pide:

a) Parámetros ABCD del cuadripolo resultante.

b) Pérdidas de transmisión de tensión de la asociación.

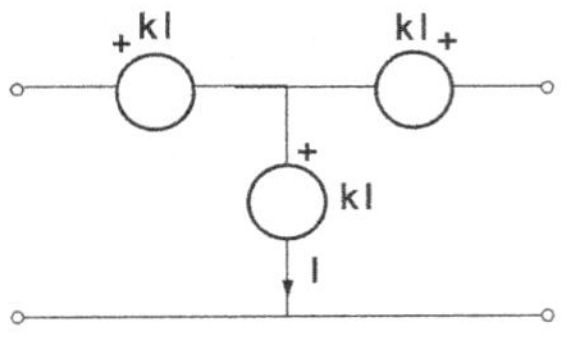

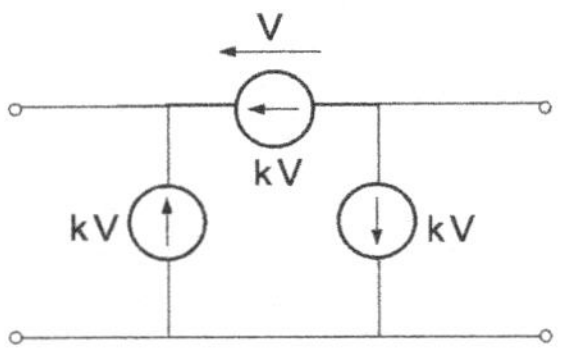

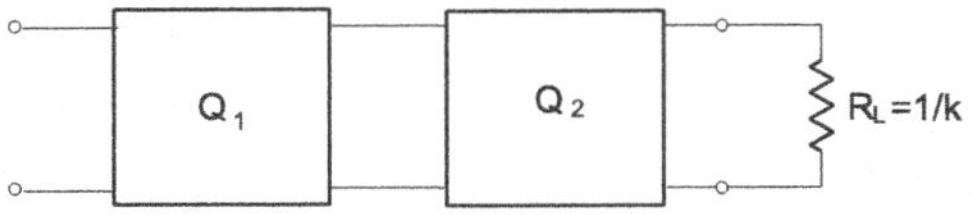

PROBLEMA 9.6

Dadas las familias de parámetros que se representan:

a) Indique cuáles de ellas pueden corresponder a un cuadripolo bilateral y simétrico, indicando en cuyo caso si son o no disipativos.

b) Se conectan en cascada dos cuadripolos idénticos cuya familia de parámetros es la iniciada en 3. Determine la relación entre las corrientes de entrada y salida de la asociación cuando se cierra ésta por una impedancia igual a su impedancia característica.

c) En las condiciones del apartado b) ¿qué potencia recibirá la carga Z_0 si a la entrada se aplica una potencia P_1 = 10 mW?

$$1)\begin{cases} z_{11} = 2 \\ z_{12} = 1 \\ z_{21} = -1 \\ z_{22} = 2 \end{cases} \quad 2)\begin{cases} h_{11} = 2 \\ h_{12} = 1 \\ h_{21} = 1 \\ h_{22} = 2 \end{cases} \quad 3)\begin{cases} g_{11} = \frac{1}{2} \\ g_{12} = -\frac{1}{2} \\ g_{21} = \frac{1}{2} \\ g_{22} = \frac{3}{2} \end{cases} \quad 4)\begin{cases} Z_0 = 500\ \Omega \\ \gamma = 2j \end{cases}$$

PROBLEMA 9.7

Sobre un cuadripolo simétrico y bilateral se han realizado las medidas que se representan en las figuras. Se pide determinar:

a) Parámetros "z" del cuadripolo.

b) Impedancia característica y constante de propagación.

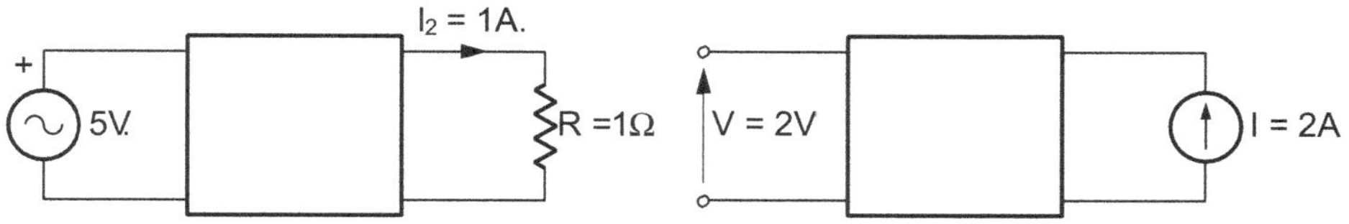

PROBLEMA 9.8

El cuadripolo representado en la figura se cierra por su impedancia imagen de salida. En estas condiciones se pide determinar:

a) Relación entre las corrientes de entrada y salida.

b) Pérdidas de transmisión de potencia.

c) Pérdidas de inserción de potencia al cerrar la entrada por un generador de impedancia $Z_g = Z_{01}$.

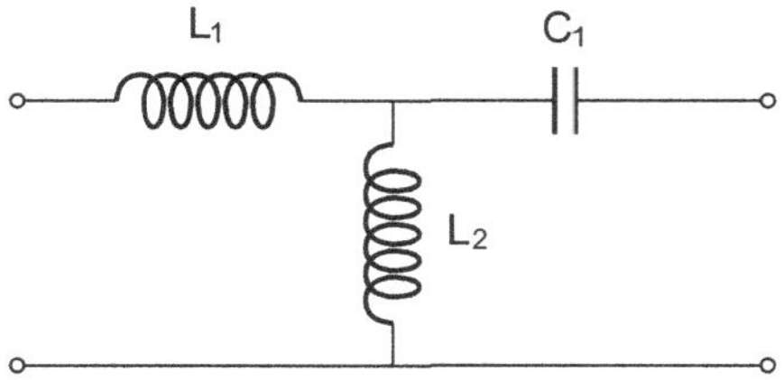

DATOS

$$\omega L_1 = 3\Omega \quad ; \; \omega L_2 = 6\Omega \quad ; \; \frac{1}{\omega C_1} = 3\Omega$$

PROBLEMA 9.9

En la asociación de cuadripolos de la figura se pide determinar:

a) Z_0 y γ del cuadripolo de la Figura 2.

b) Expresiones instantáneas de la corriente $i_3(t)$ y de la tensión $v_2(t)$ de la asociación.

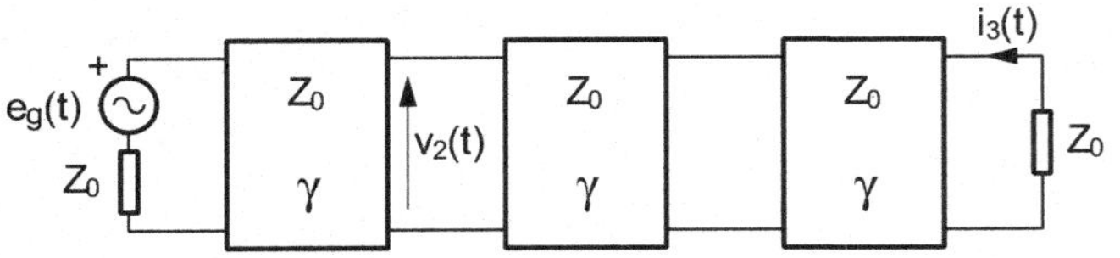

Figura 1

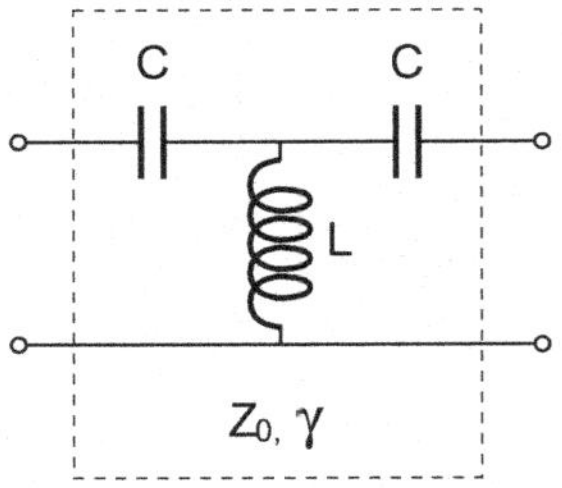

Figura 2

DATOS

$$e_g(t) = 10\, sen\, \omega t \quad mV \quad ; \qquad \frac{1}{\omega C} = \omega L = 20\, \Omega$$

PROBLEMA 9.10

En la asociación de cuadripolos de la figura se pide determinar:

a) Potencia puesta en juego por el generador de tensión.

b) Potencia puesta en juego por el generador de corriente.

c) Potencia disipada en Z_R.

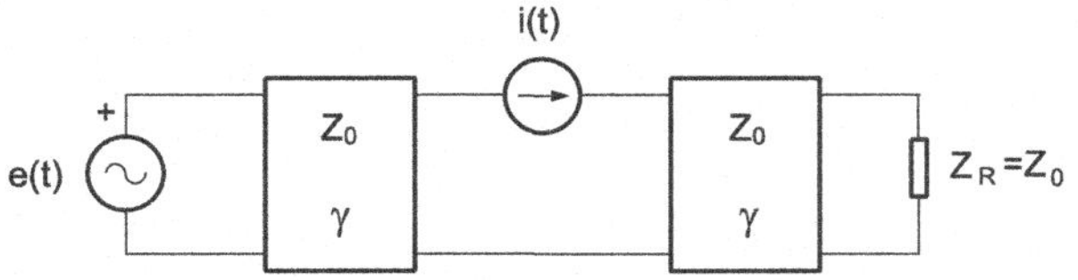

DATOS

$e(t) = 10\, sen\, \omega\, t\, V$; $i(t) = 5 \cos \omega\, t\, A$; $Z_0 = 10\Omega$; $\gamma = L_n 2$

PROBLEMA 9.11

En la asociación de cuadripolos de la figura 1, en la que los dos cuadripolos son idénticos al representado en la figura 2, se pide:

a) Parámetros "h" del cuadripolo de la Figura 2.

b) Parámetros "g" de la asociación.

c) Al cerrar la entrada de la asociación por un generador e_g = senωt V y $R_g = 2\Omega$, determinar el valor de la carga Z_R para que reciba la máxima potencia y aplicando el teorema de Thevenin, determinar el valor de la misma.

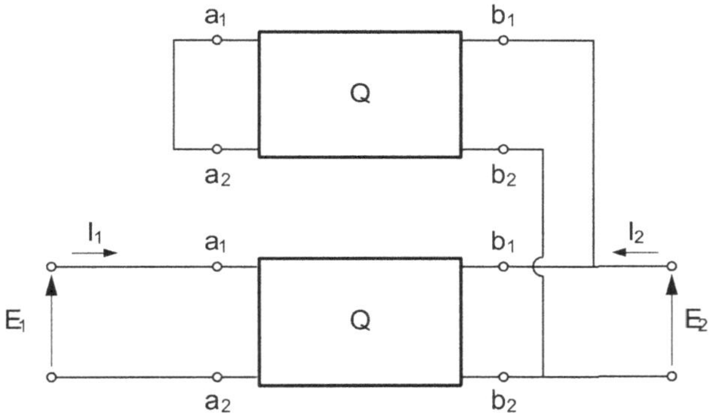

Figura 1

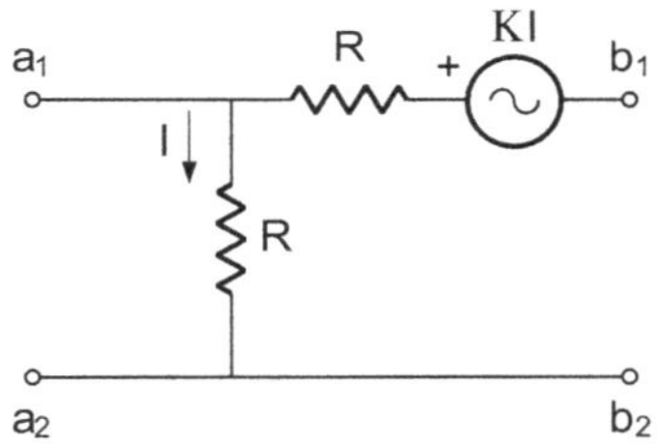

Figura 2

DATOS

$R = 1\Omega$; $K = 1\Omega$

PROBLEMA 9.12

En el circuito de la figura se sabe que el generador real está entregando la máxima potencia. En estas condiciones, se obtiene $v(t) = \sqrt{2}$ *sen* ω *t V*. Se pide determinar:

a) Relación de transformación del transformador ideal.

b) Valor de la impedancia Z.

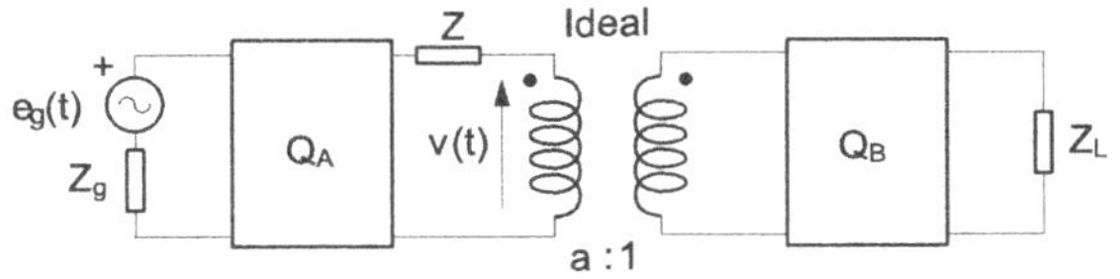

DATOS

$e_g(t) = 20\ sen\ \omega\ t\ V$; $Z_g = (10 - 10\,j)\ \Omega$; $Z_L = (1 + j)\ \Omega$

Para el cuadripolo A: $\gamma_1 = ln\ 9 + j(\pi/4)$; $Z_O^1 = (10 + 10j)\ \Omega$;

Para el cuadripolo B: $\gamma_2 = ½\ ln\ 2 + j(2\pi/3)$; $Z_O^2 = (1 + j)\ \Omega$;

PROBLEMA 9.13

En la asociación de cuadripolos de la figura se pide determinar la matriz de parámetros h" del cuadripolo resultante, así como las potencias suministradas o absorbidas (indicando tal circunstancia) por los generadores i(t) y e(t).

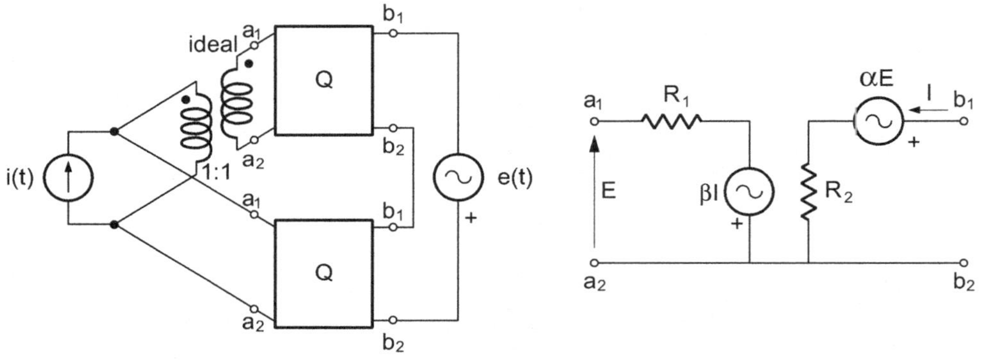

DATOS

$i(t) = sen\ \omega t A$; $e(t) = \cos \omega t\ V$

$R_1 = \dfrac{1}{2}\Omega$; $R_2 = 4\Omega$; $\alpha = 2$; $\beta = -2\Omega$

PROBLEMA 9.14

En la asociación de cuadripolos de la figura se pide:

a) Determinar los parámetros "z" del conjunto.

b) Pérdidas de transmisión e inserción introducidas por la asociación.

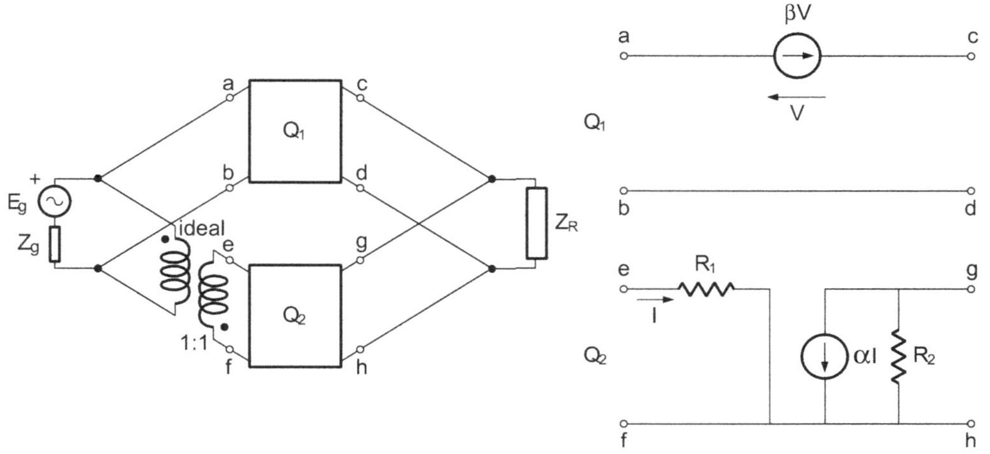

DATOS

$$Z_g = 2\Omega \;\; ; \; Z_R = 1\Omega \;\; ; \; \beta = 1\Omega^{-1} \;\; ; \; \alpha = 2\Omega \;\; ; \; R_1 = R_2 = 1\Omega$$

PROBLEMA 9.15

En la asociación de la figura constituida por cuadripolos resistivos iguales y simétricos, las pérdidas de transmisión y de inserción de cada uno de ellos son iguales, siendo las pérdidas de transmisión totales 6 dB.

Determinar los parámetros "z" de cada cuadripolo sabiendo que la potencia recibida por la carga es $P_3 = 1/4$ W.

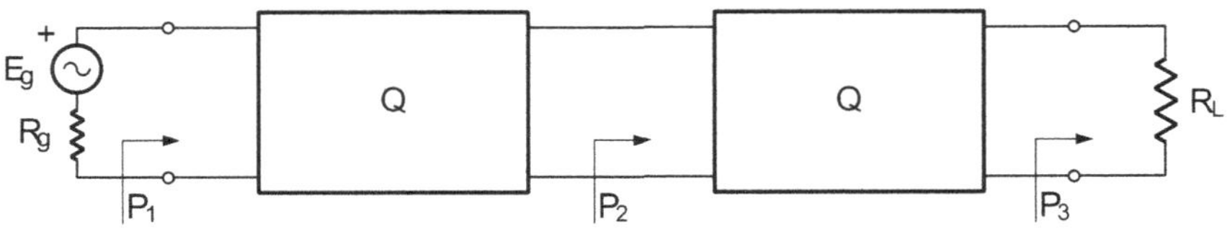

DATOS

$$E_g = 3\,Vef. \;\; ; \;\; R_g = 2\Omega$$

PROBLEMA 9.16

En la asociación de cuadripolos de la figura se pide determinar la potencia suministrada por el generador de corriente.

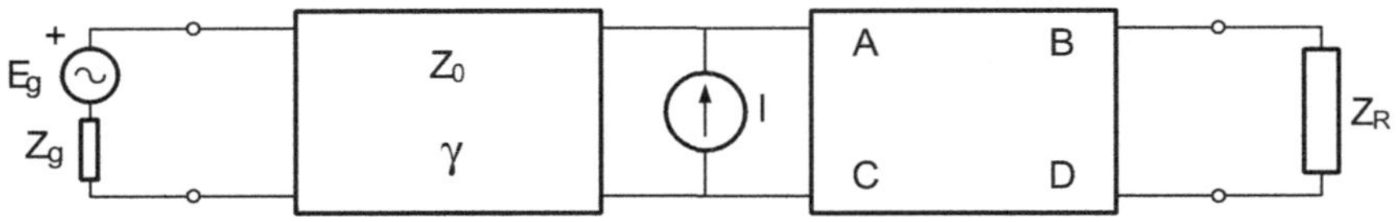

DATOS

$$e_g(t) = \frac{20}{3} \cos \omega t \ V \ ; \quad A = 3 \ ; \ B = 2 \ ; \ C = 4 \ ; \ D = 3$$

$$Z_g = Z_0 = 6\Omega \ ; \ Z_R = 6\Omega \ ; \ \gamma = L_n 2 \ ; \ i(t) = 9 sen\, \omega t\, A$$

PROBLEMA 9.17

En la asociación de cuadripolos de la figura se pide calcular:

a) Potencia en Z_R.

b) Potencia puesta en juego por los generadores E_1 y E_2.

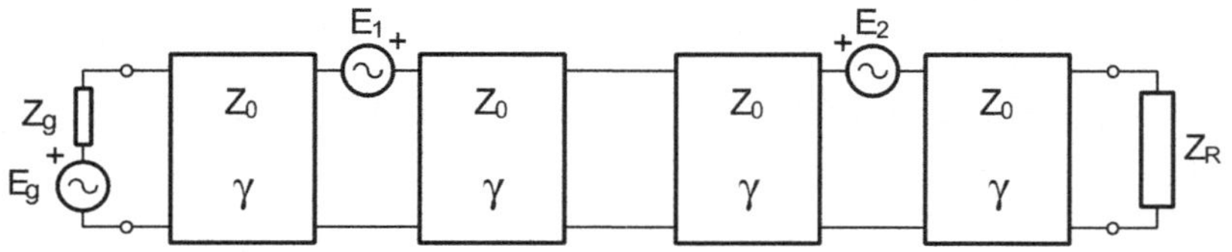

DATOS

$$Z_R = Z_g = Z_0 = 100 + 100\, j\, \Omega \ ; \quad Th\, \gamma = 3/5$$

$$e_g(t) = 160\sqrt{2}\, sen\,(\omega t + \pi/2)\ V \ ; \quad e_1(t) = 80\, sen\, \omega t\ V \ ; \quad e_2(t) = 20 \cos\,(\omega t - \frac{\pi}{2})\ V$$

PROBLEMA 9.18

Se tienen cinco cuadripolos simétricos idénticos, de impedancia característica $Z_0 = 50\ \Omega$, cerrados por $Z_R = Z_0$.

Sabiendo que la corriente de entrada del primer cuadripolo es $i_1(t)$ = sen ωt A y la de salida del último $i_6(t) = 0{,}2$ sen (ωt-π/6)A. Se pide determinar la corriente de salida del tercer cuadripolo y las pérdidas de transmisión de cada uno de ellos.

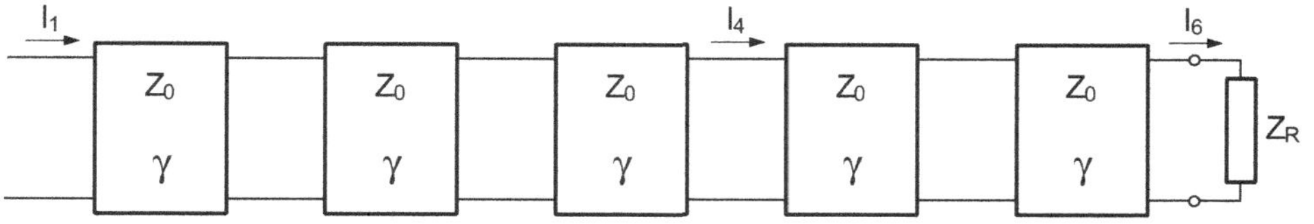

PROBLEMA 9.19

En la asociación de cuadripolos de la figura se pide determinar la corriente I_C y la potencia absorbida por $Z_R = Z_0$.

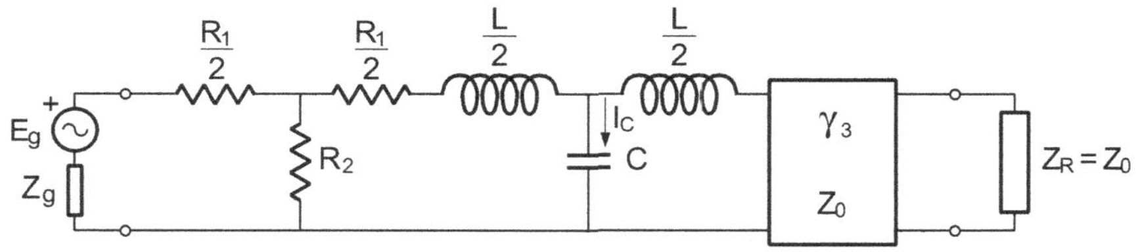

DATOS

$$E_g = 30\,V_{máx} \;;\; R_1 = 50\,\Omega \;;\; R_2 = 100\,\Omega \;;\; Z_g = Z_0 = 75\,\Omega \;;\; \gamma_3 = -j\frac{\pi}{3}$$

$$C = 4\mu F \;;\; \omega = \frac{\sqrt{3}}{6}10^4\ rad/seg. \;;\; L = 30\,mH$$

PROBLEMA 9.20

En la asociación de cuadripolos de la figura se pide determinar:

a) Relación de transformación del transformador ideal para que la potencia puesta en juego por el generador de tensión sea nula.

b) En estas condiciones ¿cuál será la potencia puesta en juego por el generador de corriente I_2?

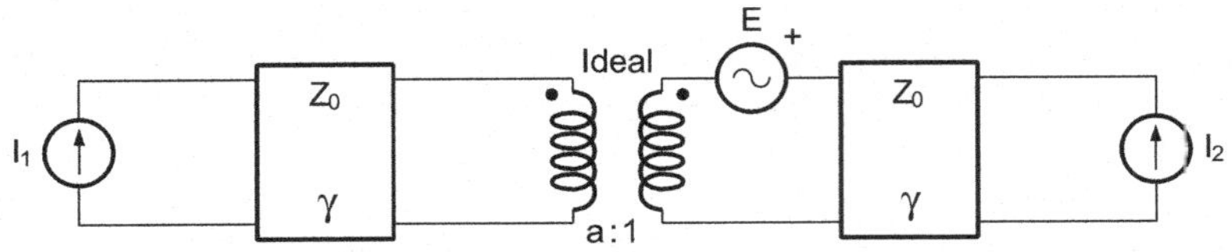

DATOS

$Z_0 = 50\Omega \quad ; I_1 = I_2 = 2mA_{máx} \; ; \quad \gamma = L_n 3 \quad ; E = 2mV$

PROBLEMA 9.21

En la conexión en cascada de los tres cuadripolos representados en la figura se pide determinar:

a) Impedancia característica y constante de propagación de cada cuadripolo.

b) Potencia recibida en la carga.

c) Desfase entre las corrientes de entrada y salida.

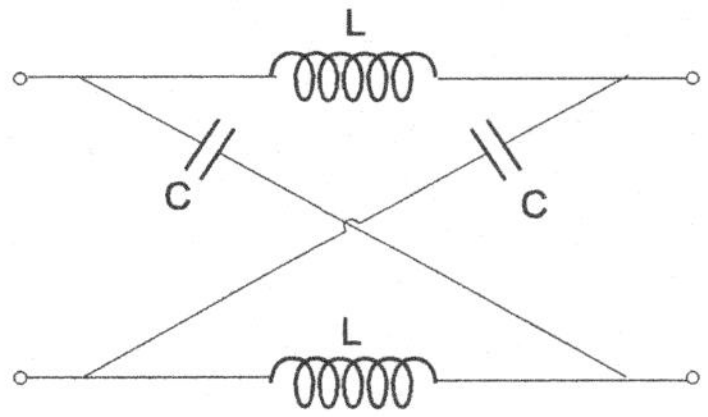

Figura 1

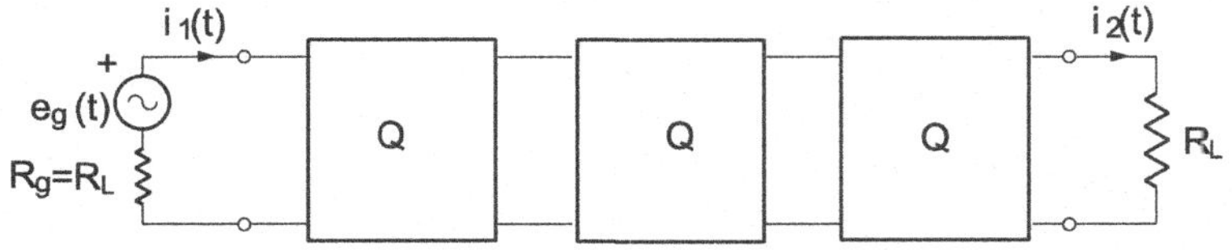

Figura 2

DATOS

$\omega L = 1/\omega C = 100\ \Omega \; ; R_L = 50\ \Omega \; ; e_g(t) = 2 \cos \omega t\ V$

PROBLEMA 9.22

En la Figura 1 se representan dos cuadripolos como el mostrado en la Figura 2. Se pide:

a) Parámetros "y" del cuadripolo Q.

b) ¿Existe un cuadripolo en T bilateral equivalente? Si lo hubiera, determínelo.

c) Parámetros ABCD del cuadripolo resultante de la asociación.

d) Impedancia característica y constante de propagación del cuadripolo resultante de la asociación de los dos cuadripolos en T equivalentes.

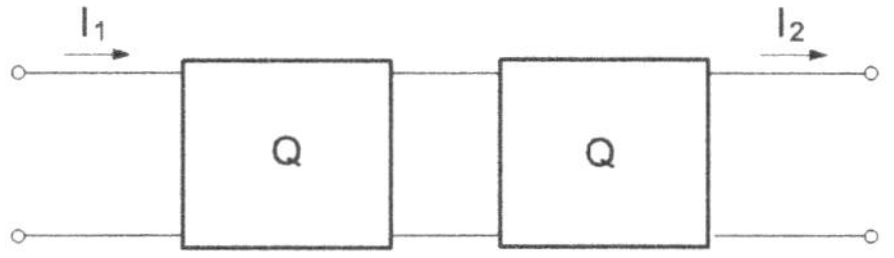

Figura 1

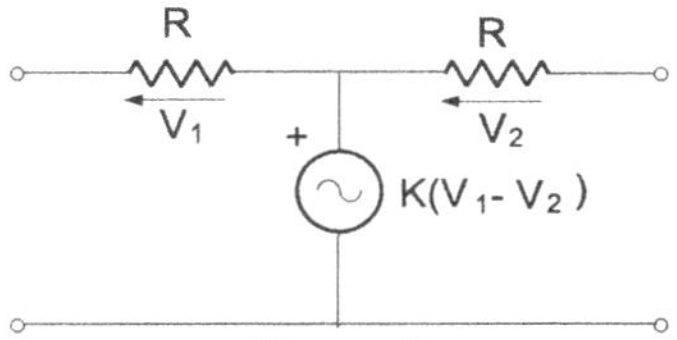

Figura 2

DATOS

$K = 1; \quad R = 1\ \Omega$

PROBLEMA 9.23

Suponga que un tramo de línea de transmisión de longitud l = 1 m puede ser modelado mediante un cuadripolo como el representado en la Figura 1. Se pide encontrar:

a) Impedancia característica y constante de propagación del cuadripolo.

b) Sabiendo que cuando la señal se atenúa más de 20 neperios es necesario amplificarla, ¿a qué distancia mínima deben conectarse los amplificadores?

c) ¿Cuál es el desfase entre las tensiones de entrada y salida si la línea tiene una longitud de 100 m?

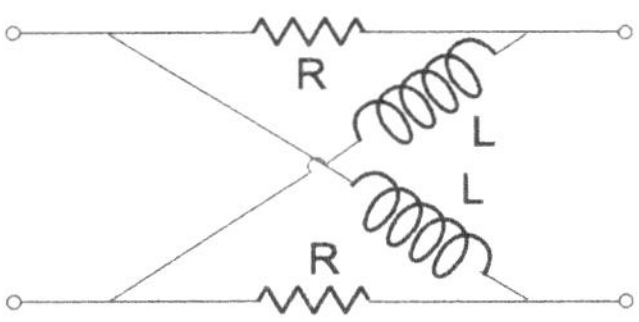

Figura 1

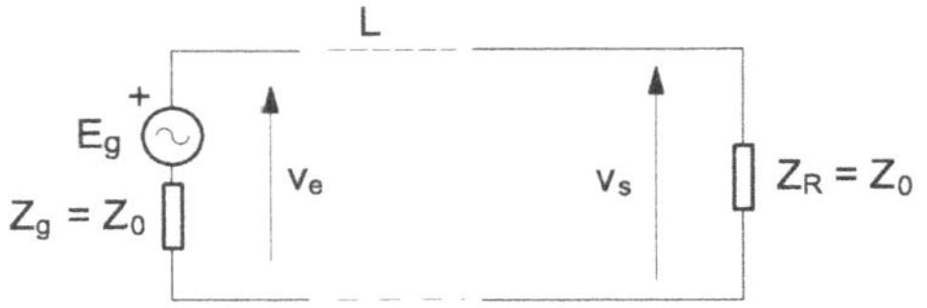

Figura 2

PROBLEMA 9.24

En el mezclador de dos canales de la figura, sabiendo que la resistencia de los generadores de cada canal es igual a la resistencia de carga $R_g = R_r = 60\ \Omega$ y que la atenuación total de cada canal es la misma $\alpha_T = 3\ L_n\ 2$ neperios, se pide:

a) Calcular la atenuación de cada atenuador y el valor de R.

b) Calcular los valores de las resistencias R_1 y R_2 de cada atenuador.

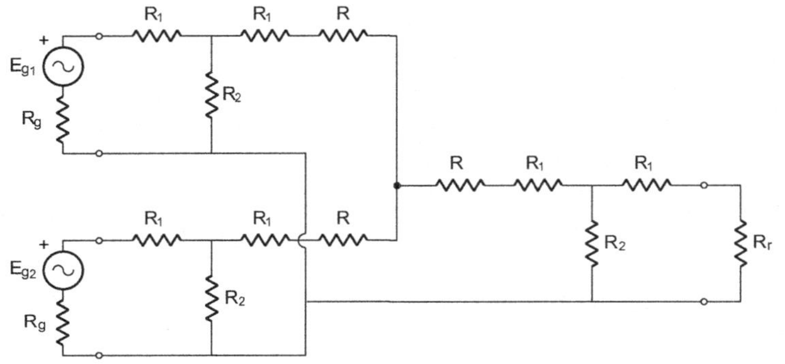

PROBLEMA 9.25

Los generadores representados en la figura son de diferentes frecuencias y mediante la asociación de cuadripolos resistivos representada se pretende atenuar cada una de las señales en R_L. Se pide:

a) Valor de la resistencia R para que todos los cuadripolos se encuentren cerrados por su impedancia característica.

b) Pérdidas de transmisión introducidas por cada canal.

c) Potencia recibida en R_L.

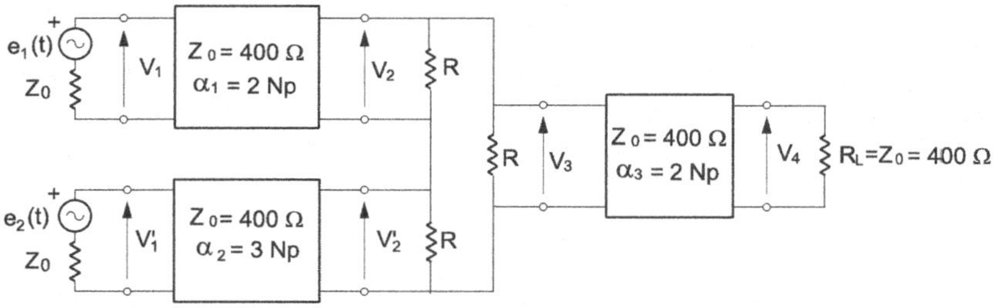

DATOS

$e_1(t) = 3\ sen\ \omega_1\ t\ V;\quad e_2(t) = 4\ cos\ \omega_2\ t\ V;\quad \omega_2 = 3\omega_1$

Capítulo 10

INTRODUCCIÓN AL FILTRADO PASIVO

INTRODUCCIÓN

Un filtro pasivo es un cuadripolo que, intercalado entre un generador y una carga, permite discriminar entre las distintas bandas de frecuencias que se presentan a su entrada, atenuando de forma diferente cada una de las componentes de la señal aplicada. Este comportamiento diferenciado a cada frecuencia se consigue mediante la presencia en el circuito de bobinas y condensadores.

En este capítulo se pretende únicamente situar el problema de filtrado y ofrecer algunas sencillas soluciones de filtros L-C de primer y segundo orden, sin abordar el problema general de síntesis de filtros, que naturalmente sobrepasa las pretensiones de un libro de análisis de circuitos.

10.1 FUNCIONES DE TRANSFERENCIA

En un circuito excitado en una única entrada y con una sola salida, en el que las bobinas y condensadores tienen condiciones iniciales nulas (están en estado cero), se define la función de transferencia como *la relación entre las transformadas de Laplace de las señales de salida y entrada.*

$$\textit{Función de transferencia} = \frac{\textit{Transformada de la respuesta en estado cero}}{\textit{Transformada de la excitación}} \qquad (10.1)$$

En la Figura 10.1 dos funciones de transferencia típicas son las ganancias de tensión y de corriente, definidas como:

$$G_V(s) = \frac{V_2(s)}{V_1(s)} \quad \textit{ganancia de tensión} \tag{10.2}$$

$$G_I(s) = \frac{I_2(s)}{I_1(s)} \quad \textit{ganancia de corriente} \tag{10.3}$$

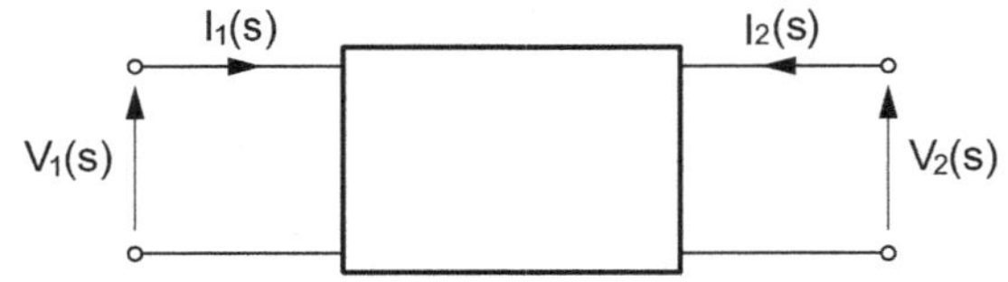

Figura 10.1

También puede definirse la función de transferencia que relaciona la tensión de salida y la corriente de entrada, y la que relaciona la corriente de salida y la tensión de entrada.

En general, el circuito de la Figura 10.1 puede representarse de forma simplificada, como se muestra en la Figura 10.2, en la que X(s) es la señal de entrada (corriente o tensión) e Y(s) la de salida (corriente o tensión).

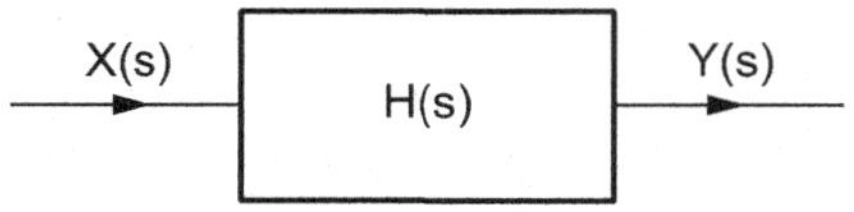

Figura 10.2

La función de transferencia H(s) se define como:

$$H(s) = \frac{Y(s)}{X(s)} \tag{10.4}$$

y es una característica del propio circuito, independiente por lo tanto de la señal aplicada.

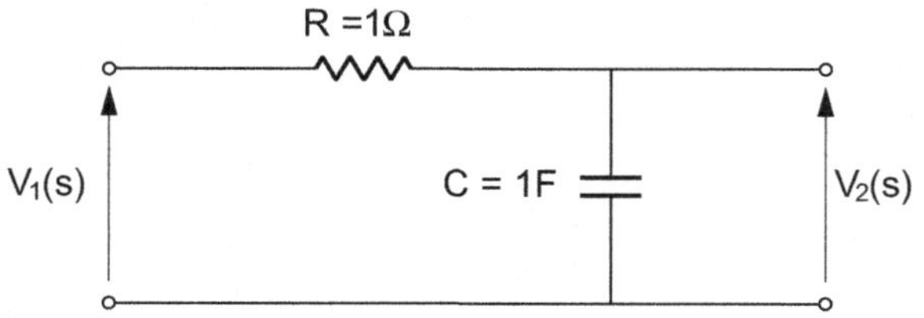

Figura 10.3

En el circuito de la Figura 10.3 la función de transferencia definida como *la relación entre las tensiones de salida y entrada* resulta:

$$H_1(s) = \frac{V_2(s)}{V_1(s)} = \frac{\dfrac{1}{sC}}{R + \dfrac{1}{sC}} = \frac{1}{1 + sRC} = \frac{1}{RC}\,\frac{1}{s + \dfrac{1}{RC}} = \frac{1}{s + 1} \qquad (10.5)$$

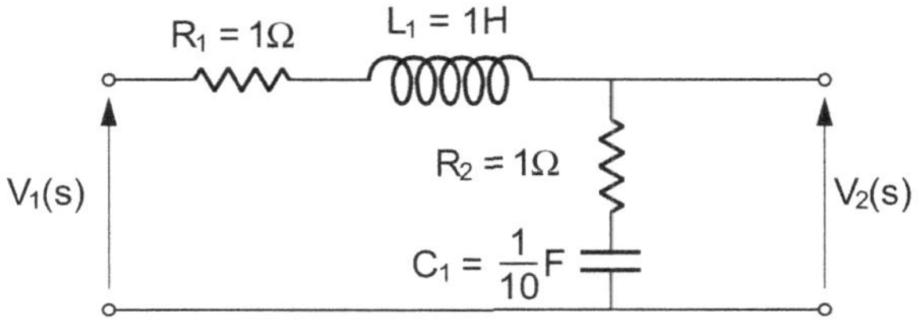

Figura 10.4

Para el circuito de la Figura 10.4 se tiene:

$$H_2(s) = \frac{V_2(s)}{V_1(s)} = \frac{R_2 + \dfrac{1}{sC_1}}{R_1 + R_2 + sL_1 + \dfrac{1}{sC_1}} = \frac{sR_2C_1 + 1}{s^2L_1C_1 + s(R_1 + R_2)C_1 + 1} =$$

$$= \frac{R_2}{L_1}\,\frac{s + \dfrac{1}{R_2C_1}}{s^2 + s\dfrac{R_1 + R_2}{L_1} + \dfrac{1}{L_1C_1}} = \frac{s + 10}{s^2 + 2s + 10} = \frac{s + 10}{(s + 1)^2 + 9} \qquad (10.6)$$

La función de transferencia es *el cociente de dos polinomios en* **s**, *con los coeficientes reales y positivos* y podrá siempre escribirse de la forma:

$$H(s) = \frac{a_m s^m + a_{m-1}s^{m-1} + \ldots + a_1 s + a_0}{b_n s^n + b_{n-1}s^{n-1} + \ldots + b_1 s + b_0} \qquad (10.7)$$

Conocida la función de transferencia H(s) y la señal aplicada a la entrada X(s), la señal de salida se obtiene:

$$Y(s) = H(s)\,X(s) \qquad (10.8)$$

e

$$y(t) = \mathcal{L}^{-1}[Y(s)] \qquad (10.9)$$

Si la señal aplicada a la entrada es un impulso de Dirac,

$$x(t) = \delta(t) \tag{10.10}$$

se tiene:

$$X(s) = \mathcal{L}[\delta(t)] = 1 \tag{10.11}$$

resultando:

$$Y(s) = H(s) \cdot 1 = H(s) \tag{10.12}$$

es decir, *la transformada de la respuesta al impulso $\delta(t)$ coincide con la propia función de transferencia*. Así si:

$$x(t) = \delta(t) \tag{10.13}$$

la respuesta resulta:

$$y(t) = \mathcal{L}^{-1}[Y(s)] = \mathcal{L}^{-1}[H(s)] = h(t) \tag{10.14}$$

pudiéndose, por lo tanto, definir la función de transferencia H(s) como la transformada de Laplace de la respuesta, cuando a la entrada se aplica un impulso de Dirac (Figura 10.5).

Figura 10.5

La función de transferencia de la ecuación (10.7) puede expresarse factorizando los polinomios numerador y denominador:

$$H(s) = K\frac{(s-z_1)\,(s-z_2)\ldots(s-z_m)}{(s-p_1)\,(s-p_2)\ldots(s-p_n)} \tag{10.15}$$

donde z_k con k = 1, 2, ... m son los ceros de la función y p_k con k = 1, 2, ... n son los polos de dicha función de transferencia. Tanto los polos como los ceros son las raíces de polinomios con coeficientes reales y por ello tienen la propiedad de aparecer, caso de ser complejos, en parejas conjugadas.

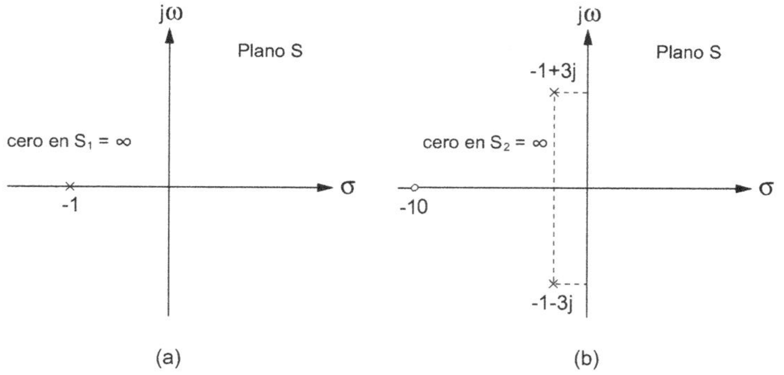

Figura 10.6

En el ejemplo de la Figura 10.3 la ecuación (10.5) corresponde a un circuito de primer orden (existe un solo elemento que almacena energía) y tiene un cero en $s_1 = \infty$ y un polo en $s_2 = -1$, los cuales se representan en el diagrama polo-cero de la Figura 10.6a. La función de transferencia (10.6) corresponde a un circuito de segundo orden (Figura 10.4) y tiene ceros en $s_1 = -10$ y $s_2 = \infty$, y dos polos conjugados en $s_3 = -1 + 3j$ y $s_4 = -1 - 3j$, estando representado su diagrama polo-cero en la Figura 10.6b.

10.1.1 Respuesta en frecuencia

Si la función de transferencia se particulariza para los puntos del eje imaginario ($s = j\omega$) obtenemos la función de transferencia que caracteriza al circuito en el dominio de la frecuencia y expresa el cociente entre los fasores asociados a la señal sinusoidal obtenida a la salida y la señal sinusoidal aplicada a la entrada.

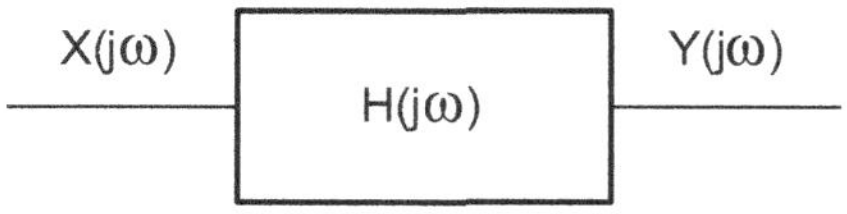

Figura 10.7

En la Figura 10.7 se tiene:

$$H(j\omega) = \frac{Y(j\omega)}{X(j\omega)} \tag{10.16}$$

Para el ejemplo de la Figura (10.3), de la expresión (10.5) se deduce:

$$H_1(j\omega) = \frac{V_2(j\omega)}{V_1(j\omega)} = \frac{V_2}{V_1} = \frac{1}{1 + j\omega} \tag{10.17}$$

y para el ejemplo de la Figura 10.4, al sustituir en (10.6) resulta:

$$H_2(j\omega) = \frac{V_2(j\omega)}{V_1(j\omega)} = \frac{V_2}{V_1} = \frac{10 + j\omega}{10 - \omega^2 + j2\omega} \tag{10.18}$$

La función de transferencia se puede expresar de la forma:

$$H(j\omega) = |H(j\omega)|\; e^{j\phi(\omega)} \tag{10.19}$$

en la que $|H(j\omega)|$ representa la respuesta de amplitud del circuito y $\varphi(\omega)$ es la respuesta de fase.

En la expresión (10.17) se tiene:

$$H(j\omega) = \frac{1}{1 + j\omega} = \frac{1}{\sqrt{1 + \omega^2}}\; e^{-arctg\,\omega} \tag{10.20}$$

con:

$$|H(j\omega)| = \frac{1}{\sqrt{1 + \omega^2}} \tag{10.21}$$

y

$$\phi(\omega) = -arctg\,\omega \tag{10.22}$$

En las Figuras 10.8a y 10.8b se representan, respectivamente, las ecuaciones (10.21) y (10.22).

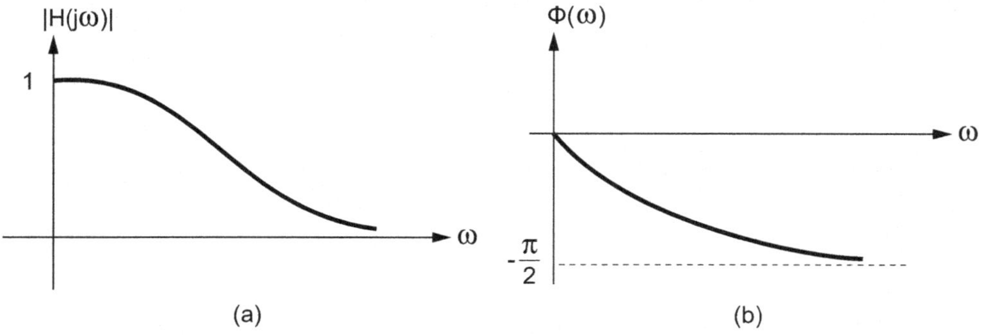

Figura 10.8

10.1.1.1 ESTIMACIÓN DE LA RESPUESTA EN AMPLITUD A PARTIR DE LA POSICIÓN DE LOS POLOS Y LOS CEROS DE LA FUNCIÓN DE TRANSFERENCIA

De la función de transferencia factorizada dada en la ecuación (10.15) se deduce:

$$H(j\omega) = K \frac{(j\omega - z_1)(j\omega - z_2) \ldots (j\omega - z_m)}{(j\omega - p_1)(j\omega - p_2) \ldots (j\omega - p_n)} \tag{10.23}$$

de donde se obtiene la respuesta en amplitud:

$$|H(j\omega)| = K \frac{|j\omega - z_1| \; |j\omega - z_2| \ldots |j\omega - z_m|}{|j\omega - p_1| \; |j\omega - p_2| \ldots |j\omega - p_n|} \tag{10.24}$$

Cada término de la forma $|j\omega - z_i|$ o $|j\omega - p_i|$ representa la distancia entre el cero z_i o el polo p_i y el punto del eje $j\omega$ considerado. Esto permite deducir que $|H(j\omega)|$ presentará crestas en las pulsaciones o frecuencias situadas muy próximas a un polo, ya que en estos puntos:

$$|j\omega - p_i| \to 0 \tag{10.25}$$

y presentará valles para aquellas pulsaciones (puntos del eje $j\omega$) muy próximas a un cero, puesto que en éstas se tiene:

$$|j\omega - z_i| \to 0 \tag{10.26}$$

La influencia de un polo sobre la existencia de una cresta a una ω determinada depende de la proximidad de este polo al eje $j\omega$. De la misma manera, la influencia de un cero en la presencia de un valle a una determinada pulsación depende de la proximidad del cero al eje $j\omega$. Si el polo o el cero se producen en un punto del eje imaginario a la ω correspondiente, se produce respectivamente una cresta de valor infinito o un valle de valor cero. Un cero y un polo próximos anulan entre sí los efectos cresta y valle que por separado podrían causar.

Como ejemplo, consideremos la función de transferencia:

$$H(s) = \frac{s + 2}{s^2 + 2s + 101} = \frac{s + 2}{(s + 1)^2 + 100} \tag{10.27}$$

Su diagrama polo cero se representa en la Figura 10.9.

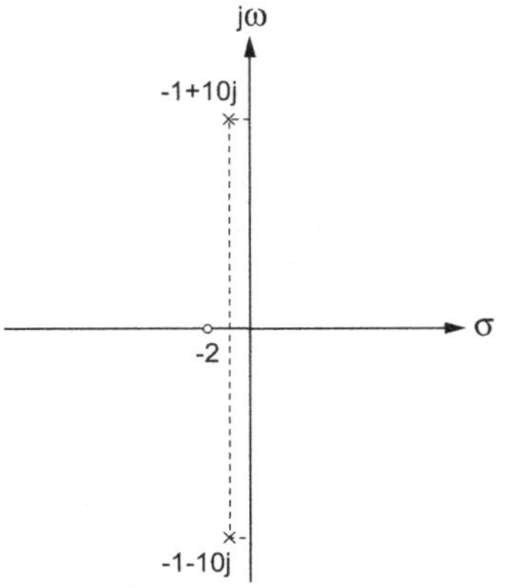

Figura 10.9

En el diagrama puede observarse la proximidad del polo al eje imaginario, en el punto $\omega = 10$, así como la proximidad del cero al eje imaginario en el punto $\omega = 0$. Estas consideraciones permiten inferir una respuesta en amplitud como la representada en la Figura 10.10, en la que sólo tiene sentido físico la parte correspondiente a las pulsaciones positivas.

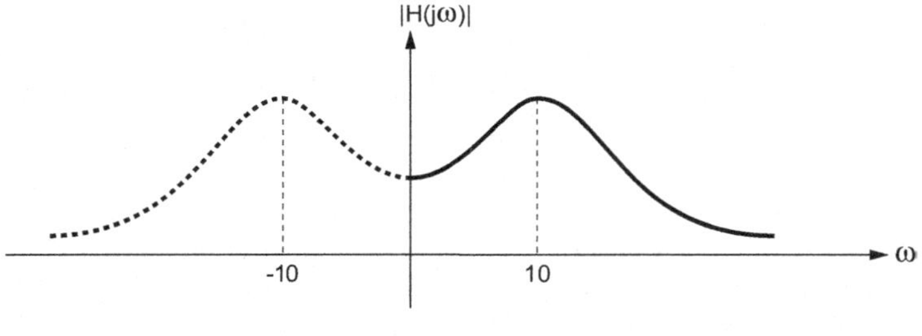

Figura 10.10

10.2 FILTROS L-C

Un filtro L-C está formado por bobinas y condensadores y generalmente está conectado entre un generador real y una resistencia de carga, como se muestra en la Figura 10.11.

Figura 10.11

La función de transferencia del filtro la definimos como *la relación entre las transformadas de Laplace de la tensión a la salida del filtro y la tensión del generador.*

$$H(s) = \frac{V_s(s)}{E_g(s)} \tag{10.28}$$

y para el régimen sinusoidal permanente, en el dominio de la frecuencia, se tiene:

$$H(j\omega) = \frac{V_s}{E_g} = |H(j\omega)|\ e^{j\phi(\omega)} \tag{10.29}$$

siendo V_s y E_g los fasores asociados a las señales sinusoidales de salida y del generador respectivamente.

Conocida la señal aplicada por el generador

$$e_g(t) = E_0 sen(\omega t + \varphi) \tag{10.30}$$

cuyo fasor asociado es:

$$E_g = E_0 e^{j\varphi} \tag{10.31}$$

de (10.29) se obtiene la tensión de salida del filtro

$$V_s = H(j\omega)\, E_g = |H(j\omega)|\ E_0\ e^{j[\phi(\omega) + \varphi]} \tag{10.32}$$

El filtro modifica la amplitud de la señal:

$$|H(j\omega)|\, E_0 \tag{10.33}$$

y la fase:

$$\phi(\omega) + \varphi \tag{10.34}$$

resultando:

$$v_s(t) = |H(j\omega)|\, E_0\, sen[\omega t + \varphi + \phi(\omega)] \tag{10.35}$$

Eligiendo convenientemente la respuesta de amplitud $|H(j\omega)|$ y la respuesta de fase $\varphi(\omega)$ podemos filtrar la señal del generador de una forma preestablecida.

10.2.1 Clasificación de los filtros

Atendiendo a la variación de la respuesta en amplitud $|H(j\omega)|$ con la frecuencia, los filtros se clasifican en cuatro tipos básicos (Figura 10.12).

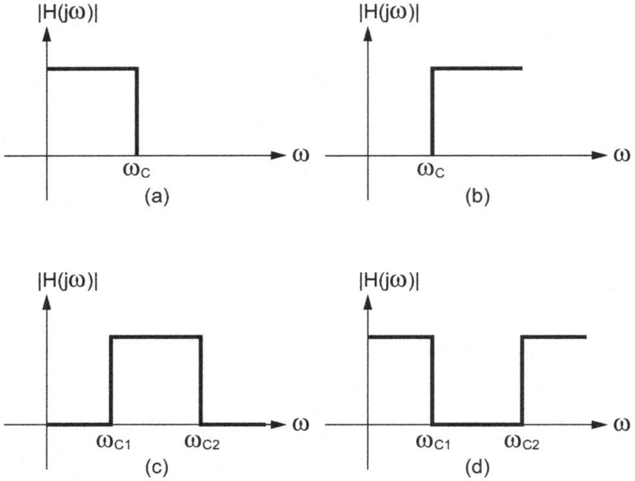

Figura 10.12

Todos estos filtros tienen una banda de frecuencias que se transmite sin atenuación (banda de paso) y otras que no se transmiten (bandas atenuadas). Si las frecuencias por debajo de una frecuencia de corte ω_c "pasan" y las frecuencias por encima de ésta no se transmiten, tenemos un filtro *paso-bajo* (Figura 10.12a). Si son las bajas frecuencias las que no se transmiten y sí lo hacen las altas, tenemos un filtro *paso-alto* (Figura 10.12b). Cuando es una banda de frecuencias la que se transmite y se rechazan el resto de frecuencias por encima y por debajo de esta banda, tenemos un filtro *paso-banda* (Figura 10.12c). La Figura 10.12d corresponde a un filtro *banda-eliminada*. Las frecuencias que separan unas bandas de otras se denominan frecuencias de corte.

En la práctica es físicamente imposible construir circuitos que tengan el comportamiento ideal que se representa con trazo continuo en las funciones de las Figuras 10.12. Se hace por ello necesario diseñar circuitos que aproximen su respuesta a la del filtro ideal. Para conseguir una mejor aproximación, es necesario aumentar el número de elementos (bobinas y condensadores) que conforman el filtro, debiéndose llegar a una solución que, cumpliendo los requisitos técnicos exigidos, implique el menor coste posible.

10.2.2 Distorsión de fase

Para que la señal a la salida del filtro sea una réplica de la señal aplicada a la entrada, no basta con que dentro de la banda considerada sea constante la respuesta en amplitud:

$$|H(j\omega)| = K \tag{10.36}$$

se hace también necesario que la respuesta de fase $\varphi(\omega)$ sea de una forma determinada.

Supongamos que todos los filtros ideales representados en la Figura 10.12, en los que se ha tomado en la banda de paso $|H(\omega)| = 1$, tienen una respuesta en fase de la forma:

$$\phi(\omega) = -t_0\,\omega \tag{10.37}$$

Al aplicar una función sinusoidal a la entrada

$$e_g(t) = E_0\, sen(\omega t + \varphi) \tag{10.30 bis}$$

la tensión de salida, según se desprende de (10.35), es:

$$v_s(t) = E_0\, sen[\omega t + \varphi + \phi(\omega)] = E_0\, sen[\omega(t - t_0) + \varphi] \tag{10.38}$$

Esta función sinusoidal de salida es una réplica exacta de la señal sinusoidal de entrada, retardada t_0 segundos, siendo este retardo constante e independiente de la frecuencia de la señal aplicada. Si la característica de fase del filtro no es de la forma dada en (10.37), señales sinusoidales de diferentes frecuencias experimentarán retardos distintos. En este caso, si la señal de entrada está formada por un conjunto de señales sinusoidales de frecuencias distintas, la señal de salida no es una réplica desplazada de la señal de entrada, como lo sería si se cumpliera la expresión (10.37) (Figura 10.13).

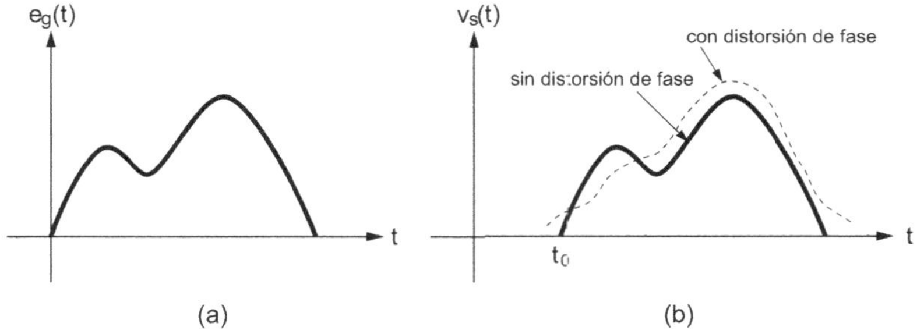

Figura 10.13

Si en la banda de paso la respuesta en amplitud no es constante:

$$|H(j\omega)| \neq cte \tag{10.39}$$

se produce una distorsión que se denomina de amplitud. Si no se cumple la ecuación (10.37) se produce distorsión de fase (o de retardo).

10.2.3 Filtros paso bajo

El filtro paso bajo ideal tiene una respuesta en amplitud como la representada en la Figura 10.14. La pulsación ω_c delimita las bandas de paso y atenuada y recibe el nombre de pulsación de corte.

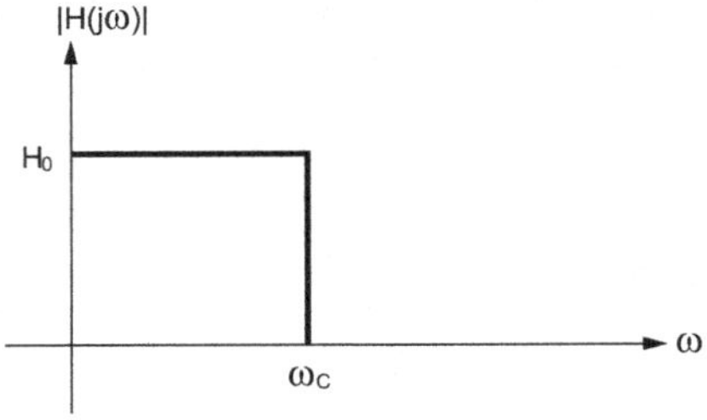

Figura 10.14

Una respuesta en amplitud como la representada en la Figura 10.14 corresponde a una función de transferencia H(s) que, como ya se ha comentado en el apartado anterior, es físicamente imposible de sintetizar. Aumentando el orden de los polinomios que forman el numerador y denominador de H(s) y eligiendo convenientemente la posición de los polos y los ceros de la función de transferencia, nos podemos aproximar en la forma deseada a la respuesta ideal. Como ejemplos de la aproximación a la respuesta ideal vamos a estudiar algunos filtros que responden con funciones de transferencia de primer y segundo orden.

10.2.3.1 FILTROS PASO BAJO DE PRIMER ORDEN

La función de transferencia que los caracteriza tiene la forma:

$$H(s) = \frac{H_0}{\frac{s}{\omega_c} + 1} \tag{10.40}$$

Su diagrama polo cero se representa en la Figura 10.15.

La respuesta en frecuencia la obtenemos de H(s) haciendo s = jω:

$$H(j\omega) = \frac{H_0}{j\frac{\omega}{\omega_c} + 1} \tag{10.41}$$

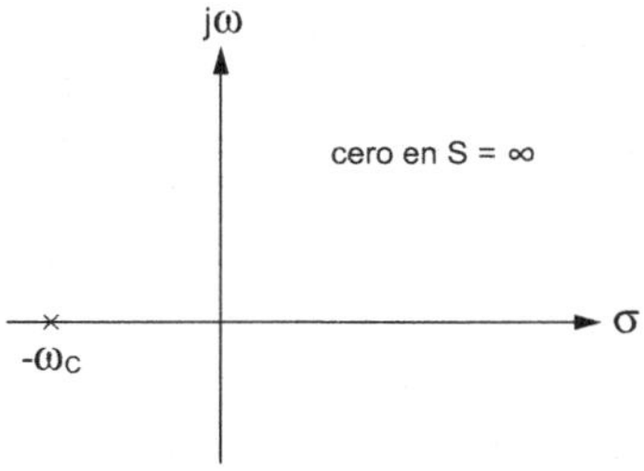

Figura 10.15

con:

$$|H(j\omega)| = \frac{H_0}{\sqrt{\left(\frac{\omega}{\omega_c}\right)^2 + 1}} \tag{10.42}$$

cuya representación se muestra en la Figura 10.16.

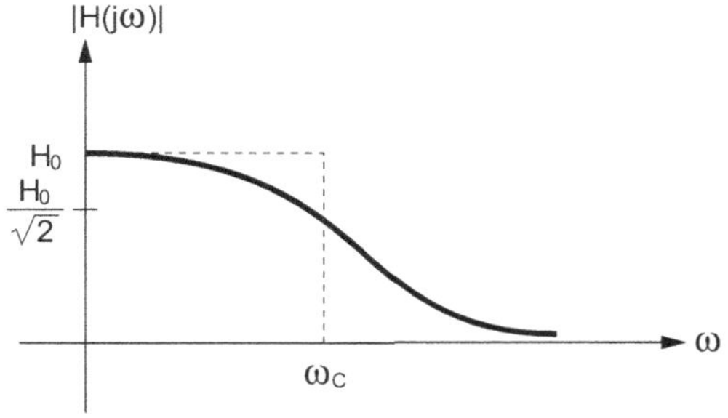

Figura 10.16

A la pulsación de corte $\omega = \omega_c$ se tiene:

$$|H(j\omega)|_{\omega=\omega_c} = \frac{H_0}{\sqrt{2}} \tag{10.43}$$

que corresponde a una atenuación de 3 dB respecto a la respuesta máxima H_0 que se produce para $\omega = 0$.

Como puede observarse en la Figura 10.16, la aproximación a la respuesta del filtro ideal es bastante deficiente, no existiendo una clara distinción entre la banda de paso y la banda atenuada.

En las Figuras 10.17a y b se representan dos filtros paso bajo que responden con funciones de transferencia de primer orden.

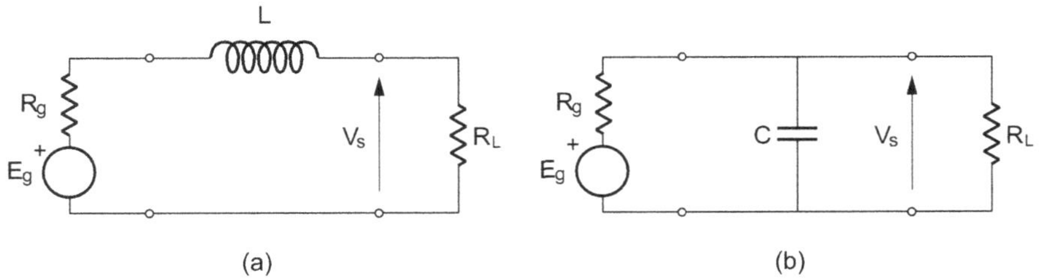

Figura 10.17

Para el circuito de la Figura 10.17a se tiene:

$$V_s(s) = \frac{E_g(s)}{R_g + R_L + sL} R_L \tag{10.44}$$

y

$$H(s) = \frac{V_s(s)}{E_g(s)} = \frac{R_L}{R_g + R_L + sL} = \frac{R_L}{R_g + R_L} \frac{1}{\dfrac{sL}{R_g + R_L} + 1} \tag{10.45}$$

Identificando la ecuación anterior con la expresión (10.40) resulta:

$$H_0 = \frac{R_L}{R_g + R_L} \tag{10.46}$$

$$\omega_c = \frac{R_g + R_L}{L} \tag{10.47}$$

Para el circuito de la Figura 10.17b se obtiene:

$$H(s) = \frac{R_L}{R_L + R_g} \frac{1}{s \dfrac{R_L R_g}{R_L + R_g} C + 1} \tag{10.48}$$

de donde resulta:

$$H_0 = \frac{R_L}{R_L + R_g} \tag{10.49}$$

$$\omega_c = \frac{R_L + R_g}{R_L R_g C} = \frac{1}{C(R_L // R_g)} \tag{10.50}$$

En los dos circuitos el factor de escala H_0 se hace la unidad si $R_g = 0$ ó $R_L = \infty$.

10.2.3.2 FILTROS PASO BAJO DE SEGUNDO ORDEN

La función de transferencia de estos filtros tiene la forma general:

$$H(s) = \frac{K}{s^2 + as + b} \tag{10.51}$$

Esta función de transferencia tiene ceros en el infinito y dos polos conjugados, cuya situación en el plano s depende del valor de los coeficientes **a** y **b** del polinomio.

Dependiendo de la situación de los polos de H(s) la forma de aproximación a la respuesta del filtro ideal será diferente. Una posible expresión para H(s) es:

$$H(s) = H_0 \frac{\omega_c^2}{s^2 + s\sqrt{2}\,\omega_c + \omega_c^2} \tag{10.52}$$

a la que corresponde un diagrama polo-cero como el representado en la Figura 10.18.

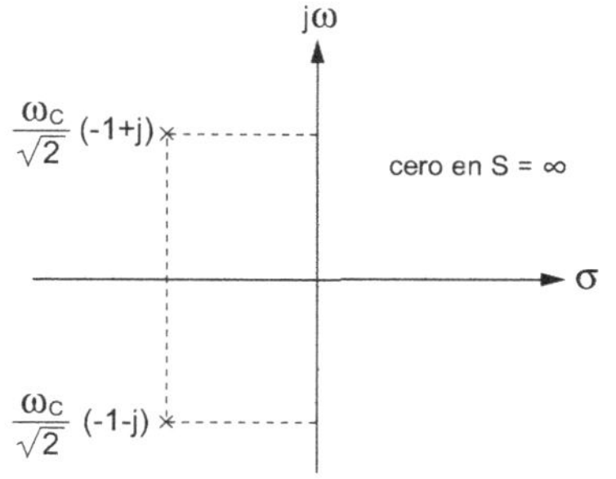

Figura 10.18

De (10.52) se deduce:

$$H(j\omega) = H_0 \frac{\omega_c^2}{\omega_c^2 - \omega^2 + j\sqrt{2}\,\omega\,\omega_c} \tag{10.53}$$

y

$$|H(j\omega)| = H_0 \frac{\omega_c^2}{\sqrt{(\omega_c^2 - \omega^2)^2 + 2\,\omega^2\,\omega_c^2}} = H_0 \frac{\omega_c^2}{\sqrt{\omega_c^4 + \omega^4}} = \frac{H_0}{\sqrt{\left(\frac{\omega}{\omega_c}\right)^4 + 1}} \tag{10.54}$$

cuya representación se muestra en la Figura 10.19 comparada con la ecuación (10.42), que corresponde a un filtro de primer orden.

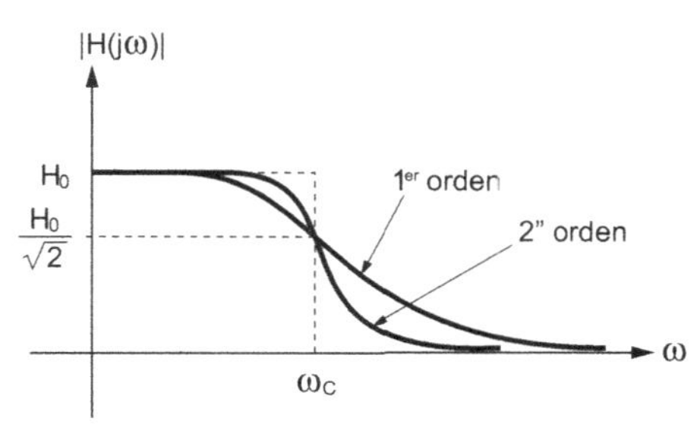

Figura 10.19

En esta figura puede observarse como la aproximación es tanto mejor cuanto mayor es el orden del filtro, lo que se consigue aumentando el número de bobinas y condensadores del circuito.

En la Figura 10.20 se representa un filtro paso bajo de segundo orden.

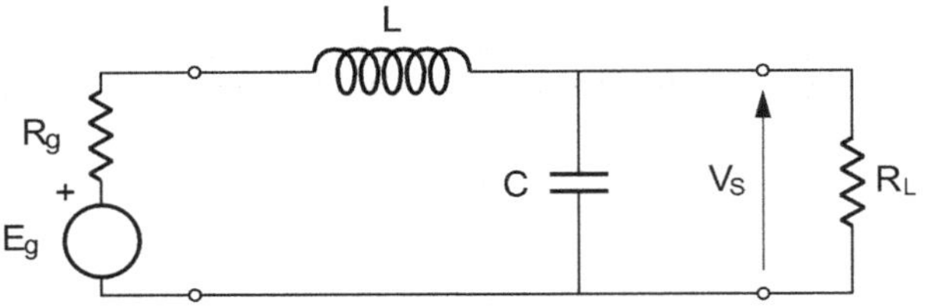

Figura 10.20

En este circuito se tiene:

$$V_s(s) = \frac{E_g(s)}{sL + \dfrac{\dfrac{R_L}{sC}}{R_L + \dfrac{1}{sC}}} \; \frac{\dfrac{R_L}{sC}}{R_L + \dfrac{1}{sC}} \tag{10.55}$$

de donde se deduce:

$$H(s) = \frac{V_s(s)}{E_g(s)} = \frac{R_L}{s^2 L C R_L + s(L + C R_g R_L) + R_g + R_L} \tag{10.56}$$

Si queremos que el filtro responda con una función de transferencia como la que corresponde a la expresión (10.52), de (10.56) obtenemos:

$$H(s) = \frac{R_L}{R_L + R_g} \; \frac{\dfrac{R_g + R_L}{L C R_L}}{s^2 + s\left(\dfrac{1}{C R_L} + \dfrac{R_g}{L}\right) + \dfrac{R_g + R_L}{L C R_L}} \tag{10.57}$$

e identificando con (10.52) resulta:

$$H_0 = \frac{R_L}{R_L + R_g} \tag{10.58}$$

$$\omega_c^2 = \frac{R_g + R_L}{L\,C\,R_L} \qquad (10.59)$$

$$\sqrt{2}\;\omega_c = \frac{1}{C\,R_L} + \frac{R_g}{L} \qquad (10.60)$$

En general R_L y R_g son conocidas, por lo que una vez especificada la pulsación de corte ω_c, las expresiones (10.59) y (10.60) permiten plantear un sistema en el que las incógnitas serán los valores de L y C.

10.2.4 Filtros paso alto

La respuesta del filtro paso alto ideal se representa en la Figura 10.21.

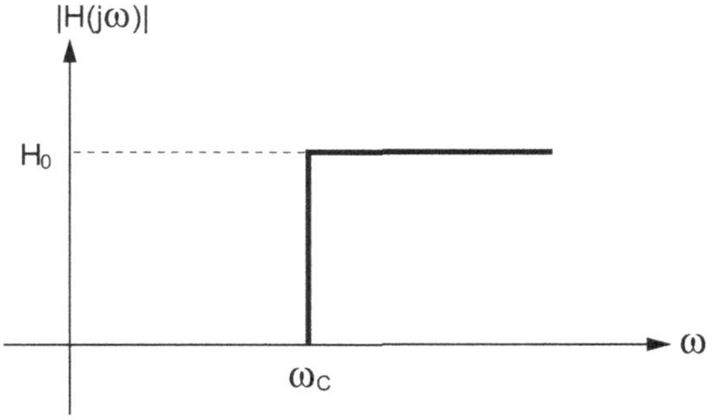

Figura 10.21

Como sucedía con los filtros paso bajo, es físicamente imposible conseguir una respuesta paso alto como la representada en la Fig 10.21, lo que nos obliga a obtener funciones de transferencia que siendo físicamente realizables se aproximen a la respuesta ideal. En los apartados siguientes vamos a analizar filtros paso alto de primer y segundo orden.

10.2.4.1 FILTROS PASO ALTO DE PRIMER ORDEN

La función de transferencia tiene la forma general:

$$H(s) = H_0\,\frac{s}{s + \omega_c} = \frac{H_0}{1 + \dfrac{\omega_c}{s}} \qquad (10.61)$$

cuyo diagrama polo cero se representa en la Figura 10.22.

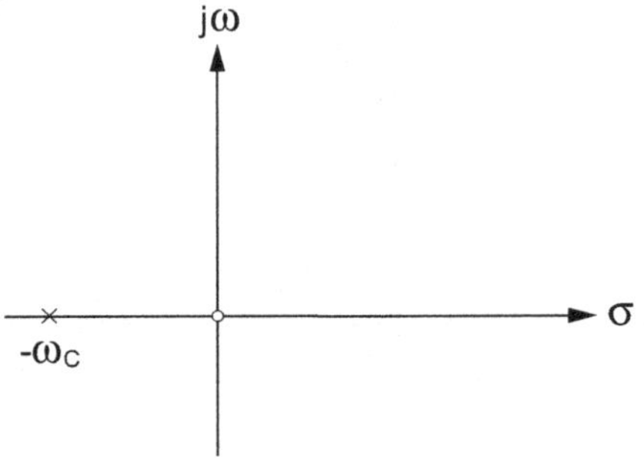

Figura 10.22

De (10.61) se obtiene:

$$H(j\omega) = \frac{H_0}{1 - j\dfrac{\omega_c}{\omega}} \tag{10.62}$$

y

$$|H(j\omega)| = \frac{H_0}{\sqrt{1 + \left(\dfrac{\omega_c}{\omega}\right)^2}} \tag{10.63}$$

cuya representación se muestra en la Figura 10.23 que, como puede observarse, no es una buena aproximación al filtro ideal.

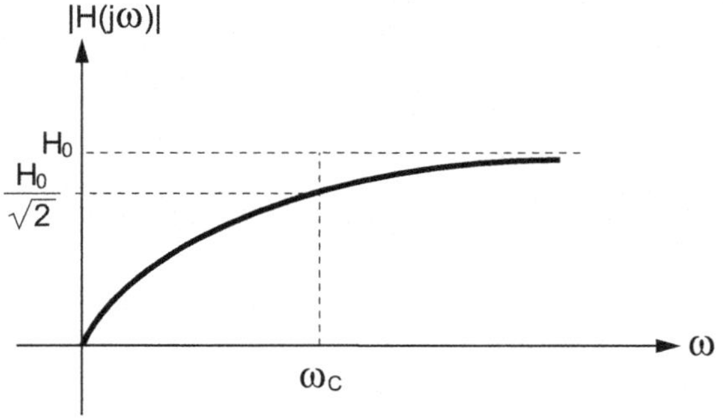

Figura 10.23

En las Figuras 10.24a y b, se representan dos filtros paso alto de primer orden.

Para el circuito de la Figura 10.24a, se tiene:

$$\frac{V_s(s)}{E_g(s)} = \frac{R_L}{R_g + R_L + \dfrac{1}{sC}} = \frac{\dfrac{R_L}{R_L + R_g}}{1 + \dfrac{1}{s\,C(R_L + R_g)}} \tag{10.64}$$

identificando con (10.61) resulta:

$$H_0 = \frac{R_L}{R_L + R_g} \tag{10.65}$$

$$\omega_c = \frac{1}{C(R_L + R_g)} \tag{10.66}$$

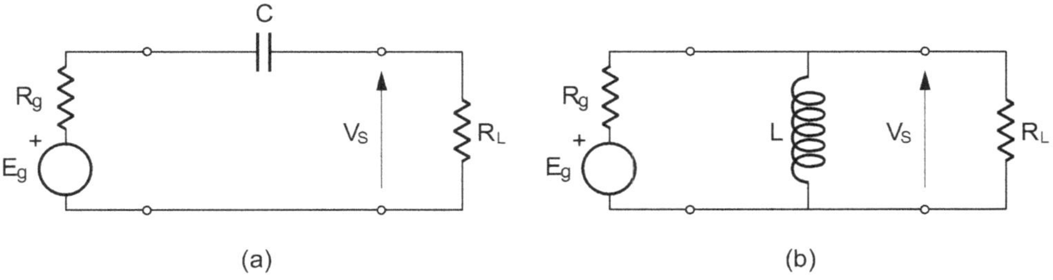

Figura 10.24

Para el circuito de la Figura 10.24b se encuentra:

$$H(s) = \frac{\dfrac{R_L}{R_L + R_g}}{1 + \dfrac{R_g R_L}{s\,L(R_g + R_L)}} \tag{10.67}$$

al identificar con (10.61) se obtiene:

$$H_0 = \frac{R_L}{R_g + R_L} \tag{10.68}$$

$$\omega_0 = \frac{R_g R_L}{L\,(R_g + R_L)} = \frac{R_g \,//\, R_L}{L} \tag{10.69}$$

En ambos circuitos si $R_g = 0$ ó $R_L = \infty$ el factor de escala H_0 se hace la unidad.

10.2.4.2 FILTROS PASO ALTO DE SEGUNDO ORDEN

La función de transferencia que los caracteriza tiene la forma:

$$H(s) = K \frac{s^2}{s^2 + a s + b} \tag{10.70}$$

Esta función tiene dos ceros en s = 0 y dos polos conjugados, cuya situación en el plano s conduce a diferentes formas de aproximación a la respuesta ideal.

Una posible función de aproximación es:

$$H(s) = H_0 \frac{s^2}{s^2 + s\sqrt{2}\,\omega_c + \omega_c^2} \tag{10.71}$$

cuyo diagrama polo cero se representa en la Figura 10.25.

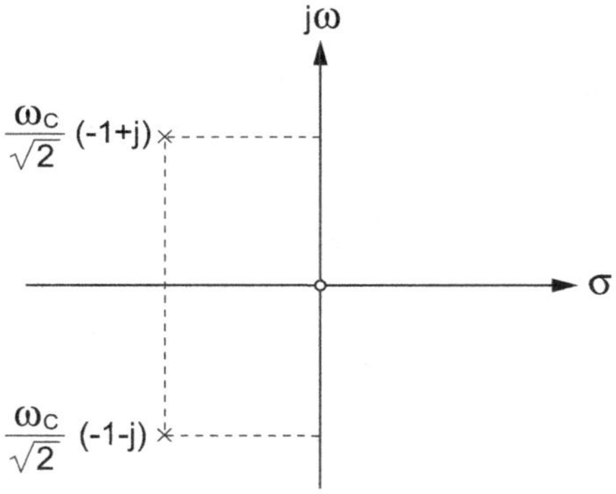

Figura 10.25

De (10.71) se obtiene:

$$H(j\omega) = H_0 \frac{-\omega^2}{\omega_c^2 - \omega^2 + j\sqrt{2}\,\omega\,\omega_c} \tag{10.72}$$

y

$$|H(j\omega)| = H_0 \frac{\omega^2}{\sqrt{\left(\omega_c^2 - \omega^2\right)^2 + 2\omega^2\omega_c^2}} = H_0 \frac{\omega^2}{\sqrt{\omega_c^4 + \omega^4}} = \frac{H_0}{\sqrt{1 + \left(\dfrac{\omega_c}{\omega}\right)^4}} \tag{10.73}$$

En la Figura 10.26 se representa la ecuación (10.73) comparándola con la del filtro de primer orden descrito por la función (10.63).

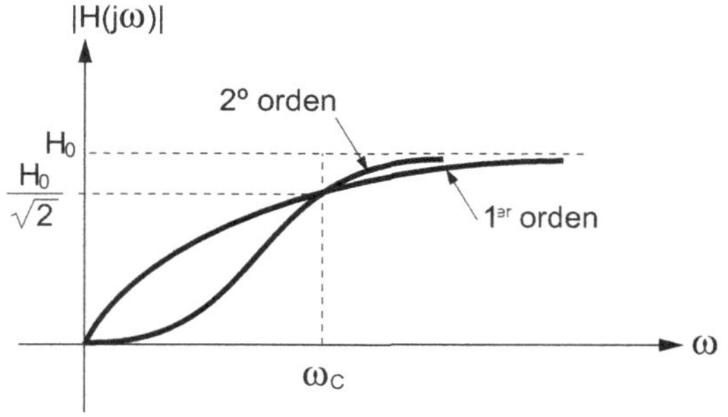

Figura 10.26

El circuito representado en la Figura 10.27 corresponde a un filtro paso alto de segundo orden.

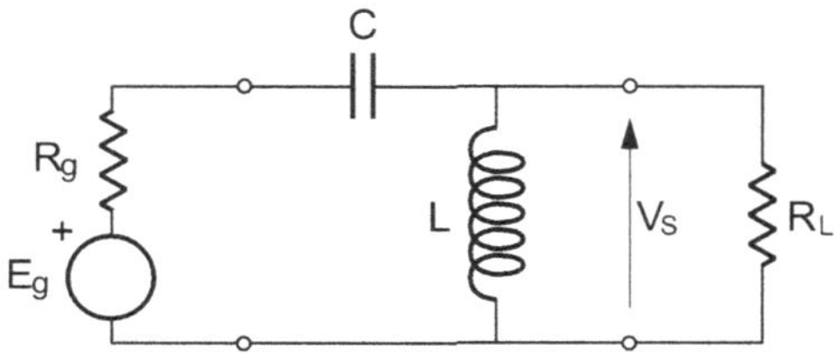

Figura 10.27

En este circuito se tiene:

$$V_s(s) = \frac{E_g(s)}{R_g + \dfrac{1}{sC} + \dfrac{sLR_L}{sL + R_L}} \frac{sLR_L}{sL + R_L} \tag{10.74}$$

de donde se deduce:

$$H(s) = \frac{V_s(s)}{E_g(s)} = \frac{s^2 LCR_L}{s^2 LC(R_g + R_L) + s(L + CR_L R_g) + R_L} \tag{10.75}$$

Si queremos que la función H(s) se corresponda con la dada en (10.71) hacemos:

$$H(s) = \frac{R_L}{R_L + R_g} \frac{s^2}{s^2 + s\dfrac{L + CR_L R_g}{LC(R_L + R_g)} + \dfrac{R_L}{LC(R_L + R_g)}} \tag{10.76}$$

Identificando con (10.71) resulta:

$$H_0 = \frac{R_L}{R_L + R_g} \tag{10.77}$$

$$\omega_c^2 = \frac{R_L}{L\,C(R_L + R_g)} \tag{10.78}$$

$$\sqrt{2}\ \omega_c = \frac{L + C R_L R_g}{L\,C(R_L + R_g)} \tag{10.79}$$

Con R_L y R_g conocidas y especificada la pulsación de corte deseada ω_c, las ecuaciones (10.78) y (10.79) permiten encontrar los valores de L y C del filtro paso alto.

10.2.5 Filtros paso banda

La característica paso banda ideal se representa en la Figura 10.28.

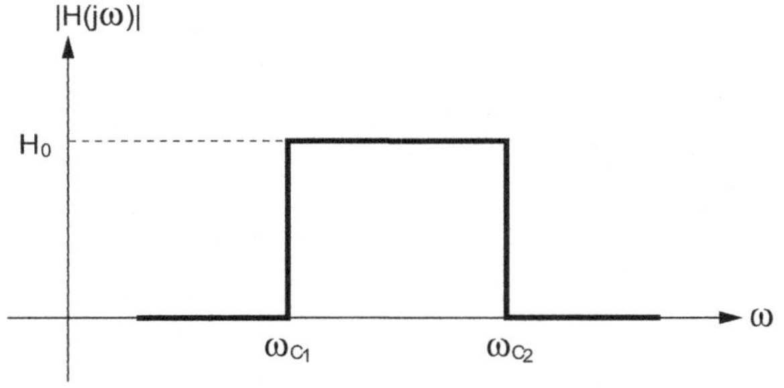

Figura 10.28

Para conseguir una respuesta que se aproxime a la ideal, se necesita como mínimo una función de transferencia de segundo orden (dos polos). Existen muchas funciones de transferencia de segundo orden y superior con característica paso banda. Nosotros nos vamos a limitar a estudiar la función de transferencia de segundo orden dada por:

$$H(s) = H_0 \frac{s\,B}{s^2 + s\,B + \omega_0^2} \tag{10.80}$$

de la que se obtiene:

$$H(j\omega) = H_0 \frac{j\,\omega\,B}{\omega_0^2 - \omega^2 + j\,\omega\,B} \tag{10.81}$$

y

$$|H(j\omega)| = H_0 \frac{\omega B}{\sqrt{(\omega_0^2 - \omega^2)^2 + (\omega B)^2}} = \frac{H_0}{\sqrt{1 + \left(\frac{\omega_0^2 - \omega^2}{\omega B}\right)^2}} \quad (10.82)$$

cuya representación se muestra en la Figura 10.29.

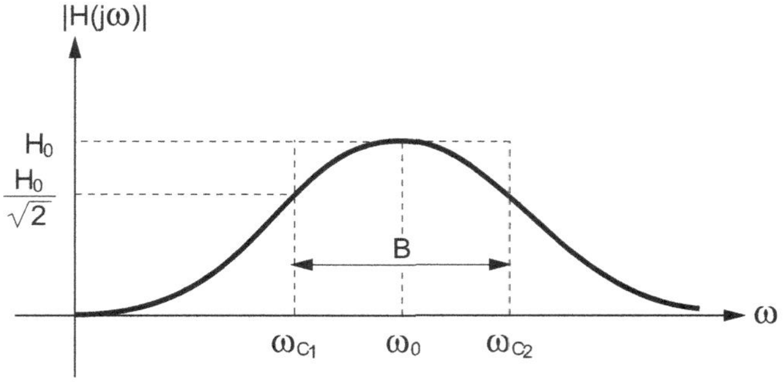

Figura 10.29

Las pulsaciones de corte serán aquellas para las que:

$$|H(j\omega)| = \frac{H_0}{\sqrt{2}} \quad (10.83)$$

De (10.82) se tiene:

$$\frac{H_0}{\sqrt{1 + \left(\frac{\omega_0^2 - \omega^2}{\omega B}\right)^2}} = \frac{H_0}{\sqrt{2}} \quad (10.84)$$

de donde se deduce:

$$\left(\frac{\omega_0^2 - \omega^2}{\omega B}\right)^2 = 1 \quad (10.85)$$

y

$$\frac{\omega_0^2 - \omega^2}{\omega B} = \pm 1 \tag{10.86}$$

por lo que:

$$\omega^2 \pm \omega B - \omega_0^2 = 0 \tag{10.87}$$

Las soluciones reales de las dos ecuaciones dadas en (10.87) son las dos pulsaciones de corte y ω_{c1} y ω_{c2} que, debido a las propiedades de las raíces de los polinomios de segundo orden, verifican:

$$\omega_{c_2} - \omega_{c_1} = B \tag{10.88}$$

y

$$\omega_{c_2}\,\omega_{c_1} = \omega_0^2 \tag{10.89}$$

En la Figuras 10.30a y b, se representa un filtro paso banda que responde con una ecuación de segundo orden.

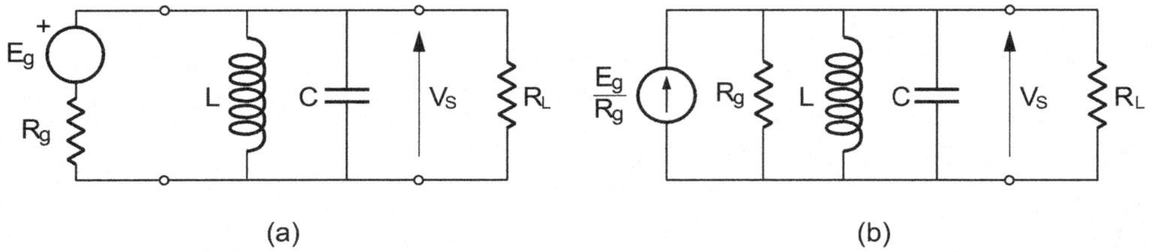

Figura 10.30

En esta figura se tiene:

$$V_s(s) = \frac{E_g(s)}{R_g}\,\frac{1}{\dfrac{1}{R_g} + \dfrac{1}{R_L} + sC + \dfrac{1}{sL}} = \frac{E_g(s)}{R_g}\,\frac{s}{s^2C + s\left(\dfrac{1}{R_g} + \dfrac{1}{R_L}\right) + \dfrac{1}{L}} \tag{10.90}$$

de donde se deduce:

$$H(s) = \frac{V_s(s)}{E_g(s)} = \frac{1}{R_g\left(\dfrac{1}{R_g} + \dfrac{1}{R_L}\right)}\,\frac{s\,\dfrac{\dfrac{1}{R_g} + \dfrac{1}{R_L}}{C}}{s^2 + \dfrac{\dfrac{1}{R_g} + \dfrac{1}{R_L}}{C} + \dfrac{1}{LC}} \tag{10.91}$$

identificando con la expresión (10.80) resulta:

$$H_0 = \frac{1}{R_g\left(\frac{1}{R_g} + \frac{1}{R_L}\right)} = \frac{R_L}{R_g + R_L} \qquad (10.92)$$

$$\omega_0 = \frac{1}{\sqrt{LC}} \qquad (10.93)$$

$$B = \frac{\frac{1}{R_g} + \frac{1}{R_L}}{C} = \frac{1}{C(R_g // R_L)} \qquad (10.94)$$

Con las resistencias R_L y R_g conocidas, dada la pulsación ω_0 y el ancho de banda B, se podrán encontrar los valores de L y C.

10.2.6 Filtros banda eliminada

La característica banda eliminada ideal se representa en la Figura 10.31.

Como sucedía en los filtros estudiados anteriormente, ante la imposibilidad de obtener esta característica ideal, debemos diseñar filtros cuya respuesta se aproxime a la deseada. Todas estas funciones serán de orden dos o superior. Una posible función de transferencia de segundo orden con característica paso banda es:

$$H(s) = H_0 \frac{s^2 + \omega_0^2}{s^2 + sB + \omega_0^2} \qquad (10.95)$$

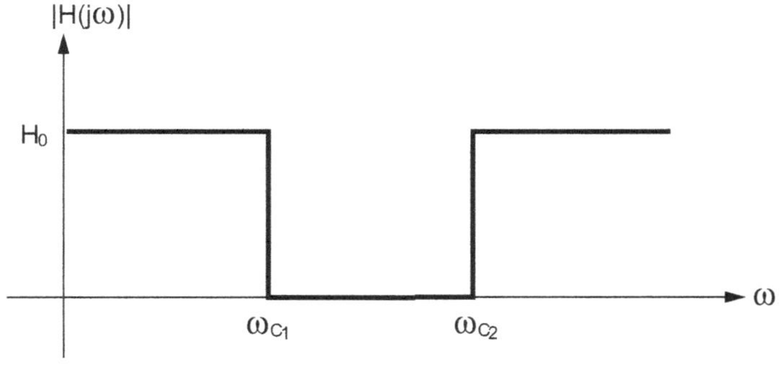

Figura 10.31

de la que se deduce:

$$H(j\omega) = H_0 \frac{\omega_0^2 - \omega^2}{\omega_0^2 - \omega^2 + j\omega B} \qquad (10.96)$$

y

$$|H(j\omega)| = H_0 \frac{|\omega_0^2 - \omega^2|}{\sqrt{(\omega_0^2 - \omega^2)^2 + (\omega B)^2}} = H_0 \frac{1}{\sqrt{1 + \left(\frac{\omega B}{\omega_0^2 - \omega^2}\right)^2}} \qquad (10.97)$$

la cual se representa en la Figura 10.32.

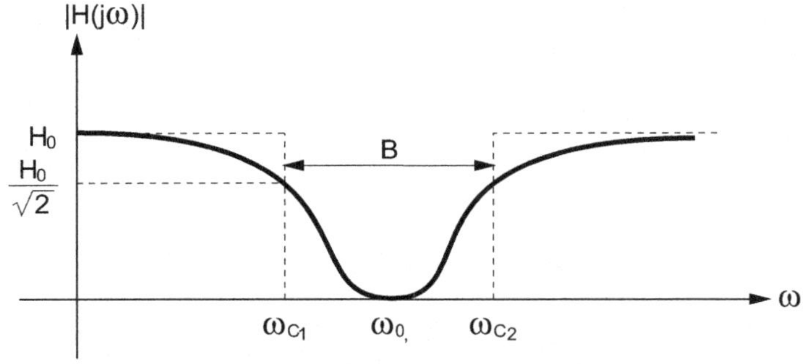

Figura 10.32

Para las dos pulsaciones de corte se tiene:

$$|H(j\omega)| = \frac{H_0}{\sqrt{1 + \left(\frac{\omega B}{\omega_0^2 - \omega^2}\right)^2}} = \frac{H_0}{\sqrt{2}} \qquad (10.98)$$

de donde se deduce:

$$\frac{\omega B}{\omega_0^2 - \omega^2} = \pm 1 \qquad (10.99)$$

y

$$\omega^2 \pm \omega B - \omega_0^2 = 0 \qquad (10.100)$$

Las soluciones reales de las dos ecuaciones anteriores son las pulsaciones de corte w_{c_1} y w_{c_2} que cumplen:

$$\omega_{c_2} - \omega_{c_1} = B \tag{10.101}$$

$$\omega_{c_2}\, \omega_{c_1} = \omega_0^2 \tag{10.102}$$

La función paso banda dada en (10.95) se puede realizar mediante un circuito como el representado en la Figura 10.33.

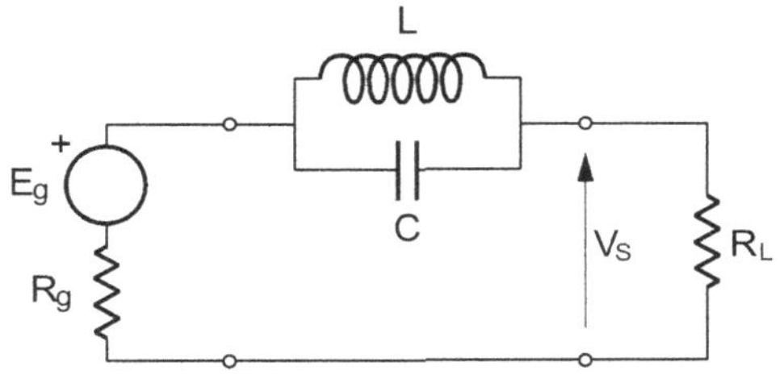

Figura 10.33

En este circuito se obtiene:

$$V_s(s) = \frac{E_g(s)}{R_g + R_L + \dfrac{\dfrac{L}{C}}{sL + \dfrac{1}{sC}}}\, R_L \tag{10.103}$$

de donde resulta:

$$H(s) = \frac{V_s(s)}{E_g(s)} = R_L \frac{sL + \dfrac{1}{sC}}{(R_g + R_L)\left(sL + \dfrac{1}{sC}\right) + \dfrac{L}{C}} = \frac{R_L}{R_L + R_g}\, \frac{s^2 + \dfrac{1}{LC}}{s^2 + s\dfrac{1}{(R_g + R_L)C} + \dfrac{1}{LC}} \tag{10.104}$$

Identificando con (10.95) tenemos:

$$H_0 = \frac{R_L}{R_L + R_g} \tag{10.105}$$

$$\omega_0 = \frac{1}{\sqrt{LC}} \tag{10.106}$$

$$B = \frac{1}{(R_g + R_L)C} \tag{10.107}$$

de donde conocida la pulsación ω_0 y el ancho de banda B, pueden obtenerse los valores de L y C necesarios.

10.2.7 Filtros paso todo

En el estudio de los filtros que hemos realizado en los apartados anteriores, se ha omitido el análisis de la respuesta de la fase. Estas características de fase en general no serán lineales por lo que la señal a su paso por el filtro experimentará la correspondiente distorsión.

La característica no lineal de la fase se puede corregir conectando en cascada con el filtro una red que tenga una respuesta en amplitud constante y cuya respuesta en fase sumada a la del filtro permita obtener una característica lineal.

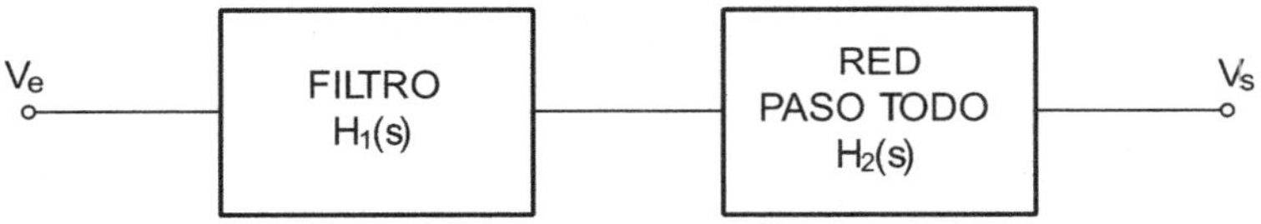

Figura 10.34

En la Figura 10.34 se tiene:

$$H(s) = \frac{V_s(s)}{V_e(s)} = H_1(s)\ H_2(s) \tag{10.108}$$

y

$$H(j\omega) = H_1(j\omega)\ H_2(j\omega) \tag{10.109}$$

de donde se deduce:

$$|H(j\omega)| = |H_1(j\omega)|\ |H_2(j\omega)| \tag{10.110}$$

$$\phi(\omega) = \phi_1(\omega) + \phi_2(\omega) \tag{10.111}$$

con

$$|H_2(j\omega)| = cte \tag{10.112}$$

Las funciones de transferencia de las redes paso todo tienen la forma general:

$$H(s) = H_0 \frac{N(s)}{D(s)} = H_0 \frac{D(-s)}{D(s)} \tag{10.113}$$

Haciendo s = jω tenemos:

$$H(j\omega) = H_0 \frac{R_e(\omega) - j I_m(\omega)}{R_e(\omega) + j I_m(\omega)} \tag{10.114}$$

con el numerador y denominador conjugados, por lo que:

$$|H(j\omega)| = H_0 \tag{10.115}$$

$$\phi(\omega) = -2\, artg \frac{I_m(\omega)}{R_e(\omega)} \tag{10.116}$$

La función paso todo de primer orden tiene la forma:

$$H(s) = H_0 \frac{-s + a}{s + a} \tag{10.117}$$

de donde se deduce:

$$|H(j\omega)| = H_0 \frac{a - j\omega}{a + j\omega} \tag{10.118}$$

con

$$|H(j\omega)| = H_0 \tag{10.119}$$

$$\phi(\omega) = -2\, arctg \frac{\omega}{a} \tag{10.120}$$

las cuales se representan en las Figuras 10.35a y b respectivamente.

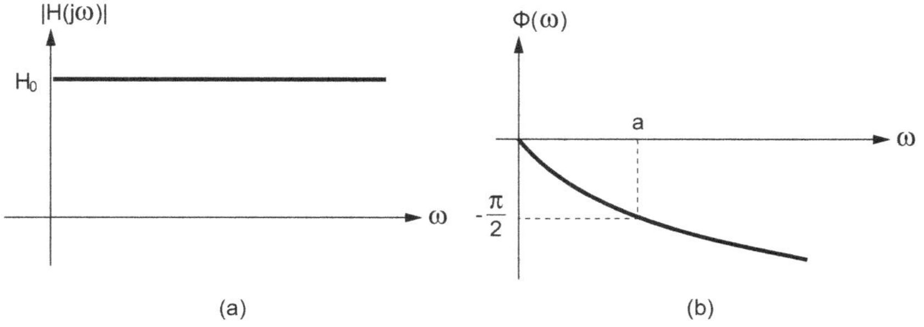

Figura 10.35

Una función de transferencia paso todo de primer orden se puede conseguir con la red en celosía representada en la Figura 10.36a y su equivalente 10.36b.

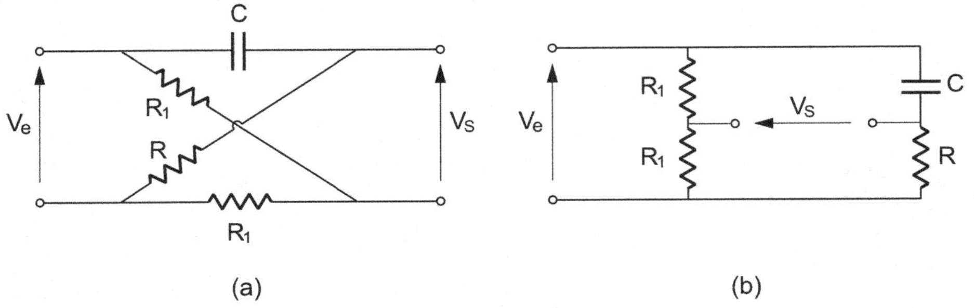

Figura 10.36

En éstas se tiene:

$$V_s(s) = \frac{V_e(s)}{2R_1} R_1 - \frac{V_e(s)}{R + \frac{1}{sC}} R \qquad (10.121)$$

de donde se deduce:

$$H(s) = \frac{V_s(s)}{V_e(s)} = \frac{1}{2} - \frac{R}{R + \frac{1}{sC}} = \frac{1}{2} \frac{-s + \frac{1}{RC}}{s + \frac{1}{RC}} \qquad (10.122)$$

Identificando con (10.117) resulta:

$$H_0 = \frac{1}{2} \qquad (10.123)$$

$$a = \frac{1}{RC} \qquad (10.124)$$

PROBLEMAS

PROBLEMA 10.1

En el circuito de la figura se pide determinar:

a) Función de transferencia $H(s) = V_2(s) / V_1(s)$.

b) Diagrama polo-cero.

c) Respuestas de amplitud y de fase.

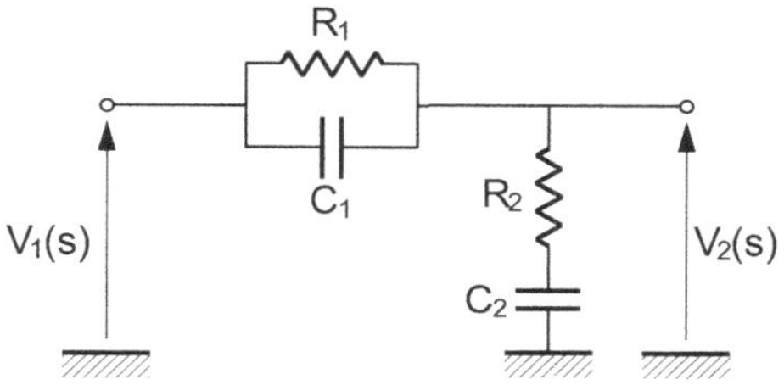

DATOS

$R_1 = R_2 = 1\ K\Omega; \quad C_1 = C_2 = 1\ mF$

PROBLEMA 10.2

En el circuito de la figura se pide:

a) Función de transferencia $H(s) = V_2(s) / V_1(s)$.

b) Diagrama polo-cero y respuesta en amplitud para los dos conjuntos de datos siguientes:

1) R = 20 KΩ ; L = 10 mH ; C = 1 μF

2) R = 100 Ω ; L = 10 mH ; C = 1 μF

c) Indicar la influencia de la situación de los polos de la función de transferencia sobre la selectividad del circuito.

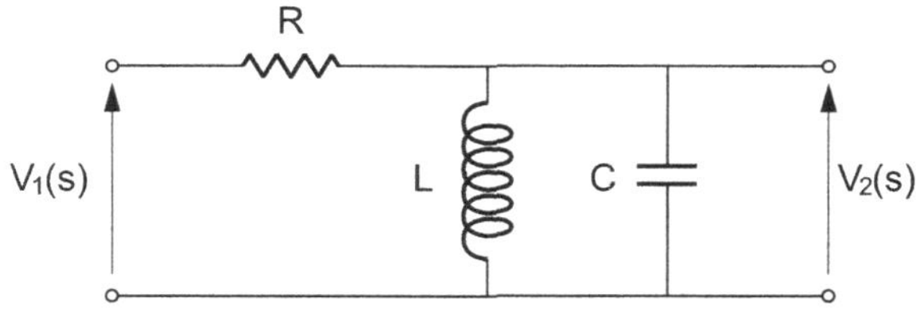

PROBLEMA 10.3

En los circuitos representados en las figuras se pide:

a) Función de transferencia $\boldsymbol{H(s) = V_s(s) / E_g(s)}$.

b) Diseñar los filtros para conseguir que la frecuencia de corte de ambos sea $f_c = 20$ KHz.

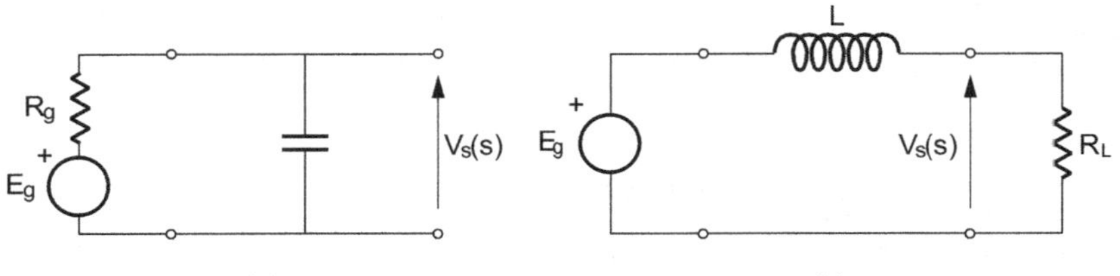

(a) (b)

DATOS

$R_g = 100\ \Omega\ ;\quad R_L = 2\ K\Omega$

PROBLEMA 10.4

Se desea diseñar el filtro que se indica en la Figura 1 al que corresponde un diagrama polo-cero como el representado en la Figura 2. Se pide:

a) Determinar la función de transferencia del filtro $\boldsymbol{H(s) = V_s(s) / E_g(s)}$ sabiendo que a la frecuencia cero la tensión de salida es 2/3 la del generador.

b) Obtener los valores de L y C para que se cumplan las especificaciones dadas.

c) Si se aplica a la entrada una tensión $e_g(t)$ = 2sent, ¿cuál será la expresión instantánea de la tensión de salida?

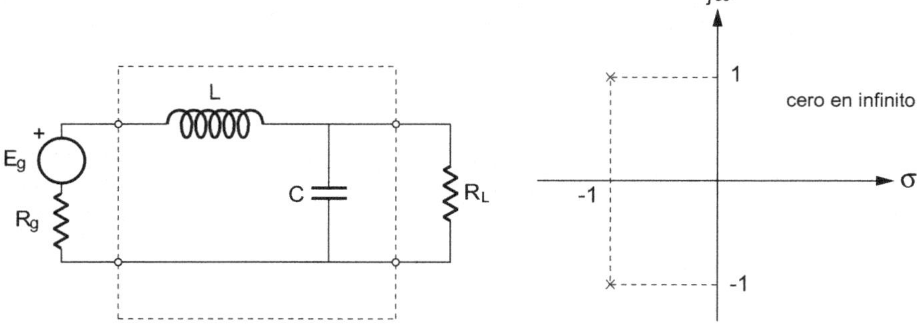

Figura 1 Figura 2

DATOS

$R_g = 5\ \Omega\ ;\quad R_L = 10\ \Omega$

PROBLEMA 10.5

En el banco de filtros representado en la figura se pide:

a) Diseñar la red que realiza la función de transferencia paso bajo:

$$\frac{V_{s_1}}{E_g} = H_0 \frac{\omega_c^2}{s^2 + s\sqrt{2}\,\omega_c + \omega_c^2}$$

b) Diseñar la red que realiza la función de transferencia paso alto:

$$\frac{V_{s_2}}{E_g} = H_0 \frac{s^2}{s^2 + s\sqrt{2}\,\omega_c + \omega_c^2}$$

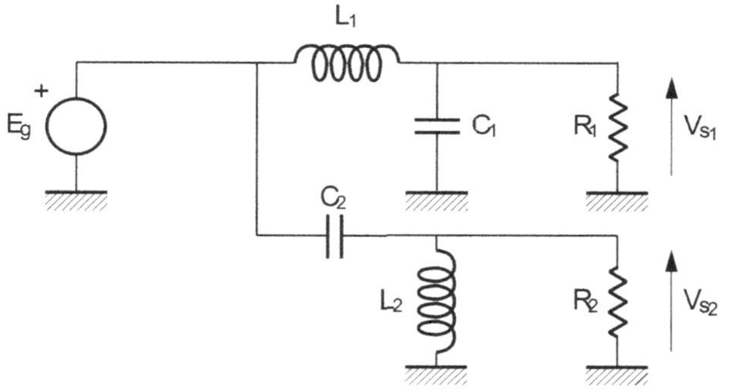

PROBLEMA 10.6

El filtro paso bajo de la figura se desea que tenga una función de transferencia de la forma dada en la ecuación (10.53). Se pide:

a) Encontrar la función de transferencia ***H(s) = V$_s$(s) / E$_g$(s).***

b) Si $R_g = R_L = 1$ KΩ, encontrar los valores de L y C para que la pulsación de corte sea $\boldsymbol{\omega_c = \sqrt{2}}$ ***Krad/sg.***

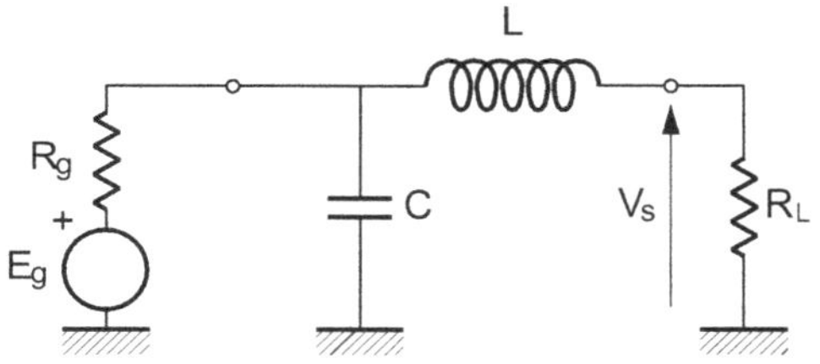

PROBLEMA 10.7

El filtro paso banda de la figura se desea que tenga una función de transferencia de la forma dada en la expresión (10.81). Se pide:

a) Expresión de la función de transferencia $\boldsymbol{H(s) = V_2(s) / V_1(s)}$.

b) Si se desea que el ancho de banda del filtro sea B = 25Krad/seg. con ω_0= 100Krad/seg, encontrar los valores de L y C.

c) Atenuación que experimentan las pulsaciones ω_0 = 100Krad/seg y ω_1 = 50 Krad/seg

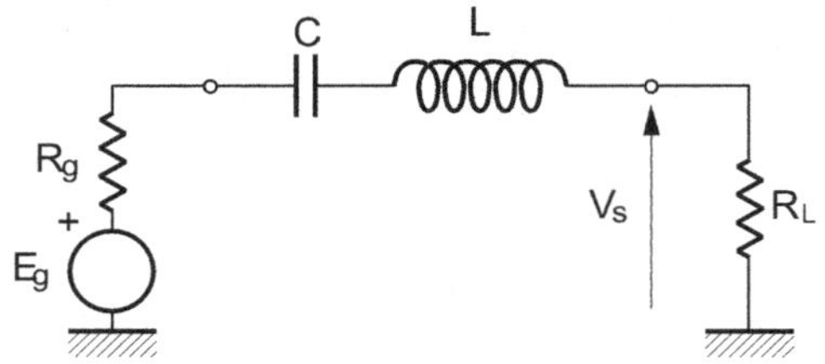

DATOS

$R_g = 1\ K\Omega$; $R_L = 4\ K\Omega$

PROBLEMA 10.8

En el filtro banda eliminada representado en la figura se desea que la función de transferencia sea como la indicada en la expresión (10.96). Se pide:

a) Expresión de la función de transferencia $\boldsymbol{H(s) = V_2(s) / V_1(s)}$.

b) Ancho de banda B.

c) Pulsaciones extremas del ancho de banda.

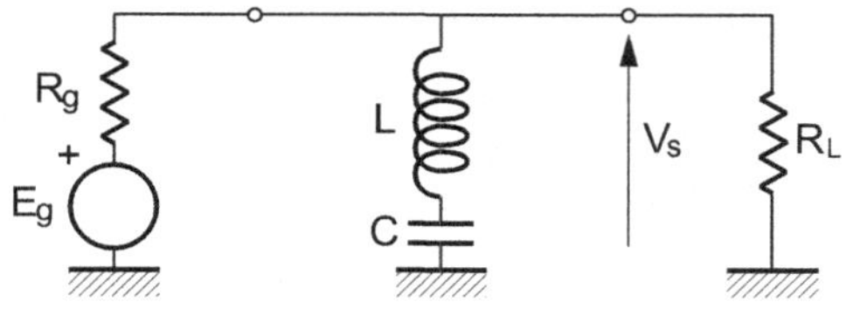

DATOS

$R_g = R_L = 100\ \Omega$; $L = 100\ mH$; $C = 100\ nF$

PROBLEMA 10.9

Compruebe el comportamiento *paso todo* de la célula en celosía representada en la figura, obteniendo su respuesta en amplitud y en fase.

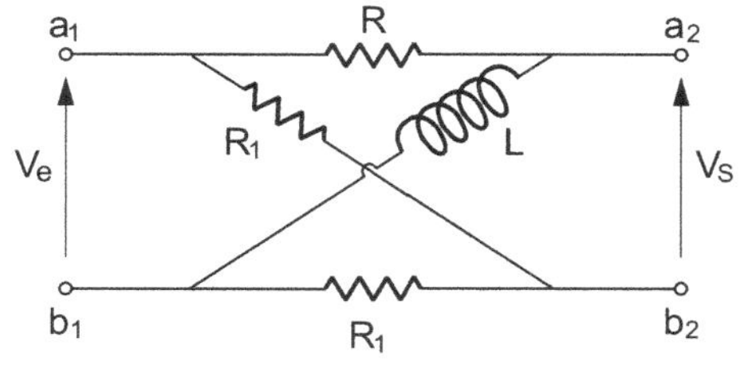

PROBLEMA 10.10

Dada la función de transferencia de la figura se pide:

a) A la vista del diagrama de polos y ceros, justificar la forma de la respuesta en frecuencia $|H(j\omega)|$.

b) Obtener la expresión de la tensión de salida si a la entrada del filtro se aplica $v_e(t) = \cos t + 3 \cos 2t$

$$H(s) = \frac{V_s(s)}{V_e(s)} = \frac{s^2 - 2s + 1}{s^2 + 2s + 1}$$

PROBLEMA 10.11

La función de transferencia $H(s) = V_s(s) / E_g(s)$ del filtro L-C de la figura tiene un diagrama polo-cero como el representado. Se pide:

a) Explicar razonadamente el tipo de filtro de que se trata.

b) Obtener las características fundamentales del filtro (frecuencias de corte, ancho de banda, etc.)

c) Representar sin calcular los elementos de una posible red L-C que cumpla las especificaciones dadas.

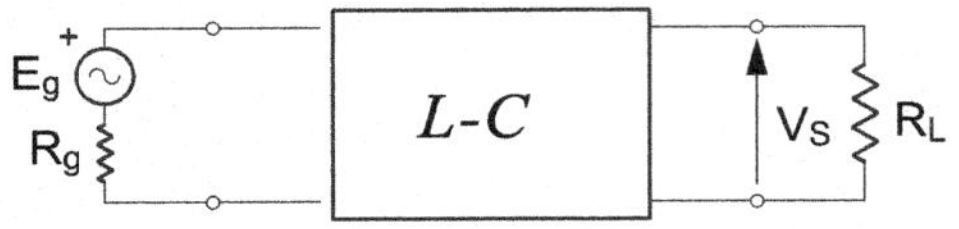

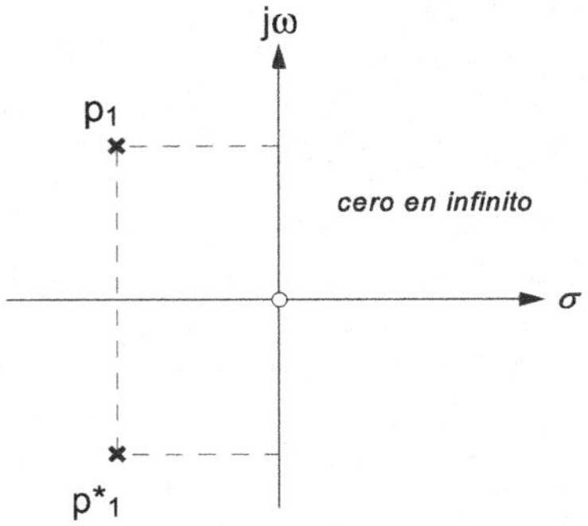

DATOS

$p_1 = -25 + 100j$

Capítulo 11

CIRCUITOS CON CONSTANTES DISTRIBUIDAS (LÍNEAS DE TRANSMISIÓN)

INTRODUCCIÓN

Las líneas de transmisión son estructuras físicas conductoras, con una determinada configuración geométrica, que permiten transportar una señal eléctrica desde un generador a una carga situada a una cierta distancia de aquél. Otras posibles aplicaciones de las líneas de transmisión, amén de la indicada anteriormente, son: como circuitos resonantes para frecuencias muy altas, como dispositivo de medida para altas frecuencias, como auxiliares para la adaptación de impedancias, etc.

Consideremos en principio la línea de conductores o hilos paralelos, por ser la estructura más simple y la primeramente utilizada. Los conceptos introducidos para esta línea serán también de aplicación a líneas de estructuras más complejas.

Sea, por lo tanto, la línea de conductores paralelos de longitud L, situada entre el generador $e_g(t)$ y la carga R_L, indicada en la Figura 11.1.

Si la línea es "eléctricamente corta" y suponiendo nula la resistencia de los conductores que la constituyen, cabe esperar que:

$$i_0(t) = \frac{e_g(t)}{R_g + R_L} = i_L(t) \qquad (11.1)$$

$$v_0(t) = e_g(t) \qquad (11.2)$$

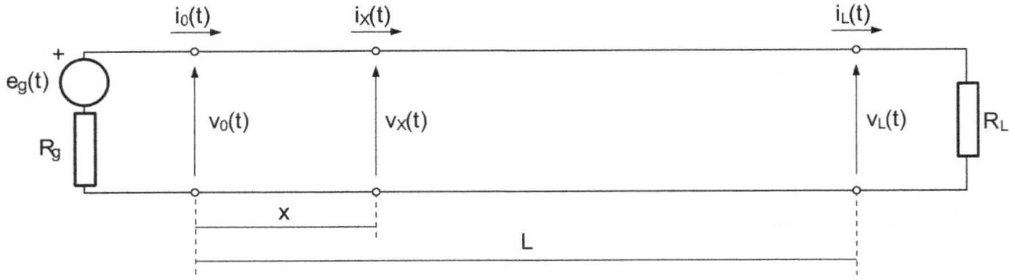

Figura 11.1

Sin embargo, si la línea es "eléctricamente larga", se comprueba que aun suponiendo nula la resistencia de los conductores que constituyen la línea:

$$i_0(t) \neq i_L(t) \tag{11.3}$$

y

$$v_0(t) \neq v_L(t) \tag{11.4}$$

Se observa, que en este caso, tanto la corriente como la tensión a lo largo de la línea experimentan variaciones, de suerte que ambas magnitudes son función no sólo de la variable tiempo (función que depende del generador que excite la línea), sino también de la distancia sobre la línea medida a partir del generador.

Por línea "eléctricamente corta" se entiende aquella cuya longitud es muy pequeña comparada con la longitud de onda de la señal eléctrica que por ella se transmite; y por línea "eléctricamente larga" se entiende aquella cuya longitud es comparable con la longitud de onda de esta señal.

Como se verá posteriormente, la longitud de onda λ de una señal sinusoidal de frecuencia f (o período T) es:

$$\lambda = v_p T = \frac{v_p}{f} \tag{11.5}$$

donde v_p es la velocidad de propagación de la señal en la línea.

En consecuencia, una determinada línea de longitud L será eléctricamente corta o larga dependiendo de la frecuencia de la señal que sobre ella se transmita, pues cuanto mayor sea esta frecuencia, tanto más larga eléctricamente será la línea de longitud L.

Las desigualdades (11.3) y (11.4) se deben a un efecto importante, la propagación de la señal desde el generador a la carga, propagación que se realiza a una determinada velocidad finita. Según esto, si la tensión en la entrada de la línea es una función del tiempo:

$$v_0 = f(t) \tag{11.6}$$

la tensión en el extremo donde está situada la carga (supuesta la línea adaptada), como se verá oportunamente, es:

$$v_L = f\left(t - \frac{L}{v_p}\right) \tag{11.7}$$

y en cualquier punto intermedio de la línea, situado a una distancia **x** del generador se tiene:

$$v_x = f\left(t - \frac{x}{v_p}\right) = f(t,x) \tag{11.8}$$

En forma similar, si la corriente en la entrada de la línea es:

$$i_0 = f_1(t) \tag{11.9}$$

la corriente en el extremo final de la línea, y supuesta la línea adaptada será:

$$i_L = f_1\left(t - \frac{L}{v_p}\right) \tag{11.10}$$

y en un punto intermedio, a una distancia **x** del generador:

$$i_x = f_1\left(t - \frac{x}{v_p}\right) = f_1(t,x) \tag{11.11}$$

Las expresiones (11.8) y (11.11) indican que tanto la tensión como la corriente a lo largo de la línea sufren sucesivos retardos de valor $\tau = x/v_p$, siendo este retardo tanto mayor cuanto mayor sea la variable **x** medida sobre la línea. Si la línea es eléctricamente corta, este retardo será despreciable comparado con el período de la señal aplicada y podrá ser supuesto nulo. En consecuencia, en estas líneas en un instante determinado, la tensión y la corriente en cualquier punto serán las mismas. El efecto contrario se produce en las líneas eléctricamente largas, en las que el retardo introducido por la línea, es comparable con el período de la señal aplicada, por lo que en este caso, la tensión y la corriente en cualquier instante ya no serán las mismas para cualquier punto de la línea.

Para estudiar el comportamiento de una línea, es útil sustituirla por un circuito equivalente. El estudio de este circuito será abordado en los siguientes apartados.

11.1 PARÁMETROS PRIMARIOS DE UNA LÍNEA

Los parámetros primarios definen las propiedades eléctricas de las líneas homogéneas y se obtienen a partir de la estructura geométrica y de los materiales que la forman. Estos parámetros permiten obtener el circuito equivalente de la línea y se agrupan en parámetros longitudinales, resistencia R y autoinducción L por unidad de longitud; y parámetros transversales, conductancia G y capacidad C, por unidad de longitud, según la posición que ocupan en el circuito equivalente.

Debido a que los hilos de la línea están constituidos por un material conductor, por lo común cobre o aluminio, tendrán una cierta resistividad, de tal forma que si la sección de los conductores es constante, la resistencia ofrecida por éstos estará uniformemente distribuida a lo largo de la línea. Para el cálculo de esta resistencia deberán ser tomados en consideración tres factores o efectos: pelicular R_s, proximidad R_p y radiación R_r, de forma que el parámetro primario R (resistencia distribuida) será:

$$R = R_s + R_p + R_r \quad (\Omega/Km) \tag{11.12}$$

siendo R la resistencia de ambos hilos por unidad de longitud de la línea, o también, la resistencia de lazo (ida y vuelta) por unidad de longitud.

Por otra parte, cuando circula corriente por los conductores que constituyen la línea, se establece entre ellos un campo magnético que concatena la corriente de ambos conductores. Por lo tanto, hay una inductancia presente, uniformemente distribuida a lo largo de la línea, de valor:

$$L = L_i + L_e \quad (H/Km) \tag{11.13}$$

siendo L la inductancia de lazo por unidad de longitud de línea, debida a los flujos interior y exterior de los conductores. A frecuencias suficientemente elevadas la inductancia L_i es despreciable comparada con L_e, siendo la inductancia total de la línea por unidad de longitud, debida casi exclusivamente a este último factor.

Según la teoría general de campos electromagnéticos, al estar constituida la línea por dos conductores separados por un dieléctrico, existe entre ellos una capacidad C, uniformemente distribuida y expresada en F/Km.

Si el dieléctrico situado entre ambos conductores no es perfecto, existirá una corriente de fuga entre ellos, cuyo camino se representa mediante una conductancia uniformemente distribuida situada entre ambos conductores. A esta conductancia, también denominada perditancia, se le designa como G y sus unidades son mhos/Km.

Debe tenerse también en cuenta que el dieléctrico soporta la tensión existente entre los hilos conductores. Si esta tensión es superior a un determinado valor dependiente del tipo de dieléctrico, denominada tensión de ruptura (V_{rup}), el dieléctrico se perfora, constituyendo un cortocircuito entre ambos conductores. En nuestro estudio supondremos que tal tensión nunca se alcanza.

Finalmente, para medir la calidad de una determinada línea a partir de sus parámetros primarios, se definen sus ángulos de pérdidas.

Así el ángulo de pérdidas en el conductor (ξ) se define como:

$$\xi = tg^{-1} \frac{R}{\omega L} \tag{11.14}$$

y el ángulo de pérdidas en el dieléctrico (δ) como:

$$\delta = tg^{-1} \frac{G}{\omega C} \tag{11.15}$$

Como medio de transmisión, la línea será tanto más perfecta cuanto menores sean sus ángulos de pérdidas. Ello supone, que para todo el margen de frecuencias de trabajo, se cumpla:

$$\xi \simeq 0 \Rightarrow R \ll \omega L \tag{11.16}$$

$$\delta \simeq 0 \Rightarrow G \ll \omega C \tag{11.17}$$

El objeto de nuestro estudio es analizar el comportamiento de las líneas de transmisión a partir del conocimiento de los parámetros primarios de la misma. La determinación de éstos, a partir de la geometría, materiales utilizados, gama de frecuencias, temperatura de trabajo, etc., queda fuera del alcance de este texto, por lo que se remite al lector a consultar textos más específicos o manuales suministrados por los fabricantes de estos medios de transmisión.

11.2 CIRCUITO EQUIVALENTE DE LA LÍNEA

Como se ha visto en el apartado anterior, los parámetros primarios de la línea están uniformemente distribuidos, por lo que resulta imposible establecer un circuito equivalente exacto de la misma. En la Figura 11.2 se representa una aproximación al circuito equivalente de la línea. Para ello, podemos suponer secciones de línea de longitud infinitesimal Δx, con Δx → 0, en cuyo caso los parámetros distribuidos pueden suponerse concentrados y de valor el correspondiente a una longitud Δx. La línea total será la conexión en cascada de infinitas de estas secciones de longitud infinitesimal.

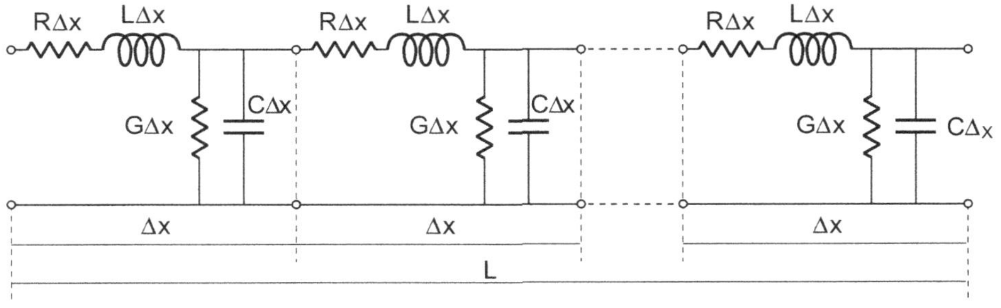

Figura 11.2

En el circuito de la Figura 11.2, debemos tener presente que RΔx y LΔx son la resistencia y la inductancia de ambos conductores, de longitud cada uno de ellos Δx. La Figura 11.2. es una conexión en cascada de células base idénticas. Esta célula base está representada en la Figura 11.3.

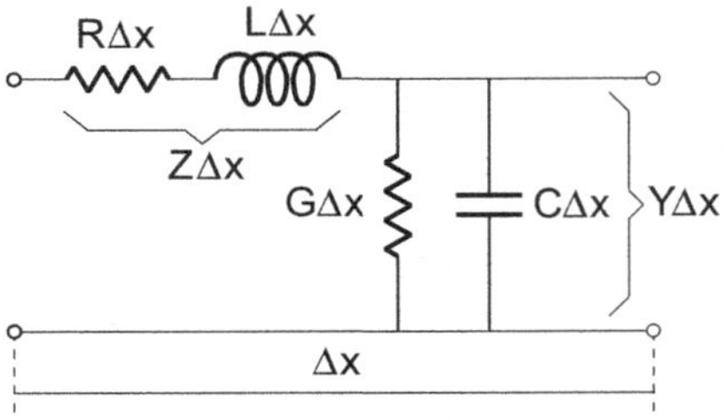

Figura 11.3

En el circuito de la Figura 11.3, para el régimen permanente sinusoidal, se tiene:

$$Z = R + j\omega L \tag{11.18}$$

impedancia de lazo por unidad de longitud de línea, e

$$Y = G + j\omega C \tag{11.19}$$

admitancia en paralelo por unidad de longitud de línea.

También en el circuito de la Figura 11.2, podemos suponer que la impedancia ZΔx forma parte de dos células contiguas, repartiéndose entre cada una de ellas. La célula base será en este supuesto la indicada en la Figura 11.4.

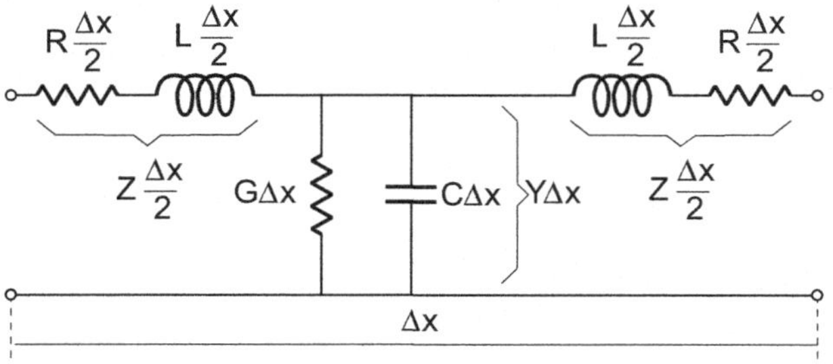

Figura 11.4

Otra posibilidad es suponer que la admitancia YΔx forma parte de dos células contiguas, repartiéndose entre cada una de ellas. En consecuencia, la célula base será en este caso la indicada en la Figura 11.5.

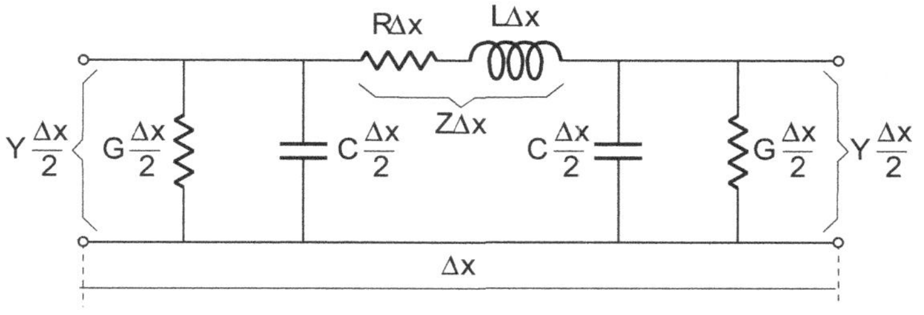

Figura 11.5

Puede observarse que la asociación en cascada de las células indicadas en las Figuras 11.3, 11.4. y 11.5 dan lugar al circuito general indicado en la Figura 11.2. Las células en "T" (Figura 11.4) y en "π" (Figura 11.5) serán particularmente útiles por su estructura simétrica.

11.3 ECUACIONES DE LA LÍNEA DE TRANSMISIÓN

Las ecuaciones que definen el comportamiento de una línea de transmisión permitiendo determinar la tensión y la corriente en cualquiera de sus puntos, pueden ser obtenidas por dos métodos:

a) Mediante el planteamiento y posterior resolución de las ecuaciones diferenciales obtenidas aplicando las leyes de Kirchhoff a las tensiones y corrientes en la línea.

b) Considerando la línea de transmisión como el límite de la asociación en cascada de cuadripolos en "T" o en "π" simétricos e idénticos, a los cuales se puede hacer equivalente la misma.

En ambos casos, serán obtenidas las ecuaciones que definen el comportamiento de la línea, particularizando el análisis al régimen permanente sinusoidal.

11.3.1 Ecuaciones diferenciales de las líneas de transmisión

Consideremos una línea uniforme de longitud L y un elemento de la misma de longitud inifitesimal Δx,($\Delta x \rightarrow 0$) situado a una distancia **x** del extremo donde está aplicado el generador función del tiempo que la excita (en lo que sigue, consideraremos el generador en el extremo de la izquierda de la línea o extremo inicial y la carga en el extremo de la derecha o extremo final).

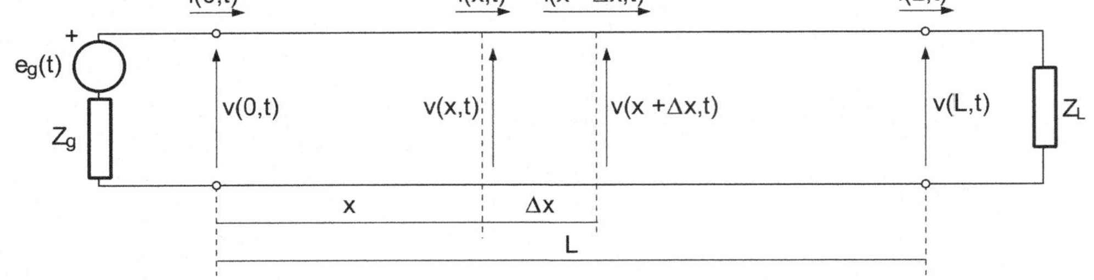

Figura 11.6

La tensión y la intensidad en cualquier punto, serán función del espacio y del tiempo. La situación es la mostrada en la Figura 11.6, en la que podemos sustituir el elemento de línea de longitud infinitesimal Δx por su circuito equivalente. En las Figuras 11.7 y 11.8, se representan dos posibles circuitos equivalentes para un tramo de línea de longitud infinitesimal.

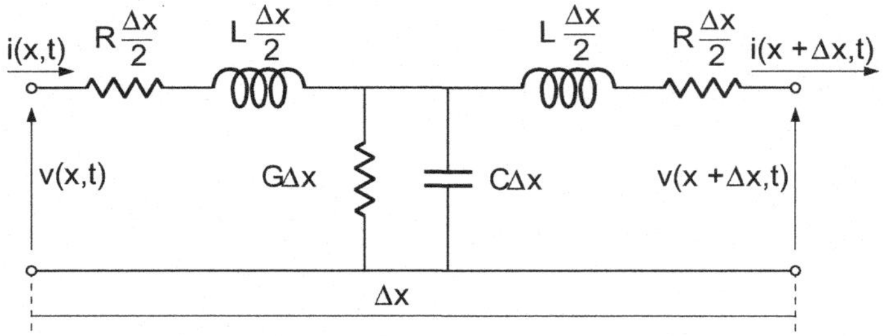

Figura 11.7

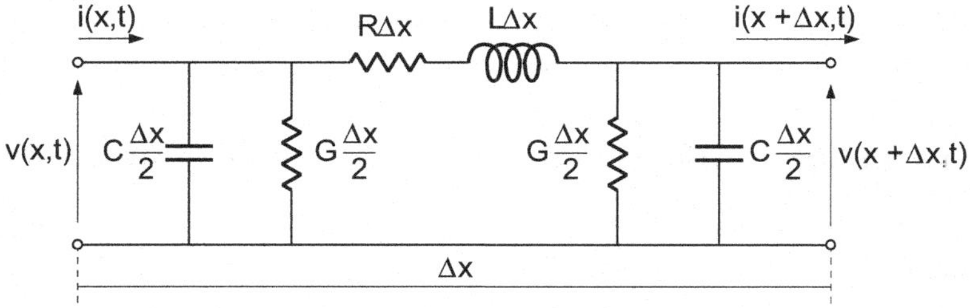

Figura 11.8

En el circuito de la Figura 11.7 se tiene:

$$i(x,t) = i[(x + \Delta x),t] + G\Delta x\, v\left[\left(x + \frac{\Delta x}{2}\right),t\right] + C\Delta x \frac{\partial v\left[\left(x + \frac{\Delta x}{2}\right),t\right]}{\partial t}$$

$$v(x,t) = v[(x + \Delta x),t] + R\frac{\Delta x}{2}\, i(x,t) + R\frac{\Delta x}{2}\, i[(x + \Delta x),t] + \tag{11.20}$$

$$+ L\frac{\Delta x}{2}\frac{\partial i(x,t)}{\partial t} + L\frac{\Delta x}{2}\frac{\partial[i(x + \Delta x),t]}{\partial t}$$

Dividiendo ambas expresiones por Δx y calculando su límite cuando $\Delta x \rightarrow 0$, obtenemos:

$$\lim_{\Delta x \to 0} \frac{i[(x + \Delta x),t] - i(x,t)}{\Delta x} = \frac{\partial i(x,t)}{\partial x} = -G\, v(x,t) - C\frac{\partial v(x,t)}{\partial t}$$

$$\lim_{\Delta x \to 0} \frac{v[(x + \Delta x),t] - v(x,t)}{\Delta x} = \frac{\partial v(x,t)}{\partial x} = -R\, i(x,t) - L\frac{\partial i(x,t)}{\partial t} \tag{11.21}$$

Idénticas ecuaciones se obtienen si partimos del circuito equivalente de la Figura 11.8.

Derivando la primera ecuación del sistema (11.21) respecto a la variable **t** y la segunda respecto a **x**, obtenemos:

$$\frac{\partial^2 i(x,t)}{\partial x\, \partial t} = -G\frac{\partial v(x,t)}{\partial t} - C\frac{\partial^2 v(x,t)}{\partial t^2}$$

$$\frac{\partial^2 v(x,t)}{\partial x^2} = -R\frac{\partial i(x,t)}{\partial x} - L\frac{\partial^2 i(x,t)}{\partial t\, \partial x} \tag{11.22}$$

Sustituyendo la primera ecuación del sistema anterior en la otra y haciendo uso de las relaciones (11.21), se tiene la primera de las expresiones del sistema (11.23) y derivando la primera de las ecuaciones de (11.21) con respecto a **x** y la segunda con respecto a **t** y haciendo uso de nuevo de las ecuaciones (11.21), se obtiene la segunda ecuación de (11.23) que constituyen las ecuaciones diferenciales o ecuaciones de onda de la línea, válidas para cualquier tipo de excitación.

$$\frac{\partial^2 v(x,t)}{\partial x^2} = L\,C\frac{\partial^2 v(x,t)}{\partial t^2} + (R\,C + L\,G)\frac{\partial v(x,t)}{\partial t} + R\,G\,v(x,t)$$

$$\frac{\partial^2 i(x,t)}{\partial x^2} = L\,C\frac{\partial^2 i(x,t)}{\partial t^2} + (R\,C + L\,G)\frac{\partial i(x,t)}{\partial t} + R\,G\,i(x,t) \tag{11.23}$$

El problema se reduce ahora a resolver estas ecuaciones diferenciales con las condiciones de contorno adecuadas.

En nuestro estudio, objeto de los siguientes apartados, nos centraremos en la respuesta en el régimen permanente sinusoidal.

11.3.2 Solución para el régimen permanente sinusoidal

Si suponemos una excitación sinusoidal de pulsación ω, es decir, si

$$e_g(t) = R_e\,[E_g\, e^{j\omega t}] \qquad (11.24)$$

o

$$e_g(t) = I_m\,[E_g\, e^{j\omega t}] \qquad (11.25)$$

en el régimen permanente la tensión de la línea en un punto cualquiera de la misma también será sinusoidal, por lo que podrá expresarse como:

$$v(x,t) = V(x)\; e^{j\omega t} \qquad (11.26)$$

debiéndose tomar la parte real o imaginaria según sea el generador coseno o seno.

Así mismo, la corriente en la línea será:

$$i(x,t) = I(x)\; e^{j\omega t} \qquad (11.27)$$

siendo V(x) e I(x) los fasores tensión y corriente, que son función de la distancia **x**. La dependencia de ambas funciones respecto al tiempo está implícita en el término $e^{j\omega t}$.

Por lo tanto, las ecuaciones de onda, obtenidas de (11.23) resultan:

$$\frac{d^2\,V(x)}{dx^2}\; e^{j\omega t} = [-\omega^2 L\,C + j\omega(R\,C + L\,G) + R\,G]\; V(x)\; e^{j\omega t}$$

$$\frac{d^2\,I(x)}{dx^2}\; e^{j\omega t} = [-\omega^2 L\,C + j\omega(R\,C + L\,G) + R\,G]\; I(x)\; e^{j\omega t} \qquad (11.28)$$

Eliminando de las ecuaciones (11.28) el término $e^{j\omega t}$, obtenemos las siguientes relaciones entre fasores.

$$\frac{d^2\,V(x)}{dx^2} = [-\omega^2 L\,C + j\omega(R\,C + G\,L) + R\,G]\; V(x)$$

$$\frac{d^2\,I(x)}{dx^2} = [-\omega^2 L\,C + j\omega(R\,C + G\,L) + R\,G]\; I(x) \qquad (11.29)$$

Ahora bien, podemos observar que:

$$-\omega^2 L\,C + j\omega(R\,C + G\,L) + R\,G = (R + j\omega L)\,(G + j\omega C) = Z\;Y \qquad (11.30)$$

donde Z e Y son respectivamente, la impedancia y admitancia por unidad de longitud de la línea.

Definimos la *constante de propagación por unidad de longitud* de la línea como:

$$\gamma = \alpha + j\beta = \sqrt{Z\,Y} = \sqrt{(R + j\omega L)\,(G + j\omega C)} \qquad (11.31)$$

siendo:

$$\alpha = R_e\,[\gamma] \equiv cte.\ de\ atenuación/long.\quad (Np/Km) \qquad (11.32)$$

$$\beta = I_m\,[\gamma] \equiv cte.\ de\ fase/long.\quad (rad/Km) \qquad (11.33)$$

Las ecuaciones (11.29) quedan, por lo tanto:

$$\frac{d^2\,V(x)}{dx^2} = \gamma^2\,V(x)$$
$$\frac{d^2\,I(x)}{dx^2} = \gamma^2\,I(x) \qquad (11.34)$$

El sistema (11.34) está formado por ecuaciones diferenciales lineales con coeficientes constantes. Las soluciones particulares o régimen permanente de tales ecuaciones son:

$$V(x) = V_i(x) + V_r(x) = V_1\,e^{-\gamma x} + V_2\,e^{\gamma x}$$
$$I(x) = I_i(x) + I_r(x) = I_1\,e^{-\gamma x} + I_2\,e^{\gamma x} \qquad (11.35)$$

siendo $V_i(x)$ e $I_i(x)$ la tensión y la corriente de las ondas incidentes y $V_r(x)$ e $I_r(x)$ los correspondientes a las ondas reflejadas. V_1, V_2, I_1 e I_2 son constantes (pudiendo ser complejos) que pueden obtenerse aplicando las condiciones de contorno a la línea.

Haciendo uso de las ecuaciones (11.21) podemos determinar la tensión y la corriente en la línea a partir de dos únicas constantes (por ejemplo, V_1 y V_2).

Así, la segunda de las ecuaciones (11.21) para excitación sinusoidal resulta:

$$\frac{\partial[V(x)\,e^{j\omega t}]}{\partial x} = -R\;I(x)\;e^{j\omega t} - L\;\frac{\partial[I(x)\;e^{j\omega t}]}{\partial t} = -(R + j\omega L)\,e^{j\omega t}\;I(x) \qquad (11.36)$$

y, finalmente, eliminando el término $e^{j\omega t}$, resulta:

$$I(x) = \frac{-1}{R + j\omega L} \frac{d\,V(x)}{dx} = \frac{-1}{Z} \frac{d\,V(x)}{dx} \qquad (11.37)$$

Teniendo en cuenta la primera ecuación del sistema (11.35), se obtiene:

$$I(x) = \frac{\gamma}{Z} (V_1\, e^{-\gamma x} - V_2\, e^{\gamma x}) =$$
$$= \sqrt{\frac{Y}{Z}} (V_1\, e^{-\gamma x} - V_2\, e^{\gamma x}) = \frac{1}{Z_0} (V_1\, e^{-\gamma x} - V_2\, e^{\gamma x}) \qquad (11.38)$$

con:

$$Z_0 = \sqrt{\frac{Z}{Y}} = \sqrt{\frac{R + j\omega L}{G + j\omega C}} \quad (\Omega) \qquad (11.39)$$

denominada *impedancia característica de la línea.*

Esta impedancia será normalmente compleja y función de la frecuencia, aunque en determinados casos podrá suponerse real y constante. Su significado físico, así como el de la función de propagación, será analizado posteriormente.

La impedancia característica y la función de propagación son los parámetros secundarios de la línea, utilizándose directamente en los fenómenos de propagación y son fácilmente mensurables, siendo obtenidos directamente por medidas sobre la línea, en circuito abierto y en cortocircuito, como sucede en todo cuadripolo bilateral.

En resumen, las ecuaciones que definen el comportamiento de la línea indicada en la Figura 11.9, son:

$$V(x) = V_1\, e^{-\gamma x} + V_2\, e^{\gamma x}$$
$$I(x) = \frac{1}{Z_0} (V_1\, e^{-\gamma x} - V_2\, e^{\gamma x}) \qquad (11.40)$$

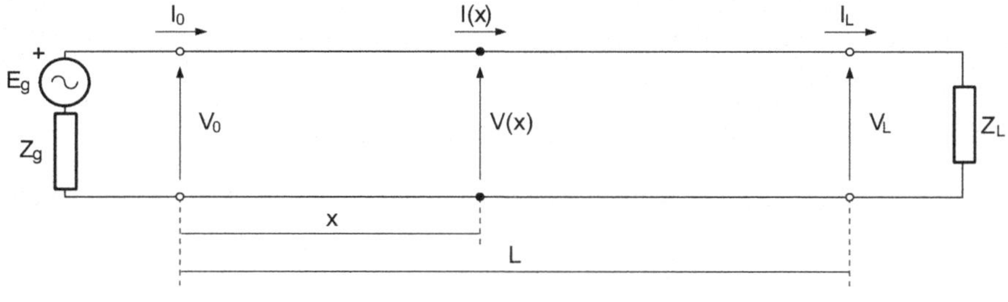

Figura 11.9

El cálculo de las constantes V_1 y V_2 se realiza aplicando las condiciones de contorno a la línea.

Así, si determinamos la tensión y la corriente en el origen de la línea (x = 0) e igualamos los valores obtenidos a los indicados en las ecuaciones (11.40), obtenemos:

$$V(x=0) = V_0 = V_1 + V_2$$
$$I(x=0) = I_0 = \frac{V_1 - V_2}{Z_0} \tag{11.41}$$

Operando con las ecuaciones (11.41), se obtiene:

$$V_1 = \frac{V_0 + Z_0 I_0}{2} \tag{11.42}$$

$$V_2 = \frac{V_0 - Z_0 I_0}{2} \tag{11.43}$$

También pueden aplicarse las condiciones de contorno en el extremo final de la línea. Así, tenemos:

$$V(x=L) = V_L = V_1\, e^{-\gamma L} + V_2\, e^{\gamma L}$$
$$I(x=L) = I_L = \frac{1}{Z_0} (V_1\, e^{-\gamma L} - V_2\, e^{\gamma L}) \tag{11.44}$$

y, operando con las ecuaciones anteriores, resulta:

$$V_1 = e^{\gamma L} \frac{V_L + Z_0\, I_L}{2} \tag{11.45}$$

$$V_2 = e^{-\gamma L} \frac{V_L - Z_0\, I_L}{2} \tag{11.46}$$

La tensión y la corriente que existen en una línea de transmisión, dadas por las ecuaciones (11.40), son la suma de las tensiones y corrientes de dos ondas, idénticas en su naturaleza, excepto por las diferencias que se derivan de propagarse en sentidos contrarios.

Estas ondas, en cuanto a sus componentes en tensión (las de corriente son las de tensión, divididas por Z_0), son:

a) ONDA INCIDENTE

$$V_i = V_1\ e^{-\gamma x} = V_1\ e^{-\alpha x}\ e^{-j\beta x} = |V_1|\ e^{-\alpha x}\ e^{j(\varphi_1 - \beta x)} \qquad (11.47)$$

siendo V_1 el fasor:

$$V_1 = |V_1|\ e^{j\varphi_1} \qquad (11.48)$$

La tensión V_i dependiente del espacio y del tiempo (a través del término $e^{j\omega t}$ que hay que tener presente) es la componente de tensión de la onda incidente o progresiva, siendo V_1 su valor en el extremo inicial de la línea ($V_1\ e^{-\gamma L}$ en el extremo final) desplazándose del generador a la carga con una determinada velocidad. La representación fasorial de esta onda en función del espacio es un vector cuyo módulo disminuye y cuya fase se retrasa a medida que avanzamos sobre la línea en el sentido generador-carga (sentido positivo de **x**), como se indica en la Figura 11.10, donde se representa el lugar geométrico del fasor representativo de la onda a medida que nos desplazamos sobre la línea.

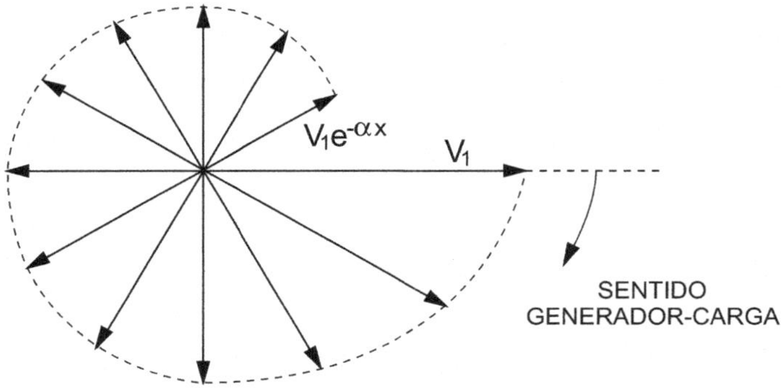

Figura 11.10

Para una única frecuencia de excitación, la distancia medida sobre la línea entre puntos consecutivos que tienen la misma fase se denomina longitud de onda (λ), cuyo valor puede calcularse a partir de la siguiente relación, obtenida de (11.47):

$$(\varphi_1 - \beta x_1) = (\varphi_1 - \beta x_2) + 2\pi \qquad (11.49)$$

y

$$\beta(x_2 - x_1) = \beta\lambda = 2\pi \qquad (11.50)$$

Para los puntos $\mathbf{x}_2$ y $\mathbf{x}_1$ las ondas incidente y reflejada repiten su fase y

$$\lambda = \frac{2\pi}{\beta} \quad (m) \tag{11.51}$$

Para una señal de período T (o frecuencia f) se define la velocidad de fase como:

$$v_f = \frac{\lambda}{T} = \frac{2\pi}{\beta} f = \frac{\omega}{\beta} \quad (m/seg) \tag{11.52}$$

y el retardo de fase, para una distancia **x**, es:

$$\tau_f = \frac{x}{v_f} = \frac{\beta x}{\omega} \quad (seg) \tag{11.53}$$

La energía se transmite a lo largo de la línea con una velocidad igual a la de fase. Sin embargo, este resultado no es válido en el caso de que sobre la línea se transmitan funciones sinusoidales de diversas frecuencias.

Cuando esto sucede, deberemos introducir el concepto de velocidad de grupo o de envolvente dado por:

$$v_g = \frac{d\omega}{d\beta} \quad (m/sg) \tag{11.54}$$

El retardo de grupo o de envolvente para una longitud **x** sobre la línea es:

$$\tau_g = \frac{x}{v_g} = x \frac{d\beta}{d\omega} \quad (seg) \tag{11.55}$$

La velocidad y el retardo de grupo, así como el de fase, son en general funciones de la frecuencia. Son, además, valores normalmente distintos, excepto en el caso particular en que v_g no dependa de la frecuencia, en cuyo caso $v_g = v_f$ y $\tau_g = \tau_f$.

En toda red física, la velocidad y el retardo de grupo son positivos y finitos.

Además, en el caso de que sobre la línea se transmitan diversas frecuencias, la velocidad de propagación de la energía a través de la línea es aproximadamente igual a la velocidad de grupo cuando las componentes con mayor contribución a la energía de la señal se encuentran en el rango de frecuencias en el que la velocidad de grupo es independiente de la frecuencia.

En lo que sigue, consideraremos la línea excitada por un generador sinusoidal de frecuencia única.

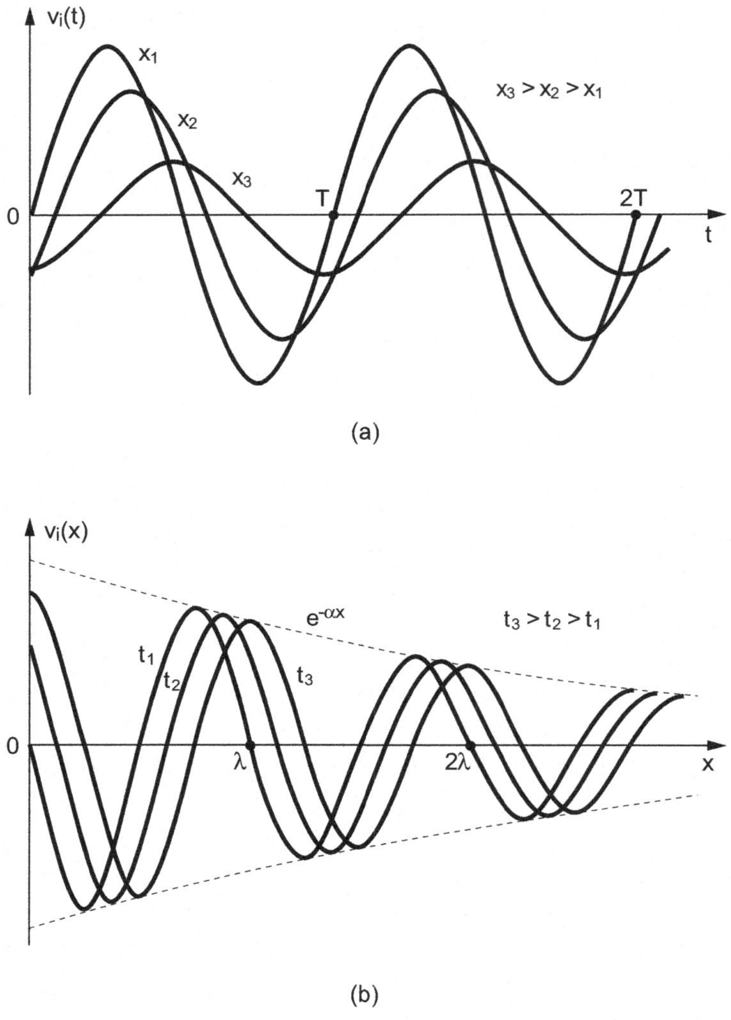

Figura 11.11

Si restituimos a la función indicada en (11.47) el término $e^{j\omega t}$ resulta:

$$|V_1| \; e^{-\alpha x} \; e^{j(\varphi_1 - \beta x)} \; e^{j\omega t} = |V_1| \; e^{-\alpha x} \; e^{j(\omega t + \varphi_1 - \beta x)} \tag{11.56}$$

y expresado en forma instantánea:

$$v_i(x,t) = |V_1| \; e^{-\alpha x} \cos(\omega t + \varphi_1 - \beta x) \tag{11.57}$$

o

$$v_i(x,t) = |V_1| \; e^{-\alpha x} sen(\omega t + \varphi_1 - \beta x) \qquad (11.58)$$

según que el generador que excite el circuito sea función coseno o seno.

Podemos representar en el dominio del tiempo y de la distancia cualquiera de las funciones sinusoidales indicadas en (11.57) o (11.58), obteniéndose diversas curvas, según los valores de **x** o **t**.

Así, supongamos que se trata de la función seno y que el ángulo de fase (φ_1) de V_1 es cero.

En la Figura 11.11 están representadas las curvas obtenidas, en función de **t** (Figura 11.11a) y en función de **x** (Figura 11.11b).

En la Figura 11.11b, puede observarse que en el instante t_2, en el punto x_2, la función seno toma el mismo valor que tomó en el punto x_1 en el instante $t_1 < t_2$, por lo que de (11.57) o (11.58) se obtiene:

$$\omega t_2 + \varphi_1 - \beta x_2 = \omega t_1 + \varphi_2 - \beta x_1 \qquad (11.59)$$

observándose que la onda incidente se propaga en el sentido de las **x** crecientes (sentido generador-carga) con una velocidad dada por:

$$v = \frac{x_2 - x_1}{t_2 - t_1} = \frac{\omega}{\beta} \quad (m/sg) \qquad (11.60)$$

es decir, la velocidad de propagación de la onda incidente coincide con la velocidad de fase.

b) ONDA REFLEJADA

$$V_r = V_2 \; e^{\gamma x} = V_2 \; e^{\alpha x} \; e^{j\beta x} = |V_2| \; e^{\alpha x} \; e^{j(\varphi_2 + \beta x)} \qquad (11.61)$$

con

$$V_2 = |V_2| \; e^{j\varphi_2} \qquad (11.62)$$

Esta función es la componente de tensión de la onda reflejada o regresiva, siendo V_2 su valor en el extremo inicial de la línea ($V_2 \, e^{\gamma L}$ en el extremo final), desplazándose de la carga al generador con una determinada velocidad.

La representación fasorial de esta onda en función del espacio es un vector cuyo módulo aumenta y cuya fase adelanta a medida que avanzamos sobre la línea en el sentido generador-carga, como se indica en la Figura 11.12, donde se representa el lugar geométrico del fasor representativo de la onda a medida que nos desplazamos sobre la línea.

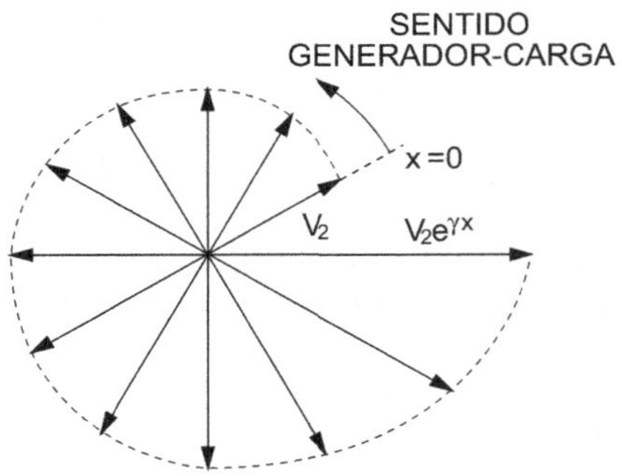

Figura 11.12

La longitud de onda así como las diversas velocidades (de fase y grupo) para la onda reflejada son las mismas que las obtenidas para la onda incidente, pues la pulsación es la misma para las dos. La diferencia entre ellas radica en el sentido de propagación de ambas ondas, generador-carga para la onda incidente y carga-generador para la reflejada.

La función indicada en (11.61) admite dos posibles expresiones en forma instantánea, que son:

$$v_r(x,t) = |V_2| \, e^{\alpha x} \cos(\omega t + \varphi_2 + \beta x) \qquad (11.63)$$

$$v_r(x,t) = |V_2| \, e^{\alpha x} \, sen(\omega t + \varphi_2 + \beta x) \qquad (11.64)$$

Suponiendo que se trate de la función seno y que el ángulo de fase φ_2 sea nulo, podemos representar la función (11.64) en los dominios del tiempo y del espacio, obteniéndose las curvas indicadas en las Figuras 11.13a y 11.13b.

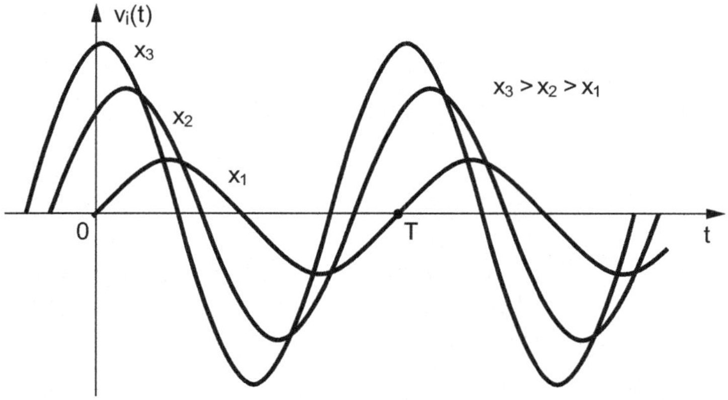

(a)

Figura 11.13a

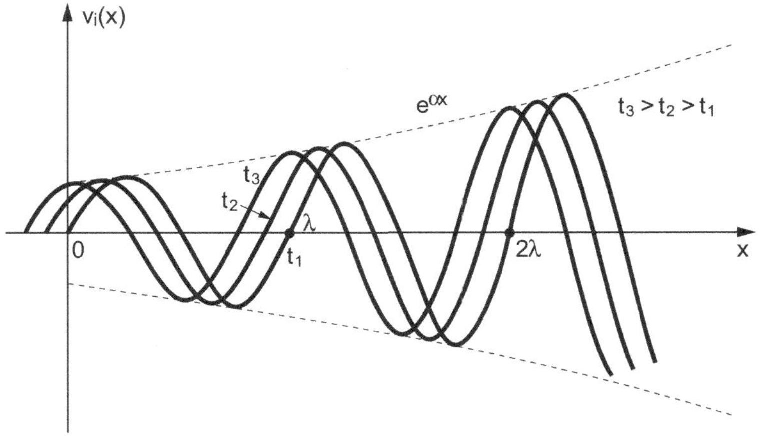

(b)

Figura 11.13b

En la Figura 11.13b, se observa que la onda reflejada se propaga en el sentido de las **x** decrecientes (sentido carga-generador) con una velocidad igual a la de fase y por lo tanto igual a la velocidad de propagación de la onda incidente.

En cuanto a la existencia de ambas ondas cabe decir que siempre que la línea esté excitada, la onda incidente está presente. Sin embargo, la existencia de la onda reflejada depende de las condiciones de terminación de la línea, así como de su longitud (finita o infinita), como se verá oportunamente.

Según indica el sistema de ecuaciones (11.40), la tensión en un punto cualquiera de la línea es:

$$V(x) = V_1 \, e^{-\gamma x} + V_2 \, e^{\gamma x} \tag{11.65}$$

siendo, por lo tanto, la suma de las ondas incidente y reflejada, existentes en ese punto de la línea.

En la Figura 11.14 se representan los fasores representativos de ambas ondas para un punto cualquiera de la línea ($\mathbf{x} = \mathbf{x}_1$), así como la resultante de ambos, que representa el fasor tensión en ese punto de la línea, $V(x_1)$.

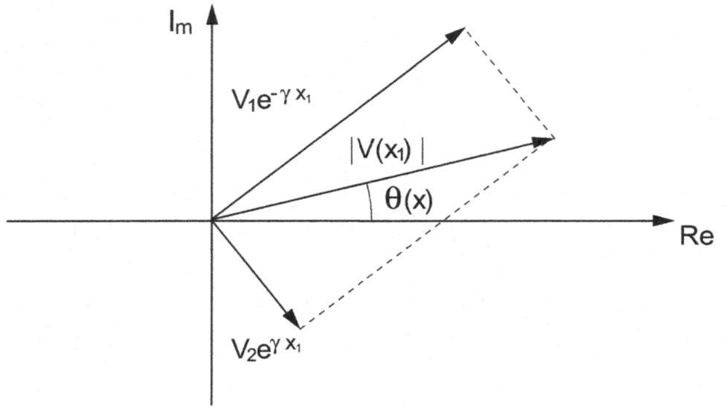

Figura 11.14

La tensión en ese punto de la línea expresada en forma instantánea es:

$$v(t) = |V(x_1)| \cos[\omega t + \theta(x_1)] \quad (11.66)$$

$$v(t) = |V(x_1)| \, sen[\omega t + \theta(x_1)] \quad (11.67)$$

según sea la excitación aplicada.

Las intensidades incidente y reflejada pueden obtenerse a partir de las tensiones, como puede deducirse de las ecuaciones (11.40):

$$I_i = \frac{1}{Z_0} V_1 e^{-\gamma x} = \frac{V_i}{Z_0} \quad (11.68)$$

$$I_r = \frac{-1}{Z_0} V_2 e^{-\gamma x} = \frac{-V_r}{Z_0} \quad (11.69)$$

11.3.3 Obtención de las ecuaciones de la línea a partir de la teoría de cuadripolos

Las ecuaciones de una línea en régimen permanente también pueden obtenerse considerándola como una asociación en cascada de infinitas células simétricas en "T" o en "π", a las cuales puede hacerse equivalente un tramo de línea de longitud infinitesimal Δx.

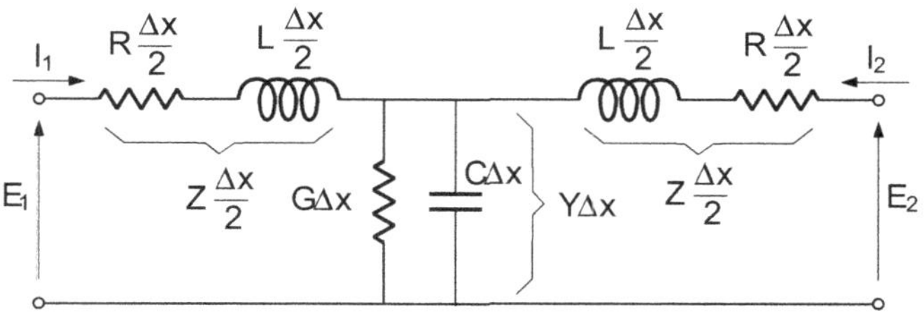

Figura 11.15

En la Figura 11.15, se ha representado nuevamente la célula "T" equivalente a un tramo de línea de longitud infinitesimal Δx. Con ello, podemos suponer que en ese tramo están concentrados los parámetros de la línea.

Como esta célula es simétrica, los parámetros que la definen son la impedancia característica y la función de propagación. Según la teoría de cuadripolos la impedancia característica de éste será:

$$Z_0 = \lim_{\Delta x \to 0} \sqrt{Z_{1A}\, Z_{1C}} \tag{11.70}$$

siendo:

$$Z_{1A} = Z\,\frac{\Delta x}{2} + \frac{1}{Y\,\Delta x} \tag{11.71}$$

y

$$Z_{1C} = Z\,\frac{\Delta x}{2} + \frac{1}{Y\,\Delta x + \dfrac{2}{Z\,\Delta x}} \tag{11.72}$$

Por lo tanto:

$$Z_0 = \lim_{\Delta x \to 0} \sqrt{Z_{1A}\, Z_{1C}} = \sqrt{\frac{Z}{Y}} = \sqrt{\frac{R + j\omega L}{G + j\omega C}} \tag{11.73}$$

En cuanto a la función de propagación, si definimos como γ la función de propagación por unidad de longitud de la línea, la correspondiente a la célula de la Figura 11.15 es γΔx, pues es la célula equivalente a un tramo de longitud Δx de la línea.

Para calcular su valor, si la célula de la Figura 11.15 la cargamos con su impedancia característica tendremos:

$$\left.\frac{I_1}{-I_2}\right|_{Z_r=Z_0} = e^{\gamma\Delta x} = \left(Z\,\frac{\Delta x}{2} + Z_0 + \frac{1}{Y\,\Delta x}\right)\,Y\Delta x = 1 + Z\,Y\,\frac{(\Delta x)^2}{2} + \Delta x\,\sqrt{Z\,Y} \quad (11.74)$$

Para evaluar γΔx, podemos desarrollar el primer término de la expresión anterior en serie de potencias. Así tendremos:

$$e^{\gamma\Delta x} = 1 + \gamma\Delta x + \frac{(\gamma\Delta x)^2}{2} + \,\ldots\ldots. \quad (11.75)$$

y despreciando los términos de orden superior resulta:

$$1 + \gamma\Delta x + \frac{(\gamma\Delta x)^2}{2} = 1 + \sqrt{Z\,Y}\,\Delta x + Z\,Y\,\frac{(\Delta x)^2}{2} \quad (11.76)$$

identificando con (11.75) se obtiene:

$$\gamma\Delta x = \sqrt{Z\,Y}\,\Delta x = \sqrt{(R + j\omega L)\,(G + j\omega C)}\,\Delta x \quad (11.77)$$

que es la función de propagación para un tramo de línea de longitud Δx. En un tramo de línea de longitud **x** existirán **x/Δx** células de este tipo puestas en cascada. Como todas las células tienen la misma impedancia característica, el tramo de línea de longitud **x** será equivalente a una célula o cuadripolo con Z_0 como impedancia característica y como función de propagación.

$$\gamma\Delta x\,\frac{x}{\Delta x} = \gamma x \quad (11.78)$$

El problema de determinar las ecuaciones de una línea, se reduce por lo tanto a plantear las ecuaciones de un cuadripolo simétrico, ya conocidas por la teoría de cuadripolos.

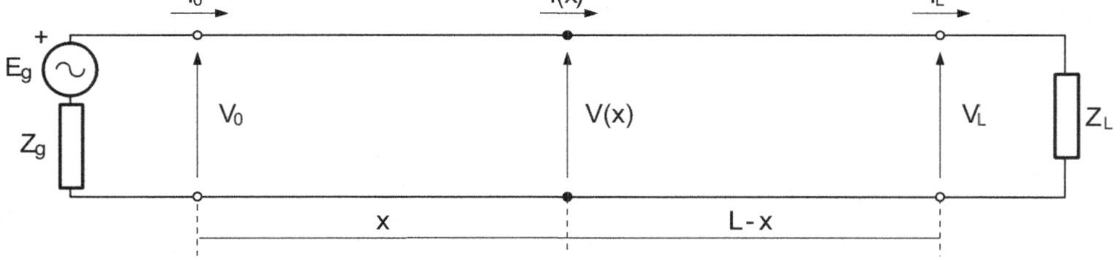

Figura 11.16

Así, la línea de la Figura 11.16, en la que se pretene plantear las ecuaciones para V(x) e I(x), es equivalente a la disposición de cuadripolos de la Figura 11.17.

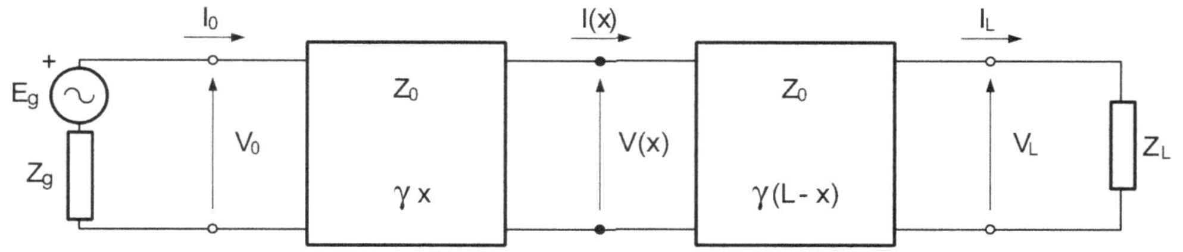

Figura 11.17

Como se sabe de la teoría de cuadripolos, las ecuaciones que relacionan las corrientes y tensiones de entrada y salida en el segundo cuadripolo de la Figura 11.17 son:

$$V(x) = V_L \, Ch \, \gamma(L - x) + Z_0 I_L \, Sh \, \gamma(L - x)$$

$$I(x) = \frac{V_L}{Z_0} Sh \, \gamma(L - x) + I_L \, Ch \, \gamma(L - x) \qquad (11.79)$$

A las mismas expresiones se puede llegar sustituyendo las relaciones (11.45) y (11.46) en (11.40).

Las ecuaciones del primer cuadripolo, en la Figura 11.17 son:

$$V_0 = V(x) \, Ch \, \gamma x - I(x) \, Z_0 \, Sh \, \gamma x$$

$$I_0 = \frac{1}{Z_0} V(x) \, Sh \, \gamma x - I(x) \, Ch \, \gamma x \qquad (11.80)$$

de donde se deducen:

$$V(x) = V_0 \, Ch \, \gamma x - Z_0 \, I_0 \, Sh \, \gamma x$$

$$I(x) = \frac{-V_0}{Z_0} Sh \, \gamma x + I_0 \, Ch \, \gamma x \qquad (11.81)$$

También se podía haber llegado a estas ecuaciones sustituyendo las relaciones (11.42) y (11.43) en (11.40).

Las relaciones (11.79) y (11.81) son las ecuaciones de la línea expresadas en forma hiperbólica, y a diferencia de las ecuaciones (11.40), no permiten individualizar las dos ondas, incidente y reflejada, que se propagan sobre la línea.

11.4 LÍNEA DE LONGITUD INFINITA

Si la línea de transmisión es de longitud infinita sólo existirá onda incidente, pues la onda emitida por el generador se propagará indefinidamente sin que pueda excitar la onda reflejada.

Efectivamente, si en las ecuaciones (11.40) hacemos x = ∞, tenemos:

$$V(x = \infty) = 0 = V_1\, e^{-\gamma\infty} + V_2\, e^{\gamma\infty} \tag{11.82}$$

de donde se deduce que:

$$V_2 = 0 \tag{11.83}$$

es decir, no existe onda reflejada ni para la tensión ni para la corriente.

En la Figura 11.18 está representada una línea de longitud infinita. Las ecuaciones que la definen son:

$$\begin{aligned} V(x) &= V_1\, e^{-\gamma x} \\ I(x) &= \frac{1}{Z_0}\, V_1\, e^{-\gamma x} \end{aligned} \tag{11.84}$$

obtenidas a partir de (11.40) haciendo $V_2 = 0$.

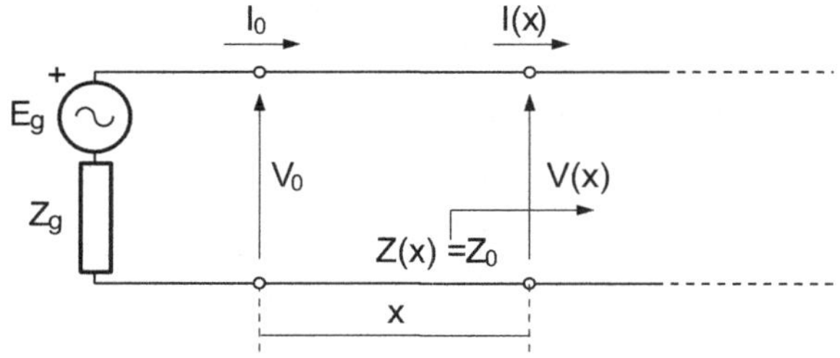

Figura 11.18

Como sólo existe onda incidente, la impedancia en cualquier punto de la línea es:

$$Z(x) = \frac{V(x)}{I(x)} = Z_0 \tag{11.85}$$

El valor de V_1 puede obtenerse aplicando las condiciones de contorno al origen de la línea.

Así, en la Figura 11.18, tenemos:

$$V(x=0) = V_0 = E_g \frac{Z_e}{Z_e + Z_g} = E_g \frac{Z_0}{Z_0 + Z_g} = V_1 \tag{11.86}$$

ya que:

$$Z_e(x=0) = Z_0 \tag{11.87}$$

Las ecuaciones (11.84) quedan, por lo tanto:

$$\begin{aligned} V(x) &= E_g \frac{Z_0}{Z_0 + Z_g} e^{-\gamma x} \\ I(x) &= \frac{E_g}{Z_0 + Z_g} e^{-\gamma x} \end{aligned} \tag{11.88}$$

A las mismas ecuaciones podemos llegar considerando la línea como un cuadripolo de parámetros Z_0 y γx.

11.5 LÍNEA DE LONGITUD FINITA

En este caso, el más general, es práctica común tomar la carga como el origen de las distancias y considerar como positivo el sentido carga-generador.

Así, en la línea de la Figura 11.19, podemos introducir el valor de la coordenada **z** en las ecuaciones generales de la línea, obtenidas en (11.40) haciendo el cambio:

$$x = L - z \tag{11.89}$$

resultando:

$$\begin{aligned} V(z) &= V_1 e^{-\gamma(L-z)} + V_2 e^{\gamma(L-z)} = V_1 e^{-\gamma L} e^{\gamma z} + V_2 e^{\gamma L} e^{-\gamma z} \\ I(z) &= \frac{1}{Z_0}\left(V_1 e^{-\gamma(L-z)} - V_2 e^{\gamma(L-z)}\right) = \frac{1}{Z_0}\left(V_1 e^{-\gamma L} e^{\gamma z} - V_2 e^{\gamma L} e^{-\gamma z}\right) \end{aligned} \tag{11.90}$$

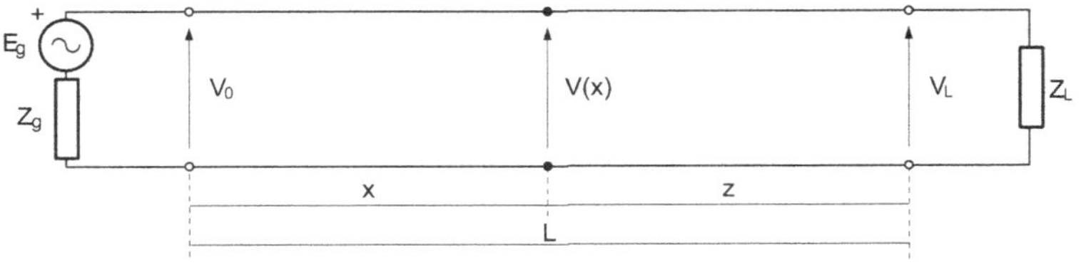

Figura 11.19

Si en las ecuaciones (11.90) hacemos:

$$V_1 \, e^{-\gamma L} = V^+ \tag{11.91}$$

y

$$V_2 \, e^{\gamma L} = V^- \tag{11.92}$$

obtenemos:

$$\begin{aligned} V(z) &= V^+ \, e^{\gamma z} + V^- \, e^{-\gamma z} \\ I(z) &= \frac{1}{Z_0} \left(V^+ \, e^{\gamma z} - V^- \, e^{-\gamma z} \right) \end{aligned} \tag{11.93}$$

que constituyen las ecuaciones de la línea, tomando como origen la carga.

Las constantes V^+ y V^- representan respectivamente las ondas incidente y reflejada en la carga (**z** = 0) y pueden obtenerse a partir de V_1 y V_2 ó aplicando las condiciones de contorno a la línea directamente.

Así, haciendo uso de las relaciones (11.93) y sobre la línea de la Figura 11.19, podemos hacer:

$$\begin{aligned} V(z = 0) &= V_L = V^+ + V^- \\ I(z = 0) &= I_L = \frac{V^+ - V^-}{Z_0} \end{aligned} \tag{11.94}$$

Operando en (11.94), se obtiene:

$$V^+ = \frac{V_L + Z_0 I_L}{2} \tag{11.95}$$

y

$$V^- = \frac{V_L - Z_0 I_L}{2} \tag{11.96}$$

Las relaciones (11.95) y (11.96) permiten obtener las ecuaciones de la línea en forma hiperbólica. Así, sustituyéndolas en (11.93), obtenemos:

$$\begin{aligned} V(z) &= V_L \, Ch \, \gamma z + Z_0 \, I_L \, Sh \, \gamma z \\ I(z) &= \frac{V_L}{Z_0} \, Sh \, \gamma z + I_L \, Ch \, \gamma z \end{aligned} \tag{11.97}$$

En forma similar, si V_0 e I_0 son la tensión y la corriente en el extremo inicial de la línea, (z = L) podemos hacer:

$$V_0 = V(z = L) = V^+ e^{\gamma L} + V^- e^{-\gamma L}$$

$$I_0 = I(z = L) = \frac{1}{Z_0} (V^+ e^{\gamma L} - V^- e^{-\gamma L}) \tag{11.98}$$

por lo que operando, se obtiene:

$$V^+ = e^{-\gamma L} \frac{V_0 + Z_0 I_0}{2} \tag{11.99}$$

y

$$V^- = e^{\gamma L} \frac{V_0 - Z_0 I_0}{2} \tag{11.100}$$

que sustituidas en (11.93) permiten obtener:

$$V(z) = V_0 \, Ch \, \gamma(L - z) - Z_0 \, I_0 \, Sh \, \gamma(L - z)$$

$$I(z) = \frac{-V_0}{Z_0} \, Sh \, \gamma(L - z) + I_0 \, Ch \, \gamma(L - z) \tag{11.101}$$

Las ecuaciones (11.97) y (11.101) también pueden ser obtenidas considerando la línea de la Figura 11.19 como cuadripolo.

11.6 CLASIFICACIÓN DE LAS LÍNEAS

El estudio realizado hasta ahora está referido a líneas genéricas. Sin embargo, podemos establecer una clasificación de las líneas atendiendo a su función de propagación. Esto nos permitirá particularizar el estudio para alguno de estos tipos de líneas. La pérdida de generalidad que se introduce en el estudio viene compensada por la sencillez matemática y la claridad de los conceptos físicos introducidos para alguno de los tipos de líneas que vamos a analizar.

La relación (11.31) permite obtener la función de propagación a partir de los parámetros primarios de la línea. En efecto,

$$\gamma^2 = (\alpha + j\beta)^2 = Z\,Y = (R + j\omega L)\,(G + j\omega C) \tag{11.102}$$

Igualando las partes real e imaginaria de ambos términos, obtenemos el sistema:

$$\begin{aligned} \alpha^2 - \beta^2 &= R\,G - \omega^2 L\,C \\ 2\alpha\beta &= \omega(R\,C + L\,G) \end{aligned} \qquad (11.103)$$

de donde podemos obtener los valores de α y β en función de los parámetros primarios de la línea.

Elevando al cuadrado la segunda ecuación del sistema (11.103) y sustituyendo el valor de β^2 de la primera ecuación, se obtiene:

$$4\alpha^4 - 4\alpha^2\,(R\,G - \omega^2\,L\,C) - \omega^2\,(R\,C + L\,G)^2 = 0 \qquad (11.104)$$

y

$$\alpha^2 = \frac{1}{2}\left[R\,G - \omega^2 L\,C + \sqrt{(R\,G - \omega^2 L\,C)^2 + \omega^2\,(R\,C + L\,G)^2}\right] \qquad (11.105)$$

Finalmente,

$$\alpha = \sqrt{\frac{R\,G - \omega^2 L\,C + \sqrt{(R\,G - \omega^2 L\,C)^2 + \omega^2\,(R\,C + L\,G)^2}}{2}} \quad (Np/Km) \qquad (11.106)$$

tomando el signo positivo de ambas raíces cuadradas ya que α debe ser positivo y real.

Llevando el valor calculado de α al sistema (11.103), se obtiene:

$$\beta = \sqrt{\frac{\omega^2 L\,C - R\,G + \sqrt{(R\,G - \omega^2 L\,C)^2 + \omega^2\,(R\,C + L\,G)^2}}{2}} \quad (rad/Km) \qquad (11.107)$$

Dependiendo de los valores de los parámetros primarios de la línea y, por lo tanto, de los valores de α y β, podemos establecer la siguiente clasificación de las líneas:

- Líneas sin pérdidas.
- Líneas de bajas pérdidas.
- Líneas sin distorsión.
- Líneas de baja distorsión.
- Líneas de elevada distorsión.

En lo que sigue, dedicaremos atención preferente al análisis de las líneas sin pérdidas, en las que aunque ideales, su estudio está notablemente simplificado y cuyos resultados nos permiten aproximarnos de forma aceptable al comportamiento real de la línea.

11.6.1 Líneas sin pérdidas

Supongamos la línea de longitud L de la Figura 11.19. La línea sin pérdidas se caracteriza por tener:

$$R = G = 0 \tag{11.108}$$

Los valores para la función de propagación, a partir de las relaciones (11.106) y (11.107) son:

$$\alpha = 0 \quad (Np/Km) \tag{11.109}$$

y

$$\beta = \omega \sqrt{L\,C} \quad (rad/Km) \tag{11.110}$$

11.6.1.1 ECUACIONES GENERALES DE LA LÍNEA SIN PÉRDIDAS

Las ecuaciones (11.40) particularizadas para una línea sin pérdidas resultan::

$$\begin{aligned} V(x) &= V_i(x) + V_r(x) = V_1\, e^{-j\beta x} + V_2\, e^{j\beta x} \\ I(x) &= I_i(x) + I_r(x) = \frac{1}{Z_0}\,(V_1\, e^{-j\beta x} - V_2\, e^{j\beta x}) \end{aligned} \tag{11.111}$$

tomando como origen el generador.

Y tomando como origen la carga, a partir de las ecuaciones (11.93), se obtiene:

$$\begin{aligned} V(z) &= V_i(z) + V_r(z) = V^+\, e^{j\beta z} + V^-\, e^{-j\beta z} \\ I(z) &= I_i(z) + I_r(z) = \frac{1}{Z_0}\,(V^+\, e^{j\beta z} - V^-\, e^{-j\beta x}) \end{aligned} \tag{11.112}$$

con Z_0 resistiva pura:

$$Z_0 = \frac{Z}{Y} = \sqrt{\frac{R + j\omega L}{G + j\omega C}} = \sqrt{\frac{L}{C}} \quad (\Omega) \tag{11.113}$$

La longitud de onda obtenida de (11.51) es:

$$\lambda = \frac{2\pi}{\beta} = \frac{2\pi}{\omega\sqrt{L\,C}} = \frac{1}{f\sqrt{L\,C}} \tag{11.114}$$

La velocidad de fase resulta:

$$v_f = \frac{\omega}{\beta} = \frac{1}{\sqrt{L\,C}} \qquad (11.115)$$

que es igual a la de grupo:

$$v_g = \frac{d\omega}{d\beta} = \frac{1}{\sqrt{L\,C}} \qquad (11.116)$$

Para la línea de conductores paralelos de radio **a**, espaciados una distancia D, los valores de L y C son:

$$L = \frac{\mu}{\pi} L_n \frac{D}{a} \quad (H/Km) \qquad (11.117)$$

$$C = \frac{\pi\,\varepsilon}{L_n \dfrac{D}{a}} \quad (F/Km) \qquad (11.118)$$

por lo que:

$$v_f = v_g = \frac{1}{\sqrt{L\,C}} = \frac{1}{\sqrt{\mu\varepsilon}} = \frac{1}{\sqrt{\mu_r\,\mu_0\,\varepsilon_r\,\varepsilon_0}} = \frac{3\;10^5}{\sqrt{\mu_r\,\varepsilon_r}} \qquad (11.119)$$

ya que:

$$\frac{1}{\sqrt{\mu_0\,\varepsilon_0}} = 3\;10^5 \quad (Km/sg) \qquad (11.120)$$

Para la línea con aire como dieléctrico $\mu_r = 1$ y $\varepsilon_r = 1$ por lo que las velocidades de fase y de grupo en estas líneas coinciden con la velocidad de la luz en el vacío. Para otro tipo de dieléctrico, los valores de μ_r y ε_r son superiores a la unidad por lo que las velocidades anteriores son inferiores a la velocidad de la luz.

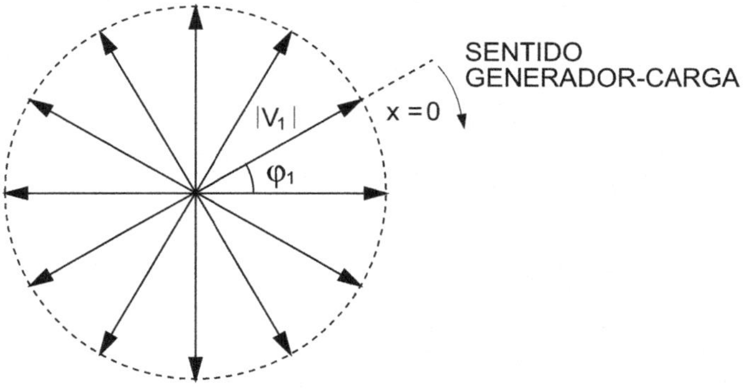

Figura 11.20

A partir de las ecuaciones (11.111) se deduce que en este caso tanto la onda incidente como la reflejada no sufren atenuación a lo largo de la línea. En efecto, la onda incidente en tensión (la de corriente es ésta, dividida por Z_0) es:

$$V_i = V_1 \, e^{-j\beta x} = |V_1| \, e^{j(\varphi_1 - \beta x)} \tag{11.121}$$

con:

$$V_1 = |V_1| \, e^{j\varphi_1} \tag{11.122}$$

El lugar geométrico de este fasor, a medida que nos desplazamos sobre la línea en el sentido generador-carga está representado en la Figura 11.20.

En cuanto a la onda reflejada en tensión (la de corriente está dividida por $-Z_0$) es:

$$V_r = V_2 \, e^{j\beta x} = |V_2| \, e^{j(\varphi_2 + \beta x)} \tag{11.123}$$

siendo:

$$V_2 = |V_2| \, e^{j\varphi_2} \tag{11.124}$$

La representación está indicada en la Figura 11.21.

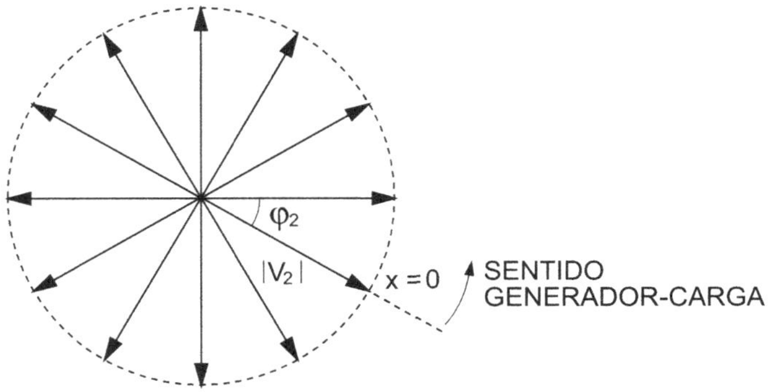

Figura 11.21

Restituyendo a ambas ondas su carácter sinusoidal (seno o coseno) y representándolas en función del tiempo **t** y de la distancia **x** obtendríamos funciones similares a las representadas en las Figuras 11.11 y 11.13, teniendo presente que, en este caso, las funciones sinusoidales no sufren atenuación siendo de aplicación, lo dicho en aquellos casos en cuanto al sentido y velocidad de propagación de tales ondas.

Los valores de V_1 y V_2 de las ecuaciones (11.111) pueden ser obtenidos aplicando las condiciones de contorno a la línea o utilizando las relaciones (11.42), (11.43), (11.45) y (11.46), haciendo $\gamma = j\beta$.

Así mismo, los valores de V^+ y V^- de las ecuaciones (11.112) pueden obtenerse aplicando las condiciones de contorno a la línea o aplicando las relaciones (11.95), (11.96), (11.99) y (11.100) haciendo $\gamma = j\beta$.

En lo que sigue, consideraremos como origen de distancias la carga y como sentido positivo de tales distancias el sentido carga-generador. En consecuencia las ecuaciones (11.112) serán las usadas más asiduamente.

11.6.1.2 ECUACIONES HIPERBÓLICAS DE LA LÍNEA SIN PÉRDIDAS

Las ecuaciones (11.112) pueden ser expresadas en forma hiperbólica, sustituyendo los valores de V^+ y V^- obtenidos a partir de las condiciones de contorno de la línea, o más sencillamente, sustituyendo γ por $j\beta$ en las ecuaciones (11.97) y (11.101) obtenidas para una línea genérica.

Así, a partir de las ecuaciones (11.97), se obtiene:

$$V(z) = V_L \, Ch\, j\beta z + Z_0 I_L \, Sh\, j\beta z = V_L \cos \beta z + j Z_0 I_L \, sen\, \beta z$$
$$I(z) = \frac{V_L}{Z_0} Sh\, j\beta z + I_L \, Ch\, j\beta z = j \frac{V_L}{Z_0} sen\, \beta z + I_L \cos \beta z \qquad (11.125)$$

obtenidas a partir de la tensión y de la corriente en la carga.

A partir de (11.101) se obtiene:

$$V(z) = V_0 \, Ch\, j\beta(L-z) - Z_0 I_0 \, Sh\, j\beta(L-z) = V_0 \cos \beta(L-z) - j Z_0 I_0 \, sen\, \beta(L-z)$$
$$I(z) = \frac{-V_0}{Z_0} Sh\, j\beta(L-z) + I_0 \, Ch\, j\beta(L-z) = -j \frac{V_0}{Z_0} sen\, \beta(L-z) + I_0 \cos \beta(L-z) \qquad (11.126)$$

obtenidas a partir de la tensión y de la corriente en el extremo de la línea, donde está conectado el generador.

11.6.1.3 COEFICIENTE DE REFLEXIÓN

Se define el coeficiente de reflexión de voltaje, en un punto cualquiera de la línea, como la relación existente entre los voltajes de las ondas reflejada e incidente en dicho punto.

Así, en un punto situado a una distancia **z** de la carga, el coeficiente de reflexión $\rho(z)$ para una línea sin pérdidas es:

$$\rho(z) = \frac{V_r}{V_i} = \frac{V^- e^{-j\beta z}}{V^+ e^{j\beta z}} = \frac{V^-}{V^+} e^{-j2\beta z} \qquad (11.127)$$

En la carga (**z** = 0) resulta:

$$\rho_L = \frac{V^-}{V^+} = |\rho_L|\ e^{j\theta_L} \tag{11.128}$$

De las expresiones (11.112) al particularizarlas para (**z** = 0) se tiene:

$$V_L = V^+ + V^-$$

$$I_L = \frac{1}{Z_0}\ (V^+ - V^-) \tag{11.129}$$

Dividiendo las dos expresiones anteriores resulta:

$$\frac{V_L}{I_L} = Z_L = Z_0\ \frac{V^+ + V^-}{V^+ - V^-} \tag{11.130}$$

de donde se obtiene:

$$\rho_L = \frac{V^-}{V^+} = \frac{Z_L - Z_0}{Z_L + Z_0} = |\rho_L|\ e^{j\theta_L} \tag{11.131}$$

con:

$$0 \leq |\rho_L| \leq 1 \tag{11.132}$$

por ser Z_0 real.

De las relaciones (11.127) y (11.131), se deduce:

$$\rho(z) = |\rho_L|\ e^{j(\theta_L - 2\beta z)} \tag{11.133}$$

lo cual indica que el *módulo del coeficiente de reflexión de tensión en una línea sin pérdidas se mantiene constante e igual al existente en la carga, mientras que su fase va retrasándose a medida que nos alejamos de ella.*

Interesa estudiar algunos valores particulares del coeficiente de reflexión según la impedancia de carga:

a) Línea adaptada ($Z_L = Z_0$).

Sustituyendo en (11.131) resulta:

$$\rho_L = 0 \tag{11.134}$$

En este caso no existe onda reflejada ($V^- = 0$) y las ecuaciones en cualquier punto de la línea resultan:

$$V(z) = V^+ e^{j\beta z}$$
$$I(z) = \frac{V^+}{Z_0} e^{j\beta z} \qquad (11.135)$$

En la carga (**z** = 0) se tiene:

$$V_L = V^+$$
$$I_L = \frac{V^+}{Z_0} \qquad (11.136)$$

b) Línea en circuito abierto ($Z_L = \infty$).

En este caso, sustituyendo el valor de Z_L en (11.131), obtenemos:

$$\rho_L = 1 \qquad (11.137)$$

Esto indica que hay reflexión total, tanto para la tensión como para la corriente y

$$V^+ = V^- \qquad (11.138)$$

Las ecuaciones (11.112) particularizadas en la carga resultan:

$$V_L = V^+ + V^- = 2V^+$$
$$I_L = I^+ + I^- = \frac{1}{Z_0}(V^+ - V^-) = 0 \qquad (11.139)$$

El voltaje reflejado en la carga se encuentra en fase con el incidente, mientras que las corrientes reflejada e incidente están en oposición.

c) Línea en cortocircuito ($Z_L = 0$).

En este caso se tiene:

$$\rho_L = -1 \qquad (11.140)$$

y

$$V^+ = -V^- \qquad (11.141)$$

También existe ahora reflexión total, anulándose la tensión en carga:

$$V_L = V^+ + V^- = 0$$

$$I_L = I^+ + I^- = \frac{1}{Z_0}(V^+ - V^-) = \frac{2V^+}{Z_0} \qquad (11.142)$$

d) Carga reactiva pura ($Z_L = \pm j X_L$).

Como en las líneas sin pérdidas Z_0 es real, resulta:

$$\rho_L = \frac{\pm jX_L - Z_0}{\pm jX_L + Z_0} = \frac{\sqrt{Z_0^2 + X_L^2}\ \Big|tg^{-1}\frac{\pm X_L}{-Z_0}}{\sqrt{Z_0^2 + X_L^2}\ \Big|tg^{-1}\frac{\pm X_L}{Z_0}} = 1\ \lfloor\theta_L \qquad (11.143)$$

con:

$$\theta_L = -2\,tg^{-1}\frac{\pm X_L}{Z_0} + \pi \qquad (11.144)$$

Se define también el coeficiente de reflexión para corrientes que designamos como $\rho_i(z)$ para distinguirlo del coeficiente de voltaje, como la relación existente entre las corrientes de las ondas reflejada e incidente.

Así para la línea sin pérdidas resulta:

$$\rho_i(z) = \frac{I_r(z)}{I_i(z)} = \frac{\frac{-V^-}{Z_0}\,e^{-j\beta z}}{\frac{V^+}{Z_0}\,e^{j\beta z}} = -\frac{V^-}{V^+}\,e^{-j2\beta z} \qquad (11.145)$$

siendo el coeficiente de reflexión en la carga:

$$\rho_{i,L} = \frac{-V^-}{V^+} = |\rho_{i,L}|\,e^{j\varphi_L} \qquad (11.146)$$

de (11.131) se deduce:

$$\rho_{i,L} = \frac{-V^-}{V^+} = \frac{Z_0 - Z_L}{Z_0 + Z_L} \qquad (11.147)$$

y

$$\rho_{i,L} = -\rho_L \qquad (11.148)$$

por lo que, en cualquier punto de la línea se tiene:

$$\rho_i(z) = \rho_{i,L}\, e^{-j2\beta z} = -\rho_L\, e^{-j2\beta z} = -\rho(z) \qquad (11.149)$$

Teniendo en cuenta el valor de ρ_L dado en (11.128) las ecuaciones (11.112) pueden escribirse:

$$V(z) = V^+ e^{j\beta z} + \rho_L V^+ e^{-j\beta z} = V^+ e^{j\beta z} + |\rho_L|\, V^+ e^{j(\theta_L - \beta z)}$$

$$I(z) = \frac{1}{Z_0}\left(V^+ e^{j\beta z} - \rho_L V^+ e^{e^{-j\beta z}}\right) = \frac{1}{Z_0}\left(V^+ e^{j\beta z} - |\rho_L|\, V^+ e^{j(\theta_L - \beta z)}\right) \qquad (11.150)$$

11.6.1.4 TENSIÓN Y CORRIENTE TOTAL EN UN PUNTO DE LA LÍNEA. DIAGRAMAS DE ONDAS ESTACIONARIAS

Si en la primera ecuación del sistema (11.150), tomamos la tensión incidente como origen de fases, la tensión reflejada tendrá una fase θ_L - $2\beta z$. En la Figura 11.22 se representan estos fasores.

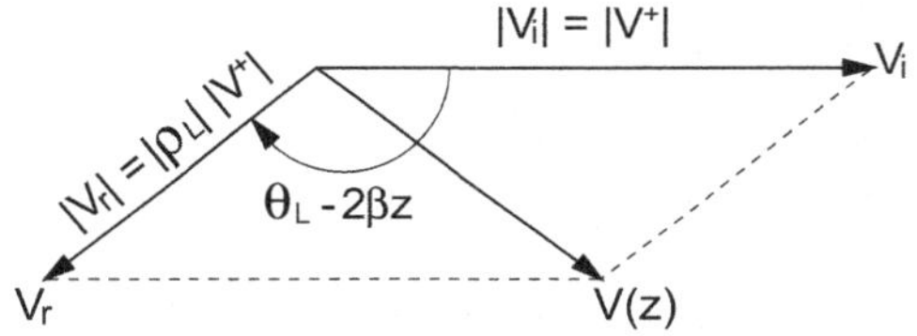

Figura 11.22

La tensión resultante es:

$$|V(z)|^2 = |V_i|^2 + |V_r|^2 + 2\,|V_i|\,|V_r| \cos(\theta_L - 2\beta z) \qquad (11.151)$$

esto es:

$$|V(z)| = |V^+| \sqrt{1 + |\rho_L|^2 + 2\,|\rho_L| \cos\left(\theta_L - 4\pi \frac{z}{\lambda}\right)} \qquad (11.152)$$

en la que hemos tenido en cuenta, como se deduce de (11.114) que:

$$\beta = \frac{2\pi}{\lambda} \qquad (11.153)$$

De la misma forma, a partir de la segunda ecuación del sistema (11.150) se obtiene:

$$|I(z)| = \frac{|V^+|}{Z_0} \sqrt{1 + |\rho_L|^2 - 2\,|\rho_L| \cos\left(\theta_L - 4\pi \frac{z}{\lambda}\right)} \tag{11.154}$$

Las expresiones (11.152) y (11.154) representan respectivamente los valores que toman la amplitud de la tensión y de la intensidad en un punto genérico de la línea, en el que varían con el tiempo de forma sinusoidal. Estas amplitudes son fijas en cada punto presentando máximos (cuando V_i y V_r coinciden en fase) y mínimos (cuando V_i y V_r coinciden en oposición de fase) a lo largo de la línea. De la expresión (11.152) se deduce que hay un máximo de tensión en los puntos $z = z_M$ en los que se verifica:

$$\theta_L - 4\pi \frac{z_M}{\lambda} = \pm\, 2n\pi \tag{11.155}$$

esto es:

$$z_M = \frac{\lambda}{4\pi}\,(\theta_L \pm 2n\pi) = \frac{\theta_L}{\pi}\,\frac{\lambda}{4} \pm n\,\frac{\lambda}{2} \tag{11.156}$$

De la expresión anterior se llega a la conclusión de que los máximos de tensión están espaciados entre sí λ/2 y en estos puntos las tensiones incidente y reflejada están en fase y la tensión máxima toma el valor:

$$|V|_M = |V^+| + |\rho_L|\;|V^+| = |V^+|\;(1 + |\rho_L|\,) \tag{11.157}$$

En los puntos en los que la tensión es máxima, las intensidades incidente y reflejada estarán en oposición y la intensidad resultante será mínima:

$$|\,I\,|_m = \frac{|V^+|}{Z_0} - \frac{|\rho_L|\;|V^+|}{Z_0} = \frac{|V^+|}{Z_0}\;(1 - |\rho_L|\,) \tag{11.158}$$

Los mínimos de tensión se producen en los puntos $z = z_m$ en los que las tensiones incidente y reflejada se encuentran en oposición y para los que se cumple:

$$\theta_L - 4\pi \frac{z_m}{\lambda} = \pm\,(2n + 1)\,\pi \tag{11.159}$$

esto es:

$$z_m = \frac{\theta_L}{\pi}\,\frac{\lambda}{4} \pm \left(\frac{\lambda}{4} + n\,\frac{\lambda}{2}\right) \tag{11.160}$$

La expresión anterior indica que los mínimos están espaciados entre sí λ/2 y observando la expresión (11.156) se deduce que un máximo y un mínimo consecutivos están separados λ/4.

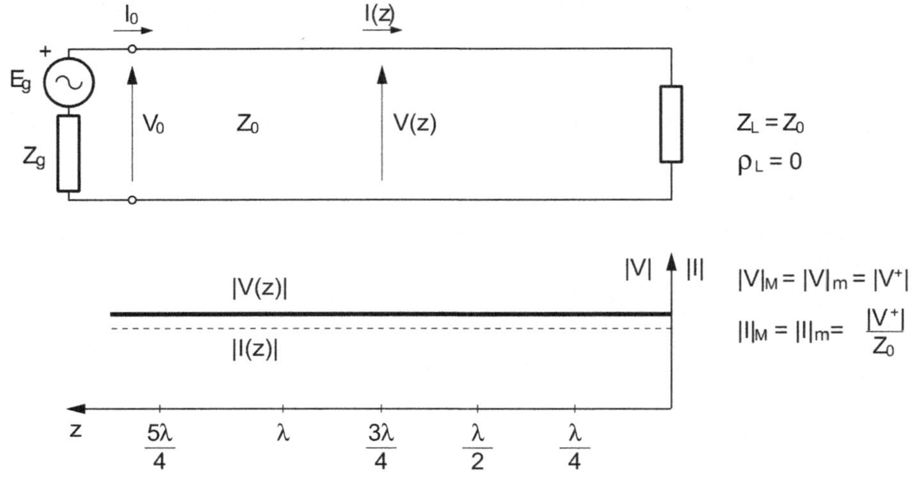

(a)

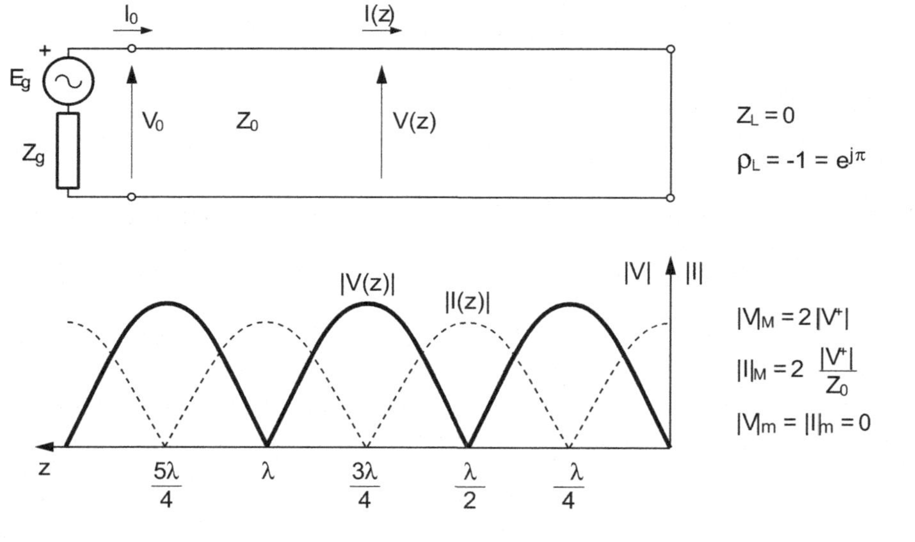

(b)

Figura 11.23a y b

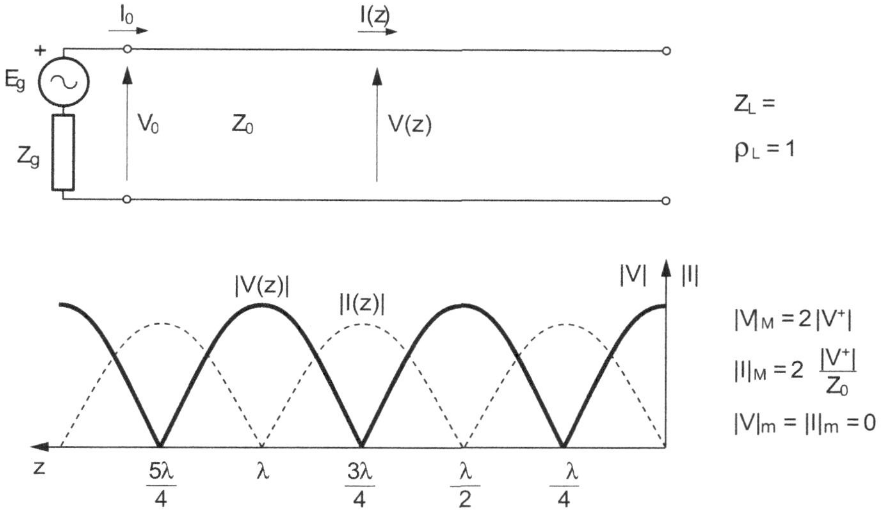

(c)

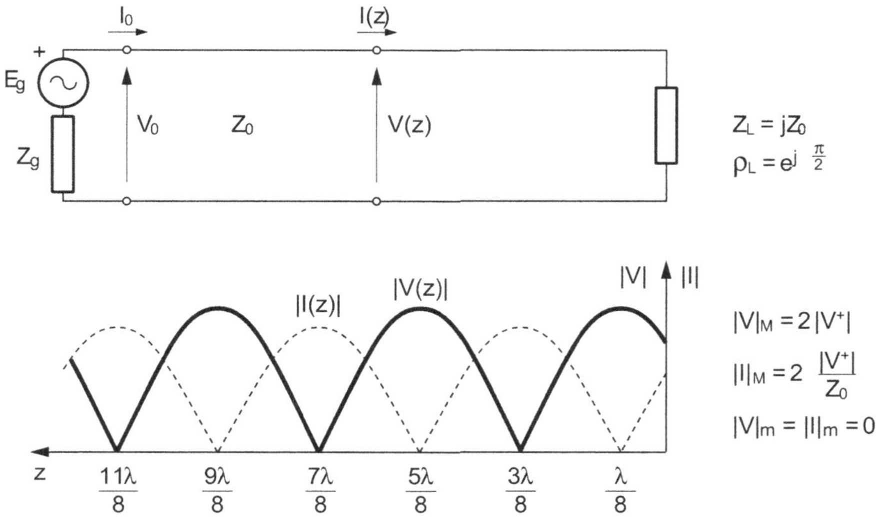

(d)

Figura 11.23c y d

El valor de la tensión mínima es:

$$|V|_m = |V^+| - |\rho_L|\,|V^+| = |V^+|\,(1 - |\rho_L|) \qquad (11.161)$$

En los puntos en los que la tensión es mínima, la intensidad es máxima:

$$|I|_M = \frac{|V^+|}{Z_0} + \frac{|\rho_L|\,|V^+|}{Z_0} = \frac{|V^+|}{Z_0}\,(1 + |\rho_L|) \qquad (11.162)$$

Los valores de las tensiones e intensidades, así como sus máximos y mínimos, permanecen "estacionarios", recibiendo el nombre de ondas estacionarias la representación de estos módulos a lo largo de la línea. En la Figura 11.23 se representan los diagramas de onda estacionaria para líneas con diferentes terminaciones.

11.6.1.5 COEFICIENTE O RELACIÓN DE ONDA ESTACIONARIA (R. O. E.)

Una indicación de la amplitud de la onda estacionaria, así como de la desadaptación entre la línea y la carga nos la proporciona el coeficiente o relación de onda estacionaria (S) que se define como la relación entre las amplitudes de los voltajes o corrientes máximos y mínimos. Es decir:

$$S = \frac{|V|_M}{|V|_m} = \frac{|I|_M}{|I|_m} = \frac{1 + |\rho_L|}{1 - |\rho_L|} \qquad (11.163)$$

con

$$1 \leq S \leq \infty \qquad (11.164)$$

Cuando la carga está adaptada ($Z_L = Z_0$), se tiene:

$$|\rho_L| = 0 \qquad (11.134\ \text{bis})$$

y

$$S = 1 \qquad (11.165)$$

no existiendo onda reflejada ni estacionaria. Las amplitudes de la tensión y de la corriente son constantes a lo largo de la línea e iguales a las de las ondas incidentes (Figura 11.23a).

Cuando la línea se encuentra en circuito abierto ($Z_L = \infty$) o en cortocircuito ($Z_L=0$), de (11.137) y (11.140) se deduce:

$$|\rho_L| = 1 \qquad (11.166)$$

y

$$S = \infty \qquad (11.167)$$

En esta situación existe reflexión total y las ondas incidente y reflejada tienen la misma amplitud (Figuras 11.23b y 11.23c).

11.6.1.6 IMPEDANCIA EN UN PUNTO DE LA LÍNEA

La impedancia que presenta la línea en cualquiera de sus puntos, vista hacia la carga, viene dada por el cociente entre el voltaje y la intensidad en dicho punto.

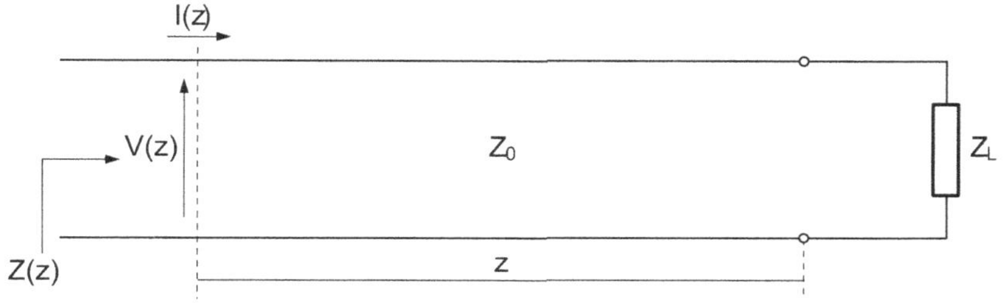

Figura 11.24

Así, en la Figura 11.24, la impedancia Z(z) en un punto separado de la carga una distancia z se deduce de (11.150) resultando:

$$Z(z) = \frac{V(z)}{I(z)} = Z_0 \frac{e^{j\beta z} + \rho_L e^{-j\beta z}}{e^{j\beta z} - \rho_L e^{-j\beta z}} \tag{11.168}$$

y, haciendo uso de la relación (11.131), resulta:

$$Z(z) = Z_0 \frac{e^{j\beta z} + \dfrac{Z_L - Z_0}{Z_L + Z_0} e^{-j\beta z}}{e^{j\beta z} - \dfrac{Z_L - Z_0}{Z_L + Z_0} e^{j\beta z}} = Z_0 \frac{Z_L \cos\beta z + j Z_0 sen\beta z}{Z_0 \cos\beta z + j Z_L sen\beta z} \tag{11.169}$$

expresión que depende directamente de la impedancia característica de la línea, de la impedancia de carga y de la distancia de la carga al punto considerado.

Valores de interés de la expresión (11.169) son:

a) $Z_L = Z_0$ (línea adaptada).

En este caso:

$$Z(z) = Z_0 \tag{11.170}$$

en todos los puntos de la línea.

b) $Z_L = \infty$ (línea en circuito abierto).

En este caso, se obtiene:

$$Z(z) = -j\ Z_0\ ctg\beta z \tag{11.171}$$

La impedancia es imaginaria pura en todos los puntos de la línea.

c) $Z_L = 0$ (línea en cortocircuito).

La impedancia en cualquier punto de la línea es:

$$Z(z) = j\ Z_0\ tg\beta z \tag{11.172}$$

también en este caso, en todos los puntos de la línea la impedancia es imaginaria pura.

11.6.1.7 POTENCIA TRANSMITIDA EN UN PUNTO DE LA LÍNEA

La potencia transmitida por la línea sin pérdidas, y existente en cualquier punto de la misma, puede obtenerse a partir de las ecuaciones generales de la línea. Así, para la línea de la Figura 11.25, tenemos:

$$P_T(z) = \frac{1}{2}\ V(z) \cdot I(z) \quad (producto\ escalar) \tag{11.173}$$

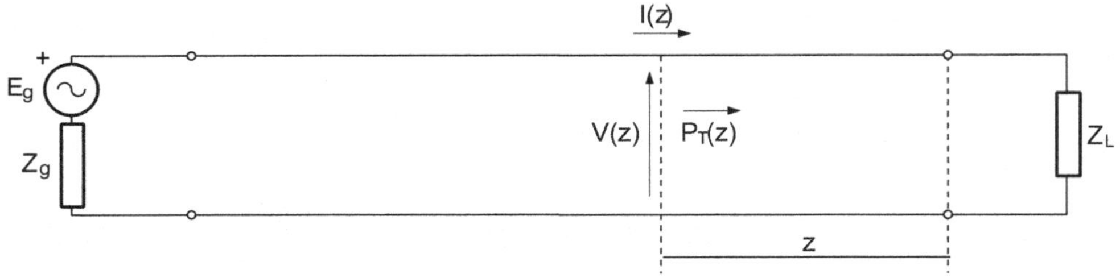

Figura 11.25

Sustituyendo los valores de V(z) e I(z) dados en las ecuaciones (11.150) resulta:

$$P_T(z) = \frac{1}{2\,Z_0}\ (V^+ e^{j\beta z} + \rho_L V^+ e^{-j\beta z})\ (V^+ e^{j\beta z} - \rho_L V^+ e^{-j\beta z}) \tag{11.174}$$

Si hacemos:

$$V^+ e^{j\beta z} = a + bj \qquad y \qquad \rho_L V^+ e^{-j\beta z} = c + dj \tag{11.175}$$

el producto escalar que tenemos que realizar es:

$$(a + bj + c + dj)\ (a + bj - c - dj) = (a + c)(a - c) + (b + d)(b - d) =$$
$$= (a^2 + b^2) - (c^2 + d^2) = |V^+|^2 - |\rho_L|^2\ |V^+|^2 \qquad (11.176)$$

por lo que:

$$P_T(z) = \frac{1}{2Z_0}\left(|V^+|^2 - |\rho_L|^2\ |V^+|^2\right) = \frac{|V^+|^2}{2Z_0}\left(1 - |\rho_L|^2\right) \qquad (11.177)$$

Puede observarse que por tratarse de una línea sin pérdidas, la potencia es constante en todos los puntos (independiente de la distancia).

Si en la expresión (11.177) hacemos $|\rho_L| = 0$ (línea adaptada), la potencia transmitida en cualquiera de los puntos de la línea es:

$$P_T(z) = \frac{|V^+|^2}{2Z_0} = P^+ \qquad (11.178)$$

que corresponde a la potencia transmitida por la onda incidente que es la única existente en este caso.

En general, la expresión (11.177) indica que la potencia en cualquier punto de la línea es la diferencia entre las potencias transmitidas por la onda incidente y reflejada, pudiéndose expresar como:

$$P_T = P^+ - P^- = P^+\left(1 - |\rho_L|^2\right) \qquad (11.179)$$

siendo la potencia de la onda reflejada:

$$P^- = \frac{|V^-|^2}{2Z_0} = |\rho_L|^2\ P^+ \qquad (11.180)$$

11.6.2 Líneas de transmisión de bajas pérdidas

Estas líneas están construidas por conductores no perfectos aunque de resistividad pequeña, separados por un dieléctrico cuya conductividad aunque pequeña no es nula. En este caso, la parte real de la función de propagación ya no es cero, por lo que existe una atenuación a lo largo de la línea. El comportamiento de estas líneas se aproxima al de las líneas reales.

Para el cálculo de los parámetros secundarios usaremos los ángulos de pérdidas en el conductor y en el dieléctrico, definidos en (11.14) y (11.15).

Así tenemos:

$$Z = R + j\omega L = \omega L\left(\frac{R}{\omega L} + j\right) = \omega L\,(tg\,\xi + j) = (sen\,\xi + j\cos\xi)\,\frac{\omega L}{\cos\xi} \tag{11.181}$$

$$Y = G + j\omega C = \omega C\left(\frac{G}{\omega C} + j\right) = \omega C\,(tg\,\delta + j) = (sen\,\delta + j\cos\delta)\,\frac{\omega C}{\cos\delta} \tag{11.182}$$

Por lo tanto:

$$Z = \frac{\omega L}{\cos\xi}\, e^{j(\frac{\pi}{2} - \xi)} \equiv \frac{\omega L}{\cos\xi}\,\Big|\frac{\pi}{2} - \xi \tag{11.183}$$

e

$$Y = \frac{\omega C}{\cos\delta}\, e^{j(\frac{\pi}{2} - \delta)} \equiv \frac{\omega C}{\cos\delta}\,\Big|\frac{\pi}{2} - \delta \tag{11.184}$$

En consecuencia,

$$\gamma = \sqrt{Z\,Y} = \frac{\omega\,\sqrt{L\,C}}{\sqrt{\cos\xi\,\cos\delta}}\; e^{j\frac{\pi - \xi - \delta}{2}} = \alpha + j\beta \tag{11.185}$$

con:

$$\alpha = R_e[\gamma] = \frac{\omega\,\sqrt{L\,C}}{\sqrt{\cos\xi\,\cos\delta}}\; sen\,\frac{\xi + \delta}{2} \qquad (Np/m) \tag{11.186}$$

y

$$\beta = I_m[\gamma] = \frac{\omega\,\sqrt{L\,C}}{\sqrt{\cos\xi\,\cos\delta}}\; \cos\frac{\xi + \delta}{2} \qquad (rad/m) \tag{11.187}$$

En la línea que estamos considerando, para el margen de frecuencias de trabajo, se cumple:

$$R \ll \omega L \Rightarrow \xi = tg^{-1}\,\frac{R}{\omega L} \simeq 0 \tag{11.188}$$

$$G \ll \omega C \Rightarrow \delta = tg^{-1}\,\frac{G}{\omega C} \simeq 0 \tag{11.189}$$

En consecuencia, con estos valores de los parámetros primarios, la constante de fase es lineal con ω:

$$\beta \simeq \omega\,\sqrt{L\,C} \tag{11.190}$$

puesto que, con las aproximaciones (11.188) y (11.189), se cumple que:

$$\begin{aligned} \cos\delta &\simeq 1 \\ \cos\xi &\simeq 1 \\ \cos\frac{\xi+\delta}{2} &\simeq 1 \end{aligned} \tag{11.191}$$

Para determinar el valor de α, a partir de las relaciones (11.186) y (11.187), podemos hacer:

$$\begin{aligned} \alpha\beta &= \frac{\omega^2 L C}{\cos\xi\cos\delta}\, sen\frac{\xi+\delta}{2}\cos\frac{\xi+\delta}{2} = \frac{\omega^2 L C}{2\cos\xi\cos\delta}\, sen(\xi+\delta) = \\ &= \frac{\omega^2 L C}{2\cos\xi\,\cos\delta}\,(sen\xi\,\cos\delta + sen\delta\,\cos\xi) = \frac{\omega^2 L C}{2}\,(tg\xi + tg\delta) = \\ &= \frac{\omega^2 L C}{2}\left(\frac{R}{\omega L} + \frac{G}{\omega C}\right) \end{aligned} \tag{11.192}$$

Sustituyendo el valor de β obtenido en (11.190) resulta:

$$\alpha = \frac{\omega^2 L C}{2}\left(\frac{R}{\omega L} + \frac{G}{\omega C}\right)\frac{1}{\omega\sqrt{L C}} = \frac{R}{2}\sqrt{\frac{C}{L}} + \frac{G}{2}\sqrt{\frac{L}{C}} \quad (Np/m) \tag{11.193}$$

La impedancia característica de esta línea resulta:

$$Z_0 = \sqrt{\frac{Z}{Y}} = \sqrt{\frac{L}{C}}\sqrt{\frac{\cos\delta}{\cos\xi}}\, e^{j(\delta-\xi)} \tag{11.194}$$

con las aproximaciones estudiadas resulta:

$$Z_0 \simeq \sqrt{\frac{L}{C}} \tag{11.195}$$

que es resistiva como en las líneas sin pérdidas.

En el caso particular de que los dos ángulos de pérdidas sean iguales, es decir, si:

$$tg\,\xi = \frac{R}{\omega L} = \frac{G}{\omega C} = tg\,\delta \tag{11.196}$$

es decir, si se cumple que:

$$\frac{R}{L} = \frac{G}{C} \tag{11.197}$$

denominada condición de Heaviside, la constante de atenuación toma su valor mínimo, siendo éste:

$$\alpha = \sqrt{R\,G} \quad (Np/m) \tag{11.198}$$

En cualquier caso, en estas líneas la constante de atenuación no es nula, como sucedía en las líneas sin pérdidas. Esta circunstancia implica un conjunto de fenómenos que serán analizados en los apartados siguientes.

11.6.2.1 ECUACIONES DE LAS LÍNEAS DE BAJAS PÉRDIDAS

Las ecuaciones que definen la línea de bajas pérdidas de la Figura 11.26 se obtienen en las ecuaciones generales (11.35) y (11.93), con los valores de α, β y Z_0, encontradas en el apartado anterior.

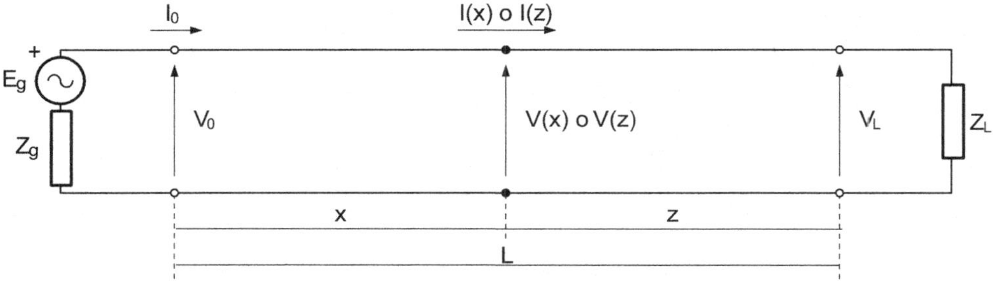

Figura 11.26

Tomando como origen el generador se tiene:

$$\begin{aligned} V(x) &= V_i(x) + V_r(x) = V_1\, e^{-\gamma x} + V_2\, e^{\gamma x} = V_1\, e^{-\alpha x} e^{-j\beta x} + V_2\, e^{\alpha x} e^{j\beta x} \\ I(x) &= I_i(x) + I_r(x) = \frac{1}{Z_0}\,(V_1\, e^{-\gamma x} - V_2\, e^{\gamma x}) = \frac{1}{Z_0}\,(V_1\, e^{-\alpha x} e^{-j\beta x} - V_2\, e^{\alpha x} e^{j\beta x}) \end{aligned} \tag{11.199}$$

y tomando como origen la carga resulta:

$$\begin{aligned} V(z) &= V_i(z) + V_r(z) = V^+ e^{\gamma z} + V^- e^{-\gamma z} = V^+ e^{\alpha z} e^{j\beta z} + V^- e^{-\alpha z} e^{-j\beta z} \\ I(z) &= I_i(z) + I_r(z) = \frac{1}{Z_0}\,(V^+ e^{\gamma z} - V^- e^{-\gamma z}) = \frac{1}{Z_0}\,(V^+ e^{\alpha z} e^{j\beta z} - V^- e^{-\alpha z} e^{-j\beta z}) \end{aligned} \tag{11.200}$$

Los valores de V^+, V^-, V_1 y V_2 pueden obtenerse aplicando las condiciones de contorno de la línea.

11.6.2.2 COEFICIENTES DE REFLEXIÓN

El coeficiente de reflexión de voltaje en esta línea es:

$$\rho(z) = \frac{V_r(z)}{V_i(z)} = \frac{V^- e^{-\gamma z}}{V^+ e^{\gamma z}} = \frac{V^-}{V^+} e^{-2\gamma z} = \rho_L e^{-2\gamma z} \tag{11.201}$$

siendo su valor en la carga como se obtuvo en (11.131):

$$\rho_L = \frac{V^-}{V^+} = \frac{Z_L - Z_0}{Z_L + Z_0} = |\rho_L| e^{j\theta_L} \tag{11.202}$$

Por lo tanto:

$$\rho(z) = |\rho_L| e^{j\theta_L} e^{-2\gamma z} = |\rho_L| e^{-2\alpha z} e^{j(\theta_L - 2\beta z)} \tag{11.203}$$

Como puede observarse, el coeficiente de reflexión para voltajes es un vector cuyo módulo depende del punto sobre la línea en que se calcule, disminuyendo a medida que nos alejamos de la carga, mientras que su fase va girando en sentido negativo (sentido de las agujas del reloj) a medida que aumenta z (alejándonos de la carga).

El coeficiente de reflexión para corrientes es:

$$\rho_i(z) = \frac{I_r(z)}{I_i(z)} = \frac{-V^-}{V^+} e^{-2\gamma z} = \rho_{i,L} e^{-2\gamma z} \tag{11.204}$$

con:

$$\rho_{i,L} = \frac{-V^-}{V^+} = |\rho_{i,L}| e^{j\varphi_L} \tag{11.205}$$

el coeficiente de reflexión de corriente en la carga, que puede ser calculado a partir de (11.202):

$$\rho_{i,L} = \frac{-V^-}{V^+} = \frac{Z_0 - Z_L}{Z_0 + Z_L} \tag{11.206}$$

y

$$\rho_{i,L} = -\rho_L \tag{11.207}$$

por lo que, en cualquier punto de la línea, se tiene:

$$\rho_i(z) = \rho_{i,L} e^{-2\gamma z} = -\rho_L e^{-2\gamma z} = -\rho(z) \tag{11.208}$$

que indica que ambos coeficientes de reflexión en cualquier punto de la línea tienen el mismo módulo y fase opuesta.

11.6.2.3 TENSIÓN Y CORRIENTE EN LA LÍNEA

Introduciendo en las expresiones (11.200) el coeficiente de reflexión para voltajes, resulta:

$$V(z) = V_i(z) + V_r(z) = V^+ e^{\gamma z} + V^- e^{-\gamma z} = V^+ e^{\gamma z}[1 + \rho_L e^{-2\gamma z}] =$$

$$= V^+ e^{\alpha z} e^{j\beta z} \left[1 + |\rho_L| e^{-2\alpha z} e^{j(\theta_L - 2\beta z)}\right]$$

$$I(z) = I_i(z) + I_r(z) = \frac{1}{Z_0} (V^+ e^{\gamma z} - V^- e^{-\gamma z}) = \frac{V^+}{Z_0} e^{\gamma z}(1 - \rho_L e^{-2\gamma z}) = \qquad (11.209)$$

$$= \frac{V^+}{Z_0} e^{\alpha z} e^{j\beta z} (1 - |\rho_L| e^{-\alpha z} e^{j(\theta_L - 2\beta z)})$$

Según se observa de las ecuaciones anteriores, cuando la atenuación de la línea no es nula, la onda incidente disminuye en amplitud a medida que nos desplazamos hacia la carga. De modo similar, la amplitud de la onda reflejada disminuye a medida que retrocedemos hacia el generador.

Tanto la tensión como la corriente en la línea pasan por sucesivos máximos y mínimos relativos, que pueden obtenerse a partir de las ecuaciones (11.209).

Así, para la tensión, su valor máximo es:

$$|V|_M = |V^+| e^{\alpha z_M} (1 + |\rho_L| e^{-2\alpha z_M}) \qquad (11.210)$$

y el mínimo:

$$|V|_m = |V^+| e^{\alpha z_m} (1 - |\rho_L| e^{-2\alpha z_m}) \qquad (11.211)$$

entendiendo como puntos en los que hay un máximo o un mínimo relativos aquellos en los que las ondas incidente y reflejada están en fase o en oposición respectivamente, siendo los puntos en los que se producen éstos:

$$z_M = \frac{\theta_L}{\pi} \frac{\lambda}{4} \pm n \frac{\lambda}{2} \qquad (11.212)$$

y los mínimos:

$$z_m = \frac{\theta_L}{\pi} \frac{\lambda}{4} \pm \left(\frac{\lambda}{4} + n \frac{\lambda}{2}\right) \qquad (11.213)$$

Los valores máximos y mínimos relativos, de la corriente en la línea, serán:

$$|I|_M = \frac{V^+}{Z_0} e^{\alpha z'_M} (1 + |\rho_L| e^{-2\alpha z'_M}) \qquad (11.214)$$

e

$$|I|_m = \frac{V^+}{Z_0} e^{\alpha z_m'} (1 - |\rho_L| e^{-2\alpha z_m'}) \tag{11.215}$$

siendo los lugares en que se presentan:

$$z_M' = \frac{\theta_L}{\pi} \frac{\lambda}{4} \pm \left(\frac{\lambda}{4} + n \frac{\lambda}{2} \right) \tag{11.216}$$

y

$$z_m' = \frac{\theta_L}{\pi} \frac{\lambda}{4} \pm n \frac{\lambda}{2} \tag{11.217}$$

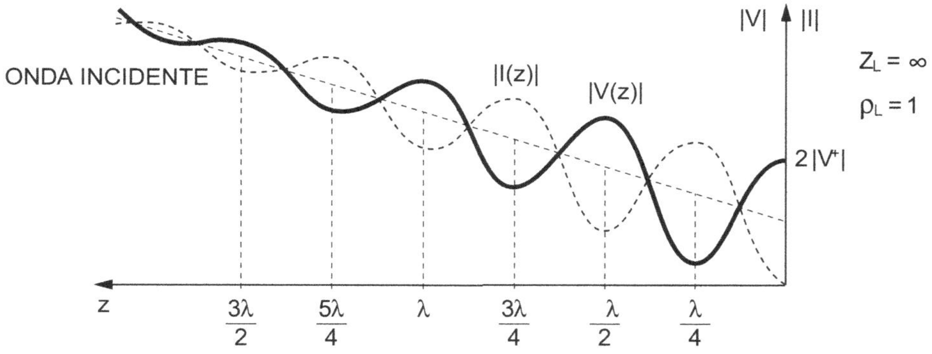

Figura 11.27

Las relaciones anteriores indican que los máximos de tensión coinciden con los mínimos de corriente y viceversa, siendo la distancia entre dos máximos consecutivos λ/2 y entre un máximo y un mínimo λ/4.

En la Figura 11.27 está representada la variación del módulo de la tensión y de la corriente en una línea con pérdidas y con la salida en circuito abierto ($Z_L = \infty$).

11.6.2.4 IMPEDANCIA EN LA LÍNEA

La impedancia que presenta la línea en cualquiera de sus puntos, vista hacia la carga, viene dada por el cociente entre el voltaje y la corriente en dicho punto.

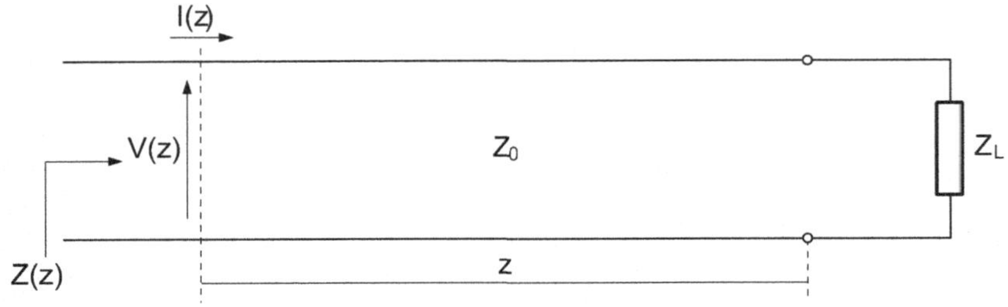

Figura 11.28

En la Figura 11.28, la impedancia Z(z) deducida de las ecuaciones (11.209) es:

$$Z(z) = \frac{V(z)}{I(z)} = Z_0 \frac{1 + \rho_L e^{-2\gamma z}}{1 - \rho_L e^{-2\gamma z}} \tag{11.218}$$

en la que sustituyendo el valor de ρ_L dado en (11.202) resulta:

$$Z(z) = Z_0 \frac{Z_L \, Ch\gamma z + Z_0 \, Sh\gamma z}{Z_0 \, Ch\gamma z + Z_L \, Sh\gamma z} \tag{11.219}$$

Puede observarse que si $Z_L = Z_0$, la línea está adaptada siendo en cualquier punto de la misma $Z(z) = Z_0$.

11.6.2.5 POTENCIA EN LA LÍNEA

La potencia transmitida en la línea es:

$$P_T = \frac{1}{2} V(z) \cdot I(z) \quad (producto\ escalar) \tag{11.220}$$

Sustituyendo V(z) e I(z) por su valor dado en las expresiones (11.209) se obtiene:

$$P_T = \frac{|V^+|^2}{2 Z_0} e^{2\alpha z} (1 - |\rho_L|^2 e^{-4\alpha z}) \tag{11.221}$$

Si en la expresión anterior hacemos $\rho_L = 0$ (línea adaptada), la potencia transmitida por la línea será:

$$P_T(z) = P^+(z) = \frac{|V^+|^2}{2 Z_0} e^{2\alpha z} \tag{11.222}$$

que corresponde a la potencia transmitida por la onda incidente, que es la única existente en este caso.

En general, la expresión (11.221) indica que la potencia transmitida por la línea en cualquiera de sus puntos es la diferencia entre las potencias de las ondas incidente y reflejada, siendo dependiente del punto sobre la línea considerado, es decir:

$$P_T(z) = P^+(z) - P^-(z) \qquad (11.223)$$

siendo la potencia de la onda reflejada:

$$P^-(z) = \frac{|V^-|^2}{2\,Z_0}\, e^{-2\alpha z} = \frac{|V^+|^2\ |\rho_L|^2}{2\,Z_0}\, e^{-2\alpha z} \qquad (11.224)$$

11.7 PÉRDIDAS EN UNA LÍNEA

Las pérdidas introducidas por una determinada línea situada entre un generador y una carga son debidas fundamentalmente a dos factores:

a) Pérdidas producidas en la propia línea, debidas a sus componentes R y G, es decir, debido a que la constante de atenuación α de la línea sea no nula.

b) Pérdidas debidas a la desadaptación de la línea. El efecto de esta desadaptación es el aumentar la constante de atenuación propia de la línea.

Veamos a continuación estos dos factores.

11.7.1 Atenuación de la línea

Sea la línea de la Figura 11.29. Supuesta la línea adaptada ($Z_L = Z_0$), se define la atenuación introducida por la línea de longitud L a la relación:

$$A_L = \frac{1}{2}\, L_n\, \frac{P_0}{P_L} \quad (Np) \qquad (11.225)$$

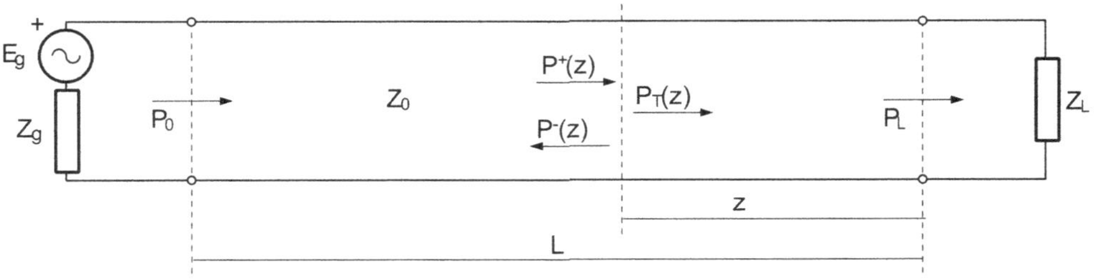

Figura 11.29

siendo P_0 y P_L la potencia recibida por la línea en su entrada y la entregada a la carga, respectivamente.

En el caso de la línea con pérdidas, a partir de (11.221) y con $\rho_L = 0$ tenemos:

$$P_0 = \frac{|V^+|^2}{2\,Z_0}\, e^{2\alpha L} \tag{11.226}$$

y

$$P_L = \frac{|V^+|^2}{2\,Z_0} \tag{11.227}$$

Por lo tanto:

$$A_L = \frac{1}{2}\, L_n\, \frac{P_0}{P_L} = \frac{1}{2}\, L_n\, e^{2\alpha L} = \alpha L \quad (Np) \tag{11.228}$$

es la atenuación de un tramo de línea de longitud L y α es la atenuación por unidad de longitud.

11.7.2 Atenuación por desadaptación

El apartado anterior ha permitido deducir que supuesta la línea adaptada se cumple:

$$e^{2\alpha L} = \frac{P_0}{P_L} \tag{11.229}$$

Sin embargo, si la línea no está adaptada, podemos definir una nueva constante de atenuación de la misma, α' tal que:

$$e^{2\alpha' L} = \frac{P_0'}{P_L'} \tag{11.230}$$

siendo, en esta ocasión:

$$P_0' = \frac{|V^+|^2}{2\,Z_0}\, e^{2\alpha L}\, (1 - |\rho_L|^2\, e^{-4\alpha L}) \tag{11.231}$$

y

$$P_L' = \frac{|V^+|^2}{2\,Z_0}\, (1 - |\rho_L|^2) \tag{11.232}$$

obtenidas a partir de la relación (11.221), haciendo z = L y z = 0, respectivamente.

Por lo tanto,

$$e^{2\alpha' L} = e^{2\alpha L} \frac{1 - |\rho_L|^2 e^{-4\alpha L}}{1 - |\rho_L|^2} \tag{11.233}$$

para valores de α y α' pequeños, podemos aproximar:

$$e^{2\alpha L} \simeq 1 + 2\alpha L \tag{11.234}$$

y

$$e^{2\alpha' L} \simeq 1 + 2\alpha L \tag{11.235}$$

Por lo que la expresión (11.233) resulta:

$$(1 + 2\alpha L) = (1 + 2\alpha L) \frac{1 - |\rho_L|^2 (1 - 4\alpha L)}{1 - |\rho_L|^2} \tag{11.236}$$

y

$$\alpha = \alpha \frac{1 + |\rho_L|^2 (1 + 4\alpha L)}{1 - |\rho_L|^2} \tag{11.237}$$

Puede observarse que si la línea está adaptada, α = α'; pero cuando la línea no lo está ($|\rho_L| > 0$), se tiene α' > α.

En cualquier caso, si la línea es sin pérdidas, la atenuación de la misma es siempre nula, cualquiera que sea su carga.

11.8 DISTORSIÓN

En nuestro estudio de líneas, hemos supuesto que sobre ellas se transmiten señales de una frecuencia única, por lo que el problema de la posible distorsión introducida por las líneas no tiene relevancia en estos casos. Sin embargo, las líneas se utilizan normalmente como sistemas de transmisión de información, lo cual comporta que sobre ellas se transmitirán señales de frecuencias múltiples, en cuyo caso el problema de la distorsión tiene suma importancia.

En primera instancia, podemos decir que la distorsión es debida a dos factores:

a) Distorsión debida a la propia línea, dependiendo del valor de su función de propagación γ.

b) Distorsión debida a la desadaptación de la línea y, como consecuencia, de la reflexión que en ella se produce.

11.8.1 Distorsión debida a la línea

Consideremos la línea de la Figura 11.30, que está adaptada, por lo que existe sólo onda incidente.

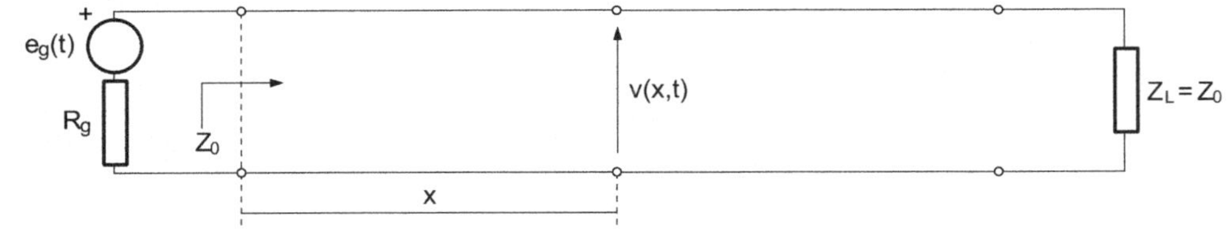

Figura 11.30

Supongamos además que el generador que excita la línea está formado por un conjunto de frecuencias:

$$e_g(t) = \sum_{i=1}^{n} E_{0i}\ sen\ \omega_i t \tag{11.238}$$

Como ya se ha visto, la tensión en la línea sufre una atenuación y al mismo tiempo un retardo, por lo que la tensión en cualquier punto de la misma será:

$$v(x,t) = \sum_{i=1}^{n} E_{0i}\ e^{-\alpha_i x}\ sen(\omega_i t - \beta_i x) = \sum_{i=1}^{n} E_{0i}\ e^{-\alpha_i x}\ sen\ \omega_i (t - \tau_i) \tag{11.239}$$

siendo:

$$\tau_i = \frac{\beta_i}{\omega_i} x \tag{11.240}$$

el retardo sufrido por la componente de pulsación ω_i. Si esta señal debe propagarse sobre la línea, sin distorsión, su forma debe permanecer inalterada mientras la onda avanza sobre la línea. Esto significa que deben conservarse las amplitudes relativas de las diversas componentes y que éstas deben experimentar el mismo retardo. Por ello, la señal se transmitirá a lo largo de la línea sin distorsión si α_i y τ_i tienen los mismos valores para todas las frecuencias componentes.

Si α_i no es constante dentro de la banda de frecuencias que componen la señal, se produce una distorsión, denominada *distorsión de frecuencia*, experimentando las diversas componentes de frecuencias, atenuaciones diferentes.

Si cada una de las frecuencias componentes sufre retardos distintos, se dice que existe *distorsión de retardo*, evitándose ésta usando igualadores de fase.

En una determinada línea, no existirá distorsión de retardo si la velocidad de grupo en la línea es constante dentro de la banda ocupada por la señal que se transmite por la línea.

11.8.1.1 LÍNEAS SIN DISTORSIÓN

Estas líneas deben tener unos parámetros primarios, tales que, la constante de atenuación debe ser independiente de la frecuencia para eliminar la distorsión de frecuencia y la velocidad de grupo, constante para eliminar la distorsión de retardo.

Veamos las condiciones que debe cumplir la línea para eliminar la distorsión de frecuencia. Para ello haremos uso de la relación (11.106).

A partir de aquélla, se observa que en las líneas sin pérdidas, R = G = 0, no existiendo en estas líneas ninguno de los tipos de distorsión estudiados. Descartando esta posibilidad, para que la relación (11.106) sea independiente de ω, podemos hacer:

$$\sqrt{(R\,G - \omega^2 L\,C)^2 + \omega^2 (L\,G + R\,C)^2} = a + \omega^2\,L\,C \tag{11.241}$$

donde **a** es una constante a determinar.

Elevando al cuadrado la relación (11.241), obtenemos:

$$(R\,G - \omega^2 L\,C)^2 + \omega^2 (L\,G + R\,C)^2 = a^2 + \omega^4 L^2 C^2 + 2a\,\omega^2 L\,C \tag{11.242}$$

y

$$(R\,G)^2 + \omega^2 [(L\,G)^2 + (R\,C)^2] = a^2 + 2a\,\omega^2 L\,C \tag{11.243}$$

esta igualdad dede ser independiente de la frecuencia, por lo que debe cumplirse:

$$\begin{aligned} R\,G &= a \\ (L\,G)^2 + (R\,C)^2 &= 2a\,L\,C \end{aligned} \tag{11.244}$$

combinando estas ecuaciones, se obtiene:

$$(L\,G)^2 + (R\,C)^2 - 2\,L\,C\,R\,G = 0 \tag{11.245}$$

y

$$(L\,G - R\,C)^2 = 0 \tag{11.246}$$

es decir:

$$\frac{L}{C} = \frac{R}{G} \tag{11.247}$$

que es la denominada condición de Heaviside.

La introducción de la relación (11.247) en (11.106) permite deducir:

$$\alpha = \sqrt{R\,G} = R\sqrt{\frac{C}{L}} \tag{11.248}$$

que es independiente de la frecuencia, no existiendo por lo tanto distorsión de frecuencia.

Sustituyendo (11.247) en (11.107), obtenemos:

$$\beta = \omega\sqrt{L\,C} \tag{11.249}$$

y

$$Z_0 = \sqrt{\frac{R + j\omega L}{G + j\omega C}} = \sqrt{\frac{R}{G}}\sqrt{\frac{1 + j\dfrac{\omega L}{R}}{1 + j\dfrac{\omega C}{G}}} = \sqrt{\frac{R}{G}} = \sqrt{\frac{L}{C}} \tag{11.250}$$

siendo como se observa real.

La velocidad de grupo es:

$$v_g = \frac{d\omega}{d\beta} = \frac{1}{\sqrt{L\,C}} \tag{11.251}$$

también independiente de la frecuencia, no existiendo distorsión de retardo.

Por todo ello, cuando una línea de estas características esté cerrada por su impedancia característica y alimentada por un generador de impedancia interna resistiva pura, no existirá ninguno de los diversos tipos de distorsión analizados.

11.8.1.2 LÍNEAS DE BAJA DISTORSIÓN

En estas líneas, los parámetros primarios cumplen las condiciones ya estudiadas en las líneas de bajas pérdidas, por lo que se remite al lector al apartado correspondiente.

Así, las relaciones (11.190) y (11.193) permiten deducir que la velocidad de grupo y la atenuación en la línea son aproximadamente independientes de la frecuencia.

La relación (11.195) indica, además, que la impedancia característica puede suponerse resistiva pura.

En cualquier caso, tanto en estas líneas como en las desprovistas de distorsión, debemos tener presente que los parámetros primarios R, L, C y G han sido supuestos constantes. En realidad, debido al efecto pelicular, estos parámetros varían con la frecuencia, por lo que estas líneas ofrecerán una pequeña distorsión debido a este factor.

11.8.1.3 DISTORSIÓN POR DESADAPTACIÓN

La existencia de reflexión o desadaptación en la línea produce sobre la misma dos tipos de distorsión: de frecuencia y de retardo.

En efecto, si la línea no está adaptada, las expresiones (11.169) y (11.219) indican que la impedancia de entrada de la misma (y que presenta al generador) depende de la frecuencia. En consecuencia, la potencia entregada por el generador a la línea, y por lo tanto la entregada por ésta a la carga, será también función de la frecuencia, produciéndose una distorsión de frecuencia.

Por otro lado, la reflexión da lugar a distorsión de retardo o ecos, sobre todo si la velocidad de fase o grupo sobre la línea es relativamente pequeña y la longitud de ésta suficientemente grande. En efecto, la onda reflejada retorna al punto de partida de la onda incidente un cierto tiempo después de haberlo dejado ésta por primera vez. Si este tiempo es grande, se produce una distorsión apreciable a modo de eco. Esto es fácilmente apreciable cuando sobre la línea se transmiten fotografías o señales de TV, produciéndose el fenómeno denominado "doble imagen".

Ambas distorsiones son tanto mayores cuanto más larga sea la línea y más baja la atenuación.

11.9 RÉGIMEN TRANSITORIO EN LÍNEAS DE TRANSMISIÓN

Sea la línea de la Figura 11.31, supuesta sin pérdidas (se ha omitido la excitación aplicada en el origen de la misma, pues de momento no es importante).

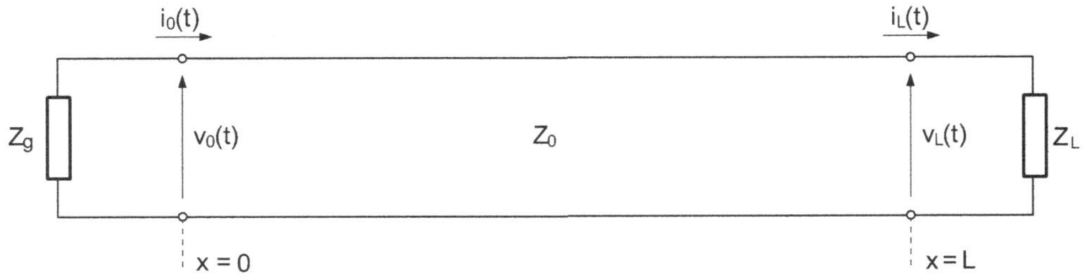

Figura 11.31

Los coeficientes de reflexión en los extremos de la línea con Z_L y Z_g resistivas son:

$$\rho(x = L) = \rho_L = \frac{Z_L - Z_0}{Z_L + Z_0} \tag{11.252}$$

y

$$\rho(x = 0) = \rho_g = \frac{Z_g - Z_0}{Z_g + Z_0} \tag{11.253}$$

Supongamos, además, que la línea se encuentra en régimen permanente y que en t = 0 se produce una perturbación en la línea (por ejemplo, en su origen).

Se producirá entonces sobre la línea una onda de perturbación, con sus dos componentes tensión y corriente, de valores:

$$\begin{aligned} v_1 &= v_0(t = 0^+) - v_0(t = 0^-) \\ i_1 &= i_0(t = 0^+) - i_0(t = 0^-) \end{aligned} \tag{11.254}$$

siendo v_1 e i_1 la tensión y la corriente de perturbación producidas en el origen de la línea. Esta onda inicia su recorrido de la línea en $t = 0^+$ y en cualquier punto de la línea el cociente entre la tensión y la corriente de esta onda es igual a la impedancia característica de la línea. Por supuesto, esta relación es válida también en el origen, es decir:

$$\frac{v_1}{i_1} = \frac{v_0(0^+) - v_0(0^-)}{i_0(0^+) - i_0(0^-)} = Z_0 \tag{11.255}$$

La onda de perturbación alcanza el final de la línea (x = L) en el tiempo $t = t_d$, con:

$$t_d = \frac{L}{v_p} \tag{11.256}$$

siendo v_p la velocidad de propagación de la onda.

Al llegar a la carga se produce una onda de tensión reflejada:

$$v_2 = \rho_L \, v_1 \tag{11.257}$$

y otra de corriente:

$$i_2 = -\rho_L \, i_1 = -\rho_L \frac{v_1}{Z_0} \tag{11.258}$$

que inicia su retroceso en $t = t_d^+$.

En $t = 2t_d$, esta primera reflexión llega a la entrada de la línea. Si la impedancia resistiva del generador es distinta de la característica de la línea, existirá una nueva onda reflejada de tensión:

$$v_3 = \rho_g \, v_2 \tag{11.259}$$

y otra de corriente:

$$i_3 = -\rho_g \, i_2 = -\rho_g \, \frac{v_2}{Z_0} \tag{11.260}$$

que inician su recorrido en $t = 2t_d^+$.

Esta tercera onda es la reflexión de la segunda onda reflejada, que a su vez provocará una nueva reflexión, de tensión v_4 y corriente i_4, y así sucesivamente.

Esta sucesión de reflexiones está indicada en los diagramas de la Figura 11.32a y 11.32b, para las tensiones y las corrientes.

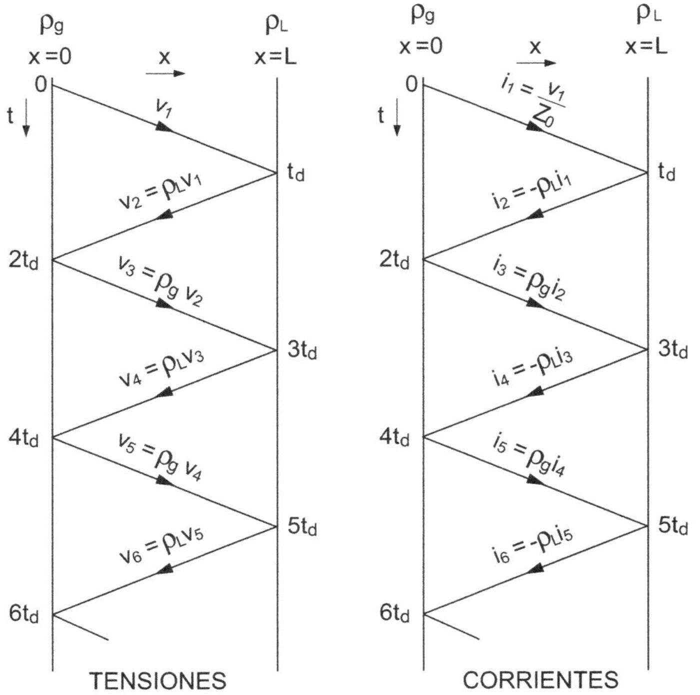

Figura 11.32

La tensión o la corriente resultante en cualquier punto de la línea es la suma algebráica de todas las componentes de reflexión individuales a las que habrá que sumar la tensión o la corriente existentes en la línea para t = 0 seg. Por ejemplo, para x = 0, en el tiempo $t = 4t_d^-$ la tensión será la suma de v_1 (que se inicia en $t = 0^+$), v_2 (que se inicia en t_d^+), v_3 (que se inicia en $t = 2t_d^+$) y v_4 (que se inicia en $t = 3t_d^+$) más la posible señal existente en ese punto de la línea en $t = 0^-$ seg. Es decir:

$$v(x,t) = v(0,4t_d^-) = v_1 + v_2 + v_3 + v_4 + v_x(0^-) \quad (11.261)$$

Si la perturbación producida en la línea es la aplicación de un generador de pulsos, la onda resultante es en escalera, con escalones ascendentes y descendentes. En el extremo emisor, los escalones comienzan en los instantes 0, $2t_d$, $4t_d$... y en el extremo receptor en t_d, $3t_d$, $5t_d$...

Cuando la perturbación es un pulso (cuya anchura es $t_p < 2t_d$) la salida será un tren de pulsos. En x = 0, el pulso que se inicia en $t = 4t_d$ será igual a $v_4 + v_5$. Esto es consecuencia de que las ondas v_1, v_2 y v_3 son todas cero para $t > 4t_d$ puesto que $t_p < 2t_d$, siendo posible que algunos pulsos vengan invertidos.

Puede suceder que las impedancias de terminación de la línea tengan componente reactiva, en cuyo caso el coeficiente de reflexión en la carga vendrá dado en el dominio de la variable **s** de Laplace. Así, tendremos:

$$\rho_L(s) = \frac{Z_R(s) - Z_0}{Z_R(s) + Z_0} \quad (11.262)$$

$$\rho_g(s) = \frac{Z_g(s) - Z_0}{Z_g(s) + Z_0} \quad (11.263)$$

Si $V_1(s)$ es la transformada de Laplace de la primera onda que avanza sobre la línea, la onda reflejada en la carga y que se inicia en $t = t_d^+$ es la transformada inversa de $\rho_L(s)\, V_1(s)$, y así sucesivamente. El diagrama de reflexión de la Figura 11.32 seguirá siendo válido, siempre que ρ_L, ρ_g y las tensiones y corrientes se escriban como funciones de **s** y se halle la transformada inversa para obtener las ondas en el dominio del tiempo.

Por último, si la línea tiene pérdidas ($\alpha \neq 0$), se tiene en cuenta en el diagrama de reflexión multiplicando la amplitud de cada pulso por $e^{-\alpha z}$, siendo **z** la distancia recorrida por él.

11.10 ADAPTACIÓN DE IMPEDANCIAS

En apartados anteriores se ha estudiado que cuando una línea está terminada por una impedancia distinta de su impedancia característica, se produce sobre la misma una onda reflejada. Lo mismo ocurre en la unión de dos líneas de impedancias características diferentes y en general siempre que se produzca una discontinuidad en la línea.

Como se ha visto en el apartado 11.8.1.3, la existencia de la onda reflejada provoca la aparición de distorsión de frecuencia y de retardo.

Además, otro efecto importante en la línea es el referido a la tensión de ruptura (V_{rup}), tensión que no se debe superar en ningún punto de la misma. En efecto, la existencia de reflexión en una línea provoca la aparición en ésta de una onda estacionaria, con la aparición de unos máximos de tensión sobre la línea. Deberá cumplirse pues que:

$$|V|_M = |V^+| \, (1 + |\rho_L|) \leq V_{rup} \tag{11.264}$$

Por lo que:

$$|V^+| \leq \frac{V_{rup}}{(1 + |\rho_L|)} \tag{11.265}$$

La potencia transmitida por la línea, supuesta sin pérdidas, es:

$$P_T = \frac{|V^+|^2}{2\,Z_0} \, (1 - |\rho_L|^2) \tag{11.266}$$

Por ello:

$$|V^+|^2 = \frac{2Z_0 \, P_T}{1 - |\rho_L|^2} \leq \frac{V_{rup}^2}{(1 + |\rho_L|)^2} \tag{11.267}$$

y

$$P_T \leq \frac{V_{rup}^2}{2Z_0} \, \frac{1 - |\rho_L|^2}{(1 + |\rho_L|)^2} \tag{11.268}$$

En una línea de transmisión, para un determinado valor de V_{rup}, si se pretende transmitir la mayor potencia posible, debemos hacer $|\rho_L| = 0$, como se desprende de la ecuación anterior.

Por otro lado, consideremos la línea de la Figura 11.33, encargada de transmitir la señal desde el generador a una carga Z_L.

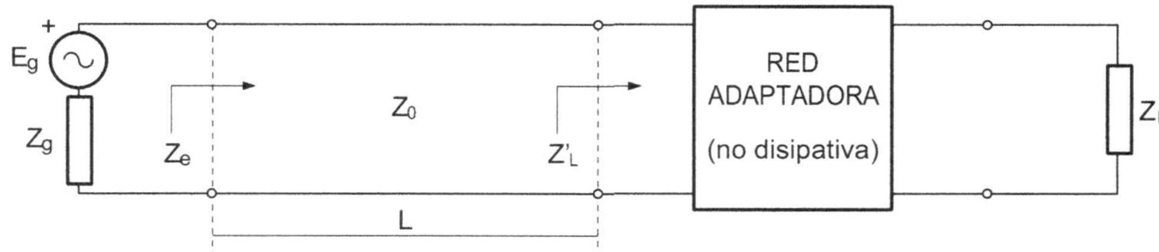

Figura 11.33

Supongamos en principio que la impedancia del generador es distinta de la impedancia característica de la línea ($Z_g \neq Z_0$). En esta situación debemos distinguir dos casos:

a) Que el generador entregue la máxima potencia a la entrada de la línea, de tal forma que si la línea es sin pérdidas, la potencia recibida por la carga también es máxima.

Para conseguirlo, será necesario insertar una red adaptadora como se muestra en la Figura 11.33, de tal forma que convierta la impedancia Z_L en Z'_L y que finalmente, la impedancia de entrada de la línea de longitud L (cargada con Z'_L) sea $Z_e = Z_g^*$, con lo que el generador entrega la máxima potencia a expensas de que en la línea exista onda reflejada, ya que $Z'_L \neq Z_0$. Esto, relativamente admisible en las líneas de transmisión de energía, no lo es en las líneas de transmisión de información por las distorsiones de frecuencia y de retardo que ello produce.

b) Que la línea esté adaptada por lo que la red adaptadora debe presentar una impedancia $Z'_L = Z_0$.

En estas condiciones, $Z_e = Z_0$, por lo que el generador de impedancia $Z_g \neq Z_0$ no entregará la máxima potencia disponible, pero se conseguirá la ausencia de onda reflejada en el tramo de línea de longitud L, con las ventajas de ausencia de distorsiones de frecuencia y retardo que ello comporta.

Afortunadamente, en forma general, $Z_g = Z_0$, por lo que las dos situaciones precedentes pueden ocurrir simultáneamente, suministrando el generador la máxima potencia a una línea donde a la vez no existe onda reflejada.

En cualquier caso, una de las tareas más frecuentes en líneas de transmisión consiste en lograr la adaptación de impedancias, eliminando las posibles reflexiones que se produzcan en la línea y obteniendo el máximo rendimiento de la misma, así como la mínima distorsión.

El diseño de la red adaptadora se puede realizar en forma analítica, lo cual implica una serie de cálculos engorrosos, o en forma gráfica, con el uso de los diagramas o ábacos de Smith, que serán estudiados en los apartados siguientes, los cuales simplifican notablemente los cálculos teóricos.

11.11 DIAGRAMA DE SMITH

Básicamente, el diagrama de Smith es la representación en coordenadas polares del coeficiente de reflexión en cualquier punto de línea. Éste, como se vio en un apartado anterior, es:

$$\rho(z) = \frac{V_r(z)}{V_i(z)} = \frac{V^-}{V^+}\, e^{-2\alpha z}\, e^{-j2\beta z} = \rho_L\, e^{-2\alpha z}\, e^{-j2\beta z} = \\ = |\rho_L|\, e^{-2\alpha z}\, e^{j(\theta_L - 2\beta z)} \tag{11.269}$$

en la que ρ_L es el coeficiente de reflexión en la carga.

$$\rho_L = \frac{V^-}{V^+} = \frac{Z_L - Z_0}{Z_L + Z_0} = |\rho_L|\, e^{j\theta_L} \tag{11.270}$$

Este diagrama por lo tanto está formado por circunferencias concéntricas cuyos radios corresponden al módulo del coeficiente de reflexión y el ángulo corresponde al ángulo de fase de este coeficiente, referido a un punto de la línea, que se toma como origen.

El valor máximo del coeficiente de reflexión es la unidad. Por ello, el lugar geométrico correspondiente a este valor máximo será una circunferencia de radio unidad, siendo todas las demás de radio inferior. Para no complicar excesivamente la representación, se representa sólo la circunferencia correspondiente al módulo unidad. En la Figura 11.34 está indicado lo anteriormente dicho.

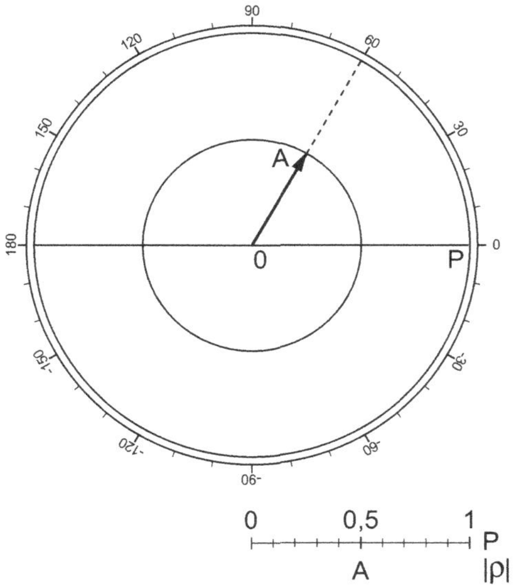

Figura 11.34

En ella, el segmento OP es la unidad y podría estar graduado linealmente para determinar los módulos intermedios. No obstante, los diagramas suelen llevar una escala adicional graduada. Basta llevar el radio correspondiente a cualquier circunferencia, lugar geométrico de un determinado coeficiente de reflexión, sobre dicha escala para obtener el módulo de éste.

La fase del coeficiente de reflexión se lee directamente en una escala exterior graduada, tomando como origen el punto P.

Así, el coeficiente de reflexión correspondiente al segmento OA es $\rho = 0'54 \,|_{60^\circ}$ (su módulo se ha determinado llevando el segmento OA sobre la escala graduada).

Debemos tener presente que la representación polar la la Figura 11.34 ha sido realizada tomando como base los ejes coordenados **u**(real) y **v**(imaginario) que no han sido representados explícitamente.

Suponiendo una línea sin pérdidas ($\alpha = 0$), la relación (11.269) indica que el módulo del coeficiente de reflexión es el mismo en cualquier punto de la línea e igual al existente en la carga, es decir:

$$|\rho(z)| = |\rho_L| \tag{11.271}$$

Por tanto, para una línea sin pérdidas con una determinada impedancia de carga, el lugar geométrico del módulo del coeficiente de reflexión en cualquier punto de la misma será la circunferencia de radio $|\rho_L|$.

Sin embargo, al desplazarnos sobre la línea, la fase del coeficiente de reflexión toma valores:

$$\theta(z) = \theta_L - 2\beta z \tag{11.272}$$

siendo **z** la distancia que separa la carga del punto considerado.

Desplazarnos sobre la línea supone girar un ángulo $2\beta z$ en el sentido negativo (dextrógiro) si el movimiento es de carga al generador (sentido positivo de z); o positivo (levógiro) si el movimiento es de generador a carga (sentido negativo de z).

En cualquier caso, el ángulo girado dependerá de la longitud de línea recorrida. Esta distancia recorrida se normaliza con respecto a la longitud de onda de la línea (λ), viniendo expresada como una fracción de ésta.

Para facilitar todas estas operaciones, el diagrama de Smith dispone de unas escalas exteriores circulares graduadas en longitudes de onda con indicación del sentido de giro.

Puede observarse que un giro de 2π rad. del ángulo de fase corresponde a un desplazamiento sobre la línea de $\lambda/2$.

En efecto, el coeficiente de reflexión en dos puntos separados de la carga z_1 y z_2 respectivamente, tiene una diferencia de fase de 2π rad. si se cumple:

$$\theta_L - 2\beta z_1 - (\theta_L - 2\beta z_2) = \pm\, 2\pi \tag{11.273}$$

es decir:

$$2\beta(z_2 - z_1) = 2\beta\Delta z = \pm\, 2\pi \tag{11.274}$$

por lo que:

$$\Delta z = \pm\, \frac{2\pi}{2\beta} = \pm\, \frac{\lambda}{2} \tag{11.275}$$

de donde se deduce que cada λ/2 se repite la situación en la línea.

Debemos recalcar además que las escalas graduadas (dos, una por cada sentido de recorrido sobre la línea) no indican posiciones absolutas sobre la línea, sino distancias entre puntos de la misma en sentido relativo.

En la Figura 11.35 está representado el diagrama polar del coeficiente de reflexión, añadiéndole las escalas de distancias graduadas.

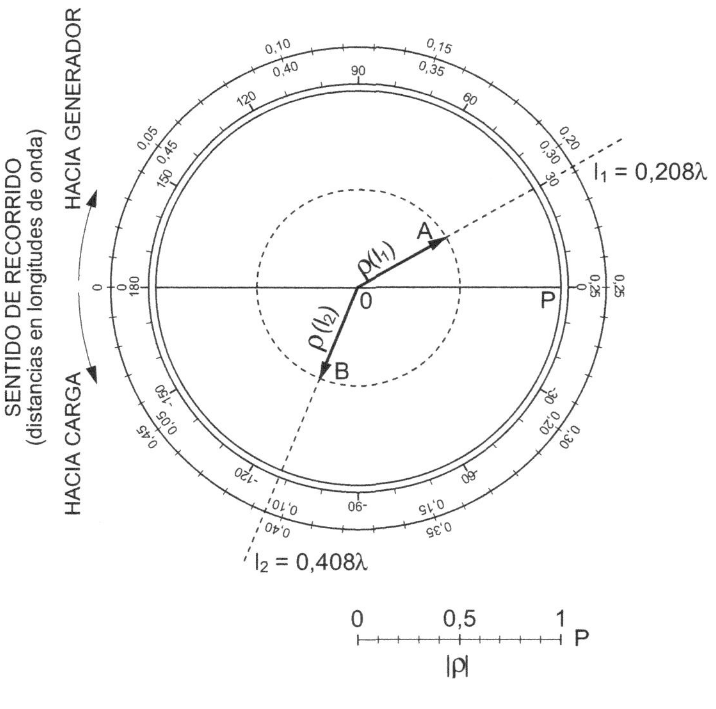

Figura 11.35

Como puede observarse, ambas escalas graduadas en distancias crecen en sentidos opuestos, siendo la suma de los valores indicados por ambas en cualquier punto 0,5 λ.

Como aplicación supongamos un punto de una línea sin pérdidas donde el coeficiente de reflexión es $\rho(\ell_1) = 0{,}54 \underline{|\,30°}$. ¿Cuál será el coeficiente de reflexión en un punto ℓ_2 situado a una distancia 0,2 λ del anterior, en el sentido hacia el generador? Usaremos el diagrama de la Figura 11.35. Bastará girar el vector OA representativo del coeficiente de reflexión ρ (ℓ_1) en el sentido de las agujas del reloj desde la posición relativa que ocupa ($\ell_1 = 0{,}208\ \lambda$) hasta la posición relativa $\ell_2 = \ell_1 + 0{,}2\ \lambda = 0{,}408\ \lambda$, obteniéndose el vector OB, correspondiente al coeficiente de reflexión en el punto ℓ_2, de valor $\rho(\ell_2) = 0{,}54 \underline{|\,-114°}$.

La verdadera utilidad de este diagrama radica en el cálculo de la impedancia en cualquier punto de la línea sin pérdidas, a partir del coeficiente de reflexión en este punto o viceversa, evitando el uso de la relación (11.169) cuyo cálculo resulta en muchas ocasiones engorroso. Para ello, sobre el diagrama indicado en la Figura 11.35, se dibujan dos familias de curvas, que son circunferencias. Estas curvas son los lugares geométricos de resistencia (la parte real de la impedancia de línea) constante y los lugares geométricos de reactancia (parte imaginaria de la impedancia de línea) también constante. La impedancia en cualquier punto de la línea será, por lo tanto, la intersección de ambas curvas.

Para construir estas curvas, las obtendremos primero en forma analítica. Para ello, tendremos en cuenta que:

$$Z(z) = \frac{V(z)}{I(z)} = Z_0 \frac{1 + \rho(z)}{1 - \rho(z)} = R + jX \qquad (11.276)$$

que expresa la relación que existe entre la impedancia en cualquier punto de la línea y el coeficiente de reflexión en dicho punto, y viceversa.

Con el fin de hacer los cálculos posteriores, así como las representaciones gráficas independientes de la impedancia característica de la línea, es común normalizar la impedancia con respecto a la característica.

La impedancia normalizada en un punto de coordenada z es:

$$\overline{Z}(z) = \frac{Z(z)}{Z_0} = \frac{1 + \rho(z)}{1 - \rho(z)} = \frac{R}{Z_0} + j\,\frac{X}{Z_0} = r + jx \qquad (11.277)$$

El coeficiente de reflexión es un vector de coordenadas **u** y **v** (denominando como tales, los ejes de coordenadas sobre los que se ha construido la representación polar), es decir:

$$\rho(z) = u + jv \qquad (11.278)$$

Por lo tanto, se puede escribir:

$$\overline{Z}(z) = r + jx = \frac{1 + (u + jv)}{[1 - (u + jv)]} = \frac{(1 - u^2 - v^2) + j\,2v}{(1 - u)^2 + v^2} \qquad (11.279)$$

y, separando las partes real e imaginaria, obtenemos:

$$r = \frac{1 - u^2 - v^2}{(1 - u)^2 + v^2} \qquad (11.280)$$

Operando resulta:

$$u^2(r + 1) + v^2(r + 1) - 2ur = 1 - r \qquad (11.281)$$

Dividiendo toda la ecuación por (1 + r) se obtiene:

$$v^2 + u^2 - \frac{2ur}{1 + r} = \frac{1 - r}{1 + r} \qquad (11.282)$$

y sumando a ambos miembros de la igualdad el mismo término, tenemos:

$$v^2 + u^2 - \frac{2ur}{1 + r} + \frac{r^2}{(1 + r)^2} = \frac{1 - r}{1 + r} + \frac{r^2}{(1 + r)^2} = \frac{1}{(1 + r)^2} \qquad (11.283)$$

resultando:

$$\left(u - \frac{r}{1 + r}\right)^2 + v^2 = \frac{1}{(1 + r)^2} \qquad (11.284)$$

La ecuación anterior en el sistema de ejes coordenados **u** y **v** representa la ecuación de una circunferencia cuyo radio y coordenadas de su centro son función del parámetro **r** (resistencia normalizada), del cual va a ser su correspondiente lugar geométrico. Las coordenadas del centro son:

$$\left(\frac{r}{1 + r}, 0\right) \qquad (11.285)$$

y el radio:

$$\frac{1}{1 + r} \qquad (11.286)$$

Por otro lado, la parte imaginaria de la impedancia se obtiene de (11.279):

$$x = \frac{2v}{(1 - u)^2 + v^2} \qquad (11.287)$$

de donde se deduce:

$$u^2 + v^2 - 2u - \frac{2v}{x} + 1 = 0 \tag{11.288}$$

sumando a ambos miembros de la igualdad $1/x^2$ se obtiene:

$$u^2 - 2u + 1 + v^2 - \frac{2v}{x} + \frac{1}{x^2} = \frac{1}{x^2} \tag{11.289}$$

resultando:

$$(u - 1)^2 + \left(v - \frac{1}{x}\right)^2 = \frac{1}{x^2} \tag{11.290}$$

que representa la ecuación de una circunferencia de radio:

$$\frac{1}{|x|} \tag{11.291}$$

cuyas coordenadas del centro son:

$$\left(1 , \frac{1}{x}\right) \tag{11.292}$$

Se observa, por lo tanto, que tanto el radio como las coordenadas del centro de la circunferencia son función del parámetro **x** (reactancia normalizada), del cual va a ser su correspondiente lugar geométrico.

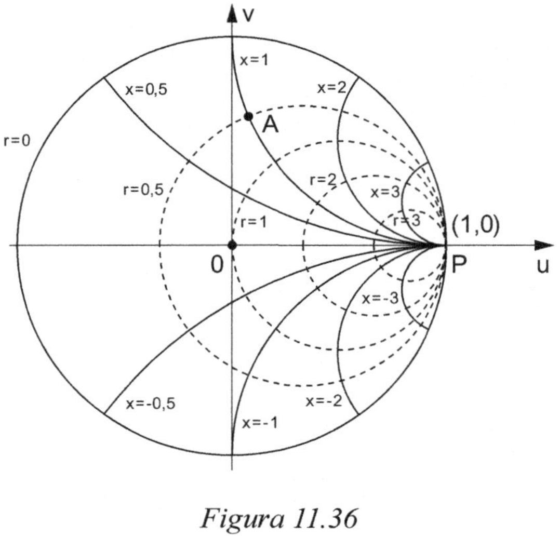

Figura 11.36

Debemos tener presente que mientras **r** es siempre positiva, **x** puede adoptar ambos signos. En la Figura 11.36 se representan las diversas familias de curvas obtenidas, para unos determinados valores **r** y **x**.

Se observa en tales curvas que a medida que **r** aumenta, la circunferencia se va haciendo de radio más pequeño y su centro se va desplazando desde el origen de coordenadas al punto de coordenadas (1, 0) estando siempre sobre el eje **u**. Para **r** = ∞, la circunferencia se reduce al punto de coordenadas (1, 0).

En cuanto a las curvas correspondientes a **x**, éstas son simétricas respecto al eje real, **u**. Para **x** = 0, la circunferencia se hace de radio infinito, coincidiendo con el diámetro del lugar geométrico correspondiente a **r** = 0, situado sobre el eje real. Para **x** = ±∞, la circunferencia se reduce al punto de coordenadas (1, 0).

En las curvas de la Figura 11.36, cualquier impedancia normalizada viene representada por un punto situado en el espacio cerrado por el lugar geométrico correspondiente a **r** = 0.

Así, el punto A de la Figura 11.36, representa la impedancia normalizada $\overline{Z_A} = 0,5 + j$.

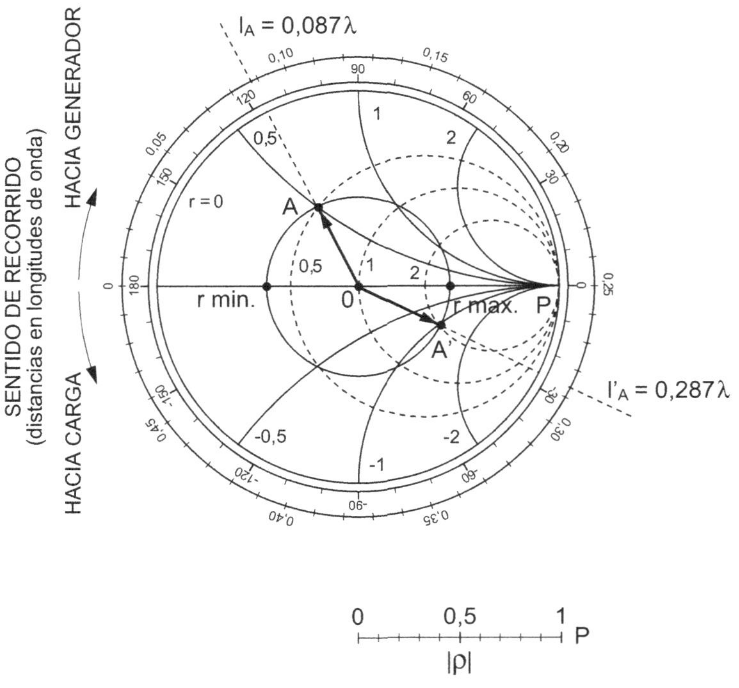

Figura 11.37

Puede observarse, además, que los puntos situados sobre el eje real (x = 0) corresponden a impedancias reales. Así mismo, el origen de coordenadas o centro del diagrama representa la impedancia característica (impedancia normalizada en dicho punto (Z = 1 + j0)).

En la Figura 11.36, la circunferencia de radio unidad y centro en el origen de coordenadas correspondiente a **r** = 0, coincide con la circunferencia correspondiente al módulo unidad del coeficiente de reflexión, indicada en la Figura 11.35. Ello permite unir o refundir ambas figuras en una sola, obteniendo la indicada en la Figura 11.37 en donde cualquier punto situado en el espacio encerrado por la circunferencia correspondiente a **r** = 0 es indicativo, tanto de la impedancia en ese punto, como del coeficiente de reflexión asociado a aquélla, estando indicada la posición relativa del punto sobre la línea en la escala exterior graduada para distancias.

Así, el punto A del diagrama de la Figura 11.37, correspondiente a una determinada posición en la línea, representa una impedancia normalizada, de valor, siendo el valor del coeficiente de reflexión en ese punto $\rho = 0{,}45 \;|\, 117°$ y la posición relativa que ocupa sobre la línea es $\ell_A = 0{,}087\ \lambda$.

Si deseamos determinar la impedancia en un punto situado a una cierta distancia del anterior (por ejemplo a 0,3 λ en dirección hacia la carga) debemos girar el vector (supuesta una línea sin pérdidas) en el sentido contrario a las agujas del reloj un giro de 0,3λ, ocupando la posición $\ell'_A = 0{,}287\ \lambda$ y pasando a ser el vectoral al que le corresponde una impedancia normalizada y un coeficiente de reflexión de valor $\rho'_A = 0{,}45 \;|\, \text{-}27°$.

En los puntos del semieje real positivo el coeficiente de reflexión tiene fase cero y para la línea sin pérdidas se tiene:

$$\rho(z) = |\rho_L| \; e^{j(\theta_L - 2\beta z)} = |\rho_L| \; e^{j0} = |\rho_L| \tag{11.293}$$

siendo real.

Por lo tanto, en estos puntos, se cumple:

$$\overline{Z} = \frac{1 + \rho(z)}{1 - \rho(z)} = \frac{1 + |\rho_L|}{1 - |\rho_L|} = S \tag{11.294}$$

La expresión anterior permite deducir que el valor de la relación de onda estacionaria S es igual al valor de la impedancia resistiva en la que la circunferencia correspondiente al $|\rho_L|$ corta el eje real positivo.

La impedancia en cualquier punto de la línea es:

$$Z(z) = \frac{V(z)}{I(z)} \tag{11.295}$$

por lo que tomará su valor máximo cuando sea máxima la tensión y mínima la corriente, condiciones que se cumplen simultáneamente en unos determinados puntos de la línea, según se vio al estudiar las ondas estacionarias.

Por lo tanto,

$$|Z|_M = \frac{|V|_M}{|I|_m} = Z_0 \frac{|V^+|(1+|\rho_L|)}{|V^+|(1-|\rho_L|)} = Z_0 \frac{1+|\rho_L|}{1-|\rho_L|} = S Z_0 \qquad (11.296)$$

siendo además una impedancia real, pues la tensión máxima y la corriente mínima están en fase.

Por ello se tiene:

$$|Z|_M = Z_M = Z_0 S \qquad (11.297)$$

y normalizada:

$$\overline{Z_M} = \frac{Z_M}{Z_0} = r_M = S \qquad (11.298)$$

por lo que los puntos del semieje real positivo son puntos de impedancia normalizada real y máxima e igual al coeficiente de onda estacionaria, siendo además puntos donde la tensión es máxima y la corriente mínima, estando ambas en fase.

En los puntos del semieje negativo, se cumple:

$$\rho(z) = |\rho_L| \, e^{j(\theta_L - 2\beta z)} = |\rho_L| \, e^{j\pi} = -|\rho_L| \qquad (11.299)$$

por lo tanto, en estos puntos, se tiene:

$$\overline{Z} = \frac{1+\rho(z)}{1-\rho(z)} = \frac{1-|\rho_L|}{1+|\rho_L|} = \frac{1}{S} \qquad (11.300)$$

La impedancia en la línea tomará su valor mínimo cuando sea mínima la tensión y máxima la corriente, condiciones que se cumplen simultáneamente sobre determinados puntos de la línea, estando ambas magnitudes en fase. Por ello:

$$Z_m = |Z|_m = \frac{|V|_m}{|I|_M} = Z_0 \frac{|V^+|(1-|\rho_L|)}{|V^+|(1+|\rho_L|)} = Z_0 \frac{1-|\rho_L|}{1+|\rho_L|} = \frac{Z_0}{S} \qquad (11.301)$$

en consecuencia:

$$\overline{Z_m} = \frac{Z_m}{Z_0} = r_m = \frac{1}{S} \qquad (11.302)$$

por lo que los puntos del semieje real negativo son lugares de impedancias normalizada real y mínima e igual a la inversa del coeficiente de onda estacionaria, siendo además puntos de tensión mínima y de corriente máxima sobre la línea.

En las Figuras 11.37 y 11.38 se indican sucintamente las situaciones descritas.

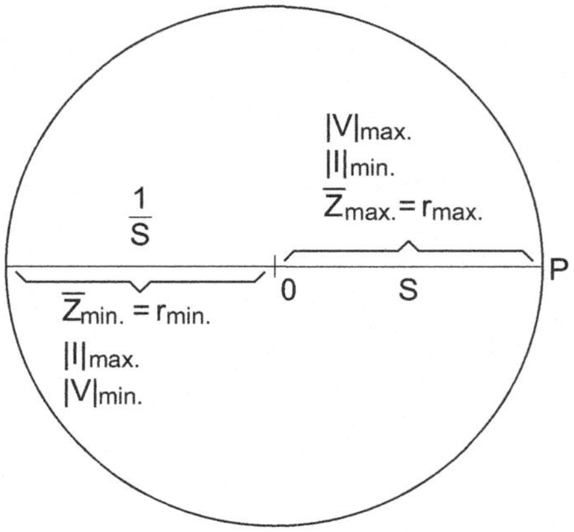

Figura 11.38

Como puede observarse, la distancia sobre la línea que separa ambos conjuntos de situaciones (máximos y mínimos) es λ/4 (medida sobre la escala graduada en distancias) lo cual confirma lo estudiado en el apartado correspondiente a ondas estacionarias.

El diagrama de Smith puede servir también para determinar las admitancias en puntos de una línea, lo cual permitirá resolver multitud de problemas de adaptación e inserción de elementos en paralelo con la misma.

Para ello definiremos la admitancia normalizada en un punto cualquiera de la línea como:

$$\overline{Y}(z) = \frac{Y(z)}{Y_0} = \frac{G + jB}{Y_0} = g + jb \tag{11.303}$$

siendo $Y_0 = 1/Z_0$ la admitancia característica de la línea.

Evidentemente, se cumple que:

$$\overline{Y}(z) = \frac{1}{\overline{Z}(z)} \tag{11.304}$$

e

$$\overline{Y} = g + jb = \frac{1}{\overline{Z}(z)} = \frac{1}{r + jx} = \frac{r}{r^2 + x^2} - j\frac{x}{r^2 + x^2} \tag{11.305}$$

Sobre el diagrama de Smith existen dos familias de curvas, que son circunferencias. Estas curvas son los lugares geométricos de conductancia (parte real de la admitancia de línea) constante y los lugares geométricos de susceptancia (parte imaginaria de la admitancia de línea) también constante.

Para determinar estas curvas o lugares geométricos, usaremos el coeficiente de reflexión para corrientes ρ_i ya definido en un apartado anterior. En efecto, la admitancia en cualquier punto de la línea puede expresarse en función de este coeficiente de reflexión. Así tenemos:

$$Y(z) = \frac{1}{Z(z)} = \frac{1}{Z_0}\frac{1+\rho_i(z)}{1-\rho_i(z)} = Y_0\frac{1+\rho_i(z)}{1-\rho_i(z)} \qquad (11.306)$$

y normalizada:

$$\overline{Y}(z) = \frac{Y(z)}{Y_0} = \frac{1+\rho_i(z)}{1-\rho_i(z)} = g + jb \qquad (11.307)$$

El coeficiente de reflexión $\rho_i(z)$ es un vector de coordenadas **u** y **v** representado en forma polar. Por tanto, la ecuación (11.307) resulta:

$$g + jb = \frac{1+(u+jv)}{1-(u+jv)} \qquad (11.308)$$

ecuación formalmente idéntica a la expresión (11.279), intercambiando **r** por **g** y **x** por **b**.

Por lo tanto, los lugares geométricos de **r** (componente resistiva) y **g** (componente conductiva) son idénticos entre sí, así como los lugares geométricos de **x** (componente reactiva) y **b** (componente de susceptancia) también son idénticos entre ellos. Lo único a tener presente es que si operamos con el coeficiente de reflexión para voltajes, los lugares geométricos son para **r** y **x** constantes, mientras que si lo hacemos con el coeficiente de reflexión para admitancias los lugares correspondientes son de **g** y **b** constantes.

Sin embargo, en un determinado problema, podemos pasar de uno a otro de estos coeficientes de reflexión, pasando de impedancias a admitancias y viceversa, sin más que tomar el vector diametralmente opuesto a aquel que estábamos tomando como coeficiente de reflexión. Así, en la Figura 11.39, dado el punto A que corresponde a una impedancia (y, por lo tanto, el vector $\overline{OA}$ es el coeficiente de reflexión $\rho(z)$), basta tomar su simétrico respecto al centro del diagrama sobre el círculo de $|\rho|$ constante que pasa por A, obteniendo el punto A', para leer directamente la admitancia y viceversa (el vector $\overline{OA'}$ es el coeficiente de reflexión $\rho_i(z)$).

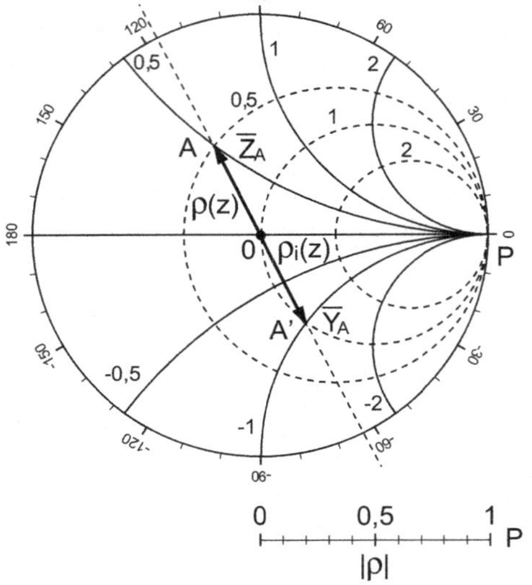

Figura 11.39

Por lo tanto, en el diagrama de la Figura 11.39, se obtiene:

$$\bar{Z}_A = 0'5 + j\,0'5$$

$$\rho_A = 0'45 \;\lfloor 116'5°$$

y la correspondiente admitancia y coeficiente de reflexión:

$$\bar{Y}_A = 1 - j$$

$$\rho_{iA} = 0'45 \;\lfloor -63'5°$$

En los puntos del semieje real positivo, se cumple para una línea sin pérdidas que:

$$\rho_i(z) = |\rho_{L,i}|\; e^{j(\varphi_L - 2\beta z)} = |\rho_{L,i}|\; e^{j0} = |\rho_{L,i}| = |\rho_L| \qquad (11.309)$$

siendo real.

Por lo tanto, en estos puntos se obtiene:

$$\bar{Y} = \frac{1 + \rho_i(z)}{1 - \rho_i(z)} = \frac{1 + |\rho_L|}{1 - |\rho_L|} = S \qquad (11.310)$$

La expresión (11.310) permite deducir que el valor de S correspondiente a un determinado valor de $|\rho_L| = |\rho_{i,L}|$ es igual al valor de **g** por el cual la circunferencia correspondiente al $|\rho_L|$ corta al eje real positivo.

La admitancia en cualquier punto de la línea es:

$$Y(z) = \frac{I(z)}{V(z)} \tag{11.311}$$

por lo que tomará su valor máximo cuando sea máxima la corriente y mínima la tensión, condiciones que se cumplen simultáneamente en unos determinados puntos de la línea.

Por lo tanto:

$$|Y|_M = \frac{|I|_M}{|V|_m} = Y_0 \frac{|V^+|\ (1 + |\rho_L|)}{|V^+|\ (1 - |\rho_L|)} = S\,Y_0 \tag{11.312}$$

siendo además una admitancia real pues la tensión mínima y la corriente máxima están en fase.

Por ello:

$$|Y|_M = Y_M = Y_0\,S \tag{11.313}$$

y normalizada:

$$\bar{Y}_M = \frac{Y_M}{Y_0} = g_M = S \tag{11.314}$$

por lo que los puntos del semieje real positivo son puntos de admitancia normalizada real y máxima e igual al coeficiente de onda estacionaria, siendo además puntos donde la corriente es máxima y la tensión mínima.

En los puntos del semieje real negativo, se cumple:

$$\rho_i(z) = |\rho_{i,L}|\ e^{j(\varphi_L - 2\beta z)} = |\rho_{i,L}|\ e^{j\pi} = -\,|\rho_{i,L}| = -\,|\rho_L| \tag{11.315}$$

por lo tanto, en estos puntos se tiene:

$$\bar{Y} = \frac{1 + \rho_i(z)}{1 - \rho_i(z)} = \frac{1 - |\rho_L|}{1 + |\rho_L|} = \frac{1}{S} \tag{11.316}$$

La admitancia de la línea tomará su valor mínimo cuando la corriente sea mínima y la tensión máxima, condiciones que se cumplen simultáneamente sobre determinados lugares de la línea, estando ambas magnitudes en fase.

Por ello:

$$Y_m = |Y|_m = \frac{|I|_m}{|V|_M} = Y_0 \; |V^+| \; \frac{1 - |\rho_L|}{1 - |\rho_L|} = Y_0 \; \frac{1 - |\rho_L|}{1 - |\rho_L|} = \frac{Y_0}{S} \qquad (11.317)$$

en consecuencia:

$$\bar{Y}_m = \frac{Y_m}{Y_0} = g_m = \frac{1}{S} \qquad (11.318)$$

por lo que los puntos del semieje real negativo son lugares de admitancia normalizada real y mínima e igual a la inversa del coeficiente de onda estacionaria, siendo además puntos de tensión máxima y de corriente mínima sobre la línea.

En la Figura 11.40 se indican las situaciones descritas.

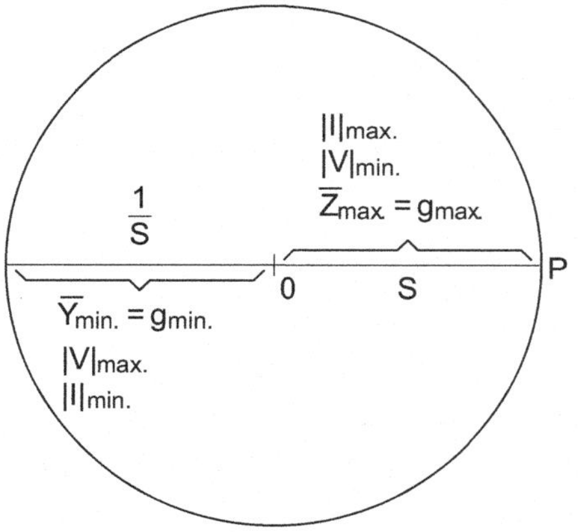

Figura 11.40

El diagrama de Smith se completa con una serie de escalas auxiliares. Estas escalas están relacionadas entre sí a través del módulo del coeficiente de reflexión e indican lo siguiente:

- ✓ Coeficiente de reflexión (vol). Representa $|\rho|$ en una escala lineal.
- ✓ Coeficiente de reflexión (en dB). Representa el valor:

$$- 10 \log |\rho| \tag{11.319}$$

- ✓ Coeficiente de reflexión (PWR). Representa $|\rho|^2$ en una escala lineal.
- ✓ Pérdidas de retorno, expresadas en dB. Representa el valor:

$$A_r = 10 \log \frac{P^+}{P^-} = 10 \log |\rho|^2 \; dB \tag{11.320}$$

- ✓ Pérdidas de reflexión, expresadas en dB. Representa el valor:

$$P_r = 10 \log \frac{P^+}{P^+ - P^-} = 10 \log \frac{1}{1 - |\rho|^2} \; dB \tag{11.321}$$

- ✓ Coeficiente o relación de onda estacionaria (vol). Representa el valor de S en una escala lineal.
- ✓ Coeficiente o relación de onda estacionaria (en dB). Representa el valor:

$$20 \log S = 20 \log \frac{1 + |\rho|}{1 - |\rho|} \; dB \tag{11.322}$$

- ✓ Pérdidas por transmisión (pasos de 1 dB). Utilizable en líneas con pérdidas, determina el efecto que sobre el módulo del coeficiente de reflexión tiene la atenuación de la línea, como se verá en un ejemplo posterior.

Como se observa, todas las escalas están relacionadas con el módulo del coeficiente de reflexión, por lo que para determinar el valor correspondiente de la magnitud que representan, se llevará sobre ellas el módulo del coeficiente de reflexión, a partir del punto denominado CENTRO. En la Figura 11.41 se representa el diagrama de Smith completo, al que se le han añadido algunas de las escalas auxiliares comentadas anteriormente.

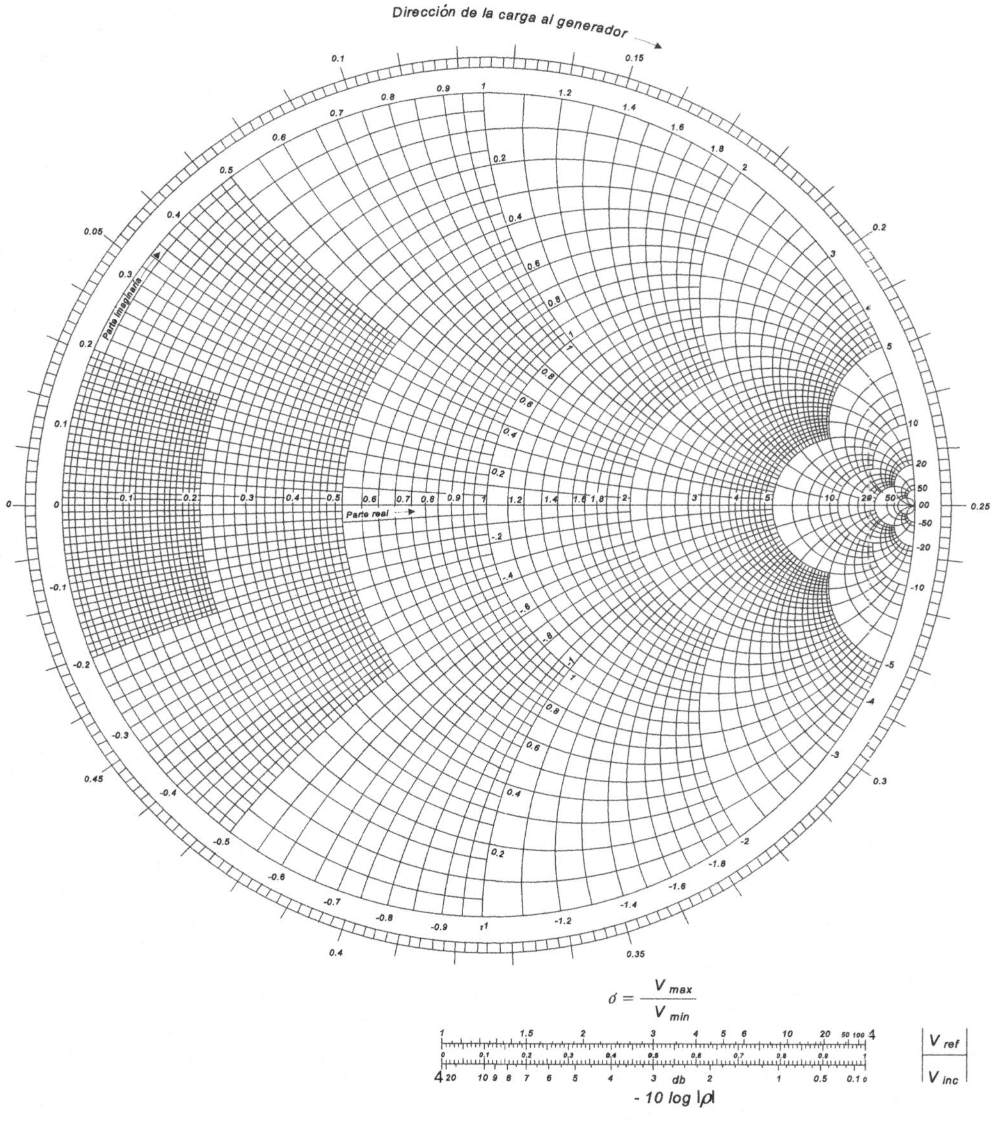

Figura 11.41

11.11.1 Aplicaciones del diagrama de Smith a las líneas sin pérdidas

Algunas de las aplicaciones más interesantes del diagrama de Smith para impedancias y admitancias para líneas sin pérdidas son:

a) Determinación de la longitud de una línea cortocircuitada, dada la reactancia de entrada de la misma.

En este caso, la impedancia de carga es nula y el coeficiente de onda estacionaria es infinito, pues existe reflexión total. Esta carga está representada por el punto P de la Figura 11.42. El círculo correspondiente al coeficiente de reflexión es el más exterior en el diagrama de Smith. Girando el punto P en el sentido de las agujas del reloj, pues el desplazamiento es de la carga al generador, podrá obtenerse la impedancia en cualquier punto de la línea, distante de la carga una longitud ℓ expresada en longitudes de onda.

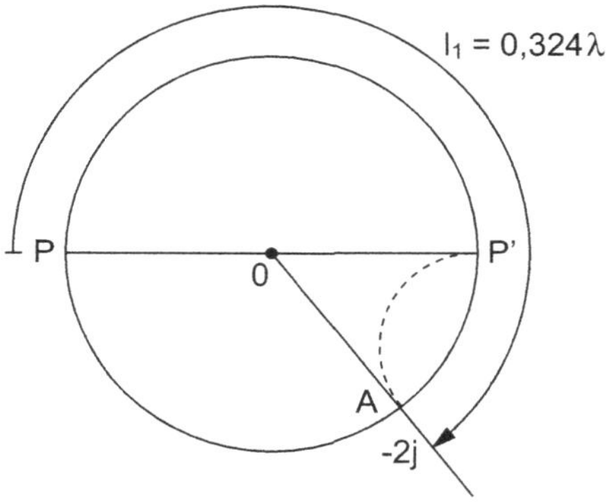

Figura 11.42

Esta impedancia de entrada estará desprovista siempre, de componente resistiva.

EJEMPLO

Una línea de transmisión sin pérdidas tiene una impedancia característica de 300 Ω. Determinar la longitud de una línea cortocircuitada, operando a una frecuencia de 100 MHz. que proporciona una impedancia de entrada de -j 600 Ω.

Para resolver el problema acudimos a la Figura 11.42, la cual se ha extraído del diagrama de Smith. La impedancia normalizada de entrada es $\overline{Z_E} = (140-j280)/140 = 1-j2$ y la carga es el punto P. Moviéndose desde el punto P hasta el círculo correspondiente a -j2, girando en el sentido de las agujas del reloj, obtenemos el punto A después de un desplazamiento de 0,324 λ, que se corresponde con la longitud de la línea cortocircuitada. Conocida la longitud de onda puede obtenerse la longitud física de la línea.

b) Determinación de la longitud de una línea en circuito abierto para conseguir una determinada impedancia de entrada.

El método es similar al anterior, pero ahora la impedancia de carga es infinita, situándose en el punto P' del diagrama de la Figura 11.42.

c) Determinacion de la relación de onda estacionaria para una impedancia de carga dada.

La impedancia de carga normalizada se sitúa en el diagrama de Smith. El círculo con centro en el punto O y de radio la distancia desde O al punto donde está situada la impedancia normalizada de carga es el lugar geométrico del coeficiente de reflexión o relación de onda estacionaria constante. El lugar donde este círculo corta al eje OP' da el valor de la inmitancia (impedancia o admitancia) máxima, coincidiendo ésta como ya se demostró con la relación de onda estacionaria. La impedancia en cualquier punto de la línea se obtiene girando a partir del lugar correspondiente a la carga en el sentido de las agujas del reloj, sobre el lugar geométrico de $|\rho|$ constante, la distancia del punto considerado a la carga, expresada en longitudes de onda.

EJEMPLO

Una línea de $Z_0 = 140\ \Omega$ está cargada por una impedancia de valor $Z_L = 140 - 280j\ \Omega$. Determinar la impedancia de entrada de esta línea (supuesta de longitud 1,3 λ) y la relación de onda estacionaria.

La impedancia de carga normalizada es $\overline{Z_L} = (140\text{–}j280)/140 = 1\text{-}j2$, situada en el punto A del diagrama de la Figura 11.43. El círculo con centro en O y radio OA es el lugar geométrico correspondiente al módulo del coeficiente de reflexión o a la relación de onda estacionaria. Este círculo corta el eje OP' en un lugar geométrico de $r_{max} = 6$, de tal forma que $S = r_{max} = 6$.

El punto A está situado en un lugar de posición relativa 0,313 λ. Añadiendo 1,3 λ obtenemos una posición de valor 1,613 λ que, restándole un número entero de semilongitudes de onda, permite obtener las coordenadas relativas a la entrada de la línea, 0,113 λ. Esto permite obtener el punto B sobre el diagrama, situado sobre el lugar geométrico de $|\rho|$ o S constante.

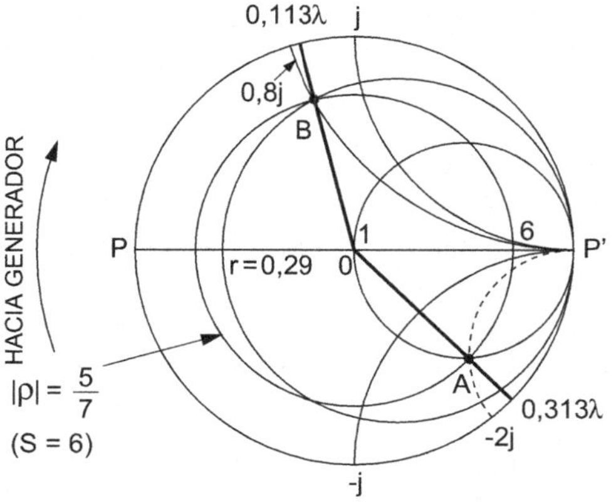

Figura 11.43

En el diagrama se obtiene:

$$\bar{Z}_B = 0'29 + j\,0'8$$

y desnormalizada:

$$Z_B = \bar{Z}_B Z_0 = (0'29 + j\,0'8)\ 140 = 40'6 + j\,112\ \Omega$$

d) Medida de impedancias en muy alta frecuencia.

Una línea sin pérdidas, cuya impedancia característica sea conocida, puede servir para determinar una impedancia desconocida, realizando la medida a muy alta frecuencia.

Para ello, como indica la Figura 11.44, cargaremos la línea con la impedancia desconocida Z_x, excitándola con un generador sinusoidal de alta frecuencia. También se situará sobre la línea un voltímetro (V) que, trasladado sobre la línea, permitirá determinar la tensión en ella para diversos valores de la coordenada z.

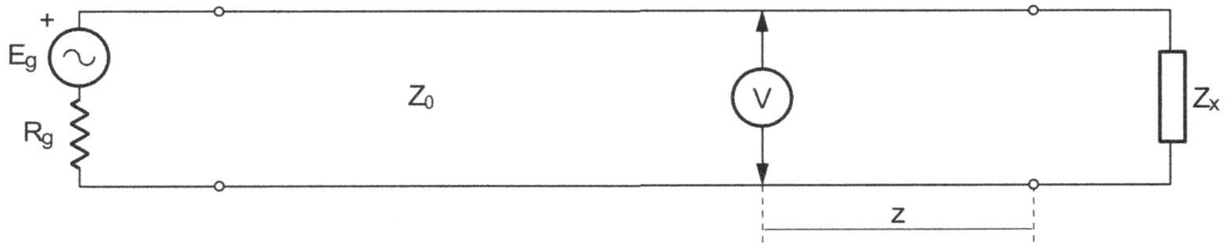

Figura 11.44

Variando la posición del voltímetro y tomando nota de las tensiones por él indicadas, obtenemos la Figura 11.45, donde está representado el módulo de la tensión en la línea en función de la posición sobre la misma.

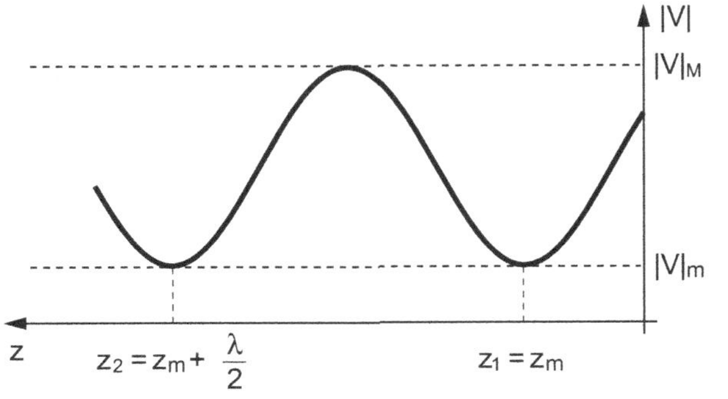

Figura 11.45

Por simple inspección, podemos determinar la distancia que separa el primer mínimo de tensión de la carga, así como la longitud de onda.

$$z_2 - z_1 = \frac{\lambda}{2} \tag{11.323}$$

$$\lambda = 2\,(z_2 - z_1) \tag{11.324}$$

valor conocido determinando las distancias z_1 y z_2.

Además, podemos determinar la relación de onda estacionaria en la línea, siendo:

$$S = r_M = \frac{|V|_M}{|V|_m} \tag{11.325}$$

valor también conocido, pues conocemos $|V|_M$ y $|V|_m$ que nos permitirá situarnos sobre el lugar geométrico correspondiente en el diagrama de Smith.

Así, por ejemplo, supongamos que el resultado de las medidas son:

$$z_1 = 1\ m \quad ; \quad z_2 = 5\ m \quad ; \quad |V|_M = 20\ V. \quad ; \quad |V|_m = 10\ V.$$

Por lo tanto:

$$\lambda = 2(z_2 - z_1) = 2(5 - 1) = 8\ m$$

$$z_1 = \frac{1}{8}\,\lambda = 0'125\,\lambda$$

$$S = \frac{|V|_M}{|V|_m} = 2 = r_M$$

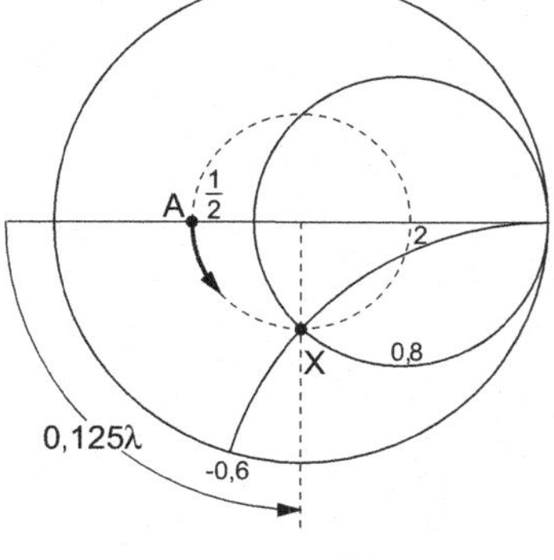

Figura 11.46

El punto A, situado sobre el lugar geométrico correspondiente a S = 2, indica la posición de los puntos donde la tensión en la línea es mínima (y, en forma particular, de $z_l = z_m$). Por ello, girando ese punto hacia la carga (en sentido contrario a las agujas del reloj) una distancia relativa de 0,125 λ sobre el diagrama de la Figura 11.46, obtenemos el punto X, cuya impedancia normalizada es:

$$\bar{Z}_x = 0'8 - j\,0'6$$

y si $Z_0 = 100\ \Omega$, permite obtener:

$$Z_x = \bar{Z}_x Z_0 = 80 - j\,60$$

e) Adaptación de impedancias mediante secciones de línea en paralelo.

El método consiste en insertar en paralelo con la línea sin pérdidas que se pretende adaptar, denominada línea principal, secciones de línea sin pérdidas cortocircuitadas o en circuito abierto, denominadas líneas equilibradoras, sintonizadores o "stubs". Según el número de sintonizadores o "stubs" utilizados pueden distinguirse dos casos:

1. Una sección de línea equilibradora (Simple "stub").

Dado que las líneas se conectan en paralelo, es conveniente operar con admitancias.

Como indica la Figura 11.47, se trata de adaptar una admitancia de carga Y_L a una línea principal de admitancia característica Y_0 mediante una sección cortocircuitada (o en circuito abierto) de longitud variable **ℓ**, situada a una distancia **d** de la carga, también variable, y cuya admitancia característica puede ser igual o distinta de la de la línea a adaptar. Por lo tanto, las magnitudes a determinar son **ℓ** y **d**.

La adaptación debe producirse en el punto donde insertamos la línea equilibradora, de tal forma que en el tramo de línea principal situado a la izquierda de ese punto, no exista onda reflejada ni por lo tanto, onda estacionaria. Para que ello suceda, el tramo de línea principal debe estar cargado por una admitancia Y_e igual a su admitancia característica Y_0:

$$Y_e = Y_1 + Y_2 = Y_0 \qquad (11.326)$$

siendo Y_1 e Y_2 las admitancias que presentan a su entrada los tramos de línea de longitudes **d** y **l**, respectivamente.

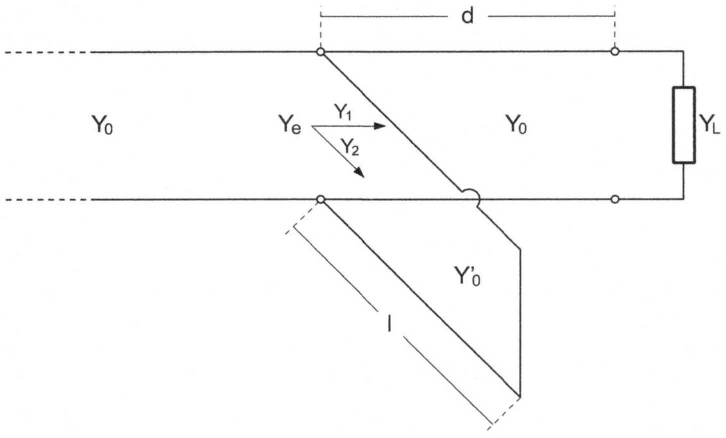

Figura 11.47

La expresión normalizada resulta:

$$\bar{Y}_e = \frac{Y_e}{Y_0} = \frac{Y_1}{Y_0} + \frac{Y_2}{Y_0^{/}}\,\frac{Y_0^{/}}{Y_0} = \bar{Y}_1 + \bar{Y}_2\,\frac{Y_0^{/}}{Y_0} = g_1 + j\,b_1 + j\,b_2\,\frac{Y_0^{/}}{Y_0} = 1 \quad (11.327)$$

siendo la admitancia de entrada de la línea en paralelo (stub) normalizada respecto a su admitancia característica Y'_0. Esta admitancia normalizada es imaginaria pura pues se trata de una línea en cortocircuito (o circuito abierto en otros casos) y cuyo signo depende de su longitud ℓ.

De la relación (11.327) se deduce:

$$g_1 = 1$$
$$b_1 = -\,b_2\,\frac{Y_0^{/}}{Y_0} \quad (11.328)$$

En consecuencia, sobre el diagrama de Smith deberemos trasladar la admitancia de carga normalizada $\overline{Y_L}$ hacia el generador, hasta cortar a la circunferencia correspondiente a $g_1 = 1$. Ello se producirá en dos puntos, correspondientes a sendas admitancias normalizadas, $\overline{Y_l} = 1+jb1$ e $\overline{Y_l}' = 1-jb1$ como se indica en la Figura 11.48. El arco recorrido desde $\overline{Y_L}$ hasta Y_l o $\overline{Y'}_L$ nos dará la distancia **d** medida en longitudes de onda.

La longitud de la línea equilibradora se obtendrá de forma similar. Para ello situaremos su admitancia de carga normalizada sobre el diagrama de Smith, punto P, en el caso de línea cortocircuitada, o P' en el caso de línea en circuito abierto. Moveremos esta admitancia hacia el generador hasta llegar a los puntos A o A', correspondientes a dos posibles longitudes, en este caso de línea cortocircuitada, a partir del punto P, ℓ_1 y ℓ_2. La solución, por lo tanto, es doble, dependiendo del valor elegido para la longitud del tramo de línea principal situado entre la carga y la línea sintonizadora.

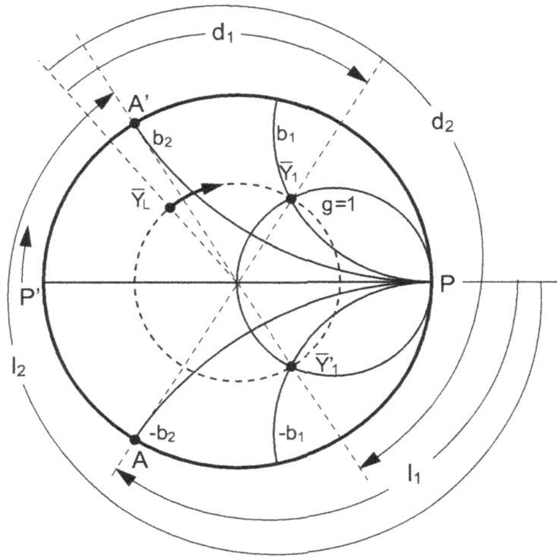

Figura 11.48

Así, eligiendo el valor de d_1, tenemos:

$$\overline{Y}_1 = 1 + j\,b_1 \tag{11.329}$$

por lo que:

$$b_2 = -\frac{Y_0}{Y_0'}\,b_1 \tag{11.330}$$

correspondiente al punto A del diagrama de Smith, siendo ℓ_1 la longitud de la línea equilibradora.

Para d_2, obtenemos:

$$\overline{Y}_1' = 1 - j\,b_1 \tag{11.331}$$

por lo que:

$$b_2 = \frac{-Y_0}{Y_0'}\,(-b_1) = \frac{Y_0}{Y_0'}\,b_1 \tag{11.332}$$

correspondiente al punto A' del diagrama de Smith, siendo ℓ_2 la longitud de la línea equilibradora.

En principio, es indiferente utilizar líneas equilibradoras en cortocircuito o en circuito abierto, aunque las primeras son las más ampliamente usadas pues al estar cortocircuitadas radian menos energía al exterior y, por otra parte, la longitud **l** se obtiene fácilmente desplazando una barra conductora sobre la línea.

Debe tenerse presente que sobre el tramo de línea principal de longitud **d** existe onda estacionaria al no estar adaptada.

2. Dos secciones de líneas equilibradoras (Doble stub).

Cuando la línea a adaptar es un cable coaxial, el método de un simple "stub" es relativamente engorroso por la manipulación mecánica a que hay que someter al cable si debemos variar la longitud **d** en los ajustes finales. Para salvar esta dificultad, se recurre a la adaptación con dos secciones de línea, cortocircuitadas o en circuito abierto, de posición fija y longitudes variables, como se indica en la Figura 11.49.

Los valores o magnitudes a determinar en la adaptación de la Figura 11.49 son las longitudes **ℓ** y **ℓ'** de las líneas equilibradoras, siendo **d** y **d'** fijas. Supondremos, además, que todas las líneas tienen la misma admitancia característica, Y_0.

Para que la línea principal, situada a la izquierda del "stub 1", esté adaptada debemos conseguir:

$$Y_e = Y_3 + Y_4 = Y_0 \tag{11.333}$$

y en forma normalizada:

$$\bar{Y}_e = \frac{Y_e}{Y_0} = \bar{Y}_3 + \bar{Y}_4 = g_3 + j b_3 + j b_4 = g_3 + j(b_3 + b_4) = 1 \tag{11.334}$$

ya que el "stub 1" está cortocircuitado y sólo introduce la susceptancia b_4, que puede ser positiva o negativa.

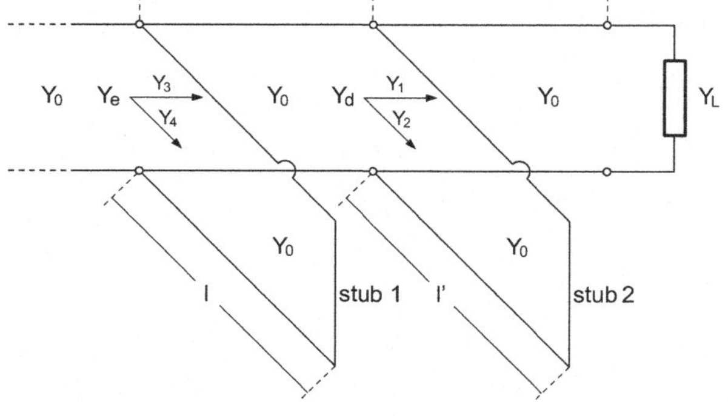

Figura 11.49

Por lo tanto, deberá estar sobre cualquier punto del lugar geométrico correspondiente a $g_3 = 1$.

La admitancia $\overline{Y_d}$ es la correspondiente a $\overline{Y_3}$ trasladada hacia la carga una distancia **d**, expresada en longitudes de onda. Por lo tanto, si $\overline{Y_3}$ está situada sobre el lugar geométrico $g_3 = 1$, $\overline{Y_d}$ estará situada sobre el lugar geométrico obtenido girando la circunferencia correspondiente a $g_3 = 1$ una distancia **d** hacia la carga, como se indica en la Figura 11.50.

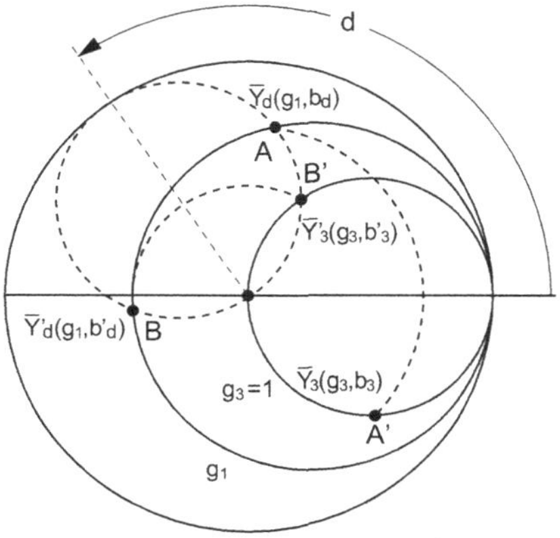

Figura 11.50

En la Figura 11.50 puede observarse que:

$$Y_d = Y_1 + Y_2 \qquad (11.335)$$

y en forma normalizada:

$$\overline{Y}_d = \overline{Y}_1 + \overline{Y}_2 = g_1 + j\,b_1 + j\,b_2 = g_1 + j(b_1 + b_2) = g_1 + j\,b_d \qquad (11.336)$$

En consecuencia, deberá estar situada sobre el lugar geométrico correspondiente a g_1 y a $g_3 = 1$ girado o trasladado, por lo que se encontrará en la intersección de ambos círculos, puntos A y B del diagrama de la Figura 11.50, que son dos posibles soluciones para $\overline{Y_d}$. Además, es la admitancia de carga trasladada hacia el generador la distancia d'.

De la ecuación (11.336) se obtiene:

- Para el punto A.

$$b_2 = b_d - b_1 \qquad (11.337)$$

siendo b_d la susceptancia correspondiente al punto A del diagrama conocida. Para obtener esta susceptancia, con tramo de línea en cortocircuito, tomaremos una longitud ℓ'_1 de la misma, obtenida en el diagrama de la Figura 11.51.

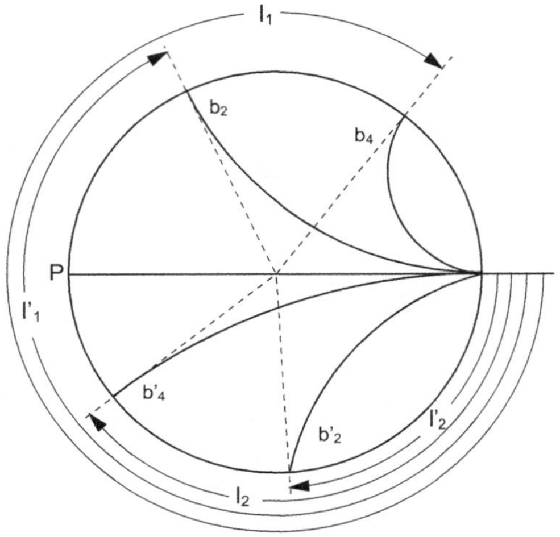

Figura 11.51

En forma similar, para el punto B, obtenemos:

$$b_2' = b_d' - b_1 \qquad (11.338)$$

dando lugar a una longitud de línea ℓ'_2, a partir de la Figura 11.51.

Girando los puntos A y B una distancia **d** hacia el generador obtenemos los correspondientes puntos A' y B', situados sobre el lugar geométrico $g_3 = 1$. Así, haciendo uso de la relación (11.334), obtenemos:

Para el punto A' (correspondiente al A):

$$b_4 = -b_3 \qquad (11.339)$$

que se obtendrá con un tramo de línea en cortocircuito de longitud ℓ_1, obtenida de la Figura 11.51.

Para el punto B' (correspondiente a B):

$$b_4' = -b_3' \qquad (11.340)$$

que se obtendrá con un tramo de línea en cortocircuito de longitud ℓ_1, obtenida de la Figura 11.51.

Es evidente que si los tramos de línea equilibradora son en circuito abierto, las longitudes de tales tramos se obtendrán a partir del punto P del diagrama de la Figura 11.51.

En algunos casos, es posible que el lugar geométrico correspondiente a g_1 y la circunferencia correspondiente a $g_3 = 1$ girada, no se corten en ningún punto, por lo que en este caso, habrá que cambiar el valor de la distancia **d** hasta conseguir esos puntos de intersección. Puede observarse que, para una cierta distancia **d**, las dos circunferencias pueden ser tangentes (dependiendo de g_3) reduciéndose la solución a una única combinación de longitudes de los tramos equilibradores.

11.12 ADAPTACIÓN DE LÍNEAS SIN PÉRDIDAS MEDIANTE TRANSFORMADOR EN CUARTO DE ONDA

Consideremos la combinación de líneas de la Figura 11.52, en la que se pretende adaptar una línea de impedancia característica Z_{01} con otra de impedancia característica Z_{03} distinta de la anterior, cargada a su vez por su impedancia característica. Ambas líneas, sin pérdidas.

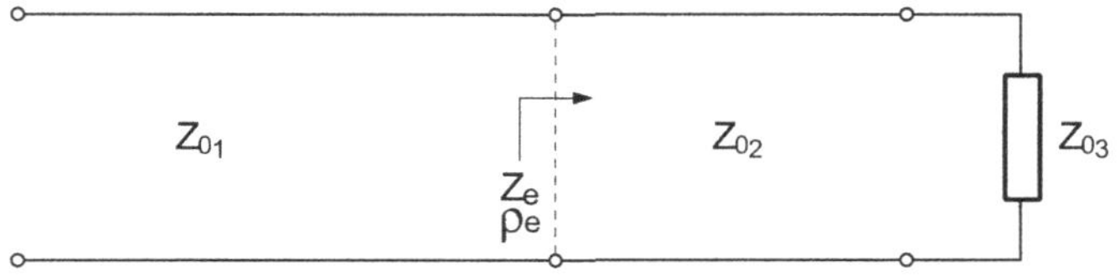

Figura 11.52

Por supuesto, la línea de impedancia característica Z_{01} no está adaptada siendo el coeficiente de reflexión en la discontinuidad:

$$\rho_e = \frac{Z_e - Z_{01}}{Z_e + Z_{01}} = \frac{Z_{03} - Z_{01}}{Z_{03} + Z_{01}} \neq 0 \qquad (11.341)$$

Se desea adaptar la línea de impedancia característica Z_{01}, es decir, se desea que para una determinada frecuencia f_0, el coeficiente de reflexión ρ_e sea nulo. Para ello, un método usado consiste en insertar entre ambas líneas un tramo de línea sin pérdidas de impedancia característica Z_{02} y longitud ℓ que cumpla una determinada relación con la longitud de onda. La situación es la mostrada en la Figura 11.53.

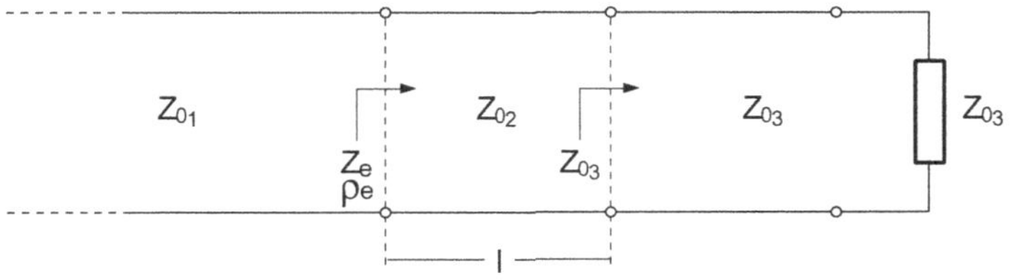

Figura 11.53

El coeficiente de reflexión en la primera discontinuidad es:

$$\rho_e = \frac{Z_e - Z_{01}}{Z_e + Z_{01}} \tag{11.342}$$

siendo:

$$Z_e = Z_{02} \frac{Z_{03} \cos \beta\ell + j Z_{02}\, sen\, \beta\ell}{Z_{02} \cos \beta\ell + j Z_{03}\, sen\, \beta\ell} = Z_{02} \frac{Z_{03} \cos \frac{2\pi}{\lambda}\ell + j Z_{02}\, sen\, \frac{2\pi}{\lambda}\ell}{Z_{02} \cos \frac{2\pi}{\lambda}\ell + j Z_{03}\, sen\, \frac{2\pi}{\lambda}\ell} \tag{11.343}$$

obtenida a partir de (11.169).

Si a la frecuencia de excitación f_a, la longitud ℓ de la línea es un múltiplo impar de $\lambda_a/4$, esto es:

$$\ell = (2n + 1) \frac{\lambda_a}{4} = (2n + 1) \frac{v_p}{4 f_a} \qquad n = 0, 1, 2, \ldots \tag{11.344}$$

siendo v_p la velocidad de propagación y f_a la frecuencia de la señal que se transmite, la expresión (11.343) resulta:

$$Z_e = \frac{Z_{02}^2}{Z_{03}} \tag{11.345}$$

Si hacemos:

$$Z_{02} = \sqrt{Z_{01} Z_{03}} \tag{11.346}$$

resulta:

$$Z_e = Z_{01} \tag{11.347}$$

quedando, en consecuencia, adaptada la línea de impedancia característica Z_{01}. Las frecuencias a las que esta adaptación se produce se obtienen a partir de la expresión (11.344), resultando:

$$f_a = (2n + 1) \frac{v_p}{4\,\ell} = \frac{2n + 1}{4\,\ell\,\sqrt{L\,C}} \qquad n = 0, 1, 2, \ldots \tag{11.348}$$

obteniéndose diversas frecuencias (f_{a1}, f_{a2}, ...), dependiendo del valor de **n**.

Si la adaptación se desea a una determinada frecuencia f_0, impondremos como condición de diseño:

$$f_0 = f_{a1} = f_a\Big|_{n=0} = \frac{v_p}{4\ell} = \frac{1}{4\ell\sqrt{LC}} \tag{11.349}$$

con lo que la longitud de la línea insertada será:

$$\ell = \frac{v_p}{4f_0} = \frac{\lambda_0}{4} \tag{11.350}$$

siendo λ_0 la longitud de onda correspondiente a f_0.

La expresión (11.350) constituye la mínima longitud del tramo de línea a insertar para conseguir la adaptación a una determinada frecuencia.

Podemos analizar cómo evoluciona el coeficiente de reflexión ρ_e con la frecuencia. Ello nos permitirá deducir la desadaptación que se produce cuando la frecuencia de excitación de la línea se aparta de los valores donde se produce la adaptación perfecta.

Así, sustituyendo la expresión (11.343) en (11.342) y teniendo en cuenta la ecuación (11.345) obtenemos:

$$\rho_e = \frac{Z_e - Z_{01}}{Z_e + Z_{01}} = \frac{Z_{03} - Z_{01}}{Z_{03} + Z_{01} + j2Z_{02}\, tg \frac{2\pi}{\lambda}\ell} \tag{11.351}$$

al sustituir el valor de ℓ obtenido en (11.350) resulta:

$$|\rho_e| = \frac{|Z_{03} - Z_{01}|}{\sqrt{(Z_{03} + Z_{01})^2 + 4Z_{02}^2\, tg^2 \frac{\pi f}{2f_0}}} \tag{11.352}$$

pudiendo representar este módulo para unas impedancias dadas, resultando la Figura 11.54.

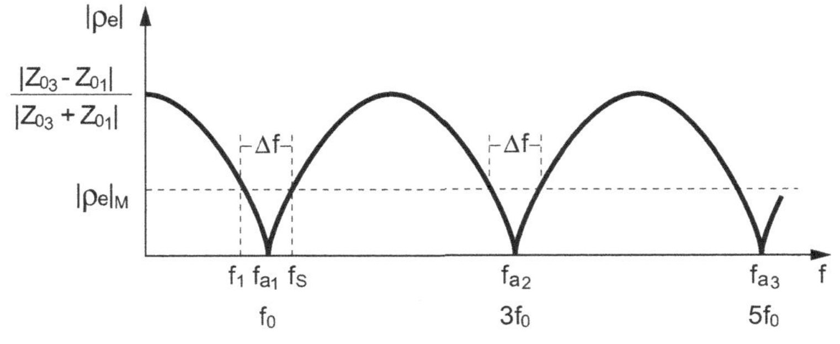

Figura 11.54

Como puede observarse, la adaptación ($\rho_e = 0$) se produce a varias frecuencias f_{a1}, f_{a2}, f_{a3}, etc.

En algunos casos, es posible admitir una pequeña desadaptación, es decir, puede tolerarse un valor de $|\rho_e|$ no nulo. Sea $|\rho_e|_M$ el máximo valor tolerable del coeficiente de reflexión. Como indica la Figura 11.54, esto permite extender el márgen de frecuencias que se transmiten sobre la línea en una zona, de anchura Δf, centrada en cada una de las frecuencias donde la adaptación es perfecta. Este ancho de banda será relativamente pequeño pues, como se observa en la Figura 11.54, la curva es muy abrupta en las frecuencias donde la adaptación es perfecta. Por supuesto, cuanto mayor es la desadaptación permitida (y con ello, $|\rho_e|_M$) tanto mayor será el ancho de banda Δf.

De la expresión (11.352), conocido $|\rho_e|_M$ pueden obtenerse las frecuencias de corte f_1 y f_2 y, en definitiva, el ancho de banda de Δf de la señal a transmitir para que el coeficiente de reflexión no supere $|\rho_e|_M$.

11.13 APLICACIÓN DEL DIAGRAMA DE SMITH A LAS LÍNEAS CON PÉRDIDAS

El diagrama de Smith para impedancias y admitancias es aplicable también a las líneas con pérdidas, la única diferencia con respecto a las líneas sin pérdidas es que en éstas, el módulo del coeficiente de reflexión (para tensiones o corrientes) es constante en cualquier punto de la línea, siendo el lugar geométrico correspondiente una circunferencia de radio igual al módulo del coeficiente de reflexión; mientras que en las líneas con pérdidas, el módulo del coeficiente de reflexión disminuye o aumenta según nos desplazemos sobre la línea en el sentido carga-generador o generador-carga, respectivamente, evolucionando este módulo según el término $e^{-2\alpha z}$, siendo α la atenuación de la línea por unidad de longitud, según se deduce de la relación (11.203).

En consecuencia, el lugar geométrico de ρ (o ρ_i) en las líneas con pérdidas es una espiral que comienza en el punto correspondiente a $\overline{Z_L}$ (o $\overline{Y_L}$) y se aproxima al centro del diagrama de Smith correspondiente a la impedancia (o admitancia) normalizada 1 + j 0, siendo la aproximación tanto más rápida cuanto mayor sea la atenuación α de la línea. La evolución de la fase es similar al caso de líneas sin pérdidas.

Por lo tanto si a partir de una determinada impedancia (o admitancia) de carga y una determinada atenuación de la línea pudiéramos trazar la espiral como lugar geómetrico de ρ (o ρ_i), la obtención del coeficiente de reflexión de tensión (o de corriente) en cualquier punto de la línea, así como de la impedancia (o admitancia) asociadas a aquéllos, sería idéntica a la realizada en la línea sin pérdidas.

Así, si en el diagrama de la Figura 11.55, el punto A corresponde a la impedancia (o admitancia) normalizada de carga, en el punto B separado del anterior una cierta distancia ℓ ($\ell < \lambda/2$), el coeficiente de reflexión para tensión (o corrientes) sería de módulo $\overline{OB}$ y de fase θ, medida directamente sobre el diagrama. La impedancia (o admitancia) de este punto vendría determinada por los lugares geométricos de **r** (o **g**) y **x** (o **b**) que por él pasen.

Si $\lambda/2 < \ell < \lambda$ el punto correspondiente sería B' y así sucesivamente.

Sin embargo, en la práctica, no dispondremos de la espiral indicada en el diagrama de la Figura 11.55.

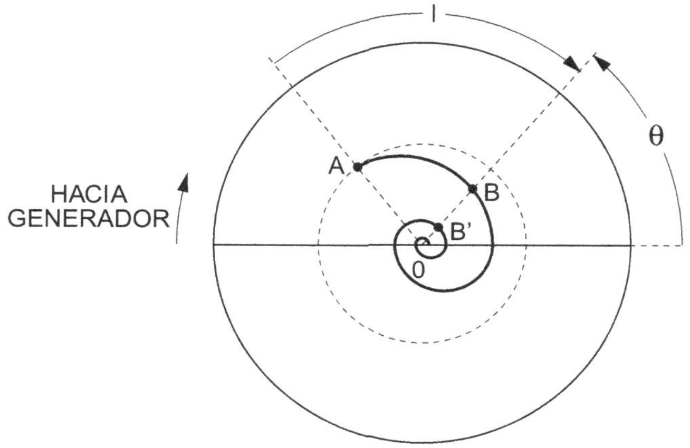

Figura 11.55

Para obviar el problema, disponemos de una escala lineal que relaciona los valores de $|\rho|$ (o $|\rho_i|$) con la atenuación $\alpha\ell$ de un tramo de línea de longitud ℓ.

Supongamos un punto de la línea con una impedancia (o admitancia) $\overline{Z_A}$ ($\overline{Y_A}$) correspondiente al punto A del diagrama de la Figura 11.56. El módulo del coeficiente de reflexión será $\overline{OA}$. Si a partir de este punto, nos desplazamos una distancia ℓ_1 hacia el generador, siendo $\alpha\ell_1 = 2$ dB la atenuación del tramo de línea de longitud ℓ_1, el módulo del coeficiente de reflexión en este punto sería el correspondiente al punto B' si la línea es sin pérdidas.

Si la línea es con pérdidas, el punto correspondiente al coeficiente de reflexión, y por lo tanto a la impedancia (o admitancia) normalizada en este punto, está situado sobre la línea $\overline{OB'}$, desplazándose radialmente sobre la misma hacia adentro (si el desplazamiento es hacia el generador) o hacia afuera (si lo es hacia la carga) hasta obtener el punto B, siendo $\overline{OB}$ el módulo del coeficiente de reflexión en ese punto y θ su fase.

Para obtener este módulo haremos uso de las escalas graduadas adjuntas al diagrama de Smith de la Figura 11.56, llevando el módulo del coeficiente de reflexión $|\rho_A|$ en el punto A sobre la escala denominada Pérdida por transmisión (pasos de 1 dB). Si nos desplazamos hacia el generador un tramo con atenuación 2 dB, el módulo del coeficiente de reflexión en el punto B se obtendrá en la escala anterior, desplazando 2 dB hacia la derecha el punto A obteniéndose el punto B y siendo $\overline{OB}$ el módulo del coeficiente de reflexión en ese punto y θ su fase. Si el desplazamiento es hacia la carga, con los sentidos indicados en la escala Pérdidas por transmisión, se observa que el módulo del coeficiente de reflexión aumenta.

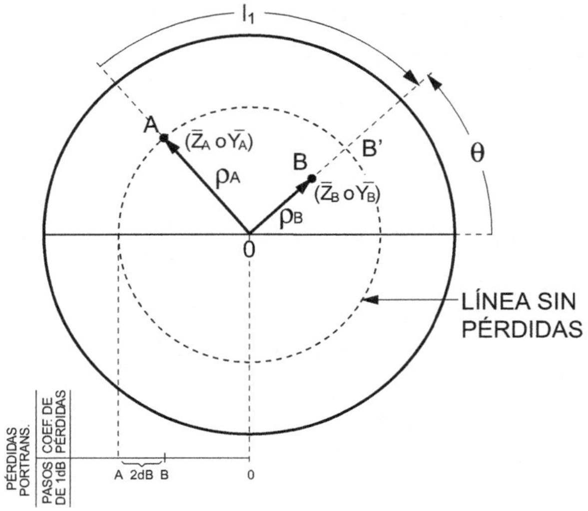

Figura 11.56

PROBLEMAS

PROBLEMA 11.1

El generador y la carga de la figura se hallan conectados entre sí mediante una línea sin pérdidas de impedancia característica Z_0. Se pide obtener el diagrama de onda estacionaria de tensión, indicando los máximos y mínimos y el valor de la tensión en la carga.

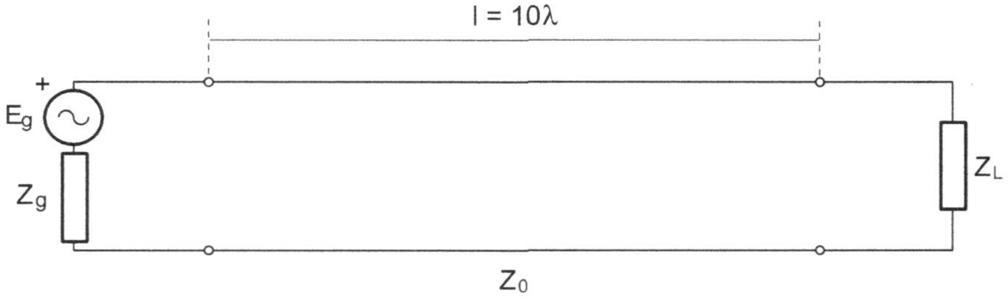

DATOS

$E_g = 30\ V_{máx}$. ; $Z_g = 60 - 25j\Omega$; $Z_L = 50 + 60j\Omega$; $Z_0 = 100\Omega$

PROBLEMA 11.2

Un generador de $E_g = 100\ V_{ef}$. se halla conectado a una carga $Z_L = 160 + 180j$ a través de una línea sin pérdidas de $Z_0 = Z_g = 100$ y longitud 0,75 λ. Se pide:

a) Determinar el coeficiente de onda estacionaria.

b) Encontrar el diagrama de onda estacionaria en la línea indicando los valores de las tensiones en la carga y a la entrada de la línea.

PROBLEMA 11.3

La línea de la figura se encuentra en régimen permanente con el interruptor abierto. En t = 0 seg. se cierra. Determinar y representar gráficamente en el dominio del tiempo la tensión y la corriente en la carga a partir de dicho instante.

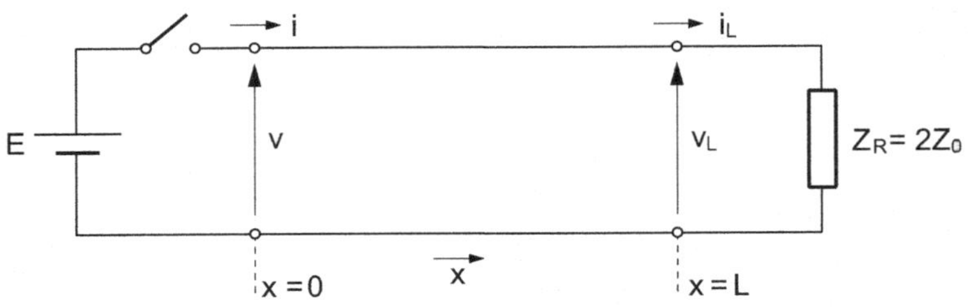

PROBLEMA 11.4

Dada una línea sin pérdidas de $Z_0 = 400\ \Omega$, se quiere adaptar a una carga de $Z_R = 600 + j\,150$, para lo cual se dispone de una línea $Z_0 = 300\ \Omega$ (línea transformadora).

Determinar la longitud de dicha línea y la impedancia en serie que es preciso conectar.

PROBLEMA 11.5

En el conjunto de líneas sin pérdidas de la figura se pide determinar:

a) La mínima longitud **d** de línea transformadora y la mínima longitud **ℓ** de línea equilibradora (en circuito abierto) para adaptar el generador.

b) Una vez realizada la adaptación, los módulos de las tensiones $|V_1|$ y $|V_2|$ así como la potencia disipada en la carga.

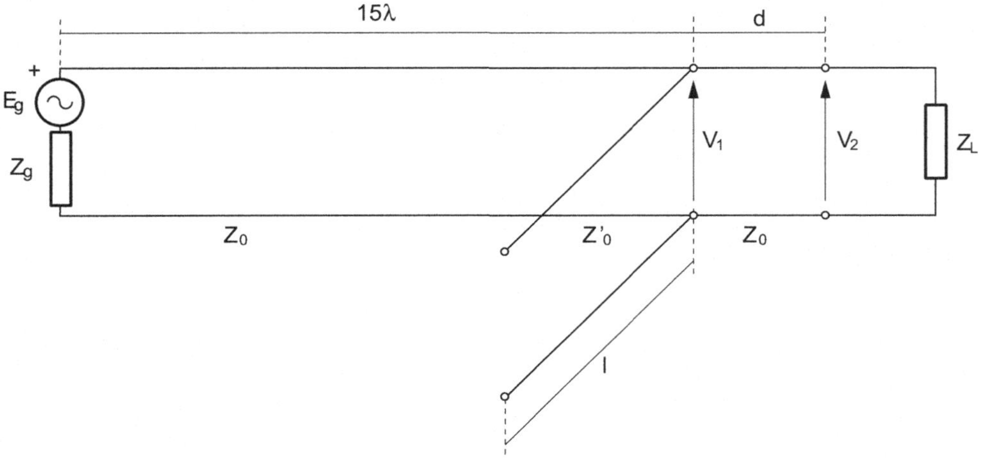

DATOS

$$E_g = 30\,V_{ef} \;;\; Z_g = 600\,\Omega \;;\; Z_L = (90 + 120j)\,\Omega \;;\; \lambda = 2m$$
$$Z_0' = 300\,\Omega \;;\; Z_0 = 600\,\Omega$$

PROBLEMA 11.6

El generador de la Figura 1 se encuentra conectado a Z_L a través de una línea sin pérdidas de $Z_0 = 100\ \Omega$.

a) Se pide calcular el diagrama de onda estacionaria en la línea, indicando los valores máximos y mínimos de tensión y la posición de éstos con respecto a Z_L.

b) Se pretende a continuación que el generador suministre la máxima potencia a Z_L. Para ello se utiliza una sección de línea transformadora y otra equilibradora, ambas de $Z_0 = 100\ \Omega$ (figura 2). Calcular las longitudes **d** y **ℓ** mínimas de ambas y la R. O. E. en la línea de longitud L en esta situación.

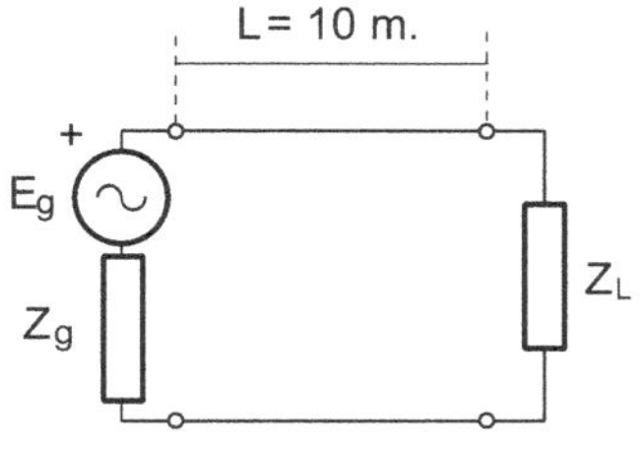

Figura 1

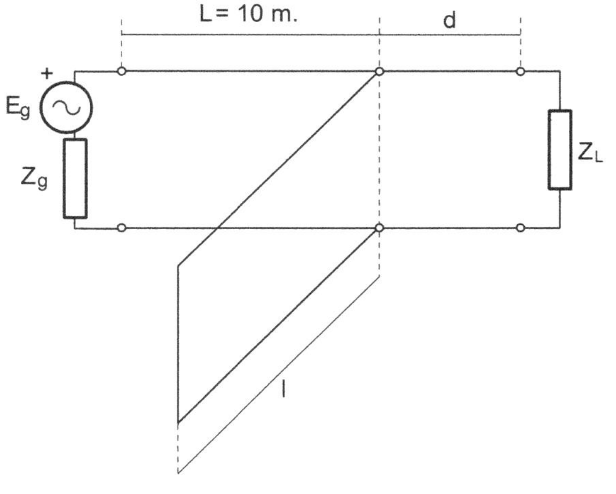

Figura 2

DATOS

$$E_g = 20\,V_{máx} \;;\; Z_g = (40 + 30j)\,\Omega \;;\; Z_L = (60 - 130j)\,\Omega$$
$$f = 600\,MHz \;;\; V_p = 3\,10^8\,m/seg.$$

PROBLEMA 11.7

En el sintonizador doble de la figura, mediante el que se consigue adaptar la línea sin pérdidas a la carga, se pide determinar las longitudes de los dos sintonizadores cuando la longitud de onda de la señal transmitida es $\lambda = 8$ cm.

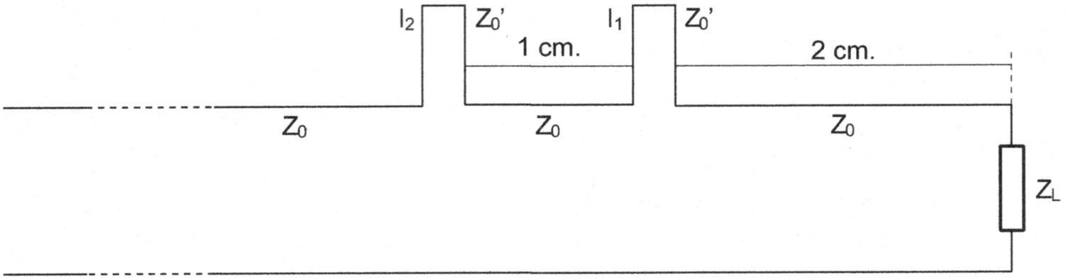

DATOS

$Z_L = (75 + 50j)\ \Omega\ ;\ Z_0 = 50\ \Omega\ ;\ Z'_0 = 60\ \Omega$

PROBLEMA 11.8

Se quiere adaptar una carga Z_L desconocida con una línea de alimentación de $Z_0 = 60\ \Omega$ mediante dos secciones de línea, una equilibradora y otra transformadora, ambas de $Z'_0 = 80\ \Omega$. Se ha observado en la línea transformadora que el primer mínimo de tensión dista $\lambda/2 = 2$ m. de Z_L, siendo en esta línea $V_{MAX} = 20$ V. e $I_{MIN} = 1/6$ A. Se pide:

Determinar el valor de las longitudes de las dos secciones de línea así como la expresión instantánea de la onda incidente y reflejada de tensión en el punto de conexión de la línea equilibradora, al cerrar la línea de $Z_0 = 60\ \Omega$ y $L = 3\ \lambda/4$ por un generador de $Z_g = Z_0 = 60\ \Omega$ y $e_g(t) = 40$ sen ωt V.

PROBLEMA 11.9

Una línea sin pérdidas de $Z_0 = 100\ \Omega$ se quiere adaptar a una carga $Z_L = 150 + 120j$ mediante un sintonizador doble formado por líneas de $Z_0 = 100\ \Omega$, en el que los stubs (terminados en cortocircuito) distan entre sí 5/8 λ estando el sintonizador más próximo a la carga a una distancia de ésta de $\lambda/32$. Se pide determinar las longitudes de los stubs y la R. O. E. en cada tramo de la línea principal.

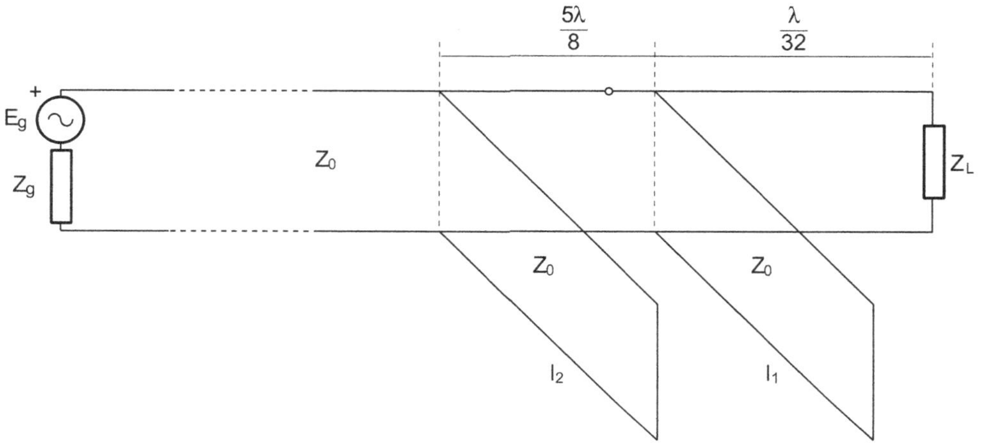

PROBLEMA 11.10

Se quiere adaptar una carga $Z_R = 50 + 50j$ y una línea de $Z_0 = 200\ \Omega$. Para ello se emplea un sintonizador doble formado por una línea de $\lambda/8$ y dos stubs en paralelo cortocircuitados todos de $Z'_0 = 100\ \Omega$, estando el primer stub conectado en paralelo con la carga. Se pide determinar las longitudes de los stubs.

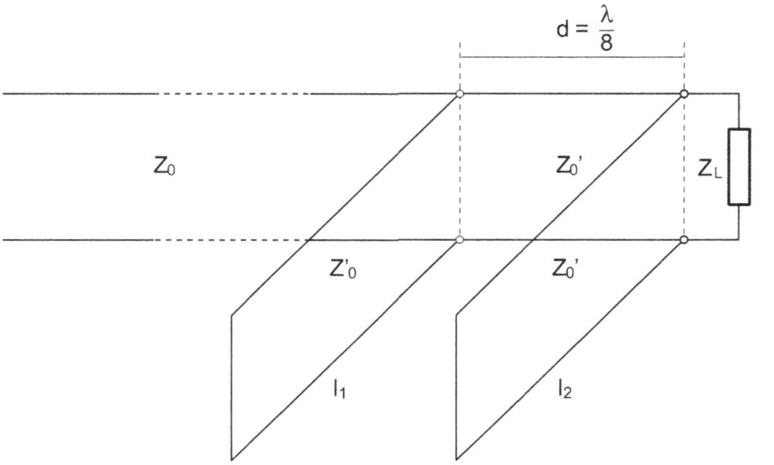

PROBLEMA 11.11

En una línea sin pérdidas se desea adaptar la carga Z_L con un sintonizador doble. El primer sintonizador se coloca en paralelo con la carga y está terminado en cortocircuito; el segundo se coloca a $\lambda/4$ de la carga y está terminado en circuito abierto. Se pide determinar las longitudes de los sintonizadores, siendo todas las líneas de igual impedancia característica.

DATOS

$$Z_L = (160 + 180j)\,\Omega \quad ; \; Z_0 = Z_g = 100\,\Omega$$

PROBLEMA 11.12

En la línea con pérdidas de la figura se tiene que: $Z_0 = R$ y $\gamma = \alpha + j\beta$. Se pide:

a) Atenuación de la línea cuando se cierra por $Z_R = Z_0 = R$.

b) Atenuación de la línea cuando se cierra por $Z_R = 2Z_0 = 2R$.

c) Supuesta la línea sin pérdidas con $Z_R = 120\,\Omega$ y $Z_g = (60 + 80\,j)\,\Omega$, determinar la longitud L para que al conectar un stub en cortocircuito y en paralelo con el generador, éste entregue la máxima potencia. Calcular la longitud del stub y el valor de la potencia en la carga.

Tanto la línea como el stub poseen la misma impedancia característica Z_0 = 60 Ω.

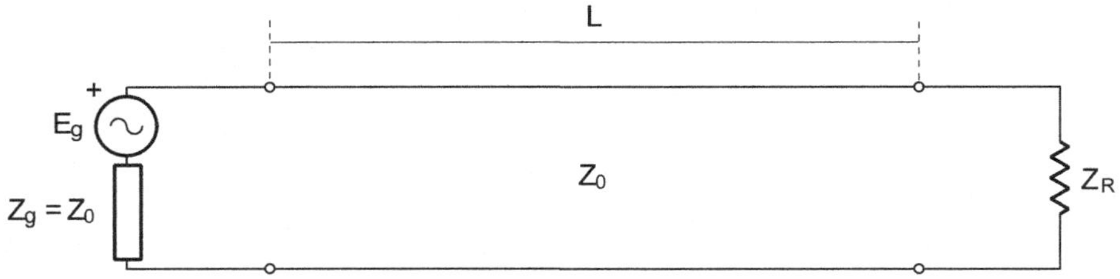

Apéndice A

TRANSFORMACIÓN DE IMPEDANCIAS ESTRELLA-TRIÁNGULO

Frecuentemente, para simplificar el análisis de circuitos se hace necesario realizar algunas transformaciones que modifiquen la geometría de la red. Éste es el caso de las configuraciones de impedancias en estrella y triángulo, cuya equivalencia vamos a demostrar a continuación.

TRANSFORMACIÓN ESTRELLA-TRIÁNGULO

Sean I_A, I_B e I_C la suma de las corrientes inyectadas a los nudos A, B y C, respectivamente, por la red exterior conectada a las configuraciones estrella y triángulo representadas en la Figura A.1.

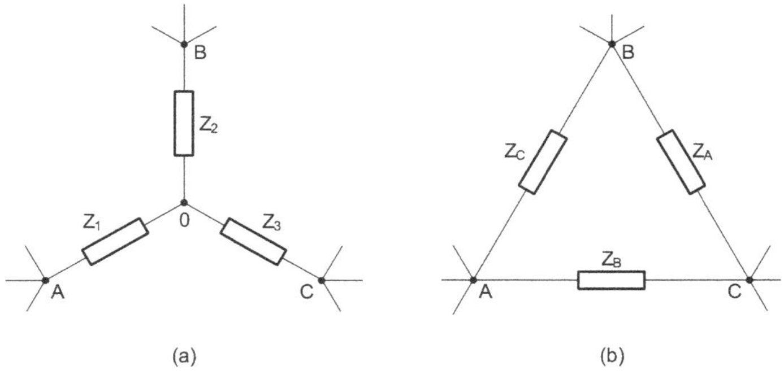

Figura A.1

Analizando los dos circuitos utilizando como incógnitas las tensiones de nudo, para la configuración en estrella (Figura A.1a) se tiene:

$$\begin{pmatrix} Y_1 & 0 & 0 & -Y_1 \\ 0 & Y_2 & 0 & -Y_2 \\ 0 & 0 & Y_3 & -Y_3 \\ -Y_1 & -Y_2 & -Y_3 & Y_1+Y_2+Y_3 \end{pmatrix} \begin{pmatrix} V_A \\ V_B \\ V_C \\ V_0 \end{pmatrix} = \begin{pmatrix} I_A \\ I_B \\ I_C \\ 0 \end{pmatrix} \qquad \text{(A.1)}$$

y para la configuración en triángulo, Figura A.1b.

$$\begin{pmatrix} Y_C+Y_B & -Y_C & -Y_B \\ -Y_C & Y_C+Y_A & -Y_A \\ -Y_B & -Y_A & Y_A+Y_B \end{pmatrix} \begin{pmatrix} V_A \\ V_B \\ V_C \end{pmatrix} = \begin{pmatrix} I_A \\ I_B \\ I_C \end{pmatrix} \qquad \text{(A.2)}$$

Los dos circuitos serán equivalentes entre los puntos A, B y C cuando al resolver las ecuaciones (A.1) y (A.2) los potenciales V_A, V_B y V_C resultantes en ambos casos sean iguales.

Si en la ecuación (A.1), en la matriz admitancia hacemos cero los elementos (1,4), (2,4) y (3,4), es decir, los tres primeros elementos de la cuarta columna, al realizar el producto de las matrices de las tres primeras filas, obtendremos tres ecuaciones en las que únicamente aparecen como incógnitas V_A, V_B y V_C habiendo desaparecido el término que contenía V_0. Igualando estas ecuaciones a las que se obtienen en (A.2) podemos encontrar las relaciones que nos permiten obtener Y_A, Y_B e Y_C en función de Y_1, Y_2 e Y_3.

Siguiendo el razonamiento anterior, si en la ecuación (A.1) sumamos a las filas 1, 2 y 3 la cuarta fila multiplicados sus elementos por:

$$\frac{Y_1}{Y_1+Y_2+Y_3} \quad ; \quad \frac{Y_2}{Y_1+Y_2+Y_3} \quad e \quad \frac{Y_3}{Y_1+Y_2+Y_3}$$

respectivamente, se obtiene:

$$\begin{pmatrix} Y_1 - \dfrac{Y_1^2}{Y_1+Y_2+Y_3} & \dfrac{-Y_1Y_2}{Y_1+Y_2+Y_3} & \dfrac{-Y_1Y_3}{Y_1+Y_2+Y_3} & 0 \\ \dfrac{-Y_1Y_2}{Y_1+Y_2+Y_3} & Y_2 - \dfrac{Y_2^2}{Y_1+Y_2+Y_3} & \dfrac{-Y_2Y_3}{Y_1+Y_2+Y_3} & 0 \\ \dfrac{-Y_1Y_3}{Y_1+Y_2+Y_3} & \dfrac{-Y_2Y_3}{Y_1+Y_2+Y_3} & Y_3 - \dfrac{Y_3^2}{Y_1+Y_2+Y_3} & 0 \\ -Y_1 & -Y_2 & -Y_3 & Y_1+Y_2+Y_3 \end{pmatrix} \begin{pmatrix} V_A \\ V_B \\ V_C \\ V_0 \end{pmatrix} = \begin{pmatrix} I_A \\ I_B \\ I_C \\ 0 \end{pmatrix} \qquad \text{(A.3)}$$

identificando con los coeficientes correspondientes de la ecuación (A.2) resulta:

$$Y_A = \frac{Y_2\,Y_3}{Y_1 + Y_2 + Y_3}$$

$$Y_B = \frac{Y_1\,Y_3}{Y_1 + Y_2 + Y_3} \qquad \text{(A.4)}$$

$$Y_C = \frac{Y_1\,Y_2}{Y_1 + Y_2 + Y_3}$$

y en función de la impedancia se obtiene:

$$Z_A = \frac{Z_1 Z_2 + Z_1 Z_3 + Z_2 Z_3}{Z_1}$$

$$Z_B = \frac{Z_1 Z_2 + Z_1 Z_3 + Z_2 Z_3}{Z_2} \qquad \text{(A.5)}$$

$$Z_C = \frac{Z_1 Z_2 + Z_1 Z_3 + Z_2 Z_3}{Z_3}$$

Estas tres ecuaciones nos permiten sustituir un conjunto de impedancias conectadas en estrella por sus equivalentes conectadas en triángulo.

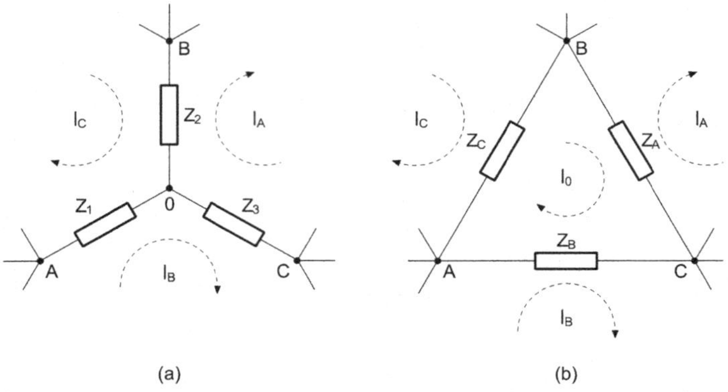

Figura A.2

En la Figura A.2, analizando los circuitos utilizando como incógnitas las corrientes de malla, para la configuración en estrella se tiene:

$$\begin{pmatrix} Z_3+Z_2 & -Z_3 & -Z_2 \\ -Z_3 & Z_1+Z_3 & -Z_1 \\ -Z_2 & -Z_1 & Z_1+Z_2 \end{pmatrix} \begin{pmatrix} I_A \\ I_B \\ I_C \end{pmatrix} = \begin{pmatrix} V_{CB} \\ V_{AC} \\ V_{BA} \end{pmatrix} \tag{A.6}$$

y para la configuración en triángulo:

$$\begin{pmatrix} Z_A & 0 & 0 & -Z_A \\ 0 & Z_B & 0 & -Z_B \\ 0 & 0 & Z_C & -Z_C \\ -Z_A & -Z_B & -Z_C & Z_A+Z_B+Z_C \end{pmatrix} \begin{pmatrix} I_A \\ I_B \\ I_C \\ I_0 \end{pmatrix} = \begin{pmatrix} V_{CB} \\ V_{AC} \\ V_{BA} \\ 0 \end{pmatrix} \tag{A.7}$$

Si en esta ecuación, le sumamos a las tres primeras filas la cuarta, multiplicada respectivamente por:

$$\frac{Z_A}{Z_A+Z_B+Z_C} \quad ; \quad \frac{Z_B}{Z_A+Z_B+Z_C} \quad y \quad \frac{Z_C}{Z_A+Z_B+Z_C}$$

se obtiene:

$$\begin{pmatrix} Z_A-\dfrac{Z_A^2}{Z_A+Z_B+Z_C} & \dfrac{-Z_AZ_B}{Z_A+Z_B+Z_C} & \dfrac{-Z_AZ_C}{Z_A+Z_B+Z_C} & 0 \\ \dfrac{-Z_AZ_B}{Z_A+Z_B+Z_C} & Z_B-\dfrac{Z_B^2}{Z_A+Z_B+Z_C} & \dfrac{-Z_CZ_B}{Z_A+Z_B+Z_C} & 0 \\ \dfrac{-Z_AZ_C}{Z_A+Z_B+Z_C} & \dfrac{-Z_CZ_B}{Z_A+Z_B+Z_C} & Z_C-\dfrac{Z_C^2}{Z_A+Z_B+Z_C} & 0 \\ -Z_A & -Z_B & -Z_C & Z_A+Z_B+Z_C \end{pmatrix} \begin{pmatrix} I_A \\ I_B \\ I_C \\ I_0 \end{pmatrix} = \begin{pmatrix} V_{CB} \\ V_{AC} \\ V_{BA} \\ 0 \end{pmatrix} \qquad \text{(A.8)}$$

Las corrientes I_A, I_B e I_C obtenidas al resolver las ecuaciones matriciales (A.6) y (A.8) serán iguales, si se cumple que:

$$\begin{aligned} Z_1 &= \frac{Z_B Z_C}{Z_A + Z_B + Z_C} \\ Z_2 &= \frac{Z_A Z_C}{Z_A + Z_B + Z_C} \\ Z_3 &= \frac{Z_A Z_B}{Z_A + Z_B + Z_C} \end{aligned} \qquad \text{(A.9)}$$

Ecuaciones que nos permiten sustituir una conexión de impedancias conectadas en triángulo por sus equivalentes en estrella.

Apéndice B

UNIDADES DE TRANSMISIÓN

La propagación de una señal desde un generador hacia la carga se realiza en general a través de un medio de transmisión o interponiendo un dispositivo que produzca sobre la señal algún efecto previamente establecido (amplificar, filtrar, atenuar, etc.).

En la Figura B.1 se representan el generador y la carga, entre los que se ha insertado la red que realiza alguna de las funciones que se han enunciado en el párrafo anterior.

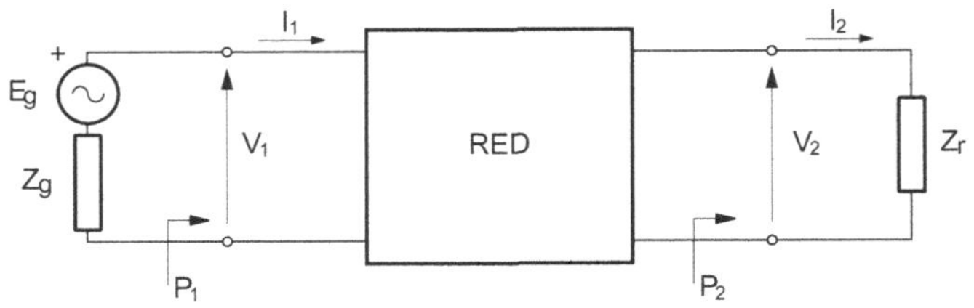

Figura B.1

Se definen las *pérdidas de inserción* como el cociente entre los valores de la señal en la carga al conectarla directamente al generador (Figura B.2) y la señal en la carga cuando está insertada la red (Figura B.1).

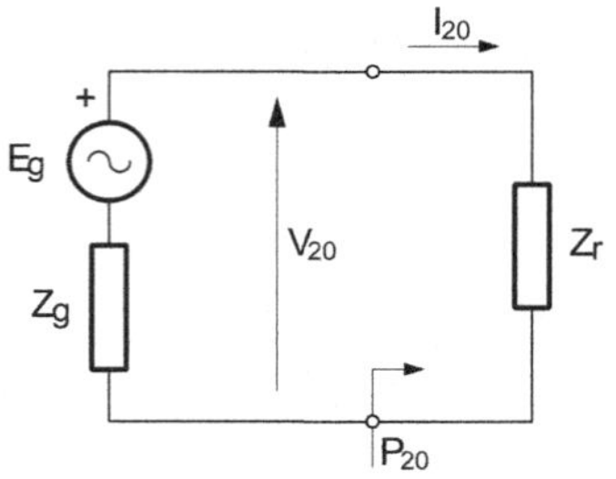

Figura B.2

Según tomemos como valor de la señal la potencia, la corriente o la tensión, hablaremos de pérdidas de inserción de potencia de corriente o de tensión, respectivamente.

Las *pérdidas de transmisión* se producen, como su mismo nombre indica, por el hecho de transmitir la señal desde el generador hacia la carga y se definen como el cociente entre la señal a la entrada de la red y la señal en la salida (carga). Al igual que en el caso de las pérdidas de inserción se puede hablar de pérdidas de transmisión de potencia, de corriente o de tensión.

De acuerdo con estas definiciones y teniendo en cuenta las Figuras B.1 y B.2, tendremos:

Pérdidas de inserción

de corriente:
$$\frac{I_{20}}{I_2} \tag{B.1}$$

de tensión:
$$\frac{V_{20}}{V_2} \tag{B.2}$$

de potencia:
$$\frac{P_{20}}{P_2} \tag{B.3}$$

Pérdidas de transmisión

de corriente: $$\frac{I_1}{I_2} \tag{B.4}$$

de tensión: $$\frac{V_1}{V_2} \tag{B.5}$$

de potencia: $$\frac{P_1}{P_2} \tag{B.6}$$

Las *ganancias de transmisión e inserción* se definen como la inversa de las pérdidas de transmisión e inserción, respectivamente.

Estas magnitudes, pérdidas y ganancias se expresan mediante unidades logarítmicas. Diversas razones justifican que se tomen estas unidades. En primer lugar, existen razones fisiológicas, ya que el oído humano responde logarítmicamente a las variaciones de la intensidad del sonido. Por otro lado la mínima variación de intensidad de sonido que puede ser detectada por el oído es un decibelio (dB) que se define como diez veces el logaritmo decimal de la relación de intensidades sonoras. Así mismo en la propagación de una señal a través de distintos medios, por ejemplo de una línea de transmisión, aparece una variación de la señal con la distancia, según una potencia del numero **e**:

$$|V_1| = |V_0|\, e^{\alpha x} \tag{B.7}$$

lo que nos induce a emplear los logaritmos neperianos para expresar esta atenuación en la transmisión:

$$L_n = \frac{|V_1|}{|V_0|} = \alpha x \tag{B.8}$$

Estas y otras razones justifican el empleo de unidades logarítmicas, bien sean decimales o en base **e**.

Cuando se utilizan logaritmos decimales, las unidades en las que se expresan las pérdidas o ganancias son belios, aunque preferentemente se maneja un submúltiplo de éste, el decibelio (dB):

$$1 \; belio = 10 dB \tag{B.9}$$

y cuando se emplean logaritmos neperianos, las unidades son Neperios (N_p).

Con estas consideraciones, las pérdidas de inserción y transmisión quedan expresadas así:

Pérdidas de inserción

de corriente:

$$20\log \frac{|I_{20}|}{|I_2|}\ dB \quad o \quad L_n \frac{|I_{20}|}{|I_2|}\ N_p \tag{B.10}$$

de tensión:

$$20\log \frac{|V_{20}|}{|V_2|}\ dB \quad o \quad L_n \frac{|V_{20}|}{|V_2|}\ N_p \tag{B.11}$$

de potencia:

$$10\log \frac{|P_{20}|}{|P_2|}\ dB \quad o \quad \frac{1}{2}L_n \frac{|P_{20}|}{|P_2|}\ N_p \tag{B.12}$$

Pérdidas de transmisión

de corriente:

$$20\log \frac{|I_1|}{|I_2|}\ dB \quad o \quad L_n \frac{|I_1|}{|I_2|}\ N_p \tag{B.13}$$

de tensión:

$$20\log \frac{|V_1|}{|V_2|}\ dB \quad o \quad L_n \frac{|V_1|}{|V_2|}\ N_p \tag{B.14}$$

de potencia:

$$10\log \frac{|P_1|}{|P_2|}\ dB \quad o \quad \frac{1}{2}\ L_n \frac{|P_1|}{|P_2|}\ N_p \tag{B.15}$$

El empleo de unidades logarítmicas conduce a que las ganancias y las pérdidas sean iguales en valor absoluto y de signo contrario.

Vamos a comprobar que en el caso de las pérdidas de inserción, son iguales las pérdidas de potencia, las de corriente y las de tensión.

La potencia en la carga antes de insertar la red (Figura B.2) es:

$$P_{20} = \frac{1}{2} \, | I_{20} |^2 R_e[Z_r] = \frac{1}{2} \frac{| V_{20} |^2}{| Z_r |^2} R_e[Z_r] \tag{B.16}$$

y cuando está la red insertada (Figura B.1):

$$P_2 = \frac{1}{2} \, | I_2 |^2 \, R_e[Z_r] = \frac{1}{2} \frac{| V_2 |^2}{| Z_r |^2} R_e[Z_r] \tag{B.17}$$

Hallando el logaritmo de la relación de potencias se tiene:

$$10\log \frac{P_{20}}{P_2} = 20\log \frac{| I_{20} |}{| I_2 |} = 20\log \frac{| V_{20} |}{| V_2 |} \tag{B.18}$$

quedando demostrado que las pérdidas de inserción son todas iguales (potencia, corriente y tensión).

Por otro lado, al emplear las relaciones logarítmicas para calcular las pérdidas de transmisión cuando existen varias redes en escalera como se muestra en la Figura B.3, la atenuación total se obtiene haciendo la suma de las atenuaciones parciales.

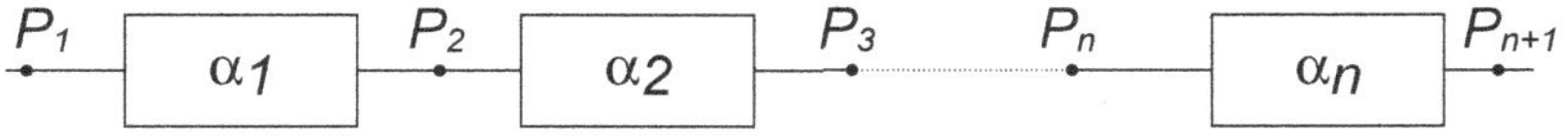

Figura B.3

En la Figura B.3 tenemos:

$$\begin{aligned} 10\log \frac{P_1}{P_{n+1}} &= 10\log \left(\frac{P_1}{P_2} \frac{P_2}{P_3} \; ..... \; \frac{P_n}{P_{n+1}} \right) = \\ &= 10\log \frac{P_1}{P_2} + 10\log \frac{P_2}{P_3} + ... + 10\log \frac{P_n}{P_{n+1}} \end{aligned} \tag{B.19}$$

y por lo tanto:

$$10\log \frac{P_1}{P_{n+1}} = \alpha_T = \alpha_1 + \alpha_2 + ... + \alpha_n \tag{B.20}$$

Conviene hacer notar que el dB y el Neperio no expresan magnitudes absolutas sino relativas, es decir, expresan el logaritmo de una relación. Cuando se quieren representar magnitudes absolutas, se requiere tomar una magnitud de referencia. Para ello, en el caso de las potencias, se suele tomar como referencia un milivatio, lo que nos permite definir el decibelio por milivatio (dBm) como:

$$10\log\frac{P}{1\,mW}\;dBm = 10\log(PmW)\;dBm \tag{B.21}$$

Una potencia en dBm expresa el número de decibelios que esta potencia está por encima de un milivatio.

Así, si se nos dice que una potencia es de 20dBm, en milivatios su valor es:

$$10\log\frac{P}{1mW} = 20\;dBm \tag{B.22}$$

$$\frac{P}{1mW} = antilog\;2 = 100 \tag{B.23}$$

y

$$P = 100\;mW \tag{B.24}$$

Una potencia de 1 mW equivale a 0 dBm.

Potencias por encima de 1mW equivalen a un número de dBm positivos, mientras que dBm negativos suponen potencias inferiores a 1 mW.

Apéndice C

EL OPERADOR D Y SUS PROPIEDADES

D es un operador tal que al aplicarlo a una función, realiza la derivada de ésta:

$$Dy\,(t) = \frac{dy(t)}{dt} \tag{C.1}$$

De la misma forma, la derivada n-esima se representa mediante la potencia del mismo orden del citado operador:

$$D^{\,n}\,y(t) = \frac{d^{\,n}\,y(t)}{dt^{\,n}} \tag{C.2}$$

Por extensión, el operador inverso D^{-1}, aplicado a una función, realiza la integral de dicha función:

$$D^{\,-1}\,y(t) = \frac{1}{D}\,y(t) = \int y(t)\ dt \tag{C.3}$$

y las aplicaciones sucesivas de D^{-1} sobre la función conducen a:

$$D^{\,-n}\,y(t) = \frac{1}{D^{\,n}}\,y(t) = \int y(t)\ dt\ (repetida\ n\ veces) \tag{C.4}$$

La aplicación del operador D sobre los dos términos de una igualdad ("multiplicación" por D) implica la derivación de ambos términos. Del mismo modo, la "multiplicación" por D^{-1} supone realizar la integración de los dos términos de la igualdad.

La propiedad fundamental de este operador para la resolución de ecuaciones integro-diferenciales es la de linealidad:

$$D\,[Ky(t)] = K\,[Dy\,(t)] \tag{C.5}$$

y

$$D\left[K_1 y_1(t) + K_2 y_2(t)\right] = K_1 D\,y_1(t) + K_2 D\,y_2(t) \tag{C.6}$$

También:

$$D^{-1}\,[K\,y(t)] = K\,D^{-1}\,y(t) \tag{C.7}$$

$$D^{-1}[K_1 y_1(t) + K_2 y_2(t)] = D^{-1}K_1 y_1(t) + D^{-1}K_2 y_2(t) \tag{C.8}$$

La sustitución de las derivadas e integrales por sus correspondientes operadores, D y D^{-1} respectivamente, permite reescribir las ecuaciones integro-diferenciales como ecuaciones algebraicas.

Apéndice D

RESOLUCIÓN DE ECUACIONES DIFERENCIALES LINEALES DE COEFICIENTES CONSTANTES

Dada la ecuación diferencial:

$$(a_n D^n + a_{n-1} D^{n-1} + a_{n-2} D^{n-2} + ... + a_1 D + a_0) y(t) = f(t) \quad (D.1)$$

su solución está formada por la suma de la solución de la ecuación homogénea más la solución particular de la ecuación completa:

$$y(t) = y(t) \ homogénea + y(t) \ particular \quad (D.2)$$

SOLUCIÓN DE LA ECUACIÓN HOMOGÉNEA

Sean m_1, m_2, ... m_n las raíces del polinomio en D:

$$a_n D^n + a_{n-1} D^{n-1} + a_{n-2} D^{n-2} + ... + a_1 D + a_0 = 0 \quad (D.3)$$

Es decir:

$$a_n (D - m_1)(D - m_2) ..... (D - m_n) = 0 \quad (D.4)$$

En función de la forma de las raíces se pueden distinguir los siguientes casos:

a) Raíces reales

b) Raíces complejas

c) Raíces reales y complejas

a) Raíces reales.

Si todas las raíces $\mathbf{m_1}$ son reales y distintas, la solución de la ecuación homogénea será de la forma:

$$y(t) = A_1\, e^{m_1 t} + A_2\, e^{m_2 t} + \ldots. + A_n\, e^{m_n t} \qquad \text{(D.5)}$$

Si alguna de las raíces es múltiple, por ejemplo, si $\mathbf{m_1}$ se repite **a** veces:

$$a_n (D - m_1)^a (D - m_2) \ldots. (D - m_{n-a}) = 0 \qquad \text{(D.6)}$$

La solución será:

$$y(t) = (A_1 + A_2 t + A_3 t^2 + \ldots. + A_a t^{a-1})\, e^{m_1 t} + A_{a+1}\, e^{m_2 t} + \ldots. + A_n\, e^{m_{(n-a)} t} \qquad \text{(D.7)}$$

siendo un polinomio de **t** de **a** términos y de grado **(a-1)**.

b) Raíces complejas.

Cuando ocurre esta circunstancia, las raíces aparecen emparejadas cada una con su conjugada. Es decir:

$$m_{1,2} = \sigma \pm j\,\omega \qquad \text{(D.8)}$$

Si estas dos fueran las únicas raíces, la solución de la homogénea sería:

$$y(t) = A_1\, e^{(\sigma + j\,\omega)t} + A_2\, e^{(\sigma - j\,\omega)t} =$$

$$= A_1\, e^{\sigma t} (\cos \omega t + j\, sen\, \omega t) + A_2\, e^{\sigma t} (\cos \omega t - j\, sen\, \omega t) = \qquad \text{(D.9)}$$

$$= e^{\sigma t} \left[(A_1 + A_2) \cos \omega t + j (A_1 - A_2)\, sen\, \omega t \right]$$

Dado que la solución ha de ser real, deberá cumplirse:

$$A_1 + A_2 \rightarrow real \qquad \text{(D.10)}$$

$$A_1 - A_2 \rightarrow imaginario\ puro \qquad \text{(D.11)}$$

Por lo tanto A_1 y A_2 serán complejas conjugadas:

$$A_1 = C\, e^{j\varphi} = C \cos \varphi + j\, C\, sen\, \varphi \qquad \text{(D.12)}$$

$$A_2 = C\,e^{-j\varphi} = C\cos\varphi - j\,C\,sen\,\varphi \tag{D.13}$$

y sustituyendo en (D.9) resulta:

$$\begin{aligned} y(t) &= e^{\sigma t}\,(2\,C\cos\varphi\cos\omega t - 2\,C\,sen\,\varphi\,sen\,\omega t) = \\ &= 2\,C\,e^{\sigma t}\cos(\omega t + \varphi) = C_0\,e^{\sigma t}\cos(\omega t + \varphi) = \\ &= C_0\,e^{\sigma t}\,sen(\omega t + \alpha) \end{aligned} \tag{D.14}$$

Siendo:

$$\alpha = \varphi + \frac{\pi}{2} \tag{D.15}$$

Si $\sigma = 0$ (raíz imaginaria pura), la respuesta es una función sinusoidal.

Si la raíz compleja es doble:

$$m_{1,2} = \sigma \pm j\,\omega \quad (dos\ veces\ cada\ una) \tag{D.16}$$

Resulta:

$$\begin{aligned} y(t) &= (A_1 + A_2\,t)\,e^{(\sigma + j\,\omega)t} + (A_3 + A_4\,t)\,e^{(\sigma - j\,\omega)t} = \\ &= e^{\sigma t}\,(A_1\,e^{j\,\omega t} + A_3\,e^{-j\,\omega t}) + t\,e^{\sigma t}\,(A_2\,e^{j\,\omega t} + A_4\,e^{-j\,\omega t}) \end{aligned} \tag{D.17}$$

que conduce a:

$$y(t) = C_{01}\,e^{\sigma t}\cos(\omega t + \varphi_1) + C_{02}t\,e^{\sigma t}\cos(\omega t + \varphi_2) \tag{D.18}$$

Si el grado de multiplicidad de la raíz es **a**, la respuesta será:

$$y(t) = C_{01}\,e^{\sigma t}\cos(\omega t + \varphi_1) + C_{02}t\,e^{\sigma t}\cos(\omega t + \varphi_2) + \ldots + C_{0a}\,t^{a-1}\,e^{\sigma t}\cos(\omega t + \varphi_a) \tag{D.19}$$

c) Raíces reales y complejas.

Si existen raíces reales y complejas, simples o múltiples, la solución será la suma de las respuestas de los casos anteriores. Así si las raíces fueran:

$$\begin{cases} m_{1,2} = \sigma_1 \pm j\,\omega_1 \\ m_{3,4} = \sigma_2 \pm j\,\omega_2 \\ m_5 = \sigma_3 \\ m_6 = \sigma_4 \end{cases} \tag{D.20}$$

La solución será la combinación de los casos a) y b), y por lo tanto:

$$y(t) = C_1\, e^{\sigma_1 t} \cos(\omega_1\, t + \varphi_1) + C_2\, e^{\sigma_2 t} \cos(\omega_2\, t + \varphi_2) + C_3\, e^{\sigma_3 t} + C_4\, e^{\sigma_4 t} \tag{D.21}$$

SOLUCIÓN PARTICULAR DE LA ECUACIÓN COMPLETA

Vamos a exponer a continuación cómo se determina la solución particular de la completa cuando la función f(t) tiene alguna de las formas comúnmente empleadas para excitar los circuitos, realizando un ejemplo para mejor comprensión del método.

a) Sea la función exponencial:

$$f(t) = A\, e^{-\beta t} \tag{D.22}$$

y la ecuación diferencial:

$$(D^3 + 2D^2 + 3D + 2)\; y(t) = A\, e^{-\beta t} \tag{D.23}$$

La solución particular se obtiene despejando y(t) y haciendo el cambio D = -β, resultando:

$$y(t) = \frac{A}{(-\beta)^3 + 2(-\beta)^2 + 3(-\beta) + 2}\, e^{-\beta t} \tag{D.24}$$

b) Función polinómica:

$$f(t) = a_n t^n + a_{n-1} t^{n-1} + \ldots + a_1 t + a_0 \tag{D.25}$$

Sea la ecuación:

$$(D^2 + 2D + 2)\; y(t) = a_n t^n + a_{n-1} t^{n-1} + \ldots + a_1 t + a_0 \tag{D.26}$$

Despejando y(t) se obtiene:

$$y(t) = \frac{1}{2 + 2D + D^2}\, (a_n t^n + a_{n-1} t^{n-1} + \ldots + a_1 t + a_0) \tag{D.27}$$

y haciendo la división resulta:

$$y(t) = \left(\frac{1}{2} - \frac{1}{2} D + \frac{1}{4} D^2 + ... + \frac{1}{K} D^n + ... \right) (a_n t^n + a_{n-1} t^{n-1} + ... + a_1 t + a_0) \quad (D.28)$$

Al realizar el cociente, nos pararemos en el término D^n ya que las derivadas de orden superior al del polinomio en t son nulas.

Vamos a resolver el caso particular en el que la función f(t) es una constante f(t) = K:

$$(D^2 + 2D + 2)\ y(t) = K \quad (D.29)$$

$$y(t) = \frac{1}{2 + 2D + D^2} K = \left(\frac{1}{2} + ... \right) K = \frac{K}{2} \quad (D.30)$$

c) Función sinusoidal.

Sea:

$$f(t) = A_0\ sen\,(\omega_0 t + \varphi) \quad (D.31)$$

y la ecuación diferencial:

$$(D^2 + 2D + 2)\ y(t) = A_0\ sen\,(\omega_0 t + \varphi) \quad (D.32)$$

La solución particular se obtiene haciendo los siguientes cambios:

$$\begin{cases} D^2 = -\omega_0^2 \\ D^4 = (-\omega_0^2)^2 = \omega_0^4 \\ D^6 = (-\omega_0^2)^3 = -\omega_0^6 \end{cases} \qquad \begin{cases} D = D \\ D^3 = -\omega_0^2 D \\ D^5 = \omega_0^4 D \end{cases} \quad (D.33)$$

Vamos a realizar un ejemplo.

Sea la ecuación diferencial:

$$(D^2 + 2D + 2)\ y(t) = 5\,sen\left(2t + \frac{\pi}{4} \right) \quad (D.34)$$

Despejando y(t) se obtiene:

$$y(t) = \frac{1}{D^2 + 2D + 2}\ 5\ sen\left(2t + \frac{\pi}{4} \right) \quad (D.35)$$

Haciendo el cambio:

$$D^2 = -2^2 = -4 \qquad (D.36)$$

resulta:

$$y(t) = \frac{1}{-4 + 2D + 2} 5 \; sen\left(2t + \frac{\pi}{4}\right) = \frac{1}{2D - 2} 5 \; sen\left(2t + \frac{\pi}{4}\right) \qquad (D.37)$$

multiplicando numerador y denominador por el "conjugado" del denominador para que en éste aparezca D^2, se obtiene:

$$y(t) = \frac{2D + 2}{4D^2 - 4} 5 \; sen\left(2t + \frac{\pi}{4}\right) \qquad (D.38)$$

Haciendo de nuevo el cambio:

$$D^2 = -4 \qquad (D.39)$$

se obtiene:

$$y(t) = \frac{2D + 2}{-16 - 4} 5 \; sen\left(2t + \frac{\pi}{4}\right) = (2D + 2)\left(\frac{-5}{20}\right) sen\left(2t + \frac{\pi}{4}\right) =$$
$$= (2D + 2)\left[-\frac{1}{4} sen\left(2t + \frac{\pi}{4}\right)\right] = -\cos\left(2t + \frac{\pi}{4}\right) - \frac{1}{2} sen\left(2t + \frac{\pi}{4}\right) \qquad (D.40)$$

d) Producto de una función por una exponencial:

$$f(t) = A \; e^{-\beta t} f_1(t) \qquad (D.41)$$

Supongamos la ecuación diferencial:

$$(D^2 + 2D + 2) \; y(t) = A \; e^{-\beta t} f_1(t) \qquad (D.42)$$

Despejando y(t) se obtiene:

$$y(t) = \frac{1}{D^2 + 2D + 2}\left[A \; e^{-\beta t} f_1(t)\right] \qquad (D.43)$$

trasladamos la función exponencial fuera del paréntesis para que no se le aplique el operador D, haciendo el cambio D por D-β:

$$y(t) = e^{-\beta t} \frac{1}{(D - \beta)^2 + 2(D - \beta) + 2} A \; f_1(t) \qquad (D.44)$$

y ahora, a la función $f_1(t)$, dependiendo de su forma, le es de aplicación lo visto en los casos anteriores.

Realicemos algunos ejemplos:

EJEMPLO 1

$$(D^2 + 2D + 2)\, y(t) = 2\, e^{-t}\, (t^2 + 2t + 1) \tag{D.45}$$

Despejando y(t) se obtiene:

$$y(t) = \frac{1}{D^2 + 2D + 2}\, 2\, e^{-t}\, (t^2 + 2t + 1) = 2\, e^{-t}\, \frac{1}{(D-1)^2 + 2(D-1) + 2}\, (t^2 + 2t + 1) \tag{D.46}$$

y operando la expresión anterior resulta:

$$y(t) = 2\, e^{-t}\, \frac{1}{D^2 + 1}\, (t^2 + 2t + 1) = 2\, e^{-t}\, (1 - D^2 + \ldots)\, (t^2 + 2t + 1) \tag{D.47}$$

y por lo tanto:

$$y(t) = 2\, e^{-t}\, (t^2 + 2t + 1 - 2) = 2\, e^{-t}\, (t^2 + 2t - 1) \tag{D.48}$$

EJEMPLO 2

Sea:

$$(D^3 + 2D^2 + 3D + 2)\, y(t) = 2\, e^{-t} \tag{D.49}$$

resulta:

$$y(t) = \frac{1}{D^3 + 2D^2 + 3D + 2}\, 2\, e^{-t} \tag{D.50}$$

Para D = -β = -1 se anula el denominador, no pudiendo aplicar por lo tanto lo visto en el caso a). Para su resolución aplicaremos el método del ejemplo anterior. Así tenemos:

$$y(t) = e^{-t}\, \frac{1}{(D-1)^3 + 2(D-1)^2 + 3(D-1) + 2}\, 2 \tag{D.51}$$

y por lo tanto:

$$y(t) = e^{-t}\, \frac{1}{D^3 - D^2 + 2D}\, 2 = e^{-t}\, \frac{1}{D} \left(\frac{1}{D^2 - D + 2}\, 2 \right) \tag{D.52}$$

haciendo el cociente tendremos:

$$y(t) = e^{-t} \frac{1}{D} \left(\frac{1}{2} + \ldots \right) 2 = e^{-t} \frac{1}{D} 1 = e^{-t} \int dt \qquad \text{(D.53)}$$

Resultando:

$$y(t) = t\ e^{-t} \qquad \text{(D.54)}$$

Apéndice E

TRANSFORMADA DE LAPLACE

Se define la transformada de Laplace unilateral de la función f(t), siendo **t** una variable real, a la función F(s) de la variable compleja $s = \sigma + j\omega$, tal que:

$$F(s) = \int_0^\infty e^{-st} f(t)\, dt \tag{E.1}$$

y se representa:

$$F(s) = \mathcal{L}[f(t)] \tag{E.2}$$

Para que exista la función F(s), f(t) debe ser continua para $0<t<\infty$ y la función $e^{-st}f(t)$ integrable entre $0<t<\infty$, para un cierto campo de **s** definido por la abscisa de convergencia σ_1, que delimita la región del plano complejo en el que la función F(s) está definida. La función f(t) se llama función generatriz:

$$f(t) = \frac{1}{2\pi j} \int_{c-j\infty}^{c+j\infty} F(s)\, e^{st}\, ds \tag{E.3}$$

y

$$f(t) = \mathcal{L}^{-1}[F(s)] \tag{E.4}$$

con $c > \sigma_1$.

E.1 PROPIEDADES DE LA TRANSFORMADA DE LAPLACE Y SU INVERSA

Linealidad de la transformada.

a)

$$\left.\begin{aligned} F_1(s) &= \mathcal{L}[f_1(t)] \\ F_2(s) &= \mathcal{L}[f_2(t)] \end{aligned}\right\} \Rightarrow \mathcal{L}[f_1(t) + f_2(t)] = \mathcal{L}[f_1(t)] + \mathcal{L}[f_2(t)] = F_1(s) + F_2(s) \quad \text{(E.5)}$$

b)

$$Si \quad F(s) = \mathcal{L}[f(t)] \quad \Rightarrow \quad \mathcal{L}[k f(t)] = k\,\mathcal{L}[f(t)] = k F(s) \quad \text{(E.6)}$$

Linealidad de la transformada inversa.

a)

$$\left.\begin{aligned} f_1(t) &= \mathcal{L}^{-1}[F_1(s)] \\ f_2(t) &= \mathcal{L}^{-1}[F_2(s)] \end{aligned}\right\} \Rightarrow \mathcal{L}^{-1}[F_1(s) + F_2(s)] = \mathcal{L}^{-1}[F_1(s)] + \mathcal{L}^{-1}[F_2(s)] = f_1(t) + f_2(t) \quad \text{(E.7)}$$

b)

$$Si \quad f(t) = \mathcal{L}^{-1}[F(s)] \quad \Rightarrow \quad \mathcal{L}^{-1}[K F(s)] = K\,\mathcal{L}^{-1}[F(s)] = K f(t) \quad \text{(E.8)}$$

Transformada de la derivada de una función.

Sea:

$$F(s) = \int_0^{\infty} e^{-st} f(t)\, dt = \mathcal{L}[f(t)] \quad \text{(E.9)}$$

Multiplicando por **s** resulta:

$$s\,F(s) = \int_0^{\infty} s\, e^{-st} f(t)\, dt \quad \text{(E.10)}$$

Haciendo:

$$u = f(t) \rightarrow du = f'(t)\, dt \quad \text{(E.11)}$$

$$dv = s\,e^{-st}\, dt \rightarrow v = -e^{-st} \quad \text{(E.12)}$$

Se obtiene:

$$s\,F(s) = -e^{-st} f(t) \Big|_0^\infty + \int_0^\infty e^{-st} f'(t)\, dt = f(0) + \mathcal{L}\,[f'(t)] \qquad \text{(E.13)}$$

y por lo tanto:

$$\mathcal{L}\,[f'(t)] = s\,F(s) - f(0) \qquad \text{(E.14)}$$

A partir de aquí podemos deducir la transformada de las derivadas sucesivas.

Así, tendremos:

$$\mathcal{L}\,[f''(t)] = s\,\mathcal{L}\,[f'(t)] - f'(0) = s^2\,F(s) - s f(0) - f'(0) \qquad \text{(E.15)}$$

y generalizando:

$$\mathcal{L}\,[f^n(t)] = s^n\,F(s) - s^{n-1} f(0) - s^{n-2} f'(0) + \ldots. + f^{n-1}(0) \qquad \text{(E.16)}$$

Transformada de la integral de una función.

Sea:

$$\mathcal{L}\left[\int_{-\infty}^{t} f(t)\, dt\right] = \mathcal{L}\left[f^{-1}(t)\right] = \int_0^\infty e^{-st} f^{-1}(t)\, dt \qquad \text{(E.17)}$$

Integrando por partes tenemos:

$$\begin{aligned} u &= f^{-1}(t) \;\rightarrow\; du = f(t)\,dt \\ dv &= e^{-st}\,dt \;\rightarrow\; v = \frac{-1}{s}\,e^{-st} \end{aligned} \qquad \text{(E.18)}$$

y sustituyendo en (E.17) se obtiene:

$$\mathcal{L}\left[f^{-1}(t)\right] = -\frac{1}{s} f^{-1}(t)\, e^{-st} \Bigg|_0^\infty + \int_0^\infty \frac{1}{s}\, e^{-st} f(t)\,dt \qquad \text{(E.19)}$$

Resultando:

$$\mathcal{L}\left[f^{-1}(t)\right] = \frac{f^{-1}(0)}{s} + \frac{F(s)}{s} \qquad \text{(E.20)}$$

Traslación en el dominio del tiempo.

Sea:

$$F(s) = \mathcal{L}\,[f(t)\;u(t)] = \int_0^{\infty} e^{-st}\,f(t)\;u(t)\;dt \tag{E.21}$$

Hacemos la traslación f(t-a) u (t-a).

La transformada de Laplace de la función trasladada será:

$$\mathcal{L}\,[f(t-a)\;u(t-a)] = \int_0^{\infty} e^{-st}\,f(t-a)\;u(t-a)\;dt = \int_a^{\infty} e^{-st}\,f(t-a)\;u(t-a)\;dt \tag{E.22}$$

Haciendo:

$$t - a = z \tag{E.23}$$

Resulta:

$$para \quad t = a \quad ; \qquad z = 0 \tag{E.24}$$

$$para \quad t = \infty \quad ; \qquad z = \infty \tag{E.25}$$

y sustituyendo en (E.22) tendremos:

$$\mathcal{L}\,[f(t-a)\;u(t-a)] = \int_0^{\infty} e^{-as}\,e^{-sz}\,f(z)\;u(z)\;dz = e^{-as}\,F(s) \tag{E.26}$$

Por lo que:

$$\mathcal{L}\,[f(t-a)\;u(t-a)] = e^{-as}\,F(s) \tag{E.27}$$

Traslación en el dominio complejo.

Sea:

$$F(s) = \mathcal{L}\,[f(t)] = \int_0^{\infty} e^{-st}\,f(t)\;dt \tag{E.28}$$

Haciendo el cambio de **s** por **(s-a)** resulta:

$$F(s-a) = \int_0^{\infty} e^{-(s-a)t}\,f(t)\,dt = \int_0^{\infty} e^{-st}\,e^{at}\,f(t)\,dt = \mathcal{L}\,[e^{at}\,f(t)] \tag{E.29}$$

y por lo tanto:

$$\mathcal{L}^{-1}\,[F(s-a)] = e^{at}\,f(t) \tag{E.30}$$

Teorema del valor final.

Dada:

$$F(s) = \mathcal{L}[f(t)] \tag{E.31}$$

el teorema del valor final expresa que:

$$\lim_{t \to \infty} f(t) = \lim_{s \to 0} s\,F(s) \tag{E.32}$$

Demostración:

La transformada de la derivada de la función f(t) es:

$$\mathcal{L}[f'(t)] = \int_0^{\infty} e^{-st} f'(t)\,dt = s\,F(s) - f(0) \tag{E.33}$$

y cuando s ⟶ 0, resultará:

$$\lim_{s \to 0} [s\,F(s) - f(0)] = \lim_{s \to 0} \int_0^{\infty} e^{-st} f'(t)\,dt = \int_0^{\infty} f'(t)\,dt = \lim_{t \to \infty} [f(t) - f(0)] \tag{E.34}$$

y por lo tanto:

$$\lim_{s \to 0} s\,F(s) = \lim_{t \to \infty} f(t) \tag{E.35}$$

Teorema del valor inicial.

Si:

$$F(s) = \mathcal{L}[f(t)] \tag{E.36}$$

el teorema del valor inicial indica que:

$$\lim_{t \to 0} f(t) = \lim_{s \to \infty} s\,F(s) \tag{E.37}$$

Demostración:

Dado que:

$$\mathcal{L}[f'(t)] = \int_0^{\infty} e^{-st} f'(t)\,dt = s\,F(s) - f(0) \tag{E.14 bis}$$

Se tiene:

$$\lim_{s \to \infty} [s\,F(s) - f(0)] = \lim_{s \to \infty} \int_0^{\infty} e^{-st} f'(t)\,dt = 0 \tag{E.37 bis}$$

y por lo tanto:

$$\lim_{s \to \infty} s\,F(s) = f(0) = \lim_{t \to 0} f(t) \tag{E.38}$$

E.2 DETERMINACIÓN DE LA TRANSFORMADA DE LAPLACE DE ALGUNAS FUNCIONES TÍPICAS

a) Función potencial.

$$f(t) = t^n \tag{E.39}$$

La transformada será:

$$\mathcal{L}\left[t^n\right] = \int_0^\infty t^n\, e^{-st}\, dt \tag{E.40}$$

Para resolverla hacemos:

$$u = t^n \;\Rightarrow\; du = n\, t^{n-1} \tag{E.41}$$

$$dv = e^{-st} \;\Rightarrow\; v = -\frac{1}{s}\, e^{-st} \tag{E.42}$$

Resultando:

$$\int_0^\infty t^n\, e^{-st}\, dt = -\left.\frac{t^n\, e^{-st}}{s}\right|_0^\infty + \frac{n}{s}\int_0^\infty t^{n-1}\, e^{-st}\, dt = \frac{n}{s}\int_0^\infty t^{n-1}\, e^{-st}\, dt \tag{E.43}$$

volviendo a hacer por partes la integral llegamos a la expresión:

$$\int_0^\infty t^n\, e^{-st}\, dt = \frac{n(n-1)}{s^2}\int_0^\infty t^{n-2}\, e^{-st}\, dt = \ldots = \frac{n(n-1)(n-2)\ldots 1}{s^n}\int_0^\infty e^{-st}\, dt \tag{E.43 bis}$$

Resultando:

$$\mathcal{L}\left[t^n\right] = \frac{n!}{s^{n+1}} \tag{E.44}$$

Por lo tanto:

$$\mathcal{L}\left[A\, t^n\right] = A\,\frac{n!}{s^{n+1}} \tag{E.45}$$

Para n = 0, se tiene la transformada de una constante:

$$\mathcal{L}\,[A] = A\,\frac{0!}{s} = \frac{A}{s} \tag{E.46}$$

y para n = 1:

$$\mathcal{L}[t] = \frac{1}{s^2} \qquad \text{(E.47)}$$

b) Función exponencial.

$$f = A\ e^{-\beta t} \qquad \text{(E.48)}$$

Su transformada será:

$$\mathcal{L}\left[A\ e^{-\beta t}\right] = \int_0^{\infty} A\ e^{-\beta t}\ e^{-st}\,dt = A\int_0^{\infty} e^{-(s+\beta)t}\,dt = -\frac{A}{s+\beta}\ e^{-(s+\beta)t}\Big|_0^{\infty} = \frac{A}{s+\beta} \qquad \text{(E.49)}$$

c) Función seno.

$$f(t) = A\ sen\ \omega t \qquad \text{(E.50)}$$

Su transformada será:

$$\mathcal{L}[A\ sen\ \omega t] = \mathcal{L}\left[A\ \frac{e^{j\omega t} - e^{-j\omega t}}{2j}\right] = \frac{A}{2j}\left[\frac{1}{s-j\omega} - \frac{1}{s+j\omega}\right] = A\ \frac{\omega}{s^2+\omega^2} \qquad \text{(E.51)}$$

d) Función coseno.

$$f(t) = A\ \cos\ \omega t \qquad \text{(E.52)}$$

$$\mathcal{L}[A\ \cos\ \omega t] = \mathcal{L}\left[A\ \frac{e^{j\omega t} + e^{-j\omega t}}{2}\right] = \frac{A}{2}\left[\frac{1}{s-j\omega} + \frac{1}{s+j\omega}\right] = A\ \frac{s}{s^2+\omega^2} \qquad \text{(E.53)}$$

e) Función.

$$f(t) = A\ e^{-\beta t}\ sen\,\omega\ t \qquad \text{(E.54)}$$

Teniendo en cuenta la propiedad de traslación de la variable compleja **s**, se obtiene:

$$\mathcal{L}\left[A\ e^{-\beta t}\,sen\ \omega t\right] = A\ \frac{\omega}{(s+\beta)^2+\omega^2} \qquad \text{(E.55)}$$

f) Función.

$$f(t) = A\ e^{-\beta t}\cos\ \omega t \qquad \text{(E.56)}$$

Haciendo uso de la misma propiedad que en el caso anterior resulta:

$$\mathcal{L}\left[A\ e^{-\beta t}\cos\omega t\right] = A\ \frac{s+\beta}{(s+\beta)^2+\omega^2} \qquad \text{(E.57)}$$

g) Sea:

$$g(t) = A\ t^n f(t) \qquad \text{(E.58)}$$

Llamamos:

$$F(s) = \mathcal{L}\left[A\ f(t)\right] = \int_0^\infty A\ e^{-st} f(t)\, dt \qquad \text{(E.59)}$$

Derivando la expresión anterior se obtiene:

$$\frac{dF(s)}{ds} = \int_0^\infty A(-t)\ e^{-st} f(t)\, dt \qquad \text{(E.60)}$$

Volviendo a derivar resulta:

$$\frac{d^2\ F(s)}{ds^2} = \int_0^\infty A\ t^2\ e^{-st} f(t)\, dt \qquad \text{(E.61)}$$

Repitiendo las derivadas obtendremos:

$$\frac{d^n\ F(s)}{ds^n} = \int_0^\infty A(-t)^n\ e^{-st} f(t)\, dt = (-1)^n\ \mathcal{L}\left[A\ t^n f(t)\right] \qquad \text{(E.62)}$$

h) Función delta de Dirac.

Sea:

$$f(t) = \begin{cases} \dfrac{1}{a}\ para\ 0 < t < a \\ 0\ para\ t > a \quad y \quad t < 0 \end{cases} \qquad \text{(E.63)}$$

y

$$\delta(t) = \lim_{a \to 0} f(t) \qquad \text{(E.64)}$$

La transformada de Laplace de A δ(t) será:

$$\mathcal{L}\,[A\,\delta(t)] = \int_0^{\infty} A\,\delta(t)\;e^{-st}\,dt = \lim_{a\to 0}\int_0^{a} A\,\frac{1}{a}\,e^{-st}\,dt = \lim_{a\to 0}\left[\frac{A}{-sa}\,e^{-st}\right]_0^a =$$
$$= \lim_{a\to 0}\left[\frac{A}{-sa}\,e^{-sa} + \frac{A}{sa}\right] = \lim_{a\to 0}\left[\frac{A}{sa}\,(1 - e^{-sa})\right] = \frac{0}{0} \tag{E.65}$$

Aplicando L'Hopital, tendremos:

$$\lim_{a\to 0}\left[\frac{A}{sa}\,(1 - e^{-sa})\right] = \lim_{a\to 0} A\,\frac{s\,e^{-sa}}{s} = A \tag{E.66}$$

Por lo tanto:

$$\mathcal{L}\,[A\,\delta(t)] = A \tag{E.67}$$

i) Transformada de una función periódica.

Sea la función periódica f(t) representada en la Figura E.1.

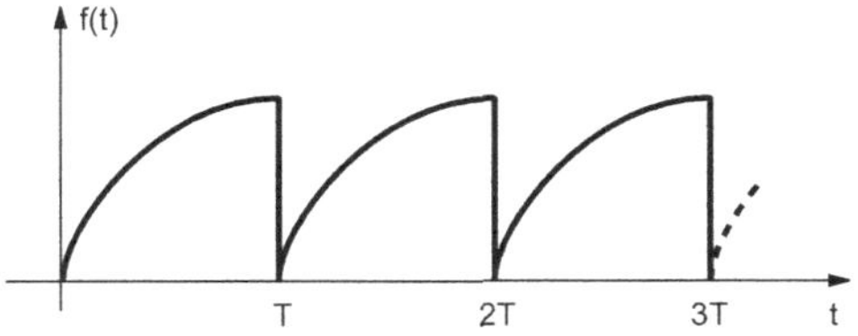

Figura E.1

Tomamos la función definida en el primer período

$$g(t) = f(t)\;[u(t) - u(t-T)] \tag{E.68}$$

cuya representación se muestra en la Figura E.2.

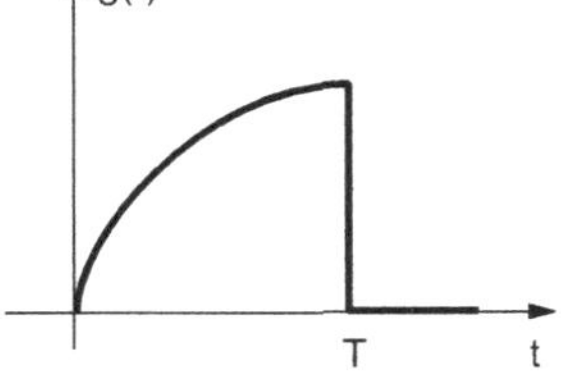

Figura E.2

Podemos expresar f(t) como el sumatorio de funciones g(t) desplazadas:

$$f(t) = \sum_{n=0}^{\infty} g(t-nT) \qquad \text{(E.69)}$$

Así tenemos:

$$\mathcal{L}[f(t)] = \mathcal{L}\left[\sum_{n=0}^{\infty} g(t-nT)\right] = \sum_{n=0}^{\infty} \mathcal{L}[g(t-nT)] \qquad \text{(E.70)}$$

Si:

$$\mathcal{L}[g(t)] = G(s) \qquad \text{(E.71)}$$

Tendremos:

$$\mathcal{L}[g(t-nT)] = e^{-nTs}\, G(s) \qquad \text{(E.72)}$$

y por lo tanto:

$$\mathcal{L}[f(t)] = \sum_{n=0}^{\infty} e^{-nTs}\, G(s) = G(s) \sum_{n=0}^{\infty} e^{-nTs} \qquad \text{(E.73)}$$

La expresión anterior es el sumatorio de los términos de una progresión geométrica decreciente de razón e^{-Ts} cuya suma es:

$$\sum_{n=0}^{\infty} e^{-nTs} = \frac{1}{1 - e^{-Ts}} \qquad \text{(E.74)}$$

y por lo tanto:

$$\mathcal{L}[f(t)] = F(s) = G(s)\, \frac{1}{1 - e^{-Ts}} \qquad \text{(E.75)}$$

Vamos a realizar a continuación el cálculo de la transformada de Laplace de algunas funciones periódicas.

1) Señal sinusoidal rectificada:

$$f(t) = \left| E \; sen \; \frac{\pi}{T}\, t \right| u(t) \qquad \text{(E.76)}$$

Su representación se muestra en la Figura E.3a.

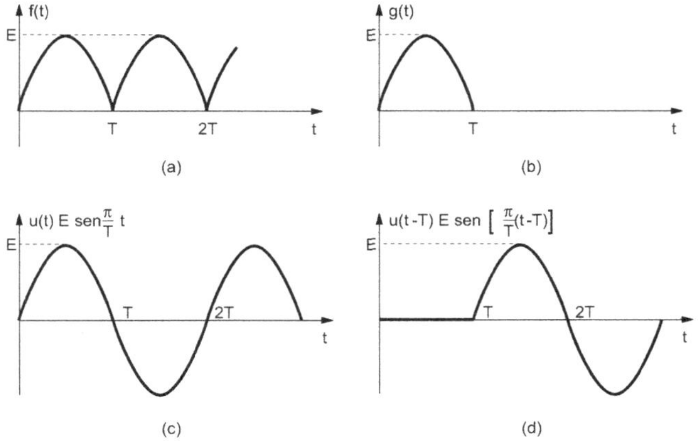

Figura E.3

La función definida en un período es:

$$g(t) = u(t)\ E\ sen\ \frac{\pi}{T}\ t + u(t - T)\ E\ sen\ \frac{\pi}{T}\ (t - T) \qquad \text{(E.77)}$$

En la Figura E.3b, se representa esta función y en las Figuras E.3c y d, las dos funciones de las que es suma.

Tendremos:

$$G(s) = E\ \frac{\frac{\pi}{T}}{s^2 + \left(\frac{\pi}{T}\right)^2} + E\ e^{-sT}\ \frac{\frac{\pi}{T}}{s^2 + \left(\frac{\pi}{T}\right)^2} = E\ \frac{\frac{\pi}{T}}{s^2 + \left(\frac{\pi}{T}\right)^2}\ (1 + e^{-sT}) \qquad \text{(E.78)}$$

y teniendo en cuenta la ecuación (E.75), tendremos:

$$F(s) = \frac{1}{1 - e^{-Ts}}\ G(s) = E\ \frac{\frac{\pi}{T}}{s^2 + \left(\frac{\pi}{T}\right)^2}\ \frac{1 + e^{-sT}}{1 - e^{-sT}} \qquad \text{(E.79)}$$

2) Señal cuadrada.

Sea la función f(t) representada en la Figura E.4.

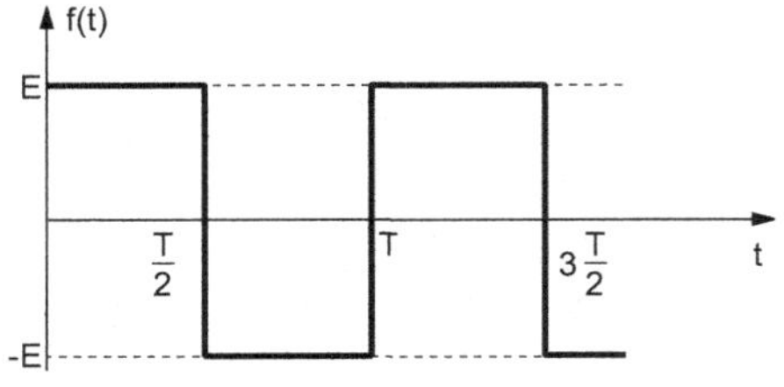

Figura E.4

La Figura E.5a representa g(t) y la Figura E.5b, las funciones de las que es suma.

Se tiene:

$$g(t) = E\ [u(t) - 2u(t - \frac{T}{2}) + u(t - T)] \qquad \text{(E.80)}$$

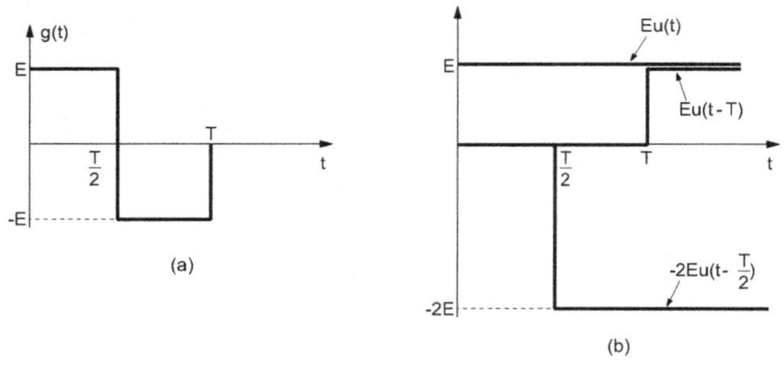

Figura E.5

$$\mathcal{L}\,[g(t)] = E\left[\frac{1}{s} - \frac{2\,e^{-s\frac{T}{2}}}{s} + \frac{e^{-Ts}}{s}\right] = \frac{E}{s}\left(1 - 2\,e^{-s\frac{T}{2}} + e^{-Ts}\right) = \frac{E}{s}\left(1 - e^{-s\frac{T}{2}}\right)^2 \qquad \text{(E.81)}$$

Aplicando la ecuación (E.75) tendremos:

$$\mathcal{L}[f(t)] = \frac{1}{1 - e^{-Ts}} \mathcal{L}[g(t)] = \frac{E}{s} \frac{\left(1 - e^{-s\frac{T}{2}}\right)^2}{1 - e^{-Ts}} =$$

$$= \frac{E}{s} \frac{\left(1 - e^{-s\frac{T}{2}}\right)^2}{\left(1 + e^{-s\frac{T}{2}}\right)\left(1 - e^{-s\frac{T}{2}}\right)} = \frac{E}{s} \frac{1 - e^{-s\frac{T}{2}}}{1 + e^{-s\frac{T}{2}}} \tag{E.82}$$

Si la función fuera la $f_1(t)$ representada en la Figura E.6.

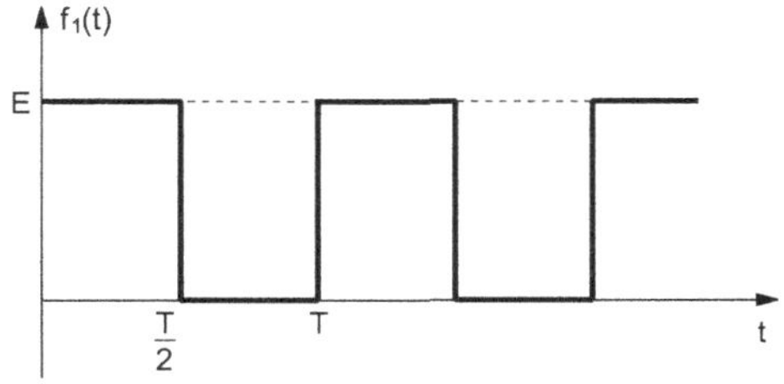

Figura E.6

Se puede obtener sumando a la función anterior la constante E y dividiendo por dos:

$$f_1(t) = \frac{1}{2} [f(t) + E] \tag{E.83}$$

y su transformada será:

$$\mathcal{L}\left[f_1(t)\right] = \frac{1}{2}\left[F(s) + \frac{E}{s}\right] = \frac{E}{2s}\left[\frac{1 - e^{-s\frac{T}{2}}}{1 + e^{-s\frac{T}{2}}} + 1\right] = \frac{E}{s} \frac{1}{1 + e^{-s\frac{T}{2}}} \tag{E.84}$$

3) Función triangular.

Sea la función triangular f(t), representada en la Figura E.7.

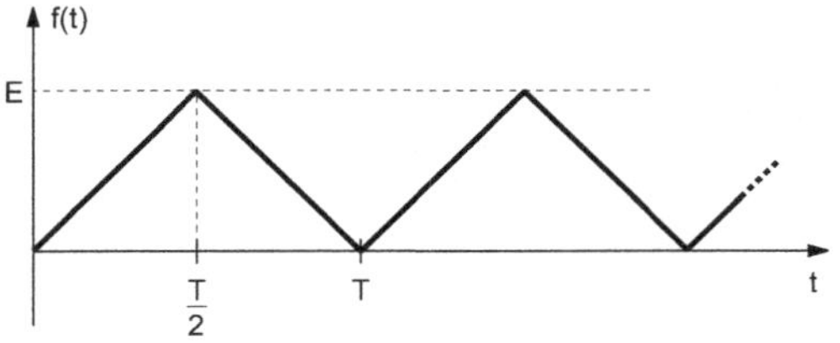

Figura E.7

La función g(t) será:

$$g(t) = \frac{2E}{T}\, tu(t) - \frac{4E}{T}\left(t - \frac{T}{2}\right) u\left(t - \frac{T}{2}\right) + \frac{2E}{T}\,(t - T)\, u(t - T) \qquad \text{(E.85)}$$

la cual se representa en la Figura E.8a, estando representadas en la Figura E.8b las funciones de las que es suma.

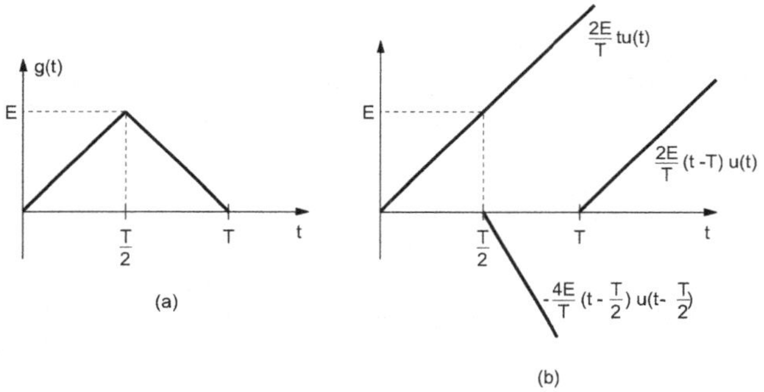

Figura E.8

La transformada de la función g(t) resulta:

$$\mathcal{L}\,[g(t)] = \frac{2E}{T}\left[\frac{1}{s^2} - \frac{2\,e^{-\frac{T}{2}s}}{s^2} + \frac{e^{-Ts}}{s^2}\right] = \frac{2E}{Ts^2}\left(1 - e^{-\frac{T}{2}s}\right)^2 \qquad \text{(E.86)}$$

y por lo tanto:

$$\mathcal{L}\,[f(t)] = \frac{1}{1 - e^{-sT}}\;G(s) = \frac{2E}{Ts^2}\;\frac{\left(1 - e^{-\frac{T}{2}s}\right)^2}{\left(1 + e^{-\frac{T}{2}s}\right)\left(1 - e^{-\frac{T}{2}s}\right)} = \frac{2E}{Ts^2}\;\frac{1 - e^{-\frac{T}{2}s}}{1 + e^{-\frac{T}{2}s}} \qquad \text{(E.87)}$$

E.3 OBTENCIÓN DE LA TRANSFORMADA INVERSA DE LAPLACE

El proceso matemático de pasar de la expresión en la variable compleja **s** a la expresión en función del tiempo es lo que se conoce como transformación inversa de Laplace y se expresa:

$$\mathcal{L}^{-1}\,[F(s)] = f(t) \qquad \text{(E.88)}$$

Matemáticamente se obtiene f(t) de F(s) con la siguiente expresión:

$$f(t) = \frac{1}{2\pi j}\int_{c-j\infty}^{c+j\infty} F(s)\;e^{st}\,ds \qquad (t > 0) \qquad \text{(E.89)}$$

La integral se extiende a lo largo de una recta paralela al eje jω y a una distancia **c** del mismo. Este camino de integración debe estar a la derecha de todos los puntos singulares de F(s).

El cálculo de la integral anterior es en muchos casos engorroso, por lo que se recurre al uso de una tabla de transformadas de Laplace. La única labor consistirá en identificar la función F(s) obtenida en un problema concreto con alguna de las funciones que aparecen sobre la tabla.

Si no se encuentra una transformada F(s) determinada, se la puede desarrollar en fracciones parciales y escribir F(s) en términos de funciones de **s** simples, para las cuales se conocen las transformadas inversas de Laplace.

E.3.1 Método de desarrollo en fracciones parciales

El método consiste en descomponer F(s) en suma de funciones cuyas transformadas inversas se puedan obtener fácilmente:

$$F(s) = F_1(s) + F_2(s) + \ldots + F_n(s) \qquad \text{(E.90)}$$

de manera que:

$$f(t) = \mathcal{L}^{-1}[F(s)] = \mathcal{L}^{-1}[F_1(s)] + \mathcal{L}^{-1}[F_2(s)] + \ldots + \mathcal{L}^{-1}[F_n(s)] = \\ = f_1(t) + f_2(t) + \ldots + f_n(t) \qquad \text{(E.91)}$$

En los problemas de circuitos, la función F(s) frecuentemente es de la forma:

$$F(s) = \frac{P(s)}{Q(s)} \qquad \text{(E.92)}$$

donde P(s) y Q(s) son polinomios en **s** con coeficientes reales, siendo el grado de Q(s) igual o mayor que el de P(s).

Para desarrollar la función anterior en suma de fracciones parciales, hay que conocer previamente las raíces del polinomio Q(s) del denominador con lo que podemos factorizar éste.

Supongamos la función F(s) escrita en la forma:

$$F(s) = \frac{P(s)}{Q(s)} = K\frac{(s + z_1)\ (s + z_2)\ \ldots.\ (s + z_m)}{(s + p_1)\ (s + p_2)\ \ldots.\ (s + p_n)} \qquad \text{(E.93)}$$

donde p_1, p_2...p_n son los polos de la función F(s) y z_1, z_2 ... z_m sus ceros.

Los polos y los ceros pueden ser reales o complejos, apareciendo en este último caso por parejas conjugadas.

Según los valores de los polos de F(s), distinguimos los siguientes casos:

E.3.1.1 POLOS REALES DISTINTOS (O DE PRIMER ORDEN)

Sea:

$$F(s) = \frac{P(s)}{Q(s)} = \frac{P(s)}{(s + p_1)\,(s + p_2)\ldots(s + p_n)} = \frac{A_1}{s + p_1} + \frac{A_2}{s + p_2} + \ldots + \frac{A_n}{s + p_n} \qquad \text{(E.94)}$$

donde los valores A_1, A_2 ... A_n son constantes y reciben el nombre de residuos en el polo correspondiente. Así A_k es el residuo en el polo $s = -p_k$.

Se puede hallar el valor de cada residuo A_k ($1 < k < n$) multiplicando ambos miembros de la ecuación anterior por $(s + p_k)$ y hallando el valor del producto para $s = -p_k$.

Así se tiene:

$$\left.\frac{P(s)}{Q(s)}(s+p_k)\right]_{s=-p_k} = \left[\frac{A_1}{s+p_1}(s+p_k) + \frac{A_2}{s+p_2}(s+p_k) + \ldots + \right.$$
$$\left. + \frac{A_k}{(s+p_k)}(s+p_k) + \ldots + \frac{A_n}{(s+p_n)}(s+p_k)\right]_{s=-p_k} = A_k \qquad \text{(E.95)}$$

Por lo tanto:

$$A_k = \left.\frac{P(s)}{Q(s)}(s+p_k)\right]_{s=-p_k} = F(s)\,(s+p_k)\big]_{s=-p_k} \qquad para\ 1 \le k \le n \qquad \text{(E.96)}$$

Obtenidos los valores de los residuos, la transformada inversa de F(s) se obtiene de forma inmediata:

$$f(t) = \mathcal{L}^{-1}\left[\frac{P(s)}{Q(s)}\right] = \mathcal{L}^{-1}\left[\frac{A_1}{s+p_1} + \frac{A_2}{s+p_2} + \ldots + \frac{A_k}{s+p_k} + \ldots + \frac{A_n}{s+p_n}\right] =$$
$$= A_1\, e^{-p_1 t} + A_2\, e^{-p_2 t} + \ldots + A_k\, e^{-p_k t} + \ldots + A_n\, e^{-p_n t} \qquad \text{(E.97)}$$

E.3.1.2 POLOS REALES MÚLTIPLES (O DE ORDEN MÚLTIPLE)

Sea:

$$F(s) = \frac{P(s)}{Q(s)} = \frac{P(s)}{(s+p_1)^r\,(s+p_{r+1})\,(s+p_{r+2})\,\ldots\,(s+p_n)} =$$
$$= \frac{A_{1r}}{(s+p_1)^r} + \frac{A_{1(r-1)}}{(s+p_1)^{r-1}} + \frac{A_{1(r-2)}}{(s+p_1)^{r-2}} + \ldots + \frac{A_{11}}{(s+p_1)} + \qquad \text{(E.98)}$$
$$+ \frac{A_{r+1}}{s+p_{r+1}} + \frac{A_{r+2}}{s+p_{r+2}} + \ldots + \frac{A_n}{s+p_n}$$

Nótese en el desarrollo anterior que el polo múltiple de orden **r** ha dado lugar a **r** fracciones en el segundo miembro. Para designar las constantes de las fracciones parciales se emplea un solo subíndice para un polo de primer orden y para los de orden superior se emplea una notación de dos subíndices: el primero designa el polo y el segundo, el orden del polo en el desarrollo en fracciones. Las constantes asociadas con los denominadores de primer orden en el desarrollo en fracciones parciales se llaman residuos; el resto, simplemente coeficientes. En el ejemplo indicado en la expresión anterior, se ha supuesto que el polo múltiple es el p_1.

Para obtener los valores de los diversos coeficientes A_{1i}, se procede del siguiente modo:

Multiplicando ambos miembros de la ecuación (E.98) por $(s + p_1)^r$ y calculando el valor del producto para $s = -p_1$ se tiene:

$$A_{1r} = \left[\frac{P(s)}{Q(s)}\,(s+p_1)^r\right]_{s=-p_1} = \left[\frac{P(s)}{(s+p_{r+1})\,(s+p_{r+2})\,\dots\,(s+p_n)}\right]_{s=-p_1} \quad \text{(E.99)}$$

Si se multiplican ambos miembros de la ecuación (E.98) por $(s + p_1)^r$ y se deriva con respecto a **s**, tenemos:

$$\frac{d}{ds}\left[\frac{P(s)}{Q(s)}\,(s+p_1)^r\right] = A_{1r}\,\frac{d}{ds}\left[\frac{(s+p_1)^r}{(s+p_1)^r}\right] + A_{1(r-1)}\,\frac{d}{ds}\left[\frac{(s+p_1)^r}{(s+p_1)^{r-1}}\right] + \dots +$$
$$+ A_{11}\,\frac{d}{ds}\left[\frac{(s+p_1)^r}{(s+p_1)}\right] + A_{r+1}\,\frac{d}{ds}\left[\frac{(s+p_1)^r}{s+p_{r+1}}\right] + \dots + A_n\,\frac{d}{ds}\left[\frac{(s+p_1)^r}{s+p_n}\right] \quad \text{(E.100)}$$

En el segundo miembro de la ecuación anterior, el primer término se anula, el segundo término se convierte en $A_{1(r-1)}$ y en todos los términos restantes existe alguna potencia de $(s + p_1)$, por lo que si hacemos $s = -p_1$, se anulan. Por tanto:

$$A_{1(r-1)} = \lim_{s\to -p_1} \frac{d}{ds}\left[\frac{P(s)}{Q(s)}\,(s+p_1)^r\right] = \lim_{s\to p_1} \frac{d}{ds}\left[\frac{P(s)}{(s+p_{r+1})\,(s+p_{r+2})\,\dots\,(s+p_n)}\right] \quad \text{(E.101)}$$

En forma similar, derivando sucesivamente respecto a **s** y haciendo que **s** tienda a $-p_1$, se obtienen los valores para $A_{1(r-k)}$. Así:

$$A_{1(r-3)} = \frac{1}{3!}\left\{\frac{d^3}{ds^3}\left[\frac{P(s)}{Q(s)}\,(s+p_1)^r\right]\right\}_{s=-p_1} \quad \text{(E.102)}$$

$$A_{1(r-2)} = \frac{1}{2!}\left\{\frac{d^2}{ds^2}\left[\frac{P(s)}{Q(s)}\,(s+p_1)^r\right]\right\}_{s=-p_1} \quad \text{(E.103)}$$

y con carácter general para un polo múltiple p_q se tiene:

$$A_{q(r-k)} = \frac{1}{k!} \left\{ \frac{d^k}{ds^k} \left[\frac{P(s)}{Q(s)} (s + p_q)^r \right] \right\}_{s=-p_q} \qquad \text{(E.104)}$$

Recordemos que la transformada inversa de Laplace de:

$$\frac{1}{(s + p_q)^n} \qquad \text{(E.105)}$$

está dada por:

$$\mathcal{L}^{-1} \left[\frac{1}{(s + p_q)^n} \right] = \frac{t^{n-1}}{(n-1)!} e^{-p_q t} \qquad \text{(E.106)}$$

Por lo tanto:

$$f(t) = \mathcal{L}^{-1}[F(s)] = \mathcal{L}^{-1} \left[\frac{A_{1r}}{(s+p_1)^r} + \frac{A_{1(r-1)}}{(s+p_1)^{r-1}} + \ldots + \frac{A_{11}}{s+p_1} + \frac{A_{r+1}}{s+p_{r+1}} + \right.$$

$$\left. + \ldots + \frac{A_n}{s+p_n} \right] = \left[\frac{A_{1r}}{(r-1)!} t^{r-1} + \frac{A_{1(r-1)}}{(r-2)!} t^{r-2} + \ldots + A_{12} t + A_{11} \right] e^{-p_1 t} + \qquad \text{(E.107)}$$

$$+ A_{r+1} e^{-p_{r+1} t} + \ldots + A_n e^{-p_n t}$$

E.3.1.3 POLOS COMPLEJOS CONJUGADOS

Sea la función:

$$F(s) = \frac{P(s)}{Q(s)} = \frac{P(s)}{(s+p_1)(s+p_2)(s+p_3)\ldots(s+p_n)} \qquad \text{(E.108)}$$

donde p_1 y p_2 son complejos conjugados (los polos complejos aparecen en parejas conjugadas). El resto de los polos se supone que son reales.

La función indicada en (E.108) se puede desarrollar en dos formas:

$$F(s) = \frac{A_1}{s+p_1} + \frac{A_2}{s+p_2} + \frac{A_3}{s+p_3} + \ldots + \frac{A_n}{s+p_n} \qquad \text{(E.109)}$$

siendo:

$$A_k = \left[F(s)\,(s + p_k)\right]_{s=-p_k} \qquad \text{(E.96 bis)}$$

o bien:

$$F(s) = \frac{B_1 s + B_2}{(s + p_1)\,(s + p_2)} + \frac{A_3}{s + p_3} + \dots + \frac{A_n}{s + p_n} \qquad \text{(E.110)}$$

Esta última expresión aparece como consecuencia de realizar la suma de los dos primeros términos de la ecuación (E.109) con A_1 y A_2 conjugados, dado por F(s) es una función real en **s**.

Los valores de B_1 y B_2 pueden ser obtenidos multiplicando ambos miembros de la expresión anterior por $(s + p_1)$ $(s + p_2)$ y haciendo $s = -p_1$, con lo que se tiene:

$$\left[\frac{P(s)}{Q(s)}\,(s + p_1)\,(s + p_2)\right]_{s=-p_1} = \left[(B_1 s + B_2) + \frac{A_3}{s + p_3}\,(s + p_1)\,(s + p_2) + \dots + \frac{A_n}{(s + p_n)}\,(s + p_1)\,(s + p_2)\right]_{s=-p_1} \qquad \text{(E.111)}$$

Por tanto, todos los términos del desarrollo desaparecen a excepción de $B_1 + sB_2$, por lo que:

$$\left(B_1 s + B_2\right)_{s=-p_1} = \left[\frac{P(s)}{Q(s)}\,(s + p_1)\,(s + p_2)\right]_{s=-p_1} \qquad \text{(E.112)}$$

Como p_1 es una cantidad compleja, ambos miembros de la ecuación (E.112) son complejos. Igualando entre sí respectivamente las partes real e imaginaria de ambos miembros de la ecuación (E.112), se obtienen dos ecuaciones que nos permiten determinar B_1 y B_2, siendo ambos reales.

En la tabla de transformadas encontraremos la función:

$$F_1(s) = \frac{B_1 s + B_2}{(s + p_1)\,(s + p_2)} = \frac{B_1 s + B_2}{s^2 + (p_1 + p_2)\,s + p_1 p_2} = \frac{B_1 s + B_2}{s^2 + a\,s + b} \qquad \text{(E.113)}$$

donde $a = p_1 + p_2$ y $b = p_1 p_2$, siendo $a^2 < 4b$ (para que las raíces sean complejas).

E.3.1.4 POLOS COMPLEJOS MÚLTIPLES

Aunque los polos complejos múltiples no se presentan a menudo en los problemas de Circuitos, es importante conocer el modo de proceder en este caso. Pueden tratarse de manera idéntica a como se hizo para los polos reales repetidos o múltiples.

Así, sea la función:

$$F(s) = \frac{P(s)}{Q(s)} = \frac{P(s)}{(s+p_1)^r (s+p_2)^r \; Q_1(s)} \qquad \text{(E.114)}$$

donde p_1 y p_2 son los polos complejos conjugados con una multiplicidad **r** y el polinomio Q_1 (s) engloba al resto de raíces.

El desarrollo se hará de la siguiente manera:

$$F(s) = \frac{A_{1r}}{(s+p_1)^r} + \frac{A_{2r}}{(s+p_2)^r} + \frac{A_{1(r-1)}}{(s+p_1)^{r-1}} + \frac{A_{2(r-1)}}{(s+p_2)^{r-1}} + \ldots +$$
$$+ \frac{A_{11}}{s+p_1} + \frac{A_{21}}{s+p_2} + \ldots\ldots\ldots debidas\ a\ Q_1(s)\ldots\ldots\ldots \qquad \text{(E.115)}$$

Las constantes se calculan de la forma ya vista en el caso de raíces reales múltiples:

$$A_{q(r-k)} = \frac{1}{k!}\left\{\frac{d^k}{ds^k}\left[F(s)\ (s+p_q)^r\right]\right\}_{s=-p_q} \qquad \text{(E.116)}$$

La transformada inversa es de la forma:

$$f(t) = 2\,|A_r|\,\frac{t^{r-1}}{(r-1)!}\,e^{-at}\,sen(bt+\varnothing_r) + 2\,|A_{r-1}|\,\frac{t^{r-2}}{(r-2)!}\,e^{-at}\,sen(bt+\varnothing_{r-1}) +$$
$$+ \ldots\ldots\ldots\ldots debido\ al\ resto\ de\ las\ raices\ldots\ldots\ldots\ldots \qquad \text{(E.117)}$$

donde $|A_j| = |A_{1j}| = |A_{2j}|$, ya que los términos A_{1j} y A_{2j}, correspondientes a raíces conjugadas y con el mismo orden del polo en el desarrollo de fracciones, son complejos conjugados también.

E.3.1.5 SIMPLIFICACIÓN EN EL DESARROLLO EN FRACCIONES

Los métodos vistos anteriormente pueden ser laboriosos, en especial en el caso de polos múltiples o complejos.

El primer paso de este procedimiento simplificado consiste en calcular los residuos correspondientes a los polos simples de la función F(s). A continuación se restan las correspondientes fracciones parciales de la función total. La función resultante contiene solamente los polos múltiples o complejos y es más fácil de desarrollar que la función original F(s).

EJEMPLO 1

Sea la función:

$$F(s) = \frac{12(s+1)}{s(s+2)^2\ (s+3)} = \frac{A_0}{s} + \frac{A_{12}}{(s+2)^2} + \frac{A_{11}}{s+2} + \frac{A_2}{s+3} \qquad \text{(E.118)}$$

$$A_0 = [F(s)\ s]_{s=0} = \left.\frac{12(s+1)}{(s+2)^2\ (s+3)}\right|_{s=0} = \frac{12}{2^2\ 3} = 1 \qquad \text{(E.119)}$$

$$A_2 = [F(s)\ (s+3)]_{s=-3} = \left.\frac{12(s+1)}{s(s+2)^2}\right|_{s=-3} = \frac{12(-3+1)}{-3\ (-3+2)^2} = 8 \qquad \text{(E.120)}$$

y finalmente:

$$\frac{12(s+1)}{s(s+2)^2\ (s+3)} - \frac{1}{s} - \frac{8}{s+3} = -\frac{9s^3 + 39s^2 + 36s}{s(s+2)^2\ (s+3)} \qquad \text{(E.121)}$$

Al restar de la función total que contiene los polos s = 0 y s = -3 las fracciones parciales debidas a estos polos, la función resultante no los contiene. Por lo tanto:

$$-\frac{9s^3 + 39s^2 + 36s}{s(s+2)^2\ (s+3)} = -\frac{s(9s+12)(s+3)}{s(s+2)^2\ (s+3)} = -\frac{9s+12}{(s+2)^2} = \frac{A_{12}}{(s+2)^2} + \frac{A_{11}}{s+2} \qquad \text{(E.122)}$$

$$A_{12} = \left[-\frac{9s+12}{(s+2)^2}\ (s+2)^2\right]_{s=-2} = 6 \qquad \text{(E.123)}$$

A_{11} se puede obtener también efectuando la diferencia entre la función parcial y la total correspondiente:

$$-\frac{9s+12}{(s+2)^2} - \frac{6}{(s+2)^2} = -\frac{9s+18}{(s+2)^2} = -\frac{9}{s+2} \qquad \text{(E.124)}$$

De donde se deduce que A_{11} = -9.

Por lo tanto:

$$F(s) = \frac{12(s+1)}{s(s+2)^2\ (s+3)} = \frac{1}{s} + \frac{8}{s+3} + \frac{6}{(s+2)^2} - \frac{9}{s+2} \qquad \text{(E.125)}$$

y las transformadas inversas son inmediatas.

EJEMPLO 2

Sea la función:

$$F(s) = \frac{20}{(s^2+6s+25)\ (s+1)} = \frac{A\,s+B}{s^2+6s+25} + \frac{C}{s+1} \qquad \text{(E.126)}$$

$$C = F(s)\ (s+1)\Big]_{s=-1} = \left.\frac{20}{s^2+6s+25}\right]_{s=-1} = 1 \qquad \text{(E.127)}$$

Restando la fracción parcial de F(s) tenemos:

$$\frac{20}{(s^2+6s+25)\ (s+1)} - \frac{1}{s+1} = \frac{-s^2-6s-5}{(s^2+6s+25)\ (s+1)} = -\frac{s+5}{s^2+6s+25} \qquad \text{(E.128)}$$

luego

$$-\frac{(s+5)}{s^2+6s+25} = \frac{A\,s+B}{s^2+6s+25} \qquad \text{(E.129)}$$

de donde se deduce que A = -1 y B = -5.

Por lo tanto:

$$F(s) = \frac{1}{s+1} - \frac{s+5}{s^2+6s+25} = \frac{1}{s+1} - \frac{s+5}{(s+3)^2+(4)^2} \qquad \text{(E.130)}$$

La transformada inversa de esta función se encuentra directamente sobre las tablas.

Como final, existe una regla práctica, muy util para el cálculo de los residuos de un desarrollo en fracciones parciales. Esta regla dice que en un cociente normalizado de polinomios:

- ✓ Si el denominador es de un grado superior en una unidad al del numerador, la suma de los residuos es la unidad.
- ✓ Si el denominador es de grado dos o más, superior al del numerador, la suma de los residuos es cero.

Hay que recordar en esta regla que los residuos en un desarrollo en fracciones parciales son los coeficientes de las fracciones que tienen un denominador de grado unidad.

Además, polinomios normalizados son aquellos en los que los coeficientes correspondientes al término de mayor grado en **s** es la unidad.

TABLA DE TRANSFORMADAS DE LAPLACE

$F(s)$	$f(t) \qquad 0 \le t$
1. 1	$\delta(t)$
2. $\frac{1}{s}$	1 ó $u(t)$
3. $\frac{1}{s^2}$	$tu(t)$
4. $\frac{1}{s^n}$	$\frac{1}{(n-1)!} t^{n-1}$ n es entero positivo
5. $\frac{1}{s} e^{-as}$	$u(t-a)$
6. $\frac{1}{s+a}$	e^{-at}
7. $\frac{1}{(s+a)^n}$	$\frac{1}{(n-1)!} t^{n-1}e^{-at}$ n es entero positivo
8. $\frac{1}{s(s+a)}$	$\frac{1}{a}(1-e^{-at})$
9. $\frac{1}{s(s+a)(s+b)}$	$\frac{1}{ab}\left(1-\frac{b}{b-a}e^{-at}+\frac{a}{b-a}e^{-bt}\right)$
10. $\frac{s+\alpha}{s(s+a)(s+b)}$	$\frac{1}{ab}\left[\alpha-\frac{b(\alpha-a)}{b-a}e^{-at}+\frac{a(\alpha-b)}{b-a}e^{-bt}\right]$
11. $\frac{1}{(s+a)(s+b)}$	$\frac{1}{b-a}(e^{-at}-e^{-bt})$
12. $\frac{s}{(s+a)(s+b)}$	$\frac{1}{a-b}(ae^{-at}-be^{-bt})$
13. $\frac{s+\alpha}{(s+a)(s+b)}$	$\frac{1}{b-a}[(\alpha-a)e^{-at}-(\alpha-b)e^{-bt}]$
14. $\frac{1}{(s+a)(s+b)(s+c)}$	$\frac{e^{-at}}{(b-a)(c-a)}+\frac{e^{-bt}}{(c-b)(a-b)}+\frac{e^{-ct}}{(a-c)(b-c)}$

$F(s)$	$f(t) \qquad 0 \le t$
15. $\dfrac{s+\alpha}{(s+a)(s+b)(s+c)}$	$\dfrac{(\alpha-a)\,e^{-at}}{(b-a)(c-a)} + \dfrac{(\alpha-b)e^{-bt}}{(c-b)(a-b)} + \dfrac{(\alpha-c)e^{-ct}}{(a-c)(b-c)}$
16. $\dfrac{\omega}{s^2+\omega^2}$	$\text{sen } \omega t$
17. $\dfrac{s}{s^2+\omega^2}$	$\cos \omega t$
18. $\dfrac{s+\alpha}{s^2+\omega^2}$	$\dfrac{\sqrt{\alpha^2+\omega^2}}{\omega}\,\text{sen}\,(\omega t+\phi) \qquad \phi = \tan^{-1}\dfrac{\omega}{\alpha}$
19. $\dfrac{1}{s(s^2+\omega^2)}$	$\dfrac{1}{\omega^2}\,(1-\cos \omega t)$
20. $\dfrac{s+\alpha}{s(s^2+\omega^2)}$	$\dfrac{\alpha}{\omega^2} - \dfrac{\sqrt{\alpha^2+\omega^2}}{\omega^2}\cos(\omega t+\phi) \qquad \phi = \tan^{-1}\dfrac{\omega}{\alpha}$
21. $\dfrac{1}{(s+a)(s^2+\omega^2)}$	$\dfrac{e^{-at}}{a^2+\omega^2} + \dfrac{1}{\omega\sqrt{a^2+\omega^2}}\,\text{sen}\,(\omega t-\phi) \qquad \phi = \tan^{-1}\dfrac{\omega}{a}$
22. $\dfrac{1}{(s+a)^2+b^2}$	$\dfrac{1}{b}\,e^{-at}\,\text{sen } bt$
23. $\dfrac{s+a}{(s+a)^2+b^2}$	$e^{-at}\cos bt$
24. $\dfrac{s+\alpha}{(s+a)^2+b^2}$	$\dfrac{\sqrt{(\alpha-a)^2+b^2}}{b}\,e^{-at}\,\text{sen}\,(bt+\phi) \qquad \phi = \tan^{-1}\dfrac{b}{\alpha-a}$
25. $\dfrac{1}{s[(s+a)^2+b^2]}$	$\dfrac{1}{a^2+b^2} + \dfrac{1}{b\sqrt{a^2+b^2}}\,e^{-at}\,\text{sen}\,(bt-\phi) \qquad \phi = \tan^{-1}\dfrac{b}{-a}$
26. $\dfrac{s+\alpha}{s[(s+a)^2+b^2]}$	$\dfrac{\alpha}{a^2+b^2} + \dfrac{1}{b}\sqrt{\dfrac{(\alpha-a)^2+b^2}{a^2+b^2}}\,e^{-at}\,\text{sen}\,(bt+\phi)$ $\phi = \tan^{-1}\dfrac{b}{\alpha-a} - \tan^{-1}\dfrac{b}{-a}$

$F(s)$	$f(t) \qquad 0 \leq t$
27. $\dfrac{1}{(s+c)\,[(s+a)^2+b^2]}$	$\dfrac{e^{-ct}}{(c-a)^2+b^2} + \dfrac{e^{-at}\,\text{sen}\,(bt-\phi)}{b\sqrt{(c-a)^2+b^2}} \qquad \phi = \tan^{-1}\dfrac{b}{c-a}$
28. $\dfrac{1}{s^2(s+a)}$	$\dfrac{1}{a^2}\,(at-1+e^{-at})$
29. $\dfrac{1}{s(s+a)^2}$	$\dfrac{1}{a^2}\,(1-e^{-at}-ate^{-at})$
30. $\dfrac{s+\alpha}{s(s+a)^2}$	$\dfrac{1}{a^2}\,[\alpha-\alpha e^{-at}+a(a-\alpha)te^{-at}]$
31. $\dfrac{s^2+\alpha_1 s+\alpha_0}{s(s+a)\,(s+b)}$	$\dfrac{\alpha_0}{ab} + \dfrac{a^2-\alpha_1 a+\alpha_0}{a(a-b)}\,e^{-at} - \dfrac{b^2-\alpha_1 b+\alpha_0}{b(a-b)}\,e^{-bt}$
32. $\dfrac{s^2+\alpha_1 s+\alpha_0}{s[(s+a)^2+b^2]}$	$\dfrac{\alpha_0}{c^2} + \dfrac{1}{bc}[(a^2-b^2-\alpha_1 a+\alpha_0)^2+b^2(\alpha_1-2a)^2]^{1/2}e^{-at}\,\text{sen}\,(bt+\phi)$ $\phi = \tan^{-1}\dfrac{b(\alpha 1-2a)}{a^2-b^2-\alpha_1 a+\alpha_0} - \tan^{-1}\dfrac{b}{-a}$ $c^2 = a^2+b^2$

RESPUESTAS A LOS PROBLEMAS PROPUESTOS

CAPÍTULO 1

1.1

a) $I_1 \simeq 0{,}5\,A$; $I_2 \simeq -0{,}2\,A$; $I_3 \simeq 0{,}41\,A$; $I_4 \simeq 0{,}7\,A$; $I_5 \simeq 0{,}61\,A$

b) $V_{BD} = 5{,}45\,V$; $V_{AC} = -4{,}37\,V$

c) $V_B = 1{,}95\,V$; $V_A = -1{,}5\,V$

1.2

a) $I_1 = \frac{1}{6}A$; $I_2 = \frac{5}{6}A$; $I_3 = -\frac{1}{2}A$; $I_4 = \frac{1}{2}A$; $I_5 = \frac{3}{10}A$; $I_6 = \frac{1}{5}A$

b) $P_{R_4} = \frac{6}{5}\,W$

c) $P_{E_2} = \frac{5}{2}\,W$

1.3

a) $I_1 = 13/16\,A$; $I_2 = -9/32\,A$; $I_3 = 7/4\,A$

b) $V_A = 3\,V$; $V_B = \frac{3}{16}\,V$

c) $P_{R_2} \simeq 2{,}4\,W$; $P_{R_5} \simeq 0{,}033\,W$

d) $P_{E_3} = \frac{27}{32}\,W$ (*entregados*); $P_{E_4} = 0\,W$

1.4

$$R_X = \frac{R_1 R_2}{R_3}$$

1.5

a) $50\sqrt{2}$ %

b) 50 %

1.6

a) $\eta_{E_1} = 90{,}47$ %

b) $W_{C_1} = 72\ \mu\, Julios; \quad W_{C_2} = 36\ \mu\, Julios; \quad W_{C_3} = 0$

c) $V_p = -1\ V$

1.7

a) $P_{R_2} = \frac{1}{4}\ W; \quad P_{R_5} = 0$

b) $P_{E_1} = 2\ W; \quad P_{E_2} = 0; \quad P_{E_3} = -1\ W$

c) $V_A = 1\ V; \quad V_B = 0; \quad V_C = -5/2\ V$

d) $W_{C_1} = 1\ \mu\, Julio; \quad W_{C_2} = \frac{25}{4}\ \mu\, Julios; \quad W_{L_1} = \frac{1}{4}\ m\, Julios; \quad W_{L_2} = 0$

1.8

a) $W_{C_1} = 289/32\ \mu\, Julios; \quad W_{C_2} = 0; \quad W_{C_3} = 147/32\ \mu\, Julios;$

$W_{C_4} = 1/8\ \mu\, Julios; \quad W_{C_5} = 0$

b) $V_A = 6\ V; \quad V_B = 7/4\ V; \quad V_C = 2\ V$

1.9

$q_1 = 31/6\,\mu C; \quad q_2 = 35/3\,\mu C; \quad q_3 = 13/2\mu C; \quad q_4 = 24\,\mu C$

1.10

a) $q_1 = 7/6\,\mu C; \quad q_2 = 13/3\,\mu C; \quad q_3 = 11/2\,\mu C; \quad q_4 = 4\,\mu C$

b) $V_A = 1/6\,V$

1.11

a) $q_1 = 2\,\mu C; \quad q_2 = q_3 = \frac{6}{5}\,\mu C; \quad q_4 = 0$

b) $\eta_{E_2} = 42{,}85\ \%$

1.12

$q_1 = \frac{64}{7}\,\mu C; \quad q_2 = \frac{32}{7}\,\mu C; \quad q_3 = 4\,\mu C; \quad q_4 = \frac{24}{7}\,\mu C$

$q_5 = \frac{48}{7}\,\mu C; \quad q_6 = \frac{24}{7}\,\mu C$

1.13

a) $W_{C_1} = 12{,}5\ \mu\ Julios; \quad W_{C_2} = 25\ \mu\ Julios; \quad W_{C_3} = 37{,}5\ \mu\ Julios$

b) $W_{L_1} = 2\ m\ Julios; \quad W_{L_2} = W_{L_3} = 0$

1.14

a)

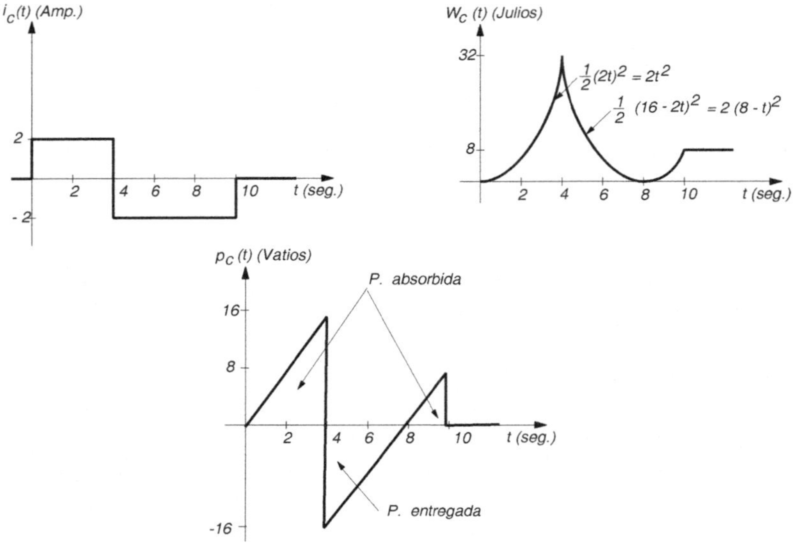

$i_C(t)$ (Amp.)
2
-2
2 4 6 8 10 t (seg.)
W_C (t) (Julios)
32
8
$\frac{1}{2}(2t)^2 = 2t^2$
$\frac{1}{2}$ (16 - 2t)^2 = 2 (8 - t)^2
2 4 6 8 10 t (seg.)
p_C (t) (Vatios)
P. absorbida
16
8
-16
2 4 6 8 10 t (seg.)
P. entregada

b)

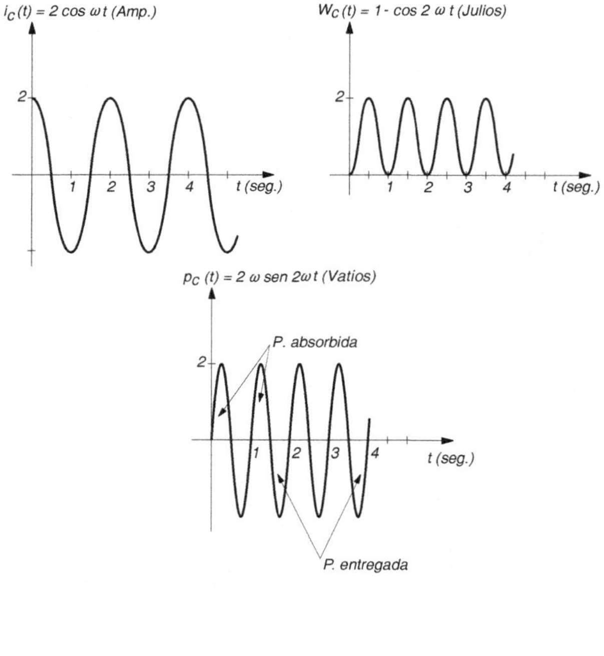

$i_C(t) = 2 \cos \omega t$ (Amp.)
2
1 2 3 4 t (seg.)
$W_C(t) = 1 - \cos 2\omega t$ (Julios)
2
1 2 3 4 t (seg.)
$p_C(t) = 2\omega \operatorname{sen} 2\omega t$ (Vatios)
P. absorbida
2
1 2 3 4 t (seg.)
P. entregada

1.15

a)

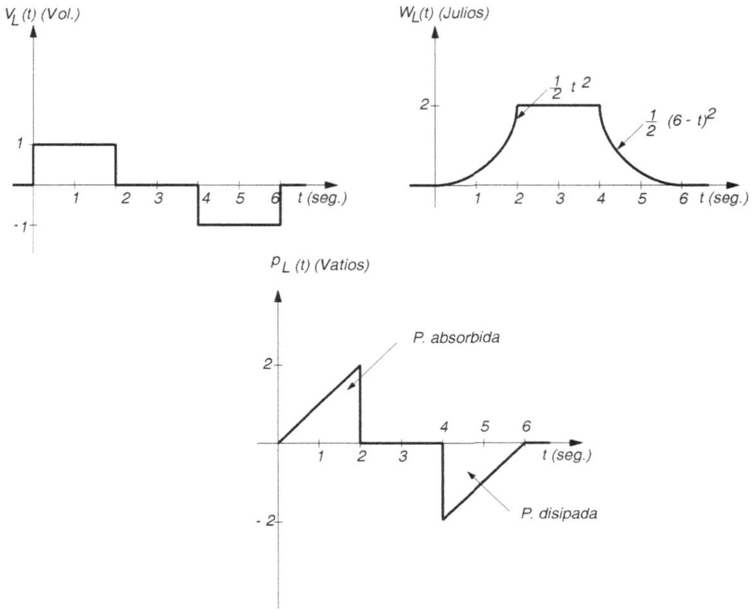

$V_L(t)$ (Vol.)
1
-1
1 2 3 4 5 6 t (seg.)
$W_L(t)$ (Julios)
2
$\frac{1}{2}\,t^2$
$\frac{1}{2}\,(6-t)^2$
1 2 3 4 5 6 t (seg.)
$p_L(t)$ (Vatios)
P. absorbida
2
-2
4 5 6
1 2 3
t (seg.)
P. disipada

b)

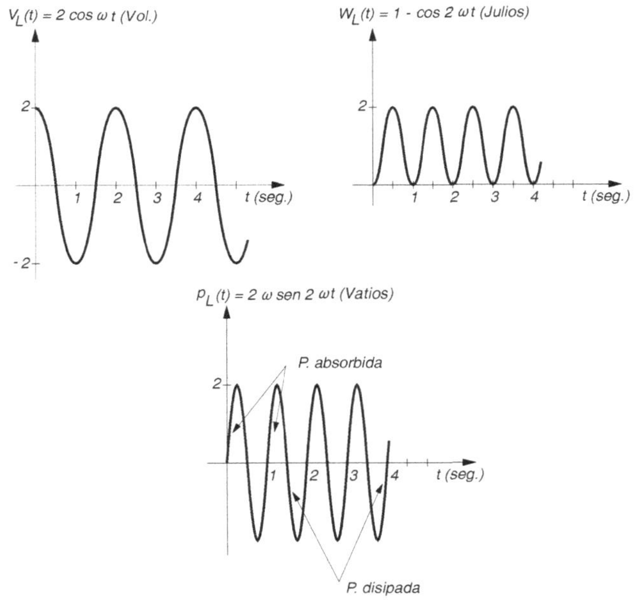

$V_L(t) = 2 \cos \omega t$ (Vol.)
2
-2
1 2 3 4 t (seg.)
$W_L(t) = 1 - \cos 2\omega t$ (Julios)
2
1 2 3 4 t (seg.)
$p_L(t) = 2\omega \operatorname{sen} 2\omega t$ (Vatios)
P. absorbida
2
1 2 3 4 t (seg.)
P. disipada

CAPÍTULO 2

2.1

a) $V_m = \frac{V_o}{2}; \quad V_{ef} = \frac{V_o}{\sqrt{2}}$

b) $V_m = \frac{V_o}{\pi}; \quad V_{ef} = \frac{V_o}{2}$

c) $V_m = 0; \quad V_{ef} = \frac{V_o}{\sqrt{3}}$

2.2

a) $i_1(t) = 3\cos(10^6t - 1{,}37)\,A; \quad i_2(t) = 3\cos(10^6t + 0{,}197)\,A$

$i_3(t) = 4{,}25\cos(10^6t - 0{,}588)\,A$

b) $P_{e_1} = 31{,}25\ W\,(entregados); \quad P_{e_2} = 4{,}166\ W\,(absorbidos)$

$P_{R_1} = 4{,}5\ W; \quad P_{R_2} = 4{,}5\ W; \quad P_{R_3} = 18{,}054\ W$

2.3

a) $e_2(t) = 24\cos(10^6t + \pi/2)\ V$

b) $i_2(t) = 3{,}83\cos(10^6t - 1{,}527)\,A$

c) $P_{R_2} = 7{,}69\ W; \quad P_{Z_2} = 29{,}44\ W$

2.4

a) $i_1(t) = \frac{\sqrt{10}}{6}\cos(10^6t - 0{,}32)\ A; \quad i_2(t) = \frac{\sqrt{2}}{6}\cos(10^6t + \pi/4)\ A$

$i_3(t) = \sqrt{2}\cos(10^6t + \pi/4)\ A; \quad i_4(t) = 0; \quad i_5(t) = \frac{2}{3}\cos 10^6t\ A$

$i_6(t) = \frac{\sqrt{5}}{3}\cos(10^6t + 0{,}46)\ A; \quad i_7(t) = \frac{\sqrt{5}}{3}\cos(10^6t + \pi + 0{,}46)\ A$

b) $\sum P_e = \sum P_d = \frac{17}{12}\ W$

2.5

a) $R = 1{,}154\ \Omega$

b) $I_R ef = \frac{\sqrt{3}}{2}\ A$

c) $V_{AB} = 0{,}864\ V$

2.6

a) $I_4 ef = 8{,}06\ A$

b) $P = 265\ W$

c) $\cos\varphi = 0{,}77$

2.7

a) $X_{L_1} = 4{,}71\ \Omega$

b) $V_{AD} = 148{,}46\ V$

c) $\cos\varphi = 0{,}964$

d) $P_{R_1} = 960\ W; \quad P_{R_2} = 1600\ W$

2.8

a) $C = 2\sqrt{3}\ mF$

b) $V_{AB} \equiv 185{,}24\ \lfloor 83{,}36°\ Vef$

2.9

a) $I_1 = 2j\ A; \quad I_2 = 2\ A; \quad I_3 = (1 - j)\ A; \quad I_4 = (1 + j)\ A; \quad I = (2 + 2j)\ A$

b) $X_{C_2} = 1\ \Omega$

c) $P_{R_1} = P_{R_2} = 2\ W$

2.10

a) $Z_1 = (8 + 10j)\ \Omega$

b) $Eef = 20\ V$

2.11

a) $\omega = 200\ rad/seg$

b) $R_2 = 50/3\ \Omega;\qquad C_2 = 500\ \mu F$

c) $Z_{AD} = 22\ \Omega$

d) $\cos\varphi = 1$

e) $I_1 \equiv 5\ \lfloor -53.13°\ A_{ef};\qquad I_2 \equiv 1\ \lfloor 163{,}74°\ A_{ef}$

$I_3 \equiv 5\ \lfloor -16{,}26°\ A_{ef};\qquad I_4 = 3\ \lfloor -106{,}26°\ A_{ef}$

2.12

a) $L = 2\ mH;\quad C = 1/3\ mF;$

b) $V_{ab}(t) = 43{,}41\ sen\ (10^3 t - 0{,}0587)\ V$

2.13

a) $R_1 = R_2 = X_C = 1\ \Omega;$

b) $|E_g| = \sqrt{5}\ V_{ef}$

2.14

a) $R_1 = 1\ \Omega;\quad C_1 = ½\ \mu F.\quad L = 3\ \mu H$

b) $|E_g| = 0{,}464\ rad$

2.15

a) $X_c = R_1 = 1\ \Omega$ $\qquad X_L = 2\ \Omega$

b) $X_L = 2\ \Omega$

c) $Z = 1{,}5\ (1+j)$

2.16

a) $X_L = X_C = 1\ \Omega$

b) $|E_g| = \sqrt{5}\ \ Vef.$

c) $\varphi = 0{,}464\ rad.$

2.17

a) $R_1 = 2\ \Omega; \quad R_2 = 4\ \Omega; \quad X_{C2} = \dfrac{4}{\sqrt{3}}\ \Omega$

b) $\cos\varphi = \dfrac{1}{\sqrt{2}}$

2.18

a) $L = 2\ \mu H; \quad C_1 = 0{,}262\ \mu F; \quad C_2 = 0{,}5\ \mu F$

b) $\varphi_E - \varphi_{I_1} = -41{,}7°$

CAPÍTULO 3

3.1

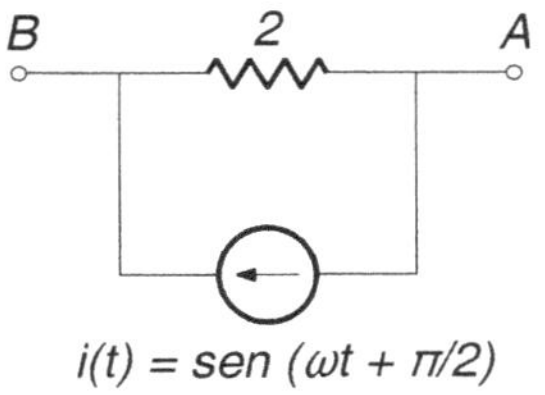

3.2

a) $P_{E_1} = \dfrac{27}{4}\ W;\quad P_{E_2} = \dfrac{21}{4}\ W;\quad P_{E_3} = -5\ W;\quad P_{I_1} = -\dfrac{3}{2}\ W;\quad P_{I_2} = 8\ W$

b) $P_{Z_1} = 0;\quad P_{Z_2} = \dfrac{25}{4}\ W;\quad P_{Z_3} = \dfrac{25}{4}\ W;\quad P_{Z_4} = 1\ W$

3.3

a) $P_{E_1} = \dfrac{2}{3}\ W$

b) $i_1(t) = 2\ sen\ (\omega t + \pi)\ A$

3.4

a) $P_{E_1} = 10\ W$

b) $P_{E_1} = 10\ W$

c) $P_{E_1} = 10\ W;\quad P_{E_2} = 3\ W$

3.5

a) $P_{E_1} = 7{,}5\ W;\quad P_{E_4} = -4\ W;\quad P_{I_1} = 0{,}5\ W;\quad P_{I_2} = -0{,}5\ W$

b) $P_{Z_1} = 0;\quad P_{Z_2} = 4{,}5\ W;\quad P_{Z_3} = 0{,}5\ W;\quad P_{Z_5} = 13\ W$

3.6

a) $P_{I_1} = 1\ W;\quad P_{I_3} = 3\ W;\quad P_{E_1} = 1\ W;\quad P_{E_2} = 2\ W$

b) $P_{Z_2} = 1\ W;\quad P_{Z_5} = 6{,}5\ W$

3.7

a) $P_E = \dfrac{50}{3}\ W;\quad P_{\beta V} = \dfrac{-100}{81}\ W;\quad P_{KI} = \dfrac{100}{81}\ W$

b) $P_{R_1} = P_{R_2} = \dfrac{50}{9}\,W; \qquad P_{R_3} = \dfrac{50}{81}\,W; \qquad P_{R_4} = P_{R_5} = \dfrac{200}{81}\,W$

3.8

a) $I_{Z_r} = 2{,}782\ \lfloor -34{,}7^\circ\ A; \qquad I_{Z_4} = I_\beta = 1{,}788\ \lfloor -169{,}7^\circ\ A$

b) $P\alpha_{E\alpha} = 1{,}6\ W$

3.9

con $\qquad R_o = R\left[1 - \alpha - \dfrac{\beta(2\alpha - 1)}{1 - \beta}\right]$

3.10

a) El equivalente de las **n** células es un cortocircuito.

b) $P = 0$

c) $P_{Z_1} = \dfrac{8}{9}\,W; \quad P_{Z_2} = \dfrac{4}{9}\,W; \quad P_{\beta V} = \dfrac{4}{9}; \quad P_{\alpha I} = \dfrac{8}{9}\,W$

CAPÍTULO 4

4.1

a) $i_1(t) = sen(\omega t + \pi/2)\ A \quad ; \qquad i_2(t) = 0{,}79\ sen(\omega t + 2{,}82)\ A$

b) $v_{AB}(t) = 3\ sen(\omega t + \pi/2)\ V$

c) $P_{R_1} = \dfrac{1}{2}\ W \quad ; \qquad P_{R_2} = \dfrac{9}{8}\ W \quad ; \qquad P_{R_3} = \dfrac{5}{8}\ W$

$P_{E_1} = 2\ W \quad ; \qquad P_{E_2} = \dfrac{1}{4}\ W \quad ; \qquad \Sigma P_G = \Sigma P_R = \dfrac{9}{4}\ W$

4.2

a) $i(t) = 6{,}2\ sen(\omega t + 1{,}695)\ A$

b) $P_{E_1} = \dfrac{-50}{13}\ W \ ; \quad P_{E_2} = \dfrac{200}{13}\ W \ ; \quad P_{I_1} = \dfrac{550}{13}\ W$

4.3

a) $i'(t) = 6{,}2\ sen(\omega t - 0{,}519)\ A$

b) $P_{R_1} = \dfrac{100}{13} W \ ; \quad P_{R_2} = \dfrac{250}{13} W \ ; \quad P_{R_3} = \dfrac{250}{13} W \ ; \quad P_{R_4} = \dfrac{100}{13} W$

4.4

a) $v_A(t) = 3\, sen\ \omega t\ V \ ; \quad v_B(t) = 2\, sen\ \omega t\ V \ ; \quad v_C(t) = 4\, sen\ \omega t\ V$

b) $P_{E_2} = 1\ W \ ; \quad P_{I_2} = 2\ W$

4.5

a)
$$Nudo\ B \rightarrow I_1 = \frac{V_B - V_A}{Z_3} + \frac{V_B - V_C}{Z_4}$$
$$Nudo\ O \rightarrow I_1 = \frac{V_A}{Z_2} + \frac{V_C - E_1}{Z_1}$$
$$E_2 = V_A - V_C$$

b) $V_A \equiv 3{,}847 \lfloor -8{,}97^\circ\ V_{máx} \quad V_B \equiv 4{,}924 \lfloor -12{,}9^\circ\ V_{máx} \quad V_C \equiv 3 \lfloor 53{,}13^\circ\ V_{máx}$

c) $P_{Z_4} = 2{,}65\ W \ ; \quad P_{E_2} = 3{,}975\ W$

4.6

a)
$$E_2 = Z_3 (I_a - I_c) + Z_4 (I_b - I_c)$$
$$E_1 = -Z_1 I_b + Z_4 (I_c - I_b) + Z_3 (I_c - I_a) - Z_2 I_a$$
$$I_1 = I_b - I_a$$

b) $P_{Z_3} = \dfrac{34}{37}\ W$

c) $P_{I_1} = \dfrac{66}{37}\ W$

4.7

a) $i_1(t) = 2\ sen\ (\omega t - 0{,}245)\ A \qquad i_2(t) = sen\ (\omega t - 0{,}245)\ A$

b) $P_{eg} = 4\ W \qquad P_{\beta I} = -\ 0{,}5\ W \qquad P_{Z1} = 2\ W$

4.8

a) $v_A(t) = sen\ (10^6 t + \pi)\ V \qquad v_B(t) = 2\ sen\ 10^6 t\ V$

$v_C(t) = 2\sqrt{2}\ sen\ (10^6 t + \pi/4)\ V$

b) $P_I = 2\ W \qquad P_{Eg} = -\ ½\ W \qquad P_{R2} = ½\ W$

4.9

$P_{Z2} = 120\ W \qquad P_{Eg1} = 50\ W \qquad P_{\alpha V} = -232/3\ W$

4.10

a) $P_{Z4} = 4\ W\ ; \qquad P_{I1} = 4\ W$ (entregada)

b) $i_e(t) = Vi_2\ (t) = 7{,}81\ sen\ (\omega t + 0{,}88)$

4.11

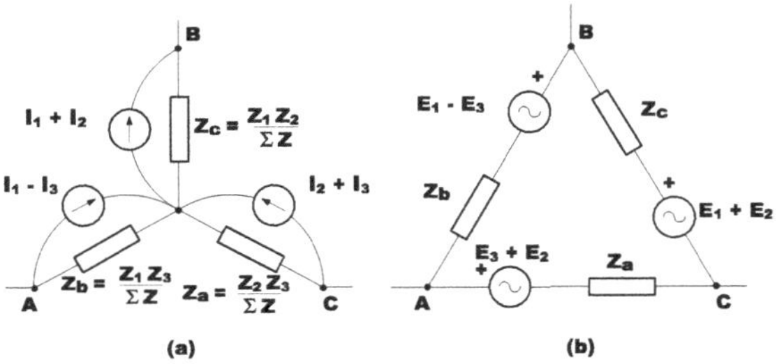

$$Z_a = \frac{Z_1Z_2 + Z_1Z_3 + Z_2Z_3}{Z_1}$$

$$Z_b = \frac{Z_1Z_2 + Z_1Z_3 + Z_2Z_3}{Z_2}$$

$$Z_c = \frac{Z_1Z_2 + Z_1Z_3 + Z_2Z_3}{Z_3}$$

4.12

4.13

a)

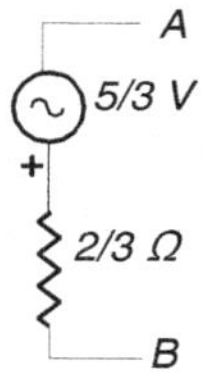

b) $P_{E1} = - 1/24\ W$

4.14

a) La red se comporta entre los terminales A y B como un circuito abierto.

b) $P_{I1} = 4\ W$

CAPÍTULO 5

5.1

$$v_{AB}(t) = 6 + \frac{4}{\sqrt{5}} \cos(10^6 t + 0{,}463)\ V \quad ; \quad P_{R_2} = 4{,}5\ W$$

5-2

a) $i(t) = 5 + 5 \text{ sen } 10^6 t\ V$

b) $P_{Eg} = 25\ W \quad P_{R1} = 37{,}5\ W$

5.3

a) $i_{R4}(t) = -1 + \sqrt{50} \text{ sen } (10^6\, t - 0{,}142)\ A$

b) $P_I = 512{,}5\ W \quad P_{R4} = 26\ W$

5.4

a) $v_C(t) = 7 + 3\sqrt{5}\ sen\ (10^6 t - 1{,}11)\ V \quad v_{AB}(t) = 5 + 6\ sen\ (10^6 t - \pi/2)\ V$

b) $P_{R1} = 21\ W \qquad P_{I1} = -2\ W$

5.5

a)
$$i_{e_1}(t) = \left[0{,}5\ cos\ (10^6 t + \pi) + 0{,}485\ sen\ (2 \cdot 10^6 t + 2{,}896)\right] A$$
$$i_{e_2}(t) = \left[0{,}5\ cos\ (10^6 t + \pi) + 0{,}485\ sen\ (2 \cdot 10^6 t - 0{,}245)\right] A$$
$$v_{i_1}(t) = \left[2{,}55\ cos\ (10^6 t - 0{,}1974) + 0{,}485\ sen\ (2 \cdot 10^6 t - 0{,}245)\right] A$$

b)
$$P_{e_1} = \frac{-4}{17}\ W\ ; \quad P_{e_2} = \frac{8}{17} W\ ; \quad P_{i_1} = \frac{5}{4}\ W\ ; \quad P_{kie_2} = \frac{-1}{2}\ W$$
$$P_{R_1} = \frac{1}{2}\ W\ ; \quad P_{R_2} = \frac{33}{136}\ W\ ; \quad P_{R_3} = \frac{33}{136}\ W$$

5.6

$$i_e(t) = sen\left(\omega_1 t + \pi/2\right) - \frac{1}{11}\ sen\ \omega_2 t\ A$$

$$i_c(t) = \frac{16}{11}\ sen(\omega_2 t + \pi)\ A$$

5.7

$$i_1(t) = \frac{1}{55}\left[34\ sen\ \omega_1 t + 2\ sen\ (\omega_2 t + \pi)\right] A$$
$$i_2(t) = \frac{1}{55}\left[sen(\omega_1 t + \pi) + 136\ sen\ \omega_2 t + 3\ sen(\omega_3 t + \pi)\right] A$$
$$i_3(t) = \frac{1}{55}\left[2\ sen(\omega_2 t + \pi) + 102\ sen\ \omega_3 t\right] A$$
$$P_{R_1} = 53\ mW\ ; \quad P_{E_1} = \frac{17}{55}\ W$$

5.8

$$P_{E_1} = 2\ W$$

5.9

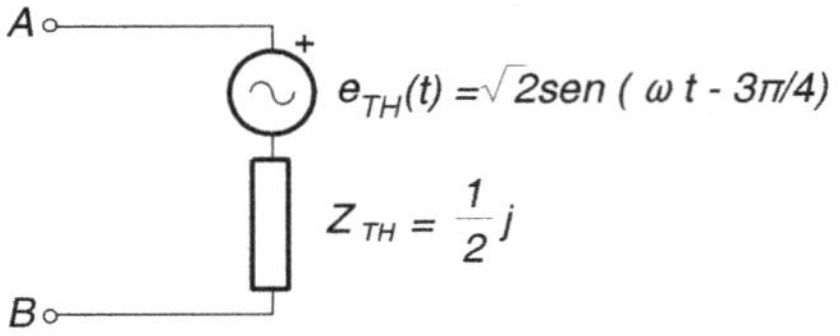

5.10

$$E_{TH} = E_g \frac{(K_1 R_3 + R_2) R_1}{K_1 K_2 R_3 (R_g + R_1) + R_1 (R_g + 2R_2) + 2R_2 R_g}$$

$$Z_{TH} = \frac{R_2^{\ 2} + R_2 R_3 (K_1 K_2 - K_1 - K_2 + 2) + \dfrac{R_g R_1 (R_2 + R_3)}{R_g + R_1}}{2R_2 + K_1 K_2 R_3 + \dfrac{R_g R_1}{R_g + R_1}}$$

5.11

a)

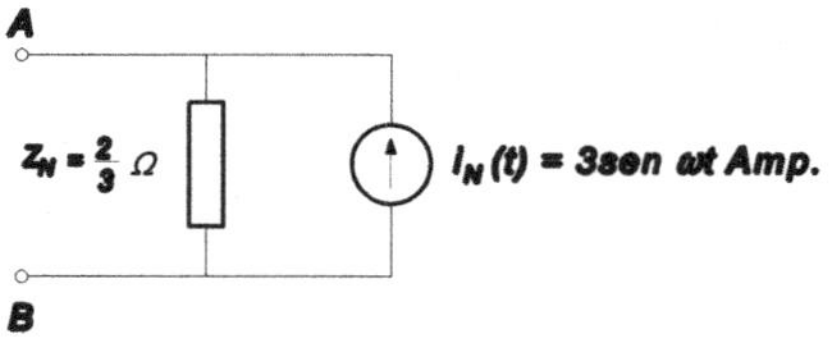

b) Todas las potencias en resistencias y generadores valen 0 W.

5.12

a) $R_L = 20\ \Omega$

b) $P_{R_L} \simeq 13{,}75\ W$

5.13

a) $E_{TH} = 5/2\ (3\text{-}j)\ V_{máx}$ $\qquad Z_{TH} = 3\ \Omega$

b) $Z_L = 3\ \Omega$ $\qquad P_{ZL} = 125/48\ W$

5.14

a) $Z_L = 2 - 2j$

b) $P_{ZL} = 1/16\ W$

c) $R_L = 2\sqrt{2}\ \Omega$ $P_{RL} = 0{,}051\ W$

5.15

a) $E_{TH} = 4\ Vmax.$ $Z_{TH} = 5\ \Omega$

b) $P_{\gamma I} = -\ ½\ W$ $P_{\beta V2} = 5/4\ W$

5.16

a) $E_{TH} = 8\ V$; $Z_{TH} = 4\ \Omega$

b) $Z_r = 4\ \Omega$; $P_{Z_r} = 2\ W$

5.17

a) $R = 20{,}7\ \Omega$

5.18

a) $P_{I_1} = 2\ W$

b) Hay dos redes posibles.

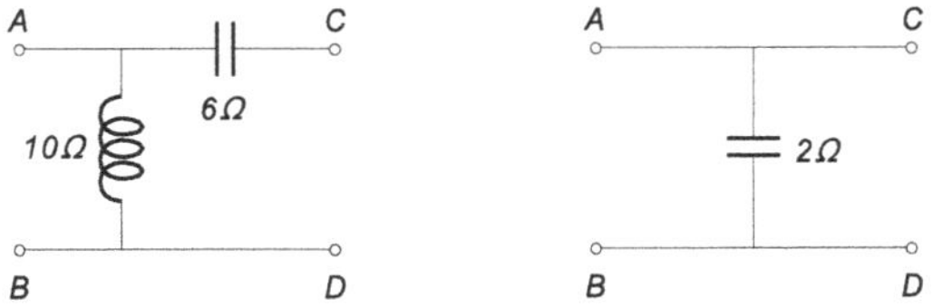

c) $Z_1 = 5j\ \Omega$

d) $\alpha_T = 0\ dB$; $\alpha_I = -8{,}607\ dB$

5.19

a) $P_{Z_r} = 5\ \mu W$

b) $P_{Z'_r} = 2{,}39\ \mu W$

5.20

a) $Z_e = 2\ \Omega$

b) $P_{RL} = 25/4\ W$

c) $\alpha_T = 1{,}76\ dB \qquad \alpha_I = 2{,}5\ dB$

5.21

a) $R_e = 5\ \Omega$

b) $|E_{TH}| = 10\sqrt{2}\ \ V\,ef. \qquad Z_{TH} = 5\ \Omega$

c) $|E'_{TH}| = 20\ \ V\,ef. \qquad Z'_{TH} = 10\ \Omega$

d) $P_2 = P_3 = 80/9\ W$

5.22

a) $\alpha_{T2} = 0\ dB$ *Red no disipativa*

b) $Z_{e_2} = (200 - 633{,}3j)\ \Omega$

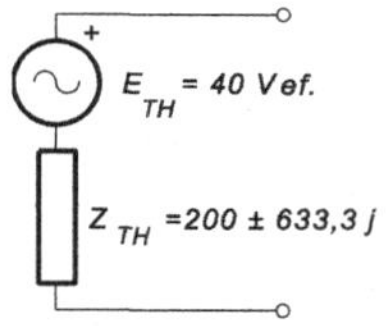

c) $R_L = 50\ \Omega$

5.23

a) $Z_{e2} = 2+13j$

b) $\alpha_{I2} = -\ 3\ dB$

c) No, la potencia que es máxima es la suma de las recibidas por Z_{L1} y Z_{L2}.

5.24

a) $P_{R_L} = 100\ W$

b) $Z = (50 + 50j)\ \Omega$

c) 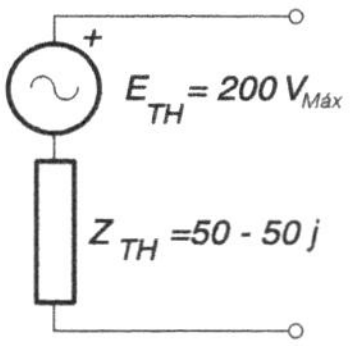

d) $\alpha_{I2} = -0{,}969\ dB$

e) 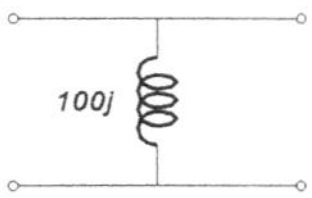

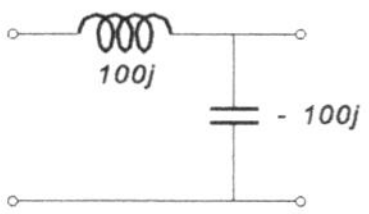

5.25

a) $Z_e = 8\ \Omega$

b) $|E_{TH}| = 8\ \sqrt{2}\ Vmáx$
$Z_{TH} = 2\ \Omega$

c) $I = \sqrt{2}/2\ A_{máx}$; $P_I = 9/2\ W$

d) $0{,}51\ dB$

e) Solamente afecta a P_I por encontrarse en serie con un generador de corriente.

CAPÍTULO 6

6.1

a) $P_I = P_R = 1/2\ W$

b) $Z_{AB} = j\Omega$

c) $v_{CD}(t) = cos\ 10^3\ t$

6.2

a) $i_{TH}(t) = sen\ \omega t\ A \qquad Z_{TH} = (4 + 4j)\ \Omega$

b) $P_I = 0$

6.3

a) $V_{EF} = (R_1 + j\,\omega L_1)\,I_1 + j\,\omega M_{12}\,I_2 + j\,\omega M_{13}\,I_3$
$V_{CD} = -(R_2 + j\,\omega L_2)\,I_2 - j\,\omega M_{12}\,I_1 + j\,\omega M_{23}\,I_3$

b) $v_{AB}(t) = 6\sqrt{2}\ sen\left(\omega t + \pi/4\right)\ V$

6.4

$$E_{TH} = 3\sqrt{2}\ \lfloor 0{,}142\ V_{ef} \qquad Z_{TH} = \left(\frac{1}{25} + \frac{93}{25}j\right)\ \Omega$$

6.5

a) $i(t) = 1{,}79\ sen\ (10^3 t + 1{,}11)\ A$

b) $P_{\beta I} = 16{,}8\ W$

6.6

$P_{\beta V} = 3{,}6\ W \qquad P_E = 7\ W$

6.7

a) $Z_R = \left(\frac{2}{5} - \frac{1}{5}j\right)\ \Omega$

b) $P_{Z_R} = 3{,}125\ W$

6.8

a) $P_{R_1} = P_{R_2} = 1\ W$

b) $P_{E_g} = 3\ W \quad ; \qquad P_{I_g} = -1\ W$

6.9

a) $Z_r = 1\ \Omega$

b) $P_{Z_r} = \dfrac{1}{2}\ W$

c) $I_{L_1} = \dfrac{5}{2} \lfloor -\pi/2\ A$

6.10

a) $P_{Z_r} = \dfrac{1}{2}\ W \quad ; \qquad P_I = 1\ W$

b) $E_{TH} = j \quad ; \qquad Z_{TH} = \left(\dfrac{1}{2} + j \right)\ \Omega$

6.11

$$P_{(E_g, Z_g)} = -25{,}5\ W \quad ; \qquad P_{I_g} = 42{,}5\ W$$

6.12

$$Z_{AB} = \frac{3}{2}\ R$$

6.13

$$R_1 = \frac{9}{70}\ R = \frac{27}{70}\ \Omega \quad ; \qquad P_{R_2} = 8{,}23\ mW$$

6.14

a) $\dfrac{R_1}{R_2} = \dfrac{a_2}{a_1}$

b) $$P_{E_g} = \frac{1}{2} \frac{|E_g|^2}{R_g + \left(\dfrac{a_1 a_2}{a_1 + a_2}\right)^2 (R_1 + R_2)}$$

6.15

$$P_E = \frac{29}{12} \; W \quad ; \qquad P_I = \frac{1}{2} \; W$$

6.16

a)

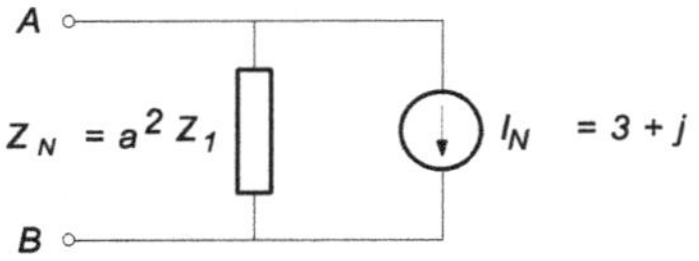

b) $$P_{E_g} = -20 \; W \quad ; \qquad P_I = 40 \; W \quad ; \qquad P_{Z_1} = 16 \; W$$

6.17

$$P_{\beta V} = \frac{3}{2} \; W$$

6.18

$$\frac{P_{R_2}}{P_{R_3}} = \frac{3}{2}$$

6.19

$$a_1 = \sqrt{\frac{R_g}{R_a} \left(1 + \frac{1}{A}\right)} \quad ; \qquad a_2 = \sqrt{\frac{R_g}{R_b} (1 + A)}$$

6.20

$$N_1 = 10^3 \sqrt{1{,}005} \; esp. \quad ; \qquad N_2 = 10^2 \sqrt{1{,}005} \; esp. \quad ; \qquad K = \frac{200}{201}$$

CAPÍTULO 7

7.1

$$\frac{1}{Q} = \frac{\omega L}{R_2} + \frac{R_1}{\omega L} + \frac{R_1}{R_2^2}\,\omega L$$

7.2

$R_1 = 1\ \Omega \quad ; \qquad C = 0{,}3\ \mu F$

7.3

a) $r = 2\ \Omega \quad ; \qquad L = 1{,}37\ mH \quad ; \qquad C = 34{,}46\ nF \quad ; \qquad f_0 = 23{,}09\ KHz$

b) $R \simeq 20\ K\Omega$

7.4

a) $Q = 50 \quad ; \qquad \omega_O = 25\ Krad/s \quad ; \qquad B = 500\ rad/s$

b) $v(t) = 59{,}6\ \sqrt{2}\ sen(1{,}02\ \omega_0 - 1{,}107)\ mV$

$i(t) = 0{,}438\ \sqrt{2}\ sen(1{,}02\ \omega_0 - 2{,}677)\ mA$

7.5

a) $C = 4\ nF \quad ; \qquad L = 1/4\ mH$

b) $\omega_0 = 10^6\ rad/seg \quad ; \qquad V_{AB}\,máx = E_g = 10\ mV$

c) $Q = 100 \quad ; \qquad f_2 = 160{,}8\ KHz \quad ; \qquad f_1 = 157{,}6\ KHz$

d) $V_{AC} = 2\ V_{AB} \quad ; \qquad V_{AC}\,máx = 20\ mV$

7.6

a) $B = 51{,}36\ K\ rad/seg$

b) $R' = 75\ K\Omega$

c) $E'_g = 200\ mV$

7.7

$$Q_3 = \frac{\left(\dfrac{R}{a^2}\right) /\!/ \, r}{\omega_0 L} \quad ; \qquad Q_2 = \frac{R /\!/ Q_b^2 \, r}{\omega_0 L} \quad ; \qquad Q_1 = \frac{R}{\omega_0 L} \quad ; \qquad Q_4 = \frac{R + b}{\omega_0 L}$$

$$B_3 > B_2 > B_1 > B_4$$

7.8

a) $C_1 = 0{,}5 \; nF \quad ; \qquad a = 2$

b) $I_{C_2} = 30{,}92 \; \lfloor 2{,}24 \; mA \; ef$

7.9

a) $C = 40 \; nF \quad ; \qquad a = 2$

b) $157{,}56 \; KHz \le f \le 160{,}74 \; KHz$

$Para \; f = 160{,}74 \; KHz \rightarrow V_{AB} = 5 \sqrt{2} \; \lfloor -\pi/4 \; Vef$

$Para \; f = 157{,}56 \; KHz \rightarrow V_{AB} = 5 \sqrt{2} \; \lfloor \pi/4 \; Vef$

c) $R = 1{,}25 \; K\Omega$

7.10

a) $C = 196{,}8 \; nF$

b) $R = 41{,}6 \; K\Omega$

7.11

a) $|V_C| max = 48{,}47 \; V$

b) $f_2 = 163{,}29 \; Khz \qquad f_1 = 155 \; KHz$

c) $i_c(t) = 14{,}8 10^{-3} \; sen \; (1020 \,.\, 10^3 \, t + 0{,}643) \; A$

7.12

a) $\omega_o = 10^4\ rad/sg.$

b) $v_c(t) = 0{,}4\ sen\ (1020\ t - 0{,}927)\ V$

c) $f_2 = 1{,}567\ Khz$ $f_1 = 1{,}615\ KHz$

7.13

a) $Q = 100$ $B = 312{,}6\ rad/sg.$

b) $i_{RL}(t) = 6{,}576\ sen\ (30{,}31\ .\ 10^3\ t + 1{,}4)\ \mu A$

7.14

a) $\omega o = 10^6\ rad/sg$ $|V|\ max = 4\ V$

b) $I_{Rg1} = 4\sqrt{2}\ \lfloor \pi/4\ \mu A$ $I_{Rg2} = 8\sqrt{2}\ \lfloor \pi/4\ \mu A$

7.15

a) $a = 2$ $L = 40\ mH$ $C = 5/8\ nF$

b) Conectar en paralelo con la entrada de A_2 una resistencia R = 400 KΩ.

c) $\alpha = 22\ dB$

7.16

a) $a_1 = 1/10$; $a_2 = 5$

b) $B_9 = 2{,}63\ Krad/seg$

c) $\omega_2 = 500{,}7\ Krad/seg$; $\omega_1 = 499{,}3\ Krad/seg$

7.17

a) $C = 10/9\ nF$

b) $Q_b = 100$; $Q = 50$

c) $f_2 = 165{,}32\ KHz$; $f_1 = 152{,}99\ KHz$

d) $i(t) = 100\ sen\left(0{,}99 \cdot 10^6 t + \pi/4\right)\ \mu A$

CAPÍTULO 8

8.1

$i(t) = 9\ e^{-0,5\,t}\ A; \quad v_c(t) = 20 - 18\ e^{-0,5\,t}\ V$

8.2

a) $i_{C_1}(t) = \dfrac{16}{3}\, e^{-2t} + \dfrac{2}{3}\, e^{-\frac{t}{2}}\ A$

$i_{C_2}(t) = \dfrac{8}{3}\, e^{-2t} - \dfrac{2}{3}\, e^{-\frac{t}{2}}\ A$

b) $W_E = 16\ Julios$

c) $W_{R_1} = \dfrac{32}{5}\ Julios \quad ; \quad W_{R_2} = \dfrac{8}{5}\ Julios$

8.3

$$v_C(t) = 5\left[1 + \sqrt{2}\, e^{-t}\, sen\left(t - \frac{\pi}{4}\right)\right]\left[u(t) - u\left(t - \frac{3\pi}{4}\right)\right] + 5{,}67\, u\left(t - \frac{3\pi}{4}\right)\ V$$

$$i_L(t) = 5\left[1 + \sqrt{2}\ e^{-t}\ sen\left(t - \frac{3\pi}{4}\right)\right]\left[u(t) - u\left(t - \frac{3\pi}{4}\right)\right] + 5\ u\left(t - \frac{3\pi}{4}\right)\ A$$

8.4

$$v'(t) = 2\sqrt{\frac{2}{7}}\ e^{-\frac{t'}{2}}\ sen\left[\sqrt{\frac{7}{4}}\,t' + 1{,}21\right]\ Vol. \qquad con\ \ t' = t - \frac{\pi}{4} \quad y \quad t \geq \frac{\pi}{4}$$

8.5

a) $R = \dfrac{1}{2}\ \Omega$

b) $e_0(t) = -\ 2\, e^{-2t}\ u(t) + (2 - t)\, e^{-t}\ u(t)\ \ V$

8.6

a) $V_c(0^-) = -5\ V$; $I_L(0^-) = -2\ A$

b) $V_c(s) = -\dfrac{5}{s} + 2\dfrac{s+\dfrac{1}{2}}{(s+\dfrac{1}{2})^2 + \dfrac{3}{4}} \cdot \dfrac{1}{s}$; $I_L(s) - \dfrac{2s+1}{s^2+s+1}$

c) $v_c(t) = -5 + e^{-\frac{1}{2}t}\ sen(\dfrac{\sqrt{3}}{2}t - \dfrac{2\pi}{3})\ V$ *para* $t > 0$

$i_L(t) = -2e^{-\frac{1}{2}t}\cos\dfrac{\sqrt{3}}{2}t\ A$ *para* $t > 0$

8.7

a) $I_L(0^-)=0$; $V_C(0^-)=0$

b) $V_{R_L}(s) = \dfrac{1}{(s+1)(s+2)}$; $I_L(s) = \dfrac{1}{s(s+1)(s+2)}$; $I_C(s) = \dfrac{1}{(s+2)}$

c) $i_L(t) = \left(\dfrac{1}{2} - e^{-t} + \dfrac{1}{2}e^{-2t}\right)u(t)\ A$; $i_C(t)\quad e^{-2t}u(t)\ A$;

$v_{R_L}(t) = \left(e^{-t} - e^{-2t}\right)\ u(t)$

8.8

a) $I_L(0^-) = -10\ A$; $V_C(0^-) = -10\ V$

b) $v_c(t) = -\dfrac{20}{\sqrt{3}}e^{-\frac{1}{2}t}\ sen(\dfrac{\sqrt{3}}{2}t + \dfrac{\pi}{3})\ V$ *para* $t > 0$

8.9

a) $\zeta = \dfrac{1}{\sqrt{2}}$ *amortiguamiento subcrítico*

b) $C = 2\ F$; $R = \dfrac{1}{8}\ \Omega$; $L = \dfrac{1}{16}H$

c) $i_L(t) = 16\sqrt{2}e^{-2t}\ sen\ (2t + \pi/4)\ A$ *para* $t > 0$

8.10

a) $i_L(t) = 0{,}5\,t\ u(t)\Big|_{t=3} = 1{,}5\,A$

b) $v_{R_2}(t) = 0{,}332\,e^{-0{,}196t} - 1{,}082\,e^{-1{,}138t}\Big|_{t=3} = 149\ \ mV$

8.11

$$v(t) = -e^{-t}\,u(t) + 2\,(e^{-(t-2)} - 1)\ u(t-2) + 2\,(1 - e^{-(t-3)})\ u(t-3)\ \ V$$

8.12

a) $V_C(0^-) = -2\ Vol.\ \ ;\ \ I_L(0^-) = -2\ A$

b) $v(t) = 3{,}02\,e^{-\frac{1}{4}t}\ sen\left(\frac{\sqrt{7}}{4}\,t - 0{,}72\right)\ \ V$

c) $R = \dfrac{1}{2\sqrt{2}}\ \ \Omega$

8.13

$$v(t) = \sum_{n=0}^{\infty}\ (-1)^n\ E\ e^{-(t-nT/2)}\ u\left(t - n\,\frac{T}{2}\right)\ \ V$$

8.14

a) $v_S(t) = \sum_{n=0}^{\infty}\ (-1)^n\ \left[u(t-n) - u(t-n)\ e^{-(t-n)}\right]\ \ V$

b) $v_S(t{=}3{,}5) = 0{,}435\ \ V$

8.15

$$e_0(t) = 15\left(1 - \frac{1}{4}\ e^{-\frac{t}{8}}\right)\ u(t)\ \ V$$

8.16

a) $v_R(t) = \frac{1}{4}\sum_{n=0}^{\infty} \delta(t - nT) - \frac{1}{4}\sum_{n=0}^{\infty} e^{-(t-nT)}\ V$

b) $v_R(t) = \frac{1}{4}e(t) = \frac{1}{4}\sum_{n=0}^{\infty} \delta(t - nT)\ V$

8.17

a) $V_C(0^-) = 1\ V$; $I_L(0^-) = 1\ A$

b) $v(t) = 0{,}5 \sum_{n=0}^{\infty} \delta(t - nT) - 0{,}25 \sum_{n=0}^{\infty} e^{-\frac{t-nT}{2}} u(t - nT) - 0{,}5\ e^{-\frac{t}{2}} u(t)\ V$

CAPÍTULO 9

9.1

$$h_{11} = R_3 + R_4 + \frac{R_3(\alpha - R_3)}{R_2 + R_3}\ \Omega\ ;\ h_{12} = \frac{R_3}{R_2 + R_3}\ ;\ h_{21} = \frac{\alpha - R_3}{R_2 + R_3}\ ;\ h_{22} = \frac{1}{R_2 + R_3}\ \Omega^{-1}$$

9.2

a) $z_{11} = 6j\ \Omega$; $z_{12} = z_{21} = \pm 4j\ \Omega$; $z_{22} = 4j\ \Omega$

b) $\alpha_T = 0$; $\alpha_I = 5{,}93\ dB$

9.3

$$h_{11} = \frac{3}{4}\ \Omega\ ;\ h_{12} = \frac{1}{2}\ ;\ h_{21} = -\frac{3}{4}\ ;\ h_{22} = \frac{1}{2}\ \Omega^{-1}$$

9.4

$$y_{11} = \frac{1}{4}(\frac{1}{R_1} - K);\quad y_{12} = 0;\quad y_{21} = -\frac{K}{4};\quad y_{22} = \frac{1}{4R_2}$$

9.5

a) $A = 1;\quad B = \dfrac{-1}{2K};\quad C = \dfrac{1}{2K};\quad D = 1 - (\dfrac{1}{2K})^2;$

b) $\alpha_V = -6\ dB$

9.6

a) Familia 3 bilateral simétrico disipativo.
Familia 4 bilateral simétrico no disipativo.

b) $\dfrac{I_1}{I_2} = 13{,}92$

c) $P_2 = 51{,}6\ \mu W$

9.7

a) $z_{11} = z_{22} = 2\ \Omega \quad ; \quad z_{12} = z_{21} = 1\ \Omega$

b) $Z_0 = \sqrt{3}\ \Omega \quad ; \quad \gamma = 1{,}32$

9.8

a) $\dfrac{I_1}{I_2} = \dfrac{1}{\sqrt{3}}\ e^{\pm j0{,}52}$

b) $\alpha_T = 0\ dB$

c) $\alpha_I = -1{,}25\ dB$

9.9

a) $Z_0 = 20\ \Omega \quad ; \quad \gamma = j\dfrac{\pi}{2}$

b) $i_3(t) = 0{,}25\, sen\left(\omega t - \dfrac{\pi}{2}\right)\ mA \quad ; \quad v_2(t) = 5\, sen\left(\omega t - \dfrac{\pi}{2}\right)\ mV$

9.10

a) $P_{e(t)} = 3$ W

b) $P_{i(t)} = 200$ W

c) $P_{zo} = 31{,}25$ W

9.11

a) $h_{11} = 1\ \Omega \ ; \quad h_{12} = 1 \ ; \quad h_{21} = 0 \ ; \quad h_{22} = 1\ \Omega^{-1}$

b) $g_{11} = 1\ \Omega^{-1} \ ; \quad g_{12} = -\dfrac{1}{2} \ ; \quad g_{21} = 0 \ ; \quad g_{22} = \dfrac{1}{2}\ \Omega$

c) $Z_R = \dfrac{1}{2}\ \Omega \ ; \quad P_{Z_R} = 0\ W$

9.12

a) a = 3

b) Z = (1+3j) Ω

9.13

$$h_{11} = \frac{1}{8}\ \Omega \ ; \quad h_{12} = \frac{1}{8} \ ; \quad h_{21} = -\frac{1}{16} \ ; \quad h_{22} = \frac{1}{16}\ \Omega^{-1}$$

$$P_i = \frac{1}{16}\ W \ ; \quad P_e = \frac{1}{32}\ W$$

9.14

a) $z_{11} = 2\ \Omega \ ; \quad z_{12} = 1\ \Omega \ ; \quad z_{21} = 3\ \Omega \ ; \quad z_{22} = 2\ \Omega$

b) $\alpha_T = 0\ dB \ ; \quad \alpha_I = 0\ dB$

9.15

$$z_{11} = z_{22} = 12\ \Omega \ ; \quad z_{12} = z_{21} = 8\sqrt{2}\ \Omega$$

$$z'_{11} = z'_{22} = 3\ \Omega \ ; \quad z'_{12} = z'_{21} = 2\sqrt{2}\ \Omega$$

9.16

$P_I = 26{,}7\ W$

9.17

a) $P_{Z_R} = \frac{1}{8}\ W$

b) $P_{E_1} = 18{,}81\ W$; $P_{E_2} = -0{,}705\ W$

9.18

$i_4(t) = 0{,}38\ sen\left(\omega t - \frac{\pi}{10}\right)\ A$; $\alpha_T = \alpha = 0{,}32\ Np$

9.19

$I_C = 27{,}06\ mA\ \lfloor \pi/3$; $P_{Z_R} = 27{,}47\ mW$

9.20

a) $a = \frac{75}{73}$

b) $P_{I_2} = 125\ \mu W$

9.21

a) $Z_o = 100\ \Omega$

b) $P_{ZR} = 10$ mW

c) $\phi_{I1} - \phi_{I2} = -\pi/2$ rad

9.22

a) $y_{11} = 2/3$; $y_{12} = y_{21} = -1/3$; $y_{22} = 2/3$

b) Si existe con $R_1 = R_2 = R_3 = 1\ \Omega$

c) A = 7; B = 12; C = 4; D = 7

d) $Z_0 = \sqrt{3}\ \Omega$; $\gamma = 2{,}63$ Np

9.23

a) $Z_o = \frac{R}{\sqrt{2}}(1+j)\ \Omega$; $\gamma = 0{,}881 + j\frac{\pi}{2}$

b) $l = 22{,}7\ m$

c) $\phi = 0$

9.24

a) $\alpha = Ln\ 2\ Np$

b) $R_1 = 80\ \Omega$; $R_2 = 20\ \Omega$

9.25

a) $R = 3Z_0 = 1200\,\Omega$

b) $A_1 = 20\log(2e^4)\ dB$; $A_2 = 20\log(2e^5)\ dB$

c) $P_{R_L} = (\frac{9}{12{,}8}e^{-8} + \frac{16}{12{,}8}e^{-10})\ mW$

CAPÍTULO 10

10.1

a) $H(s) = \dfrac{(s+1)^2}{(s+0{,}382)(s+2{,}618)}$

b) $polos \begin{cases} s_1 = -0{,}382 \\ s_2 = -2{,}618 \end{cases}$; $cero\ doble\ en\ s_3 = -1$

c) $|H(j\omega)| = \dfrac{\omega^2+1}{\sqrt{\omega^4+7\omega^2+1}}$

$$\phi(\omega) = arctg\,\frac{2\omega}{1-\omega^2} - arctg\,\frac{3\omega}{1-\omega^2}$$

10.2

a) $$H(s) = \frac{1}{RC} \frac{s}{s^2 + s\frac{1}{RC} + \frac{1}{LC}}$$

b) 1) $$polos \begin{cases} s_1 = -25 + 10^4 j \\ s_2 = -25 - 10^4 j \end{cases} \qquad cero\ en\ s_3 = 0$$

$$|H_1(j\omega)| = \frac{1}{\sqrt{1 + \left(\frac{10^8 - \omega^2}{50\omega}\right)^2}}$$

2) $$polos \begin{cases} s_1' = -5 \cdot 10^3 + 8 \cdot 10^3 j \\ s_2' = -5 \cdot 10^3 - 8 \cdot 10^3 j \end{cases} \qquad cero\ en\ s_3' = 0$$

$$|H_2(j\omega)| = \frac{1}{\sqrt{1 + \left(\frac{10^8 - \omega^2}{10^4\,\omega}\right)^2}}$$

c) La selectividad del circuito aumenta con la proximidad de los polos al eje jω.

10.3

a) $$H_a(s) = \frac{1}{S R_g C + 1} \quad ; \quad H_b(s) = \frac{1}{S\frac{L}{R_L} + 1}$$

b) b) $C = 79{,}57\ nF \quad ; \quad L = 15{,}9\ mH$

10.4

a) a) $$H(s) = \frac{4}{3} \frac{1}{s^2 + 2s + 2}$$

b) b) $L_1 = 11{,}83\ H \quad ; \qquad C_1 = 63{,}4\ mF$

$L_2 = 3{,}17\ H \quad ; \qquad C_2 = 236\ mF$

c) $v_s(t) = 1{,}2\, sen(t - 1{,}1)\ V$

10.5

a) $L_1 = \dfrac{R_1 \sqrt{2}}{\omega_c} \quad ; \qquad C_1 = \dfrac{1}{R_1\, \omega_c \sqrt{2}}$

b) $L_2 = \dfrac{R_2 \sqrt{2}}{\omega_c} \quad ; \qquad C_2 = \dfrac{1}{R_2\, \omega_c \sqrt{2}}$

10.6

a) $$H(s) = \frac{R_L}{R_g + R_L} \; \frac{\dfrac{R_g + R_L}{L\,C\,R_g}}{s^2 + s\left(\dfrac{R_L}{L} + \dfrac{1}{C\,R_g}\right) + \dfrac{R_g + R_L}{L\,C\,R_g}}$$

b) $C = 1\ \mu F \quad ; \qquad L = 1\ H$

10.7

a) $$H(s) = \frac{R_L}{R_g + R_L} \; \frac{s\,\dfrac{R_g + R_L}{L}}{s^2 + s\,\dfrac{R_g + R_L}{L} + \dfrac{1}{L\,C}}$$

b) $L = 0{,}2\ H \quad ; \qquad C = 0{,}5\ nF$

c) $\left|\dfrac{V_s(j\omega)}{E_g(j\omega)}\right|_{\omega_0 = 100\ Kr/s} = 0{,}8 \quad ; \qquad \left|\dfrac{V_s(j\omega)}{E_g(j\omega)}\right|_{\omega = 50\ Kr/s} = 0{,}1315$

10.8

a) $$H(s) = \frac{1}{2}\,\frac{s^2 + 10^8}{s^2 + s\,0{,}5\cdot 10^3 + 10^8}$$

b) $B = 0{,}5\ K\,rad/seg$

c) $\omega_2 = 10{,}25\ K\,rad/seg \quad ; \qquad \omega_1 = 9{,}75\ K\,rad/seg$

10.9

$$H(j\omega) = \frac{1}{2}\,\frac{-\dfrac{R}{L} + j\,\omega}{-\dfrac{R}{L} - j\,\omega}$$

$$|H(j\omega)| = \frac{1}{2} \quad ; \qquad \phi(\omega) = \pi - arctg\,\frac{\omega L}{R}$$

10.10

a) Polo doble en s = -1 y cero doble en s = 1 están a la misma distancia del eje $j\omega$ y por lo tanto corresponde a un filtro "paso todo".

b) $v_s(t) = -\cos t + 3\cos(2t + 1{,}85)$

10.11

Se trata de un filtro paso banda con $\omega_1 = 81$ rad/sg. ; $\omega_2 = 131$ rad/sg. ; $\omega_0 = 103{,}07$ rad/sg. ; $B = 50$ rad/sg.

CAPÍTULO 11

11.1

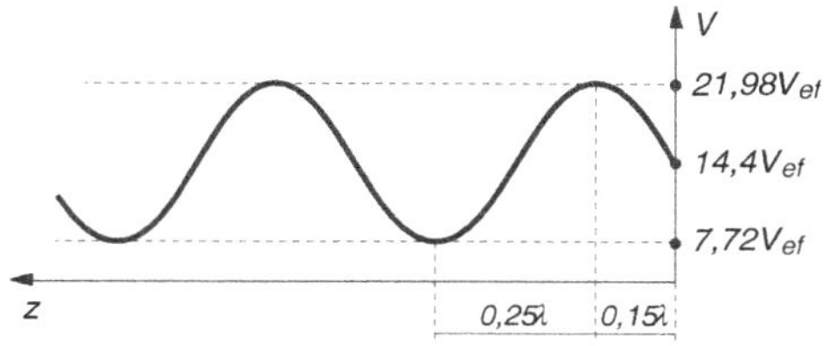

11.2

a) $S = 4$

b)

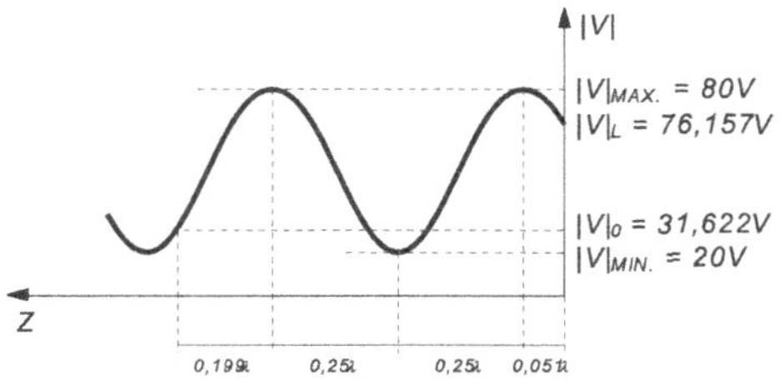

11.3

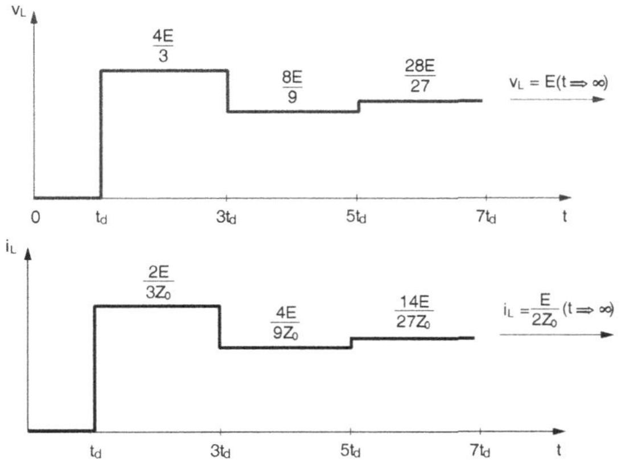

11.4

$$\ell_1 = 0{,}092\ \lambda \quad y \quad Z_1 = 0{,}85\,j$$

$$\ell_1^{/} = 0{,}456\ \lambda \quad y \quad Z_2 = -0{,}85\,j$$

11.5

a) $d = 0{,}0575\,\lambda = 0{,}105\,m$; $\ell = 0{,}116\,\lambda = 0{,}232\,m$

b) $|V_1| = 15\ Vef$; $|V_2| = 9{,}68\ Vef$; $P_{Z_R} = 0{,}375\ W$

11.6

a)

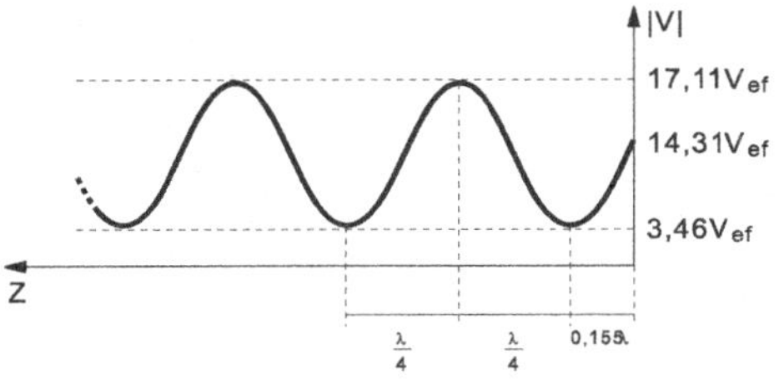

b) $d^{/} = 0{,}107\,\lambda = 0{,}054\,m$; $\ell^{/} = 0{,}134\,\lambda = 0{,}067\,m$

$d^{//} = 0{,}205\,\lambda = 0{,}102\,m$; $\ell^{//} = 0{,}453\,\lambda = 0{,}226\,m$

$S = 2{,}7$

11.7

$\ell_1^{/} = 0{,}464\ cm$; $\ell_2^{/} = 3{,}264\ cm$

$\ell_1^{//} = 1{,}312\ cm$; $\ell_2^{//} = 1{,}48\ cm$

11.8

línea transformadora $d_1 = 0{,}212\,m$; $d_2 = 1{,}812\,m$

línea equilibradora $\begin{cases} en\ c.c. & \ell_1^{/} = 1{,}204\,m \ ; \ \ell_2^{/} = 0{,}797\,m \\ en\ c.a. & \ell_1^{//} = 0{,}204\,m \ ; \ \ell_2^{//} = 1{,}796\,m \end{cases}$

$$v_i(t) = 20\,sen\left(\omega t + \frac{\pi}{2}\right)\ V \quad ; \quad v_R(t) = 0$$

11.9

$\ell_1' = 0{,}307\,\lambda$; $\ell_2' = 0{,}121\,\lambda$; $S_1' = 1$; $S_2' = 2{,}78$; $S_3' = 2{,}77$

$\ell_1'' = 0{,}424\,\lambda$; $\ell_2'' = 0{,}452\,\lambda$; $S_1'' = 1$; $S_2'' = 11{,}4$; $S_3'' = 2{,}77$

11.10

$\ell_1' = 0{,}27\,\lambda$; $\ell_2' = 0{,}291\,\lambda$

$\ell_1'' = 0{,}421\,\lambda$; $\ell_2'' = 0{,}458\,\lambda$

11.11

en c.c. $\ell_1' = 0{,}354\,\lambda$; $\ell_1'' = 0{,}228\,\lambda$

en c.a. $\ell_2' = 0{,}161\,\lambda$; $\ell_2'' = 0{,}338\,\lambda$

11.12

a) αL

b) $\alpha' L = 1{,}25\,\alpha L$

c) No se puede conseguir la adaptación.